JN234407

代謝工学
原理と方法論

【著】── グレゴリ・N・ステファノポーラス
　　　　アリストス・A・アリスティド
　　　　ジェンス・ニールセン

【訳】── 清水　浩
　　　　塩谷捨明

Metabolic Engineering
Principles and Methodologies

Gregory N. Stephanopoulos
Aristos A. Aristidou
Jens Nielsen

Academic Press

東京電機大学出版局

METABOLIC ENGINEERING: Principles and Methodologies
by
Gregory N. Stephanopoulos, Aristos A. Aristidou, Jens Nielsen

Copyright © 1998 by Academic Press
Translation Copyright © 2002 by Tokyo Denki University Press
Japanese translation rights arranged with Academic Press
through Japan UNI Agency, Inc., Tokyo.

本書の全部または一部を無断で複写複製（コピー）することは，著作権法上での例外を除き，禁じられています。小局は，著者から複写に係る権利の管理につき委託を受けていますので，本書からの複写を希望される場合は，必ず小局（03-5280-3422）宛ご連絡ください。

To Our Families

日本語版のための序文

　代謝工学は，幅広い学問分野を横断する新しい学問体系であり，この10年の間に形成されてきた．この分野は，最新の遺伝子工学の技術を駆使することにより代謝経路の改変を行って，細胞の性質を改変することをねらいとしている．この新しい学問領域から多くのすばらしい研究成果が生まれつつある．実験的な側面として，最初に原核生物，そして次に真核生物の代謝経路の改変が行われ，遺伝子工学的代謝制御の導入と，その結果もたらされた細胞の生理の変化の評価を行う新しい技術が誕生してきた．代謝物質や同位体化合物のバランスを解析したり，NMR分析やGC-MS分析手法を用いて，同位体化合物のトレース実験を行うことによって，定量的に細胞内のフラックスの決定を行うことができるようになってきた．また，代謝経路内において，どこに動力学的な制御が存在するかを同定する研究，ゲノムシークエンス情報を利用して特定の評価を最大にする（例えば増殖を最大にする）細胞内フラックス分布を得る研究が進められてきた．この分野は，近年，ゲノムミクスやDNAマイクロアレイのような細胞の遺伝子発現を検出することのできる新しい技術の発展と相まってさらに発展してきている．

　本書は出版以来4年目を迎えようとしている．最初の2年間においては，本書は細胞生理学の定量的な評価において重要な変革をもたらしたといえよう．遺伝子レベルでの代謝経路の操作は代謝工学の主要なテーマのうちのひとつであるが，本書の執筆に当たっては，細胞の生理状態を，より完全に理解したり記述することを目的とした観測方法に重点をおくことを心がけた．このことは，人為的に導入された遺伝子や細胞外の環境を変えることにより，細胞に変化を与え，その結果得られる細胞内の代謝フラックスの変化を調べることにより行われた．つまり，遺伝子の変化や環境の変化を人為的に与えて，その前後の細胞の生理学的な変化を調べることがこれらの研究の目的となる．これは，細胞の遺伝子型と機能がどのように結びついているかを調べる研究の発端となっている．この意味で，代謝工学は最近注目を集めているファンクショナルゲノミクスやフィジオロジカル（生理学的）ゲノミクスと呼ばれる分野の先駆けであったといえる．本書がこのような目標を達成する手助けになることを希望している．

　我々は，本書の執筆に当たって3つの目標を定めた．最初の目的は，この分野を定義づけたり，その中心的な内容をわかりやすく説明することで，我々が大学の教室で以前から使っていた資料をまとめあげることであった．2番目は，細胞の機能を定量的に記述する考え方を広めたり，種々の分野にまたがる手法を科学者や工学者が自由に扱えるようにすることであった．3番目は，より厳密に細胞生理学の分析を行う手法を確立することであった．喜ばしいことに，全体的にはこれらの目的はうまく進められたように思う．ここ数年間に，数多くの代謝フラックス解析に関する論文や著述，またコンピュータソフトウエアが，この分野で提出されている

ことからもわかるように，これらの技術は，細胞の生理学的な評価を行う必須の技術として認知されてきている．代謝経路の構造解析，細胞内のフラックスの測定や制御，代謝経路の改変のための遺伝子工学的方法など，この分野における中核的な手法が，これらの分野を支えているといえる．数学的な記述においては，いまだに多くの方法が完全に使いやすい状態にあるとはいえないが，代謝の複雑さを扱ったり，今後，開発される数多くの新しい生物学的測定法から得られる大量のデータを統合する際には，定量的な方法が重要であることは広く認められてきている．

本書の初版においては不十分な点もいくつかあると考えている．特に，動物細胞の代謝工学，組織工学やバイオメディカルの応用に関するような部分の記述は不十分な点がある．代謝工学の最初の数年間は，代謝経路を改変する技術によって微生物優良菌株の育種を行うことに焦点が当てられた．しかし，これらの技術が微生物の育種改良において進歩するにつれて，他分野においても代謝工学の基本的な概念を応用すべきであることが極めて明らかとなってきた．例えば，現在の創薬プログラムのほとんどのアプローチは単一ターゲットに対するスクリーニングであり，それが薬品のリード化合物に結びつくことを約束するものではないので，マルチターゲットスクリーニングや細胞機能の多重マーカーの利用のような概念が創薬プログラムにおいて広く受け入れられるようになってきている．いくつかの例は，同様な進展が遺伝子治療，フィジオロジカルゲノミクス，バイオ触媒の分野において見られる．

ここで，この分野の将来の進展をさらに予見してみよう．シークエンスデータから細胞の表現型を予見したり，mRNA発現やシグナル伝達経路におけるタンパク質中間体などのような重要な細胞内分子のデータを取得するといったゲノミクスの研究や技術開発の進展に伴って，この分野は加速的に発展するであろう．ゲノミクス分野の発展が代謝工学と大いに関係し，また，代謝工学に大きな影響をもたらす理由は，ゲノミクスにおいて代謝経路改変に必要な技術や遺伝子，タンパク質といった物質を広く扱っているというだけでなく，代謝工学が，生理学的なデータの分析や種々の手法の統合を行える便利なフレームワーク（枠組み）であるということによる．代謝工学における統合や定量という重要な概念は，新しく生まれるであろうシステムバイオロジー，システムバイオテクノロジーという分野において必要不可欠な部分として急速に認知されていくであろう．

我々は，本書が，上に述べたような考え方を確立し，多くの研究者に広めるのに役立つものになると信じている．その意味で，本書の日本語訳が作られることを非常に嬉しく思う．日本は，古くからバイオテクノロジーの分野において世界のリーダーの一人であり続けてきたし，上に述べたような将来の環境においてもリーダー的な役割を演じるであろうと思われる．本書の第2版が出版される場合には，経路の分析や同位体トレーサーを使ったフラックスの決定を説明する章節において演習問題やソフトウェアを含むウェブサイトの利用が可能となるように改訂されるであろう．本書が大学の教室やさまざまな研究室でうまく利用され，アジア太平洋地区において代謝工学の分野がいっそう発展する一助になればこれに勝る喜びはない．最後に，日本における本書の翻訳を自ら申し出て，実現してくれた清水浩博士，塩谷捨明博士と，出版の労をとってくれた東京電機大学出版局に感謝する．

2002年3月

グレゴリ・ステファノポーラス
マサチューセッツ工科大学

序　文

　代謝工学は，代謝経路の解析と改変に関する学問である．過去10年程度の間に新しく創成されたこの分野は，応用分子生物学や反応工学の伸展とあいまって大きく発展し，生物工学，生物化学工学，細胞生理学，応用微生物学などの分野において，注目されつつある．古くは遺伝子操作による経路の改変という概念上で議論されてきたが，1991年にBailey教授によって，初めて代謝工学という名前と目的が明らかにされた．その後，ゲノミクスの分野から生ずる遺伝子のシークエンス情報や，その他の情報を研究に利用しようという工学研究者や生命科学者にも，この領域は大きな関心事項となりつつある．

　我々は，まず，代謝工学のもたらす画期的な効果や基本的な概念を，マサチューセッツ工科大学（MIT）における授業において学生に教授しようとした．これは1993年のことである．1995年から1997年の間に，この試みは繰り返され，シラバス（学生へ授業内容を示す文書）や授業ノートが整備されていった．デンマーク工科大学（DTU）では，代謝工学が，学部学生，大学院生の生物化学工学のコースでの主要なトピックスとなっているが，MITでも同じような試みがなされてきた．1996年に1セメスター（学期）分の代謝工学のコースが初めて設置された．代謝工学への興味が広がるとともに，我々筆者の間には，授業に用いる教材を共有することが有益であるという考えが生まれ，それならば，ということで本書を執筆するに至った．本書の中では，酵素反応からなる代謝経路の解析のために，定量的な生化学の枠組みを構築しようと試みている．この意味で，本書は生物機能の解明や操作ということに焦点を当てているので，単一細胞のための情報を教授するということを意図していない．本書は，大学院生または学部の上級生のための，生物化学工学分野における代謝工学の授業に使うことができるテキストとなっており，最新の研究成果も含んでいる．

　本書の原稿は，MITとDTUの代謝工学の授業教材およびMITのサマースクールの資料として用いられた．本書を理解するためには生化学の基礎を前もって修得しておくことが望ましいが，それがなくても1セメスターで理解できる内容となっている．セメスターの最初の1/4くらいの期間は生物化学の内容を理解すべきで，この内容は本書の最初の部分に書かれている．本書の内容を理解するためには，以下に示したwebサイトにのっている問題を解くことが，その助けになると思われる．本書は代謝に関して焦点が当てられているが，代謝解析という概念は広く，これは，タンパク質の発現，翻訳後修飾，シグナル伝達経路など異なるタイプの反応シークエンスにおいても応用可能なものである．

　いまだ，形成途上の段階にある分野に関する書物を執筆することは，その分野での責任を担う挑戦となる．この理由のために，我々は本書の最終目的を"代謝工学の中心的な原理"を定

義することに設定した．この原理は，最新の研究によって得られた"方法"によって達成されるものであり，経路の設計や解析に用いることができるものである．我々は，これらの方法が，さらに進展することを期待するとともに，本書がそのような研究の進展にとって触媒の役割を果たしてくれることを望むものである．いろいろな方法をプログラム化したソフトウェアは http：//www.cpb.dtu.dk/cpb/metabol.htm で見ることができる．このサイトはパブリックドメインソフトをもつ他のサイトへのリンクももっている．幅広い分野の研究者が参加できるように，自身でプログラム化することは最小化されており，ユーザーフレンドリーな環境が提供されている．さらに，本書では数学的な難解さを，最小限に抑えており，また数学的記述が苦手な人の理解を助けるための説明が加えられている（訳者注：現在このサイトは公開されていないようである．改良中なのかもしれない）．それでもなお，我々は，すべての分野の読者層が満足に読みこなせるよう本書を執筆するのは，難しいことであるということに気がついている．読者が本書を読み進められていくうちに理解できない事項に出くわしたときには，ご指摘いただければ幸いである．

　我々は本書の執筆というすばらしいプロジェクトの企画，実行に際して，直接，間接の恩恵を与えていただいた多くの人々に感謝したいと思う．まず最初に，我々の学生の際限のないエネルギーと活発な創造力に感謝する．特に，**Maria Klapa** は，代謝フラックス解析のレビューにおいて，**Troy Simpson** は複雑な代謝経路の解析に対する基礎を与える彼自身の研究において，本書に貢献した．また，**Martin Bastian Pedersen** には多くの図を描いていただいた．**Christian Müller, Susanne Sloth Larsen, Birgitte Karsbol, Kristian Nielsen** には原稿の仕上げを手伝っていただいた．さらに，我々の研究仲間にも感謝の意を表したい．**Tony Sinskey** は代謝工学の無限の可能性に対する熱意をいつも語ってくれた．**Sue Harrison** と **Eduardo Agosin** は最も建設的なコメントをいただいた方々である．最後に，特に，**Barry Buckland, Bernhard Palsson, John Villadsen, Maish Yarmush**，そして，**D.Ramkrishna** に深く感謝する．彼らの視野と揺らぐことのない支援が本書に多くのものをもたらした．

Gregory N. Stephanopoulos
Aristos A. Aristidou
Jens Nielsen

訳者序文

　生物学の教科書の冒頭に示されているように，生物と非生物の最も異なる特徴は，生物が非常に組織化された存在であり，これを維持する力を持っていることである．生物は，自らを維持するために，細胞を構成する生体機能高分子を合成する能力があり，そのために，細胞外から取り込んだ物質を分解して，高分子合成のためのエネルギーや酸化還元力を獲得し，高分子合成のための低分子前駆物質の生成を行っている．これらは何千という酵素による触媒反応を通じて行われるが，この反応は総称して，代謝と呼ばれる．生物は環境に応じて，酵素の量や活性を変化させ，代謝を見事に組織化されたネットワークとして制御している．古くから人間は，生物の代謝反応を利用し，醸造，発酵食品を生産してきた．また，遺伝子組換え技術を伴う代謝経路の改変や新規生物の創成，バイオリアクタ最適化により，生物工学の応用範囲は工業的発酵生産，医薬品や医療技術の開発，環境修復など幅広い分野へと広がりを見せている．

　生命の基本原理（セントラルドグマ）は，遺伝子（DNA）の複製，転写，翻訳という遺伝情報の流れを示しているが，この過程は，全生物において共通のプロセスである．近年，遺伝子配列を高速に解読する技術が非常に進歩し，ヒトをはじめとして，さまざまな生物のゲノム（遺伝子の総体）の遺伝子配列が解読されつつある．また，遺伝子発現，タンパク質，代謝物質を網羅的に解析する技術が次々と開発されている．このように，生命のセントラルドグマが展開している様子を全細胞レベルでとらえることができるようになってきた．このような生物学の大きな進歩の時期に，代謝工学は，代謝ネットワークの解析とその工学的応用を目的として1990年代の後半から大きな注目を浴びる学問分野として成長を遂げてきた．

　訳者の一人である清水は，1996〜1997年にかけてマサチューセッツ工科大学（MIT）のGregory Stephanopoulos教授の研究室で1年を過ごした．1996年の秋学期に代謝工学の授業を受ける機会に恵まれ，そこで，本書の出版前の原稿に出合った．古くから，日本では，アミノ酸，核酸，抗生物質などの多くの代謝産物の生産において，微生物の代謝経路の制御機構を解析し，生産性や生産収率を向上させるため，代謝制御発酵という観点で研究開発が行われてきた．代謝工学という学問領域は，この代謝制御発酵という分野に，設計性，定量性，網羅性という概念を持ち込んだといえよう．代謝工学を駆使すれば，代謝経路を流れる反応速度（フラックス）を基準にして，優良生物の育種からプロセス開発までが統一的に行えるようになるのではないかという思いが，そのとき浮かんだ．なぜなら，本書を通読していただければわかるように，代謝工学は，微生物細胞内の代謝経路のモデル化，代謝経路を流れるフラックスの分布の可視化，酵素改変の目的フラックスへの効果の大きさを定量的に扱う方法などを体系的に示しているからである．日本においても合葉，遠藤ら生物化学工学の諸先生による代謝経路

情報の定量化という研究は先駆的なものがあったが，日本語によるまとまった教科書は存在しない．清水は帰国前にStephanopoulos教授と塩谷に邦訳のアイデアを相談し，それがこの仕事の出発点となった．

それから6年の歳月が流れた．1996年に第1回の国際会議が開催された代謝工学も今年で4回目を迎える．その間に網羅的な細胞生物学は非常な発展を遂げ，ゲノム，トランスクリプトーム，プロテオーム，メタボロームの解析が益々盛んになりつつある．生物がこのように，複雑，かつ多階層のネットワークからなるシステムであるというとらえ方が，認知されるようになってきている．生物を工学的に改変したり利用したりするためには，これらの情報ネットワーク間の相互作用を知ることが重要であることが明らかになってきている．今後，生物学，医学，応用微生物学，発酵工学，環境微生物生態学，などの分野で，本書に示された代謝ネットワークの情報を定量化する技術は非常に重要なものとなってくるのは明白であるのみならず，さまざまな階層における大量の生物情報を統合するシステムバイオロジーの概念は，さらに重要性を増すだろうと思われる．本書はそのような工学的統合の概念を与えてくれていると私たちは考えている．

本書を訳す作業は私たちにとって非常に困難な作業であった．何度となく，この作業の完成は不可能なのではないかと考えた時期もあった．しかし，この困難な作業に向かい続けることができたのは，自分自身にとって得られるものが大きかったからであろうと思われる．代謝経路モデリングと巨視的反応工学の関連，酵素活性の変動とフラックス変化の定量的因果関係を与えるメタボリックコントロールアナリシス，標識炭素を用いた細胞内代謝経路解析などの手法は本書から多くを学んだといえる．また，本書を訳し終えて改めて思うのは，本書が生物化学工学の新しい教科書だということである．今までの生物化学工学の教科書のように巨視的ではなく，細胞内の情報を解析する手法を与えながら，そこには工学の概念が明らかにされている．細胞内代謝の単なる解析にとどまらず，目的達成のための代謝経路改変の設計や合成という概念を本書は示している．本書が生物を工学的に利用しようという方々や，科学的に解析された大量のデータを統合的に理解したり応用したりしようという科学者の助けになることを期待する．

代謝工学の内容は非常に新しい要素を含んでいるので，工学用語を1つひとつを決めなければならない場面も多く，工学的用語として的確かどうか判断する作業は，責任を感じもし，またとても難しい作業でもあった．また，章によっては，訳者の力量を超えた分野を含んでいるものもあると思われる．読者の皆様には，お気づきの点をお知らせ頂ければありがたい．

本書を完成するに当たっては，東京電機大学出版局の多大なご尽力を得ました．各章にわたり，緻密な原稿の修正をして頂きました．図表や，式については非常にクリアな仕上げで，この点に関しては，原書を上回る出来栄えではないかと喜んでいます．ここに深謝します．また，私たちの願いを理解し，当初よりこの企画を取り上げて頂き，東京電機大学出版局の方々に引き合わせて頂いたトッパンの由里洋氏の献身的な行動がなければ本書は日の目を見なかったであろうと思われます．ここに謹んで感謝します．

2002年4月

清水　　浩
塩谷　捨明

目　次

日本語版のための序文　　*i*
序　　文　　*iii*
訳者序文　　*v*
記号リスト　　*xii*

1　代謝工学のエッセンス　　*1*

1.1　代謝工学の重要性　　*8*
1.2　本書の概要　　*11*
文　献　　*15*

2　細胞の代謝　　*17*

2.1　細胞の代謝の概観　　*17*
2.2　輸送反応　　*21*
　2.2.1　受動輸送　　*21*
　2.2.2　促進拡散　　*24*
　2.2.3　能動輸送　　*26*
2.3　エネルギー代謝　　*29*
　2.3.1　解糖系　　*29*
　2.3.2　発酵経路　　*35*
　2.3.3　TCAサイクルと酸化的リン酸化反応　　*37*
　2.3.4　アナプレロティック反応（補充反応）　　*41*
　2.3.5　脂肪，脂肪酸，アミノ酸の異化代謝　　*42*
2.4　生合成反応　　*44*
　2.4.1　アミノ酸の生合成　　*44*
　2.4.2　核酸，脂肪酸，その他の構成要素の生合成　　*47*
2.5　高分子化反応　　*51*
2.6　細胞増殖におけるエネルギー論　　*55*
文　献　　*59*

3　細胞内反応のモデル　　*63*

3.1　細胞内反応の化学量論　　*64*

3.2 反応速度　*69*
3.3 ダイナミックマスバランス　*72*
3.4 収率係数と線形関係式　*78*
文　献　*87*

4 物質収支とデータコンシステンシー　*89*

4.1 ブラックボックスモデル　*90*
4.2 元素バランス　*92*
4.3 熱　収　支　*97*
4.4 冗長な情報を用いたシステムの解析 —— 大きな測定誤差の同定　*100*
文　献　*111*

5 代謝経路の調節　*113*

5.1 酵素活性の調節　*116*
　5.1.1 酵素カイネティクスの概要　*116*
　5.1.2 単純な可逆阻害システム　*120*
　5.1.3 不可逆阻害　*126*
　5.1.4 アロステリック酵素 —— 協調的調整　*128*
5.2 酵素濃度の調節　*132*
　5.2.1 転写開始の制御　*132*
　5.2.2 翻訳の制御　*136*
5.3 グローバルなコントロール —— 細胞全体のレベルでの調節　*138*
5.4 代謝ネットワークの調節　*144*
　5.4.1 分岐点の分類　*147*
　5.4.2 共役した反応とグローバルな通貨代謝物質
　　　　（カレンシーメタボライト）　*150*
文　献　*152*

6 代謝経路の改変の実例 —— 代謝工学の実際　*157*

6.1 生産物収率と生産性の向上　*158*
　6.1.1 エタノール　*158*
　6.1.2 アミノ酸　*164*
　6.1.3 有機溶剤　*170*
6.2 微生物が利用可能な基質の範囲の拡張　*173*
　6.2.1 ペントースの代謝を利用したエタノール生産の代謝工学　*173*
　6.2.2 セルロース，ヘミセルロース分解　*177*
　6.2.3 ラクトースとホエーの利用　*178*
　6.2.4 シュクロースの利用　*180*
　6.2.5 デンプン分解微生物　*181*
6.3 新規生産物質の開発　*182*
　6.3.1 抗生物質　*182*
　6.3.2 ポリケタイド　*183*
　6.3.3 ビタミン　*187*

6.3.4　バイオポリマー　*188*
　　6.3.5　バイオ色素　*194*
　　6.3.6　水　素　*195*
　　6.3.7　ペントース：キシリトール　*198*
6.4　細胞特性の改良　*198*
　　6.4.1　窒素代謝の変更　*199*
　　6.4.2　酸素消費の強化　*200*
　　6.4.3　オーバーフロー代謝の抑制　*200*
　　6.4.4　基質消費経路の変更　*203*
　　6.4.5　遺伝子の安定性の維持　*203*
6.5　生体異物（外来性化学物質）の分解　*205*
　　6.5.1　ポリ塩化ビフェニール（PCB）　*206*
　　6.5.2　ベンゼン，トルエン，*p*-キシレン混合物（BTX）　*206*
文　献　*211*

7　代謝経路の合成　　*223*

7.1　代謝経路合成のアルゴリズム　*225*
7.2　アルゴリズムの全体像　*231*
7.3　ケーススタディ：リジン生合成　*236*
　　7.3.1　オキザロ酢酸の役割　*238*
　　7.3.2　その他の可能性のある経路　*240*
　　7.3.3　最大収率を与える反応　*241*
7.4　アルゴリズムに関するディスカッション　*241*
文　献　*242*

8　代謝フラックス解析　　*243*

8.1　理　論　*246*
8.2　冗長な状態（over-determined）のシステム　*262*
8.3　under-determined（システムを一意に決定できない状態）なシステム
　　　── 線形計画法　*269*
8.4　感度解析　*273*
文　献　*274*

9　同位体標識による代謝フラックスの実験的な決定法　　*277*

9.1　同位体標識の濃縮度分率からの直接的なフラックスの決定　*279*
　　9.1.1　遷移状態の強度測定によるフラックスの決定　*279*
　　9.1.2　代謝物質と同位体化合物の定常状態の実験　*280*
9.2　代謝化合物の同位体を完全列挙する方法とその応用　*287*
　　9.2.1　標識されたピルビン酸から生成するTCAサイクル中の同位体代謝化合物の
　　　　　分布　*289*
　　9.2.2　標識された酢酸を用いたTCAサイクル中の代謝物質同位体の分布　*294*
　　9.2.3　実験データの解釈　*301*
9.3　代謝物質の炭素バランス　*308*

9.3.1 直接的な代謝物質の炭素バランス　*309*
       9.3.2 原子マッピング行列の利用　*315*
   文　献　*318*

10 代謝フラックス解析の応用　*321*

   10.1 コリネ細菌によるアミノ酸生産　*322*
       10.1.1 グルタミン酸生産菌の生化学と調節機構　*323*
       10.1.2 理論収率の計算　*326*
       10.1.3 *C. glutamicum* におけるリジン生産の代謝フラックス解析　*332*
       10.1.4 *C. glutamicum* における特定の酵素を欠失させた変異株の
             代謝フラックス解析　*342*
   10.2 動物細胞培養における代謝フラックス　*346*
       10.2.1 細胞内フラックスの決定　*347*
       10.2.2 ^{13}C 標識化合物を用いた研究によるフラックス推定の評価　*352*
       10.2.3 フラックス解析の細胞培養用培地の設計への応用　*355*
   文　献　*356*

11 メタボリックコントロールアナリシス　*359*

   11.1 メタボリックコントロールアナリシスの基礎　*361*
       11.1.1 コントロール係数とサンメンションセオレム　*362*
       11.1.2 エラシティシティ係数とコネクティビティセオレム　*365*
       11.1.3 MCA セオレムの一般化　*367*
   11.2 フラックスコントロール係数の決定　*369*
       11.2.1 FCC 決定の直接法　*371*
       11.2.2 FCC の間接的決定法　*375*
       11.2.3 遷移状態の代謝物濃度の測定値の利用　*379*
       11.2.4 カイネティックモデル　*381*
   11.3 直線状の代謝経路の MCA　*381*
   11.4 分岐のある経路に対する MCA　*387*
   11.5 大きな摂動に関する理論　*398*
       11.5.1 分岐のない経路　*398*
       11.5.2 分岐のある経路　*404*
       11.5.3 基質濃度や外部のエフェクタに対する応答　*408*
       11.5.4 まとめ　*409*
   文　献　*410*

12 代謝ネットワークの構造解析　*413*

   12.1 単一の分岐点におけるフラックス分布の制御　*416*
   12.2 反応のグルーピング　*420*
       12.2.1 グループフラックスコントロール係数　*420*
       12.2.2 独立な反応の同定　*422*
   12.3 ケーススタディ：芳香族アミノ酸の生合成　*427*
       12.3.1 *S. cerevisiae* による芳香族アミノ酸生合成のモデル　*427*
       12.3.2 独立な経路の同定　*431*

12.3.3　リンク物質の同定とグループフラックスの決定　*435*
　文　献　*446*

13　代謝ネットワークのフラックス解析　　　　　　　　　　　　*447*

　13.1　グループコントロール係数と個々のコントロール係数の関係
　　　　（ボトムアップアプローチ）　*449*
　13.2　フラックス測定からのグループコントロール係数の決定
　　　　（トップダウンアプローチ）　*450*
　　　13.2.1　3つの摂動からのgFCCの決定　*451*
　　　13.2.2　特定の摂動からのgFCCの決定　*454*
　　　13.2.3　gCCCの決定　*454*
　　　13.2.4　摂動の可観測性　*455*
　13.3　ケーススタディ　*455*
　　　13.3.1　グループコントロール係数の解析的な決定（ボトムアップアプローチ）　*455*
　　　13.3.2　gFCCの実験的な決定の具体例（トップダウンアプローチ）　*461*
　13.4　メタボリックコントロールアナリシスの中間代謝反応グループ解析への
　　　　応用　*464*
　　　13.4.1　摂動定数　*464*
　　　13.4.2　複数の分岐点における重なり合った反応の解析　*464*
　　　13.4.3　ケーススタディ　*467*
　13.5　フラックス増幅の最適化　*467*
　　　13.5.1　最適化のアルゴリズムの導出　*468*
　　　13.5.2　ケーススタディ　*470*
　13.6　正当性の評価と実験の確からしさ　*473*
　　　13.6.1　複数の摂動を用いたコンシステンシー（正当性）テストの開発　*474*
　　　13.6.2　プレフェン酸の分岐への応用　*476*
　　　13.6.3　測定誤差の影響　*479*
　文　献　*480*

14　細胞内プロセスの熱力学　　　　　　　　　　　　　　　　　　*481*

　14.1　熱力学の原理 —— 概論　*481*
　14.2　熱力学的な経路の実現可能性　*489*
　　　14.2.1　アルゴリズム　*490*
　　　14.2.2　官能基の寄与からの化合物全体$\Delta G^{0\prime}$決定　*496*
　14.3　非平衡の熱力学　*507*
　14.4　熱力学的動力学（サーモカイネティクス）のMCAへの応用　*524*
　文　献　*528*

　用　語　集　*531*
　索　　　引　*542*

記号リスト

下に示すシンボルは本書でしばしば用いられている記号のリストである．示されている単位は最も普通に用いられるものであり，時に異なる単位が用いられている箇所もある．

a_{cell}	細胞の比表面積（$m^2 (gDW)^{-1}$）
$\boldsymbol{a}$	式（8.26）における目的関数に関する個々の変数に対する重み係数を含む行ベクトル
A_i	i 番目の反応の親和力（$kJ\,mol^{-1}$）
c	濃度（$mmol\,L^{-1}$）
c_i	i 番目の化合物の濃度（$mmol\,L^{-1}$）
c_i^f	バイオリアクタへ流加する流加培地中の i 番目の化合物の濃度（$mmol\,L^{-1}$）
$C_i^{J_j}$	i 番目の酵素に対する定常状態での j 番目のフラックス J_j に対するフラックスコントロール係数
$*C_i^{J_j}$	i 番目のグループに対する定常状態での j 番目のフラックス J_j に対するフラックスコントロール係数
$C_i^{X_j}$	i 番目の酵素に対する定常状態での j 番目の代謝物質濃度 X_j に対する濃度コントロール係数
$*C_i^{X_j}$	i 番目のグループに対する定常状態での j 番目の代謝物質濃度 X_j に対する濃度コントロール係数
$\boldsymbol{C}^J$	フラックスコントロール係数を含む行列
$\boldsymbol{C}^X$	濃度コントロール係数を含む行列
d_{mem}	細胞膜の厚さ（m）
D	希釈率（h^{-1}）
D_{mem}	膜の拡散における拡散係数
D_i^J	式（11.84）における変動係数
E_i	i 番目の酵素の酵素活性（濃度）
$\boldsymbol{E}$	元素バランス係数またはエラシティシティ係数を要素にもつ行列
$\boldsymbol{E}_c$	観測できない化合物の元素バランス係数行列
$\boldsymbol{E}_m$	観測可能な化合物の元素バランス係数行列
f	式（11.87）によって与えられるフラックス増幅因子
f_{ij}	式（11.50）によって与えられるフラックス j とフラックス i の比
F_{in}	バイオリアクタへの体積流入速度（$L\,h^{-1}$）

F_{out}	バイオリアクタへからの体積流出速度（L h^{-1}）
$\boldsymbol{F}$	分散-共分散行列
g_{ij}	i 番目の細胞内代謝物質の j 番目の反応における化学量論係数
G	Gibbs の関数（kJ mol^{-1}）
ΔG	Gibbs 自由エネルギー変化（kJ mol^{-1}）
$\Delta G^{0\prime}$	標準状態での反応物と生成物に対する Gibbs 自由エネルギー変化（kJ mol^{-1}）
$\boldsymbol{G}$	細胞内代謝物質の化学量論係数を要素にもつ行列
$\boldsymbol{G}_c$	フラックスが観測できない細胞内代謝物質の化学量論係数を要素にもつ行列
$\boldsymbol{G}_m$	フラックスが観測可能な細胞内代謝物質の化学量論係数を要素にもつ行列
$\boldsymbol{G}_{ex}$	すべての前向きおよび後ろ向きの反応に対する化学量論を含む代謝モデルの化学量論係数を要素にもつ行列
h	式（4.29）で示されるテスト関数
$h_{s,i}$	i 番目の基質における炭素の含量（C-mol mol^{-1}）
$h_{p,i}$	i 番目の生産物における炭素の含量（C-mol mol^{-1}）
H	エンタルピー関数（kJ mol^{-1}）
H_j	式（14.29）によって与えられる熱力学的関数
$\boldsymbol{I}$	単位行列，つまり，すべての対角要素がすべて1でそれ以外の要素はすべてゼロであるような正方行列
j	式（14.46）によって与えられるフロー比
J_i	i 番目の分岐における定常状態のフラックス（mmol (g DW h)$^{-1}$）
$\boldsymbol{J}$	定常状態のフラックスベクトル（mmol (g DW h)$^{-1}$）
$\boldsymbol{J}_{dep}$	独立でない定常状態のフラックスベクトル（mmol (g DW h)$^{-1}$）
$\boldsymbol{J}_{in}$	独立な定常状態のフラックスベクトル（mmol (g DW h)$^{-1}$）
k	反応速度定数（h^{-1}）
K	解析で考慮している細胞内代謝物質の数
K_{eq}	平衡定数
K_{par}	脂質膜と培地の間の分配係数（無次元）
K_m	Michaelis-Menten 定数（飽和定数）（mmol L^{-1}）
K_i	阻害定数（mmol L^{-1}）
$\boldsymbol{K}$	式（12.7）を満たすカーネル行列
L_{ij}	現象論的係数
mATP	維持代謝に必要な ATP（mmol ATP (g DW h)$^{-1}$）
M	解析で考慮されている代謝生産物の数
N	解析で考慮されている基質の数
p	反応速度に影響を与えるパラメータ（式（11.5）による）
$\boldsymbol{P}$	（式（4.24）により与えられた）残差の分散-共分散行列，または，パラメータエラスティシティ係数を要素にもつ行列
q	カップリング度
Q	解析で考慮した巨大分子プールの数
Q_{heat}	細胞増殖に伴う熱生成（kJ (C-mol biomass)$^{-1}$）
r	比速度（mmol g DW h）$^{-1}$）
r_{ATP}	ATP 生産速度（mmol (g DW h)$^{-1}$）

r_i	式 (11.86) によって与えられる酵素活性の増幅因子
$r_{macro,i}$	i 番目の巨大分子プール生成比速度 $(\mathrm{mmol}\,(\mathrm{g\,DW\,h})^{-1})$
$r_{met,i}$	i 番目の細胞内代謝物質生成比速度 $(\mathrm{mmol}\,(\mathrm{g\,DW\,h})^{-1})$
r_p	生産物比生産速度 $(\mathrm{mmol}\,(\mathrm{g\,DW\,h})^{-1})$
r_S	基質比消費速度 $(\mathrm{mmol}\,(\mathrm{g\,DW\,h})^{-1})$
r_{tran}	細胞膜を透過する比速度 $(\mathrm{mmol}\,(\mathrm{g\,DW\,h})^{-1})$
$\boldsymbol{r}_c$	観測できない比速度のベクトル $(\mathrm{mmol}\,(\mathrm{g\,DW\,h})^{-1})$
$\boldsymbol{r}_m$	観測可能な比速度のベクトル $(\mathrm{mmol}\,(\mathrm{g\,DW\,h})^{-1})$
$\boldsymbol{r}_{macro}$	巨大分子プール生成比速度ベクトル $(\mathrm{mmol}\,(\mathrm{g\,DW\,h})^{-1})$
$\boldsymbol{r}_{met}$	細胞内代謝物質生成比速度ベクトル $(\mathrm{mmol}\,(\mathrm{g\,DW\,h})^{-1})$
$\boldsymbol{r}_p$	生産物比生産速度ベクトル $(\mathrm{mmol}\,(\mathrm{g\,DW\,h})^{-1})$
$\boldsymbol{r}_s$	基質比消費速度ベクトル $(\mathrm{mmol}\,(\mathrm{g\,DW\,h})^{-1})$
R	気体定数 $(=0.008314\,\mathrm{kJ}\,(\mathrm{K\text{-}mol})^{-1})$
R_i	式 (13.40) によって与えられる酵素活性増幅パラメータ
$R_{X_i}^{J_k}$	式 (11.7) によって与えられるレスポンス係数
$\boldsymbol{R}$	式 (4.17) によって与えられる冗長性行列
$\boldsymbol{R}_r$	独立な行のみをもつ制限された冗長性行列
S	エントロピー関数 $(\mathrm{kJ}\,(\mathrm{K\text{-}mol})^{-1})$
S_i	i 番目の基質
T	温度 (K)
$\boldsymbol{T}$	式 (8.12) によって規定される化学量論係数行列
v_j	j 番目の反応の比速度 $(\mathrm{mmol}\,(\mathrm{g\,DW\,h})^{-1})$
$*v_i$	i 番目の反応グループのオーバーオールの比速度(活性) $(\mathrm{mmol}\,(\mathrm{g\,DW\,h})^{-1})$
$v_{\max}$	反応を触媒する最大の比速度 $(\mathrm{mmol}\,(\mathrm{g\,DW\,h})^{-1})$
$\boldsymbol{v}$	定常状態における細胞内の反応速度ベクトル $(\mathrm{mmol}\,(\mathrm{g\,DW\,h})^{-1})$
$\boldsymbol{v}_c$	観測されない反応速度ベクトル $(\mathrm{mmol}\,(\mathrm{g\,DW\,h})^{-1})$
$\boldsymbol{v}_m$	観測可能な反応速度ベクトル $(\mathrm{mmol}\,(\mathrm{g\,DW\,h})^{-1})$
V	バイオリアクタの培養体積 (L)
$X_{macro,i}$	i 番目の巨大分子プールの濃度 $(\mathrm{g}\,(\mathrm{g\,DW})^{-1})$
$X_{met,i}$	i 番目の細胞内代謝物質の濃度 $(\mathrm{g}\,(\mathrm{g\,DW})^{-1})$
Y_{ij}	収率係数 $(\mathrm{mmol}\,j\,(\mathrm{mmol}\,i)^{-1})$
Y_{ij}^{true}	真の収率係数 $(\mathrm{mmol}\,j\,(\mathrm{mmol}\,i)^{-1})$
$Y_{x\mathrm{ATP}}$	細胞増殖に必要な ATP 要求量 $(\mathrm{mmol\,ATP}\,(\mathrm{mmol}\,i)^{-1})$
$Y_{x\mathrm{ATP,growth}}$	細胞合成に必要な ATP 要求量 $(\mathrm{mmol\,ATP}\,(\mathrm{mmol}\,i)^{-1})$
$Y_{x\mathrm{ATP,lysis}}$	細胞リシスのために消失する細胞増殖に必要な ATP 要求量 $(\mathrm{mmol\,ATP}\,(\mathrm{mmol}\,i)^{-1})$
$Y_{x\mathrm{ATP,leak}}$	プロトンリークや無駄な経路のために消費する ATP 要求量 $(\mathrm{mmol\,ATP}\,(\mathrm{mmol}\,i)^{-1})$
Z	式 (14.48) によって与えられる現象論的化学量論

ギリシャ文字

α_{ji}	j 番目の反応に対する i 番目の基質の量論係数
$\boldsymbol{A}$	基質の化学量論係数を含む行列
β_{ji}	j 番目の反応に対する i 番目の代謝生産物の量論係数
$\boldsymbol{B}$	基質の化学量論係数を含む行列
χ	式（14.49）により与えられるフォース比
χ_i	式（11.78）におけるパラメータ
δ	測定誤差ベクトル
ε	式（4.20）によって与えられた残差ベクトル
ε_{Xj}^{i}	式（11.11）によるエラシティシティ係数
ϕ_i^j	式（11.103）によって与えられる代謝増幅係数
Φ_i	散逸関数（$kJ\,mol^{-1}$）
γ_{ji}	j 番目の反応における i 番目の巨大分子プールの化学量論係数
Γ	巨大分子プールの化学量論係数を含む行列
η_{th}	熱力学的効率
κ	一般化された還元度
μ	比増殖速度（h^{-1}）
μ_i	i 番目の化合物の化学ポテンシャル（$kJ\,mol^{-1}$）
μ_i^0	標準状態での i 番目の化合物の化学ポテンシャル（$kJ\,mol^{-1}$）
π_{pl}^{i}	式（11.19）によって与えられるパラメータエラシティシティ係数
τ	緩和時間（h）

CHAPTER 1

代謝工学のエッセンス

　微生物に望ましい特性を賦与するために代謝経路を改変しようという方向性は，実際古くから考えられてきたことである．このような戦略が，アミノ酸，抗生物質，有機溶剤，エステル，ビタミンなどなど多種の物質の生産において成功しているのは，ご存じのとおりである．従来の代謝経路の改変には，変異処理とスクリーニング技術が非常に大きな役割を果たしている．これらの技術は，目的物質の生産に優れた菌株を取得すること自体に非常に重きが置かれている．この手法が幅広い物質生産向上の手段として受け入れられ，その結果，多くの成功が収められているにもかかわらず，得られた変異株の遺伝的，代謝的な側面がきっちりと把握されていない場合もある．すなわち，変異処理やスクリーニング技術は，多くの偶然性に期待する点を残しているということであり，そこではこの科学技術が経験的要素に頼ることで，初めて完成されたものになっているのが現状である．

　デオキシリボ核酸（DNA）組換えのための分子生物学的手法の開発は，代謝経路の改変に新しい世界を開いた．遺伝子工学による代謝経路上における特定の酵素（群）反応の精密な改変，すなわち，それは，きっちり把握された遺伝子工学的背景の構成，つまり偶然的な変異処理と異なって，他の酵素活性に影響を及ぼすことなく，特定の酵素（群）のみの改変を行うことが可能となった．組換えDNA技術が，誰にでも使える技術として確立されて間もなく，代謝経路の改変を目的としたこの技術の応用に関する言葉として，いくつかの工学用語が提案された．そのうちのいくつかを紹介すると，分子育種（molecular breeding）（Kelloggら，1981），*in vitro*進化（*in-vitro* evolution）（Timmisら，1988），代謝経路工学（microbialまたはmetabolic pathway engineering）（MacQuitty, 1988; Tongら，1991），細胞工学（cellular engineering）（Nerem, 1991）そして代謝工学（メタボリックエンジニアリング，metabolic engineering）（Stephanopoulos and Vallino, 1991; Bailey, 1991）などである．これらの単語の正確な定義は著者によってさまざまであるが，その目指すところ，意味するところは，おお

1. 代謝工学のエッセンス

むね代謝工学と同じである．ここでは，代謝工学という言葉を"組換えDNA技術を用いた細胞内の特定の（生化学）反応の改変や新しい反応の導入により，指定された目的物質生産や菌体の特性の改変を目指すこと"と定義する．この定義の真意は，目的とした改変や新規導入する際の，特別な生化学反応の"スペシフィシティ"（specificity, 特異性）にあるといえる．ひとたび，そのようなターゲットの反応や物質が，同定されれば，確立された分子生物学的手法により，目的とする遺伝子や酵素の増強，阻害，破壊，トランスファー，調節解除を行うことができる．最終目的に向かって種々の段階で，広い意味でのDNA組換え技術が何度もルーチン的に用いられるであろう．

すべての菌株の改良プログラムにおいて，ある意味でそれぞれに，固有の問題が存在するが，偶発的な変異処理と比較して，代謝工学が，直接的に焦点を絞った方法として強力にその力を発揮するのは，ターゲットになる酵素反応の選択，実験計画のデザイン，データ解析においてであり，これらについて，大きな役割を果たしている．一方，菌株の改良という方向性については，全体としてランダムな変異技術とは異なるという意味では，合理的な設計，改良という意味にはならない．実際，ランダム変異処理により得られた優良な特性をもつ菌株が経路の構造や制御について非常に重要な情報をもたらしてくれる可能性はある．このような情報は"代謝工学とは反対の指向性をもった方法（つまり，ねらった酵素反応の改変により代謝経路を改変するのではなく，細胞の代謝経路が変化したことからその制御機構を理解する方法)"により得られたものである．

すべての伝統的な工学の分野がそうであるように，代謝工学は"解析"と"合成"という2つの側面をもつ．代謝工学はDNA組換え技術を必要不可欠な技術として用いることにより出現してきたので，この分野の初期段階においては，もっぱら，"合成"の側面ばかりが注目された．種々の宿主における新しい遺伝子の発現，賦与された酵素活性の増強，遺伝子の人工的な欠失や酵素活性の調節，転写や調節の制御解除などなどに関する研究である．しかし，そのような段階では，代謝工学は，応用分子生物学のいろいろなテクニックの例示にとどまっており，工学的な内容はほとんど含まれていなかった．バイオプロセスの考察が現実に代謝工学として定量化されるに至っていなかったのである．より重要な工学的要素は，代謝工学では解析の分野に含まれる．すなわち，どのようにして生理学的な状態を定義し得る重要なパラメータを同定するか，代謝ネットワークの制御構造を明らかにするために，この情報をいかに用いるか，目的を達成するために，改良すべき合理的なターゲットをいかに提示するか，ゴールに到達するまで繰り返し経路の改変が必要とされる場合，次の段階の改変の設計を行うために，遺伝子工学的，酵素学的変化が与える真の生化学のインパクトをいかに評価するか，などが問題となる．特殊なケースにしか当てはまらないような方法で，ターゲットを選択するのではなく，どのような改変をすれば，最も確実に改良されると指示を出せるか，これらが，代謝工学の分析の側面で取り上げるべき問題である．

代謝工学の合成という側面における新規な点というのは，個々の反応の代わりに，"統合化された"代謝経路に焦点を当てるということである．その際には，代謝経路の合成，熱力学的な実行可能性（feasibility）（熱力学的に合成されたどの代謝経路が，実現可能か）といった事項が経路のフラックス，制御機構とともに解明されねばならない．すなわち，我々は，個々の酵素反応を扱う工学原理から代謝ネットワークに関与する生化学反応の相互作用を扱う工学原理の追求へのシフトを目の当たりにするのである．つまり，1つひとつの反応を考えるよりも

むしろ，全体の反応システムを考えることによって，全体の代謝や細胞の機能を活性化するための"代謝ネットワーク"の理解が，ここでは最も重要なことである．代謝工学という概念をとおして，それぞれの構成要素の代わりにシステム全体へ関心が移行していくということである．この点に関して，代謝工学は，幅広い還元的情報を駆使して（つまり個々の反応の情報を集めて），合成と設計を行う学問であるということができる．反対に，オーバーオールなシステムの振舞いについての観察は，さらなる合理的なシステムの還元的解析や分析のための最良のガイドとなるといえるだろう．

代謝と細胞生理は反応経路を分析するための主な意味づけを与えてくれるが，フラックスの決定と制御は，より幅広い利用可能性をもっているといえよう．つまり，代謝経路を流れる物質やエネルギーのフラックスに加えて，シグナル伝達における"情報のフラックス"に対しても，同じように代謝工学の概念は適用可能なのである．この情報のフラックスについては，いまだきちんと定義されていないので，本書では，主に，代謝経路への適用について焦点を当てる．しかし，ひとたび，情報の経路の概念が結実すれば，ここに示された多くのアイデアや方法は，シグナル伝達経路の相互作用の研究や外部刺激によって遺伝子発現を制御する複雑な系において有効な応用が期待される．

おそらく，代謝工学は，$in\ vivo$ における代謝フラックスの計測（推定）とその制御の解析において最も重要に貢献していると考えられる．確かに，代謝フラックスという概念，それ自体は，新しいものではない．代謝フラックスとその制御は約30年間，生化学の前進的なグループの中で取り上げられてきた．伝統的な考えをもつ生化学者には，この考えは常に歓迎されて受け入れられたわけではないけれども，彼らの研究の結果として，この30年間を通じて代謝制御という考えは成熟し，厳格に定義されたといえよう．代謝工学は，当初，個々のケースにしか当てはまらないような代謝経路の改変と考えられてきたが，すぐに，メタボリックコントロールアナリシス（metabolic control analysis）という利用可能な基本概念を導入することによって，この代謝経路の改変というプロセスにおいて，厳格な手法の導入を望んでいたエンジニアに対して，大量の成果をもたらす有効な技術となった．"代謝フラックスを定量化する分析と，そこから示唆された遺伝子工学的な改変との組合せが，代謝工学のエッセンス（真髄）である．"といえる．この手法が繰り返し実行されたとき，この手法は幅広い意味と応用を超えて，細胞の特性をシステマティックに改良する強力な方法を提供するであろう．

"フラックス"という考え方は，菌体の生理状態を表す基本的な指標であり，代謝経路の最も特徴をよく表現するパラメータである．図1.1（a）の直線的な経路に対して，そのフラックス J は"定常状態においては"個々の反応の反応速度に等しい．中間代謝物質の濃度がそれぞれの反応速度を定常にするように（すなわち，$v_1 = v_2 = \cdots v_i \cdots = v_L$ のように）調整されていれば，明らかに，システムの定常状態が得られるであろう．遷移状態の間は個々の反応速度は等しくなく，経路のフラックスは可変であり，（普通用いられる，基質の消費速度や生産物の生産速度の時間変化を使っては）うまく定義できない．図1.1（b）のような中間物質Iで分かれるような分岐した代謝経路に対しては，個々の分岐した経路に対し，定常状態で $J_1 = J_2 + J_3$ を満たすような，さらに2つの J_2, J_3 を考えなければならない．各分岐のフラックスは対応する個々の分岐の経路の反応速度に等しい．図1.1（c）に示したように，J_1 のフラックスを J_2 と J_3 の足し合わせとしてまとめて考えた方が便利である場合も多い．この方法では，図1.1（d）に模式的に示したような複雑なネットワークは個々の線形な代謝反応に分解することがで

1. 代謝工学のエッセンス

(a) $\mathbf{A} \xrightarrow[E_1]{v_1} \xrightarrow[E_2]{v_2} \xrightarrow[E_3]{v_3} \cdots \xrightarrow[E_i]{v_i} \cdots \xrightarrow[E_L]{v_L}$

フラックス $\mathbf{J}$

(b) $\mathbf{A} \xrightarrow{J_1} \longrightarrow \begin{array}{c} \xrightarrow{J_2} \mathbf{B} \\ \xrightarrow{J_3} \mathbf{C} \end{array}$

(c) $\mathbf{A} \xrightarrow[J_3]{J_2} \Longrightarrow \begin{array}{c} \xrightarrow{J_2} \mathbf{B} \\ \xrightarrow{J_3} \mathbf{C} \end{array}$

(d)

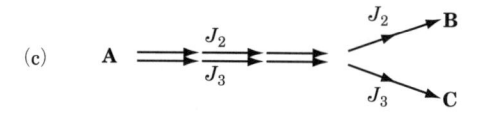

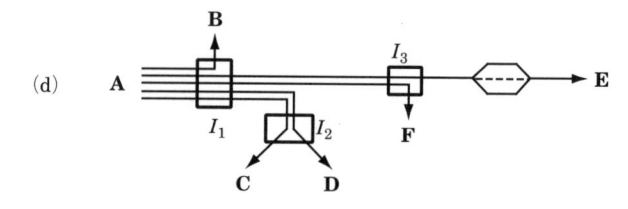

図1.1 シンプルな代謝経路の例.

きる．図1.1のすべての反応に関しては定常状態になり得る必要条件は最初と最後の反応の反応速度を一定に保つことである（このことは，最初と最後の代謝物質AとB, Cなどの濃度を一定に保つことと同じ意味であるが）ということに注意しなければならない．このことは普通ケモスタットとしばしば呼ばれる連続培養の細胞外代謝物質を一定に保つことによって達成される．

代謝工学では，代謝反応とそのフラックスの考えや取扱いが中核をなすので，ここで，その定義と意味をもう少し詳しく述べることが重要だと考えられる．"代謝経路とは，インプットとアウトプットとなる代謝物質によって規定された実現可能な，また，観測可能な生化学反応のシーケンスのすべて"と定義できる．そして，代謝フラックスとは，インプットの代謝物質が経路を経てアウトプットを生成するときの反応速度と定義される．ここで，"実現可能性"や"観測可能性"が重要であることが認識されなければならない．まず，その細胞に存在しない酵素から構成される意味のない反応のシーケンスを考えることは価値がないことであろう．同様に，実現可能な反応の経路であっても，実験的に測定できない基質や生産物間の反応のシーケンスを論じることは，また意味のないことであろう．過去50年間に生化学の研究の結果として構築されてきた代謝マップにはいろいろな見地からの解釈，そして，複雑性が内在しているという点からして，上記のポイントは非常に重要なのである．インプットとアウトプットの代謝物質を特定したとき，複数の生化学反応のシーケンスが存在することがあるが，もし，そのシーケンスが別々に決定できないのであれば，そのことを考えたとしても，どんな新しい

情報も得られない．多くのケースでは，より少ない反応のシーケンスにひとまとめにして，しかも，そうすることによりそのフラックスが測定できるのであれば，その方が便利である．図1.1（d）の例では，代謝物質Eに導かれる各々の反応のフラックスが測定または決定できないのであれば，この2つの分岐した反応経路はひとまとめにして点線で示した反応と考えた方がよいのである．明らかに，より多くの情報をもつ測定値，つまり，この2つの反応経路を分けて考えることのできる観測値を用いた方が，生化学反応経路の解析を発展させることはいうまでもない．*in vivo* の代謝フラックスの決定は，代謝反応フラックスの解析（metabolic flux analysis（MFA））といわれ，代謝工学において中心的な重要性をもつ技術である．

　代謝経路とフラックスという枠組みの中では，代謝工学の基本的な目的は，"代謝フラックスの制御"に対して，寄与する因子やメカニズムは何であるかを明らかにすることといえる．フラックスの制御機構を明らかにすることによって，合理的な代謝経路の改変が行われるであろう．代謝フラックスとその制御の体系的な解析には，3段階のステップが存在する．まず，第一に，できるだけ多くの経路とそのフラックスを観測する手法を開発することである．これができた後に，細胞外の物質に基礎をおいた単純な物質収支をとることである．図1.1（d）のネットワークの代謝物質A-Fの測定を行うことによって示された5つの代謝フラックスを決定することができるが，Fの前の分岐は観測できない．しかし，標識した前駆物質Aを用いることによりFの前の分岐した反応のフラックスの比を決定することができる．このような方法は分岐した反応の1つの解析手段であり，本書でもページをさいて論じるつもりである．代謝経路のフラックスは代謝経路中に含まれる1つまたは複数の酵素の活性と同じではない．事実，*in vitro* の解析で得られた酵素活性のアッセイが実際のフラックス解析に対して何の情報も提供しない場合がある．*in vitro* の解析で得られた酵素活性の研究をそのままフラックス解析に当てはめると間違った結論を導き出すことがあることに注意しなければならないだろう．

　2番目のステップは生化学反応に対してきちんと定義された摂動を導入し，その後にもたらされる新しい定常状態のフラックスを解析することである．すべてのフラックス制御の解析は，特定の分岐ポイントに焦点を絞ることが多いので，イメージをつかむためには図1.2のような分岐経路の概略図を考えるのがよい．この分岐ポイントでは3つの摂動が分岐を解析するために必要となる．そして，それぞれの摂動は別々の分岐の反応に起因するものでなければならない．理想的な摂動は，完全混合連続系の培養によりもたらされるであろう．例えば，連続培養系で定常状態が得られた後に（誘導可能なプロモータを用いるなどして）ある酵素の活性を突然変化させることが必要となる．このような実験は，微生物培養系または細胞培養系において利用可能である．また *in vivo* における植物や臓器の機能のような他のタイプのシステムでは，

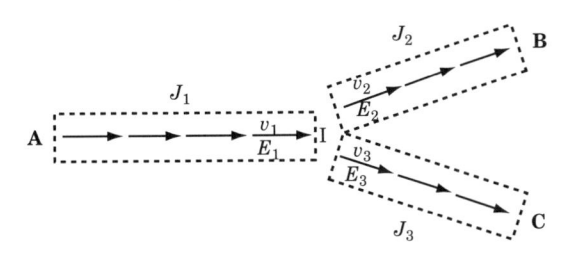

図 1.2 個々の反応がグループ化された分岐のある経路．

● 1. 代謝工学のエッセンス

違った実験設備の構成が必要となる．その他に容易に実装できる摂動の作り方は基質のパルス的な添加や異なる炭素源へのスイッチにより達成されるであろうし，これらの実験から，意味ある情報が取り出せる．摂動は，対応する分岐に影響を与えるどんなものでもかまわないが，分岐ポイントに近い酵素に対して与えられるべきである．そして最終的に1つの摂動は複数の分岐ポイント以上についての情報を与えてくれる．このことは，現実の代謝ネットワークの制御構造を明らかにするために必要な実験数を最小にするのに非常に役立つ．

フラックス制御の解析の3番目，最後のステップは，フラックスの摂動の解析である．明らかに，図1.2の3つの分岐のフラックスの摂動は特別な分岐ポイントの柔軟性を解析するのに役立つ．例えば，J_1の摂動が他のフラックスの分布（2つの分岐の割合）に何の影響も及ぼさなければ，この分岐ポイントは上流の摂動に対して"頑健な（リジッド）もの"として扱うことができる．そのような場合には，分岐の上流の酵素の活性を変えることにより下流のフラックスを変えようという試みは徒労に終わることは明らかである．同様にして他の2つの分岐についても摂動を起こして，その結果を解析すればよい．ここで，重要なことは，インダクションによる反応速度の変化や，または基質のパルス添加によって導入した摂動が，いかに分岐ポイントをとおしてネットワーク中を伝搬するかを理解することである．1つの分岐反応で始まった摂動は，ネットワークの物質をとおして伝搬する．例えば，J_1の増加は分岐点での物質Iの濃度の変化を起こすかもしれないし，起こさないかもしれない．そのことはフラックスによって代謝物質にどの程度影響を与えるかという制御の強さの程度（degree）を反映しているのである．反対に，もしIが変化しても，J_2やJ_3が厳しく制御されているか，Iの濃度がJ_2やJ_3にほとんど影響を及ぼさなければ，J_2やJ_3はほとんど変化しないかもしれない．今述べたことは，分岐点や代謝ネットワークのフラックス制御において，何が起こっているのか説明するシナリオの1つである．フラックス制御解析を行うことは，異なるフラックス制御の構造があれば，分岐比を増幅させたり変化させたりするための戦略は自ずと異なったものになるだろうという点で非常に重要なのである．

代謝フラックスの制御機構を理解することは，代謝工学の重要な目的である．この問題に取り組み始めるとき，見通しの良い示唆を与えてくれるのは，メタボリックコントロールアナリシス（metabolic control analysis（MCA））である（Kacer and Burns, 1973; Heinrich and Rapoport, 1974）．この方法は'70年代に開発され，これにより，代謝経路上の酵素活性，代謝物質，阻害物質や活性化因子のような因子によって制御されている代謝フラックスの制御の程度を定量的に表現することが可能となった．本書はMCAを幅広く理解できるように，書いたつもりである．さらに，基本的な理論を複雑な代謝ネットワークに応用する手法が呈示されている．それは主に，トップダウンMCAという手法と反応のグループ化という手法を中心に詳述される．図1.2に示したように，このアプローチの主な方法論は，（Iのような）分岐点周りの個々の反応を"グループ化"することであり，"グループコントロール係数（group control coefficients）"を導入することによって，グループ化された反応による制御の強さの程度を定量化することができる．この手法が成功するかどうかの鍵は，共通の分岐ポイントIを設けて，グループ間同士のインタラクションを制限して考えられるようにすることによって，グループ化された反応間の相互作用を除くことにある．それゆえ，グループ化を行う際には，この点に注意すべきで，トップダウン法を容易にするガイドラインが本書では述べられるであろう．反応のグループ化やトップダウンMCAを用いれば，通常MCAで必要とされるものより，ずっ

と少ない数の酵素反応からなる,きちんと定義されたグループの代謝フラックスの決定を行うことができるであろう.さらに,個々のばらばらの反応の考察によって大きく影響を受ける,その対象にしか当てはまらないような方法とは違って,合理的な解析の結果として代謝ネットワークのシステムの特性を"体系的に"明らかにすることができるであろう.

代謝フラックス制御のキーパラメータが決定された後,与えられた目的を遂行するために最も効果的な変化を起こすことが検討される必要がある.この目的のためのいくつかのツールがすでに開発され,本書でも紹介することになろう.研究者は,まず第一に,遺伝的な改変を考えがちであるが,遺伝子工学的変化に"匹敵するバイオリアクタの制御"についても見逃してはならない.例えば,もし図1.2の代謝物質Bが目的生産物で,分岐ポイントIは代謝物質Cに関する分岐のフラックス変化に関して,"柔軟(フレキシブル)(flexible)だ"とすれば,Bの生産は分岐ポイントCの最初の酵素E_3の活性を下げることによって増加する.この遺伝的な変化は物質Cの要求性株を取得することにより達成される.そして,菌体増殖と生産速度の比を最適にするようなバイオリアクタにおける代謝物質Cの流加ストラテジーが必要となる.またもうひとつの方策は,酵素E_3を賦与する菌株を分子育種し,その活性を低く保つ系を確立することである.フラックス制御の戦略を実行する方法にかかわらず,このように遺伝子工学的手法と培養環境を制御する手法との組合せが最適な結果を得るためには必要不可欠である.

代謝工学は,非常に広い学問領域にわたる分野である(Cameron and Tong, 1993).多くの学問分野の情報が必要となる.生化学は基本となる代謝マップと生化学反応のメカニズム,動力学,制御に関する情報を提供してくれる.メタボリックコントロールアナリシスが工学の分野で広く受け入れられるようになる以前は,生化学の分野に,そのルーツが存在していたことも付け加えねばなるまい.遺伝子工学や分子生物学は,きちんと特徴づけられた遺伝子工学的背景を構築するためのツールを提供する.これは,フラックス制御の研究の重要な手法となる.さらに,これら2つの分野は目的物質の優れた生産株を育種するための遺伝的な改良のための必要なツールを提供する.また,代謝工学の出現においては,DNA組換え技術が重要であったことを覚えておいていただきたい.事実,DNA組換え技術は,優れた株を開発することを可能にする機動力として,代謝工学の定義付けや発展に大きく寄与した.細胞生理学は,細胞の代謝の,より統合化された視点を与えてくれ,代謝速度や生理状態の表現に対する基礎を確立してくれる.そして最後に,化学工学は,工学的なアプローチを生物システムに応用する際の最も適した橋渡しをする学問である."一般的な意味で,このアプローチは,生物システムに統合,定量化,適正という概念をそそぎ込んだ学問である".もう少し限られた例でいうと,律速段階が存在するようなプロセスの解析において非常に大きな貢献をすることができ,偉大な結果を得ることができるということである.

広い学問領域にわたるという代謝工学の特長は,確かに,それらを目的に向かって結集できるという点である.同時に,関係しているいろいろな分野の学問と,どう違うのかを明確にしなければならない.我々の考えでは,代謝工学のユニークな特徴は,代謝経路とそのフラックス,そして,これを制御している因子という概念の中にあると言ってよい.このことは,シンプルな経路でも,より現実的なネットワークの中でも,いえることである.加えて,*in vivo* の代謝フラックスを決定できる実験的,理論的方法が必要となる.そして,これを完成するために,物質収支,同位体の利用,(核磁気共鳴吸収のような)スペクトル分析法,ガスクロマト

グラフ質量分析法（GC-MS）などが，同位体の濃縮度（enrichment）の測定や鍵となる代謝物質の分子量分布の測定に重要な手法となる．これらの分析手法による測定結果は目的物質に寄与するフラックスの大きさに依存しているので，その結果からフラックスの大きさを推定することができるのである．代謝フラックスという概念，*in vivo* のフラックスの決定方法，そして，そこから体系的に導き出される結論が，代謝フラックス解析（MFA）という工学用語に集約されてきた．これらのことは本書において多くのページ数をさいて詳述されるであろう．

1.1　代謝工学の重要性

　代謝工学は，幅広く基礎的で，実用的な重要性を含んでいる．基本的に代謝工学の貢献は *in vivo* でのフラックスの制御の測定や解析を行えることである．前にも述べたように，代謝マップは，その作成に多大な労力を費やされているにもかかわらず，いろいろな代謝経路をとおして炭素，窒素，エネルギーの流れについての情報をほとんどもたらさない．このマップは，反応物から生成物へ変換するルート，エネルギー，還元当量の変化を表す図を提供してくれるが，ある特定の条件の下で活性な"実際の経路"を示すものではない．"代謝フラックスの解析とは，全体の代謝プロセスの中で用いられている経路を解析することである"．さらに，フラックスの制御機構を明らかにすることにより，鍵となる分岐ポイントで，測定フラックスやフラックス分布を合理的に変更するための基礎を与えてくれる．これらのフラックスは *in vivo* の条件で決定されるので，*in vitro* と *in vivo* の酵素の振舞いの違いを明確に比較することができる．最後に，異なる菌株について代謝フラックスを比較することにより，一般的な基礎をもつことができる．そのような菌株間の違いによる発酵特性に差異があるとしても，鍵となる分岐点周りのフラックス分布が変化しなければ，その差異は目的に対して重要なものではない．

　代謝工学は，生物学の研究において化学工学者が活躍するために最良の方法を提供してくれる．というのは，代謝工学により，代謝ネットワークの反応の解析に動力学，移動現象論，熱力学という化学工学の核となる手法をもち込むことが可能となったからである．この意味で，代謝ネットワークを大規模化学プラント全体と考えれば，個々の酵素反応を単一プラントと見立てていることに対応し，化学工学のネットワークの設計，制御，最適化の概念が役に立つのである．つまり，選択された酵素活性を増幅することで炭素フラックスをスケールアップしようという試みにおいて，化学プラントでいくつかの鍵となる単位操作を調節しながらスケールを上げるという，スケールアップの概念を使うことができる．同様に，収率の最適化は，最適なフラックス分布を達成することにより副生産物の生成を最小化することに帰着される．もちろん，これらのフラックスの最適化はフラックスの制御機構が最初に同定され，よく理解された後に，もたらされることは，いうまでもない．

　代謝工学の今ひとつの特徴は，この分野において，特に情報の統合と定量化を指向している点である．代謝工学の重要な目的は，望ましくは，個々の構成要素，つまり，個々の生化学反応の情報を統合して，代謝経路の機能を理解しようといところにある．しかしながら，システムとしての現象は，単純に個々の反応の和として表現されるのではなく，1つの反応についての遺伝子工学的，酵素工学的情報から細胞の現象を再構築する際には，複雑性を扱わなければならないかもしれない．還元主義的な長年の研究から得られた過剰なまでの個々の断片的な情報が統合されることによって，細胞の様子を記述できるようになることが望まれるようになるだろうと予想される．この必要性はゲノミクスなどの爆発的な情報量が入るにつれ，いっそう，

1.1 代謝工学の重要性

はっきりしたものになるだろう．代謝工学は，有用物質の生産やプロセス開発のために，生物学的情報の質を向上したり，合成したりする価値ある場を提供する．同様に将来，基本的な生化学の分野で話題となっている問題——つまり一般的な生物学的制御の構造，階層的な調節の機構，酵素反応のチャネリングの効果など——の問題に代謝工学の考えが貢献するであろう．

細胞のメカニズムの研究にとって，代謝工学により提供される知識的枠組みの中で，最大の結果を達成するためには，適当な観測が必要とされる．代謝工学は，代謝やその他のネットワークの機構を解読するための重要な観測値を規定する戦略的な役割を果たす．代謝ネットワークという意味からいって，この方法は，すでに，$in\ vivo$ のフラックス計測に関する関心の高まりにおいて，貢献してきたといえる．ネットワーク情報に関して，同様に，タンパク質の関与する反応カスケードによるフラックスの情報を明らかにしたり，定量化したりする必要がある．そのような観測情報はこの代謝工学の枠組みの中で有用であるのは明らかであるから，さらにそのような観測を得るための努力が加速するだろう．

前に述べたように代謝経路のフラックス制御の構造を明らかにすれば，細胞を触媒として考えたときの最適な酵素の特性の合理的な設計を行うことができる．遺伝子導入や酵素の改変を行うことは分子生物学のツールを使えば，具体的に行うことができる．しかし，実際，ここ数年でこれらの技術は，急速に進歩したといえるけれども，ターゲットの遺伝子や酵素の同定のために，代謝経路の分析を行うことが，細胞の機能を直接最適化する際の"律速"要素であると考えられる．現在，現代分子生物学のパイオニア的発展以降，20年間を経過してもなお，(酵素の工業生産という例を除いて) 燃料，化学物質，材料生産などの分野で重要な貢献がみられないという事実の一因はこの理由による．このことは，最初の4大バイオテクノロジー会社の2社までが，上述のような分野をターゲットとして選んでいたにもかかわらず起こってしまったことなのである．医学的分野への応用へという興味の変化が，技術的な容易さ，ヘルスケアの分野への経済的な魅力とあいまって起こったことも要因である．バイオテクノロジーの応用分野は，しかし，急速に変化し，将来，多くの物質生産が工業的に行われるであろうことは予想される．それには3つのドライビングフォースが考えられ，そのうちの，2つは経済的理由によるもので，もうひとつは，技術的な問題であると考えられるが，そのことを以下に述べる．

最初のドライビングフォースは，増え続ける工業原料としての炭化水素のニーズである．バイオテクノロジーによって，多様な天然資源を原料として用いることが可能となる．これらの生産物のうちいくつかは，すでに市場が開発され，その他の物質についても今後，ビジネスとなるチャンスがあるだろう．2番目のドライビングフォースは，化学産業の生産コストに比較して，バイオテクノロジーによる生産コストが減少する傾向にあることである．この傾向の原因は完全に明らかなわけではないが，大規模な発酵プラントの経済性の向上や化学プラントが環境に与える影響から発生する責任の重みの増加といったことが，この傾向を生んでいるように思われる．我々は，生物を利用したすべてのプラントが，まだ完全に，化学プラントに競合していないことに注意すべきではあるが，幅広い意味で，化学製品とバイオにより作られた製品のコストの上昇カーブは傾きが異なり，近い将来逆転するであろうと思われる．産業界の科学者によれば，この傾向を加速させる重要な項目は代謝工学によってバイオプロセスの生産の選択性を改良することにより，もたらされるであろうと予測されている．

最後のドライビングフォースは，現代分子生物学による技術の発展である．まだ，望みの酵

1. 代謝工学のエッセンス

素にふさわしい能力の活性を与えられるという段階には至っていない．しかし，近年のこの分野の技術の進歩は，代謝ネットワークの中の重要なの酵素の同定や目的の生産物の収率を向上させるような機能の改変を可能にするのではないかという楽観的な期待を抱かせる．

　代謝工学が，現在，発酵工業生産において重要な役割を果たしているものの1つに熱可塑性プラスチックの1つであるポリヒドロキシアルカノエートがある．これは，発酵生産とともに，植物によるものも指向されている．次に新規生産物の候補として，注目を浴びているのはポリケタイドである．また，ゴム，溶剤，多糖，タンパク質，多様な抗生物質，食品，バイオガス，オリゴペプチド，アルコール，有機酸，ビタミン，アミノ酸，バイオセルロース，グルタチオン誘導体，脂質，オイル，色素などが現在，生物生産されている，もしくは，主に微生物の代謝経路の改変による生産性向上のターゲットとなっている物質である．代謝工学の原理を用いたブレークスルーが，これらの物質の生産の効率と経済性に，直接，大きなインパクトをもたらすであろうと考えられる．

　産業という観点からいって，究極の，そして，実際的な代謝工学の最終目的は"最適なバイオ触媒"の設計と創成にあることが強調されなければならない．ここでいう最適という言葉の意味は，目的生産物の最大収率または最大生産性の達成にある．この意味で，短期的な予測をするのは難しいけれども，代謝工学の長期的なインパクトを見越す1つの手段としては，化学工学と化学産業の関係のアナロジーとして見ることは適当なのではないだろうか．つまり，学問のインパクトは，中核に位置する新しい産業の近くで生まれるだろう．利用可能な応用分子生物学から生まれてくるだろう．ちょうど化学という学問の周りでそれを産業として生かす際に化学工学という学問が1世紀前に生まれたように，生物化学工学（生物学的代謝工学）が分子生物学の応用を産業の発展に生かすことを目的として創成されていると予想される．代謝工学のパラダイムの中心は化学工学をモデルとして草案されているいえる．この意味では，生物プロセス中におけるプロセス最適化のための生体触媒の開発を目的とした代謝工学は，長年化学プロセスの中で触媒が果たしたのと同じ役割を果たすであろう．ちょうど多くの化学プロセスが適当な化学触媒が開発されて初めて実現化に進むように，莫大なポテンシャルをもったバイオテクノロジーは，代謝工学を通じて，生体触媒が利用可能となったときは初めて重要な進歩を達成するであろう．多くの微生物種や生物種のゲノムシークエンスの決定などの研究活動や成果は，これらのことが，現実化に近づくための可能性をもたらしてくれるだろう．代謝工学の長期にわたる産業への貢献の能力が評価されるべきである．

　上に述べたような製造工業への応用に加えて，代謝工学は医療の分野にも強いインパクトを与えるであろう．ここでは，主に，医薬開発の特別なターゲットを同定することや遺伝子治療による新しい治療法の設計に重きをおいて述べたい．そのようなアプローチは現在，ある種の疾病に対して推察される単一の酵素反応をターゲットとして研究が行われている．しかし，単一ステップの治療が人間の体内でのシステムの変化を起こすという保証はない．この意味で，医学的応用は，工業生産物の最適生産を考察したときの代謝工学の役割と変わりはないのである．より優れた分析実験のデータの解析や医療のためのターゲットの合理的な選択を通して，代謝工学による治療法の開発が重要となる．

　近年，その化学構造の中に，多くの光学活性中心をもつような医薬が多種，生産されている．そのような分子の設計は，有機化学合成では困難で，そのような困難なステップ（一段階の場合もあるし，多段階の場合もある）には酵素反応が組み込まれることが多い．オーバーオール

の生産のために必要な酵素をすべて発現できるような遺伝子を単一の微生物に導入することが望ましい．異なる微生物種からの，そのような遺伝子の同定と導入，そして宿主内での発現は，今日の薬品製造業界にとって非常に魅力的なテーマである．この応用は，1つひとつの別々の空間に存在する酵素では，不可能な反応を可能にしてしまうという代謝工学の原理のまた違った側面でもある．代謝工学をとおして開発されたこのような技術は，薬品の製造にも大きく貢献するだろうと考えられる．

最後に，代謝工学の考え方やツールを医療分野における細胞や in vivo の臓器全体の機能および代謝の解析に応用することについて述べてみたい．おそらく，肝機能の分析を例にとるのが最もわかりやすいであろう．肝機能のシステムとしての研究は，一般的に非常に進んでいるが，いろいろな肝細胞内機能の臓器全体への影響の解析はあまり明らかにされていない．例えば，肝臓の代謝は糖新生やアンモニア除去による尿素の生産に大きな役割を果たしている．さらに，アミノ酸の取込みや生産にも複雑にかかわっている．さらに，これらの機能は，やけどをおったときやサイトカイン，グルカゴン，ハイドロコルチゾン，エピネフィリンなどのようなストレスホルモンに反応して大きく変化する．肝臓は代謝プロセス全体としては受け身の臓器ではない．むしろ，反対に，体内からの窒素の除去，グルコースの生産，生理状態に影響を及ぼす酸化還元状態，エネルギー状態の制御に関してアクティブな役割を果たす．これらの機能によりもたらされる生化学反応は，十分詳細に調べられている．しかし，炭素や窒素がどのように各反応で変換されているのかは知られていない．特に，炭素や窒素のフラックス分布を制御している因子が解析されていない．そのような因子は，肝臓が正常な状態に保たれるように働いているはずであるし，やけどをおったようなとき，つまり，摂動が起こった場合には，応答するはずだから，このような因子を同定し，解析しなければならない．それゆえ，この分野の研究は，正常状態での糖新生，尿素生産，アミノ酸生産に貢献する肝細胞の主な代謝経路を見つけて調べることから始めなければならない．これは，環境条件を制御できるようなシステムにおいて，肝臓を灌流することのできる連続システムを構築することにより行うことができる．特に，上述のネットワークのフラックス，やけどによる変化，サイトカインやホルモンのようなメディエータの導入による酵素動力学や代謝反応の変化の検討が必要である．最後に，肝細胞培養における鍵となる代謝経路が正常状態とサイトカインやホルモンに刺激されて摂動した状態で測定されなければならない．両者の違いは，*in vivo* の酵素動力学や臓器全体の機能の変調についての意味のある情報を与えてくれるだろう．この種の研究を通して，肝臓のような臓器の統合された機能が，よりよく理解され，個々の生化学反応の再構築もまた可能となるであろう．

1.2 本書の概要

代謝経路を明らかにすることを目的としたアプローチや本書で示す代謝工学は，一般的に応用がきくものである．しかし，いくつかの学問分野については，その性質によって，他よりも分析に，より重きが置かれることもある．本書で示唆される方向と他の分野の中で同様の目的をもって進む方向との隔たりがあること，例えば代謝フラックスを求めることと，代謝フラックスコントロール係数を求めることとには，隔たりがあることにも注意しなければならない．他の分野では，代謝フラックス，フラックスコントロール係数，酵素の柔軟性（elasticity）のパラメータやその他のパラメータを得ることが一般的に単純な生物システムを使って行われ

1. 代謝工学のエッセンス

た．例えば，競合する経路を欠失したような変異株を用いると，それによって，数少ない，細胞外代謝物質の時間変化速度から直接フラックスを測定することができる．

　このアプローチにもいくつかの興味深い結果が示されているのだけれども，一般的には，多く理由により，現実に対する限界が感じられる．すなわち，現象を単純化した変異株系をいつも構築するのは簡単ではない．そして，単純化された系はもとのシステムと異なった振舞いをするかもしれないし，変化を起こしたシステムで観察された経路はもとの経路とどのように関係するか全く明らかではない．ここで用いる方法は，変化を起こさない生物システムそのものを，実測できる多くの観測値を使って研究することである．この方法では，代謝フラックスは，菌体外物質の反応フラックスの測定値やラベルされたフラックスの測定値が最もうまく説明できるように再構築された代謝ネットワークから推定される．フラックスの決定の過程でできるだけ大きい冗長性を確保することによって，実際，$in\ vivo$ のフラックスの精度を非常に高くすることができるのである．

　いくつかの点で，フラックスの決定と材料構造の特徴付けの間にアナロジーを見ることができる．材料科学の分野では材料の全体構造を与えるような単一の方法はない．その代わりに，多くの異なる手法が応用され，実験測定値と仮定された構造からその結果を推定したときの最も確からしい構造が決定される．同様に多くの種類の独立した多次元の観測が仮定した構造から正確に推定されるようなフラックス推定を行うことができる．いくつかのフラックスの測定が実際可能であれば，それは計算されたフラックスを直接的に確かめる材料となる．

　今まで述べたようなアプローチが最も利用可能となる実験系をはじめに詳述することは重要である．そのようなシステムは，興味のある微生物や動物細胞が増殖し，定常状態にあるような連続培養系により構築される．流加培地中またはリアクタから排出される培地中の代謝物質の測定により，主な代謝物質の生産または消費速度を正確に推定することができる．さらに，ラベルした基質を培養槽に規定量パルス添加することができる．ラベル物質は，菌体にいったん，取り込まれ，異なる分子に変換されて，分泌物の中に排出される．最終生成物の中へのラベル物質の濃縮の程度を分析することやNMRスペクトルのピークの詳細な分析をすることによって，代謝フラックスの証明が行えるであろう．この実験系の重要な観点は定常状態であるということである．定常状態は連続系において長時間の緩和時間（レジデンスタイム）を経た後に達成される．そのような条件のもとで代謝フラックスは定常状態となり，メタボリックコントロールアナリシスによって決定される重要な応答の定量化が行える．この実験時間を短縮化するために，しばしば，回分や半回分の培養系が連続培養系に代わって用いられる．しかし，この場合には，フラックス解析に用いることのできるデータは全データのごく一部であることに注意しなければならない．つまり，環境条件が安定しているような状態のときのデータのみが意味のあるデータとして用いられる．さらに，実験条件を体系的に変更するには，限界がある．明らかに，連続培養系は，微生物や動物細胞の研究のために適したシステムである．植物細胞培養や臓器灌流の系においても同様な解析を行える実験系を確立する必要がある．臓器全体を灌流する方法は，肝臓の機能の解明のために早くから提唱されてきた方法で肝臓の統合化された機能を連続培養系と同じ考えで解析できる．

　本書は内容的に二部で構成されている．読者の生化学的，代謝的な情報のレベルに差があるかもしれないので，前半（1～5章）では，一般的な代謝工学の概論をわかりやすい定量化の枠組みとともに示すことにした．本書は他のすばらしい生化学の教科書にとって代わろうという

つもりはない．最終目的は，むしろ総括的な代謝という意味でこれらの情報を統合すること，化学反応工学の概念を用いてこれを合理的に定量化することにある．2章では，まず輸送現象の観点から細胞反応を概説しており，続いて，異化反応や同化反応を含む基本的な生化学反応がレビューされる．重要な要素としては，異化反応から得られるエネルギーと同化反応で使われるエネルギーのバランスである．というのは，細胞合成や生産物生産にとって真のエネルギー収率は非常に価値ある情報だからである．これらのバランスにより，全体の代謝における多くの異なった反応を各反応で消費や生産に使われた結果として統合化することができる．

3章では，細胞反応のモデリングのための理論的枠組みを理解させる．ここでは，反応速度を決定するために，細胞反応の量論バランスの考え方，動的な物質収支について述べる．細胞機能のエネルギー消費に関する仮定を加えることにより，経験的に観察されてきた有用な係数や反応速度を導入することができる．最初に示した原理と妥当な仮定により，実験データの説明に対する合理的な基本事項が形成されるだろう．反応速度式は一般に，細胞のモデルを構築するには，非常に大きな不確定性をもっている．それゆえ，生化学反応速度に関し，反応動力学の情報は入れずに，元素バランスやエネルギーバランスからのみ抽出される情報量を調べることは意味がある．このことは，4章の主要な事項である．またこのことにより生物システムが満たさなければならない測定の基準という考え方につながっていく．この基準は，基本的な元素バランスから誘導され，測定と仮定した生化学反応機構の妥当性（consistency）をテストするのに役に立つ．これらのバランスが満足されなければ，測定値の中か，または，仮定した生化学の情報の中に誤差があると考えなければならない．第一部の最後には代謝反応の調節（レギュレーション）を説明する．遺伝子の転写や酵素の調節が，単一の酵素や遺伝子のレベルから，オペロンや細胞全体のレベルにわたり階層的に説明される．酵素レベルでの影響因子（エフェクタ）や阻害因子（インヒビタ）の効果を定量的に表すモデルも示される．

後半（6～14章）は，代謝経路の操作の応用の実例についての幅広い概説から始める．これは6章で述べる主要事項であり，代謝工学が有益に使われていることが示される．これらの多くの例を示す際に，代謝工学の応用の分類については，一部CameronとTongによって示唆された分類法（1993）に従った．この分類法は，主な基準として機能を判断基準に用いている．例えば，宿主によってすでに生産されている化学物質の生産性を改良する例，増殖や生産物生成のための基質の利用可能性の範囲を拡張する例，毒性物質の分解能をもたらす新しい異化反応経路与える例，宿主にとって新しい生産物を生産させる例，細胞の特性全体を劇的に変化させる例に分類している．ほとんどの例では，問題とともに扱われている代謝経路の詳細が示されるであろう．それに続いて代謝工学によって問題を解決するアプローチが示される．これらの多くの例を見ることによって，読者は幅広い分野で，将来，他の同様な例に対してもどのような方法が有効かが模索できるようになるだろう．

代謝工学の重要な最終目的は，特定の生産物の新しい生合成経路を示唆することである．これは，特定の酵素反応のデータベースの中から，反応物と生産物を特定したときにすべての可能な反応経路を合成することにより，達成されると考えられる．問題は非常に複雑で，大量の経路が生成し得る．すべての経路が代謝経路として完結し，しかも同時に，妥当な計算時間で解を提出できる利用可能な方法が7章に示される．

代謝フラックスアナリシスは8章において詳述される．理論的背景が，まず示されるが，その際，解像度と複雑さを解決するための情報の量と質が議論される．そこに含まれる代謝経路

1. 代謝工学のエッセンス

の数と測定値の数によってシステムがうまく決定されたり，されなかったりすることが示されるだろう．異なるタイプの分析が個々のケースで示される．細胞外の物質の測定により細胞内のフラックスを決定する方法が8章に示される．明らかに，細胞外の物質の測定のみでは，フラックスの推定には限界がある．より多くの物質を測定すること，特に同位体ラベル物質を使うことによって，フラックスやフラックスの分岐比が決定できる．いくつかの例を通して，物質収支，放射能ラベルの利用，スペクトル分析法の利用，ガスクロマトグラフィ質量分析計(GC-MS)からの測定値をいかに行うかが，9章で示される．代謝フラックス解析の説明は10章で述べられる2つの例を通して完結する．それは，バクテリアによるアミノ酸発酵と動物細胞培養の例である．

フラックスの制御を明らかにすることは，各々のフラックスに対する制御の強さの程度を定量的に示す感度解析の枠組みの中で最もうまく行われるだろう．メタボリックコントロールアナリシス(MCA)は，1つの酵素や酵素活性に影響を与える因子の（酵素への）局所的な制御とシステムの全体の制御を示す方法である．MCAの枠組みの中では，"局所的な（ローカルな）"酵素動力学と"全体の（グローバルな）"代謝経路の制御を関係づけることが可能である．また，ネットワークを構成している個々の酵素反応から，全体のネットワークを再構築することを可能にしている．MCAの基本的な概念が，直線状の代謝経路と，分岐をもつ代謝経路における例を通して11章で述べられる．フラックスの制御，代謝物質の制御の測度（メジャー）としてフラックスコントロール係数を用いて多くの議論が行われる．利用可能な情報の量に依存して，厳格で定量的なMCAのアプローチか，5章で示したより定性的な代謝物質の評価や分岐点（ノード）の頑健さ（rigidity）のアプローチかが選択されるべきである．11章は，大きな摂動の理論を示すことによって締めくくられる．これは，重要なMCAの発展であり，現実的な大きな摂動実験から，フラックスコントロール係数を決定することができる方法を示している．これはMCAが当初，数式的に微少摂動を基礎にしていたのとは対照的なものである．

MCAを，より複雑なシステムに応用しようという際には，システムの反応の数が非常に大きくなるということが問題となる．反応のグループ化はトップダウンアプローチの一部であるが，12章において説明される．グループ化の規則は，信頼のある"グループ"コントロール係数の推定のために開発された．この係数は，グループエラスティシティ係数とともに13章で定義される．これらの係数は，複雑な反応ネットワークを体系的に解体したり，分析したりする測度となる．この方法は，完全に明確に得られている代謝経路のモデルを用いたシミュレーション実験を通じて紹介される．完全に明らかにされているモデルを用いることは，実際のフラックスを最適化する実験において，非常に時間も研究費も費やすステップについて，これらを避けて通ることができるという点で有効な手段となる．この章では，代謝ネットワークで重要な分岐点を同定する反応のグループ化の規則の応用について述べる．これらの分岐点周りでのグループ化と対応するグループコントロール係数は，各グループ反応が，目的とするフラックスや代謝物質を制御する強さの程度の測度を与える．このアプローチにより，複雑なネットワークのフラックスの制御の絞り込みが可能になる．これらの結果を用いた直接的なフラックスの増幅法が13章で示される．ここでの目的は，よく行われるような，1つの反応を増幅するのではなく，選択された複数の反応の増幅を調整することにより，ネットワークのフラックスを活性化しようというものである．12章と13章で示されるアプローチは，いくつかの仮定を含んだグループフラックスの測定，大きな摂動の理論に基づくものである．それゆえ，これら

の仮定が，満足されているかを確認することは大事で，この目的のためのテスト法が開発され，13章に示される．

　14章は本書の最終章である．この章では，細胞の経路におけるいくつかの重要な熱力学的な概念が示されている．最初に，生物反応の適切な熱力学的概念が概説される．そして，個々の反応に対するGibbsの標準自由エネルギー変化の大きさや符号に基づいて，熱力学的実現可能性を反応経路の問題に拡張する．代謝物質の濃度の変化で正の標準Gibbs自由エネルギー変化を乗り越えようという考え方には，限界があることが示される．正の標準Gibbs自由エネルギー（ΔG^0）の反応の数を増やすと，大きな正のΔG^0を乗り越えるために，必要な全体の濃度変化もまた，大きくなる．代謝経路の中で許される最小の濃度を限界として与えれば，熱力学的に実現不可能な反応や反応の組が同定される．つまり，局所化された，または分散した熱力学的ボトルネックが代謝経路の中で，生成するのである．熱力学的なボトルネックは，動力学とは必ずしも関係ある必要はないけれども，熱力学的分析からも動力学的ボトルネックについての情報が得られる可能性はある．このことは熱動力学（サーモカイネティクス）や不可逆的熱力学の考え方を使って説明される．

文　献

Bailey, J. E. (1991). Towards a science of metabolic engineering. *Science* **252**, 1668-1674.

Cameron, D. C. & Tong, I.-T. (1993). Cellular and metabolic engineering. *Applied Biochemistry Biotechnology* **38**, 105-140.

Heinrich, R. & Rapoport, T. A. (1974). A linear steady-state treatment of enzymatic chains. *European Journal Biochemistry*. **42**, 89-95.

Kacser, H. & Burns, J. A. (1973). The control of flux. *Symposium Society of Experimental Biology* **27**, 65-104.

Kellogg, S. T., Chatterjee, D. K. & Charkrabarty, A. M. (1981). Plasmid-assisted molecular breeding: new technique for enhanced biodegradation of persistent of toxic chemicals. *Science* **214**, 1133-1135.

MacQuitty, J. J. (1988). Impact of biotechnology on the chemical industry. *ACS Symposium Series* **362**, 11-29.

Nerem, R. M. (1991). Cellular engineering. *Annals of Biomedical Engineering* **19**, 529-545.

Stephanopoulos, G. & Vallino, J. J. (1991). Network rigidity and metabolic engineering in metabolite overproduction. *Science* **252**, 1675-1681.

Timmis, K. N., Rojo, F. & Ramos, J. L. (1988). In Environmental Biotechnology, pp. 61-79. Edited by G. S. Omenn. New York, NY: Plenum Press.

Tong, I.-T., Liao, H. H. & Cameron, D. C. (1991). 1,3-Propanediol production by *Escherichia coli expression* genes from the *Klebsiella pneumoniae dha* regulon. *Applied and Environmental Microbiology*. **57**, 3541-3546.

CHAPTER 2

細胞の代謝

　3章で扱う代謝経路の化学量論は，細胞の代謝反応の定量的な取扱いのための基礎となっている．これを行うためには，生細胞に通常存在するいろいろな経路を把握する必要があるのに加え，いくつかの基本的な生化学プロセスを正しく認識することが必要とされる．本章では，生細胞の基本的な代謝機能を概観する．最初に細菌や真核微生物などの代謝に焦点を当てるが，より高等な真核生物についての話も含める．一般的な生化学の概念や代謝プロセスのより深い理解を得たい読者は，多くの優れた生化学の参考書があるので参考にされたい．ここでは，その一部を挙げておく（例えば，Zubay, 1988; Stryer, 1995; Voet and Voet, 1995）．この章の目的は，通常の生化学の教科書にとって代わろうとするものではなく，細胞の代謝反応の全体を通して見て，生化学の概念を構築することにより，通常の生化学の教科書にある内容を網羅しようという試みである．その意味で，本章は，内容的には集約されており，大学入学後の初等の生化学の講義を終えたような少し生化学の知識をもつ読者にとってちょうど適当なものであると思われる．

2.1　細胞の代謝の概観

　生細胞は多くの異なる分子や代謝物質から構成されている．この中で，最も大きい割合を占めているのは水であり，細胞材料の約70%が水である．残りの細胞の構成成分は普通"乾燥菌体"と呼ばれるが，表2.1に示すように，DNA，RNA，タンパク質，脂質，炭水化物のような巨大分子からなっている．これらの巨大分子を合成したり細胞の機能として組織化したりすることはいくつか独立した反応によって起こる．これらの巨大分子合成のための前駆物質の数はそれほど多くない．はじめに，グルコースや他の炭素源から代謝物質が得られ，さらに，生化学反応によって定常的に変換されて，低分子物質の蓄積（プール）となる．これが，巨大分子の前駆物質として速やかに使われる（図2.1）．細胞全体におけるさまざまな細胞成分の合成

●2. 細胞の代謝

表2.1 *E.coli* 細胞内の巨大分子の平均的な含量[a].

巨大分子	全乾燥重量に対する%	分子の種類
タンパク質	55.0	1050
RNA	20.5	
rRNA	16.7	3
tRNA	3.0	60
mRNA	0.8	400
DNA	3.1	1
脂　質	9.1	4
リポ多糖	3.4	1
ペプチドグリカン	2.5	1
グリコーゲン	2.5	1
可溶性プール	3.9	

[a] データはIngrahamらによる（1983）．

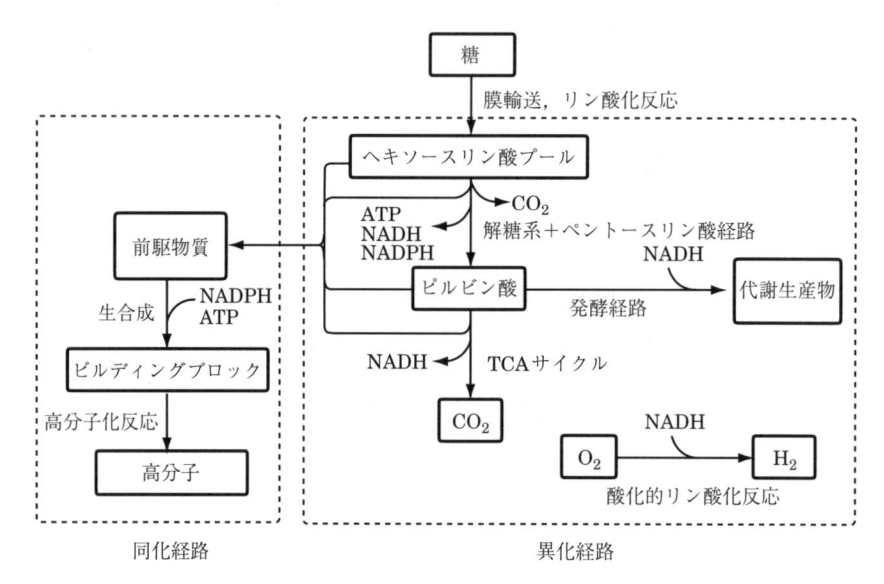

図2.1 糖からの細胞合成までの経路の概要．糖は菌体に輸送され，リン酸化されてヘキソース一リン酸プールに入る．リン酸化反応は輸送プロセスとは独立に起こる場合もあるし，連動して起こる場合もある．ヘキソース一リン酸は解糖系に入り，ピルビン酸に変換されるか，または，炭水化物の合成に使われる．次にピルビン酸は，呼吸サイクルに入って二酸化炭素に酸化されるか，発酵経路を通して代謝物質に変換される．好気生物では，解糖系やTCAサイクルで生成するNADHの形をした還元当量が酸化的リン酸化反応でNAD$^+$に変換される．一方，嫌気生物では，NAD$^+$の再生は，発酵経路で起こる．解糖系における中間代謝物とTCAサイクルは，構成要素の生合成のための前駆体を作る．これらの構成要素は高分子化されるが，それは最終的には種々の細胞構造へと組み込まれる．

ということを基礎にしたとき，次のように分別できる（Neidhardtら，1990）．

- 細胞形成反応は巨大分子が修飾され，指定された場所へ輸送され，細胞壁，細胞膜，核など細胞の骨格を形成する反応である．これらの反応は本書では，これ以上扱わない．
- 巨大分子合成反応は，活性化された分子を直接，順番に長鎖（分岐状の，あるいは非分岐状の）高分子鎖へつなげる反応である．これらの反応により，比較的多くの"構成要素"

から巨大分子が形成される．
- 生合成反応は巨大分子合成反応で使われる構成要素を生産する反応である．これらの反応を通じて，補酵素やシグナル分子のような代謝因子も生産される．普通，生合成経路と呼ばれる1つの機能単位は数種から十数種ぐらいの数の連続的な素反応からなり，1つあるいは複数の構成要素を生成する．代謝経路は簡単に認識され，しばしば要素の中で制御される．いくつかのケースにおいて反応は酵素によって触媒されるが，その酵素は，オペロンを形成している遺伝子の組のmRNAから転写，翻訳により生成する（5章を参照）．すべての生化学反応経路は，1つの"前駆物質"から始まる．代謝経路が直接，そのような前駆物質からスタートする場合もあるし，その他は，関係している代謝経路の中間代謝物質や最終生成物から枝分かれしてスタートする場合もある．
- エネルギー代謝反応は，多くの生合成に必要な多くの前駆物質を生成する．さらに，ATPという形でGibbsの自由エネルギーを生成する．ATPは，生合成，巨大高分子合成，細胞骨格形成反応のために使われる．また，エネルギー生成反応は生合成に必要な還元力を生成する．エネルギー合成反応は，"異化経路（分解と酸化反応）"と呼ばれるすべての生化学反応を含む．

異なる生化学反応は，いくつかの反応に関与する物質によって関連している．例えば，ある代謝物質は，1つの反応の系列と他の系列を結びつける分岐点として存在する．他のレベルの経路の統合は，非常に多くの反応に登場するATP，NADH，NADPHのような通貨代謝物質（currency metabolites）を介して行われる．エネルギー生化学反応の中心的な役割のおかげで，図2.1に示されたように，コファクタの連続的な生成と消費は個々の反応を同じ経路の中で，また，異なる経路間にわたって関係づけている．

生化学反応は，長い反応経路の中で代謝物質の連続的な変換を通して化学的に組織化されている．また物理的にも細胞の異なる部分や構造の中で物理的に組織化されているかも知れない．この物理的な組織化は真核微生物において最もわかりやすい．個別のあるいは一連の生化学反応が局所化していることは，例えば，膜構造により，目に見える形で証明されている．すなわち，DNAやRNA合成は核で起こり，多くのエネルギー反応や生合成反応は，ミトコンドリア内で起こる．この構造的な組織化は，全代謝に対して大きな影響をもたらす．しかし，その複雑さと局所的な物質の濃度に関する詳しい情報の欠如のために，代謝反応の組織化の構造的な見地から見た考察は当分のところ難しいものと考えられる．

代謝反応や代謝経路の物理的，化学的組織化に関してはひとまずおくとして，もうひとつの有用な分類分けの基本は系を特徴づける変化の速さを時間で表現するダイナミクスの表現である．細胞代謝に含まれる多くの異なる反応はいくつかの経路のダイナミクスや細胞全体の増殖に寄与している．異なる時間スケールでいくつかの反応が進むので，反応経路を考えるとき，同じような時間スケールで進む反応だけを含める必要がある．遅い反応の上流にある，より速い反応は平衡反応と仮定できるし，遅い反応の下流の反応は定常反応と考えることができる．一方，極端に遅い反応はその反応が考察している対象の時間スケールに対してほとんど影響しないので無視することができる．与えられた時間スケールで反応の関連性はいくつかの反応の緩和時間により評価される．緩和時間は1次遅れプロセスと仮定された反応の時間特性として定義される（Box 2.1）．図2.2に生細胞において機能している異なるプロセスの緩和時間を示

2. 細胞の代謝

Box 2.1　緩和時間（時定数）

反応物の濃度に対する1次反応で示される化学反応では，

$$r = kc \tag{1}$$

緩和時間（1次遅れ時間）は反応速度定数の逆数として定義される．

$$\tau = \frac{1}{k} \tag{2}$$

緩和時間はプロセスの特性時間を表している．システムがある定常状態から少し変動したら，変動前の定常状態から変動に対して起こる新しい定常状態の距離の0.63倍（$1-1/e$）の地点に到達するのに必要な時間を緩和時間と呼ぶ．1次遅れでないプロセスに対しては，緩和時間は，次のような拡張解釈によって

$$\tau = \frac{c}{r(c)} \tag{3}$$

定義される．ここでは時間特性はプロセスを1次遅れとして表現している．

1次遅れでないプロセスでは明らかに，緩和時間は反応物濃度の（もっと一般的にはすべての状態変数の）関数となる．したがって，緩和時間は定数ではない．しかし，現実的には，ある時間間隔で代謝物質の濃度の変化には限度がある．そのようなときには，緩和時間の変化も限界のあるものと考えることができる．

1分子反応

$$A \underset{k_{-1}}{\overset{k_1}{\rightleftarrows}} B \tag{4}$$

に対して，物質収支をとることによってダイナミクスは

$$\frac{dc_A}{dt} = -v_1(c_A) + v_{-1}(c_B) \ ; \qquad c_A + c_B = 一定 \tag{5}$$

と考えられる．平衡点まわりのシステムについて線形化することによりAの平衡点$c_{A,0}$からのずれ，すなわち$\sigma_A = c_A - c_{A,0}$の変化は，

$$\frac{d\sigma_A}{dt} = -\left(\frac{dv_1}{dc_A} + \frac{dv_{-1}}{dc_B}\right)\sigma_A \Rightarrow \sigma_A(t) = \sigma_A(t_0)\exp\left(-\frac{(t-t_0)}{\tau}\right) \tag{6}$$

となる．したがって緩和時間τは，

$$\tau = \left(\frac{dv_1}{dc_A} + \frac{dv_{-1}}{dc_B}\right)^{-1} \tag{7}$$

と与えられる．v_1, v_2が（$v_1 = k_1 c_A, v_2 = k_{-1} c_B$）と1次反応であるなら，$\tau$は

$$\tau = (k_1 + k_{-1})^{-1} \tag{8}$$

となる．同様に，2分子反応では，τは

$$A + B \underset{k_{-1}}{\overset{k_1}{\rightleftarrows}} C + D \tag{9}$$

と与えられる．ここで0は平衡点を表す下付き記号である．

$$\tau = (k_1(c_{A,0} + c_{B,0}) + k_{-1}(c_{C,0} + c_{D,0}))^{-1} \tag{10}$$

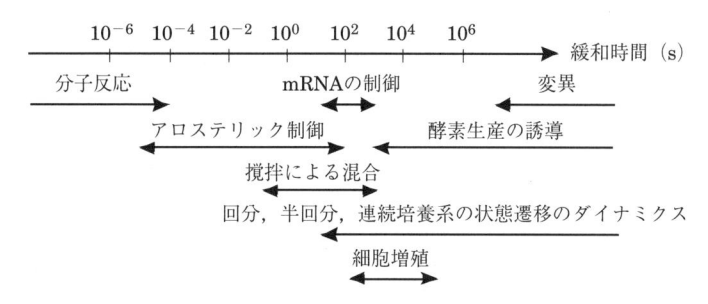

図 2.2 異なる細胞プロセスの緩和時間とバイオリアクタの緩和時間の比較．

す．今，注目しているプロセスよりもずっと大きい緩和時間をもつプロセスは一般に止まっていると考えてよい．例えば，菌体増殖に比べて変異のスピードは一般に遅く，細胞増殖の研究において変異のプロセスは無視し得る．反対に緩和時間がずっと短ければ，そのプロセスは擬定常状態と一般に考えることができる．すなわち，酵素に触媒されている反応はミリセカンドの緩和時間をもつ．これは，細胞の増殖の時間（普通は時間のオーダー）に対して非常に速い反応である．それゆえ，一般に酵素反応は新しい環境状態に対して非常に速く反応し，反応速度や関係する代謝物質の濃度は擬定常状態と考えることができる．もし，あるプロセスの緩和時間が他に比べ10倍であれば，その反応は停止していると考えてよいだろう．逆に緩和時間が1/3であれば擬定常状態と考えてよいであろう．この考察は，次の重要な結論を導く．すなわち，"代謝反応は対象とする時間レンジ以外で機能する反応や代謝系を無視することによって大胆に単純化することが可能となる"．

2.2 輸送反応

物質は，3つの異なるメカニズム：(1) 自由拡散，(2) 促進拡散，(3) 能動輸送によって細胞膜を越えて輸送される．最初の2つは受動輸送であり，原理的には，Gibbsの自由エネルギーを必要とすることなく起こる．これらの拡散現象では，物質は濃度勾配の低い方へ流れる．2つのメカニズムの違いは，促進拡散はキャリアや膜輸送タンパクの働きを介して起こることである．逆に，自由拡散は，化学ポテンシャルの差により起こる分子の輸送である．3番目のメカニズムは，Gibbsの自由エネルギーを使って，濃度勾配に逆らって物質が輸送され得る機構である．能動輸送は膜に局在しているタンパク質やパーミアーゼを介して起こるところで促進輸送と似ている．

2.2.1 受動輸送

膜脂質を越えて物質が自由拡散により輸送されるのは，3つのステップがある．すなわち，

2. 細胞の代謝

(1) 細胞外の液体からの膜相への移動，(2) 脂質2重膜を通しての物質の移動，(3) 膜相から細胞質への物質の移動である．一般に，細胞質や細胞外の液体は同じような物理化学的な特性をもち，それゆえ，ステップ (1) と (3) は非常によく似ている．2つの相の間の物質の移動は（すなわち，細胞外の液から膜相へ，または，膜相から細胞質へ），拡散プロセスに比べて一般に非常に速く，平衡と考えることができる．脂質膜境界での輸送された物質の濃度は，水相での濃度と分配係数 K_{par}（脂質二重膜中の物質の溶解度と水中の物質の溶解度の比として定義されている）の積に等しい．分子拡散による物質移動は，Fickの第1法則に従い，拡散流束 $(mol\ m^{-2})$ は

$$r_{tran} = \frac{D_{mem}K_{par}}{d_{mem}}(c_a - c_c) = P(c_a - c_c) \tag{2.1}$$

と表される．ここで，D_{mem} は脂質二重膜中の拡散係数 $(m^{-2}s^{-1})$ であり，d_{mem} は膜厚 (m)，そして，c_a や c_c は細胞質内と細胞外の境界相における物質の濃度である．式 (2.1) のパラメータ D_{mem}，d_{mem}，K_{par} は $[(D_{mem}K_{par})/d_{mem}]$ という1つのパラメータ P として集約され透過係数 P と呼ばれる．式 (2.1) は細胞表面積基準の物質の流束であるが，細胞の単位乾燥細胞重量当りの表面積 $a_{cell}\ [m^2(g\ DW)^{-1}]$ を乗じれば単位乾燥細胞当りに容易に変換できる．

受動輸送により移動する物質には，二酸化炭素，酸素，アンモニア，脂肪酸，アルコールなどが挙げられる．一部の解離した有機酸は，脂質膜に不溶であり，逆に非解離の有機酸の多くは，膜に可溶である．すなわち，乳酸と酢酸の非解離型の透過係数はそれぞれ，5.0×10^{-7}，$6.9 \times 10^{-5}\ m\ s^{-1}$ である．これは，これらの物質が極めて速く細胞膜を透過することを示している．非解離型の物質は自由に膜を往き来するので，乳酸や酢酸のような物質の輸送は解離度に対して非常に敏感である．言い換えると，有機酸の膜透過は細胞質や細胞外のpHに大きく依存する．多くの微生物に対して細胞質膜を越えてpHの勾配が存在する（細胞内のpHの方が高い）．その結果，プロトンの細胞内へ正味の輸送が起こる．菌体内のプロトンの濃度を低く保つために，プロトンを細胞膜ATPアーゼによってくみ出さなければならない．そこでは，ATPを使ってプロトンを細胞外へくみ出す必要がある．有機酸の存在により，ATP消費が起こる可能性がある（例2.1参照）．

例2.1　有機酸によるエネルギー生成と消費のデカップリング（非呼応性）

生細胞における有機酸のATPの消費に対する影響は，Verduynらにより研究されてきた (1992)．彼らは安息香酸の *Saccharomyces cerevisiae* の呼吸に対する影響を調べている．彼らは，酸の濃度の上昇に伴い，グルコースに対する菌体収率が減少することを発見した．同時にグルコースと酸素の消費が上昇することもわかった．すなわち，取り込まれたグルコースは有効に菌体生成に用いられない．これは安息香酸の効果とは別に，プロトンによるATPの消費によって説明される．他の研究で，Schulze (1995) は *S. cerevisiae* の嫌気培養において，安息香酸の菌生成のためのATPの消費量（コスト）への影響について調べた．菌体合成に対するATPコストは，安息香酸濃度に比例して上昇した．またプロトンへの影響とは別のものであるという結論が得られた．Henriksenら (1998) は，ATPコストを計算する一連の式を導き出したが，それは，有機酸によるプロトン勾配とは区別して導き出された．この研究の目的

は，*Penicillium chrysogenum* がフェノキシ酢酸の非共役の膜のプロトン勾配への効果を定量化するというものであった．フェノキシ酢酸はペニシリン V を生産する際の前駆体である．この酸は解離，非解離型両者とも細胞膜を越えて透過するが，非解離型の方がずっと溶解度が高い．つまり，分配係数が大きい．それゆえ，ずっと速く輸送される．細胞膜を越えて 2 つの型の酸が輸送されるのを Henriksen らは

$$r_{tran,\,i} = P_i\,a_{cell}(c_{a,\,i} - c_{c,\,i}) \tag{1}$$

のように表した．ここで，i は酸の解離型か非解離型かのいずれかを示す．菌体の比表面積は *P. chrysogenum* では，$2.5\ \mathrm{m^2\,(g\,DW)^{-1}}$ である．非解離型および解離型のフェノキシ酢酸の透過係数はそれぞれ，3.2×10^{-6}，$2.6\times10^{-10}\ \mathrm{m\,s^{-1}}$ と推定されている（Nielsen, 1997）．

非解離型と解離型の平衡は細胞膜のそれぞれのサイドで，(HA $\longleftrightarrow$ H$^+$ + A$^-$)平衡定数 K_a を使って表される．2 つの型の酸の関係は，全酸濃度を使って

$$c_{undiss} = c_{diss}10^{\,pK_a - pH} = \frac{c_{total}}{1 + 10^{\,pH - pK_a}} \tag{2}$$

と表される．ここで，フェノキシ酢酸の pK_a は 3.1 である．擬定常状態では，非解離型の正味の中への流束は解離型の外への流束に等しいので，

$$r_{undiss,\,in} = r_{diss,\,out},\ \text{or}\ P_{undiss}\,a_{cell}(c_{undiss,\,a} - c_{undiss,\,c}) \\ = P_{diss}\,a_{cell}(c_{diss,\,c} - c_{diss,\,a}) \tag{3}$$

が得られる．ここで，a と c は非生物（abiotic）側，細胞質（cytosolic）側を表す．式 (2) から，両サイドの解離型，非解離型の酸の濃度を全濃度に置き換えて，両サイドの全濃度の比をとると，

$$\frac{c_{c,\,tot}}{c_{a,\,tot}} = \frac{P_{undiss}\dfrac{1 + 10^{\,pH_c - pK_a}}{1 + 10^{\,pH_a - pK_a}} + P_{diss}\dfrac{1 + 10^{\,pH_c - pK_a}}{1 + 10^{\,pK_a - pH_a}}}{P_{diss}10^{\,pH_c - pK_a} + P_{undiss}} \tag{4}$$

のようになる．非解離型の酸の透過係数が解離型より 10 の何乗も大きいので，式は簡単にできて，

$$\frac{c_{c,\,tot}}{c_{a,\,tot}} = \frac{1 + 10^{\,pH_c - pK_a}}{1 + 10^{\,pH_a - pK_a}} \tag{5}$$

となる．さて，菌体内 pH は一般にペニシリン発酵の培地中の pH より高い．式 (5) は菌体内の酸の全濃度が菌体外より高いことを意味している．この式を使って，Henriksen ら（1998）は，異なる菌体外 pH で菌体内 pH が 7.2 の場合において，濃度比を計算した．菌体外の pH が 6.5 のとき約 2.3 倍濃度比は低く，pH が 5.0 のときは約 100 倍高いことがわかる．

与えられた菌体外の濃度に対して，細胞膜の両側の解離，非解離の型の濃度は式 (2) によって計算される．そこから式 (1) を用いて流束を計算することができる．正味の非解離型の外への流束は，解離型の中への流束に等しいので，酸の輸送は正味の中へのプロトンの輸送となる．細胞内の pH を定常に保つため，プロトンは再び，ATP アーゼによって排出されなければならない．もし，1 分子のプロトンの外への輸送が ATP アーゼの反応により 1 分子の ATP を必要とするなら，Henriksen ら（1997）は，菌体外の pH が 6.5 で，菌体内 pH が 7.2 の場合，

この無駄なサイクルから0.15 mmol-ATP $(g\ DW)^{-1}\ h^{-1}$のATPが消費されなければならないと計算した．この値は，他の非増殖連動型プロセスで消費されるATPに比べて低い．しかし，菌体内のpHが同じく7.2で，菌体外のpHが5.0のとき，7 mmol-ATP $(g\ DW)^{-1}\ h^{-1}$が消費される．これは，非常に大きな消費量である．（2.6節参照）それゆえ，細胞膜を隔てた酸の勾配の維持のために，ATP再生と消費がいかに，厳密な生合成とは別の無駄な経路も含んで行われているかを知ることができる．

2.2.2 促進拡散

多くの化合物の自由拡散による輸送速度は非常に遅い．というのは，そのような物質の細胞膜への溶解度が非常に低いからである．そのような物質の輸送は，細胞膜に存在するキャリア分子によって非常に加速される．この輸送は受動的に起こる．すなわち，エネルギー消費を伴わない形で起こるのである．それは促進的拡散と呼ばれる．真核生物の多くの物質の，また原核生物である*Escherichia coli*のグリセロールの，*Zymomonas mobilis*や*Streptococcus bovis*のグルコースの取込みは促進拡散の例である．（Moat and Foster, 1995）．促進拡散は輸送現象としては自由拡散と似ている．つまり，濃度勾配の低い方にのみ物質移動が起こり得る．しかし，物質が膜相に入ることができるのは，フリーのキャリアが存在しているときのみで，酵素反応のMichaelis-Mentenタイプの反応動力学（カイネティクス）に似た飽和型の輸送速度を示す（例2.2参照）．Michaelis-Mentenタイプのカイネティクスでは低濃度の基質濃度に対しては，反応速度は1次の反応を示し，高濃度に対しては0次の反応速度を示す．

真核微生物においては，多くの糖類が促進拡散により輸送される．*S. cerevisiae*ではグルコースは促進拡散で輸送される．K_mの値が1 mMのようなグルコース抑制の高親和型のシステムも構成的に低親和型でK_mの値が20 mMのようなシステムも報告されている（Bisson and Fraenkel, 1983; Bissonら, 1993）．最近，*S. cerevisiae*の輸送システムに関し，ヘキソースのトランスポーターをコードしている全遺伝子ファミリーがクローニングされたことにより，その複雑なシステムが，明らかにされてきている（Kruckebergのレビュー（1996）参照）．糸状のカビについても8〜25 mMの範囲で異なるK_mをもつ異なった促進輸送系が報告されている（Nielsen, 1997）．

例2.2 促進拡散輸送システム——飽和型のカイネティクス

多くの生物システムでは，Michaelis-Menten型（飽和型）のカイネティクスに従う促進拡散輸送が観察されている．そのような速度の解析は次のように行うことができる．まず，基質分子Sがキャリア分子Cに結合し，複合体（CS）ができる．CSは膜を通って，自由に拡散する．定常状態は基質分子を細胞内に運ぶのに使われるキャリア分子が細胞質側から非生物相側へ再び拡散して戻ることにより成立する．このメカニズムにおいて，基質-キャリア複合体とフリーなキャリアの膜内の濃度分布は平衡と輸送の概念を導入して次のように模式的に描くことができる．

```
        細胞膜
         (CS)   S           C：キャリア
非生物相   ╲ ╱    細胞質側    S：基質
         ╱ ╲               CS：キャリア-基質複合体
         a   c
```

$$C_a + S_a \underset{K_1}{\longleftrightarrow} (CS)_a \longrightarrow (CS)_c \underset{K_2}{\longleftrightarrow} C_c + S_c$$

複合体とフリーなキャリアに関する膜内での全輸送速度は

$$r_{transport} = \frac{D_{complex}}{d_{mem}}(c_{cs,a} - c_{cs,c}) = \frac{D_{carrier}}{d_{mem}}(c_{c,c} - c_{c,a}) \tag{1}$$

のように書くことができる．ここで，D は基質-キャリア複合体の膜内の拡散係数，d_{mem} は膜厚，c_c と c_{cs} はキャリアと複合体の膜内濃度である．図に示したように，複合体の形成と溶解の反応が平衡であると仮定すると，複合体濃度は消去できて，

$$D_{complex}(K_1 c_{c,a} c_{s,a} - K_2^{-1} c_{c,c} c_{s,c}) = D_{carrier}(c_{c,c} - c_{c,a}) \tag{2}$$

となる．全キャリアの保存の式，

$$c_{c,a} + c_{c,c} + K_1 c_{c,a} c_{s,a} + K_2^{-1} c_{c,c} c_{s,c} = c_{total} \tag{3}$$

も用いれば，式（2）は，フリーなキャリア濃度 $c_{c,a}$, $c_{c,c}$ に対して解くことができるので，これを式（1）に代入すると，輸送速度を得ることができる．いったん，細胞内に取り込まれた物質が速やかに反応して細胞質内での濃度 $c_{s,c}$ を0と仮定することのできる場合には，非生物側（細胞膜外側）でのキャリアの濃度は

$$c_{c,a} = c_{total} \left(2 + \left(\frac{D_{complex}}{d_{carrier}} + 1 \right) K_1 c_{s,a} \right)^{-1} \tag{4}$$

と表すことができる．もし，さらに，フリーキャリアと複合体の拡散速度がほぼ等しいとすれば，式（4）を式（1）に代入して，

$$r_{transport} = \frac{D_{complex}}{d_{mem}} \frac{C_{total}}{2} \frac{K_1 S_a}{1 + K_1 S_a} \tag{5}$$

が得られる．この式は，非生物相側の基質濃度に対し輸送速度が飽和型になることを表している．さらに，興味深いことに，ここで述べた輸送現象のメカニズムは，通常のMichaelis-Menten（M-M）型の酵素反応のメカニズムと同じであり，単純に輸送反応速度を生産物反応速度に置き換えればよいということである．つまり，M-M反応の反応速度定数はキャリアの全量の1/2を掛けた拡散速度によって置き換えることができる．キャリアの全量の1/2を掛けた拡散速度というのは，どの時点においても使える有効なキャリアの量（他の半分は基質との複合体を形成している）を示している．

文献にいくつかの定性的な促進拡散の例が示されている．そのうちのいくつかは，この例で

見たような実際のキャリア分子の輸送現象を含んだものである．他には，膜全体を覆うようなタンパク質のキャリアによるものもあり，どちらかといえば，静的な現象で説明している．このケースでは，キャリアタンパク質によって作られた膜を貫通したチャンネルを通して小さな分子の輸送が起こる．この輸送のメカニズムでも先に述べた例のように基質-キャリア複合体の形成が含まれる．しかし，遅いステップが含まれない限り，飽和型の現象は説明がつかない．輸送現象全体において，遅いステップは普通，拡散現象か反応現象かであり，それが全体の輸送プロセスの特徴を表している．平衡反応で基質と複合体を作り，そのキャリアタンパク質が細胞内で向きを代えてすぐさま平衡反応にはいるという考えだけでは，実験的に観測されている飽和型の輸送速度は説明がつかないのである．

2.2.3 能動輸送

能動輸送は促進拡散に似ている．というのは，"パーミアーゼ"と呼ばれる膜局在タンパク質が存在しているからである．反対に，促進拡散と異なるところは，能動輸送は濃度勾配に逆らって起こる，すなわち，エネルギー消費を伴う輸送プロセスであるということである．輸送プロセスに必要な自由エネルギーは例えばATP中の高エネルギーリン酸結合によって与えられる（"1次"能動輸送）．一方，輸送プロセスは他の濃度勾配によってもたらされる輸送プロセスと共役する場合もある（"2次"能動輸送）．後者の場合，能動輸送を起こす自由エルギー消費に見合ったエネルギー再生が行われなければならない．特別な形でのもうひとつの能動輸送は"グループトランスロケーション"と呼ばれる．輸送される物質は，逆方向には膜を透過しない（リン酸化された）誘導体に変換される．

1次能動輸送システムの重要な例は，ATPアーゼである．これは，ATPを使ってプロトンを排出するという機構をもっている．これらの酵素のうちのいくつかはATPを再生するためにプロトンを細胞内に取り込むように，逆方向にも働く．原核生物では，これは酸化的リン酸化反応（2.3.3項参照）の重要な1つの要素である．他の1次能動輸送は輸送のために，その物質と結合する特殊なタンパク質をもち，それを膜結合複合体に輸送する（Moat and Foster, 1995）．この輸送のトリガーは，ATPの加水分解である．次に，細胞質への基質の拡散を一方向にのみ許す孔が開く．基質輸送性ATPアーゼによる輸送系としては，$E.coli$におけるヒスチジン，マルトース，アラビノース，ガラクトースなどの輸送系が知られており，"輸送性（トラフィック）"ATPアーゼと呼ばれる（Moat and Foster, 1995）．

2次能動輸送では，輸送される物質は，濃度勾配に従って輸送される他の物質の輸送とともに起こる．もし，これらの物質が物理的に同じ方向に輸送されているのならば，輸送は"共輸送（symport）"またはプロトン共輸送と呼ばれる．これは，2次能動輸送の最も重要な機構である．もし2つの物質が反対方向に流れていれば，それは，"対向輸送（antiport）"と呼ばれる．プロトン共輸送では，プロトンの細胞内への輸送があり，これは，さらに，細胞内のpHを維持するために（例えば，ATPアーゼによって）再び排出されなければならない（図2.3）．プロトン共輸送が2次輸送の最もよく知られたものであるが，共輸送と対向輸送はNa^+，K^+，Mg^+についても起こる．

"グループトランスロケーション"は輸送される物質の変換を伴って起こる．グループトランスロケーションの確立された最もよい例は，ホスホトランスフェラーゼシステム（PTS）であろう．バクテリアはこのシステムを使って糖を輸送する．このシステムは少し複雑である．少

細胞外培地

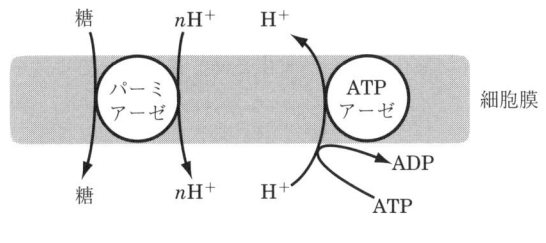

図 2.3 共輸送による糖の輸送．膜に局在したパーミアーゼが糖を細胞内に輸送する．全体のプロセスは n 個のプロトンを同時に輸送することにより駆動される．$E.coli$ のラクトースパーミアーゼでは，$n=1$ である（Stein, 1990）．これは他のほとんどの糖についても同じであろう．細胞内の pH を定常に維持するために，プロトンは細胞外に排出されなければならない．嫌気性のバクテリアでは，これが電子伝達系で起こる．一方，真核微生物では細胞膜の ATP アーゼの働きにより，ATP を消費して行われる．細胞膜 ATP アーゼの H^+/ATP の化学量論比は，いろいろな真核生物 $N.crassa$（Perlin ら，1986），$S.cerevisie$（Malpartida and Serrano, 1981）で 1 である．細胞内 pH は普通，いろいろな細胞外 pH に対しても定常であり，一般に細胞外 pH よりも高い（Cartwright ら，1989）．

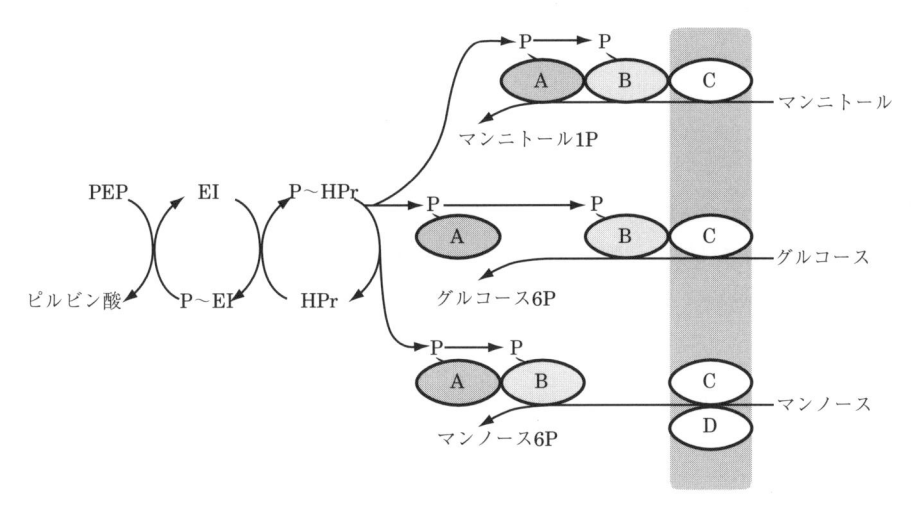

図 2.4 ホスホトランスフェラーゼシステム（PTS）．すべての PTS に対して，EI や HPr は一般的なタンパク質であるが，EII は糖によって特異的なタンパク質である．EII は 3 つのドメイン（A，B，C）からなり，（マンニトール PTS と示されているように）単一の膜結合タンパク質として存在しているか，2 つか 3 つのタンパク質に分かれている．グルコースの PTS では，ドメイン B と C は結合していて IIBC と呼ばれており，これが膜に結合している．一方ドメイン A は可溶である．マンノース PTS はドメイン A と B が 1 つの可溶タンパク質として結合しており，IIAB と呼ばれる．ドメイン C は膜に結合している．

なくとも細胞内で 4 種の異なるタンパク質が関与し，高エネルギー型のリン酸キャリアであるホスホエノールピルビン酸（PEP）から取り込まれる糖へリン酸を運搬する（図 2.4 参照）．2 種類の細胞質，可溶タンパク質がある．これらは，$E.coli$ では，$ptsI$ と $ptsH$ にコードされた酵素 I とヒスチジンタンパク質（HPr）である．これらのタンパク質はすべての PTS 炭水化物

に共通であり，"ゼネラルPTSタンパク質"と呼ばれる．反対に酵素IIは，炭水化物に特異的である．それらは3つのドメインをもち（A，B，C），単一で膜に結合しているか，2つかそれ以上に分かれており，EIIA，EIIB，EIICと呼ばれる．PTSにおいて，PEPのリン酸グループはEI，HPr，EIIA，EIIBのリン酸化された中間体を経て輸送する糖に送られる．EIIのCドメインは（EIICタンパク質）トランスロケーションチャンネルを作り，少なくとも炭水化物に特異的に結合するサイトをもっている．アミノ酸配列のホモロジーをベースに考えるとEIIタンパク質は4つのグループに分けることができ，マンニトール，グルコース，マンノース，ラクトースのタイプに分かれる（Moat and Foster, 1995）．

　能動輸送のATPの消費は菌体合成のための全ATP消費に対して大きな割合を占める．（2.6節参照）．プロトン共輸送による輸送系では，ATP消費はプロトンの再排出との化学量論に依存する．最もよく研究されているのは，$E.\ coli$のラクトースパーミアーゼである（図2.3参照）．このシステムでは1個のラクトースに対し1個のプロトンが輸送される．同じような化学量論が他の物質の輸送でも見られる．すなわち，原核，真核の両方の生物において，多くのアミノ酸の輸送に関して，真核微生物のグルコース，フルクトース，ガラクトースのような高親和性システムによる糖の輸送において同じような化学量論が見られる（表2.2参照）．プロトンの再排出においては，原核生物と真核生物では違いが見られる．好気バクテリアでは，電子伝達系は細胞膜に局在化している（2.3.3項参照）．しかし，プロトンはまた，F_0F_1-ATPアーゼによっても排出される．これは原核生物では，細胞膜に局在化している．このATPアーゼは主に酸化的リン酸化反応のATPの再生に関与しているが，$E.\ coli$では，F_0F_1-ATPアーゼの化学量論比は$2H^+/ATP$という値がよく使われる．真核細胞では，F_0F_1-ATPアーゼはミトコンドリアに局在しているが，他のクラスに属するATPアーゼは，"細胞膜"中にある．ATPアーゼは，多分，ATP加水分解の方向にだけ働いている．そして普通その量論比は，$1H^+/ATP$である．この化学量論をもとに能動輸送によるいろいろな物質の輸送のATPのコストが計算される．表2.2はその結果をまとめている．

表2.2 バクテリアと真核微生物におけるいろいろな物質の能動輸送．

微生物	物　質	メカニズム	ATP消費
バクテリア	アミノ酸	H^+共輸送	0.5
	グルコン酸	H^+共輸送	0.5
	有機酸	H^+共輸送	0.5
	リン酸	H^+共輸送	0.5
	糖	H^+共輸送	0.5
		PTS	0^a
真核微生物	アミノ酸	H^+共輸送	1
	NH_4^+	化学浸透	1
	リン酸	H^+共輸送，Na^+対向輸送	2
	糖	H^+共輸送	1
		促進拡散	0
	硫酸	Ca^{2+}，H^+共輸送	1

^{a}　PTSシステムによって糖は輸送とともにリン酸化される．ホスホエノールピルビン酸における高エネルギーリン酸グループが使われるが，高エネルギー結合は，リン酸化された糖に保存される．したがってATP消費はゼロである．

2.3 エネルギー代謝

エネルギー代謝には3つの目的がある．(1) Gibbsの自由エネルギーの生成，これは主にATPの形で蓄えられ他の細胞内反応に使われる．(2) 生合成反応に必要な還元力（還元当量）の生成，これは主にNADPHの形で蓄えられ生合成反応に使われる．(3) 構成要素を生合成するために必要な前駆物質の生成．構成要素を生成するための炭素骨格の供給は普通，"炭素源"と呼ばれる．一方，Gibbsの自由エネルギーの供給は，"エネルギー源"と呼ばれる．多くの物質は，炭素源としてもエネルギー源としても使われる．工業的に最もよく用いられる炭素源は，糖類，すなわち，グルコース，フルクトース，ガラクトース，ラクトース，シュクロース，マルトースなどである．糖の異化経路は，解糖系から始まる．解糖系の最終生成物はピルビン酸である．ピルビン酸はさらに発酵経路，アナプレロティック反応（補充反応）経路，アミノ酸生成経路のアミノ基転移反応，トリカルボン酸サイクル（TCAサイクル）やその他の反応に関与する．構成要素の生成に必要なすべての前駆物質は解糖系とTCAサイクル中で生成するが，生合成のために使われる前駆体の補充のためには，補充経路反応が必要となる．工業的に使われる培地（例えば，廃糖蜜やコーンスティープリカー）中には，付加的な炭素源やエネルギー源，例えば，アミノ酸，有機酸，脂肪，などが含まれていることがある．そして，多くの微生物は，糖が存在しても，またはこれらの化合物が単一炭素源として与えられたとしてもこれらの物質を資化する能力をもっている．

セントラルカーボン代謝や生合成反応経路におけるエネルギー代謝は非常に重要であるので，この節では，解糖系，発酵経路，補充反応経路，TCAサイクル，酸化的リン酸化反応，脂肪，油脂，有機酸の異化代謝を概観する．

2.3.1 解糖系

解糖系はグルコースがピルビン酸に変換される生化学反応群の総称である．解糖系は1つの経路（代謝のルート）ではなく，複数のルートをもっている．最もよく使われる経路は，(1) "Embden-Meyerhof-Parnas経路（EMP）"，(2) "ペントースリン酸経路（PP）"，(3) "Entner-Doudoroff経路（ED）"，である．共通の解糖系への入り口は，3つのヘキソース一リン酸，すなわち，グルコース1リン酸（G1P），グルコース6リン酸（G6P），フルクトース6リン酸（F6P）である．これらの物質は，ホスホグルコムターゼ（G1PとG6Pの変換），やホスホヘキソイソメラーゼ（G6PとF6Pの変換）などの酵素の働きにより相互に変換される．これらの酵素は普通過剰に存在し，3つの物質は，それゆえ平衡的にプールを作る．このプールはこれらの3つの物質のどれが生成しても補充される（図2.5参照）．平衡状態においては，これらの物質の存在比は，グルコース1リン酸3%，グルコース6リン酸65%，フルクトース6リン酸32%である（Zubay, 1988）．

細胞内のグルコースやフルクトースはC-6位のリン酸化反応によりヘキソース一リン酸のプールに直接入る．バクテリアでは，糖は主にPTSで取り込まれる．リン酸化反応は，輸送に伴って起こる．一方，真核生物のリン酸化反応はヘキソカイネースによって触媒されている．*Saccharomyces cerevisiae*では，グルコースやフルクトースのリン酸化反応に3つの異なる酵素，ヘキソキナーゼA，ヘキソキナーゼB，グルコキナーゼが関与する（Gancedo and Serrano, 1989）．2つのヘキソキナーゼは，グルコースもフルクトースもリン酸化するが，グ

● 2. 細胞の代謝

ヘキソース一リン酸のプール（相互変換可）

炭水化物
ガラクトース → グルコース1リン酸 → 多糖合成

↕ ホスホグルコムターゼ

グルコース → グルコース6リン酸 → PP経路

↕ ホスホヘキソイソメラーゼ

糖新生系
フルクトース → グルコース1リン酸 → EMP経路

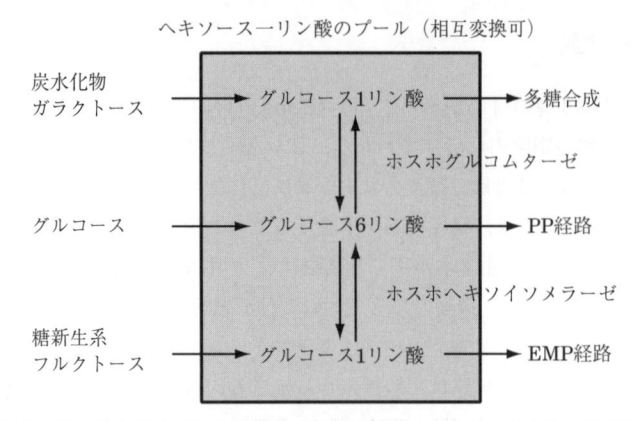

図2.5 ヘキソース一リン酸のプールと異なる経路の役割．グルコース1リン酸は炭水化物の貯蔵物質からリン酸化反応を経て生成する．ガラクトースのLeioir経路による消費の最終生成物としても生成する．そして，多糖の合成に使われる．グルコース6リン酸はグルコースのATPによるリン酸化反応から生成する．そして，PP経路（やED経路）へと流れる．フルクトース6リン酸は糖新生経路かフルクトースのATPによるリン酸化反応で生成し，EMP経路へ流れる．このように，各々のヘキソース一リン酸は，多くの経路のスタート点や終了点の物質として働く．

ルコキナーゼはグルコースに特異的である．細胞外にガラクトースが存在したり，細胞内で，ラクトースが加水分解してガラクトースが生成すると，ガラクトースはより複雑な経路でヘキソース一リン酸プールに入る．ガラクトースがプロトン駆動のパーミアーゼにより輸送される場合は，リン酸化は"Leloir経路"により起こる．ここでは，ガラクトースはC-1位がリン酸化され，UDPグルコースと反応する．その結果，グルコース1リン酸とUDPガラクトースが生成する．他の反応により，UDPガラクトースはUDPグルコースを再生する．ガラクトースが，PTSにより輸送される場合は，C-6位がリン酸化され，代謝は"タガトース経路"を通って起こる．ここで，ガラクトース6リン酸は，タガトース6リン酸に変換され，さらにリン酸化されて，タガトース1,6二リン酸を生成する．この反応でATPを1つ消費する．最終的にタガトース1,6二リン酸は，ジヒドロキシアセトン一リン酸とグリセルアルデヒド3リン酸に分解する．

"EMP経路"では，1モルのフルクトース6リン酸は，2モルのピルビン酸に変換される（図2.6）．フルクトース6リン酸のフルクトース1,6二リン酸への変換反応は，ATPという形の自由エネルギーを必要とする．しかし，EMP経路では，グルコース6リン酸は全体で3モルのATPを生成する．図2.6における反応（6）（グリセルアルデヒド3リン酸から，1,3ジホスホグリセリン酸への酸化）で，NADHも生成する．したがって，グルコースがピルビン酸に変換されるEMP経路での全体の化学量論は，

$$2 ピルビン酸 + 2\,ATP + 2\,NADH + 2\,H_2O + 2H^+ \\ - グルコース - 2\,ADP - 2 \sim P - 2\,NAD^+ = 0 \quad (2.2)$$

となる．PP経路では，グルコース6リン酸は酸化され，6ホスホグルコン酸となり，さらに，リブロース5リン酸と二酸化炭素に変換される（図2.6）．次のステップでリブロース5リン酸は，リボース5リン酸かエリスロース4リン酸に変換される．これらは両者とも，芳香族アミ

2.3 エネルギー代謝

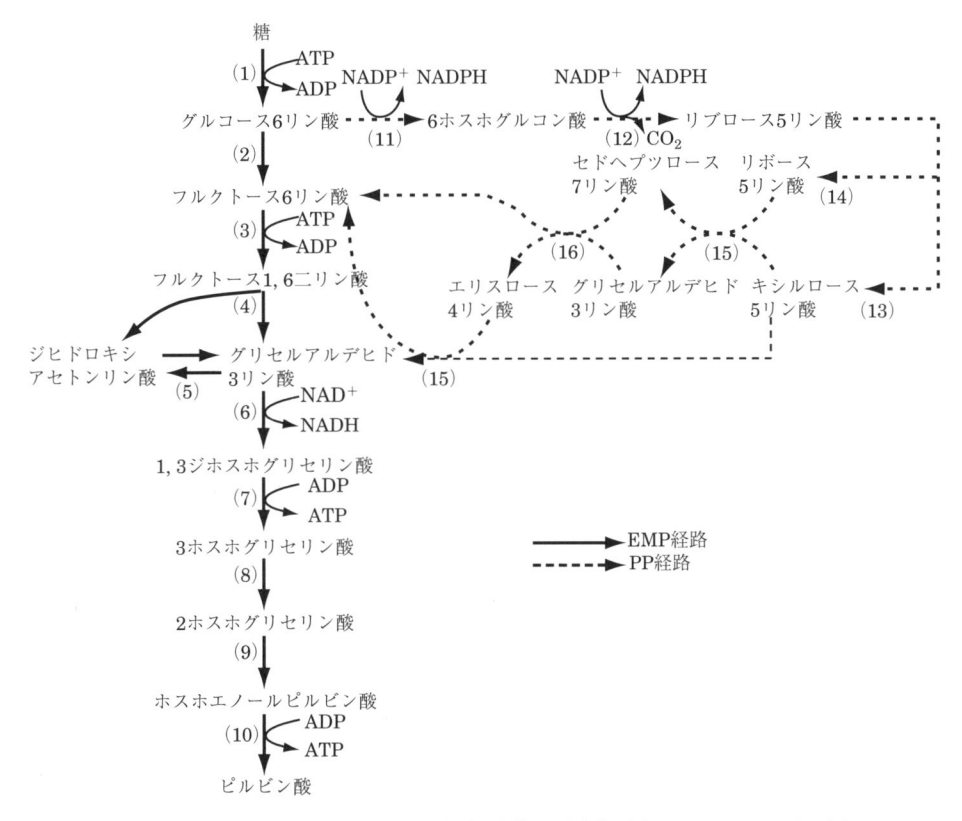

```
糖
 ↓(1) ATP→ADP
グルコース6リン酸 ──NADP⁺→NADPH──→ 6ホスホグルコン酸 ──NADP⁺→NADPH──→ リブロース5リン酸
 ↓(2)                (11)                      (12) CO₂
フルクトース6リン酸 ←┄┄┄┄┄┄┄┄┄┄┄┄ セドヘプツロース7リン酸   リボース5リン酸
 ↓(3) ATP→ADP                                                    (14)
フルクトース1,6二リン酸                     (16)        (15)
 ↓(4)                   エリスロース4リン酸  グリセルアルデヒド3リン酸  キシルロース5リン酸
ジヒドロキシアセトンリン酸 → グリセルアルデヒド3リン酸                    (13)
        (5)              ↓(6) NAD⁺→NADH        (15)
1,3ジホスホグリセリン酸
 ↓(7) ADP→ATP
3ホスホグリセリン酸
 ↓(8)
2ホスホグリセリン酸                    ───→ EMP経路
 ↓(9)                                ┄┄→ PP経路
ホスホエノールピルビン酸
 ↓(10) ADP→ATP
ピルビン酸
```

図 2.6 真核微生物における EMP 経路と PP 経路の概観. 酵素名 (1) ヘキソキナーゼ, (2) ホスホヘキソイソメラーゼ, (3) ホスホフルクトキナーゼ, (4) アルドラーゼ, (5) トリオースホスフェートイソメラーゼ, (6) 3 ホスホグリセルリン酸デヒドロゲナーゼ, (7) 3 ホスホグリセルリン酸キナーゼ, (8) ホスホグリセルリン酸ムターゼ, (9) エノラーゼ, (10) ピルビン酸キナーゼ, (11) グルコース 6 リン酸デヒドロゲナーゼ, (12) 6 ホスホグルコン酸デヒドロゲナーゼ, (13) リブロースリン酸 3 エピメラーゼ, (14) リボースリン酸イソメラーゼ, (15) トランスケトラーゼ, (16) トランスアルドラーゼ

ノ酸や核酸といった構成要素の生合成の前駆体となる. リブロース 5 リン酸は, フルクトース 6 リン酸とグリセルアルデヒド 3 リン酸に変換され, 再び, EMP 経路へと戻る (図 2.6).

PP 経路の個々の反応を挙げると

$$6\text{ホスホグルコン酸} + \text{NADPH} + \text{H}^+ - \text{グルコース6リン酸} - \text{NADP}^+ - \text{H}_2\text{O} = 0 \tag{2.3a}$$

$$\text{CO}_2 + \text{リブロース5リン酸} + \text{NADPH} + \text{H}^+ - 6\text{ホスホグルコン酸} - \text{NADP}^+ - \text{H}_2\text{O} = 0 \tag{2.3b}$$

$$\text{リボース5リン酸} - \text{リブロース5リン酸} = 0 \tag{2.3c}$$

$$\text{キシルロース5リン酸} - \text{リブロース5リン酸} = 0 \tag{2.3d}$$

グリセルアルデヒド 3 リン酸 + セドヘプツロース 7 リン酸 − キシルロース 5 リン酸

●2. 細胞の代謝

$$-リボース5リン酸 = 0 \qquad (2.3e)$$

$$フルクトース6リン酸 + エリスロース4リン酸 - セドヘプツロース7リン酸$$
$$-グリセルアルデヒド3リン酸 = 0 \qquad (2.3f)$$

$$フルクトース6リン酸 + グリセルアルデヒド3リン酸 - キシルロース5リン酸$$
$$-エリスロース4リン酸 = 0 \qquad (2.3g)$$

となる．

PP経路の全体の化学量論は，PP経路に入った炭素がどこでEMP経路に戻り，二酸化炭素に酸化されるか（同時にNADPHの形で還元力が生産されるか），または炭素がどこで生合成の前駆物質の形で消費（5炭糖からリボヌクレオチド合成に使われるように）されるかということに依存する．この理由のために，PP経路は，酸化的な機能と補充反応の機能として働くと認識されてきた．それぞれは次のように全体を化学量論式で考えることができる．

（補充経路としてのPP経路の反応）

$$6 リボース5リン酸 + 5ADP + 4H_2O + 4 \sim P - 5 グルコース6リン酸 - 5ATP = 0$$
$$(2.4)$$

（酸化的PP経路の反応）

$$12NADPH + 12H^+ + 6CO_2 + \sim P - グルコース6リン酸 - 12NADP^+ - 7H_2O = 0$$
$$(2.5)$$

"ED経路"では，6ホスホグルコン酸は6ホスホグルコン酸デヒドラターゼにより2ケト3デオキシ6ホスホグルコン酸（KDPG）に変換され，KDPGは次に，2ケト3デオキシ6ホスホグルコン酸アルドラーゼにより，グリセルアリデヒド3リン酸とピルビン酸に分解される（Conway, 1992）．したがって，グルコースからピルビン酸にED経路によって変換される全体の化学量論は，

$$2 ピルビン酸 + ATP + NADPH + NADH + 2H_2O + 2H^+$$
$$- グルコース - ADP - 1 \sim P - NAD^+ - NADP^+ = 0 \qquad (2.6)$$

と表される．ED経路では1モルのATPとNADPHが生成するが，解糖系ではこの2倍（NADPHの代わりにNADHであるが）が生成することに注意されたい．ED経路では，非リン酸化経路ももっている．そこでは，2ケト3デオキシグルコン酸を通って，ピルビン酸とグリセルアルデヒドに変換される．この経路は，細胞がグルコン酸を代謝するときにのみ活性化される（Conway, 1992）．

EMP経路の3つの中間体（グリセルアルデヒド3リン酸，3ホスホグリセリン酸，ホスホエノールピルビン酸）とPP経路の2つの中間体（リボース5リン酸，エリスロース4リン酸）はアミノ酸や核酸の生合成の前駆物質として働く．2つの解糖経路の相対的なフラックスの大きさは，Gibbsの自由エネルギー，NADHやNADPHの形としての還元力，次に使われる前駆物質の量などに依存している．2つの解糖系のフラックス分布は実験的に，呼吸計測法（respirometry）と呼ばれる方法で決定されてきた．これは，^{14}Cで標識したグルコースからの

$^{14}CO_2$の生成量の測定（Blumenthal, 1965）やNMRによる（9章参照）細胞内代謝物質内の^{13}C濃縮度の測定による方法である．表2.3は，いろいろな微生物種のEMP経路とPP経路の分布を示している．ほとんどの観測結果においてEMP経路が主な経路であることが示されている．しかし，生合成にNADPHを必要とする生産物を過剰生産する微生物では，例えば，*Corynebacterium glutamicum*のリジン合成ではPP経路を通るフラックスはEMP経路を通るフラックスより大きい（10章参照）．一般的にPP経路の相対的なフラックスは，比増殖速度や培地成分に依存している．*Aspergillus nidulans*では，相対的なPP経路のフラックスはケモスタットの定常状態において希釈率に伴って上昇する（図2.7（a））．これは，希釈率を下げると，EMP経路の酵素（アルドラーゼ）の"相対的な"活性が低下し，PP経路の酵素（グルコース6リン酸デヒドロゲナーゼ）の"相対的な"活性が上昇することと矛盾しない（図2.7（a））．（これらの酵素の相対活性は，EMP経路とPP経路の全炭素を供給する酵素ヘキソキナーゼに対して規格化して表されていることに注意したい．）高い比増殖速度においてPP経路の活性が上昇することは，高い比増殖速度においてNADPHの要求量が上昇すること，またPP経路で生成する前駆物質，特に，RNA生合成のためのリブロース5リン酸の要求量が上昇することにより説明される（図2.7（b））．しかし，"一般には"，フラックスとこれらの酵素活性の

表2.3 いろいろな微生物種におけるEMP経路とPP経路の相対的なフラックス分布（パーセントで表示）．

微生物種	EMP	PP	培養条件	参考文献
A. niger	78		回分培養	Shuら（1954）
C. glutamicum	32	66	ケモスタット	Marxら（1996）
P. chrysogenum	77	23	回分培養	Wangら（1958）
	56〜70		回分培養	Lewisら（1954）
P. digitatum	83	17	回分培養	Wangら（1958）
	77	23	回分培養	Reed and Wang（1959）

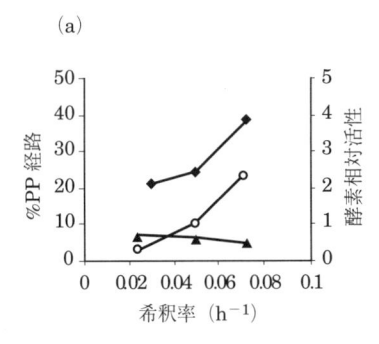

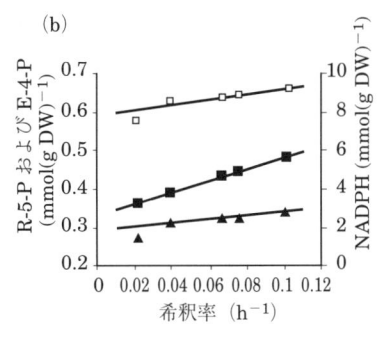

図2.7 グルコース制限の連続培養における比増殖速度に対するPP経路の相対的なフラックス．(a) *A. nidulans*における呼吸計測法によって決定されたPP経路のフラックスの実験値（◆）．EMP経路の酵素アルドラーゼの相対活性（▲）PP経路の酵素グルコース6リン酸デヒドロゲナーゼの相対活性（○）．相対活性はヘキソキナーゼに対して示されている．ヘキソキナーゼは比増殖速度に対して直線的に上昇している．データはCarter and Bullによる（1969）．(b) *P. chrysogenum*のNADPH（□），リボース5リン酸（■），エリスロース4リン酸（▲）の比増殖速度に対する要求量の計算値（すべて，単位乾燥菌体g当りのmmolで表示）．データはNielsenによる（1997）．

●2. 細胞の代謝

測定値には一致が"見られない". というのは, *in vitro* で決定された酵素活性 v_{max} は, 酵素のレギュレーションや特定の反応経路が可変であるために *in vivo* の活性とは完全に異なるかもしれないからである.

EMP経路とPP経路への主な制御ポイントは, それらの経路の入り口にある. すなわち, ホスホフルクトキナーゼやグルコース6リン酸デヒドロゲナーゼの反応である (Zubay, 1988). グルコース6リン酸デヒドロゲナーゼはNADPH/NADP$^+$の比によって調節されている. 一方, アロステリック酵素であるホスホフルクトキナーゼはいくつかのエフェクタをもっている. *S. cerevisiae* においては, この酵素は, AMP, アンモニア, リン酸, フルクトース2,6二リン酸 (この物質は, フルクトース6リン酸のATPによるリン酸化反応によって生じる調整物質である) によって活性化し, ATPによって阻害される (Gancedo and Serrano, 1989). ATPがこの酵素へ結合することによって, フルクトース6リン酸の親和性が弱まる. 一方, フルクトース2,6二リン酸はフルクトース6リン酸に対する酵素の親和性を非常に上昇させる (Zubay, 1988). それゆえ, フルクトース2,6二リン酸は, EMP経路でフラックスを上昇させる効果をもち, ATPは阻害する効果をもつ. この調節系は, ホスホフルクトキナーゼがその活性をフルクトース6リン酸の濃度の上昇を調整するのに役立つ (それは, フルクトース2,6二リン酸のレベルの上昇も起こす). より高いエネルギーレベルでは, ATPがさらに生産されるので, ホスホフルクトキナーゼの活性が阻害されることにより, フラックスは阻害されるのである. このホスホフルクトキナーゼの大事な役割は, 12章における複雑な代謝経路の解析の重要な部分である.

補酵素NADHやNADPHは細胞内代謝において次の2つの目的で働く. 好気生物では, NADHは主に, 酸化的リン酸化反応によるGibbsの自由エネルギーの生成に働く (2.2.3項). 一方, NADPHは主に, 構成要素の生合成反応に使われる (2.4節). したがって, NAD$^+$はエネルギー反応に関与する物質として, また, NADPHは生合成反応に用いられる物質として役割を果たす. NADH/NAD$^+$やNADPH/NADP$^+$の比はそれゆえ, いろいろなレベルで調整される. バクテリアではNADH/NAD$^+$の比は, 0.03〜0.08, 一方, NADPH/NADP$^+$の比は0.7〜1.0の範囲である (Ingrahamら, 1983). 酵母ではNADH/NAD$^+$の比は, 0.25〜0.30, 一方, NADPH/NADP$^+$の比は0.58〜0.75の範囲である. この2つの補酵素は, しかし, ニコチンアミドヌクレオチドトランスヒドロゲナーゼの作用により相互に変換する. この酵素は, NAD$^+$とNADP$^+$間の水素の転移を次のように触媒する.

$$NADH + NADP^+ - NAD^+ - NADPH = 0 \qquad (2.7)$$

この酵素は, バクテリア, 動物細胞内に存在する (Hoek and Rydström, 1988). 一方, 酵母 (Lagunas and Gancedo, 1973; Bruinenbergら, 1985) やカビ (Eagon, 1963) では同定されていない. 動物細胞では, この酵素は, ミトコンドリア内膜に局在しており, ミトコンドリア膜内の他のエネルギー関連反応とリンクして働いている (Hoek and Rydström, 1988). この酵素の生理学的役割は, 知られていないが, 細胞内の還元力やミトコンドリア内のエネルギー補給の枯渇を防ぐ防御的緩衝作用の役割をもっていると思われる. 一般には, この酵素が存在しても, 通常の増殖の状態では, それほど大きな役割は果たしていないと思われる.

2.3.2 発酵経路

解糖系の最終産物であるピルビン酸は細胞の還元力（redox）やエネルギーの状態に依存して，異なるいくつもの経路を通って変換される．好気生物では，ピルビン酸の大部分は，（アセチルCoAを経由して）TCAサイクルに入り，二酸化炭素と水に完全に分解される（2.3.3項参照）．しかし，酸素制限下や嫌気生物では，ピルビン酸は，発酵経路を通って，乳酸や酢酸，エタノールに変換される．最も単純な発酵経路は，乳酸デヒドロゲナーゼによるピルビン酸から乳酸への変換である．化学量論は次の式で表される．

$$乳酸 + NAD^+ - ピルビン酸 - NADH - H^+ = 0 \qquad (2.8)$$

この経路では，EMP経路中のグリセルアルデヒド3リン酸の酸化から得られたNADHがピルビン酸の乳酸への還元のために使われる．それで，グルコースから乳酸への経路では全体では，NADHは生成しない．この経路は，高等真核生物の筋肉細胞の低酸素状態で起こる．また，多くのバクテリアでも起こる．乳酸菌においては，この経路が主な，または，唯一の発酵経路として働く[1]．

乳酸菌においては多くの発酵経路が働く可能性があり，その場合は酢酸，エタノール，ギ酸，二酸化炭素などのいろいろな代謝産物が生成する（例8.3参照，乳酸菌のいろいろな酸の発酵が解析されている）．*E.coli*では，反応（2.8）は，嫌気状態で重要であるが，他の発酵経路に伴って働き，種々の代謝経路を通って，複合的に脂肪酸を生成する（例3.1参照，*E.coli*における複合的な脂肪酸の発酵が解析されている）．グラム陽性菌である*Clostridium acetobutylicum*は，工業的に最も重要であり，複雑な代謝を示し多くの代謝産物を生成する（図2.8）．この場合には，アセチルCoAのエタノールや酢酸への変換とともに，ブチリルCoAがブチリルリン酸やブチルアルデヒドを経由して酪酸やブタノールを生成する．または，さらにもうひとつの分岐点で，アセト酢酸が脱炭酸しアセトンを生成する．そして，還元されてイソプロパノールを生産する．

酵母の発酵経路はバクテリアの発酵経路とは少し異なる．主な最終生産物はエタノールであり，この理由からこの経路はアルコール発酵として知られている．しかし，多少の酢酸や少量のコハク酸も生産される．エタノールや酢酸へ変換される経路はピルビン酸の脱炭酸によるアセトアルデヒドの生産に始まり，アルコールデヒドロゲナーゼにより還元され，エタノールになるか，酸化されて，酢酸になる（図2.9）．バクテリアとの大きな違いは，この発酵経路はアセチルCoAを経由しないことである．アルコールデヒドロゲナーゼの4つのアイソザイム（ADHI，ADHII，ADHIII，ADHIV）が同定されている．細胞質に存在するADHIは，グルコースによる嫌気増殖において構成的に発現し，エタノール生成に大きな役割を果たす．ADHIIは細胞質にあり，グルコースにより抑制される．これは，主に，エタノールによる好気増殖において働いている．ADHIIIもまたグルコースにより抑制されるが機能はわかっていない．しかし，細胞質とミトコンドリアの間の還元力の運搬の役割を果たしているかもしれない（Nissenら，1997）．アルデヒドデヒドロゲナーゼの2つのアイソザイムが同定されている．そのうちの1つは，補酵素としてNAD$^+$もNADP$^+$も使えるが，もう一方の酵素はNADP$^+$に

---

[1] 乳酸デヒドロゲナーゼの触媒する反応が唯一の活性のある経路である場合，代謝経路はホモ乳酸発酵経路と呼ばれる．

● 2. 細胞の代謝

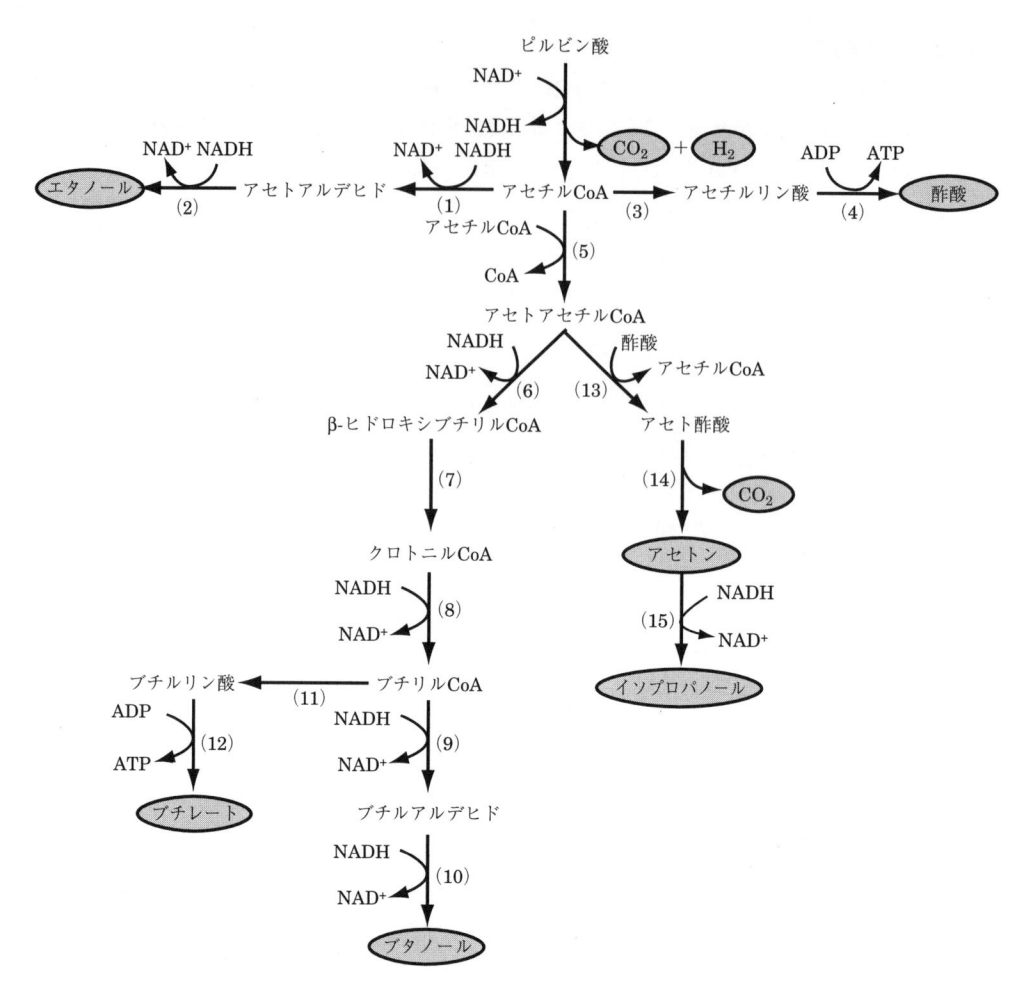

図2.8 C. acetobutylicum におけるいくつかの発酵経路. (1) アセトアルデヒドデヒドロゲナーゼ, (2) エタノールデヒドロゲナーゼ, (3) ホスホトランスアセチラーゼ, (4) アセテートキナーゼ, (5) アセチルCoAアセチルトランスフェラーゼ, (6) L(+)βヒドロキシブチリルCoAデヒドロゲナーゼ, (7) 13ヒドロキシアシルCoAヒドラーゼ, (8) ブチリルCoAデヒドロゲナーゼ, (9) ブチルアルデヒドデヒドロゲナーゼ, (10) ブタノールデヒドロゲナーゼ, (11) ホスホトランスブチラーゼ, (12) ブチレートキナーゼ, (13) CoAトランスフェラーゼ, (14) アセト酢酸デカルボキシラーゼ, (15) イソプロパノールデヒドロゲナーゼ

特異的である.したがって,酢酸の生産はNADPHの生成とNADPHの供給を行うことが鍵となる.

　S. cerevisiae のグルコースからエタノールへの全体の変換において正味のNADHの生成はない.しかし,生合成に用いられる前駆体と構成要素の生成がNADHの正味の生成を生じるので（例えば,グルコースからピルビン酸への反応は1分子のピルビン酸生産に対して1分子のNADHを生産する）,細胞は,生産された過剰なNADHの消費を行える代謝ルートを必要とする.そのような可能性は,ジヒドロキシアセトンリン酸（DAP）からのグリセロールの生産である.この経路の全体の化学量論は,

$$\text{グリセロール} + NAD^+ + \sim P - DAP - NADH - H^+ = 0 \tag{2.9}$$

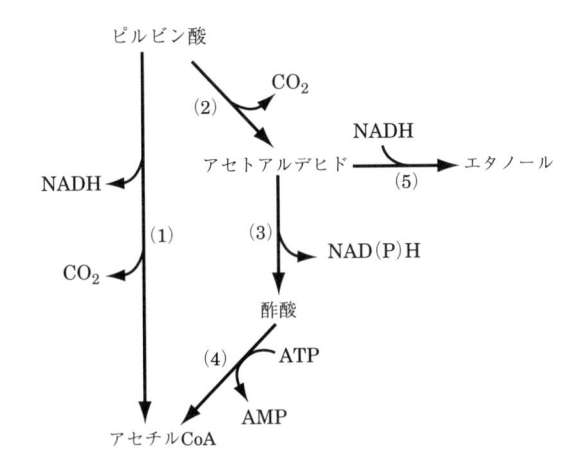

図2.9 酵母の発酵経路．(1) ピルビン酸デヒドロゲナーゼ，(2) ピルビン酸デカルボキシラーゼ，(3) アルデヒドデヒドロゲナーゼ，(4) アセチルCoAシンセターゼ，(5) アルコールデヒドロゲナーゼ，反応 (1) はミトコンドリア内，その他は細胞質で起こる．

である．グルコースからグリセロールへの全体の化学量論は正味のNADHの消費である．この経路は，前駆物質や構成要素の合成でNADHを生成し他のNADPHを必要とする経路ではNADHを消費しないそのようなNADHを消費する経路となっている．

2.3.3 TCAサイクルと酸化的リン酸化反応

ピルビン酸の完全酸化の最初のステップは，酸化的脱炭酸反応でありアセチルCoAを生産する（図2.10）．この反応は3つの酵素のクラスターが触媒する複合体の逐次反応により起こる．このクラスターを正しくはピルビン酸デヒドロゲナーゼコンプレックス（PDC）という．真核細胞においてはこの酵素複合体はミトコンドリアに局在している．ピルビン酸を経由した後の好気的な異化代謝のすべての反応はミトコンドリア内で機能する．

TCAサイクルへの炭素の流れはアセチルCoAから始まる．アセチルCoAは，クエン酸シンターゼの働きにより，オキザロ酢酸とともにクエン酸に変換される（図2.10）．次にクエン酸は，アコニターゼの働きにより異性体であるイソクエン酸に変換される．この反応は，cis-アコニット酸を経由して起こる．この物質は，細胞内の代謝で他の機能を示す物質ではないので，TCAサイクル中で考慮しなくてよい物質である．クエン酸からイソクエン酸への平衡定数は1に近い．これは，クエン酸とイソクエン酸の量は平衡状態ではほぼ同じであるということである．この2つの物質の量は，1つの代謝物質のプールとしてまとめることができる．TCAサイクルの次の2つのステップは，酸化的な脱炭酸のステップである．まず，イソクエン酸は，イソクエン酸デヒドロゲナーゼによりα-ケトグルタル酸に変換される．次に，α-ケトグルタル酸は，α-ケトグルタル酸デヒドロゲナーゼにより，ピルビン酸デヒドロゲナーゼコンプレックスによる一連の反応と同じような機構で，スクシニルCoAに変換される．実際この2つのコンプレックスは，同じデヒドロゲナーゼのサブユニットをもっている．次に，スクシニルCoAは，CoAのエステル結合を加水分解してコハク酸を生成するとともに，Gibbsの自由エネルギーを生成する．この自由エネルギーはGDPがGTPにリン酸化されることにより生成する．次のス

●2. 細胞の代謝

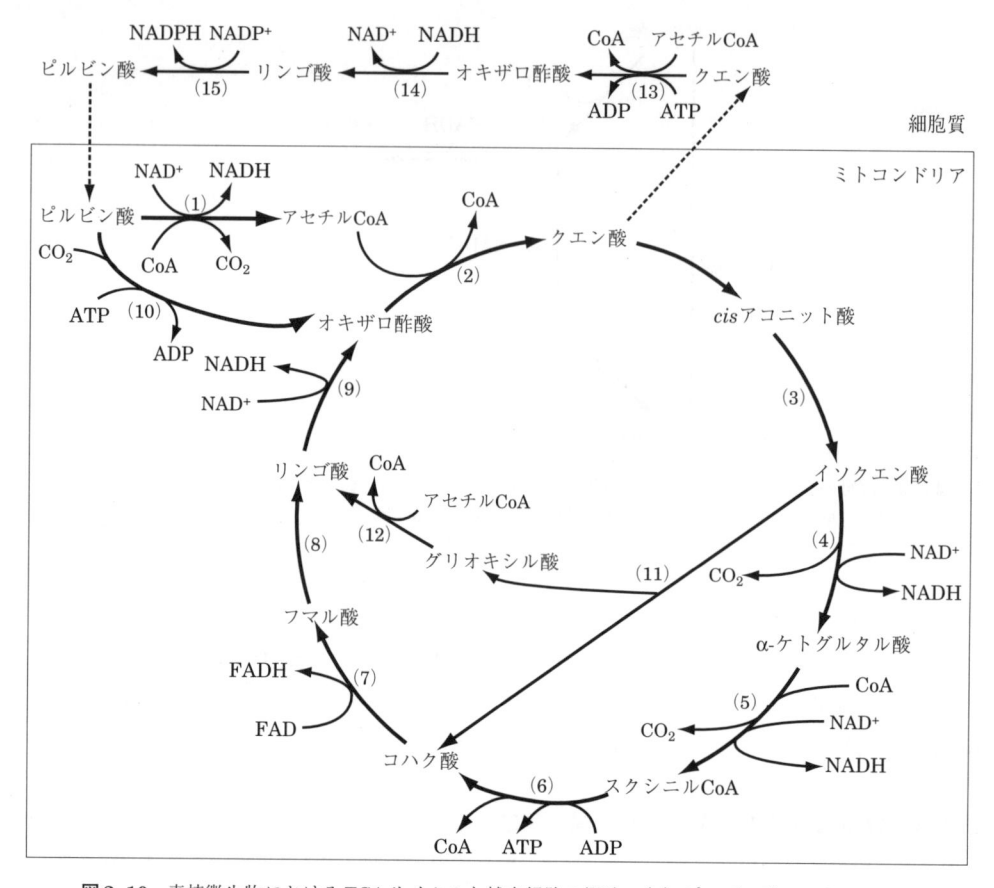

図 2.10 真核微生物における TCA サイクルと補充経路の概略. (1) ピルビン酸デヒドロゲナーゼコンプレックス, (2) クエン酸シンターゼ, (3) アコニターゼ, (4) イソクエン酸デヒドロゲナーゼ, (5) α-ケトグルタル酸デヒドロゲナーゼ, (6) コハク酸チオキナーゼ, (7) コハク酸デヒドロゲナーゼ, (8) フマラーゼ, (9) リンゴ酸デヒドロゲナーゼ, (10) ピルビン酸カルボキシラーゼ, (11) イソクエン酸リアーゼ, (12) リンゴ酸シンターゼ, (13) ATPクエン酸リアーゼ, (14) リンゴ酸デヒドロゲナーゼ, (15) リンゴ酸酵素. 真核細胞では, ピルビン酸デヒドロゲナーゼコンプレックスは, 膜結合型であり, ピルビン酸からアセチル CoA への変換は, ピルビン酸のミトコンドリア内への輸送に伴って起こる (ピルビン酸のミトコンドリア内のキャリアは存在しない). さらに, 酵素 (2), (3), (11), (12), (9) が触媒する反応, "グリオキシル酸回路" は, ミトコンドリアではなく, "グリオキシソーム" と呼ばれる小器官で起こる. この反応では脱炭酸がなく正味のアセチル CoA からコハク酸の生成が起こる. グリオキシル酸回路で生成するコハク酸は, ミトコンドリアに輸送され, TCA サイクルに入る. 原核生物では TCA サイクルに特別なオルガネラはなく, すべての反応は細胞質で起こる. したがって, (13), (14), (15) の反応は必要ない.

テップは, コハク酸のフマル酸への脱水反応である. この反応は, 強い酸化物を必要とし, FAD が FADH に還元される. FAD はフラボタンパク酵素であるコハク酸デヒドロゲナーゼにより統合され, この反応に関与する. フマラーゼにより, フマル酸が L-リンゴ酸に変換され, 最終的にリンゴ酸はリンゴ酸デヒドロゲナーゼにより, オキザロ酢酸を生成してサイクルが完結する.

TCA サイクルの主な調整のサイトは, クエン酸シンターゼ, イソクエン酸デヒドロゲナーゼ, α-ケトグルタル酸デヒドロゲナーゼの反応にある. これら3つの酵素の活性は, NADH/

NAD^+の比が低いほど高活性になる．一方，イソクエン酸デヒドロゲナーゼは，この比が高ければ強く抑えられる．さらに，酵母では，イソクエン酸デヒドロゲナーゼはAMPによって活性化し，ATPによって阻害される（Zubay, 1988）．

TCAサイクルにおけるピルビン酸の完全酸化の全体の反応は，

$$3CO_2 + GTP + 4NADH + FADH + 4H^+ \\ - ピルビン酸 - 3H_2O - GDP - 2 \sim P - 4NAD^+ - FAD = 0 \quad (2.10)$$

のように表される．すなわち，1モルのピルビン酸の酸化に伴い，4モルのNADHと1モルのFADHが生成する．明らかに，TCAサイクルはこれら2つの補酵素がNAD^+とFADに再酸化されて初めて続けて反応することができる．好気的条件では，電子は電子受容体の鎖（電子伝達系）を通ってこれらの補酵素からフリーな酸素へと伝達される．ほとんどの電子受容体は，原核生物では，細胞膜に埋め込まれており，また，真核生物では，ミトコンドリア内膜の大きなコンプレックスによって組織化されている（図2.11）．電子伝達系を経由するNADHから酸素への電子の受渡しは，大きな負のGibbsエネルギーが駆動力となっている（$\Delta G^0 = -220$ kJ (mol NADH)$^{-1}$）．この自由エネルギーの一部はATPの形で保存される．この2つの完全に異なるプロセス（つまり一方が電子伝達で他方がATP生成）が，どのようにしてカップリングするかという説明は，1961年にPeter Mitchellにより提唱された（Mitchell, 1961; Mitchell and Moyle, 1965; Senior, 1988）．この理論によれば，電子が伝達系を輸送されるとき，プロトンがミトコンドリアの外へ（原核生物では，細胞膜の外へ）排出される．それによってpHの勾配（細胞内またはミトコンドリア内が約0.05高いpHの勾配）ができ，ミトコンドリア内膜（または原核生物では細胞膜）に電子ポテンシャルの勾配（約-0.15 V）が生成する（図2.11）．プロトンは，F_1F_0-ATPアーゼコンプレックス（またはATPシンターゼ）によりミトコンドリアのマトリックス（または細胞質）に再び入り，ATPが生成する．真核生物では，酸化的リン酸化反応の理論的な量論係数（これは，P/O比と呼ばれるが）は，1モルのNADHの酸化に対し，3モルのATPを生成する．または，1モルのコハク酸（またはFADH）から2モルのATPを生産する（図2.11）．原核生物では，プロトンは2カ所のみで輸送される．原核生物のF_1F_0-ATPアーゼの化学量論は1ATP/$2H^+$なので，酸化的リン酸化反応の理論的な値は1モルのNADHの酸化に対し，2モルのATPの生成となる．酸化とリン酸化は不完全にカップリングしているため，実際的なP/Oは理論的な値よりも低くなる（例13.6参照）．これは，膜を隔てたプロトンの勾配がドライビングフォースになって起こる反応だからである．すなわち，2.2.3項で述べたように，多くの物質はプロトン共輸送により輸送される．これが原核生物の細胞膜を越えたプロトンの勾配に影響するのである．真核生物では，同様に，ミトコンドリア内膜はリン酸，ATP, ADP代謝物質であるピルビン酸，クエン酸，イソクエン酸，コハク酸，リンゴ酸の特異的なキャリアをもち，これらの物質はプロトンの勾配に駆動されて輸送される（LaNoue and Schoolwerth, 1979; Zubay, 1988）．

ミトコンドリア内膜はNADHを透過しない．したがって，真核細胞の細胞質のNADHの酸化は，NADHデヒドロゲナーゼよりもむしろ電子伝達系への電子の輸送を必要とする．NADHデヒドロゲナーゼは，ミトコンドリア内のNADHに対し特異的なものである．この目的でカビはNADHデヒドロゲナーゼを備えている．この酵素はミトコンドリア内膜の外側に面して存在し，細胞質NADHから電子を受け取ることができる（von Jagow and

●2. 細胞の代謝

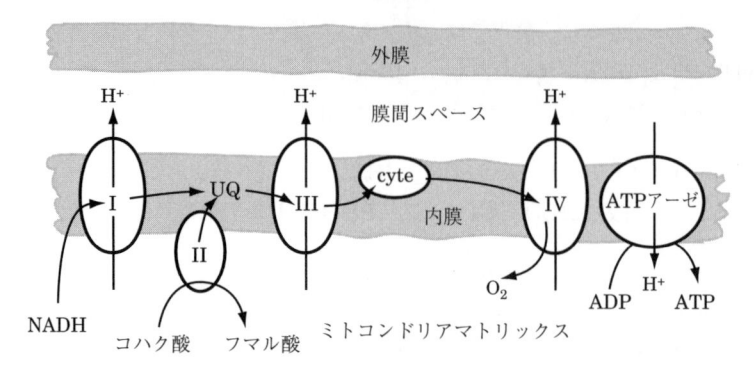

図2.11 真核生物の電子伝達と酸化的リン酸化反応．電子は，NADHまたはコハク酸から電子伝達系を通って最終的に酸素へ受け渡される．電子伝達系の要素は，ミトコンドリア内膜に存在する大きなコンプレックスによって組織化されている．NADHから電子は最初コンプレックスI，NADHデヒドロゲナーゼに受け渡される．これは，フラビンモノヌクレオチドを含むフラボタンパクである．コハク酸からの電子は，最初FADに受け渡される．FADはコンプレックスII，コハク酸デヒドロゲナーゼ（この酵素は，TCAサイクル中の酵素である）と統合されている．コンプレックスI，IIから（または，ミトコンドリア内に存在する他のフラボタンパクから）電子はユビキノン（UQ）に伝達される．UQは膜脂質を自由に拡散する．UQから電子はチトクロームシステムへ伝達される．まず，電子は，コンプレックスIIIに伝達される．このコンプレックスは2つのb-タイプチトクローム（b566，b562）とチトクロームc1からなる．それから電子はチトクロームcを通ってコンプレックスIVに受け渡される．このコンプレックスは膜の外側に弱く結合している．コンプレックスIV（またはチトクロームオキシダーゼ）は，チトクロームa，a3からなっており，電子は最終的に酸素へと受け渡される．コンプレックスI，III，IVはミトコンドリアの内膜にも広がって存在し，2つの電子がこれらを通って透過するとき，プロトン（1つのコンプレックスに4つ）が膜間のスペースへと放たれる．これらの電子は，プロトンを輸送するATPシンターゼ（またはF_1F_0-ATPアーゼコンプレックス）により，ミトコンドリアマトリックスに再輸送される．このコンプレックスでは，3つのプロトンがATPアーゼを通過するとき1つのATPが生成する．もうひとつのプロトンが，ADPや無機リン酸の消費またはATPの排出に必要となる．したがって，このメカニズムによってトータル4つのプロトンが必要となる．2つの電子がコンプレックスIからすべてのコンプレックスを伝わっていくとき，12のプロトンが（3つのコンプレックス各々に対して4つのプロトンが）ミトコンドリアマトリックスから細胞質スペースへくみ出されることになる．ATPシンターゼを通してプロトンがミトコンドリアマトリックスに再輸送される場合には，3モルのATPが再生される（12プロトン/(4プロトン/1ATP) だから）．それゆえ理論的な酸化的リン酸化反応の化学量論は，1モルのNADHの酸化に対し，3モルのATPの生成または，1モルのコハク酸の酸化に対し2モルのATPの生成が起こるということになる．

Klingenberg, 1970; Watson, 1976）．細胞質のNADHの酸化において，リン酸化される部位（サイト）は2カ所だけなので，このデヒドロゲナーゼは，おそらく，共通の電子受容体であるUQに電子を伝達する（Watson, 1976）．細胞質NADHから電子伝達系へ電子を輸送するもうひとつのシステムは，シャトルシステムと呼ばれる．その最も単純なものは，ジヒドロキシアセトンリン酸の還元によりグリセロール3リン酸を細胞質で生成し（DHAP + NADH → G3P + NAD^+），続いてミトコンドリア内で，グリセロール3リン酸がミトコンドリア-グリセロール3リン酸デヒドロゲナーゼにより，ジヒドロキシアセトンリン酸に再酸化される．ミトコンドリア-グリセロール3リン酸デヒドロゲナーゼの触媒部位は，グリセロール3リン酸が再酸化されるとき，これをミトコンドリア内に輸送する必要がないように，ミトコンドリア内膜の外側表面に存在している．ミトコンドリア-グリセロール3リン酸デヒドロゲナーゼはFAD

を含むフラボタンパクであり，これが，電子伝達系へUQのサイトへ電子を受け渡す．電子がシャトルシステムを通して輸送されるとき，NDAHの酸化に対するP/Oは，コハク酸の酸化に対するものと同じである．

2.3.4 アナプレロティック反応（補充反応）

TCAサイクルの2つの中間代謝物，α-ケトグルタル酸，オキザロ酢酸は，アミノ酸や核酸の生合成に使われる[2]．TCAサイクルにおいてこれら2つの正味の物質の合成はなく，これらの生合成のための利用については他の経路で補充されなければならない．この役割を行う反応の系列は総称して"アナプレロティック反応（補充反応）"と呼ばれている．この補充経路には，(1) ピルビン酸カルボキシラーゼによるカルボキシル化反応，(2) PEPカルボキシラーゼによるホスホエノールピルビン酸のカルボキシル化反応，(3) リンゴ酸酵素によるリンゴ酸のピルビン酸への酸化反応，(4) グリオキシル酸回路が含まれる（図2.10）．

最も重要な補充反応は，ピルビン酸カルボキシラーゼ，または，PEPカルボキシラーゼによる二酸化炭素の固定化反応であり，オキザロ酢酸を生成する（図2.10）．ピルビン酸カルボキシラーゼはATP/ADPの比が高いときやアセチルCoAにより活性化し，L-アスパラギン酸により阻害される．したがって，この酵素の調節はピルビン酸デヒドロゲナーゼコンプレックスの調節機構とほとんど完全に逆のタイプである．ピルビン酸デヒドロゲナーゼコンプレックスは，ATP/ADPの比が高いときやNADH/NAD$^+$比が高いとき，また，アセチルCoA濃度が高いとき阻害される（Zubay, 1988）．*S. cerevisiae*では，ピルビン酸カルボキシラーゼの活性は，細胞質でもミトコンドリアでも確認されている（Haarasilta and Taskinen, 1977）．PEPカルボキシラーゼは多くの原核生物でも活性が高いが，真核微生物では確認されていない．PEPカルボキシラーゼは，ピルビン酸カルボキシラーゼと同様に，アセチルCoAにより活性化し，L-アスパラギン酸により阻害される（Jettenら，1994）．

アセチルCoAはミトコンドリア内膜を通って細胞質へ輸送されることはないが，アミノ酸や脂質の生合成の鍵となる前駆物質として必要な物質である．真核生物では，生合成のために必要なエネルギーと炭素骨格のバランスがくずれれば，細胞質内のアセチルCoAによって調整される．これは，2つの経路によって達成される．(1) 最初の反応は，クエン酸のミトコンドリア膜を通る自由拡散とクエン酸リアーゼの反応（図2.10反応(13)）である．この反応により，細胞質内のクエン酸がオキザロ酢酸とアセチルCoAに分解するとともにATPが加水分解してADPとなる．普通，アセチルCoAが必要なときはオキザロ酢酸が必要量より多く，この反応によって生じた過剰なオキザロ酢酸は，細胞質のリンゴ酸デヒドロゲナーゼによりL-リンゴ酸を生成する．L-リンゴ酸は，ミトコンドリアに再び入るか，リンゴ酸酵素により酸化的脱炭酸を受けてピルビン酸となる（図2.10，反応(15)）．リンゴ酸酵素によるリンゴ酸の酸化反応においてNADPHが生成するが，この反応は，真核生物のNADPH生成の主要経路である．(2) 2番目の反応は，酢酸を経由する細胞質のアセチルCoAの再生反応である．まず，ピルビン酸が酸化的に脱炭酸し，酢酸になる．すなわち，

---

[2] スクシニルCoAはヘムやヘム様の物質の前駆体として機能する．しかし，これらはここでは取り扱わない．スクシニルCoAは，いくつかの構成要素の合成のコファクタとして機能する．このような反応では，コハク酸は，後に再生されるため，正味必要なのは，スクシニルCoA再生のためのATPである．

$$\text{アセチル酸} + CO_2 + NADH + H^+ - \text{ピルビン酸} - NAD^+ = 0 \tag{2.11}$$

そして，酢酸がアセチルCoAシンターゼによりアセチルCoAに変換される．すなわち，

$$\text{アセチル}CoA + H_2O + AMP + PP_i - \text{アセチル}CoA - ATP = 0 \tag{2.12}$$

この経路は，$S.\ cerevisiae$ で見られるが（Frenkel and Kitchens, 1977），$A.\ nidulans$ では，アセチルCoAシンターゼは酢酸により誘導され，グルコースにより抑制される（Kelly and Hynes, 1982）．反応（2.12）は酢酸を基質とした増殖フェーズで主に機能する．

グリオキシル酸回路（または"グリオキシル酸シャント"）はイソクエン酸がイソクエン酸リアーゼにより分解し（図2.10，反応（11）），コハク酸とグリオキシル酸が生成する．グリオキシル酸はリンゴ酸シンターゼにより，アセチルCoAと反応して，L-リンゴ酸を生成する（図2.10，反応（12））．L-リンゴ酸は，TCAサイクルの反応により（図2.10，反応（9）および（2））イソクエン酸を生成する．それゆえ，グリオキシル酸回路の正味の反応は，アセチルCoA 2分子から4つの炭素を含むコハク酸の合成反応である．この反応は，アセチルCoAが共通の中間代謝物質となる酢酸と脂肪酸の代謝にとって重要な経路である．

真核生物では，α-ケトグルタル酸の細胞質への供給は，生合成反応にとって重要である．この前駆物質は，特異的に働くパーミアーゼによりミトコンドリア内膜を透過するが，細胞質において細胞質イソクエン酸デヒドロゲナーゼによっても合成される．2つの異なるイソクエン酸デヒドロゲナーゼが真核微生物において確認されている．1種類は，NAD^+ 依存性であり，もう1種類は，$NADP^+$ に依存している．NAD^+ 依存型イソクエン酸デヒドロゲナーゼは，ミトコンドリア内に存在し，$NADP^+$ 依存型イソクエン酸デヒドロゲナーゼは，$A.\ nidulans$ では，グルコースにより抑制される．この酵素は，酢酸を基質とした増殖フェーズで主に機能する（Kelly and Hynes, 1982）．このことは2つのイソクエン酸デヒドロゲナーゼがなぜ存在するかという問いの説明になるかもしれない．つまり，この酵素により酢酸を炭素源とした場合の増殖におけるNADPHの再生が行われる．酢酸を使った場合，PP経路におけるNADPHの生成はエネルギー的にコストがかかるためである．他の微生物では $NADP^+$ 依存性の酵素活性がグルコースによる増殖においても見られる．ここでは，この経路は生合成に必要なNADPHの供給経路として重要であるかもしれない．

2.3.5　脂肪，脂肪酸，アミノ酸の異化代謝

長鎖脂肪酸の異化代謝は，CoAとATPが関与する反応によって有機酸が活性化することにより始まる．つまり

$$RCO\text{-}CoA + AMP + PP_i - RCOOH - ATP - CoA = 0 \tag{2.13}$$

である．この反応はアシルCoAリガーゼ（またはチオキナーゼ）によって触媒される．この反応は，動物細胞では，細胞質で起こる．この有機酸CoAは β 位の炭素が酸化され，アセチルCoAと炭素数の2つ少ない脂肪酸アシルCoAを生成する．この反応は，脂肪酸アシルCoAが完全にアセチルCoAを生成するまで続く．分解反応の全体の化学量論は，

$$(n+1)\text{アセチル}CoA + nNADH + nFADH + nH^+$$
$$- CH_3(CH_2)_{2n}CO\text{-}CoA - nNAD^+ - nFAD - nCoA = 0 \tag{2.14}$$

と表される．動物細胞では，これらの反応は，ミトコンドリア内で起こる．脂肪酸アシルCoAはアシルカルニチン誘導体として輸送される．FADHに取り込まれた電子が電子伝達系のUQに伝達される．酵母では脂肪酸の酸化はマイクロボディで起こる．電子はFADHから直接フリーの酸素に受け渡され，過酸化水素を生成し，さらに過酸化水素はカタラーゼにより分解される（Tanaka and Fukui, 1989）．

アセチルCoAは酢酸や脂肪酸の代謝の共通の中間代謝物質である．もし，酢酸や脂肪酸"だけ"が炭素源であるなら，解糖系で通常合成されているような前駆物質，すなわち，ピルビン酸，グリセルアルデヒド3リン酸，ヘキソース6リン酸のような物質を合成するための特別な経路が必要である．これは，グリオキシル酸シャント（すなわちアセチルCoAからコハク酸を生成する）と"糖新生"すなわちEMP経路の逆反応によって起こる．酢酸や脂肪酸による増殖において，糖新生は（コハク酸から生成した）オキザロ酢酸から始まる．オキザロ酢酸は脱炭酸され，GTPによりリン酸化され，ホスホエノールピルビン酸カルボキシキナーゼによりホスホエノールピルビン酸になる．ホスホエノールピルビン酸は，EMP経路の酵素により，フルクトース1,6二リン酸になり，最終的に，フルクトース二リン酸ホスファターゼによりフルクトース6リン酸に加水分解され，ヘキソース一リン酸プールに蓄えられる．乳酸による増殖においては[3]，乳酸は取り込まれた後，ピルビン酸に変換され，最初のステップで，ピルビン酸カルボキシラーゼにより，ピルビン酸からオキザロ酢酸を生成する（図2.10）．オキザロ酢酸は，同じように，糖新生の反応により，ホスホエノールピルビン酸と他の解糖系中の物質に変換される．当然のことながら糖新生の経路は解糖系の2つの鍵となる反応，すなわち，ホスホフルクトキナーゼとピルビン酸キナーゼが前向きに（すなわち解糖系の進む向きに）活性を示さないときにのみ起こる．糖新生は，フルクトース2,6二リン酸（ホスホフルクトキナーゼの活性化因子）が欠乏しているとき，また，フルクトース1,6二リン酸（ピルビン酸キナーゼの活性化因子）が低濃度のとき，これらの酵素活性が低く制御されることにより起こる（Gancedo and Serrano, 1989）．グルコースによる増殖においては，糖新生に働く酵素の比活性はグルコースにより抑えられる．

多くの微生物は，"プロテアーゼ"を合成し細胞外に分泌している．この酵素は，タンパク質を低分子のペプチドやアミノ酸に加水分解する．多くの微生物では，小さなオリゴペプチド（アミノ酸の結合数が5程度以下のもの）は，取り込めるために完全にアミノ酸にまで分解する必要はない．細胞内でこれらのオリゴペプチドは細胞内"プロテアーゼ"や"ペプチダーゼ"により加水分解される．細胞内でも細胞外でもプロテアーゼは通常，アンモニアによって活性が抑えられ，プロテアーゼの合成は過剰の炭素，硫黄，リンによって抑制される．タンパク質の加水分解後，アミノ酸の異化代謝は，α位のアミノ基の窒素がグルタミン酸トランスアミナーゼによりアミノ酸転移することにより始まる．つまり，

$$\text{グルタミン酸} + \alpha\text{-ケト酸} - \alpha\text{-ケトグルタル酸} - L\text{-アミノ酸} = 0 \tag{2.15}$$

である．

---

[3] カビの乳酸代謝は乳酸デヒドロゲナーゼによるピルビン酸の変換から始まる．カビの乳酸デヒドロゲナーゼは逆反応は触媒できないフラボタンパク質であり，したがって，カビは乳酸を生成しない．酵母の乳酸デヒドロゲナーゼはミトコンドリアの膜間スペースに存在し，酵素は電子を直接チトクロームcに輸送する．この反応はFADを補酵素とする．この酵素はグルコースにより抑制され，ラクトースにより誘導される．

表 2.4 アミノ酸分解の概要[a].

分解物	アミノ酸
ピルビン酸	アラニン (1), セリン (1), システイン (3), グリシン (2)
アセチル CoA	スレオニン (1), リジン (10), ロイシン (8), チロシン (7), フェニルアラニン (8), トリプトファン (12)
α-ケトグルタル酸	グルタミン酸 (1), グルタミン (2), プロリン (3), アルギニン (4), ヒスチジン (5)
スクシニル CoA	メチオニン (9), イソロイシン (9), バリン (8)
オキザロ酢酸	アスパラギン酸 (1), アスパラギン (2)

[a] 高等真核生物のアミノ酸分解においては,多くのステップが必要となる.ここに示されている括弧内の数値は分解に要する反応の数である.ほとんどのアミノ酸に対して,この数値は反応が式 (2.16) に従う脱アミノ化反応によるとしたときのものである.

次にグルタミン酸は NAD 依存性のグルタミン酸デヒドロゲナーゼにより,脱アミノ化され,α-ケトグルタル酸が再生する.

$$\alpha\text{-ケトグルタル酸} + NH_3 + NADH + H^+ - \text{グルタミン酸} - NAD^+ - H_2O = 0 \tag{2.16}$$

NAD 依存性のグルタミン酸デヒドロゲナーゼは主に異化機能において働き,その活性は一般にアミノ酸を含まない最小培地中の増殖では低いものである.脱アミノ化後,炭素骨格は,ピルビン酸,アセチル CoA,TCA サイクル中の中間物質に分解される(表 2.4).いくつかのアミノ酸では分解のために非常に多くの反応を必要とする.例えば,トリプトファンからアセチル CoA への分解は 12 ステップを要する.一方,他のアミノ酸は,脱アミノ酸によって直接最終代謝物質に変換される.

2.4 生合成反応

菌体の合成に必要な構成要素,補酵素,補欠分子族は 75〜100 程度存在し,これらはすべて生合成において作られる前駆物質からできている(Ingraham ら, 1983).この節では,生合成反応の概要を示すが,焦点は,"菌体増殖"における生合成反応の役割とそのために必要な物質に当てる.この意味において個々の反応の詳しい説明は行わない.主要な生合成反応のみについて述べる.すなわち,アミノ酸,核酸,糖,アミノ糖,脂質の合成反応である.これらの項目についてのより詳細は,生化学の教科書やレビューを参考にされたい(例えば,真核微生物におけるアミノ酸合成のレビューは,Umbarger (1978),カビにおけるアミノ酸と核酸の合成に関するレビューは,Jones and Fink (1982),バクテリアの構成要素に関するレビューは Neidhardt ら (1987)).

2.4.1 アミノ酸の生合成

アミノ酸はタンパク質の構成要素として最もよく知られている.実際,細胞中では 20 種の L-アミノ酸の主な機能はタンパク質中で共通に見られる.しかし,アミノ酸はまた,他の構成要素や重要な 2 次代謝産物,例えばペニシリンの前駆物質としても用いられる.アミノ酸生合成の最初のステップは,窒素の取込み,すなわち,アンモニアの形としての窒素が固定化され,

有機物に変換されるものである．これは，まず，α-ケトグルタル酸からL-グルタミン酸の生合成,

$$\text{L-グルタミン酸} + \text{NADP}^+ + \text{H}_2\text{O} - \alpha\text{-ケトグルタル酸} - \text{NH}_3 - \text{NADPH} - \text{H}^+ = 0 \tag{2.17}$$

から始まる．この反応は，NADP依存性のグルタミン酸デヒドロゲナーゼ（GDH）により触媒される．この酵素は，細胞内の代謝の鍵となる酵素である．この酵素は，NADH依存性GDHとは異なる．NAD-GDHは式（2.16）の逆反応を触媒する．2つの酵素は，異なるレギュレーションを受けている．NADP-GDHは，L-グルタミン酸により抑制され，グルコースにおける増殖において，高い活性を示すが，NADH-GDHはグルコースによって抑制される．

L-グルタミン酸の生合成のもうひとつの経路はGS-GOGATと呼ばれる経路を経由する反応である．その経路の最初の反応は2段階からなる．最初のステップは，L-グルタミンがアミノ基の供与体として使われ，その結果2つのグルタミン酸が生成する．

$$2\text{L-グルタミン酸} + \text{NADP}^+ - \alpha\text{-ケトグルタル酸} - \text{グルタミン} - \text{NADPH} - \text{H}^+ = 0 \tag{2.18}$$

この反応は，グルタミン酸シンターゼ（グルタミンアミド2オキソグルタミン酸アミノトランスフェラーゼを略してGOGATという）によって触媒される．2段階目の反応は次の反応によるL-グルタミンの再生である．

$$\text{L-グルタミン} + \text{ADP} + \sim\text{P} - \text{L-グルタミン酸} - \text{NH}_3 - \text{ATP} = 0 \tag{2.19}$$

この反応は，グルタミンシンターゼ（GS）により触媒される．2つの反応，式（2.18），（2.19）を足し合わせるとα-ケトグルタル酸からL-グルタミン酸が生成する正味の反応，式（2.17）となる．しかし，重要な違いは，この反応はエネルギーを必要とする反応であり，L-グルタミン酸1モルの生成のために1モルのATPが加水分解される．GS-GOGAT経路は，アンモニア消費に対して高親和性を示し，低いアンモニア濃度で高い活性を示す．というのは，グルタミン酸シンターゼはアンモニアによって抑制されるからである．L-グルタミンは，アンモニア（窒素）供与体として多くの窒素含有化合物の合成に使われる．したがって，この反応は細胞全体の代謝反応にとって重要なものである．グルタミンシンターゼは高度に制御されている．つまり，この酵素は，L-グルタミンによって抑制され，L-グルタミンを基点とする多くの代謝経路最終生産物（アデノシン1リン酸，グアノシン3リン酸，L-グリシン，L-ヒスチジン）によって阻害される．多くの微生物は，硝酸や亜硝酸も単一窒素源として消費することができる．しかし，これらの化合物は取り込まれる前にアンモニアに変換される．したがって，アンモニアは全体の窒素代謝の中心的な物質である．硝酸は亜硝酸を経てアンモニアに還元され，次亜硝酸（N_2O_2），酸化二窒素（N_2O），水酸化アミン（NH_2OH）へと変化する．これらの還元反応の水素の供与体は，NADPHである．硝酸や亜硝酸の取込みは，おそらく細胞質でのこれらの化合物の還元反応とカップリングして起こる．

図2.12は多くの真核生物，原核生物で明らかにされた20種すべての生合成経路の概要を示している．生合成経路は生物によって少し異なるが最も重要な生合成経路の違いはリジンの合成経路である．バクテリアと高等植物では，リジンはピルビン酸とジアミノピメリン酸（これ

●2. 細胞の代謝

アミノ酸	生合成
グルタミン酸ファミリー(5)	α-ケトグルタル酸 →¹ グルタミン酸 →¹ グルタミン / →⁵ オルニチン →³ アルギニン / →³ プロリン ; α-ケトグルタル酸 →⁵ α-アミノアジピン酸 →⁴ リジン
アスパラギン酸ファミリー(5)	オキザロ酢酸 →¹ アスパラギン酸 →³ ホモセリン →⁴ メチオニン / →² スレオニン →⁵ イソロイシン ; アスパラギン酸 →¹ アスパラギン
芳香族ファミリー(3)	ホスホエノールピルビン酸 + エリスロース4リン酸 →⁷ コリスミ酸 →¹ プレプフェン酸 →² フェニルアラニン / →² チロシン ; コリスミ酸 →⁵ トリプトファン
ピルビン酸ファミリー(3)	ピルビン酸 →⁴ α-ケトイソ吉草酸 →¹ バリン / →⁴ ロイシン ; ピルビン酸 →¹ アラニン
セリンファミリー(3)	3ホスホグリセリン酸 →³ セリン →¹ グリシン / →² システイン
ヒスチジン(1)	リボース5リン酸 →¹¹ ヒスチジン

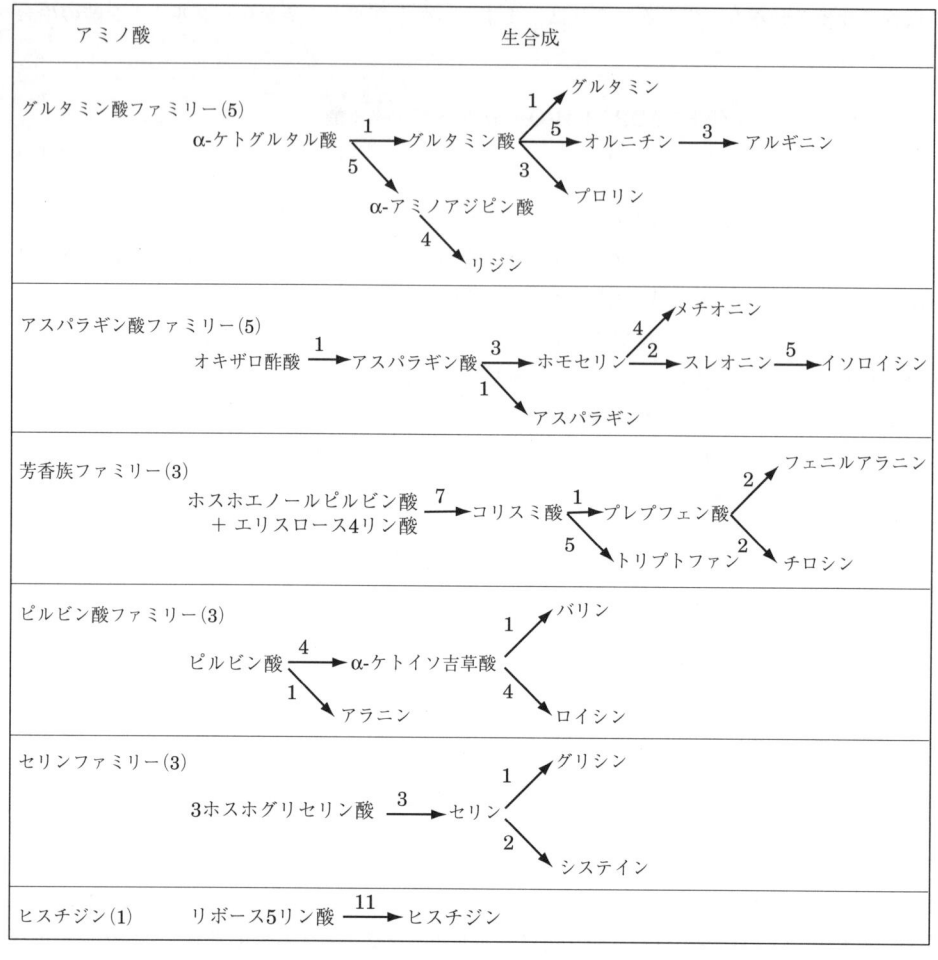

図2.12 真核生物のアミノ酸生合成の概要．アミノ酸は，その生合成のスターティングポイントとして機能する特異的な前駆体やアミノ酸により5つのファミリーに分かれる．L-ヒスチジンは複雑な生合成経路をもち，他のどのアミノ酸のグループにも属さない．数値は，経路の反応のステップ数を示す．L-リジンを除いて，これらの数値は，バクテリアと同じである．バクテリアにおいてL-リジン（バクテリアの細胞壁の重要な構成要素となる）は，ジアミノピメリン酸を経由して得られるアスパラギン酸から9ステップの反応を経て合成される．

はバクテリアの細胞壁の重要な構成要素である）を経由して得られるβ-セミアルデヒドから合成される．一方，真核微生物では，リジンは，α-アミノアジピン酸を経由して得られるα-ケトグルタル酸から生成する．

　表2.5は，バクテリアと真核微生物におけるアミノ酸生合成の"代謝コスト"をまとめたものである．L-メチオニンとL-ヒスチジンの生合成は，1炭素構造の転移を必要とする．このグループはメチオニンでは，N^5メチルテトラヒドロ葉酸，ヒスチジンでは，10フォルミルテトラヒドロ葉酸により与えられる．これらの化合物は両方とも，これらの反応によりテトラヒドロ葉酸に変換される．このテトラヒドロ葉酸の構造上の違いから，代謝コストを計算することができるので，共通のベースとして使うのに便利である．表2.5では，L-セリンからL-グリシ

2.4 生合成反応

表2.5 バクテリアとカビにおける20種のアミノ酸の生合成の代謝コスト．

アミノ酸	前駆体[a]	ATP[b]	NADH	NADPH	1-C[c]	NH_3	S[d]
L-アラニン	1 pyr	0	0	-1	0	-1	0
L-アルギニン	1 α kg	-7	1	-4	0	-4	0
L-アスパラギン	1 oaa	-3	0	-1	0	-2	0
L-アスパラギン酸	1 oaa	0	0	-1	0	-1	0
L-システイン[e]	1 pga	-4	1	-5	0	-1	-1
L-グルタミン酸	1 α kg	0	0	-1	0	-1	0
L-グルタミン	1 α kg	-1	0	-1	0	-2	0
L-グリシン	1 pga	0	1	-1	1	-1	0
L-ヒスチジン	1 penP	-6	3	-1	-1	-3	0
L-イソロイシン	1 oaa, 1 pyr	-2	0	-5	0	-1	0
L-ロイシン	2 pyr, 1 acCoA	0	1	-2	0	-1	0
L-リジン（カビ）	1 α kg, 1 acCoA	-2	2	-4	0	-1	0
L-リジン	1 pyr, 1 oaa	-3	0	-4	0	-2	0
L-メチオニン	1 oaa	-7	0	-8	-1	-1	-1
L-フェニルアラニン	2 pep, 1 eryP	-1	0	-2	0	-1	0
L-プロリン	1 α kg	-1	0	-3	0	-1	0
L-セリン	1 pga	0	1	-1	0	-1	0
L-スレオニン	1 oaa	-2	0	-3	0	-1	0
L-トリプトファン	1 pep, 1 eryP, 1 penP	-5	2	-3	0	-2	0
L-チロシン	2 pep, 1 eryP	-1	1	-2	0	-1	0
L-バリン	2 pyr	0	0	-2	0	-1	0

[a] acCoA: アセチルCoA, eryP: エリスロース4リン酸, fruP: フルクトース6リン酸, gluP: グルコース6リン酸, α kg: α-ケトグルタル酸, glyP: グリセルアルデヒド3リン酸, oaa: オキザロ酢酸, penP: リボース5リン酸, pep: ホスホエノールピルビン酸, pga: 3ホスグリセリン酸, pyr: ピルビン酸

[b] これらの反応では，ATPは加水分解してAMPになる場合は，2モルのATPが消費されるとカウントしている．

[c] 5,10メチレンテトラヒドロ葉酸（5,10 MTHF）は1炭素構造の供与体として使われる．これは，テトラヒドロ葉酸に変換できる．L-メチオニンやL-ヒスチジンの生合成で使われたテトラヒドロ葉酸と異なる構造はこれを規準に計算されている．

[d] 硫酸が硫黄源として使われている．これは，取込み前にH_2Sに還元される．

[e] L-セリンが直接スルフヒドリル化されるとしている．

ンへの変換に使われる5,10メチレンテトラヒドロ葉酸（5,10 MTHF）のテトラヒドロ葉酸（THF）への変換がベースとして使われている．しかし，L-グリシンの生合成の間に生成する5,10 MTHFは一般には1炭素構造の転移では不十分である．ほとんどの場合，炭素グループの供給がさらに必要となるが，この炭素構造はグリシンのα炭素である．これは，グリシンオキシダーゼによる式（2.20）の反応により分解して生じる．

$$CO_2 + NH_3 + 5,10\,MTHF + NADH + H^+ - L\text{-グリシン} - THF - NAD^+ = 0$$
(2.20)

2.4.2 核酸，脂肪酸，その他の構成要素の生合成

リボヌクレオチドまたはデオキシリボヌクレオチドの構造をもった"ヌクレオチド（核酸）"は，DNA，RNAの構成要素である．しかし，これらのヌクレオチドは，細胞の他の多くの機

●2. 細胞の代謝

能としても働いている．その主なものは，NADH，NADPH，FAD，CoA のような補酵素であり，他の核酸，例えば ATP は細胞の代謝全体において特異的な目的で利用されている．ヌクレオチドは次の3つの部分から構成されている．すなわち，(1) プリン，ピリミジンと呼ばれる2つのサイクリック塩基，(2) 糖（RNA はリボース，DNA は2デオキシリボースをもつ），(3) リン酸基である．DNA の塩基は，アデニン（A），グアニン（G）のプリン塩基，チミン（T），シトシン（C）のピリミジン塩基である．RNA ではチミンはウラシル（U）に置き換わる．

デオキシリボヌクレオチド（dAMP, dGMP, dUMP, dCMP）は，対応するリボヌクレオチド（AMP, GMP, UMP, CMP）の 2′OH 基が，NADPH により供与された水素に置換されることにより生成し，dTMP は dUMP のメチル化反応によって生成する．ヌクレオチドはリボース5リン酸や（プリン合成のための）3ホスホグリセリン酸，（ピリミジン合成のための）オキザロ酢酸から合成される．表2.6 にヌクレオチド合成のための代謝コストを示す．

"脂質"は，(1) アシルグリセロール，(2) リン脂質，(3) ステロールを含む多様な物質群である．脂質の主な構成要素は脂肪酸であり，これはアシルグリセロールやリン脂質，ステロールエステルに見られる（ステロールの主な成分である）．脂肪酸で多く含まれるのはパルミチン酸（C16：0），パルミトール酸（C16：1），ステアリン酸（C18：0），オレイン酸（C18：1），リノール酸（C18：2），リノレン酸（C18：3）である．真核微生物では，パルミチン酸，オレイン酸，リノール酸が75%以上を占める（Ratledge and Evans, 1989）が，バクテリアでは，パルミチン酸，パルミトール酸，オレイン酸が大部分を占める（Ingraham ら，1983）．飽和脂肪酸の生合成は，アセチル CoA からの活性化された2モルずつの炭素の連続的な付加により起こる．炭素単位はマロニル CoA によって供給されるが，マロニル CoA は，アセチル CoA のカルボキシル化反応によって生成する（Walker and Woodbine, 1976）．酵母では（おそらくカビにおいても）最終生成物は，脂肪酸そのものよりも，むしろ，脂肪酸 CoA のエステルである（Ratledge and Evans, 1989）．n 個の炭素鎖をもつ脂肪酸 CoA の生合成反応の全体の化学量論は，

$$CH_3(CH_2)_{n-2}CO\text{-}CoA + \frac{n-2}{2}CoA + \frac{n}{2}H_2O + \frac{n-2}{2}ADP + \frac{n-2}{2}\sim P$$

表2.6　ヌクレオチドの生合成の代謝コスト．

ヌクレオチド	前駆物質[a]	ATP	NADH	NADPH	1-C	NH_3
AMP	1 pga, 1 penP	−9	3	−1	−1	−5
GMP	1 pga, 1 penP	−11	3	0	−1	−5
UMP	1 oaa, 1 penP	−5	0	−1	0	−2
CMP	1 oaa, 1 penP	−7	0	−1	0	−3
dAMP	1 pga, 1 penP	−9	3	−2	−1	−5
dGMP	1 pga, 1 penP	−11	3	−1	−1	−5
dTMP[b]	1 oaa, 1 penP	−5	0	−3	−1	−2
dCMP	1 oaa, 1 penP	−7	0	−2	0	−3

[a] 略号は表2.5参照．
[b] dTMP 生合成のコストは，dUMP からの合成と同じである．dTMP もまた dCMP から，より高いコストで合成される．すなわち，9個の ATP を必要とする．E.coli では，Ingraham らによれば（1983），dTMP の75%は dCMP と dUMP の25%から合成される．

$$+\frac{n-2}{2}\mathrm{NADP^+} - \frac{n}{2}\text{アセチル CoA} - \frac{n-2}{2}\mathrm{ATP} - (n-2)\mathrm{NADPH}$$
$$-(n-2)\mathrm{H^+} = 0 \tag{2.21}$$

と表される．バクテリアでは，モノ不飽和脂肪酸の生合成は，嫌気経路で起こる．その名前からわかるように，この経路は，酸素のない状態で機能する．4つのマロニルCoAが生成するまでこの経路が働き，その後 β-ヒドロキシデカノイルACP（アシル運搬体）を生成する．この化合物は飽和脂肪酸とモノ不飽和脂肪酸との生合成の分岐点にある化合物である．β-ヒドロキシデカノイルチオエステルデヒドラーゼの反応により，β, γ-シス2重結合が挿入され，次いで，β, γ-不飽和アシルの鎖が延びていき，最終的にパルミトール酸が生成する．真核生物では，C_{16} または C_{18} の飽和脂肪酸CoAが生成した後，9番目の炭素原子に2重結合が挿入される（Walker and Woodbine, 1976; Ratledge and Evans, 1989）．この反応は小胞体の特異的な酵素により行われる．反応はNADHと酸素1モルを要求し，全体の化学量論は，

$$\text{オレイル CoA} + 2\mathrm{H_2O} + \mathrm{NAD^+} - \text{ステアロイル CoA} - \mathrm{O_2} - \mathrm{NADH} - \mathrm{H^+} = 0 \tag{2.22}$$

と表される．バクテリアは高度不飽和脂肪酸をもたないが，真核生物は多くの種類の高度不飽和脂肪酸をもつ．高度不飽和脂肪酸の合成は，式（2.22）と同じように起こるか，または，リン脂質に組み込まれた後，モノ不飽和脂肪酸がさらに不飽和化されるかである（Walker and Woodbine, 1976; Ratledge and Evans, 1989）．

脂質におけるその他の重要な構成要素は（1）グリセロール3リン酸（リン脂質やトリアシルグリセロールの骨格である），（2）リン脂質のアルコール部，（3）ステロールである．グリセロール3リン酸は，EMP経路のジヒドロキシアセトンリン酸から直接生成する．カビにおけるリン脂質で最もよく見られるアルコールはコリン，エタノールアミン，イノシトールである（Rose, 1976）．*S. cerevisiae* では，全リン脂質の90%以上が，ホスファチジルコリンン（PC），ホスファチジルエタノールアミン（PE），ホスファチジルイノシトール（PI）である（Ratledge and Evans, 1989）．エタノールアミンとコリンはフリーな形では合成されず，対応するリン脂質は他のリン脂質から生成する．つまり，PEはホスファチジルセリン（少量存在するリン脂質でアルコールとしてL-セリンを含む）から脱炭酸して直接得られる．PCは，PEからメチル化して生成する．PIはフリーのイノシトールが結合して生成するが，イノシトールはグルコース6リン酸から2段階の反応を経て生成する（Umezawa and Kishi, 1989）．まず，イノシトールリン酸シンターゼによりNAD$^+$を電子受容体として利用することにより，グルコース6リン酸からイノシトール1リン酸が生成し，イノシトール1リン酸は，イノシトール1リン酸ホスファターゼによりイノシトールに変換される．*S. cerevisiae* ではステロール類の90%以上はエルゴステロールである．エルゴステロールの経路はスクアレンを経由して生成する．*S. cerevisiae* では，スクアレンの合成経路は完全に明らかにされているが，エルゴステロール（あるいは，他のステロール類）の経路はまだ完全には，明らかにされていない．バクテリアにおける最も重要なリン脂質は，ホスファチジルエタノールアミン（75～85%），ホスファチジルグリセロール（10～20%），カリディオリピン（5～15%）である．3つのリン脂質はすべてCDP（シチジン2リン酸）ジアシルグリセロールまでは同一の経路を通り，その後分岐する．ホスファチジルエタノールアミンは，ホスファチジルセリンの脱炭酸により生成するが，ホスファチジルセリンは，L-セリンを伴ってCDPの置換により得られる．ホスファチジ

2. 細胞の代謝

ルグリセロールはCDPジアシルグリセロールからグリセロール3リン酸を伴って，CDPの置換により生成する．次に，グリセロールからリン酸を切り離し，最終的にカルディオリピンが2つのホスファチジルグリセロールの縮合により，グリセロールを切り離して生成する．

"炭水化物の貯蔵"のための構成要素は，UDP（ウリジン2リン酸）グルコースである．これは，E. coliやその他のグラム陰性細菌のリポサッカライドやカビ類の細胞壁の構成要素である．UDPグルコースは，ピロホスホリアーゼによりグルコース1リン酸から生成する．ヘキソースが高分子に取り込まれるとUDPが生成する．ヘキソース一リン酸を炭水化物鎖の延長に取り込ませる全体のコストは1UTPである（これは1ATPと等価である）．ペプチドグリカン（これは，バクテリアの細胞壁を形成する）の生合成は，5個のモノマーを必要とする．すなわち，UDP-N-アセチルグルコサミン（UDP-NAG），UDP-N-アセチルムラミン酸（UDP-NAM），アラニン（L-，D-どちらも），ジアミノピメリン酸，そしてグルタミン酸である．UDP-N-アセチルグルコサミン（NAc）はカビのキチン合成の構成要素として働くが，フルクトース6リン酸，アセチルCoAからグルタミン酸をアミノ基の供与体として利用して生成する．全体の化学量論は

$$\text{UDP-NAG} + \text{L-グルタミン酸} + \text{CoA} + \sim \text{PP} - \text{フルクトース6リン酸} - \text{アセチルCoA} - \text{L-グルタミン酸} - \text{UTP} = 0 \quad (2.23)$$

となる．UDP-Glc-NAcがペプチドグリカンやキチンに組み込まれるとき，UDPが放出される．したがって，キチンモノマーの全体のエネルギーコストは，UTPである．炭水化物構成要素やリン脂質の生合成の代謝コストを表2.7に示す．

表2.7 リン脂質と炭水化物の構成要素の生合成の代謝コスト．

Building block	前駆体[a]	ATP	NADH	NADPH	1-C	NH$_3$
グリセロール3リン酸	1 glyP	0	−1	0	0	0
パルミトールCoA	8 acCoA	−7	0	−14	0	0
パルミトレオイルCoA[b]	8 acCoA	−7	0	−14	0	0
ステアロイルCoA	9 acCoA	−8	0	−16	0	0
オレイルCoA	9 acCoA	−8	1	−16	0	0
リノレオイルCoA	9 acCoA	−8	2	−16	0	0
リノレノイルCoA	9 acCoA	−8	3	−16	0	0
エタノールアミン[c]	1 pga	0	1	−1	0	−1
コリン	1 pga	0	1	−1	−3	−1
イノシトール	1 gluP	0	1	0	0	0
エルゴステロール	18 acCoA	−18	0	−13	0	0
UDPグルコース	1 gluP	−1	0	0	0	0
UDPガラクトース	1 gluP	−1	0	0	0	0
UDP-NAG	1 fruP, 1 acCoA	−2	0	0	0	−1
UDP-NAM	1 fruP, 1 pep, 1 acCoA	−2	0	−1	0	−1
ジアミノピメリン酸	1 oaa, 1 pyr	−2	0	−3	0	−2

[a] 略号は表2.5参照．
[b] パルミトレオイルCoAの生合成コストは嫌気経路のものである．
[c] スクアレンからエルゴステロールへの経路は詳細に知られていないので，エルゴステロールの代謝コストはスクアレンと同じとした．

2.5 高分子化反応

微生物細胞の巨大分子は次のようにグループ分けすることができる．つまり，(1) RNA，(2) DNA，(3) タンパク質，(4) 炭水化物，(5) アミノ炭水化物，(6) 脂質である．巨大分子の含量は微生物種により異なるし，また，同じ微生物でも比増殖速度や環境条件によって変化する．図2.13は，バクテリアとカビにおける比増殖速度に対する最も重要な巨大分子の含量の変化を示したものである．バクテリアではタンパク質とRNAで乾燥重量の80%を超える．安定なRNAの含量は，比増殖速度が増加するとともに上昇する．一方，比増殖速度の上昇に伴って，タンパク質含量は低下する．他の物質，つまり，DNA，脂質，リポ多糖，アミノ炭水化物（ペプチドグリカン），炭水化物（主にグリコーゲン）の含量はほぼ定常である．カビでは，いくつかの大きな違いが見られる．全炭水化物含量（炭水化物とアミノ炭水化物）は，細胞の重要な構成成分でその含量は20～30%の間であり，比増殖速度の増加に伴いこの含量は低下する．炭水化物は主に細胞壁に見られ，比増殖速度が上昇するとともに細胞壁の割合は低

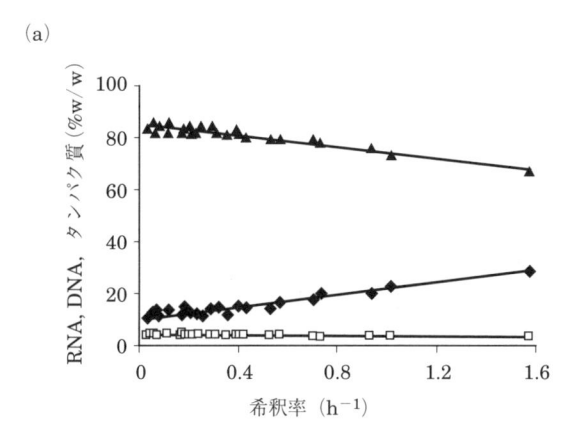

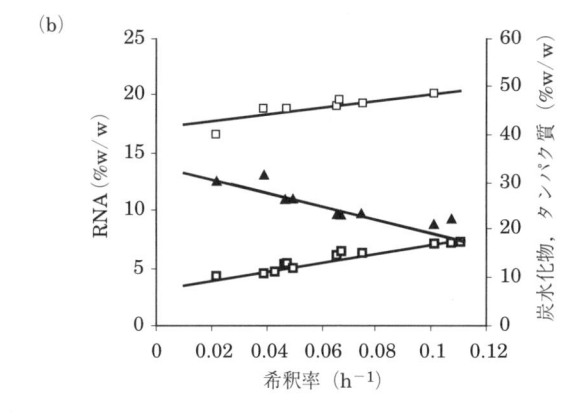

図2.13 バクテリアとカビにおける比増殖速度に対する重要な巨大分子の含量の変化．(a) *E.coli* のタンパク質（▲），RNA（◆），DNA（□）データはIngrahamらによる（1983）．(b) *P. chrysogenum* のタンパク質（□），RNA（▲），炭水化物（□）．データはNielsenによる（1997）．

●2. 細胞の代謝

下する．バクテリアでは，RNA含量が比増殖速度に伴って上昇するが，これは，タンパク質含量が一定であるのと比較して異なる現象である．バクテリアでもカビでも，多くの種において，比増殖速度の上昇に伴い，安定なRNAが直線的に上昇することが報告されている．比増殖速度の上昇に伴いタンパク質含量がゆるやかに上昇することは S. cerevisiae でも報告されている．

細胞内の全RNAは，メッセンジャーRNA（mRNA），リボゾーマルRNA（rRNA），トランスファーRNA（tRNA）からなる．E. coli ではその含有比は，比増殖速度が $1.0\ h^{-1}$ のとき，mRNAが5%，tRNAが18%，そして，rRNAが77%である（Ingrahamら，1983）．より低い比増殖速度では，相対的に，rRNAの含量が低下し，tRNAの含量が上昇する．同じような傾向が Neurospora crassa においても見られる．リボゾーム当りのtRNAの分子の数は比増殖速度の上昇とともに低下する（Alberghinaら，1979）．しかし，低い比増殖速度においてもrRNAは，安定なRNA（rRNAとtRNA）の75%以上を占める．それゆえ安定なRNAの含量は，菌体のリボゾーム含量のよい指標になる．A. niger では，リボゾームは，53%のrRNAと47%のタンパク質からできている（Berry and Berry, 1976）．E. coli では，60%のrRNAと40%のタンパク質からできている．リボゾームはいくつかの酵素とともに，タンパク質合成にとって重要な役割を果たす．これはタンパク質合成システム（Protein synthesizing system, PSS）と呼ばれる（Ingrahamら，1983）．

タンパク質の合成は，エネルギー的に高価であるので（表2.8参照），細胞内では高度にPSSは制御されている．つまり，リボゾームのレベルは必要量に制御されている．これが，図2.13で見たように安定なRNAの含量が比増殖速度と正に相関している傾向を説明している．同様の比増殖速度と安定なRNA含量の関係は，環境条件の変化や比増殖速度をシフトダウンする実験など，ダイナミックな現象において見ることができる．rRNAの合成は新しい増殖の条件に見合ったリボゾームの含量に達するまで停止することが観測されている（Sturaniら，1973）．低い増殖速度では，N. crassa ではリボゾームの含量は一定であるが，リボゾームの効率は比増殖速度の上昇に伴って減少する（Alberghinaら，1979）．したがって，PSSの正味の効率は比増殖速度がゼロの場合，減少し続ける．同様の傾向が，A. nidulans（Bushell and Bull）においても E. coli（Ingrahamら，1983）においても見られる．つまり，低い比増殖速度では細胞は環境条件が変化したとき"代謝の機構を不活化したり非効率にして"調節を行い，再び環境が変化すれば急速に活性化して変化に対応する．

mRNAの翻訳は主に細胞質中の80Sリボゾーム上で起こる．このリボゾームは60Sと40Sの2つのサブユニットからなる．真核生物ではいくつかのタンパク質，F_1F_0-ATPアーゼ，チトクロームb，TCAサイクルのいくつかの酵素はミトコンドリア内で合成される．ミトコンドリアにはDNAもリボゾームも含まれる．翻訳は3段階のプロセスからなる．すなわち，イニシエーション，エロンゲーション，ターミネーションである．イニシエーションは比較的多数の特異的タンパク質因子（少なくとも10）により触媒される．イニシエーションは，80Sイニシエーションコンプレックス形成において起こる．このイニシエーションコンプレックスの形成の後，ペプチドの伸長（エロンゲーション）が，伸長するペプチド鎖へのアミノ酸の連続的な付加により起こる．エロンゲーションのステップは4段階よりなる．すなわち，(1) アミノ酸が認識されtRNAに結合する．(2) アミノアシルtRNAがリボゾームに結合する．(3) ペプチド結合が形成される．(4) リボゾームがペプチドtRNAを移動する，および，それと同時に

表 2.8 いろいろな微生物種における菌体内タンパク質のアミノ酸の含量（mol %）.

アミノ酸	E.coli[a]	P.chrysogenum[b]	S.cerevisiae[c]
L-アラニン	9.6	10	4.7
L-アルギニン	5.5	4.8	5.6
L-アスパラギン/L-アスパラギン酸	9.0	9.6	12.7
L-システイン	1.7	1.4	0.9
L-グルタミン酸/L-グルタミン	9.8	14.9	13.4
L-グリシン	11.5	9.2	5.6
L-ヒスチジン	1.8	2.4	9.1
L-イソロイシン	5.4	4.3	5.2
L-ロイシン	8.4	7.5	7.9
L-リジン	6.4	5.6	3.1
L-メチオニン	2.9	1.7	4.7
L-フェニルアラニン	3.5	3.4	4.0
L-プロリン	4.1	4.7	4.3
L-セリン	4.0	6.1	5.2
L-スレオニン	4.7	5.3	1.4
L-トリプトファン	1.1		4.0
L-チロシン	2.6	2.6	6.5
L-バリン	7.9	6.4	1.7

[a] *E.coli* のデータは Ingraham らによる（1983）.
[b] *P.chrysogenum* のデータは Henriksen らによる（1996）.
[c] *S.cerevisiae* のデータは Cook による（1958）.

1つのコドンに対応するmRNAの移動が起こる．すなわちトランスロケーションである．アミノアシルtRNAの生成と活性化はATPのAMPへの加水分解を必要とする．アミノアシルtRNAのリボゾームへの結合はGTPのGDPへの加水分解を必要とする．ペプチドtRNAのリボゾーム中でのトランスロケーションにはGTPのGDPへの加水分解を必要とする．したがって，ペプチド鎖における1つのアミノ酸の伸長は4つのATP当量を必要とする．さらにmRNAの合成には1アミノ酸当り0.3ATPを必要とする（Ingrahamら，1983）．微生物菌体内のアミノ酸含量（表2.8）を考慮すると，分子量は110 g (mol-タンパク内アミノ酸)$^{-1}$ となり，1gのタンパク質の合成反応は（量論係数をmmolで表示して）

$$"1gのタンパク質" + 39.1\text{ADP} + 39.1\sim\text{P} - 9.1\text{アミノ酸} - 39.1\text{ATP} = 0 \quad (2.24)$$

となる．

DNAのRNAへの転写は，3つのRNAポリメラーゼにより起こる．すなわちRNAポリメラーゼA（これは，rRNAを合成する），RNAポリメラーゼB（これはmRNAを合成する），RNAポリメラーゼC（これは，tRNAを合成する）により起こる．これらの酵素がRNAに作用する前にヌクレオチド一リン酸がヌクレオチド3リン酸に変換されなければならない．これには1ヌクレオチド当り2モルのATPが要求される．さらに，RNAの合成においては転写の後，最初に転写されたセグメントが除かれてヌクレオチド一リン酸に加水分解される．このヌクレオチドが再び活性化するために2モルのATPが必要とされる．Ingrahamらは（1983），約20%の1次転写は無駄に捨てられているだろうと考えている．したがって，モノリン酸結合のリボヌクレオチドのエネルギーコストは2.4ATPということになる．*S.cerevisiae* の全RNA

中の成分はモルベースでAMPが25.6%，UMPが26.2%，GMPが28.6%，CMPが19.6%である（Mounolou, 1975）．RNAの分子量はそれゆえ，323 g/mol RNA内ヌクレオチドである．1 gのRNAの合成全体の化学量論は，（量論係数をmmolで表して）

$$\text{"1 gのRNA"} + 7.44\text{ADP} + 7.44 \sim \text{P}$$
$$- 0.79\text{AMP} - 0.81\text{UMP} - 0.89\text{GMP} - 0.61\text{CMP} - 7.44\text{ATP} = 0 \tag{2.25}$$

となる．

DNAの複製は複雑なプロセスである．DNAポリメラーゼが2つのDNAストランドを複製する前に，ダブルヘリックス（二重らせん）構造がほどけなければいけない．これは特異的な酵素のグループにより行われ，相補的な塩基の水素結合を切るために，Gibbsの自由エネルギーが必要とされる．ヘリックスがほどけてストランドが分かれ，シングルストランドのループを形成する．これはスーパーコイル構造と呼ばれる．ほどけたDNAストランドのスーパーコイル構造の生成を防ぐため，DNAジャイレースが1つのストランド中でリン酸結合を定期的に切断する．この反応により，もう一方のストランドの自由な回転が可能になる．回転後ジャイレースはリン酸結合を再生する．1つの塩基のペアに対して二重らせんがほどけるためのエネルギーコストは2ATPである．つまり1つのヌクレオチドに対しては1ATPが必要となる．ひとたびストランドが離れるとDNAポリメラーゼは複製，すなわち3リン酸型に活性化されたヌクレオチドを結合していく．DNAの複製は驚くほど精密で，大体10^{10}のヌクレオチドのコピーを作るのに1つのミスコピーを起こす程度である．この正確さは，DNAポリメラーゼの1つのエクソヌクレアーゼの助けにより守られている．このDNAポリメラーゼは後ろ向きに戻ることによって自らのミスコピーを取り除くことができる．この酵素はミスコピーの後ろのコピーが正しいヌクレオチドのペアにならなければ前向きの複製は触媒しない．この修正によるエネルギーコストは1ヌクレオチド当り0.4ATPであると推定されている（Ingraham, 1983）．したがって，モノリン酸型からのデオキシリボヌクレオチドの合成に関するエネルギーコストは，3.4ATPである．細胞内DNAのヌクレオチドの含量は，ヌクレオチドの種によって少し異なり，dAMPが24.5%，dTMPが24.5%，dGMPが25.5%，dCMPが25.5%である．したがって，DNAの分子量は310 g (mol-DNA内ヌクレオチド)$^{-1}$となり，1 gのDNA結合ヌクレオチドの全体の化学量論は（量論係数をmmolで表して）

$$\text{"1 gのDNA"} + 11.0\text{ADP} + 11.0 \sim \text{P} - 0.79\text{dAMP} - 0.79\text{dTMP}$$
$$- 0.82\text{dGMP} - 0.82\text{dCMP} - 11.0\text{ATP} = 0 \tag{2.26}$$

となる．

リン脂質の合成は，脂肪酸アシルCoAのグリセロール3リン酸の1-, 2-位の炭素への結合によるホスファチジル酸の生成から始まる．この化合物はCTPにより活性化され，CDPジアシルグリセロールを生成する．最終的にアルコールがリン酸基に結合し，CMPが放出される．したがって構成要素からリン脂質合成への全体のエネルギーコストはCTPからCMPへの変換であり，これは2ATPに相当する．リン脂質全体の代謝コストを計算するためには，いろいろなクラスの脂肪酸の相対的な含量を知ることが必要である．*S. cerevisiae*のリン脂質の成分は，PCが50%，PIが20%，PEが30%であり，*E. coli*では約95%のリン脂質はPEとホスファチジルグリセロールであり，両者はほぼ等量含まれる．全体の脂肪酸の含量は微生物種によって

少し異なり，また環境条件によっても異なる（Ratledge and Evansの酵母における脂肪酸含量のレビューを参照）．S. cerevisiaeにおける典型的な含量比は，C16：0が15.6%，C16：1が31.4%，C18：0が5.1%，C18：1が32.0%，C18：2が13.4%である．P. chrysogenumではC16：0が8%，C18：0が7%，C18：1が24%，C18：2が59%，C18：3が2%である（Meisgeierら1990）．一方，E. coliでは，C16：0が43%，C16：1が33%，C18：1が24%である（Ingrahamら，1983）．

ステロールエステルはステロール（典型的なエルゴステロール）の脂肪酸CoAへの直接的な付加により生成する．トリアシルグリセロールは，脂肪酸アシルCoAを伴ってホスファチジル酸のリン酸基の置換によって生成する．ホスファチジル酸は，脂肪酸アシルCoAのグリセロール3リン酸の非リン酸化された炭素への付加により生成する．

2.6 細胞増殖におけるエネルギー論

細胞増殖に関するエネルギー論はGibbsの自由エネルギーの生成と消費（一般には，ATPの形としての）を論じることである．したがって，エネルギー論は，輸送，エネルギー反応，生合成反応，巨大高分子合成反応と関係がある．もともとエネルギー論は，収率の古典的な研究に発端がある．重量基準の収率係数Y_{sx}（3.4節参照）は，同時に起こる基質の消費と細胞の増殖の量より決定される（Monod, 1942）．生合成反応や巨大分子合成反応のエネルギー源の供給はATPの形でGibbsの自由エネルギーを供給することであるので，収率係数Y_{xATP}すなわち，細胞増殖のためのATPの消費量（mmol ATP (g DW)$^{-1}$）は重量基準の収率係数Y_{sx}よりも細胞の基礎的な特徴を表している．Bauchop and Elsden（1960）のこの最初の研究（彼らがATP収率Y_{xATP}という考え方を導入した）に続く10年以上の間，この値は，95 mmol ATP (g DW)$^{-1}$と普遍的に定数と考えられていた（Forrest and Walker, 1971）．しかし，1973年，StouthamerとBettenhaussenは，次に示すATP生成と消費に関する線形関係を提唱した．

$$r_{ATP} = Y_{xATP}\mu + m_{ATP} \tag{2.27}$$

今日，この式は細胞増殖のエネルギー論において確固たる枠組みを与えている．この式は，ATPの含量が細胞内で擬定常であるという仮定に基づいている．この仮説は，細胞のエネルギーレベルが非常に強力に調整されていることや非常に速いATPプールの再生速度つまり菌体増殖の緩和時間が時間のオーダーであるのに比べてこの緩和時間は秒のオーダーであることから考えると全く正当なものであると考えられる．つまり，S. cerevisiaeの連続培養における安定状態から，突然，グルコースのパルス的な添加による摂動に対してさえ，摂動数分後すみやかにATP含量の新しい定常点が与えられる（Theobaldら，1993）．

式（2.27）はATPの生成速度r_{ATP}（mmol ATP (g DW h)$^{-1}$）がATPの消費速度とバランスしているという考えに基づいている．消費速度は細胞増殖のために消費される量と細胞増殖のためではなく消費される量，つまり，m_{ATP}として与えられる細胞維持による消費量の和となる．2番目の項目は，実際より一般的でな表現で，無駄なサイクルや増殖にカウントできないATP消費などをすべて含んでいる（Box 2.2参照）．細胞増殖に連動したATP消費は，3つの項に分けられる（Benthinら，1994）．

$$Y_{xATP} = Y_{xATP, growth} + Y_{xATP, lysis} + Y_{xATP, leak} \tag{2.28}$$

● 2. 細胞の代謝

> **Box 2.2 細胞維持のためのATP消費**
>
> 多くの細胞内反応は正味の細胞合成への寄与なしにATPが消費を要求する．これらの反応は普通，維持反応（維持プロセス）と呼ばれる．これらの反応のいくつかは増殖に伴って起こる，つまり，細胞膜を隔てた電気化学的な濃度勾配の維持に使われる．その他は細胞増殖とは関係なく起こる．そこで，細胞増殖連動と非連動に分けて維持を考える．細胞増殖連動の維持のためのATPのコストは，$Y_{xATP, lysis}$ と $Y_{xATP, leak}$ の2項が考えられる．増殖連動と非増殖連動の細胞維持項は区別が難しいが，いくつかの重要な維持について述べる．
>
> - 濃度勾配や電子ポテンシャル勾配の維持．細胞の機能を保つため，微生物は，細胞膜を隔てて濃度の勾配や電子化学的ポテンシャルの勾配を維持する必要がある．真核細胞では，ミトコンドリアにおいても同様のことを考える必要がある．この目的のために，Gibbsの自由エネルギーを必要とするが，新しい細胞合成は見られない．つまり，これが細胞維持の典型的な例である．これらのプロセスの一部は増殖連動である．つまり，菌体が表面積，体積を拡張しようとするとき，濃度勾配を保つ必要がある．しかし，細胞が増殖していないときでも，勾配が保たれる必要がある．濃度勾配を維持するためのATPの消費は全体の生成されるATPの50%にものぼる（Stouthamer, 1979）．
> - 無駄なサイクル．細胞内の反応にはATPの加水分解反応を必要とするものが多くある．例えば，ホスホフルクトキナーゼによるフルクトース6リン酸からフルクトース1,6二リン酸への反応である．次に，フルクトース1,6二リン酸は，フルクトース二リン酸ホスファターゼによりフルクトース6リン酸に分解するが，このサイクルにおいてATPは正味，消費される．このタイプのサイクルは，もともと，代謝制御における不完全さと考えられていた（それで無駄なサイクルと呼ばれている）が，現在では両酵素の存在は代謝メカニズムの重要な制御機構と考えられている．この存在が新しい環境条件への迅速な適応に必要となるのである．
> - 巨大分子のターンオーバー．細胞の代謝機能の制御能を維持するために多くの巨大分子は分解し，再合成されることが連続的に起こっている．例えば，mRNAは数分という極端に短い半減期をもつ．連続的な分解と再合成反応は新しい細胞増殖には寄与しないが正味のATP消費を伴う．したがって，細胞維持ととらえることができるのである．

ここで，$Y_{xATP, growth}$ は輸送，生合成，巨大分子合成に関するATP消費，$Y_{xATP, lysis}$ は，分解した高分子の再高分子化反応のためのATP消費，$Y_{xATP, leak}$ は，その他すべてのATP消費を含む．すなわち，物質のリーク，無駄なサイクル，細胞維持のためのATP消費である．

輸送，生合成，高分子合成のエネルギーコストの推定に基づいて，$Y_{xATP, growth}$ の値の理論的な値の計算が可能となる．しかし，Y_{xATP} に寄与するその他の2つの項は理論的に評価するこ

2.6 細胞増殖におけるエネルギー論

とはできないし，細胞増殖全体に対するATP要求量も計算するのは不可能である．しかし，化学量論と詳細な基質消費，生産物生成の測定を通してATP生産を計算できるかもしれない．これを細胞増殖の関数として評価するとき，Y_{xATP}やm_{ATP}が実験的に決定される（例3.3参照）．このとき好気的な増殖においては実際的なP/O比の知識が必要となる．しかし，一方，嫌気的増殖においては，代謝産物の生成量から正確にY_{xATP}を求めることができる．表2.9は実験

表2.9 実験的に決定されたY_{xATP}とm_{ATP}．

微生物	Y_{xATP}[a]	m_{ATP}[b]	引用文献
Acrobacter aerogenes	71	6.8	Stouthamer and Bettenhaussen (1976)
	57	2.3	Stouthamer and Bettenhaussen (1976)
Escherichia coli	97	18.9	Hempfling and Mainzer (1975)
Lactobacillus casei	41	1.5	de Vries et al. (1970)
Lactobacillus delbruckii	72	0	Major and Bull (1985)
Lactococcus cremoris	73	1.4	Otto et al. (1980)
	53	—	Brown and Collins (1977)
	15〜50	7〜18	Benthin et al. (1977)[c]
Lactococcus diacetilactis	47	—	Brown and Collins (1977)
Saccharomyces cerevisiae	71〜91	<1	Verduyn et al. (1990)

[a] 単位はmmol ATP $(g\,DW\,h)^{-1}$
[b] 単位はmmol ATP $(g\,DW\,h)^{-1}$
[c] Benthinら (1993) の研究により培地成分によりエネルギーパラメータは非常に大きく変化する．

表2.10 グルコースから生成する前駆物質の化学量論．

前駆体	糖[a]	ATP	NADH	NADPH	CO_2
グルコース6リン酸	−1	−1	0	0	0
フルクトース6リン酸	−1	−1	0	0	0
リボース5リン酸	−1	−1	0	2	1
エリスロース4リン酸	−1	−1	0	4	2
グリセルアルデヒド3リン酸	−0.5	−1	0	0	0
3ホスホグリセリン酸	−0.5	0	1	0	0
ホスホエノールピルビン酸	−0.5	0	1	0	0
ピルビン酸	−0.5	1	1	0	0
アセチルCoA[b]	−0.5	1	2	0	1
アセチルCoA＋オキザロ酢酸[c]	−1	0	3	0	0
アセチルCoA[d]	−0.5	−1	1	1	1
アセチルCoA[e]	−0.5	−1	2	0	1
α-ケトグルタル酸[f]	−1	1	4	0	1
スクシニルCoA	−1	1	5	0	2
オキザロ酢酸[g]	−0.5	0	1	0	−1

[a] すべての化学量論係数はグルコース1モル当りで換算する．
[b] ピルビン酸デヒドロゲナーゼコンプレックス（原核生物で活性がある）により生成する．
[c] クエン酸リアーゼにより生成する．
[d] クエン酸リアーゼと過剰のオキザロ酢酸の再生により生成する．
[e] ピルビン酸から酢酸を経由して生成する．
[f] NADH依存性イソクエン酸デヒドロゲナーゼにより生成する．
[g] ピルビン酸カルボキシラーゼにより生成する．

的に求められた Y_{xATP} と m_{ATP} の値を載せる．

輸送，生合成，高分子合成に関する代謝コストは前節に載せたが，これを使えば細胞合成に必要なATP，NADPHの要求量が計算できる．前節では，前駆体を出発物質としてこの値を計算している．2.3節で見たように，これらの前駆体は，エネルギー反応における炭素源から生産される．これらの1モルグルコースからの合成における化学量論係数を表2.10に示す．

前駆物質，構成要素，巨大高分子の合成に必要な代謝コストがわかれば，細胞全体でのATPの要求量がわかる．表2.11は典型的なバクテリアとカビの結果を示している．ATPのコストは2種の菌でほぼ同じ値を示している．タンパク質，RNA，DNA，炭水化物のATPコストはバクテリアとカビでほぼ同じであるが，一方，脂質合成は真核生物の方が非常に高くなっている．これは，細胞内のリン脂質の合成がより複雑だからである．輸送もまた，バクテリアの方がコストが低い（2.2.3項参照）．正味のATP必要量は，したがってバクテリアの方がカビよりも低い．表2.11に示した全ATPコストは巨大分子の含量比が変化すると変わる（図2.13参照）．したがって，P. chrysogenum において，ATPコストは低い増殖速度で35 mmolATP $(g\,DW)^{-1}$ から高い比増殖速度で40 mmolATP $(g\,DW)^{-1}$ まで変化する（Nielsen, 1997, 表2.11）．

表2.11 バクテリア，カビの最小培地における増殖に対する巨大分子の含量 $(g\,(g\,DW)^{-1})$ とATPの要求量 $(mmol\,ATP\,(g\,DW)^{-1})^a$．

巨大分子	E. coli 含量	E. coli ATP	P. chrysogenum 含量	P. chrysogenum ATP
タンパク質	0.52	21.88	0.45	19.92
RNA	0.16	4.37	0.08	3.32
DNA	0.03	1.05	0.01	0.39
脂質	0.09	0.14	0.05	
リン脂質			0.035	1.65
ステロールエステル			0.010	0.81
トリアシルグリセロール			0.005	0.30
炭水化物	0.17	2.06	0.25	
キチン			0.22	2.90
グリコーゲン			0.03	0.37
可溶性プール[b]			0.08	
アミノ酸			0.04	
ヌクレオチド			0.02	
代謝物			0.02	
灰分	0.03		0.08	
輸送				
アンモニア		4.24		7.10
硫酸				0.14
リン酸		0.77		2.12
Total	1.00	34.71	1.00	39.02

[a] E. coli のデータは，Stouthamer（1979）による．P. chrysogenum のデータは，Nielsen（1997）のデータのよる．両方の計算は最小培地の増殖を基本にして行った．すなわち，培地には炭素源とエネルギー源としてのグルコースそれ以外は無機塩のみが含まれている．

[b] 代謝物質のプールの合成のためのATPコストは，巨大分子の合成に含まれる．例えば，フリーのアミノ酸の生合成のATPコストはタンパク質合成のコストに含めて計算されている．

文　献

Alberghina, L., Sturani, E., Costantini, M. G., Martegani, E. & Zippel, R. (1979). Regulation of macromolecular composition during growth of *Neurospora crassa* In *Fungal Walls and Hyphal Growth*, pp. 295-318. Edited by J. H. Bunnett & A. P. J. Trinci. Cambridge, UK: Cambridge Univ.

Bauchop, T. & Elsden, S. R. (1960). The growth of microorganisms in relation to their energy supply. *Journal of General Microbiology* **23**, 35-43.

Benthin, S., Schulze, U., Nielsen, J. & Villadsen, J. (1994). Growth energetics of *Lactococcus cremoris* FDI during energy-, carbon- and nitrogen-limitation in steady state and transient cultures. *Chemical Engineering Science* **49**, 589-609.

Berry, D. R. & Berry, E. A. (1976). Nucleic acid and protein synthesis in filamentous fungi. In *The Filamentous Fungi*, Vol.II, pp. 238-291. Edited by J. E. Smith and D. R. Berry. London: Edward Arnold.

Bisson, L. F. & Fraenkel, D. G. (1983). Involvement of kinases in glucose and fructose uptake by *Saccharomyces cerevisiae*. *Proceedings of the National Academy of Science USA* **80**, 1730-1734.

Bisson, L. F., Coons, D. M., Kruckeberg, A. L. & Lewis, D. A. (1993). Yeast suger transporters. Critical Reviews in *Biochemistry and Molecular Biology* **28**, 259-308.

Blumenthal, H. J. (1965). Carbohydrate metabolism. 1. Glycolysis. In *The Fungi*, Vol. II, pp. 229-268. Edited by G. C. Ainsworth & A. S. Sussman London: Edward Arnold.

Brown, W. V. & Collins, E. B. (1977). End product and fermentation balances for lactis Streptococci grown aerobically on low concentrations of glucose. *Applied Environmental Microbiology* **59**, 3206-3211.

Bruinenberg, P. M., Jonker, R., van Dijken, J. P. & Scheffers, W. A. (1985). Utilization of formate as an additional energy source by glucose limited chemostat cultures of *Candida utilis* CBS621 and *Saccharomyces cerevisiae* CBS8066. Evidence for the absence of transhydrogenase activity in yeasts. *Archives of Mikrobiology* **142**, 302-306.

Bushell, M. E. & Bull, A. T. (1976). Growth rate dependent ribosomal efficiency of protein synthesis in the fungus *Aspergillus nidulans*. *Journal of Applied. Chemistry and Biotechnology* **26**, 339-340.

Carter, B. L. A. & Bull, A. T. (1969). Studies of fungal growth and intermediary carbon metabolism under steady state and non-steady state conditions. *Biotechnology and Bioengineering* **11**, 785-804.

Cartwright, C. P., Rose, A. H., Calderbank, J. & Keenan, M. H. J. (1989). Solute transport. In *The Yeasts*, Vol. 3, pp. 5-56. Edited by A. H. Rose & J. S. Harrison. London: Academic Press.

Conway, T. (1992). The Entner-Doudoroff pathway. History, physiology and molecular biology. *FEMS Microbioligal Reviews* **103**, 1-28.

Cook, A. H. (1958). The Chemistry and Biology of Yeasts. New York: Academic Press.

de Vries, W., Kapteijn, W. M. C., van der Beek, E. G. & Stouthamer, A. H. (1970). Molar growth yields and fermentation balances of *Lactobacillus casei* L3 in batch cultures and in continuous cultures. *Journal of General Microbiology* **63**, 333-345.

Eagon, R. G. (1963). Rate limiting effects of pyridine nucleotides on carbohydrate catabolic pathways in microorganisms. *Biochemistry and Biophysics Research Communications* **12**, 274-279.

Forrest, W. W. & Walker, D. J. (1971). The generation and utilization of energy during growth. *Advances in Microbial Physiology* **5**, 213-274.

Frenkel, E. P. & Kitchens, R. L. (1977). Purification and properties of acetyl coenzyme A synthetase from bakers yeast. *Journal of Biological Chemistry* **30**, 760-761.

Gancedo, C. & Serrano, R. (1989). Energy-yielding metabolism. In *The Yeasts*, Vol. 3, pp. 205-259. Edited by A. H. Rose and J. S. Harrison. London: Academic Press, London, UK.

Haarasilta, S. & Taskinen, L. (1977). Location of three key enzymes of glyconeogenesis in baker's yeast. *Archives of Mikrobiology* **113**, 159-161.

Hempfling, W. P. & Mainzer, S. E. (1975). Effects of varying the carbon source limiting growth on yield and maintenance characteristics of *Escherichia coli* in continuous culture. *Journal of Bacteriology* **123**, 1076-1087.

Henriksen, C. M., Christensen, L. H., Nielsen, J. & Villadsen, J. (1996). Growth energetics and metabolic fluxes in continuous cultures of *Penicillium chrysogenum*. *Journal of Biotechnology* **45**, 149-164.

Henriksen, C. M., Nielsen, J. & Villadsen, J. (1998). Modelling the protonophoric uncoupling by phenoxyacetic acid of the plasma membrane potential of *Penicillium chrysogenum*. submitted.

Hoek, J. B., Rydström, J. (1988). Phsiological roles of nicotinamide nucleotide transhydrogenase. *Biochemical Journal* **254**, 1-10.

Ingraham, J. L., Maaløe, O. & Neidhardt, F. C. (1983). Growth of the bacterial cell. Sunderland: Sinnauer Associated.

Jetten, M. S. M., Pitoc, G. A., Follenttie, M. T. & Sinskey, A. J. (1994). Regulation of phospho(enol)-pyruvate- and oxaloacetate-converting enzymes in *Corynebacterium glutamicum*. *Applied Microbiology and Biotechnology* **41**, 47-52.

Jones, E. W. & Fink, G. R. (1982). Regulation of amino acid and nucleotide biosynthesis in yeast. In *The Molecular Biology of the yeast* Saccharomyces. *Metabolism and Gene Expression*. pp. 181-299. Edited by J. N. Starhern, E. W. Jones & J. R. Broach. Cold Spring Harbor, NY: Cold Spring Haibor Laboratory Press.

Kelly, J. M. & Hynes, M. J. (1982). The regulation of NADP-linked isocitrate dehydrogenase in *Aspergillus nidulans*. *Journal of General Microbiology* **128**, 23-28.

Kruckeberg, A. L. (1996). The hexose transporter family of *Saccharomyces cerevisiae*. *Archives of Microbiology* **166**, 283-292.

Lagunas, R. & Gancedo, J. M. (1973). Reduced pyridine-nucleotides balance in glucose-growing *Saccharomyces cerevisiae*. *European Journal of Biochemistry* **37**, 90-94.

LaNoue, K. F., Schoolwerth, A. C. (1979). Metabolite transport in mitochondria. *Annual Reviews in Biochemistry and Biophysics* **52**, 93-109.

Lewis, K. F., Blumenthal, H. J., Wenner, C. E. & Weinhouse, S. (1954). Estimation of glucose catabolism pathways. *Federation Proceedings* **13**, 252.

Major, N. C. & Bull, A. T. (1985). Lactic acid productivity of a continuous culture of *Lactobacillus delbrueckii*. *Biotechnology Letters* **7**, 401-405.

Malpartida, F. & Serrano, R. (1981). Proton translocation catalyzed by the purified yeast plasma membrane ATPase reconstituted in liposomes. *FEBS Letters* **131**, 351-354.

Marx, A., de Graaf, A. A., Wiechert, W., Eggeling, L. & Sahm, H. (1996). Determination of the fluxes in the central metabolism of *Corynebacterium glutamicum* by nuclear magnetic resonance spectroscopy combined with metabolite balancing. *Biotechnology Bioengineering* **49**, 111-129.

Meisgeier, G., Müller, H., Ruhland, G. & Christner, A. (1990). Qualitative und quantitative zusammensetzung der Fettsäurespektren von selektanten des *Penicillium chrysogenum*. *Zentralblatt für Mikrobiologie* **145**, 183-186.

Mitchell, P. (1961). Coupling of phosphorylation to electron and hydrogen transfer by a chemisomotic type of mechanism. *Nature* **191**, 144-148.

Mitchell, P. & Moyle, J. (1965). Stoichiometry of proton translocation through the respiratory chain and adenosine triphosphatase systems or rat liver mitochondria. *Nature* **208**, 147-151.

Moat, A. G. & Foster, J. W. (1995). *Microbial physiology*. New York: Wiley-Liss.

Monod, J. (1942). Recherches sur la Croissance des Cultures Bacteriennes. Paris: Hermann et Cie.

Mounolou, J. C. (1975). The properties and composition of yeast nucleic acids. In *the Yeasts*, Vol. 2, pp. 309-334. Edited by A. H. Rose and J. S. Harrison. London: Academic Press.

Neidhardt, F. C., Ingraham, J. L., Low, K. B., Magasanik, B., Schaechter, M. & Umbarger, H. E. (1987). *Escherichia coli* and *Salmonella typhimurium*. In *Cellular and Molecular Biology*. Washington, DC: ASM.

Neidhardt, F. C., Ingraham, J. L. & Schaechter, M. (1990). Physiology of the bacterial cell. A molecular approach. Sunderland: Sinauer Associates.

Nielsen, J. (1997). Physiological engineering aspects of *Penicillium chrysogenum*. Singapore: World Scientific Publishing Co.

Nielsen, J. & Villadsen, J. (1994). *Bioreaction Engineering Principles*. New York: Plenum Press.

Nissen, T., Schulze, U., Nielsen, J. & Villadsen, J. (1997). Flux distribution on anaerobic, glucose-limited continuous cultures of *Saccharomyces cerevisiae*. *Microbiology* **143**, 203-218.

Otto, R., Sonnenberg, A. S. M., Veldkamp, H. & Konings, W. N. (1980). Generation of an electrochemical proton gradient in *Streptococcus cremoris* by lactate efflux. *Proceedings of the National Academy of Science USA* **77**, 5502-5506.

Perlin, D. S., San Fransisco, M. J. D., Slayman, C. W. & Rosen, B. P. (1986). H^+/ATP stoichiometry of proton pumps from *Neurospora crassa* and *Escherichina coli*. *Archives of Biochemistry and Biophysics* **248**, 53-61.

Ratledge, C. & Evans, C. T. (1989). Lipids and their metabolism. In *The Yeasts*, Vol. 3, pp. 367-455. Edited by A. H. Rose and J. S. Harrison. London: Academic Press.

Reed, D. J. & Wang, C. H. (1959). Glucose metabolism in *Penicillium digitatum*. *Canadian Journal of Microbiology* **16**, 157-167.

Rose, A. H. (1976). Chemical nature of membrane components. In *The filamentous Fungi*, Vol. II, pp. 308-327. Edited by J. E. Smith and D. R. Berry. London: Edward Arnold.

Schulze, U. (1995). Anaerobic physiology of *Saccharomyces cerevisiae*. Ph.D. Thesis, Technical University of Denmark.

Senior, A. E. (1988). ATP synthesis by oxidative phosphorylation. *Physiological Reviews* **68**, 177-231.

Shu, P., Funk, A. & Neish, A. C. (1954). Mechanism of citric acid formation from glucose by *Aspergillus niger*. *Canadian Journal of Biochemistry and Physiology* **32**, 68-80.

Stein, W. D. (1990). Channels, Carriers and Pumps. An Introduction to Membrane Transport. San Diego: Academic Press.

Stouthamer, A. H. (1979). The search for correlation between theoretical and experimental growth yields. In *International Review of Biochemistry: Microbial Biochemistry*, Vol. 21, pp. 1-47. Edited by J. R. Quayle . Baltimore: University Park Press.

Stouthamer, A. H. & Bettenhaussen, C. (1973). Utilization of energy for growth and maintenance in continuous and batch cultures of microorganisms. *Biochimica Biophysica Acta* **301**, 53-70.

Stryer, L. (1995). *Biochemistry*, 4th ed., San Fransisco: W. H. Freeman and Company.

Sturani, E., Martegani, F. & Alberghina, F. A. M. (1973). Inhibition of ribosomal RNA synthesis during a shift down transition of growth in *Neurospora crassa*. *Biochimica Biophysica Acta* **319**, 153-164.

Tanaka, A. & Fukui, S. (1989). Metabolism of n-alkanes. In *The Yeasts*, Vol. 3, pp. 261-287. Edited by A. H. Rose and J. S. Harrison. London: Academic Press.

Theobald, U., Mailinger, W. Reuss, M. & Rizzi, M. (1993). *In vivo* analysis of glucose-induced fast changes on yeast adenine nucleotide pool applying a rapid sampling technique. *Analytical Biochemistry* **214**, 31-37.

Umbarger, H. E. (1978). Amino acid biosynthesis and its regulation. *Annual Reviews in Biochemistry* **47**, 1127-1162.

Umezawa, C. & Kishi, T. (1989). Vitamin metabolism. In *The Yeasts*, Vol. 3, pp. 457-488. Edited by A. H. Rose and J. S. Harrison. London: Academic Press.

Verduyn, C., Postma, E., Scheffers, W. A. & van Dijken, J. P. (1990). Energetics of Saccharomyces cerevisiae in anaerobic glucose limited chemostat cultures. *Journal of General Microbiology* **136**, 405-412.

Verduyn, C., Postma, E., Scheffers, W. A. & van Dijken, J. P. (1992). Effect of benzoic acid on metabolic fluxes in yeast. A continuous culture study on the regulation of respiration and alcoholic fermentation. *Yeast* **8**, 501-517.

Voet, D. & Voet, J. G. (1995). *Biochemistry*, 2nd ed. New York: John Wiley & Sons.

von Jagow, G. & Klingenberg, M. (1970). Pathways of hydrogen in mitochondria of *Saccharomyces carlsbergensis*. *European Journal of Biochemistry* **12**, 583-592.

Walker, P. & Woodbine, M. (1976). The biosynthesis of fatty acids. In *The Filamentous Fungi*, Vol. II, pp. 137-158. Edited by J. E. Smith and D. R. Berry. London: Edward Arnold.

Wang, C. H., Stern, I., Gilmour, C. M., Klungsoyr, S., Reed, D. J., Bialy, J. J., Christensen, B. E. & Cheldelin, V. H. (1958). Comparative study of glucose catabolism by radiorespirometric method. *Journal of Bacteriology* **76**, 207-216.

Watson, K. (1976). The biochemistry and biogenesis of mitochondria. In *The Filamentous Fungi*, Vol. II, pp. 92-120. Edited by J. E. Smith and D. R. Berry. London: Edward Arnold.

Zubay, G. (1988). *Biochemistry*, 2nd ed. New York: Macmillan.

CHAPTER 3

細胞内反応のモデル

　前章では，炭素やエネルギー源が代謝物質合成や細胞増殖に必要な自由エネルギーや炭素骨格を得るために異化代謝されることについて述べた．中間物質の代謝を完全に表すのには，2章に示した複雑な経路における，個々の反応の化学量論，カイネティクス，熱力学についての情報を記述する必要がある．熱動力学は，反応や経路の実現可能性を扱う主要事項であり，14章でスペースをさいて述べることにする．反応のカイネティクスの情報は，特に，*in vivo* の状態では，いまだに把握するのが難しいが，そのような情報は，代謝フラックスの制御の構造を理解するためには，是非必要であり，実際，代謝工学の分野でも本書においても重要な事項である．化学量論は，中間物質の代謝に関する進んだ研究から得られた個々の反応の情報について，すでに利用可能である．これらの反応の化学量論の代謝経路への拡張は，エネルギーや物質のバランス，また，共役した反応や経路の相互作用や経路を取り扱う際にも基礎となる．経路の化学量論は細胞培養における測定値が満たすべき束縛条件を与え，これが次の章で扱うデータの妥当性（コンシステンシー）という考え方につながる．

　この章では，いくつかの細胞内反応を"まとめること"によって，細胞の代謝のモデルを導く方法について述べる．すべての可能性のある細胞内反応のうち，それらの多くは未知であるか，それらを含めることが，扱うには大きすぎるシステムになるので，明らかに，非常に限られた数の反応だけが扱われる．同時に，代謝の表現をより詳細に見ることがどれほど細胞を表現するのに有効であるか否かを決定するのは難しい．反応をひとまとめにする多くの方法が存在するので，合理的にかつ正当にまとめることが非常に重要になる．したがって，細胞内モデルの化学量論を開発する枠組みを与えることにする．これは，大きな反応ネットワークにも適用可能なものである．

● 3. 細胞内反応のモデル

3.1 細胞内反応の化学量論

細胞内反応の全体として，基質の自由エネルギーや代謝産物への変換（1次代謝物質），より複雑な（2次代謝産物のような）生産物への変換，細胞外生産物の生産，細胞内のタンパク質，RNA，DNA，脂質のような細胞を形成している物質への変換が考えられる．これらの変換は，巨大分子の合成のための前駆体物質や構成要素を含む多数の代謝物質を通して行われる．この非常に多くの反応の集合を解析するために，化学量論式が規定されなければならない．そして，定式化の一般化が必要となる．この化学量論バランスを得るという目的のために，基質，代謝生産物，細胞内代謝産物，生体構成要素が次のように定義される．

- "基質"とは，細胞によって代謝される，あるいは，細胞に取り込まれる，滅菌した培地中に含まれる化合物のことである．この広い定義をもって，多くの基質は，普通，幅広い種類の炭素源，窒素源，エネルギー源，細胞の機能に必須のミネラルまでを指すことになる．しかし，ほとんどの場合には，炭素，窒素，エネルギー源が考えられる．普通，グルコースが炭素源やエネルギー源として考えられ，扱う基質の数は一般に（グルコース，アンモニア，酸素など）少ないものである．
- "代謝生産物"とは，細胞によって生産され，細胞外の培地に分泌される化合物である．つまり，1次代謝において生産される化合物，二酸化炭素，エタノール，酢酸，乳酸，2次代謝によって生成する，より複雑な化合物や細胞外に分泌される異種タンパク質がこれに当たる．
- "細胞構成要素"は細胞を構成する巨大分子のプールである．このグループには，RNA，DNA，タンパク質，脂質，炭水化物などや細胞内に蓄積する多糖，バイオポリマー，非分泌型の異種タンパク質などが含まれる．
- 最後に"細胞内代謝物質"は，細胞内の上に挙げた化合物以外のものすべてを含むグループである．したがって，これは，さまざまな細胞内経路，つまり，解糖経路，アミノ酸のような巨大分子を合成するのに使われる構成要素合成経路，アミノ酸合成経路などにおける，すべての中間物質を含んでいる．

上の説明で細胞の構成要素と細胞内の代謝物質の違いは，細胞内の反応でターンオーバーする時間のスケールの違いによって区別される．つまり，解糖経路（または，アミノ酸合成経路）の小さな代謝物質は，巨大分子に比べて，非常に速いスピードで，ターンオーバーされる（例8.1参照）．そして，擬定常状態の仮定が一般にこの物質には適用できる（8章）．一方，生体構成要素は増殖期間にゆっくりと変化する．化合物が細胞内代謝物か細胞外代謝物かを見分けるのが難しい場合もあるかもしれない．例えば，*Saccharomyces cerevisiae*では，ピルビン酸は，細胞内に蓄積するが，解糖系のフラックスが大きいと分泌される．しかし，また，解糖系のフラックスが減少すれば，細胞内に取り込まれて代謝される．明らかに，ピルビン酸は経路の中間体であるが，分泌されるので，このような場合には，代謝生産物と考えられる．この意味で，このような化合物を代謝生産物と考えることにする．つまり，培養中のいずれかの時間において細胞外の培地中で観測されるすべての物質は基質か，代謝生産物として扱う．

次の2つの例は，上の分類を表している．最初の方は，多くのバクテリアで活性のあるホス

3.1 細胞内反応の化学量論

ホトトランスフェラーゼシステム（PTS）によるグルコースの取込みである．実際のPTSの輸送のメカニズムは多くの酵素を含む（2.2.3項参照）が，この議論の目的に対しては，PTSは次のような全体の化学量論でまとめられる．

$$\text{グルコース} - \text{PEP} + \text{グルコース6リン酸} + \text{ピルビン酸} = 0 \tag{3.1}$$

もうひとつの例は，NADPH依存型のグルタミン酸デヒドロゲナーゼ（2.4.1項）によるアンモニアの取込みで，これに対して，化学量論は，次のように求められる．

$$\alpha\text{-ケトグルタル酸} - NH_3 - NADPH - H^+ \\ + \text{L-グルタミン酸} + NADP^+ + H_2O = 0 \tag{3.2}$$

上の反応において，化学量論は，前向き反応に使われる化合物（つまり反応物）は負の化学量論係数をもち，前向き反応において生成する化合物は，正の化学量論係数をもっている．これらの反応の符号によって重要な情報つまり，1モルのグルコースの取込みとリン酸化に1モルのPEPが必要であり，それと同時に，1モルのピルビン酸の生成を起こすことを示している．

一般化のために基質の量論係数としてα，生産物の量論係数としてβ，細胞内代謝物質の量論係数としてgを使うことにしよう．基質の量論係数は一般に負であり代謝産物の量論係数は一般に正であることに注意しよう．一方，細胞内の代謝産物の量論係数は正にも負にもなる．グルタミン酸とα-ケトグルタル酸は，細胞の成分であるが，前に述べた定義により，反応式（3.2）の細胞内代謝物質と考える．これらの例では，細胞の構成成分は考えないが，一般の定式化においては，その化学量論係数はγとする．細胞を構成する巨大分子の合成の全体の化学量論式は，2.4.2項において導かれる．これらは，γによって与えられた係数をもち，他の代謝反応に関与する細胞内代謝物質とは区別して考えられる．

基質，生産物，細胞内代謝物質，細胞構成成分に対するこれらの一般的な定義を使って，反応，式（3.1），（3.2）へ戻ってみよう．明らかに，グルコースとアンモニアが基質でありプロトン，水を除いて，他のすべての化合物は，細胞内代謝物質と考えられる．したがって，α_{glc}とg_{PEP}は，反応式（3.1）に対して，-1であり，反応式（3.2）においてg_{glut}は，1である．プロトンと水は，一般的には，細胞内の成分の中では，他の物質に比べて，非常に大量に含まれるので，反応の化学量論に入れないが，代謝生産物としてもよい．

細胞内反応の一般的な定式化に移ろう．この目的のためには，N個の基質が，M個の代謝生産物に変換され，Q個の細胞構成成分が生成することを考えよう．変換は，K個の細胞内代謝物質が経路の中間物質として関与するJ個の反応により進むと考えよう．2つの数をサフィックスにもつ化学量論係数つまり，α_{ji}はi番目の基質がj番目の反応に関与するということを表す係数である．一般化された化学量論において，すべての基質，生産物，細胞内代謝物質細胞構成成分の各反応において，化学量論係数が用いられる．それぞれの化合物が関与する反応の数は，それほど多くないので，多くの量論係数はゼロである．例えば，反応式（3.2）のグルコースの化学量論係数はゼロである．基質をS_i，生産物をP_i，細胞内構成成分を$X_{macro,i}$とする．また，K個の細胞内代謝物質は$X_{met,i}$とする．これらの定義を使って，j番目の細胞内反応の化学量論は次のように表される．

3. 細胞内反応のモデル

$$\sum_{i=1}^{N} \alpha_{ji} S_i + \sum_{i=1}^{M} \beta_{ji} P_i + \sum_{i=1}^{Q} \gamma_{ji} X_{macro,\,i} + \sum_{i=1}^{K} g_{ji} X_{met,\,i} = 0 \tag{3.3}$$

代謝モデルでは，J個の細胞内反応式（3.3）のような式が存在する．それゆえ，J個のすべての細胞内反応に対する化学量論を行列を使ってまとめて書くと便利である．

$$\boldsymbol{AS} + \boldsymbol{BP} + \boldsymbol{\Gamma} X_{macro} + \boldsymbol{G} X_{met} = 0 \tag{3.4}$$

ここで，$\boldsymbol{A}$，$\boldsymbol{B}$，$\boldsymbol{\Gamma}$，$\boldsymbol{G}$は基質，代謝生産物，細胞構成成分，経路の中間物質それぞれの，化学量論係数を含む行列である．行列$\boldsymbol{A}$，$\boldsymbol{B}$，$\boldsymbol{\Gamma}$，$\boldsymbol{G}$の行は，反応を表し，列は代謝物質を表す．つまり，$\boldsymbol{A}$のj番目の行，i番目の列の要素は，j番目の反応におけるi番目の基質の化学量論係数であると規定できる．先に議論したように，化学量論係数は，正にも負にもゼロにもなる値である．式（3.4）の化学量論式の一般型を使うと，その多くの係数はゼロになる．モデルで考察するすべての化合物のすべての反応の化学量論係数を特定することは，煩雑であるかも知れない．しかし，一般的な行列を用いた定式化は，行列を使った多く解析方法の利用を可能にするという利点がある（行列の演算に親しみのない読者はBox 4.2を参照されたい）．さらに，化学量論が行列で表示されていたら，適当な行列において，ある化合物の列を見れば，異なる反応でどのように化合物が関与しているかを簡単に見ることができる．化学量論行列の列は，J個のすべての反応の特定の物質の化学量論係数を集めたものだからである．このことは，例3.1により示される．そこでは，*Escherichia coli*の複数の種類の脂肪酸発酵が式（3.3），（3.4）の定式化により示される．

細胞の反応で多くのコファクタのペアが存在する．例えば，ATP/ADP，NAD^+/NADH，$NADP^+$/NADPHは，最も重要なコファクタのペアである．コファクタペアの2つの化合物に対して，化学量論係数は普通，同じ大きさで逆の符号が与えられる．例えば，式（3.2）の反応式で，NADPHと$NADP^+$の化学量論係数は，それぞれ，-1と1である．したがって，このコファクタの異なる形の細胞内の濃度は，密接に関係している．つまり，NADPHと$NADP^+$の濃度の和は，どんな反応でも一定である．もし両方のコファクタが化学量論の中に含まれていたら，他の列とは線形従属な列が，行列$\boldsymbol{G}$の中に存在する．つまり，列の1つは，他の列の線形結合でかけることになる．これは，後の解析において，問題を起こすことになる．つまり，コファクタのペアは直接関係しているので，それら両方を考える必要はないのである．それで，すべてのケースにおいて，コファクタのペアのうち1つの物質だけを表すことにする．しかし，コファクタのペアの1つだけの化合物のみを考えている場合，その相互変換（ATPからADPへの変換というような）に関しては，同じ規準が適用されなければならないことは，覚えておかねばならない．コファクタの1つから，別の化合物が生成するような反応がある場合である．例えば，AMPがATPから変換される場合，2.6節と同じエネルギーコストの計算が当てはめられなければならない（2.6節では，ATPとADPの変換が基礎となっている）．そして，コファクタのペアのように濃度が保存されるものがあるかどうかを同定することは，前向きのアルゴリズムだけではできないが，化学量論係数行列の列の線形独立性を検証し，従属な列を除くことによって行える．

例3.1　*E.coli* による複合的脂肪酸の発酵

E.coli は，複数の脂肪酸発酵する比較的複雑な発酵形式をもつ通性嫌気性菌である．7つの代謝物質が生産される．コハク酸は，ホスホエノールピルビン酸から生成するが，この酸を除いて，すべての代謝物質はピルビン酸から生産される．コハク酸はオキザロ酢酸を経由して生成する．オキザロ酢酸はグルタミン酸のトランスアミネーション反応により，アスパラギン酸を生成する（α-ケトグルタル酸からグルタミン酸を再生するには，1モルのアンモニアと1モルのNADPHが必要であり，これらは，図3.1中に示されている）．アスパラギン酸はデアミネーションによりフマル酸に変換され，最終的にフマル酸デヒドロゲナーゼによりコハク酸が生成する（フマル酸デヒドロゲナーゼは，コハク酸デヒドロゲナーゼの逆反応と同じ反応を触

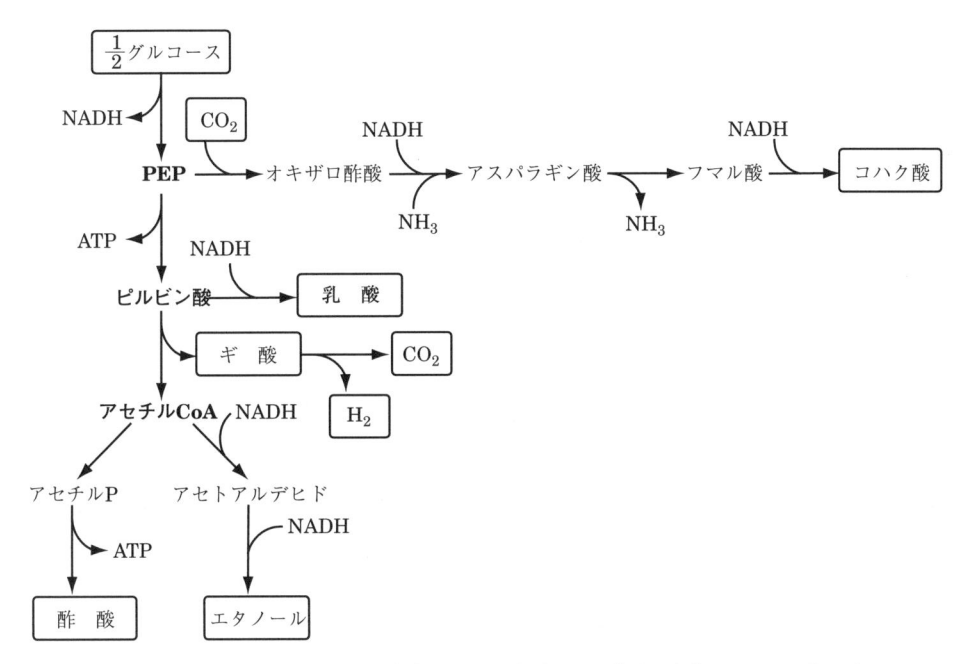

図3.1　*E.coli* の複数の脂肪酸発酵．基質（グルコース）と7つの代謝生産物はボックス内に示されている．代謝モデルに関与する細胞内代謝物質やコファクタは太字で示した．アスパラギン酸を生産するトランスアミネーション反応は直接アミネーションとして表した．つまり，グルタミン酸と α-ケトグルタル酸は複雑になることを避けるために図中には示していない．

表3.1　*E.coli* の複合的脂肪酸発酵の収率[a]．

代謝生産物	グルコース100モルに対して生成するモル数
ギ　　酸	2.4
酢　　酸	36.5
乳　　酸	79.5
コハク酸	10.7
エタノール	49.8
CO_2	88.0
H_2	75.0

[a] データは Ingraham らによる（1983）．

3. 細胞内反応のモデル

媒するが酵素自体は異なるものである).これらの反応は図3.1に示されており,表3.1に収率が示されている.化学量論モデルを構築する目的は,*Escherichia coli* で機能している異化代謝という点を基礎に培地中への代謝物質の変化速度を表すことである.

複数の脂肪酸発酵のための単純な代謝モデルを構築することを考えよう.不必要な複雑さをもち込まないようにするために,解糖系の代謝物質はすべて考えないことにする.最終的にグルコースからPEPへの変換は,次の化学量論式にまとめられる.

$$-\frac{1}{2}\text{グルコース}+\text{PEP}+\text{NADH}=0 \tag{1}$$

経路内でコハク酸を生成する中間代謝物質,つまり,オキザロ酢酸,アスパラギン酸,フマル酸も消去された.さらに,NADH,とNADPHは1つの還元等量の物質として1つにまとめられた.このことは,つまり,オキザロ酢酸のアスパラギン酸への変換においてグルタミン酸の再生に必要なNADPHをNADHとして考えることを意味する.その結果,PEPからコハク酸への全体の化学量論は

$$-\text{PEP}-CO_2-2\text{NADH}+\text{コハク酸}=0 \tag{2}$$

と与えられる.PEPのピルビン酸への変換の化学量論とピルビン酸から乳酸,ギ酸,アセチルCoAへの変換は図3.1から直接,

$$-\text{PEP}+\text{ピルビン酸}+\text{ATP}=0 \tag{3}$$

$$-\text{ピルビン酸}-\text{NADH}+\text{乳酸}=0 \tag{4}$$

$$-\text{ピルビン酸}+\text{アセチルCoA}+\text{ギ酸}=0 \tag{5}$$

と表せる.ギ酸の二酸化炭素と水素への加水分解は同じように

$$-\text{ギ酸}+CO_2+H_2=0 \tag{6}$$

と表される.最後に,酢酸とエタノールを生成する経路の化学量論は

$$-\text{アセチルCoA}+\text{酢酸}+\text{ATP}=0 \tag{7}$$

$$-\text{アセチルCoA}-2\text{NADH}+\text{エタノール}=0 \tag{8}$$

となる.ここで,アセチルリン酸とアセトアルデヒドは消去している.この式において *E. coli* の8つの反応式を用いて脂肪酸の発酵を書くことができた.直線的な経路の中間物質はすべて消去され,分岐点での物質だけが残されたことは,興味深い.8章で詳述するように,これは,すべての細胞内代謝物質が擬定常状態であると仮定することにより得られる結果である.

上の8つの式は式(3.4)のように書き表すことができる.グルコースは基質であり,コハク酸,二酸化炭素,乳酸,ギ酸,水素,酢酸,エタノールは代謝生産物,ホスホエノールピルビン酸(PEP),ピルビン酸,アセチルCoA,ATP,NADHは細胞内代謝物質である.細胞構成成分は,モデルには含まれない.なぜなら,同化反応は考えずにエネルギー生成だけを考えているからである.このこと,および,反応式(1)〜(8)により

$$\begin{matrix}\mathbf{A} & \mathbf{B} \\ \begin{bmatrix} -\frac{1}{2} \\ 0 \\ 0 \\ 0 \\ 0 \\ 0 \\ 0 \\ 0 \end{bmatrix} S_{\text{glc}} + \begin{bmatrix} 0 & 0 & 0 & 0 & 0 & 0 & 0 \\ 1 & -1 & 0 & 0 & 0 & 0 & 0 \\ 0 & 0 & 0 & 0 & 0 & 0 & 0 \\ 0 & 0 & 1 & 0 & 0 & 0 & 0 \\ 0 & 0 & 0 & 1 & 0 & 0 & 0 \\ 0 & 1 & 0 & -1 & 1 & 0 & 0 \\ 0 & 0 & 0 & 0 & 0 & 1 & 0 \\ 0 & 0 & 0 & 0 & 0 & 0 & 1 \end{bmatrix} \begin{bmatrix} P_{\text{suc}} \\ P_{\text{CO}_2} \\ P_{\text{lac}} \\ P_{\text{for}} \\ P_{\text{H}_2} \\ P_{\text{ac}} \\ P_{\text{et}} \end{bmatrix}\end{matrix}$$

$$+ \overset{\mathbf{G}}{\begin{bmatrix} 1 & 0 & 0 & 0 & 1 \\ -1 & 0 & 0 & 0 & -2 \\ -1 & 1 & 0 & 1 & 0 \\ 0 & -1 & 0 & 0 & -1 \\ 0 & -1 & 1 & 0 & 0 \\ 0 & 0 & 0 & 0 & 0 \\ 0 & 0 & -1 & 1 & 0 \\ 0 & 0 & -1 & 0 & -2 \end{bmatrix}} \begin{bmatrix} X_{\text{PEP}} \\ X_{\text{Pyr}} \\ X_{\text{AcCoA}} \\ X_{\text{ATP}} \\ X_{\text{NADH}} \end{bmatrix} = \begin{bmatrix} 0 \\ 0 \\ 0 \\ 0 \\ 0 \\ 0 \\ 0 \\ 0 \end{bmatrix} \quad (9)$$

が得られる．式 (9) は，考察する反応を概観するのに便利である．例えば，最後の行列 (G) の 4 番目の列を見れば，ATP は 2 つの反応により生成される．つまり，PEP がピルビン酸に変換される反応式 (3) とアセチル CoA が酢酸に変換される反応式 (7) である．2 つの反応速度が観測可能であるので（酢酸の生産速度は直接観測可能であるし，PEP からピルビン酸へのフラックスはコハク酸を除くすべての酸の生成速度の和から観測するか，グルコースの消費とコハク酸の生産速度の差から求めることができる），全体の ATP 生成の情報を得ることができる．嫌気条件下では，他の ATP 供給源がないので，ATP 生成速度は，増殖や細胞維持のための ATP 消費速度の推定にもなる．さらに，酸化還元バランス（または NADH のバランス）は糖のその他の代謝物質に対して対応していなければならないので，グルコース消費速度は，コハク酸，乳酸，エタノール生成に関係づけられる．したがって，表 3.1 のデータや細胞内代謝物質の化学量論行列の最後の列を使って，100 モルのグルコースに対する NADH の消費を知ることができる．

$$2 \times 10.7 + 79.5 + 2 \times 49.8 = 200.5$$

この値は，100 モルのグルコースが PEP に変換された場合に実際に生成する NADH 量 200 という値に，非常によく一致する．

3.2 反応速度

3.1 節で規定された化学量論は，J 個の個々の細胞内反応の相対的な生産及び消費量を定義する．しかし，培地中へ分泌される代謝産物の速度や相対的な量を計算することはできない．

●3. 細胞内反応のモデル

個々の反応速度を導入すれば、これができるようになるし、それぞれの反応を定義し、これを分泌する生産物速度と結びつけることで、これらを計算することができるようになる。化学反応は、前向きの反応 v として定義され、化学量論係数 β をもつ化合物に対し、反応速度 βv を与えることを意味する。普通、各反応の化学量論係数の1つが任意に1に設定される。そのとき、前向きの反応速度は、特定した反応のこの化合物の消費または生成速度に等しい。例えば、式 (3.1) の反応速度は PTS によって取り込まれるグルコースの消費速度に等しい。この理由のために、普通前向き反応速度の単位は、$mol\ h^{-1}$ に規定される。もし、単位体積当りの反応速度で評価したければ、$mol\ L^{-1}\ h^{-1}$ が使われる。細胞内反応に対しては、比速度と呼ばれる速度で評価されることも多い。これは、$mol\ (g\ DW)^{-1}\ h^{-1}$ の単位をもつことになる。3.1節で考えた J 個の反応速度をまとめて速度ベクトル v を考えることができる。したがって、$\beta_{ji} v_j$ は j 番目の反応に対して i 番目の生産物の比生産速度として考えることができる。基質の化学量論係数すなわち、A の要素は、一般に負なので、j 番目の反応における i 番目の基質の反応比速度は $-\alpha_{ji} v_j$ となる。化合物の全体の消費速度や生産速度 w を計算したいときは、異なる反応からの寄与を足し合わせなければならない。これは、例3.1の $E.coli$ の複数の脂肪酸発酵の例を考えることによって示すことができる。ここで、二酸化炭素は1つの反応（ギ酸の脱炭酸）で生成し、他の反応（PEP のカルボキシル化）で消費される。全体の二酸化炭素の生成速度は、2つの反応速度によって決定される。したがって、i 番目の基質の正味の比消費速度は、すべての J 個の正味の消費速度の和により

$$r_{s,i} = -\sum_{j=1}^{J} \alpha_{ji} v_j \tag{3.5}$$

と表され、同じように、i 番目の生産物の正味の比生産速度は、

$$r_{p,i} = -\sum_{j=1}^{J} \beta_{ji} v_j \tag{3.6}$$

と表される。式 (3.5)、(3.6) は直接観測できるもの、つまり、基質の比消費速度や生産物の比生産速度といくつかの細胞内反応速度との重要な関係を規定している。ここでは、経路を通過する反応速度を示すために"フラックス"という単語を用いることにする。もし化合物が1つの反応だけで生成するのなら、その化合物の消費や生成速度はこの反応の間接的な観測となる。例3.1の $E.coli$ の脂肪酸の複合発酵の例でいえば、酢酸の生産速度は、アセチル CoA からアセチルリン酸を経由して酢酸を生成するフラックスに等しい。言い換えると、この例の7番目の反応速度（フラックス）は酢酸の生成速度から推定できる。

同様に、式 (3.5)、(3.6) と同じように細胞構成成分や細胞内代謝物質に対して、次の式が書ける。

$$r_{macro,i} = -\sum_{j=1}^{J} \gamma_{ji} v_j \tag{3.7}$$

$$r_{met,i} = -\sum_{j=1}^{J} g_{ji} v_j \tag{3.8}$$

これらの反応速度は、基質の比消費速度や生産物比生産速度のように実験的に決定するのは容易なことではない。式 (3.7)、(3.8) の速度は正味の生成速度で細胞内化合物の測定から定量化される。したがって、1つの化合物が1つの反応で消費され、また別の反応で生産されれば、

式 (3.7) と式 (3.8) の左辺はすべての J 個の細胞内反応速度の正味の消費か生産速度になる．もし，速度 $r_{met,i}$ は正であれば，i 番目の細胞内代謝生産物の正味の生産速度があり，もしこの値が負であれば正味の消費が存在する．もし，反応速度がゼロならば，J 個の反応速度内の生産速度は正確に消費速度にバランスする（このバランスは，8～10章で詳しく議論する代謝フラックス解析のバランスの基礎である）．

式 (3.5)～(3.8) を足し合わせると行列による表示

$$r_s = -A^T v \tag{3.9}$$

$$r_p = B^T v \tag{3.10}$$

$$r_{macro} = \Gamma^T v \tag{3.11}$$

$$r_{met} = G^T v \tag{3.12}$$

が得られる．ここで，比速度ベクトル r_s は N 個の基質消費速度，r_p は M 個の生産物比生産速度である．

例3.2　$E.coli$ の複合的脂肪酸発酵の比速度

例3.1で考察した8反応の速度 v_1～v_8 を規定しよう．比グルコース消費速度は，すぐに，

$$r_{glc} = \frac{1}{2} v_1 \tag{1}$$

となる．もちろん，この式は式 (3.9) を使って

$$r_{glc} = -\begin{bmatrix} -\frac{1}{2} & 0 & 0 & 0 & 0 & 0 & 0 & 0 \end{bmatrix} \begin{bmatrix} v_1 \\ v_2 \\ v_3 \\ v_4 \\ v_5 \\ v_6 \\ v_7 \\ v_8 \end{bmatrix} = \frac{1}{2} v_1 \tag{2}$$

と与えられた結果である．したがって，PEPへのフラックス，これは v_1 を使って与えられるが，グルコース比消費速度の2倍である．

代謝生産物の生産比速度は同様に二酸化炭素生産速度により，

$$r_{CO_2} = v_6 - v_2 \tag{3}$$

となる．水素生産速度は v_6 で，コハク酸比生産速度は v_2 に等しいので，二酸化炭素生産速度はこれら2つの反応速度の差にならなければならない．そして，この束縛条件は，データの妥当性のチェックに用いることができる．表3.1のデータは，正当でなく，グルコースが100モル消費された場合，二酸化炭素は水素より多く生産されすぎていることに注意しなければならない．これは，実験誤差か，モデルが単純すぎることによるものである．

● 3. 細胞内反応のモデル

このモデルのように単純なモデルでは，個々の反応速度と基質の比消費速度や生産物の比生産速度間の関係を導くのは（行列表示を用いなくとも）容易である．しかし，細胞内代謝物質はいくつかの反応に関与するので容易なことではない．つまり，5つの考慮している細胞内代謝物質に対して，

$$\begin{bmatrix} r_{\text{PEP}} \\ r_{\text{Pyr}} \\ r_{\text{AcCoA}} \\ r_{\text{ATP}} \\ r_{\text{NADH}} \end{bmatrix} = \begin{bmatrix} 1 & -1 & -1 & 0 & 0 & 0 & 0 & 0 \\ 0 & 0 & 1 & -1 & -1 & 0 & 0 & 0 \\ 0 & 0 & 0 & 0 & 1 & 0 & -1 & -1 \\ 0 & 0 & 1 & 0 & 0 & 0 & 1 & 0 \\ 1 & -2 & 0 & -1 & 0 & 0 & 0 & -2 \end{bmatrix} v = \begin{bmatrix} v_1 - v_2 - v_3 \\ v_3 - v_4 - v_5 \\ v_5 - v_7 - v_8 \\ v_3 + v_7 \\ v_1 - 2v_2 - v_4 - 2v_8 \end{bmatrix} \quad (4)$$

が得られる．例3.1で示したように，r_{ATP}はPEPからピルビン酸へのフラックスとピルビン酸から酢酸へのフラックスの和となる．

3.3 ダイナミックマスバランス

前節では，細胞内の反応速度が基質の消費速度や生産物の生産速度に関係づけられる式を導出した．基質の消費速度や生産物の生産速度は基質や生産物の濃度の測定から実験的に得ることができる．そのような測定値から，いかにして比速度を得るかというところに戻る（これはこの節の最後に扱う）前に，そのような測定が普通行われるバイオリアクタ内のダイナミクスを考える必要がある．図3.2にバイオリアクタの一般的な表現を示す．体積V（L）と新鮮な滅菌された培地のフィード（速度はF_{in}（L h^{-1}））で構成される．使われた培地はF_{out}（L h^{-1}）の速度で引き抜かれる．バイオリアクタの培地は，完全に（または理想的に）混合されているとする（つまり，場所によって培地濃度に偏りはないとする）．1 Lより小さいようなバイオリアクタ（振とうフラスコを含む）では，この仮定は，エアレーションや撹拌により達成されている．研究室における撹拌タンクバイオリアクタ（1～10 L）に対しては，培地が一様であることを確かめるために，特別な設計が必要になる（Sonnleitner and Fiechter, 1988; Nielsen and Villadsen, 1993）．すべてのバイオリアクタが培地の連続流加を含むわけではなく，いくつかの異なる操作のモードがある．このうちの最もよく用いられる3つのモードを紹介する．

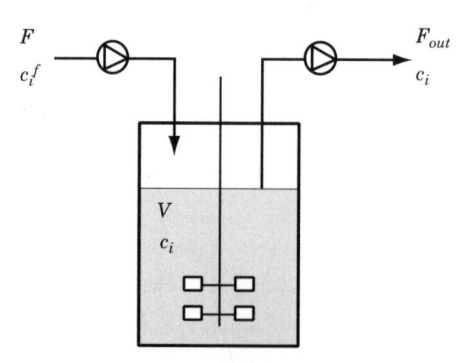

図3.2 新鮮滅菌培地の添加と除去を伴うバイオリアクタ．c_i^fは流加培地中のi番目の化合物の濃度，c_iは引き抜かれた培地の濃度．バイオリアクタは，引き抜き培地の濃度がバイオリアクタ内培地中の濃度と一致するように，完全に（理想的に）混合されているとする．

- 回分培養系：$F = F_{out} = 0$，つまり体積は変化しない．これは，古典的な発酵操作の方法である．そして，比較的に実験の準備が容易なので，多くの生命科学者によって用いられる方法である．回分実験は行うことが容易であるという利点をもち，短時間に多くの量のデータを得ることができる．欠点は，実験を通してのダイナミカルな変化を解釈することが難しい点である．つまり，細胞によって環境条件が時間的に変化するのである．しかし，少なくとも，pH，溶存酸素濃度が，うまく設定できるバイオリアクタを用いることによって，これらの変数を一定に保つことができる．
- 連続培養系：$F = F_{out}$でゼロでない．つまり，体積は一定である．典型的な連続バイオリアクタの操作はケモスタットと呼ばれている．この系では，添加される培地は，単一の制限基質であるように指定される．これにより，細胞の比増殖速度をいろいろ変化させて設定できる．連続バイオリアクタの利点は，うまく設定された環境条件のもとで比速度の決定を精密に行うことができる点にある．これらの条件は，バイオリアクタへの流加速度を変えることにより設定できる．これにより環境条件の細胞の生理状態への影響に関する有効な情報が得られる．連続培養バイオリアクタの欠点は大量の新鮮滅菌培地を用意しなければならず，操作が煩雑で，定常状態に達するまでに長時間を要することである．連続操作の利点があるにもかかわらず，工業プロセスで用いられることは，まれである．というのは，培地の流加によって雑菌汚染が起こりやすく，増殖速度の速い変異株が出現して，システムが遺伝的に不安定になる．つまり，組換え株はこの増殖の速い株に太刀打ちできなくて駆逐される．連続操作の他の方法は"pHスタット"である．これは，バイオリアクタ中のpHを一定に保つよう培地を流加していく．また"タービドスタット"は微生物の濃度が一定になるように流加が行われる．
- 半回分（セミバッチ）培養系：Fはゼロでなく，F_{out}はゼロである．体積は増加する．これにより，環境条件を制御できる，つまり，例えば，グルコース濃度のレベルをあるレベルに保つことができるので，工業的な操作としては多分，最もよく使われている．力価（生産物濃度）も非常に高くすることができるが（場合によっては，数 100 g L^{-1} にもなる），これは，ダウンストリームで非常に重要なことである．同時に，半回分操作は生理学的研究を可能にするために，環境条件を維持することができる．

図3.2のバイオリアクタを使って，基質のダイナミックな物質収支が与えられる．つまり

基質蓄積速度＝−基質消費速度＋基質流加速度−基質除去速度

$$\frac{dc_{s,i}}{dt} = -r_{s,i}x + D(c_{s,i}^f - c_{s,i}) \tag{3.13}$$

である．ここで，$c_{s,i}$はi番目の基質のバイオリアクタにおける濃度である（mol L^{-1}）．$c_{s,i}^f$はi番目の基質の流加培地中の濃度（mol L^{-1}）である．$r_{s,i}$はi番目の基質の比消費速度である．xは菌体濃度（g DW L^{-1}）であり，Dは"希釈率"（h^{-1}）と呼ばれる．これは，回分リアクタではゼロであり，ケモスタットや流加培養系では，

$$D = \frac{F}{V} \tag{3.14}$$

と与えられる．

●3. 細胞内反応のモデル

　式（3.13）の右辺第1項は単位体積当りの基質消費速度である．これは，比基質消費速度と菌体濃度の積として与えられる．第2項はバイオリアクタへの基質の流加と引き抜きに関するものである．式（3.13）の左辺は蓄積項であり，基質濃度の時間変化で与えられる．これは，回分バイオリアクタ内では，単位体積当りの消費速度に等しい．定常状態では，蓄積項はゼロであり，単位体積当りの消費速度は，希釈率と流入，流出培地内の基質濃度の差の積に等しい．

　基質のバイオリアクタ内のダイナミックマスバランスと同じように，代謝生産物に対して，

$$\frac{dc_{p,i}}{dt} = r_{p,i}x + D(c_{p,i}^f - c_{p,i}) \tag{3.15}$$

が成り立つ．ここで，右辺第1項は単位体積当りのi番目の生産物の生産速度である．普通，代謝生産物は，バイオリアクタへの流加培地には存在しないので，$c_{p,i}^f$はゼロである．これらのケースでは，定常状態では，単位体積当りの生産物生産速度は希釈率とバイオリアクタ内の生産物の濃度（流出培地中の濃度に等しい）の積である．

　生体構成成分に対しては，普通，参照としてバイオマスを用いる．つまり，基準としてバイオマスの濃度を用いる．この場合，物質収支は次のように（詳しくはBox 3.1）与えられる．

$$\frac{dX_{macro,i}}{dt} = r_{macro,i} - \mu X_{macro,i} \tag{3.16}$$

ここで，$X_{macro,i}$はi番目の生体構成成分の濃度であり，μは比増殖速度（h^{-1}）である．菌体構成成分の濃度に対しては異なる単位が使われるが，これは，g (g DW)$^{-1}$で与えられる．これらの単位を使うとすべての生体構成成分の和は

$$\sum_{i=1}^{Q} X_{macro,i} = 1 \tag{3.17}$$

となる．

Box 3.1　ダイナミックマスバランスの導出

　基質と生体構成成分の物質収支の導出について示そう．代謝生産物や細胞内代謝物質の物質収支は同じように導くことができる．

基　質

　培地の流加により，バイオリアクタに添加され，細胞によって消費されるi番目の基質を考えよう．この化合物の物質収支は

$$\frac{d(c_{s,i}V)}{dt} = -r_{s,i}xV + Fc_{s,i}^f - F_{out}c_{s,i} \tag{1}$$

となる．ここで，$r_{s,i}$は化合物iの比消費速度（mol (g DW)$^{-1}$ h^{-1}），$c_{s,i}$はバイオリアクタ内の濃度（流出培地中の濃度に等しいとする，mol L^{-1}），$c_{s,i}^f$は同じ化合物の流加培地中の濃度（mol L^{-1}），xはバイオリアクタ内の菌体濃度（g DW L^{-1}）である．式（1）の第1項は，蓄積項で第2項は消費（反応），第3項は供給，最終項は，化合物の流出に関するものである．式（1）を書き直して，

3.3 ダイナミックマスバランス

$$V\frac{dc_{s,i}}{dt} + c_{s,i}\frac{dV}{dt} = -r_{s,i}xV + Fc_{s,i}^f - F_{out}c_{s,i} \tag{2}$$

また，体積により両辺を割って

$$\frac{dc_{s,i}}{dt} = -r_{s,i}x + \frac{F}{V}c_{s,i}^f - \left(\frac{F_{out}}{V} + \frac{1}{V}\frac{dV}{dt}\right)c_{s,i} \tag{3}$$

半回分バイオリアクタでは，

$$F = \frac{dV}{dt} \tag{4}$$

であり，F_{out} はゼロなので，括弧の中の項は，希釈率に等しくなる．連続培養系や回分培養系では体積は一定で，F は F_{out} に等しい．したがって，これらの運転モードでも括弧の中の項は希釈率に等しくなる．式（2）はしたがって，どんなタイプのモードの操作に対してもマスバランスは，式（3.13）に帰着される．

細胞構成成分

バイオマスの細胞構成成分に対しての物質収支は，

$$\frac{d(X_{macro,i}xV)}{dt} = -r_{macro,i}xV - F_{out}X_{macro,i}x \tag{5}$$

と与えられる．ここで，$X_{macro,i}x$ はバイオリアクタ内の i 番目の構成成分の濃度（g L^{-1}）であり，$r_{macro,i}$ は i 番目の構成成分の正味の比生産速度である．式（5）を書き直して，

$$\frac{dX_{macro,i}}{dt} = r_{macro,i} - \left(\frac{F_{out}}{V} + \frac{1}{x}\frac{dx}{dt} + \frac{1}{V}\frac{dV}{dt}\right)X_{macro,i} \tag{6}$$

が得られるが，どんなモードのバイオリアクタ操作に対しても

$$D = \frac{F_{out}}{V} + \frac{1}{V}\frac{dV}{dt} \tag{7}$$

が成り立つので，これを細胞濃度全体の物質収支，式（3.20）とともに使うと，式（3.16）が得られる．

式（3.18）を得るためには，次の式の意味を示す式（3.17）を用いる．

$$\sum_{i=1}^{Q}\frac{dX_{macro,i}}{dt} = \sum_{i=1}^{Q}r_{macro,i} - \mu\sum_{i=1}^{Q}X_{macro,i} = 0 \tag{8}$$

これにより式（3.18）が得られる．

さらに，上の式における単位は細胞内の巨大分子の成分の実験的に決められた分率（表2.11に示す）と一致する．式（3.16）では，生体構成成分の物質収支は，物質収支の中に希釈率が陽には含まれないので，バイオリアクタの操作モードとは関係ない．しかし，間接的に最終項を通して操作モードと結びついており，それは，細胞増殖による細胞構成成分の希釈である．したがって，もし，巨大分子のプールの正味の合成速度がなくても，細胞がまだ増殖を続けて

3. 細胞内反応のモデル

いれば（$\mu > 0$），細胞構成成分濃度は減少していく．式（3.17）を使って，比増殖速度は，すべての細胞構成成分の正味の生産速度の和として

$$\mu = \sum_{i=1}^{Q} r_{macro,\,i} \tag{3.18}$$

与えることができる（Box 3.1参照）．細胞内代謝物質に対しては，細胞構成成分で使ったのと同じ単位を使うのは便利ではない．これらの代謝物質は細胞の細胞質内に溶解しているので，mol（細胞液体積）$^{-1}$と表す方が適当である．この単位を選ぶことにより，細胞内の濃度と酵素学的親和性（典型的にK_mで表されるような）を直接比較できるようになる．この単位は普通 mol L^{-1}で表される．しかし，もし，濃度が1ユニットと知られていたら，他のユニットに変換するのは容易である．細胞の濃度は（1 g cell（mL cell）$^{-1}$）水の含有は（0.67 mL water（mL cell）$^{-1}$）ということが知られていたら，ユニットで表示もできる．細胞内の代謝物質の異なる濃度の表示法にもかかわらず，細胞は，基準であり，細胞内の代謝物質の物質収支は，細胞構成成分と同じ表現となる．

$$\frac{dc_{met,\,i}}{dt} = r_{met,\,i} - \mu\, c_{met,\,i} \tag{3.19}$$

ここで，$c_{met,i}$は細胞内のi番目の代謝物質の濃度である．細胞内の代謝物質の濃度の単位について mol（リアクタ内液体積）$^{-1}$と mol（細胞液体積）$^{-1}$とは区別をはっきりすべきである．もし，濃度が上の2つのように異なって表されていたら，その物質収支の意味は全く異なる．

式（3.13），（3.15），（3.16），（3.19）は我々が考慮する細胞内の4つの異なるタイプの物質収支を表している．さらに，全体の細胞の物質収支は重要である．

$$\frac{dx}{dt} = (\mu - D)x \tag{3.20}$$

この物質収支から定常状態では，比増殖速度は希釈率に等しいことがわかる．つまり，連続培養系で希釈率を変えれば（流加速度を変えることと同じであるが），異なる比増殖速度が得られる．

式（3.13），（3.15），（3.16），（3.19）の物質収支式は細胞培養プロセスの定量的な取扱い，つまり，バイオプロセスにおける比速度の計算，単位体積当りの速度の計算，設計，シミュレーションの基礎を与えるものである．バイオプロセスの設計とシミュレーションにおいては，$\boldsymbol{v}$における個々の反応のカイネティックな表現を規定する必要がある．つまり，カイネティクスはシステムの変数と反応速度間の関係を与えるものである．化学量論式とカイネティックな表現を組み合わせると"カイネティックモデル"ができる．そのようなモデルによりプロセスのシミュレーション，つまり，異なる操作の状態で，プロセスがどのように振る舞うかをシミュレートすることが可能になる．カイネティックモデルの応用，単純なアンストラクチャーモデル，複雑なストラクチャーモデルを培養プロセスの設計やシミュレーションに使うことは多くの生物化学工学の教科書（例えば，Bailey and Ollis, 1986; Nielsen and Villadsen, 1994）に多く示されている．本書ではこれ以上深くは立ち入らない．その代わりに，代謝物質や細胞構成成分の比速度を実験データからいかに求めるかに焦点を当てたい．

表3.2はいろいろなバイオリアクタの操作法における基質取込み，代謝産物生産，正味の細胞構成（細胞の構成成分や細胞内代謝物質）の比速度を計算するためのいろいろな式をまとめ

3.3 ダイナミックマスバランス

表 3.2 実験データから比速度を計算するために用いられる式[a].

操作モード	基 質	代謝生産物	細胞内構成成分
回分系	$r_s = -\dfrac{1}{x}\dfrac{dc_s}{dt}$	$r_p = -\dfrac{1}{x}\dfrac{dc_p}{dt}$	$r_{macro} = \dfrac{dX_{macro}}{dt} + \mu X_{macro}$
連続系			
ダイナミックな状態	$r_s = \dfrac{1}{x}\left(D(c_s^f - c_s) - \dfrac{dc_s}{dt}\right)$	$r_p = \dfrac{1}{x}\left(Dc_p + \dfrac{dc_p}{dt}\right)$	$r_{macro} = \dfrac{dX_{macro}}{dt} + \mu X_{macro}$
定常状態	$r_s = \dfrac{1}{x}D(c_s^f - c_s)$	$r_p = \dfrac{1}{x}Dc_p$	$r_{macro} = \mu X_{macro}$
半回分系	$r_s = \dfrac{1}{x}\left(D(c_s^f - c_s) - \dfrac{dc_s}{dt}\right)$	$r_p = \dfrac{1}{x}\left(Dc_p^f + \dfrac{dc_p}{dt}\right)$	$r_{macro} = \dfrac{dX_{macro}}{dt} + \mu X_{macro}$

[a] 細胞内の物質に関しては,細胞構成成分のみを示しておく.細胞内の代謝物質に対しては,細胞構成成分の式と同じように与えられる.

たものである.すべてのケースで,細胞濃度が重要な変数であることがわかる.もし,細胞濃度の測定に信頼ができなければ,比速度よりも体積当りの速度を使うことになるだろう.しかし,体積当りの速度の短所は,実験を直接比較できないことである.つまり,ある実験で,細胞増殖速度が 2.0 g DW L^{-1} h^{-1} と得られたことと,他の実験で 1.0 g DW L^{-1} h^{-1} と得られたことは,比増殖速度が 0.2 h^{-1} と同じでも,細胞濃度が 10 g DW L^{-1} と 5 g DW L^{-1} と異なることを意味する.

もうひとつ表 3.2 から得られることは,比速度の決定は,連続培養系の定常状態を除いて濃度の微分の計算を含むということである.これらの濃度の時間微分は測定濃度の曲線の接線の傾きから得ることができる.しかし,このアプローチによる時間変化の良い推定を行うことは難しいことを知っておいてほしい.なぜなら,データは一般的に時間間隔があいていて,かつ,ノイズを含んでいるからである.連続培養系の定常状態のデータはこの点からいって非常に利点がある.このデータにより比速度の正確な推定ができる.しかし,回分培養系や連続培養のダイナミカルな状態では,ずっと多くの生理学的情報が与えられる.そして,それゆえ,このタイプの実験から比速度の情報を抽出する,うまい(頑健な)方法を適用するのは重要なことである.

他の方法は,データの関数的な表現を行うことである.例えば,多項式スプライン関数を使い,関数をデータにフィットさせ,その微係数を計算して,比速度を計算することである.この方法もまた,比速度において大きな振動を生じてしまう.というのは,培養実験データを関数でうまく表現するのは難しいからである(比速度を得るために,注目している化合物の関数と細胞に関する関数を得なければならないことを覚えておいていただきたい).これは,ほとんどの細胞培養プロセスが指数関数的な振舞いをするためである.そのような現象に,多項式スプライン関数はうまく近似するのが難しいのである.よりよい方法は,特に回分培養データに対して,簡単なモデル,例えば Monod モデル[1] を適用しそのモデルのパラメータを求め,比速度をモデルから直接求めることである.Monod モデルのような単純なモデルは,実際,経験

---

[1] Monod モデルでは,比増殖速度は $\mu = \mu_{max} c_s/(c_s + K_s)$ と表される.ここで,μ_{max} は最大比増殖速度,K_m は Monod 定数である.c_s は制限基質濃度(3.4節参照)である.比基質消費速度は,$r_s = Y_{xs}\mu$(3.4節参照)である.

式であるので,このアプローチは原理的に,データの関数表現と同じである.しかし,モデルが回分培養系のデータにうまく合うようなものなので,一般に,十分な結果が得られるのである.

実験データを関数表現しようという(それが完全に経験的なものであれ,単純なカイネティックモデルであれ)試みは,十分なデータが利用可能で有れば有効な方法である.しかし,細胞内化合物は測定時間の間隔があき,これが微分値を精度よく推定することを難しくしている.細胞内化合物に対しては,一般に,擬定常状態の近似が適用される(8.1節).さらに,回分培養系の指数増殖期("バランスドグロース"と呼ばれる)にもこの仮定が成り立つ.これは,細胞構成成分濃度が定常で,r_{macro}の要素は1つの巨大分子の測定や比増殖速度の良好な推定値から決定できる.

3.4 収率係数と線形関係式

この章のイントロダクションで述べたように,代謝モデルは,細胞生理の定量的な解析を基礎にしている.しかし,細胞内の反応の詳細すべてに興味があるのではなく,代謝フラックスの全体の分布の巨視的な評価に興味のある場合も多い.例えば,グルコース中の炭素がどれだけ注目している代謝物質に取り込まれるのかというようなことである.このフラックスの全体の分布は,普通,"収率係数"と呼ばれる.これらは,参照化合物(しばしばこれは,炭素源や細胞が選ばれる)に対して,全体のフラックスとして定義される.したがって,収率係数は無次元で,参照化合物当りの代謝物質の量,例えば,グルコースモル消費当りのリジンモル生成量というように,与えられる.しかし,いろいろな状況で,他にもいくつかの興味ある収率が存在する.単位モル酸素消費当りの二酸化炭素生成モル,これは,呼吸商(RQ)と呼ばれるが,しばしば,好気培養を特徴づけるために使われる.残念ながら,過去の文献では,いくつかの異なる記号が収率には使われている.ここでは,Nielsen and Villadsen (1994)の定式化(Roles (1983)によって使われたものと同じである)を用いる.収率は2つの下付き記号を用いたY_{ij}は消費または生成されたi化合物の量当りの生成,または消費j化合物量である.i番目の基質を参照として用い,収率係数は

$$Y_{s_i s_j} = \frac{r_{s,j}}{r_{s,i}} \; ; \quad j = 1, \cdots, N \tag{3.21}$$

$$Y_{s_i p_j} = \frac{r_{p,j}}{r_{s,i}} \; ; \quad j = 1, \cdots, M \tag{3.22}$$

$$Y_{s_i x} = \frac{\mu}{r_{s,i}} \tag{3.23}$$

と定義できる.この定式化により,

$$Y_{ij} = \frac{1}{Y_{ji}} \tag{3.24}$$

が得られる.収率係数は,評価する実験データによって非常に変化する.そして,これらのデータは,発酵実験の生データから抽出される1次データである.収率係数の基礎的な重要性は,それらを定義している固有の速度間の有用な関係を示した変数だということにある.例えば,もし,収率係数が定数だとわかれば,または仮定すれば,これは,とりも直さず,2つの速度はある関係をもっていることを意味している.そのような関係は,完全に経験的に得られる場

合もあるが，次に示すように，生物化学工学と生理学の基礎から導かれる場合もある．

Monod（1942）により示された細胞増殖に関する記述において，収率係数 Y_{sx} は一定である．すべての細胞反応は，基質を細胞に変換するという，増殖反応にまとめられている．しかし，1959年 Herbert は，基質に関する細胞の収率は一定ではないことを示した．これを記述するために，"内生的な代謝"の概念を彼は導入した．そして，細胞合成に加えて，すべての基質消費のある一部は，この目的のために使われると規定した．同じ年に，Luedeking and Piret（1959a, b）は菌体増殖のない状況でも，乳酸菌は乳酸を生成することがあるのを発見した．これは，細胞の内生的な代謝からいって正当なことである．その結果は，比増殖速度と乳酸比生産速度が線形結合の関係にあるとまとめられた．

$$r_p = a\mu + b \tag{3.25}$$

1965年にPirtは比基質消費速度と比増殖速度の間に同じような線形の関係があると発表した．そして，"維持"の項の利用が重要であるとしているが，これは現在，内生代謝の記述にもっともよく使われる維持項となっている．このPirtの線形関係は

$$r_s = Y_{xs}^{true}\mu + m_s \tag{3.26}$$

と表される．ここで，Y_{xs}^{true} は真の増殖収率係数と呼ばれるものであり，m_s は維持係数である．これらの線形関係の導入に伴い，収率係数は明らかに，もはや定数ではなくなった．つまり，基質に対する細胞の収率係数は，

$$Y_{sx} = \frac{\mu}{Y_{xs}^{true}\mu + m_s} \tag{3.27}$$

となる．これは，比増殖速度が小さく，ある割合の基質が維持に使われる場合，実際の（見かけの）収率 Y_{sx} が真の増殖収率より小さくなる可能性があることを示している．大きな比増殖速度が得られる場合には，収率係数は Y_{xs}^{true} に近づく．つまり，実際の収率係数は，ほとんどの基質が増殖に使われるので真の収率に近づく．

経験的に導かれた線形関係は増殖のデータを関係づけるのに非常に有用である．特に，連続培養系の定常状態で得られたものは，式（3.26）と同じような線形関係が，ほとんどの重要な比速度に対して導かれる．これは，図3.3において示されている．糸状カビ *Penicillium chrysogenum* の連続培養系で得られたグルコース比消費速度，二酸化炭素比生産速度，酸素比消費速度は，比増殖速度の関数として表すことができる．同様の線形関係は，他の文献でも見られる．このような線形関係がいろいろなケースに当てはまり，驚くほど一般性をもっていることは，これらを導き出した基本的な事項がベースにある．つまり，1つの可能性は，すべての細胞においてATPの生産と消費が強くカップリングしているので，連続的なATP供給と消費がバランスしているかもしれないということである．この仮定のもと，エネルギーを生成する基質の役割は，生合成や高分子化を進めるための，そして，異なる維持のプロセスのための，エネルギーを生成することであると考えられる．このカップリングは式（2.27）により得られた線形関係により，次のようにとらえられる．

$$r_{ATP} = Y_{xATP}\mu + m_{ATP} \tag{3.28}$$

これは，Pirtにより提案された（1965）線形関係のアナロジーである．2.6節で述べたように，

● 3. 細胞内反応のモデル

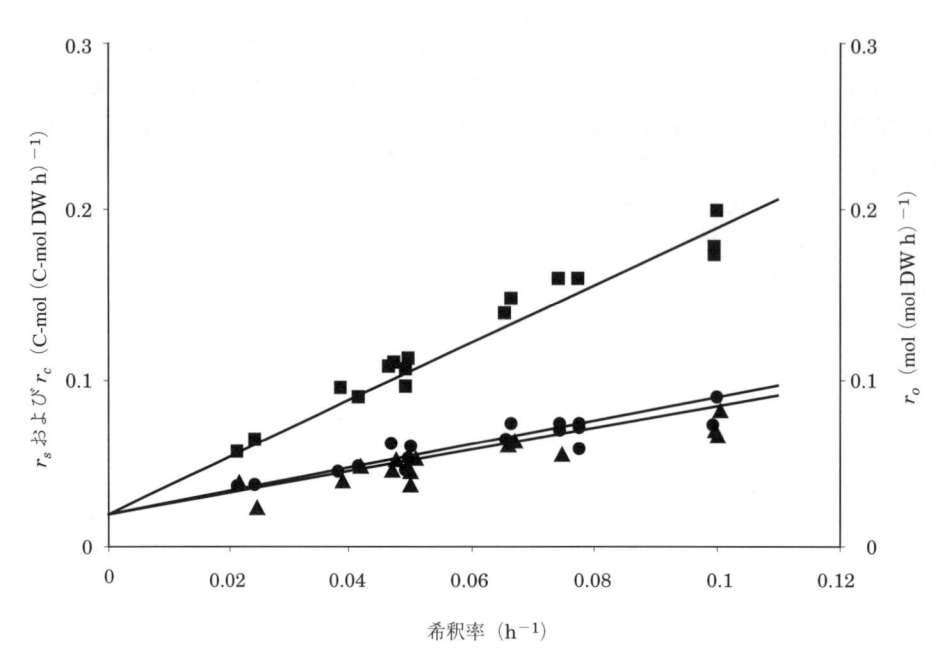

図 3.3　*P. chrysogenum* のグルコース制限連続培養系における比増殖速度（希釈率に等しい）とグルコース比消費速度 r_s（■），酸素比消費速度 r_o（▲），二酸化炭素比生産速度 r_c（●）の関係．反応速度は C-mol（または mol）(C-mol biomass)$^{-1}$h^{-1} で表示されている．バイオリアクタにはグルコース，アンモニア，無機塩，フェノキシ酢酸を含む合成培地が流加されている．データは Nielsen (1997) による．

式 (3.28) は，生産された ATP は，増殖と細胞維持のために消費される ATP に等しいことを意味している．さらに，もし，エネルギーを生成する基質に対する ATP 収率が一定なら，つまり，r_{ATP} が r_s に比例しているなら，式 (3.26) の線形関係は式 (3.28) から直接導くことができる．式 (3.28) の Y_{xATP} は実際，真の ATP 収率を示しているが普通，true という上付き記号はつけないので注意したい．

ATP の生成と消費のバランスの考え方は，他のコファクタ，例えば NADH や NADPH にも拡張できる．それにより，3 つの異なるケースの線形関係を導くことができる（Nielsen and Villadsen, 1994）．すなわち，(1) 嫌気増殖，ATP は基質レベルのリン酸化により得られる，(2) 代謝産物の生成しない好気増殖，(3) 代謝産物の生成する好気増殖，である．最初の 2 つのケースは，次に示す 2 つの例で紹介する（例 3.3，3.4）．

例 3.3　*Penicillum chrysogenum* の代謝モデル

副代謝産物の生産がないような好気プロセスにおいて線形の反応速度関係式を導くために，糸状カビ *Penicillum chrysogenum* の簡単な代謝モデルを考えてみよう．このモデルは Nielsen (1997) によって提出された．化学量論モデルは，オーバーオールの細胞代謝を表現している．ATP, NADH, NADPH が擬定常状態であるという仮定に基づき，グルコースや酸素の比生産速度，および，二酸化炭素比生産速度が比増殖速度の関数で与えられる．これらの線形関数表現におけるパラメータを評価することにより（これは，実験データを比較することから行える

が），鍵となるエネルギーパラメータに関する情報が，抽出できる．この解析において，グルコン酸のような1次代謝産物やペニシリン合成に関与する代謝産物の生産は，そのフラックスが菌体や二酸化炭素のフラックスと比較して，非常に小さいので，無視している．*Penicillum chrysogenum* の細胞の構成物の合成の量論式は次のように書くことができる（Nielsen, 1997）．

$$\text{バイオマス} + 0.139CO_2 + 0.458NADH - 1.139CH_2O - 0.20NH_3 \\ - 0.004H_2SO_4 - 0.010H_3PO_4 - Y_{x\,ATP}ATP - 0.243NADPH = 0 \quad (1)$$

式（1）は表2.8で与えられた構成物からなる菌体に対して成り立ち，基質は，グルコースと無機塩（すなわち，アンモニアが窒素源，硫酸が硫黄源，リン酸がリン源である）である．量論式はC-molを基準として与えられている．すなわち，グルコースはCH_2Oと表され，菌体の元素比は菌体内の高分子物質（タンパク質，DNA，RNA，脂質，炭水化物など）の構成割合から$CH_{1.81}O_{0.58}N_{0.20}S_{0.004}P_{0.010}$と表せる（Nielsen, 1997）．これは，実験的に決定された元素比（表4.1）と非常によく一致する．ADP，NAD^+，と$NADP^+$は3.1節で述べたように，カップリングするコファクタなので考慮に入れない．細胞合成に必要なATPとNADPHは同化経路によって供給され，生合成経路で作られた過剰なNADHは異化経路で作られたNADHとともに電子伝達系を経由して酸素に電子を受け渡すことにより再び酸化される．

反応式（2）〜（4）は異化経路のオーバーオールの量論式である．式（2）はペントースリン酸経路で生産されるNADPHを表している．式（3）はオーバーオールのEMP経路とTCAサイクルを表している．式（4）はオーバーオールの酸化的リン酸化反応を表している．量論式において，それぞれのオルガネラでの酵素反応へ分解して考えることは，ここではしていない．すなわち，細胞質におけるNADH，FADHまたは，TCAサイクルで作られるミトコンドリアのNADH，FADHは区別せず，同じNADHとして扱う．それで，式（4）の（P/O）は酸化的リン酸化反応のオーバーオールの（P/O）として表している．

$$CO_2 + 2NADPH - CH_2O = 0 \quad (2)$$

$$CO_2 + 2NADH + 0.667ATP - CH_2O = 0 \quad (3)$$

$$P/OATP - 0.5O_2 - NADH = 0 \quad (4)$$

最終的に，維持のためのATP消費が単にATPを消費するだけの反応として表現される．

$$-ATP = 0 \quad (5)$$

EMP経路で1モルのグルコースから2モルのATPが生産されるという生化学から抽出された係数は，C-モル基準の量論においては，1モルのグルコースが6モルの炭素を含むので，6で割った値で表される．

上の量論式は式（3.3）と同じように示されているが，式（3.4）の簡潔な行列の形で，簡単に書き表される．

● 3. 細胞内反応のモデル

$$\begin{bmatrix} -1.139 & 0 \\ -1 & 0 \\ -1 & 0 \\ 0 & -0.5 \\ 0 & 0 \end{bmatrix} \begin{bmatrix} S_{\mathrm{glc}} \\ S_{\mathrm{O_2}} \end{bmatrix} + \begin{bmatrix} 0.139 \\ 1 \\ 1 \\ 0 \\ 0 \end{bmatrix} P_{\mathrm{CO_2}} + \begin{bmatrix} 1 \\ 0 \\ 0 \\ 0 \\ 0 \end{bmatrix} X$$

$$+ \begin{bmatrix} -Y_{x\mathrm{ATP}} & 0.458 & 0.243 \\ 0 & 0 & 2 \\ 0.667 & 2 & 0 \\ \mathrm{P/O} & -1 & 0 \\ -1 & 0 & 0 \end{bmatrix} \begin{bmatrix} X_{\mathrm{ATP}} \\ X_{\mathrm{NADH}} \\ X_{\mathrm{NADPH}} \end{bmatrix} = \begin{bmatrix} 0 \\ 0 \\ 0 \\ 0 \\ 0 \end{bmatrix} \tag{6}$$

ここで，Xは菌体を表す．式(1)～(5)の反応速度を並べて反応速度ベクトルとすれば，

$$\boldsymbol{v} = \begin{bmatrix} \mu \\ v_{\mathrm{PP}} \\ v_{\mathrm{EMP}} \\ v_{\mathrm{OP}} \\ m_{\mathrm{ATP}} \end{bmatrix} \tag{7}$$

となり，式(3.28)と同じように，コファクタATP，NADH，NADPHの生産，消費速度のバランスは次の3つの式で表される．

$$-Y_{x\mathrm{ATP}}\mu + 0.667v_{\mathrm{EMP}} + \mathrm{P/O}v_{\mathrm{OP}} - m_{\mathrm{ATP}} = 0 \tag{8}$$

$$0.458\mu + 2v_{\mathrm{EMP}} - v_{\mathrm{OP}} = 0 \tag{9}$$

$$-0.243\mu + 2v_{\mathrm{PP}} = 0 \tag{10}$$

3つのコファクタの正味の速度は0と考えると，最終的に，式(3.12)と同じように

$$\boldsymbol{r}_{met} = \begin{bmatrix} r_{\mathrm{ATP}} \\ r_{\mathrm{NADH}} \\ r_{\mathrm{NADPH}} \end{bmatrix} = \boldsymbol{G}^T \boldsymbol{v}$$

$$= \begin{bmatrix} -Y_{x\mathrm{ATP}} & 0 & 0.667 & \mathrm{P/O} & -1 \\ 0.458 & 0 & 2 & -1 & 0 \\ -0.243 & 2 & 0 & 0 & 0 \end{bmatrix} \begin{bmatrix} \mu \\ v_{\mathrm{PP}} \\ v_{\mathrm{EMP}} \\ v_{\mathrm{OP}} \\ m_{\mathrm{ATP}} \end{bmatrix} = \begin{bmatrix} 0 \\ 0 \\ 0 \end{bmatrix} \tag{11}$$

が得られる．

　式(8)～(10)の3つの定常状態のバランス式に加えて，同じように式(3.5)や式(3.6)で与えられたグルコース比消費速度や酸素消費速度，二酸化炭素比生産速度の関係式を式(7)の5つの反応式に関して得ることができる．これらの関係は，式(3.5), (3.6)または行列の

3.4 収率係数と線形関係式

形で書くなら式 (3.9), (3.10) のように与えられる.

$$\begin{bmatrix} r_{\mathrm{glc}} \\ r_{\mathrm{O_2}} \end{bmatrix} = -\begin{bmatrix} -1.139 & -1 & -1 & 0 & 0 \\ 0 & 0 & 0 & -0.5 & 0 \end{bmatrix} \begin{bmatrix} \mu \\ v_{\mathrm{PP}} \\ v_{\mathrm{EMP}} \\ v_{\mathrm{OP}} \\ v_{\mathrm{ATP}} \end{bmatrix}$$

$$= \begin{bmatrix} 1.139\mu + v_{\mathrm{PP}} + v_{\mathrm{EMP}} \\ 0.5 v_{\mathrm{OP}} \end{bmatrix} \tag{12}$$

$$r_{\mathrm{CO_2}} = \begin{bmatrix} 0.139 & 1 & 1 & 0 & 0 \end{bmatrix} \begin{bmatrix} \mu \\ v_{\mathrm{PP}} \\ v_{\mathrm{EMP}} \\ v_{\mathrm{OP}} \\ m_{\mathrm{ATP}} \end{bmatrix} = 0.139\mu + v_{\mathrm{PP}} + v_{\mathrm{EMP}} \tag{13}$$

式 (11)～(13) を用いて v_{EMP}, v_{PP}, v_{OP} を消去すれば,式 (14)～(16) が得られる.

$$r_{\mathrm{glc}} = (a + 1.261)\mu + b = Y_{xs}^{true}\mu + m_s \tag{14}$$

$$r_{\mathrm{CO_2}} = (a + 0.261)\mu + b = Y_{xc}^{true}\mu + m_c \tag{15}$$

$$r_{\mathrm{O_2}} = (a + 0.229)\mu + b = Y_{xo}^{true}\mu + m_o \tag{16}$$

2つの共通のパラメータ a と b はエネルギーパラメータ $Y_{x\mathrm{ATP}}$, m_{ATP},(P/O) の関数として式 (17), (18) のように表される.

$$a = \frac{Y_{x\mathrm{ATP}} - 0.458 \mathrm{P/O}}{0.667 + 2\mathrm{P/O}} \tag{17}$$

$$b = \frac{m_{\mathrm{ATP}}}{0.667 + 2\mathrm{P/O}} \tag{18}$$

式 (14) はPirtによって提案された線形の関係式 (3.26) と同じであるように見受けられるが,関係式のパラメータは細胞のエネルギーパラメータによって決定されていることがわかる.上の線形関係におけるすべてのパラメータがATP, NADH, NADPHのバランスを通して得られたことが重要なのである.つまり,3つの真の収率どのような値でもとり得るわけではなくて,これらのバランス式を満足するように変化する.さらに,維持係数についても同じことがいえる.これは,比速度を単位C-mol当りの菌体,単位時間当りのC-molで表しているためであり,もし異なる単位が比速度に用いられているならば,維持係数は同じ値をとらない.しかし,それでも互いの維持係数は関係し合っている.パラメータ間のカップリング関係は,このシステムの自由度が2しかないことを示しており(これは,パラメータ a, b が式 (14)～(16) で定義できるということと同じであるが式 (14)～(16) の3式によって決めることができる.

導かれた線形関係式は,確かに,関係する実験データにとって有用であるが,それにより,$Y_{x\mathrm{ATP}}$ や m_{ATP} などの重要なエネルギーパラメータ,操作上の (P/O) を評価することもでき

● 3. 細胞内反応のモデル

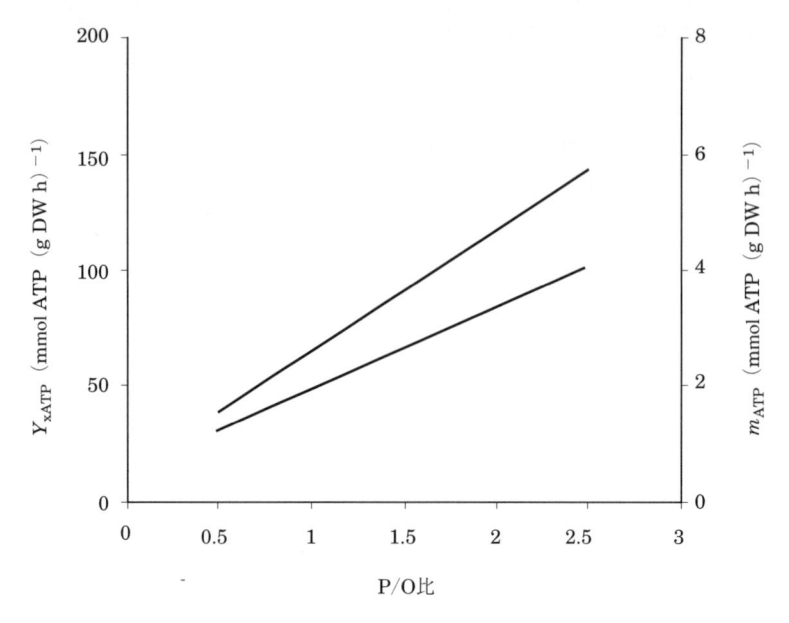

図 3.4 *P. chrysogenum* のエネルギーパラメータ Y_{xATP} と m_{ATP} は P/O 比の関数として表される.

る．このように，もし，式（14）～（16）の真の収率や維持係数が，（比増殖速度に対して，グルコース，酸素，二酸化炭素の生成または消費速度の実験データを直線回帰することにより）推定されれば，a や b の値を求めることができる．そして3つのエネルギーパラメータは式（17），（18）を通して関係づけられる．図3.3の実験データをもとにして，a と b は 0.436 C-mol (C-mol DW)$^{-1}$, 0.018 C-mol C-mol^{-1} h^{-1} とそれぞれ求められる（Nielsen, 1997）．a の値は3つの収率を使うことによって，（相対的な標準偏差は2.7%である）平均値として求められた．関係式が2つしかなければ，すべての3つの係数を求めることはできない．しかし，もしそのうちの1つが既知であれば，他の2つは計算できる．図3.4は Y_{xATP} と m_{ATP} を（P/O）の関数として表した図である．*Penicillium chrysogenum* の正確な（P/O）はわからないが，多分，1.0～2.0の範囲であろう．（Nielsen, 1997）例えば実際の（P/O）の値1.5に対しては，Y_{xATP} は 2.29 mmol ATP (C-mol biomass)$^{-1}$, または 80 mmol ATP (g DW)$^{-1}$（菌体分子量 26.33 g (C-mol)$^{-1}$, 灰分8%），これは，*S. cerevisiae* で報告されている値と同じ範囲である（表2.6参照）．

例 3.4 *Saccharomyces cerevisiae* のエネルギー論

嫌気的な増殖過程では，ほとんどの菌体は，基質レベルのリン酸化反応によって ATP を得ている．そこでは，エネルギー源は，1つまたは複数の代謝物質へと変換される．天然培地中での増殖で，細胞生合成の反応において NADH や NADPH の消費はほとんど，または，全くないといってよい．"エネルギー源の酸化還元レベルは，それゆえ，異化経路において作られた代謝物質中に維持される"．すなわち，解糖経路で作られたすべての NADH はピルビン酸の代謝物質への変換反応で再生される．これは，例3.1に示した *E. coli* の複合的脂肪酸発酵の例で示される．もうひとつの重要な例は，ホモ乳酸発酵の経路で，ピルビン酸が乳酸デヒドロゲナーゼによって乳酸に変換する．これらのプロセスでは，異化経路と同化経路をつないでいる

のはATPのみであり，LeudekingとPiretの線形関係式（式（3.25））はATPバランスだけから導かれるのである（Nielsen and Villadsen, 1994）．

最小培地中での増殖ではNADH生産とNADPH消費は細胞生合成反応中で起こる（2.4節参照）．例3.3で見たように，これらのコファクタは異化経路中で再生されなければならなず，異化経路と同化経路は強くカップリングする．$S.\ cerevisiae$の嫌気発酵では，主要な1次代謝物質生産（それはもちろんエタノール生産であるが，これに加えて）で，グリセロールの生産が起こる．グリセロールはジヒドロキシアセトンリン酸のグリセロール3リン酸への還元反応によって生産される（グリセロール3リン酸デヒドロゲナーゼによって触媒）．さらに，グリセロール1ホスファターゼへの脱リン酸化反応によってグリセロールが生産される（式（2.6））．最初の反応においては，NADHはNAD$^+$に酸化され，グルコースのグリセロールへのオーバーオールの変換はNADHの消費によって決まる．グリセロール3リン酸の脱リン酸化反応では，ATPの再生はないので，グルコースとグリセロールに変換される反応は全体として，ATPの消費プロセスである．

$S.\ cerevisiae$の嫌気の生理はSchulzeによって非常によく研究されてきた．そして，この例では，簡単な代謝モデルを使って，彼の結果を検証してみよう．$S.\ cerevisiae$の巨視的成分解析から，彼は，NADHやNADPHの菌体生合成のための必要量を計算している．すなわち，

$$CH_{1.82}O_{0.58}O_{0.16} + 0.105CO_2 + 0.355NADH - 1.105CH_2O$$
$$- 0.16NH_3 - Y_{xATP}ATP - 0.231NADPH = 0 \tag{1}$$

細胞元素比は表4.1からとった．基質は，グルコースとアンモニアを使い，硫酸とリン酸は灰分の中に含まれると考える（8%）．例3.3と同じように化学量論式はC-mol基準で与えられる．すなわち，グルコースはCH_2Oと表す．菌体生合成のために必要なNADPH量はPP経路でのみ生産される．したがって，これを例3.3と同じように，

$$CO_2 + 2NADPH - CH_2O = 0 \tag{2}$$

と表す．細胞生合成のためのATPはグルコースのエタノールへの変換反応によって供給される．

$$0.5CO_2 + CH_3O_{1/2} + 0.5ATP - 1.5CH_2O = 0 \tag{3}$$

細胞生合成によって生成したNADHは上述のグルコースからグリセロールへの変換反応によって消費される．2モルのNADHが1モルのグルコース当り酸化され，2モルのATPが1モルのグルコースからフルクトース1,6二リン酸が生産されるときに使われるので，

$$CH_{8/3}O - 0.333NADH - 0.333ATP - CH_2O = 0 \tag{4}$$

となる．最後に，ATPの維持消費が例3.3と同様に

$$-ATP = 0 \tag{5}$$

と示される．前述した方法により5つの反応速度の前向きの反応速度を集めて反応速度ベクトル$\boldsymbol{v}$で書くと

3. 細胞内反応のモデル

$$\boldsymbol{v} = \begin{bmatrix} \mu \\ v_{PP} \\ r_{EtOH} \\ r_{gly} \\ m_{ATP} \end{bmatrix} \tag{6}$$

となる．定義された化学量論係数と細胞内反応速度を使って3つのコファクタのバランスを書くことができる．NADPHのバランスは，PP経路の反応速度v_{PP}と比増殖速度を使って，

$$-0.231\mu + 2v_{PP} = 0 \tag{7}$$

のようにかける．同様にNADHのバランスは比増殖速度とグリセロールの比生産速度の関係より

$$0.355\mu - 0.33r_{gly} = 0 \tag{8}$$

となる．式(8)は細胞増殖が1C-molあるときのグリセロールのC-mol収率に対応しており，1.066 C-mol glycerol (C-mol biomass)$^{-1}$である．Schulzeの解析では，10.01 mmol glycerol (g DW)$^{-1}$であり，これは，上述の元素構成と灰分の8パーセントを考え併せると0.827 C-mol glycerol (C-mol biomass)$^{-1}$に対応する．この値は，モデルから計算された値より本質的に低い値である．さらに，コハク酸が実験的に生産されることがわかっている．これは1モルのコハク酸生成に伴って，5モルのNADH生成が起こる．したがって，コハク酸生産は，より多くのグリセロール生産を必要とし，NADH生産が上昇する．コハク酸生産の結果として，細胞に対して，グリセロールが高収率となったといえる．コハク酸の対菌体収率は，0.25 mmol succinate (g DW)$^{-1}$であり，これで1.25 mmol glycerol (C-mol biomass)$^{-1}$に対応する．このように，生産されたグリセロールのうちの8.76 mmol (g DW)$^{-1}$または0.724 C-mol glycerol (C-mol biomass)$^{-1}$が代謝モデルからさらに大きくはずれることになる．したがって，式(1)に示された菌体生合成に必要なNADHが大きすぎるか，または，NADHからNADPHの変換を可能にするトランスヒドロゲナーゼの存在が示唆される．

ATPバランスは

$$0.5r_{EtOH} - 0.333r_{gly} = Y_{xATP}\mu + m_{ATP} \tag{9}$$

である．式(8)をグリセロールの反応速度に代入することによって，

$$r_{EtOH} = 2(Y_{xATP} + 0.355)\mu + 2m_{ATP} \tag{10}$$

と書き直すことができる．これはLuedeking-Piretモデルと等価な形である．この解析でSchlzeは真の対菌体エタノール収率が85.05 mmol (g DW)$^{-1}$と分析した．これは4.69 C-mol ethanol (C-mol biomass)$^{-1}$に対応する．それゆえ，Y_{xATP}は1.95 mol ATP (C-mol biomass)$^{-1}$または71 mmol (g DW)$^{-1}$である．もし，式(9)がATP生産の計算に直接使い，Y_{xATP}がr_{ATP}と比増殖速度のプロットから決めるならば，73 mmol (g DW)$^{-1}$という少し高い値を得る（Schulze, 1995）．この違いは，グリセロールの代謝モデルによるオーバーエスティメーションによるためであり，上で議論したことと内容は同じである．

グルコースの比消費速度は

$$r_s = 1.105\mu + 1.5r_{\text{EtOH}} + r_{\text{gly}} \tag{11}$$

であり，これは式 (8), (10) を代入することにより式 (12) のように書き直せる．

$$r_s = \left(1.105 + 3.0(Y_{x\text{ATP}} + 0.355) + \frac{0.355}{0.333} \right) \mu + 2m_{\text{ATP}} \tag{12}$$

再びここで，線形の関係式 (3.26) をみることができる．そして，真の $Y_{x\text{ATP}}^{true}$ は菌体生合成のパラメータすなわち，ATP と NADPH のコストや NADPH の生産によって決定される．式 (12) の線形関係はもちろん二酸化炭素生産のためにも導かれる．

文　献

Bailey, J. E. & Ollis, D. F. (1986). *Biochemical Engineering Fundamentals*. 2nd ed. New York: McGraw-Hill.

Herbert, D. (1959). Some principles of continuous culture. *Recent Progress in Microbiology*. **7**, 381-396.

Ingraham, J. L., Maaløe, O. & Neidhardt, F. C. (1983). *Growth of the Bacterial Cell*. Sunderland: Sinnauer Associated.

Luedeking, R. & Piret, E. L. (1959a). A kinetic study of the lactic acid fermentation. Batch process at controlled pH. *Journal of Biochemical Microbiological Technology and Engineering* **1**, 393-412.

Luedeking, R. & Piret, E. L. (1959b). Transient and steady state in continuous fermentation. Theory and experiment. *Journal of Biochemical Microbiological Technology and Engineering* **1**, 431-459.

Monod, J. (1942). *Recherches sur la Croissance des Cultures Bacteriennes*. Paris, Hermann et Cie.

Nielsen, J. (1997). *Physiological Engineering Aspects of* Penicillium chrysogenum. Singapore: World Scientific Publishing Co.

Nielsen, J. & Villadsen, J. (1993). Bioreactors: Description and modelling. in *Biotechnology,* 2nd ed., vol. 3, Chap. 5, pp. 77-104, Edited by H.-J. Rehm, G. Reed (volume editor G. Stephanopoulos), VCR Verlag.

Nielsen, J. & Villadsen, J. (1994). *Bioreaction Engineering Principles*. New York: Plenum Press.

Pirt, S. J. (1965). The maintenance energy of bacteria in growing cultures. *Proceedings of The Royal Society*. London. Series B **163**, 224-231.

Roels, J. A. (1983). *Energetics and Kinetics in Biotechnology*. Amsterdam: Elsevier Biomedical Press.

Schulze, U. (1995). Anaerobic physiology of *Saccharomyces cerevisiae*. Ph.D. Thesis, Technical University of Denmark.

Sonnleitner, B. & Fiechter, A. (1988). High performance bioreactors: A new generation. *Anal. Chimica Acta* **213**, 199-205.

CHAPTER 4

物質収支とデータコンシステンシー

　代謝経路の定量的な解析においては，代謝フラックス，フラックス分布，フラックス制御を調べるための実験データが必要となる（11章参照）．したがって，これらの計算を通じて，発酵プロセスから生じる1次データの"情報の質の向上"が必要となる．本書では，代謝とその制御機構に焦点を当てるが，定量的な観測が可能である場合，その生命科学における情報の質の向上を目指す方法についても焦点を当てる．

　これらの情報の質の向上の程度は，データに依存するので，使われるデータの信頼性を向上させるのが最も重要である．これは，ランダムなエラーを最小化するという通常の方法により行われる．すなわち，実験の繰り返し，重複してセンサを用いること，注意深くセンサの検定を行うことなどである．加えて（これが本章で述べようとすることであるが），実測値の確からしさを向上させるための"情報の冗長性"を導入することと，そのような測定が行われた中で，より広く機械的に行える質の検定法の枠組みを導入する必要がある．例えば，代謝解析で考えると，フラックスの計算は，基質の消費や生産物生成の比速度が基礎となっており，このようなデータは細胞に流入したり細胞から流出したりする物質のフラックスを表現している．しかし，そのような計算結果が使われる前に，データの妥当性（コンシステンシー）をチェックすること，例えば，炭素のバランスが合っているかといったことを検討することが重要である．

　複数のセンサが同じ変数の測定に使われるときや，物質収支などの束縛条件が観測値に対して満足されなければならないとき，データの冗長性が導入される．明らかに，冗長性がより大きければ，データやそこから求められるパラメータの信頼度が高くなる．さらに，冗長性を用いることにより，観測値に含まれる大きな誤差の発生源やモデルの中の特定の要素が矛盾を引き起こしているかどうか，システマティックに同定することができる．本章では，フラックス，代謝，物質収支といったことを通して，これらの考え方を説明する．この目的のために，用い

4. 物質収支とデータコンシステンシー

られる実験データは次のような事項を満足しなければならない．

- "完全性"．これは，すべての代謝物質が測定されるべきであるという意味ではない．しかし，炭素や窒素の収支を（または，場合によっては，硫黄やリンの収支を）チェックできるのに十分な情報が必要であるという意味である．それゆえ，基質に含まれる主な物質である炭素と窒素はすべてチェックされるべきである．これは，システマティックな代謝の研究においては，合成培地，最小培地を利用することが必要で，本質的に，天然培地は避けなければならないことを意味している．
- 可能な限り観測ノイズは低く保たれなければならない（"ノイズフリー"）．3.3節で議論したように，比速度は測定された濃度の経時変化から得られるので，もし，これらのデータが，ノイズに汚されていれば，良好な速度の推定を行うことは困難であろう．細胞の代謝を良好に推定するためには，信頼できる良好な分析手法の開発が大事であり，また，コンピュータ化された高度な能力をもったバイオリアクタを使うことが培養実験において望まれる．このような装置においては，ほとんどの重要な培養状態変数は，オンラインで計測される．

実験データのコンシステンシーの評価には2つのアプローチがある．1つは，単純な代謝モデルをベースにしており，"ブラックボックスモデル"と呼ばれる．このモデルでは，すべての細胞反応は1つに集約される．このアプローチは，元素バランスをチェックすることに基づいている．そして，必要な情報は，基質，代謝生産物，細胞の構成元素で，データとして細胞に流入，流出するフラックスのみを扱うので簡単に行える．2番目の方法は，基質から細胞や代謝生産物への変換において，より詳細な生化学情報を用いる方法である．この方法は，数学的に複雑であるが，もちろん，ブラックボックスモデルに比べ，実際に近い記述となっている．代謝フラックス解析に関連してこのような代謝反応モデルを開発することができる（8.3節参照）．本章の焦点は妥当性（コンシステンシー）の解析の手法の開発であり，代謝モデルでは，その説明が複雑になりすぎるので，ブラックボックスモデルを使って，原理を説明する．

4.1 ブラックボックスモデル

ブラックボックスモデルでは，図4.1に示されるように，細胞は環境と物質を交換するブラックボックスであり，すべての細胞の反応は，細胞増殖として1つに集約される．ブラックボックスに，流入，流出するフラックスは，比速度（グラムまたはモル細胞当りで，時間当りのグラムまたはモル化合物）によって与えられる．これらは，基質比消費速度r_s，生産物比生成速度r_pとして与えられる．さらに，ブラックボックスの中，つまり細胞中での蓄積がある．それは，比増殖速度μとして表される．すべての細胞内反応は1つのオーバーオールの反応に集約されるので，この反応の量論係数は3.4節で導入された収率の係数によって与えられる．

$$X + \sum_{i=1}^{M} Y_{xp_i} P_i - \sum_{i=1}^{M} Y_{xs_i} S_i = 0 \tag{4.1}$$

ここで，細胞増殖の比速度が基準として使われる．細胞増殖の量論係数は1なので，前向きの反応速度が細胞比増殖速度に対応する．この反応速度とともに式（4.1）の収率を用いれば，システムを完全に規定することができる．データコンシステンシーの解析にブラックボックス

4.1 ブラックボックスモデル

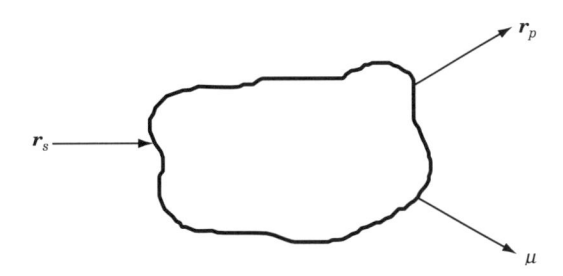

図 4.1 ブラックボックスモデルの表現．細胞はブラックボックスとして考えられ，細胞に流入，流出する反応フラックスは測定された変数のみである．基質から細胞へのフラックスは，ベクトル $\boldsymbol{r}_s$ の要素であり，細胞外への代謝生産物のフラックスは，ベクトル $\boldsymbol{r}_p$ の要素である．基質の中に存在する成分は細胞増殖の形でブラックボックス内に蓄積し，比増殖速度 μ と表される．

モデルを用いるときには，次のいずれかを使うことができる．(1) 式 (4.1) によって与えられた収率係数の組，(2) 他の基準による収率係数の組，例えばある化合物を基準化合物としてその生産または消費の速度当りで基準化した収率，(3) 細胞合成を含むすべての基質と生産物の比速度の組，(4) すべての体積当りの反応速度（比速度に細胞濃度を乗じたもの）の組．これらの変数は，すべて，同じ情報を与える．しかし，次に示すように，ここでは，式 (4.1) に与えられた収率係数か，トータルの反応速度ベクトル $\boldsymbol{r}$ にまとめた比速度の組を使うことにする．

$$\boldsymbol{r} = \begin{bmatrix} \mu \\ \boldsymbol{r}_p \\ -\boldsymbol{r}_s \end{bmatrix} = [\mu \quad r_{p,1} \quad \cdots \quad -r_{s,1} \quad \cdots]^T \tag{4.2}$$

例 4.1 簡単なブラックボックスモデル

グルコースが炭素源，エネルギー源であり，アンモニアが窒素源であるような最小培地で生育する酵母の好気的な培養系を考えよう．好気的増殖の間，酵母はグルコースを完全に二酸化炭素に酸化する．しかし，解糖経路のフラックスが非常に大きいような状態では，ピルビン酸の酸化反応が律速となってエタノール生産が起こる．それで，解糖経路の大きいフラックスの状態では，エタノールと二酸化炭素が考慮されるべきである．最終的に水が菌体増殖の経路から作られ，この水もオーバーオールの反応で考慮されなければならない．この系のブラックボックスモデルは，

$$X + Y_{xe}\text{エタノール} + Y_{xc}\text{CO}_2 + Y_{xw}\text{H}_2\text{O} - Y_{xs}\text{グルコース} - Y_{xo}\text{O}_2 - Y_{xN}\text{NH}_3 = 0 \tag{1}$$

のように表される．この式で，比速度ベクトルは，

$$r = [\mu \quad r_e \quad r_c \quad r_w \quad -r_s \quad -r_o \quad -r_N]^T \tag{2}$$

と表される．明らかに，式 (1) の化学量論係数（または収率）は定数ではない．つまり例えば，Y_{xe} は低い増殖速度（解糖経路のフラックスに対応している）では，ゼロであるし，高い増殖速度では正の値をとる．

4.2 元素バランス

ブラックボックスモデルでは，$M+N+1$個の変数が存在する．代謝生産物に関してM個の収率係数，基質に対してN個の収率係数，そして前向きの反応速度μ（式（4.1）参照）または，式（4.2）中の$M+N+1$個の比速度が存在する．基質から細胞や生産物へのオーバーオールの変換の過程で，物質は保存されるので，$M+N+1$個のブラックボックスモデルの反応速度は完全に独立ではなく，いくつかの束縛条件を満足しなければならない．例えば，基質として，システムに入った炭素は，代謝物質と細胞中に保存されなければならない．ブラックボックス中の各元素は1つの束縛条件を提供する．例えば，炭素のバランスから

$$1+\sum_{i=1}^{M} h_{p,i} Y_{xp_i} - \sum_{i=1}^{N} h_{s,i} Y_{xs_i} = 0 \tag{4.3}$$

ここで，$h_{s,i}$や$h_{p,i}$はi番目の基質とi番目の代謝物の炭素の量（単位はC-mol mol^{-1}）を表している．細胞の表現のためには，炭素に関して規格化された元素構成式$CH_a O_b N_c$が使われる．細胞の元素構成は，その高分子成分含量に依存する．したがって，増殖状態，比増殖速度に依存することになる．例えば，炭素制限よりも窒素制限においては窒素の含量はずっと低くなる．（表4.1参照）しかし，いくつかのパターンがあるが，一般的な元素構成式は，菌体の構成式が正確にわからないときは$CH_{1.8}O_{0.5}N_{0.2}$としてひとまず差し支えない．

表4.1 いくつかの微生物の元素構成[a]．

微生物	元素比	灰分(w/w %)	条件
Candida utilis	$CH_{1.83}O_{0.46}N_{0.19}$	7.0	グルコース制限, $D = 0.05\ h^{-1}$
	$CH_{1.87}O_{0.56}N_{0.20}$	7.0	グルコース制限, $D = 0.45\ h^{-1}$
	$CH_{1.83}O_{0.54}N_{0.10}$	7.0	アンモニア制限, $D = 0.05\ h^{-1}$
	$CH_{1.87}O_{0.56}N_{0.20}$	7.0	アンモニア制限, $D = 0.45\ h^{-1}$
Klebsiella aerogenes	$CH_{1.75}O_{0.43}N_{0.22}$	3.6	グリセロール制限, $D = 0.10\ h^{-1}$
	$CH_{1.73}O_{0.43}N_{0.24}$	3.6	グリセロール制限, $D = 0.85\ h^{-1}$
	$CH_{1.75}O_{0.47}N_{0.17}$	3.6	アンモニア制限, $D = 0.10\ h^{-1}$
	$CH_{1.73}O_{0.43}N_{0.24}$	3.6	アンモニア制限, $D = 0.08\ h^{-1}$
Saccharomyces cerevisiae	$CH_{1.82}O_{0.58}N_{0.16}$	7.3	グルコース制限, $D = 0.08\ h^{-1}$
	$CH_{1.78}O_{0.60}N_{0.19}$	9.7	グルコース制限, $D = 0.255\ h^{-1}$
	$CH_{1.94}O_{0.52}N_{0.25}P_{0.025}$	5.5	制限をかけない増殖
Escherichia coli	$CH_{1.77}O_{0.49}N_{0.24}P_{0.017}$	5.5	制限をかけない増殖
	$CH_{1.83}O_{0.50}N_{0.22}P_{0.021}$	5.5	制限をかけない増殖
	$CH_{1.96}O_{0.55}N_{0.25}P_{0.022}$	5.5	制限をかけない増殖
	$CH_{1.93}O_{0.55}N_{0.25}P_{0.021}$	5.5	制限をかけない増殖
Pseudomonas fluorescens	$CH_{1.83}O_{0.55}N_{0.26}P_{0.024}$	5.5	制限をかけない増殖
Aerobacter aerogenes	$CH_{1.64}O_{0.52}N_{0.16}$	7.9	制限をかけない増殖
Penicillium chrysogenum	$CH_{1.70}O_{0.58}N_{0.15}$		グルコース制限, $D = 0.038\ h^{-1}$
	$CH_{1.68}O_{0.53}N_{0.17}$		グルコース制限, $D = 0.098\ h^{-1}$
Aspergillus niger	$CH_{1.72}O_{0.55}N_{0.17}$	7.5	制限をかけない増殖
平均	$CH_{1.81}O_{0.52}N_{0.21}$	6.0	

[a] P含量は，いくつかの微生物では与えられている．*P. chrysogenum* の含量は，Christensen ら（1995），その他は Roels（1983）による．

式 (4.3) の炭素バランスは，比速度に関しても定式化される．式 (4.3) において両辺に μ を掛けると収率係数の定義から

$$\mu + \sum_{i=1}^{M} h_{p,i} r_{p,i} - \sum_{i=1}^{N} h_{s,i} r_{s,i} = 0 \tag{4.4}$$

という関係が得られる．しばしば，基質や代謝物は炭素に関して，規格化される．例えば，グルコースは CH_2O と書かれるが，式 (4.3) は C-mol 基準で書けば，

$$1 + \sum_{i=1}^{M} Y_{xp_i} - \sum_{i=1}^{N} Y_{xs_i} = 0 \tag{4.5}$$

となる．式 (4.5) では，収率係数は，C-mol 基準菌体当りの C-mol という単位をもつことになる．他の単位からこの単位への変換は，Box 4.1 に示した．式 (4.5) （または式 (4.4)）は，実験データのコンシステンシーをチェックするのに非常に有用である．つまり，もし，細胞中と代謝物中の炭素の和が基質中の炭素の和と等しくないならば，実験データには矛盾が存在することになる．

Box 4.1　C-mol 基準の収率の計算

収率は普通 mol (g DW)$^{-1}$ または g (g DW)$^{-1}$ で表される．これを C-mol 基準に変換するためには，菌体内の元素構成と灰分に関する情報が必要である．この変換を示すために，0.5 g DW biomass (g glucose)$^{-1}$ を C-mol 基準に変換することを考えよう．まず，g 乾燥菌体を灰分を考えない C-mol 基準に変換する．これで，菌体は炭素，窒素，水素，酸素（いくつかのケースでは，さらにリンと硫黄）からなることになる．灰分の含量が 8% では，g-DW 当り 0.92 g が灰分フリーとなる．これは 0.46 g 灰分フリーの収率となることを意味する．この収率は，灰分フリーの菌体とグルコースの分子量を使って，C-mol 基準の収率に直接，変換される．標準的な菌体の分子式 $CH_{1.8}O_{0.5}N_{0.2}$ を使えば，単位 C-mol 当り 24.6 g の分子量（灰分フリー）となる．そしてそれゆえ，収率は，$0.46/24.6 = 0.0187$ C-mol biomass (g glucose)$^{-1}$ となる．最終的に，グルコースの C-mol 基準の分子量 30 g (C-mol)$^{-1}$ をかけて，収率は，0.56 C-mol biomass (C-mol glucose)$^{-1}$ となる．

例 4.2　簡単なブラックボックスモデルにおける炭素バランス

例 4.1 のブラックボックスモデルに話を戻そう．式 (1) を基質と代謝生産物の元素構成式を考慮して書くことができる．ここでは，細胞には，$CH_{1.8}O_{0.56}N_{0.17}$ という構成式を用いる．

$$CH_{1.83}O_{0.56}N_{0.17} + Y_{xe}\,CH_3O_{0.5} + Y_{xc}\,CO_2 + Y_{xw}\,H_2O$$
$$- Y_{xs}\,CH_2O - Y_{xo}\,O_2 - Y_{xN}\,NH_3 = 0 \tag{1}$$

エタノールを $CH_3O_{0.5}$ と書くことにピンとこない方もおられるだろうが，炭素収支を書けば，C-mol 基準で書くことの利点にすぐ気づかれると思う．

$$1 + Y_{xe} + Y_{xc} - Y_{xs} = 0 \tag{2}$$

この簡単な式は実験データのコンシステンシーをチェックするのにとても有用である．von Meyenburg (1969) の出したデータを検証する．グルコース制限の連続培養の実験で $D = 0.3$

h^{-1}の条件で$Y_{xe} = 0.713$, $Y_{xc} = 1.313$, $Y_{xs} = 3.636$の値が得られている．明らかに，実験データには矛盾が含まれており，炭素の物質収支がとれていない．より詳細な実験データより，失われたデータはエタノールであり（Nielsen and Villadsen, 1994），それはバイオリアクタの通気によるエタノールの蒸発が原因であることがわかった．

同じように，式（4.4）で窒素のバランスから

$$Y_{xN} = 0.17 \tag{3}$$

または比速度に書き直すと

$$r_N = 0.17\,\mu \tag{4}$$

もし測定されたアンモニア消費速度と菌体比増殖速度が式（4）を満たさなければ，明らかに，どちらかの測定値に矛盾性が存在するか，菌体内窒素含量が用いた値と異なることになる．

式（4.3）と同じように元素バランスは，式（4.1）に関与するすべての元素について成り立つ．これらのバランスは，細胞，基質，生産物の元素構成式の情報を集めることによって簡単に書くことができる．これは行列Eのカラムを構成する．最初のカラムには，細胞の元素組成，2番目から$M+1$番目のカラムにはM個の代謝物の元素組成が$M+2$番目から$M+N+1$番目まではN個の基質の元素組成が要素として含まれる．もし，I個の元素（普通はC，H，O，Nの4個）について，I行の行列Eを規定し，式（4.3）と同じような代数式が表現されれば，

$$Er = 0 \tag{4.6}$$

のように書くことができる．$N+M+1$個の比速度あるいは単位体積当りの反応速度とI個の束縛条件から自由度は$F=M+N+1-I$と計算できる．もし，正確にF個の速度が測れれば，他の速度はI個の式（4.6）によって与えられる代数式によって決定できるが，このケースでは，このデータだけではコンシステンシーをチェックする冗長性が存在しない．この理由から，自由度よりも多くの観測値を取得することが奨められる．

例 4.3 簡単なブラックボックスモデルの元素バランス

再び，例 4.1，4.2 のブラックボックスモデルに話を戻そう．前述したような菌体の元素成分に基づいて元素成分行列Eは次のように書ける．

$$E = \begin{bmatrix} 1 & 1 & 1 & 0 & 1 & 0 & 0 \\ 1.83 & 3 & 0 & 2 & 2 & 0 & 3 \\ 0.56 & 0.5 & 2 & 1 & 1 & 2 & 0 \\ 0.17 & 0 & 0 & 0 & 0 & 0 & 1 \end{bmatrix} \begin{matrix} \leftarrow 炭素 \\ \leftarrow 水素 \\ \leftarrow 酸素 \\ \leftarrow 窒素 \end{matrix} \tag{1}$$

ここで，最初の行は炭素，2番目は水素，3番目は酸素，4番目は窒素のバランスを表している．列は，細胞，エタノール，二酸化炭素，水，グルコース，酸素，そしてアンモニアの元素組成を表している．式（4.6）を使って，収率係数で表された式（2）が得られる．

$$\begin{bmatrix} 1 & 1 & 1 & 0 & 1 & 0 & 0 \\ 1.83 & 3 & 0 & 2 & 2 & 0 & 3 \\ 0.56 & 0.5 & 2 & 1 & 1 & 2 & 0 \\ 0.17 & 0 & 0 & 0 & 0 & 0 & 1 \end{bmatrix} \begin{bmatrix} 1 \\ Y_{xe} \\ Y_{xc} \\ Y_{xw} \\ -Y_{xs} \\ -Y_{xo} \\ -Y_{xN} \end{bmatrix}$$

$$= \begin{bmatrix} 1 + Y_{xe} + Y_{xc} - Y_{xs} \\ 1.83 + 3Y_{xe} + 2Y_{xw} - 2Y_{xs} - 3Y_{xN} \\ 0.56 + 0.5Y_{xe} + 2Y_{xc} + Y_{xw} - Y_{xs} - 2Y_{xo} \\ 0.17 - 3Y_{xN} \end{bmatrix} = \begin{bmatrix} 0 \\ 0 \\ 0 \\ 0 \end{bmatrix} \quad (2)$$

1行目と4行目は例4.2で導き出した炭素と窒素のバランスと同じものである．さらに，水素と酸素のバランスがつけ加わっている．しかし，水の生成速度を観測することは不可能なので，これらの式の1つは，この速度（または収率）を決めるために使われなければならない．それゆえ，実際には，これら2つのバランスによって，1つの付加的な束縛条件が与えられているにすぎない．

式（4.6）は，すべての元素のバランスがまとめられている．例4.3でみたように，水素か酸素のバランスは，測定できない水の生産速度を計算するために使われなければならないので，1つ少ない束縛条件のみが与えられる．明らかに，水は酸素と水素のバランスの水に対する収率を除くことによって解析から除外することができる．より美しい方法は"一般化された還元度のバランス"と呼ばれるもので，式（4.6）の元素バランスの線形結合から導かれる．このバランスは，Ericksonら（1978）によって考案され，Roels（1983）によって一般化された形で紹介された．ある因子を元素バランスに掛けて，足し合わせることで，この値は生まれる．適当な係数を掛けることによって水，二酸化炭素，窒素源の収率（または生成速度）は，式から消えるかもしれない．例4.3で与えられた元素バランスを例にとって，このことをうまく説明できる．もし炭素バランスに4を掛け，水素バランスに1，酸素バランスに−2，そして窒素バランスに−3を掛ければ，

$$\begin{array}{llllllll}
4 & +4Y_{xe} & +4Y_{xc} & & -4Y_{xs} & & & =0 \\
1.83 & +3Y_{xe} & & +2Y_{xw} & -2Y_{xs} & & -3Y_{xN} & =0 \\
(-2)0.56 & +(-2)0.5Y_{xe} & +(-2)2Y_{xc} & +(-2)Y_{xw} & -(-2)Y_{xs} & -(-2)2Y_{xo} & & =0 \\
(-3)0.17 & & & & & & -(-3)Y_{xN} & =0 \\
\hline
4.20 & +6Y_{xe} & & & -4Y_{xs} & +4Y_{xo} & & =0
\end{array}$$

が得られる．

得られたバランスは，システムの一般化された還元度のバランスを表している．もちろん，このバランスは，他の元素バランスとは，独立でない．酸素か水素のバランスは置換可能で，

4. 物質収支とデータコンシステンシー

その他は水の生成速度を計算するのに使われる．最終的に，炭素，窒素還元度のバランスがコンシステンシーをチェックするためか，観測できない反応速度を計算するために使える．Ericksonによる元々の定式化（1978）においては，掛ける因子は，C，H，O，Nの利用可能な自由電子の数が選ばれていた．つまり，燃焼によって，各元素が酸素に電子を渡すことのできる数（そして，水，二酸化炭素，アンモニア（窒素源として）を生成する）として与えられていた．窒素については，これが細胞中の主要な原子価であるので，-3が選ばれていた．Roelsの一般化された考えでは，係数は水，二酸化炭素，アンモニアの収率の係数がゼロになるように任意に選ばれている．すなわち他の窒素源，例えば，硝酸アンモニウムが窒素源として選ばれていたならば，一般化された還元電位バランスから窒素源に関する収率係数を消すように他の係数が選ばれる．

一般化された還元バランスでに収率に乗じる係数は，対応する化合物の"還元度"と呼ばれる．これは考えている系では，細胞で4.2，エタノールで6，グルコースで4，水，アンモニア，二酸化炭素で0，酸素で-4である．Roelsの一般化によって，窒素の還元度は，加えられた窒素源によって決定される．しかし，ほとんどのケースでは，アンモニアは単一窒素源として使われるか，付加的に他の窒素源が使われるので，これらのケースでは，$CH_aO_bN_c$の元素成分をもった化合物の，一般化された還元度 κ は，

$$\kappa = 4 + a - 2b - 3c \tag{4.7}$$

と与えられる．

次の節の表4.2は，培養プロセスの分析でよく見かける物質の還元度のリストである．還元度のより詳細な記述はRoels（1983）に示されているが，最近では，Nielsen and Villadsen（1994）のテキストで，還元度のより詳しい記述が示されている．化合物の還元度の導入により，どんなシステムにおいても，一般化された還元度は

$$\kappa_x + \sum_{i=1}^{M} \kappa_{p,i} Y_{xp_i} - \sum_{i=1}^{N} \kappa_{s,i} Y_{xs_i} = 0 \tag{4.8}$$

のように表される．このバランスは炭素や窒素のバランスと同様に定式化するのが簡単なので，とても有効な方法で，4元素により与えられるすべての束縛条件を含んでいる．

例4.4 嫌気酵母培養系におけるデータのコンシステンシー解析

データコンシステンシーの解析のための一般化された還元度の応用を示すために，Schulze（1995）による*Saccharomyces cerevisiae*の嫌気連続培養のデータを考えよう．グルコース制限で得られた，グルコース，エタノール，二酸化炭素，グリセロールに対する収率係数それぞれ，Y_{xs}，Y_{xe}，Y_{xc}，Y_{xg}（すべてC-molまたはmol (C-mol biomass)$^{-1}$の単位）が表に示されている．

希釈率 (h^{-1})	Y_{xs}	Y_{xe}	Y_{xc}	Y_{xg}
0.1	7.81	3.88	2.13	0.67
0.2	8.06	4.00	2.26	0.73

最初に，炭素バランスは，

$$1 + Y_{xe} + Y_{xc} + Y_{xg} - Y_{xs} = 0 \tag{1}$$

であり，$D = 0.1\ \mathrm{h}^{-1}$ では，式（1）を0.2%以内の誤差で満足する．$D = 0.2\ \mathrm{h}^{-1}$ では1%以内の誤差である．そのような誤差は，グルコースで炭素を供給し得られた推定値に対し，十分な精度を与えていると考えるべきである．

一般化された還元度は，

$$\kappa_x + 6Y_{xe} + 4.67Y_{xg} - 4Y_{xs} = 0 \tag{2}$$

と与えられる．元素構成は $CH_{1.78}O_{0.60}N_{0.19}$ と決定されるので，菌体の還元度は4.01と決定される．上の表の収率係数を代入した結果，両方の連続培養のケースで還元度のバランスは，3%以内の誤差に収まっている．$D = 0.1\ \mathrm{h}^{-1}$ では，失った炭素の還元度は6に近いことは興味深い，これはエタノールの測定が過小評価されたためであると考えられる．酵母培養で揮発性物質の反応速度を正確に観測することは一般的な問題であり，炭素の2%以下のロスは許容されると考えられる．

4.3 熱収支

基質の代謝生産物や細胞への変換において，基質がもっているGibbsの自由エネルギーの一部は，熱として周りの環境に放出される．特に，好気的条件では，エネルギーの消失は無視することができない．エネルギーの消失は，基質のもっているGibbsの自由エネルギーから生産物や細胞内に回収された自由エネルギーの差をとれば決定できる．エネルギーの消失は，一般に，エンタルピー，エントロピー両者の変化を引き起こし，定量化が難しい（13.1節参照）．エンタルピー変化によって決定される熱生成は，温度制御のために必要なプロセスの冷却の結果から決定できるので，これに焦点が置かれる．ブラックボックスモデルでは，全体のプロセスの熱生成 Q_{heat} [kJ (C-mol biomass)$^{-1}$] は

$$Q_{heat} = -\Delta H_c^0 = \sum_{i=1}^{N} Y_{xs_i} \Delta H_{c,i}^0 - \Delta H_{c,x}^0 - \sum_{i=1}^{M} Y_{xp_i} \Delta H_{c,i}^0 \tag{4.9}$$

から計算できる．ここで，$\Delta H_{c,i}^0$ は i 番目の化合物の標準状態（298 K，1 atm）での燃焼熱 [kJ (C-mol)$^{-1}$] である．この式の収率係数はC-mol基準で表されている．表4.2には，培地によく用いられる化合物の標準燃焼熱をまとめた．Q_{heat} は実際には速度ではなく収率を表していることに注意されたい．式（4.9）は，収率係数から熱生成を計算するのに有効であり，例4.5に示すように，バイオリアクタの冷却容量を計算するために使うことができる．

例4.5 嫌気増殖と好気増殖における熱生成

S. cerevisiae の嫌気条件と好気条件における増殖を考えよう．この2つの条件における増殖のための，ブラックボックスモデルは，次のように表される．つまり，嫌気条件では，

$$CH_{1.62}O_{0.53}N_{0.15} + 4.78CH_3O_{0.5} + 2.42CO_2 + 0.41H_2O - 8.20CH_2O - 0.15NH_3 = 0 \tag{1}$$

であり，好気条件では，

4. 物質収支とデータコンシステンシー

表4.2 標準状態における燃焼熱（298 K　1 atm）pH7[a].

化合物	式	還元度	$\Delta H_{c,i}^0$ (kJ C-mol^{-1})
アセトアルデヒド	C_2H_4O	5	583
酢酸	$C_2H_4O_2$	4	437
アセトン	C_3H_6O	5.33	597
アンモニア	NH_3		383[c]
菌体	$CH_{1.8}O_{0.5}N_{0.2}$	4.2	560
n-ブタノール	$C_4H_{10}O$	6	669
酪酸	$C_4H_8O_2$	5	546
クエン酸	$C_6H_8O_7$	3	327
エタン	C_2H_6	7	780[c]
エタノール	C_2H_6O	6	683
ホルムアルデヒド	CH_2O	4	571
ギ酸	CH_2O_2	2	255
フルクトース	$C_6H_{12}O_6$	4	469
フマル酸	$C_4H_4O_4$	3	334
ガラクトース	$C_6H_{12}O_6$	4	468
グルコース	$C_6H_{12}O_6$	4	467
グリセロール	$C_3H_8O_3$	4.67	554
イソプロパノール	C_3H_8O	6	673
乳酸	$C_3H_6O_3$	4	456
ラクトース	$C_{12}H_{22}O_{11}$	4	471
リンゴ酸	$C_4H_6O_5$	3	332
メタン	CH_4	8	890[c]
メタノール	CH_4O	6	727
シュウ酸	$C_2H_2O_4$	1	123
パルミチン酸	$C_{16}H_{32}O_2$	5.75	624[b]
プロパン	C_3H_8	6.67	740[c]
プロピオン酸	$C_3H_6O_2$	4.67	509
コハク酸	$C_4H_6O_4$	3.5	373
ショ糖	$C_{12}H_{22}O_{11}$	4	470
尿素	CH_4ON_2		632
吉草酸	$C_5H_{10}O_2$	5.2	568

[a] 燃焼熱は二酸化炭素，水，窒素を参照にした．
[b] 固体状態．
[c] 気体状態．

$$CH_{1.62}O_{0.53}N_{0.15} + 0.67CO_2 + 1.08\,H_2O - 1.67CH_2O - 0.15NH_3 - 0.64O_2 = 0 \quad (2)$$

と表せる．2つの条件の熱生成はそれぞれ

$$\begin{aligned}Q_{anarob} &= [(8.20)(467)+(0.15)(383) - 560 - (4.78)(683)] \\ &= 62.11 \text{ kJ (C-mol biomass)}^{-1}\end{aligned} \quad (3)$$

$$\begin{aligned}Q_{aerob} &= [(1.67)(467)+(0.15)(383) - 560] \\ &= 277.3 \text{ kJ (C-mol biomass)}^{-1}\end{aligned} \quad (4)$$

となる．

好気条件の熱生成165（277.3/1/67）[kJ (C-mol glucose)$^{-1}$] は，嫌気条件の熱生成8（62.1/8.2）[kJ (C-mol glucose)$^{-1}$] に比べ，ずっと大きい．したがって，好気条件では，グ

ルコースがもっていた自由エネルギーの大部分は，熱となって消失し，一方，嫌気条件では，エタノール中に保存される．大規模バイオリアクタにおける冷却熱の必要量を計算するために，工業的に用いられているパン酵母発酵の例を考えよう．100 m³ のバイオリアクタの容積と 50 g L^{-1}（これは 1.96 C-mol L^{-1} に相当する）の菌体濃度を考える．回分培養系で比増殖速度は約 0.25 h^{-1} とする．これらのデータを使って比熱生産速度を計算すると

$$r_q = Q_{aerob}\,\mu = [277.3 \text{ kJ (C-mol biomass)}^{-1}]\,(0.25 \text{ h}^{-1})$$
$$= 69 \text{ kJ (C-mol biomass)}^{-1} \text{h}^{-1} \tag{5}$$

となる．これより，トータルの熱生成量は，

$$(69 \text{ kJ (C-mol biomass)}^{-1}\text{h}^{-1})(1.96 \text{ C-mol L}^{-1})(100.000 \text{ L}) = 3.8 \text{ MW} \tag{6}$$

となる．この熱生成量は，明らかに，バイオリアクタの温度を一定に保つために，ばく大な冷却水が必要になることを示している．

もし，カロリーメータを使うか（Larsson ら，1991; von Stockar and Birou, 1989），バイオリアクタの温度変化を測って，熱生成速度が，正確に測定できれば，式（4.9）の熱収支により，4.2 節で見た物質収支に加えて，さらなる冗長性が生まれる．しかし，もし，（嫌気状態での増殖のように熱生成が少なく）正確に測定ができなければ，熱収支をとっても新たな熱生成速度（Q_{heat}）という変数が導入されるので，冗長性は増大しない．好気プロセスでは，一般に，熱生成速度は酸素消費速度に比例するので

$$Q_{heat} = aY_{xo} \tag{4.10}$$

が成り立つ．式（4.10）は，経験的に妥当であり，いろいろな基質に対して，微生物の増殖においては，1 モルの O_2 消費に対し，460 kJ の熱生成はほぼ一定であることがわかっている（表 4.3，例 4.5 では，433 kJ (mol O_2)$^{-1}$ となる）．式（4.10）は，一般化された還元度からも導くことができる．化合物に含まれる窒素は N_2 を参照として扱う（Roels, 1983; Nielsen and Villadsen, 1994）．式（4.10）は熱生産速度の測定が酸素消費速度の測定の精度のチェックに，またはその逆，酸素の消費速度は，熱生成速度の測定のチェックに用いることができることを示している．

表 4.3 異なる炭素源を用いたときのバクテリアの増殖における化合物の Y_{xo} と Q_{heat} の比較[a]．

基　質	Y_{xo} (mmol O_2 (g DW)$^{-1}$)	Q_{heat} (kJ (g DW)$^{-1}$)	Q/Y_{xo} (kJ (mol O_2)$^{-1}$)
リ ン ゴ 酸	30.6	14.0	458
酢　　　　酸	44.6	19.9	446
グ ル コ ー ス	21.3	10.0	469
メ タ ノ ー ル	71.0	34.9	492
エ タ ノ ー ル	51.2	23.2	453
イソプロパノール	135.8	56.5	416
n-パラフィン	62.5	26.2	419
メ　タ　ン	156.3	68.6	439

[a] Abbott and Clamen (1973) のデータによる．

4.4 冗長な情報を用いたシステムの解析 ── 大きな測定誤差の同定

もし，自由度 F よりも多くの有効な測定値が得られれば，この系は一般に "overdetermined（冗長な状態）" と呼ばれる．このケースにおいて，測定の冗長性は，(a) 計測されていない代謝物質の速度の計算，(b) 最小二乗法の利用による測定精度の向上，(c) 測定誤差がどの計測値に含まれているかという同定，または，ブラックボックスモデルの定式化に含まれる矛盾性の同定に用いられる．この手法は前向きに進めていくことができる．例えば，もし，1つの速度だけが計測不可能だとすると，炭素バランスはその速度を計算し，残りの（窒素や還元度の）バランスは，全体のデータのコンシステンシーチェックに使われる．より有効な方法はすべてのバランス（元素バランスやそのほかのバランス）を計測されていない速度の計算とデータのコンシステンシーチェックに同時に使う方法である．この方法は，行列を使った計算法により行うことができる．この方法を次に紹介するが，紙面が限られているので行列の計算方法の記述は最小限にとどめる．最後に，エタノール生産のない酵母の好気培養への応用例を示す．

式（4.6）の元素バランスの式からスタートしよう．この式を，ベクトル r を2つのベクトルに分割することにより書き直す．つまり，すべての測定変数はベクトル r_m に集められ，残りの変数は r_c に集められる（c の意味は計算される変数という意味である）．

$$Er = E_c r_c + E_m r_m = 0 \tag{4.11}$$

同様に，元素バランス行列 E は，観測値に対応する列を集めた E_m と観測されていない速度に対応する E_c に分割される．もちろん，もしちょうど F 個の変数が測定されれば，計測されていない速度をちょうど決定できる．つまり，E_c は正方行列であり（$I \times I$），I は束縛条件の数に等しい．もし，それが，フルランクであれば，（すなわち，$\mathrm{rank}(E_c) = I$）（Box 4.2 参照），測定されない速度である r_c の要素は，式（4.11）を解いて，

$$r_c = -E_c^{-1} E_m r_m \tag{4.12}$$

と与えられる．もし，E_c が正方行列でフルランクならば，そのシステムは観測されない反応速度をちょうど決定するのに十分な観測値が存在するので，"observable（可観測）" と呼ばれ，システムは determined であるという．もし，F より多い測定値があるときは，観測できない速度を決定するのに必要な最小の数の束縛条件より，多くの式が存在する．この場合には，推定値の精度を上昇させるために，普通，最小二乗法が用いられる．E_c は，正方行列ではなく，その逆行列は，したがって存在しない．しかし，E_c の転置行列 E_c^T を式（4.11）に掛けると，E_c は（Box 4.2 参照）

$$E_c^T(E_c r_c + E_m r_m) = (E_c^T E_c) r_c + E_c^T E_m r_m = 0 \tag{4.13}$$

と得られる．$E_c^T E_c$ は，確かに，正方行列なので（Box 4.2 参照），もしこれが，フルランクならば，r_c の解は，

$$r_c = -E_c^\# E_m r_m \tag{4.14}$$

と得られる．ここで $E_c^\#$ は擬似逆行列と呼ばれ（または Moore-Penrose 逆行列），

$$\boldsymbol{E}_c^{\#} = (\boldsymbol{E}_c^T \boldsymbol{E}_c)^{-1} \boldsymbol{E}_c^T \tag{4.15}$$

と与えられる．式 (4.14) は，本質的に，$\boldsymbol{r}_c$ の中に含まれる観測できない速度の最小二乗法による推定の式を表しており，すべての収支式がその決定に用いられている．もし，$\boldsymbol{E}_c$ がフルランクならば（つまり，少なくとも観測できない速度の数と同じ数の独立な束縛条件が存在するならば），$\boldsymbol{E}_c^T \boldsymbol{E}_c$ は，フルランクであり，擬似逆行列が決定できる．

overdetermined な状態（冗長な状態）では，観測できない速度 $\boldsymbol{r}_c$ が式 (4.14) によって決定された後，全体のコンシステンシーをチェックすることができる．式 (4.14) を式 (4.11) に代入すれば，式 (4.11) は

$$\boldsymbol{R}\boldsymbol{r}_m = 0 \tag{4.16}$$

のように書ける．$\boldsymbol{R}$ は "redundancy matrix 冗長性行列" (van der Heijden, 1994a, b) と呼ばれ，

$$\boldsymbol{R} = \boldsymbol{E}_m - \boldsymbol{E}_c (\boldsymbol{E}_c^T \boldsymbol{E}_c)^{-1} \boldsymbol{E}_c^T \boldsymbol{E}_m \tag{4.17}$$

と表される．冗長性行列のランクは，式 (4.14) で，観測される速度と計算される速度に成り立つ束縛条件の独立な個数を表している．それゆえ，$I - \text{rank}(\boldsymbol{R})$ は "従属な" 行の数を示している．もし，従属な行が除かれたら，測定変数に関係する独立な式（次元は $\text{rank}(\boldsymbol{R})$）が，

$$\boldsymbol{R}_r \boldsymbol{r}_m = 0 \tag{4.18}$$

と得られる．ここで，$\boldsymbol{R}_r$ は，独立な行に限定された冗長性行列と呼ばれ，$\boldsymbol{R}$ の中の独立な反応だけを含む．式 (4.16) は我々の更なる解析の基礎となるが，そこへ進む前に，この考え方と $\boldsymbol{R}_r$ を決定する方法を示す．

Box 4.2　行列の演算

行列は，いくつかの配列をもった数値の組である．本書で扱う配列は，いくつかの要素をもったベクトルか正方，あるいは横長または縦長行列のいずれかである．この Box は本書で扱う行列演算の最も簡単な紹介である（詳細は Strang (1988) のテキストを参照にされたい）．

2 行 2 列からなる行列 $\boldsymbol{A}$ を考えよう．

$$\boldsymbol{A} \begin{bmatrix} A_{1,1} & A_{1,2} \\ A_{2,1} & A_{2,2} \end{bmatrix}$$

行列中の $A_{i,j}$ という記述は i 行 j 列の要素という意味である．ここで，$i = 1, \cdots, n, j = 1, \cdots, m$ である．行列の次元は $n \times m$ である．この場合は，$\boldsymbol{A}$ は 2×2 である．

基本的な行列演算

すでに紹介した行列 $\boldsymbol{A}$ と次のまた別の行列 $\boldsymbol{B}$ (2×2) について考えよう．

$$\boldsymbol{B} \begin{bmatrix} B_{1,1} & B_{1,2} \\ B_{2,1} & B_{2,2} \end{bmatrix}$$

A と B の和と差の行列 C, D は，それぞれ

$$C = A + B = \begin{bmatrix} A_{1,1} + B_{1,1} & A_{1,2} + B_{1,2} \\ A_{2,1} + B_{2,1} & A_{2,2} + B_{2,2} \end{bmatrix}$$

$$D = A - B = \begin{bmatrix} A_{1,1} - B_{1,1} & A_{1,2} - B_{1,2} \\ A_{2,1} - B_{2,1} & A_{2,2} - B_{2,2} \end{bmatrix}$$

であり，行列に定数を掛ける演算は

$$E = 2A = 2\begin{bmatrix} A_{1,1} & A_{1,2} \\ A_{2,1} & A_{2,2} \end{bmatrix} = \begin{bmatrix} 2A_{1,1} & 2A_{1,2} \\ 2A_{2,1} & 2A_{2,2} \end{bmatrix}$$

となる．

行列にベクトルまたは行列を掛ける演算は，ちょっと複雑で，これを次に示す．A と同じ列の数をもつベクトル v

$$v = \begin{bmatrix} v_1 \\ v_2 \end{bmatrix}$$

に対し，A と v の積は，

$$F = Av = \begin{bmatrix} A_{1,1} & A_{1,2} \\ A_{2,1} & A_{2,2} \end{bmatrix} \begin{bmatrix} v_1 \\ v_2 \end{bmatrix} = \begin{bmatrix} A_{1,1}v_1 + A_{1,2}v_2 \\ A_{2,1}v_1 + A_{2,2}v_2 \end{bmatrix}$$

となる．F の要素は A の対応する行と v の積の和となっている．一般的な場合，A の次元が $m \times n$ で，v の次元が $r \times 1$ であれば，明らかに r は n（A の列の数）に等しくなければならない．そして計算された行列の次元は $m \times n$ である．

同様に，2つの同じ次元の行列の積は，次に示される．

$$G = AB = \begin{bmatrix} A_{1,1} & A_{1,2} \\ A_{2,1} & A_{2,2} \end{bmatrix} \begin{bmatrix} B_{1,1} & B_{1,2} \\ B_{2,1} & B_{2,2} \end{bmatrix}$$

$$= \begin{bmatrix} A_{1,1}B_{1,1} + A_{1,2}B_{2,1} & A_{1,1}B_{1,2} + A_{1,2}B_{2,2} \\ A_{2,1}B_{1,1} + A_{2,2}B_{2,1} & A_{2,1}B_{1,2} + A_{2,2}B_{2,2} \end{bmatrix}$$

ここでは，A と B の行列の次元がともに 2×2 の場合を考えよう．行列演算で結合法則 $(AB)C = A(BC)$ や分配法則 $A(B + C) = AB + AC$ は成り立つが，交換法則 $AB = BA$ は成り立たない．

例1

具体的に次のような数値の要素をもつ行列 A, B, ベクトル v を考えよう．

$$A = \begin{bmatrix} 0 & 1 \\ 2 & 3 \end{bmatrix},\ B = \begin{bmatrix} 4 & 3 \\ 2 & 2 \end{bmatrix},\ v = \begin{bmatrix} 3 \\ 5 \end{bmatrix}$$

$$A+B = \begin{bmatrix} 4 & 4 \\ 4 & 5 \end{bmatrix} \quad A-B = \begin{bmatrix} -4 & -2 \\ 0 & 1 \end{bmatrix}$$

$$2A = \begin{bmatrix} 0 & 2 \\ 4 & 6 \end{bmatrix} \quad Av = \begin{bmatrix} 5 \\ 21 \end{bmatrix} \quad AB = \begin{bmatrix} 2 & 2 \\ 14 & 12 \end{bmatrix}$$

読者はこれらの演算を習熟されることを希望する．

行列の転置

行列 A の転置行列は，A^T と記述され，その行列においては，A の行がそのまま列となる．つまり，一般的には，

$$A^T = \begin{bmatrix} A_{1,1} & A_{1,2} \\ A_{2,1} & A_{2,2} \end{bmatrix}^T = \begin{bmatrix} A_{1,1} & A_{2,1} \\ A_{1,2} & A_{2,2} \end{bmatrix}$$

とかける．AB の転置は $(AB)^T = B^T A^T$ に等しい．

逆行列

$n \times n$ の逆行列は A^{-1} と記述される．A の逆行列 B とは，$AB = BA = I$ となる行列である．ここで，I とは単位行列と呼ばれる行列であり対角要素がすべて 1 で，それ以外はすべて 0 の要素をもつ行列である．例えば，$n = 2$ では，

$$I = \begin{bmatrix} 1 & 0 \\ 0 & 1 \end{bmatrix}$$

という行列である．行列 A の逆行列は次のように示せる．

$$A^{-1} = \begin{bmatrix} A_{1,1} & A_{1,2} \\ A_{2,1} & A_{2,2} \end{bmatrix} = \frac{1}{\det(A)} \begin{bmatrix} A_{2,2} & -A_{1,2} \\ -A_{2,1} & A_{1,1} \end{bmatrix}$$

ここで，$\det(A)$ は，A の"行列式"と呼ばれ，

$$\det(A) = \det \begin{bmatrix} A_{1,1} & A_{1,2} \\ A_{2,1} & A_{2,2} \end{bmatrix} = \begin{vmatrix} A_{1,1} & A_{2,1} \\ A_{1,2} & A_{2,2} \end{vmatrix}$$

$$= A_{1,1} A_{2,2} - A_{1,2} A_{2,1}$$

のように表される．2×2 以上の次元の行列の行列式は線形代数学の教科書（Strang, 1988）を参考にされたい．行列式がゼロになる行列の逆行列は存在しないことに注意されたい．逆行列が存在しないような行列は，一般に"特異な行列"と呼ばれる．また，A^{-1} の転置行列すなわち，$(A^{-1})^T$ は，$(A^T)^{-1}$ に等しい．

もうひとつ大事な行列の特徴を表すパラメータは行列の"ランク"であり，行列の"独立な列の本数"に対応している．$n \times n$ 次元の行列 A に対し，$r = n$ のとき (1) A は逆行列をもち，(2) この逆行列は一意に決まるということが示される．

●4. 物質収支とデータコンシステンシー

> **例2**
> 例1で扱った行列の行列式は $\det(\boldsymbol{A}) = -2$, $\det(\boldsymbol{B}) = 2$ である．したがって $\boldsymbol{A}$ と $\boldsymbol{B}$ は特異ではなく逆行列が存在する．これらを計算すると
>
> $$\boldsymbol{A}^{-1} = \begin{bmatrix} A_{1,1} & A_{1,2} \\ A_{2,1} & A_{2,2} \end{bmatrix}^{-1} = \begin{bmatrix} -1.5 & 0.5 \\ 1 & 0 \end{bmatrix}$$
>
> $$\boldsymbol{B}^{-1} = \begin{bmatrix} B_{1,1} & B_{1,2} \\ B_{2,1} & B_{2,2} \end{bmatrix}^{-1} = \begin{bmatrix} 1 & -1.5 \\ -1 & 2 \end{bmatrix}$$
>
> となる．2×2 の行列の系では，逆行列の計算は比較的簡単に紙の上でもできるが，より大きい次元をもつ行列の演算は複雑であり，MATLAB, MATHCAD や MATHEMATICA のようなソフトウェアパッケージがこれらの演算には便利である．

例4.6 エタノール生産を伴わない好気的酵母増殖

酵母の好気培養の例4.1〜4.3に話を戻そう．今，ここでは，エタノール生産が伴わないような場合を考えよう．この例では，Y_{xe} はゼロで，それゆえ，ブラックボックスの中にエタノールを含まない．ここで，我々は，μ, r_c, r_w, r_s, r_o, r_N をブラックボックスモデルの変数と考える．グルコース比消費速度，酸素比消費速度，二酸化炭素比生産速度，比増殖速度（ケモスタットでは希釈率に等しい）が測定されると，元素バランスの行列は次のように分解できて

$$\boldsymbol{E}_m = \begin{array}{c} \text{Glc} \; \text{O}_2 \; \text{CO}_2 \; \text{バイオマス} \\ \begin{bmatrix} 1 & 0 & 1 & 1 \\ 2 & 0 & 0 & 1.83 \\ 1 & 2 & 2 & 0.56 \\ 0 & 0 & 0 & 0.17 \end{bmatrix} \end{array} ; \boldsymbol{E}_c = \begin{array}{c} \text{NH}_3 \; \text{H}_2\text{O} \\ \begin{bmatrix} 0 & 0 \\ 3 & 2 \\ 0 & 1 \\ 1 & 0 \end{bmatrix} \end{array} \tag{1}$$

となる．ここで，$\boldsymbol{E}_m$ の4本の列はそれぞれ，グルコース，酸素，二酸化炭素，菌体の反応速度に対応しており，$\boldsymbol{E}_c$ の2本の列は，アンモニアと水の反応速度に対応している．行は，もちろんそれぞれの4つの元素バランスに対応している．化合物の数が6と元素バランスの束縛条件が4つあることより，自由度 $F = 2$ となる．4つの速度が観測されているので，over-determined（冗長な状態）である．式（4.17）を使って冗長性行列は

$$\boldsymbol{R} = \begin{bmatrix} 1 & 0 & 1 & 1 \\ 0 & -0.286 & -0.286 & 0.014 \\ 0 & 0.572 & 0.572 & -0.028 \\ 0 & 0.858 & 0.858 & -0.042 \end{bmatrix} \tag{2}$$

となる．$\text{rank}(\boldsymbol{R}) = 2$ である．最後の2行は，2行目と比例関係にあることがすぐにわかる．（3行目は2行目の-2倍，4行目は-3倍である．）それゆえ，従属な2行を除いて制限された冗長性行列は，

4.4 冗長な情報を用いたシステムの解析

$$\boldsymbol{R}_r = \begin{bmatrix} 1 & 0 & 1 & 1 \\ 0 & -0.286 & -0.286 & 0.014 \end{bmatrix} \tag{3}$$

式（3）に対して，4つの測定された速度を使えば，式（4.18）に従って，

$$\boldsymbol{R}_r \boldsymbol{r}_m = \begin{bmatrix} -r_s + r_c + \mu \\ 0.286\, r_o - 0.286\, r_c + 0.014\mu \end{bmatrix} = \begin{bmatrix} 0 \\ 0 \end{bmatrix} \tag{4}$$

となる．明らかに，最初の行は炭素バランスであるが，2行目は，3つの他の元素バランスからすべての情報を含んでいるものの，意味を解釈するのは難しい．

普通，実験データには，ノイズやシステム的な誤差が含まれている．この誤差の結果として，式（4.16）は一般に正しくない．測定された速度（または収率）が制限された冗長性行列に掛けられると，ゼロでない残差が生じる．これは，"観測"速度ベクトル $\overline{\boldsymbol{r}_m}$ がいくつかの"真の"速度ベクトル $\boldsymbol{r}_m$ とその観測誤差 δ の和で表されていることを認識すれば，よく理解できる．

$$\overline{\boldsymbol{r}_m} = \boldsymbol{r}_m + \delta \tag{4.19}$$

式（4.18）と式（4.19）より残差 ε は，

$$\varepsilon = \boldsymbol{R}_r \overline{\boldsymbol{r}_m} = \boldsymbol{R}_r (\boldsymbol{r}_m + \delta) = \boldsymbol{R}_r \delta \tag{4.20}$$

と表される．もし，モデルが正しくて，しかも，システム的な誤差や，ランダムな誤差がないと仮定すれば，すなわち $\delta = 0$ であれば，式（4.18）のすべての式は満たされ，残差はゼロとなる．しかし，すべてのデータセットの中の，どこかにノイズが存在すれば，残差はゼロではない．最良の推定値は，残差を最小化したものであり，次のように決めることができる．

まず，誤差ベクトルは正規分布で，平均値がゼロ，分散-共分散行列が $\boldsymbol{F}$ であると仮定しよう．すなわち，

$$E(\delta) = 0 \tag{4.21}$$

$$\boldsymbol{F} \equiv E\left[(\overline{\boldsymbol{r}_m} - \boldsymbol{r}_m)(\overline{\boldsymbol{r}_m} - \boldsymbol{r}_m)^T\right] = E(\delta \delta^T) \tag{4.22}$$

ここで，E は期待値を表す．これは残差が正規分布の平均がゼロであることを示している．

$$E(\varepsilon) = \boldsymbol{R}_r E(\delta) = 0 \tag{4.23}$$

そして，分散-共分散行列は，

$$\boldsymbol{P} = E(\varepsilon \varepsilon^T) = \boldsymbol{R}_r E(\delta \delta^T) \boldsymbol{R}_r^T = \boldsymbol{R}_r \boldsymbol{F} \boldsymbol{R}_r^T \tag{4.24}$$

誤差ベクトル δ の最小分散推定は，個々の測定値における確度に対して規格化された二乗誤差和を最小化することによって得られる．すなわち，評価は

$$\min_{\delta} (\delta^T \boldsymbol{F}^{-1} \delta) \tag{4.25}$$

であり，解は

●4. 物質収支とデータコンシステンシー

$$\hat{\delta} = FR_r^T P^{-1} \varepsilon = FR_r^T P^{-1} R_r \overline{r_m} \tag{4.26}$$

と得られる．ここでδの上について入るハット（^）は"推定値"であることを表している．δは正規に分布しているので，式（4.25）の関数を最小化することは最小二乗法や最尤推定法と同じである．もし，誤差が正規に分布していなければ，式（4.26）における，推定値は最小二乗推定値ではあるけれども，もはやそれは最尤推定問題の解ではない（Wang and Stephanopoulos, 1983）．式（4.26）を使うことによって，観測速度に対する最良の推定値は，

$$\hat{r}_m = \overline{r_m} - \hat{\delta} = (I - FR_r^T P^{-1} R_r) \overline{r_m} \tag{4.27}$$

と与えられる．ここでIは単位行列である．式（4.27）によって与えられた観測値に対する推定値は，もとの測定値よりも小さい標準偏差を示すことがわかっている（Wang and Stephanopoulos 1983）．つまり，推定値の方が測定値の生データよりも信頼性が高いことを意味している．測定値に関する推定値を使って，ブラックボックスの観測できない速度が式（4.14）により計算できる．

例4.7　エタノール生産を伴わない好気的酵母増殖（つづき）

　例4.6のエタノール生産を伴わない好気的酵母増殖についてさらに考察を進めよう．ここまでに，制限された冗長性行列が導出されている．希釈率0.15 h^{-1}で，グルコース，酸素，二酸化炭素，菌体の反応速度の測定値は，C-mol単位で，

$$\overline{r_m} = \begin{bmatrix} -r_s \\ -r_o \\ \mu \\ r_c \end{bmatrix} = \begin{bmatrix} -0.250 \\ -0.113 \\ 0.113 \\ 0.141 \end{bmatrix} \tag{1}$$

と与えられた（C-mol（C-mol biomass hour）$^{-1}$）．菌体とグルコースの測定に5%，ガス分析の測定に10%の誤差が含まれるとすると，分散-共分散行列は，

$$F = 10^{-3} \begin{bmatrix} 0.1563 & 0 & 0 & 0 \\ 0 & 0.1277 & 0 & 0 \\ 0 & 0 & 0.0319 & 0 \\ 0 & 0 & 0 & 0.1988 \end{bmatrix} \tag{2}$$

と与えられる．式（4.24）より

$$P = 10^{-3} \begin{bmatrix} 0.3870 & -0.0563 \\ -0.0563 & 0.0267 \end{bmatrix} \tag{3}$$

（制限された冗長性行列は，例4.6のように与えられる）式（4.26）から，測定反応速度の誤差ベクトルは，

$$\hat{\boldsymbol{\delta}} = \begin{bmatrix} -0.0055 \\ 0.0115 \\ -0.0013 \\ 0.0108 \end{bmatrix} \tag{4}$$

となり，測定ベクトルの推定値は，

$$\hat{\boldsymbol{r}}_m = \begin{bmatrix} -0.2445 \\ -0.1245 \\ 0.1143 \\ 0.1302 \end{bmatrix} \tag{5}$$

となる．ここで，測定値の修正量は小さく，もとの測定データの精度は良いと考えられる．しかし，修正された測定値は，元素バランスの情報を含んでおり，それゆえ生データを使った推定より高精度であると考えられる．

普通，分散-共分散行列は対角行列が仮定される．これは，観測値間に相関がないことを意味する．しかし，比速度や収率，さらには，体積当りの反応速度でさえ，直接には観測できないことがほとんどで，1次観測値に基づいて計算されている．それで，1つの観測値が他の複数の観測値に関係していることがあるかもしれない．例えば，酸素消費速度と二酸化炭素生産速度を考えてみよう．これら両方は，バイオリアクタを流れる空気のガス流速の測定と，両方のガスのヘッドスペースの分圧の測定が基本となっている．ガス流速の測定値の中に誤差があれば，これは両方の変数に影響を与える．それゆえ，これらの測定値の中の誤差は，間接的に，相関がある．同じ議論が，他の測定変数間でも見られる．つまり，流速と，濃度の測定には，相関がある．そのような間接的な誤差の相関を考えるとき，真の分散-共分散行列 $\boldsymbol{F}$ を決定するのは難しい．Madronら（1977）は，1次変数のノイズの性質が既知のとき，真の分散-共分散行列を求める簡単なアルゴリズムを提出している（Box 4.3参照）．しかし，多くの場合，1次変数でさえ，適切なノイズ情報を得ることが難しく，真の分散-共分散行列を求めるのは困難である．これらの場合には，共分散の値は無視し，対角要素だけを用いる．この値は，観測誤差から正当に評価できる．もうひとつの方法は，最小二乗推定を使って，

$$\hat{\boldsymbol{r}}_m = (\boldsymbol{I} - \boldsymbol{R}_r^T(\boldsymbol{R}_r\boldsymbol{R}_r^T)^{-1}\boldsymbol{R}_r)\overline{\boldsymbol{r}_m} \tag{4.28}$$

と求められる．これは，すべての観測変数の誤差の絶対値が同じであるという仮定に基づいている．誤差の絶対値が使われているので，式（4.28）を用いるのは，観測値の大きさがすべて等しいときにのみ有効である．

もし，残差におけるいずれかが，"かなりゼロからかけ離れていれば"，少なくとも1つの観測値の中にシステム的な誤差が存在するか，用いたモデルに誤りがある．"かなりゼロからかけ離れている"ということを定量化するために，重み付きの残差二乗和によって与えられるテスト関数 h を導入する．

$$h = \boldsymbol{\varepsilon}^T \boldsymbol{P}^{-1} \boldsymbol{\varepsilon} \tag{4.29}$$

4. 物質収支とデータコンシステンシー

> **Box 4.3　1次変数における誤差の分散-共分散行列の計算**
>
> 　通常，観測速度は，1次変数と呼ばれる測定値から決定される．例えば，ケモスタットの定常状態における体積当りのグルコース消費速度は，流加基質中に含まれるグルコース濃度とバイオリアクタ中の濃度の差に希釈率を乗じたものとして計算される．それゆえ，分散-共分散行列を求めるのは，簡単ではない．Madronら（1977）は，1次変数の測定ノイズから F を決める簡単な方法を提唱した．まず，観測速度は1次変数の関数で与えられる．i 番目の観測速度 $r_{m,i}$ は1次変数ベクトル y が計測されたとき，
>
> $$r_{m,i} = f_i(y) \tag{1}$$
>
> と表される．一般に，関数 f_i は非線形であるが，分散-共分散の近似推定値を得るためには，この関数は線形化される．i 番目の観測値の誤差 δ_i は1次変数の誤差 δ_j^* の線形結合で表される．
>
> $$\delta_i = \sum_{j=1}^{k} \left(\frac{\partial f_i}{\partial y_j} \right) \delta_j^* = \sum_{j=1}^{k} g_{ij} \delta_j^* \tag{2}$$
>
> ここで，K は1次変数の数で，g_{ij} は感度を示している．もし，感度を行列 G にすべて集約して表現すれば，分散-共分散行列 F は，
>
> $$F = GF^*G^T \tag{3}$$
>
> から計算される．ここで F^* は，1次変数の偏差を対角要素にもつ対角行列である．この方法は，単純に分散-共分散行列を計算する方法であるが，式（2）における線形近似の精度によって制約を受ける．

表 4.4　χ^2 分布の統計値．

自由度	信頼度					
	0.500	0.750	0.900	0.950	0.975	0.990
1	0.46	1.32	2.71	3.84	5.02	6.63
2	1.39	2.77	4.61	5.99	7.38	9.21
3	2.37	4.11	6.25	7.81	9.35	11.03
4	3.36	5.39	7.78	9.49	11.10	13.30
5	4.35	6.63	9.24	11.10	12.80	15.10

　生データ間に相関がなければ，テスト関数 h は χ^2 分布に従う（Wang and Stephanopoulos, 1983）．そして，生データに相関がある場合にもまたテスト関数 h は χ^2 分布に従うことが証明されている（Heijden, 1994b）．χ^2 分布の自由度は，rank(P) = rank(R) によって与えられる．これは，独立な束縛条件の数である．計算されたテスト関数 h の値と rank(R) の χ^2 分布の値を比較することによって，データの中に，ある信頼度で，システム的な誤差が存在するかどうかを結論づけることが可能である．すなわち，もし，十分高い信頼度でもってテスト関数 h が χ^2 統計値より大きな値を示せば，データかモデルの中に悪いところが存在するといえる．表 4.4 には χ^2 分布の異なる信頼度におけるいくつかの統計値を示す．

例 4.8　エタノール生産を伴わない好気的酵母増殖（つづき）

例 4.6，例 4.7 で考えたエタノール生産を伴わない好気的酵母増殖を続けて考えよう．例 4.7 で得られた行列をもとに式 (4.20) より，残差が計算できる．

$$\varepsilon = \begin{bmatrix} 0.0040 \\ -0.0064 \end{bmatrix} \tag{1}$$

そしてテスト関数 h が式 (4.29) より計算される．

$$h = \varepsilon^T \boldsymbol{P}^{-1} \varepsilon = 1.87 \tag{2}$$

制限された冗長性行列には，2 行の独立な行が含まれるので，ランクは 2 となる．つまり，χ^2 分布の自由度は 2 である．表 4.4 から，テスト関数 h は信頼度 0.75 の値 (2.77) より小さいので，データに大きな誤差が含まれると結論づけるのは，低い信頼度でも難しいということになる．つまり，逆に言えばデータの質は十分であるといってよい．

ある信頼確度で，$h > \chi^2$ という結果だけから，データの中に大きいシステム的な誤差があるのか，大きいランダムな誤差があるのかは結論できない．これを決定する 1 つのアプローチは，ある時刻で，ある与えられたデータセットから，1 つの測定変数を除いてみる方法である．残りの束縛条件がコンシステンシーの解析に使われ，テスト関数 h が再計算される．そして，自由度が 1 小さい χ^2 分布の値と比較される．もし，ある変数を除くことによって極端にテスト関数に低い値が得られれば，大きな（またはシステム的）誤差が，除かれた変数に含まれていることが，強く示唆される．同じことが束縛条件よりもむしろ，菌体内の代謝物質が定常であるという仮説に基づく誤差にも応用できる．この誤差の診断のアプローチは，システムが 2 以上の冗長性をもっているときにのみ有効である．すなわち，rank($\boldsymbol{R}$) $\geq$ 2 である．そうでなければ，1 つの観測値がシステムからはずされると，もはやそれは，冗長な状態ではないので，どの観測値に誤差が含まれているのかという検証ができなくなる．観測値をはずすという概念はとても単純で，コンピュータプログラムとして書きやすいアルゴリズムになっている．これは，例 4.9 に示すように，システムエラーの信頼性の高い高速な検出法を与えることになる．

例 4.9　酵母培養の測定値の誤差診断

グルコースを炭素源，アンモニアを窒素源とした *S. cerevisiae* の好気培養において，グルコース消費，酸素消費，二酸化炭素生成が，比増殖速度 0.008 h^{-1} において測定されている（すべての速度は (C-mol (C-mol biomass h)$^{-1}$) で評価されている）．

$$\boldsymbol{r} = \begin{bmatrix} -r_s \\ -r_o \\ \mu \\ r_c \end{bmatrix} = 0.008 \begin{bmatrix} -2.1 \\ -3.8 \\ 1 \\ 1.4 \end{bmatrix} \tag{1}$$

菌体の元素比は，例 4.6 から例 4.8 に示したものと同じである．測定誤差は，グルコース，酸素，菌体，二酸化炭素の測定値について，6%，11.7%，5%，11.1% であるとする．まず，実

験誤差に問題があるかどうかを検証しよう．化学量論や測定値は例4.6から例4.8に示したものと同じであるので，制限された冗長性行列は，例4.6で示したものと同じである．さらに，与えられた誤差より，分散-共分散行列は，

$$\boldsymbol{F} = 10^{-4} \begin{bmatrix} 0.0102 & 0 & 0 & 0 \\ 0 & 0.1265 & 0 & 0 \\ 0 & 0 & 0.0016 & 0 \\ 0 & 0 & 0 & 0.0155 \end{bmatrix} \tag{2}$$

となる．例4.8で示したようにテスト関数hは，

$$h = 35.06 \tag{3}$$

となる．これは，99%の信頼度で誤差が含まれていることを示している．反応速度の検証から，この誤差は，酸素か二酸化炭素の測定値に含まれているらしいことがわかる．というのも，呼吸商（$RQ = r_c/r_o$）が普通，比増殖速度がこのように低い$S.\ cerevisiae$の好気培養では，1を示すのが普通であるにもかかわらず，低い値であるからである．どの変数に誤差が含まれているかを診断するために，ある時間に4つのそれぞれの変数を1つずつ除いてテスト関数を再計算された．結果を以下に示す．

バランス式から除かれる変数	h
グルコース	27.06
酸素	2.12
菌体	26.43
二酸化炭素	34.96

明らかに，グルコース，菌体，二酸化炭素を，1つずつ除いた場合は，依然測定誤差が大きいが，酸素が除かれた場合にのみ，テスト関数の値が低くなる．この低くなった値を自由度1，信頼度90%でχ^2分布の値と比較すると，大きな誤差が生じているとは結論できない．したがって，酸素に誤差が含まれていると考えるのが妥当であろう．

もし，酸素の測定値を取り除いた場合でも，3つの計測値を用いて観測できない速度（酸素も含まれる）を計算できる．最初に式（4.27）により，測定速度が推定され，

$$\hat{\boldsymbol{r}}_m = \begin{bmatrix} -r_s \\ \mu \\ r_c \end{bmatrix} = 0.008 \begin{bmatrix} -2.21 \\ 0.98 \\ 1.23 \end{bmatrix} \tag{4}$$

観測できない速度（アンモニア消費，水生成，酸素消費）が，式（4.14）により計算される（式（4）を観測値の代わりに代入する）．

$$\hat{\boldsymbol{r}}_c = \begin{bmatrix} -r_N \\ r_w \\ -r_o \end{bmatrix} = 0.008 \begin{bmatrix} -0.17 \\ 1.56 \\ -1.18 \end{bmatrix} \tag{5}$$

この式から，酸素消費速度は劇的に修正されていることがわかる．さらに，推定されたRQは1.04と非常に現実的な値であることがわかる．

文　献

Abbott, B. J. & Clamen, A. (1973). The relationship of substrate, growth rate, and maintenance coefficients to single cell protein production. *Biotechnology and Bioengineering* **15**, 117-127.

Christensen, L. H., Henriksen, C. M., Nielsen, J. & Villadsen, J. (1995). Continuous cultivation of *Penicillium chrysogenum*. Growth on glucose and penicillin production. *Journal of Biotechnology* **42**, 95-107.

Erickson, L. E., Minkevich, I. G. & Eroshin, V. K. (1978). Application of mass and energy balance regularities in fermentation. *Biotechnology and Bioengineering* **20**, 1595-1621.

van der Heijden, R. T. J. M., Heijnen, J. J., Hellinga, C., Romein, B. & Luyben, K. Ch. A. M. (1994a). Linear constraint relations in biochemical reaction systems: I. Classification of the calculability and the balanceability of conversion rates. *Biotechnology and Bioengineering* **43**, 3-10.

van der Heijden, R. T. J. M., Heijnen, J. J., Hellinga, C., Romein, B. & Luyben, K. Ch. A. M. (1994b). Linear constraint relations in biochemical reaction systems: II. Diagnosis and estimation of gross measurement errors. *Biotechnology and Bioengineering* **43**, 11-20.

Larsson, C., Blomberg, A. & Gustafsson, L. (1991). Use of microcalorimetric monitoring in establishing continuous energy balances and in continuous determinations of substrate and product concentrations of batch grown *Saccharomyces cerevisiae*. *Biotechnology and Bioengineering* **38**, 447-458.

Madron, F., Veverka, V. & Vanecek, V. (1977). Statistical analysis of material balance of a chemical reactor. *AIChE Journal* **23**, 482-486.

von Meyenburg, K. (1969). Katabolit-Repression und der Sprossungszyklus von *Saccharomyces cerevisiae*. Ph.D. Thesis, ETH Zürich.

Nielsen, J. & Villadsen, J. (1994). *Bioreaction engineering principles*. New York: Plenum Press.

Roels, J. A. (1983). *Energetics and Kinetics in Biotechnology*. Amsterdam: Elsevier Biomedical Press.

Schulze, U. (1995). Anaerobic physiology of *Saccharomyces cerevisiae*. Ph.D. Thesis, Technical University of Denmark.

von Stockar, U. & Birou, B. (1989). The heat generated by yeast cultures with a mixed metabolism in the transition between respiration and fermentation. *Biotechnology and Bioengineering* **34**, 86-101.

Wang, N. S. & Stephanopoulos, G. (1983). Application of macroscopic balances to the identification of gross measurement errors. *Biotechnology and Bioengineering* **25**, 2177-2208.

CHAPTER 5

代謝経路の調節

　生物システムでは，生物機能の調節が，細胞レベル，分子レベルで起こる．これらの調節は生化学反応に関与する物質の濃度を制御することにより行われる．そのような場合，調節変数としては酵素（E），基質（S），生産物（P），調節分子（R）が挙げられ，酵素反応速度は一般に，

$$v = v\ (c_e, c_s, c_p, c_r)$$

と表される．

　上に述べた分子種は細胞中には非常に多く存在し，またそれらは相互に関与している．この相互作用は非常に複雑であるにもかかわらず，生化学システムは定常状態に到達する能力をもっているという特徴をもつ．このような現象は，よく"制御"という言葉で説明され，分子間の相互作用の結果もたらされるものであると考えられている．代謝調節の研究においては，個々の酵素の活性を通して，分子レベルで調整され制御されている特定の機構を明らかにしようとしてきた（Atkinson, 1970; Khoshland, 1970; Khoshland and Neet, 1968; Van Damら, 1993）．ひとたび酵素の調節機構が局所的なレベルで明らかになればメタボリックコントロールアナリシス（11章）の手法を適用することによって，全体の経路のフラックスの制御が明らかにされる．

　ある経路において，個々の反応では，経路に関与する代謝中間物質が常に酵素表面に結合して生産物が次の反応の基質として使われるように組織化されている（Hofmeyr, 1991）．1つの例としては，脂肪酸アシルCoAのアセチルCoAへの変換であるβ酸化経路を挙げることができる．この経路では，中間物質は特定の反応に関与しているが，反応液中では検出されない．一方，EMP経路，糖新生，TCAサイクル，ペントースリン酸経路（PP）は同じような機構で組織化されているのではない．これらの経路の中間物質は細胞内で低濃度ではあるが実際検出

5. 代謝経路の調節

ができる程度に存在する．代謝経路では，複数の経路がつながっているので，多くの化合物（例えば，G6P, PEP, PYR, OAA など）が，複数の経路で中間物質，前駆体としての機能を果たす必要がある．そのような代謝物質は複数の経路内で利用可能である必要があるため，酵素と常に結合しているのではない．そして，より重要なことに，これらの経路の反応速度は異なる状態で異なる値をとる．代謝の特性が明らかになっていくにつれ，機能化合物が細胞内で中間代謝物質としても鍵酵素の"代謝調節物質（レギュレータ）"としても用いられ，代謝が制御されていることが明らかになってきている．

生合成反応は，アミノ酸，プリン，ピリミジンのような核酸，ステロイド，などの生体構成要素の生成をもたらす反応系である．これらの生体構成要素は，炭水化物や脂肪酸のような代謝から合成されるより単純な物質を出発点にして合成される（2章）．各代謝経路は，その"関与する"個々の反応によって成り立っている．つまり，最初の代謝中間体が生成され，特定のいくつかの反応を経て最終産物を得るのである．ほとんどの場合，関与する反応は（$\Delta G^{0\prime} < 0$, $K' > 1$ であるような）発エルゴン反応であり，その反応は，不可逆反応である．代謝制御は最終生産物が十分に機能を発揮するような濃度にその生成量が調節されている．一方，中間の反応はほとんどそのような制御機構をもたないことが多い．

注目しているネットワークを考察するときに大事なことは，いくつかの経路にまたがる反応によってもたらされる相対的な制御の機構を解析することである．構造的にあるいは，機能的にその複雑さの程度が強いにもかかわらず，代謝経路はむしろ単純なカイネティクスとユニークな定常状態をもっている．これは酵素の階層的な構造に帰するものである．特に，その特性時間のスケールに対して15段階ぐらいの構造をもっている（de Koning and van Dam, 1992; Heinrich and Sonntag, 1982; Hiromi, 1979）．最も速いものは代謝反応（$10^{-2} \sim 10^4$ 秒）であり，最も遅いものは遺伝的調節や進化である（2.1節，Box 2.1）．

表5.1は赤血球の解糖反応の緩和時間を示している．これらの値をもとに酵素に触媒されている反応を2つのグループに分けることができる．1つのグループは，HK, PFK, DPGM,

表5.1 赤血球の解糖反応の緩和時間[a].

酵素反応	反応時間 (s)
ヘキソキナーゼ（HK）	>1100
ホスホフルクトキナーゼ（PFK）	>75
2,3二ホスホグリセリン酸ムターゼ（DPGM）	4
2,3二ホスホグリセリン酸ホスファターゼ（DPGP）	34,000
ピルビン酸キナーゼ（PK）	28
ATPアーゼ	1800
ホスホグルコイソメラーゼ（PGI）	$\sim 10^{-2}$
アルドラーゼ（Ald）	$\sim 10^{-2}$
トリオースリン酸イソメラーゼ	$\sim 10^{-2}$
グリセルアルデヒドリン酸デヒドロゲナーゼ（GAPD）	$\sim 10^{-2}$
ホスホグリセリン酸キナーゼ（PGK）	$\sim 10^{-2}$
ホスホグリセリン酸ムターゼ（PGM）	$\sim 10^{-2}$
エノラーゼ	$\sim 10^{-2}$
乳酸デヒドロゲナーゼ（LDH）	$\sim 10^{-2}$
アデニレートキナーゼ（AD）	$\sim 10^{-2}$

[a] Rappoportら，1974; Schusterら，1989.

DPGP, PK, ATPアーゼで，これはゆっくりとした反応を触媒する．一方，残りのグループは，2～6倍，緩和時間が速い．これらの速い反応に対して基質や生産物の濃度は本質的に平衡に達しており，全体の代謝経路のダイナミックレスポンス（動的な応答）に対して，これらの反応の役割は，さほど大きくない．これにより，考慮すべき変数の数や全体のシステムの複雑さを減らすことができる．

　不安定性が起こる可能性は変数の数に原因がある（1章参照）．つまり，時間の階層性が存在し，ダイナミカルにシステムが変化する際に，そこで重要に働く変数の数が減少することが，代謝経路を安定化させる本質的に重要な要素であるかもしれない．つまり微視的なレベルでは生物システムの複雑性は大きいが，代謝経路はうまくひとまとめとしてとらえることができ，比較的単純な表現で表すことができるのである．さもなければ，生物システムの理論的な解析は実用的な目的に対して適用不可能であろう．

　代謝調節の多くのメカニズムはそれらが細胞内に存在する酵素の活性を直接調節しているかどうか（Box 5.1参照），または，それらが特定のタンパク質の正味の合成速度を変化させる2次的な応答を伴うかどうかで基本的に区別される．生細胞は，酵素活性を調節する幾重もの制御構造をもっている．究極の状態では物質の酵素による共有結合によりその酵素の完全な不活化，活性化の切換えが起こる．リン酸化はこの典型的な例である．アデニル，アセチル，メチルなどの化合物の添加や枯渇において，この制御機構をもつ酵素の制御が観察される．もっとよく見られる制御機構は反応生産物のような別の分子を伴って起こる可逆的でゆっくりとした酵素活性の変化により起こるものである．酵素レベルの制御もいくつかのタイプがあり，それは，酵素の合成，分解の調節機構を含んでいる．一般に高等植物や動物から単離された細胞は細胞が分化した性質をもつために酵素レベルの制御はあまり見受けられない．一方，バクテリアなどの単細胞生物は複数の反応間の調整を行うために，または酵素活性の調節を行うために，酵素レベルの変化への依存度が極めて強い．

　酵素調節のメカニズムは次の節で概説される．5.1節では細胞内の酵素の活性が調節されるいくつかの機構について詳しく述べる．一方，5.2節では実際の酵素濃度の制御について扱う．これは，遺伝子レベルの問題である．5.3，5.4節は細胞レベルの問題を扱う．例えば，細胞が関係のある酵素反応をいかに制御しているのか，いかにシステマティックに，あるいは全体として制御を行っているかについて述べる．

Box 5.1　フィードバック阻害，活性化の機構（Neidhardtら，1990）

　反応のシークエンスにおけるフィードバック阻害においては，いくつかの分岐の制御は切り離されており，分岐点にある代謝物質は経路の最初の酵素に対するレギュレータ（調節分子）として働く．より複雑な経路は複数の代謝物質を共通にもち，代謝フラックスを調整するために活性化と阻害の両方を併せ持つような，より複雑な制御機構をもっている．これらの調節のパターンは，バクテリアの世界において見られる．

　例えば，アイソザイムの存在や特定の代謝経路（直線状でも分岐があってもよい）によるいつかの最終産物はこの章で述べる調節メカニズムの組合せを必要とする．よく見られるケースでは反応経路の最初の反応を触媒する同じ機能の酵素が経路内の1つの最終

5. 代謝経路の調節

生産物に高い感度をもつというものである．この機構（協奏的，またはシナジェスティック阻害）により，最終生産物阻害が起こっても同じ代謝経路の代謝物質の枯渇を起こさないことが保証される．累積性（部分的）フィードバック阻害は上に述べた機構のより洗練された形である．そこでは，1つの酵素が多数のアロステリックな部位をもち，経路のいくつかの最終生産物の各々に応答するようなものである（図5.1参照）．

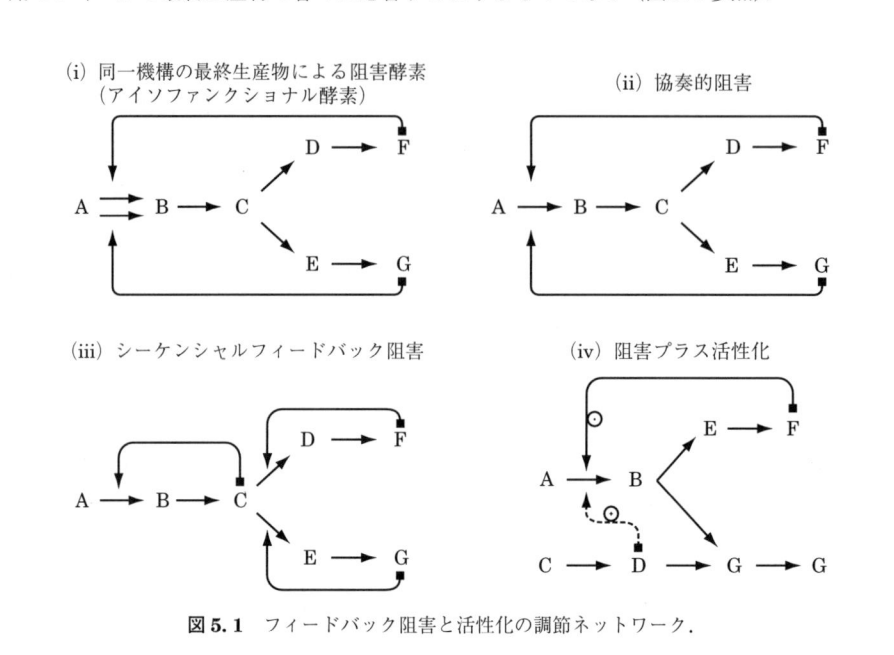

図5.1 フィードバック阻害と活性化の調節ネットワーク．

5.1 酵素活性の調節

現在のところ，代謝調節の最もよく見られる調節系は酵素活性のレベルを調節するものである．すべての種類の細胞の酵素活性の調整に対するフィードバック阻害や活性化は非常に速い応答である．酵素合成の抑制やインダクション（または抑制解除）は阻害より遅く，長期間の調節の機構である．これにより，細胞内の酵素量が最適化されている．例えば，20℃や37℃で培養した *Escherichia coli* 細胞抽出液の2次元電気泳動パターンは2つの培養温度（異なる生理学的差のある環境）において細胞が適応して増殖しているにもかかわらずほとんど同じである（Ingraham, 1987）．このような適応は，酵素量が変化するのではなく，酵素活性が変化して調節を行っているのに違いないと思われる．反応経路の基質や生産物になる代謝物質やATPやNAD(P)Hのような細胞全体にとって大事な代謝物質によって適応が行われているのである．代謝調節物質は，アクティベータ（活性化分子）やインヒビタ（阻害分子）として働き，普通，エフェクタ，リガンドとそれぞれ呼ばれる．

5.1.1 酵素カイネティクスの概要

酵素触媒反応のカイネティクスの解析の最初の試みは，MichaelisとMentenにより行われた．彼らは，酵素反応速度の基本的な2つのパラメータを導いた（Dixon and Webb, 1979;

Laidler and Bunting, 1973; Schulz, 1994; Segel, 1993)．このパラメータの1つは$v_{\max}$と呼ばれ，決められた酵素の量で得られる最大反応速度と定義される．つまり，基質濃度が飽和した状態での反応速度である．これは酵素の効率の測度であり，1秒間に生産物に変換される基質分子の数として定義されるターンオーバー数に直接関係している．ターンオーバーのレンジは数十万オーダーから（例えば，速いものはカルボニックアンヒドラーゼのターンオーバーの回数は6×10^5回/秒である）遅いものは1分子毎秒程度（例えば，リゾチームは0.5回/秒）である．

もうひとつの重要なカイネティックパラメータはMichaelis定数K_mである．これは反応速度が，$v_{\max}/2$であるときの基質濃度として与えられる．2つのパラメータの重要な違いはK_mの値が酵素濃度には無関係であるということからもわかる．K_mの数値は多くの反応で重要である．つまり，(1) これは，基質に対する酵素の親和力を示すものとして重要である（K_mが小さければ親和力は高い）．(2) 細胞内基質濃度が生理学的な意味をもはやもたない濃度（$c_s \gg K_m$）の範囲をおおよそ知ることができる．このような濃度範囲では，vは$v_{\max}$に近くc_sの変化に対してvは感度が低い．逆に$c_s \ll K_m$では$v < v_{\max}$であり，ほとんどの触媒活性は働いていない．(3) 多くの化合物のK_mに対する影響を調べることによって，その酵素のアロステリックな影響をもつエフェクタを調べることができる．(4) K_mの値を知ることにより，酵素アッセイの適当な基質の濃度の選択が行える．(5) K_mは特定の酵素の基質としての適性を示すものとして使える（$v_{\max}/K_m$が最大になる基質が最も望ましいといえる）．

2つのパラメータ$v_{\max}$とK_mを使った基質濃度と反応速度の関係は図5.2に示されており数式的に次のように表現できる．

$$v = \frac{v_{\max} c_s}{K_m + c_s} \tag{5.1}$$

Michaelis-Menten式は実験的な測定結果を表現するものとして最初提案されたが，後に特定の分子機構を基礎にして理論的に説明されたことを知っておく必要がある．その機構は基質と酵素の複合体（ES）の生成とその後複合体が酵素（E）と生産物（P）に分かれるという仮定を考えたものである．

$$\mathrm{E} + \mathrm{S} \xrightleftharpoons[k_{-1}]{k_1} (\mathrm{ES}) \xrightarrow{k_2} \mathrm{E} + \mathrm{P} \tag{5.2}$$

酵素–基質の複合体生成のステップが平衡であるという仮定により，式(5.2)の機構から式(5.1)の反応速度が導かれる．平衡の仮定は正しくなくて，その代わりに酵素と基質の複合体は定常状態であるというのが正しいことが後に示された．しかし酵素–基質複合体（ES）擬定常状態の仮定は，反応速度定数K_mが異なる反応速度k_1，k_{-1}また反応式(5.2)のk_2の関数とはなるものの，式(5.1)と同じ形の式を導く結果となる（導出は，Box 5.2参照）．

LineweaverとBurkは，この式を$v_{\max}$とK_m値の正確な決定を可能にするために，線形の式に変換し，

$$\frac{1}{v} = \frac{1}{v_{\max}} + \left(\frac{K_m}{v_{\max}}\right)\frac{1}{c_s} \tag{5.3}$$

を導いた．つまり，$1/v$を$1/c_s$に対してプロットし直線が得られれば，その傾きが$K_m/v_{\max}$，y切片（つまり，$1/c_s = 0$の$1/v$の値）は$1/v_{\max}$，x切片（つまり$1/v = 0$の$1/c_s$の値）は$-1/K_m$となる（図5.2 (b)）．

●5. 代謝経路の調節

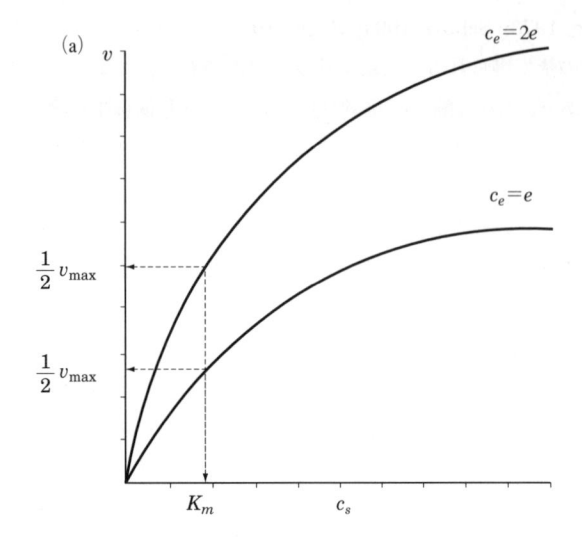

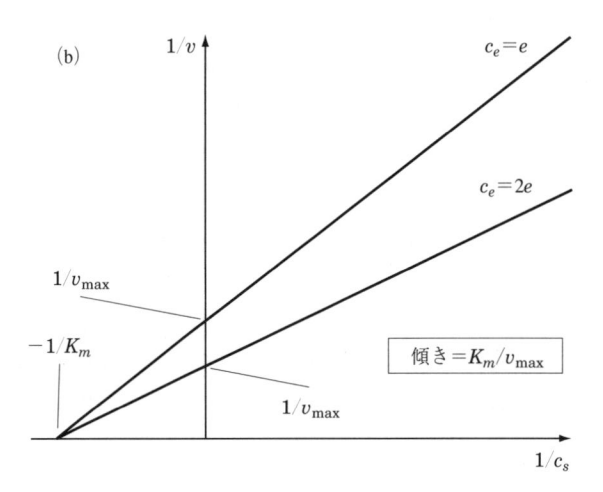

図5.2 (a) 2つの酵素濃度（$c_e=e$ と $c_e=2e$）の場合の基質濃度と反応速度の関係．(b) 両逆数のLineweaver-Burkプロット（$1/c_s$に対する$1/v$のプロット）．このプロットは一般に，v_{max} や K_m を求めるのに用いられる．v_{max}はc_eが変化したときに巨視的な変化を示し，K_mはc_eに依存しない固有の値である．

Box 5.2 式（5.1）の導出

最も簡単な酵素（E）の触媒反応は1基質（S）が"複合体（ES）"を形成し1生産物（P）に変換される反応である．これは，普通，ユニ-ユニ反応系と呼ばれ，次の式で示される．

$$E + S \underset{k_{-1}}{\overset{k_1}{\longleftrightarrow}} (ES) \overset{k_p}{\to} E + P$$

式（5.1）の速度は2つの方法で導かれる．つまり（1）迅速な平衡を仮定したアプローチ，

(2) 定常状態に基づくアプローチ（Briggs and Haldane）である．

1. 迅速な平衡に基づくアプローチ

これは，その名前から類推されるように迅速な平衡が，E，S，ESについて保たれているということを仮定している方法である．ESはE＋Pに変換される．各瞬間の反応速度はESの濃度だけに依存し

$$v = k_p c_{es} \tag{1}$$

となる．ここで，k_pは触媒反応定数と呼ばれる．トータルの酵素量はEとESの和として

$$c_{et} = c_e + c_{es} \tag{2}$$

と与えられる．もし，式（1）を式（2）で割れば

$$\frac{v}{c_{et}} = \frac{k_p c_{es}}{c_e + c_{es}} \tag{3}$$

を得る．平衡の仮定からc_{es}はc_s，c_e，K_sによって表現される．K_sは複合体ESの解離定数である．

$$K_s = \frac{c_e c_s}{c_{es}} = \frac{k_{-1}}{k_1} \quad \text{そこで,} \quad c_{es} = \frac{c_s}{K_s} c_e \tag{4}$$

式（4）のc_{es}を式（3）に代入すると，

$$\frac{v}{c_{et}} = \frac{k_p \dfrac{c_s c_e}{K_s}}{c_e + \dfrac{c_s c_e}{K_s}}$$

となる．両辺をk_pで割ってc_eを消去すると

$$\frac{v}{k_p c_{et}} = \frac{\dfrac{c_s}{K_s}}{1 + \dfrac{c_s}{K_s}}$$

ここで，$k_p c_{et} = v_{\max}$，とおくと $\Rightarrow$ $\dfrac{v}{v_{\max}} = \dfrac{\dfrac{c_s}{K_s}}{1 + \dfrac{c_s}{K_s}} \tag{5}$

を得る．式（5）を再構成し直すと，より親しみのあるHenri-Michaelis-Mentenの式

$$\frac{v}{v_{\max}} = \frac{c_s}{K_s + c_s} \tag{6}$$

を得る．つまり，上の式はどんな基質濃度に対してもそのときの反応速度と$v_{\max}$の比を与える式となっている．この表現は，c_sが一定でアッセイ期間中，5%も変化しないようなつまり非常に短い時間内で有効な式であることを覚えておいていただきたい．

2. 定常状態のアプローチ（Briggs and Haldane）（Haldane, 1965; Walter, 1965）

もし，ESが，EとSに解離する反応速度より生産物に変換される反応速度が速ければ，

5. 代謝経路の調節

EとSを混合した後，短い時間で定常状態に達する．このとき，ESの濃度は変化しなくなる．次の方法により，前の方法（パート1）と同じように反応速度が定常状態の仮定から導ける．上と同じように，

$$E + S \underset{k_{-1}}{\overset{k_1}{\rightleftharpoons}} (ES) \overset{k_p}{\rightarrow} E + P$$

$$v = k_p c_{es} \tag{7}$$

$$\frac{v}{c_{et}} = \frac{k_p c_{es}}{c_e + c_{es}} \tag{8}$$

を得る．c_{es} は時間的に一定と考えるので，その生成速度は消費速度に等しく

$$k_1 c_e c_s = k_{-1} c_{es} + k_p c_{es} = (k_{-1} + k_p) c_{es} \quad \Rightarrow \quad c_{es} = \frac{k_1 c_e c_s}{(k_{-1} + k_p)} \tag{9}$$

となる．ここで，

$$K_m = \frac{k_{-1} + k_p}{k_1} \tag{10}$$

を定義すると，$c_{es} = \dfrac{c_s c_{et}}{K_m + c_s}$ を式（7）に代入して変形すれば，

$$\Rightarrow \frac{v}{v_{\max}} = \frac{c_s}{K_m + c_s} \tag{11}$$

を得る．つまり，反応速度の式の形は両方のアプローチで，同じ結果を得る．しかし，"反応定数"は異なる（式（6）では K_s，式（11）では，K_m）．$k_p \ll k_{-1}$ の場合は，K_m は K_s に帰着されることになる．K_m（または K_s）の物理的な重要性は基質濃度がこの値である（$c_s = K_m$）とき最大速度の $1/2$ の反応速度を与えるということ，つまり

$$v = \frac{K_m v_{\max}}{K_m + K_m} = \frac{1}{2} v_{\max} \tag{12}$$

である．

5.1.2 単純な可逆阻害システム

酵素反応速度を減少させる分子はすべてインヒビタと考えられる．天然の，または化学合成で得られる多くの分子が酵素活性を阻害することが知られている．これらの物質は可逆的に働く場合もあるし，不可逆的に働く場合もある（Webb, 1963）．この項では，4つの基本的なタイプの可逆阻害，つまり，1基質1阻害物質をもつ酵素系の基質阻害，競争阻害，不拮抗阻害，非拮抗阻害を説明する．

基質阻害

大量の基質が存在するような多くのケースで，酵素–触媒反応は過剰な基質の存在のためにネガティブな影響を受ける．図5.3に示すように反応速度は基質濃度が上昇すると最大値に向

5.1 酵素活性の調節

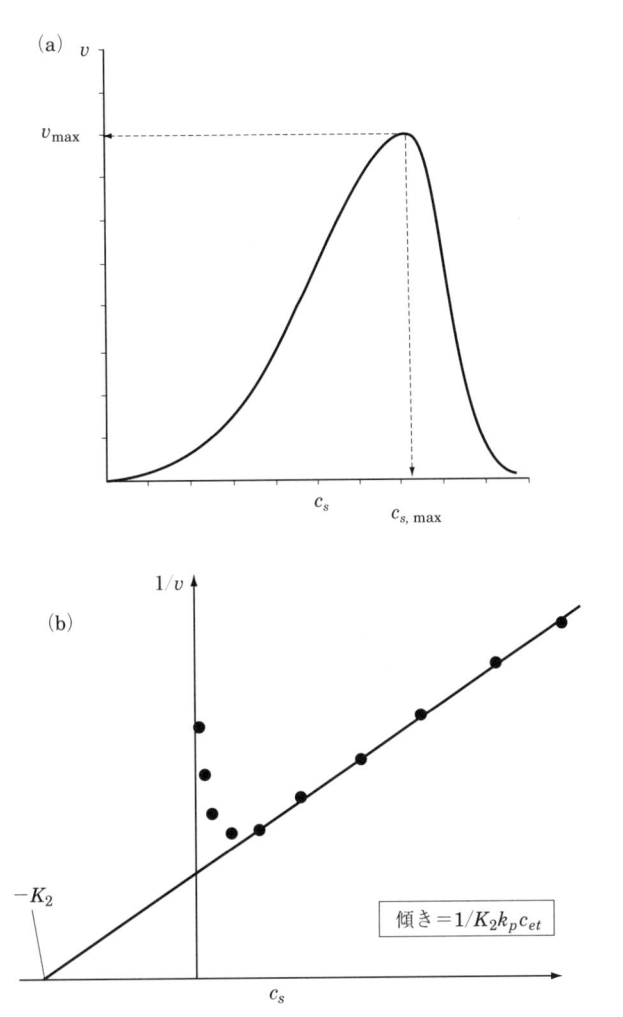

図5.3 基質阻害．(a) 基質濃度が $c_{s,\text{max}}$ より大きいと基質濃度が上昇すると反応速度は減少する．
(b) c_s に対して $1/v$ をプロットすると K_2（本文参照）が得られる．

かう．しかし，この最大値を超えると基質濃度がさらに上昇すれば，反応速度は減少する．

迅速な平衡のアプローチ（Box 5.2参照）によりモデルが導かれる．SがES複合体と結合して不活性な中間体が生成すると仮定する．平衡点で，

$$\text{E} + \text{S} \xrightleftharpoons[k_{-1}]{k_1} \text{ES} \quad (\text{解離定数}\, K_1 = k_{-1}/k_1)$$

$$\text{ES} + \text{S} \xrightleftharpoons[k_{-2}]{k_2} \text{ES}_2 \quad (\text{解離定数}\, K_2 = k_{-2}/k_2)$$

$$\text{ES} \xrightarrow{k_p} \text{E} + \text{P} \quad (\text{律速反応})$$

を得る．Box 5.2で示した方法をもとに反応速度式は

$$v = \frac{k_p c_{et}}{1 + \dfrac{K_1}{c_s} + \dfrac{c_s}{K_2}}$$

5. 代謝経路の調節

となる．実験的に K_2 は図5.3に示すように $1/v$ と c_s のプロットから直線の x 切片を用いて決定できる．パラメータ K_1 は

$$c_{s,\max} = \sqrt{K_1 K_2}$$

から評価される．$c_s = c_{s,\max}$ では $dv/dt = 0$ となることに注意すれば，すぐ得られる関係である．

競争阻害（拮抗阻害）

競争阻害は，1つの基質に対して共通の性質をもつような分子により起こる．この物質は，酵素の活性部位に対して基質と競争的に働く．反応生産物，代謝できない基質アナログ，基質の分解物，異なる基質が競争的な阻害物質として働く．コハク酸デヒドロゲナーゼはコハク酸をフマル酸に酸化する酵素であるが（コハク酸＋FAD⇔フマル酸＋$FADH_2$），マロン酸はよく知られた競争阻害剤である．図5.4に示したように，コハク酸デヒドロゲナーゼの競争阻害剤としてマロン酸，グルタル酸，シュウ酸が働くのは，第一にコハク酸と似た構造をもっているためである．グルコースとATPの反応を触媒するヘキソキナーゼはフルクトースやマンノースに阻害される．これも競争阻害の例である．

酵素への阻害物質の結合は可逆なので，フリーな阻害物質と酵素に結合した分子は図5.5に示した反応機構のように平衡にある．競争阻害の反応速度式はその反応メカニズムから

$$\frac{1}{v} = \frac{K_m}{v_{\max}} \left(1 + \frac{c_i}{K_i}\right) \frac{1}{c_s} + \frac{1}{v_{\max}} \tag{5.4}$$

と与えられる．競争阻害は基質濃度に対して見かけの K_m が上昇したように見受けられる（$K_{m,app} = K_m(1 + c_i/K_i)$．一方，$v_{\max}$ は変わらない．このメカニズムで阻害の大きさを示すパラメータ K_i は，逆数プロットの傾きを2倍にする濃度であり，阻害効果を50%にする濃度 c_i と等価で"ない"．なぜなら c_i に対して相対的に低い基質濃度では活性部位は阻害物質が結合するし，その逆に，阻害物質の濃度が下がれば，活性部位は基質が結合するので，反応は c_s が上昇すると速度が上昇する（阻害効果は阻害物質濃度のみに依存するのではない）．阻害は基質濃度を非常に高くすることにより抑えることができる．これは阻害物質の分子が酵素に出合う確率を小さくすることになるからである．

競争阻害の原理を利用した例は，医学分野や生物化学プロセスで見受けられる．例えば，サ

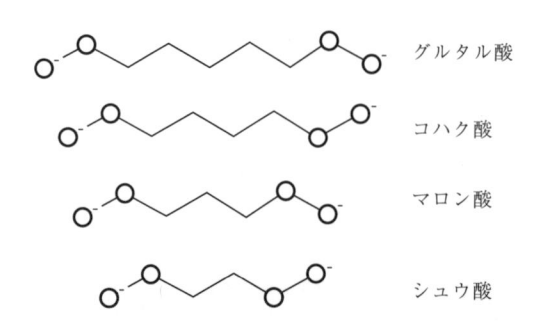

図5.4 コハク酸デヒドロゲナーゼの競争阻害剤の構造的類似性．

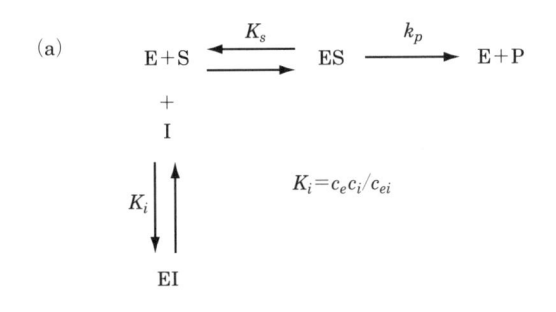

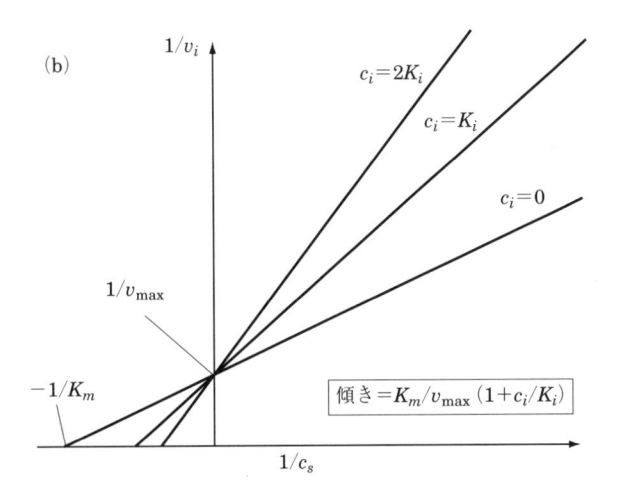

図5.5 競争阻害．（a）反応スキーム．SとIが同じ結合部位に競争的に結合するモデルではIは構造的にSと類似したものでなければならない．$K_i = c_e c_i / c_{ei}$, $K_s = c_e c_s / c_{es}$ であり，k_p は ES が E＋P になる反応速度定数である．（b）競争阻害物質の濃度が（0, K_i, $2K_i$）のときの逆数プロット．

ルファニルアミドなどの薬剤はバクテリアの基質となる鍵成分の似た物質として設計された．サルファニルアミドはp-アミノ安息香酸に構造が非常によく似た物質としてギ酸合成の前駆物質としてバクテリア増殖阻害に使われる基質である．つまりバクテリアに感染した患者に対応する酵素の競争阻害によってギ酸生成をブロックするものとして使われる．この薬剤はギ酸合成経路を，もともとヒトはもっていないためヒトに対する阻害作用は現れず，全く副作用のない薬剤である．

非拮抗阻害

このクラスの阻害剤も非共有結合で可逆的に酵素に結合する．これらの阻害剤は酵素分子の調節部位を認識し，酵素の触媒効率を減らすようなコンフォメーションの変化を起こすトリガーとなる．非拮抗阻害剤は競争阻害と比べて基質の結合には効果がない．SやIはランダムにそして独立に酵素の異なるサイトに結合する．そのような阻害は多数の反応物が定常状態であるときよく見られる機構である．非拮抗阻害の機構を図5.6に示した．また，逆数プロットの

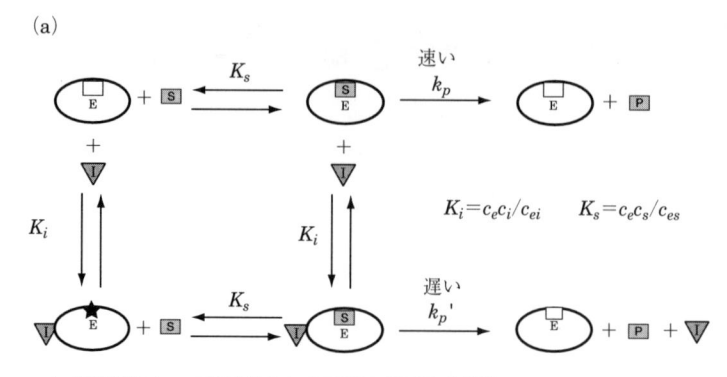

●5. 代謝経路の調節

(a)

$K_i = c_e c_i / c_{ei}$　　$K_s = c_e c_s / c_{es}$

★ 阻害剤によって不活性化した酵素の基質結合部位

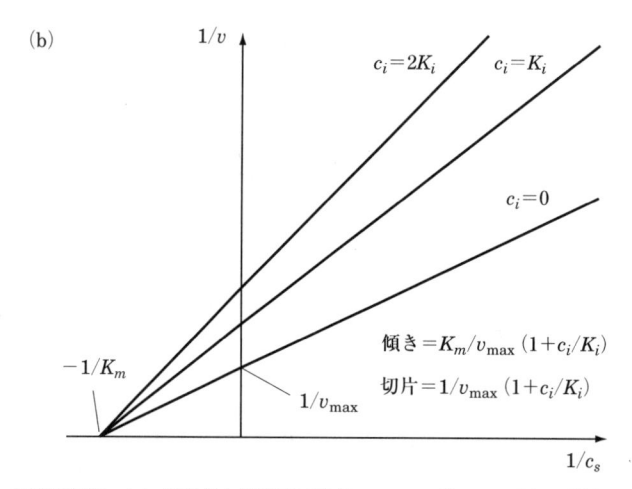

(b)

図5.6 非拮抗阻害．(a) 阻害剤と基質は可逆的に，ランダムに，そして異なるサイトに独立に結合する．(b) 非拮抗阻害剤が異なる濃度（0，K_i，$2K_i$）で存在するときの$1/v$と$1/c_s$プロット．非拮抗阻害剤はv_{max}を減少させるが，K_mへの効果はない．

様子も示した．IはEやESに結合し，SはEやEIに結合する．片方の分子の結合は，他方の解離定数には影響しないが，ESI複合体は不活性化する．

非拮抗阻害剤の存在下のv，v_{max}，c_s，K_m，c_i，K_iの関係は，平衡の仮定から導かれ，

$$\frac{1}{v} = \frac{K_m}{v_{max}}\left(1+\frac{c_i}{K_i}\right)\frac{1}{c_s} + \frac{1}{v_{max}}\left(1+\frac{c_i}{K_i}\right) \tag{5.5}$$

となる．上の式は，普通の$1/v$と$1/c_s$のプロットにおいて，傾きとy切片がc_iの関数になることを示す．数学的に，これは非拮抗阻害剤が，基質の結合と触媒効率の両方に影響することを示している．y切片や傾きは同じファクタ（$1+c_i/K_i$）によって上昇するので，x切片は変わらず，$-1/K_m$に等しいことがわかる（図5.6）．予想されるように，非拮抗阻害剤はv_{max}を低下させるがK_mは変化しない．k_pも変化しないし，定常状態ではESの濃度は実際にはESIに変換していないものだけが活性型であるので，見かけ上，低下することになるということも

重要である.

非拮抗阻害剤は,特定の基質と似た構造のものではないので,この種の阻害剤は広い酵素に対するスペクトルをもっている.例えば,EDTAやシアン化物のようなマグネシウムや鉄と結合するキレート剤はこのクラスの阻害剤となる.鉄を含むようなタンパク質は酸化還元反応に重要であり,マグネシウムイオンはATPが関与するような反応に重要であるが,このような阻害剤はこれらの反応を阻害するので,細胞に生理学的な変化が現れる.

不拮抗阻害

不拮抗阻害剤は酵素-基質複合体に可逆的に結合し,ESI複合体は,不活性化する.このタイプの阻害は多数の反応物が存在するときに見られ,図5.7に示す.これは,平衡の仮定のもとで次の式に従う.

$$\frac{1}{v} = \frac{K_m}{v_{\max}} \frac{1}{c_s} + \frac{1}{v_{\max}} \left(1 + \frac{c_i}{K_i}\right) \tag{5.6}$$

不拮抗阻害は $v_{\max}$ も K_m も同じファクタにより減少させる($V_{\max, i} = v_{\max}/(1 + c_i/K_i)$, $K_{m, app}$

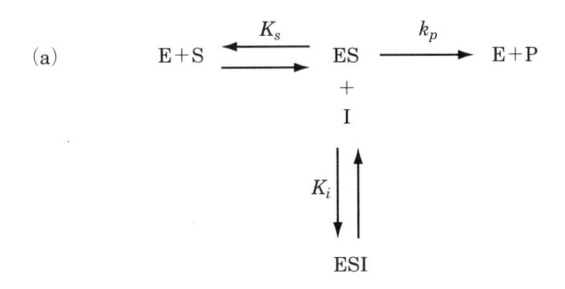

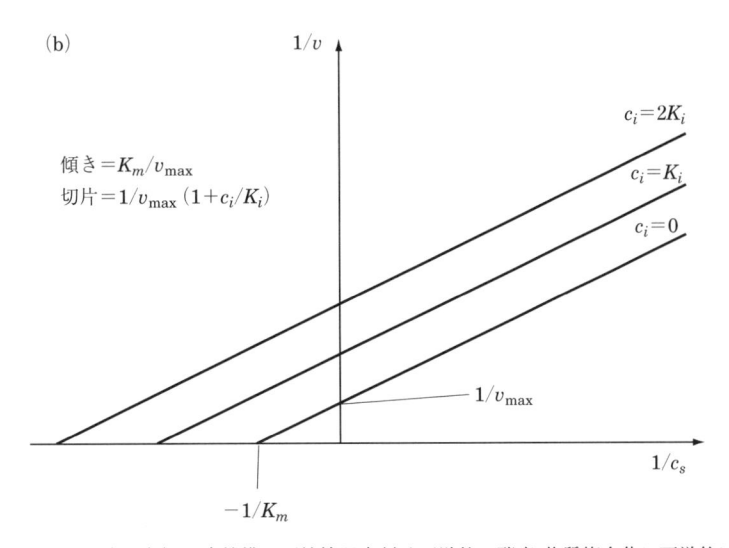

図5.7 不拮抗阻害.(a) 反応機構:不拮抗阻害剤は可逆的に酵素-基質複合体に可逆的に結合し不活性な ESI を生じる.(b) 逆数プロットは,傾きは $K_m/v_{\max}$ であるが,$1/v$ の切片は $(1 + c_i/K_i)$ ファクタによって上昇する.したがって,阻害剤の濃度は平行な直線を描く.y 切片は阻害剤濃度の上昇により上昇する.

$= K_m(1+c_i/K_i)$). K_mの減少は反応 $ES + I \Leftrightarrow ESI$ によってESが減少し、$E + S \Leftrightarrow ES$の平衡が右にシフトするために起こる．反応の平衡と逆数プロットの形は，図5.7に示した．c_iが上昇すれば，y切片は上昇しその結果平行な直線が得られる．

5.1.3 不可逆阻害

不可逆阻害剤は酵素に共有結合し，その触媒活性を常に阻害する分子である．よく知られた不可逆阻害剤はジイソプロピルホスホフルオロリン酸（DIPF）である．この阻害剤はセリン残基の水酸基に結合し酵素を不活化する．不可逆の阻害剤の他の例としては抗生剤ペニシリンが非常に選択的にバクテリアの細胞壁合成を阻害する．不可逆的に酵素を不活化する分子は非拮抗阻害のように，構造上のアナログであり，その結果，v_{max}が減少する．不可逆阻害か可逆阻害であるかは，v_{max}とc_{et}（アッセイに用いた酵素活性の全ユニット）をプロットすることにより見分けることができる．図5.8に示したように，可逆非拮抗阻害に対して，"阻害"を起こした反応の曲線はコントロールの曲線より小さい傾きをもつが両曲線とも原点を通る．一方，不可逆的な阻害剤はの反応曲線は，コントロールの曲線と同じ傾きをもつがx切片は不可逆的に不活化する酵素の量に対応して変化する．

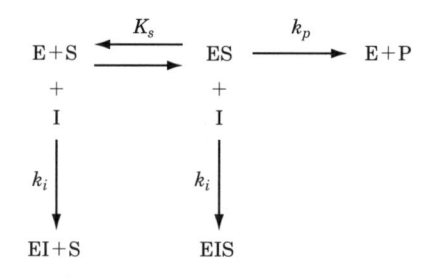

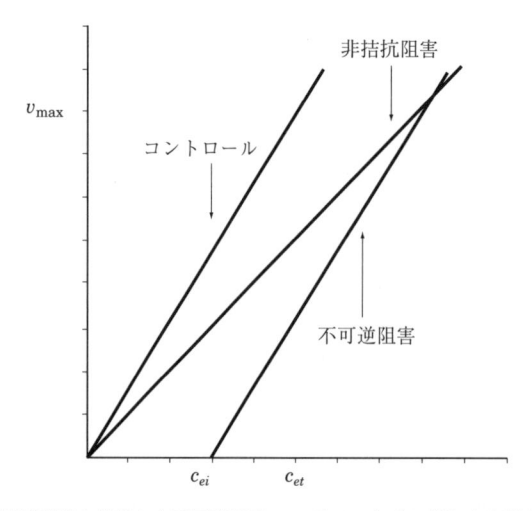

$$E+S \underset{}{\overset{K_s}{\rightleftharpoons}} ES \xrightarrow{k_p} E+P$$

$$+ \qquad\qquad +$$

$$I \qquad\qquad I$$

$$\downarrow k_i \qquad\qquad \downarrow k_i$$

$$EI+S \qquad\qquad EIS$$

図5.8 非拮抗阻害と比較した不可逆阻害．c_{et}はアッセイに供した全酵素量である．

例 5.1　酵素活性の調節による生合成ネットワークの制御：アスパラギン酸ファミリーのアミノ酸合成経路におけるフィードバック制御機構（Umbarger, 1978）

アスパラギン酸ファミリーのアミノ酸のメンバー（リジン，メチオニン，スレオニン，イソロイシン）は，図 5.9 に示すような分岐した経路により合成される．このタイプの分岐経路の調節は 1 つの生産物の過剰生成が全体の経路を止めてしまわないようになっているので普通複雑なものである．例えば，*E. coli* においては，この経路の調節機構はアイソザイムが関与しているので非常に複雑である．ここに示されているように各生産物は，共通の経路の最初の酵素アスパラギン酸キナーゼを阻害または抑制している．しかし，1 つの生産物がキナーゼの活性を完全に止めてしまわないように 3 つの異なるアイソザイム（異なる酵素ではあるが同じ化学反応を触媒する）が存在する．1 つのアイソザイムはリジンによる阻害に感受性が高く，もうひとつのアイソザイムはスレオニンによる阻害に選択的で，最後の 1 つは，主に過剰なメチオニンにより抑制される．さらに，*E. coli* は生産物の存在比がバランスがとれていないような状況にも適応できる．例えば過剰なメチオニンが存在するが，他の生産物（リジン，イソロイシン，スレオニン）濃度が低い場合，アスパラギン酸キナーゼだけを調節するだけではこの状況を修正できない．メチオニンとその他のアミノ酸の存在比がうまく調節できないからである．

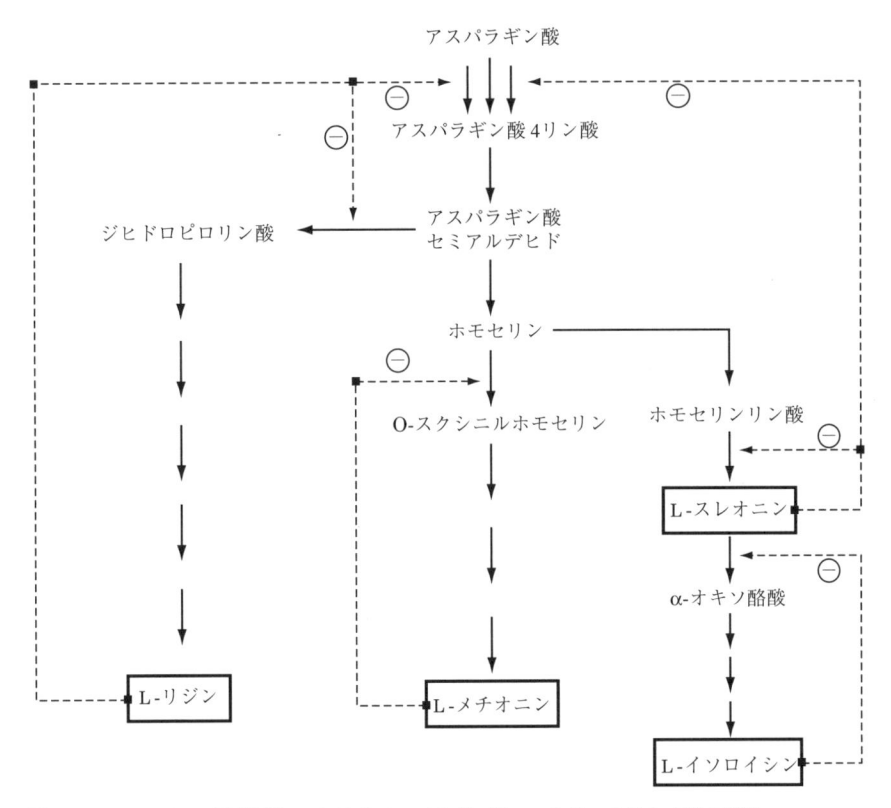

図 5.9　バクテリア（大腸菌）におけるアスパラギン酸ファミリーのアミノ酸の調節．
　L-リジンはアスパラギン酸キナーゼ III とジヒドロジピコリン酸シンターゼを阻害する．L-メチオニンは O-スクシニルホモセリンシンセターゼを阻害する．L-スレオニンはアスパラギン酸キナーゼ I とホモセリンデヒドロゲナーゼを阻害する．L-イソロイシンはスレオニンデアミナーゼを阻害する．

5. 代謝経路の調節

したがって，各アミノ酸は普通，そのアミノ酸合成の特定の分岐の最初の酵素を制御する．メチオニンやイソロイシンはフィードバック阻害や抑制によってその濃度を制御している．一方，リジンやスレオニンはより複雑な制御パターンが関与している．

幸運なことに，代謝工学の目的に対して，多くの微生物は，より単純なメカニズムをもっている．つまり，これらの微生物は，自然環境においてアンバランスなアミノ酸混合比に遭遇しないので，複雑な制御機構をもつ必要がないのである．もし，微生物が普通，アミノ酸が乏しい環境で生育している場合，アミノ酸生合成の調節機構の主な機能は，微生物の増殖速度に対してアミノ酸合成速度を調節することである．分岐した経路の主な調節機構は，1つまたは少数の生産物によって最初の共通の酵素を阻害するというものである．このタイプの単純な調節機構は実際，土壌微生物 *Corynebacterium glutamicum* や他の"コリネ型細菌"と呼ばれるグループのアミノ酸生産微生物において発見されている．*Brevibacterium-Corynebacterium* グループ（コリネ型細菌）の調節機構の単純さゆえに，これらの微生物の"栄養要求性変異株や調節機構の変異株"を取得することにより，リジンなどの大量生産が可能となった．

そのような変異株においては代謝物質の生合成における酵素-触媒反応の活性が破壊されている．栄養要求性変異株は増殖のために必要な物質を培地中に添加しなければならない．例えば，ホモセリンデヒドロゲナーゼ（HDH），これはアスパラギン酸セミアルデヒドをホモセリンに変換する酵素であるが，この酵素の破壊株はホモセリン，またはスレオニンとメチオニンの要求性である．そのような *C. glutamicum* 変異株のリジン過剰生産および他のアミノ酸の生産の停止には2つの理由がある：(a) HDHの破壊によりすべてのアスパルトキナーゼのフラックスはリジンに向かう，(b) 1 mM付近のリジンとスレオニンのアスパラギン酸キナーゼへの協奏阻害は94%に近いが，リジン単独で，この酵素の阻害は（12〜20%）である．このような変異株は増殖のためには培地中へのメチオニンやスレオニンの添加を要求するので，調節変異株の方が，経済的に見てリジン生産にとって非常に有用である．

リジン生合成の調節を変化させた *Brevibacterium* の変異株は，リジンアナログ物質S-アミノエチルシステイン（AEC）を用いることによって得られた．このリジンアナログ物質はアスパラギン酸キナーゼを阻害する．したがって，この物質により野生株の増殖は抑えられる．一方，AEC耐性変異株はアスパラギン酸キナーゼのAECやリジンに対するアロステリック部位の親和力が低くなるように，この酵素が変異している可能性が高い．これらの変異酵素はリジンと親和性が低く，リジンによるフィードバック調節を受けにくい．調節系の変異株の一連の菌株選択により，現在 60 g L^{-1} 以上のリジン生産が可能となっている．

5.1.4 アロステリック酵素 —— 協調的調整

前節では，基質の結合部位が複数存在しても独立に機能しているような酵素について述べた．つまり，結合した分子は空いている部位への結合には何ら影響しないというものである．2番目の基本的な調節機構は結合した1つの分子が構造的にまた電気化学的に酵素を変化させ，その酵素のもう一方の空いている部位の親和力を変化させるものである．このような相互作用には，1つの基質がこのような変化を起こす（単純協調）ケース，基質と阻害剤で相互作用を起こすケース，基質とアクティベータで相互作用を起こすケースがある．このグループの酵素はアロステリック酵素と呼ばれる．アロステリック酵素は，"複数のサブユニット"からなり，反応速度は"シグモイド曲線"を描く（Harford and Weitzman, 1975; Kurganov, 1982;

Monodら，1963; Sanwal, 1969, 1970; Stadtman, 1966).

　代謝経路のフラックスを制御において，Michaelis-Menten（M-M）カイネティクスに従う酵素の反応曲線が双曲線タイプであることに比較して，アロステリック酵素は重要な利点をもっている．これらの酵素に与えられたシグモイド曲線は低いc_sではc_sの小さな変化が酵素により効率的に働くようになっている．正の協調性はc_sの上昇に伴い速く酵素活性を上昇させる．一方，負の協調性はc_sの上昇に伴ってゆっくり酵素活性を減少させる．協調性は基質濃度の変化やアロステリックレギュレータの濃度変動に対し，感度を変化させるという点で生理学的に重要である．シグモイド応答は低濃度または高濃度で実際には"オン-オフ"スイッチとして働く．一方，中間的な濃度では，反応速度に対して高い感度を示す．このような調節系のもうひとつの興味深い特徴は，触媒活性を失うしきい値濃度が存在することである．そのようなしきい値現象はホルモンの応答，神経のシグナル，細胞の分化にとって極めて重要な現象である．

　"アロステリック"という言葉は，Monod，Changeux，Jacobによって，"基質とは構造的に類似していない分子"の影響によって，特性を変化させる酵素という意味で（特にK_mが変化するという意味で）最初に用いられた（Monodら，1963）．後に，この定義は，基質やエフェクタの結合でそのコンフォメーションを変化させる酵素という意味にも拡張された．

　このようなタイプの応答は代謝経路の制御にとっても非常に重要である．例えば，酵素反応がカスケードに連続している場合，細胞は最終生産物によって経路の最初の反応をオン-オフフィードバック阻害することによってフラックスを制御している．これは，細胞の構成要素の過剰生産や蓄積を避けるための効率的な方法なのである．アロステリック酵素の一般的な重要な性質は次のようにまとめられる．

- アロステリック酵素は，複数のペプチドサブユニットからなるポリペプチド複合体である．典型的なアロステリック酵素は2，4，6個またはそれ以上のポリペプチドからなる．サブユニットは触媒の機能をもつもの，調節機能をもつものに分かれるが，両方の機能をもつもある．
- エフェクタと基質は，普通，化学構造が非常に異なり，異なるサイトに結合する（これは，調節部位と触媒部位と呼ばれるものである）．
- アロステリックエフェクタは酵素の活性が上昇したり減少したりするように酵素のコンフォメーションを変化させる．これは，酵素が，異なるコンフォメーションをとって存在することを意味し，それでアロステリックという名前が付いている．リガンドの結合により，酵素の1つのコンフォメーションの状態から2つのコンフォメーション間の平衡状態を変化させることによって，他のコンフォメーションへ変化させるものである．どちらかのコンフォメーションの状態が酵素の活性が高い状態で，もう一方が低い状態である．このようにしてエフェクタは酵素の活性を変化させる．
- アロステリック酵素の明らかな特徴は，古典的なMichaelis-Mentenカイネティクスから外れることである．vとc_sのプロットはM-Mの双曲線の代わりに，シグモイド曲線を描く．アロステリック酵素の活性はこのシグモイド曲線より得られる．しかし，厳密にいえば，すべてのシグモイド曲線がアロステリックな相互作用から得られるものではない．例えば，ランダムな2反応物系（2つの基質，または基質とエフェクタ）では，3つの複合体を形成するカイネティクスによって同じような応答がもたらされることがある．

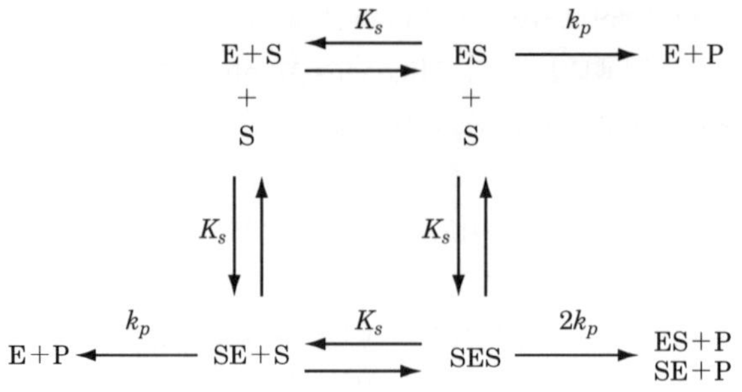

● 5. 代謝経路の調節

$$
\begin{array}{ccccc}
E+S & \underset{}{\overset{K_s}{\rightleftarrows}} & ES & \xrightarrow{k_p} & E+P \\
+ & & + & & \\
S & & S & & \\
K_s \updownarrow & & K_s \updownarrow & & \\
E+P \xleftarrow{k_p} SE+S & \underset{}{\overset{K_s}{\rightleftarrows}} & SES & \xrightarrow{2k_p} & \begin{array}{c}ES+P \\ SE+P\end{array}
\end{array}
$$

図5.10 非競争的二量体酵素に対する基質結合の様式.二量体（2つのサイト）モデルは,等価で独立な2つのサイトをもつとしている.K_sは"固有の"解離定数である.

非競争的サイト

アロステリック効果を示すものとして,図5.10に示すように,等価で独立な2つのサイトをもつ二量体酵素を考えよう.そのようなメカニズムから反応式は

$$\frac{v}{v_{\max}} = \frac{\dfrac{c_s}{K_s} + \dfrac{c_s^2}{K_s^2}}{1 + \dfrac{2c_s}{K_s} + \dfrac{c_s^2}{K_s^2}} = \frac{\dfrac{c_s}{K_s}\left(1 + \dfrac{c_s}{K_s}\right)}{\left(1 + \dfrac{c_s}{K_s}\right)} \tag{5.7}$$

と与えられる.ここで,$K_s = c_s c_e / c_{es}$であり,$v_{\max} = 2k_p c_{et}$である.

一般的に,n個の等価で独立なサイトをもつ酵素の反応速度式は,

$$\frac{v}{v_{\max}} = \frac{\dfrac{c_s}{K_s}\left(1 + \dfrac{c_s}{K_s}\right)^{n-1}}{\left(1 + \dfrac{c_s}{K_s}\right)^n} \quad \text{あるいは} \quad \frac{v}{v_{\max}} = \frac{c_s}{K_s + c_s} \tag{5.8}$$

である.したがってnの値に関係なく,v対c_sプロットは常に双曲線で,よって,カイネティックなデータからnを決めることはできない.言い換えるとn個のサイトをもった酵素1モルか,1つのサイトをもったnモルの酵素かは区別できない.

競争的結合

一方,アロステリック相互作用の本質は1つの基質分子の結合が他の空いている部位への結合の性質を変える構造的または電気化学的変化をもたらすことにある.この種の酵素において,最初に結合した分子は,空いている部位への基質の親和力を上げることによって次の分子の結合を容易にする.これは"正の協調性"または"正のホモトロピック応答（同種親和性）"と呼ばれ,結合分子の,つまり基質の結合の1つのタイプである.異なるリガンドの相互作用（例えば,基質とアクティベータ,基質と阻害剤,阻害剤とアクティベータなど）を含むヘテロトロピック応答（異種親和性）と呼ばれ,ネガティブにもポジティブにも作用をもち得る.

再び,2つの結合部位をもつ酵素を考えよう.しかし,このケースでは,1番目の分子の結合が2番目の結合に影響を与える場合を考えよう.図5.11に示すように,1番目の分子の結合

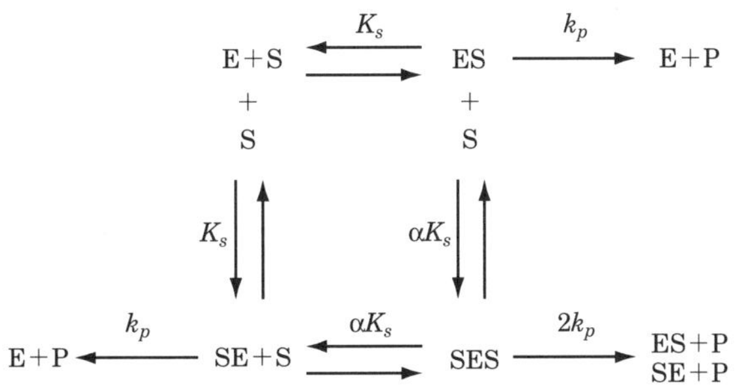

5.1 酵素活性の調節

$$
\begin{array}{ccccc}
E+S & \underset{K_s}{\rightleftarrows} & ES & \xrightarrow{k_p} & E+P \\
+ & & + & & \\
S & & S & & \\
K_s \updownarrow & & \alpha K_s \updownarrow & & \\
E+P \xleftarrow{k_p} SE+S & \underset{\alpha K_s}{\rightleftarrows} & SES & \xrightarrow{2k_p} & ES+P \\
& & & & SE+P
\end{array}
$$

図5.11 2つの結合サイトをもつアロステリック酵素の基質の結合様式．基質の結合（ES）の解離定数K_sはファクタαにより変化する（$\alpha<1$）．

により2番目のサイトの解離定数はK_sからαK_sに変化する（ここで，正の協調性の場合は$\alpha<1$，負の協調性の場合は$\alpha>1$となる）．

このメカニズムの反応カイネティクスは次のような表現となる．非協調性の場合と比べて，式(5.9)は，単純にM-M型には帰着しない．そして，これは，c_sに対してシグモイド曲線を示す．

$$\frac{v}{v_{max}} = \frac{\dfrac{c_s}{K_s} + \dfrac{c_s^2}{\alpha K_s^2}}{1 + \dfrac{2c_s}{K_s} + \dfrac{c_s^2}{\alpha K_s^2}} \tag{5.9}$$

ここで，ここで，$K_s = c_s c_e / c_{es}$であり，$v_{max} = 2 k_p c_{et}$である．

より精巧な四量体の場合には，反応速度は

$$\frac{v}{v_{max}} = \frac{\dfrac{c_s}{K_s} + \dfrac{3 c_s^2}{\alpha K_s^2} + \dfrac{3 c_s^3}{\alpha^2 \beta K_s^3} + \dfrac{c_s^4}{\alpha^3 \beta^2 \gamma K_s^4}}{1 + \dfrac{4 c_s}{K_s} + \dfrac{6 c_s^2}{\alpha K_s^2} + \dfrac{4 c_s^3}{\alpha^2 \beta K_s^e} + \dfrac{c_s^4}{\alpha^3 \beta^2 \gamma K_s^4}} \tag{5.10}$$

となる．このモデルでは，効果は順次蓄積して効果を発揮していくことに注意したい．つまり，2番目の分子の結合は，残り2つのサイトの解離定数をファクタβによって$\alpha\beta K_s$と変化させる．また，3番目の分子は，最後のサイトの結合をファクタγによって$\alpha\beta\gamma K_s$と変化させる．

Hill式：アロステリック酵素の反応速度の単純化

酵素が協調的に作用を受ける場合，α，β，γなどのファクタの影響は小さく，むしろ主に反応速度式は$(c_s)^n$によって大きく影響される（つまり，すべての基質-酵素複合体については複合体に結合している基質分子がn個以下の場合は，c_sがK_sより高い範囲においては常に無視できる）．このことにより，例えば，4つのサイトをもつ酵素の式は次のように簡単化される．

$$\frac{v}{v_{max}} = \frac{\dfrac{c_s^4}{\alpha^3 \beta^2 \gamma K_s^4}}{1 + \dfrac{c_s^4}{\alpha^3 \beta^2 \gamma K_s^4}} = \frac{\dfrac{c_s^4}{K'}}{1 + \dfrac{c_s^4}{K'}} = \frac{c_s^4}{c_s^4 + K'} \tag{5.11}$$

● 5. 代謝経路の調節

n 個の等価な基質結合部位をもつ酵素反応に対しては，次のようなカイネティクス表現ができる（これを Hill 式という）．

$$\frac{v}{v_{\max}} = \frac{c_s^n}{K' + c_s^n} \tag{5.12}$$

ここで，$K' = \alpha^{n-1} \beta^{n-2} \gamma^{n-3} \cdots K_s^n$ である．式（5.12）の K' は基質濃度の n 乗，つまり $(c_s)^n$ に等しくなると，$v = 0.5\, v_{\max}$ となる．固有の解離定数 K_s，相互作用ファクタ（この値が 1 より小さいなら正の協調，1 より大きいなら負の協調を示す）も含まれる．

Hill 式（5.12）はより使いやすい形に変形し，

$$\log\left(\frac{v}{v_{\max} - v}\right) = n_{app} \log c_s - \log K' \tag{5.13}$$

を得る．つまり，$\log(c_s)$ に対して，左辺をプロットすれば，直線を得ることができ，傾きは n_{app} に等しい．もし協調性が強くなければ，n の値が実際のサイトの数より小さくなる．つまり，n は実際のサイトの最小数を示す n_{app} より 1 大きい整数となる．

5.2 酵素濃度の調節

前の節では，酵素活性を変化させるいくつかのパターンについて説明した．これらのメカニズムは，酵素分子が細胞内にすでに存在するときに働く調節機構である．これらの調節は可逆的，不可逆的な反応を含んでいる．これらの調節は本質的に活性な酵素分子の数に影響を及ぼすものである．結果として，これらの機構は，非常に短い時間の間に速い応答を示すものとなる．もちろん酵素反応速度を調節するもうひとつの方法は酵素の"トータルの"数を変化させる方法である．酵素は遺伝子発現の結果，生産されるものであるので，その量は 2 つのレベル，つまり DNA の転写，RNA の翻訳によって制御され得る．ほとんどの原核生物の遺伝子は転写レベルで制御を受けている．これは不必要な mRNA の生産を防ぐという意味がある．

5.2.1 転写開始の制御

転写の開始は RNA ポリメラーゼが，構造遺伝子の上流に存在するプロモータ領域に結合するときに起こる（Box 5.3 参照）．遺伝子発現の制御を受ける場所は明らかに遺伝子のプロモータ領域，またはその周辺である．RNA ポリメラーゼがプロモータに結合する速度を制御することによって，細胞は最終的に合成される酵素の量を決定する mRNA の量を制御している．実際のコード領域（構造遺伝子）に近接の配列は，この制御にかかわる遺伝子で，調節遺伝子と呼ばれる．プロモータに加えて，調節分子が結合するオペレータ領域がこれらには含まれている．調節タンパク質は転写を妨げる場合もあるし（ネガティブコントロール），転写を促進させる（ポジティブコントロール）場合もある（Hoopes and McClure, 1987）．

オペロンは，共通の調節領域によって制御されるタンデムに並んだ複数の異なる一群の遺伝子として定義される．オペロンから生産された 1 つの mRNA はオペロンを形成する構造遺伝子"すべての"情報を含んでいる（ポリシストロン，多遺伝子性）．これにより，共通の生化学反応にかかわるすべての遺伝子産物の調節を互いに調整することができる．

Box 5.3　バクテリアのプロモータ

　プロモータはあるDNAの配列であり，構造遺伝子の上流に見出される．この領域はRNAポリメラーゼが結合し，mRNAが合成され始める場所である．バクテリアのプロモータ活性のレベルは，いくつもの方法で制御されている．正の調節はその中でも最もよく研究されたメカニズムである．プロモータの−35領域近傍にアクティベータが結合する領域が存在する．よく研究されているアクティベータは，cAMP結合タンパク質（CAP）である．このタンパク質はcAMPによりアロステリック的にコンフォメーションが変化する．いくつかのタンパク質結合型アクティベータの活性は，共有結合によって調整されている．リン酸化反応にかかわるNR_Iタンパク質の場合には，Ntr（窒素調節）プロモータからの転写を活性化させる．正の調節のもうひとつの例では，調節機構をもつプロモータが（−10領域付近において）特徴的な配列をもち，発現の調節がシグマファクタの細胞内レベルの変化によって行われるタイプである．

　発現開始の負の調節もまたよく見られるものである．基本的な機構はプロモータ活性を減少させるようなリプレッサー分子の結合である．リプレッサー分子の結合領域はその場所がプロモータの−35領域から−10領域に変化している．*E. coli* のオペロン（gal, deo, ara）は2つの別のリプレッサー結合部位をもっている．アクティベータと同じようにリプレッサーは認識リガンドの結合によってコンフォメーションを変化させるアロステリックタンパク質である．この機構においては共通の調節機構はあまり見られない．また，あまりよく解明されてはいないが，別の負の調節機構はプロモータ領域やスーパーコイルにおけるDNAのメチル化によるものもある．また，自発的な調節機構として遺伝子の調節が自身の遺伝子生産物により行われる興味深い例がある．このパターンの制御は酵素フィードバック阻害のパターンと同じでリプレッサーやアクティベータが自分自身の遺伝子産物の過剰生産によって妨害される機構をもっている．典型的な例は *crp* 遺伝子（グローバルな炭素代謝の調節に関わる），*araC*（L-アラビノース代謝のオペロンのレギュレータ），*trpR*（Trp生合成オペロンのリプレッサー），*glnG*（アンモニアの消費レギュレータ）などにおいて見られる．図5.12には，*E. coli* のいくつかのプロモータとファージのプロモータに見られる共通の配列を示している．これらは共通の特徴を有していることがわかる．100以上ある *E. coli* のプロモータはプリブナウ配列（mRNA開始点の5〜10塩基上流）よく似た配列：$T_{80}A_{95}T_{45}A_{60}A_{50}T_{96}$ が多く存在することが明ら

CG**TATAAT**GTGTGG<u>**A**</u>
GG**TACGAT**GTACCAC<u>**A**</u>
AG**TAAGAT**ACAAATC<u>**G**</u>
GT**GATAAT**GGTTGC<u>**A**</u>
CT**TATAAT**GGTTAC<u>**A**</u>
CG**TATGTT**GTGTGG<u>**A**</u>

図5.12　*E. coli* とそのファージで見つかったプロモータのセグメント．共通の配列は太字で示されている（プリブナウ配列）．保存されているTは下線が付されている．二重下線はmRNA合成の開始点を示している．

● 5. 代謝経路の調節

かになっている．この領域はmRNA合成が左から右へと進むために，RNAポリメラーゼの基点でありダブルヘリックスを開く場所であるとも考えられている．

プロモータ領域のさらなる検討により，もうひとつの重要な領域はプリブナウ配列の上流に保存されている領域であることがわかっている．この6塩基は−35領域と呼ばれTTGACAというコンセンサス領域である．これはRNAポリメラーゼが結合する開始点と考えられている．プロモータが強いか弱いかという差は−35塩基から−10塩基の領域の配列に依存する．

真核生物ではプロモータの配列はRNAポリメラーゼのタイプとともにいろいろなバラエティがある．タンパク質をコードしている遺伝子に対するプロモータ，これは，RNAポリメラーゼIIにより転写されるが，普通，転写開始点の−30塩基上流にTATAAAというコンセンサス領域がある．この配列はTATAボックスと呼ばれ，RNAポリメラーゼIIによって転写される遺伝子の約80%に存在する．この配列は原核生物の−10塩基領域と似ており，RNAポリメラーゼIIの場所を決める役割やその解離を妨げる役割をしている．TATAボックスに加え（またはその代わりに），RNAポリメラーゼIIにより，転写される遺伝子の10〜15%は他のコントロール配列が存在する．典型的なものは転写開始点から60〜120塩基上流のコンセンサス領域CCAAT（CCAATボックス）やGGGCG（GCボックス）である．

いろいろなオペロンの例：*lac*オペロン

最初に完全に明らかにされたオペロンの1つは*lac*オペロン（Müller-Hill, 1996）である．このオペロンの完全な調節機構は非常に複雑であるが，この節では，このオペロンの基本的な特徴についてのみ述べることにする．このオペロンは炭素源として，ラクトースの利用に関する構造遺伝子をもち，図5.13のように表される．ラクトースはグルコースとガラクトースからなる二糖類であるがこのオペロンの制御に中心的役割を果たす物質である[1]．*lac*オペロンのプロモータとオペレータはそれぞれ，*lacP*と*lacO*である．*lacI*遺伝子はリプレッサータンパク質をコードする．これはラクトースが欠乏した状態でオペレータ領域に結合し，物理的にRNAポリメラーゼの結合を妨げる．*lac*オペロンの誘導はラクトースの存在下で起こる．ラクトース（インデューサ）のリプレッサー分子の特異的な部位へ結合によりリプレッサー分子の*lac*オペレータとのDNA結合親和力がアロステリック的に失われる．それゆえRNAポリメラーゼはβ-ガラクトシダーゼ（*lacZ*），ラクトースパーミアーゼ（*lacY*），ガラクトーストランスアセチラーゼ（*lacA*）をコードするポリシストロンmRNAを転写する機能を発揮することができる．典型的なオペロンに見られるように，これらの遺伝子産物はオペロン全体の機能に関与している．パーミアーゼはラクトースの細胞内への取込みに関与している．一方，β-ガラクトシダーゼはラクトースのβ-1, 4結合を開裂し，フリーの単糖を作る．したがって，*lac*オペ

---

[1] より正確には調節分子はラクトースの異性体，アロラクトースである．この分子はインデューサとして働く．この分子は，β-ガラクトシダーゼにより生成し，ラクトースからアロラクトースが変換される．つまり，β-ガラクトシダーゼは*lac*オペロンの制御下で働き，誘導を始める最初の物質として，基準レベルで構成的に発現しなければならない．

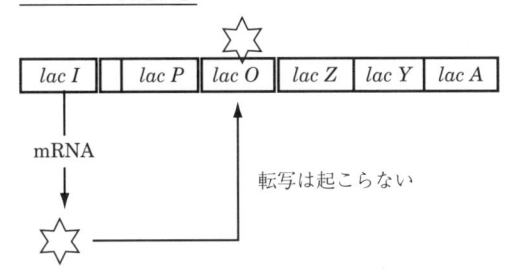

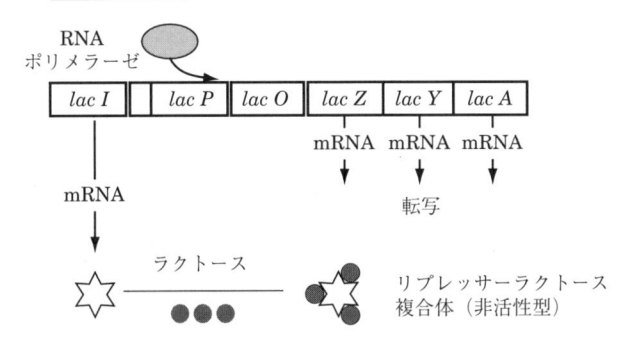

図 5.13 lac オペロンの発現の制御．ラクトースが欠乏する場合（図上）lac リプレッサーは lac オペレータ DNA に結合する．これは，RNA ポリメラーゼによる lac 遺伝子の転写をブロックする．ラクトースが存在する場合（図下）はラクトースが lac リプレッサーに結合し，lac オペレータに結合できないような不活化した複合体を形成する．これにより，RNA ポリメラーゼは lac プロモータ領域に結合し，lac オペロンの 3 つの酵素 β-ガラクトシダーゼ（lacZ），ラクトースパーミアーゼ（lacY），ガラクトーストランスアセチラーゼ（lacA）の mRNA が転写される．

ロンは，負に制御された誘導系である．

lac オペロンは，またもうひとつの正の調節制御系をもっている．この目的は，過剰なグルコースの存在に対する無駄なエネルギーの消費を防いでいる．$E.coli$ におけるグルコース利用の酵素は構成的であり，細胞にとってグルコースとラクトースが両方存在するときラクトースの代謝の酵素を生産することは無駄なことである．例えば，$E.coli$ がグルコースで増殖するとき cAMP レベルは低いが，他の炭素源に対しては cAMP レベルは高くなる傾向にある．したがって，cAMP は lac オペロンに正の調節をしていると考えられている．cAMP が高いレベルで，つまりグルコースが存在しないような状態で，cAMP は特別なタンパク質と結合し（CAP カタボライトアクティベートタンパク質），CAP-cAMP 複合体が次に lac プロモータの CAP 結合部位に結合する．この結合により，さらに下流の DNA 二重らせんが不安定化される．これによって RNA ポリメラーゼの結合が容易になり，プロモータの効率が上昇する．

いったん開始された転写は，RNA ポリメラーゼが DNA のストップコドン（RNA における U 塩基の繰返しに対応する G-C リッチな領域）に出合うまで続く．または，ポリメラーゼの活性はローファクタのような転写のターミネータ分子によっても停止する．そのようなことは，

5. 代謝経路の調節

オペロンの終結点で起こるが，このことはmRNAが未成熟な状態でも起こり得る．つまり調節機能を保持したまま起こるのである．例えば，mRNAのヘアピンループが生成することにより，新しく生成しているmRNAにおいてRNAポリメラーゼによる転写が瞬間的に停止する．この停止している時間の80～90%の時間内に，転写を行っているRNAポリメラーゼが転写バブル構造のDNAから解離してしまうのである．この転写終結の調節メカニズムは，"アテニュエーション（転写減衰）"と呼ばれている．この機構は翻訳と転写が密接に連係することによって起こる．このタイプの調節の古くから見つかった例は，E. coliにおけるトリプトファンオペロンの例である．トリプトファン（厳密にはトリプトファン-tRNA）の供給が低ければ，trpの転写開始後すぐに起こる終結ループは形成されずtrpのmRNAは完全に転写される．しかし，トリプトファンの濃度が高ければ，トリプトファン合成遺伝子の合成を止めるアテニュエーション機構が起こるのである．

5.2.2 翻訳の制御

ある種の酵素の遺伝子レベルでの制御は翻訳レベルで起こる．これは，転写後調節と呼ばれている．この調節のメカニズムは，成熟したmRNA分子が翻訳される回数に基づいている．最初に明らかにされたこのシステムは，R17ファージに感染したE. coliの酵素生産においてであった．このファージは3つの遺伝子産物，つまり，2つの構造タンパク質と酵素レプリカーゼのみをコードしている．コートタンパク質が必要なのでmRNA分子はコートタンパク質遺伝子の終結コドンとレプリカーゼ遺伝子のAUGサイトの間にmRNA分子が結合するサイトをもっている．コートタンパク質が合成されるにつれて，この結合部位は徐々にタンパク質にコートされ，レプリカーゼ領域の翻訳に対し，リボゾームをブロックする．ウイルス粒子を包み込むのに必要なコートタンパク質の合成が必要なときは，新しいウイルス粒子を作るために，それらのコートタンパク質が放出され，レプリカーゼの翻訳が続いて起こることになる．一般に翻訳レベルの調節は次のようなもののうちの1つを調節することにより達成される．（1）mRNAの安定性，（2）翻訳の開始の確率，（3）タンパク質合成の速度（Iserentant and Fiers, 1980; Stormoら, 1982）．

翻訳調節は，リボゾームタンパク質をコードするいくつかのオペロンに共通である．すべての種類のバクテリアの増殖速度は増殖培地の成分に対して変化する．グルコースのような効率的に使用しやすい炭素源を含む最小培地では，E. coliはざっと37℃で，45分に1回分裂する．これはプロリンを栄養源として使ったとき（500分で分裂）と比べるとよくわかる．グルコース，アミノ酸，プリン，ピリミジン，ビタミン，脂肪酸を含むような，豊富な栄養源では，構成要素を合成する必要がないので，30分以下の世代時間で細胞は非常に速く増殖する．リボゾームは1個当り，タンパク質合成に対してその能力に制限があるので(37℃で15アミノ酸/秒)，異なる比増殖速度（つまり異なるタンパク質合成速度）で，細胞当りのリボゾームの数が状況に応じて変化する．例えば，25分の世代時間をもつE. coliは細胞当り70,000のリボゾームをもち，300分の世代時間をもつ細胞は2,000のリボゾームをもつ．さらにダウンシフトの実験（つまり，栄養豊富な培地から最小培地への切換え）を行えば，細胞当りのリボゾームの含量は，rRNAの合成が止まることにより減少する．

rRNAのリボゾームに対する比やr-タンパク質とリボゾームの比は異なる増殖速度で，2つのフィードバックメカニズムによって調節されている．最初に，リボゾームは，少し過剰に生

産され，フリーの非翻訳リボゾームはrRNAの合成を阻害する．2番目に，あるr-タンパク質は1つまたは複数のr-タンパク質をコードするmRNAの翻訳を阻害する（翻訳抑制）．いくつかの研究により翻訳抑制はある特定のr-タンパク質がリボゾームの結合部位の近くの塩基に結合する結果であることが明らかにされている．一方，翻訳抑制が起こらないときは各mRNAは完全に翻訳される．その結果，特定のmRNA種にコードされたr-タンパク質はmRNAに等しい数だけ生成する．このメカニズムにより，リボゾームの合成にカップルしたr-タンパク質の等しい合成速度が保証される．

もうひとつの大事なrRNAの制御機構は，ストリンジェント応答（緊縮応答）と呼ばれるものである．もし増殖培地のアミノ酸が欠乏したらフリーのtRNAが多く生成されることになる．これは，次にはrelA遺伝子の誘導をトリガリングする．relA遺伝子の産物はストリンジェントファクタとして知られ（50Sリボゾームの中に局在化している），これは，ppGpp（グアノシン5'二リン酸3'二リン酸）の生産に関与している．ppGppの生産シグナルはタンパク質合成の停止を引き起こす（アミノ酸の欠乏のために）．これは次にrRNA合成の停止を引き起こす．

例5.2　遺伝的調節のネットワーク：コレステロール合成と消費（Hardie, 1992; Ku, 1996）

遺伝子の発現を変化させる条件で古くに見つかった例は高脂血症である．これは，血中の脂肪のレベルが高くなる症状を示す．冠状動脈の循環器疾患，肥満，糖尿病のような慢性の疾患はこの経路の特定の遺伝子の発現に影響をもっている代謝成分が引き起こすものである．コレステロールは，主に肝臓や小腸で生成される低密度リポタンパク質（VLDL）として血流に入る．コレステロール合成にはいくつかの酵素が関与しているが，3ヒドロキシ3メチルグルタリルCoA（HMG-CoA）レダクターゼが生理学的な条件で酵素を制御していると考えられている．コレステロールのレベルを下げる薬剤の中には，HMG-CoAレダクターゼの阻害を起こすものもある．主要なフィードバックメカニズムを含むコレステロールの生合成経路は，図5.14に示されている．

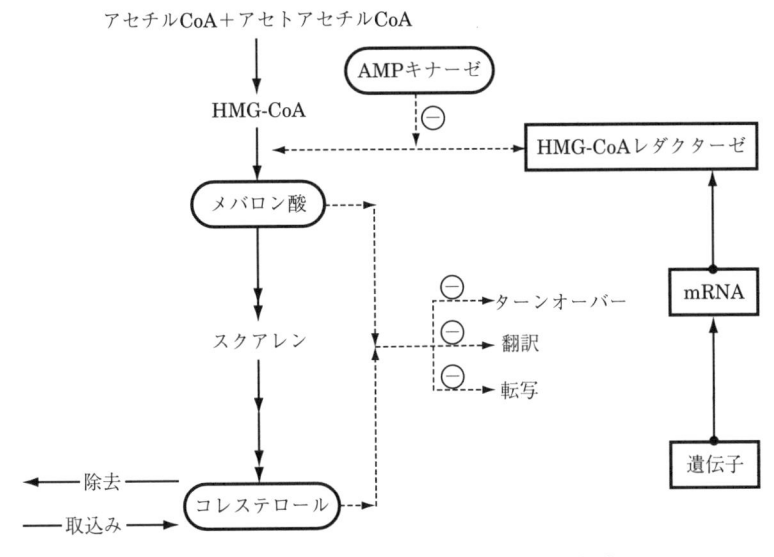

図5.14　コレステロールの生合成とその調節の経路．

● 5. 代謝経路の調節

メバロン酸は2つのレベルで，HMG-CoA レダクターゼの負の制御を行っている．メバロン酸とその関連代謝物質は HMG-CoA レダクターゼをコードする mRNA の翻訳速度を最大 1/5 にまで減少させる．また，これらの物質は一方では HMG-CoA レダクターゼの分解速度を上昇させる．HMG-CoA レダクターゼレベルの減少における両方の効果により細胞はこの経路の中間物質が危険なレベルになることを回避している．コレステロール濃度が上昇すると遺伝子の転写は8倍強く阻害されることが知られている．これらの負のフィードバックループにより HMG-CoA レダクターゼの濃度が動的に200倍近い範囲で変化することになる．さらに，この経路の負の制御は，AMP 依存プロテインキナーゼによる HMG-CoA のリン酸化によって阻害されている．

5.3 グローバルなコントロール——細胞全体のレベルでの調節

30年前に遺伝子調節の詳しい例として *lac* オペロンの調節機構が明らかにされたとき，さらなるオペロンの発見や解析に対する研究への興味や情熱が湧き起こった．その後の努力により多くのオペロンの発見が相次いだ．そのシステマティックな研究や解析によりオペロンが別々に機能しているのではないことが明らかにされた．むしろ，より高次の調節ネットワークが存在する（Neidhardt ら，1990）ことがわかってきた．このタイプのグローバルな調節により異なる環境や環境の変化，例えば栄養豊富な培地から最小培地の切換え，アミノ酸制限，好気から嫌気への切換え（通性嫌気性菌に対して），ヒートショック，リン，窒素，炭素源の枯渇などに対しても微生物は増殖能を維持することができるのである．

"グローバルな制御"は，細胞生理の多くの事象を制御するために調節シグナルを使う細胞固有の能力のことであり，上に述べたようないろいろな条件シフトに応答する．そのようなネットワークの調節は，機能的にも物理的位置においても，染色体地図上で不連続で，かつ，明らかに無関係なオペロンやレギュロンの組（セット）においても起こる．グローバルな調節ネットワークにおいてはオペロンのセット（これはバクテリアのゲノムに散乱して存在しており，ときどき共通点のない機能を呈するが）は，これらはお互いに制御しあっている．グローバルな"レギュロン"という言葉は，グローバルな制御ネットワークにおける，共通の調節タンパク質の制御下にあるオペロンネットワークとして定義される．しかし，最も普通には単純な環境変化でさえいくつかのレギュロンが発現しているのである．したがって，1つの環境の刺激に応答するレギュロンの全体を指して"スティミュロン"という言葉が使われる．グローバルな調節ネットワークの複雑さや重複を強調するためには"モデュロン"という言葉が用いられる．この言葉は1つ以上の効果をもたらす"プレイオトロピックな"（多面発現性）調節タンパク質を共有することによって，異なる特異な制御下におけるオペロンやレギュロンのグループとして定義される．近年，原核生物の世界でグローバルな調節系が共通のテーマとなってきていることは明らかであろう．

そのようなグローバルな調節ネットワークの存在を示す理由が少なくとも2つある（図5.15）．まず，細胞プロセスは，1つのオペロン中で調節できるよりも多くの遺伝子を含むということである．例を挙げればバクテリアの翻訳機構は，rRNA，リボゾームタンパク質，開始因子，伸展因子，終始因子，アミノアシル-tRNA シンセターゼ，tRNA を含む少なくとも150以上の遺伝子産物のグループがある．これらの互いに関係する多くの成分の協調した調節は細胞増殖の全体の効率のためにとても重要である．しかし，これらすべての遺伝子を1つのオペ

5.3 グローバルなコントロール

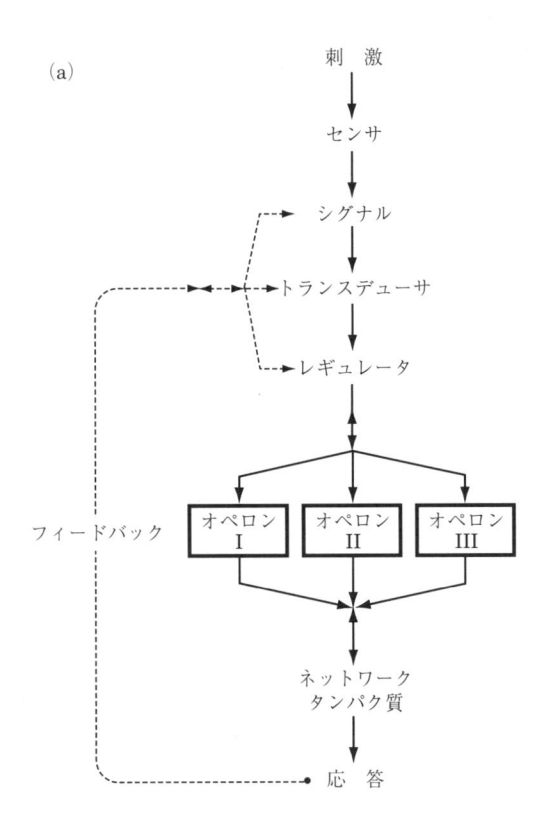

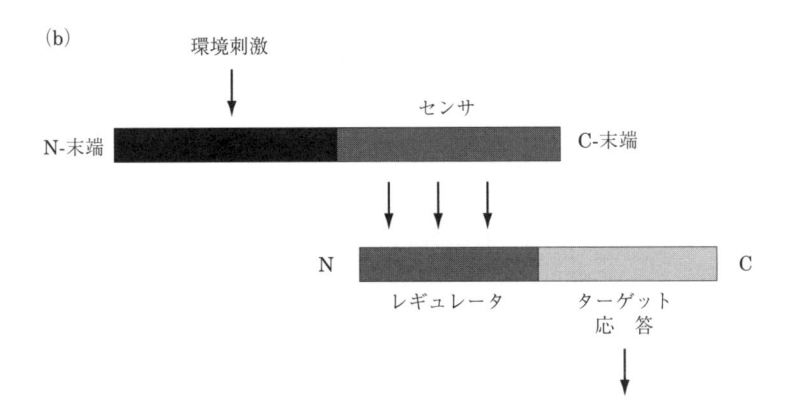

図5.15 グローバルなコントロール．(a) 環境条件（例えば，温度，pH，培地成分）に直接的または間接的に応答してシグナルが生じる．間接的に応答する場合は，1つまたは複数のトランスデューサが存在する．このシグナルは調節分子（レギュレータ）の合成速度を制御する．次に，レギュレータはオペロンメンバーのタンパク質合成速度を制御する．これらのタンパク質の機能により増殖が促進されたり，生残することができる．フィードバックコントロールの機構により，システムが新しい平衡状態に達することができる．(b) センサとレギュレータのシグナル伝達．保存された領域は同じ濃さで示している．

● 5. 代謝経路の調節

　ロンに統合するのは不可能である．2番目の理由はいくつかの遺伝子は独立に調節される必要があるが，これを無効にする協調制御システムも存在するということである．そのようなケースの例は，炭素源とエネルギー源の利用に関与する酵素をコードしている遺伝子によく見つかる．グルコースはほとんどのバクテリアにとって貴重な基質であり，増殖培地中にグルコースが存在する場合には2次的なあるいは余剰な基質が存在しても，その基質に必要な酵素をコードしている遺伝子は無視される．しかし，グルコースのような基質がなければ各オペロンはその基質が存在することにより誘導される．これらの例は，1つのオペロンの調節に取って代わって用いられる調節機構の必要性を示している．

　バクテリアの細胞は，何百もの多重遺伝子システムをもっていると考えられている．その中で現在まで深く研究されたものは数少ない．バクテリアからのいくつかの例は，表5.2に示されている．この中には大きく3つのカテゴリーが存在し，それは，基質の制限，酸化還元（redox）変化，至適でない条件に対する細胞の応答である．バクテリアは多様なグローバルなレギュレーションのメカニズムをもっていることが明らかにされつつある．このようなことは，やっと明らかにされ始めたばかりである．そのようなネットワーク調節のための物質は，タンパク質のレセプター，アクティベータ，シグマファクタのようなオペロンの調節の物質が使われることも珍しくはない．ヒートショックや胞子形成のメカニズムにはRNAポリメラーゼをプログラムし直すシグマファクタが働いている．これは，各オペロンのプロモータを認識するように働いているのである．SOS，つまり酸化ダメージや，嫌気電子伝達系は，構成オペロンの領域を制御する特定の配列を認識するリプレッサーやアクティベータタンパク質が働いている．反対に，よく見られるそして異なる調節機構をもつオペロンの1つは，ストリンジェントな制御システム（緊縮システム）である．これは明らかな調節タンパク質がなく，代わりに全体の調節分子としてヌクレオチドグアノシンテトラリン酸（ppGpp）が働く．

　多重遺伝子システムに対する重要な現象は，タンパク質-タンパク質相互作用を通して行われる機能，情報のやりとりを行う能力に基づく．バクテリアの環境刺激に対する応答の遺伝的，生物化学的解析により，典型的には2つのクラスのタンパク質間のコミュニケーションが存在するシグナル伝達が明らかにされてきた．各タンパク質のペアは，環境変化を検知して伝えるセンサタンパク質とシグナルを受けて働く調節タンパク質よりなる．このシグナルを受けた調節タンパク質（レギュレータ）は，ある種のオペロンの転写開始に正にまたは負に影響を与える．各クラスのシグナル伝達のメンバー間で重要なホモロジーが見られる．ほとんどの場合センサタンパク質の保存された領域はC末端で250アミノ酸以上あり，レギュレータタンパク質はN末端側に120アミノ酸以上の保存された領域をもつ（図5.15（b））．

リン酸化によるシグナル伝達

　1980年代の中盤までに，多くの多重遺伝子システムは，2つ1組のタンパク質，つまり，2つのファミリーからのタンパク質を各々もったペアであることが明らかになった（Wanner, 1992）．典型的な2コンポーネントのセンサ-レギュレータ調節系においては，膜に貫通したセンサタンパク質が特異的な細胞外の環境刺激を検知し，その後，細胞内に存在するC末端の自己リン酸化を誘導する（図5.15（b）と比較せよ）．2番目のステップではリン酸基が対応するレギュレータのN末端に移動する．最初のファミリーの例は，プロテインキナーゼ（PKs）であり，これはATPからリン酸基をキナーゼ中のヒスチジン残基に移動する．2番目のステップ

5.3 グローバルなコントロール

表 5.2 バクテリアの多重遺伝子調節システム[a].

刺激	システム	微生物	調節遺伝子	調節を受ける遺伝子
培地の制限				
炭素	カタボライト抑制	腸内細菌	crp: アクティベータをコードする cya: アデニレートサイクラーゼ	lac, mal, gal, ara, tna, dsd, hut など多くの異化代謝遺伝子
アミノ酸またはATP	ストリンジェント応答	腸内と他の細菌	relA and spoT: ppGpp 代謝をコードする酵素	リボゾーム，または他の翻訳タンパク質生合成酵素の遺伝子（>200）
アンモニア	Ntr システム	大腸菌	glnB: protein P_{II} glnD: UR/UTase glnG: protein NR_I glnL: protein NR_{II}	glnA, hut その他
アンモニア	Nif システム	Klebsiella aerogens その他	アンモニア制御を含む多重遺伝子	ニトロゲナーゼをコードする多重遺伝子
リン酸	Pho システム	大腸菌	phoB: phoB 活性の調節因子 phoU: リン輸送のセンサ	phoA その他
貧栄養	胞子形成	B. subtilis	spoOA: アクティベータ	胞子形成にかかわる多くの（100以上の）遺伝子
貧栄養または阻害	静止期	すべてのバクテリア	spoOF: モデュレータ 未知	多くの遺伝子
エネルギー代謝				
酸素供給	Arc システム（好気）	E. coli	arcA: リプレッサー arcB: arcA 活性のモデュレータ	好気代謝の多くの遺伝子
O_2 以外の電子受容体	嫌気呼吸	E. coli	fnr: アクティベータをコード	硝酸レダクターゼや他の嫌気呼吸の遺伝子
電子受容体の欠如	発酵代謝	E. coli と他の通性嫌気微生物	未知	発酵に関与する酵素の多くの遺伝子（>20）
ストレス応答				
UV やその他によるDNAのダメージ	SOS 応答	E. coli その他	lexA: リプレッサー recA: lexA 活性のモデュレータ	UV によってダメージを受けたDNAの修復遺伝子（約20）
DNA アルキル化	Ada システム	E. coli その他	ada: アクティベータ	DNAからアルキル化によって塩基を除くための遺伝子
H_2O_2 または同様の酸化剤	酸化レスポンス	腸内細菌	oxyR: リプレッサー	酸化プロテクトの約12の遺伝子
高温へのシフト	ヒートショック	E. coli その他のバクテリア	htpR: σ^{32}	巨大分子合成，プロセシング，分解を含む約20の遺伝子
低温へのシフト	コールドショック	E. coli	未知	巨大分子合成のための数種の遺伝子
高浸透圧	ポーリン応答	E. coli その他	envZ: センサ ompR: DNA-バインディングプロテイン	タンパクの遺伝子

[a] Neidhardt, 1987, Neidhardt ら, 1990 によりまとめられたものである．

5. 代謝経路の調節

では，このリン酸基は，リン酸化応答レギュレータ（phosphorylated response regulators, PRRs）としてよく知られている2番目のグループのアスパラギン酸残基へ移動する．最後のステップにおいて，リン酸基はPRRのホスホアスパラギン酸残基から加水分解によって解離する．リン酸化反応プロセスは，したがって，まとめると

$$ATP + PK\text{-}His \rightarrow ADP + PK\text{-}His\text{-}P$$
$$PK\text{-}His\text{-}P + PRR\text{-}Asp \rightarrow PK\text{-}His + PRR\text{-}Asp\text{-}P$$
$$PRR\text{-}Asp\text{-}P \rightarrow PRR\text{-}Asp + P_i$$

となる．

これらの伝達システムは，多くの微生物で50種程度あると考えられている．リン酸化によるシグナリングはバクテリア界に広く存在し，遺伝子の発現，走化性，代謝経路の確立などにおいて広く機能を果たしている（表5.3）．ヒスチジンプロテインキナーゼファミリーのメンバーはC末端に保存領域をもっている．その応答レギュロンはN末端の付近に100アミノ酸程度の保存領域をもっている．この保存の重要性は，いくつかのケースにおいて，異なるシステム間でも相互作用（クロストーク）が存在することからもわかる．例えば，*phoR*変異体（*phoR*遺伝子破壊株で*phoR*活性がない株）においては，*phoM*遺伝子の産物（明らかに別のPK）によって，欠損した*phoR*の代わりに部分的に*phoB*（RRP）が調節されるように働く．この相互作用の結果として，適応応答の活性化により，細胞内で相互リン酸化が起こり，1つの系を部分的に活性化できることがわかる．結果として，ある応答が欠損しても，別の適応応答が活性化したために不活化した応答系を，クロストークを使って，部分的に活性化することが可能になることがわかる．

リン酸化は真核生物でもよく使われる遺伝子調節メカニズムである．動物細胞の細胞質に存在するタンパク質ホスファターゼは2つに分類することができる．タイプ1のホスファターゼは，2つの熱安定性タンパク質がナノモルレベルの濃度で存在すれば阻害を受ける．この阻害タンパク質は，インヒビタ1，2と呼ばれ，ホスホリラーゼキナーゼのβサブユニットの脱リン酸化を主に行う．タイプ2ホスファターゼは反対に，αサブユニットのホスホリラーゼキナーゼの脱リン酸化を主に行う．いくつかのプロテインキナーゼが動物の筋肉細胞，肝細胞において糖新生glucogenolysis，グリコーゲン合成，解糖，芳香族アミノ酸分解，脂肪酸合成，コレステロール合成，タンパク質合成を制御するリン酸化酵素として発見されつつある．

タンパク質-タンパク質の相互作用はネットワークを制御するのに非常に重要であるが，その中でも，異なるオペロン中で調整されているものが非常に多く見られる．例えば，*E.coli*の

表5.3 同様な機能をもつホスホトランスフェラーゼの例[a]．

システム	プロテインキナーゼ	応答レギュレータ
窒素レギュレータ（Ntr）	NR_{II}	NR_I
リン酸レギュレータ（Pho）	PhoR	PhoB
好気呼吸（Arc）	ArcB	ArcA
プロテインレギュレータ（Omp）	EnvZ	OmpR
胞子形成（Spo）	SpoIIJ	SpoOA/SpoOF

[a] Neidhardtら，1990による．

ヒートショック応答は細胞レベルのRNAポリメラーゼシグマファクタσ^{32}の細胞内レベルによって制御されている．σ^{32}濃度の上昇により，約20個の遺伝子のセットが誘導される．約20個存在するDNA修復タンパク質を誘導するSOS系はオペロンメンバーのリプレッサータンパク質の分解によって誘導される．第3のメカニズムは，酸化のダメージによって10数種の遺伝子が誘導される．誘導は，正のレギュレータOxyRの活性化によって行われる．

例5.3　クロスレギュレーション：Phoレギュロン

クロスレギュレーションはセントラルカーボンの代謝経路の制御に特に重要である．クロスレギュレーションで最もよく知られた例は，*E. coli*のリン酸（Pho）レギュロン（Leeら，1990; Shin and Seo, 1990; Wanner and Wilmes-Riesenberg, 1992）である．このレギュロンは，*phoA*遺伝子（バクテリアアルカリホスファターゼ，BAP）とリン酸源を分解したり取り込んだりする酵素をコードする他のいくつかの遺伝子を含んでいる．細胞外の無機リン酸P_iはリン源として増殖に好んで用いられ，PstSCAB系を通して取り込まれる．細胞内のP_iは，セントラルパスのいろいろな異なるルートを通してATPに取り込まれる（図5.16）．

Phoレギュロンを活性化する3つの制御は，図5.17に示されている．そのうちの2つは，クロスレギュレーションを含んでいる．1番目の制御は，センサCreCを用いるものである．これはグルコースにより誘導される．2番目の制御は，ピルビン酸による増殖において誘導される．2番目の制御は，おそらくアセチルリン酸を検出し，アセチルリン酸によって直接または，

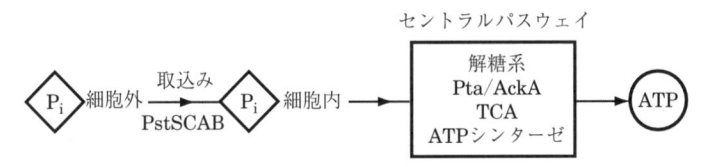

図5.16　P_iの取込みとATP内への取込み．P_iは解糖系のグリセルアルデヒド3リン酸デヒドロゲナーゼ，ホスホグリセリン酸キナーゼ，また，ホスホトランスアセチラーゼやアセテートキナーゼ（Pta-AckA），さらに，好気培養中のTCAサイクル中のコハク酸CoAシンセターゼ，また，F_1F_0-ATPシンターゼにより誘導される．

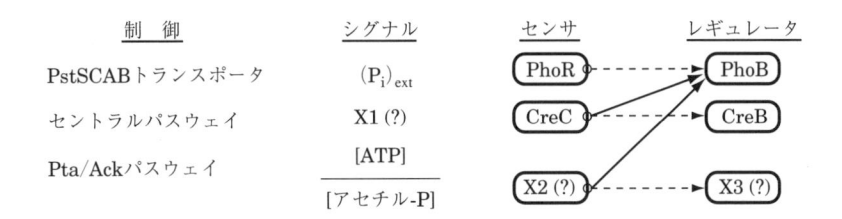

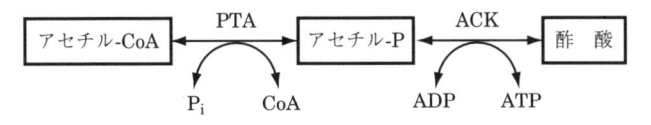

図5.17　Phoレギュロンの制御．点線矢印は，パートナータンパク質との相互作用を示す．一方，実線矢印は，パートナーでないタンパク質とのクロスレギュレーションを示す．

ホスホキナーゼを通してPhoBを活性化している．つまり，Phoレギュロンの制御はアセチルリン酸を通してPta-AckA（ホスホトランスアセチラーゼと酢酸キナーゼ）とともに働いている．アセチルリン酸はPtaによって生成し，グルコースによる増殖の間は，さらにAckAによって消費される．酢酸やピルビン酸による増殖の場合は逆のことが行われる．ピルビン酸，前駆体アセチルCoAが存在する場合は，Phoレギュロンが誘導される．さらに，アセチルリン酸は*pta ack*破壊株においては働かない．

5.4 代謝ネットワークの調節

　制御変数として反応速度がシグナル（代謝物質，エフェクタ，他の調節分子の濃度）に応答して制御されることが調節の本質である．そのような制御システムのために必須である特性は実際のアウトプットがシグナルによって唯一に決定されること，したがって，個々の制御システムのコンポーネントの特性が独立であることである．流体の流れのバルブコントロールにたとえると，フィードバック調節される酵素反応の能力は最大取り得るフラックスよりも大きく，フラックス自身はシグナルによってのみ決定されなければならない．酵素のトータル量とシグナルは最大フラックス量と現実のフラックス量をそれぞれ決定することになる一方，制御のダイナミックな応答は次に述べるような調節メカニズムの関数となる．

　複数の酵素より構成される代謝経路においては，経路のフラックスは個々の酵素のカイネティクスとレギュレーションによって決定される．解糖系やTCAサイクルのようなセントラルカーボン代謝においては，酵素は物理的には組織化されてはいないが，高度に化学的な枠組みで組織化されている．あるケースでは経路のフラックスは律速段階として考えられるほど十分低い濃度の全酵素量によって制御されている（11章参照）．他のケースでは経路のフラックスの制御はいくつかの酵素間に分散する．そのような場合には経路の他の反応は非常に速く応答し，一方，基質やコファクタの濃度が制限となる．そのような代謝経路の枠組みの中では，これらの基質やコファクタも経路の調節に重要な役割を果たしているので触媒活性は酵素の機能だけによるのではないことがわかる．物理的な接触は必要ないが各酵素は特定の化学シグナル（基質，生産物，特定のレギュレータ，例えば，ATPやNADHなど）によって経路の状態の情報を得ているのである．これらの因子は酵素反応を制御し，さらにその結果として経路のフラックスを制御することになる．細胞の機能において反応速度は非常に精密に調節されねばならないが，このことはアロステリック酵素のダイナミックな変化を考えてみると非常によくわかる．この酵素の構造は基質やアロステリックアクティベータやインヒビタの小さなレベルの変化に応答して変化することができる．この構造的変化は酵素の基質に対するアフィニティを変化させることによって酵素の活性に影響を及ぼす．この変化は共有結合によるインヒビタの酵素阻害とは異なる機構である．

　ネットワークの中で非平衡反応を触媒する酵素がどれなのかを同定することはネットワークの調節，制御に対する手掛りを与える．代謝経路を理解することの難しさの1つは，"調節酵素"の定義にある．経路を変化させるためには，すべての酵素活性の変化を通してフラックスが調節される必要があるということになるからである．オリジナルな代謝シグナル（支配的な酵素）に最初に応答する酵素が存在し，残りの酵素（支配される酵素）の活性が2番目の応答を開始するかどうかが，重要な問題となる．そのような調節酵素を同定するいくつかの規範がある．

5.4 代謝ネットワークの調節

- 調節酵素とは非平衡反応（不可逆反応）を触媒するというものである．非平衡反応の酵素は低い触媒活性をもち経路のフラックスを制限する．反対に，平衡反応を触媒する酵素は過剰にあると考えることができる．このような酵素は摂動が起こっても経路のフラックスは余り変化しない．
- アロステリック部位のような調節の特徴を有する酵素である．

単一の調節酵素が存在しなくて，状況の変化や後に起こる代謝シグナルに応答して，タンデムな経路の変化における複数の酵素活性の変化が経路を調節する場合もある．

経路のフラックス J と経路の酵素量（活性）c_e の関係を確立することは重要である．経路中においては，その経路の酵素固有のカイネティクスを含むので正確な記述のためには多くのパラメータに依存するが，次のタイプの一般的な双曲線の関係は多くのケースで見受けられる．

$$J = \frac{J_{\max} c_e}{c_e + K} \tag{5.14}$$

ここで J は，観測されたフラックス，$J_{\max}$ は酵素の量が無限大あるときのフラックスである．c_e は特定の酵素で，*in vitro* で得られる最大の値である．K は $J = J_{\max}/2$ のときの c_e の値である（K_m と同じである）．したがって，酵素活性が小さい場合は，フラックスは酵素活性に対して比例的に上昇するが，経路のフラックスは，基質濃度，経路中の他の酵素活性，阻害生産物の蓄積のような経路の他のファクタに影響を受けて制限されることになる．

Box 5.4 真核生物と原核生物の調節機構の比較

真核生物と原核生物の調節系は，そのライフスタイルの違いを反映して，非常に異なる．多くの機能においては，真核生物も原核生物も非常に似通っているものもあるが，構造的，遺伝的な特徴に関して，いくつか異なる点が存在するのである．原核生物は，遺伝的に，適当な環境条件や培地成分のもとで分裂増殖する遊離単細胞である．したがって，原核生物の調節システムは，できるだけ培地条件に対して増殖速度を最大化するように働く．核が存在しないため，原核生物の DNA は常に細胞質の調節シグナルにさらされている．つまり，タンパク質合成のオン-オフ制御は，しばしば，転写レベルで行われる．反対に真核生物は，酵母，藻類，原生動物を除いて普通，多細胞で，大きく，構造的により複雑である（Towle, 1995）．特に細胞の分化には，異なる組織の細胞として異なる現象が必要になる（Hofestadt ら，1996; Krauss and Quant, 1996）．例えば，胚細胞は，幼生細胞を作るだけでなく，際限なく形態学的，生化学的変化を起こしていかなければならない．このタイプの永続的なスイッチ制御は，細胞の分化，遺伝子の欠失，遺伝子の不活化，遺伝子の増幅，遺伝子の再編成において進んでいく．

動物細胞の代謝が遺伝子レベルで培地の基質やホルモンの濃度によって調節されるということの最初の発見は，肝臓においてトリプトファンやアドレナルグルココルチコイドホルモンがトリプトファンデオキシゲナーゼの活性を調節しているということであった．この酵素はアミノ酸がタンパク質合成よりも過剰に存在するとき，トリプトファンを消費するように働く．この経路は糖新生やニコチンアミドを含むコファクタの生合成

5. 代謝経路の調節

におけるトリプトファンの利用に関して必須である．バクテリアによるラクトースにおける速い増殖とは対照的にトリプトファンデオキシゲナーゼの研究により，コレステロールのようなステロイドが8～12時間かかって酵素やmRNAの濃度を定常化することが明らかとなった．これは，一般的な現象であって，バクテリアの酵素のインダクションは30～40分の間で最大のレベルに達するが，動物細胞のプロセスは数時間，場合によっては，数日のオーダーのレベルで反応が進行するのである．

単細胞と多細胞器官における，この非常にはっきりとした違いは遺伝子の調節を理解するときに非常に重要な事項であるが，これは，表5.4に，さらに詳しく述べられている．2つの遺伝子のサイズをもとにすると lac オペロンは，2分で転写されるが，トリプトファンデオキシゲナーゼ遺伝子は，1回の転写に6分を要する．この時間の差は，反応を律速する転写開始速度に比べるとまだ小さい．さらに，原核生物の翻訳の効率は，真核生物に比べて3倍大きい．増殖中の $E.coli$ の細胞の大きさが約 $1\ \mu m^3$ であり，肝細胞の標準的な大きさが $11,000\ \mu m^3$ であることと考え併せると，これらの効果は原核生物に高い濃度の触媒を高速に用いることのできる能力を与えることになる．比較的長い分解までの時間をもつ動物細胞のmRNAとは対照的に，バクテリアのmRNAの寿命は1～3分である．ほとんどのタンパク質はバクテリアで安定に存在するが，細胞の分裂によってその濃度は希釈されてしまう．したがって，バクテリアの効果的なタンパク質の寿命は世代時間に対応するのである．これは大体20～60分である．全体として遺伝的な制御構造は原核細胞では，より安定で，細胞は変化する細胞の需要に応じて酵素の濃度を変化させることが可能である．

上にも述べたように，真核細胞と原核細胞では基本的な違いが存在する．2つの系で遺伝学的また調節の面から見た違いをまとめると次のようになる．

- 真核細胞は，mRNAをシングルポリペプチド鎖にのみ翻訳する．原核生物間に共通に見られるようなオペロンの存在は真核細胞にはない．
- 原核細胞のDNAと異なり，真核細胞では小さなDNAは，まれである．ほとんどはクロマチンを作るヒストンに結合している．
- 高等動物のDNA配列の大きな非翻訳領域（イントロン）を含む．
- 真核細胞は制御された再構成DNAセグメントをもっている．つまり必要なとき遺伝

表5.4 $E.coli$ と動物細胞間での転写および翻訳の時間のスケールの比較[a]．

	$E.coli$	動物細胞
転写開始	$1\ sec^{-1}$	$10\ min^{-1}$
転写	$2500\ nt\ min^{-1}$	$3,000\ nt\ min^{-1}$
RNAプロセシング		ca. 10 min
核RNAの半減時間		ca. 10 min
核-細胞質輸送		ca. 10 min
mRNAの半減時間	1～3 min	1～20 h
mRNAの翻訳	$2700\ nt\ min^{-1}$	$720\ nt\ min^{-1}$
タンパク質の半減時間	20～60 min	2～100 h

[a] ntはヌクレオチドを示す．

> 子の数を増加させることができる．
> - 原核生物の転写調節部位は小さく，プロモータの近くの上流にあり，RNAポリメラーゼの結合を直接刺激するようなタンパク質を結合する．反対に，真核生物の転写調節部位はプロモータから数百塩基離れている．転写調節部位にはタンパク質が結合するが，特定の制限によって，プロモータと同時に相互作用することはできない．
> - 真核細胞では，RNAは核内で合成され，核膜を通過して細胞質へ輸送され，そこで，翻訳される．
>
> 真核細胞のmRNAの生産は全体として原核細胞に比べて，ずっと複雑である．ここでは，制御における多くの差異を挙げることができる．例えば，利用可能なプロモータは，クロマチンの状態，転写ファクタの活性や濃度，利用可能なエンハンサに依存して決定される．最初の転写からmRNAの生産がスプライシングやポリアデニール化によって制御される．mRNAの寿命の調節は原核生物ではほとんどまれである．これは調節された遺伝子生産物のスイッチのオン-オフを非常に速く行う必要があるためである．反対に，真核生物では，特定のタンパク質が大量に必要なときには，mRNAの寿命を延ばそうとするような応答が働く．

"基底濃度"レベルで存在する酵素の制御に対しては酵素濃度が少し上昇すると経路のフラックスは線形的に上昇する．しかし，酵素濃度があるレベルを超えて上昇する場合は，このことは当てはまらない．フラックスを最適化したり調整したりするための考察に必要な他のファクタを考える必要がある．経験的には，ほとんどのケースでは10倍以上の特定の酵素の転写量の増加が，好ましくない状況を引き起こすと考えてよい．細胞内の物質には制限があり，同じ物質や前駆体の需要が競争的にいろいろな経路で起こるので，このことは細胞の経済性からいって，とても重要な事項である．例えば，もし生体構成要素に対する需要が突然低くなったら，そのモノマーを生産する酵素量も，その活性自体も低くなる方が経済的であると考えられる．最小培地における増殖実験で数秒間のアミノ酸の添加を行うとともに，放射能を標識した基質を使うと，添加したアミノ酸の生合成に向かうすべての経路の炭素フラックスが停止する様子を得ることができる．これらの経路のフラックスコントロールに関しては，フラックスコントロールアナリシスという項目が11章において示される．

5.4.1 分岐点の分類

生物プロセスでは，しばしば酵素の濃度レベルや活性によって生産物が低収率になるということが起こる．生産物の分岐における全体酵素活性により，"生産性"が決まるが，"収率"は中間物質の分岐点でのフラックスの分岐比の機能で決まる．中間物質の分岐点はノードとも呼ばれ，2つ以上の異なる経路を分岐する代謝ネットワークの点である．例えば，図5.18における生産物P_1の収率はIノードのフラックスの分岐比に依存し，IのP_1への酵素活性に単純に依存するのではない．1次代謝物質の合成経路は主要なフラックスを支配するので，代謝工学では選ばれた分岐点で生産物の収率を上昇させるようフラックスの分配を変更しようという努力が行われる．

● 5. 代謝経路の調節

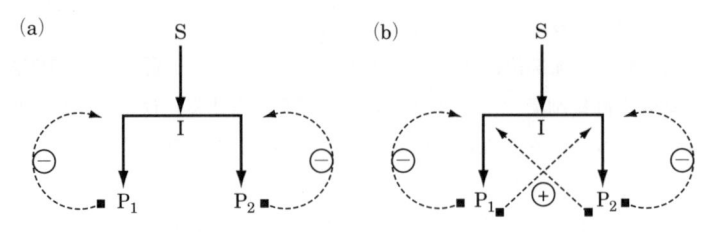

図 5.18 代謝のノード：(a) フレキシブルまたは弱いリジッドなノード．(b) 強いリジッドなノード．点線は（負または正の）フィードバック制御メカニズムを示している．

ネットワークは多数のノードから構成されているが，一般に比較的数少ないノードの分岐比が生産物収率を決定していると考えられている．このようなノードは"主要ノード"と呼ばれる．微生物の種類が異なればフラックスを制御する代謝制御の構造も非常に大きく異なるが，分岐点の分類をその分岐点のリジディティ（頑健さ）の面を基礎にして 3 つに分類することができる（Vallino, 1991）．

- "フレキシブルなノード"（調節に対しては，下位の感度をもつ（感度が低い））：このノードではフラックス分配は細胞の代謝の要求に応じて非常に大きく変化する．そのようなノードは同じような基質の親和力や同じような反応速度をもつ酵素と競合するとという特徴をもっている．どんな分岐点でも必要なときにはいつでも 100% の分岐比が達成されるので，フレキシブルなノードの定義からもわかるように分岐比を決定することはできない．
- "弱いリジッドなノード"（調節に対して穏やかな感度をもつ）：これらのノードではフラックス分配は 1 つの分岐によって支配されている．支配している酵素は比活性，基質との親和力，フィードバック制御がかからないという特徴をもっている．
- "強いリジッドなノード"（調節に対して非常に感度が高い）：このノードでのフラックスの分岐比は，1 つまたは複数の分岐で，フィードバック制御や競合する分岐の代謝物質による酵素のトランスアクティベーション（活性化の伝達）により，強く制御されている．

フレキシブルなノードでは，フラックスの分岐比は単に 2 つの生産物 P_1 と P_2 に対する細胞の需要によって決定される（図 5.18 (a)）．弱いリジッドなノードではフレキシブルなノードと同じようであるが，異なる点は，1 つの分岐が他の分岐に対して重要な影響を与えるかどうかである．これは，その分岐の酵素が共通の代謝物質に対する非常に強い親和力や他の分岐の酵素に比べて大きい活性をもつために起こる．この場合，もうひとつの分岐の制御の解除があってもフラックスに対してさほど効果を示さない．一方，主要な分岐の活性が抑えられたら，その他の分岐はフラックスが非常に上昇するであろう．強いリジッドな分岐では，最終生産物による活性化や阻害によって，図 5.18 (b) に示すように，高度に調節されているノードである．リジッドなノードは，経路の生産物収率を決定する制御効果をもっている．そしてその調節の解除は，酵素のアテニュエーションに比べてずっと複雑である．

今，P_1 の分岐のフラックスを上昇させたいということが目的であるとしよう．さらに，定常状態での P_1 の濃度はアクティベータ P_2 が存在しないときには，自分自身の合成を強く阻害す

5.4　代謝ネットワークの調節

るほど高いとしよう．このような場合，P_1の分岐比を上昇させるためにはP_2へのフラックスを抑えることが必要である．しかし，そのようなアプローチは，強いリジッドなノードでは，P_2の濃度を下げることによっては結果的に低いP_2濃度のためにP_1分岐の活性が下がってしまうことになる．つまり，競合する分岐を抑えることは，他の分岐をも抑えることになるのである．したがって，このような場合，分岐比は変化しないのである．

上の例のように，代謝ネットワークの調節は常に正か負かの二者択一的な制御でない場合も存在する．このような現象は複雑で多様な制御機構や酵素カイネティクスの結果もたらされるものである（Srere, 1994）．強いリジッドなノードの分岐点における減衰によっては競合する分岐を部分的に押さえ込むだけの結果となるかもしれない．生産物収率の改良は，リジッドなノードをもつ従属な分岐に現れるだけかもしれない．望ましくない経路を減衰させても，そのフラックスを減少させたり方向を変えたりする代わりに中間代謝物質を分泌する結果となるかもしれない．

リジッドなノードを作るような他の制御機構もあり得るが，そのような制御で重要な事項は競合する分岐（クロストーク）におけるフィードバック制御メカニズムが存在することである．このような機構をもつ分岐はフラックスの分岐比を一定に保とうとする傾向がある．リジッドなノードが生産物収率を制限するのみならず，酵素活性のアテニュエーションによっても，その効果が簡単に変化しない仕組みをもっているのである．

図5.19に示したグリオキシル酸回路は代謝分岐点としてよく研究されている．イソクエン酸リアーゼ（IL）は細胞が酢酸により増殖するとき，そして，補充経路炭素が重要な役割を果たすとき誘導される（2章参照）．補充経路の炭素が必要でなければ，炭素はTCAサイクルによりCO_2として失われてしまう．酢酸による増殖においてはイソクエン酸デヒドロゲナーゼ（IDH）はほとんど80%リン酸化された状態になり，不活化する．グルコースのような細胞にとって都合のよい炭素源で増殖するときは急速にこの脱リン酸化が起こり，IDHは活性化する．

図5.19に示された酢酸による増殖の2つの競合する酵素のカイネティクスの特徴を見てみよう（グルコースはIDH活性v_{max}を5倍にする）．分岐点での重要な特徴はそれぞれのK_m値の大きな違いにある．ILは75倍も大きいK_mをもっている．イソクエン酸の生理学的に妥当な濃

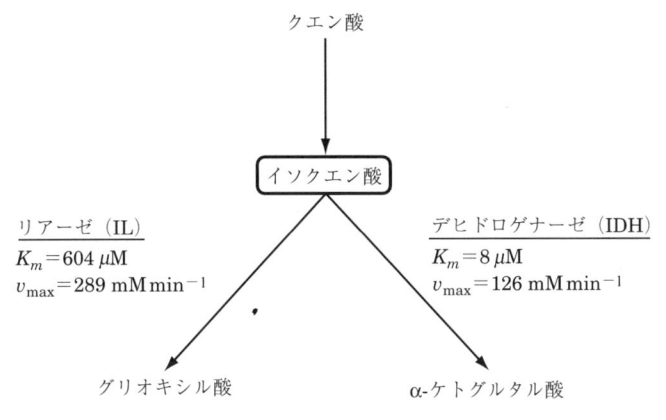

```
                    クエン酸
                      │
                      ▼
                  イソクエン酸
                   ╱       ╲
    リアーゼ（IL）              デヒドロゲナーゼ（IDH）
    $K_m = 604\ \mu M$          $K_m = 8\ \mu M$
    $v_{max} = 289\ mM\ min^{-1}$   $v_{max} = 126\ mM\ min^{-1}$
        ▼                            ▼
    グリオキシル酸              α-ケトグルタル酸
```

図5.19　イソクエン酸の分岐点のカイネティックパラメータ．

● 5. 代謝経路の調節

度（約 160 μM）では IL はイソクエン酸に対して 1 次の反応機構を示し，IDH は同じ濃度ですでに飽和状態にある．これらの 2 つの酵素のカイネティクスの違いにより，グリオキシル酸回路を流れるフラックスはイソクエン酸の濃度に非常に大きく影響を受ける．グルコースが酢酸培地に添加されると，細胞内のイソクエン酸濃度（170倍）の効果によって，IDH の v_{max} の上昇とクエン酸シンターゼの反応速度の減少が同時に起こる．IL はイソクエン酸に対し非常に K_m が高いのでイソクエン酸濃度の減少によりシャントのフラックスは 99% 減少する．したがって，IL にはアロステリック影響因子は存在しないが，そのフラックスは全体の 30% からほとんどゼロへと変化させることができる．この制御は影響される酵素 IL が直接制御に関係しない非常におもしろい例であり "分岐点効果" と呼ばれる．

5.4.2 共役した反応とグローバルな通貨代謝物質（カレンシーメタボライト）

生合成反応は一般に ATP の供給に依存して起こる．このような場合，生合成レベルは低い状態にある．ATP とその関連物質 ADP，AMP は，セントラルカーボンメタボリズムのエネルギー生成反応において代謝反応の関連代謝物質として重要な役割を果たす．これらのセントラル異化代謝プロセス（解糖経路と TCA サイクル）は，図 5.20 に示すように（また 2.1 節も参照），生合成のための出発物質を供給している．これらの経路は前駆物質を供給することによってのみならず，自由エネルギーやコファクタを供給することによっても，同化経路としての必須物質を供給するために働いている．つまり，そのような経路は，異化代謝と同化代謝の両方を示す "両性代謝経路" と呼ばれる（Sanwal, 1969, 1970）．これらの経路の調節は，この両方の機能を反映していなければならない．つまり，両方の機能がうまく協調して確実に炭素の流れが生合成経路とエネルギー生成の経路に振り分けられなければならない．厳密には，生合成または異化経路はそのフラックス制御で使われる "調節シグナル" の性質が異なる

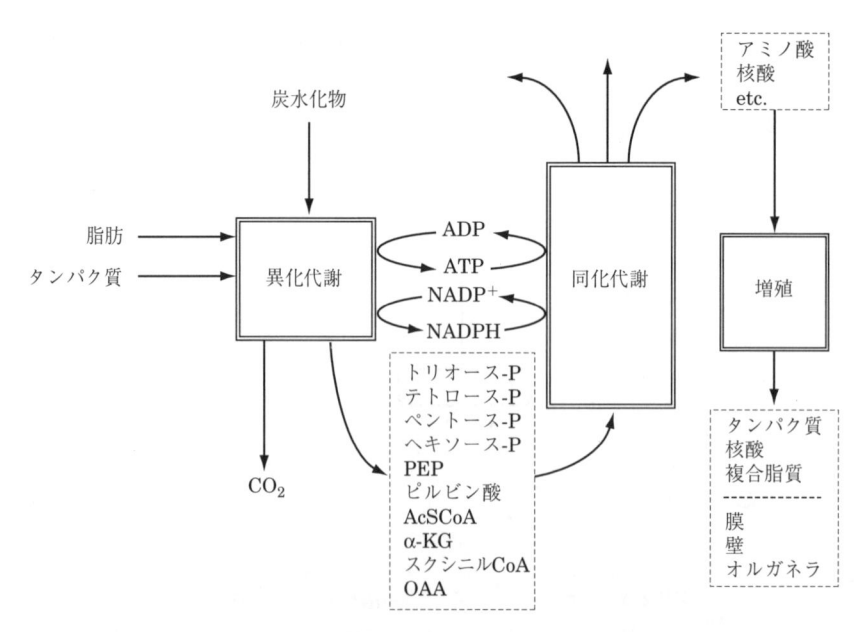

図 5.20 好気従属栄養微生物の代謝のブロックダイアグラムの概略．

(Vaulont and Kahn, 1994).

　両方のケースで，調節機構は経路の最初の反応を触媒する酵素にフィードバック阻害が導入されていることが多い．もし解糖経路やTCAサイクルがエネルギーの蓄積量によってのみ調節されていたら，これらの経路のフラックスは豊富なエネルギーが供給された場合には非常に大きく減少するだろう．しかしATP再生が減少するとそのようなフィードバック機構は増殖の中間物質の利用可能性にも制限をもたらすだろう．これは増殖速度の低下をもたらすことになる．そのような応答は資源が豊富に供給されるときにかえって，増殖が制限されてしまうので完全に最適化されているとはいえない．

　2つの機能を同時にもったプロセスを十分満足に調節するために，2つの情報を必要とする高度なメカニズムが備わっている．1つは生合成中間代謝物質の濃度であり，もうひとつはエネルギーレベルである（Anthony, 1988; Atkinson, 1970, 1977; Dietzlerら, 1979; Nicholls, 1992）．シグナル1：最初のシグナルは，特定の経路の最後の生産物である．このシグナルは厳密な意味での同化経路においてよく見られる．多くの例が発見されており，ほとんどの生合成経路のレギュレーションは単純なフィードバックのメカニズムをもっている．そのメカニズム中では最終生産物がその合成の1段目の反応を阻害する．例えばスレオニンはホモセリンデヒドロゲナーゼを阻害するし，イソロイシンはスレオニンデアミナーゼを阻害する．ヒスチジンはホスホリボシル-ATPピロホスホリラーゼを阻害するというものである．トリプトファンはアンスラニル酸シンセターゼを阻害する，など多くの例がある（例5.1参照）．シグナル2：2番目のシグナルは厳密にいうと，異化経路の特徴をもった経路の場合に存在する．これはエネルギー生成経路の最終生産物，またはエネルギー関連中間代謝物質（例えば，P_i, AMP, ADP, ATP, NADH, NADPH）である．例えば，E. aerogensのスレオニンデアミナーゼによるアミノ酸の生分解は，AMPによって活性化される．またP. aeruginosaのヒスチジダーゼは，P_iによって阻害され，AMPやGDPによって阻害が解除される．

　両性代謝経路は，これらの両方のフラックス制御機構が存在する（つまり，最終生産物による阻害と細胞内のエネルギ状態の指標となる代謝物による活性制御の両方である）．どちらかのシグナルが低いときは解糖系が進み，両方が通常の範囲にあるときは解糖系の機能は適当に保存されたまま経路のフラックスが減少する．もちろんグルコースを代謝する解糖経路はグルコースを細胞内で決して停止させることはない．なぜなら常にATPが必要だからである．多くの前駆物質の生成速度をバランスさせ生合成に必要な物質をうまく作っていくためには，高度に機能化した調節メカニズムが必要となる．炭素を含む代謝物質とエネルギー生成反応の両方で，エネルギーや還元力（NADHやNADPH）の生成が必要である．これらの化合物が，それ自身ネットワークの多くの点でアロステリック的なエフェクタとして働くことはよく見られることである．

$$\text{エネルギーチャージ (EC)} = \frac{c_{ATP} + \dfrac{c_{ADP}}{2}}{c_{ATP} + c_{ADP} + c_{AMP}} \tag{5.15}$$

フラックスコントロールの協調的制御は，式（5.15）のエネルギー蓄積によって与えられる．生合成に必要なエネルギー物質のフラックスに対する影響を概略的に図5.21に示した．

　アデニレート濃度の実験的観測によって決定されたエネルギー蓄積は，0（すべてAMPの状態）から1（すべてATPの状態）の範囲で変化する．実際，バクテリアで0.87から0.95の範

● 5. 代謝経路の調節

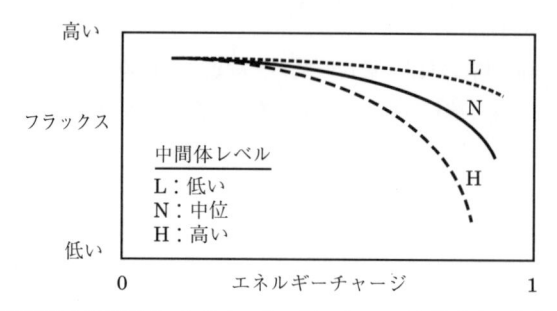

図 5.21 両性代謝経路の調節速度におけるエネルギーチャージと代謝中間物質の濃度の相互作用.

囲で，この値は変化し，比増殖速度に対しては大きく変化しない．一般にエネルギー蓄積が高いレベルになるとエネルギーを，さらに補充する酵素が阻害される．一方，ATPを消費するような（生合成系）酵素を活性化する．これらのことは，その逆もまた成り立つ．

同じような状況が"還元力"によって制御されている酸化還元反応でも見られる．ピリジンヌクレオチドは，プロトンや還元力のキャリアとして働く．一方，NADの機能は，最初にエネルギー関連反応において機能する．エネルギー生成反応では"酸化型の"NADは反応物として働き，生合成反応では"還元型"NADPが用いられる．それで生理学的な状態ではほとんどのNADは細胞内で酸化型で存在し，NADPは還元型で存在することが多い．酸化還元状態の有効な指標は次に示すような異化還元チャージ（CRC）である（約0.03〜0.07）と同化還元チャージ（ARC）である（CRCより約10倍程度高い）.

$$異化還元チャージ（CRC）= \frac{c_{NADH}}{c_{NADH} + c_{NAD}} \tag{5.16}$$

$$同化還元チャージ（ARC）= \frac{c_{NADH}}{c_{NADPH} + c_{NADP}} \tag{5.17}$$

ARCとCRCは両方とも，その役割がエネルギー蓄積の役割よりも不明確であるが，エネルギー生成と生合成反応の協調において重要な役割を果たしているのは確かである．ほとんどの細胞ではNADPHを生産する4つの生成反応（ペントースリン酸経路（PPP）で2つ，イソクエン酸デヒドロゲナーゼで1つ，マリック酵素で1つ）は生合成のために使われる．CRCとARCの調整は次の可逆反応を触媒するトランスヒドロゲナーゼにより行われると考えられている．

$$NADP + NADH \Leftrightarrow NADPH + NAD$$

これは，膜結合型酵素でプロトン駆動力により機能する．したがって，励起された膜でのみ起こり，この反応の平衡は，プロトン駆動力によりシフトすると考えられている（2章参照）.

文　献

Anthony, C. (1988). *Bacterial Energy Transduction*. pp. 517. San Diego, CA: Academic Press.
Atkinson, D. E. (1970). Enzymes as control elements in metabolic regulation. In *The Enzymes*, pp. 461. Edited by P. Boyer. San Diego, CA: Academic Press.
Atkinson, D. E. (1977). *Cellular Energy Metabolism and Its Regulation*. New York: Academic Press,

Inc.

de Koning, W. & van Dam, K. (1992). A method for the determination of changes of glycolytic metabolites in yeast on a subsecond time scale using extraction at neutral pH. *Analytical Biochemistry* **204**, 118-123.

Dietzler, D. N., Leckie, M. P., Lewis, J. W., Porter, S. E., Taxman, T. L. & Lais, C. J. (1979). Evidence for new factors in the coordinate regulation of energy metabolism in *Escherichia coli*. *Journal of Biological Chemistry* **254**, 8295-8307.

Dixon, M. & Webb, E. C. (1979). *Enzymes*, 3rd ed. New York: Academic Press.

Haldane, J. B. S. (1965). *Enzymes*. Cambridge, MA: MIT Press.

Hardie, D. G. (1992). Regulation of fatty acid and cholesterol metabolism by the AMP-activated protein kinase. *Biochimica Biophysica Acta* **1123**, 231-238.

Harford, S. & Weitzman, P. D. J. (1975). Evidence for isosteric and allosteric nucleotide inhibition of citrate synthase from multiple-inhibition studies. *Biochemical Journal* **151**, 455-458.

Heinrich, R. & Sonntag, I. (1982). Dynamics of non-linear biochemical systems and the evolutionary significance of time hierarchy. *Biosystems* **15**, 301-316.

Hiromi, K. (1979). *Kinetics of Fast Enzyme Reactions: Theory and Practice*. New York: John Wiley & Sons.

Hofestadt, R. M., Collado-Vides, J. & Loffler, M. (1996). Modeling and simulation of metabolic pathways, gene regulation and cell differentiation. *BioEssays* **18**, 33.

Hofmeyr, J.-H. S. (1991). Metabolite channeling and metabolic regulation. *Journal of Theoretical Biology* **152**, 101.

Hoopes, B. C. & McClure, W. R. (1987). Strategies in regulation of transcription initiation. In *Escherichia coli* and *Salmonella typhimurium*, pp. 1231-1240. Edited by F. C. Neidhardt. Washington, DC: American Society for Microbiology.

Ingraham, J. (1987). Effect of temperature, pH, water activity, and pressure on growth. In *Escherichia coli* and *Salmonella typhimurium*, pp. 1543-1554. Edited by F. C. Neidhardt. Washington, DC: American Society for Microbiology.

Iserentant, D. & Fiers, W. (1980). Secondary structure of mRNA and efficiency of translation initiation. *Gene* **9**, 1-12.

Khoshland, D. E. J. (1970). The molecular basis for enzyme regulation. In *The Enzymes*, p. 461. Edited by P. Boyer. San Diego, CA: Academic Press.

Khoshland, D. E. J. & Neet, K. E. (1968). The catalytic and regulatory properties of enzymes. *Annual Reviews of Biochemistry* **37**, 359.

Krauss, S. & Quant, P. A. (1996). Regulation and control in complex, dynamic metabolic systems: Experimental application of the top-down approaches of metabolic control analysis to fatty acid oxidation and ketogenesis. *Journal of Theoretical Biology* **182**, 381.

Ku, E. C. (1996). Regulation of fatty acid biosynthesis by intermediates of the cholesterol biosynthetic pathway. *Biochemical and Biophysical Research Communications* **225**, 173.

Kurganov, B. I. (1982). *Allosteric Enzymes: Kinetic Behaviour*. New York: John Wiley & Sons.

Laidler, K. J. & Bunting, P. S. (1973). *The Chemical Kinetics of Enzyme Action*. London: Oxford University Press.

Lee, T.-Y., Makino, K., Shinagawa, H. & Nakata, A. (1990). Overproduction of acetate kinase activates the phosphate regulon in the absence of the *pho*R and *pho*M function in *Escherichia coli*. *Journal of Bacteriology* **172**, 2245-2249.

Monod, J., Changeux, J.-P. & Jacob, F. (1963). Allosteric proteins and cellular control systems. *Journal of Molecular Biology* **6**, 306-329.

Müller-Hill, B. (1996). *The lac Operon: A Short History of a Genetic Paradigm*. Berlin: Walter de

Gruyter & Co.

Neidhardt, F. C. (1987). Multigene systems and regulons. In *Escherichia coli* and *Salmonella typhimurium*, pp. 1313-1317. Edited by F. C. Neidhardt. Washington, DC: American Society for Microbiology.

Neidhardt, F. C., Ingraham, J. L. & Schaechter, M. (1990). *Physiology of the Bacterial Cell: A Molecular Approach.* Sunderland, MA: Sinauer Associates, Inc.

Nicholls, D. G. (1992). Bioenergetics 2, 2nd ed. San Diego: Academic Press Limited.

Rapoport, T. A., Heinrich, R., Jacobasch, G. & Rapoport, S. (1974). A linear steady-state treatment of enzymatic chains: A mathematical model of glycolysis of human erythrocytes. *European Journal of Biochemistry* **42**, 107-120.

Sanwal, B. D. (1969). Regulatory mechanisms involving nicotinamide adenine nucleotides as allosteric effectors. I. Control characteristics of malate dehydrogenase. *Journal of Biological Chemistry* **244**, 1831-1837.

Sanwal, B. D. (1970). Allosteric controls of amphibolic pathways in bacteria. *Bacteriological Reviews* **34**, 20-39.

Schulz, A. R. (1994). *Enzyme Kinetics: From Diastase to Multi-Enzyme Systems.* Cambridge: Cambridge University Press.

Schuster, R., Jacobasch, G. & Holshutter, H.-G. (1989). Mathematical modeling of metabolic pathways affected by an enzyme deficiency. Energy and redox metabolism of glucose-6-phosphate-dehydrogenase-deficient erythrocytes. *European Journal of Biochemistry* **182**, 605-612.

Segel, I. H. (1993). Enzyme Kinetics. Behavior and Analysis of Rapid Equilibrium and Steady-State Enzyme Systems. New York: John Wiley & Sons, Inc.

Shin, P. K. & Seo, J.-H. (1990). Analysis of *Escherichia coli phoA-lacZ* fusion gene expression inserted into a multicopy plasmid and host cell's chromosomes. *Biotechnology and Bioengineering* **36**, 1097-1104.

Srere, P. (1994). Complexities of metabolic regulation. *Trends in Biochemical Sciences* **19**, 519.

Stadtman, E. R. (1966). Allosteric regulation of enzyme activity. In *Advances in Enzymology and Related Subjects of Biochemistry*, pp. 41-154. Edited by F. F. Nord. New York: John Wiley & Sons.

Stormo, G. D., Schneider, T. D. & Gold, L. M. (1982). Characterization of translational initiation sites in *E. coli*. *Nucleic Acids Research* **10**, 2971-2996.

Towle, H. C. (1995). Metabolic regulation of gene transcription in mammals. *The Journal of Biological Chemistry* **270**, 23235.

Umbarger, H. E. (1978). Amino acid biosynthesis and its regulation. *Annual Reviews of Biochemistry* **47**, 533-606.

Vallino, J. J. (1991). Identification of branch-point restrictions in microbial metabolism through metabolic flux analysis and local network perturbations. In *Chemical Engineering*, p. 394. Cambridge, MA: Massachusetts Institute of Technology.

Van Dam, K., Jansen, N., Postma, P., Richard, P., Ruijter, G., Rutgers, M., Smits, H. P., Teusink, B., van der Vlag, J. & Walsh, M. (1993). Control and regulation of metabolic fluxes in microbes by substrates and enzymes. *Antonie van Leeuwenhoek* **63**, 315-322.

Vaulont, S. & Kahn, A. (1994). Transcriptional control of metabolic regulation genes by carbohydrates. *FASEB Journal* **8**, 28.

Walter, C. (1965). *Steady State Applications in Enzyme Kinetics.* The Ronald Press.

Wanner, B. L. (1992). Is cross regulation by phosphorylation of two-component response regulator proteins important in bacteria? *Journal of Bacteriology* **174**, 2053-2058.

Wanner, B. L. & Wilmes-Riesenberg, M. R. (1992). Involvement of phosphotransacetylase, acetate kinase, and acetyl phosphate synthesis in control of the phosphate regulon in *Escherichia coli*. *Journal of Bacteriology* **174**, 2124-2130.

Webb, J. L. (1963). *Enzyme and Metabolic Inhibitors*. San Diego, CA: Academic Press.

CHAPTER 6

代謝経路の改変の実例
—— 代謝工学の実際

　自然界に存在する微生物の多様性を見ればわかるように，自然界には驚くほど多種で多様な代謝経路が存在している．特殊なケースにおいては，これらの自然にそなわった微生物の経路を組み合わせたり，酵素反応を利用することにより，工業的物質生産が生み出される場合もある．しかし，ほとんどの場合，代謝経路の遺伝子工学的改変が必要であり，細胞による物質変換反応やカイネティクスの特性が実際の応用に適するように最適化を行う必要がある．微生物の代謝を理解する研究や遺伝子工学の成果によってこれらの改変を行うことができ，分子生物学的な手法や組換えDNA技術によって実現される．合理的な経路の変換によって，薬品工業，農業，食品工業，化学工業，環境保全の分野で，新しく望ましい機能を細胞にもたらされることになる．

　この章では代謝経路の改変の応用例を鳥瞰する．ここでは，少し改良は加えるが，Cameron and Tong（1993）の分類法に従って，多数の応用例を基本的に5つのグループに分類する．つまり，代謝工学の応用の目的が（a）微生物によって生産される生産物の収率や生産性を改変したもの，（b）微生物によって代謝される物質の制限範囲を拡張するもの，（c）新規物質の生産能力を賦与するもの，（d）細胞の特性を一般的に改変するもの，（e）生体異物の分解を行うものである．本書の主旨に基づいて，これらの応用を概観する主要な目的は3つ挙げられる．まず，経路の改変や代謝工学によって賦与される生体触媒の改変による非常に広範囲な応用例の可能性を示すことである．この分野の総説は，ほとんど工業的な応用に焦点が当てられることになるだろう．いくつかの過去の文献を除くと医学分野における代謝工学の応用例は，ほとんど紹介されていない．その理由は，単純に，医学分野の応用研究が，現在スタートしたばかりで，結実するような結果がないという理由のためである．しかし，今後，*in vivo* や *in vitro* での組織や臓器の解析において，また経路のシグナル伝達の合理的に解析において代謝工学が大きなインパクトを与えていることには疑いがない．

● 6. 代謝経路の改変の実例 —— 代謝工学の実際

このレビューの2番目の目的は，代謝経路全体の調節や調整という考えを通して読者に代謝経路の複雑さを理解していただくことである．これらの経路の複雑な構造から導かれる大切なポイントは体系的な解析法を用いたとしても，それは常に研究者が望むほど単純ではないかもしれないということである．この点は，8章や9章で代謝フラックスの決定を行ったり，11章や12章で複雑な代謝ネットワークの制御やフラックスの増幅について述べるときに，より明らかになるであろう．同じ意味で，細胞の代謝の状態，代謝生産物の経路，シグナル伝達の経路の解析は，現在，実際行われている方法とは対照的に"多次元の観測"が必要となる．大量の観測量における異なるパターンの認識のための解析が，今後，積極的に行われるべきである．そしてフラックス解析の方法を行うための有効な枠組みが提供されるだろう．

このレビューの3番目の目的は細胞システムの工業的，医学的応用における効果的で望ましい変化を与える方法を十分理解していただくことである．ほとんどの成功例においては，代謝ネットワークにおける複数の酵素反応の改変を巧みに調整することが必要であったことが明らかになるだろう．このことは応用例において1つの生産物が生成経路を越えて広がり，セントラルカーボンメタボリズムを含めた複雑な機構の考察が必要であることを示しており，将来，一般的に必要であると信じられるようになるだろう．というのは，研究の焦点が徐々に極度に単純化されたモデルシステムから現実的な工業，医学の応用例にシフトしていく場合このようなことが必要となるからである．前に述べた観測値の複雑性に関しては，代謝工学は代謝経路の改変の合理的な設計に大きなインパクトを与えるだろう．

6.1 生産物収率と生産性の向上

多くの工業的な応用は，生産物収率と生産性の向上に基づいている．ときどき意味もなくこの2つの目的は混同して使われるが，それぞれの向上のためには異なる戦略が用いられる．収率の向上はまず，原料コストにインパクトを与える．そして，これは目的生産物へのフラックスの流れの"方向の変化"をもたらすことによって行われる．一方，生産性の考察は，バイオプロセス設備の主要なコストの決定的な要素となる．生産性の改変は"代謝フラックスの増強"により達成される．収率と生産性はときには分けて考えることができるが，プロセス全体の最適化では疑いもなく収率と生産性の両方を加味して行われなければならない．生産性は最初に，また重要なこととして，基質の比消費速度に依存している．ほとんどの工業規模で用いられる微生物の基質比消費速度は，$0.2 \sim 0.5$ g-基質 (g-biomass)$^{-1}$ h^{-1} の範囲である．もしこのような速度がプロセスにおいて実現されたら生産性は副生成物の生産を最小化することにより経済的には容認されるレベルとなるだろう．これらの状態で，収率と生産性は両者を見ながら最適化が行われる．一方，もし，消費速度が低すぎる場合は，基質の輸送システムの増強から最適化を始めるべきである．その後，収率の最適化によるフラックスの方向変化を行うべきであろう．

収率と生産性は，大容量，低コストの工業操作において非常に重要である．エタノール，アミノ酸，有機溶剤の生産における代謝工学を利用した収率と生産性の改善へのアプローチを次に紹介する．

6.1.1 エタノール

枯渇しつつある化石燃料に代わって，エタノールは，バイオ燃料としての可能性をもった工

業的に重要な化学物質である．また，エタノールの燃焼においては，環境が汚染されることがないので，環境問題にとってもエタノールはインパクトを与える物質である．そして，酸化燃料を生産するための供給原料としても考えられる．その生産は主に農産物に依存するので，エタノール生産が進めば大気中のCO_2の除去につながり"炭素のサイクル"が活発になる．最近の推測によれば，合衆国は2010年にエネルギー需要に見合う原油とその精製生産物の50%を輸入に頼ることになるだろうと考えられている．経済的視点から考えて，この需要に対して国内の資源からエタノール（とその他のバイオ燃料）を供給することは，エネルギーの価格，国内のエネルギーの確保を安定させ，農業地域の経済発展を確実にすることになると考えられる．

エタノールは，多くの再生可能な原料から生産され得る．サトウキビのような砂糖用穀物，コーンのようなデンプン含有種子，農業未利用残渣，多年草作物，木本植物を含むリグノセルロース物質などから生産される．エタノールの生産の経済性は糖のコストに影響される．23億リットルという合衆国ほとんど全体のエタノール燃料が，コーンを原料として生産されている．さらに，200億リットル以上のコーンからの年間エタノール生産が期待されている．10年後には，エタノールのコストはリットル当り1ドル以下になり，0.3〜0.5ドル程度になるだろう．近い将来のプロジェクトにより，達成されるコストは1リットル当り0.25ドル程度であろう．

リグノセルロースを含む物質は大量かつ安価に存在する．合衆国全体の消費と同じスケールで持続的な液体輸送燃料の生産が可能である．米国再生エネルギー研究所（National Renewable Energy Laboratory（NREL））は，リグノセルロースからのエタノール生産への現在のコストは，原料コストが42ドルt^{-1}として約0.32ドル/リットルと推定している（Nationa Renewable Energy Laboratory, NREL; 1996）．この平均のバイオマスのコストは糖原料として0.06ドル kg^{-1}，エタノール生産のための備蓄費用として最低0.10ドル/リットルと考えられている．エタノール生産に適している考えられているリグノセルロース資源は成長速度の速い木本植物，農業，林業の未利用残渣，パルプ廃液，古新聞，地方自治体の固形廃棄物などの各種廃棄物である．リグノセルロース資源（硬質木材の乾燥重量の25%で，主要成分はD-キシロース）のヘミセルロース成分の効率的な利用は，生産エタノールコストを25%削減する（Bull, 1990）．一方，リグノセルロースは，ヒトの体内で分解できないため，食用にならず安価であるが，この分解のしにくさが，発酵糖に変換しにくいという側面をもっている．さらに，リグノセルロースは，3つの主要成分（セルロース，ヘミセルロース，リグニン）からなる複雑な構造を有している．その各々はバイオプロセス固有に，高い効率で利用できるように良い方法が検討されなければならない．リグノセルロースをエタノールに変換する一般的なプロセスの概略を図6.1に示す．前処理や加水分解を経て得られる加水分解物は種々の割合でモノサッカライドを含む．これにはペントース（D-キシロース，L-アラビノース），ヘキソース（表6.1）が含まれる．生原料から得られる広範な物質，プロセスの前処理段階から副生物として得られる物質（糖，リグニン分解物）が存在する．キシロースは硬質木材や作物残渣のヘミセルロースから最も大量に生産する糖である．一方，マンノースは軟質木材から，より大量に得られる糖である．さらに，キシロースは，自然に存在する糖としてはグルコースに次いで豊富な糖である．合衆国の庭園から出る廃材や古紙に残存する糖の微生物変換により，4千億リットルのエタノールが生産される（Lyndら，1991）．この量はコーンから生産されガソリンとのブレンドで燃焼利用しているエタノールの年間使用量の10倍の値である（Keim and

● 6. 代謝経路の改変の実例 ── 代謝工学の実際

```
        リグノセルロース
             │
             ▼
         酸加水分解
             │
             ▼
         酵素加水分解
             │
      ┌──────┼──────┐
      ▼      ▼      ▼
    リグニン グルコース キシロース
      │        │      │
      ▼        ▼──────┘
   リグニン処理  発 酵
      │           │
      ▼           ▼
    液体燃料      エタノール
```

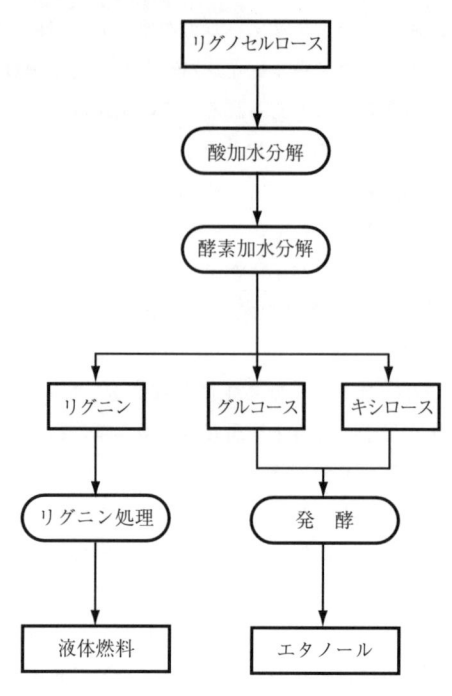

図6.1 リグノセルロースのエタノールへの変換．セルロースの結晶は最大の成分（50%）で加水分解が最も難しい成分でもあり，酸と酵素反応プロセスの組合せで，変換される．この反応ステップ中にキシロースとグルコースの95～98%は回収される．これらのモノサッカライドは，続いて適当な微生物によりエタノールに変換される．

表6.1 典型的な軟質木材であるブナのリグノセルロースの炭水化物構造の高分子．

ポリマー	モノマー（s）	含量%
セルロース	グルコース	40
ヘミセルロース	キシロース	30
	アラビノース	
	マンノース	
	グルコース	
	ガラクトース	
リグニン	フェニルプロパン	25
ペクチン	ウロン酸	5

Venkatasubramanian, 1989）．

　微生物による発酵を利用したエタノール生産においては，存在するすべてのモノサッカライドを発酵できなければならない．加えて，分解液の阻害に対抗できなければならない．最もよく使われるエタノール生成微生物は，*Saccharomyces cerevisiae*であるが，この微生物は，"ペントースが利用できない"という問題がある．これは原料の8～28%にもなる（Ladischら，1983）．酵母は，ピルビン酸デヒドロゲナーゼ-アルコールデヒドロゲナーゼ（PDC-ADH）を使ってヘキソースから効率的にエタノールを生成する．しかし，キシロースを原料とする発酵では副生物としてキシリトールが蓄積し，エタノール収率が低下する．さらに，酵母はL-ア

ラビノースの発酵力が弱いと報告されている．キシロースや他のヘミセルロース成分を効率よく発酵するにはこれらのバイオマスを効率的に変換する経済的な生物プロセスを開発することが必須である．

ペントース発酵微生物はバクテリア，酵母，カビにおいて見られる．酵母では，*Pichia stipitis*, *Candida shehatae*, *Pachysolen tannophilus* が自然界に見られ，この能力をもっている．扱いやすいバクテリアとしては，PDC-ADH 経路をもったものが知られており，この中では，*Zymomonas mobilis* が最も強力な PDC-ADH をもっている．しかしこの微生物はペントースを利用できない．最近，代謝工学を応用して遺伝子組換えバクテリア（Alterhum and Ingram, 1989; Feldmann ら, 1989; Ingram ら, 1987; Ohta ら, 1991a, b; Tolan and Finn, 1987a, b）や遺伝子組換え酵母（Hallborn ら, 1991; Kötter ら, 1990; Tantirungkij ら, 1993）の開発が行われている．最近の研究では，天然微生物や組換え微生物間のいろいろなエタノール生産能力を比較したところ，ペントースの豊富なコーン加水分解粒子を原料としたとき，組換えエタノール生産大腸菌 *Escherichia coli* KO11（*Z. mobilis* の *pdc* と *adhB* を染色体に組み込んだ *E. coli*）が最高の生産微生物であると考えられている（Hahn-Hägerdal ら, 1993）．

初期の研究は，発酵微生物 *Erwinia chrysanthemi*（Tolan and Finn, 1987a, b），*Klebsiella planticola*（Tolan and Finn, 1987a, b），*E. coli*（Brau and Sahm, 1986）の部分的な発酵代謝の改変に関するものであった．組換え微生物の第一世代の研究は，PDC 活性のみの上昇に関するものであり，エタノール生産は宿主由来の ADH 活性のレベルに依存したものであった．

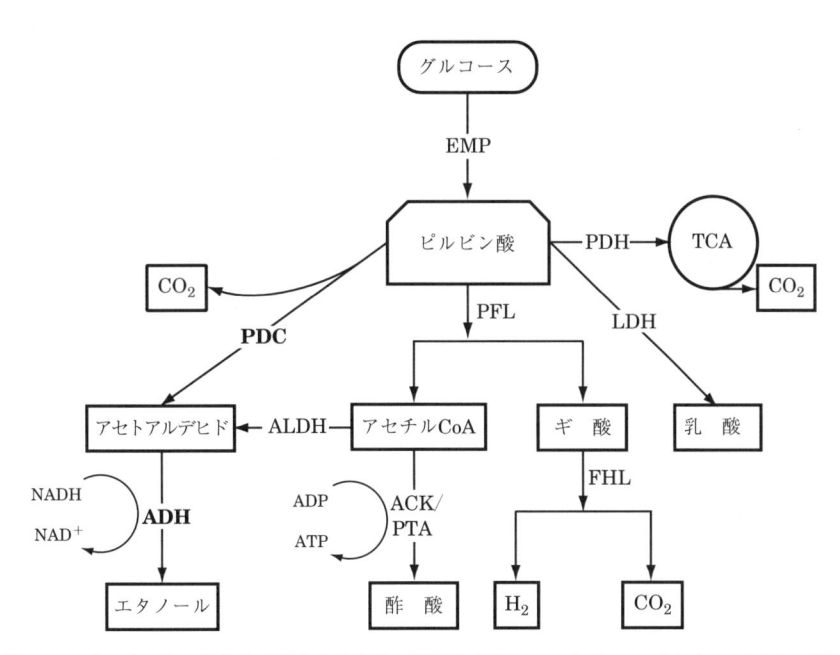

図 6.2 ピルビン酸の分岐点で競合する経路．［略号］EMP：エムデン-マイヤホフ-パルナス経路の酵素と中間物質，PDC：ピルビン酸デカルボキシラーゼ，ADH：アルコールデヒドロゲナーゼ，PFL：ピルビン酸ギ酸リアーゼ，ACK/PTA：ホスホトランスアセチラーゼ/アセチルキナーゼ，ALDH：アセトアルデヒドデヒドロゲナーゼ，FHL：ギ酸-水素リアーゼ，LDH：乳酸デヒドロゲナーゼ，PDH：ピルビン酸デヒドロゲナーゼ．

● 6. 代謝経路の改変の実例 —— 代謝工学の実際

ADHはアセトアルデヒドをNADHの酸化を伴って還元する酵素（図6.2参照）である．エタノールは通常，これらの大腸菌の生産する多くの物質の1つにすぎないので，ADH活性が小さく，NADHが存在すれば多様な副生物を生成する．この問題は組換え *E. coli* 内（Ingramら，1987），や *K. oxytoca* 内（Ohtaら，1991a, b, Wood and Ingram, 1992）で *Z. mobilis* の *adhB* を過剰発現させることで解決した．これにより種々の糖から効率的にエタノール生産が可能となった．このことは，*Z. mobilis* の両方の遺伝子（つまり *pdc* と *adhB*）を人工的なオペロンに組み込み，エタノール生産のための小さな遺伝子エレメント（PETオペロン）を構築することにより達成された．*E. coli* は，特に増殖が速く，ペントースを含む広い範囲の炭素基質を利用できる優れた宿主でもある．

ピルビン酸デカルボキシラーゼはピルビン酸の非酸化型脱炭酸を触媒している．この反応によりアセトアルデヒドと二酸化炭素が生成する（図6.2参照）．*E. coli* では，2つのアルコールデヒドロゲナーゼのアイソザイムが存在し，NADHがNAD$^+$に酸化されるのに伴って，アセトアルデヒドをエタノールに還元する．組換え *E. coli* においては，ピルビン酸デカルボキシラーゼ（PDC），アルコールデヒドロゲナーゼ（ADH）両酵素は，ピルビン酸代謝をエタノールに向けるために高濃度で存在することが必要である．PDCの高い活性と低い見かけの K_m により（表6.2），乳酸デヒドロゲナーゼのようなネイティブな酵素が存在してもピルビン酸は効果的にエタノールへ流れる．

PETオペロンをもつ組換え *E. coli* では好気でも嫌気でも大量のエタノールを生産することができる（表6.3）．好気条件で *E. coli* の野生株はピルビン酸をPDHやPFLにより代謝する（両者の K_m はそれぞれ，0.4，2.0 mMである．表6.3参照）．そして，アセチルCoAの過剰供給により二酸化炭素，酢酸を主に生産する．*Z. mobilis* のPDCの見かけの K_m は，PFLやLDHより同じくらいか，より低い値である．したがって，アセトアルデヒドへの変換が可能になる．好気条件下ではNAD$^+$の再生は生合成やNADHオキシダーゼにより起こる（これらは，電子伝達系と共役している）．*Z. mobilis* ADH II の見かけの K_m は *E. coli* のNADHオキシダーゼの1/4倍以下に低いのでADH II は細胞内のNADHのプールと効果的に競合し，アセトアルデヒドがエタノールに変換されるようになる．嫌気条件では野生型 *E. coli* はピルビン酸をLDHや

表6.2 ピルビン酸を基質とする酵素のピルビン酸に対する見かけの K_m 値の比較[a]．

微生物	酵素	K_m	
		ピルビン酸	NADH
E. coli	PDH	0.4 mM	0.18 mM
	LDH	7.2 mM	>0.5 mM
	PFL	2.0 mM	
	ALDH		50 μM
	NADH-OX		50 μM
Z. mobilis	PDC	0.4 mM	
	ADH II		12 μM

[a] ［略号］PDH：ピルビン酸デヒドロゲナーゼ，LDH：乳酸デヒドロゲナーゼ，PFL：ピルビン酸-ギ酸リアーゼ，ALDH：アルデヒドデヒドロゲナーゼ，NADH-OX：NADHオキシダーゼ，PDC：ピルビン酸デカルボキシラーゼ，ADH II：アルコールデヒドロゲナーゼ II．

6.1 生産物収率と生産性の向上

表6.3 好気,嫌気増殖下における野生型と組換え *E. coli* の発酵生産物の比較[a].

増殖条件	プラスミド	発酵産物 (mM)			
		エタノール	乳酸	酢酸	コハク酸
好　気					
	None	0	0.6	55	0.2
	PLO1308-10 (PET)	337	1.1	17	4.9
嫌　気					
	None	0.4	22	7	0.9
	PLO1308-10 (PET)	482	10	1.2	5.0

[a] データは,Ingram and Conway (1988) による.

PFLにより代謝する.表6.2に示すようにこの2つの酵素の見かけのK_mはそれぞれ$Z. mobilis$のPDCより18倍と5倍高い値である.さらにNAD^+の再生を触媒するネイティブな酵素のK_mは,*E. coli*において,*Z. mobilis*のADHより高い.以上のことから,*E. coli*における*Z. mobilis*の酵素の過剰発現により,ネイティブなピルビン酸関連酵素やNADH還元力に打ち勝ってエタノールを生産することができる.

1991年3月,フロリダ大学の食品-農業科学研究所 (Institute of Food and Agricultural Sciences) で創り出した独創的な微生物に対して米国特許第5,000,000号が与えられた.組換え *E. coli* の発酵特性は多くの論文に紹介された.最終エタノール濃度は50 g L^{-1}を超え(例えば,54.4 g L^{-1},41.6 g L^{-1}といった高濃度のエタノールが10%グルコースや,8%キシロースから生産された(Ohtaら,1991a, b)).収率は,理論的な最大値(0.5 gエタノール(g-糖)$^{-1}$)に近いものであった(糖→2エタノール+$2CO_2$).単純な回分培養系で報告された体積当り菌体当りの最大生産速度は0.6 gエタノール L^{-1} h^{-1},および,1.3 gエタノール (g DW)$^{-1}$ h^{-1}である(Alterhum and Ingram, 1989).さらに体積当りの生産速度が改良され,1.8 gエタノール L^{-1} h^{-1}となった(Ohtaら,1991).ヤナギやマツのような木材からとれるペントースから *E. coli* KO11によるエタノールの生産コストは,約0.13ドル/リットルと推定されている(von Sivers and Zacchi, 1995; von Siversら,1994).これによりエタノールの最終コストは2000年には容易に0.18ドル/リットルを切るだろうといわれている.さらにこのエタノール生産 *E. coli* はキシロースのほかにリグノセルロースを原料とするほかのすべての糖,グルコース,マンノース,アラビノース,ガラクトースを資化する能力をもっている.組換え株はヘミセルロースの加水分解物で生産される糖の混合物で増殖させたとき,グルコース,アラビノースとキシロースの順に消費し,理論収率近くまでエタノールを生産する(Takahashiら,1994).

最近Ohtaらは *pdc* や *adh* の遺伝子を *Z. mobilis* の近縁種の *Klebsiella oxytoca* (Ohtaら,1991a, b)で発現させる研究をしている.*Klebsiella*では,*E. coli*の経路に加えて,さらに,2つの発酵経路が存在する(図6.2).これはピルビン酸をコハク酸やブタンジオールに変換する経路である.*E. coli*のケースのように糖の90%を,もとの経路からエタノールの経路へ変更することが可能であった.*K. oxytoca*の親株と比較してPDCのみを組換えた場合には約2倍のエタノール生産があるにすぎなかった.しかし,PDCとADHが *K. oxytoca* M5A1へ組み込まれるとエタノール生産は急速で効率的になり,体積当りの生産性は2.0 g L^{-1} h^{-1}以上,収率は

● 6. 代謝経路の改変の実例 —— 代謝工学の実際

0.5 gエタノール（g糖）$^{-1}$となり最終生産量はグルコースとキシロースを炭素源としたとき45 g L^{-1}となった．

6.1.2 アミノ酸

アミノ酸は食品添加物，飼料添加物，医療用点滴剤，セラピー物質，ペプチドやアグロ化学物質合成の前駆体として幅広く使用されている．ほとんどの微生物は，炭素や窒素源から必須アミノ酸を合成する機構をもっている（図6.3）．ある種の微生物は，1つあるいはある種のグループのアミノ酸を過剰生産することが可能である．例えば，1950年代の半ばには，日本の科学者たちは，大量のL-グルタミン酸を分泌する微生物を分離した．このことが発酵法によるアミノ酸生産の新しい時代を開いた．それ以前はアミノ酸の多くの原料は天然のタンパク質，化学合成であった．このバクテリアは後に，*Corynebacterium glutamicum*と呼ばれ，グラム陽性，好気性の短桿菌で，大量のグルタミン酸を培地中に分泌する．ある条件では，その濃度は100 g L^{-1}に達する．

グルタミン酸の工業生産の成功は，他のアミノ酸の生産菌の分離を促進した．グルタミン酸菌の野生株は，グルタミン酸，バリン，プロリン，グルタミン，アラニンなど少数のアミノ酸の生産能力のみにとどまっていた．希望のアミノ酸の細胞外への蓄積は細胞代謝，調節制御の変化を必要とするので，これらのバクテリアの発見に続く数年間は，要求性変異株や調節系の

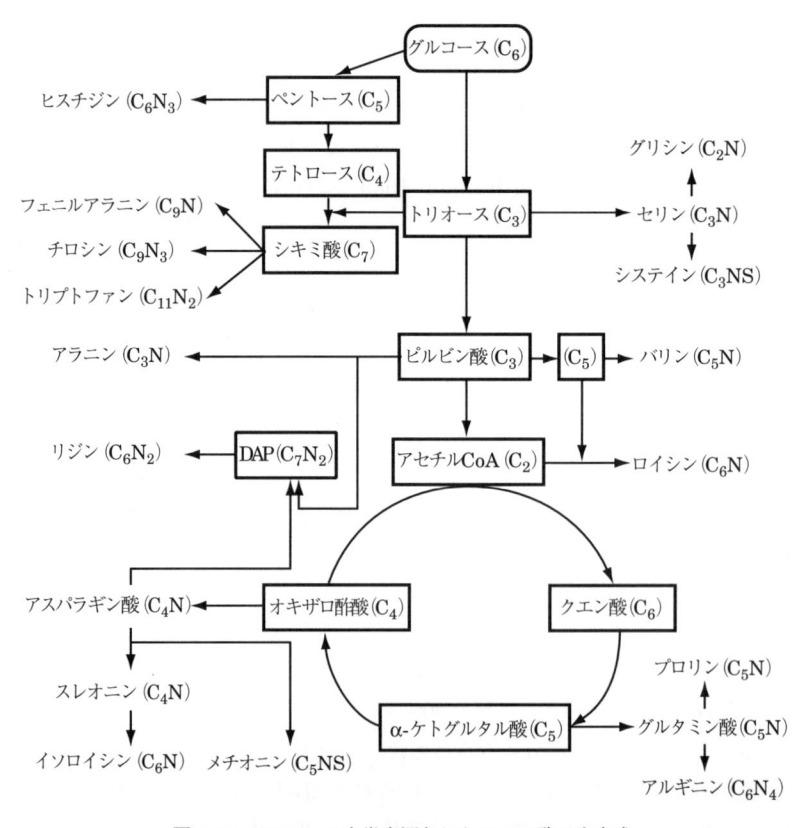

図6.3 グルコースを炭素源としたアミノ酸の生合成．

変異株を取得することに労力が注がれた（例5.1参照）．合理的に要求性変異株を用いることは，細胞内の阻害物質や抑制物質の蓄積を最小化したり，阻害物質の結合部位を変化させることによって，フィードバック制御を解除することを可能にした（5章参照）．その結果，阻害物質が存在してもそれが不感であるような株が取得された．例えば，オルニチン生産菌はアルギニン要求性変異株を使って分離された．1年後，ホモセリン要求性変異株により，リジン発酵が成功した（Kinoshitaら，1957）．ほとんどのアミノ酸は今日，要求性変異と調節系変異の組合せを含む株によって行われている．年間50万トンのL-グルタミン酸が*C. glutamicum*によって生産されている．一方，*C. glutamicum*要求性変異株により，年間40万トンのリジンが生産されている．また，アミノ酸の需要は年々増加している．

　アスパラギン酸ファミリーのアミノ酸，特にリジンの商業的な重要性の観点によって，より優れた菌株の分離が強力に行われた．これらの開発プロジェクトは，はじめはランダムな変異処理により，続いて，アミノ酸生合成の経路や調節をよく理解することによって要求性変異の選択により行われた．野生株のコリネ細菌は，スレオニンとリジンがアスパルトキナーゼをフィードバック阻害することにより，リジンを蓄積することができない（10.1.1項，図10.1参照）．したがって，最初のリジン生産変異株はホモセリンデヒドロゲナーゼ（HDH）欠損変異株であった．この菌株は，ホモセリン合成能がなく，ホモセリンまたはスレオニンとメチオニンを要求する要求性変異株であった．スレオニンとメチオニンはタンパク質の合成を満足するように供給速度を制御する必要があったが，これにより，リジンを高濃度に蓄積することができた．さらなる改良はS(2アミノエチル)L-システイン（AEC），つまり，リジンアナログの耐性変異株の開発であった．AECはリジンのアナログ物質なので，AEC耐性株は明らかにアスパルトキナーゼがリジンによって阻害されないよう，調節が解除されている株である．これにより大量のリジンが培地中に蓄積された．次の改良は炭素代謝が呼吸代謝経路から補充経路へ向かうように変更することであった．この目的のためにクエン酸シンターゼ活性を減衰させた変異株が分離されてリジン収率がより向上した．特にHDH欠損とAEC耐性の表現型を組み合わせた変異株により特に収率が向上した．このテーマは多くのバリエーションをもって応用されている．すなわち，フルオロピルビン酸感受性（ピルビン酸デヒドロゲナーゼアテニュエート）変異株，アラニン要求性変異株などである．これらの菌株の改良過程におけるランダムな変異がもたらした代謝変化の解明が不十分なことや*C. glutamicum*の補充経路の機能や調節の理解が完全でないために，これらの菌株の改良においてどのような機構が重要であったかは正確には知られていない．

　最近，さらなる経路の改変によって，より大きな可能性をもった生産株が開発されてきた．例えば，生産物の分解経路を破壊した株，最終生産物の膜透過性を改良した株の開発である．いくつかの研究グループは，コリネ型細菌に焦点を当てそれぞれ独自に代謝工学ツールの開発を進めてきた．この中で重要な研究は異種プラスミドから利用可能なベクターを開発したことと，効率的なDNAトランスファーシステムの開発であった．小さなサイズのプラスミドがいくつかの*Corynebacterium*から分離され，新しい効率的な形質転換技術がここ数年間で開発された．このことにより，現在約50のアミノ酸合成の遺伝子（Jetten and Sinskey（1995）のレビューによる）をコリネ型細菌から単離することが可能となった．これらの遺伝子は個別にまたは組み合わせて生産株の改良に用いることができる．これは鍵となる酵素の活性を上昇させたりフィードバック調節を除いたりすることに使われる．これらの遺伝子を用いることによ

● 6. 代謝経路の改変の実例 —— 代謝工学の実際

りアミノ酸合成の生化学を明らかにしたり，セントラルカーボンメタボリズム（CCM）を一般的に明らかにしたりすることが可能となる．

トリプトファン

E. coli のトリプトファン合成は複雑なフィードバックメカニズムによって調節されている．変異処理の実験を通して，研究者たちは1種類の菌株内で，これらのメカニズムの変化をつなぎ合わせ，トリプトファンの過剰生産株を取得した（Aibaら，1980; Shio, 1986）．芳香族アミノ酸の経路の最初の反応はエリスロース4リン酸とPEPから，3デオキシD-アラビノヘプツロソン酸7P（DAHP）への変換である．これは3つの同じ機能をもった酵素（AroF, AroG, AroH）により触媒される．これらの反応はチロシン，トリプトファン，フェニルアラニンによりそれぞれ，調節されている．最初のアプローチは，*aroG* と *aroH* を破壊することによりシステムの調節を単純化するというものであった．さらにチロシンが調節する酵素（AroF）を変異によってフィードバック阻害非感受性株が得られた（*aroF*394）．さらに，この遺伝子の抑制ついて抑制遺伝子（*tryR*）が不活化され，抑制が解除された．またチロシンとフェニルアラニン（*tyrA*, *pheA*）への分岐を除く改良が行われた．さらに合成されたトリプトファン分解を担う酵素（*tna*）が不活化された．トリプトファンによる阻害に非感受性のアントラニル酸シンセターゼ（*trpE*382）の開発，トリプトファンリプレッサー（*trpR*）の不活化，トリプトファニル-tRNAシンセターゼ（*trpS*）の遺伝子の変異による細胞のアテニュエーション制御の破壊などが，続けて行われた．工業的に利用されている *E. coli* NST100株は培地中にグルコースを5%含む培地で培養された場合，24 hで，6.2 g L^{-1} のトリプトファンを生産する．培地中にアンスラニル酸を添加するとより高収率にトリプトファンが得られている（図6.4）．

最近18 g L^{-1} のトリプトファンを生産する *C. glutamicum* 株の3デオキシD-アラビノペプツロソン酸7P（DAHP）シンターゼとコリスミ酸ムターゼの抑制解除を行って，これらの酵素を過剰発現させることにより，大量にチロシン（26 g L^{-1}）に変換することが可能になった（Ikeda and Katsumata, 1992）．すでに構築された遺伝子に加えて，プレフェン酸デヒドラターゼの過剰発現が28 g L^{-1} のフェニルアラニンの生産を可能にした．

アラニン

Uhlenbuschらは，*Z. mobilis* アラニン過剰生産株の構築に成功した．これは，*Bacillus sphaericus* のアラニンデヒドロゲナーゼ（*alaD*）遺伝子を導入することにより行われた（Uhlenbuschら，1991）．アラニン収率は280 mmolグルコースに対し，10 mmolに達した．後に，明らかに制限となっていたアンモニアを85 mM添加することにより，さらに，41 mmolまで上昇させることができた．この生産速度では増殖は停止したが，これはおそらくピルビン酸デカルボキシラーゼ（PDC）とアラニンデヒドロゲナーゼの競合によるものであった．PDCのコファクタ，チアミンPPの枯渇により，増殖を阻害した結果さらなる高収率（25 hで84 mmol）が達成された．

スレオニン

リジンとメチオニンは飼料添加物として工業的に生産されているが，スレオニンの生産は現在のプロセスが低収率なため満足なものでない．しかし，近年大きな進展が代謝工学によりも

6.1 生産物収率と生産性の向上

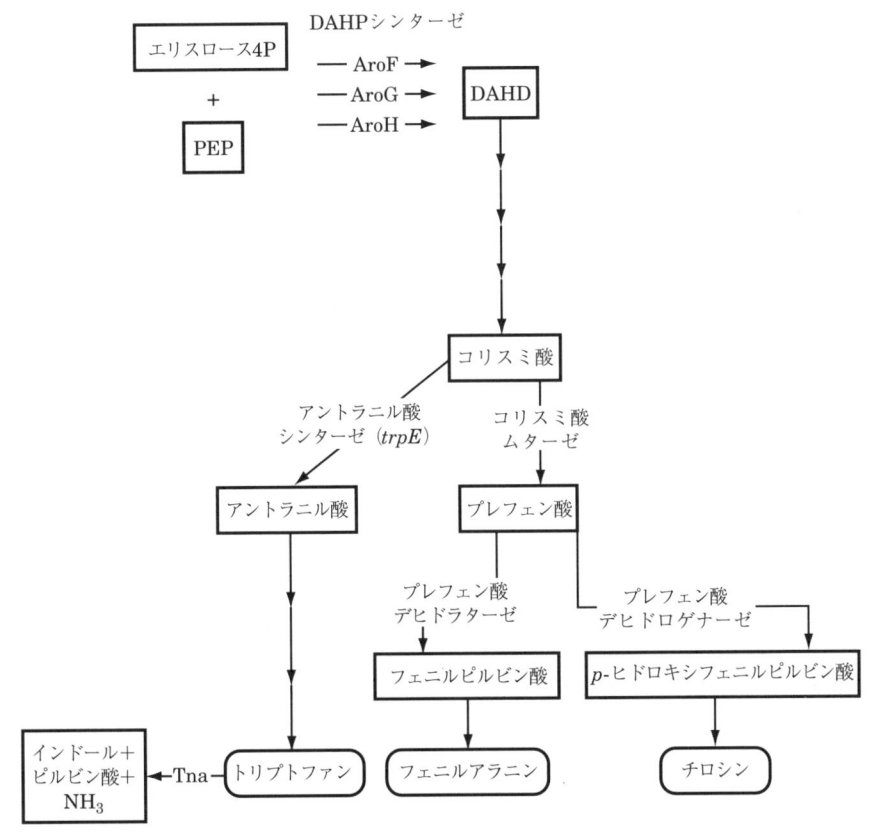

```
エリスロース4P      DAHPシンターゼ
     +          ── AroF →
    PEP         ── AroG →  DAHD
                ── AroH →
                              │
                              ▼
                           コリスミ酸
            ┌─────────────────┴─────────────────┐
  アントラニル酸              コリスミ酸
  シンターゼ (trpE)           ムターゼ
            ▼                             ▼
      アントラニル酸                    プレフェン酸
            │              ┌──────────────┴──────────────┐
            │         プレフェン酸              プレフェン酸
            │         デヒドラターゼ            デヒドロゲナーゼ
            │              ▼                        ▼
            │         フェニルピルビン酸    p-ヒドロキシフェニルピルビン酸
            ▼              ▼                        ▼
インドール+  Tna
ピルビン酸+ ←──  トリプトファン    フェニルアラニン         チロシン
  NH₃
```

図6.4 芳香族アミノ酸の生合成. *E. coli* において構造遺伝子は共通のオペレータの元オペロン (*trpEDCBA*) を形成している. 調節遺伝子は, このオペロンとは離れて存在し, 最終産物トリプトファンの生産によって, 酵素生産の抑制を行う.

たらされ, 効率的なスレオニン生産株の構築が行われた. *C. glutamicum* のスレオニン経路の1番目と2番目の反応, ホモセリンデヒドロゲナーゼ (HD), ホモセリンキナーゼ (HK) の遺伝子が *E. coli* の *thrB* 変異を相補することにより単離された (Follettieら, 1988). これらの2つの遺伝子は, *hom* 遺伝子上流でシングルプロモータから発現されるオペロンを形成している (Peoplesら, 1988). この遺伝子は, ユニークなアテニュエーションシステムによって, 転写レベルにおいてメチオニンによって制御されている (Jettenら, 1993). このスレオニン経路の最終段階は, 構成酵素であるスレオニンシンターゼ (TS) によるホモセリンリン酸のスレオニンへの変換である. TSをコードする遺伝子 (*thrC*) が最近 *C. glutamicum* の要求性変異株を相補することにより得られた (Hanら, 1990).

スレオニン生産はスレオニンとリジン合成の経路へ分布する共通の基質アスパラギン酸β-セミアルデヒド (ASA) における代謝フラックス分布によって決定される (図6.5). このフラックス分布は, 競合する酵素ホモセリンデヒドロゲナーゼとジヒドロピコリン酸シンターゼの共通の基質である ASA に対する両酵素の相対的な親和力によって決定される. ホモセリンデヒドロゲナーゼの活性はL-スレオニンによるアロステリックな阻害に非常に高感度である (K_i = 0.16 mM). それゆえ通常の増殖の状態では ASA は主にリジン合成経路に入る. ホモセリンデ

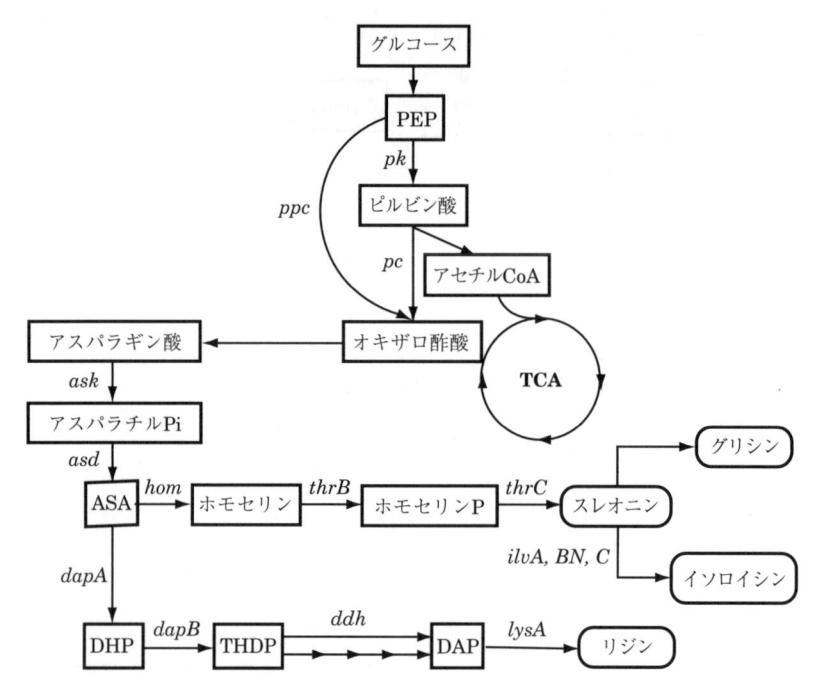

● 6. 代謝経路の改変の実例 ── 代謝工学の実際

図 6.5 アスパラギン酸の生合成経路．［略号］*ppc*：PEP カルボキシラーゼ，*pc*：ピルビン酸カルボキシラーゼ，*pk*：ピルビン酸キナーゼ，*ask*：アスパルトキナーゼ，*asd*：ASA デヒドロゲナーゼ，*dapA*：DHP シンターゼ，*dapB*：DHP レダクターゼ，*ddh*：DAP デヒドロゲナーゼ，*lysA*：DAP デカルボキシラーゼ，*hom*：ホモセリンデヒドロゲナーゼ，*thrB*：ホモセリンキナーゼ，*thrC*：スレオニンシンターゼ，*ilvA*：スレオニンデヒドラターゼ（デアミナーゼ），*ilvBN*：アセトヒドロキシ酸シンターゼ，アセトヒドロキシ酸イソメロレダクターゼ，ジヒドロキシ酸デヒドラターゼ，*ilvC*：トランスアミナーゼ C．

ヒドロゲナーゼのスレオニンの阻害の分子機構を理解する上で重要な点，つまり，スレオニンの過剰生産株を構築するのに重要な点は，HD のフィードバック阻害耐性株（HD^{dr}）を構築することである．2 つの研究グループが独自に調節機構を解除した株，フィードバック耐性ホモセリンデヒドロゲナーゼ株を単離した（Archer ら，1991；Reinscheid ら，1991）．Archer ら（1991）は，*hom*^{dr} 変異が 1 塩基欠損により起こり C 末端の構造を劇的に変化させることを発見した．これにより，酵素の 10 アミノ酸が置換され，最後の 7 残基が野生株に比べて欠損した．これらの残基は明らかにスレオニンの結合部位であり，HD^{dr} からこれを取り除くと変異株はスレオニンによるフィードバック阻害に対して感受性をもたない HD 活性を示すことになる．

ASA ノードのまわりの炭素フラックスの調節を研究するために遺伝的背景のわかる組換え株が構築された（Colón ら，1993；Eikmanns ら，1991；Reinscheid ら，1994）．野生株 *C. glutamicum* 13032 のスレオニンの遺伝子を増幅してもスレオニンは分泌されなかった．これは，おそらくアスパルトキナーゼやホモセリンデヒドロゲナーゼのスレオニンによる阻害によるものである（Eikmanns ら，1991）．調節解除された *hom*^{dr} だけを増幅すると（プラスミド pJD4, 表 6.4），リジンとスレオニンの経路間の分岐比はほぼ等しくなった．これに伴い細胞内のスレオニン（100 mM），ホモセリン（74 mM）の蓄積が起こり，これはスレオニンが HD や HK によって制限されているか，それらの活性間のバランス欠如によって起こると結論

された．細胞内でホモセリンが蓄積するのを防ぐために，Colónらは，*thrB*遺伝子をtacプロモータに結合し（プラスミドpGC42，表6.4），*hom*^{dr}（*Ptac-thrB*発現）$^{-1}$をIPTGを加えることによって調節した（Colónら，1993; Colónら，1995a, b）．ホモセリンキナーゼの活性をホモセリンデヒドロゲナーゼに対して相対的に増幅させることによってホモセリン分泌はなくなり，最終的なスレオニンの収率は約120%にまで上昇した（表6.4）．

表6.4に示したようにスレオニンの重要な副生はイソロイシンへの変換か，さらには，グリシンへの分解である．スレオニンのイソロイシンへの変換は，マーカー交換変異導入法による*ilvA*変異株の構築により行われた（Colónら，1997）．この点では，スレオニンのグリシンへの分解をブロックする場所であることを強調しておきたい．これは複数の経路を含むより積極的な方法である．この遺伝子はコリネ型細菌では，いまだに明らかにされていないものである．

イソロイシン

*C. glutamicum*のイソロイシンの生合成は，L-スレオニンデアミナーゼ（LTD，*ilvA*）によるL-スレオニンの*α*-ケト酪酸への変換に始まる．続いてこの分子はアセトヒドロキシ酸シンターゼ（AHAS，*ilvB-ilvN*）によって触媒変換された*α*-アセト乳酸と縮合する．この経路もまた他の2つの分岐したアミノ酸（branched-chain amino acid, BCAA），つまり，バリンやロイシンの前駆体を供給する．5つの異なるAHASアイソザイムが大腸菌で報告されているが，*C. glutamicum*では1つの酵素のみが知られている．LTDもAHASもイソロイシンとバリンに阻害される．一方，AHASは，また，ロイシンとバリンによっても阻害される．さらに，すべて3つのBCAAはAHASの発現を抑制する．コリネ型細菌のBCAA生合成に関与する遺伝子

表6.4 組換え*C. glutamicum*株のスレオニン生産[a]．

	分泌アミノ酸（g L^{-1}）				
*C. glutamicum*株	リジン	スレオニン	ホモセリン	グリシン	イソロイシン
ATCC 21799（pM2）[b]	22.0 ± 1.0	< 0.1	< 0.1	< 0.1	< 0.1
ATCC 21799（pJD4）	4.5 ± 0.2	5.4 ± 0.2	2.0 ± 0.1	2.0 ± 0.1	1.3 ± 0.1
ATCC 21799（pGC42）[c]					
誘導前	0.9 ± 0.1	5.6 ± 0.3	6.7 ± 0.3	1.3 ± 0.1	1.0 ± 0.1
1.5 mmol IPTG添加	0.9 ± 0.1	11.8 ± 0.6	< 0.1	4.6 ± 0.2	1.9 ± 0.2

[a] Colónらによる，1995a, b．
[b] *E. coli / C. glutamicum*シャトルベクター；pJD4, Km^R *hom*^{dr}-*thrB*オペロン；pGC42, Km^R Ap^R *laqI*^{q} *hom*^{dr} *tac-thrB*．
[c] ATCC21799（pGC42）はIPTGにより誘導される．

表6.5 組換え*C. glutamicum*株のイソロイシン生産[a]．

	分泌アミノ酸（g L^{-1}）				
*C. glutamicum*株	リジン	スレオニン	ホモセリン	グリシン	イソロイシン
ATCC 21799（pM2）	22.0 ± 1.0	< 0.1	< 0.1	< 0.1	< 0.1
ATCC 21799（pGC42）	0.9 ± 0.1	11.8 ± 0.6	< 0.1	4.6 ± 0.2	1.9 ± 0.2
ATCC 21799（pGC77）[b]	0.4 ± 0.1	< 0.1	< 0.1	0.5 ± 0.1	15.1 ± 0.2

[a] Colónらのデータ 1995．
[b] pGC42から得られたKm^R Ap^R *laqI*^{q} *hom*^{dr} *ilvA tac-thrB*．

の同定や解明はこの数年間精力的に行われた（Colónら，1995; Cordesら，1992; Keilhauerら，1993）．

イソロイシンの過剰生産は，*ilvA*遺伝子（プラスミドpG77, 表6.5）の増幅とhom^{dr}や*thrB*遺伝子を含むプラスミドpGC42（スレオニンの項を参照）の構築の組合せで達成された．*Corynebacterium*の*ilvA*遺伝子はスレオニンデヒドラターゼをコードするが，*E. coli ilvA*変異株を異種微生物間で相補することによって*C. glutamicum*のpM2-ゲノムライブラリからこの遺伝子が単離された．得られたプラスミド（pGC77）はリジン生産株（ATCC 21799）に挿入され15 g L^{-1}のイソロイシンが生産された．このとき，少量のリジンとグリシンが生産された．炭素バランスを取ってみると，（21799/pGC42）では，大部分の炭素はスレオニンに変換され，新しい株（21799/pGC77）ではリジン，グリシン，スレオニンはイソロイシンに変換されることがわかった．

6.1.3 有機溶剤

アセトン，ブタノール，エタノール（ABE）の工業発酵生産プロセスの歴史は，今世紀の初頭までさかのぼる．天然ゴムの短所を克服するため，イギリスの会社Strange and Grahamは合成ゴムの製造の可能性を検討していた．そして合成ゴムの前駆体としてブタジエンとイソプレンがブタノールとイソアミルアルコールから生産されることを発見した．この状況で，Perkins教授と彼の助手であるChaim Weizmann（後に彼はイスラエルの初代大統領となる）はゴムの前駆体の化学生産の研究を行った．彼は化学が専門であるにもかかわらず，Weizmannは，すぐにこのプロセスの成功の鍵は発酵法にあると結論づけた．つまり，彼自身が微生物学者としての勉学が必要であると感じ，これを実践した．1912年から1914年の間いくつかの微生物をスクリーニングし，彼自身はBYと名づけ，後に，*Clostridium acetobutylicum*と名づけられる株の単離に成功した．これは，デンプンから最高の収率でアセトンとブタノールを生産する株であった．

続いてABE発酵プロセスの開発が第一次世界大戦の勃発に伴って急速に加速した．これはニトロセルロースのためのコロイド溶剤としてのアセトンの需要が上昇したためであった．第二次世界大戦が始まるとアセトンの需要はさらに高まり，基質がトウモロコシから廃糖蜜に変わった．このアセトンは比較的安く，1930年代には大量生産が行われた．第二次大戦後，ABE発酵は合衆国やイギリスではほとんど停止した．これは石油からの溶剤の生産の開始と廃糖蜜の価格の上昇によるものである．

ABE発酵の崩壊は，最終濃度，収率，生産性の低さや，副生産物の割合が多いこと，基質が比較的高価であることといった，このシステム固有の多くの限界によるものであった．微生物を用いた溶剤生産の遺伝子工学はABE発酵プロセスを次のような方法で復活させようとするものである．

- 生産収率を上げるため，リグノセルロースや廃棄物由来の基質に変換する．
- 連続生産や固定化菌体システムによって生産性を上昇させることの可能な菌株を開発する．
- 最終生産物濃度を高くするため生産物の高濃度に耐性のある株を開発する．
- 生産物溶剤の比を容易に操作できる株を開発する．

いくつかの溶剤関連酵素の誘導の初期の研究で，溶剤生産の遺伝子制御が重要であることが示唆された（Bennett and Rudolph, 1995; Sauer and Duerre, 1995）．しかし，いくつかの有機酸関連，溶剤関連遺伝子がクローニングされ，シークエンスが明らかにされたにもかかわらず代謝フラックス調節の理解はまだ明らかでない．プラスミドやベクターのような遺伝子工学のツールは *Clostridium* 属で多く開発された．これらは次のような研究からなっていた．つまり（1）幅広い宿主に接合できる *Enterococcus faecalis* のpAMβ-1レプリコン（複製単位）または *Bacillus subtilis* のpIM13レプリコンを用いたクローニングベクターの開発，（2）エリスロマイシンやクラリンスロマイシンのような適当なセレクションマーカーの利用（これらの薬剤は低いpHで安定である），（3）発現ベクターの構築における *Clostridium* 内で高度に発現するフェレドキシンプロモータの開発，（4）*Clostridium* 属で機能を発揮する，接合トランスポゾンTn916，Tn926，Tn1545，これはトランスポゾンの変異操作を可能にするものである．これらのツールにより，多くの *Clostridium* 属の遺伝子がクローン化され，*E. coli* での発現が研究された（Bennett and Rudolph, 1995; Durreら，1995; Papoutsakis and Bennett, 1991）．これらの研究は *Clostridium* 属の遺伝子の不活化（遺伝子破壊）とそれによる生理学的な変化の研究に使われることになるだろう．

　C. acetobutylicum の最初の有機酸や溶剤生成遺伝子のクローニングの研究は1992年に報告された．これは，アセト酢酸デカルボキシラーゼ（*adc*）とホスホトランスブチリラーゼ（*ptb*）のATTC 824株における異種遺伝子産物の過剰発現微生物であった（Mermelsteinら，1992）（図2.8参照）．この研究は，*B. subtilis* / *C. acetobutylicum* のシャトルベクター（pFNK1）の開発やエレクトロトランスフォーメーションの実験法の改良があって初めて成功したものであった．アセト酢酸デカルボキシラーゼ（AADC）は，アセトン生産の経路の最終酵素で，アセト酢酸をアセトンと二酸化炭素に変換する酵素である．ホスホトランスブチリラーゼ（PTB）は，酪酸生産の分岐点の酵素である．ブチリルCoAと無機リン酸からブチリルリン酸（さらに，ブチレートキナーゼによって酪酸に変換される）と還元型CoAに変換される．一方，ブチリルCoAは2つの酵素反応によってブタノールに変換される．組換え菌のAADC活性は，対数増殖期では9倍以上に増加し，静止期には33倍に増加した．一方，PTB活性は対数増殖期では20倍以上に増加し，静止期には40倍に増加した．組換え菌はアセトン，ブタノール，エタノールをそれぞれ95，37，90％のレベルでそれぞれ生産した．さらに，発酵最終時点での酸の濃度はコントロールに比べて22倍高く，グルコースから目的生産物への収率は約50％上昇した．

　異なる研究においては，*Clostridia* の実用的な遺伝子操作の例として，*C. acetobutylicum* NCIMB8052株の基質を変換する目的で研究が行われた．つまり，*C. thermocellum* 株由来の *celC* や *celA* 遺伝子を含む人工オペロンがNCIMB 8052に導入された．その結果，形質転換体はリケナン（β-グルカン）を単一炭素源として増殖することができるようになった．

1,3プロパンジオール

　1,3プロパンジオール（1, 3PD）は高分子化学合成における中間体である．すなわちポリウレタンやポリエステルの中間体である．現在は石油から精製され，同様のジオール類に比べ，比較的生産コストが高価である．Tongら（1991）は近年 *E. coli* プロパンジオール生成菌を開発した．この株は，*Klebsiella pneumoniae dha* レギュロン由来の遺伝子を保持している．*Klebsiella pneumoniae dha* レギュロンにより，この株はグリセロールを基質とした嫌気増殖

● 6. 代謝経路の改変の実例 ── 代謝工学の実際

と1,3PDの生成が可能である．*Escherichia coli*は*dha*システムを本来もたず電子受容体を細胞外から供給しない限り，グリセロールによる嫌気的増殖が不可能であり，1,3PDが生産されない．図6.6に示すように，この経路の第一段階はグリセロールが補酵素B_{12}依存型デヒドラターゼにより3ヒドロキシプロピオンアルデヒドに変換される反応である．この物質はさらにNAD依存型オキシドレダクターゼにより1,3プロパンジオールに変換される．

E. coli AG1株 中で構築された*K. pneumoniae* ATCC 25955のゲノムライブラリから嫌気状態でグリセロールやジヒドロキシアセトン培地で増殖する能力を上昇させ，1,3PD生産する遺伝子がクローニングされた．コスミドpTC1が*E. coli*の1,3プロパンジオール生産株から単離され，*dha*レギュロンの4つの遺伝子：グリセロールデヒドラターゼ（*dhaB*），1,3PDオキシドレダクターゼ（*dhaT*），グリセロールデヒドロゲナーゼ（*dhaD*），ジヒドロキシアセトンキナーゼ（*dhaK*）の各遺伝子（図6.6参照）に対する酵素活性が確認された．*E. coli* AG1/pTC1はグリセロールを含む天然培地で増殖し，1,3PD収率は0.46 mol mol^{-1}であった．主な副生成物は，ギ酸，酢酸，D-乳酸であった．1,3PDの発酵は異種微生物における生化学経路の相互作用の研究，代謝工学の戦略を示す良いモデルとなった．

この分野のさらなる発展は副生成物の生産を最小化すること，グリセロール添加の必要性をなくし，豊富で新しい化合物を基質として使えるよう基質の範囲を拡張させることであった．グリセロールに対する1,3PDの理論最大収率は0.875 mol 1,3PD (mol glycerol)$^{-1}$である．還元力が必要でCO_2が生成するため，100%完全にグリセロールを1,3PDに変換できる微生物は存在しない．細胞は酢酸やギ酸のような副生成物を生産することによって還元力（NADH）を再生する．理論的にはその理論最大収率は0.667 mol mol^{-1}である．原理的にはグリセロール発酵にペントースやヘキソースを供給することによって還元力を生むことは可能である．そのようなプロセスの理論収率は（Tong and Cameron, 1992）により，まとめられ，

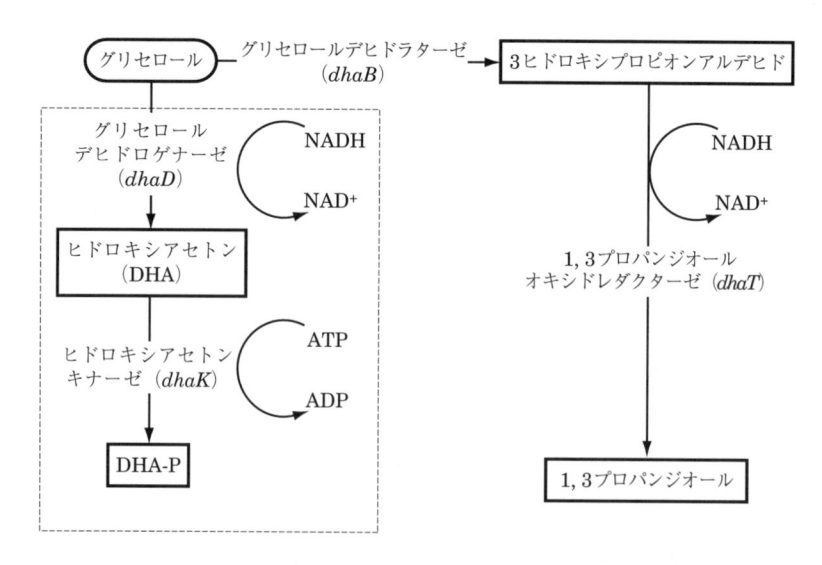

図6.6 *K. pneumoniae*のグリセロール消費の経路．*K. pneumoniae*の*dhaB*や*dhaT*遺伝子の*E. coli*中でのクローニングにより，グリセロールを1,3プロパンジオールに工業的に変換できる有用遺伝子組換え菌の開発が可能となった．

$$-2\,グリセロール-グルコース+2\,1,3PD+2\,酢酸+2\,ギ酸=0$$
$$(理論収率=1.0\ \mathrm{mol\ mol^{-1}})$$
$$-5\,グリセロール-3\,キシロース+5\,1,3PD+5\,酢酸+5\,ギ酸=0$$
$$(理論収率=1.0\ \mathrm{mol\ mol^{-1}})$$

となった．*K. pneumoniae dha* レギュロンを有する *E. coli* の発酵のパイロットプラントにおいて，1,3PDの収率は実際に複数の基質により上昇し，グリセロール単独では $0.46\ \mathrm{mol\ mol^{-1}}$ であったものが，グリセロールとグルコースの組合せで $0.63\ \mathrm{mol\ mol^{-1}}$，グリセロールとキシロースの組合せで $0.55\ \mathrm{mol\ mol^{-1}}$ に上昇した．このような改良はグルコースとキシロースの価格がグリセロールよりずっと低いため経済的に有効なものであると考えられる．

6.2 微生物が利用可能な基質の範囲の拡張

この分野のほとんどの研究はキシロース，乳糖を微生物が利用できるように改変する問題である．キシロースはヘミセルロースバイオマスにおける主要5単糖であり，乳糖は乳酸業の主な副生産物である．その他には，ホエー，デンプン，セルロースのような他の大量に存在する炭素源の利用に関する研究がある．微生物の炭素エネルギー源の利用範囲を拡張することは，一般的にいって発酵プロセスの経済的実現可能性を改良し，プロセス設計のフレキシビリティを上昇させることになる．これは特に基質のコストが生産コストの大きな割合を占める大量コモディティケミカルの生産（エタノールで $60\sim65\%$，リジンで $40\sim45\%$，抗生物質や工業用酵素で $25\sim35\%$）において重要なことである．ほとんどの微生物は代謝経路の多くを共通にもっているため，普通，基質利用範囲の拡張は，2，3の酵素反応を導入することで実現されるのである．しかしときには下流の反応を調整することが必要な場合もあり，このような場合には代謝工学の手法が非常に役立つと考えられる．

6.2.1 ペントースの代謝を利用したエタノール生産の代謝工学

大腸菌へのエタノール生産遺伝子の導入の研究と並行して，*S. cerevisiae* や *Z. mobilis* といった天然のエタノール生産菌へペントース資化経路を賦与することが検討された．微生物は一般にキシロースを2つの別のルートでキシルロースに変換する（図6.7）．ほとんどのバクテリ

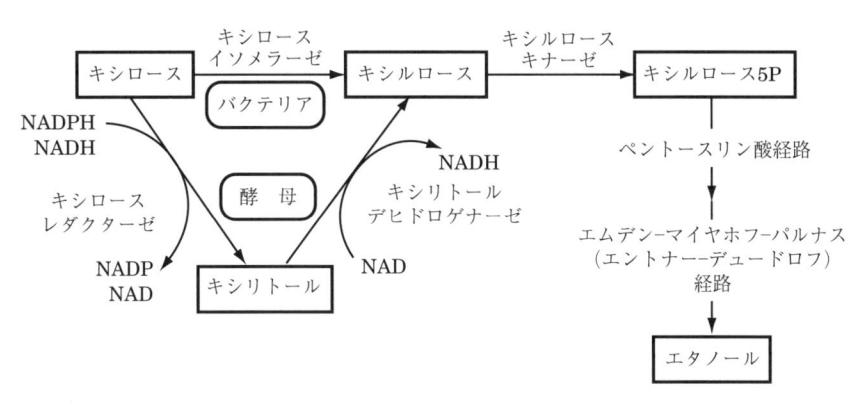

図6.7 バクテリアと酵母におけるキシロース代謝．

● 6. 代謝経路の改変の実例 ―― 代謝工学の実際

アはキシロースイソメラーゼが触媒する1段階反応の経路をもっており，酵母ではキシロースレダクターゼとキシリトールデヒドロゲナーゼの関与する2段階反応の経路が見つかっている．キシルロースはATPによってリン酸化されペントースリン酸経路やEMP経路（または，Z. mobilisではED経路）により異化代謝される．ここ数年の間にキシロース資化の酵素をコードする遺伝子がE. coliや他のバクテリアでクローニングされ，その性質が明らかにされた（Lawlisら，1984；Rygusら，1991）．キシロースを利用できる天然のエタノール生産菌を単離する努力も行われたが，これは成功していない．これらのことから，キシロース利用のための遺伝子の導入が是非必要であると考えられた．また，これらの微生物は，特に高エタノール濃度に対して耐性を示すので，より利点があると考えられた．

酵 母

Pachysolen tannophilus, Pichia stipitis, Candida shehatae のようなある種の酵母がキシロースを資化できるとはいえ，これらの微生物は，*S. cerevisiae*のようなよく知られたグルコース資化性酵母に比べてエタノール収率が低くまたエタノール耐性も低い．*E. coli*（Sarthyら，1987）や*B. subtilis*（Hollenberg and Sahm，1988）由来のキシロースイソメラーゼ遺伝子を*S. cerevisiae*でクローニングすることにより1段階反応を賦与しようという試みが当初行われたが，宿主の細胞内で異種微生物のタンパク質が活性をもたなかったのでこの試みはうまくいかなかった．

ほとんどのカビや酵母ではキシロースレダクターゼやキシリトールデヒドロゲナーゼはそれぞれ，NADH，NAD，依存型である（図6.8）．しかし，*P. stipitis*や*C. shehatae*のような酵母のキシロースレダクターゼはNADPHでもNADHでも活性を示すデュアル酵素である．このようなタイプの酵素は特に酸素が制限された状況ではNAD/NADH酸化還元システムのアンバランスを防げることができるという利点をもっている．最近，*P. stipitis*のキシロースレダクターゼやキシリトールデヒドロゲナーゼが*S. cerevisiae* H株に導入された（Kötterら，1990；Tantirungkijら，1993）．*P. stipitis*は，嫌気条件でキシロースを主にエタノールに変換するが，組換え*S. cerevisiae* H株ではキシリトールの大きな蓄積を伴いつつ（35 g L^{-1}），最大2.7 g L^{-1}のエタノールを生産する．エタノール生産収率や生産性が好気条件よりも高いという観察から，NADHのNADへの再生が改良されたと考えられた．これにより，次にNADHがキシリトールデヒドロゲナーゼの活性が上昇するのである．*S. cerevisiae*におけるキシロース利用に対する限界は，セドヘプツロース7Pの蓄積に見られるように，非酸化的PPPの不十分な能力にあると考えられている．

S. cerevisiae H株のさらなる改良が試みられた．ランダム変異とキシロース培地での増殖速度が上昇した細胞の選択が行われた（Tantirungkijら，1994）．興味深いことにH株よりキシロース培地で3倍増殖速度の速いIM2株は，キシロースレダクターゼ，キシリトールデヒドロゲナーゼともに低い活性を示したがキシルロースキナーゼは1.5倍の活性を示した．このIM2株は高い増殖活性をもっているにもかかわらず，エタノール生産能も大きく上昇し，生産濃度は4.2 g L^{-1}，収率は，0.08 g g^{-1}となった．

Zymomonas mobilis

キシロースはエタノール生産微生物*Z. mobilis*にとっても有用な炭素源である．この微生物

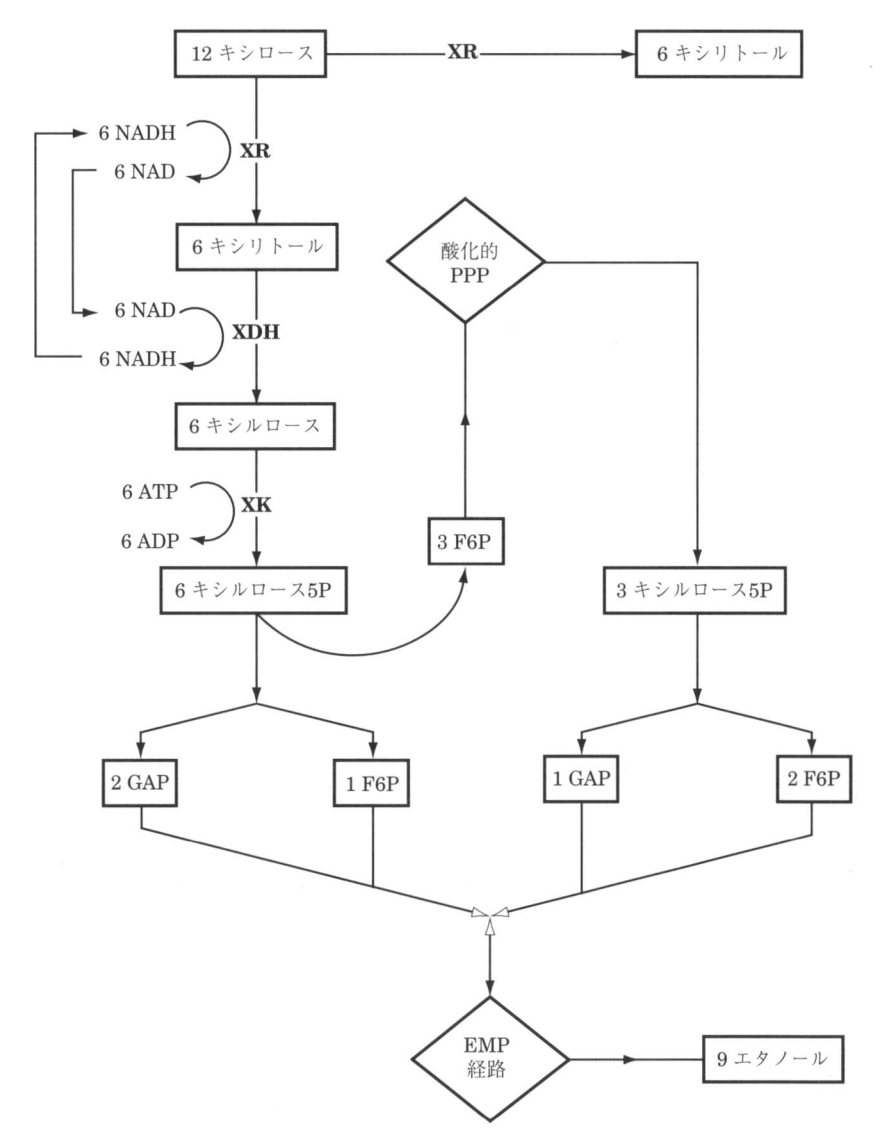

図 6.8 組換え *S. cerevisiae* における嫌気状態のキシロースの資化とコファクタの再生．［略号］EMP：Embden-Meyerhof-Parnas（エムデン-マイヤホフ-パルナス経路），PPP：ペントースリン酸経路，XR：キシロースレダクターゼ，XDH：キシリトールデヒドロゲナーゼ，XK：キシルロースキナーゼ．

は天然のアルコール生産バクテリアとして用いられ，その生産性はイースト（パン酵母）を上回る．全体としてこの微生物はエタノール生産のための理想的な生体触媒がもつべき望ましい特性，つまり，高いエタノール生産収率，選択性，そして，比生産速度をもち，また，低 pH, 高エタノール濃度に対する耐性を備えている．グルコース培地で，*Z. mobilis* は少なくとも 12% w/v の濃度，理論収率の 97% の生産を達成することができる．酵母に比較して *Z. mobilis* は 5〜10% 高い収率を示し，5 倍高い生産性を示す．この微生物の非常に高い収率は，明らかに，その ATP 利用の制限性により，培養中の菌体量自体が低くなるためである．

6. 代謝経路の改変の実例 —— 代謝工学の実際

> **Box 6.1 組換え*Zymomonas mobilis*によるキシロースのエタノールへの変換の理論収率**
>
> この組換え株のエタノール生産の量論（図6.8）は（NAD（P）Hのバランスを無視して）次のようにまとめられる．
>
> $$3キシロース＋3ADP＋3P_i \longrightarrow 5エタノール＋5CO_2＋3ATP＋3H_2O$$
>
> つまり，エタノールの理論収率は0.51 gエタノール（gキシロース）$^{-1}$（1.67 mol mol^{-1}）である．代謝工学で改変された経路は1 molキシロースから1 mol ATPだけを生産するということに気を付けることは重要である．ペントースリン酸経路とEMP経路の両方からATPが生産される場合はATPは5/3 mol生産されることと比較されたい．エネルギー制限により，菌体生産が制限され，より効率的な基質から生産物への変換が実現されている．

　この微生物はEntner-Doudoroff（ED）経路を使って，グルコース1モル当り1モルのATPを生産することしかできない（反応（2.6），Box 6.1参照）．酵母はEMP経路を使ってグルコースから2モルのATPを生成するのである．実際，*Z. mobilis*はEntner-Doudoroff経路のみを嫌気状態で利用することで知られている唯一の微生物である．さらにグルコースはこの微生物の細胞膜を促進拡散で透過することができ，過剰な活性をもつピルビン酸デカルボキシラーゼ/アルコールデヒドロゲナーゼシステムにより効果的にエタノールへ変換することができる．この微生物は動物飼料に用いられるための微生物として一般に安全な微生物（generally recognized as safe, GRAS）と認められている．前にも述べたように，この微生物の主な欠点はグルコース，フルクトース，シュクロースのみを炭素源として資化できることであり，広く利用可能な，ペントースを使って発酵できないことにある．

　*Z. mobilis*にペントース代謝能を賦与しようという試みはコロラド州ゴールデンにある米国再生エネルギー研究所のZhangらによって行われた（Zhangら, 1995）．*Klebsiella*や*Xanthomonas*のキシロースイソメラーゼ（*xylA*），キシルロキナーゼ（*xylB*）遺伝子を用いた他のグループによる初期の試みは（図6.7），これらの遺伝子が，*Z. mobilis*内で発現したにもかかわらず十分な成果を上げられなかった．その後，*Z. mobilis*ではトランスケトラーゼやトランスアルドラーゼが十分な活性を検出できないことが明らかになった．これらの酵素はペントース代謝経路の機能をもたせるに必要な酵素なのである（図6.9）．*E. coli*のトランスケトラーゼ遺伝子がクローニングされ，*Z. mobilis*に導入された．これによりキシロースからのCO_2とエタノールへの少量の変換が観察された（Feldmannら, 1992）．この株は細胞内に大量のセドヘプツロース7Pを蓄積することができたので，次のステップはトランスアルドラーゼを導入することであった．そこで，新しいクローニング技術により，2つの独立なオペロンをもつキメラシャトルベクター（pZB5）が構築された．1つ目のオペロンは*E. coli*の*xylA*と*xylB*遺伝子をコードし，2つ目は*E. coli*のトランスケトラーゼ（*tktA*），トランスアルドラーゼ（*tal*）を発現する．この2つのオペロンはキシロース資化，非酸化的ペントースリン酸経路の4遺伝子を含み，*Z. mobilis* CP4内で発現することが確認された．組換え株はキシロース培地

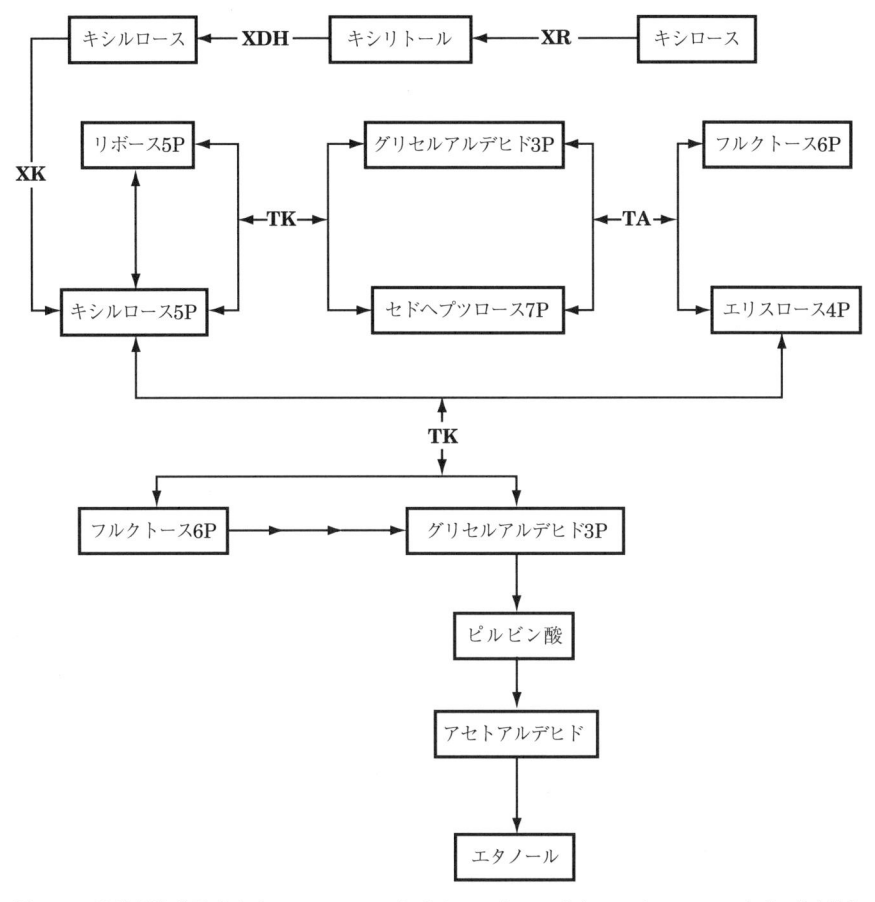

図 6.9 代謝経路を改変した *Z. mobilis* におけるペントースからのエタノールの生産．［略号］XR：キシロースレダクターゼ，XDH：キシルロースデヒドロゲナーゼ，TK：トランスケトラーゼ，TA：トランスアルドラーゼ．

で速い増殖が可能であり，さらにグルコースやキシロースをそれぞれ，理論収率の86%，94%変換することができた．これは前述したエタノール生産のための *Z. mobilis* PETオペロンを *E. coli* 内で発現させようとした研究に相対する研究ということができる．

6.2.2　セルロース，ヘミセルロース分解

リグノセルロースからのエタノール生産微生物がセルロース，ヘミセルロース，関連の炭水化物を分解することができるようになれば，より好ましいことである．*Erwinia carotovora* や *Erwinia chrysanthemi* のような多くの植物病原性バクテリア（腐敗病バクテリア）はリグノセルロースをヒドラーゼやリアーゼによって可溶化し膨潤させることによって，植物組織内へ進入していく（Kado, 1992）．これらのバクテリアを遺伝子工学によって，改変し利用することによって，エタノール生産は化学的，酵素学的手法で行われているリグノセルロースバイオマスの可溶化法を変換することができる．*E. carotovora* SR38 や *E. chrysanthemi* EC16 において，遺伝子工学的改変によってPETオペロンをもたせ，セロビオース，グルコース，キシ

ロースから効率的に，1次生産物としてエタノールとCO_2を生産することができる（Beall and Ingram, 1993）．エタノール生産 *Erwinia* 株は，100 g L^{-1}のセロビオースを48時間以内に最大$1.5 \text{ g L}^{-1} \text{ h}^{-1}$，体積当りの生産性で，$50 \text{ g L}^{-1}$のエタノールを生産した．これはセロビオース資化酵母 *Brettanomyces custersii* を回分培養したときに報告されている（Spindlerら，1992）2倍以上の速度である．

同じような研究で微生物の糖化能力をエタノール生産微生物に賦与することが考えられている．好熱性微生物 *C. thermocellum* のキシラナーゼをコードする遺伝子（*xynZ*）が *E. coli* KO11 や *K. oxytoca* M5A1（pLOI 555）細胞質内で発現し，エタノールが生産された（Burchhardt and Ingram, 1992）．この菌のキシラナーゼは培地中のキシランを分解しモノマーのキシロースに99%分解することのできる高温で安定な酵素である．培地中のキシラナーゼ濃度を上昇させ，キシラン加水分解能を促進させるために，高分子の間欠的な供給による発酵法が用いられた．これは単一の組換え微生物により行われた．キシラナーゼを含む菌は集菌され60℃のキシラン液に植菌された．さらに，溶菌させ，キシラナーゼを放出させ，糖化を行わせた．30℃に冷却後，加水分解物はエタノール発酵に用いられた．その後に糖化を促進させるためにキシラナーゼの再添加が行われた．*K. oxytoca* は，そのような応用研究を行っていく中で優れた微生物であることがわかってきた．というのは，この菌はキシロース（これは *E. coli* によっても代謝できる）に加えてキシロビオースやキシロトリオースも資化できるからである．M5A1（pLOI 555）株の理論最大収率によれば100 g L^{-1}のキシロースから48 g L^{-1}以上のエタノールを生産できるはずであるが，このプロセスではその収率は1/3であった．というのはキシロテトロースやより長いオリゴマーがこの株では代謝できないからである．収率の制限はキシランの分解能力よりもむしろ不十分なキシラナーゼ活性やエタノールの毒性によるものであることも明らかになった．

6.2.3 ラクトースとホエーの利用

ホエーは窒素源豊富な乳酸業の副生産物で，生物プロセスに安価な炭素源，窒素源を供給することができる．年間生産量は10^{11} kgにのぼり，大量のラクトース（乾重量の75%），タンパク質（12〜14%），少量の有機酸，ミネラル，ビタミンを含む．一方，そのタンパク質成分は食品の目的に対して広く利用される（図6.10参照）．透過液のラクトースや塩は価値が低く廃棄物となる．価値のある成分が含まれていないことに加えて廃棄には高価な汚水処理費がかかる．それゆえ，一般的にホエー，特に，その透過液の有効な利用法を見つける努力が行われるべきである．ホエーの副生産物を原料として利用する発酵プロセスの例は図6.10にまとめられている．

ホエーを利用できる微生物は，多種類存在するが，*S. cerevisiae*，*Z. mobilis*，*Alcaligenes eutrophus* のような工業的に用いられる微生物はラクトースを利用することができない．ラクトースの利用には異化代謝酵素β-ガラクトシダーゼ（*lacZ* 遺伝子にコードされる）が必要となる．この酵素は2単糖である乳糖を構成糖であるグルコースとガラクトースに加水分解する酵素である．さらに，必要なことは効率的な乳糖の輸送システム，グルコース，ガラクトースの代謝経路である．これらは，*Yersinia enterocolitica* 由来のラクトースのトランスポゾンTn951（*lacI*，*lacZ*，*lacY* 遺伝子を含む，5章 *lac* オペロンの項参照）を *Z. mobilis* に導入した初期の研究において明らかにされた（Careyら，1983；Goodmanら，1984）．*E. coli* のβ-ガラ

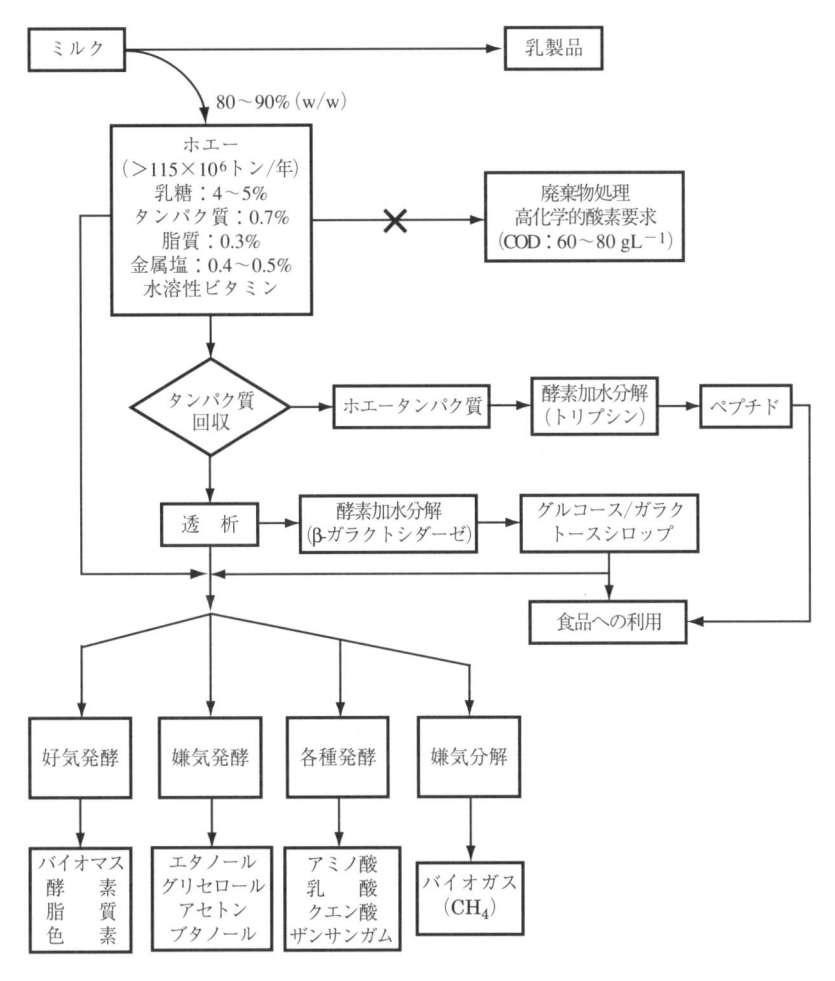

6.2 微生物が利用可能な基質の範囲の拡張

```
ミルク ─────────────────→ 乳製品
  │
  │ 80〜90%（w/w）
  ↓
ホエー
（＞115×10⁶トン/年）
乳糖：4〜5%
タンパク質：0.7%    ×──→ 廃棄物処理
脂質：0.3%              高化学的酸素要求
金属塩：0.4〜0.5%        （COD：60〜80 gL⁻¹）
水溶性ビタミン
  │
  ↓
タンパク質 ──→ ホエータンパク質 ──→ 酵素加水分解 ──→ ペプチド
回収                                 （トリプシン）
  │
  ↓
透析 ──→ 酵素加水分解 ──→ グルコース/ガラクトースシロップ
         （β-ガラクトシダーゼ）
  │                                    ↓
  │                              食品への利用
  ↓
┌──────┬──────┬──────┬──────┐
好気発酵  嫌気発酵  各種発酵  嫌気分解
  ↓        ↓        ↓        ↓
バイオマス エタノール アミノ酸  バイオガス
酵　素   グリセロール 乳　酸   （CH₄）
脂　質   アセトン   クエン酸
色　素   ブタノール  ザンサンガム
```

図 6.10 発酵プロセスにおけるホエー成分の利用（von Stockar and Marison, 1990）.

クトシダーゼも *Z. mobilis* で正常に発現したが，2つの理由でエタノールの生産収率は理論収率より低くなった．つまり，ラクトースはβ-ガラクトシダーゼによりグルコースとガラクトースに分解されるが，組換え *Z. mobilis* ではグルコースのみがエタノールに変換される．そのため，ガラクトースは阻害される濃度にまで蓄積することがわかった（Yanase, 1988）．このことにより，ラクトースオペロンに加えて，ガラクトースオペロンが必要であることがわかった．2番目の理由として，ラクトースの取込み能の低さからエタノールの生産性が低いこともわかった．後の研究（Pries ら，1990）では，Tn951を使って，β-ガラクトシダーゼが *Pseudomonas saccharophila* や *Alcaligenes eutrophus* 内で発現した．これにより親株では全く増殖できなかったが，組換え *P. saccharophila* は，ラクトースとミネラルの培地で速度は遅いものの増殖することが確かめられた．プラスミド pPL76 は，*A. eutrophus* プロモータと *lacZ* のフュージョンをもっており，*A. eutrophus* 内でβ-ガラクトシダーゼを発現できるだけでなくラクトースによる増殖も可能である．最後に *E. coli* の *gal* オペロンがこれらの株にガラクトースの利用を可能にした．

● 6. 代謝経路の改変の実例 —— 代謝工学の実際

　　　　　E. coli の lacZY オペロン（このオペロンは β-ガラクトシダーゼ，ラクトースパーミアーゼを
コードしている．）はまた，Pseudomonas aeruginosa の染色体に組み込まれた．この菌はラム
ノリピッドバイオサーファクタントの生産微生物として重要である（Koch ら，1988）．組換え
体はラクトースをベースにした培地（最小培地とホエー）上でよく増殖し，ラムノリピッドを
静止期に生産した．ファージ φLO プロモータの制御下で，E. coli の lacZY 遺伝子はまた
Xanthomonas campestris（この菌は世界の農業に多大な損害をもたらす菌であるとともに，
ザンサンガム（Fu and Tseng, 1990）の生産に用いられることで知られている）にも導入され
た．ザンサンガム生産のために，グルコース，シュクロース，デンプン培地が普通用いられる．
組換え菌は高いレベルの β-ガラクトシダーゼを発現し，ラクトースが単一炭素源である培地中
でも増殖できることが示された．組換え菌によるラクトースや希釈ホエー培地におけるザンサ
ンガムの生産性が評価され，グルコース培地で生産したのと同量のザンサンガムがこれらの基
質から生産されるということがわかった．これらの例は工業廃棄物質を扱っており，また同時
に有用な物質を生産するということから，魅力的なプロセスであることがわかる．

　　　　　もうひとつの戦略は β-ガラクトシダーゼを培地中またはペリプラズム中に分泌する株を構築
するというものである．ラクトースはペリプラズムまで自由拡散するので，これも効果的な方
法である．このアプローチは酵母で応用された．ラクトースを利用する S. cerevisiae が，
Aspergillus niger の分泌可能な熱安定な β-ガラクトシダーゼ（lacA）を発現させることにより
構築された（Kumar ら，1992）．この研究では組換えタンパク質，つまり，β-ガラクトシダー
ゼの 40% が培地中に分泌し，S. cerevisiae はホエーの透析液中で，1.6 時間の世代時間で増殖す
ることができた（ラクトースは 4% w/v）．このアプローチは S. cerevisiae によるホエーの利用
の初期のプロセスに比べて大きな利点を示した．つまり以前のプロセスではホエーは前もって
加水分解処理されるか，β-ガラクトシダーゼを有する酵母とともに固定化される必要があった．

　　　　　E. coli のラクトースオペロン全体がアミノ酸生産菌 C. glutamicum R163（Brabetz ら，
1991）に導入された．強力なプロモータ制御下で lac 遺伝子をもつ組換え C. glutamicum はラ
クトースを単一炭素源（3% w/v）とする合成培地上で速い速度で増殖した．グルコース培地
と変わらない増殖特性は lacY 遺伝子によるものであった．さらに，すべての β-ガラクトシダ
ーゼ活性は細胞内にあることが酵素アッセイによりわかった．このシステムの主な短所は 2 番
目のラクトースの単糖であるガラクトースをこの菌は利用できないということである．

6.2.4　シュクロースの利用

　　　　　シュクロース（グルコースとフルクトースからなる二糖類）は大量に利用できる安価なもう
一つの炭素源であり，例えばサトウキビの廃糖蜜から得られる．ある種の E. coli はシュクロー
スを利用できるが，E. coli K-12 株，これはアミノ酸生産株として工業的にも利用可能な株で
あるが，この株はシュクロースでは増殖できない．何人かの研究者がシュクロースの利用系
（Scr$^+$）を発現しようと試みたが，E. coli で安定に Scr$^+$ の表現系を保つことはできなかった．
最近，E. coli B-62 由来の scrA 遺伝子のクローニングから，この試みは成功した．スクラーゼ
をコードする scrA 遺伝子をプラスミド上でクローン化し，E. coli K-12 の染色体中にクローン
化された DNA フラグメントを挿入した．トリプトファン生産菌 E. coli K-12 は，scrA を発現
し，シュクロース培地でよく増殖し，トリプトファンを分泌した（5.7 g L^{-1}）．この値は，グ
ルコースで得られた同じような株の生産量と同量であった（Tsunekawa ら，1992）．

6.2.5 デンプン分解微生物

コーンやオートミールのような再生資源から取られたデンプンは，生物化学工学プロセスにおいて非常に重要な炭素源である．グルコースをデンプンにとって代えることができれば発酵プロセスの原料コストを引き下げることができるだけでなく，カタボライトリプレッションや酸生成などのネガティブな生理学的効果を除くこともできる．

デンプンは，D-グルコースの直線上，または分枝状ホモポリマーであり，$\alpha(1\rightarrow 4)$ 結合か，または分岐点で $\alpha(1\rightarrow 6)$ 結合で連なっている．植物の炭水化物の貯蔵物質として生成し，ポテトの塊茎，小麦，コーンの種子に大量に，また，サトウキビにわずかに含まれる．直線状の成分"アミロース"は α-1, 4D-グルコピラノース鎖からなり，10^2 から 4×10^5 の重合度をもっている．分岐成分"アミロペクチン"は，比較的短い鎖の $\alpha(1\rightarrow 4)$ 結合の（17〜23 ユニット）グルコピラノースが $\alpha(1\rightarrow 6)$ 結合によって分岐構造を形成し，重合度 10^4 から 4×10^7 の重合度をもっている．4つのタイプのデンプン分解酵素が重要である：つまり，α-アミラーゼ，β-アミラーゼ，プルラナーゼまたはイソアミラーゼ（分岐を切る），それに，グルコアミラーゼである．α-アミラーゼは，$\alpha(1\rightarrow 4)$ 結合をランダムに切断するエンドグルカナーゼであり，デンプンをデキストリン，マルトース，グルコースに変換する．バクテリアやカビ，特に，*Bacillus* 属，*Pseudomonas* 属，*Lactobacilli* 属，*Aspergillus* 属によって生産される．β-アミラーゼはエクソグルカナーゼであり，植物においてよく見受けられる．デンプンの非還元末端からマルトースを切り出すことができる．プルラナーゼやイソアミラーゼは $\alpha(1\rightarrow 6)$ 結合を加水分解する分岐切断酵素である．グルコアミラーゼはデンプンの非還元末端からグルコースを切断するカビの酵素である．

ほとんどの微生物はこのグルコースをモノマーとするの生体高分子（デンプン）を分解できないので，デンプン加水分解酵素のいくつもの微生物内でのクローニングが試みられた（Kennedyら，1988）．現在のプロセスは，最初にデンプンを酵素によってグルコースやオリゴサッカライドに分解し，次の段階で発酵に使うというものであるが，この方法は，現在のプロセスにとって変わる有効なプロセスである．この研究と同じように *Aspergillus* sp. のグルコアミラーゼを含む *S. cerevisiae* 株が構築された（Innisら，1985）．この組換え株はグルコアミラーゼが培地中に添加されたときよりも低い速度ではあったが，アミロデキストリン培地で増殖した．

そのような組換え株の有用な利用法は醸造やパン製造にも応用された．醸造の場合はモルト製造プロセスにおいて，デンプンが部分的にしか分解できていない場合，酵母によって発酵できないデキストリンが著量蓄積する．これらのデキストリンは，高カロリーの成分であり，ライトビール生産では除かれなければならない．現在では，このデンプンをグルコアミラーゼを添加することによって分解している．したがって組換え株は醸造の糖化工程で有用な方法を提供することになった．特に，低カロリービールの生産ではこれを用いることが有効であった．またそのような株を使うことによりパン製造工程においても α-アミラーゼの豊富な小麦が特に必要ではなくなった．

近年，好ましい特性をもった醸造酵母が，酵母 *Schwanniomyces occidentalis* の α-アミラーゼ（AMY1）とグルコアミラーゼ（GAM1）を *S. cerevisiae* 内で発現する株が構築された（Hollenberg and Strasser, 1990）．酵素学的研究により，組換え株の糖化システムは親株 *S. occidentalis* と同じぐらい効果的であった．従来の方法では，発酵前に糖化酵素を添加し，

● 6. 代謝経路の改変の実例 —— 代謝工学の実際

蒸留酒用酵母によってエタノールを生産させるというものであったが，粉砕し液化した小麦を発酵させる際に，組換え株は同程度のエタノール生産速度を示した．

6.3 新規生産物質の開発

これは代謝工学にとって大きな可能性をもった分野である．異種微生物由来の遺伝子を宿主微生物で合理的に発現させることにより，新しい経路を開発することができる．これにより，既知の，または，新しい，化学的，物理学的性質をもった魅力的な特性の化合物を大量生産することができるようになる．

6.3.1 抗生物質

微生物による抗生物質生産は特に医学的，産業的観点からいって最も興味深いもののひとつである．10,000以上の抗生物質や同様の生理活性代謝物質が微生物から単離され，毎年約500の新規低分子化合物が報告されている．経済的な側面では，現在，抗生物質は，微生物の生産する生化学生産物の最も重要な化合物であり，世界の市場は150億ドルを超えている．1番目のクラスはセファロスポリン，ペニシリン，テトラサイクリンで，これらの大部分は，*Streptopmyces*（または他の放線菌）や何種類かの*Bacillus*属によって生産されている．多数の農業利用，家畜の治療への応用もあるが，第一の利用はヒトの感染症への治療薬である．

抗生物質は1次代謝物質に比べて非特異的な，また，しばしば，より複雑な経路において生産される共通の化合物を利用することによって生産される．ポリケタイドの抗生物質は例えば表面的には長鎖脂肪酸を作る経路に似た経路によって単純な脂肪酸から生成するが，生成する化合物は必須の脂肪酸の単純な炭化水素の骨格とはかなり異なり，複雑な構造を提示するようになる化合物群である．近年，抗生物質を含めた2次代謝産物の収率が遺伝子工学の手法を通して生化学反応ステップの律速段階を改良することによって上昇してきた．さらに，代謝工学的手法が既知の抗生物質の特性を改良するために適用され，新しい抗生物質が生産された（Summersら，1992）．何年もの間，糸状菌や*Streptomyces*属の突然変異とスクリーニングにより改良されてきたが，抗生物質の代謝前駆体を過剰生産する変異株の選択にのみよっては大きい発展には至らなかった．これらの伝統的な手法による40年間の開発によっては，大きな進展は得られなかった．

組換えDNA技術はβ-ラクタム生産微生物の形質転換と生合成遺伝子のクローニングに利用された．（*P.chrysogenum*や*C.acremonium*のような）工業的に重要な微生物の形質転換技術は生合成経路の精細な遺伝子操作や律速ステップとして可能性のある反応の遺伝子賦与，最終生産物を変成させる遺伝子の破壊のための強力なツールとなった．多くの抗生物質遺伝子はクラスターを作り，また関連経路のある種の遺伝子はクロスハイブリダイゼーションを示すことが発見され，この分野に新しい道が開けた（Charter, 1990）．遺伝子がクラスターをつくっていることからクローニングが容易になり，またこれらの遺伝子がしばしば正に調節されていることは遺伝的に調節されている分子の生産を過剰発現を使って改良できる可能性が高いことを示している．例えば，そのような調節システムの過剰発現は，野生株を改良することによってストレプトマイシン，アンデシルプロジジオシン，アクチノルフォジンの大量生産につながった（Charter, 1990）．

*Streptomyces*属は，工業的に重要な微生物の中でもトップランクの微生物であり，特に重要

な抗生物質生産菌である．アクチノルフォジン生合成遺伝子は，*Streptomyces coelicitor* から遺伝子工学が確立されていた *Streptomyces lividans* に移され，この菌でのアクチノルフォジン生産が可能となった．後に，クラスタを作っている *Streptomyces erythreus* のエリスロマイシン遺伝子が，*S. lividans* に移され，組換え株はエリスロマイシンAを生産するようになった．カビ *Neurospora crassa* や *Aspergillus niger* の形質転換は *Penicillium chrysogenum* ペニシリン生合成遺伝子を含むコスミドにより行われ，この株によりペニシリンVが生産された．

代謝工学による収率の向上は多くのシステムで紹介されている．例えば，*Cephalosporium acremonium* のセファロスポリンC生産は，*cefEF* 遺伝子の過剰発現により，15％生産性が向上した（Skatrudら，1989）．この遺伝子は2つの機能をもったタンパク質をコードしており，2つの活性は順番に働く．これらはデアセトキシセファロスポリンCシンセターゼとデアセチルセファロスポリンCシンセターゼ（DACS）という酵素である．組換え株のDACS活性は2倍高く，通常，大量に分泌される前駆体ペニシリンNを最終生産物セファロスポリンCに変換することが可能になった．この研究では，セファロスポリンCの経路の最終酵素であるDACアセチルトランスフェラーゼが生産速度を制御している反応であることも同定した．これはデアセチルセファロスポリン（DAC）の著量の蓄積が培地中に見られたためである．

組換えDNA技術は，また，抗生物質間のハイブリッド，また新規抗生物質の生産にも用いられている．そのような応用において固有に起こる主な障害は，もちろん，生産微生物が高収率を達成しようとして抗生物質のハイブリッドを生成するのに抵抗することである．異なる微生物の生合成反応の遺伝子が同じ微生物内で結合でき，それにより，天然の抗生物質の多様性を拡張できる．初期の試みにおいては，*Streptomyces coelicitor* 由来のアクチノロージンのクローン化された経路の一部を用いてメデルマイシン生産株 *Streptomyces* を形質転換した（Hopwoodら，1985）．組換え体は，"メデルロージン"と同定されたハイブリッド抗生物質を生産した．天然のメデルマイシンのメデルロージンへの変換はβ-ヒドロキシル化反応を含むことにより達成された．この反応は広い基質特異性をもつこの組換え酵素のβ-ヒドロキシル化活性を必要としていた．McAlpineらは，同様の方法を *Saccharopolyspora erythrea* の変異体を形質転換するために使った．この変異株はエリスロマシンの生合成の最初のステップがブロックされていた．オレンドロマイシン生産株 *Strepotomyces antibioticus* のDNAライブラリを使って，この形質転換は行われた（McAlpineら，1987）．組換え株の中の一株が新しい構造をもった抗生物質，2ノレリソマイシンが生産された．新しい抗生物質を創製する，より多くの挑戦が1置換基の交換にとどまらず，その骨格構造を含めて行われるようになってきた．*Streptomyces galiaeus* は，普通，アクラシノマイシンAとBを生産する．ポリケタイド合成の遺伝子の形質転換に続いてアンスラキノンを生産するクローンが得られた（Bartelら，1990）．これらの画期的な結果は合理的に抗生物質の設計や合成を行うことができる基礎を提供することになった．

6.3.2 ポリケタイド

ポリケタイドは，ほとんどの微生物で見られ，糸状微生物，放線菌では特に豊富に見られる．ポリケタイドファミリーには，（テトラサイクリンやエリスロマイシンのような）抗生的，薬理学的な（例えば，抗ガン作用，免疫抑制作用）生理活性分子が豊富に存在する．これらの分子の合成はポリケタイドシンセーゼ（PKS）として知られる巨大モジュールをもつ酵素が重要

●6. 代謝経路の改変の実例──代謝工学の実際

な役割を果たしている．ポリケタイドは表面的には長鎖脂肪酸を作る経路に似た経路によって単純な脂肪酸から生成するが，生成する化合物は必須の脂肪酸の単純な炭化水素の骨格とはかなり異なり，複雑な構造を提示するような化合物群である．脂肪酸合成との主な違いは，最初の縮合（β-ケト酸の還元，脱水，加水反応）が通常のように起こらないことである．そして，これは"関与する"ポリケタイドシンターゼのモジュールの構造による．脂肪酸合成においては，1回の伸長反応においてアセチルグループが付加される．そしてカルボニルグループが1回の反応でCH_2に還元される．ポリケタイドの合成では付加されるユニットが，しばしばアセチルより長く（例えばマロニルCoAのように），縮合反応では鎖を伸張するのに2つの炭素が付加される．メインの鎖から分岐として伸張する部分のように，この反応は起こる．カルボニルグループのいくつかは全く還元されなかったり，CHOHのレベルまで還元されるものもある．

ポリケタイドが代謝工学の魅力的なモデル研究となるには次のような理由がある．(1) 単純なユニットのいろいろな経路の組合せにより，その複雑な構造が形作られること，(2) 酵素が触媒としてモジュールの構造をもち（PKS），遺伝子レベルで酵素の構造やポリケタイドを制御できることである．近年のこの分野の進歩はポリケタイドの合成酵素の遺伝子工学を通して新しいポリケタイドを創製する基礎研究を確立しつつある．と同時に，ポリケタイド合成酵素の構造と機能の関係を明らかにしつつある（Kao，1997；McDanielら，1993）．さらに，このシステムは遺伝子工学と化学の橋渡しを行う機会を与えている．これらすべてのことによりDNAレベルでの新しい分子の合理的な設計が可能になってきている．

*Saccharopolyspora erythrea*によるエリスロマイシン生産

*S. erythrea*におけるポリケタイドの生産は3つの大きな遺伝子のみからなる．各遺伝子は300 kDa以上のタンパク質をコードしている（Caneら，1983，1987）．各タンパク質は6つのモジュールに分けることのできる2つの不正確な繰り返し構造からなる．この様子を図6.11に示した．各モジュールは少なくとも6つの単一機能からなるポリペプチドの"組合せ"を含んでおり，各モジュールは"1つの反応ステップ"に関与している．すなわち，アシルトランスフェラーゼ（AT），アシルキャリアタンパク質（ACP），β-ケトアシルACPシンターゼ（KS），β-ケトアシルACPレダクターゼ（KR），デヒドラーゼ（DH），エノイルレダクターゼ（ER）である（図6.11）．興味深く，また，おそらく予測されたことであるが，これらの遺伝子のいくつかは脂肪酸合成系の遺伝子とホモロジーが非常に大きいということが観察された．このタイプ研究により，新しい分子がこれらの基本的なモジュールの異なる組合せや変異を使って創製され得るようになった．機能ドメイン中のポイントミューテーションによっても異なる物質生産が達成できるかもしれない．自然界では，すでにこの同じ手法を使って非常に多様なポリケタイドが作られてきたのである．この分野への代謝工学の主な寄与は，有用である可能性がある分子の化学構造の設計を行うこと，つまり最近いわれる"遺伝子工学的設計（genetic design）"にある．

Khoslaのグループは，ここ数年の間に組換えポリケタイドシンセターゼ（PKS）の発現のための*Streptomyces*宿主-ベクター系を開発することによってポリケタイドの合成酵素の規則を発見することに焦点を当てて研究を行ってきた（Kao，1997；McDanielら，1993）．この研究は"最小ポリケタイド生成システム"という考えを導き出した．この最小生成システムは，縮合反応酵素，アシルキャリアタンパク質，マロニルCoAトランスフェラーゼを含むものであ

6.3 新規生産物質の開発

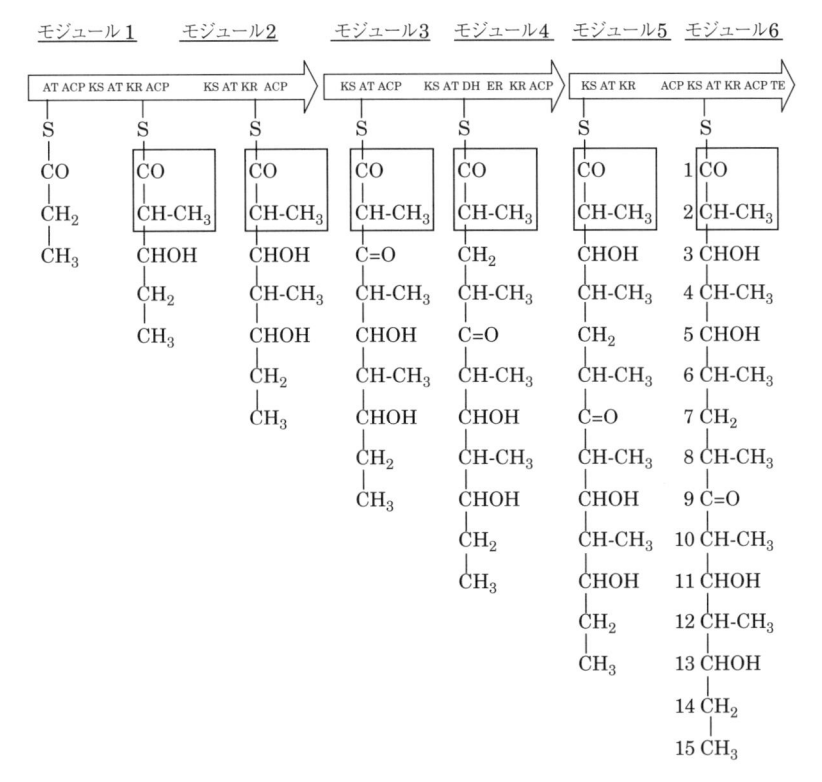

モジュール1	モジュール2	モジュール3	モジュール4	モジュール5	モジュール6
AT ACP	KS AT KR ACP	KS AT KR ACP	KS AT ACP	KS AT DH ER KR ACP	KS AT KR ACP KS AT KR ACP TE

（酵素モジュール構造と、各段階での中間体構造を示す図）

最終産物の炭素骨格：
1 CO
2 CH-CH₃
3 CHOH
4 CH-CH₃
5 CHOH
6 CH-CH₃
7 CH₂
8 CH-CH₃
9 C=O
10 CH-CH₃
11 CHOH
12 CH-CH₃
13 CHOH
14 CH₂
15 CH₃

図 6.11 *Saccharopolyspora erythrea* におけるエリスロマイシンA生合成遺伝子の機構．DNA領域は3つのオープンリーディングフレーム（ORF）に分けられる．各々は，大きくて複雑な酵素分子をコードしている．次に各酵素は2つのモジュールに分けられる．各連続的なモジュールは新しいプロピオン酸ユニット（囲みで示されている）を伸長鎖に付加している．サブユニット：アシルトランスフェラーゼ（AT），アシルキャリアタンパク質（ACP），β-ケトアシルACPシンターゼ（KS），β-ケトアシルACPレダクターゼ（KR），デヒドラーゼ（DH），エノイルレダクターゼ（ER）．

る（McDanielら，1994）．付加的なタンパク質は，どこまで鎖長を伸展させるかという鎖長ファクタとして機能か，サイクルのモードを決めるサイクラーゼとしての機能をもっている（Hutchinson and Fujii, 1995）．多種類のポリケタイド分子が，近年，最小システムからなるPKS遺伝子の組合せによって形質転換された*Streptomyces*属によって生産されている（Shen and Hutchinson, 1996; Tsoi and Khosla, 1995）．これらの代謝物質のキャラクタリゼーションは，PKS遺伝子のプログラミングに関して新しい考察を提供している（Box 6.2）．

Box 6.2 最小ポリケタイド生成システムとPKSのプログラミングルールの例

S. coelicolor A3（2）は遺伝子工学的にうまく開発された放線菌である．この菌は青色色素ポリケタイド，アクチノロージンを生産する．*act* PKS遺伝子クラスターはクローニングされ完全にシークエンスが明らかにされた．さらに，相同組換えにより，*act*クラスタが完全に除かれた*S. coelicolor*（CH999）が構築された．この株を使って，PKSが高度な特異性をもつことから，メカニズムを明らかにするために，組合せ可能な（コンビ

● 6. 代謝経路の改変の実例 ── 代謝工学の実際

ナトリアル) いろいろな PKS "最小" 遺伝子クラスタをもつプラスミドによって形質転換された.

例えば,組換え株 CH999/pRM37 は "最小" *act* PKS 遺伝子クラスターとトランスノマイシン (*tcm*) PKS (図を参照.) の最小遺伝子セットをともに発現した. アクチノロージン *act* (PKS) は 9 回の縮合反応サイクルの後伸長反応を終了するが, *tcm* (PKS) は 9 回以上でも伸長する. この特別な株は 2 つの新しい芳香族ポリケタイドを生産することが発見され, その構造が ^{1}H や ^{13}CNMR で明らかにされた. 得られたポリケタイドの同定や構造の解析結果に基づいて, いくつかの最小遺伝子クラスターの実験が繰り返された.

そのような研究から得られた主な結論は, まとめると以下のようである (McDaniel ら, 1993).

- 鎖長は, 少なくとも部分的に特異なタンパク質によって伸長される. これは "鎖長決定ファクタ" (Chain length determining factor, CLF) と呼ばれる.
- いくつかのヘテロなケトシンターゼ/アシルトランスフェラーゼ (KS/AT) CLF のペアは PKS の機能をもつ. しかし他のペアは単一機能のみを有す.
- アシルキャリアタンパク質 (ACP) は生産物の構造に影響を与えることなく, ほかの合成酵素と交換可能である.
- 特異なケトレダクターゼ (KP) は, おそらく完全なポリケタイド鎖が合成された後, ポリケタイド鎖を異なる長さの鎖に還元する.
- 鎖の長さに関係なく, このケトレダクターゼがカルボキシル末端から C-9 カルボニルに還元する.
- 最初のサイクルに関する構造的特異性は KS/AT かまたは CLF, または, その両方で制御されている.
- 2 回目のサイクル反応に関与する特異的サイクラーゼ (CYC) は異なる長さの鎖長と還元度の代謝物質を明らかに区別している.

このような発見が, これらの複雑なシステム間のシステマティックな構造と機能の関係を明らかにし, 合理的で新しいポリケタイドの設計が最小ポリケタイド生成システムを利用して行われるようになりつつある.

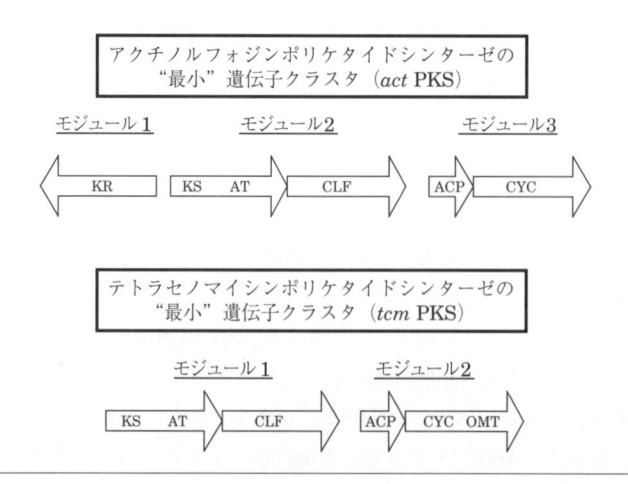

```
┌─────────────────────────────────────┐
│  アクチノルフォジンポリケタイドシンターゼの      │
│   "最小" 遺伝子クラスタ (act PKS)           │
└─────────────────────────────────────┘

  モジュール1       モジュール2           モジュール3
 ←───────  ──────────────→   ──────────→
    KR       KS  AT   CLF        ACP   CYC

┌─────────────────────────────────────┐
│  テトラセノマイシンポリケタイドシンターゼの     │
│   "最小" 遺伝子クラスタ (tcm PKS)          │
└─────────────────────────────────────┘

     モジュール1          モジュール2
   ──────────→     ──────────────→
    KS  AT   CLF        ACP  CYC  OMT
```

さらに，他のPKSのシステムが明らかになるにつれてコンビナトリアルに生成したPKSシステムが何千という新しい分子を含むポリケタイドライブラリを生成する．これらのライブラリは薬理学的に幅広い意味をもち，さまざまなタイプの特性をも含むものであると期待される．酵素系の豊富さと工学的なポテンシャルを考えあわせると，来る数年の間にPKSモジュールの研究は，画期的なものになると確信される．

6.3.3 ビタミン

ビタミンC

ビタミンC（アスコルビン酸）の前駆体である2ケトL-グルコン酸（2KLG）の工業生産は2段階発酵プロセスにより確立されている．1段目の発酵は，*Erwinia herbicola*を用いてグルコースを2,5ニケトD-グルコン酸（2,5DKG）に変換するものである．この物質は，さらに，*Corynebacterium* sp.により2KLGに変換される．これを1段階のプロセスに変換させようとして，*E. herbicola*が遺伝子工学の手法により2,5DKGレダクターゼ（DKGR）をコードする*Corynebacterium*の遺伝子を用いて形質転換された．この酵素は2,5DKGを2KLGへ変換する反応を触媒する（Andersonら，1985；Grindleyら，1988）（図6.12）．培養条件が最適化された後，この*E. herbicola*組換え株は，約120 g L^{-1}の2KLGを120時間にグルコースから60％のモル収率で生産した．これらの研究は代謝工学がビタミンC生産にとって経済的に貢献する能力をもっていることを示しており，この研究において多くの米国特許が取得されている（Andersonら，1991；Hardyら，1990）．

ビオチン

ビオチンは，多くの微生物や動物にとって必須な成分である．脂肪酸や炭水化物の代謝に関与する酵素のコファクタとして働き，動物の飼料や工業的な発酵プロセスの添加物として用いられている．現在，ビオチンは，複雑で高価な化学合成法で生産されている．現在の経済的状況が化学合成を容認したとしても，微生物による生産においてさらなる改良が行えれば，現存の技術に対して生物変換が競争する状態になり得る．最初に，*E. coli*のピメリン酸CoAから始まるビオチン生合成の代謝経路が研究された（Barker and Campbell, 1980）．そして，

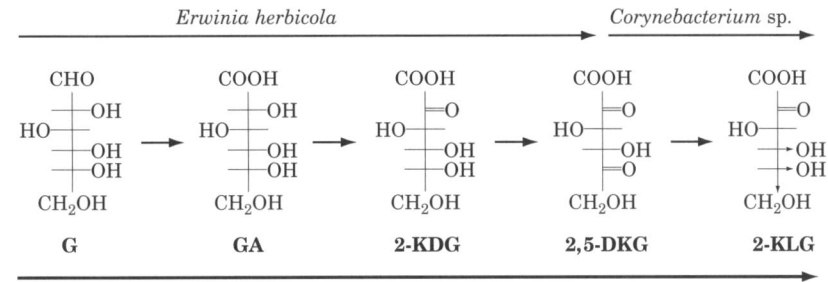

図6.12 グルコース（G）の2ケトL-グルコン酸（2KLG）への生物変換．*Erwina herbicola*と*Corynebacterium* sp.を用いる2段階プロセスとニケトD-グルコン酸レダクターゼ（DKGR）を発現する*E. herbicola*のみを用いる1段階プロセスの比較．［代謝物質］GA：グルコン酸，2KDG：2ケトD-グルコン酸，2,5DKG：2,5ニケトD-グルコン酸．

● 6. 代謝経路の改変の実例 —— 代謝工学の実際

B. sphaericus においてピメリン酸からのビオチン合成に含まれるすべての酵素が同定された (Izumi ら, 1981). *B. sphaericus* が著量のビオチン合成経路の中間物質を生産するという研究に引き続き, この微生物の bio 遺伝子が単離された. ビオチン合成に関与する遺伝子は, 2つのクラスター *bioXWF*, *bioDAYB* を形成し, *E. coli* ベクター上でクローン化された (Gloecker ら, 1990). これらの遺伝子を用いて得られた *E. coli* 形質転換株は, ビオチンとその中間代謝物質をそれぞれ, 457 mg L^{-1}, 350 mg L^{-1} まで生産した (Sabatié ら, 1991).

ビタミンA

天然の代謝中間物質を望みの最終生産物に変換するという, 代謝工学の応用のもうひとつの例は, ビタミンAのためのβカロチンの生産である. 過去に藻類やカビ (例えば, *Neurospora crassa, Penicillium sclerotiorum, Phycomyces blakesleeanus*) やイースト (*Rhodotorula*) はβカロチン生産に用いられてきたが (Ninet and Renaut, 1979), 満足な生産性は得られていなかった. カロチノイド生合成のための前駆体ジェラニルジェラニルピロリン酸は多くの微生物においてステロール, ハパノイド, テルペン合成のために存在し, 遺伝子工学の手法を駆使してβカロチン生産のために使われる. 最近, *Erwinia uredovora* のβカロチンを含むサイクリックカロチノイドの生合成遺伝子がクローニングされ, 解析された (Misawa ら, 1990). 続いて, *Z. mobilis* や *Agrobacterium tumefaciens* の4つのβカロチン合成遺伝子による形質転換により, 黄色のコロニーが寒天培地上で得られた (Misawa ら, 1991). どちらの株も天然ではβカロチンは生産性がないが, 組換え体は 220〜350 mg DW のビタミンA前駆体を培地中に生産した. βカロチン生産 *Z. mobilis* は大規模エタノール生産に使用され, 菌体は, その成分価が上昇したため動物飼料に用いられることになった.

関連した研究では *Erwinia* の6つのカロチノイド遺伝子を発現させ, ジェラニルピロリン酸の副生の遺伝子が *S. cerevisiae* に供給された. 直線上の経路の数種の遺伝子が実際に発現し, これに依存する1つ, または複数の次の生産物が確認された. その生産物は, フィトエン, リコペン, βカロチン, ゼキサンチン, ゼキサンチンジクルコシドである (Ausich ら, 1991).

6.3.4 バイオポリマー

代謝工学において新しく主要応用範囲になるであろう分野は, 微生物による高分子生産の改良 (例えば, ザンサンガムやバクテリアセルロース) や新しい生物高分子の生産である (Peoples and Sinskey, 1990). 世界で消費される約93%の化石資源は, エネルギー生産のために使われているが, 一方, そのうちの7%が, 溶剤, プラスチックなどの多様な有機化学材料工業生産に用いられている (Eggersdorfer ら, 1992). 合成プラスチックにとって代わり, 再利用資源からの生分解性プラスチックが生産されている. このことは化石燃料の全体の消費に対して, さほど大きなインパクトにはならないかもしれない. しかし, 生分解性プラスチックの利用の増大は環境汚染問題, 廃棄物処理問題にとって大きく貢献することとなる. プラスチックを理想的な消費財にするための耐久性, 非分解性は, 今や環境や廃棄物マネージメントにおいて問題となっている. 逆に生分解性ポリマーは部分的にあるいは完全に, 非酵素的加水分解および微生物の分泌酵素による加水分解によって分解される. デンプンとポリエチレンのブレンドのような数種のポリマーは部分生分解だけが起こるが, ポリ3ヒドロキシ酪酸 (P(3HB)) のような100%生分解するポリマーは二酸化炭素とバクテリア, カビ, 藻類のような

微生物のエネルギーに変換される．現在10数種の生分解性プラスチックが市場に登場し，消費財としての特性を示すものも現れた．これらの生分解性プラスチックは世界で年間130億kgの市場になると推定されている（Lindsay, 1992）．

ポリヒドロキシアルカノエート

利用可能な数種の生分解性プラスチックの中でポリヒドロキシアルカノエート（PHA）は魅力的なものである．PHAは多くのバクテリアによって，環境の制限（例えば，酸素，窒素，硫黄やマグネシウムの枯渇）に応答して，炭素がエネルギー源として細胞内に蓄積される．環境条件の変化は中間代謝物質の濃度に劇的なシフトを起こさせる．これらの多くのシフトは調整された誘導や抑制により関与する酵素群の調整が行われることによって細胞全体で制御されている（5章）．これらのポリマーは，最近，その生分解熱可塑性プラスチックとしての利用可能性のために非常に大きな魅力あるものとして考えられるようになってきた．炭素源，あるいは微生物を変えることにより，硬くもろいものから，伸長性のあるものまで生産することが可能である．

ポリヒドロキシ酪酸は，まず，最初，1926年に*Bacillus megaterium*において発見された．それ以来PHBや関連したPHAは90以上の属のバクテリアで見つかっている．PHAの大多数は，3から14の炭素鎖長をもつR(−)3ヒドロキシアルカン酸モノマーよりなる（図6.13）．バクテリアによって生産されたPHAは大きくは2つのグループに分かれる．ひとつはC3-C5の短鎖長PHA（例えば*Alcaligenes eutrophus*による）であり，もうひとつはC6-C14のモノマーよりなる中鎖長PHA（例えば*Psedomonas oleovolans*）である．約40種のいろいろなPHAは，不飽和ボンドや異なる官能基をもち，その特徴が明らかになっている（Steinbüchel, 1991）．

PHBは最も広く流布し，特徴が非常によく明らかにされているPHAである．PHB生合成の多くの知識は*Alcaligenes eutrophus*（現在は*Rastonia eutropha*）から得られた．この菌はアセチルCoAから3段階の酵素反応によってPHBを合成することができる（図6.14）．この経

$$[-O-CH(R)-CH_2-C(=O)-]_x$$

R=hydrogen	3ヒドロキシプロピオン酸	(3HP)
R=methyl	3ヒドロキシ酪酸	(3HB)
R=ethyl	3ヒドロキシ吉草酸	(3HV)
R=propyl	3ヒドロキシカプロン酸	(3HC)
R=butyl	3ヒドロキシヘプタン酸	(3HH)
R=pentyl	3ヒドロキシオクタン酸	(3HO)
R=hexyl	3ヒドロキシノナン酸	(3HN)
R=heptyl	3ヒドロキシデカン酸	(3HD)
R=octyl	3ヒドロキシウンデカン酸	(3HUD)
R=nonyl	3ヒドロキシドデカン酸	(3HDD)

$$[-O(-CH_2-)_n C(=O)-]_x$$

n=3	4ヒドロキシ酪酸	(4HB)
n=4	5ヒドロキシ吉草酸	(5HV)

図6.13 主な生分解性ポリヒドロキシアルカノエートの構造．

6. 代謝経路の改変の実例 —— 代謝工学の実際

路の最初の酵素は3ケトチオラーゼ（β-ケトチオラーゼ）であり，2つのアセチルCoA分子からアセトアセチルCoAを可逆的に縮合する反応を触媒する．次にアセトアセチルCoAレダクターゼがアセトアセチルCoAをR(−)3ヒドロキシブチリルCoAに還元する．R(−)3ヒドロキシブチリルCoAはさらにPHAシンターゼによりPHBに高分子化される．分子生物学による研究により，これら3つの酵素の遺伝子が1つのオペロンを形成していることが明らかにされた．PHAは$10^3 \sim 10^4$の重合度をもち，細胞内に直径0.2～0.5 μmの顆粒となって蓄積する．A. eutrophusではPHB顆粒はグルコースのような炭素源が過剰で窒素やリンのような必須の成分が制限されているとき，乾燥重量の80%まで蓄積される．これらの条件ではPHB合成は炭素貯蔵や還元力貯蔵として働いている．リンや窒素を加えることによって増殖状態が回復したときにはPHBはアセチルCoAに代謝され，PHBは合成が始まる前のレベルに戻る．

3ケトチオラーゼやアセトアセチルCoAレダクターゼの誘導実験により，両方の酵素活性はPHBを生産するための刺激に応答して急速に上昇することが明らかになった．これらの実験はPHB代謝経路が，環境ストレスによって誘導される他の代謝経路と同じように転写制御の調節を受けていることがわかった．そのような細胞全体の制御の例には，ヒートショックレギュロン，*pho*レギュロン，炭素源枯渇レギュロン（5.4節参照）などがある．最近，*A. eutrophus* PHB合成遺伝子（*phaA, phaB, phaC*）がクローン化され，これらの遺伝子は*E. coli*内で発現した（Peoples and Sinskey, 1989; Schubertら, 1988; Slaterら, 1988）．また，

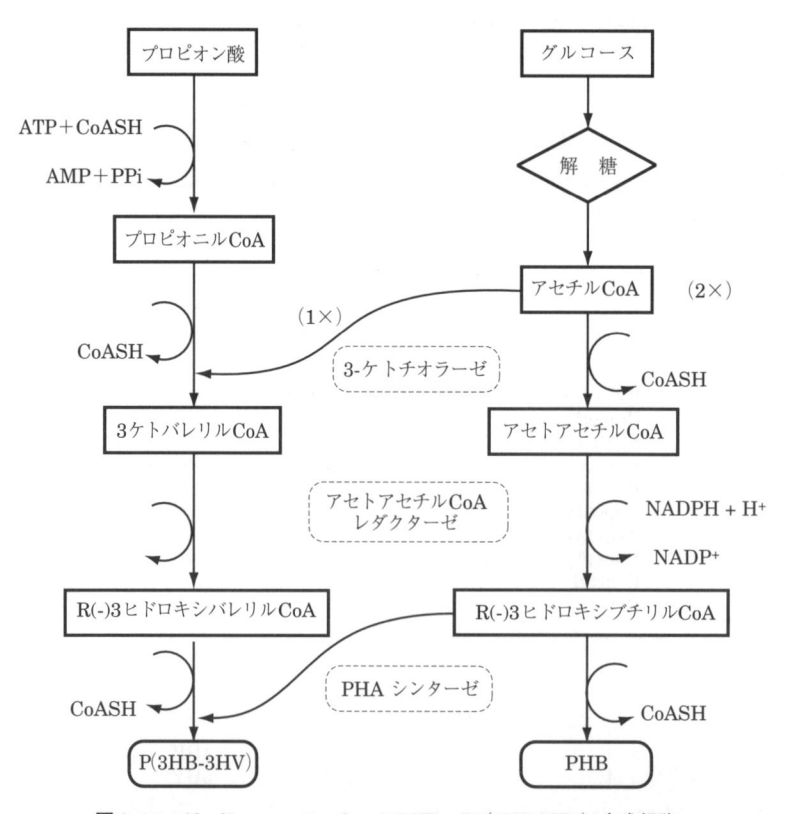

図6.14 *Alcaligenes eutrophus*のPHB，P（3HB-3HV）合成経路.

*Pseudomonas*においても発現が確認された（Timm and Steinbüchel, 1990）．*A. eutrophus*のPHB経路は，すべての組換え株で機能をもつことがわかった．つまり窒素源枯渇のもとで炭素源を過剰に与えると，増殖に変わって細胞内に多量のPHBを蓄積することが明らかになったのである．興味深いことに*E. coli*の組換え株はレダクターゼの発現レベルが*A. eutrophus* H16の約2%であるにもかかわらず，菌体の約50%のPHBを生産する．さらに2つの異なる3ケトチオラーゼが生成されていることが，サブクローニングによりわかった．これは，生合成の役割と他の代謝の役割を備えていると考えられている．PHBの高濃度の生産が*E. coli*で達成された（乾燥重量の90%）．これはこの遺伝子が異種微生物においても高度に転写する能力のある遺伝子であるか複数種の株内において，高度に転写の状態が似ているかによるものでることを示している．もうひとつの興味深い結果は，組換え*P. aeruginosa*株がポリヒドロキシアルカノエートの3つの異なる生合成経路をもっていることである．細胞はグルコースで増殖し，主な生産高分子としてβ-ヒドロキシ酪酸，β-ヒドロキシデカノエート，β-ヒドロキシドデカノエートを，また，マイナーな生産高分子としてβ-ヒドロキシオクタノエート，β-ヒドロキシヘキサノエートを生産する（Timm and Steinbüchel, 1990）．

コポリマー

現在工業的に最も関心の高いPHAコポリマーはホモポリマーに比較して柔軟性が非常に富んだポリ3ヒドロキシブチレート-*co*-ヒドロキシバリレート（P（3HB-*co*-3HV））である．プロピオン酸か吉草酸をグルコースを含む増殖用培地に添加し，3ヒドロキシブチレート，3ヒドロキシバリレートを含むランダムポリマーを生産することができる（図6.14）．このランダムポリマーは現在バイオポールという商品名でモンサント社によりバクテリア*A. eutrophus*の発酵法でグルコースとプロピオン酸から商業的に生産されている（訳者注：1998年からモンサント社による商業生産は行われていない）．PHAシンテーゼの特異性は幅広いものであるため，いくつかのC3〜C5ユニットをPHA内に重合させることが可能である．例えば2つの3ケトチオラーゼが*A. eutrophus*内で検出されており，これらはともに少なくともC4〜C10の3ケトアシルCoAに活性をもつ．アセトアセチルCoAレダクターゼはC4〜C6の3ケトアシルCoAについて活性をもつ．中間代謝物質を変えることによってSalterらは，このコポリマーを高収率で生産する*E. coli*株を構築した（Slaterら，1992）．その戦略は（構成的に発現している）*E. coli*のプロピオン酸代謝経路の遺伝子の転写制御調節を遺伝子的に破壊するものであった．その結果，破壊株はプロピオン酸を取り込み，コポリマー（P（3HB-*co*-3HV））を生産した．さらに培地中のプロピオン酸とグルコースの濃度を制御することによって2つのポリマーの比を変化させることに成功した．

*A. eutrophus*で生分解性ポリマー，ポリヒドロキシブチレート（PHB）を生産させるために使われる基質はフルクトース，グルコース，酪酸，そしてH_2とCO_2の混合ガスである．*A. eutrophus*は普通はエタノールを炭素源としない．しかしエタノール利用可能な微生物がもっているエタノールをアセトアルデヒドに変換できる酵素エタノールデヒドロゲナーゼの遺伝子を発現できるよう組換えが行われた．これにより，アセトアルデヒドがアセチルCoAプールに入り，PHBの前駆体として利用することができるようになった．さらに重要ことは同じ遺伝子の発現によりプロパノールの利用も可能となり，これによってコポリマーポリ3ヒドロキシブチレート-*co*-ヒドロキシバリレート（P（3HB-*co*-3HV））の生産が可能となった．このポ

リマーは融点がPHBより低く明らかにPHBより優れたポリマーである（Aldereteら，1993）．$63\,\mathrm{g\,L^{-1}}$の乾燥菌体重量に対し，74％の重量のPHBが生産がされた．コポリマーの含量は流加培地中のプロパノールの濃度を上げることによって上昇し，プロパノールを単一炭素源とした場合，最大35.2モル％まで上昇した．

バイオポリマー生産における代謝工学の中心課題は，チオラーゼ，レダクターゼ，ポリメラーゼの活性を上げてポリマー生産を最大化することであった．しかし，単純に3つの酵素の活性をすべて上昇させるだけでは，この問題の解決にはならない．つまり，PHB合成はアセチルCoAとNADPHの供給に依存しているのである．アセチルCoAは解糖系の速度を上昇させることによって最大に供給されるが，これはペントースリン酸経路へのフラックスを減少させる．そのためNADPHの再生速度も減少することになる．したがってPHA生産の最大化は，3つの酵素をただ増幅するというよりはむしろ，G6P分岐点のフラックス分布の最適なバランスにあるといえる．このバランスは増殖の状態に依存することが多い．というのは還元力や炭素源は，増殖から生産フェーズに移行するときに変化しやすいからである．

もうひとつ大事なことは，これら3つの酵素（チオラーゼ，レダクターゼ，ポリメラーゼ）の相対的な活性が生産物の品質に影響を及ぼすということである．つまり，他の2つの酵素活性を維持してポリメラーゼ活性が上昇させると，PHBの分子量分布は低くなる．このことは一見，直感に反するように聞こえるが，高分子合成の機構を考えれば説明できる．最後にコポリマーの生産は培養中におけるプロピオン酸の流加やスレオニンの分解経路を活性化させることによって，プロピオン酸を自ら供給できる株を遺伝子工学的に開発することによって達成できる．

植物のポリヒドロキシアルカノエート

最近，ポリヒドロキシアルカノエートの経路を植物体内に発現させようという試みが行われている．この方法は大量の化学物質を低コストで生産しようという目的からいって非常に魅力あるものである．PHBの合成を植物内で行う研究はバクテリア*A. eutrophus*の生合成遺伝子を*Arabidopsis thaliana*（Poirierら，1992）で発現させようというものから始まった．農業的重要性はないが，*A. thaliana*は植物の遺伝子工学，分子生物学のモデル系として広範に利用されていること，また，この植物が，オイル生産穀物，ナタネに非常に近い種であることから，農業スケールでPHBを生産する穀物植物として選ばれた．PHB合成に必要な3つの酵素のうち，3ケトチオラーゼのみが植物内に存在する．この経路を確立するためにアセチルCoAレダクターゼ，PHAシンターゼをコードする*A. eutrophus*遺伝子がトランスジェニック*A. thaliana*で発現した．この活性は，細胞質内でのみ確認された．この最初の試みは乾燥重量に対し収率0.14％にとどまった（これは商業的に魅力のあるレベルに対して2桁低いものであった）．また，この植物は，成長が非常に遅いものであった．

PHB生産トランスジェニック植物の第二世代の研究は，より成功に近いものであった．植物ではアセチルCoAからの脂肪酸の生合成は葉緑体（プラスチド）内で起こる．プラスチドは，それゆえアセチルCoAの炭素フラックスが高い場所である．*Arabidopsis*のようなオイル蓄積量の多い植物では種子内で，特に，このフラックスの上昇が認められる．この植物では種子乾重量中40％までがトリグリセリドである．さらにプラスチドは器官機能をもたず，大量のデンプンの蓄積が起こる場所であり，それゆえ，オルガネラの機能を破壊することなしに，大量の

顆粒を蓄積することのできる場所でもある．PHB経路のプラスチド内での発現が最近トランスジェニック A. thaliana 内で行われた（Nawrathら，1994）．プラスチドにおける発現は，リブロースビスリン酸カルボキシラーゼの小サブユニットの輸送ペプチドを3ケトチオラーゼやアセトアセチル CoA レダクターゼの N 末端にフュージョンさせることにより行われた．植物の生長につれて PHB 含量は徐々に増加し，湿重量で最大 10 mg g^{-1} まで増加した．これは乾燥重量で約14%に達する値である．したがって，PHB の蓄積場所を細胞質からプラスチドへ転換することによって，100倍の PHB 生産上昇が達成された．

フルクタン

フルクタンはポリフルクトース分子であり，限られた種の植物に低い重合度（5～60ユニット）で貯蔵物質として天然で生産される．そのようなポリマーは，酵素的に，あるいは化学的に分解され，フルクトースとなる．フルクトースは，多くの食品生産物の甘味料として非常に人気が高い．オリゴフルクトース，フルクタンは甘味があり，また，それ自身が天然の甘味料として直接利用できる．ヒトの分解系では，フルクタンの β (2→1) 結合や β (2→6) グリコシド結合を分解できる酵素はなく，この糖は低カロリー食品添加剤として魅力的なものである．植物以外に，微生物では，非常に高い重合度の高分子（10^5 ユニット以上）のフルクタンを生産する能力がある．例えば，Bacilli 属，Pseudomonas 属，Streptococci 属では細胞外のフルクトシルトランスフェラーゼがシュクロースをバクテリア・フルクタンに変換する．これは，しばしば，レバンと呼ばれている物質である．フルクタン生合成の主な反応は，nGF（シュクロース）→G-Fn（フルクタン）＋($n-1$)G である．この目的のために B. subtilis の SacB 遺伝子，この遺伝子はフルクトシルトランスフェラーゼをコードしており，レバンスクラーゼとしても知られているが，この遺伝子がタバコに導入された．その結果，トランスジェニック植物において，フルクタンが蓄積し，生産レベルは乾燥重量の3～8%に達した．フルクタンの重合度と性能は B. subtilis と同じようなものであることが確認された．組換えフルクタンの重要な性質は，その植物内での安定性であり，この研究の食品，非食品への応用が魅力的なものになってきている．

ザンサンガム

ザンサンガムは，グラム陰性バクテリア Xanthomonas campestris によって生産されるポリサッカライドである．高粘性，擬プラスチック特性といったそのユニークなレオロジー特性により食品生産や工業生産における応用が期待されている．その化学構造はセルロース β (1→4) グルシド骨格からなる．トリサッカライドの側鎖は2つのマンノース残基をもち，1つはグルクロン酸残基であり，これがもうひとつの残基であるグルコース骨格についている．典型的なマンノースタイプの糖は，その特異部分がアセチル化やピルビン酸化を受けているが，その程度はさまざまである．エクソポリサッカライド合成に含まれる多くの遺伝子は，しばしばクラスターを形成する．ザンサンガム合成に必須な遺伝子クラスターは，また X. campestris で単離されている（Barrereら，1986）．最近の研究では，組換え DNA 技術によってザンサンガム構造と特性を変化させる可能性が示された．さまざまなザンサンガム生合成遺伝子を含むプラスミド導入により，ザンサンガム生産が10%上昇した．さらにケタール・ピルビン酸トランスフェラーゼの遺伝子のクローニングと過剰発現によってザンサンガムの側鎖のピルビン酸化が

●6. 代謝経路の改変の実例──代謝工学の実際

45%まで上昇した（Hardingら, 1987）．反対にトランスポゾン変異を使ってピルビン酸含量を厳しく低下させたザンサンを生産する株を構築することも可能になった（Marzoccaら, 1991）．そのような代謝工学の研究によりザンサンガムの構造の操作やザンサンの合成の両方を行うことが可能となった．

6.3.5 バイオ色素

インジゴ

代謝工学の典型的な一応用例は，遺伝子組換え*E. coli*によるインジゴの生産である．この*E. coli*にはインジゴ生合成の最終段階の反応を触媒する*Pseudomonas putida*のナフタレンジオキシゲナーゼの遺伝子をもたせている（Ensley, 1985）（図6.15参照）．インジゴ，または，インジゴチンは多くの植物でグルコシドとして生産される．この色素は青色染料として使用さ

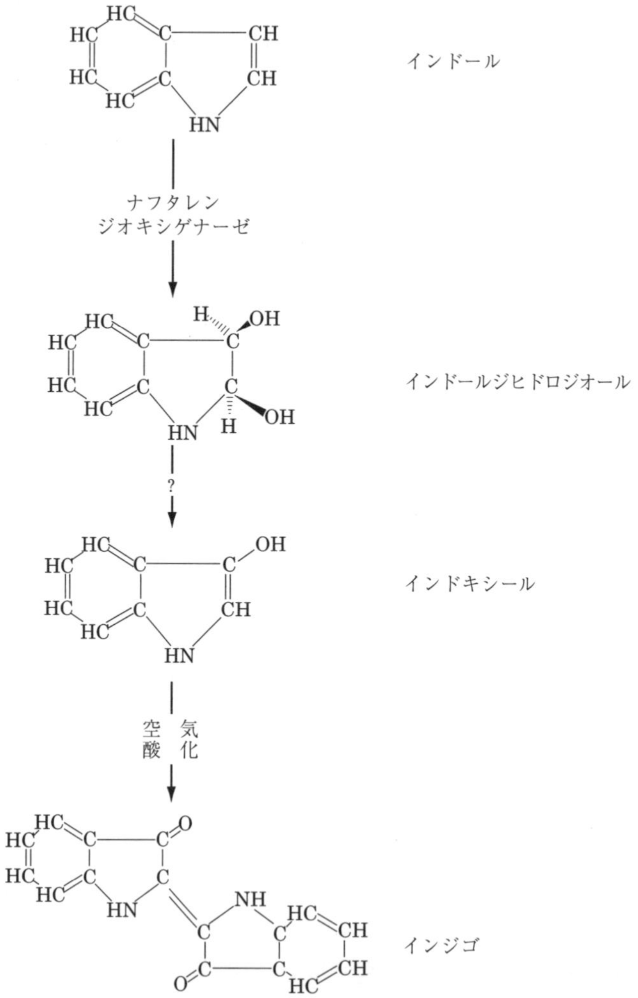

図6.15 インジゴのインドールからのナフタレンジオキシゲナーゼ（NDO）による生合成．インドール（図6.4参照）はNDOにより酸化され，不安定なジヒドロジオールかインドキシールを生産し，これが空気酸化によって縮合しインジゴを生成する．

れてきた歴史がある．過去100年間，インジゴ製造はインドキシールを生産する化学合成法により行われてきた．インドキシールは最終的には酸化されてインジゴになる．1927年に選択的培養法により，インドールを分解し（図6.4），後にインジゴチンと同定された青色の結晶を生成する土壌細菌（*Pseudomonas indoloxidans*）が単離された．インドールからインジゴを生産できる他の微生物も数種が分離されたが，実際に，大スケールでインジゴを合成できる株はなかった．(1) インドールという前駆体が利用可能性が低いこと，(2) インジゴ生産の最終段階の酵素であるナフタレンジオキシゲナーゼ（NDO）の活性が低いことがその理由である．初期の株によるインジゴ生産はトリプトファンとインドールの流加，またはインドールの単独流加が必要であり，その原料コストが産業プロセス実用化のネックとなっていた．

初期の試みは*Pseudomonas putida*のNDOを過剰発現させることにより，インドールの変換を促進しようというものであった．ナフタレンジオキシゲナーゼ（NDO）酵素システムから構成される最初の4つの遺伝子が強力なλp_Lプロモータの制御下のマルチコピープラスミドに結合されることによって，より優れた酵素活性が得られた．さらに，*E. coli*内での異種微生物NDOを安定化させるための遺伝子操作が必要であった．この研究の結果，インジゴ生合成に用いることのできる安定なNDOの高レベルの発現が得られた．

その間，並行してインジゴの前駆体インドールのグルコースからの直接生合成が研究されていた．普通，インドールは細胞内でインドール3グリセロールリン酸（IGP）の生成か，トリプトファン中の部分構造として存在する．組換え*E. coli*においてトリプトファンの生合成はトリプトファンオペロンの5つの遺伝子産物によって反応が進行する（図6.16，図6.4参照）．バクテリアとカビの両方においてフェニルアラニン，チロシン，トリプトファンの芳香族アミノ酸の生合成においては，コリスミ酸が主な分岐点となる．また細胞内にはトリプトファンを分解してインドールを生成する酵素トリプトファナーゼも存在する．しかしトリプトファナーゼを過剰発現してインドールを得ようという最初の試みは，全トリプトファン生産フラックスが制限となって大きな成功には至らなかった．これを修正するためにトリプトファン合成系の酵素が強化された．特に*trpB*は部位特異的に改変され，少なくとも1オーダー以上高いインドールの生産性が得られた（Murdockら，1993）．(*trpB*変異を含む) *E. coli*生産株は最終的に，インドール生産とインドールからインジゴへの変換（NDO）を強化した株として開発され，グルコースからインジゴへの直接的な生合成ができるようになった．

6.3.6 水　素

化石燃料は輸送，直接加熱，発電のために使われてきたが，化石燃料使用のための環境汚染が問題となってきた．化石燃料の代替は難しいといわれてきたが，水素は化石燃料に取って代わる究極の物質である．水素が燃焼すると水蒸気のみが生成し，窒素酸化物の生成は非常に少量である．水素燃料車や水素燃焼エネルギーを利用する他の機械は，地球温暖化（二酸化炭素）に影響を与えず，大気汚染問題に大きく貢献する．メルセデスベンツ社のような自動車供給メーカーのプロトタイプ水素燃料車はパフォーマンス，快適性，安全性の点で実用的であると考えられている．水素は，もはやメタンやガソリンより危険でなく，実際，工業プロセスでは繰り返し用いられている燃料である．米国の宇宙プログラムが，この40年の燃料として水素を選んだという事実は，この燃料が広範囲に利用されるということを示している．

従来の水から水素を取り出す電気分解技術は燃料が枯渇することはないが，水素を燃焼させ

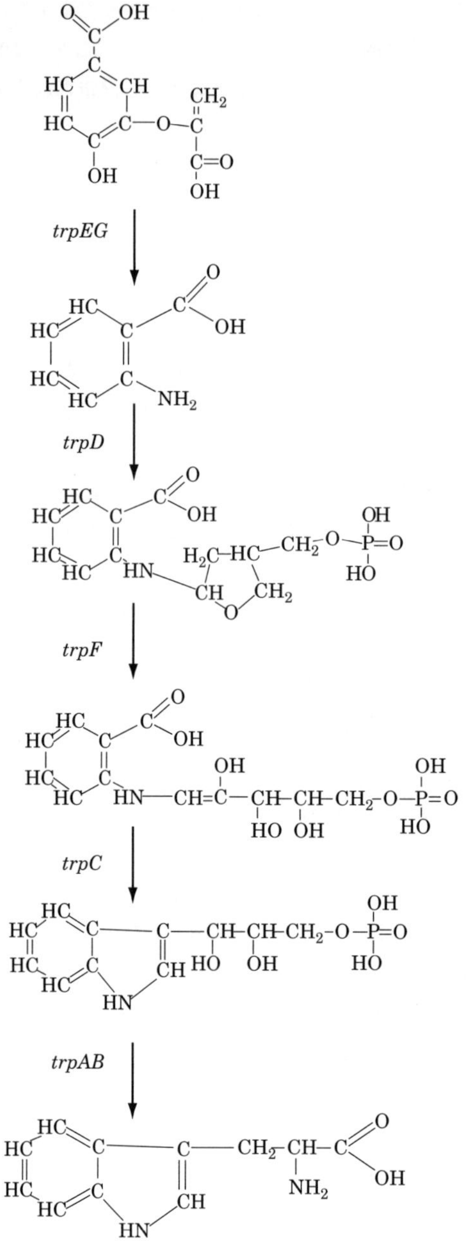

コリスミ酸

アントラニル酸

ホスホリボシル
アントラニル酸

CDRP

インドグリセロール
リン酸（IGP）

トリプトファン

図 6. 16　トリプトファンの生合成．［構造遺伝子］***trpAB***：トリプトファンシンターゼ，***trpC***：インドール・グリセロール・ホスフェートシンターゼ，***trpD***：アントラニル酸ホスホリボシルトランスフェラーゼ，***trpEG***：アントラニル酸シンターゼ，***trpF***：ホスホリボシルアントラニル酸イソメラーゼ．

るよりも多くのエネルギーを必要とする．水素生産を実現する他の方法として，風力や太陽エネルギー（光電池技術），地下ガス，熱分解を利用する方法が提案されてきた．

発酵法や酵素法もまた水素生産のための生化学的方法として検討されている（Kitani and

6.3 新規生産物質の開発

Hall, 1989; Taguchiら, 1995)(図6.17). ある種の微生物が代謝の最終生産物として水素を生産することはよく知られていることである. 代謝工学の手法により, 水素が最終生産物となるように細胞の代謝を変更することは非常に有用な方法である. *Citrobacter freudii* のヒドロゲナーゼのような水素合成のためのいくつかの遺伝子が, 現在単離され, *E. coli* 内でクローニングされた (Kanamayiaら, 1988).

最近, *in vitro* での水素生産の可能性もまた研究されている (Woodwardら, 1996). この系は2つの酵素からなり *Thermoplasma acidophilum* のグルコースデヒドロゲナーゼ (GDH), *Pyrococcus furiosus* のヒドロゲナーゼを用いる. GDH はグルコースをグルコノ δ ラクトンに酸化する. これは, さらに NADH や NADPH をコファクタとして加水分解する. バクテリアのヒドロゲナーゼは, まれに, その非常に低いポテンシャルがゆえに NADPH と相互作用するが, *P. furiosus* や *A. eutrophus* のヒドロゲナーゼは NADPH を電子ドナーとして使う. Woodwardら (1996) は GDH とヒドロゲナーゼの組合せにより *in vitro* のグルコースからの水素生産に適用可能であることを示した (図6.17). 化学量論に基づけばコファクタは再利用され (実際, 最低20回ほどリサイクルされる), 水素がグルコースから連続的に生産された. この新しく発見された経路は CO_2 や CO のような排ガスの生産や中間体の蓄積もなく, 未利用資源を使って水素を生産し得る魅力的な新しい方法であるように思える. 1つの問題は小スケールの水素生産でさえ, 副生物として大量のグルコン酸が生産されることである. また, この次世代プロセスは連続水素合成のために, これらの酵素を固定化するプロセスが必要になるであろう.

Chlamydomonas reinhardtii のような緑藻もまた光エネルギーを吸収して, 水素燃料に変換する能力をもつ (Cincoら, 1993; Leeら, 1995). 最近の研究で (Greenbaumら, 1995) 膜

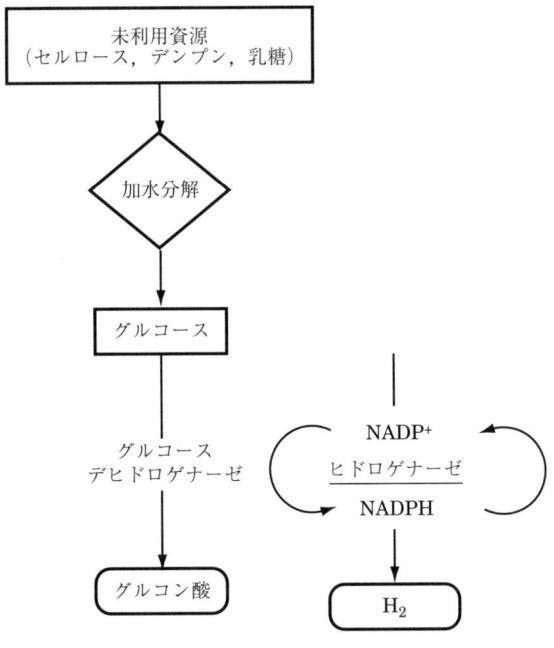

図 6.17 未利用資源の水素への変換.

結合型光システムIの変異によって完全な光合成は不可能ではないということがわかった．この発見は光合成系I，II両方が光エネルギーを化学エネルギーに変換するために必要であるという前提を否定する．そして，それにより，光エネルギーを化学エネルギーに変換する最大理論収率を10%から20%へ倍増させる．

6.3.7 ペントース：キシリトール

キシリトール，つまり糖アルコールは糖尿病によって糖の分解にインシュリン賦与を必要とするような人にもインシュリンの必要がなく，また虫歯になりにくい非カロリー生成甘味料である（Emodi, 1978）．天然のキシリトールはフルーツや野菜に少量見受けられ，その量的な抽出は困難で経済的でない．現在，キシリトールはヘミセルロースの加水分解物から触媒を使ってキシロースにアルカリ還元することにより，化学的に製造されている．さらに，D-キシロースからのキシリトールの微生物変換に大きな興味がもたれている．キシリトールは，酵母，特に，*Candida pelliculosa*（Nishioら，1989），*C. boidinii*（Vongsuvanlert and Tani, 1989），*C. guillliermondi*（Meyrialら，1991），*C. tropicalis*（Gongら，1981），*Petromyces albertensis*のような*Candida*属（Dahiya, 1991），*Enterobacter liquefaciens*（Yoshitakeら，1973），*Corynebacterium* sp.（Yoshitakeら，1971）や*Mycobacterium smegmatis*（Izumori and Tuzaki, 1988）のようなバクテリアで生産されることが報告されている．酵母は一般にキシロース代謝に必要な最初の2つの反応の酵素，キシロースレダクターゼ（XR），キシリトールデヒドロゲナーゼ（XDH）をもっている（図6.7）．培養条件を最適化することによりキシリトールの生産性，収率を向上させるだけでは，劇的な変化（$0.32 \sim 2.67$ g L^{-1} h^{-1}）は得られなかった（Horitsuら，1992）．それゆえ，キシロースをキシリトールに変換する収率と生産性を遺伝子工学的手法によって改変することが必要とされた．

最初の研究は，*P. stipitis*のXRがキシリトール生産，組換え酵母の構築のために選ばれた（Hallbornら，1991）．この選択はXRの比活性が高いこと，コファクタとしてNADHでもNADPHでも使えることが理由で行われた（Verduynら，1985）．XDH（NADHの再生のために必要）が欠如しているため，組換え株はグルコースとキシロースを両方含む培地で培養された．キシロースの利用はグルコースを枯渇させた後に行われ，キシロースからキシリトールへの変換は理論収率の97%で達成された．比生産速度は0.08 g g-cell^{-1} h^{-1}であった．後の研究で基質の利用範囲を拡張する目的でエタノール生産性*S. cerevisiae*を*P. stipitis*のXR，XDH遺伝子を発現させることが行われ，35 g L^{-1}のキシロースの非常に高い生産性が得られた（Tantirungkijら，1993）．

6.4 細胞特性の改良

この種の代謝工学は，微生物細胞全体の特性を対象にしているため，細胞工学とも呼ばれる．すでに多くの細胞工学の研究成果があり，それによってバクテリアから動物細胞まで幅広い生物での応用が示された．そのような応用は比増殖速度，増殖収率の改良，毒性化合物への耐性の向上，生産物の分泌性の改良，干ばつや塩害への植物の耐性の向上，組換えペプチドの糖鎖修飾の改変など多岐にわたる．この研究領域は非常に大きな分野であり，広大な応用研究への機会を与えるものである．

6.4.1 窒素代謝の変更

代謝工学の初期の成功例は，メタノール資化性バクテリア *Methylophilus methylotrophus* によるシングルセルプロテイン（SCP）の収率の向上である．そのために窒素消費代謝経路を変えることが考えられた．*M. methylotrophus* は，その高い炭素変換効率，メタノール耐性，培地成分の経済性がゆえにメタノールからのSCP生産株として工業的に用いられていた．しかし，この微生物のアンモニアの消費経路が1つの大きな欠点であった．この株は，アンモニア1モルを消費するためにATPを1モル必要とするグルタミンシンターゼ（GS），グルタミン酸シンターゼ（GOGAT）システムを使う（2.4.1項参照）．対照的に，*E. coli* の窒素消費経路はグルタミン酸デヒドロゲナーゼ（GDH）を利用する．この経路はATPの消費を必要としない（図6.18）．*M. methylotrophus* はおそらく，アンモニア消費に関してエネルギー的に最適化された経路をもっている．というのは，アンモニア濃度が非常に低い環境条件ではアンモニアの親和力はGDHよりGSの方がずっと高くなるからである．*E. coli* のグルタミン酸デヒドロゲナーゼ遺伝子（*gdh*）は，シャトルベクター上でクローニングされ，*M. methylotrophus* の *gs* 変異を相補した．結果として組換え株は，より高い細胞炭素へのメタノールの変換を示した．これは，おそらくアンモニアの利用が，GS/GOGATよりエネルギー的に効率のよいGDHを通して行われたためであると考えられる．

この研究は代謝工学における最初の工業的な応用の1つであった．自然界で微生物が生き残るチャンスを最大化するためにもっている特性は大スケールのバイオリアクターを最適化するためには必ずしも必要でないということを示す例であった．

(a) GS/GOGAT 経路

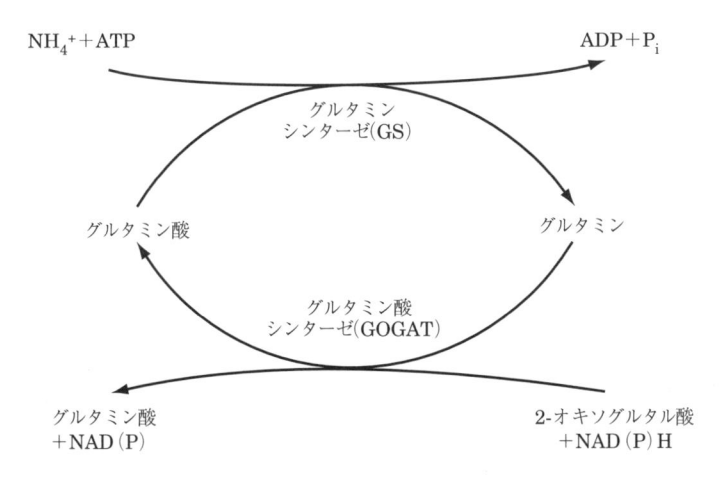

$NH_4^+ + ATP$ → $ADP + P_i$
グルタミンシンターゼ(GS)
グルタミン酸 → グルタミン
グルタミン酸シンターゼ(GOGAT)
グルタミン酸 + NAD(P) ← 2-オキソグルタル酸 + NAD(P)H

(b) GDH 経路

2-オキソグルタル酸 + NH_4^+ + NAD(P)H ── GDH ⟶ グルタミン酸 + NAD(P)

図 6.18　バクテリアのアンモニア消費の経路．

6.4.2 酸素消費の強化

大規模な好気微生物発酵プロセスにおける共通の工学的な改良目標は，細胞の増殖や生産活性を望みのレベルに保つために酸素濃度を適当な値に保つことである．微好気性条件が起これば，例えば非理想的な混合攪拌から呼吸と発酵の両方の代謝の要素が活性となり，エネルギー合成と酸化還元バランスが競合して進むことになる．このような酸素の振動はセントラルカーボン代謝の鍵酵素を活性化したり抑制したりするような全体的あるいは特殊な酸素調節を誘引する生理学的に望まれない状態を導くことになる．そのようなサバイバルのための応答はむしろ増殖速度や生産物生成に変化をもたらすことによって明らかになる（Onken and Leifke, 1989）．

望ましくない酸素振動や低酸素環境により起こる現象を緩和するという最近の発見は，バクテリア *Vitreoscilla*（VHb）のヘモグロビン遺伝子（*vgb*）のクローニングによってもたらされた（Khosla and Bailey, 1988a, b）．その詳細な *in vivo* での機能は明確にされていないが，酸素結合タンパク質によって *Vitreoscilla* は微好気状態でも生存することができると考えられている．最近の研究では，VHbは，細胞膜を通過して還元される酸素原子当りの放出プロトン数を増加させ，微好気状態の *E. coli* のATPアーゼが触媒するATP合成を促進することが示された（Chen and Bailey, 1994; Kalioら，1994）（2.3.3項参照）．フラックス分布の解析（8章）によっても，微好気状態でVHb$^+$をもつ細胞は，基質レベルのリン酸化ではATP生産速度が小さいが，全体のATP生産速度は，より大きくなっていることが明らかになっている（Tsaiら，1995a-c）．さらに，*cyo/cyd*（好気/微好気ターミナルオキシダーゼ）変異株により，*E. coli* 内でのVHbの発現が，ターミナルオキシダーゼ活性を上昇させ，それによって微好気条件での呼吸と増殖の効率を改変できることが示された（Tsaiら，1995）．オンラインでのNAD（P）H蛍光やredoxポテンシャルの測定（CRP）により，VHbは細胞内のredoxポテンシャルの変化を細胞内のDOの変化によって緩和させることを示唆している（Tsaiら，1995）．

この酵素が酸素制限条件下で増殖にとって正の効果があるのではないか，という仮説を研究の動機として，*vgb* 遺伝子が数種類の工業的に重要な微生物に導入された．このタンパク質の異種微生物での発現は幅広い宿主において認められ，*in vivo* で活性酸素の除去，細胞増殖の改良，生産性の向上などの効果が報告された（DeModenaら，1993; Khosla and Bailey, 1988a, b; Khosraviら，1990; Magnoloら，1991）．例えば，この遺伝子をシングルコピーでもち，その遺伝子が染色体上に組込まれた *E. coli* は，酸素制限条件下で同じ遺伝子をもたない野生株に比べ，より大きい速度でタンパク質を生産することがわかった．さらに，VHbとβガラクトシダーゼ，クロラムフェニコールアセチルトランスフェラーゼ（CAT），α-アミラーゼとの共発現により，酸素制限条件化で *E. coli* のコントロール実験に比べて，1.5から3.3倍の生産性が見られた．その他のケースでは *Streptomyces* の抗生物質生産に関与するタンパク質の発現量は13倍に達した．またアミノ酸生産コリネ細菌では，アミノ酸生産が1.2倍に上昇した．この技術を確立したExogene社は *Penicillium* 属や動物細胞内でVHbを発現させることに成功している．さらにバイオレメディエーションの分野で，*vgb* をもつ *Xanthomonas maltophilia* は安息香酸をバイオマスに変換する効率が上昇することがわかった（Liuら，1996）．

6.4.3 オーバーフロー代謝の抑制

現在，*E. coli* を使った組換えタンパク質生産プロセスにおいて，主に検討されている事項は

菌体濃度を高くしつつ，細胞内の生産物濃度を上昇させることである．この2つの目的は培地中の副生産物による阻害があるときには達成するのが困難である．好気条件でも嫌気条件でも炭素や還元剤のフラックスは酸の副生，分泌によりバランスをとっており，そのうちのほとんどが酢酸によるものである．この弱酸は増殖を阻害するものとしてよく知られている．さらに重要なことに，酢酸は組換えタンパク質の細胞内発現の効率を低下させ，ジスルフィド結合を阻害して細胞内タンパク質にも影響を与える．

有機酸は金属塩の阻害レベルに比べて低い濃度で増殖に影響を与える．細胞内で生成した酢酸のような短鎖脂肪酸の非解離型は細胞膜を自由に透過し培地中に蓄積する．次に，細胞外の非解離型の酸が細胞内に再度透過する．これは細胞内のpHが相対的に高いために起こり，細胞内で解離する．この事実は，弱酸がプロトンの輸送の役割を果たしていることを意味する（2.2.1項，例2.1参照）．もし，このプロセスが連続的に起こっていれば，細胞内pHは細胞外pHに近づき，プロトン輸送力のΔpH（2.3.3項，および例14.6参照）は減少することになる（Diaz-Ricciら，1990; Slonczewskiら，1981）．さらに低い細胞外pH（<5）は，溶菌ではないが，細胞増殖の停止を引き起こす．これは，おそらくDNAやタンパク質の不可逆的な変性によるものであろう（Cherringtonら，1991）．

上に述べた細胞のエナジェティックスへの影響に加えて，弱酸の阻害効果の性質に寄与する多くの他のファクタが存在する．酢酸の分泌を最小化することは組換えプロセスの生産物収率を最適化する際に前もって行っておかねばならない必要条件である（Yee and Blanch, 1992; Zabriskie and Arcuri, 1986）．Jensen and Carlsen（1990）は，*E. coli*におけるヒト成長ホルモンの生産を研究していたが，彼らのケモスタットのデータからは組換え菌のシステムにおいて酢酸の副生の重要性が明らかであった．フィード中の酢酸量を変化させることによって，40 mMの濃度の酢酸は細胞の菌体収率には影響がないが，タンパク質の生産収率は35%に減少することを示した．この結果は組換えタンパク質の収率に影響を与える酢酸濃度のしきい値が，普通，増殖阻害のしきい値よりも低いという一般的な観察結果と一致する．同じ研究において酢酸の濃度を100 mMまで上昇すると菌体収率も70%まで減少し，一方，タンパク質の生産収率は35%の1/2まで減少した．その他の何人かの研究者も酢酸が組換え菌プロセスの生産性を低下させる重要なファクタであること示した（Brandesら，1993; Brownら，1985; Curlessら，1988; Luli and Strohl, 1990; Starrenburg and Hugenholtz, 1991）．

酢酸の分泌が，解糖系フラックスと細胞が実際に代謝前駆体やエネルギーのために要求している量とのアンバランスから起こることは広く認められている．ピルビン酸は解糖系の最終生産物であり，酢酸の蓄積に影響する重要な分岐点である．この解決策として酢酸より毒性の少ない副生産物に，過剰な炭素フラックスを向かわせる反応を触媒する異種微生物の酵素の賦与が1つの戦略として考えられる．この種の微生物の発酵特性に基づいて*B. subtilis*のアセト乳酸シンターゼ（ALS）酵素が選ばれた（Johansenら，1975）．表6.6は，*E. coli*のような複合有機酸を生成する菌の副生産物の比較である．この表にはブタンジオール生産菌，*Bacillus subtilis, Aerobacillus polymyxa*を含んでいる．この第2グループは*E. coli*に比べて酸の生成量が非常に低く，代わりにグルコースが中性化合物の2,3ブタンジオールに変換される．

図6.19に示すように，ブタンジオールの生産菌は普通，ピルビン酸をアセト乳酸に変換する酵素を2つもっている．つまりpH6で働くアセト乳酸シンターゼ（ALS）とアセトヒドロキシ酸シンターゼ（AHAS）である．AHASは多くの微生物に見られる生合成の酵素であり，ピ

● 6. 代謝経路の改変の実例 ── 代謝工学の実際

表 6.6 混合脂肪酸とブタンジオール発酵の比較[a].

生成物[b]	脂肪酸		ブタンジオール	
	E. coli	*P. formicans*	*B. subtilis*	*A. polymyxa*
2,3 ブタンジオール	0.26	—	54.60	65.1
アセトイン	0.19	—	1.56	2.8
グリセロール	0.32	—	56.80	—
エタノール	50.5	64.0	7.65	66.2
ギ 酸	86.0	105.0	1.32	—
酢 酸	38.7	62.0	0.16	2.9
乳 酸	70.0	43.0	17.61	—
コハク酸	14.8	22.0	1.08	—
CO_2	1.75	—	117.8	199.6
H_2	0.26	—	0.16	70.9
C リカバリー(%)	94.7	96.0	98.0	101.6
O/R バランス	0.91	1.02	0.99	0.99

[a] Wood による, 1961.
[b] mmol (100 mmol-glucose)$^{-1}$.

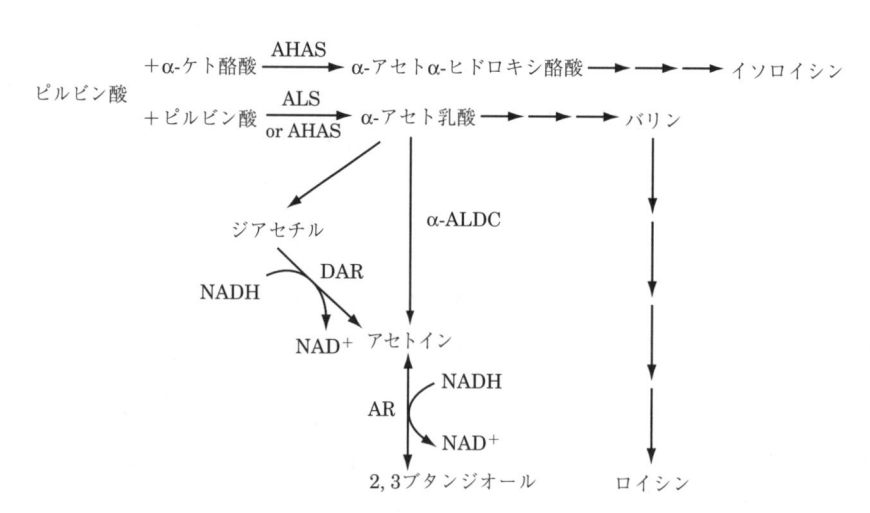

図 6.19 ALS と AHAS の比較とアミノ酸合成やブタンジオール生成に対するこれらの酵素の役割. [略号] ALS: アセト乳酸シンターゼ, AHAS: アセトヒドロキシ酸シンセターゼ, α-ALDC: α-アセト乳酸デカルボキシラーゼ, AR: アセトインレダクターゼ (または 2,3 ブタンジオールデヒドロゲナーゼ), DAR: ジアセチルレダクターゼ.

ルビン酸から分岐のあるアミノ酸, バリン, ロイシン, イソロイシンを生産する最初のステップの反応を触媒する. AHAS はバリンのような最終生産物の阻害によって, 調節されるフラボタンパク質である. 一方, ALS は活性に FAD を必要としないし, 分岐のあるアミノ酸によって阻害もされない (Störmer, 1968).

B. subtilis のアセト乳酸シンターゼをコードする *alsS* 遺伝子を *E. coli* でうまく発現させることが可能となった (Aristidou ら, 1994 a, b). この酵素はまた, ピルビン酸分岐点で酢酸へ流れる過剰の炭素フラックスを違う方向へ流したり, 非阻害性副生物質 α-アセト乳酸へ向けたり

する活性もある．得られた菌株の特徴を明らかにした結果，酢酸の分泌はグルコース濃度が高い培地で菌体濃度が高いときでさえ，20 mM 以下となることがわかった．さらに組換え菌は目的タンパク質生産のより効率的な宿主となることもわかった（Aristidouら，1994）．組換えβ-ガラクトシダーゼの体積当りの発現量は，回分培養で約50%，高菌体濃度の半回分培養で約220%まで上昇することがわかった．これらの結果は細胞の特性を改変する成功例であるといえよう．

6.4.4 基質消費経路の変更

細胞膜を透過して化合物を消費することはすべての生物細胞にとって重要な仕事である．基質の取込みについては，自由拡散に加えて，(1) 機能拡散，(2) グループトランスロケーション，(3) 能動輸送（2.2節参照）などの一般的な分類がある．グルコース，マンニトール，フルクトースなどのヘキソースはホスホエノールピルビン酸依存型炭化水素ホスホトランスフェラーゼシステム（PTS）により，まず細胞内に輸送される．この輸送はトランスロケーションに分類される（Dillsら，1980；Postmaら，1993；Saierら，1988）．PTSによって触媒される全体のプロセスは炭化水素の取込みについて

$$-(\text{PEP})_{IN} - (炭水化物)_{OUT} + (ピルビン酸)_{IN} + (炭水化物 \text{P}_i)_{IN} = 0$$

のようにまとめられる．PTSは多数の細胞質内，または，膜結合型タンパク質の両方を含む炭化水素の転移とリン酸化の連続的な反応によって達成される（2.2.3項）．

糖の消費において重要な役割を果たすだけでなく，PEPは芳香族アミノ酸，インジゴ，エンテロバクチン，メラニンなどの化合物の必須の前駆体となる．したがって，PTSでない糖消費系を賦与することによって原理的には消費グルコース1モル当り1モルのPEPをセーブできる．生合成の目的のためにPEPの利用可能性を改良するいくつかのアプローチは，非PEP炭素源の利用，PEPシンターゼの過剰生産によるピルビン酸のPEPへのリサイクル（Patnaik and Liao, 1994；Patnaikら，1995），ピルビン酸キナーゼの不活化（Moriら，1987）のような研究である．この分野の主なブレークスルーは，*E. coli* のグルコースPTS遺伝子，*ptsH*, *ptsI*, *crr* を破壊してグルコースが，もはやPEP消費システムでは取り込めない株を構築することによってもたらされた（Floresら，1996）．復帰変異株がケモスタットで選択され，この株はグルコースを効率的に取り込めるガラクトースパーミアーゼ遺伝子をもっていることが，後にわかった．安定で速い増殖能をもつ組換え株NF9はさらに，PEPとエリスロース4PからDAHPを生産するDAHPシンターゼ生産に用いられた．つまり，グルコース輸送には使われなかったPEPが芳香族アミノ酸合成に用いられたわけである．

6.4.5 遺伝子の安定性の維持

最近，科学的または産業的に興味のある生産物の合成遺伝子を含むプラスミドのクローニングベクターが非常に広く利用されている．プラスミドベクターの望まれる特性は，サイズが小さいこと，コピー数が高いこと，または応用目的に依存するが，コピー数が制御可能なこと，高レベル遺伝子発現のプロモータが制御可能であること，そして安定であること，である．遺伝子の不安定性は，組換え微生物の工業的な利用にとって大きな障害となる．そのような不安定性には，いくつかの理由があるが，一般に目的タンパク質生産において，最も効率的に発現

● 6. 代謝経路の改変の実例 ── 代謝工学の実際

するベクターは，普通，不安定である．これは，おそらく細胞内で代謝の負荷が上昇したためであり，プラスミドをもたない細胞集団が数世代の間に出現する．異なる細胞集団が出現するような不安定性に加えて，もはや生産物を生成しないプラスミドの構造的な不安定性もある．

異なる細胞集団の出現や構造的な不安定性を避けることは，ここ15～20年間の大きな研究テーマであった．構造的な不安定性は遺伝子工学的に宿主細胞からの *recA* 遺伝子を除くことによって，かなり達成された．この遺伝子の欠失により，染色体内外のDNA間の組換えが厳しく制限されることになった．最初の研究で，Csonka and Clark（1979）は，Δ (*srl-recA*) 306変異が組換え速度を1/36,000にまで減少させることを示した．次に，Laban and Cohen（1981）は *recA* のポイントミューテーションにより，組換え頻度を1/100に減少させた．一方，異なる細胞集団の出現による不安定性を克服するのは，より難しいことであった．

遺伝子工学的に安定なプラスミドを与えるいくつかの方法が考えられた．最も簡単な解決法は，抗生物質耐性プラスミドベクターをもつ細胞を抗生物質添加培地により選択する方法であるように思われる．この方法はコストの高い抗生物質を培地に添加しなければならないこと，その抗生物質が生産後，除かれなければならないことなど多くの欠点をもつ．より実用的な方法がSkogman and Diderichsen（Diderichsen, 1986; Skogmanら，1983）により提案された．彼らは，特別な宿主ベクター系を使った．それは栄養要求性変異株の宿主に染色体上の変異を起こして相当する機能の遺伝子を目的産物のプラスミドベクター上に相補することによって得られた．強力なアプローチではあったが，特定の変異をもつ宿主が必要であるという実用的な制限があった．

より広い応用性をもつ技術はプラスミドR1の *hok/sok* 遺伝子座（正式には *parB*）を含むものである．このシステムはグラム陰性菌の多くのプラスミドに効率的な安定性をもたらす能力があることがわかった（Gerdes, 1988; Gerdesら，1986）．プラスミドの安定性が上昇するのは後に，*hok/sok* を含むプラスミドを欠失した細胞が選択的に死滅に至るために起こることであるとわかった．*hok/sok* 遺伝子座は，2つのRNAをもっている．つまり，Hok (host killing) mRNAとSok (suppression of killing) RNAをコードしている．*hok* 産物は細胞膜にダメージを与えることによって細胞を殺す能力のある物質である．*sok* 産物はトランス-actingアンチセンスRNA（アンチセンスRNA作用因子，Sok-RNAはBox 6.3参照）である．これは，*hok* 遺伝子の発現を転写後レベルで抑制している．プラスミドをもたない細胞集団の急激に死滅に至るのはhok mRNAが非常に安定（$t_{1/2}$が約20 min）であり，一方，sok mRNAは非常に速く分解することを考えると説明できる．ここで，プラスミドをもった細胞ではSok RNAがHokタンパク質の合成を止めており，細胞は生残することができる．一方，プラスミドをもたない細胞はSok RNA分子が不安定に分解し，Hok RNAが翻訳される．最終的に，Hokタンパク質が合成されプラスミドをもたない細胞は死滅する．

Box 6.3 アンチセンスRNA

天然のアンチセンスRNAは小さく（15～50ヌクレオチド），翻訳されず，このRNAに相補するターゲットRNAの機能を阻害する調節RNA分子である．アンチセンスRNAはプラスミドの複製，接合，維持，転移，バクテリオファージにおける溶菌の決定のような多岐にわたる機能を調節している．アンチセンスRNAは，シングルストランドルー

プとターゲットRNAの相補するループ間の最初の可逆的接触を通して，ターゲットRNAを認識する．最初の接触は，2つのRNA分子間が熱力学的に非常に安定な二重鎖を作ることによって始まる．

　アンチセンスRNAはターゲットのRNAの機能をいくつかの異なるメカニズムで阻害する．例えば，転移性遺伝子Tn10遺伝子はRNA-OUTによって調節されている．RNA-OUTは転移性mRNAの翻訳開始領域（TRI）に相補するアンチセンス鎖である．この場合，アンチセンスRNAのmRNAへのハイブリダイゼーションによって，リボソームが進入するのを物理的にブロックする．これはアンチセンスRNAによってなされる直接的なターゲットRNAの例である．

　アンチセンスRNAによる間接的なターゲットRNA阻害の例はいくつか見つかっている．最初に見つかったのは，おそらく，プラスミドサーキットColE1の複製の制御である．アンチセンスRNA（RNA I）は複製開始プライマーRNA IIに作用し，ハイブリダイゼーションサイトの数百ヌクレオチド下流で2次構造の変化を引き起こす．2次構造の変化により複製開始にとって必要なリボヌクレアーゼ（RNase）H-依存型プライマーRNAの開裂が阻害される．

6.5　生体異物（外来性化学物質）の分解

　天然のプロセス，生物的，地球化学的プロセスは，非常に多様な有機化合物を生産する．そして進化の時代を超えていろいろな微生物が，そのような天然の化合物のほとんどすべてを炭素源やエネルギー源として分解する能力を獲得している．しかし，人間による工業や農業の目的のために合成された何万という多くの人工有機化合物を分解してくれる微生物は微生物界では，あまり見あたらない．そのような新規の合成化合物はギリシャ語の"外来"という意味の"ゼノス"という言葉からゼノバイオティックス（*xenobiotics*，生体異物または外来性化学物質）と呼ばれる．（後に議論するPCBのような）ゼノバイオティックスとは，安定で脂質溶解性，つまり，それらが食物連鎖中で輸送されるとき蓄積され得るような化合物のことである．

　外来性化学物質の分解というテーマは代謝工学に大きな研究機会を与える分野である．遺伝子工学的な改変によって汚染物質の分解が行えるようになった微生物の利用が第一の研究分野である．この研究は"バイオレメディエーション"と呼ばれる．バイオレメディエーションは，土壌中，地下水中，化学工場や食品工場の排水中，石油化学精製工場のオイルスラッジ中の有機化学廃棄物を減少させるために応用される．

　外来性化学物質を分解する微生物の単離の初期の試みはケモスタットによる分離に焦点が当てられていた．このテクニックは多様な毒性廃棄物中の微生物サンプルや，望みの株を選択した微生物サンプルをケモスタットで培養することを基礎にしていた．このアプローチによって，2, 4, 5トリクロロフェノキシ酢酸のようなハロゲン化合物を分解できる*Pseudomonas*株の分離が行われた（Kilbaneら，1983）．分離された株は他にこの物質を分解できるような競合微生物がいないので，1週間で汚染された土壌から98%の汚染化合物を除去することができた．

　ケモスタットを用いた菌株の選択に加えて，ここ10年間に利用可能な異化経路の合理的な設計が行われた．次に，そのうちのいくつかを紹介する．

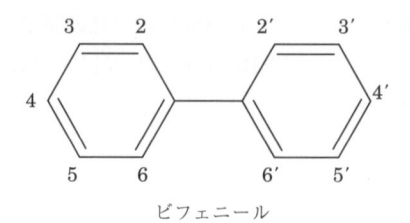

● 6. 代謝経路の改変の実例 ── 代謝工学の実際

図6.20 一般的なポリ塩化ビフェニール（PCB）の構造．数字は，塩素が付く可能性のある位置を示している．便宜的な構造式は，$C_{12}H_{12-n}Cl_n$，ここで，$n = 1 \sim 10$ である．

6.5.1 ポリ塩化ビフェニール（PCB）

PCB は209の異なる人工化合物の総称である．図6.20に示すように，1〜10個の塩素がビフェニールに結合している．1929年から1978年の間に約70万トンのPCBが生産され，数万トンが環境中に分散した．モノ，ジ，トリクロロのPCBを酸化する微生物は天然に存在するが高度の塩化化合物を分解できるものはない．いくつかの代謝が関与するのはおそらく天然のPCB分解において共通であろうが，最初の反応は，増殖のために炭素やエネルギーを供給しない反応である．

PCB分解酵素の遺伝子（*bphA*, *-B*, *-C*, *-D*）が *Pseudomonas* LB400株（図6.21）から分離され *E. coli* 内で発現した．組換え株のPCB分解能は特異性と分解度の点からいってLB400と同等であった．

特異な遺伝子を *Pseudomonas* 株に導入することによって工業廃棄物に，しばしば存在するような，トリクロロ安息香酸，またはテトラメチル安息香酸のような芳香族化合物の混合物を分解できるような株も構築された（Rojoら，1987）．いくつかの芳香族化合物の分解の興味深い酵素系は白カビ *Phanerochaete chrysosporium* のリギニアーゼである．この酵素はベンゾピレン，トリフェニルメタン染料のような多様な構造の幅広い外来性化学物質でさえ分解できるものである（Bumpus and Brock, 1988）．

6.5.2 ベンゼン，トルエン，*p*-キシレン混合物（BTX）

このグループの石油由来の汚染物質は水溶性であり，水資源を汚染し，人間の健康を冒す物質である．このような汚染物質を変換することのできる微生物の開発が遺伝子工学により構築された．このような研究は独立して，また研究者間で協力して行われ，より毒性の低いピルビン酸などへの変換を行うことが可能となった．次に，そのような2つの例を示す．

TOL（pWW0）異化代謝プラスミド

この特異な分解経路に必要な遺伝子の完全なセットをもったプラスミドは *Pseudomonas* 属によく見られる．このプラスミドは自己伝達性があり，天然でこの経路を用いる幅広い宿主が存在する．その異化経路は異なる種でも有効である．これはおそらく，ベンゼン環が構成要素としては，グルコースに次いで天然で豊富なものだからであろう．

Pseudomonas putida のTOL（pWW0）異化代謝プラスミドは，その宿主にトルエン，*m*-キシレン，*p*-キシレンやその他のベンゼン環芳香族の分解能を賦与する．遺伝子は2つのオペロン（表6.7，図6.22参照）を形成している．（1）*xylCAB*，これは，トルエンやキシレンを

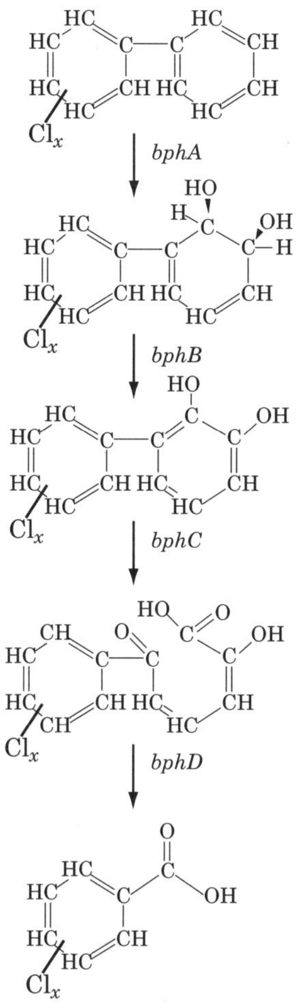

図 6.21 *Pseudomonas* 属 LB400 株の 2, 3 デオキシゲナーゼ経路の酵素によるクロロビフェニールの分解. [遺伝子] *bphA*：ビフェニル 2, 3 デオキシゲナーゼ, *bphB*：ジヒドロジオールデヒドロゲナーゼ, *bphC*：2, 3 ジヒドロキシビフェニルジオキシゲナーゼ, *bphD*：2 ヒドロキシ 6 オキソ 6 フェニルヘキサ 2, 4 ジエノイック酸ヒドラーゼ.

安息香酸やトルエートにそれぞれ分解する（上流経路）酵素をコードしている．(2) *xylXYZLEGFJKIH*，これは，安息香酸やトルエートをアセトアルデヒドやピルビン酸に分解する（下流経路）酵素をコードしている．2 ヒドロキシムコン酸セミアルデヒドの分岐点はそのような経路で分解できる基質の範囲を広げている．例えばトルエートは *xylF* 経路で分解し，安息香酸や *p*-トルエートは *xylGHI* 経路で分解する．

遺伝子工学の手法により，微生物が利用できる基質の範囲を拡張するために用いられた．例えば，*P. putida* は TOL プラスミドをもっており，安息香酸，3, 4 メチル安息香酸（3MB，4MB），3, 4 ジメチル安息香酸（3,4DMB），3 エチル安息香酸（3EB）のような多様なアルキル安息香酸で増殖できるが，非常に近い構造の化合物，4 エチル安息香酸（4EB）では増殖できない．この一連の実験により (1) 4EB は調節タンパク質（*xylS*）を活性化しない．その結果，安息香酸の異化代謝経路の遺伝子（*xylABC*，図 6.22）が誘導されないままである．(2)

● 6. 代謝経路の改変の実例 —— 代謝工学の実際

表6.7 TOL異化代謝プラスミドpWW0の遺伝子と対応する産物.

遺伝子	酵素または機能
上流オペロン	
xylA	キシレンオキシゲナーゼ
xylB	ベンジルアルコールデヒドロゲナーゼ
xylC	ベンズアルデヒドデヒドロゲナーゼ
下流オペロン	
xylX, Y, Z	トルエンジオキシゲナーゼ
xylE	カテコール2,3ジオキシゲナーゼ
xylF	2ヒドロキシムコン酸セミアルデヒドヒドラーゼ
xylG	2ヒドロキシムコン酸セミアルデヒドデヒドロゲナーゼ
xylH	4オキザロクロトン酸タウトメラーゼ
xylI	4オキザロクロトン酸デカルボキシラーゼ
xylJ	2オキソペント4エノエートヒドラターゼ
xylK	2オキソ4ヒドロキシペンテン酸
xylL	ジヒドロキシシクロヘキサジェンカルボキシラーゼデヒドロゲナーゼ
調節	
xylR	転写調節
xylS	転写調節

天然の酵素カテコール2,3ジオキシゲナーゼ (*xylE*, 図6.22) は, 4エチルカテコールを基質として使えない (が, 4メチルカテコールは使える) (Ramos and Timmis, 1987). したがって, この経路による4EB分解は, (1) 幅広いエフェクタの特異性をもった*xylS*レギュレータ, (2) 4エチルカテコールを分解できるカテコール2,3ジオキシゲナーゼ変異酵素, を必要とする. 両方の研究が行われ, 変異導入した*xylS*, *xylE*遺伝子 (*xylS'*, *xylE'*) の単離により, これらの必要事項が満足された. *xylS'*と*xylE'*をもつTOLプラスミドを含む*P. putida*は, 実際に, 4EBの培地中でも増殖が可能となった.

BTX混合物の同時分解

BTXは3つの混合物として環境に非常に悪影響を与えるので, 3つの汚染物質を同時に分解できる菌株の構築が試みられた. 最終的に上に述べたTOL経路とTOD経路という2つの代謝経路をもつ*P. putida*が構築された (Leeら, 1994). TOD経路の酵素は3つの芳香族すべてに作用するが, その最終生産物 (ベンゼン, トルエン, *p*-キシレン-*cis*-グリコール) はそれ以上代謝されない. 一方, TOL経路の酵素はトルエンとキシレンにしか作用しないが, 最終生産物はエネルギーや炭素源として菌に利用される. 2つの経路を組み合わせた異化代謝経路の全体は, 図6.23に示される.

TOLやTODのすべての酵素を含むことによって新しい菌株が構築された. キャラクタリゼーションの研究により, この株はTODの最終生産物, つまり, ベンゼン, トルエン, *p*-キシレン-*cis*-グリコールを多量に蓄積することが明らかになった. これを軽減するために, TOD経路の最終ステップ, トルエン-*cis*-グリコールデヒドロゲナーゼが図6.23に示すようにブロックされた. 最終的な菌株は, 3つすべての芳香族, ベンゼン, トルエン, *p*-キシレンをそれぞれ, 0.27, 0.86, 2.89 mg (mg-cell)$^{-1}$ h^{-1}の速度で分解する能力をもっていた.

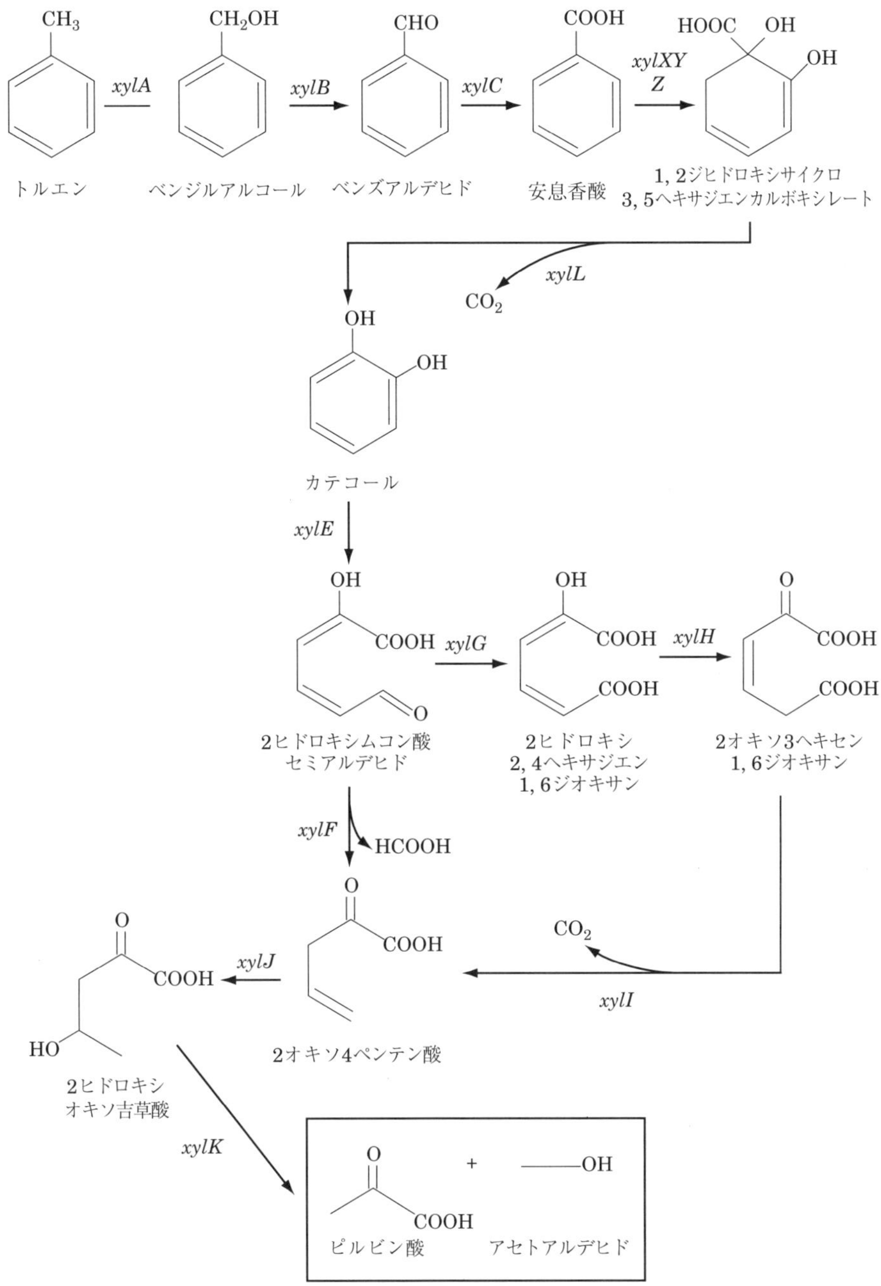

6.5 生体異物(外来性化学物質)の分解

図 6.22 *Pseudomonas putida* の組換え株 mt-2 によるトルエン分解の経路.

これらの研究は，より広い範囲の基質の利用や生産物の生産のような新しい特性を備えた新しい微生物を創製するために，完全な経路をもつ複数の異化代謝のプラスミドをいかに賢明に組み合わせて使うかという研究の成功例となっている．

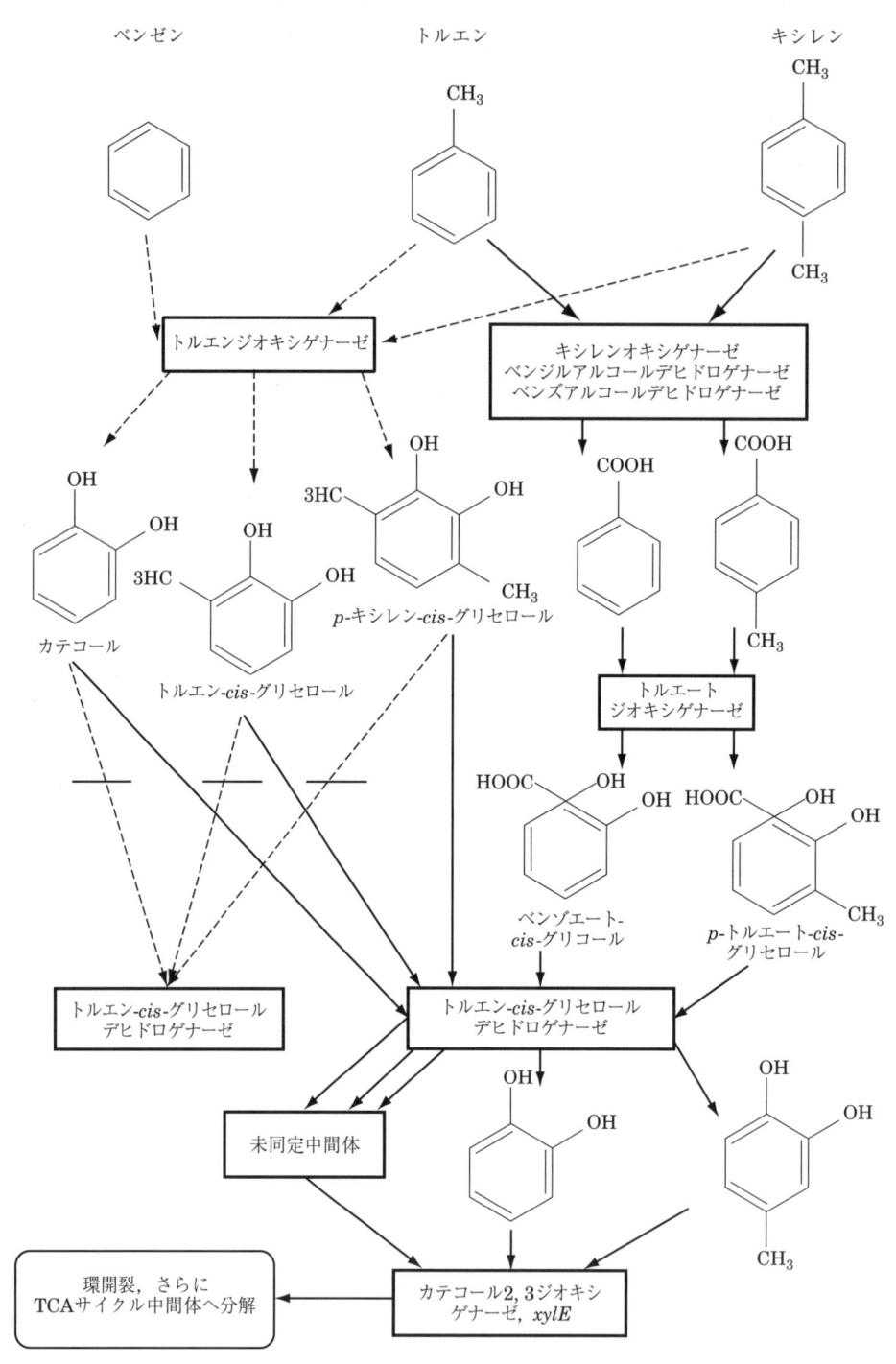

● 6. 代謝経路の改変の実例 —— 代謝工学の実際

図 6.23 ベンゼン, トルエン, p-キシレンのPseudomonas putidaにおける代謝経路. 点線は, TOD経路を示している. 実線は, TOL経路を示している (表6.7, 図6.22参照). (−) は, 遺伝子工学的にTOD経路を (トルエン-cis-デヒドロゲナーゼで) ブロックしたことを示す.

文　献

Aiba, S., Imanaka, T. & Tsunekawa, H. (1980). Enhancement of tryptophan production in *Escherichia coli* as an application of genetic engineering. *Biotechnology Letters* **2**, 525.

Alderete, J. E., Karl, D. W. & Park, C.-H. (1993). Production of poly(hydroxybutyrate) homopolymer and copolymer from ethanol and propanol in a fed-batch culture. *Biotechnology Progress* **9**, 520-525.

Alterhum, F., & Ingram, L. O. (1989). Efficient ethanol production from glucose, lactose and xylose by recombinant *Escherichia coli*. *Applied and Environmental Microbiology* **55**, 1943-1948.

Anderson, S., Marks, C. B., Lazarus, R., Miller, J., Stafford, K., Seymour, J., Light, D., Rastetter, W. & Estell, D. (1985). Production of 2-keto-L-gluconate, an intermediate in L-ascorbate synthesis by a genetically modified *Erwinia herbicola*. *Science* **230**, 144-149.

Anderson, S., Lazarus, R. & Miller, J. (1991). Metabolic pathway engineering to increase production of ascorbic acid intermediates. US Patent 5,032,514.

Archer, J. A. C., Solowcordero, D. E. & Sinskey, A. J. (1991). A C-terminal deletion in *Corynebacterium glutamicum* homoserine dehydrogenase abolishes allosteric inhibition by L-threonine. *Gene* **107**, 53.

Aristidou, A. A., Bennett, G. N. & San, K.-Y. (1998). Improvement of biomass yield and recombinant gene expression in *Escherichia coli* by using fructose as the primary carbon source. *Journal of Biotechnology*, in press

Aristidou, A. A., Bennett, G. N. & San, K.-Y. (1994b). Modification of the central metabolic pathways of *Escherichia coli* to reduce acetate accumulation by heterologous expression of the *Bacillus subtilis* acetolactate synthase gene. *Biotechnology and Bioengineering* **44**, 944-951.

Ausich, R. L., Proffitt, J. H. & Yarger, J. G. (1991). Biosynthesis of carotenoids in genetically engineered hosts. *Chemical Abstracts* **116**, 35644d.

Barker, D. F. & Campbell, A. M. (1980). Use of the *bio lac* fusion strains to study regulation of biotin synthesis in *Escherichia coli*. *Journal of Bacteriology* **143**, 789-800.

Barrere, G. C., Barber, C. E. & Daniels, M. J. (1986). Molecular cloning of genes involved in the production of the extracellular polysaccharide xanthan by *Xanthomonas campestris* pv. *campestris*. *International Journal of Biological Macromolecules* **8**, 372-374.

Bartel, P. L., Zhu, C.-B., Lampel, J. S., Dosch, D. C., Connors, N., Strohl, W. R., Beale, J. M. & Floss, H. G. (1990). Biosynthesis of anthraquinones by interspecies cloning of actinorhodin biosynthesis genes in *Streptomyces*: Clarification of actinorhodin gene functions. *Journal of Bacteriology* **172**, 4816-4826.

Beall, D. S. & Ingram, L. O. (1993). Genetic engineering of soft-rot bacteria for ethanol production from lignocellulose. *Journal of Industrial Microbiology* **11**, 151-155.

Bennett, G. N. & Rudolph, F. B. (1995). The central metabolic pathway from acetyl-CoA to butyryl-CoA in *Clostridium acetobutylicum*. *FEMS Microbiology Reviews* **17**, 241.

Brabetz, W., Liebl, W. & Schleifer, K.-H. (1991). Studies on the utilization of lactose by *Corynebacterium glutamicum*, bearing the lactose operon of *Escherichia coli*. *Archives of Microbiology* **155**, 607-612.

Brandes, L., Wu, X., Bode, J., Rhee, J. & Schügerl, K. (1993). Fed-batch cultivation of recombinant *Escherichia coli* JM103 and production of the fusion protein SPA::EcoRI in a 60-L working volume airlift tower loop reactor. *Biotechnology and Bioengineering* **42**, 205-214.

Brau, B. & Sahm, H. (1986). Cloning and expression of the structural gene for pyruvate decarboxylase of *Zymomonas mobilis* in *Escherichia coli*. *Archives in Microbiology* **144**, 296-301.

Brown, S. W., Meyer, H.-P. & Fiechter, A. (1985). Continuous production of human leukocyte interferon with *Escherichia coli* and continuous cell lysis in a two stage chemostat. *Applied Microbiology and Biotechnology* **23**, 5-9.

Bull, S. R. (1990). *Energy from Biomass & Wastes XIV*. Chicago: Institute of Gas Technology.

Bumpus, J. A. & Brock, B. J. (1988). Biodegradation of crystal violet by the white rot fungus *Phanerochaete chrysosporium*. *Applied and Environmental Microbiology* **54**, 1143-1150.

Burchhardt, G. & Ingram, L. O. (1992). Conversion of xylan to ethanol by ethanologenic strains of *Escherichia coli* and *Klebsiella oxytoca*. *Applied and Environmental Microbiology* **58**, 1128-1133.

Cameron, D. C. & Tong, I. T. (1993). Cellular and metabolic engineering: An overview. *Applied Biochemistry and Biotechnology* **38**, 105-140.

Cane, D. E., Hasler, H., Taylor, P. B. & Liang, T.-C. (1983). Macrolide biosynthesis - II: Origin of the carbon skeleton and oxygen atoms of the erythromycins. *Tetrahedron* **39**, 3449-3455.

Cane, D. E., Hasler, H., Taylor, P. B. & Liang, T.-C. (1987). Macrolide biosynthesis - IV. Intact incorporation of a chain-elongation intermediate into erythromycin. *Journal of the American Chemical Society* **109**, 1255-1257.

Carey, V. C., Walia, S. K. & Ingram, L. O. (1983). Expression of a lactose transposon (Tn951) in *Zymomonas mobilis*. *Applied and Environmental Microbiology* **465**, 1163-1168.

Charter, K. F. (1990). The improving prospects for yield increase by genetic engineering in antibiotic-producing *Streptomyces*. *Bio/Technology* **8**, 115-121.

Chen, R. & Bailey, J. E. (1994). Energetic effect of *Vitreoscilla* hemoglobin expression in *Escherichia coli*: An on-line ^{31}P NMR saturation transfer study. *Biotechnology Progress* **10**, 360-364.

Cherrington, C. A., Hinton, M., Pearson, G. R. & Chopra, I. (1991). Short-chain organic acids at pH 5.0 kill *Escherichia coli* and *Salmonella spp*. without causing membrane perturbation. *Journal of Applied Bacteriology* **70**, 161-165.

Cinco, R. M., MacInnis, J. M. & Greenbaum, E. (1993). The role of carbon dioxide in light-activated hydrogen production by *Chlamydomonas reinhardtii*. *Photosynthesis Research* **38**, 27.

Colón, G. E., Aristidou, A. A., Jetten, M. S. M., Yeni-Komshian, H., Sinskey, A. J. & Stephanopoulos, G. (1997). Disruption of *ilvA* in a *Corynebacterium lactofermentum* threonine producer results in increased threonine production. *Biotechnology Progress*, in press.

Colón, G. E., Follettie, M. T., Jetten, M. S. M., Stephanopoulos, G. & Sinskey, A. J. (1993). Redirections of carbon flux at a *Corynebacterium glutamicum* threonine metabolic branch point by controlled enzyme overexpression. In *Annual ASM Meeting*, pp. 320.

Colón, G. E., Jetten, M. S. M., Nguyen, T. T., Gubler, M. E., Sinskey, A. J. & Stephanopoulos, G. (1995). Effect of inducible *thrB* expression on amino acid production in *Corynebacterium lactofermentum* 21799. *Applied and Environmental Microbiology* **61**, 74-78.

Colón, G. E., Nguyen, T. T., Jetten, M. S. M., Sinskey, A. J. & Stephanopoulos, G. (1995b). Production of isoleucine by overexpression of *ilvA* in a *Corynebacterium lactofermentum* threonine producer. *Applied Microbiology and Biotechnology* **43**, 482.

Cordes, C., Möckel, B., Eggeling, L. & Sahm, H. (1992). Cloning, organization and functional analysis of *ilvA*, *ilvB* and *ilvC* genes from *Corynebacterium glutamicum*. *Gene* **112**, 113.

Csonka, L. N. & Clark, A. J. (1979). Deletions generated by the transposon *Tn*10 in the *srl recA* region of the *Escherichia coli* K-12 chromosome. *Genetics* **93**, 321-343.

Curless, C. E., Forrer, P. D., Mann, M. B., Fenton, D. M. & Tsai, L. B. (1988). Chemostat study of kinetics of human lymphokine synthesis in recombinant *Escherichia coli*. *Biotechnology and Bioengineering* **34**, 415-421.

Dahiya, J. S. (1991). Xylitol production by *Petromyces albertensis* grown on medium containing D-xylose. *Canadian Journal of Microbiology* **37**, 14-18.

DeModena, J. A., Gutierrez, S., Velasco, J., Fernandez, F. J., Fachini, R. A. & Galazzo, J. L. (1993). The production of cephalosporin C by *Acremonium chrysogenum* is improved by the intracellular expression of a bacterial hemoglobin. *Bio/Technology* **11**, 926-929.

Diaz-Ricci, J. C., Hiltzmann, B., Rinas, U. & Bailey, J. E. (1990). Comparative studies of glucose catabolism by *Escherichia coli* grown in complex medium under aerobic and anaerobic conditions. *Biotechnology Progress* **6**, 326-332.

Diderichsen, B. (1986). A genetic system for stabilization of cloned genes in *Bacillus subtilis*. In *Bacillus Molecular Genetics and Biotechnology Applications*, pp. 35-46. Edited by A. T. Ganesan & J. A. Hoch. Orlando, FL: Academic Press.

Dills, S. S., Apperson, A., Schmidt, M. R. & Saier, M. H., Jr. (1980). Carbohydrate transport in bacteria. *Microbiological Reviews* **44**, 385-418.

Durre, P., Fischer, R.-J., Kuhn, A., Lorenz, K., Schreiber, W., Sturzenhofecker, B., Ullmann, S., Winzer, K. & Sauer, U. (1995). Solventogenic enzymes of *Clostridium acetobutylicum*: Catalytic properties, genetic organization, and transcriptional regulation. *FEMS Microbiology Reviews* **17**, 251.

Eggersdorfer, M., Meyer, J. & Eckes, P. (1992). Use of Renewable Resources for Non-Food Materials. *FEMS Microbiology Reviews* **103**, 355-364.

Eikmanns, B., Metz, M., Reinscheid, D., Kricher, M. & Sahm, H. (1991). Amplification of three threonine biosynthetic genes in *Corynebacterium glutamicum* and its influence on carbon flux in different strains. *Applied Microbiology and Biotechnology* **34**, 617.

Emodi, A. (1978). Xylitol: Its properties and food applications. *Food Technology* **32**, 20-32.

Ensley, B. D. (1985). Microbial production of indigo. US Patent 4 520 103.

Feldmann, S., Sprenger, G. A. & Sahm, H. (1989). Ethanol production from xylose with a pyruvate-formate-lyase mutant of *Klebsiella planticola* carrying a pyruvate-decarboxylase gene from *Zymomonas mobilis*. *Applied Microbiology and Biotechnology* **31**, 152-157.

Feldmann, S., Sahm, H. & Sprenger, G. A. (1992). Pentose metabolism in *Zymomonas mobilis* wild type and recombinant strains. *Applied Microbiology and Biotechnology* **38**, 354.

Flores, N., Xiao, J., Berry, A., Bolivar, F. & Valle, F. (1996). Pathway engineering for the production of aromatic compounds in *Escherichia coli*. *Nature Biotechnology* **14**, 620-623.

Follettie, M. T., Shin, H. K. & Sinskey, A. J. (1988). Organization and regulation of the *Corynebacterium glutamicum hom-thrB* and *thrB* loci. *Molecular Microbiology* **2**, 53.

Fu, J.-F. & Tseng, Y.-H. (1990). Construction of lactose-utilizing *Xanthomonas campestris* and production of xanthan gum from whey. *Applied and Environmental Microbiology* **56**, 919-923.

Gerdes, K. (1988). The *par*B (*hok/sok*) locus of plasmid R1: A general purpose plasmid stabilization system. *Bio/Technology* **6**, 1402-1405.

Gerdes, K., Rasmussen, P. B. & Molin, S. (1986). Unique type of the plasmid maintenance function: Postsegregational killing of plasmid-free cells. *Proceedings of the National Academy of Science* **83**, 3116-3120.

Gloecker, R., Ohsawa, I., Speck, D., Ledoux, C., Bernand, S., Zinsius, M., Villeval, D., Kisou, T., Kamogawa, K. & Lemoine, Y. (1990). Cloning and characterization of the *Bacillus sphaericus* genes controlling the bioconversion of pimelate into desthiobiotin. *Gene* **87**, 63-70.

Gong, C. H., Chen, L. F. & Tsao, G. T. (1981). Quantitative production of xylitol from D-xylose by a high-xylitol producing yeast mutant *Candida tropicalis* HXP2. *Biotechnology Letters* **3**, 130-135.

Goodman, A. E., Strzelecki, A. T. & Rogers, P. L. (1984). Formation of ethanol from lactose by

Zymomonas mobilis. *Journal of Biotechnology* **1**, 219-228.

Greenbaum, E., Lee, J. W., Tevault, C. V., Blankinship, S. L. & Mets, L. J. (1995). CO_2 fixation and photoevolution of H_2 and O_2 in a mutant of *Chlamydomonas* lacking photosystem I. *Nature* **376**, 438.

Grindley, J. F., Payton, M. A., van de Pol, H. & Hardy, K. G. (1988). Conversion of glucose to 2-keto-L-gluconate, an intermediate in L-ascorbate synthesis, by a recombinant strain of *Erwinia citreus*. *Applied and Environmental Microbiology* **54**, 1770-1775.

Hahn-Hägerdal, B., Jeppsson, H., Olsson, L. & Mohagheghi, A. (1993). An Interlaboratory Comparison of the Performance of Ethanol-Producing Microorganisms in a Xylose-Rich Acid Hydrolysate. *Applied Microbiology and Biotechnology* **41**, 62-72.

Hallborn, J., Walfridsson, M., Airaksinen, U., Ojamo, H., Hahn-Hägerdal, B., Penttilä, M. & Keränen, S. (1991). Xylitol Production by Recombinant *Saccharomyces cerevisiae*. *Bio/Technology* **9**, 1090-1095.

Han, K.-S., Archer, J. A. C. & Sinskey, A. J. (1990). The molecular structure of the *Corynebacterium glutamicum* threonine synthase gene. *Molecular Microbiology* **4**, 1693.

Harding, N. E., Cleary, J. M., Cabana, D. K., Rosen, I. G. & Kang, K. S. (1987). Genetic and physical analyses of a cluster of genes essential for xanthan gum biosynthesis in *Xanthomonas campestris*. *Journal of Applied Bacteriology* **169**, 2854-2861.

Hardy, K. G., van de Pol, H., Grindley, J. F. & Payton, M. A. (1990). Production of vitamin C precursor using genetically modified organisms. U.S. Patent 4 945 052.

Hollenberg, C. P. & Sahm, H. (1988). Biosensors and environmental biotechnology. In *Biotech*, pp. 150. New York: Gustav Fischer.

Hollenberg, C. P. & Strasser, A. W. M. (1990). Improvement of baker's and brewer's yeast by gene technology. *Food Biotechnology* **4**, 527-534.

Hopwood, D. A., Malpartida, F., Kieser, H. M., Ikeda, H., Duncan, J., Fujii, I., Rudd, B. A. M., Floss, H. G. & Omura, S. (1985). Production of hybrid antibiotics by genetic engineering. *Nature* **314**, 642-646.

Horitsu, H., Yahashi, Y., Takamizawa, K., Kawai, K., Suzuki, T. & Watanabe, N. (1992). Production of xylitol from D-xylose by *Candida tropicalis*: Optimization of production rates. *Biotechnology and Bioengineering* **40**, 1085-1091.

Hutchinson, C. R. & Fujii, I. (1995). Polyketide synthase gene manipulation: A structure-function approach in engineering novel polyketides. *Annual Reviews for Microbiology* **49**, 201-238.

Ikeda, M. & Katsumata, R. (1992). Metabolic engineering to produce tyrosine or phenylalanine in a tryptophan-producing *Corynebacterium glutamicum* strain. *Applied and Environmental Microbiology* **58**, 781-785.

Ingram, L. O. & Conway, T. (1988). Expression of different levels of ethanolgenic enzymes from *Zymomonas mobilis* in recombinant strains of *Escherichia coli*. *Applied and Environmental Microbiology* **54**, 397-404.

Ingram, L. O., Conway, T., Clark, D. P., Sewell, G. W. & Preston, J. F. (1987). Genetic engineering of ethanol production in *Escherichia coli*. *Applied and Environmental Microbiology* **53**, 2420-2425.

Innis, M. A., Holland, M. J., McCabe, P. C., Cole, G. E., Wittman, V. P., Tal, R., Watt, K. W. K., Gelfand, D. H., Holland, J. P. & Meade, J. H. (1985). Expression, glycosylation and secretion of an *Aspergillus* Glucoamylase by *Saccharomyces cerevisiae*. *Science* **228**, 21-26.

Izumi, Y., Kano, Y., Inagaki, K., Tani, Y. & Yamada, H. (1981). Characterization of biotin biosynthetic enzymes of *Bacillus sphaericus*: A dethiobiotin producing bacterium. *Agricultural and Biological Chemistry* **45**, 1983-1989.

Izumori, K. & Tuzaki, K. (1988). Production of xylitol from D-xylose by *Mycobacterium smegmatis*. *Journal of Fermentation Technology* **66**, 33-36.

Jensen, E. B. & Carlsen, S. (1990). Production of recombinant human growth hormone in *Escherichia coli*: Expression of different precursors and physiological effects of glucose, acetate, and salts. *Biotechnology and Bioengineering* **36**, 1-11.

Jetten, M. S. M. & Sinskey, A. J. (1995). Recent advances in the physiology and genetics of amino acid-producing bacteria. *Critical Reviews in Biotechnology* **15**, 73.

Jetten, M. S. M., Gubler, M. E., McCormick, M. M., Colón, G. E., Follettie, M. T. & Sinskey, A. J. (1993). Molecular organization and regulation of the biosynthetic pathway for aspartate derived amino acids in *Corynebacterium glutamicum*. In *Industrial Microorganisms: Basic and Applied Molecular Genetics*, pp. 97. Edited by R. H. Batltz, G. Hegeman & P. L. Skatrud. Washington, D.C.: ASM.

Johansen, L., Bryn, K. & Störmer, F. C. (1975). Physiological and biochemical role of the butanediol pathway in *Aerobacter (Enterobacter) aerogens*. *Journal of Bacteriology* **123**, 1124-1130.

Kado, C. I. (1992). Plant pathogenic bacteria. In *The Prokaryotes*, pp. 659-674. Edited by A. Balows, H. G. Truper, M. Dworkin, W. Harder & K.-H. Scheifer. New York: Springer-Verlag.

Kalio, P. T., Kim, D. J., Tsai, P. S. & Bailey, J. E. (1994). Intracellular expression of *Vitreoscilla* hemoglobin alters *Escherichia coli* energy metabolism under oxygen-limited conditions. *European Journal of Biochemistry* **219**, 201-208.

Kanamayia, H., Sode, K., Yakamoto, T. & Kurube, I. (1988). *Biotechnology and Genetic Engineering Reviews* **6**, 379-401.

Kao, C. M.-F. (1997). Structure, function and engineering of modular polyketide synthases. Ph.D. Thesis, Department of Chemical Engineering, Stanford University, Palo Alto, CA.

Keilhauer, C., Eggeling, L. & Sahm, H. (1993). Isoleucine synthesis in *Corynebacterium glutamicum*: Molecular analysis of the *ilvB-ilvN-ilvC* operon. *Journal of Bacteriology* **175**, 5595.

Keim, C. R. & Venkatasubramanian, K. (1989). Economics of current biotechnological methods of producing ethanol. *Trends in Biotechnology* **7**, 22-29.

Kennedy, J. F., Cabalda, V. M. & White, C. A. (1988). Enzymatic starch utilization and genetic engineering. *Trends in Biotechnology* **6**, 184-189.

Khosla, C. & Bailey, J. E. (1988). Heterologous expression of a bacterial hemoglobin improves the growth properties of recombinant *Escherichia coli*. *Nature* **331**, 633-635.

Khosla, C. & Bailey, J. E. (1988b). The *Vitreoscilla* hemoglobin gene: Molecular cloning, nucleotide sequence, and genetic expression in *Escherichia coli*. *Molecular and General Genetics* **214**, 158-161.

Khosravi, M., Webster, D. A. & Stark, B. C. (1990). Presence of bacterial hemoglobin gene improves α-amylase production of a recombinant *Escherichia coli* strain. *Plasmid* **24**, 190-194.

Kilbane, J. J., Chatterjee, D. K. & Chakrabarty, A. M. (1983). Detoxification of 2,4,5-trichlorophenoxyacetic acid from contaminated soil by *Pseudomonas cepacia*. *Applied and Environmental Microbiology* **45**, 1697-1700.

Kinoshita, S., Nakayama, K. & Udaka, S. (1957). Studies on the amino acid fermentations. Part I. Production of L-glutamic acid by various microorganisms. *Journal of General and Applied Microbiology* **3**, 193-205.

Kitani, O. & Hall, C. W. (1989). *Biomass Handbook*. New York: Gordon and Breach Science Publishers.

Koch, A. K., Reiser, J., Käppeli, O. & Firchter, A. (1988). Genetic construction of lactose-utilizing strains of *Pseudomonas aeruginosa* and their application in biosurfactant production. *Bio/Technology* **6**, 1335-1339.

●6. 代謝経路の改変の実例 ── 代謝工学の実際

Kötter, P., Amore, R., Hollenberg, C. P. & Ciriacy, M. (1990). Isolation and characterization of the *Pichia stipitis* xylitol dehydrogenase gene, XYL2, and construction of a xylose-utilizing *Saccharomyces cerevisiae* transformant. *Current Genetics* **18**, 493-500.

Kumar, V., Ramakrishnan, S., Teeri, T. T., Knowles, J. K. C. & Hartey, B. S. (1992). *Saccharomyces cerevisiae* cells secreting an *Aspergilus niger* β-galactosidase grown on whey permeate. *Bio/Technology* **10**, 82-85.

Laban, A. & Cohen, A. (1981). Interplasmidic and intraplasmidic recombination in *Escherichia coli* K-12. *Molecular and General Genetics* **184**, 200-207.

Laboratory, National Renewable Energy (1996). Ethanol production from lignocellulose. In *The Eighteenth Annual Meeting on Fuels & Chemical From Biomass*. Edited by B. Davison & C. Wayman. Gatlinburg, Tennessee.

Ladisch, M. R., Lin, K. W., Voloch, M. & Tsao, G. T. (1983). Process considerations in the enzymatic hydrolysis of biomass. *Enzyme and Microbial Technology* **5**, 82-102.

Lawlis, V. B., Dennis, M. S., Chen, E. Y., Smith, D. H. & Henner, D. J. (1984). Cloning and sequencing of the xylose isomerase and the xylulose kinase genes of *Escherichia coli*. *Applied and Environmental Microbiology* **47**, 15-21.

Lee, J. W., Tevault, C. V., Blankinship, S. L., Collins, R. T. & Greenbaum, E. (1994a). Photosynthetic water splitting: In situ photoprecipitation of metallocatalysts for photoevolution of hydrogen and oxygen. *Energy & fuels: An American Chemical Society Journal* **8**, 770-773.

Lee, J.-Y., Roh, J.-R. & Kim, H.-S. (1994b). Metabolic engineering of *Pseudomonas putida* for the simultaneous biodegradation of benzene, toluene, and *p*-xylene mixture. *Biotechnology and Bioengineering* **43**, 1146-1152.

Lee, J. W., Blankinship, S. L. & Greenbaum, E. (1995). Temperature effect on production of hydrogen and oxygen by *Chlamydomonas* cold strain CCMP1619 and wild type 137c. *Applied Biochemistry and Biotechnology* **51-52**, 379.

Lindsay, K. F. (1992). "Truly degradable" resins are now truly commercial. *Modern Plastics* **2**, 62-64.

Liu, S.-C., Webster, D. A., Wei, M.-L. & Stark, B. C. (1996). Genetic engineering to contain the *Vitreoscilla* hemoglobin gene enhances degradation of benzoic acid by *Xanthomonas maltophilia*. *Biotechnology and Bioengineering* **49**, 101-105.

Luli, G. W. & Strohl, W. R. (1990). Comparison of growth, acetate production and acetate inhibition of *Escherichia coli* strains in batch and fed-batch fermentations. *Applied and Environmental Microbiology* **56**, 1004-1011.

Lynd, L. R., Cushman, J. H., Nichols, R. J. & Wyman, C. E. (1991). Fuel Ethanol from cellulosic biomass. *Science* **251**, 1318-1323.

Magnolo, S. K., Leenutaphong, D. L., DeModena, J. A., Curtis, J. E., Bailey, J. E. & Galazzo, J. L. (1991). Actinorhodin production by *Streptomyces coelicitor* and growth of *Streptomyces lividans* are improved by expression of a bacterial hemoglobin. *Bio/Technology* **9**, 473-476.

Marzocca, M. P., Harding, N. E., Petroni, E. A., Cleary, J. M. & Ielpi, L. (1991). Location and cloning of the ketal pyruvate transferase gene of *Xanthomonas campestris*. *Journal of Bacteriology* **173**, 7519-7524.

McAlpine, J. B., Tuan, J. S., Brown, D. P., Grebner, K. D., Whitern, D. N., Bako, A. & Katz, L. (1987). New antibiotics from genetically engineered *Actinomycetes*. I. 2-Nonerythromycins, isolation and structural determination. *Journal of Antibiotics* **40**, 1115-1122.

McDaniel, R., Ebert-Khosla, S., Hopwood, D. A. & Khosla, C. (1993). Engineering biosynthesis of novel polyketides. *Science* **262**, 1546-1550.

McDaniel, R., Ebert-Khosla, S., Hopwood, D. A. & Khosla, C. (1994). Engineering biosynthesis of novel polyketides: Influence of a downstream enzyme on the catalytic specificity of a minimal aromatic polyketide synthase. *Proceedings of the National Academy of Science USA* **91**, 11542-11346.

Mermelstein, L. D., Welker, N. E., Bennett, G. N. & Papoutsakis, E. T. (1992). Expression of cloned homologous fermentative genes in *Clostridium acetobutylicum* ATCC 824 for. *Bio/Technology* **10**, 190-195.

Meyrial, V., Delgenes, J. P., Moletta, R. & Navarro, J. M. (1991). Xylitol production from D-xylose by *Candida guillermondii*: Fermentation behaviour. *Biotechnology Letters* **13**, 281-286.

Misawa, N., Nakagawa, M., Kobayashi, K., Yamano, S., Izawa, Y., Nakamura, K. & Harashima, K. (1990). Elucidation of the *Erwinia uredovora* carotenoid biosynthesis pathway by functional analysis of gene products expressed in *Escherichia coli*. *Journal of Bacteriology* **172**, 6704-6712.

Misawa, N., Yamano, S. & Ikenaga, H. (1991). Production of β-carotene in *Zymomonas mobilis* and *Agrobacterium tumefaciens* by introduction of the biosynthetic genes from *Erwinia uredovora*. *Applied and Environmental Microbiology* **57**, 1847-1849.

Mori, M., Yokota, A., Sugitomo, S. & Kawamura, K. (1987). Process for the isolation of a strain with reduced pyruvate kinase activity or completely lacking it. Japanese Patent JP 62,205,782.

Murdock, D., Ensley, B. D., Serdar, C. & Thalen, M. (1993). Construction of metabolic operons catalyzing the *de novo* biosynthesis if indigo in *Escherichia coli*. *Bio/Technology* **11**, 381-386.

Nawrath, C., Poirier, Y. & Somerville, C. (1994). Targeting of the polyhydroxybutyrate biosynthetic pathway to the plastids of *Arabidopsis thaliana* results in high levels of polymer accumulation. *Proceedings of the National Academy of Sciences of the USA* **91**, 12760.

Ninet, L. & Renaut, J. (1979). Carotenoids. In *Microbial Processes*, pp. 529-544. Edited by H. J. Peppler & D. Perlman. New York: Academic Press, Inc.

Nishio, N., Sugawa, K., Hayase, N. & Nagai, S. (1989). Conversion of D-xylose into xylitol by immobilized cells of *Candida pelliculosa* and *Methanobacterium* sp. HU. *Journal of Fermentation and Bioengineering* **67**, 356-360.

Ohta, K., Beall, D. S., Mejia, J. P., Shanmugam, K. T. & Ingram, L. O. (1991a). Genetic improvement of *Escherichia coli* for ethanol production: Chromosomal integration of *Zymomonas mobilis* genes encoding pyruvate decarboxylase and alcohol dehydrogenase II. *Applied and Environmental Microbiology* **57**, 893-900.

Ohta, K., Beall, D. S., Mejia, J. P., Shanmugam, K. T. & Ingram, L. O. (1991b). Metabolic engineering of *Klebsiella oxytoca* M5A1 for ethanol production from xylose and glucose. *Applied and Environmental Microbiology* **57**, 2810-2815.

Onken, U. & Leifke, E. (1989). Effect of total and partial pressure (oxygen and carbon dioxide) on aerobic microbial processes. *Advances in Biochemical Engineering/Biotechnology* **40**, 137-169.

Papoutsakis, E. T. & Bennett, G. N. (1991). Cloning, structure and expression of acid and solvent pathway genes of *Clostridium acetobutylicum*. In *The Clostridia and Biotechnology*. Edited by D. R. Wood. Oxford, UK: Butterworths.

Patnaik, R. & Liao, J. C. (1994). Engineering of *Escherichia coli* central metabolism for aromatic metabolite production with near theoretical yield. *Applied and Environmental Microbiology* **60**, 3903-3908.

Patnaik, R., Spitzer, R. G. & Liao, J. C. (1995). Pathway engineering for production of aromatics in *Escherichia coli*: Confirmation of stoichiometric analysis by independent modulation of AroG, TktA and Pps activities. *Biotechnology and Bioengineering* **46**, 361-370.

Peoples, O. P. & Sinskey, A. J. (1989). Poly-β-hydroxybutyrate biosynthesis in *Alcaligenes eutrophus* H16. Identification and characterization of the PHB polymerase gene (*phbC*).

Journal of Biological Chemistry **264**, 15298-15303.

Peoples, O. P. & Sinskey, A. J. (1990). Novel biodegradable microbial polymers. In Proceedings of the NATO Advanced Research Workshop on New Biosynthetic, Biodegradable Polymers of Industrial Interest from Microorganisms. Edited by E. A. Dawes. Dordrecht: Kluwer Academic Publishers.

Peoples, O. P., Liebl, W., Bodis, M., Maeng, P. J., Follettie, M. T., Archer, J. A. C. & Sinskey, A. J. (1988). Nucleotide sequence and fine structural analysis of the *Corynebacterium glutamicum* hom-thrB operon. *Molecular Microbiology* **2**, 63.

Poirier, Y., Dennis, D. E., Klomparens, K. & Somerville, C. (1992). Polyhydroxybutyrate, a biodegradable thermoplastic, produced in transgenic plants. *Science* **256**, 250-253.

Postma, P. W., Lengeler, J. W. & Jacobson, G. R. (1993). Phosphoenolpyruvate: carbohydrate phosphotransferase systems of bacteria. *Microbiological Reviews* **57**, 543-594.

Pries, A., Steinbüchel, A. & Schlegel, H. G. (1990). Lactose- and galactose-utilizing strains of poly (hydroxyalkanoic acid)-accumulating *Alcaligenes eutrophus* and *Pseudomonas saccharophila* obtained by recombinant DNA technology. *Applied Microbiology and Biotechnology* **33**, 410-417.

Ramos, J. L. & Timmis, K. N. (1987). Experimental evolution of catabolic pathways in bacteria. *Microbiological Science* **4**, 228-237.

Reinscheid, D. J., Eikmanns, B. J. & Sahm, H. (1991). Analysis of *Corynebacterium glutamicum* hom gene coding for a feedback resistant homoserine dehydrogenase. *Journal of Bacteriology* **173**, 3228.

Reinscheid, D. J., Eikmanns, B. J. & Sahm, H. (1994). Stable expression of hom1-thrB in *Corynebacterium glutamicum* and its effect on the carbon flux to threonine and related amino acids. *Applied and Environmental Microbiology* **60**, 126-132.

Rojo, F., Pieper, D. H., Engesser, K. H., Knackmuss, H. M. & Timmis, K. N. (1987). Assemblage of *ortho*-clevage route for simultaneous degradation of chloro- and methylaromatics. *Science* **235**, 1395-1398.

Rygus, T., Scheler, A., Allmansberger, R. & Hillen, W. (1991). Molecular cloning, structure, promoters and regulatory elements for transcription of the *Bacillus megaterium* encoded regulon for xylose utilization. *Archives in Microbiology* **155**, 535-542.

Sabatié, J., Speck, D., Reymund, J., Hebert, C., Caussin, L., Weltin, D., Gloeckler, R., O'Regan, M., Bernard, S., Ledoux, C., Ohsawa, I., Kamogawa, K., Lemoine, Y. & Brown, S. W. (1991). Biotin formation by recombinant strains of *Escherichia coli*: Influence of the host physiology. *Journal of Biotechnology* **20**, 29-50.

Saier, M. H, Jr., M. H., Yamada, M., Erni, B., Suda, K., Lengeler, J., Ebner, R., Argos, P., Rak, B., Schnetz, K., Lee, C. A., Stewart, G. C., Breidt, F., Waygood, E. B., Peri, K. G. & Doolittle, R. F. (1988). Sugar permeases of the bacterial phosphoenolpyruvate-dependent phosphotransferase system: Sequence comparisons. *FASEB Journal* **2**, 199-208.

Sarthy, A. V., McConaughy, B. L., Lobo, Z., Sundstrom, J. A., Furlong, C. E. & Hall, B. D. (1987). Expression of the *Escherichia coli* xylose isomerase gene in *Saccharomyces cerevisiae*. *Applied and Environmental Microbiology* **53**, 1996-2000.

Sauer, U. & Duerre, P. (1995). Differential induction of genes related to solvent formation during the shift from acidogenesis to solventogenesis in continuous culture of *Clostridium acetobutylicum*. *FEMS Microbiology Letters* **125**, 115.

Schubert, P., Steinbüchel, A. & Schlegel, H. G. (1988). Cloning of the *Alcaligenes eutrophus* genes for synthesis of poly-β-hydroxybutyrate (PHB) and synthesis of PHB in *Escherichia coli*. *Journal of Bacteriology* **170**, 5837-5847.

Shen, B. & Hutchinson, C. R. (1996). Deciphering the mechanism for the assembly of aromatic polyketides by a bacterial polyketide synthase. *Proceedings of the National Academy of Science USA* **93**, 6600-6604.

Shio, I. (1986). Production of individual amino acids: Tryprophan, phenylalanine and tyrosine. In *Biotechnology of Amino Acid Production*, pp. 188-206. Edited by K. Aida, I. Chibata, K. Nakayama, K. Takinami & H. Yamada. Tokyo: Elsevier.

Skatrud, P. L., Tietz, A. J., Ingolia, T. D., Cantwell, C. A., Fisher, D. L., Chapman, J. L. & Queener, S. W. (1989). Use of recombinant DNA to improve production of cephalosporin C by *Cephalosporium acremonium*. *Bio/Technology* **7**, 477-485.

Skogman, G., Nilsson, J. & Gustafsson, P. (1983). The use of a partitioning locus to increase stability of tryptophan-operon bearing plasmids in *E. coli*. *Gene* **23**, 105-115.

Slater, S. C., Voige, W. H. & Dennis, D. E. (1988). Cloning and expression in *Escherichia coli* of the *Alcaligenes eutrophus* H16 poly-β-hydroxybutyrate biosynthetic pathway. *Journal of Bacteriology* **170**, 4431-4436.

Slater, S. C., Gallaher, T. & Dennis, D. E. (1992). Production of poly (3-hydroxybutyrate-co-3-hydroxyvalerate) in a recombinant *Escherichia coli*. *Applied and Environmental Microbiology* **58**, 1089-1094.

Slonczewski, J. L., Rosen, B. P., Alger, J. R. & Macnab, R. M. (1981). pH homeostasis in *Escherichia coli*: Measurement by ^{31}P nuclear magnetic resonance of methylphosphonate and phosphate. *Proceedings of the National Academy of Science USA* **78**, 6271-6275.

Spindler, D. D., Wyman, C. E., Grohmann, K. & Philippidis, G. P. (1992). Evaluation of the cellobiose-fermenting yeast *Brettanomyces custersii* in the simultaneous saccharification and fermentation of cellulose. *Biotechnology Letters* **14**, 403-407.

Starrenburg, M. J. C. & Hugenholtz, J. (1991). Citrate fermentation by *Lactococcus* and *Leuiconostoc* spp. *Applied and Environmental Microbiology* **57**, 3535-3540.

Steinbüchel, A. (1991). Polyhydroxyalkanoic acids. In *Novel Biomaterials from Biological Sources*. Edited by D. Byrom. New York: MacMillan.

Störmer, F. C. (1968). The pH 6 acetolactate-forming enzyme from *Aerobacter aerogenes*. II. Evidence that it is not a flavoprotein. *Journal of Biological Chemistry* **243**, 3740-3741.

Summers, R. G., Wendt-Pienkowski, E., Motamedi, H. & Hutchinson, C. R. (1992). Nucleotide sequence of the *tcmII-tcmIV* region of the tetracenomycin C biosynthetic gene cluster of *Streptomyces glaucescens* and evidence that the *tcmN* gene encodes a multifunctional cyclase--dehydratase--O-methyl transferase. *Journal of Bacteriology* **174**, 1810-1820.

Taguchi, F., Mizukami, N., Yamada, K., Hasegawa, K. & Saito-Taki, T. (1995). Direct conversion of cellulosic materials to hydrogen by *Clostridium* sp. strain no. 2. *Enzyme and Microbial Technology* **17**, 147-150.

Takahashi, D. F., Carvalhal, M. L. & Alterhum, F. (1994). Ethanol production from pentoses and hexoses by recombinant *Escherichia coli*. *Biotechnology Letters* **16**, 747-750.

Tantirungkij, M., Nakashima, N., Seki, T. & Yoshida, T. (1993). Construction of xylose-assimilating *Saccharomyces cerevisae*. *Journal of Fermentation and Bioengineering* **75**, 83-88.

Tantirungkij, M., Seki, T. & Yoshida, T. (1994). Genetic improvement of *Saccharomyces cerevisiae* for ethanol production from xylose. *Annals of the New York Academy of Science* **721**, 138-147.

Timm, A. & Steinbüchel, A. (1990). Formation of polyesters consisting of medium-chain-length 3-hydroxyalkanoic acids from gluconate by *Pseudomonas aeruginosa* and other fluorescent pseudomonads. *Applied and Environmental Microbiology* **56**, 3360-3367.

Tolan, J. S. & Finn, R. K. (1987). Fermentation of D-xylose and L-arabinose to ethanol by *Erwinia chrysanthemi*. *Applied and Environmental Microbiology* **53**, 2033-2038.

Tolan, J. S. & Finn, R. K. (1987). Fermentation of D-xylose to ethanol by *Genetically Modified Klebsiella planticola*. *Applied and Environmental Microbiology* **53**, 2039-2044.

Tong, I.-T. & Cameron, D. C. (1992). Enhancement of 1,3-propanediol production by cofermentation in *Escherichia coli* expressing *Klebsiella pneumoniae dha* regulon genes. *Applied Biochemistry and Biotechnology* **34/35**, 149-158.

Tong, I., Liao, H. H. & Cameron, D. C. (1991). Propanediol production by *Escherichia coli* expressing genes from the *Klebsiella pneumoniae dha* regulon. *Applied and Environmental Microbiology* **57**, 3541-3546.

Tsai, P. S., Hatzimanikatis, V. & Bailey, J. E. (1995a). Effect of *Vitreoscilla* hemoglobin dosage on microaerobic *Escherichia coli* carbon and energy metabolism. *Biotechnology and Bioengineering* **49**, 139-150.

Tsai, P. S., Nägeli, M. & Bailey, J. E. (1995b). Intracellular expression of *Vitreoscilla* hemoglobin modifies microaerobic *Escherichia coli* metabolism through elevated concentration and specific activity of cytochrome o. *Biotechnology and Bioengineering* **49**, 151-160.

Tsai, P. S., Rao, G. & Bailey, J. E. (1995c). Improvement of *Escherichia coli* microaerobic metabolism by vitreoscilla hemoglobin: New insights from NAD(P)H fluorescence and culture redox potential. *Biotechnology and Bioengineering* **47**, 347-354.

Tsoi, C. & Khosla, C. (1995). Combinatorial biosynthesis of "unnatural" products: The polyketide example. *Chemical Biology* 2.

Tsunekawa, H., Azuma, S., Okabe, M., Okamoto, R. & Aiba, S. (1992). Acquisition of sucrose utilization system in *Escherichia coli* K-12 derivatives and its application to industry. *Applied and Environmental Microbiology* **56**, 2081-2088.

Uhlenbusch, I., Sahm, H. & Sprenger, G. A. (1991). Expression of an L-alanine dehydrogenase gene in *Zymomonas mobilis* and excretion of L-alanine. *Applied and Environmental Microbiology* **57**, 1360-1366.

Verduyn, C., van Kleff, R., Schreuder, H., van Dijken, J. P. & Scheffers, W. A. (1985). Properties of the NAD(P)H-dependent xylose reductase from the xylose fermenting yeast *Pichia stipitis*. *Biochemical Journal* **226**, 669-677.

Vongsuvanlert, V. & Tani, Y. (1989). Xylitol production by a methanol yeast, *Candida boidinii*. *Journal of Fermentation and Bioengineering* **37**, 35-39.

von Sivers, M. & Zacchi, G. (1995). A techno-economical comparison of three processes for the production of ethanol from pine. *Bioresource Technology* **51**, 43.

von Sivers, M., Zacchi, G., Olsson, L. & Hahn-Hägerdal, B. (1994). Cost analysis of ethanol production from willow using recombinant *Escherichia coli*. *Biotechnology Progress* **10**, 555-560.

von Stockar, U. & Marison, I. M. (1990). Unconventional utilization of whey in Switzerland. In *Bioprocess Engineering*, pp. 343-365. Edited by K. Tarun & E. Ghose.

Windass, J. D., Worsey, M. J., Pioli, E. M., Pioli, D., Barth, P. T., Atherton, K. T. & Dart, E. C. (1980). Improved conversion of methanol to single-cell protein by *Methyllophilus methylotrophus*. *Nature* **287**, 396-401.

Wood, W. A. (1961). Fermentation of carbohydrates and related compounds. In *The Bacteria, Vol II: Metabolism*, pp. 59-149. Edited by I. C. Gunsalus & R. Y. Stanier. London: Academic Press.

Wood, B. E. & Ingram, L. O. (1992). Ethanol production from cellobiose, amorphous cellulose, and crystalline cellulose by recombinant *Klebsiella oxytoca* containing chromosomally integrated *Zymomonas mobilis* genes for ethanol production and plasmids expressing thermostable cellulase genes from *Clostridium thermocellum*. *Applied and Environmental Microbiology* **58**, 2103-2110.

Woodward, J., Mattingly, S. M., Danson, M., Hough, D., Ward, N. & Adams, M. (1996). *In vitro* hydrogen production by glucose dehydrogenase and hydrogenase. *Nature Biotechnology* **14**, 872-874.

Yanase, H., Kurii, J. & Tonomura, K. (1988). Fermentation of lactose by *Zymomonas mobilis* carrying a Lac + recombinant plasmid. *Journal of Fermentation Technology* **66**, 409-415.

Yee, L. & Blanch, H. W. (1992). Recombinant protein expression in high cell density fed-batch cultures of *Escherichia coli*. *Bio/Technology* **10**, 1550-1556.

Yoshitake, J., Ohiwa, H. & Shimamura, M. (1971). Production of polyalcohols by a *Corynebacterium* sp. Part I. Production of pentitol from aldopentose. *Agricultural and Biological Chemistry* **35**, 905-911.

Yoshitake, J., Ishizaki, H., Shimamura, M. & Imai, T. (1973). Xylitol production by an *Enterobacter* species. *Agricultural and Biological Chemistry* **37**, 2261-2267.

Zabriskie, D. W. & Arcuri, E. J. (1986). Factors influencing productivity of fermentations employing recombinant microorganisms. *Enzyme and Microbial Technology* **16**, 933-941.

Zhang, M., Eddy, C., Deandra, K., Finkelstein, M. & Picataggio, S. (1995). Metabolic engineering of a pentose metabolism pathway in ethanologenic *Zymomonas mobilis*. *Science* **267**, 240-243.

CHAPTER 7

代謝経路の合成

　代謝経路の合成とは，ある種の条件を満足する（酵素に触媒された）生化学反応において，化学量論的に正しい経路を構築することである．代謝経路における代謝物質や生化学反応の役割にしたがって，定式化される種々のタイプの約束が存在する．例えば，単純なことではあるが，指定された基質から代謝生産物が合成されなければならない．特に，ここでは基本的な構成要素を生成する代謝産物の合成経路に焦点を当てる．そのような場合，代謝物質や生化学反応にきちんとした規定が必要になる．いくつかの物質は必ず基質としてのみ使われる"必要基質"として，また，他の物質は，必ず最終生産物としてのみ使われる"必要生産物"として指定される．一方，ほとんどの物質は，基質にも生産物にもなり得る"許容反応物"，"許容生成物"として考えることができる．同様に，多くの生化学反応は，代謝経路を構成するのに関与し得ると考えられるが，一方，代謝経路には，関与できない反応も存在する．

　指定された生産物にたどり着く"すべての"可能な経路をシステマティックに列挙することは，代謝経路の解析を行うという点ばかりでなく，バイオプロセスの設計の初期のステップという点でも意味がある．まず，バイオプロセスの設計においては，指定された生産物に対し，すべての可能な経路が同定されているならば，異なる経路によって同じ現象が現れたときに，複数の合成経路を意味のある方法で評価するために，非常に有効な手段となる．このような現象は，異なる代謝経路で同じ中間代謝物質が用いられていたり，生産物の合成のために複数の酵素が必要であったり，複数の酵素が関与して全体のプロセスの収率が変化する際に見られる．2番目に，いくつかの合成経路に対する収率の計算により，すべての可能な経路の中で最も望ましい収率を与える経路を同定することができる．3番目に，すべての可能な経路の知識により，特別な酵素を欠損した変異株の表現型を解析することができる．変異株が，どのような基質で生育できるか，また，できないかを知ることができる．使用可能な炭素源や窒素源やそれによる変異株の増殖は，資化される経路の機能に依存しているので，可能な経路を列挙するこ

7. 代謝経路の合成

とにより，その酵素がなければ増殖できない必須な酵素を同定できるようになる．最後に，増殖制限基質が異化代謝されたり，生産物が合成されたりするためのいくつかの可能な経路が同定されることは，発酵プロセスの実験で観察されたデータを解釈するのに役立つと考えられる．

代謝経路の解析やフラックスを決定するという意味では，可能な代謝経路を列挙することは，代謝フラックス解析で得られた大量の代謝反応速度や同位体標識のデータに矛盾がないようデータを調整（リコンシリエーション）する際に，非常に有効である．9章で述べるように，代謝フラックス推定は，冗長な情報を使って，経路のモデルの改変を含むような試行錯誤的な方法で，正当性が検証される．そのようなプロセスでは，同位体標識化合物によって明らかにされるすべての反応経路をいかにして構築するか，また，その中から，予測または観測された反応速度と同位体の分布が最もよく一致するような経路をいかに選び出すかが非常に重要である．フラックスの推定を正確に行うことに加えて，同位体標識実験と可能な経路を列挙する方法は，新しい経路の発見のための強力なツールとなる．

代謝経路では，多くの異なる経路が同じ生化学反応を含んでいるのに，異なる変換が起こるので，生化学反応の単なる寄せ集めではないことがわかる．例えば，A→B＋Cと2B＋C→Dの反応は，2A→→D＋Cともなるし，またはA＋B→→Dともなる．このことは，2つの反応が2：1または1：1の割合で組み合わされるかによって決まる．完全に経路を規定するためには化学量論式がどのような割合で含まれるかを表すような係数も決める必要がある．これらの係数は"経路の化学量論"を示す係数であるが，一方，システム全体の変換に関する化学量論係数は"分子の化学量論"を示すものである．次の節では，これらの違いについて述べ，特に経路の量論に焦点を当てていく．

代謝経路のシステマティックな合成において直感的に思いつく方法は，図7.1に示されている．この方法は，与えられた基質やこの基質を消費するすべての反応をリストアップしている．これらの個々の反応は，B_1，B_2，B_3を生産し，これらが，次の反応の基質となる．したがって代謝経路は基質から生産物へと逐次的に構成されている．この合成を順々に拡張していくためには，その経路がその点で生産する生産物が次に拡張されたとき，基質として含まれるようになる必要がある．この方法は，調査する組合せの数の爆発を，すぐに招きかねないので，重複した情報は実質的に取り除く必要があり，それは計算上複雑になるが，この問題では扱わね

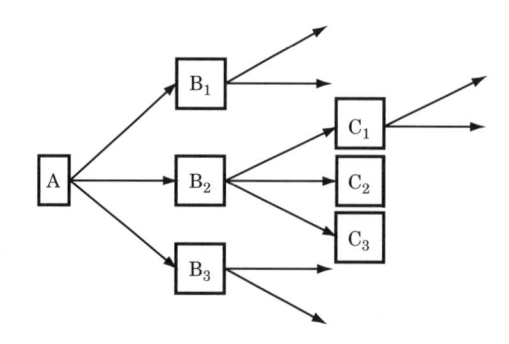

図 7.1 最初の基質として指定されたAからの3つの経路の拡張の概念図．この方法による経路の列挙は，組合せ爆発の問題を招く．

ばならないものである．可能な組合せの数を減らせるような方法が提案されているが，これらの方法には基本的な欠点がまだ存在する．つまり，(a) 前もって経路が存在するという意味では，この方法が経路を合成するというのは不完全である．(b) 最初の基質と最終生産物を決める必要があるので，許容基質や許容生産物を扱うことは許されず，限られた問題が解けるにすぎない．(c) この方法の大きな生化学反応ネットワークへの応用は，指数関数的に計算時間が増加する．(d) この方法は，実際には，アルゴリズムではなくコンピュータプログラムである．

本章では，これらの問題を全く異なる方法で解決する試みを紹介する．このアルゴリズムの応用が例を使って詳細に示される．アルゴリズムは，一般的な形でまとめられている．最後に，代謝経路の合成を同様の方法で予測するような例を使って，この方法の直感的な特性をまとめる．

7.1 代謝経路合成のアルゴリズム

アルゴリズムを導出した基礎理論，正確さや完全性の証明は，オリジナルの論文（Mavrovouniotisら（1992a, b））に譲ることにして，ここでは，次に示すような，代謝物質Aから代謝物質Lへの可能なすべての生合成経路を合成する問題を考えることによって方法を紹介したい．酵素反応データベースは，次のような反応からなっているとする．

(a)　A → B
(b)　B ↔ C
(c)　C ↔ D
(d)　C + D ↔ F + K
(e)　F + K ↔ H + E
(f)　H + D ↔ E + F
(g)　A ↔ E
(h)　E → F + G
(k)　F ↔ G
(m)　G → L

指定された基質A（これは必要基質と呼ぶ）と最終生産物L（これを必要生産物と呼ぶ）を除いてすべての代謝物質は最終的に消去されるものであると決める．代謝物質が"消去される"ということは，そのような反応物（必要基質）は外部から供給され，生産物はターゲットの生産物に使われており，経路から除外されると考える（例7.1, 7.2参照）．

まず，(b), (c), (d), (e), (f), (g), (k) の逆反応から考えよう．これをそれぞれ，(−b), (−c), (−d), (−e), (−f), (−g), (−k) と書く．それぞれの（前向きあるいは逆向きの）反応は，1ステップ反応であるとする．問題の初期状態の記述を完全にするために，経路に使われる物質と反応を別々にリストアップする．ここで，経路の記述の2つの方法が考えられる．経路を構成している反応を表現するために，[2a, 2(−g), b] のような表現は，(a)と(−g)と(b)の反応が係数，2対2対1で線形結合したものであると考える．これの代わりに，全体の代謝経路の変換を表現するために，2E → B + C と書くことも許される．この2つの表現法は一緒にして，2E → [2a, 2(−g), b] → B + C と書ける．この記述法により最初の状態は次のように表せる．

●7. 代謝経路の合成

$$A \rightarrow [a] \rightarrow B$$
$$B \rightarrow [b] \rightarrow C$$
$$C \rightarrow [-b] \rightarrow B$$
$$C \rightarrow [c] \rightarrow D$$
$$D \rightarrow [-c] \rightarrow C$$
$$C + D \rightarrow [d] \rightarrow F + K$$
$$F + K \rightarrow [-d] \rightarrow C + D$$
$$F + K \rightarrow [e] \rightarrow H + E$$
$$H + E \rightarrow [-e] \rightarrow F + K$$
$$H + D \rightarrow [f] \rightarrow E + F$$
$$E + F \rightarrow [-f] \rightarrow H + D$$
$$A \rightarrow [g] \rightarrow E$$
$$E \rightarrow [-g] \rightarrow A$$
$$E \rightarrow [h] \rightarrow F + G$$
$$F \rightarrow [k] \rightarrow G$$
$$G \rightarrow [-k] \rightarrow F$$
$$G \rightarrow [m] \rightarrow L$$

代謝経路に使われている代謝物質を列挙すると

(A) [a], [g], [-g]
(B) [b], [-b], [a]
(C) [b], [-b], [c], [-c], [d], [-d]
(D) [c], [-c], [d], [-d], [f], [-f]
(E) [e], [-e], [f], [-f], [g], [-g], [h]
(F) [d], [-d], [e], [-e], [f], [-f], [h], [k], [-k]
(G) [h], [k], [-k], [m]
(H) [e], [-e], [f], [-f]
(K) [d], [-d], [e], [-e]
(L) [m]

となる.
　次のアルゴリズムは,経路に関与する回数の少ない代謝物質から,処理することである.ここではLが1度だけしか使われていないので,Lが最初に選ばれる.Lは必要生産物であり反応物ではない.どの経路においてもLは,消費されず,1つの経路によって生成するので,この代謝物質に関係する束縛条件を処理することはどんな経路にも変化をもたらさない.次に消去される候補はAかBである.これらの2つの物質を扱う順番は結果に影響しないのでここでは,Bを選ぶことにする.ここで,1つの新しい経路が生成する.つまり,[a]と[b]の結合,この操作は,[a]+[b]=[a, b]と表される.[b]+[-b]という反応は前向き反応と逆向き反応の無駄なループを生成するだけなので,正味の化学変換という観点から,この反応を構成することは許さないことにする.[a, b]という結合は,データベースから経路[a], [b], [-b]

を除くことを意味する．これにより，次のように経路のセットを減らすことができる．

$$A \to [a, b] \to C$$
$$C \to [c] \to D$$
$$D \to [-c] \to C$$
$$C + D \to [d] \to F + K$$
$$F + K \to [-d] \to C + D$$
$$F + K \to [e] \to H + E$$
$$H + E \to [-e] \to F + K$$
$$H + D \to [f] \to E + F$$
$$E + F \to [-f] \to H + D$$
$$A \to [g] \to E$$
$$E \to [-g] \to A$$
$$E \to [h] \to F + G$$
$$F \to [k] \to G$$
$$G \to [-k] \to F$$
$$G \to [m] \to L$$

そして処理されるべき代謝物質のリストは

(A) [a, b], [g], [−g]
(C) [a, b], [c], [−c], [d], [−d]
(D) [c], [−c], [d], [−d], [f], [−f]
(E) [e], [−e], [f], [−f], [g], [−g], [h]
(F) [d], [−d], [e], [−e], [f], [−f], [h], [k], [−k]
(G) [h], [k], [−k], [m]
(H) [e], [−e], [f], [−f]
(K) [d], [−d], [e], [−e]

と更新される．

次に，代謝物質Aが次に処理される．Aは必要基質で生産物ではない．したがって，新しく結合された経路は $[-g] + [a, b] = [-g, a, b]$ が構成され，$[-g]$ が消去される．次のステップで関与する経路数が同じ数のG, H, Kの候補からどれか1つを選ぶことになる，Gを選んだ場合を考えよう．Gを処理する際には，Gを消費する2つの経路 $[-k]$ と $[m]$ と，生成する2つの経路 $[h]$ や $[k]$ が存在する．ここで，4つの組合せが考えられるが，$[k]$ が $[-k]$ とは結合しないのは先に述べた理由と同じであり，除かれる．3つの組合せは，$[h] + [-k] = [h, -k]$; $[h] + [m] = [h, m]$; $[k] + [m] = [k, m]$; である．Gが含まれる，もとの4つの経路は除かれて，AとGが処理された後，残った経路は，

$$A \to [a, b] \to C$$
$$C \to [c] \to D$$
$$D \to [-c] \to C$$

● 7. 代謝経路の合成

$$C + D \rightarrow [d] \rightarrow F + K$$
$$F + K \rightarrow [-d] \rightarrow C + D$$
$$F + K \rightarrow [e] \rightarrow H + E$$
$$H + E \rightarrow [-e] \rightarrow F + K$$
$$H + D \rightarrow [f] \rightarrow E + F$$
$$E + F \rightarrow [-f] \rightarrow H + D$$
$$A \rightarrow [g] \rightarrow E$$
$$E \rightarrow [-g, a, b] \rightarrow C$$
$$E \rightarrow [h, -k] \rightarrow 2F$$
$$E \rightarrow [h, m] \rightarrow F + L$$
$$F \rightarrow [k, m] \rightarrow L$$

であり，処理されるべき残りの代謝物のセットは，

(C)　[a, b], [c], [−c], [d], [−d], [−g, a, b]
(D)　[c], [−c], [d], [−d], [f], [−f]
(E)　[e], [−e], [f], [−f], [g], [−g, a, b], [h, m], [h, −k]
(F)　[d], [−d], [e], [−e], [f], [−f], [h, m], [k, m], [h, −k]
(H)　[e], [−e], [f], [−f]
(K)　[d], [−d], [e], [−e]

と更新される．

　次に，代謝物質Kが4経路に関与するので処理される．[d]＋[e]＝[d, e]と[−e]＋[−d]＝[−e, −d]の結合が生成し，[d], [−d], [e], [−e]が消去される．残った経路は，

$$A \rightarrow [a, b] \rightarrow C$$
$$C \rightarrow [c] \rightarrow D$$
$$D \rightarrow [-c] \rightarrow C$$
$$C + D \rightarrow [d, e] \rightarrow H + E$$
$$H + E \rightarrow [-e, -d] \rightarrow C + D$$
$$H + D \rightarrow [f] \rightarrow E + F$$
$$E + F \rightarrow [-f] \rightarrow H + D$$
$$A \rightarrow [g] \rightarrow E$$
$$E \rightarrow [-g, a, b] \rightarrow C$$
$$E \rightarrow [h, -k] \rightarrow 2F$$
$$E \rightarrow [h, m] \rightarrow F + L$$
$$F \rightarrow [k, m] \rightarrow L$$

であり，処理されるべき残りの代謝物のセットは

(C)　[a, b], [c], [−c] [d, e], [−e, −d], [−g, a, b]
(D)　[c], [−c], [d, e], [−e, −d], [f], [−f]
(E)　[d, e], [−e, −d], [f], [−f], [g], [−g, a, b], [h, m], [h, −k],

(F) [f], [−f], [h, m], [k, m], [h,−k]
(H) [d, e], [−e, −d], [f], [−f]

と更新される．

Hを同じように処理すると2つの結合した経路 [−f]＋[−e, −d]＝[−f, −e, −d] と [d, e]＋[f]＝[d, e, f] が生成する．前向きの反応と逆向きの反応は消去することに注意しなければならない．残った経路は，

A → [a, b] → C
C → [c] → D
D → [−c] → C
C + 2D → [d, e, f] → 2E + F
2E + F → [−f, −e, −d] → C + 2D
A → [g] → E
E → [−g, a, b] → C
E → [h, −k] → 2F
E → [h, m] → F + L
F → [k, m] → L

となり，処理されるべき残りの代謝物のセットは

(C) [a, b], [c], [−c], [d, e, f], [−f, −e, −d], [−g, a, b]
(D) [c], [−c], [d, e, f], [−f,−e,−d]
(E) [d, e, f], [−f, −e, −d], [g], [−g, a, b], [h, m], [h, −k]
(F) [d, e, f], [−f, −e, −d], [h, m], [k, m], [h, −k]

と更新される．

Dは4つの経路に関与しているので，次に処理される．[d, e, f] と [−f, −e, −d] の係数が2であることは，結合の構成に影響する．新しい経路は 2[c]＋[d, e, f]＝[2c, d, e, f] と [−f, −e, −d]＋2[−c]＝[−f, −e, −d, 2(−c)] を生成し，4つの経路からDが消去される．残った経路は，

A → [a, b] → C
3C → [2c, d, e, f] → 2E + F
2E + F → [−f, −e, −d, 2(−c)] → 3C
A → [g] → E
E → [−g, a, b] → C
E → [h, −k] → 2F
E → [h, m] → F + L
F → [k, m] → L

となり，処理されるべき残りの代謝物のセットは3つだけに減って，

(C) [a, b], [2c, d, e, f], [−f, −e, −d, 2(−c)], [−g, a, b]

7. 代謝経路の合成

(E) [2c, d, e, f], [−f, −e, −d, 2(−c)], [g], [−g, a, b], [h, m]
(F) [2c, d, e, f], [−f, −e, −d, 2(−c)], [h, m], [k, m], [h, −k]

となる．

Cは，4反応だけに関与するので次に処理される．2つの結合された経路，3 [a, b] + [2c, d, e, f] = [3a, 3b, 2c, d, e, f] と 3 [−g, a, b] + [2c, d, e, f] = [3(−g), 3a, 3b, 2c, d, e, f] が生成し，4つの経路が消去され，残った経路は，

3A → [3a, 3b, 2c, d, e, f] → 2E + F
A → [g] → E
E → [3(−g), 3a, 3b, 2c, d, e, f] → F
E → [h, −k] → 2F
E → [h, m] → F + L
F → [k, m] → L

となり，処理されるべき残りの代謝物のセットは2つだけとなり，

(E) [3a, 3b, 2c, d, e, f], [g], [3(−g), 3a, 3b, 2c, d, e, f], [h, m], [h, −k]
(F) [3a, 3b, 2c, d, e, f], [3(−g), 3a, 3b, 2c, d, e, f], [h, m], [k, m], [h, −k]

となる．

2つの代謝物質は，同じ数の反応に関与しているので，どちらを先に処理しても結果は得られる．Fの処理は，3つの結合された経路を生成する．つまり，[3a, 3b, 2c, d, e, f] + [k, m] = [3a, 3b, 2c, d, e, f, k, m], [h, m] + [k, m] = [h, k, 2m], [3(−g), 3a, 3b, 2c, d, e, f] + [k, m] = [3(−g), 3a, 3b, 2c, d, e, f, k, m] が生成する．Fが関与する5つの反応が消去され，残った経路は，

3A → [3a, 3b, 2c, d, e, f, k, m] → 2E + L
A → [g] → E
E → [3(−g), 3a, 3b, 2c, d, e, f, k, m] → L
E → [h, k, 2m] → 2L

となる．

残ったいまだ処理されていない代謝物質は，Eのみである．Eは，この4つの経路，すべてに関与している．Eを処理して（逆反応は同じ反応と考えて消去すると）(1/3) [3a, 3b, 2c, d, e, f, k, m] + (2/3) [3(−g), 3a, 3b, 2c, d, e, f, k, m] = [2(−g), 3a, 3b, 2c, d, e, f, k, m]，[3a, 3b, 2c, d, e, f, k, m] + 2 [h, k, 2m] = [3a, 3b, 2c, d, e, f, 3k, 5m, 2h]，[g] + [h, k, 2m] = [g, h, k, 2m] が構成される．小さい係数で書き表すために，1や2の代わりに1/3や2/3といった係数を用いている．これは，経路の量論式を3で割っているのと同じことである．

物質変換や経路の全体の重要な変換は，係数には，明らかに依存しない．代謝物質や反応の変換の量が"比例倍"になっていると考えられるだけである．したがって，最終的には代謝経路は

$$A \rightarrow [2(-g), 3a, 3b, 2c, d, e, f, k, m] \rightarrow L \qquad [P1]$$
$$3A \rightarrow [3a, 3b, 2c, d, e, f, 3k, 5m, 2h] \rightarrow 5L \qquad [P2]$$
$$A \rightarrow [g, h, k, 2m] \rightarrow 2L \qquad [P3]$$

と表される．これらの3つの経路は，もとの経路合成問題の実現可能な解である．他のすべての経路は，正の係数をもった経路の線形結合で表される．他の研究者らによる経路合成の方法は，基本的な経路を生成するために，特別な規則を用いている．例えば，"ある酵素が，すでに同じ経路の他の酵素により使われた基質を要求するとき，この物質は，その経路で同じ酵素の組で生成されなければならない"というような規則が用いられる．この例は，ここで示された方法が，この種の付加的な規則なしに，基本的な経路の合成を行えるということを示している．

この構成された3つの経路のうち，最終的に得られた化学量論反応の中で独立なのは2つの経路である．つまり [P2] は [P1] ＋ 2 [P3] と表せる．しかし，3つの経路は有効で，"遺伝子型"としては独立である．つまり，これらの反応の中には独立な組の酵素が含まれている．[P2] は，[P1] と 2 [P3] の和だが，[P1] と [P3] の中の酵素は [P2] の中には存在しないものがある．酵素 g がこれに当たる（[P1] と [P3] の中の酵素は [P2] の中には存在しない）．

結果を見ればわかるように，もし，基質 A から高収率で L を生産させたい場合，この3つの経路のうち，[P3] を増大することが望まれる．したがって，基質と代謝生成物質の異なる経路を調べることに加えて，炭素が異なる経路で変換されるときに収率を評価する際，この代謝合成のアルゴリズムが有効であるということがわかる．しかし，多くの場合においてアルゴリズムによって合成された経路は，細胞の生理状態によって変化し，生合成によって得られる代謝物質の分泌は，増殖状態によって変化する．このことから，次章で述べる代謝フラックス解析の手法を用いれば，全体の収率の計算において経路のフラックスの束縛条件を規定できるので，より有効な方法であるということができる．

7.2 アルゴリズムの全体像

代謝物質は，次の3つのいずれかの形で代謝経路に関与している．(1) "正味の反応物質"，つまり正味の消費が起こる代謝物質．(2) "正味の生成物"，つまり正味の生成が起こる代謝物質．(3) "中間代謝物質"，つまり，正味には生成も消費も起こらない代謝物質．

さらに，代謝経路の構成において考慮される代謝物質の束縛条件がある．代謝物質は，それが次に示すように指定されることによって，束縛条件をもつことになる．(i) "必要反応物質"：この物質は，経路によって消費され，その化学量論係数は必ず負である．(ii) "許容反応物質"：この物質は，経路によって消費されるか，それとも，変化がないかという物質で，その化学量論係数は負またはゼロである．(iii) 反応物として"許されない（除外される）"もの（または反応物として許されないもの）：この物質は，経路によって消費されてはならないものである．ほとんどの場合，少数の反応物は必要反応物質に分類され，一方，ほとんどの代謝物は，当初，この反応物から"除外されるもの"に，分類分けされる．この場合，経路によって，その物質は生成も消費もせず，正味の反応速度がゼロであるように反応が起こる．

代謝物質の束縛条件に加えて，生化学反応の満たすべき条件も付加される．つまり，どの反

● 7. 代謝経路の合成

応が経路の関与に関して，"必要である"あるか，"許容される"か"禁止される"かを特定しなければならない．これらのうちいくつかは，容易に満たすことができる．例えば，"ある反応が除かれなければならない"という条件は，データベースから最初にその反応を取り除くことによって正しく達成することができる．また，反応は，前向きにも逆向きにも起こり得ることに注意しなければならない．ある反応では，反応は，一方向にしか起こらないことを規定しなければならない．そのような条件は，熱力学的にまたは，機構的に不可逆にしか起こらない反応である．生化学反応の束縛条件は独立ではない．例えば，"生化学反応が前向きである"といえば，逆反応は排除されることになる．

上に述べたような満たされるべき条件は，本質的には，化学量論上の条件である．前の節で紹介したアルゴリズムは，基本的に，生化学反応に物質が"関与する"ということに関して，これらの束縛条件を満足させようというアルゴリズムになっている．このアルゴリズムを記述する際，最初のステップは，反応物として許容された物質と化学反応のデータベースを構築することである．この形式において，一般的に，最初の生化学反応のセットは束縛条件を満足していない．というのは，この経路によって消費されてはならない，反応物として除外されるべき物質の消費が要求される場合もあるからである．アルゴリズムを繰り返しながら，徐々に束縛条件が満たされていく．ここで，最初にセットされた生化学反応はだんだんと形を変え，最終的に，すべての与えられた束縛条件を満足するように変化するのである．

アルゴリズムの主要部分は，1回の処理で1つの条件を満足するよう変形するというものである．各繰返し処理においては，代謝経路の合成アルゴリズムは，すでに処理され部分的に満たされている束縛条件と，いまだに満足されていない束縛条件の組によって規定される．次の段階に処理が移るとき，残っている代謝物のうちの1つが選ばれることによって，さらに1つの束縛条件が満足されるように変更される．最も適した選択の方法は，関与している生化学反応の数が最小の代謝物質を選ぶことである．そのような経路において，その代謝物質は反応物または生成物として関与している．代謝物質の好ましい選択において，代謝経路の構成が変化し，束縛条件が満たされる．もし，例えば，束縛条件が，反応物として，また，生成物としては，除外されるものということであれば，すべての経路の組合せを考えて，代謝物質が全体の量論バランスから消去できるように，代謝経路が代謝物質を消費する経路や代謝物質を生成する経路の線形結合によって構築されなければならない．ひとたび，線形結合が構築されれば，代謝物質を生成したり反応したりするすべての経路は除去される．というのは，そのような反応が，もし存在すれば，その代謝物質が，正味生産も消費もしないということに反するからである．もし，代謝物質が反応物としては除去されるが生成物としては必要なものであるとしたら，同じ線形結合が構成されるが，この場合は，代謝物質を消費するような経路だけが除去される．

束縛条件の線形性は，重要な結論を示している．ひとたび，残っているすべての経路によってある束縛条件が満足されれば，その後，同じように行われる．経路のさらなる線形結合によって，決して，その束縛条件は侵害されないであろう．つまり，1つの束縛条件が処理されれば，それ以前に処理されたすべての条件は満たされているのである．

経路合成のアルゴリズムの応用に対して必要なことは，可能な酵素反応のデータベースの構築である．250の酵素反応と400の代謝物質のデータベースがMavrovouniotis (1989) らによって構築された．データベースを用いて合成されたいくつかの例（例7.1, 7.2参照）を通

してアルゴリズムの応用を紹介しよう（Mavrovouniotisら，1992a, bも参照）．

例7.1　セリンの合成

経路合成の問題は，次のようにまとめることができる．つまり，問題は，最終的な生産物であるセリンの合成に必要な"すべての"可能な経路を酵素反応のデータベースを利用して，列挙することである．その際に，グルコースは，必要反応物として扱われ，NH_3，CO_2は，それぞれ，許容反応物，許容生成物として扱われる．加えて，酸化還元反応に関与する物質，（NAD, NADH, NADP, NADPH, FAD, FADH），エネルギーのやりとりに関与する物質（ATP, ADP, AMP），間接的にエネルギーのやりとりに関与する物質（GTP, GDP, GMP, TTP, TDP, TMP, UTP, UDP, UMP, CTP, CDP, CMP），いくつかの補酵素（CoA，無機リン酸（P_i），ピロリン酸（PP_i））が許容代謝物質として扱われる．

この定式化では，アセチルCoAやリンゴ酸に関する束縛条件を処理する段階において，アルゴリズムは，うまく動かない場合がある．このことは，逆に，これらの物質がセリン合成系の中心物質であることを示している．この理由のために，これらの物質は，許容代謝物質として扱うことにする．つまり，もし，これらの物質がセリン合成系の中で現れれば，その合成のために必要な付加的な経路も含まれなければならないだろう，ということである．この付加的なアルゴリズムのお陰で処理が進められる．1526にのぼる経路が生成され，その中で最も長い経路は26反応からなることがわかった．この経路のいくつかについて次に述べる．

図7.2は，通常のセリン合成系路である．グルコースは，まず，解糖系を通って，3ホスホグリセリン酸（3PG）に変換される．3ホスホグリセリン酸（3PG）は，3ホスホヒドロキシ

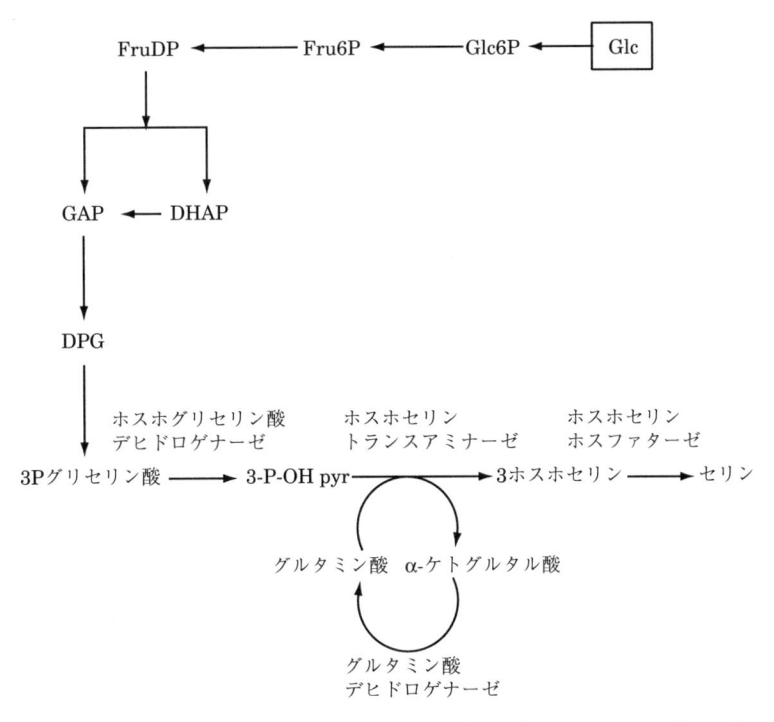

図7.2　グルコースからセリンへの合成系路．グルタミン酸の再生は，グルタミン酸デヒドロゲナーゼによる．

7. 代謝経路の合成

ピルビン酸と3ホスホセリンに変換される．セリンに必要な窒素源は，グルタミン酸デヒドロゲナーゼによって供給される．

図7.3は，図7.2と同様に，セリンを合成する別の経路を示している．異なる点は，グルタミン酸の再生が，グルタミン酸デヒドロゲナーゼによってではなく，フマル酸，アスパラギン酸，オキザロ酢酸，リンゴ酸を中間代謝物質として含む経路によって行われることである．α-ケトグルタル酸とアンモニアをグルタミン酸に変換するこの特別な反応は，多くの可能性のうちの，たった1つにすぎない．他の同様な可能性は，グルタミンシンセターゼやグルタミンシンターゼによって触媒されるグルタミンを経由する経路である．

以上のように，このアルゴリズムは，グルタミン酸の再生に異なるルートが考えられることを示している．これは，明らかに，細胞の代謝の複雑さを示している．生化学の教科書でリストアップされた経路だけが細胞で働いている経路と考えがちだが，グルタミン酸のような鍵となる物質を考えるとき，これを再生するためにはいくつもの経路が存在し，そのうちのいくつかが同時並行して機能しているのである．アルゴリズムによって，その経路は異なるものとして構築された．次の章の代謝フラックス解析では，これらの異なる経路が相対的に，どれほど活性化しているかを調べることができる．

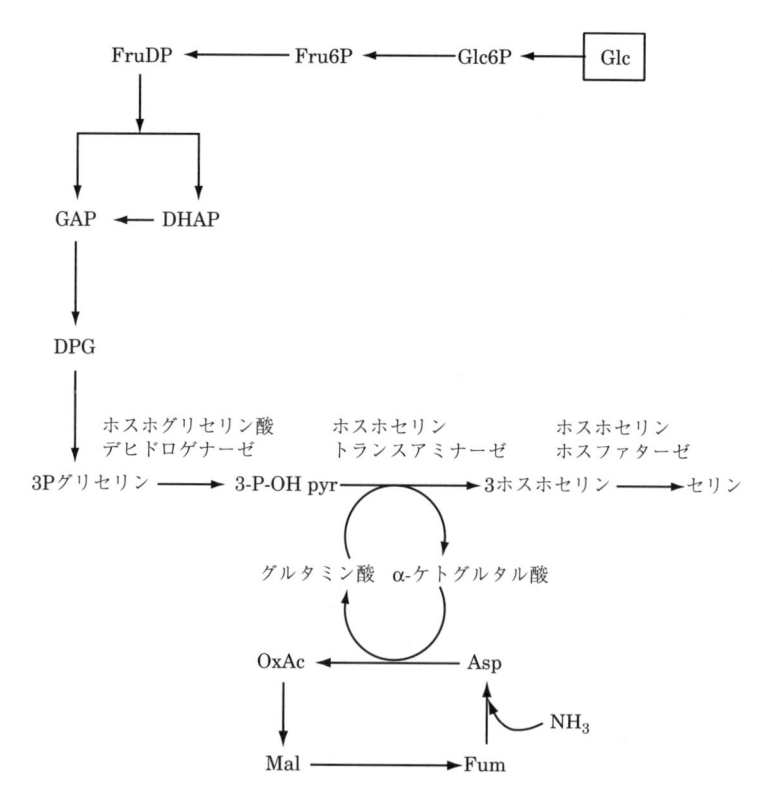

図7.3 グルコースからセリンへの合成系路．グルタミン酸の再生は，オキザロ酢酸，アスパラギン酸，フマル酸，リンゴ酸を含むループによる．

例 7.2　アラニンの合成

アラニンの合成の場合は，最初の定式化がグルコースを必要反応物，アラニンを必要生成物として定義する．NH_3，CO_2は，それぞれ，許容反応物，許容生成物として扱われる．セリンと同じように，リンゴ酸とアセチルCoAは生成物としても反応物としても許容されるとアルゴリズムを超越して決定する．図7.4は，グルコースを主な反応物としたときの通常のアラニン合成系路である．前と同じように，グルコースは解糖系によってピルビン酸に異化代謝され，ピルビン酸はアラニンアミノトランスフェラーゼによってアラニンに変換される．この反応に必要なグルタミン酸は，グルタミン酸デヒドロゲナーゼによって，α-ケトグルタル酸から再生される．

グルタミン酸の再生のもうひとつの経路は，先の例と同様に，フマル酸，アスパラギン酸，オキザロ酢酸，そして図7.3のセリン合成の例で見たリンゴ酸のループを含んで行われるものである．また，ピルビン酸からアラニンへの合成における他の可能性は，アラニンアミノトランスフェラーゼによってではなく，アラニンデヒドロゲナーゼの作用によるものである．この反応は，アンモニアを直接利用するので，グルタミン酸デヒドロゲナーゼや，α-ケトグルタル酸からグルタミン酸への再生反応を必要とするような他の経路を必要としない．

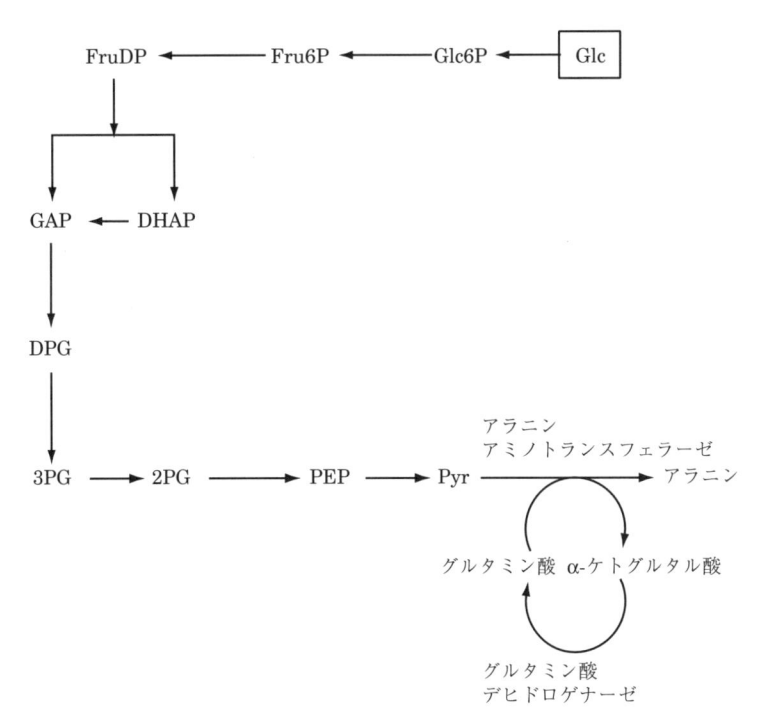

図 7.4　グルコースからのアラニンの合成経路．グルタミン酸の再生は，グルタミン酸デヒドロゲナーゼによる．アラニンデヒドロゲナーゼでは，アンモニアはアラニンに直接取り込まれ，グルタミン酸の再生反応は使われない．

7.3 ケーススタディ：リジン生合成

　この節では，代謝経路の合成アルゴリズムから異なる経路が生成することを示すために，グルコースやアンモニアからのリジンの生合成するという事例研究が示される．ここでは，すべての可能な経路を列挙すると簡単に数百のオーダーとなるので，列挙することが目的なのではないということに注意して読んでいただきたい．目的は，むしろ，一般的に認められている経路の合成と鍵となる酵素が反応に関与することにより，他の経路を合成する可能性があることを論じることにある．このプロセスは，リジン合成の構造や収率に関する基礎的な束縛条件を与えるものである．

　構成された経路は，用いた生化学データベースに関してのみ正当であるということには注意しておいて頂きたい．新たな生化学反応がデータベースに導入されたとき，経路の合成は，不完全なものとなる．しかし，以前に作られた経路は依然として有効である．同じように，もし，構築された経路の数が大きすぎたら，生成される経路の数を減らすために酵素反応のデータベースをうまく減らすことを考えるべきである．

　セリンとアラニンの合成に関しては，同じデータベースを用いることによって，アルゴリズムは約500の異なる経路を合成することが可能である．ケーススタディを単純化するために，α-ケトグルタル酸デヒドロゲナーゼは機能してないと仮定して，データベースから削除した．この単純化を行うということは，この酵素を欠損した変異株のリジン合成のケースを示しているというべきかもしれない．図7.5に示した合成経路の結果は，TCAサイクルを完全にし，α-ケトグルタル酸デヒドロゲナーゼの活性がないという経路を実現するために，グリオキシル酸シャントを援用した例である．全体の経路は，解糖系，TCAサイクル，オキザロ酢酸からアスパラギン酸への経路，続いて，アスパラギン酸からリジンへの経路となる．

　経路合成アルゴリズムの応用の可能性は，全体の経路のボトルネックを回避するために，1つの反応をバイパスする可能性を探索することであろう．例えば，もし，リンゴ酸デヒドロゲナーゼが，経路の鍵となる酵素であると仮定した場合，この酵素をバイパスした経路を生成することが望まれるかもしれない．図7.6（a）はリンゴ酸デヒドロゲナーゼを除いた経路を示している．この経路では，ピルビン酸からオキザロ酢酸への直接的なカルボキシル化反応を通してTCAサイクル全体をバイパスする．この反応は，ピルビン酸カルボキシラーゼ，または，オキザロ酢酸デカルボキシラーゼにより，触媒される．この経路もリジン収率を向上させるには魅力的な経路である．もし，酸化還元バランスやATPバランスを無視すれば，図7.6（a）の最大モル収率は100％，図7.5の経路では67％である．

　もし，TCAサイクルを含んでいて，しかも，ほとんど，もとの代謝経路の構造は残したままで，律速反応に隣接する反応を使ってバイパスすることが望まれる場合，これによって起こる小さい変動を調べることができる．その経路は，リンゴ酸からオキザロ酢酸へ変換する2つの反応，つまり，乳酸-リンゴ酸トランスデヒドロゲナーゼを使うことによって，リンゴ酸デヒドロゲナーゼをバイパスする反応である．

$$\text{リンゴ酸} + \text{ピルビン酸} \longrightarrow \text{オキザロ酢酸} + \text{乳酸}$$

の反応と乳酸デヒドロゲナーゼの逆反応

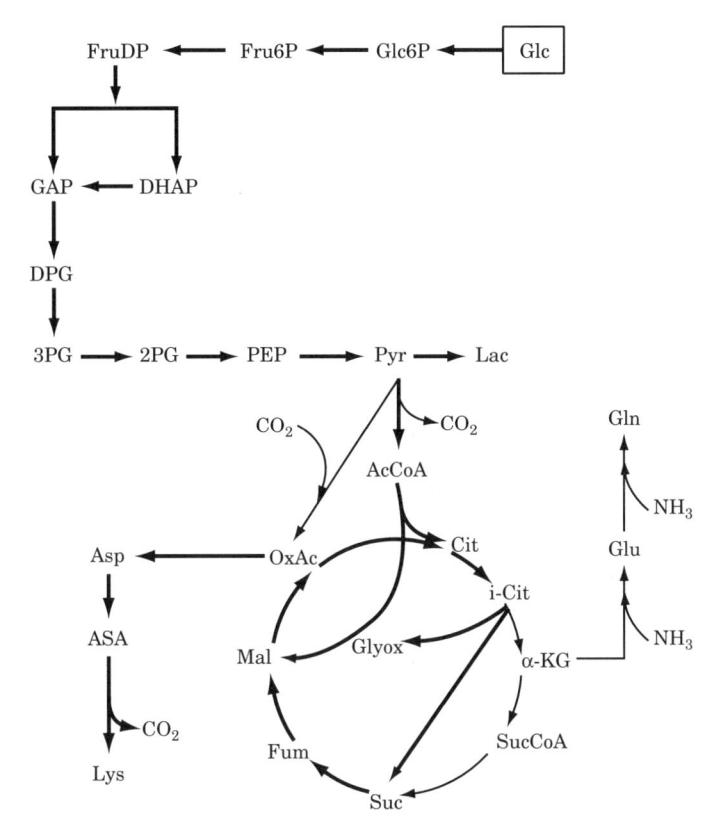

図 7.5 グルコースからリジンへの1つの可能な生化学経路．太矢印は α-ケトグルタル酸デヒドロゲナーゼが欠損した場合のグリオキシル酸回路を通る経路を示している．他の可能な経路は，補充経路としてホスホエノールピルビン酸またはピルビン酸のカルボキシル化反応を含む．経路では，炭素骨格のみの生成を示し，エネルギーや還元当量の代謝物質の再生反応を考慮していない．

　　　乳酸 ⟶ ピルビン酸

である．

　図 7.6（b）に示されたもうひとつの可能性は，フマラーゼによるリンゴ酸からフマル酸への図 7.6（a）の逆反応と，もとの経路にあるコハク酸デヒドロゲナーゼによるコハク酸のフマル酸への変換である．さらに，フマル酸はアスパラギン酸リアーゼによってアスパラギン酸に変換される．オキザロ酢酸はクエン酸を生成するのに使われるので，アスパラギン酸の半分量は，TCA サイクル中でオキザロ酢酸に再生されなければならない．図 7.6（b）の経路では，アスパラギン酸グルタミン酸トランスアミナーゼの反応は，アスパラギン酸をオキザロ酢酸へ変換する．もし，2つの反応（図 7.7）が，もとのネットワーク（図 7.5）の方向とは逆の方向で，オキザロ酢酸のアスパラギン酸への変換に使われるならば，図 7.6（b）の小さな変化が現れる．最初に，グリシン-オキザロ酢酸アミノトランスフェラーゼによりグリオキシル酸とアスパラギン酸がグリシンとオキザロ酢酸に変換され，ついで，グリシンデヒドロゲナーゼによりグリシンがグリオキシル酸に再生される．

●7. 代謝経路の合成

(a)

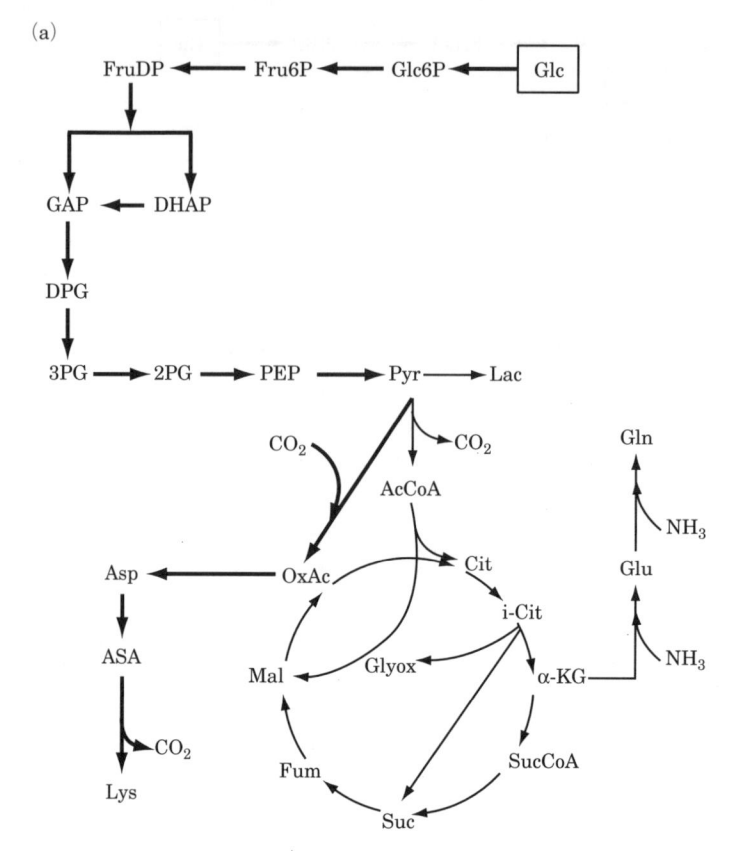

```
FruDP ← Fru6P ← Glc6P ← [Glc]
  ↓
GAP ← DHAP
  ↓
DPG
  ↓
3PG → 2PG → PEP → Pyr → Lac
```

(図中のTCAサイクル周辺: CO₂, AcCoA, Cit, i-Cit, α-KG, SucCoA, Suc, Fum, Mal, Glyox, OxAc, Asp, ASA, Lys, Glu, Gln, NH₃ 等)

図 7.6 (a), (b) リンゴ酸デヒドロゲナーゼをバイパスするリジンの合成経路．リンゴ酸デヒドロゲナーゼはリンゴ酸をオキザロ酢酸に変換する酵素である．

7.3.1 オキザロ酢酸の役割

　今まで述べたことで，オキザロ酢酸が中心的な代謝物質だということがわかると思う．オキザロ酢酸は，図7.6 (b) に示したように経路を部分的にバイパスするが，問題は，この物質が，完全にバイパスするのか，そして，ピルビン酸やグルコースからリジンの生産のために，オキザロ酢酸を含めずに経路を構成できるのかということである．合成されたすべての経路を吟味すると，使っているデータベースの中で，そのような状態はあり得ないということがわかる．また，オキザロ酢酸がすべての可能な経路に存在するという意味で，逆に，どの経路が使われているか，どの単一経路にも固定できない．オキザロ酢酸を生成したり消費したりする反応は変化するかもしれないが，中間代謝物質としてオキザロ酢酸は，常に存在する．したがってオキザロ酢酸はリジン合成の鍵となる分岐点なのである．

　図7.6 (b) の経路では，アスパラギン酸とリジンはオキザロ酢酸から直接変換されているわけではない．フマル酸が一酵素反応でアスパラギン酸に変換されているからである．事実，アスパラギン酸はオキザロ酢酸へ，その逆反応より，よく変換される．したがって，この経路では，アスパラギン酸の近くの代謝物質，フマル酸，リンゴ酸，オキザロ酢酸の代謝は通常よく見られるものとは全く異なってくる．この代謝は，オキザロ酢酸の供給なしにアスパラギン酸の供給が可能であること示唆している．しかし，TCAサイクルの中間物質（リンゴ酸とコハク

(b)

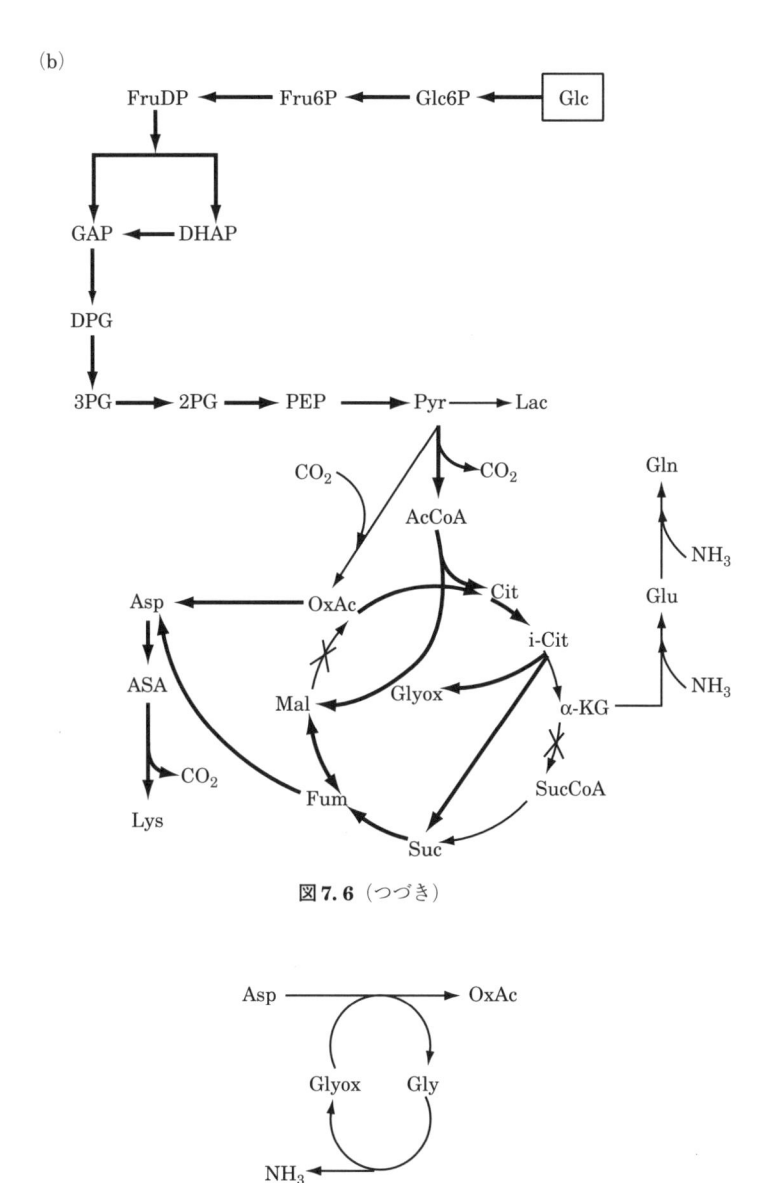

図 7.6 (つづき)

図 7.7 アスパラギン酸からオキザロ酢酸へのもうひとつの可能な経路．

酸) は，グルコースからの供給では，オキザロ酢酸の供給なしにはあり得ない．したがって，この条件から，グルコースからリジン生産へのどんな経路にもオキザロ酢酸の存在が必要であるという結論が得られる．

　この点をよりわかりやすく示すために，グルコースに加えて，コハク酸を許容反応物として扱う．生化学の常識で考えると，オキザロ酢酸が必要中間物質でなければならないという条件が課される．しかし，図7.6 (b) の経路をよく見ると，リンゴ酸やオキザロ酢酸の供給なしに，コハク酸がフマル酸に変換され，そして，アスパラギン酸アミノリアーゼによりアスパラギン酸が生成することを示している．したがって，コハク酸を反応物として許容することで，オキザロ酢酸の消費を課すことがなくなる．

7.3.2 その他の可能性のある経路

リジン合成に関しては，現在のところピルビン酸デヒドロゲナーゼやピルビン酸カルボキシラーゼがアスパラギン酸合成のための鍵となる酵素として研究されている．しかし，ピルビン酸デヒドロゲナーゼやピルビン酸カルボキシラーゼをバイパスする経路が存在し，他の経路でピルビン酸がTCAサイクルに入っていく可能性がある．図7.8に示したようにそれは，メチルマロニルCoAカルボキシトランスフェラーゼやプロピオニルCoAカルボキシラーゼを通過して，ピルビン酸をカルボキシル化する反応経路である．もちろん，ホスホエノールピルビン酸を直接カルボキシル化する可能性もある．これは，解糖系がTCAサイクルにバイパスする経路として確認されている．

上のように経路の合成によって生成したすべての可能性のある経路の中で，最もシンプルなもののうちのいくつかを紹介した．しかし，このアルゴリズムにより，非常に複雑な経路も含めて，すべての可能性のある経路を見つけることができる．例として，ホスホエノールピルビン酸（PEP）からピルビン酸への変換（これはピルビン酸キナーゼによる一段階反応だが）を考えることができる．この変換にアルゴリズムが生成した経路で最も長い経路が，図7.9に示されている．

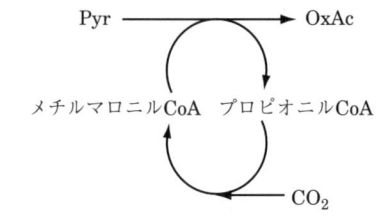

図7.8 ピルビン酸のカルボキシル化のもうひとつの可能性のある経路．

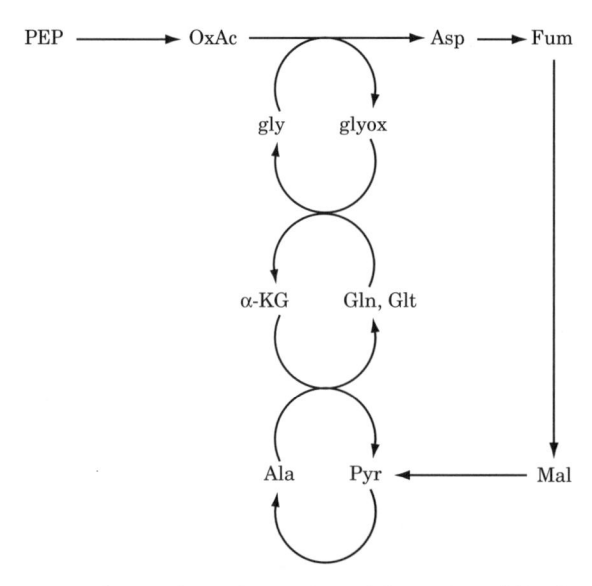

図7.9 ホスホエノールピルビン酸からピルビン酸への変換における可能性のある最も長い経路．

7.3.3 最大収率を与える反応

経路合成の最も戦術的な応用は，仮説に対する検証である．例えば，オキザロ酢酸を中間代謝物質として含むことなしに，グルコースからリジンを生成できる経路が見つからないことは前に述べた．アルゴリズムは，また，カルボキシル化反応による二酸化炭素の固定化によって，経路の収率が67%を超えないことが明らかになった．実際，もし，カルボキシル化反応が除かれたら，収率は，そこにとどまるか，それ以下になるであろう．すべての可能性をシステマティックに列挙することなしに，それ以上高い収率を得られないということを確認することはできない．例えば，もし，2モルのピルビン酸が3モルのアセチルCoAに変換された（二酸化炭素の排出がない）としたら，

$$2CH_3COCOO^- + 3HS\text{-}CoA + 4H^+ + 2NADH$$
$$\longrightarrow 3CH_3CO\text{-}S\text{-}CoA + 3H_2O + 2NAD^+$$

グルコースからのリジンの収率が67%を超えることもあり得ると考えるかもしれない．ピルビン酸とオキザロ酢酸が，多くの酵素反応に関与することを考えると，そのような経路がないと先験的には決められない．しかし，合成アルゴリズムは，正当なデータベースの中で，そのような経路はないということを示すことができるのである．この章では，炭素消費に関して最大の収率についてのみ考えたが，そのような収率は，エネルギーや還元当量がバランスの計算の中に入ってくると，さらに小さな値となる．このことは，9～11章に示される．

7.4 アルゴリズムに関するディスカッション

本章で示した経路合成のアルゴリズムは，とても効果的で，短時間に化学量論の束縛条件を集約できる．最悪のケースは，反応の数が指数関数的に増加する場合である．しかし，これは，特別な場合で，図7.10に示したようなケースである．それぞれの菱形の反応の経路は，D_1，D_2と書かれている．このような経路が連なっている場合である．もしN個の菱形の経路がある場合，$N-1$個のつなぎ目があり，したがって，2^{N-1}個の遺伝子の配列として異なる経路が存在する．

このような場合，アルゴリズムは，指数関数的に増加する遺伝子配列として，異なる経路を構築するので，指数関数的に増加する反応数を扱えるメモリーや時間が必要となる．しかし，これは最悪のケースであって，実際は，代謝は図7.10に示したような分岐が平行に並ぶような反応経路よりも，縦に順番に並ぶ経路の方が普通である．そのような長いシーケンスは，この方法によって効率的に処理される．このアルゴリズムが効率的である，今ひとつの特徴は，最初の反応物からスタートする必要がなくて，束縛条件を最も扱いやすい，つまり，関与する反応の数が最も少ない代謝物質から処理していくということである．この特徴が，可能な経路

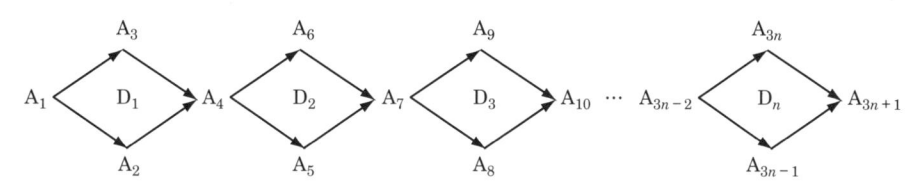

図7.10 経路の数が指数関数的に上昇するような反応の組．

● 7. 代謝経路の合成

をすべて反応空間の中から見つけだすという作業において非常に大きな効果を発揮する．

　もうひとつのこの方法の長所は，代謝物質を処理するとき，代謝物質が関与している反応の数で選ばれることである．この方法では，除かれる代謝物質や関与する反応の数が処理が進むにつれ必ず減少する．もしある物質が長い直線経路にある場合，そのような経路は一度考えればよく，計算機のメモリや特性に負荷になることはない．

　最後に，エネルギー関連物質や酸化還元に関与する物質として，共通に使われる代謝物質に関する点について述べよう．そのような代謝物質は，許容代謝物質と考える．さもなければ，アルゴリズムは，すべての化学量論の束縛条件をすべて満足するために，非常に長時間を要するであろう．例えば，Gibbsエネルギーのやりとり（P_i，ATP，ADP）のための2つのサブクラスの経路を考えよう．つまり，ATPがADPやP_iに変換される無駄な経路と，特定の合成問題によってATPが合成されるような経路である．ここでは，ATPが再生され，ADPやP_iが消費されること経路は除くことにする．もし，ATPやADPが許容反応物としても許容生成物としても扱われるならば，2番目のクラスからの解が許され，解はそれ以上，拡張されないだろう．しかし，もし，正味の化学量論においてATPとADPを見かけ上，除いてしまえば，経路は2つのクラスから許容される解を作るために結合されなければならない．言い換えると，2番目のクラスからの経路は，化学量論からATPとADPを除くために最初のクラスの経路に結合されなければならない．この場合，生じる組合せの数は多すぎて，この記述の困難な問題を引き起こしてしまう．したがって，そのようなエネルギー関連物質や酸化還元に関与する物質は許容反応物，許容生成物のリストに入れることが奨められる．

文　　献

Mavrovouniotis, M. L. (1989). Computer-aided design of biochemical pathways. Ph.D. Thesis, MIT, Cambridge, MA.

Mavrovouniotis, M. L., Stephanopoulos, G. & Stephanopoulos, G. (1992a). Computer-aided synthesis of biochemical pathways. *Biotechnology and Bioengineering* **36**, 1119-1132.

Mavrovouniotis, M. L., Stephanopoulos, G. & Stephanopoulos, G. (1992b). Synthesis of biochemical production routes. *Computers and Chemical Engineering* **16**, 605-619.

CHAPTER 8

代謝フラックス解析

　1章で述べたように，代謝フラックスを見ることにより，細胞全体がどのように機能しているのか，代謝プロセスにおいて，どの経路が機能しているのかといったことを推察することができるので，代謝フラックス解析は細胞の生理状態を把握するための基本的な指標となる．それゆえ，in vivo の代謝のフラックスの正確な定量的解析は，代謝物質の生産という立場から見て，細胞生理学や代謝工学の重要な1つの目的となる．代謝物質の生産においては，使用する基質を可能な限り有用な代謝生産物に変換することが目的となる．代謝フラックスの決定において強力な方法論は，代謝フラックス解析（Metabolic Flux Analysis（MFA））であり，細胞内のフラックスが，細胞内の主な代謝反応や物質収支に基づく化学量論モデルを用いることによって計算される．細胞外のフラックスの"観測値"は，計算のための入力情報として用いられる．この典型的なものが基質の消費速度や代謝物質の分泌速度である．最終的な計算結果は，生化学反応の一覧を示した代謝フラックスマップに示される．この計算値は，定常状態における反応速度（すなわちフラックス）の推定値を示したものである．この値は生化学反応のマップにおいて，その反応がどれほどの大きさで進行しているかを示している．図8.1に Saccharomyces cerevisiae における嫌気増殖時の異化経路のフラックス分布の一例を示す．すべてのフラックスは，細胞内の代謝物質の物質収支と細胞と外部環境間で交換された物質のフラックスの観測値から計算されている．図8.1は，基質の利用や代謝物質の生産を示す全体の経路の中で，どの経路が有効に"寄与"しているかという有用な情報を与える．しかし，代謝フラックスマップの本当の価値は，フラックスマップが異なる微生物や異なる環境条件下でどのように"異なるフラックス"を与えるかを知ることにある．そのような比較を通じて，遺伝的背景や環境の異なる状況に置かれた微生物の変化が把握でき，変化（摂動）のインパクトの強さが評価され，代謝経路中の特異的な経路や重要な反応が正確に絞り込まれることになるであろう．

●8. 代謝フラックス解析

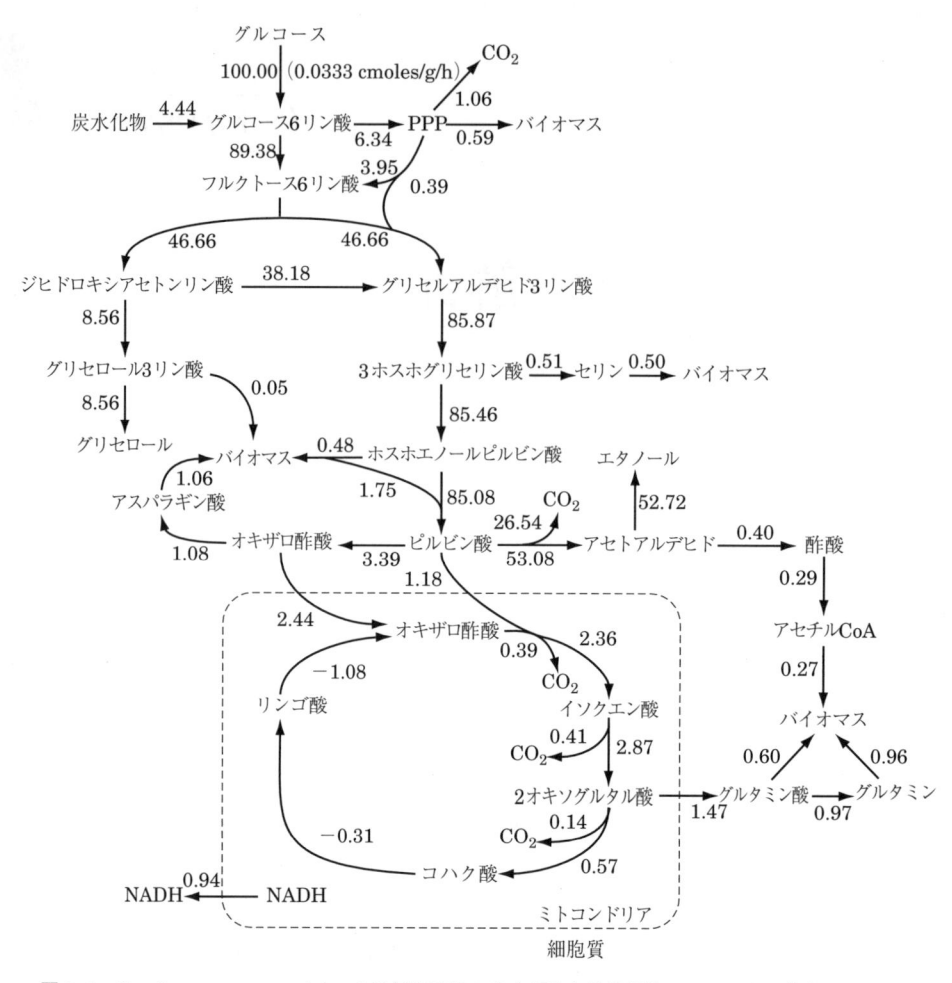

図8.1 *Saccharomyces cerevisiae*の嫌気増殖時のさまざまな代謝経路のフラックス分布．フラックスはNissenらの化学量論モデルにより計算された（1997）．グルコース，アンモニアの消費速度，二酸化炭素，酢酸，エタノール，グリセロール，ピルビン酸，コハク酸の生産速度，主な生体内高分子，つまり，DNA，RNA，タンパク質，脂質，炭水化物の蓄積速度が観測された．

代謝フラックスの定量化に加えて，代謝フラックス解析は，細胞の生理学的な特徴に関する洞察を可能にする．ここでは，本書のいくつかの節で述べられているMFAから得られる洞察に関する概要を示す．

（1）"細胞内経路の分岐点の制御（ノードの頑健さ）の同定"．培養装置の運転条件や異なる変異株を用いた実験から得られる分岐点における分岐比の変化を比較することにより，分岐点の柔軟性（フレキシビリティ）や頑健性（リジディティ）が評価できる（Stephanopoulos and Vallino, 1991）．一般的には，リジッドな分岐点は環境変化に対して変化が少なく，フレキシブルな分岐点は環境に適応して変化する．代謝ネットワークのそのような特性を詳述するために，生産物収率を最も効率的に変える改変を行うために重要な情報となるノードの頑健性に関する定義は5.4節で与えられている．またこの手法を

アミノ酸生合成にどのように用いるかは，10.1.3 項で示す．

(2) "異なる経路の同定"．MFA の基礎となる反応量論式の定式化は，基質が生産物に変換される"実際の生化学反応"の経路の詳細な知識を必要とする．しかし，微生物の種や環境条件が異なれば，異なる経路が活性化するので，どのような経路が使われているかは，多くの微生物にとっては，未知である．ここでは，1 章で述べたように，代謝経路の定義を次のように与える．つまり，細胞に取り込まれた物質が細胞外に排出される物質へ変換されるまでに経由する"実現可能で観測可能な"一連の生化学反応である．MFA はマクロスコーピックな（巨視的な）細胞外の物質のフラックスを解釈する経路を同定するのに重要である．また，全く同じくらい重要なこととして，この同定法により，代謝バランスを満足しないような経路を取り除くのにも有用である．Aiba and Matsuoka (1979) は，クエン酸発酵においてこの研究を最初に行っている（例 8.3）．また，10.1 節において $C.\ glutamicum$ のトランスデヒドロゲナーゼの活性の同定に関して MFA の応用の一例を示す．

(3) 観測されていない細胞外フラックスの計算．細胞外のフラックスの観測値の数が未知の細胞内フラックスを計算するのに必要な数より少ないことが，しばしば起こり得る．このケースにおいては，あらかじめ予備実験で定めておいた分岐比を使うことにより，観測されない細胞外のフラックス，例えば副生成物の反応速度を計算することができるようになる．もし，これらの前もって調べたフラックスの観測値が利用可能であれば，モデル予測から，モデルの妥当性の確認や改良を行うことができるだろう（8.2 節の overdetermined なシステムに関する議論を参照）．

(4) "理論的最大生産物収率"の予測．理論収率の計算は，指定された基質から"生産物を最大に生成するような"代謝ネットワークの量論バランスを基礎にしている．フラックス分岐比は，生産物を最大に生成するように決定されなければならない．さらに，代謝中間物質，エネルギー関連物質，酸化還元反応関連物質の束縛条件に関する情報が提供される．確かに，そのケースそのケースに対応した形で理論収率を求めることも可能である．しかし，複雑な代謝ネットワークにおいては，よりシステマティックな MFA をベースにした方法が望ましい．理論収率の計算は実際のプロセスに対して基準を与えるし，与えられた応用に対して，今までと違った魅力のある経路の候補を提供することも可能である．さらに，最適生産方策を実現したときにとるべき代謝情報の例示（例えば呼吸商）を与えることができる．これらの方法の例は 10.1 節に示されている．

本章では，代謝フラックス解析の理論について述べ，図 8.1 のような結果を導くための計算法の基礎について述べる．MFA の 1 つの特徴的な点は，利用可能な観測値の数が，代謝バランスの決定にちょうど必要な数であるか，より多いか，または少ないかということで，細胞内のフラックスの化学量論的な決定法が，非常に方法が変わってくるということである．最初のケースは，冗長性のない場合を考えるが，一方，プロセスをより厳格に評価するためには，より多くの観測値が必要となる．これらのことは，8.2 節から 8.4 節に示されている．次章では，代謝フラックスの同位体標識化合物を用いた実験的決定方法を述べ，10 章では，MFA の微生物あるいは動物細胞の培養系における応用について述べる．

●8. 代謝フラックス解析

8.1 理　論

　MFAは，基質がいかにして，代謝生産物や細胞成分（や高分子貯蔵物質）に変換していくかを記述する反応ネットワーク化学量論を構築することから始まる．3章で述べた枠組みを使って，K個の代謝物質，J個の代謝反応について考える．物質収支は式（3.19）によって与えられる．ベクトルを使って記述すると

$$\frac{dX_{\mathrm{met}}}{dt} = r_{\mathrm{met}} - \mu X_{\mathrm{met}} \tag{8.1}$$

となる．

　式（8.1）では，X_{met}は細胞内代謝物質（または経路内の中間代謝物質）の濃度ベクトル，r_{met}は，J個の代謝反応の"正味の生産速度ベクトル"である．

　ほとんどの代謝物質の蓄積に対して，それが，高速に変換（ターンオーバー）されていることは，一般に受け入れられていることである．結果として，代謝物質の濃度は細胞に対して与えられた環境条件に大きな変化（摂動）が起こった後でさえ，迅速に新しいレベルに変化する．それゆえ，代謝物質が擬定常状態であると仮定することは合理的である．これから，代謝物質の蓄積はないと考えることができる．

$$0 = r_{\mathrm{met}} - \mu X_{\mathrm{met}} \tag{8.2}$$

　式（8.2）の右辺第1項はJ個の反応における代謝物質の正味の合成速度，すなわち，代謝物質の経路への流入したり流出したりするフラックスの総和を表している．第2項は細胞増殖のために細胞蓄積物質が希釈されていく量を示している．もし，希釈効果が人工的な消費反応として考えられるならば，式（8.2）は，代謝物質のプールに流入流出するフラックスがお互いに釣り合う，すなわち，ある代謝経路のプールに対してフラックスが保存されていることを示している．ほとんどの代謝物質の細胞内濃度は非常に低いので，特に同じ代謝物質に，効果を与える他のフラックスと比較したとき，希釈効果は一般に小さい．それゆえ，一般に最後の項は無視することができる（例8.1参照）．したがって，バランスは単純に，

$$0 = r_{\mathrm{met}} = G^T v \tag{8.3}$$

と書ける．ここで，式（3.12）が，正味の合成速度として代入される．

例8.1　代謝物質の希釈効果

　式（8.2）の希釈の項が無視できることを示すために，3つのタイプの物質，(1) 解糖系の中間代謝物質，(2) アミノ酸，(3) ATP，について考えよう．表8.1に3つのグループの化合物のデータが示されている．

　好気的に増殖している$S. cerevisiae$においては，解糖系の中間代謝物質の細胞内濃度のレベルは，連続培養系（希釈率$0.1\ \mathrm{h}^{-1}$）で，$0.05 \sim 1.0\ \mu\mathrm{mol\ (g\ DW)}^{-1}$（Theobaldら，1997）といわれている．これらの増殖状態では，EMP経路のフラックスは，$1.1\ \mathrm{mmol\ (g\ DW)}^{-1}\mathrm{h}^{-1}$であり，それゆえ，代謝物質のプールを通過するフラックスは，式（8.2）の希釈効果の項（約$0.005 \sim 0.1\ \mu\mathrm{mol\ (g\ DW)}^{-1}\mathrm{h}^{-1}$）より，はるかに高い．つまり，解糖系の希釈効果はフラ

表 8.1 種々の代謝物質の典型的な細胞内レベル．

代謝物質	濃度 (μmol (g DW)$^{-1}$)	代謝経路	微生物	文献
グルコース6リン酸	0.90	異化経路（EMP）	S. cerevisiae	Theobald et al. (1997)[a]
フルクトース6リン酸	0.20			
フルクトース1,6二リン酸	0.10			
グリセルアルデヒド3リン酸	0.065			
ホスホエノールピルビン酸	0.052			
アラニン	22.8	同化経路	P. chrysogenum	Nielsen (1997)[b]
グルタミン酸	44.5			
リジン	3.9			
フェニルアラニン	0.9			
ATP	8.0	エネルギー合成	S. cerevisiae	Theobald et al. (1997)[a]

[a] データは，連続培養系の定常状態（$D = 0.1\ \mathrm{h}^{-1}$）で好気的に増殖している S. cerevisiae より得られた．
[b] 比増殖速度が $0.1\ \mathrm{h}^{-1}$ と高い半回分培養系の初期の状態からデータが取られた．フリーのアミノ酸濃度は，環境条件によって変化がないことがわかった．

ックスに比べ無視できる．動物細胞では，細胞内の貯蔵のレベルは，ほぼ同じであるが，フラックスはずっと小さい．ターンオーバーの速度と希釈効果の差は小さいが，一般には，同様の結論が導かれる．

P. chrysogenum においては，アミノ酸の細胞内濃度は，$1 \sim 45\ \mu\mathrm{mol}\ (\mathrm{g\ DW})^{-1}$ の範囲である．アミノ酸のフラックスは，タンパク質の生成速度に依存している．タンパク質の生成速度は，定常状態では，増殖速度とタンパク質含量から決定できる．典型的なタンパク質の含量 45% w/w と比増殖速度 $0.1\ \mathrm{h}^{-1}$ を考えるとタンパク質の合成速度は 0.045 g-タンパク質 $(\mathrm{g\ DW})^{-1}\ \mathrm{h}^{-1}$ である．*P. chrysogenum* のタンパク質中のアミノ酸組成を考えると，平均分子量は 112 (g (mol-タンパク質由来アミノ酸)$^{-1}$) で，それゆえタンパク質合成のためのアミノ酸の消費速度は 0.4 mmol = 0.045/0.112 (タンパク質由来アミノ酸) $(\mathrm{g\ DW})^{-1}\ \mathrm{h}^{-1}$ (Nielsen, 1997) である．モル基準で 6.6% アラニン，12.8% グルタミン酸，5.3% リジン，3.7% フェニルアラニンの含量をもとに，これら4つのアミノ酸のフラックスはそれぞれ，26.4，51.2，21.2，14.8 $\mu\mathrm{mol}\ (\mathrm{g\ DW})^{-1}\ \mathrm{h}^{-1}$ となる．したがって，フリーのアミノ酸のプールが大きいアミノ酸はほとんどなく，プールの希釈はフラックスに比較して10倍のオーダーで低い．これらのアミノ酸の希釈効果を無視することは，計算において大きな誤差を生じない．しかし，もし，プールの量のデータが利用可能であるならば，増殖による希釈の効果を人工的な消費の項として考慮することはできる（例えば，Reardon ら，1987）．フリーのプール量が低いアミノ酸では，フラックスより希釈効果が約 1/50 と低くこれを無視できる．

S. cerevisiae の ATP のプールは約 8.0 $\mu\mathrm{mol}\ (\mathrm{g\ DW})^{-1}$ である．ATP は多くの反応に関与しているため，プールに対するフラックスの評価が難しい．しかし，ATP 収率，$Y_{x\mathrm{ATP}}$ と比増殖速度から，細胞増殖に必要なトータルの ATP の要求量が推定される．比増殖速度 $0.1\ \mathrm{h}^{-1}$ における 70 mmol ATP $(\mathrm{g\ DW})^{-1}$ の $Y_{x\mathrm{ATP}}$（例 3.4）から，比増殖速度 $0.1\ \mathrm{h}^{-1}$ では，7.0 mmol $(\mathrm{g\ DW})^{-1}\ \mathrm{h}^{-1}$ の ATP が要求されることがわかる．つまり，希釈効果の 10,000 倍のフラックスが流れていることになる．乳酸菌のように細胞内 ATP プールが高い状態であったとしても，

● 8. 代謝フラックス解析

この結論は変わらない．同じような結論が他のコファクタ NADH, NADPH についても導かれる．

これらの解析から，高速にターンオーバーされる細胞内代謝物質やコファクタの希釈効果は，無視できると考えられる．これは，2.1節でも緩和時間の効果として取り上げられた．つまり，もし，プールのターンオーバーの緩和時間（これは，プール量とフラックスの比に等しい）が，増殖よりもずっと速ければ希釈項は無視できる．

擬定常状態を仮定することによって，代謝反応ネットワークで考えなければならないのは，分岐点の物質のみである．直線上の反応のすべての代謝物質は削除することができる．このことは，EMP経路において，フルクトース6リン酸のジヒドロキシアセトンリン酸やグリセルアルデヒド3リン酸への変換において見ることができる．この変換は，2段階の反応で起こり，その化学量論式は，

$$-フルクトース6リン酸 - ATP + フルクトース1,6二リン酸 = 0 \quad (8.4)$$

$$-フルクトース1,6二リン酸 + ジヒドロキシアセトンリン酸 \\ + グリセルアルデヒド3リン酸 = 0 \quad (8.5)$$

と表せる．

3.1節で述べたように，1段階目の反応ではADPは書き表さないことにする．フルクトース1,6二リン酸を含む細胞内の反応は，この2つの反応だけである．そこで，物質収支をとると

$$v_1 - v_2 = 0 \quad (8.6)$$

となる．ここで，v_1とv_2は，この2つの反応の前向きの正味の反応速度である[1]．最初の反応速度は2番目の反応速度に等しく，この2つの反応をひとまとめにして，フルクトース6リン酸からジヒドロキシアセトンリン酸とグリセルアルデヒド3リン酸への変換とみることができる．このとき反応速度はv_1と書くことができる．ここで，注意したいのは，このように反応をひとまとめにすることは，全体の自由度を変化させていることではないということである．つまり，1つの反応速度を削除することは，1つの物質収支式を削除することを伴っているからである．同じように，反応をひとまとめにすることは，複数の反応が直線上に並んでいるときいつでも行うことができる（他の例では，EMP経路中の3ホスホグリセリン酸からホスホエノールピルビン酸への変換において見ることができる）．したがって，代謝経路の化学量論式を定式化する際には，分岐点での代謝物質のみが考慮されるべきものとなる．これにより，代謝フラックス解析に，一般に用いられる化学量論モデルの有効な簡略化が行える．これは，例8.2に示される．

---

[1] この章では，細胞内反応vは前向きの正味の反応として表す．これは，不可逆反応においては，その前向きの反応速度，可逆反応においては，前向き反応と逆反応の反応速度の差と考えてよい．この章では，マクロスコーピックなバランスは，前向きの反応と後ろ向きの反応に違いを考えないので，vは2つの差または正味の反応速度と考える．

例8.2 リジン生合成における代謝フラックスの決定

リジン生合成反応の代謝ネットワークは,表10.1に,より詳しく示されている.ここで考えている特別な反応や化学量論について,より多くの情報が表10.1には含まれている.図8.2では,1モルのグルコースを基質とした1単位時間当り1g乾燥細胞当りの細胞内反応の反応速度が示されている.次に示す全体の化学量論反応は,ペントースリン酸系とTCAサイクルの反応を示している.

$$3\text{グルコース6リン酸} + 3H_2O + 6NADP$$
$$\rightarrow 3CO_2 + 6NADPH + 2\text{フルクトース6リン酸} + GAP \tag{1}$$

$$\text{ピルビン酸} + 3NAD + NADP + FAD + ADP$$
$$\rightarrow 3CO_2 + NADPH + 3NADH + FADH + ATP \tag{2}$$

グルコース6リン酸からフルクトース6リン酸への変換において,正味の解糖系の反応速度は正である.生産物は反応速度r_Tで示されるトレハロース,解糖系の産物(乳酸,アラニン,バリンは,これらはひとまとめにして反応速度r_Gとする),反応速度r_{CO_2}で表される二酸化炭素生成速度,そして反応速度r_Lで表されるリジン生成速度である.細胞合成反応では,グルコース(単位時間当り反応速度1 mol)とアンモニア,酸素を消費する.グルコースの膜輸送はPTSシステム

$$\text{グルコース} + \text{ホスホエノールピルビン酸} \rightarrow \text{グルコース6リン酸} + \text{ピルビン酸} \tag{3}$$

と考える.ピルビン酸とホスホエノールピルビン酸PEPのカルボキシル化反応(フラックスv_6とv_3),オキザロ酢酸の脱カルボキシル化反応はひとまとめにして(フラックスv_4)考える.これら3つの反応は,代謝物質の測定からは独立ではないので,v_3, v_4, v_6はひとまとめにして$v_8 = v_3 - v_4 + v_6$と表す.生合成のために消費された代謝物質を無視することによって,未知のv_1とv_2の分岐比を次の量論式から決定することができる.

トレハロース $\qquad r_T = 1 - v_1 - v_2 \tag{4}$

リジン $\qquad r_L = v_8 = v_3 - v_4 + x_6 \tag{5}$

解糖系産物 $\qquad r_G = v_5 \tag{6}$

NADPH $\qquad 0 = 2v_1 - 4v_8 + z$
(zは図8.2から示されるTCAサイクルのフラックス) $\tag{7}$

アンモニア $\qquad r_{amm} = 2v_8 \tag{8}$

二酸化炭素生産 $\qquad r_{CO_2} = v_1 + 3z \tag{9}$

酸素消費 $\qquad r_{O_2} = \dfrac{1}{2} r_{NADH} = \dfrac{1}{2}\left(\dfrac{5v_1}{3} + 2v_2 + 4z\right) \tag{10}$

これらの反応式を解くと未知の反応速度は,

$$v_1 = \frac{3}{5}(r_G - 2 + 6r_L + 2r_T) \tag{11}$$

● 8. 代謝フラックス解析

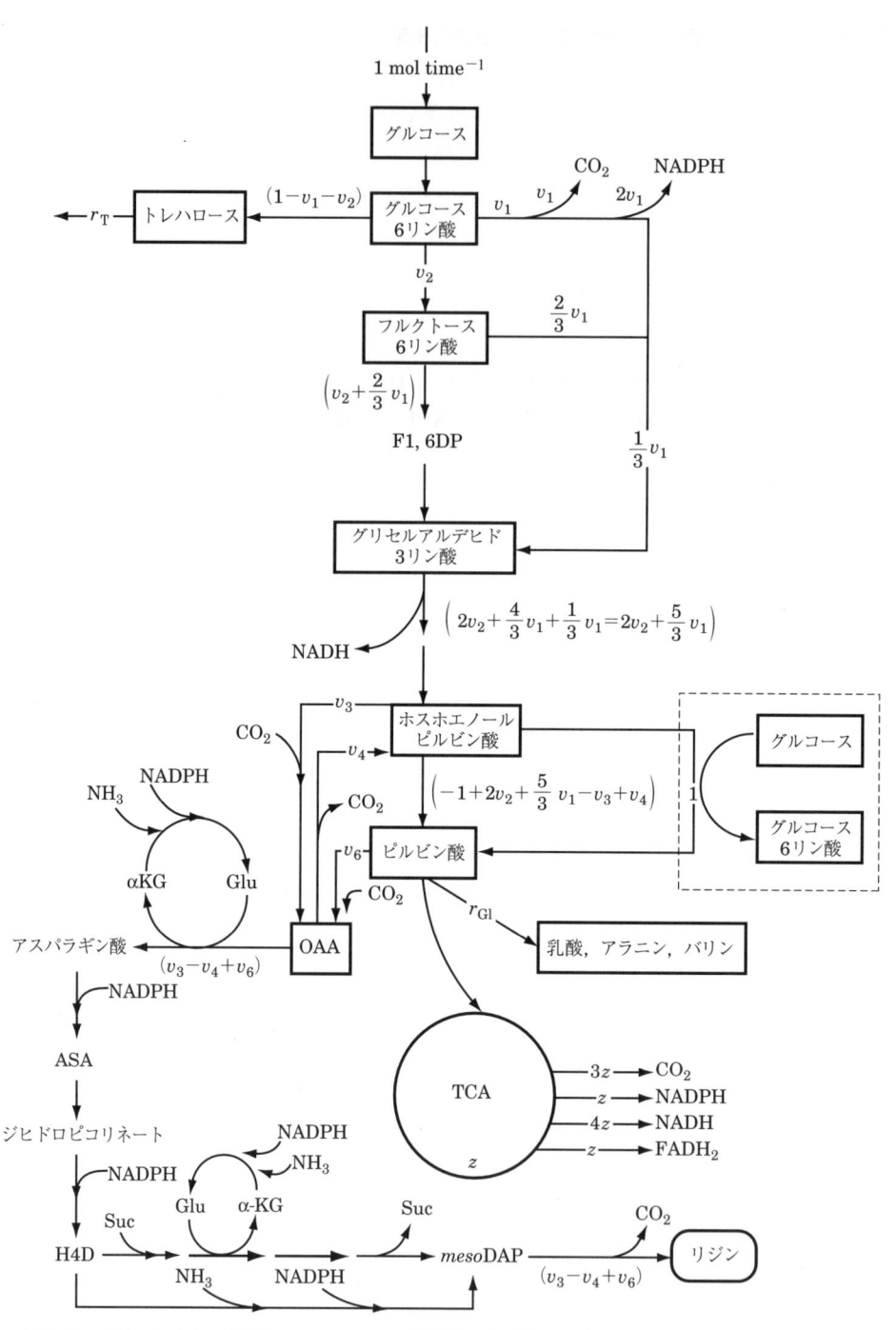

図 8.2 リジン生合成の代謝ネットワーク．中間物質，生成物，エネルギー関連物質の消費生産速度が書かれている．表 10.1 はこの化学反応量論を説明している．フラックスの正の値は，前向き反応の正味の値を示している．バランスは，例 8.2 の式 (4) ～ (10) に示している．

$$v_2 = 1 - r_T - \frac{3}{5}(r_G - 2 + 6r_L + 2r_T) \tag{12}$$

$$v_8 = r_L \tag{13}$$

$$v_5 = r_G \tag{14}$$

となる．一方，カルボキシル化反応は記述することができないが，これらの反応は，実験データについて次の束縛条件を与える．

$$r_{CO_2} + 6r_L + 3r_G + 6r_T = 6 \tag{15}$$

$$2r_{O_2} + 14r_L + 5r_G + 12r_T = 12 \tag{16}$$

$$r_{amm} = 2r_L \tag{17}$$

式（8.3）は代謝フラックス解析の基礎を与えている．すなわち，細胞内反応速度ベクトル v の未知反応フラックスの決定を行うことができる．このベクトルの式は，K 個の代謝物質に関して K 個の線形代数バランスを表現している．J 個の未知反応フラックスが存在する．常に代謝物質の数 K より反応速度式の数 J の方が大きいので，線形代数方程式の自由度 F は $F = J - K$ と表される．それゆえ，v の中のいくつかの要素は残りの要素を決定するために測定されなければならない．典型的な測定可能な反応速度の例は，グルコースからグルコース6リン酸への変換反応であり，これは，グルコース消費速度に相当する．v の中で，ちょうど F 個のフラックス（または反応速度）が得られるときには，システムは"determined な（一意に決まる）"状態であり，解を求めるのは比較的簡単である．F より多くのフラックスが測定できたときには，システムは"over-determined（冗長）な"状態であり，つまり，言い換えると全体のバランスのコンシステンシー，フラックス測定値の精度，擬定常状態という仮定の正当性をテストできるための，より多くの式が存在する．そして，この方法により，最終的には，より精度の高い細胞内フラックスの計算を与えることができる．もし，F より少ないフラックスしか測定できなければ，システムは"under-determined な（システムを一意に決められない）"状態にあり，未知のフラックスは代謝バランスに最適化の判断基準を与えることができるときにのみ決定できる（8.3節参照）．

determined なシステムでは，反応速度 v 中のちょうど F 個の反応速度が測定できる．残りのフラックスは，線形システム式（8.3）を解くことにより計算できる．これらの演算は，行列計算の演算を用いれば非常に便利に処理することができる．式（8.3）の解を求めるためには，測定できる反応速度だけ集めて新しい観測ベクトル v_m を作り，v の残りの速度は計算される要素という意味で計算値ベクトル v_c を作る．同様に，化学量論係数の行列 G を分解し，集められた観測ベクトルに対する化学量論係数行列 G_m，残りの行列を G_c とする．式（8.3）を書き直し，

$$0 = G^T v = G_m^T v_m + G_c^T v_c \tag{8.7}$$

とする．F はちょうど $F = J - K$ を満たすので，G_c は正方行列（次元は $K \times K$）で，もし，この逆行列が存在するならば，v_c の要素は，

$$v_c = -(G_c^T)^{-1} G_m^T v_m \tag{8.8}$$

● 8. 代謝フラックス解析

と計算することができる．例8.3に行列計算の例を示す．上述の方法はどのフラックス解析にも適用することができる．

例8.3　*Candida lipolytica*によるクエン酸発酵の代謝フラックス解析

代謝フラックス解析の概念をより深めるためにAibaとMatsuoka（1979）による*Candida lipolytica*によるクエン酸発酵の例を考えよう．この研究は，おそらく代謝バランスの考え方を発酵データに初めて応用した例であろう．この解析においてAibaとMatsuokaは，図8.3に示すシンプルな代謝経路を考えた．ここでは，EMP経路，TCAサイクル，グリオキシル酸回路，ピルビン酸カルボキシル化反応，タンパク質，炭水化物，脂質のような主な巨大分子のプールを考えている．クエン酸やイソクエン酸が細胞外の培地に分泌されているということは，TCAサイクルの中間代謝物を補うための2つの補充経路が明らかに働いていなければならない．

モデルの構造，特にクエン酸やイソクエン酸のような代謝産物が代謝経路の中間物質として表現されていること，に注意されたい．図8.3に点線で描かれた，分泌反応速度の導入は，す

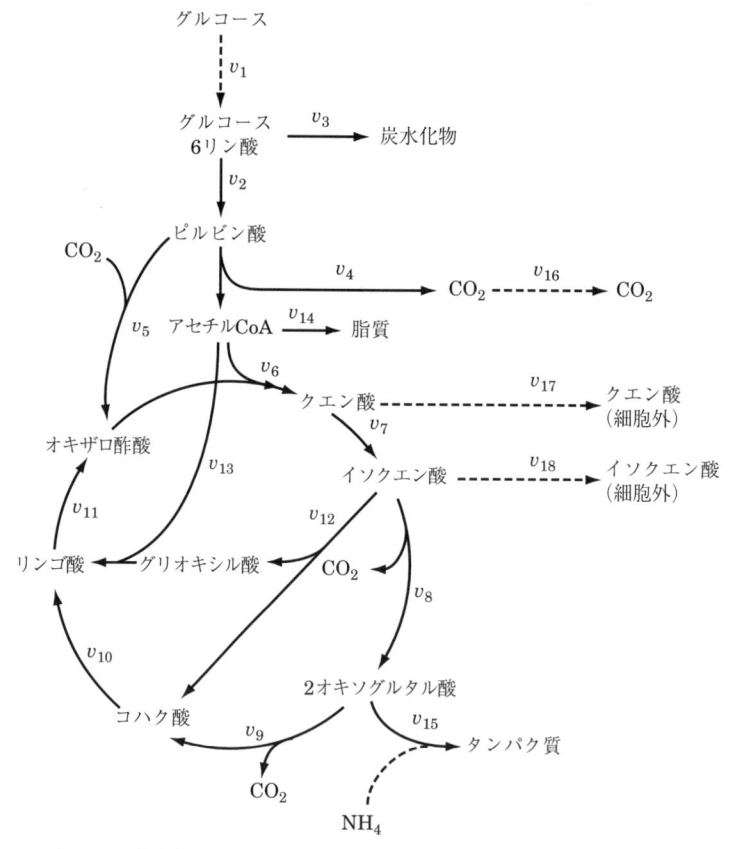

図8.3　*C. lipolytica*の単純化された代謝ネットワーク．［略号］G6P：グルコース6リン酸，Pyr：ピルビン酸，AcCoA：アセチルCoA，OAA：オキザロ酢酸，CIT：クエン酸，OGT：α-ケトグルタル酸，SUC：コハク酸，MAL：リンゴ酸，GOX：グリオキシル酸．点線は，輸送反応を示す．実線は細胞内反応を示す．

べての中間物質の代謝反応において擬定常状態を仮定していることを意味する．二酸化炭素の反応は，いくつかの反応において見られるが，まとめてv_{16}と表現されている．このモデルの構造において，いくつかのフラックスが直接，測定できる．

個々の反応の化学量論は全くシンプルで，グルコースからピルビン酸への変換反応を除いて，量論係数はすべて1か-1である．ネットワークすべての分岐点において擬定常状態を仮定すると，個々の反応について式 (1) ～ (11) が成り立つ．すべての反応は $\text{mol (g DW)}^{-1}\text{h}^{-1}$ で反応の生成速度を表している．

$$\text{G6P}: v_1 - v_2/2 - v_3 = 0 \tag{1}$$

$$\text{Pyr}: v_2 - v_4 - v_5 = 0 \tag{2}$$

$$\text{AcCoA}: v_4 - v_6 - v_{13} - v_{14} = 0 \tag{3}$$

$$\text{CIT}: v_6 - v_7 - v_{17} = 0 \tag{4}$$

$$\text{ICT}: v_7 - v_8 - v_{12} - v_{18} = 0 \tag{5}$$

$$\text{OGT}: v_8 - v_9 - v_{15} = 0 \tag{6}$$

$$\text{SUC}: v_9 - v_{10} + v_{12} = 0 \tag{7}$$

$$\text{MAL}: v_{10} - v_{11} + v_{13} = 0 \tag{8}$$

$$\text{GOX}: v_{12} - v_{13} = 0 \tag{9}$$

$$\text{OAA}: v_5 + v_{11} - v_6 = 0 \tag{10}$$

$$\text{CO}_2: v_4 + v_8 + v_9 - v_{16} = 0 \tag{11}$$

v_{13}は，グリオキシル酸が擬定常状態であるという仮定より，この反応速度がv_{12}に等しいことから削除されている．

18の反応速度と11のバランス式より自由度は7となる．したがって，もし，7つの反応速度が規定できれば，他の反応速度は計算される．AibaとMatsuokaは6つの反応速度を測定している．グルコース消費速度（$r_{\text{glc}} = v_1$），二酸化炭素生産速度（$r_{\text{c}} = v_{16}$），クエン酸生産速度（$r_{\text{cit}} = v_{17}$），イソクエン酸生産速度（$r_{\text{ict}} = v_{18}$），タンパク質合成速度（$r_{\text{prot}} = v_{15}$），炭水化物合成速度（$r_{\text{car}} = v_3$）である．タンパク質合成速度（$r_{\text{prot}} = v_{15}$）と炭水化物合成速度（$r_{\text{car}} = v_3$）は，定常状態における細胞内のタンパク質と炭水化物の含量と増殖速度から計算される．6つの測定反応速度に加えて，AibaとMatsuokaは，ネットワークにおいて，1つの反応速度をゼロにするという束縛条件を入れた．3つの異なるケースが，クエン酸の3つの異なる生化学モデルを反映させて検討された．

モデル1：グリオキシル酸シャントが不活性，すなわち，$v_{12} = 0$
モデル2：ピルビン酸カルボキシラーゼが不活性，すなわち，$v_5 = 0$
モデル3：TCAサイクルが不完全，すなわち，$v_9 = 0$

6つの反応速度（r）を観測することによりシステム方程式は，正確に決定でき，未知の反応

速度がすべて決定できる．これは，順次，未知の反応速度を除去していくことにより決定できる．まず，簡単に，

$$v_2 = 2(r_{\mathrm{glc}} - r_{\mathrm{car}}) \tag{12}$$

とする．そして同様のプロセスで他の反応速度も導くことができる．より一般的な方法は，行列演算を用いる方法である．次に，モデル1のケースで，いかにして未知変数を解くかについて示す．まず，式(1)〜(11)について行列 $\boldsymbol{G}$ を使って表現する．

$$\begin{bmatrix}
1 & -0.5 & -1 & 0 & 0 & 0 & 0 & 0 & 0 & 0 & 0 & 0 & 0 & 0 & 0 & 0 & 0 & 0 \\
0 & 1 & 0 & -1 & -1 & 0 & 0 & 0 & 0 & 0 & 0 & 0 & 0 & 0 & 0 & 0 & 0 & 0 \\
0 & 0 & 0 & 1 & 0 & -1 & 0 & 0 & 0 & 0 & 0 & -1 & -1 & 0 & 0 & 0 & 0 & 0 \\
0 & 0 & 0 & 0 & 0 & 1 & -1 & 0 & 0 & 0 & 0 & 0 & 0 & 0 & 0 & -1 & 0 & 0 \\
0 & 0 & 0 & 0 & 0 & 0 & 1 & -1 & 0 & 0 & 0 & -1 & 0 & 0 & 0 & 0 & 0 & -1 \\
0 & 0 & 0 & 0 & 0 & 0 & 0 & 1 & -1 & 0 & 0 & 0 & 0 & -1 & 0 & 0 & 0 & 0 \\
0 & 0 & 0 & 0 & 0 & 0 & 0 & 0 & 1 & -1 & 0 & 1 & 0 & 0 & 0 & 0 & 0 & 0 \\
0 & 0 & 0 & 0 & 0 & 0 & 0 & 0 & 0 & 1 & -1 & 0 & 1 & 0 & 0 & 0 & 0 & 0 \\
0 & 0 & 0 & 0 & 0 & 0 & 0 & 0 & 0 & 0 & 0 & 1 & -1 & 0 & 0 & 0 & 0 & 0 \\
0 & 0 & 0 & 0 & 1 & -1 & 0 & 0 & 0 & 0 & 1 & 0 & 0 & 0 & 0 & 0 & 0 & 0 \\
0 & 0 & 0 & 1 & -1 & 0 & 0 & 1 & 1 & 0 & 0 & 0 & 0 & 0 & -1 & 0 & 0 & 0
\end{bmatrix} \boldsymbol{v} = \begin{bmatrix} 0 \\ 0 \\ 0 \\ 0 \\ 0 \\ 0 \\ 0 \\ 0 \\ 0 \\ 0 \\ 0 \end{bmatrix} \tag{13}$$

v_1, v_3, v_{15}, v_{16}, v_{17} を観測し（対応する反応速度 r が存在する），イソクエン酸の生産がないとき（$v_{18}=0$），そしてモデル1において，v_{12} がゼロになるとき，列1, 3, 12, 15, 16, 17, 18 を集めて $\boldsymbol{G}_m$ とし，残りを集めて $\boldsymbol{G}_c$ とする，式(8.8)は，

$$
\begin{bmatrix} v_2 \\ v_4 \\ v_5 \\ v_6 \\ v_7 \\ v_8 \\ v_9 \\ v_{10} \\ v_{11} \\ v_{13} \\ v_{14} \end{bmatrix} = -\begin{bmatrix} -0.5 & 0 & 0 & 0 & 0 & 0 & 0 & 0 & 0 & 0 & 0 \\ 1 & -1 & -1 & 0 & 0 & 0 & 0 & 0 & 0 & 0 & 0 \\ 0 & 1 & 0 & -1 & 0 & 0 & 0 & 0 & 0 & -1 & -1 \\ 0 & 0 & 0 & 1 & -1 & 0 & 0 & 0 & 0 & 0 & 0 \\ 0 & 0 & 0 & 0 & 1 & -1 & 0 & 0 & 0 & 0 & 0 \\ 0 & 0 & 0 & 0 & 0 & 1 & -1 & 0 & 0 & 0 & 0 \\ 0 & 0 & 0 & 0 & 0 & 0 & 1 & -1 & 0 & 0 & 0 \\ 0 & 0 & 0 & 0 & 0 & 0 & 0 & 1 & -1 & 1 & 0 \\ 0 & 0 & 0 & 0 & 0 & 0 & 0 & 0 & 0 & -1 & 0 \\ 0 & 0 & 1 & -1 & 0 & 0 & 0 & 0 & 1 & 0 & 0 \\ 0 & 1 & -1 & 0 & 0 & 1 & 1 & 0 & 0 & 0 & 0 \end{bmatrix}^{-1}
$$

$$
\times \begin{bmatrix} 1 & -1 & 0 & 0 & 0 & 0 & 0 \\ 0 & 0 & 0 & 0 & 0 & 0 & 0 \\ 0 & 0 & 0 & 0 & 0 & 0 & 0 \\ 0 & 0 & 0 & 0 & 0 & -1 & 0 \\ 0 & 0 & -1 & 0 & 0 & 0 & -1 \\ 0 & 0 & 0 & -1 & 0 & 0 & 0 \\ 0 & 0 & 1 & 0 & 0 & 0 & 0 \\ 0 & 0 & 0 & 0 & 0 & 0 & 0 \\ 0 & 0 & 1 & 0 & 0 & 0 & 0 \\ 0 & 0 & 0 & 0 & 0 & 0 & 0 \\ 0 & 0 & 0 & 0 & -1 & 0 & 0 \end{bmatrix} \begin{bmatrix} r_{\text{glc}} \\ r_{\text{car}} \\ 0 \\ r_{\text{prot}} \\ r_{\text{c}} \\ r_{\text{cit}} \\ r_{\text{ict}} \end{bmatrix} \quad (14)
$$

または

$$
\begin{bmatrix} v_2 \\ v_4 \\ v_5 \\ v_6 \\ v_7 \\ v_8 \\ v_9 \\ v_{10} \\ v_{11} \\ v_{13} \\ v_{14} \end{bmatrix} = \begin{bmatrix} 2 & -2 & 0 & 0 & 0 & 0 & 0 \\ 2 & -2 & 1 & -1 & 0 & -1 & -1 \\ 0 & 0 & -1 & 1 & 0 & 1 & 1 \\ -1 & 1 & 0 & 1.5 & 0.5 & 2 & 2 \\ -1 & 1 & 0 & 1.5 & 0.5 & 1 & 2 \\ -1 & 1 & -1 & 1.5 & 0.5 & 1 & 1 \\ -1 & 1 & -1 & 0.5 & 0.5 & 1 & 1 \\ -1 & 1 & 0 & 0.5 & 0.5 & 1 & 1 \\ -1 & 1 & 1 & 0.5 & 0.5 & 1 & 1 \\ 0 & 0 & 1 & 0 & 0 & 0 & 0 \\ 3 & -3 & 0 & -2.5 & -0.5 & -3 & -3 \end{bmatrix} \begin{bmatrix} r_{\text{glc}} \\ r_{\text{car}} \\ 0 \\ r_{\text{prot}} \\ r_{\text{c}} \\ r_{\text{cit}} \\ r_{\text{ict}} \end{bmatrix} \quad (15)
$$

となる.

解の複雑さ，すなわち，細胞内フラックスが，ほとんどすべての観測速度の関数であることに注意しよう．そのような場合には，Gaussの消去法は，とても煩雑な計算となる．一方行列演算は，Mathematica, Mable, Matlabのようなコンピュータソフトを使えば容易に計算す

ることができる．式（15）の第1行からv_2の解は，式（12）で与えられたものと同じである．グリオキシル酸回路の活性がない場合は，明らかに$v_{13}=0$であり，$v_{10}=v_{11}$である．異なるケモスタットの条件で異なった測定値を用いることにより，Aiba and Matsuoka（1979）は，モデル1がフラックスの妥当な値を計算できると結論している．さらに，4つの異なる酵素活性（ピルビン酸カルボキシラーゼ，クエン酸シンターゼ，イソクエン酸デヒドロゲナーゼ，イソクエン酸リアーゼ）の *in vitro* における酵素活性の測定がフラックス計算の結果とよく一致したとしている．他の2つのモデルが検証されたとき，いくつかのフラックスが負となることがわかった．モデル2は，α-ケトグルタル酸からイソクエン酸へ変換されるなど負のフラックスが計算された．これは不可能なことではないが，熱力学的にいって，図8.3に示された反応はほとんど矢印の向き（前向きに）反応が進む．つまり，イソクエン酸からα-ケトグルタル酸への変換においてΔG^0は-20.9 kJ (mol)$^{-1}$で，α-ケトグルタル酸のイソクエン酸への変換は，その濃度が非常に高いときにおいてのみ起こる．さらに，測定された酵素活性とモデル1により予測されたフラックスは，他の2つのモデルより，良好な一致を示した．したがって，Aiba and Matsuoka（1979）は，*C. lipolytica* においてグリオキシル酸回路が不活性であるか，または，その活性は非常に低いという結論を出した．

式（8.8）はK個の線形代数方程式が行列表示されたときの結果を実際に与えている（Box 4.2参照）．解が一意に決まるためには，代数方程式が1次独立であることが必要である．すなわち，どの方程式も他の方程式の線形結合では表されないことが必要である．この1次独立性は，G_cの逆行列が存在するために，必要なものである．これをチェックする最も簡単な方法は行列のランクを計算することである．もし，行列がフルランクでその値がKであるなら，det(G_c)はゼロではない．もしG_cのランクがKより小さい場合には，特異条件であり，det$(G_c)=0$となる．この場合，式（8.8）を用いては解は求められない．これはunder-determinedな状態である．

G_cの行列のランクがKより小さい理由は，主に次の2つの理由が考えられる．

1. G_cに集められた反応の化学量論式の組，すなわちG_cの行は，線形従属の場合である．つまり，G_cの中の1つあるいは複数の行が，他の行の線形結合で書き表せる．線形従属な化学反応が反応ネットワークに含まれているかどうかは，全体の化学量論行列のランクを決定することによって容易にチェックすることができる．もし，Gがフルランクなら，すなわちrank$(G)=K$ならば，少なくとも1つの逆行列を計算できる部分正方行列が存在する．もし，rank$(G)<K$ならば，G_cの少なくとも1つの行が他の行の線形従属である．代謝ネットワークでは関与する反応の数が非常に多いために，化学量論式の線形従属性は，しばしば問題になる（例8.4参照）．これらのケースでは，線形従属な反応は取り除くか，解を得るためのさらなる情報を付加する必要がある．

2. Gがフルランクでも，測定値の選び方によってG_cのランクがKより低くなる場合がある．この場合は測定している変数間に重なった情報のある場合である．この場合には，コンシステンシーのチェックは行えるが，まず他の測定値を使って未知のフラックスを決定しなければならない（例8.5参照）．

例 8.4　線形従属な反応の化学量論

ほとんどの生細胞は多くの化合物を炭素，エネルギー，窒素源として使うことができるので，同じような機能をもつ経路が存在するし，それらが同時に機能しているかもしれない．これらすべての経路を含めることは，代謝フラックス解析が行われる際に，観測性の問題を引き起こすことになる．つまり，これらの経路は通常，細胞外の観測のみでは決定することができないものなのである．この状況は普通，行列の特異性を示すものである．ここでは，不可観測な経路は，線形従属な化学量論反応として表される．このような問題は，次のような代謝経路において最もよく見られる．

- 原核生物におけるグリオキシル酸回路
- GS-GOGATシステムにおける窒素の消費
- トランスヒドロゲナーゼ
- アイソザイム

原核生物においてTCAサイクルとグリオキシル酸回路を含むすべての補充経路は，細胞質マトリックスで機能している．しばしば，グリオキシル酸回路は，TCAサイクルのバイパスと考えられている（図2.10参照）．しかし，2つの経路は，全く異なる目的をもっている．TCAサイクルは，ピルビン酸を二酸化炭素へ酸化することが目的であるのに対してグリオキシル酸回路は，アセチルCoAからオキザロ酢酸への変換によって，前駆代謝産物を生産することが目的となる．これらを考えても，TCAサイクルとグリオキシル酸回路は1次従属ではない．しかし，もし他の補充経路，ピルビン酸カルボキシラーゼが含まれれば，特異性が発生する（図2.10の経路の概観を参照すること）．これらすべてのケースでは，ピルビン酸を出発点と考えると化学量論式は，

$$\text{TCA サイクル}：-\text{ピルビン酸}+3CO_2+NADH+FADH_2+GTP=0 \quad (1)$$

$$\text{グリオキシル酸回路}：-2\text{ピルビン酸}+2CO_2+\text{オキザロ酢酸}$$
$$+4NADH+FADH_2=0 \quad (2)$$

$$\text{ピルビン酸カルボキシラーゼ}：-\text{ピルビン酸}-ATP-CO_2+\text{オキザロ酢酸}=0 \quad (3)$$

となる．

もし，ATPとGTPがともに蓄積していれば（これは細胞内反応の解析でよく見られることであるが），グリオキシル酸回路は，他の2つの経路の線形結合で書き表される．そして，代謝フラックス解析において，これら3つのすべての反応を独立に決定することはできない．どの経路を削除すべきかという問題は非常に難しい問題である．そして，図8.4に示したように，TCAサイクルかグリオキシル酸回路のどちらかを含めると，フラックス分布は劇的に変化する．幸運にもこれらの酵素系は別々に誘導されるので，これらの経路が同時に機能することはまれである．該当する酵素活性の誘導と調節の情報は，いろいろな環境条件に対して正確な代謝経路を考える上で非常に重要となる．例えば，イソクエン酸リアーゼ（グリオキシル酸回路の最初の反応を触媒する酵素）は多くの微生物において，グルコースにおける増殖においてグリオキシル酸回路の機能の発現の可能性を削除するようにグルコースによって抑制される．真核生

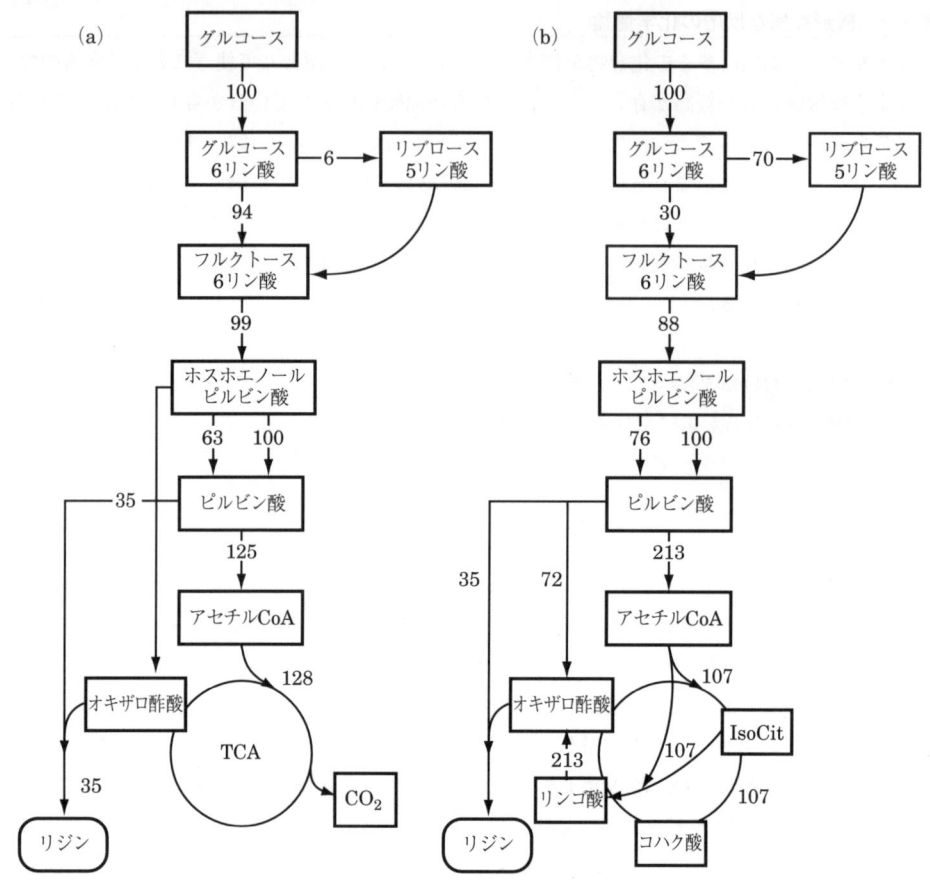

図 8.4 *Corynebacterium glutamicum* においてモル収率 0.35 を与える理論的なフラックス分布．このフラックス分布は，Vallino and Stephanopoulos（1993）（10.1 節参照）のモデルを使って計算された．PEP とピルビン酸の間の2つのフラックスはピルビン酸キナーゼ（左側）とグルコース輸送システム（PTS）の反応を考慮して計算されている．(a) TCA サイクルは活性で，グリオキシル酸回路は不活性な場合．(b) TCA サイクルは不活性でグリオキシル酸回路は活性な場合．Vallino and Stephanopoulos (1993). © 1993 John Wiley & Sons, Inc. Translated by permission of John Wiley & Sons, Inc. All rights reserved.

物では，グリオキシル酸回路は，TCA サイクルと異なる細胞のコンパートメントで反応するので，線形従属性は増大しない．つまり，TCA サイクルはミトコンドリア内で機能し，グリオキシル酸回路は，細胞質かマイクロボディで機能する．3つすべての経路は Aiba and Matsuoka (1979) の解析ですべて扱われていた．しかし，解を導くときにその経路のうちの1つは，それぞれのモデルにおいて不活性であるという仮定がおかれていた．例 8.2 に示したモデルで3つの経路の化学量論式が全体の化学量論行列に含まれていたが，解を導くときには1つの経路は部分行列 G_m に入るものとして扱われ（例ではグリオキシル酸回路の反応），その反応速度はゼロとして扱われた．この経路をネットワークから除いてしまうこともできるが，この方法をとっても同じ解が得られるだけである．

　線形従属な反応のもうひとつの例は，アンモニアの2つの取込み系において見られる．つまり，グルタミン酸デヒドロゲナーゼの反応と GS-GOGAT 系である（2.1 節参照）．この2つの

経路は,

GDH：$-\alpha$-ケトグルタル酸 $-$ NH$_3$ $-$ NADPH $+$ グルタミン酸 $= 0$ (4)

GS-GOGAT：$-\alpha$-ケトグルタル酸 $-$ NH$_3$ $-$ NADPH $-$ ATP $+$ グルタミン酸 $= 0$ (5)

と表される．2 式の差異は，GS-GOGAT 経路では ATP が利用され（この系がより高親和性である），GDH では利用されないという点のみにおいて見られる．ここで，問題は，すべての ATP 消費反応についての十分な情報の欠如のために，ATP バランスを表すのは簡単ではないということである．ATP バランスを考えなければ，これら 2 つの窒素取込み系は従属性であり，不可観測であるという現象が起こる．2 つの経路の差異は GS-GOGAT 系では，ATP の消費が存在するということだけなので，この 2 つの経路の区別はそれほど重要ではない．それゆえ，化学量論モデルでは 2 つの反応をひとまとめにする．

もうひとつの特異性が発生する系は，NADH と NADPH のプロトンの受渡しを可能にするトランスヒドロゲナーゼ（式 (2.4) 参照）である．この反応の存在において，2 つのコファクタが共役し，明らかに，線形従属性が発生する．トランスヒドロゲナーゼは，多くの微生物で存在が報告されているが，これらの酵素は普通，通常の増殖状態では活性が高くない．しかし，ある種のケースでは，この活性が検出される（10.1 節）．そしてペントースリン酸経路の高い活性の状態で，大量の NADPH が消費されるような場合に，重要な役割を果たしている．ここで，重要なポイントは，トランスデヒドロゲナーゼ活性の存在が，化学量論バランスのコンシステンシーの欠如や over-determined な系の MFA から検出されることである．

多くの微生物種においてアイソザイムが存在する．これは同じ反応において異なる補酵素を使って触媒する．よく知られている例は，グルタミン酸デヒドロゲナーゼの反応である．多くの微生物で，2 つのアイソザイムが知られている．片方は NADH 依存性で機能する（GDH-NADH）酵素で，もう片方は NADPH 依存性（GDH-NADPH）酵素である．もし両酵素が機能するなら，両方の酵素ともトランスヒドロゲナーゼ反応として機能するので特異性が発生する．しかし，GDH-NADH は主にアミノ酸の異化経路に含まれ，グルコースによって抑制されている．一方，GDH-NADPH は主にグルタミン酸合成において機能しグルタミン酸によって抑制される．増殖状態によって 2 つの酵素はネットワークの定式化からはずすことができる．

もし，化学量論行列において特異性が発生したら次のような方策をとることが可能となる．

(1) 該当する酵素反応の調節や誘導を調べることにより，モデルから線形従属な反応を除く．
(2) 2 つの経路の相対的なフラックスのような付加的な情報を導入する．そのような情報は酵素活性の測定，つまり，この 2 つの経路の相対的な酵素活性の比の情報を与える．しかし，このアプローチは，*in vitro* の酵素活性測定値が *in vivo* のフラックス分布と相関しないという場合はうまくいかない．より強力な技術は，標識化合物 ^{13}C-グルコースの利用と ^{13}C 標識された炭素がどのように分布して濃縮されていくかを NMR により解析する方法である．このような技術は，線形従属な経路をにおいても，フラックス分布について失われている情報を取り戻すことができる（9 章参照）．

例8.5　乳酸菌のヘテロ発酵代謝

乳酸菌はアミノ酸が豊富に含まれる（例えば，イーストエキスやペプトンを含む）天然培地で増殖し，生合成反応で炭素骨格を提供する．したがって，細胞合成反応では酸化還元当量の正味の消費は全く（または，ほとんど）ない．グルコースやラクトースのようなエネルギー源から1次代謝物（乳酸，エタノール，ギ酸，二酸化炭素）への変換において還元当量の変換を引き起こす．乳酸菌において働く異化代謝経路（図8.5）は，増殖とは切り離して解析することができる．天然培地における前駆物質の細胞合成への取込みは，無視できて，EMP経路は，分岐点のない直線上の反応と考えられる．それで，この章では，グルコースからピルビン酸までの中間物質は取り除いて考えられる．良好な増殖状態では，ある種の乳酸菌は，グルコースから乳酸の経路のみが使われる（これは代謝物質が1つであることからしばしば，ホモ型発酵と呼ばれる）．この場合は，NADHはグルコースからピルビン酸までに生成し，ピルビン酸から乳酸までに使われるので，還元当量は変化しない．しかし，厳しい条件下では細胞は異化経路において，さらに，ATPを生成しようとする．したがって，ピルビン酸から酢酸へ向かう反応が派生する．この現象が起これば，還元当量のバランスが崩れ，ピルビン酸はさらにNAD$^+$を再生するために，エタノールが生成する．グルコースの異化経路において，よりATPを多く生産するために，多くの代謝物を生産するので，このケースにおいては，ヘテロ型発酵（または混合酸発酵）と呼ばれる．

ピルビン酸は明らかに経路中の分岐点であり，それゆえ，この物質における収支を考えることができる．ピルビン酸の代謝産物への変換は，3つの異なる経路が考えられる．すなわち，アセチルCoA，アセチルP，アセトアルデヒドを経由する反応である．この中では，アセチルCoAだけを分岐点として考慮すればよい．最後に，異化経路における還元当量はNADHの付加的なバランスを与える．NAD$^+$のバランスも考えればよいが，この物質はNADHとリンク

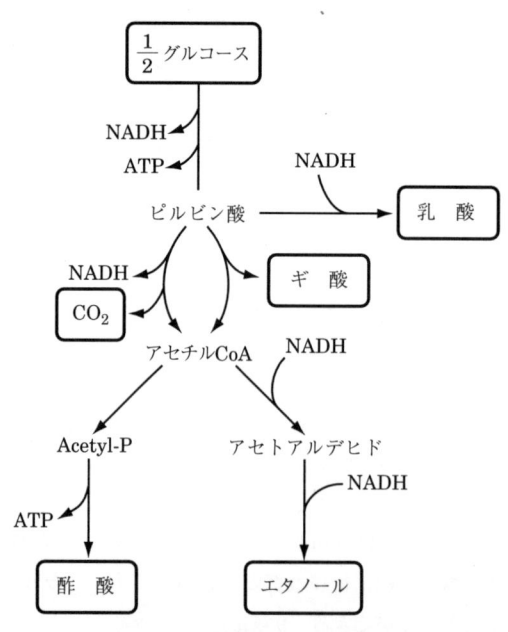

図8.5 乳酸菌のヘテロ発酵代謝.

しているので，そのようなバランスは線形従属であり，新しい情報は与えない．ATPのバランスも考慮できるが，異化経路だけを考えれば，ATPの消費はなく，それゆえ，バランス式を定式化することができない．まとめると，3つの経路（ピルビン酸，アセチルCoA，NADH）と1つの基質（グルコース），5つの代謝産物（乳酸，二酸化炭素，ギ酸，酢酸，エタノール）が乳酸代謝の経路には含まれる．一般式 (3.4) は，この経路の中では，6つの反応の化学量論式を用いて，式 (1) により与えられる（ここで，細胞外の物質の培地への蓄積速度は r_i と表し，細胞内のフラックス v_i と区別することに注意していただきたい）．

$$
\begin{bmatrix} -\frac{1}{2} \\ 0 \\ 0 \\ 0 \\ 0 \\ 0 \end{bmatrix} S_{\text{glc}} + \begin{bmatrix} 0 & 0 & 0 & 0 & 0 \\ 1 & 0 & 0 & 0 & 0 \\ 0 & 1 & 0 & 0 & 0 \\ 0 & 0 & 1 & 0 & 0 \\ 0 & 0 & 0 & 1 & 0 \\ 0 & 0 & 0 & 0 & 1 \end{bmatrix} \begin{bmatrix} P_{\text{lac}} \\ P_{\text{CO2}} \\ P_{\text{for}} \\ P_{\text{ac}} \\ P_{\text{et}} \end{bmatrix} + \begin{bmatrix} 1 & 0 & 1 \\ -1 & 0 & -1 \\ -1 & 1 & 1 \\ -1 & 1 & 0 \\ 0 & -1 & 0 \\ 0 & -1 & -2 \end{bmatrix} \begin{bmatrix} X_{\text{pyr}} \\ X_{\text{acCoA}} \\ X_{\text{NADH}} \end{bmatrix}
$$

$$
= \begin{bmatrix} 0 \\ 0 \\ 0 \\ 0 \\ 0 \\ 0 \end{bmatrix} \tag{1}
$$

式 (1) を使って，擬定常状態を仮定することによって，3つの細胞内物質，ピルビン酸，アセチルCoA，NADHは次のような線形関係を示す．

$$
\begin{bmatrix} 0 \\ 0 \\ 0 \end{bmatrix} = \begin{bmatrix} 1 & -1 & -1 & -1 & 0 & 0 \\ 0 & 0 & 1 & 1 & -1 & -1 \\ 1 & -1 & 1 & 0 & 0 & -2 \end{bmatrix} \begin{bmatrix} r_{\text{pyr}} \\ r_{\text{lac}} \\ r_{\text{c}} \\ r_{\text{for}} \\ r_{\text{ac}} \\ r_{\text{et}} \end{bmatrix} \tag{2}
$$

この最初の式（1行目の式）は，ピルビン酸のバランスを表す．2番目のバランスはアセチルCoA，最後の式は，NADHのバランスを示している．この例では，すべてのフラックスは，実際に，基質の取込み速度と生産物の生産速度を測定することにより，決定できる．しかし，このようにうまくいくのは例8.3で示したように，むしろ例外のケースであり，通常は測定値の足りない場合も多い．

経路の中には，従属な反応はなく，これは，行列 G のランク (3) によって確認することができる．それゆえ，未知の反応速度を決定するために，3つの反応速度を測定すればよいことになる．もし，グルコース（これより r_{pyr} は $2r_{\text{glc}}$ として扱う），乳酸，ギ酸の速度が選ばれたら，式 (8.8) を使って，

8. 代謝フラックス解析

$$\begin{bmatrix} 0 \\ 0 \\ 0 \end{bmatrix} = \begin{bmatrix} 1 & -1 & -1 \\ 0 & 0 & 1 \\ 1 & -1 & 0 \end{bmatrix} \begin{bmatrix} r_{\mathrm{pyr}} \\ r_{\mathrm{lac}} \\ r_{\mathrm{for}} \end{bmatrix} + \begin{bmatrix} -1 & 0 & 0 \\ 1 & -1 & -1 \\ 1 & 0 & -2 \end{bmatrix} \begin{bmatrix} r_{\mathrm{c}} \\ r_{\mathrm{ac}} \\ r_{\mathrm{et}} \end{bmatrix} \tag{3}$$

となる．G_c^T の行列式はゼロではないので，逆行列を用いて

$$\begin{bmatrix} r_c \\ r_{ac} \\ r_{\mathrm{et}} \end{bmatrix} = - \begin{bmatrix} -1 & 0 & 0 \\ 1 & -1 & -1 \\ 1 & 0 & -2 \end{bmatrix}^{-1} \begin{bmatrix} 1 & -1 & -1 \\ 0 & 0 & 1 \\ 1 & -1 & 0 \end{bmatrix} \begin{bmatrix} r_{\mathrm{pyr}} \\ r_{\mathrm{lac}} \\ r_{\mathrm{for}} \end{bmatrix}$$

$$= \begin{bmatrix} 1 & -1 & -1 \\ 0 & 0 & \frac{1}{2} \\ 1 & -1 & -\frac{1}{2} \end{bmatrix} \begin{bmatrix} r_{\mathrm{pyr}} \\ r_{\mathrm{lac}} \\ r_{\mathrm{for}} \end{bmatrix} \tag{4}$$

2モルのギ酸が1モルの酢酸の生産に伴って生成する．これらの細胞外代謝物質の生成速度間の比は固定されており，これは，NADHのバランスによって説明される．アセチルCoAがギ酸の生成とともに生成し，正確に1モルのNAD^+の再生が1モルのアセチルCoAの生産に伴って起こる（つまり，EMP経路で使われたNAD^+）．それゆえ，アセチルCoAからのフラックスは，エタノールと酢酸に当モルずつ分岐する（ここで2モルのNAD^+が再生される）．同様に，もしギ酸の生成がないのなら，ピルビン酸のアセチルCoAへの変換は，ピルビン酸デヒドロゲナーゼの経路でのみ起こり，さらにNADHが生成する．この場合，アセチルCoAは，エタノールに流れ，要求されるNAD^+は再生される．

グルコース（ピルビン酸のモル速度の半分になるが），乳酸，ギ酸の測定で，式（4）の行列式の計算は簡単にできる．しかし，代わりに，グルコース，酢酸，ギ酸が測定変数に選ばれていたら，

$$\det(G_c^T) = \begin{vmatrix} -1 & -1 & 0 \\ 0 & 1 & -1 \\ -1 & 1 & -2 \end{vmatrix} = 0 \tag{5}$$

となる．言い換えると，この測定変数の組は残りの変数（乳酸，CO_2，エタノールのフラックス）を計算することができない．もちろん，この理由は，ギ酸と酢酸の測定情報からは，NADH消費に関する情報がないため，NADHのバランスが役に立たないからである（r_{lac}, r_c, r_{et} の中から何かのフラックスが測定されなければならない）．それゆえ，酢酸とギ酸両方のフラックス測定とも付加的な情報をもたらさない．行列式の計算は，市販のソフトウェアで簡単に求めらるが，式（5）を見ると簡単に，3行目＝1行目＋2×2行目となるので，実際にその計算をする必要はないだろう．

8.2 冗長な状態（over-determined）のシステム

8.1節では，フラックス解析において，システムをちょうど一意に決定できる方法が示され

た．しかし，システムの自由度よりも多くの速度の測定が利用可能な場合がしばしばある．この場合，システムは，冗長な状態（over-determined）であり，4.4節で扱ったのと同じように冗長性は，不可観測な変数の推定のみならず，可観測な変数の推定における精度の向上のために用いられる．さらに，over-determined なシステムでは，細胞内代謝物質の定常状態の仮定の正当性をチェックすることができる．

冗長な状態の（over-determined）システムでは，式 (8.8) の G_c^T 行列は，正方ではなく，したがって，逆行列がとれない．単純な解は Moore-Penrose 型一般逆行列を用いる方法である（4.4節参照）．

$$\boldsymbol{v}_c = -(\boldsymbol{G}_c^T)^\# \boldsymbol{G}_m^T \boldsymbol{v}_m \tag{8.9}$$

ここで，$(\boldsymbol{G}_c^T)^\#$ は $\boldsymbol{G}_c^T$ の一般逆行列であり

$$(\boldsymbol{G}_c^T)^\# = (\boldsymbol{G}_c \boldsymbol{G}_c^T)^{-1} \boldsymbol{G}_c \tag{8.10}$$

と与えられる．もちろん式 (8.9) は，$\boldsymbol{G}_c \boldsymbol{G}_c^T$ が，非特異な状態で与えられる．このとき，$\boldsymbol{G}_c$ はフルランクである．したがって，over-determined なシステムが解けるかどうかは，determined なシステムと同じように判断することができる．正方行列に対しては，一般逆行列は，逆行列と等価である．式 (8.9) は式 (8.7) の測定変数が自由度よりも大きいときの一般解である．

式 (8.9) は，測定にノイズが少ないときに非常に有用である．この方法は，不可観測なフラックスの"最小二乗推定を表している"．このとき，観測値に含まれるノイズがシステムの束縛条件（すなわち細胞内物質のバランス式）に対して一様に分布しているという仮定が置かれている．しかし，もし，何かの変数の中に重要なノイズが含まれている場合は，式 (8.9) の解は，ネットワークのノードの周りでフラックスの保存を満足しないかも知れない．つまり，あるノードに流れ込んでくるフラックスの和はそのノードから流れ出すフラックスの和とは，異なるかもしれない．これは明らかに，フラックス解析の研究において，大きな問題である．この際には，ブラックボックスモデルで見たように（4.4節），大きなエラーを含んでいる観測値の同定が必要ということになる．式 (8.7) は式 (4.10) によって与えられる元素バランスと同じように考えられるので，4.4節の解析をここで正確に同じように適用してみよう．冗長性行列は，まず，

$$\boldsymbol{R} = \boldsymbol{G}_m - \boldsymbol{G}_c \boldsymbol{G}_c^\# \boldsymbol{G}_m \tag{8.11}$$

と計算され，この冗長性行列は，例4.6で示した式 (4.15)～式 (4.17) と同じ手順で決定される．

少し違う方法（Tsai and Lee (1988)）では，"不可観測な情報も可観測な情報も"両方推定値を改変する方法である．この目的のために，式 (8.7) を書き直し，

$$\begin{bmatrix} \boldsymbol{v}_m \\ 0 \end{bmatrix} = \begin{bmatrix} \boldsymbol{I} & 0 \\ & \boldsymbol{G}^T \end{bmatrix} \begin{bmatrix} \boldsymbol{v}_m \\ \boldsymbol{v}_c \end{bmatrix} = \boldsymbol{T}\boldsymbol{v} \tag{8.12}$$

を得る．ここで，$\boldsymbol{I}$ は観測値ベクトルと同じ次元をもつ単位行列である．式 (8.12) の最初の行は，$\boldsymbol{v}_m = \boldsymbol{v}_m$ を表しているにすぎない．一方，2行目の式は，式 (8.7) と等価である．文献

に報告されているほとんどの代謝反応モデルは式（8.12）の型に容易に書き直すことができる．この形式では，式（8.12）は，計算されるベクトルv_cと測定されるベクトルv_mを完全に区別することができる．そして，ノイズ除去によっても観測フラックスの改良は行わない．これは，フラックスベクトルのより一般的な分割を示している．観測値と不可観測値は分けないで

$$\begin{bmatrix} v_m \\ 0 \end{bmatrix} = \begin{bmatrix} T_{11} & T_{12} \\ T_{21} & T_{22} \end{bmatrix} \begin{bmatrix} v_1 \\ v_2 \end{bmatrix} \tag{8.13}$$

となる．2行目は，明らかに，定常状態の代謝バランスを反映している．行列T_{11}とT_{12}は，例8.6で示すように，単位行列とG^Tから定義される．ベクトルv_1とv_2はv_mとv_cと等しくなるように選ばれる（ここまでは前述の方法と同じ）．または，左辺のゼロの部分を利用して，行列T_{22}はv_1に対してv_2が解になるよう逆行列をとる．

$$v_2 = -T_{22}^{-1} T_{21} v_1 \tag{8.14}$$

ここで，この式を式（8.13）に代入すると観測値v_mとv_1要素の間に，

$$v_m = T_r v_1 \tag{8.15}$$

の関係が成り立つ．ここで，T_rは，

$$T_r = T_{11} - T_{12} T_{22}^{-1} T_{21} \tag{8.16}$$

である．式（8.15）はover-determeinedなシステムを元々の式として規定している．もし，測定誤差がゼロでない平均値で正規分布しており，分散-共分散行列がFであれば，最尤推定により，v_1は（Madronら，1977）

$$\hat{v}_1 = (T_r^T F^{-1} T_r)^{-1} T_r^T F^{-1} v_m \tag{8.17}$$

と与えられる．ここで，正規分布により与えられる測定誤差に対し，変曲点は最良な推定を与える．v_2の推定値$\hat{v}_2$は式（8.17）を式（8.14）に代入することにより

$$\hat{v}_2 = -T_{22}^{-1} T_{21} \hat{v}_1 \tag{8.18}$$

と求められる．

式（8.17）と式（8.18）は，代謝モデルの"すべてのフラックス"（観測変数と不可観測変数の両方）の最良の推定値を与えている．しばしば，すべての分散-共分散の値を与えるのが難しい場合もある．観測フラックスの誤差が同じ大きさの割合で，お互いに無相関ならv_1の要素の最小二乗推定量を

$$\hat{v}_1 = (T_r^T T_r)^{-1} T_r^T v_m \tag{8.19}$$

のように与えることができる．

例8.6　冗長なシステムにおけるフラックスの決定

例8.5で扱ったヘテロ型乳酸発酵の話に戻ろう．そして4つの反応速度が測定可能な場合（冗長な場合）を考えよう．測定変数は，ピルビン酸生産速度（グルコース消費速度r_{glc}の2倍），

8.2 冗長な状態のシステム

乳酸生産速度（r_{lac}），ギ酸生産速度（r_{for}），エタノール生産速度（r_{et}）が利用可能であるとしよう．式（8.7）は，

$$\begin{bmatrix} 0 \\ 0 \\ 0 \end{bmatrix} = \begin{bmatrix} 1 & -1 & -1 & 0 \\ 0 & 0 & 1 & -1 \\ 1 & -1 & 0 & -2 \end{bmatrix} \begin{bmatrix} r_{\text{pyr}} \\ r_{\text{lac}} \\ r_{\text{for}} \\ r_{\text{et}} \end{bmatrix} + \begin{bmatrix} -1 & 0 \\ 1 & -1 \\ 1 & 0 \end{bmatrix} \begin{bmatrix} r_{\text{c}} \\ r_{\text{ac}} \end{bmatrix} \tag{1}$$

となる．ここで，1行目のバランスは，ピルビン酸，2行目のバランスはアセチルCoAのバランスによるものである．最後のバランスは，NADHによるものである．rは細胞外の蓄積速度を示している．最小二乗法を使って，式（8.9）により観測しない変数を計算しよう．この計算法は式（8.12），（8.13）に基づいている．

まず$\boldsymbol{G}_c^T$のMoore-Penrose型一般逆行列は，式（8.10）より，

$$\begin{aligned}(\boldsymbol{G}_c^T)^{\#} &= \left[\begin{bmatrix} -1 & 1 & 1 \\ 0 & -1 & 0 \end{bmatrix} \begin{bmatrix} -1 & 0 \\ 1 & -1 \\ 1 & 0 \end{bmatrix} \right]^{-1} \begin{bmatrix} -1 & 1 & 1 \\ 0 & -1 & 0 \end{bmatrix} \\ &= \begin{bmatrix} -0.5 & 0 & 0.5 \\ -0.5 & -1 & 0.5 \end{bmatrix} \end{aligned} \tag{2}$$

となる．観測していない反応速度は式（8.9）から，

$$\begin{aligned}\begin{bmatrix} r_{\text{c}} \\ r_{\text{ac}} \end{bmatrix} &= -\begin{bmatrix} -0.5 & 0 & 0.5 \\ -0.5 & -1 & 0.5 \end{bmatrix} \begin{bmatrix} 1 & -1 & -1 & 0 \\ 0 & 0 & 1 & -1 \\ 1 & -1 & 0 & -2 \end{bmatrix} \begin{bmatrix} r_{\text{pyr}} \\ r_{\text{lac}} \\ r_{\text{for}} \\ r_{\text{et}} \end{bmatrix} \\ &= \begin{bmatrix} 0 & 0 & -0.5 & 1 \\ 0 & 0 & 0.5 & 0 \end{bmatrix} \begin{bmatrix} r_{\text{pyr}} \\ r_{\text{lac}} \\ r_{\text{for}} \\ r_{\text{et}} \end{bmatrix} \end{aligned} \tag{3}$$

となる．この解は例8.3で決定した解と矛盾がない．つまり，もし，測定値に誤差がなければこの解は例8.3で得られたものと等価である（例8.5の式（4）からr_{et}の表現を前述の式に入れて，r_{c}とr_{ac}を比較して見よ）．式（3）から，観測されていない速度はピルビン酸の生産や乳酸の生産には無関係であることがわかる．

観測された速度と観測されていない速度を，より精度の高く推定するために，Tsai and Lee (1988) の方法を用いよう．式（1）を式（8.12）によって示された形に書き直し，

8. 代謝フラックス解析

$$\begin{bmatrix} r_{\text{pyr}} \\ r_{\text{lac}} \\ r_{\text{for}} \\ r_{\text{et}} \\ 0 \\ 0 \\ 0 \end{bmatrix} = \begin{bmatrix} 1 & 0 & 0 & 0 & 0 & 0 \\ 0 & 1 & 0 & 0 & 0 & 0 \\ 0 & 0 & 1 & 0 & 0 & 0 \\ 0 & 0 & 0 & 1 & 0 & 0 \\ \hdashline 1 & -1 & -1 & 0 & -1 & 0 \\ 0 & 0 & 1 & -1 & 1 & -1 \\ 1 & -1 & 0 & -2 & 1 & 0 \end{bmatrix} \begin{bmatrix} r_{\text{pyr}} \\ r_{\text{lac}} \\ r_{\text{for}} \\ \hdashline r_{\text{et}} \\ r_{\text{c}} \\ r_{\text{ac}} \end{bmatrix} \tag{4}$$

が得られる。ここで，行列 $\boldsymbol{T}$ が分割して示されている．化学量論行列 $\boldsymbol{G}^T$（の下から3行目まで）を見ると 4×4 の単位行列とゼロ行列である．前述の式は $\boldsymbol{v}_1$ が測定反応速度だけからなるように書かれているが，この場合は $\boldsymbol{v}_1$ は両方を含んでいる．$\boldsymbol{v}_1$ の中には観測していない反応速度も書かれている．これを分割して，

$$\boldsymbol{T}_r = \begin{bmatrix} 1 & 0 & 0 \\ 0 & 1 & 0 \\ 0 & 0 & 1 \\ 0 & 0 & 0 \end{bmatrix} - \begin{bmatrix} 0 & 0 & 0 \\ 0 & 0 & 0 \\ 0 & 0 & 0 \\ 1 & 0 & 0 \end{bmatrix} \begin{bmatrix} 0 & -1 & 0 \\ -1 & 1 & -1 \\ -2 & 1 & 0 \end{bmatrix}^{-1} \begin{bmatrix} 1 & -1 & -1 \\ 0 & 0 & 1 \\ 1 & -1 & 0 \end{bmatrix}$$

$$= \begin{bmatrix} 1 & 0 & 0 \\ 0 & 1 & 0 \\ 0 & 0 & 1 \\ 1 & -1 & -0.5 \end{bmatrix} \tag{5}$$

となる．これは，

$$\hat{\boldsymbol{v}}_1 = \begin{bmatrix} \hat{r}_{\text{pyr}} \\ \hat{r}_{\text{lac}} \\ \hat{r}_{\text{for}} \end{bmatrix} = \frac{1}{13} \begin{bmatrix} 9 & 4 & 2 & 4 \\ 4 & 9 & -2 & -4 \\ 2 & -2 & 12 & -2 \end{bmatrix} \begin{bmatrix} r_{\text{pyr}} \\ r_{\text{lac}} \\ r_{\text{for}} \\ r_{\text{et}} \end{bmatrix} \tag{6}$$

と

$$\hat{\boldsymbol{v}}_2 = \begin{bmatrix} \hat{r}_{\text{et}} \\ \hat{r}_{\text{c}} \\ \hat{r}_{\text{ac}} \end{bmatrix} = \frac{1}{13} \begin{bmatrix} 4 & -4 & -2 & 9 \\ 3 & -3 & -8 & 10 \\ 1 & -1 & 6 & -1 \end{bmatrix} \begin{bmatrix} r_{\text{pyr}} \\ r_{\text{lac}} \\ r_{\text{for}} \\ r_{\text{et}} \end{bmatrix} \tag{7}$$

を与える．ここで式の右辺はフラックスのうち観測されたもので表現されている．解はこれも例8.3と矛盾しない（例8.3の式（4）の r_{et} を代入して r_{c} と r_{ac} の結果を比較して見よ）．しかし，ここで，測定変数に含まれるノイズが観測しない反応速度の計算にも観測している反応速度の計算にも影響する．したがって，ピルビン酸のフラックス（r_{pyr}）の推定は，4つの測定速度の関数となっている．

前述の推定法においては，間接的に定常状態であるという仮定や，ノイズは観測値にのみ含まれるという仮定が満足されるとしている．もし，擬定常状態という仮定が満足されず，多少代謝物質が蓄積されているようであっても，式（8.12）は細胞内反応フラックスの推定を示しているが，その解は直接的には

$$\hat{\boldsymbol{v}} = (\boldsymbol{T}^T \boldsymbol{F}^{-1} \boldsymbol{T})^{-1} \boldsymbol{T}^T \boldsymbol{F}^{-1} \begin{bmatrix} \boldsymbol{v}_m \\ 0 \end{bmatrix} \tag{8.20}$$

となる．ここで，$\boldsymbol{F}$ は，観測値と擬定常状態の残差両方の分散–共分散行列である．もし，ノイズが等方的に大きければ，最小二乗法の解は，式（8.21）によって与えられる．

$$\hat{\boldsymbol{v}} = (\boldsymbol{T}^T \boldsymbol{T})^{-1} \boldsymbol{T}^T \begin{bmatrix} \boldsymbol{v}_m \\ 0 \end{bmatrix} \tag{8.21}$$

一般に，ノイズは，観測値にのみ存在するという方法が好まれるが，式（8.21）の構造のシンプルさゆえに式（8.21）が代謝フラックス計算に用いられる．しかし，式（8.20）を使うことは，これが前に述べた方法によって与えられるものと等価な推定を与えるので，擬定常状態に対して，非常に小さな偏差を有する観測値を規定することができる（Vallino and Stephanopoulos, 1993）（例 8.7 参照）．

例 8.7　over-determined システムの解析

例 8.5，例 8.6 に続いて，乳酸菌によるヘテロ型発酵を式（8.20），（8.21）により推定しよう．まず，観測フラックスの分散は等しく（1 とし）共分散はゼロとしよう．擬定常状態の分散は非常に小さな値（10^{-9}）を与えよう．これは実質的にはノイズのない状態に対応する．式（8.20）を使って，

$$\begin{bmatrix} \hat{r}_{\text{pyr}} \\ \hat{r}_{\text{lac}} \\ \hat{r}_{\text{for}} \\ \hat{r}_{\text{et}} \\ \hat{r}_{\text{c}} \\ \hat{r}_{\text{at}} \end{bmatrix} = \frac{1}{13} \begin{bmatrix} 9 & 4 & 2 & 4 & 2 & 0 & 2 \\ 4 & 9 & -2 & -4 & -2 & 0 & -2 \\ 2 & -2 & 12 & -2 & -1 & 0 & -1 \\ 4 & -4 & -2 & 9 & -2 & 0 & -2 \\ 3 & -3 & -8 & 10 & -8 & 0 & 5 \\ 1 & -1 & 6 & -1 & -7 & -13 & 6 \end{bmatrix} \begin{bmatrix} r_{\text{pyr}} \\ r_{\text{lac}} \\ r_{\text{for}} \\ r_{\text{et}} \\ 0 \\ 0 \\ 0 \end{bmatrix} \tag{1}$$

が与えられる．これらの推定値は，例 8.6 の式（6），（7）と等価である（行列内に示された線より右の要素は，対応するベクトルの要素がゼロなので，線より左の要素だけが重要である）．一方，式（8.21）より式（2）が直接，

$$\begin{bmatrix} \hat{r}_{\text{pyr}} \\ \hat{r}_{\text{lac}} \\ \hat{r}_{\text{for}} \\ \hat{r}_{\text{et}} \\ \hat{r}_{\text{c}} \\ \hat{r}_{\text{at}} \end{bmatrix} = \frac{1}{15} \begin{bmatrix} 11 & 4 & 2 & 4 & 2 & 0 & 2 \\ 4 & 11 & -2 & -4 & -2 & 0 & -2 \\ 2 & -2 & 14 & -2 & -1 & 0 & -1 \\ 4 & -4 & -2 & 11 & -2 & 0 & -2 \\ 3 & -3 & -9 & 12 & -9 & 0 & 6 \\ 1 & -1 & 7 & -1 & -8 & -15 & 7 \end{bmatrix} \begin{bmatrix} r_{\text{pyr}} \\ r_{\text{lac}} \\ r_{\text{for}} \\ r_{\text{et}} \\ 0 \\ 0 \\ 0 \end{bmatrix} \quad (2)$$

と与えられる．この結果は，式 (1) の推定とはかなり異なることがわかる．

ブラックボックスモデルで解析した 4.4 節と同じように，もし，反応速度の数が $F+1$ よりも大きかったら代謝反応モデルの測定の冗長性を使って，誤差の原因を診断することができる．擬定常状態が正しいと仮定できれば，4.4 節で示したように，テスト関数 h を使って制限された冗長性行列 $\boldsymbol{R}_r$（式 (8.11)）をもとにした誤差の診断ができる．つまり，4.4 節に示したように，テスト関数 h は，

$$h = \varepsilon^T \boldsymbol{P}^{-1} \varepsilon \tag{8.22}$$

と計算できる．ここで，$\boldsymbol{P}$ は式 (4.22) により計算され，残差ベクトル ε は

$$\varepsilon = \boldsymbol{R}_r \boldsymbol{v}_m \tag{8.23}$$

で定義される．

テスト関数 h と 4.4 節で述べた χ^2 分布統計の比較により，ある与えられた信頼度レベルで大きな誤差を含むかどうかということを検定できる．ある時間における，1 つの測定変数を除いて，テスト関数を計算し直すことによって，大きな誤差の原因を同定することができる．もし，1 つ，または，複数の擬定常状態の仮定が満足されない場合はこの仮定がチェックされる．ここで，式 (8.12) の解析法に基づきフラックスの測定と擬定常状態の仮定がある時間で除かれたら，新しい冗長性行列，新しいテスト関数 h（式 (8.22)）を計算することになる．そして同じように χ^2 分布統計値との比較を行う．

化学量論の Gibbs の法則から代謝モデルの自由度はブラックボックスモデルの自由度より，常に低いか同じである（Nielsen and Villadsen, 1994）．ここで，代謝モデルを重大なエラーの同定に使うことは魅力的な方法である．というのは，より少ない観測値でコンシステンシーの検討ができるからである．しかし，単純な代謝反応モデルは一般にその自由度がブラックボックスモデルと同じである（例 8.3 の乳酸発酵のモデルを見ると自由度は 3 であるが，ブラックボックスモデルでは 6 代謝物質で 3 元素（C, H, O）のバランスをとるので，やはり自由度は 3 である）．一方，より複雑なモデルの解析では，大きな行列の解析は容易ではない．それゆえ，誤差の解析には，ブラックボックスモデルが好んで使われ，疑わしい測定値は同定された後，誤差を修正され，改変された推定値が代謝フラックスの解析に用いられる．

8.3 under-determined（システムを一意に決定できない状態）なシステム ──線形計画法

もし，システムの自由度よりも観測できるフラックスの数が小さければ，ネットワークのフラックス分布の解は，無限に存在する．この場合には，細胞内のフラックス分布は線形計画法（"Linear programming"）によって決めることができる．このとき，例えば，細胞の比増殖速度を最大化するというような適当な目的関数を設定する．この方法は，代謝バランスに関して，目的関数を最適化することにより，細胞内のフラックスの解を一意に決めることができる．細胞システムの研究において，この方法の有効性が示されるので，ここでは，線形計画法の有効性を単純な例で示そう．

2つの変数xとyが束縛条件

$$2x + y = 4 \tag{8.24}$$

のもとに存在する場合を考えよう．図8.6の直線AB上に解は存在するはずである．式 (8.24) に加えて，線形計画法では，すべての変数（この場合はxとy）が非負という条件が設定される．このことは，フラックス解析では反応フラックスが正でも負でも取り得るという条件に反するものである．したがって，代謝フラックスを決定するための線形計画法の応用は，モデルにおけるJ個の反応が前向きにも後ろ向きにも進むとした（例えば可逆反応を含む）代謝反応モデルの解の拡張として使える．$x > 0$，$y > 0$という束縛条件とともに，この問題の解は (x, y) が正であるような空間に限定して考えることになる．このままでは，依然として解は無限に存在するので，解が"あるコスト（評価）を最大あるいは最小にするという条件"を加える．例えば，この例で，$2x + 3y$という目的関数を最大にしたければ，解はAB上に存在し，同時にこの関数を最大化するものである．評価を表す直線の組は図8.6に示す．この値を最大化し，束縛条件を満足するのは，$2x + 3y = 12$のときに与えられる．これは，ABの線と$x = 0$，$y = 4$の線の交点である．この例ではフィージブル（実現可能）な解が与えられたが，もし，目的関数が，式 (8.24) と同じ式あるいは代数倍で与えられると，現実的な解が存在しないか，解

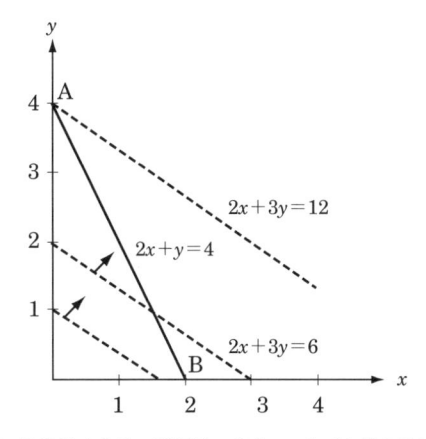

図8.6 線形計画法の原理．最適解は非負の解領域の線分AB上（束縛条件）に存在する．目的関数は，3つの点線で示している．目的関数を最大化する点線は，束縛条件と $(x, y) = (0, 4)$ の線の交点で与えられる．これが最適解となる．

が無限に存在することになる．

代謝反応モデルの話に戻ろう．ここでは，束縛条件は，式 (8.7) で与えられる．すべての変数（フラックス）は線形計画法の定式化では正でなければならないので，可逆反応が含まれる場合は，その反応を前向きの反応と別にして書き直す．束縛条件は

$$G_{ex}^T v_{ex} = 0, \qquad v_{ex} \geqq 0 \tag{8.25}$$

とまとめられる．ここで，G_{ex}^T は前向きと後ろ向きの反応速度を別々に表した化学量論であり，v_{ex} は J_{ex} 次元をもったフラックスのベクトルである．前述の簡単な例では，2次元空間が定義されていた．J_{ex} の変数（反応フラックス）において，J_{ex} 次元の空間において束縛条件（J_{ex} 次元の超平面）が規定される．すべての束縛条件は式 (8.25) を満足しなければならないので J_{ex} 次元の空間において K 個の交点が存在しなければならない．もし，超平面が交点をもたなければ，現実解は存在しない（この場合は，フィージブルな解集合は空であるという）．しかし，この状態は，実際にはあまり存在しない．次のステップはフラックス v_{ex} の線形関数で目的関数を設定することである．最適解は評価を最大化したり最小化する問題を解くことによって見つけることができる．つまり，

$$\text{式 (8.25) に関する } a v_{ex} \text{ の最小化/最大化} \tag{8.26}$$

を行うことによって最適解は求められる．ここで，a は，個々のフラックスの目的関数の影響を規定する重み行ベクトルである．

式 (8.26) の最適解を見つけることは，すべての束縛条件を満たす実現可能解の数が多くなれば，複雑になるであろう．しかし，前述の簡単な問題では，最適解は，実現可能な解の組の端点にある（これは，目的関数と束縛条件がともに線形だからである）．したがって，原理的に解は，すべての端点を数え上げることによってスタートする．2番目にその端点の評価を比べ，最適解を探す．この方法は，現実的には非常に多くの数の解の可能性があるから不向きである．これに代わって，"シンプレックス法（Dantzig, 1963）"が，束縛条件のある線形最適化問題を解くために応用される（Gyr, 1978）．この方法は，次のように適用される．まず，実現可能な端点を設定し，端点から端点へ実現可能解に沿って移動する．与えられた端点から次に移動する際に，いくつかは最適解に近づくし，いくつかの場合は遠のく．シンプレックス法では，目的関数が徐々に減少する（または増加する）ことを保証した方向に移動する．より低い（高い）評価になる新しい端点を探せば，目的関数があがることはあり得ない．特に周りがすべて高い端点であるような特別な端点にたどり着いたら，この端点が最適解となる．単純な方法であるにもかかわらず，非常に使いやすいアルゴリズム（例えば，Gyr (1978) 参照）が開発され，Mathematica や Matlab のパッケージとして利用可能である．

例 8.8　*Escherichia coli* の化学量論の記述

最適なフラックス分布が線形計画法に基づいていろいろな代謝モデルに与えられている．この例では，Varma ら（1993a, b）によって構築された *E. coli* の代謝解析を例に挙げよう．*E. coli* の代謝の詳しい化学量論をベースにして，グルコースの異化，生化学生産の能力（**capability**）が解析されている．このモデルの中には，107の代謝物質（基質と代謝生産物を含む），95の可逆反応（したがって式は190）が存在するので，行列は，107×190次元とな

り自由度は83となる．グルコースの比消費速度以外は測定はなく，グルコースの比消費速度を基準に，すべての反応速度を規格化している（単位は，mmol g^{-1} h^{-1}である）．フラックス計算に使われた実験データは次のようなものである．

- 増殖に対する代謝の要求は，代謝物質を細胞合成に向かわせるように記述された．実際，代謝物質の細胞合成への化学量論係数がモデルに含まれている．
- 維持のためのATPの要求．異なる比増殖速度で比グルコース消費速度を実験データに合わせるために，23 mmol-ATP (g DW)$^{-1}$ h^{-1}の増殖連動の維持と5.87 mmol-ATP (g DW)$^{-1}$ h^{-1}の増殖非連動の維持の係数が推定され，これらの値が計算に用いられた．
- 最大酸素比消費速度は，20 mmol (g DW)$^{-1}$ h^{-1}である．

比増殖速度を最大化するという目的関数が設定された．つまり，グルコース比消費速度が与えられ，モデルは，比増殖速度度が最大になるようなフラックス分布を解析する．比増殖速度に対して選ばれたフラックスは，図8.7に示されている．低グルコース消費速度では，（低比増殖速度に対応する）副生産物はなく，呼吸が盛んになる．結果として，比酸素消費速度が，比増殖速度の増大とともに直線的に増加する（3.4節も参照）．グルコース比消費速度が8 mmol (g DW)$^{-1}$ h^{-1}（これは比増殖速度0.9 h^{-1}に相当する）に近づくと，グルコースの完全酸化のための酸素の要求が比酸素消費速度の最大値20 mmol (g DW)$^{-1}$ h^{-1}を超える．したがって，細胞は，呼吸系と発酵系という2つの代謝経路に分かれて働く．最初に生産する発酵代謝物は酢酸であり，より高いグルコース消費速度においてはギ酸も分泌される．最後にエタノールが分泌する．この結果は実験事実と一致する．Varmaら（1993a）は，この結論は酢酸が低エネルギー物質であるということで説明している（ギ酸やエタノールのATP収率より低い）．

酸素比消費速度が20 mmol (g DW)$^{-1}$ h^{-1}以下のとき（この値はバイオリアクターの酸素供給の上限である）の比増殖速度またはグルコース比消費速度の臨界点が計算された．これらの

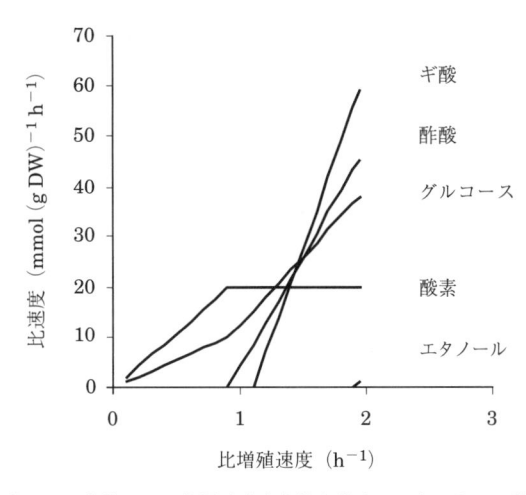

図8.7 *E. coli* の代謝モデルを使って，比増殖速度を最大化することによって計算されたグルコース，酸素消費速度，酢酸，ギ酸，エタノールの比生産速度．比速度は線形計画法により決定した．

フラックスと酸素供給の関係は線形であることがわかった．

線形計画法の利点は，システムの変数に対する目的関数 z の感度を計算することによって更なる情報がもたらされることである．この感度は"シャドウプライス"と呼ばれる．*E. coli* の系では，

$$\lambda_i = \frac{\partial \mu}{\partial r_i} \tag{1}$$

と表される．ここで，r_i は正味の i 番目の物質，例えば，酸素，酢酸，アミノ酸の比速度である．このシャドウプライスは代謝反応速度の変化が比増殖速度に及ぼす影響を示している．表8.2は異なる酸素消費速度（r_0）における，シャドウプライスの計算値を示している．r_0 が低いとき，シャドウプライスは正の値となる．つまり，r_0 が上昇することによって，増殖速度は増大する．r_0 が最大のとき，r_0 が上昇させることによっては，比増殖速度はこれ以上増えないので，シャドウプライスはゼロとなる．嫌気状態では，（つまり $r_0 = 0$）NADH のシャドウプライスは，この補酵素を酸化することができないので，負である（つまり，NADH 生産が上昇すれば比増殖速度は低下する）．このことは，嫌気状態においては増殖に補酵素の再生が律速であることを意味している．ATP に関しては，嫌気条件でシャドウプライスは高く，r_0 の上昇とともに減少する．つまり，ATP の供給は，好気条件では，嫌気条件に比べ律速になる度合が減る，というのは，好気条件では，代謝物質が酸化され，増殖に必要な ATP は付加的に供給されているのである．嫌気条件では，コハク酸のシャドウプライスが他の物質より高いことは興味深い．この物質の酸化は，NADH の生産を促すが（この物質は，この条件では，再酸化することが難しい），この物質は代謝前駆体の供給に役立つであろうと考えがちである．

異なる経路を通過するフラックスの計算もできる．ここでは，嫌気条件では，PP 経路の酸化的分岐のフラックスはないこと（つまり，グルコース 6 リン酸デヒドロゲナーゼが不活性であるということ）がわかった．細胞合成に必要な NADPH はトランスデヒドロゲナーゼにより供給される．高い比酸素消費速度では，約60%のグルコース 6 リン酸は PP 経路を経由し，トランスデヒドロゲナーゼは，活性でない．

モデルは，また，*E. coli* の種々の生産物（例えばアミノ酸）生産の能力の研究にも使われた（Varma, 1993b）．この能力は，生産物（アミノ酸）生産は細胞増殖度とトレードオフの関係

表8.2 異なる酸素比消費測度（単位は mmol (g DW)$^{-1}$ h^{-1}）に対するシャドウプライス．Varma ら（1993a）のモデルから計算[a]．

代謝物質	シャドウプライス (g DW (mmol metabolite)$^{-1}$)		
	0	12	20
酸素	0.0399	0.0282	0
ATP	0.0109	0.0106	0.0049
NADH	−0.0054	0	0.0065
酢酸	0	0	0.0242
エタノール	0	0.0106	0.0422
乳酸	0.0054	0.0106	0.0422
コハク酸	0.0109	0.0177	0.0504

[a] 比グルコース消費測度は 10 mmol (g DW)$^{-1}$ h^{-1} とする．

にあるので，シャドウプライスの大きさから判定された．グリシン，アラニン，アスパラギン酸のような単純な生合成経路をもつアミノ酸のシャドウプライスは低く，フェニルアラニン，トリプトファン，チロシンのような生合成経路が複雑な芳香族アミノ酸はシャドウプライスが高いことがわかった．つまり，もし，細胞が長く複雑な生合成経路で生産物を作ろうとすれば，細胞の代謝に対する要求が上がり，増殖が制限されるが，一方，単純な経路をもつ物質は低いコストで生産され，細胞増殖に対する影響は小さいことがわかる．

8.4 感度解析

前節では，over-determined, determined, under-determinedなシステムそれぞれにおいて，物質収支式を解く方法について考えた．それぞれのケースについて方法が異なるが，測定の誤差について，感度（誤差感度）が重要である．感度解析の最初のステップは，システムの化学量論行列の状態が良好であるかどうかを検証することである．化学量論行列の状態が悪ければ，観測値に含まれる些細な変動ですら，フラックス計算に大きな影響を与える．これを示すために，2つのシステム方程式を考えよう．

$$\begin{bmatrix} 1 & 1 \\ 1 & 1.0001 \end{bmatrix} \begin{bmatrix} v_1 \\ v_2 \end{bmatrix} = \begin{bmatrix} 2 \\ 2 \end{bmatrix}, \quad \begin{bmatrix} 1 & 1 \\ 1 & 1.0001 \end{bmatrix} \begin{bmatrix} v_1 \\ v_2 \end{bmatrix} = \begin{bmatrix} 2 \\ 2.0001 \end{bmatrix} \tag{8.27}$$

右辺の些細な変動（0.0001）によって解は$v_1 = 2, v_2 = 0$から$v_1 = v_2 = 1$へと変化する．解は一般に数値解として得ることが多いので，もし，化学量論行列の状態が悪ければ，小さな誤差によって大きな推定誤差が引き起こされる．行列の感度の指標は"条件数"と呼ばれ

$$C(\boldsymbol{G}^T) = \| \boldsymbol{G}^T \| \| (\boldsymbol{G}^T)^{\#} \| \tag{8.28}$$

で与えられる．ここで，$\| \|$は行列ノルムを表し，$(\boldsymbol{G}^T)^{\#}$は化学量論行列の一般逆行列を表す（8.2節参照）．条件数の計算は非常に複雑である（Box 8.1参照）が，Matlab, Mathematica, Mapleなどに，ソフトウェアパッケージとして組み込まれている．正の値を示す固有値をもつ対象行列に対し，条件数は，最大固有値と最小固有値の比として与えられる．それゆえ，条件数は常に1より大きく（これは非対称行列でも成り立つ）大きな条件数は行列の状態が悪いことを示す[2]．式（8.27）の行列は固有値が2と$10^{-4}/2$なので，条件数は10^4である．条件数の大きさは測定フラックスのあるべき精度を与えてくれる重要な情報である．つまり，測定値は条件数と同じ程度の有効数字をもつ精度がなければならない．つまり，前の例では，条件数は5桁なので，このオーダーで有効な精度がなければならない．発酵の測度の測定は大体2個程度の有効数字しかないので（例えば，細胞の比増殖速度は$0.37 \ h^{-1}$といえば良好な精度の推定である），化学量論の行列の良い状態とは2桁程度（1から100まで）の条件数をもつものということになる．VallinoとStephanopoulosのモデル（1993）の条件数は62, Nissenらのモデル（1997）は22である．もし，条件数が100を超えれば，その行列は状態が悪いと考えてよいであろう．そして，モデルの開発に用いた生化学の情報の改良が必要となる．条件数の計算

---

[2] この条件数の定義において上に述べたような悪条件の線形方程式の状態を示すことができる．同様に1次常微分方程式のロバスト安定性状態を規定することもできる．

には，測定値は必要ないことを覚えておいていただきたい．それゆえ，代謝モデルの検証は実際の測定やフラックス計算を行う前にできるのである．

前に述べたように，条件数の計算は，代謝反応モデルの感度解析の最初のステップである．しかし，これは，観測フラックスの変動に対する計算の"感度"についてどんな情報ももたらさない．この情報は，解を求める行列から，与えられたシステムに対して考えることができる．

$$\frac{\partial \boldsymbol{v}_c}{\partial \boldsymbol{v}_m} = -(\boldsymbol{G}_c^T)^{-1}\boldsymbol{G}_m^T \tag{8.29}$$

式（8.29）でj行，i列の要素は，i番目の測定値のj番目の計算フラックスへの感度の大きさを示す．それゆえ，システムの感度の情報はこの解を求める行列によって与えられる．

Box 8.1　条件数の計算

条件数の一般的な定義は，式（8.28）で与えられる．しかし，この式を使うために，行列のノルムを計算することが必要となる．この Box では，いかにしてこれを計算するかについて述べる．より詳細な情報は線形代数学のテキストを参考にされたい．

行列のノルムは任意のベクトル$\boldsymbol{x}$に行列$\boldsymbol{G}$を掛けたときにできる最大値

$$\|\boldsymbol{G}^T\| = \max \frac{\|\boldsymbol{G}_c^T\|}{\|\boldsymbol{x}\|} \tag{1}$$

として定義される．これは，$\boldsymbol{G}\boldsymbol{G}^T$の最大固有値の平方根に等しい．

$$\|\boldsymbol{G}^T\| = \sqrt{\lambda_{\max}(\boldsymbol{G}\boldsymbol{G}^T)} \tag{2}$$

したがって，ノルムを見つけることは，固有値問題と等価である．$\boldsymbol{G}\boldsymbol{G}^T$の固有値や$\boldsymbol{G}^T$の一般逆行列（$(\boldsymbol{G}\boldsymbol{G}^T)^{-1}\boldsymbol{G}$）の固有値から式（8.28）を使って，条件数が決定できる．しかし，一般には，固有値の計算は大変時間がかかるので異なる方法がコンピュータアルゴリズムにより開発されている．$\boldsymbol{G}\boldsymbol{G}^T$の固有値の平方が$\boldsymbol{G}^T$の特異値に等しい．この方法は，特異値分解によって簡単に計算でき，ソフトウェアパッケージにより高速に計算される．したがって，$\boldsymbol{G}^T$とその一般逆行列の最大特異値を計算し，これを掛ければよいことになる．

文　献

Aiba, S. & Matsuoka, M. (1979). Identification of metabolic model: Citrate production from glucose by *Candida lipolytica. Biotechnology and Bioengineering* **21**, 1373-1386.

Dantzig, G. B. (1963). Linear programming and extensions. Princeton: Princeton University Press.

Gyr, M. (1978). Linear optimization using the simplex algorithm (simple). CERN Computer Center Program Library, CERN, Geneva, Switzerland.

Madron, F., Veverka, V. & Vanecek, V. (1977). Statistical analysis of material balance of a chemical reactor. *AIChE Journal* **23**, 482-486.

Nielsen, J. (1997). *Physiological Engineering Aspects of Penicillium chrysogenum*. Singapore: World Scientific Publishing Co.

Nielsen, J. & Villadsen, J. (1994). *Bioreaction Engineering Principles*. New York: Plenum Press.

Nissen, T. L., Schulze, U., Nielsen, J. & Villadsen, J. (1997). Flux distributions in anaerobic, glucose-limited continuous cultures of *Saccharomyces cerevisiae*. *Microbiology* **143**, 203-218.

Reardon, K. F., Scheper, T. H. & Bailey, J. E. (1987). Metabolic pathway rates and culture fluorescence in batch fermentations of *Clostridium acetobutylicum*. *Biotechnology Progress* **3**, 153-167.

Stephanopoulos, G. & Vallino, J. J. (1991). Network rigidity and metabolic engineering in metabolite overproduction. *Science* **252**, 1675-1681.

Theobald, U., Mailinger, W., Baltes, M., Rizzi, M. & Reuss, M. (1997). In vivo analysis of metabolic dynamics in *Saccharomyces cerevisiae*. *Biotechnology and Bioengineering* **55**, 303-316.

Tsai, S. P. & Lee, Y. H. (1988). Application of metabolic pathway stoichiometry to statistical analysis of bioreactor measurement data. *Biotechnology and Bioengineering* **32**, 713-715.

Vallino, J. J. & Stephanopoulos, G. (1993). Metabolic flux distributions in *Corynebacterium glutamicum* during growth and lysine overproduction. *Biotechnology and Bioengineering* **41**, 633-646.

Varma, A., Boesch, B. W. & Palsson, B. O. (1993a). Stoichiometric interpretation of *Escherichia coli* glucose catabolism under various oxygenation rates. *Applied and Environmental Microbiology* **59**, 2465-2473.

Varma, A., Boesch, B. W. & Palsson, B. O. (1993b). Biochemical production capabilities of *Escherichia coli*. *Biotechnology and Bioengineering* **42**, 59-73.

CHAPTER 9
同位体標識による代謝フラックスの実験的な決定法

　前章では，細胞外の代謝濃度の測定から細胞内の代謝フラックスを決定する一般な方法論について述べた．また，細胞内の代謝フラックスを決定する方法の正当性についても説明した．求められたフラックス分布は，細胞の生理状態の最も理解しやすい情報を与えてくれる．しかしこの後の章で示されるように，代謝フラックスは，今ひとつの重要な役割を果たす．つまり，代謝フラックス分布は，代謝ネットワークの制御機構の仕組みを表す情報にもなっているのである．代謝ネットワークの制御機構を解釈するためには，代謝コントロール係数（Metabolic control coefficient）が用いられるであろう．この係数は代謝ネットワークに影響を及ぼす制御の強さの程度を示しており，この尺度は，代謝フラックスの大きさと代謝ネットワークに摂動を与えたときのフラックス変化を観測することによって決定される．この意味で，細胞内のフラックスの正確な決定は，代謝ネットワークにおけるフラックスの制御機構の解明にとって非常に大事なものとなる．それは，つまり，代謝フラックスの摂動による変化が，代謝ネットワークにおいてフラックスの制御を直接的に表したものになっているからである．

　前章に述べたように，細胞内のフラックスの決定に必要な1次入力は細胞外の代謝物質のフラックスである．つまり，基質の消費速度と，生産物生成速度がこれに当たる．これらの速度は，すべての反応速度が，定常であるようなケモスタット実験で与えられることがベストの条件である．ケモスタットの希釈率に，これらの濃度をかければ，その消費，分泌速度が決定できる．ケモスタットの実験には長時間を要するので，しばしば，回分反応の実験がフラックスの決定のために用いられる．微生物回分培養は，比較的短期間で多くの情報をもたらしてくれる．しかし，細胞外の反応速度の変化を求めるためには，時間に対する濃度の微分という手法を必要とするので，この方法は，大きい誤差を含む危険性がある．さらに，回分培養の実験中には定常的な生理状態は得られないため，回分培養のデータの解釈は複雑なものとなる．

　ケモスタットか回分培養実験かが使われた場合，細胞外の代謝物質の測定だけを使うことに

9. 同位体標識による代謝フラックスの実験的な決定法

よって代謝ネットワークを明らかにするのは限界があることを心にとどめておくべきである．ほとんどの場合，細胞外代謝物質の測定は，代謝ネットワークの少数の分岐における分布においてのみ情報を与えるだろう．逆にいえば，ネットワークの定式化において複雑な構造を考えすぎると内部の分布を解析することができないということである．本書でもいくつかの例が挙げられている（12章参照）．複雑な生化学反応の組が単純なネットワークと等価であることが示される．特に，細胞外物質の測定だけでは，a) ネットワークの他の点で再び交わるような分岐点の分配比の解析，b) 代謝サイクルの分布の解析，c) 生化学の詳細な解像度でのネットワーク機構の解明，に対しては限界がある．これらの点は，図9.1に模式的に描かれている．最初の代謝物質Aに対し，速度v_1とv_2で与えられる競争的な分岐が存在する．基質Aの消費速度と，FとGの分泌速度の測定は，分岐点DとHのフラックスの分配を決定するのに十分な情報を与えてくれる．そして，もうひとつの分泌物質であるKの速度を決定することができる．しかし，経路1, 2への分配比，または，サイクルA→B→C→Aというフラックスの決定はできない．そして，もし，Cの2Dへの変換を含む他の反応が存在しても，それは，この図のようにひとまとめにされてしまっている．もし，経路1, 2における分岐についての情報，またはステップを詳述するような，より繊細な解像度が必要であれば，異なる方法が用いられるべきである．

そのような方法のひとつが，この章で詳しく述べられるだろう．それは，特定の炭素の部位に^{13}Cや^{14}Cで標識された物質を使うことである．そのような物質は同じ最終生産物に導かれるかもしれないが，そのような標識物質の利用を通して，中間代謝物質の炭素原子の分布において非対称性が導入される経路があれば，それらは，それぞれ区別できるかもしれない．この非対称性は，1つまたは複数の化合物において標識の化合物の濃縮の異なるパターンを与えることになる．この情報は，競合反応速度の決定に必要な情報である．^{13}Cや^{14}Cで標識された物質は，細胞外や細胞内の物質における標識の濃縮の計測に関係して用いられる．さらに，このような方法を用いて得られた情報は，使う物質のタイプ，標識された特定の炭素（標識の濃縮度を計測する），特定の細胞内，あるいは細胞外物質に強く依存している．このことは，とても重要な点である．というのは，どのような標識基質や測定物質を選定するか，また選ばれた標識基質や特定の代謝物質の計測から，どのような情報が与えられるのかという考察は，今までにはあまりなく，単によく使われる物質であるとか，使った経験があるとか，そういったことにより，実験がなされていることが多いからある．

この章では，標識化合物の利用を通して，細胞内代謝フラックスの決定法について述べる．基本的な考え方は同じだが，可能なアプローチを，まず解析するネットワークの複雑さに応じ

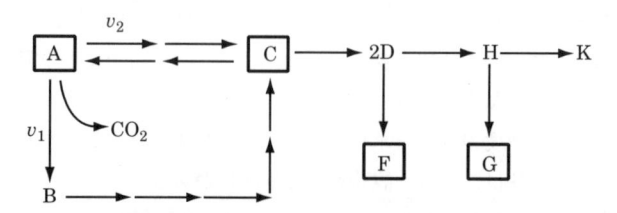

図9.1 8章で示された細胞外の代謝物質（ボックス内）濃度測定のみによっては，部分的にしか代謝フラックス分布を決定することができない．

て，3つのカテゴリーに分けることにする．最初は単純なネットワークを通して，利用可能な方法を紹介する．これは，直接観測可能または単純なネットワークに関するものである．通常の手法でも分析可能なものである（9.1節）．次に，サイクルを含むネットワークに対して，前向きに標識が遷移していくことを考えることは不適当であるケースを扱う．そのような場合には，可能性のあるすべての同位体化合物を列挙することを基本にした方法がある（9.2節）．この場合には特定の代謝物質の標識濃縮度を正確に決定することが可能になることに加えて，同位体化合物を列挙することによって，特定の代謝物質の分子量分布の推定ができる．これはガスクロマトグラフ－質量分析法（GC-MS）によって測定できる．分子量分布は，代謝フラックスに影響されて決まるので，^{13}C-NMRスペクトロメトリーとGC-MSを組み合わせることは細胞内代謝フラックスに関してのもうひとつの価値ある情報源となる．代謝同位体化合物に関する最後の重要な点は，対応する代謝物質のNMRスペクトルの詳細な波形構造を決定する際の同位体化合物の果たす役割についてである．NMRスペクトルの詳細な構造は対応する同位体化合物の相対的な量に依存しているのでNMRスペクトルはそのような同位体化合物の細胞内で生産される速度に直接関係している．最後に，大きなネットワークの複雑な状態においては，数値解を求めることが必要になることを示す．このようなケースに対しては，9.3節において，原子マッピング行列の概念が与えられる．この考え方は，特に，繰り返し計算の機構が必要なときに効率的に標識分布を計算するのに便利な枠組みである．ここで示すネットワークの解析法は，NMR分析を通じて利用可能となった多くの測定値の正当性（コンシステンシー）を確かめるために，ある程度，試行錯誤的アルゴリズムを含んでいる．これらの計算は原子マッピング行列によって容易に行える．

9.1 同位体標識の濃縮度分率からの直接的なフラックスの決定

　この方法は，代謝フラックスの直接的な測定のために，代謝物質の注意深い選択と同位体標識の濃縮度の測定を基礎としている．2つの基本的なアプローチが，遷移状態，定常状態において示される．

9.1.1 遷移状態の強度測定によるフラックスの決定

　放射性化合物の遷移状態の強度の測定は，特定の代謝経路を直接検出するために使われる．標識された化合物は細胞膜を通して透過し，その強度が時間の関数として測定される．その特異性，放射活性の高い精度ゆえに，この方法は，物質収支をとることにより，観測されない非常に小さいフラックスの決定にも応用することができる．反対に，放射活性をもっている化合物を分離したり測定したりできる特別な設備が必要である．

　この方法は図9.2に示されている．この図は，経路のフラックスJに等しい速度で合成され，消費されている代謝物質Mを含む経路の概略図である．フラックスJは放射能標識されたM（M^*）を系にパルス的に導入し，精製したM^*のサンプルにおける放射活性を測定している．実験の間，代謝の状態が定常であるとすると細胞内の放射性標識されたMのプールが，次の式によって変化する．

$$\frac{dM^*}{dt} = -\left(\frac{M^*}{M}\right)J \tag{9.1}$$

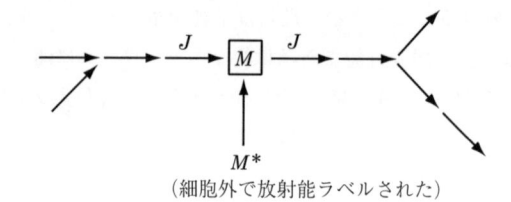

●9. 同位体標識による代謝フラックスの実験的な決定法

図9.2 代謝フラックスの直接的な決定のための放射能標識された代謝物質の利用.

これは，代謝活性が定常であるとすると，JやMが積分に対して一定であるから，

$$ln\left(\frac{M^*(t)}{M^*(0)}\right) = -\frac{J}{M}t \tag{9.2}$$

となる．式（9.2）は，未知のフラックスJが放射活性のカウントの時間に対する半対数プロットと全細胞内濃度Mから求められることを表している．この際，細胞内代謝の標識実験の間は定常状態が必要であることを知っておかねばならない．そのような実験は短期間でよいので，遷移状態の代謝フラックスを決定するために，大きな反応器から繰り返しサンプルを取ることが可能である．もちろん，これは，放射能の測定の時間の長さや実際の実験の時間がかなり異なるように設定されているときのみに可能であり，放射性標識の測定の間，実際の環境条件の変動が非常に小さいことが必要条件となる．また，細胞内代謝物質のプールの関数として導入されるパルスの大きさが注意深く決められなければならない．

9.1.2 代謝物質と同位体化合物の定常状態の実験

図9.3に細胞内フラックスの決定のために標識された化合物の別の利用法を示す．この図は，図9.1のサンプルネットワークの例に対応する標識化合物の分布の概略図である．もし，化合物Aが6炭素を含む化合物で，その1位の炭素が標識されていたら，代謝物質Bを導く反応が，標識炭素を脱炭酸する反応とすると，代謝物質Bの経路は標識されていない分子Cを生成する．一方，直接AからBができる反応（速度v_2）を通過して生成した分子Cは，図に示しているように，1位の炭素に標識を残している．標識された代謝物質Cの濃縮度は代謝物質Aの全消費速度に対する反応2の速度に比例している．このことは，代謝物質Dまたはその細胞外の分泌物質Fの測定でも行える．したがって，1位に標識された代謝物質Fの^{13}C濃縮度により，反応2の相対的な反応速度の情報が与えられることがわかる．この情報は全体の反応フラックスとともに，v_1とv_2を区別するために用いられる．

2つの例を通して前記の方法を紹介する．しかし，これを行う前に，2つの重要な点に注意していただきたい．第一に，この方法は，代謝や標識同位体が定常状態にあるときにのみ適用可能である．代謝の流れが定常状態にあるとき，代謝ネットワークにおけるすべての細胞内代謝物質の濃度が一定のときの状態である．標識同位体が定常状態にある場合には，代謝物質の標識同位体の含まれる相対的な量が一定である．代謝物質，または同位体の遷移状態の間，細胞内のフラックスの決定は，とても複雑になり，*in vivo*のカイネティクスの情報が必要となる．そのような情報は普通利用可能でないので，実験は，定常状態に達していることを確かめられるように設計されることが必要である．これが，2番目に注意すべき点である．明らかに，定

9.1 同位体標識の濃縮度分率からの直接的なフラックスの決定

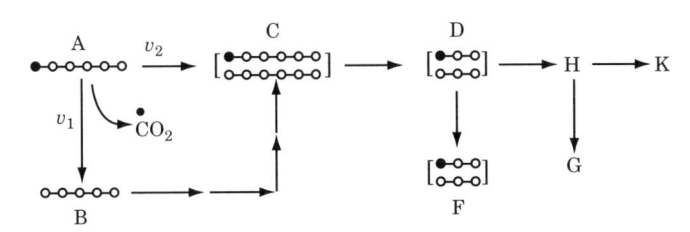

図9.3 同位体標識された化合物による分岐した経路のフラックス分岐比の決定の概略（標識された炭素は黒丸で示されている）．

常状態のケモスタットの実験を行うのが適しているといえる．しかし，標識された基質がシステムに添加する方法も注意して設計されなければならない．ひとつの方法は，微小なパルス添加である．その濃度は流加中の基質濃度が変化しないような濃度でなければならないし，またその期間は同位体の濃度が定常に達するよう十分長く行わなければならない．定常状態に十分達しているかを評価できる確かなチェックポイントを例で示す．図9.3に，概念的に示された単純なアプローチは，競合反応が生み出す分子の非対称性をもとにしているが，それは，多くのバリエーションがあることに注意したい．脱炭酸による標識されたCO_2のほかに，エピメラーゼ，イソメラーゼなどの反応も必要な非対称性を生み出す反応として扱える．

例9.1　リジン生合成経路のバイパス経路の決定

この例は，リジン生成経路の最後の分岐点における2つの競合反応間の分岐を標識したピルビン酸を使って解析するものである．図9.4に示したように，リジン生合成経路の最終段階は，テトラヒドロジピコリン酸（H4D）のメソ-α,ε-ジアミノピメリン酸への変換である．これは，4段階反応かメソDAPデヒドロゲナーゼ（DDH）による1段階反応によって変換される．リジンは，デカルボキシル化反応に続いてメソDAPから生成する．2つの反応速度の単純な和が，リジン合成速度となっているため，リジン生産速度を測定するだけでは，この2つの反応経路を別々に測定することはできない．しかし，標識したピルビン酸を用いることにより，各々の経路のフラックス分配の推定が行える．

H4Dはオキザロ酢酸（OAA）とピルビン酸（Pyr）からの縮合反応により生成する．1段階反応によるH4Dのリジンへの変換（図9.4の左側）においては，炭素原子の骨格は変化しない．一方，4段階反応の最後の反応は，2種類のメソDAPを導くエピメラーゼ反応である．そしてこれがリジンの生成につながるため，鏡像関係にあるリジン分子が生成する．これは，標識された炭素原子により区別できる．H4Dからリジンへの変換における最終段階で非対称性が生まれ，これが4段階反応と1段階反応の差やバイパスを見つける基礎となっている．

3位に標識したピルビン酸（[3-^{13}C]ピルビン酸）を炭素源として用いると^{13}C標識されたオキザロ酢酸の炭素原子も分率が増加する．この解析において，図9.4に現れる化合物の3位と5位の炭素標識に注目する．[%OAA$_3$]，[%Pyr$_3$]は，OAAとPyrの3位に標識された炭素の分率を表している．これらの分率は^{13}Cにより3位に標識された分子であることを示している．これは他の位置に同時に標識されたOAAとPyr分子を含んでいることには注意したい．定常状態において，細胞の代謝物質の濃度の減少はない．その結果，図9.4の経路のフラックスは

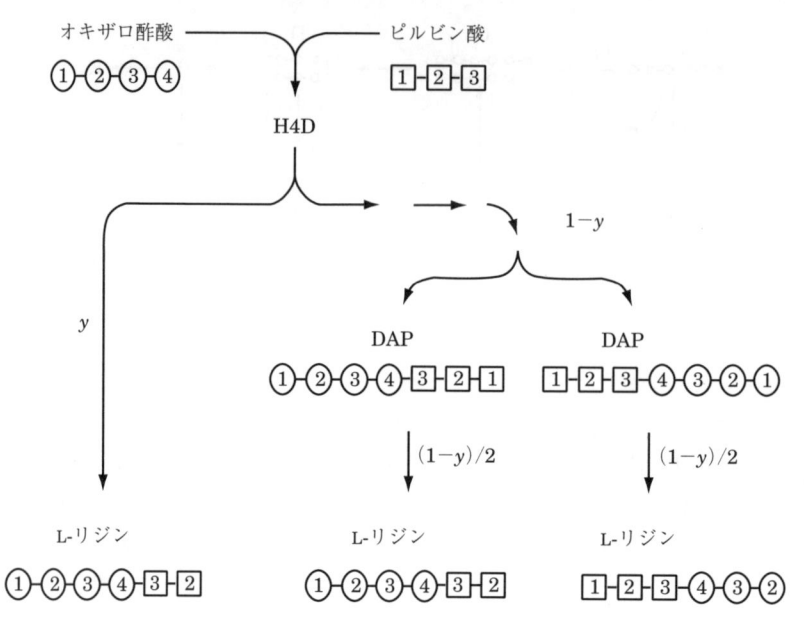

●9. 同位体標識による代謝フラックスの実験的な決定法

図9.4 ピルビン酸とオキザロ酢酸からの2つの経路を経由して生成する標識リジン同位体のテンプレート．4ステップのスクシニル化反応フラックス $(1-y)\, v_{\text{lysine}}$ は，N-スクシニル2,6ケトピメリン酸シンターゼ，N-スクシニルアミノケトピメリン酸：グルタミン酸アミノトランスフェラーゼ，N-スクシニルジアミノピメリン酸脱スクシニル化酵素，ジアミノピメリン酸エピメラーゼを含む．フラックスが y_{lysine} の1段階反応は，メソDAPデヒドロゲナーゼの反応である．

$$v_{\text{condensation}} = v_{\text{single step}} + v_{\text{four step}} = v_{\text{lysine}} \tag{1}$$

で表せる．我々は，H4Dの異なる同位体の濃度変化を表す式を導くことができる．略記は次のようである．3位にのみ標識された同位体化合物は $H4D_{3,\,\text{only}}$，5位にのみ標識された同位体化合物は $H4D_{5,\,\text{only}}$，3位と5位に標識された同位体化合物は，$H4D_{35}$，とし，3位に標識された同位体の全量は（$H4D_3 = H4D_{3,\,\text{only}} + H4D_{35}$），5位に標識された異性体の全量は（$H4D_5 = H4D_{5,\,\text{only}} + H4D_{35}$），である．例えば，これらの同位体化合物濃度バランスの中で $H4D_3$ の変化は，

$$\begin{aligned}\frac{dc_{\text{H4D},\,3}}{dt} &= v_{\text{condensation}}\,[\%\text{OAA}_3]\,(1-[\%\text{Pyr}_3]) + v_{\text{condensation}}\,[\%\text{OAA}_3]\,[\%\text{Pyr}_3] \\ &\quad - (v_{\text{single step}} + v_{\text{four step}})\,[\%\text{H4D}_3] \\ &= v_{\text{lysine}}\,[\%\text{OAA}_3] - v_{\text{lysine}}\,[\%\text{H4D}_3] \end{aligned} \tag{2}$$

と書ける．ここで，式（2）の最初の2項は $H4D_{3,\,\text{only}}$ と $H4D_{35}$ 同位体化合物の合成反応速度である．そして3番目の項は，図9.4の2つの経路による消費の項である．定常状態では，上の式の変化速度はゼロなので，$H4D_3$ は，

$$[\%\text{H4D}_3] = [\%\text{OAA}_3] \tag{3}$$

となる．$H4D_3$ の残りの同位体化合物は同様に，次の式で

$$[\%\text{H4D}_5] = [\%\text{Pyr}_3] \tag{4}$$

$$[\%\mathrm{H4D}_{35}] = [\%\mathrm{OAA}_3][\%\mathrm{Pyr}_3] \qquad (5)$$

$$[\%\mathrm{H4D}_{3,\,\mathrm{only}}] = [\%\mathrm{OAA}_3](1-[\%\mathrm{Pyr}_3]) \qquad (6)$$

$$[\%\mathrm{H4D}_{5,\,\mathrm{only}}] = [\%\mathrm{Pyr}_3](1-[\%\mathrm{OAA}_3]) \qquad (7)$$

$$[\%\mathrm{H4D}_{\mathrm{unlabeled}}] = (1-[\%\mathrm{Pyr}_3])(1-[\%\mathrm{OAA}_3]) \qquad (8)$$

表される.

これらのH4Dの同位体は3位と5位の同位体標識されたリジンを生成する．1段階反応で合成されたリジンフラックスの分率がyであると仮定すると，つまり，$v_{\mathrm{single\,step}} = yv_{\mathrm{lysine}}$であるとすると，H4D同位体の前駆体から生成されたいくつかのリジン同位体の反応速度は

$$\mathrm{L}_{35}\ \text{from}\ \mathrm{H4D}_{35}:\ v_{\mathrm{lysine}}[\%\mathrm{OAA}_3][\%\mathrm{Pyr}_3] \qquad (9)$$

$$\begin{aligned}\mathrm{L}_{3,\,\mathrm{only}}\ \text{from}\ \mathrm{H4D}_{3,\,\mathrm{only}}:\ &v_{\mathrm{single\,step}}[\%\mathrm{H4D}_{3,\,\mathrm{only}}] + (v_{\mathrm{four\,step}}/2)[\%\mathrm{H4D}_{3,\,\mathrm{only}}]\\ &= v_{\mathrm{lysine}}[(1+y)/2][\%\mathrm{OAA}_3](1-[\%\mathrm{Pyr}_3])\end{aligned} \qquad (10)$$

$$\begin{aligned}\mathrm{L}_{3,\,\mathrm{only}}\ \text{from}\ \mathrm{H4D}_{5,\,\mathrm{only}}:\ &(v_{\mathrm{four\,step}}/2)[\%\mathrm{H4D}_{5,\,\mathrm{only}}]\\ &= v_{\mathrm{lysine}}[(1-y)/2][\%\mathrm{Pyr}_3](1-[\%\mathrm{OAA}_3])\end{aligned} \qquad (11)$$

$$\begin{aligned}\mathrm{L}_{5,\,\mathrm{only}}\ \text{from}\ \mathrm{H4D}_{3,\,\mathrm{only}}:\ &(v_{\mathrm{four\,step}}/2)[\%\mathrm{H4D}_{3,\,\mathrm{only}}]\\ &= v_{\mathrm{lysine}}[(1-y)/2][\%\mathrm{OAA}_3](1-[\%\mathrm{Pyr}_3])\end{aligned} \qquad (12)$$

$$\begin{aligned}\mathrm{L}_{5,\,\mathrm{only}}\ \text{from}\ \mathrm{H4D}_{5,\,\mathrm{only}}:\ &v_{\mathrm{single\,step}}[\%\mathrm{H4D}_{5,\,\mathrm{only}}] + (v_{\mathrm{four\,step}}/2)[\%\mathrm{H4D}_{5,\,\mathrm{only}}]\\ &= v_{\mathrm{lysine}}[(1+y)/2][\%\mathrm{Pyr}_3](1-[\%\mathrm{OAA}_3])\end{aligned} \qquad (13)$$

と書ける.

式（9）〜（13）を使って，3位に^{13}Cをもつすべてのリジン同位体の総和L_3のバランスは，ケモスタットの定常状態では

$$\begin{aligned}\frac{dc_{\mathrm{L},\,3}}{dt} = &v_{\mathrm{lysine}}\{[\%\mathrm{OAA}_3][\%\mathrm{Pyr}_3] + [(1+y)/2][\%\mathrm{OAA}_3](1-[\%\mathrm{Pyr}_3])\\ &+ [(1-y)/2][\%\mathrm{Pyr}_3](1-[\%\mathrm{OAA}_3])\} - D\,c_{\mathrm{L},\,3} = 0\end{aligned} \qquad (14)$$

と書ける．5位に^{13}Cをもつリジン同位体同位体の総和L_5のバランスは，同様に，

$$\begin{aligned}\frac{dc_{\mathrm{L},\,5}}{dt} = &v_{\mathrm{lysine}}\{[\%\mathrm{OAA}_3][\%\mathrm{Pyr}_3] + [(1-y)/2][\%\mathrm{OAA}_3](1-[\%\mathrm{Pyr}_3])\\ &+ [(1+y)/2][\%\mathrm{Pyr}_3](1-[\%\mathrm{OAA}_3])\} - DC_{\mathrm{L},\,5} = 0\end{aligned} \qquad (15)$$

ここで，Dはケモスタットの希釈率である．オキザロ酢酸の濃縮のフラクション$[\%\mathrm{OAA}_3]$を測定する難しさを除くため，式（14），（15）をまとめて，定常状態の全リジンのバランスは，

$$\frac{dc_{\mathrm{L}}}{dt} = v_{\mathrm{lysine}} - DC_{\mathrm{L}} = 0 \qquad (16)$$

となる．OAAの濃縮分率$[\%\mathrm{OAA}_3]$の測定が難しいが，式（14）〜（16）に対して未知変数を$[\%\mathrm{OAA}_3]$, y, v_{lysine}と考えて，yを求めると

$$y = \{[c_{L,5} - c_{L,3}]/c_L\}/\{2[\%\mathrm{Pyr}_3] - [c_{L,3} + c_{L,5}]/c_L\} \tag{17}$$

となる．

式（17）は，3位に標識されたピルビン酸を使って，2つのリジン生成経路の分岐比が，3位と5位の相対的な濃縮度からいかに決定されるかを示している．計算には，直接測定によって決定された細胞内ピルビン酸の濃縮度も必要である．これは，直接観測によって最もうまく決定できる方法である．もうひとつのアプローチは，分泌されるバリンとアラニンの濃縮度の測定に基づくものである．これら2つのアミノ酸はピルビン酸から直接合成される．また，[%Pyr$_3$] が細胞外の濃縮度の値に等しいと仮定するのは望ましい方法ではない．というのは，一般に細胞内のピルビン酸の濃度の希釈の可能性があるからであり，これは一般にわからないからである．

上に述べた方法は，代謝と同位体のバランスが定常状態のときにのみ成り立つ．そのような定常状態は，リジン生産が定常の状態にあるケモスタットで得られるが，回分培養系も実験的には使うことができる．上の式は，回分培養系でも有効である．つまり，式（17）の標識されたリジンの分率 $c_{L,3}/c_L$ や $c_{L,5}/c_L$ を対応する L_3 と L_5 リジンの反応速度比 $(dc_{L,3}/dt)/(dc_L/dt)$ と $(dc_{L,5}/dt)/(dc_L/dt)$ によって置き換えればよい．もちろん，回分反応のケースでは，代謝と同位体の定常状態の仮定は成り立たない可能性もある．しかし，細胞内代謝物質の遷移状態において，定常である可能性もある．このことは，例えば，一定の細胞濃度でバランス増殖や定常の生産物生産において，しばしば，回分培養系でも見られるケースである．しかし，定常状態の仮定が確かであることをチェックしておく必要がある．この方法を不適切に使用すると，誤った結果を導くからである．例えば，ここで考えた例では，定常状態の仮定は，[3-^{13}C] リジンと [5-^{13}C] リジンが，全リジン濃度に対して，どのように培養槽の中で蓄積されていくかをプロットすることにより，確認される．時間に対して直線のグラフが得られれば，代謝と同位体の定常状態が保証される．

上に述べたアプローチは，振とうフラスコ回分培養でテストされた．1段階反応がリジンフラックスに寄与する分率は，全リジン合成速度の30〜50%であった．さらに注意深く行われた回分培養実験が，驚くべき情報をもたらした．それは，1段階反応のフラックス，または，同じように，H4Dで分岐するフラックス分岐比は，時間的に一定ではなく，培養経過とともに変化するということである．特に，1段階反応のフラックスは，標識されたグルコースのパルスに続いて，短時間にゼロから100%近くにまで上昇し，5〜7時間後，パルスを加える前のレベルにまで下降する．この結果は，細胞内の代謝物質や対応する反応を触媒する *in vivo* の酵素のレギュレーションによるフラックスのコントロールの様子を示しており，両方の因子が代謝ネットワークのフラックス分布を決定するのに必要であることを示している．しかし，これらの発見は，注意深く吟味されねばならない．環境条件の定常状態を確認する適当な方法がこの場合，ないのである．しかし，一般的な傾向という意味では得られた結果は正しい．注意深く設定された実験により，図9.4の2つの経路の *in vivo* のフラックスの定量的な評価が行われなければならない．

例9.2 アセチルCoAの代謝における標識の分布の解析

同位体標識の分布とフラックス推定の2番目の例は，図9.5に示された簡単なネットワーク

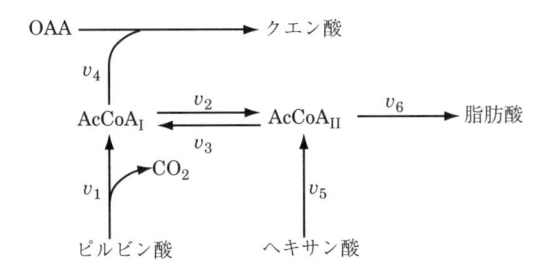

図 9.5 AcCoA 代謝の単純なメタボリックネットワークのモデル．2 つの AcCoA のプールが考えられている．これは，ミトコンドリアと細胞質のコンパートメントを示している．$v_1 \sim v_6$ はフラックスを示している．

である．これは，(Blum and Stein, 1982) によって提出されたアセチル CoA（AcCoA）の代謝の 2 つのプールのモデルである．このモデルは，ミトコンドリアと細胞質の AcCoA の分布の説明に用いられる．このシステムでは，ピルビン酸とカプロン酸（ヘキサン酸）が ^{13}C や ^{14}C に標識する基質となる．プール I とプール II の AcCoA 原子に対する同位体標識の分布は，炭素のフラックス v_1 から v_6，および，基質に標識したレベルやパターンの関数である．v_1 から v_6 のフラックスは，mmol/cell/h の単位をもっている．ここで，AcCoA は細胞内の代謝物質なので，標識炭素は定常状態であると仮定する．つまり，細胞内の中間代謝物質の特定の炭素への標識の流れは正確に，標識された炭素の流れによってバランスしていると仮定する．ここで，細胞内のフラックスを決定するための，AcCoA の濃縮分率の数学的な関係を導く．代謝物質内の特定の炭素原子の濃縮分率は，その物質名に続いて表記されている括弧内の数字で表すことにする．

プール I の AcCoA の 1 位の炭素の定常状態のバランス式を構築しよう．プール I の 1 位の炭素と 2 位の炭素の濃縮度をそれぞれ，$AcCoA_I(1)$ と $AcCoA_I(2)$ とする．$AcCoA_I$ を生成する反応は 2 つあり，(1) フラックス v_1 で示されるピルビン酸の脱炭酸反応と (2) $AcCoA_{II}$ のプール II からプール I への v_3 で示される輸送反応である．

ピルビン酸の 1 位の炭素は CO_2 を放出することによりなくなるが，2, 3 位の炭素は AcCoA の 1, 2 位の炭素となる．したがって，ピルビン酸から $AcCoA_I$ への標識炭素のフラックスは，$v_1 Pyr(2)$ によって与えられる．$AcCoA_{II}$ の $AcCoA_I$ への変換は，$v_3 AcCoA_{II}(1)$ によって与えられる．$AcCoA_I(1)$ へのトータルのフラックスは 2 つの個々のフラックスの和

$$AcCoA_I(1) への流入 = v_1 Pyr(2) + v_3 AcCoA_{II}(1) \tag{1}$$

で与えられる．$AcCoA_I$ を消費する反応はオキザロ酢酸（OAA）とクエン酸を生成する反応（このフラックスは v_4 と示す），プール I からプール II への AcCoA の輸送（これは v_2 で示される）の 2 つの反応である．$AcCoA_I$ の 1 位の炭素の標識のフラックスは単純に，その濃度 $AcCoA_I(1)$ に 2 つのフラックス v_2 と v_4 フラックスの和を掛けた積

$$AcCoA_I(1) からの流出 = (v_2 + v_4) AcCoA_I(1) \tag{2}$$

で示される．定常状態での $AcCoA(1)$ へ入る標識のフラックスは $AcCoA_I(1)$ から出ていくフラックスと完全にバランスする．式 (1)，(2) より，$AcCoA_I$ の 1 位の炭素の標識のバランスは

$$(v_2 + v_4)\mathrm{AcCoA_I}(1) = v_1\mathrm{Pyr}(2) + v_3\mathrm{AcCoA_{II}}(1) \tag{3}$$

と表せる.同様に,定常状態の$\mathrm{AcCoA_I}$の2位の炭素の同位体のバランスは

$$(v_2 + v_4)\mathrm{AcCoA_I}(2) = v_1\mathrm{Pyr}(3) + v_3\mathrm{AcCoA_{II}}(2) \tag{4}$$

によって表される.

　定常状態の式をプール II の AcCoA についても導くことができる.$\mathrm{AcCoA_{II}}$を生成する反応は2つあり,(1) カプロン酸の酸化反応 (v_5) と (2) プール I から II への輸送反応 (v_2) で示されている.カプロン酸の6つの炭素は,β酸化経路により,2つずつの炭素が除かれる.奇数位と偶数位の炭素は,$\mathrm{AcCoA_{II}}$の1位と2位の炭素に入る.したがって,カプロン酸 (Hex と表示する.) から$\mathrm{AcCoA_{II}}$の1位への標識のフラックスは $(v_5/3)$ [Hex(1) + Hex(3) + Hex(5)] と表せる.$\mathrm{AcCoA_{II}}$から$\mathrm{AcCoA_I}$への変換は,化学反応を含まないので,$\mathrm{AcCoA_I}$から$\mathrm{AcCoA_{II}}$への1位への炭素の標識のフラックスは$v_2\mathrm{AcCoA_I}(1)$ と表せる.$\mathrm{AcCoA_{II}}(1)$ への標識の全フラックスは2つの個々のフラックスの和であり,

$$\mathrm{AcCoA_{II}}(1) \text{への流入} = (v_5/3)[\mathrm{Hex}(1) + \mathrm{Hex}(3) + \mathrm{Hex}(5)] + v_2\mathrm{AcCoA_I}(1) \tag{5}$$

と表される.$\mathrm{AcCoA_{II}}$の1位の標識を消費するフラックスは$\mathrm{AcCoA_{II}}(1)$に2つのフラックスv_3とv_6の和を掛けたもの

$$\mathrm{AcCoA_{II}}(1)\text{からの流出} = (v_3 + v_6)\mathrm{AcCoA_{II}}(1) \tag{6}$$

で表される.式 (5),(6) より,$\mathrm{AcCoA_{II}}$の1位の標識炭素の定常状態でのバランスは,

$$(v_3 + v_6)\mathrm{AcCoA_{II}}(1) = (v_5/3)[\mathrm{Hex}(1) + \mathrm{Hex}(3) + \mathrm{Hex}(5)] + v_2\mathrm{AcCoA_I}(1) \tag{7}$$

となる.同様に,$\mathrm{AcCoA_{II}}$の2位の定常状態の炭素のバランスは,

$$(v_3 + v_6)\mathrm{AcCoA_{II}}(2) = (v_5/3)[\mathrm{Hex}(2) + \mathrm{Hex}(4) + \mathrm{Hex}(6)] + v_2\mathrm{AcCoA_I}(2) \tag{8}$$

となる.式 (3),(4),(7),(8) は行列表現して,

$$\begin{bmatrix} \dfrac{v_2+v_4}{v_1} & 0 & -\dfrac{v_3}{v_1} & 0 \\ 0 & \dfrac{v_2+v_4}{v_1} & 0 & -\dfrac{v_3}{v_1} \\ -\dfrac{3v_2}{v_5} & 0 & \dfrac{3(v_3+v_6)}{v_5} & 0 \\ 0 & -\dfrac{3v_2}{v_5} & 0 & \dfrac{3(v_3+v_6)}{v_5} \end{bmatrix} \begin{bmatrix} \mathrm{AcCoA_I}(1) \\ \mathrm{AcCoA_I}(2) \\ \mathrm{AcCoA_{II}}(1) \\ \mathrm{AcCoA_{II}}(2) \end{bmatrix}$$

$$= \begin{bmatrix} \mathrm{Pyr}(2) \\ \mathrm{Pyr}(3) \\ \mathrm{Hex}(1) + \mathrm{Hex}(3) + \mathrm{Hex}(5) \\ \mathrm{Hex}(2) + \mathrm{Hex}(4) + \mathrm{Hex}(6) \end{bmatrix} \tag{9}$$

となる．式（9）は解析的に解けて，AcCoAの2つのプールの濃縮度が得られる．$\mathrm{AcCoA_{II}}(1)$は例えば，

$$\mathrm{AcCoA_{II}}(1) = \frac{v_1 v_2}{v_2 v_6 + v_3 v_4 + v_4 v_6} \mathrm{Pyr}(2)$$
$$+ \frac{v_5(v_2 + v_4)}{3(v_2 v_6 + v_3 v_4 + v_4 v_6)} (\mathrm{Hex}(1) + \mathrm{Hex}(3) + \mathrm{Hex}(5)) \quad (10)$$

となる．式（9）は，代謝物質と6つの反応$v_1 - v_6$の関係を示していることに注意したい．ピルビン酸とカプロン酸をあらかじめ標識した実験では，式（9）の右辺が既知である．さらに，トータルのピルビン酸とカプロン酸の消費速度から反応速度v_1, v_5, v_6の推定ができる．したがって，2つのAcCoAのプールの2つの炭素における濃縮度分率は，全体の機構の正当性をテストするための冗長性を生み出す．代謝物質の消費速度の測定，濃縮度の測定に対する式（9）の解により，2つのプールのAcCoAの相互変換の正当な推定を得ることができるし，エネルギー生成のためのクエン酸サイクルへの炭素の取込み速度も得ることができる．

9.2 代謝化合物の同位体を完全列挙する方法とその応用

　前にも述べたように，標識した基質を用いることにより導入された同位体標識のパルス添加と減少速度を追う方法は，代謝サイクルを含まないような比較的単純なネットワークに利用可能なものである．比較的，複雑なネットワーク，特に，サイクルを含むようなものはこの方法の取扱いが難しい．このようなケースでは，すべて生成可能性のある同位体化合物の考察と決定が必要で，いくつもの炭素の位置において標識の濃縮度を予測する必要がある．

　サイクルを含むネットワークの複雑性を説明するために，3位に標識されたピルビン酸（[3-^{13}C] ピルビン酸）の標識のTCAサイクルが一回りしたときの行き先を考える（図9.6）．100% [3-^{13}C] ピルビン酸から出発すると，ピルビン酸デヒドロゲナーゼにより，すべてのアセチルCoAの2位が標識される．もし，ピルビン酸カルボキシラーゼによる補充反応で，炭酸固定が$^{13}\mathrm{CO}_2$により標識されたもので起これば，OAAはO_{34}を生成する．もし，標識されていない炭酸ガスで炭酸固定が起こればO_3が生成する．さらに，クエン酸シンターゼやPEPカルボキシキナーゼに比較して，OAAからフマル酸への逆反応が非常に速いと仮定すれば，OAA，コハク酸，リンゴ酸，フマル酸のC1とC4の間，C2とC3の間の炭素標識の対称性の平衡が完全に成り立つ．この仮定により，O_{34}とO_{12}，O_3とO_2の濃度が等しくなる．TCAサイクルに続いて，Ac_2とO_{34}が縮合し，順にC_{124}, K_{124}, S_{13}, $0.5\mathrm{F}_{13} + 0.5\mathrm{F}_{24}$, $0.5\mathrm{M}_{13} + 0.5\mathrm{M}_{24}$, $0.5\mathrm{O}_{13} + 0.5\mathrm{O}_{24}$が得られる．したがって，2つの同位体化合物$\mathrm{O}_{34}$と$\mathrm{O}_3$から，新しく，オキザロ酢酸の同位体$\mathrm{O}_{13}$と$\mathrm{O}_{24}$を生成することがわかる．得られた同位体は，さらに，TCAサイクルを回転する際に変化し，より多くの種の同位体を生成する．^{13}C標識の減少を追跡する方法では，明らかに，代謝サイクルの何重もの回転により，複雑な解析が必要となるため，このような系には，あまり向いていない．これらの状況を扱うもうひとつの方法は，代謝物質の同位体の物質収支をとることである．この節では，まず，全体の方法の一般論について述べる．その後，TCAサイクルの代謝物質の同位体化合物の完全な解析を行う．この節の最後に，細胞内の代謝を明らかにするいくつかの応用例を示すことにする．

　この方法を応用するためには，まず，すべての可能性のある代謝化合物同位体をすべて完全

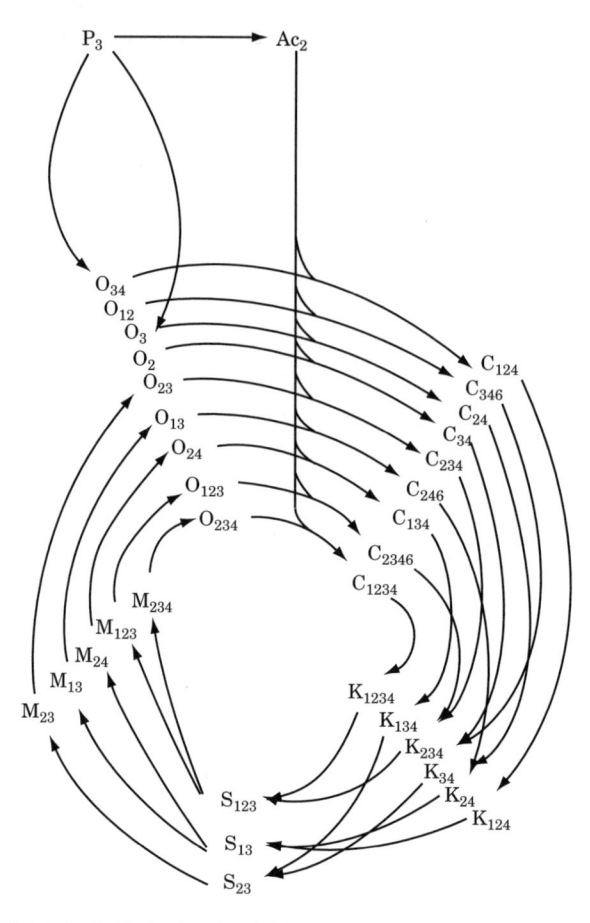

9. 同位体標識による代謝フラックスの実験的な決定法

図 9.6 100％標識された [3-^{13}C] ピルビン酸を使って，TCAサイクルを回転する標識炭素の軌跡の概観．略号：Ac, O, C, K, S, Mはそれぞれ，アセチルCoA，オキザロ酢酸，クエン酸，α-ケトグルタル酸，コハク酸，リンゴ酸の略号である．代謝物質の名前の隣に付された数字は^{13}Cで標識された炭素のポジションを示す．

に列挙することから始めねばならない．TCAサイクルに100％標識された [3-^{13}C] ピルビン酸を標識基質として用いるとき，オキザロ酢酸，クエン酸，α-ケトグルタル酸，コハク酸，リンゴ酸の可能性のある標識化合物が図9.6に示してある．その他の種はこのケースでは，生成しない．すべての位置の標識が現れるわけではないことに注意したい．このケースでは，例えば，標識の有無によって$2^5 = 32$のα-ケトグルタル酸が存在するが，6種だけが生化学情報を基本にして存在することになる．

次のステップは，ネットワーク中に現れるすべての代謝物質とその同位体化合物のバランスを記述することである．これらの式は，代謝物質，および，同位体の濃度と決定したい細胞内のフラックス（反応速度）を含んでいる．"代謝物質とその同位体が定常状態であると仮定すると"，これらのバランスは，未知の代謝フラックスの線形式で表せ，フラックスの関数として，代謝化合物同位体の相対的な濃度が陽に解き出せる．最後の段階は，実験データをよりよく表現するために，未知のフラックスを決定することを試行錯誤法により繰り返し行うことである．未知のフラックスの初期設定値を与え，相対的な同位体の濃度が決定される．そして，

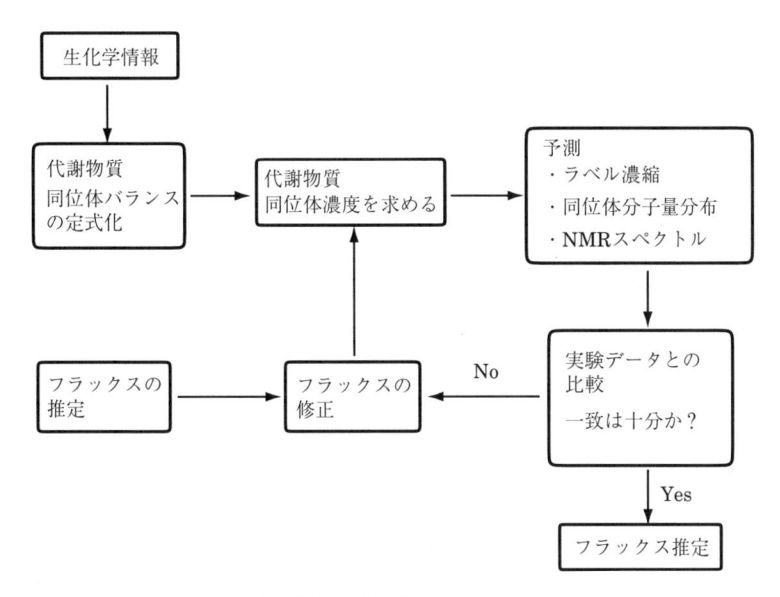

9.2 代謝化合物の同位体の完全列挙する方法とその応用

図9.7 *in vivo* の代謝フラックスを同位体の濃縮度，GC-MS，NMRスペクトルから *in vivo* の細胞内フラックスを決定する逐次計算プロセスの概略．

これが次のいくつかを決定するために用いられる．つまり，(a) いくつかの代謝物質の炭素原子の標識濃縮度，(b) GC-MSによる代謝物質の分子量分布，(c) 代謝物質のNMRスペクトルである．対応する濃縮度，分子量分布，NMRのスペクトルの各強度の実験値とモデルの予測を比較して，データに合うように推定フラックスが修正される．標識濃縮度，分子量分布，NMRスペクトルの強度の実験データとモデル予測値を比較し，フラックスの新しい推定値に修正する．この繰り返し試行は，モデルによる予測と実験データがよい一致を示すまで行われ，最終的に観測していないフラックスも決定することができる．図9.7に試行錯誤プロセスの概要を示す．

次の2つの項では，標識されたピルビン酸，または，酢酸から生成するすべてのTCAサイクル中の同位体化合物が表現される．これらの定式化は代謝のサイクルの同位体を列挙することにおいて共通した手法を示すことになる．さらに，TCAサイクルの結果は，いくつかの例において，標識された基質の実験から得られた菌体の生理学的洞察のために使われるであろう．最後に，9.2.3項において，同位体標識の濃縮度，分子量分布，NMRスペクトルが前節で得られた同位体の相対的な濃度からいかに計算されるかについて示す．

9.2.1 標識されたピルビン酸から生成するTCAサイクル中の同位体代謝化合物の分布

図9.8にTCAサイクルと糖新生の経路を通して使われるピルビン酸の反応を示す．この経路は，真核生物に共通に見られるものである．ホスホエノールピルビン酸（PEP）は，PEPシンセターゼによっては，ピルビン酸からは直接生成せず，オキザロ酢酸（OAA）からPEPカルボキシキナーゼにより生成するとする．ピルビン酸は，OAAに直接カルボキシル化されて変換し，アセチルCoAに変換される．アセチルCoAは，OAAと縮合し，クエン酸となってTCAサイクルのスタートに戻る．そして最終的に，オキザロ酢酸を再生する．最終的に，グルコースはPEPからEmbden-Meyerhof反応（解糖系）の逆反応，または，糖新生の経路により生成

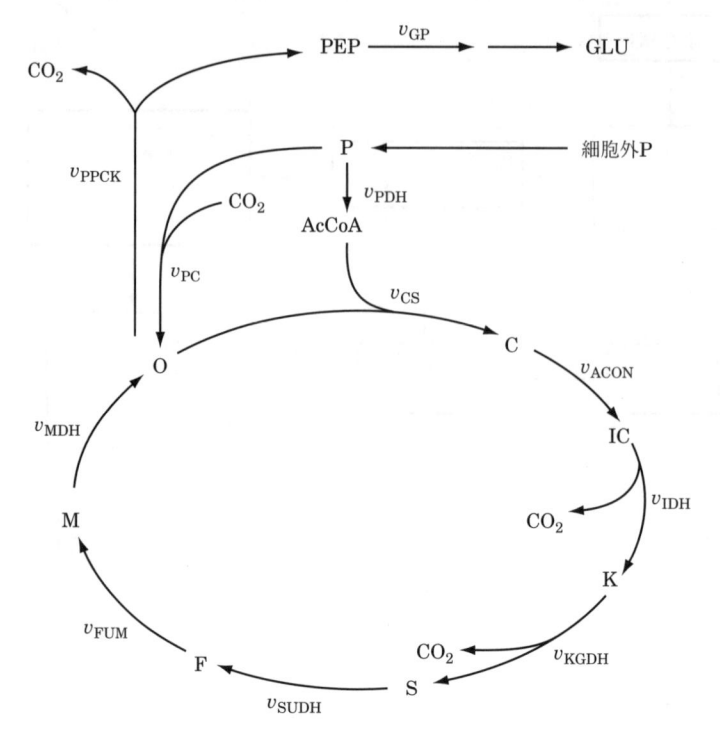

● 9. 同位体標識による代謝フラックスの実験的な決定法

図 9.8 TCAサイクルと糖新生によるピルビン酸の消費．フラックスの下付き記号は次の略号である．**GP**：糖新生新生経路，**PDH**：ピルビン酸デヒドロゲナーゼ，**CS**：クエン酸シンテース，**ACON**：アコニターゼ，**IDH**：イソクエン酸デヒドロゲナーゼ，**KGDH**：α-ケトグルタル酸デヒドロゲナーゼ，**SUDH**：コハク酸デヒドロゲナーゼ，**FUM**：フマラーゼ，**MDH**：リンゴ酸デヒドロゲナーゼ，**PPCK**：ホスホエノールピルビン酸カルボキシキナーゼ，**PC**：ピルビン酸カルボキシラーゼ．代謝物質の略号．**PEP**：ホスホエノールピルビン酸，**P**：ピルビン酸，**AcCoA**：アセチルCoA，**C**：クエン酸，**IC**：イソクエン酸，**K**：α-ケトグルタル酸，**S**：コハク酸，**F**：フマル酸，**M**：リンゴ酸，**O**：オキザロ酢酸，CO_2：二酸化炭素，**GLU**：グルコース．無駄な経路，つまり，PEP→P→O→PEPは不活性であると仮定する．グルタミン酸-オキザロ酢酸トランスアミナーゼや生合成に向かうグルタミン酸デヒドロゲナーゼは無視している．

する．

図9.8のネットワーク中で同定されている代謝物質の物質収支式を書くと，

$$\frac{dc_{AcCoA}}{dt} = v_{PDH} - v_{CS} \tag{9.3}$$

$$\frac{dc_C}{dt} = v_{CS} - v_{ACON} \tag{9.4}$$

$$\frac{dc_{IC}}{dt} = v_{ACON} - v_{IDH} \tag{9.5}$$

$$\frac{dc_K}{dt} = v_{IDH} - v_{KGDH} \tag{9.6}$$

$$\frac{dc_S}{dt} = v_{KGDH} - v_{SUDH} \tag{9.7}$$

$$\frac{dc_F}{dt} = v_{SUDH} - v_{FUM} \tag{9.8}$$

9.2　代謝化合物の同位体の完全列挙する方法とその応用

$$\frac{dc_M}{dt} = v_{FUM} - v_{MDH} \tag{9.9}$$

$$\frac{dc_O}{dt} = v_{MDH} + v_{PC} - v_{CS} - v_{PPCK} \tag{9.10}$$

$$r_{CO_2} = v_{IDH} + v_{KGDH} - v_{PC} + v_{PPCK} \tag{9.11}$$

$$\frac{dc_{PEP}}{dt} = v_{PPCK} - v_{GP} \tag{9.12}$$

$$\frac{dc_P}{dt} = v_{IMPORT} - v_{PC} - v_{PDH} \tag{9.13}$$

となる．定常状態で，中間代謝物質の濃度変化がないと仮定すると式(9.3)〜(9.13)は，

$$v_{CS} = v_{PDH} = v_{ACONL} = v_{IDH} = v_{KGDH} = v_{SUDH} = v_{FUM} = v_{MDH} \tag{9.14}$$

$$v_{PC} = v_{PPCK} \tag{9.15}$$

$$r_{CO_2} = 2v_{CS} \tag{9.16}$$

$$v_{PC} = v_{GP} \tag{9.17}$$

$$v_{IMPORT} = v_{PC} + v_{CS} \tag{9.18}$$

となる．

全代謝物質濃度と同様に図9.6において示された，100% [3-^{13}C] ピルビン酸から生成した各代謝物質の同位体の物質収支式は，

$$\frac{dc_O}{dt} = \begin{bmatrix} O_3 \\ O_2 \\ O_{34} \\ O_{12} \\ O_{13} \\ O_{24} \\ O_{123} \\ O_{234} \\ O_{23} \end{bmatrix} = v_{MDH} \begin{bmatrix} 0 \\ 0 \\ 0 \\ 0 \\ M_{13} \\ M_{24} \\ M_{123} \\ M_{234} \\ M_{23} \end{bmatrix} + v_{PC} \begin{bmatrix} \left[\frac{1-CO_2^*}{2}\right] \\ \left[\frac{1-CO_2^*}{2}\right] \\ \left[\frac{1-CO_2^*}{2}\right] \\ \left[\frac{1-CO_2^*}{2}\right] \\ 0 \\ 0 \\ 0 \\ 0 \\ 0 \end{bmatrix} - v_{CS} \begin{bmatrix} O_3 \\ O_2 \\ O_{34} \\ O_{12} \\ O_{13} \\ O_{24} \\ O_{123} \\ O_{234} \\ O_{23} \end{bmatrix} - v_{PPCK} \begin{bmatrix} O_3 \\ O_2 \\ O_{34} \\ O_{12} \\ O_{13} \\ O_{24} \\ O_{123} \\ O_{234} \\ O_{23} \end{bmatrix} \tag{9.19}$$

となる．上の式で，各同位体種は，相対的な濃度で示されている．つまり，その濃度は，同じ代謝物質の全濃度で規格化されている．例えば，$(O_3 = c_{O,3}/c_O)$，CO_2^*は^{13}Cで標識された二酸化炭素の分率である．

● 9. 同位体標識による代謝フラックスの実験的な決定法

オキザロ酢酸と同様にクエン酸/イソクエン酸（Cと書く），α-ケトグルタル酸，コハク酸，リンゴ酸，二酸化炭素の同位体の物質収支式は，式（9.20）～（9.24）のように，それぞれ示される．

$$\frac{dc_C}{dt}\begin{bmatrix}C_{24}\\C_{34}\\C_{124}\\C_{346}\\C_{246}\\C_{134}\\C_{2346}\\C_{1234}\\C_{234}\end{bmatrix}=v_{CS}\begin{bmatrix}O_3\\O_2\\O_{34}\\O_{12}\\O_{13}\\O_{24}\\O_{123}\\O_{234}\\O_{23}\end{bmatrix}-v_{IDH}\begin{bmatrix}C_{24}\\C_{34}\\C_{124}\\C_{346}\\C_{246}\\C_{134}\\C_{2346}\\C_{1234}\\C_{234}\end{bmatrix} \tag{9.20}$$

$$\frac{dc_K}{dt}\begin{bmatrix}K_{24}\\K_{34}\\K_{124}\\K_{134}\\K_{234}\\K_{1234}\end{bmatrix}=v_{IDH}\begin{bmatrix}V_{24}+C_{246}\\C_{34}+C_{346}\\C_{124}\\C_{134}\\C_{2346}+C_{234}\\C_{1234}\end{bmatrix}-v_{KGDH}\begin{bmatrix}K_{24}\\K_{34}\\K_{124}\\K_{134}\\K_{234}\\K_{1234}\end{bmatrix} \tag{9.21}$$

$$\frac{dc_S}{dt}\begin{bmatrix}S_{23}\\S_{13}\\S_{123}\end{bmatrix}=v_{KGDH}\begin{bmatrix}K_{134}+K_{34}\\K_{24}+K_{124}\\K_{1234}+K_{234}\end{bmatrix}-v_{SUDH}\begin{bmatrix}S_{23}\\S_{13}\\S_{123}\end{bmatrix} \tag{9.22}$$

$$\frac{dc_M}{dt}\begin{bmatrix}M_{23}\\M_{13}\\M_{24}\\M_{123}\\M_{234}\end{bmatrix}=v_{SUDH}\begin{bmatrix}S_{23}\\ \frac{1}{2}S_{13}\\ \frac{1}{2}S_{13}\\ \frac{1}{2}S_{123}\\ \frac{1}{2}S_{123}\end{bmatrix}-v_{MDH}\begin{bmatrix}M_{23}\\M_{13}\\M_{24}\\M_{123}\\M_{234}\end{bmatrix} \tag{9.23}$$

$$r_{CO_2}*CO_2 = vI_{DH}(C_{346}+C_{246}+C_{2346})+v_{KGDH}(K_{124}+K_{134}+K_{1234}) \\ -v_{PC}(CO_2*)+v_{PPCK}(O_{34}+O_{24}+O_{234}) \tag{9.24}$$

代謝物質と同位体において定常状態であれば，式（9.22），（9.23），（9.14）を使って，

9.2 代謝化合物の同位体の完全列挙する方法とその応用

$$\begin{bmatrix} M_{23} \\ M_{13} \\ M_{24} \\ M_{123} \\ M_{234} \end{bmatrix} = \begin{bmatrix} K_{134} + K_{34} \\ \frac{1}{2}(K_{24} + K_{124}) \\ \frac{1}{2}(K_{24} + K_{124}) \\ \frac{1}{2}(K_{1234} + K_{234}) \\ \frac{1}{2}(K_{1234} + K_{234}) \end{bmatrix} \tag{9.25}$$

同様に，式 (9.20)，(9.21)，(9.14) から

$$\begin{bmatrix} K_{24} \\ K_{34} \\ K_{124} \\ K_{134} \\ K_{234} \\ K_{1234} \end{bmatrix} = \begin{bmatrix} O_3 + O_{13} \\ O_2 + O_{12} \\ O_{34} \\ O_{24} \\ O_{123} + O_{23} \\ O_{234} \end{bmatrix} \tag{9.26}$$

を得る．

式 (9.25) と式 (9.26) を一緒にして，リンゴ酸の同位体の式を式 (9.19) の定常状態の式に代入すると代謝物質と同位体における定常状態での同位体のバランス

$$v_{CS}\begin{bmatrix} 0 \\ 0 \\ 0 \\ 0 \\ \frac{1}{2}(O_3 + O_{13} + O_{34}) \\ \frac{1}{2}(O_3 + O_{13} + O_{34}) \\ \frac{1}{2}(O_{234} + O_{123} + O_{23}) \\ \frac{1}{2}(O_{234} + O_{123} + O_{23}) \\ (O_{24} + O_2 + O_{12}) \end{bmatrix} + v_{PC}\begin{bmatrix} \left[\dfrac{1-\text{CO}_2{}^*}{2}\right] \\ \left[\dfrac{1-\text{CO}_2{}^*}{2}\right] \\ \left[\dfrac{\text{CO}_2{}^*}{2}\right] \\ \left[\dfrac{\text{CO}_2{}^*}{2}\right] \\ 0 \\ 0 \\ 0 \\ 0 \\ 0 \end{bmatrix} = (v_{CS} + v_{PC})\begin{bmatrix} O_3 \\ O_2 \\ O_{34} \\ O_{12} \\ O_{13} \\ O_{24} \\ O_{123} \\ O_{234} \\ O_{23} \end{bmatrix} \tag{9.27}$$

が得られる．

式 (9.27) は，すべてのオキザロ酢酸の同位体が，二酸化炭素の相対的濃縮度やクエン酸シンターゼ，ピルビン酸カルボキシラーゼのフラックス，つまり v_{CS} と v_{PC} だけから求められることを示している．この解析は，代謝と同位体の定常状態において，他のすべての同位体についても前向きの方法で行える．また，それらは，v_{CS} と v_{PC} によってのみ記述できる．したが

って，v_{CS} と v_{PC} の2つが残された未知変数で，これがわかれば，中間代謝物質の標識濃縮度を通して計算される相対的な同位体濃縮度を計算することができる．

解は，x に関して表現するのが便利である．この x というのは，オキザロ酢酸が，PEPカルボキシキナーゼ（PPCK）反応により，TCAサイクルからでる確率として定義される [$(1-x)$ は，オキザロ酢酸がクエン酸シンターゼ（CS）によりTCAサイクルに再び入る確率を示している]．y は，^{13}C で標識された $^*CO_2$ が，ピルビン酸に固定される確率である．x に関して

$$\frac{x}{1-x} = \frac{v_{PPCK}}{v_{CS}} = \frac{v_{PC}}{v_{CS}} \tag{9.28}$$

が成り立つ．もし，このモデルに示された反応以外に CO_2 が生成したり消費したりする経路がなければ，y は，x と同様に，陽に表現することができる．表9.1は，100%の濃縮度をもつピルビン酸が基質として使われたときの2つの確率 x, y に関するオキザロ酢酸とグルタミン酸の相対的濃度をまとめた結果である．表9.1は，x に関して y を決定するという表現になっている．表9.1に示しているように，3つの異なる炭素原子に標識されたピルビン酸により生成したグルコースとグルタミン酸の相対的な濃縮度も示している．100%の [2-^{13}C] ピルビン酸，100%の [1-^{13}C] ピルビン酸が，それぞれ，標識された基質として使われたとき，生成可能性のある同位体は図9.9に示した．表9.1を用いれば，どのような同位体化合物の決定でも，どのような実験値との比較でも行えることがわかる．GやKは，グルタミン酸とα-ケトグルタル酸の同位体分布が等しいことから相互に変換して用いることができる．

この項は，表9.1の表現を導くための仮定をまとめて終わることにする．

- ピルビン酸→OAA→PEPピルビン酸やリンゴ酸→ピルビン酸→OAA→リンゴ酸のような無駄なサイクルによる標識のリサイクルはないものとする．
- 代謝物質のコンパートメントへの局所化は考えない．つまり，TCAサイクルについてもその他の経路についても一様な濃度であるとする．
- グルコースの生成以外は，正味の生成反応はないとする．
- 糖新生によって生成するグルコースの標識とPPP経路を経由することによるグルコースの標識の相互変換はないものとする．
- 代謝や同位体の定常状態が成立している．
- 入力の基質は，1種類の同位体をもつ．つまり指定されたポジションでは，100%の濃縮度である．
- 標識されていない濃度の存在による同位体の希釈は無視する．

9.2.2 標識された酢酸を用いたTCAサイクル中の代謝物質同位体の分布

図9.10は，酢酸を資化する際の3つの可能性のあるモデルを示している．モデルIは多くのバクテリアで見られるグリオキシル酸シャント（GS）を経由する酢酸の代謝である．この経路は，酢酸を単一炭素源として増殖するときに必須の経路である．なぜならば，TCAサイクルのみでは，代謝物質は生合成反応に回すことができないからである．バクテリアは，イソクエン酸の分岐で，エネルギー的な，また，生合成的な炭素の利用を制御しているのである．イソクエン酸デヒドロゲナーゼとTCAサイクル中の酵素の活性によって，イソクエン酸はNADH

9.2 代謝化合物の同位体の完全列挙する方法とその応用

表 9.1 オキザロ酢酸 (O), グルタミン酸 (G), の同位体の定常状態における同位体分布と濃縮度. 図 9.8 に示された主要経路による 100% の [3-^{13}C] ピルビン酸, 100% の [2-^{13}C] ピルビン酸, 100% の [1-^{13}C] ピルビン酸によるグルコースとグルタミン酸の相対的な濃縮度[a].

	[3-^{13}C]ピルビン酸	[2-^{13}C]ピルビン酸	[1-^{13}C]ピルビン酸
y	$y = \dfrac{1-x}{2+x-x^2}$	$y = \dfrac{1+x-2x^2}{2+x-x^2}$	$y = \dfrac{x}{2-x}$
オキザロ酢酸 同位体分布	$O_2 = O_3 = \dfrac{x(1-y)}{2}$	$O_2 = O_3 = \dfrac{x(1-y)}{2}$	$O_1 = O_4 = \dfrac{x(1-y)}{2}$
	$O_{12} = O_{34} = \dfrac{xy}{2}$	$O_{13} = O_{24} = \dfrac{x(1-x+y+xy)}{2(1+x)}$	$O_{14} = xy$
	$O_{23} = \dfrac{(1-x)x}{(1+x)}$	$O_{14} = \dfrac{x(1-x)}{(1+x)}$	$O = 1-x$
	$O_{13} = O_{24} = \dfrac{(1-x)x}{2(1+x)}$	$O_1 = O_4 = \dfrac{(1-x)^2}{2(1+x)}$	
	$O_{123} = O_{234} = \dfrac{(1-x)^2}{2(1+x)}$		
グルコース 濃縮度パターン	$C-1 = \dfrac{1}{(1+x)}$	$C-1 = \dfrac{1}{(1+x)}$	$C-1 = 0$
	$C-2 = \dfrac{1}{(1+x)}$	$C-2 = \dfrac{1}{(1+x)}$	$C-2 = 0$
	$C-3 = \dfrac{1-x+xy+x^2y}{2(1+x)}$	$C-3 = \dfrac{1+x-2x^2+xy+x^2y}{2(1+x)}$	$C-3 = \dfrac{x(1+y)}{2}$
グルタミン酸 同位体分布	$K_{24} = \dfrac{x(2-y-xy)}{2(1+x)}$	$K_{35} = \dfrac{x(1-y)}{2}$	$K = \dfrac{2-x-xy}{2}$
	$K_{34} = \dfrac{x}{2}$	$K_{135} = \dfrac{x(1-x+y+xy)}{2(1+x)}$	$K_1 = \dfrac{x(1+y)}{2}$
	$K_{124} = \dfrac{xy}{2}$	$K_{25} = \dfrac{x}{1+x}$	
	$K_{134} = \dfrac{x(1-x)}{2(1+x)}$	$K_{15} = \dfrac{1-x}{2}$	
	$K_{234} = \dfrac{1-x}{2}$	$K_5 = \dfrac{(1-x)^2}{2(1+x)}$	
	$K_{1234} = \dfrac{(1-x)^2}{2(1+x)}$		
グルタミン酸 濃縮度パターン	$C-1 = \dfrac{1-x+xy+x^2y}{2(1+x)}$	$C-1 = \dfrac{1+x-2x^2+xy+x^2y}{2(1+x)}$	$C-1 = \dfrac{x(1+y)}{2}$
	$C-2 = \dfrac{1}{1+x}$	$C-2 = \dfrac{1}{1+x}$	$C-2 = 0$
	$C-3 = \dfrac{1}{1+x}$	$C-3 = \dfrac{1}{1+x}$	$C-3 = 0$
	$C-4 = 1$	$C-4 = 0$	$C-4 = 0$
	$C-5 = 0$	$C-5 = 1$	$C-5 = 0$

[a] y は最初の行に示したように, x の関数として陽に求められる. グルタミン酸 (G) と α-ケトグルタル酸 (K) は標識のパターンが等価なので相互変換可能である. これらの基質による糖新生の経路を通って合成されたグルコースは次のパターンをもつ. つまり, $C-4 = C-3$, $C-5 = C-2$, $C-6 = C-1$.

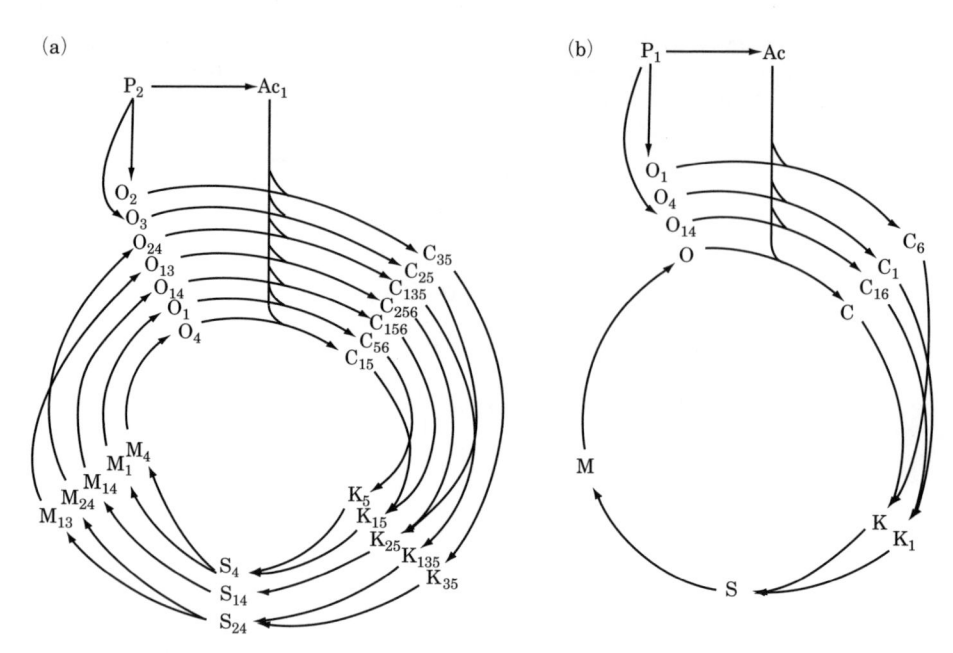

●9. 同位体標識による代謝フラックスの実験的な決定法

図9.9 (a) 100%の [2-^{13}C] ピルビン酸，(b) 100%の [1-^{13}C] ピルビン酸による複数回TCAサイクルを回転したときの代謝物質の標識の変化．

の生産に使われる．そして，これはエネルギーの生産につながる．もうひとつは，イソクエン酸リアーゼにより，イソクエン酸は，コハク酸とグリオキシル酸に変換される．そして，グリオキシル酸はアセチルCoAと結合してリンゴ酸を生成する．つまり，GSを経由すると1分子のオキザロ酢酸が2分子の酢酸から生成する．

動物細胞では，図9.10に示したモデルIIのTCAサイクルで代謝される経路が確認されている．しかし，定常状態の流れを保とうとすると，いくつかの中間代謝物質がサイクルを抜けて，グルタミン酸，グルタミンのような生合成の前駆物質を生成しなければならないので，オキザロ酢酸を合成する独立した補充経路が存在しなければならない．酢酸の利用としては2つのシナリオが考えられる．1つ目は，モデルIIに示したように，アセチルCoAシンターゼによるアセチルCoAへの変換にのみ使われる一般によく考えられる経路である．この場合は，オキザロ酢酸を生成する別の経路が必要となる．2番目のシナリオ（モデルIII）は，オキザロ酢酸が酢酸から直接変換されるという仮説的な経路を含んだものである．2分子のアセチルCoAからアセト酢酸が生成し，次に，脱カルボキシル化反応で乳酸，または，ピルビン酸を生成し，最終的にオキザロ酢酸に最終的に変換されるというものである．アセト酢酸からの乳酸やピルビン酸のようなC3代謝物の合成に導く経路は，現在，確認されていない．しかし，この仮説的な経路は，全く不可能なものではない．というのは，ヒツジの細胞では，酢酸からの3ヒドロキシ酪酸の合成（Annisonら，1963）が，また，ラットの肝細胞で標識された酢酸からアセト酢酸の合成（Desmoulinら，1985）が認められている．モデルIIIを含める目的は，酢酸を標識化する研究がこれを正当化するかどうかテストすることにある．動物細胞では，GSは見られないからである．

このケースを解析するために，9.2.1項と全く同じように，図9.11と図9.12に100% [2-

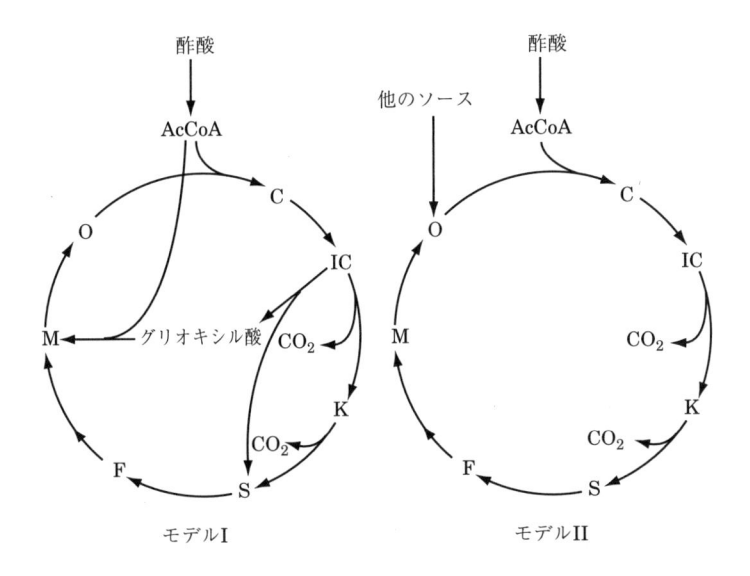

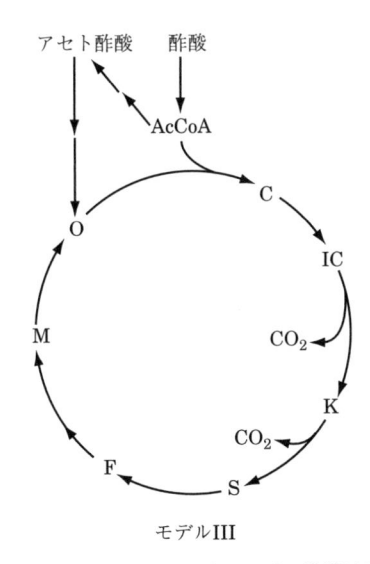

図 9.10 酢酸資化の 3 つのモデル．モデル I においては，酢酸は TCA サイクルとグリオキシル酸シャントの 2 つの経路に資化される．モデル II においては，酢酸は，アセチル CoA を通って TCA サイクルのみで代謝される．オキザロ酢酸は他の代謝経路から内生的に補給される．モデル III では酢酸はアセチル CoA に変換され，オキザロ酢酸は，アセト酢酸から乳酸，ピルビン酸の経路を使うことによって補給される．モデル III はその存在がいまだ十分明らかにはされていない．

^{13}C] と 100% [1-^{13}C] に標識した酢酸を取り込ませた場合，最初に生成する可能性のある同位体を示している．図には，代謝物質と同位体のバランスが描かれており，定常状態の仮定が，オキザロ酢酸の同位体の相対的な濃度を得るために適用されている．そして，これらを通して，グルコースやグルタミン酸の濃縮度のパターンが示されている．結果は，[2-^{13}C] に対して表 9.2，[1-^{13}C] に対して表 9.3 に，それぞれ，まとめられている．酢酸資化の場合は，もうひとつの変数 z が，イソクエン酸が GS を経由する分率として定義されている．そして，$(1-z)$

●9. 同位体標識による代謝フラックスの実験的な決定法

は，イソクエン酸がTCAサイクルで代謝される分率になる．したがって，GSのTCAサイクルに対するフラックスの比は，

$$\frac{z}{1-z} = \frac{v_{GS}}{v_{TCA}} \tag{9.29}$$

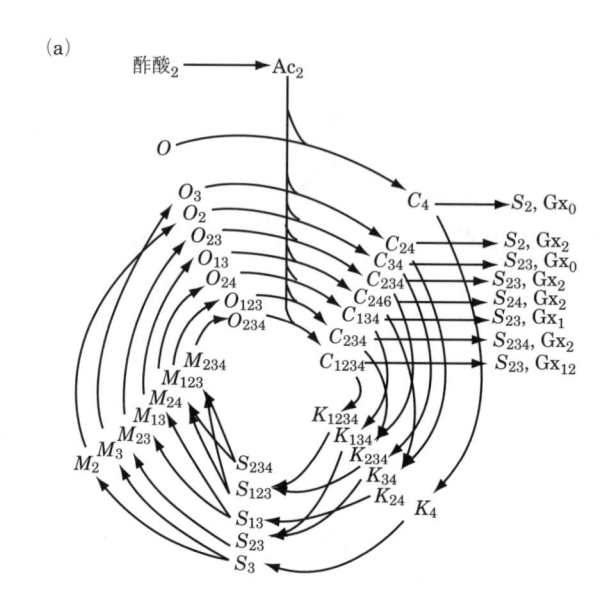

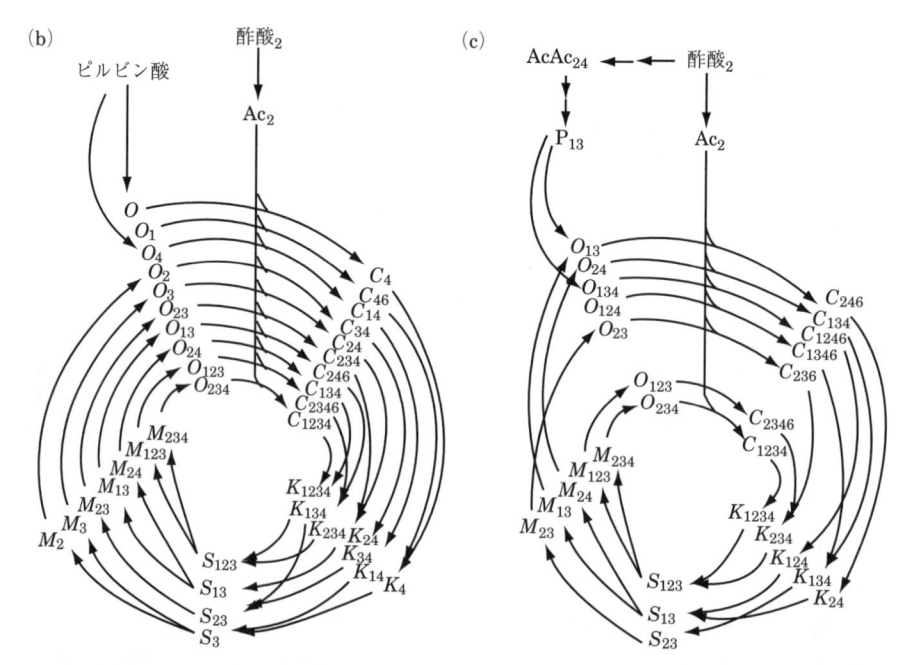

図9.11 100%［2-^{13}C］酢酸が，TCAサイクルで代謝されるときの中間代謝物質の炭素の標識位．図9.10のモデルⅠ～Ⅲがこの図の (a)～(c) に対応している．

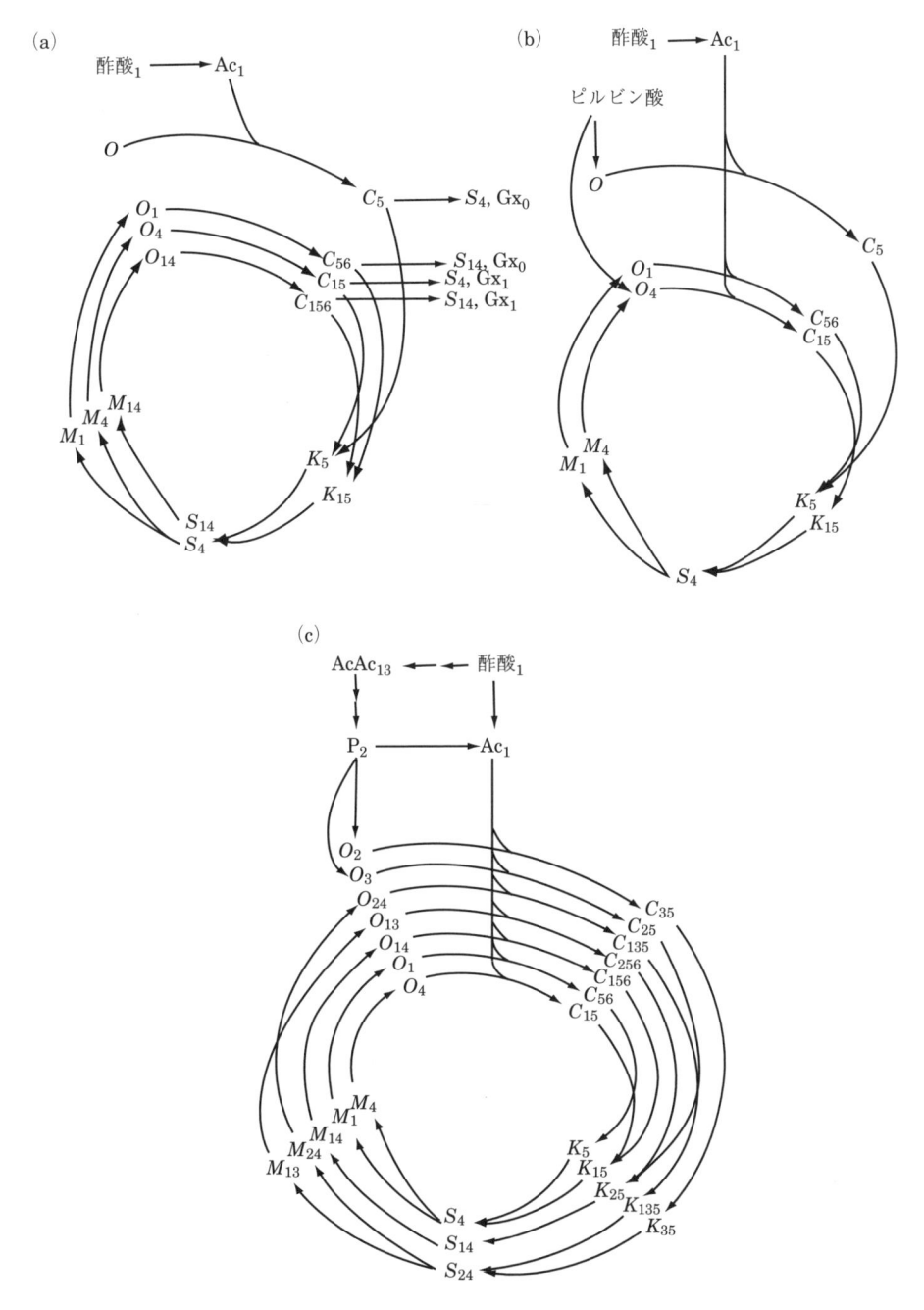

図 9.12 100%［1-^{13}C］酢酸がTCAサイクルで代謝されるときの中間代謝物質の炭素の標識位．図 9.10のモデルI～IIIがこの図の（a）～（c）に対応している．

と表現される．表9.1～9.3の結果は，100%濃縮されたピルビン酸や酢酸に対して有効なものである．

9. 同位体標識による代謝フラックスの実験的な決定法

表 9.2 図 9.10 に示した 3 つの異なるモデル代謝経路に基づく 100% [2-^{13}C] 酢酸が資化されたときのオキザロ酢酸とグルタミン酸の定常状態の同位体化合物の分布とグルコースとグルタミン酸の相対的な濃縮度のパターン[a].

	モデル I による [2-^{13}C] 酢酸	モデル II による [2-^{13}C] 酢酸	モデル III による [2-^{13}C] 酢酸
y		$y = \dfrac{(1-x)^2}{2+x-x^2}$	$y = \dfrac{1+x^2}{2+x-x^2}$
オキザロ酢酸 同位体化合物分布	$O_{23} = z$ $O_{123} = O_{234} = \dfrac{1-z}{2}$	$O = x - xy$ $O_1 = O_4 = \dfrac{xy}{2}$ $O_2 = O_3 = \dfrac{x(1-x)}{2}$ $O_{23} = \dfrac{(1-x)^2 x}{(1+x)}$ $O_{13} = O_{24} = \dfrac{(1-x)^2 x}{2(1+x)}$ $O_{123} = O_{234} = \dfrac{(1-x)^3}{2(1+x)}$	$O_{13} = O_{24} = \dfrac{x(2-y-xy)}{2(1+x)}$ $O_{134} = O_{124} = \dfrac{xy}{2}$ $O_{23} = \dfrac{x(1-x)}{(1+x)}$ $O_{123} = O_{234} = \dfrac{(1-x)^2}{2(1+x)}$
グルコース 濃縮度パターン	$C-1 = 1$ $C-2 = 1$ $C-3 = \dfrac{1-z}{2}$	$C-1 = \dfrac{1-x}{(1+x)}$ $C-2 = \dfrac{1-x}{(1+x)}$ $C-3 = \dfrac{1-2x+x^2+xy+x^2 y}{2(1+x)}$	$C-1 = \dfrac{1}{(1+x)}$ $C-2 = \dfrac{1}{(1+x)}$ $C-3 = \dfrac{1+x^2+xy+x^2 y}{2(1+x)}$
グルタミン酸 同位体化合物分布	$K_{234} = \dfrac{1+z}{2}$ $K_{1234} = \dfrac{1-z}{2}$	$K_4 = x = \dfrac{xy}{2}$ $K_{14} = \dfrac{xy}{2}$ $K_{24} = \dfrac{x(1-x)}{(1+x)}$ $K_{34} = \dfrac{(1-x)x}{2}$ $K_{134} = \dfrac{x(1-x)^2}{2(1+x)}$ $K_{234} = \dfrac{(1-x)^2}{2}$ $K_{1234} = \dfrac{(1-x)^2}{2(1+x)}$	$K_{24} = \dfrac{x(2-y-xy)}{2(1+x)}$ $K_{134} = \dfrac{x}{(1+x)}$ $K_{124} = \dfrac{xy}{2}$ $K_{234} = \dfrac{1-x}{2}$ $K_{1234} = \dfrac{(1-x)^2}{2(1+x)}$
グルタミン酸 濃縮度パターン	$C-1 = \dfrac{1-z}{2}$ $C-2 = 1$ $C-3 = 1$ $C-4 = 1$ $C-5 = 0$	$C-1 = \dfrac{1-2x+x^2+xy+x^2 y}{2(1+x)}$ $C-2 = \dfrac{1-x}{1+x}$ $C-3 = \dfrac{1-x}{1+x}$ $C-4 = 1$ $C-5 = 0$	$C-1 = \dfrac{xy+x^2 y+1+x^2}{2(1+x)}$ $C-2 = \dfrac{1}{(1+x)}$ $C-3 = \dfrac{1}{1+x}$ $C-4 = 1$ $C-5 = 0$

[a] モデル II と III において，x は 9.2.1 項に示したようにピルビン酸カルボキシラーゼによるオキザロ酢酸への相対的なフラックスを決定している．再び，最初の行に示したように y は x の関数で表される．この表は，図 9.11 に対応している．

9.2 代謝化合物の同位体の完全列挙する方法とその応用

表9.3 図9.10に示した3つの異なるモデル代謝経路に基づく100% [1-^{13}C] 酢酸が資化されたときのオキザロ酢酸とグルタミン酸の定常状態の同位体化合物の分布とグルコースとグルタミン酸の相対的な濃縮度のパターン[a].

		モデルIによる [1-^{13}C]酢酸	モデルIIによる [1-^{13}C]酢酸	モデルIIIによる [1-^{13}C]酢酸
y			$y = \dfrac{1-x}{2-x}$	$y = \dfrac{1+x-2x^2}{2+x-x^2}$
オキザロ酢酸 同位体化合物分布		$O_{14} = z$	$O = x - xy$	$O_3 = O_3 = \dfrac{x(1-y)}{2}$
		$O_1 = O_4 = \dfrac{1-z}{2}$	$O_1 = O_4 = \dfrac{1-x+xy}{2}$	$O_{13} = O_{24} = \dfrac{x(1-x+y+xy)}{2(1+x)}$
				$O_{14} = \dfrac{x(1-x)}{(1+x)}$
				$O_1 = O_4 = \dfrac{(1-x)^2}{2(1+x)}$
グルコース 濃縮度パターン		$C-1 = 0$	$C-1 = 0$	$C-1 = \dfrac{x}{(1+x)}$
		$C-2 = 0$	$C-2 = 0$	$C-2 = \dfrac{x}{(1+x)}$
		$C-3 = \dfrac{1+z}{2}$	$C-3 = \dfrac{1-x+xy}{2}$	$C-3 = \dfrac{1+x-2x^2+xy+x^2y}{2(1+x)}$
グルタミン酸 同位体化合物分布		$K_{15} = \dfrac{1-z}{2}$	$K_{15} = \dfrac{1-x+xy}{2}$	$K_{35} = \dfrac{x(1-y)}{2}$
		$K_5 = \dfrac{1+z}{2}$	$K_5 = \dfrac{1+x-xy}{2}$	$K_{135} = \dfrac{x(1-x+y+xy)}{2(1+x)}$
				$K_{25} = \dfrac{x}{1+x}$
				$K_{15} = \dfrac{1-x}{2}$
				$K_5 = \dfrac{(1-x)^2}{2(1+x)}$
グルタミン酸 濃縮度パターン		$C-1 = \dfrac{1-z}{2}$	$C-1 = \dfrac{1-x+xy}{2}$	$C-1 = \dfrac{1+x-2x^2+xy+x^2y}{2(1+x)}$
		$C-2 = 0$	$C-2 = 0$	$C-2 = \dfrac{x}{1+x}$
		$C-3 = 0$	$C-3 = 0$	$C-3 = \dfrac{x}{1+x}$
		$C-4 = 0$	$C-4 = 0$	$C-4 = 0$
		$C-5 = 1$	$C-5 = 1$	$C-5 = 1$

[a] この表は，図9.12に対応している．

9.2.3 実験データの解釈

ほとんどの代謝物質のNMR実験の焦点は，まず，特定の代謝物質の炭素原子の^{13}C標識の濃縮度の解析を中心に行われる．表9.1〜9.3の結果は，そのような標識濃縮度の正しい解釈を与えるだけでなく，NMRスペクトル解析や標識された代謝物質の分子量分布を測定することにより，定量的な情報へも拡張できる．

^{13}C濃縮度の実験データに対して，いくつかの炭素原子の濃縮度は表9.1〜9.3に示された表現を使って，対応する同位体の相対的な濃度の和として与えられる．例えば，100% [3-^{13}C]ピルビン酸を使った場合，α-ケトグルタル酸の各炭素の位置における相対的な同位体濃縮度は，

●9. 同位体標識による代謝フラックスの実験的な決定法

特定の炭素の位置に標識された炭素を含むすべての同位体化合物の和として計算される．これは，次のような式により表される．

$$C-1 = K_{124} + K_{134} + K_{1234}$$
$$C-2 = K_{24} + K_{124} + K_{234} + K_{1234}$$
$$C-3 = K_{34} + K_{134} + K_{234} + K_{1234} \tag{9.30}$$
$$C-4 = K_{24} + K_{34} + K_{124} + K_{134} + K_{234} + K_{1234} = 1$$
$$C-5 = 0$$

α-ケトグルタル酸の同位体化合物の相対的な濃度は，表9.1～9.3に示したように，代謝フラックスまたは，代謝フラックスの比の関数であるので，標識の濃縮度のデータは $in\ vivo$ の代謝フラックスの大きさについての情報を与えている．

表9.1～9.3の同位体化合物の分布から，特定の炭素のポジションにおけるNMRスペクトルのピークの波形の詳細な構造が，さらに解析できる．相対的な同位体化合物の量は，(表9.1～9.3の式がパラメータ x や z の関数であるように)，相対的な代謝フラックス分布に依存するので，NMRスペクトルの波形の詳細な構造は，全体の代謝フラックス分布に関する情報を含んでいる．相対的な同位体化合物の量に対する同じ表現は，異なる標識された代謝物質の分子量分布の決定にも使える．例えば，普通のグルタミン酸分子量 M をもつグルタミン酸分子（すべての炭素原子に標識がないグルタミン酸）の相対的な量は，表9.1からゼロに等しいことがわかる．というのは，少なくとも1つの ^{13}C 炭素がグルタミン酸の同位体には標識されているはずだからである．同様に，分子量 $(M+1)$ のグルタミン酸同位体化合物の濃度もゼロである．しかし，$(M+2)$ の分子量をもつグルタミン酸は K_{24}，K_{34} の和であり，$(M+3)$ のグルタミン酸の相対的な量は K_{124}，K_{134}，K_{234} の和である．最後に，$(M+4)$ の分子量をもつグルタミン酸の相対的な濃度は，K_{1234} に等しい．このような分子量分布は，ガスクロマトグラフィー－マススペクトロメトリーによって得られ，同位体化合物や対応する代謝フラックスに対する情報を与える．

ここで，大きい冗長性が計算に存在していることに注意したい．例えば，同位体分布，分子量分布，NMRスペクトルの波形の詳細な構造は，表9.1～9.3で考えられた場合は，2つのパラメータ x と z に依存している．これらの測定値の2つを使えば，パラメータ x と z を決定することができる．残りのデータは，x と z の得られた値の正当性をチェックするのに使える．実際には，x と z の2つの未知パラメータの値を測定値の誤差二乗和が小さくなるように決定するのがより良い方法である．残差の二乗平均値が低ければ，よいフィッティングといえ，一方，大きな残差二乗平均値は測定値か仮定した生化学経路に大きな誤差が存在することを示している．矛盾が見つかるような場合には，一度，1つの測定変数を除いて，残りの測定値により正当性が向上するかチェックすることができる．もし，1つの測定値を除いてみて非常にフィッティング精度が向上した場合は，この測定値には大きな誤差を含んでいるので，これが含まれているとフィッティングがうまくいかないので，除いた方がよい．もし，測定値の中に目立った誤差がなければ，満足のいくフィッティングが得られるまで生化学経路を変更し対応する式を導出し，フィッティングすることを繰り返さねばならない．第4章でのデータの正当性の解析の方法がスペクトルデータ，代謝物質データのレコンシリエーション，正確なフラックスの決定に，有効に応用されるだろう．最後に，この方法は，分泌された物質にも細胞破砕液から

得られる細胞内の物質にも使える．*in situ* NMR測定や，さらに手の込んだ複雑な方法は，この目的にとっては必要ない．

多くの情報が，従来のNMRのデータから抽出されることを示した．表9.1～9.3の表現を用いれば，このような測定値の解析が容易に行える．しかし，同位体分布の解析的な解は，どんな生化学経路の構造に対しても得られるというわけではない．あるネットワークの構造は，ここで示したような解析手法が当てはまらないと報告されている．そのようなケースでは，同位体分布は，数値的に与えられなければならないだろう．標識炭素が移動するのを解析することや同位体分布の計算を容易にするコンピュータプログラムは，これらの実験から得られる情報を最大化し，最良の実験を設計するときに非常に貴重になるであろう（例えば，Schmidtら，1997a）．このソフトウェアは，代謝物質，スペクトル，その他のデータを試行錯誤的にベストフィットさせるものである（Schmidt, 1997b）．

例9.3 動物細胞におけるピルビン酸の代謝

上に述べたモデリングの考え方は，実験データを使ったモデル予測の比較によって検証される．Chanceら（1983）は，ラットの心臓の細胞を90%［3-^{13}C］ピルビン酸で潅流し，グルタミン酸の^{13}C-NMRスペクトルを得た．このスペクトルは，グルタミン酸のC-2, C-3, C-4炭素の化学シフトによる分岐を示していた（図9.13）．グルタミン酸のC-2のピークは，55.5 ppmに示存在するが，これは，9つのピークにシフトし（分かれ）ており，C-4のピークは，34.2 ppmの位置に3つのピークを示した．C-3のピークは，27.8 ppmに5つのピークを示した．これらのピークは，炭素間の^{13}C-^{13}Cスピンカップリングによって起こるものである．

90%［3-^{13}C］ピルビン酸を基質とした場合，相対的な同位体化合物の濃度に対して表9.1～9.3と同じような表現に加えて，可能性のある同位体化合物の新しい表現を導く必要がある．この実験では，100%に濃縮された基質を使う場合と異なることに注意したい．つまり，正しいピルビン酸の濃縮度を考慮に入れなければ，重大な誤差を生じることになる．

ピルビン酸とアセチルCoAは，C-3とC-2にそれぞれ標識される可能性がある．標識されたピルビン酸が補充経路を通ってオキザロ酢酸に入るので，もし，二酸化炭素が標識されていなければ，この場合は，オキザロ酢酸はC-3に標識される．二酸化炭素が標識されていたらC-3またはC-4が標識されたオキザロ酢酸が生成する．しかし，標識されていないピルビン酸からオキザロ酢酸が生成するので，もし，二酸化炭素が標識されていなければ，1つも標識されていないピルビン酸が生成する．もし，二酸化炭素が標識されている場合には，O_4の同位体が生成する．オキザロ酢酸の7つの同位体化合物 $O, O_3, O_{34}, O_4, O_2, O_{12}, O_1$ が生成し「最後の3つは，（2, 3）位と（1, 4）位の平衡から生成する］，（2位の炭素に）標識されているか，または，標識されていないAcCoAと結合してTCAサイクルに入る．定常状態では，オキザロ酢酸の12の同位体化合物，$O, O_1, O_4, O_2, O_3, O_{34}, O_{12}, O_{23}, O_{13}, O_{24}, O_{123}, O_{234}$ を生成する．さらに，グルタミン酸の16の同位体，$G, G_4, G_{14}, G_1, G_{124}, G_{12}, G_{34}, G_3, G_{24}, G_2, G_{234}, G_{23}, G_{134}, G_{13}, G_{1234}, G_{123}$ が存在する．

図9.13で多重ピーク（マルチプレットパターン）がNMRスペクトルに存在するのは，異なる種類の同位体が存在することから考えて妥当である．C-2の9つに分かれたピークは G_{24}, G_2 による（異なる2つのピークの重ね合わせ）シングルピーク，カップリング定数 J_{12} をもつ G_{124}, G_{12} のダブルピーク，カップリング定数 J_{23} をもつ G_{234}, G_{23} のダブルピーク，G_{1234} と

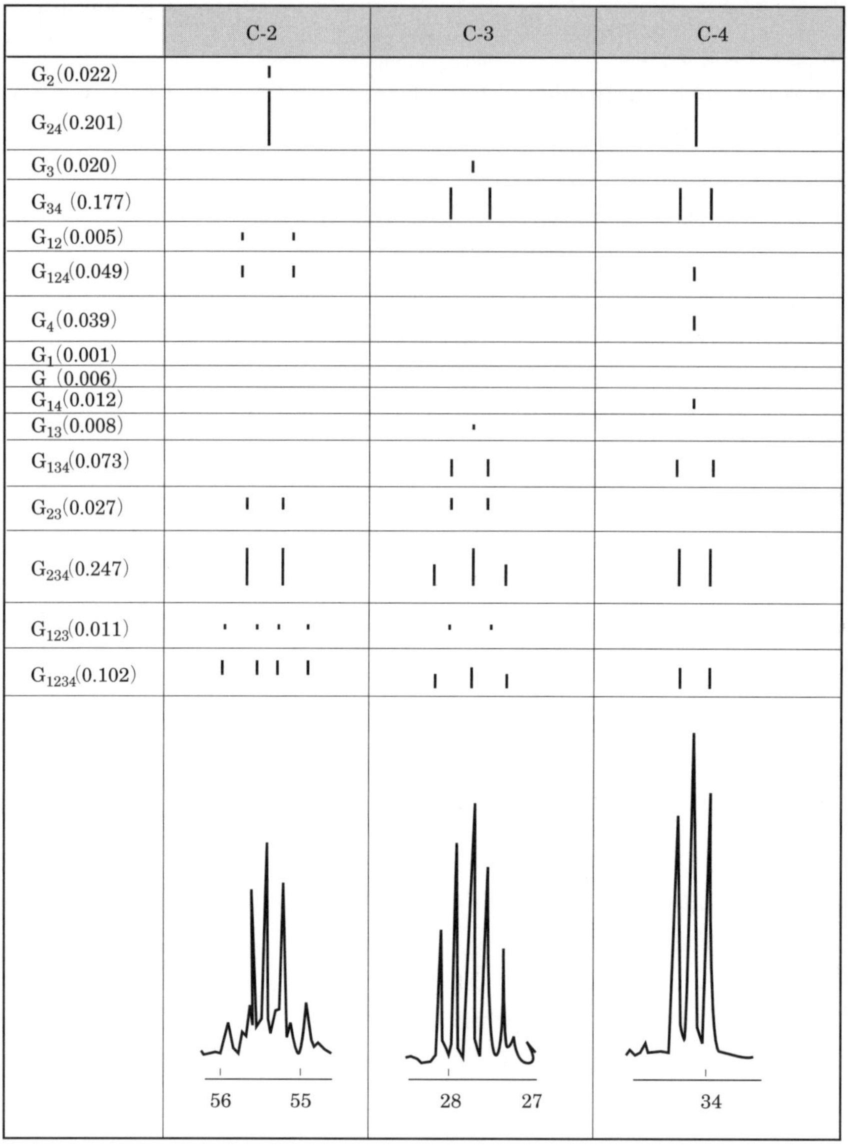

●9. 同位体標識による代謝フラックスの実験的な決定法

	C-2	C-3	C-4
$G_2(0.022)$	ǀ		
$G_{24}(0.201)$	ǀ		ǀ
$G_3(0.020)$		ǀ	
$G_{34}(0.177)$		ǀ ǀ	ǀ ǀ
$G_{12}(0.005)$	ǀ ǀ		
$G_{124}(0.049)$	ǀ ǀ		ǀ
$G_4(0.039)$			ǀ
$G_1(0.001)$			
$G\ (0.006)$			
$G_{14}(0.012)$			ǀ
$G_{13}(0.008)$		ǀ	
$G_{134}(0.073)$		ǀ ǀ	ǀ ǀ
$G_{23}(0.027)$	ǀ ǀ	ǀ ǀ	
$G_{234}(0.247)$	ǀ ǀ	ǀ ǀ ǀ	ǀ ǀ
$G_{123}(0.011)$	ǀ ǀ ǀ ǀ	ǀ ǀ	
$G_{1234}(0.102)$	ǀ ǀ ǀ ǀ	ǀ ǀ ǀ	ǀ ǀ

図9.13 90% [3-^{13}C] ピルビン酸を用いたときの観測されるマルチプレットパターン（多重ピーク）(Chance ら，1983). x の値は 0.35 と推定された．括弧内の数値は対応する同位体の相対的な位置を表している．マルチプレット内の各ピークの強度はピークの数によって規格化された相対的な濃度である．

G_{123} の4重ピークの和である．2つの異なるダブルピークが J_{12} (53.5 Hz) と J_{23} (34.6 Hz) というカップリング定数の差の結果として起こる．この差のために，G_{1234} と G_{123} による C-2 のピークは4つになる．一方，G_{1234} と G_{234} による C-3 のピークは J_{23} と J_{34} が近い値なので，強度比が 1：2：1 の3つのピークを示す．同じ理由 ($J_{23} = J_{34}$) で，同位体化合物 G_{123}, G_{23}, G_{134}, G_{34} は C-3 に同じダブルピークを作る．したがって，C-3 の5つのピークは，G_3, G13 のシングルピーク，G_{123}, G_{23}, G_{134}, G_{34} の2つのピーク，G_{1234}, G_{234} の3つのピークの和で

ある．同様に，C-4において，C-1の3つのピークがあり，C-5にはピークが存在しない．したがって，グルタミン酸由来のすべての共鳴スペクトルの詳細な構造は，異なるグルタミン酸同位体の予測に矛盾しないのである．

各ピークの強度は，対応するピークスプリット（ダブレット，トリプレット，カルテット）に寄与するスプリットの本数で規格化された同位体化合物の濃度に比例する．例えば，G_{124}とG_{12}によるC-2のダブルピークは，$([G_{124}] + [G_{12}])/2$に比例する．ここで，$[G_i]$はG_iの濃度である．ここで示したモデルを使うことによって，NMRのスペクトル強度を決定するグルタミン酸同位体化合物の相対的な分布は，x（TCAサイクルに入るオキザロ酢酸の分率）とy（^{13}Cに標識されたピルビン酸へ固定される二酸化炭素の分率）から一意に決定できる．図9.8に示される以外に生成するCO_2はないと仮定すれば，yの値は，xにより一意に決まる．異なるxの値に基づく16種のグルタミン酸の同位体化合物の相対的な濃度の予測は，図9.14に示される．

図9.13のNMRスペクトルの強度は，グルタミン酸の同位体化合物の相対的な濃度から一意に決定される．それは，分率xの関数であり，フラックス情報は，NMRスペクトルの精密な構造から抽出される．グルタミン酸のC-2，C-3，C-4の3つの炭素の共鳴の情報がxの決定に使えるのである．一方，他の2つは，求められたxの推定を確証するために使える．表9.4には，図9.13のNMRスペクトルデータから推定された強度比を示している．1つの炭素の共鳴のみが使えるときに得られたxの値は，すべての共鳴のデータが使えたときに，最小二乗法によって得られたのとほぼ同じ値0.35と推定された．対応するyの値は0.26となる．表9.4は，これらのxとyの値を使った強度比を示している．実験値との十分な一致により，このモデルの正当性が検証された．C-2の実験値と理論予測値の差は，図9.13の報告されているNMRのスペクトルからの強度比の推定における不確定性によるものである．xが0.35であるときに，ピーク強度比の差は，実験誤差の範囲に入る．同じようなグルタミン酸同士の多重ピークのパターンは [3-^{13}C] アラニンを用いた単離マウス肝細胞の潅流実験によっても確認された（Hallら，1988）．

例9.4 ***Escherichia coli*** **における酢酸の代謝**

Walsh and Koshland（1984）は [2-^{13}C] 酢酸を単一炭素源にして培養した*E.coli*からグルタミン酸を精製し，^{13}C-NMRスペクトルを得た（図9.15）．この図は，C-1にダブレット，C-2に6つのピーク，C-3に3つトリプレットピーク，そしてC-4にダブレットが示されている．このパターンは，(Model I)のグリオキシル酸シャントの機能を示すものであり，表9.2と正確に一致する．このケースでは，zが唯一の変数である．これが決まると，本質的に，各ピークの相対的な強度や各ピークに含まれる各スプリットの相対的な強度が決まる．zは，イソクエン酸がグリオキシル酸シャントで使われる分率（またはグリオキシル酸シャントで使われたイソクエン酸の分率，TCAサイクル中で消費される）として定義されている．Walsh and Koshland（1984）は，細胞内のグルタミン酸の5つの炭素の相対的な濃縮度が，C-1からC-5に対し，それぞれ，0.4：1.0：0.9：1.0：0であることを確認した．モデルでは，C-2＝C-3＝C-4＝1，C-5＝0となる．これは，この実験結果を支持している．一方，C-1＝$(1-z)/2$である．C-1に対する実験データ0.4を代入することによって，zは0.2と決定される．これは，代謝物質の炭素の入出力を基礎とした方法を使ったWalsh and Koshland（1984）らの推

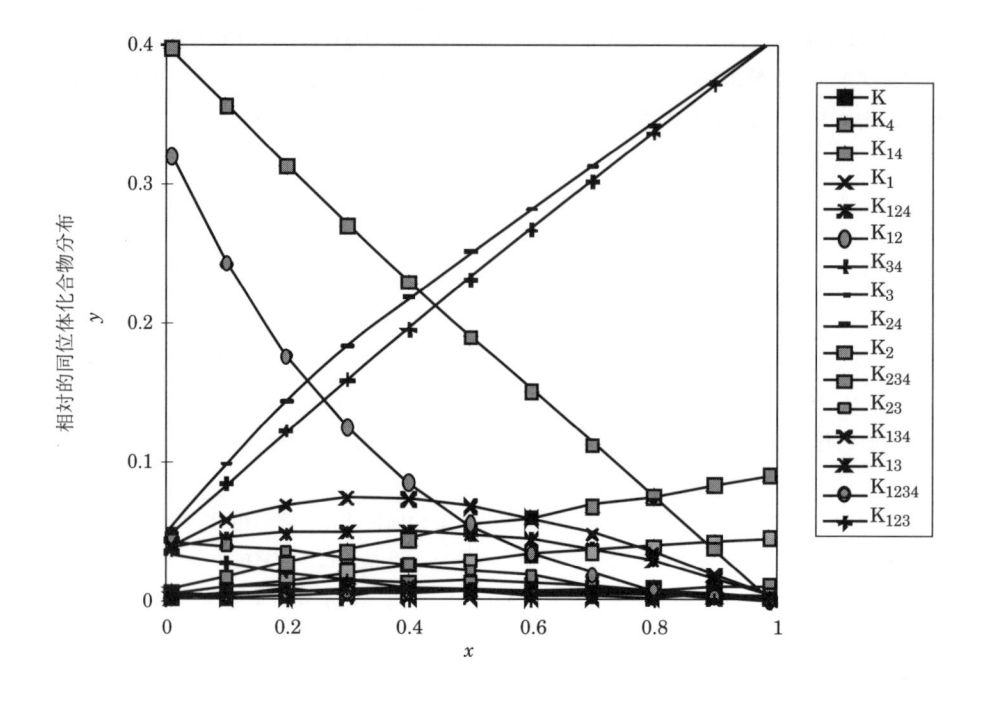

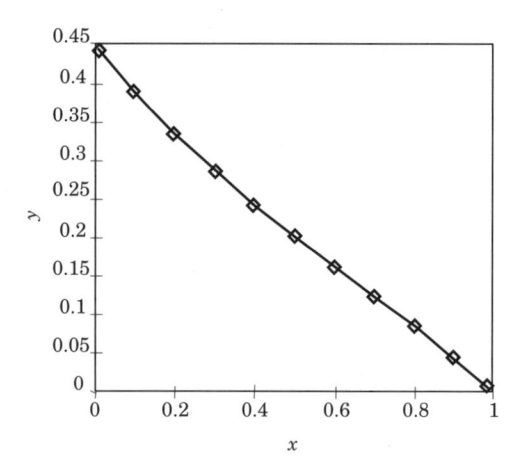

図9.14 90%［3-^{13}C］ピルビン酸のケースに対する，xの関数としてのα-ケトグルタル酸の同位体化合物の分布．16種が存在し，図9.8に示した以外にCO_2生成の経路がないと仮定するとyはxの関数として陽に与えられる．

定と一致する．

　モデルによる推定結果は，得られたNMRスペクトル波形を十分に説明することができる．これは，特定の代謝物質の炭素の位置の濃縮度だけの考察ではなく，すべての同位体化合物を考慮している．標識のダイアグラム（図9.11）により，α-ケトグルタル酸の同位体は最高6つ存在することを示しているが，表9.2の結果では，定常状態で，2つのα-ケトグルタル酸のみが存在する，つまり，相対的な濃度が $(1-z)/2$ であるK_{1234}（またはG_{1234}），と相対的な濃

9.2 代謝化合物の同位体の完全列挙する方法とその応用

表9.4 図9.13のNMRスペクトルのピーク強度からのフラックス比xの決定[a].

	C-2		
	S/D_{12}	S/D_{23}	S/Q
NMRスペクトル	4.20 ± 0.3	0.73 ± 0.1	1.95 ± 0.3
$x = 0.35$	*4.13*	*0.81*	*1.97*
	C-3		
		T/D	
NMRスペクトル		1.3 ± 0.1	
$x = 0.35$		*1.3*	
	C-4		
		S/D	
NMRスペクトル		0.5 ± 0.2	
$x = 0.35$		*0.5*	

[a] xの最良の推定値は0.35である．イタリックの値は，推定したxの値に対して計算した強度比を示す（S, D, Tはシングルピーク，ダブルピーク，トリプルピークの強度）D_{ij}はカップリング定数J_{ij}をもつダブルピークの強度）．

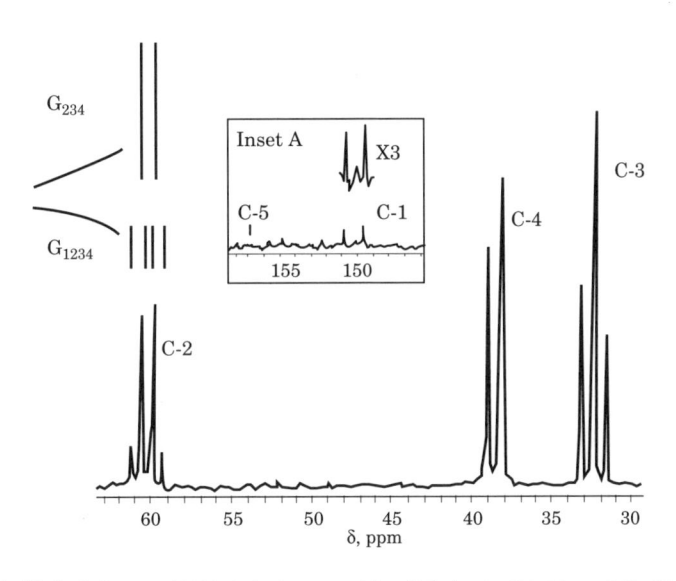

図9.15 [2-^{13}C] 酢酸による観測されたグルタミン酸の多重ピーク [Walsh and Koshland (1984)]．C-2の6つのピークは強度0.15のG_{234}のダブルピークと，強度0.05のG_{1234}による4重ピークによるものである．したがって，4重ピークをQ，ダブレットをDと書くと，$Q/D = 2/3$となる．

度が$(1+z)/2$であるK_{234}（またはG_{234}）が存在する．9.2.1項に示した[3-^{13}C] ピルビン酸のケースと同様な方法で，多重ピークが解析される．特に，興味深いのは，C-2の4重ピークである．ここで，G_{1234}はC-2の4重ピークを作り，その強度は$(1-z)/8 = 0.1$であった．G_{234}はダブルピークを示し，その強度は，$(1+z)/4 = 0.3$であった．これらの予測は，C-2のピークの個々のピークに対する強度データがないので，予測値は図9.15と直接比較すること

はできない．しかし，個々のピークの強度の比較は，一般に，実験データと予測値の良い一致を示した．C-3 や C-4 の共鳴の強度は，同じように解析できる．これらのデータは，フラックス比 z の情報を含んでいないが，予測パターンに一致する．

バクテリアにおいてグリオキシル酸経路が存在することを確認したもうひとつの実験は，99%［1-^{13}C］酢酸を使って行われた．この場合もグルタミン酸の同位体化合物は z の関数となる．2種の同位体化合物のみが示されるはずである（表9.3）．つまりそれらは，相対的な濃度が $(1+z)/2$ の G_5，相対的な濃度が $(1-z)/2$ の G_{15} である．したがってグルタミン酸の濃縮度は C-1 で $(1-z)/2$，C-5 で，1，C-2，C-3，C-4 でゼロである．これは，正確に，E.coli のプロリン合成（Crawford ら，1987），Brevibacterium flavum（Walker and London, 1987）のグルタミン酸合成，で見られたことと一致する．Crawford ら（1987）のシステムは，Walsh and Koshland（1985）らのものと同様で，$z = 0.2$ と考えられた．これは，C-1 のグルタミン酸の濃縮度 0.40 を与えるものである．Crawford ら（1987）の報告のスペクトルから，C-1 グルタミン酸の濃縮度は 30% と推定され，モデルの推定値とまずまずの一致を見せた．

例 9.5　バクテリアにおけるグリオキシル酸経路と TCA サイクル

z の値，これは，グリオキシル酸シャントによるイソクエン酸の分率を示しているが，GC-MS や ^{13}C-NMR の使用を含む3つの独立な方法により決定できる．まず，Walsh and Koshland（1984）によって行われたように，グルタミン酸の C-1 の相対的な濃縮度が使われる．この方法は，ピーク強度の絶対値を相対的な濃縮度に変換するためのキャリブレーションを確立するために，既知の標準物質の測定を必要とする．2番目に，C-2 のピークの中に4重ピーク（Q）とダブルピーク（D）の比が，表9.3から z の値を決定するのに使われる．

$$\frac{Q}{D} = \frac{1-z}{1+z} \tag{1}$$

図9.15から，この比は，2/3と推定され，z は 0.2 と決定された．これは，最初の方法の結果と一致した．3番目に，GC-MS は1原子量単位の精度で測定可能な異分子量をもつ同じ代謝物質のフラクションの推定に使われる．Walsh and Koshland（1984）の例では，GC-MS は，グルタミン酸の2つのピークを作る．1つは，分子量（$M+3$）をもつピークで，もうひとつは（$M+4$）のピークである．ここで，M はすべての炭素が ^{12}C で構成されるグルタミン酸の分子量である．G_{234} グルタミン酸は（$M+3$）の分子量をもち，G_{1234} は（$M+4$）の分子量をもつ．したがって，（$M+3$）の（$M+4$）に対する比は，

$$\frac{(M+3)}{(M+4)} = \frac{1+z}{1-z} \tag{2}$$

となる．同様に，［1-^{13}C］酢酸，の場合は，z の値は，2つの異なる方法で与えられる．1つは，各炭素位での ^{13}C-NMR であり，もうひとつは，GC-MS 測定に基づく（$M+2$）と（$M+1$）の比である．

9.3　代謝物質の炭素バランス

大きなネットワークでは，すべての同位体化合物を詳しく列挙することは困難であるし，同

位体化合物の分子量分布やNMRのスペクトルの波形についての情報が不完全であって単純に不必要な場合もある．しばしば，同位体化合物の標識実験において，全体の同位体化合物の濃縮度（または強度）が測定される．これらのデータが，すべての同位体化合物を列挙したり，バランスをとったりすることなしに解析される．この節では，直接的な代謝物質の炭素バランスに使う同位体強度の解析の2つの方法を紹介する．

9.3.1 直接的な代謝物質の炭素バランス

この方法は，全体の代謝バランスとネットワークの代謝物質の各炭素バランスを用いるので，まずまず，素直な（直接的）方法である．各炭素のバランスが考慮され，特定の代謝物質の特定の炭素の濃縮度が解析される．ここでは，ペントースリン酸経路（PPP）への応用を通してこの方法を紹介しよう．

図9.16は，ペントースリン酸経路（PPP）の概略を示している．2章で述べたように，PPPは，Glc6Pの脱水素反応から始まる酸化経路である．まず，6ホスホグルコン酸が生成し，2つの反応を通過した後，RNAやDNAの核酸を合成する前駆体であるリボース5リン酸を生成する．

$$- Glc6P - 2NADP^+ - H_2O + リボース5リン酸 + 2NADPH + 2H^+ + CO_2 = 0$$

ほとんどの微生物は，リボース5リン酸よりもNADPHを必要とするので，過剰なリボースがトランスケトラーゼやトランスアルドラーゼの反応によりケトース，アルドースへ変換されて解糖経路へ戻される．PPPの非酸化経路の正味の和は

$$-3 リボース5リン酸 + 2 フルクトース6リン酸 + グリセルアルデヒド3リン酸 = 0$$

となる．

PPP反応の化学量論は，また，表10.1にまとめられている．セントラルカーボンメタボリズムのフラックス解析は，PPPで酸化された炭素の量と，そこから得られた細胞合成のための還元力の量の正確な値を必要とする．全体の物質収支は，10.1節で示されるように，この経路を通った"正味の"フラックスの推定とPPPと解糖系のフラックス分布を与える．しかし，物質収支による分岐比とPPP経路の鍵となる反応，つまり，トランスケトラーゼやトランスアルドラーゼの反応の可逆性が独立に確認されることが，非常に望まれる．これは，標識されたグルコースの取込みと，うまく選んだPPPの代謝中間体の同位体化合物の強度の測定から次に示すように行われる．

図9.16の代謝物質濃度のバランスから始めることにしよう．Glc6PとFru6P間のイソメラーゼ反応とペントースリン酸のイソメラーゼやエピメラーゼは非常に速く平衡になっていると仮定できる．したがって，ヘキソース（H6P）とペントース（R5P）はネットワーク中では同じプールにあると考える．

$$\frac{dc_{H6P}}{dt} = v_0 - v_1 - v_2 + v_5 + v_6 \tag{9.31a}$$

$$\frac{dc_{R5P}}{dt} = v_1 - 2v_4 - v_6 - v_7 \tag{9.31b}$$

$$\frac{dc_{G3P}}{dt} = 2v_2 - v_3 + v_4 - v_5 + v_6 \tag{9.31c}$$

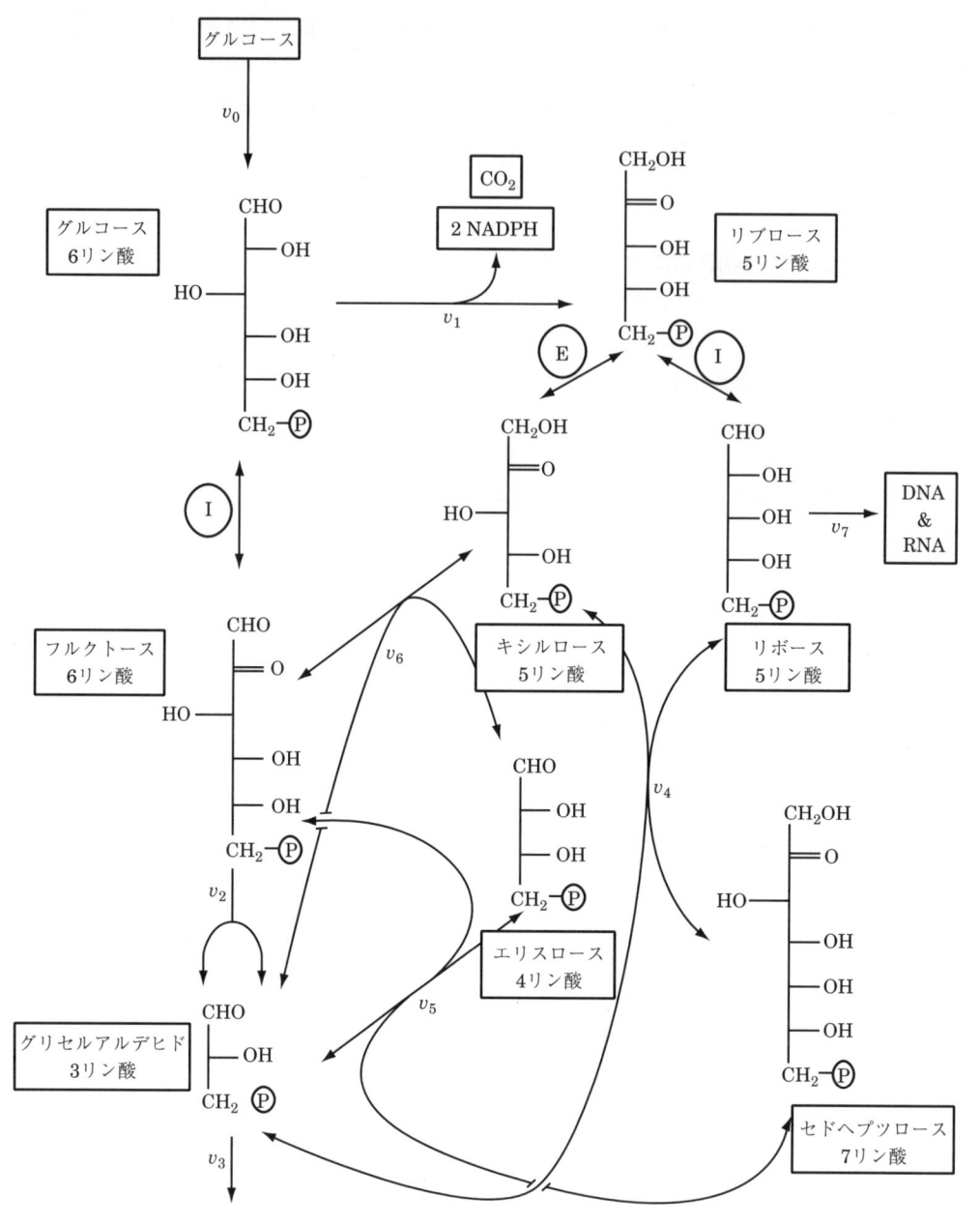

9. 同位体標識による代謝フラックスの実験的な決定法

図 9.16 個々の炭素原子を示したペントースリン酸経路の概略.

$$\frac{dc_{E4P}}{dt} = v_5 - v_6 \tag{9.31d}$$

$$\frac{dc_{S7P}}{dt} = v_4 - v_5 \tag{9.31e}$$

定常状態で,上の式は,核酸合成のためにペントースリン酸の消費が微小だと仮定すると次の関係に帰着できる.

$$v_1 = 3xv_0 \tag{9.32a}$$

$$v_2 = (1-x)v_0 \tag{9.32b}$$

$$v_3 = (2-x)v_0 \tag{9.32c}$$

$$v_4 = v_5 = v_6 = xv_0 \tag{9.32d}$$

上の式のxは，PPPへ向かうヘキソースのフラックスの分率を表している．代謝物質バランスは，経路の全体のフラックスのみを考え，可逆性は考慮しない．正味の非酸化経路は等しく，xが1のときすべてのフラックスがPPPを流れる．したがって，式（9.32c）によれば，$v_3 = v_0$であり，1モルのヘキソース消費から1モルのピルビン酸が生成する．結果として，ヘキソースの1/2はCO_2として放出される．

もちろん，上のモデルは，基質として標識されたグルコースを用い，PPP経路の1つまたは複数の中間代謝物質を測定することによって，正当性を検証することができる．そのような標識化合物のデータの解釈を可能にするために，代謝物質の炭素バランス式が，ネットワークで考慮される各炭素原子の全バランスで表現されなければならない．表9.5に示されたバランスは，図9.17のPPPの非酸化経路の炭素の受渡しに，対応している．さらに，非酸化経路の各反応は，完全に可逆であると仮定されている．つまり，すべての反応速度は，前向き（v_i^+），後ろ向き（v_i^-）反応両方の差が正味の反応速度となると仮定していることに注意されたい．ここでは，便利なように，反応速度は，前向き，後ろ向きとも正の値で考えている．正味の反応速度の符号（前向きと後ろ向きの反応の相対的な大きさによって，決定される．）は正味のフラックスが，前向き（正）に進んでいるか，後ろ向き（負）に進んでいるかを示している．この可逆性により，解糖系の中間物質間で炭素原子の交換をするため，標識炭素のさらなる再分配を起こすことにつながり，同位体標識のあらゆるパターンを考慮しなければならない．PPPの3つの非酸化性反応の可逆性は，そのような可逆性を表す3つの未知変数，つまり，交換速度ζ_iを必要とする．これは，正の反応速度として定義され，前向きの反応速度と正味のフラックスの差：$\zeta_i = v_i^+ - v_i = v_i^-$として定義される．交換速度は，中間代謝物質のラベリングのパターンに直接影響するので非常に重要である．さらに，それは，全体の代謝バランスから決定された正味のフラックスと同じ結果を導くが非常に大きく変化する．この3つの交換速度の導入により，表9.5の式のすべての反応速度は，PPPの正味のフラックスの分率（xv_0に等しい）と，3つの交換速度で表現され，次のような式が導かれる．

$$v_4^+ = (xv_0 + \zeta_4) \tag{9.33a}$$

$$v_4^- = \zeta_4 \tag{9.33b}$$

$$v_5^+ = xv_0 + \zeta_5 \tag{9.33c}$$

$$v_5^- = -\zeta_5 \tag{9.33d}$$

$$v_6^+ = xv_0 + \zeta_6 \tag{9.33e}$$

$$v_6^- = -\zeta_6 \tag{9.33f}$$

表9.5 ペントースリン酸経路（PPP）の代謝物質の炭素のバランス．

$$\frac{d[H6P]}{dt} = v_0 \begin{bmatrix} Hexose(1) \\ Hexose(2) \\ Hexose(3) \\ Hexose(4) \\ Hexose(5) \\ Hexose(6) \end{bmatrix} - (v_1+v_2) \begin{bmatrix} H6P(1) \\ H6P(2) \\ H6P(3) \\ H6P(4) \\ H6P(5) \\ H6P(6) \end{bmatrix} + v_5 \begin{bmatrix} S7P(1) \\ S7P(2) \\ S7P(3) \\ G3P(1) \\ G3P(2) \\ G3P(3) \end{bmatrix} - (v_5^- + v_6^-) \begin{bmatrix} H6P(1) \\ H6P(2) \\ H6P(3) \\ H6P(1) \\ H6P(2) \\ H6P(3) \end{bmatrix} + v_6 \begin{bmatrix} R5P(1) \\ R5P(2) \\ E4P(1) \\ E4P(2) \\ E4P(3) \\ E4P(4) \end{bmatrix}$$

$$\frac{d[R5P]}{dt} = v_1 \begin{bmatrix} H6P(2) \\ H6P(3) \\ H6P(4) \\ H6P(5) \\ H6P(6) \end{bmatrix} - 2v_4 \begin{bmatrix} R5P(1) \\ R5P(2) \\ R5P(3) \\ R5P(4) \\ R5P(5) \end{bmatrix} + v_4^- \begin{bmatrix} S7P(1) \\ S7P(2) \\ G3P(1) \\ G3P(2) \\ G3P(3) \end{bmatrix} + v_4^- \begin{bmatrix} S7P(3) \\ S7P(4) \\ S7P(5) \\ S7P(6) \\ S7P(7) \end{bmatrix} - v_6^- \begin{bmatrix} R5P(1) \\ R5P(2) \\ R5P(3) \\ R5P(4) \\ R5P(5) \end{bmatrix} + v_6^- \begin{bmatrix} H6P(1) \\ H6P(2) \\ G3P(1) \\ G3P(2) \\ G3P(3) \end{bmatrix}$$

$$\frac{d[G3P]}{dt} = v_2 \begin{bmatrix} H6P(3) \\ H6P(2) \\ H6P(1) \end{bmatrix} + v_2 \begin{bmatrix} H6P(4) \\ H6P(5) \\ H6P(6) \end{bmatrix} + v_4 \begin{bmatrix} R5P(3) \\ R5P(4) \\ R5P(5) \end{bmatrix} - (v_4^- + v_5^+ + v_6^- + v_3) \begin{bmatrix} G3P(1) \\ G3P(2) \\ G3P(3) \end{bmatrix} + v_5 \begin{bmatrix} H6P(4) \\ H6P(5) \\ H6P(6) \end{bmatrix} + v_6 \begin{bmatrix} R5P(3) \\ R5P(4) \\ R5P(5) \end{bmatrix}$$

$$\frac{d[E4P]}{dt} = v_5 \begin{bmatrix} S7P(4) \\ S7P(5) \\ S7P(6) \\ S7P(7) \end{bmatrix} - (v_5^- + v_6^+) \begin{bmatrix} E4P(1) \\ E4P(2) \\ E4P(3) \\ E4P(4) \end{bmatrix} - v_6^- \begin{bmatrix} H6P(3) \\ H6P(4) \\ H6P(5) \\ H6P(6) \end{bmatrix}$$

$$\frac{d[S7P]}{dt} = v_4^+ \begin{bmatrix} R5P(1) \\ R5P(2) \\ R5P(1) \\ R5P(2) \\ R5P(3) \\ R5P(4) \\ R5P(5) \end{bmatrix} - (v_4^- + v_5^+) \begin{bmatrix} S7P(1) \\ S7P(2) \\ S7P(3) \\ S7P(4) \\ S7P(5) \\ S7P(6) \\ S7P(7) \end{bmatrix} + v_5^- \begin{bmatrix} H6P(1) \\ H6P(2) \\ H6P(3) \\ E4P(1) \\ E4P(2) \\ E4P(3) \\ E4P(4) \end{bmatrix}$$

　明らかに，正味のPPPフラックスの決定や交換速度の決定は，標識分布の測定が必要となる．この決定に用いることのできる多く同定の方法がある．最も単純な方法は，図9.7の試行錯誤による方法である．ここでは，PPPフラックスや交換速度をいったん，設定しておいて，与えられた標識基質（ヘキソース）に対して，表9.5の線形システム方程式を解くことによって標識の分布を決定する．同位体化合物の強度の測定と比較して，最初の設定が再び修正される．この操作を収束が得られるまで行う．**Mathematica**や**Maple**に見られる標準的なルーチンはこの方法に用いることができる．この方法を応用するときには，2つのポイントを気をつけなければならない．最初は，問題が，本質的に，非線形代数方程式の解を求める問題であること，それゆえ，解は初期値に鋭敏であることに注意しなければならない．もうひとつは，測定強度の選択は，最終的な解の質に非常に影響することである．場合によっては，解が得られないこともあり得る．この点は後にさらにもう一度考えることにする．

　この項で概略述べた方法は，ラット精巣脂肪組織細胞をインスリン存在下，または非存在下で，[2-^{14}C] グルコースで標識し，グリコーゲンの^{14}C標識の分布が解析された．表9.6に，

9.3 代謝物質の炭素バランス

トランスケトラーゼ (v_4)

キシルロース 5リン酸 + リボース 5リン酸 $\underset{v_4^-}{\overset{v_4^+}{\rightleftarrows}}$ グリセルアルデヒド 3リン酸 + セドヘプツロース 7リン酸

トランスアルドラーゼ (v_5)

セドヘプツロース 7リン酸 + グリセルアルデヒド 3リン酸 $\underset{v_5^-}{\overset{v_5^+}{\rightleftarrows}}$ エリスロース 4リン酸 + フルクトース 6リン酸

トランスケトラーゼ (v_6)

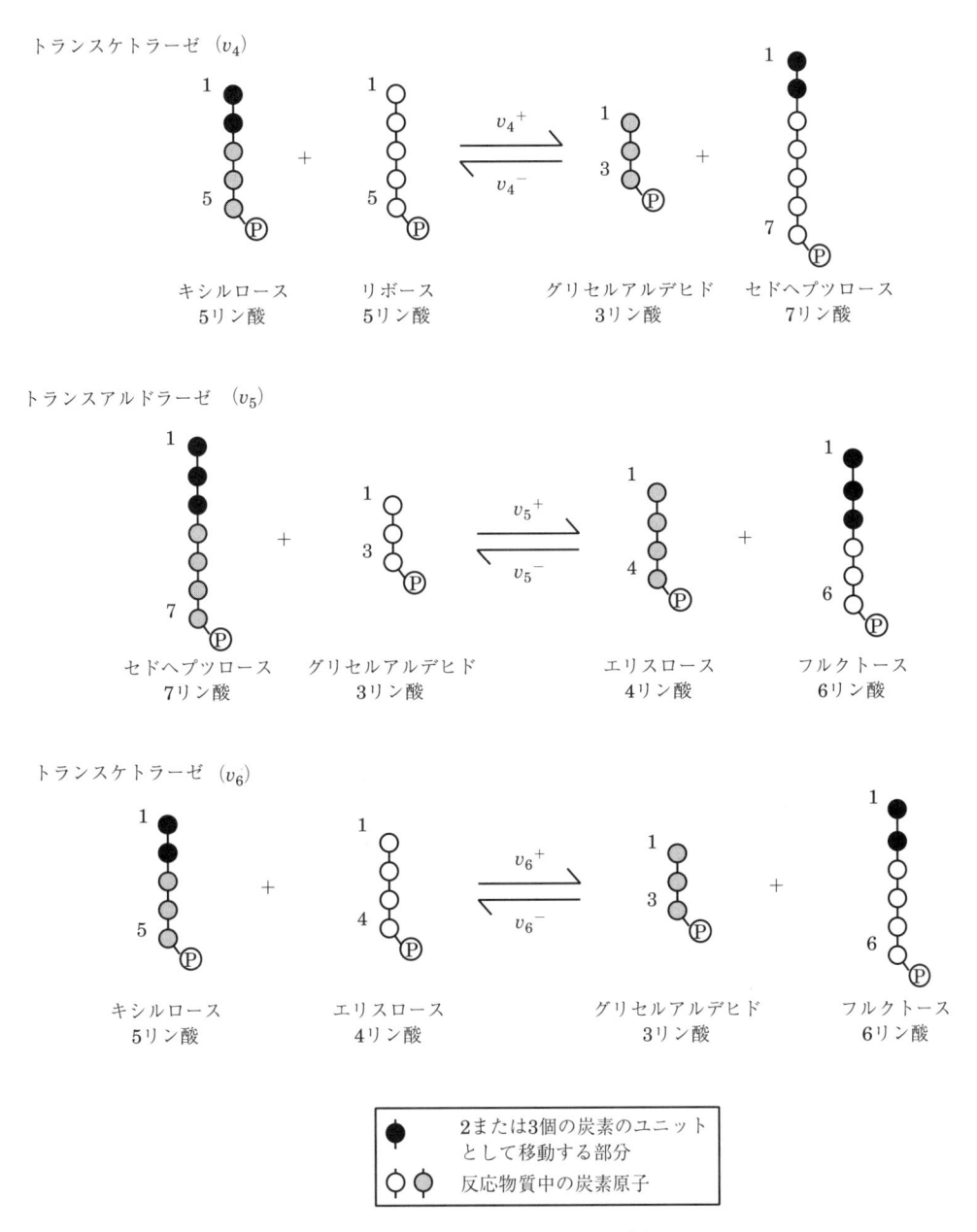

キシルロース 5リン酸 + エリスロース 4リン酸 $\underset{v_6^-}{\overset{v_6^+}{\rightleftarrows}}$ グリセルアルデヒド 3リン酸 + フルクトース 6リン酸

● 2または3個の炭素のユニットとして移動する部分
○ ◐ 反応物質中の炭素原子

図9.17 ペントースリン酸経路（PPP）の炭素の受渡しのスキーム．

前述のモデルによって予測された値とともに，C-2を基準としたグリコーゲン（H6P）の炭素原子の相対的比活性の測定値を示す．2つの仮定に基づくモデルが設定されている．つまり，1つのモデルは反応は完全に可逆ではないという仮定に基づいており，もうひとつは，PPPは完全に可逆であるというものである．後者のモデルの予測値と計測強度がよい一致を示し，可逆過程の交換速度の値も与えられている．表9.7は，リジン生産菌 *C. glutamicum*（Marxら，1996）のPPPに関する同様の研究結果を示している．また，可逆性がないという仮定に基づ

● 9. 同位体標識による代謝フラックスの実験的な決定法

表 9.6 [2-^{14}C] グルコースからの H6P の ^{14}C 標識のデータ[a].

	H6P	C-1	C-2	C-3	C-4	C-5	C-6
実験で得られた ^{14}C 比活性	Ins$^-$	15.2	100	12.8	1.9	13.9	2.9
	Ins$^+$	30.7	100	17.9	3.5	14.8	5.3
モデル:可逆性考慮せず	Ins$^-$	20.6	100	11.5	0.6	5.4	1.1
	Ins$^+$	31.5	100	18.7	1.5	8.1	2.5
モデル:可逆性考慮	Ins$^-$	18.8	100	15.8	2.1	13.4	2.5
	Ins$^+$	30.5	100	20.9	2.7	13.1	4.0

[a] トランスケトラーゼ,トランスアルドラーゼが不可逆過程である,または可逆の過程であるという仮定に基づくモデルの予測値と実験値との比較 (Landau and Katz, 1964). 計算には, $x_{Ins}^- = 0.13$, $x_{Ins}^+ = 0.23$ が用いられた. 可逆性を含んだモデルは,インスリン存在下では, $\zeta_4 = 0.5$, $\zeta_5 = 0.2$, $\zeta_6 = 0$, または非存在下では,パラメータ $\zeta_4 = 0.8$, $\zeta_5 = 0.08$, $\zeta_6 = 0$ が用いられた.

表 9.7 [1-^{13}C] による *Corynebacterium glutamicum* のケモスタット培養におけるエリスロース 4 リン酸 (Ery-4P) とグリセルアルデヒド 3 リン酸 (G3P) の ^{13}C 濃縮度の測定値と推定値[a].

		^{13}C 濃縮度			
方法	代謝物質	C1	C2	C3	C4
実 験					
	Ery4P	2.5 %	2.0 %	1.9 %	15.3 %
	G3P	2.7 %	2.6 %	26.3 %	—
モデル 1 $\zeta_4 = \zeta_5 = \zeta_6 = 0$	Ery4P	0.0 %	0.0 %	0.0 %	5.2 %
	G3P	0.0 %	0.0 %	32.4 %	—
モデル 2 $\zeta_4 = 0.5$, $\zeta_5 = 0.1$, $\zeta_6 = 0.2$	Ery4P	3.7 %	0.9 %	0.3 %	15.6 %
	G3P	1.9 %	0.6 %	31.0 %	—

[a] 実験値は,トランスケトラーゼとトランスアルドラーゼの可逆性のないモデル (モデル 1) とあるモデル (モデル 2) の予測値と比較された [Marx ら (1996), Follstad and Stephanopoulos (1998)].

くモデルはエリスロース 4 リン酸,グリセルアルデヒドリン酸,その他の物質の濃縮度において大きな誤差を生むことがわかった.

モデルによる予測値は,交換速度の結果に基づいて修正され,予測値と測定された標識の濃縮度によい一致が見られた.ここでは,E4P の濃縮度のデータを用いるだけでは可逆交換速度の高精度の決定は不十分であるということに注意すべきである.これは,リボース 5 リン酸濃縮度のデータ (特に,細胞組織から分離したグアノシンを測定することによる C-1 濃縮度測定) を使って,確認することができる.この方法により undetermined なシステムが determined なシステムに変換されることになる. R5P を用いる代わりに,グリセルアルデヒド 3 リン酸の濃縮度が使われる.これは,可観測なシステムでは,結果が得られる濃縮度測定のいくつもの組合せが存在することを示している.同様に,表 9.6 のグリコーゲンの結果は,もし,グリコーゲンが G3P (乳酸を通して測定) に置き換わったら,システムは undetermined となる.

9.3.2 原子マッピング行列の利用

同位体分布のモデリングのもうひとつの方法は，従来の解析方法の欠点を避けるもので，特に大きなネットワークの解析に向いている．この方法は，原子マッピング行列（atom mapping matrices, AMMs）と呼ばれ，反応ごとに反応物から生成物へ，炭素の移動を詳述するものである（Zupke and Stephanopoulos, 1994）．AMMs を使うことによって，同位体分布の定常状態の定式化から生化学ネットワークを分けて考えることができるようになる．その結果，式を得たり，修正したり，解いたりすることが容易になる．AMMs 法は，特に，データベースの構築，その大きなネットワークへの利用，またネットワークの構造の繰り返し修正がアルゴリズムの中で必要になる場合にも力を発揮する．この方法を図9.5で示した簡単な生化学ネットワークで紹介する．

最初のステップは，濃縮度を考察する特定の活性の表現を行うことである．これは，各代謝物質の炭素原子の濃縮度のバランスをベクトルで表現したものである．代謝ベクトルの n 番目の要素は n 番目の炭素の活性を示すものである．図9.5の反応ネットワークに対して，次の代謝ベクトルが書ける．

$$\mathrm{Pyr} = \begin{bmatrix} \mathrm{Pyr}(1) \\ \mathrm{Pyr}(2) \\ \mathrm{Pyr}(3) \end{bmatrix} ; \mathrm{AcCoA_I} = \begin{bmatrix} \mathrm{AcCoA_I}(1) \\ \mathrm{AcCoA_I}(2) \end{bmatrix} \tag{9.34}$$

$$\mathrm{Hex} = \begin{bmatrix} \mathrm{Hex}(1) \\ \mathrm{Hex}(2) \\ \mathrm{Hex}(3) \\ \mathrm{Hex}(4) \\ \mathrm{Hex}(5) \\ \mathrm{Hex}(6) \end{bmatrix} ; \mathrm{AcCoA_{II}} = \begin{bmatrix} \mathrm{AcCoA_{II}}(1) \\ \mathrm{AcCoA_{II}}(2) \end{bmatrix} \tag{9.35}$$

ベクトル表示により，すべての代謝物質の炭素原子は見通しよく簡潔に書ける．

次のステップは，代謝ネットワーク内の反応の AMMs を構築することである．これらの行列は，反応物から生成物への原子の移動を詳述するものである．各反応で，すべての反応物−生成物のペアについて AMMs が存在する．例えば，2つの反応物A，Bから2つの生成物C，Dが生成する場合を考えよう．

$$\mathrm{A} + \mathrm{B} \xrightleftharpoons{\mathrm{E}} \mathrm{C} + \mathrm{D} \tag{9.36}$$

この反応では，AからC，AからD，BからC，BからDへの4つの組合せにおける炭素の移動についてのマッピング行列を構成する必要がある．各行列は，酵素反応の名前を付された正方行列によって決められる．正方行列内では，特定の反応物−生成物の組合せが示され，＞によって反応の方向が示される．したがって4つのマッピング行列は，次のようである．

$[\mathrm{A} > \mathrm{C}]_\mathrm{E}$ は A から C への炭素の移動を表す行列
$[\mathrm{A} > \mathrm{D}]_\mathrm{E}$ は A から D への炭素の移動を表す行列
$[\mathrm{B} > \mathrm{C}]_\mathrm{E}$ は B から C への炭素の移動を表す行列

$[B>D]_E$ はBからDへの炭素の移動を表す行列

原子マッピング行列は，反応物の比活性ベクトルと反応物が生成物の比活性にどのように影響するかを示すAMMを掛けることによって得られる．得られた生成物の比活性は，各反応で寄与を足し合わせて，

$$[A>C]_E A + [B>C]_E B = C \tag{9.37}$$

$$[A>D]_E A + [B>D]_E B = D \tag{9.38}$$

となる．マッピング行列の次元は，反応物と生成物との炭素の数によって決定される．列の数は，反応物の原子の数により，一方，行の数は，生成物の原子の数による．マッピング行列のi行j列の要素は反応物のj番目の炭素が生成物のi番目の炭素に移ることを示している．一般には，要素は0または1で表されるが，分率を表すことも可能である．

代謝ネットワークの例に話を戻して，システムのマッピング行列を構築しよう．反応1は，ピルビン酸を唯一の反応物とし，$AcCoA_I$ と CO_2 を生成物として，ピルビン酸デヒドロゲナーゼ（PDH）により触媒される．この解析において，CO_2 は観測値には用いないので，マッピング行列は $[Pyr>AcCoA_I]_{PDH}$ だけが必要である．ピルビン酸の1位の炭素がCO_2として放出され，2位と3位の炭素はが$AcCoA_I$の1位と2位にそれぞれ移る．これにより，次のマッピング行列

$$[Pyr>AcCoA]_{PDH} = \begin{bmatrix} 0 & 1 & 0 \\ 0 & 0 & 1 \end{bmatrix} \tag{9.39}$$

が得られる．もし$AcCOA_I$が，ピルビン酸のみから生成するとすると，その比活性は

$$[Pyr>AcCoA_I]_{PDH} Pyr = \begin{bmatrix} 0 & 1 & 0 \\ 0 & 0 & 1 \end{bmatrix} \begin{bmatrix} Pyr(1) \\ Pyr(2) \\ Pyr(3) \end{bmatrix} = \begin{bmatrix} Pyr(2) \\ Pyr(3) \end{bmatrix}$$

$$= \begin{bmatrix} AcCoA_I(1) \\ AcCoA_I(2) \end{bmatrix} = AcCoA_I \tag{9.40}$$

により得られる．しかし，プールIとプールIIの間で，AcCoAの輸送も存在するため，式(9.40) は$AcCoA_I$を決定するのに十分な式ではない．

反応2はプールIからプールIIへのAcCoAの輸送の反応であり，tarnsIと示される．一方，反応3はプールIIからプールIへのAcCoAの輸送の反応であり，tarnsIIと示される．$AcCoA_I$と$AcCOA_{II}$の炭素の行列は，$[AcCoA_I>AcCoA_{II}]_{transI}$と，$[AcCoA_{II}>AcCoA_I]_{transI}$の（$2\times 2$）の単位行列で示され，

$$[AcCoA_I>AcCoA_{II}]_{transI} = [AcCoA_{II}>AcCoA_I]_{transII} = \begin{bmatrix} 1 & 0 \\ 0 & 1 \end{bmatrix} \tag{9.41}$$

である．

原子マッピンッグを考慮する最後の反応は，反応5である．カプロン酸の$AcCoA_{II}$への酸化

反応であり，β ox と示す．カプロン酸の β 酸化により炭素は，3つの AcCoA を生成する．カプロン酸の奇数位の炭素は，AcCoA_{II} の中で区別ができない．それで，$[\text{Hex} > \text{AcCoA}_{\text{I}}]_{\beta\text{ox}}$ の要素は 1/3 となり，偶数位の炭素にも同じことが当てはまる．したがって，AcCoA_{II} の 1 位，2 位へのカプロン酸の奇数位，偶数位からの炭素の移動は，

$$[\text{Hex} > \text{AcCoA}_{\text{II}}]_{\beta\text{ox}} = \begin{bmatrix} \frac{1}{3} & 0 & \frac{1}{3} & 0 & \frac{1}{3} & 0 \\ 0 & \frac{1}{3} & 0 & \frac{1}{3} & 0 & \frac{1}{3} \end{bmatrix} \tag{9.42}$$

と与えられる．

すべての必要な AMMs が構成され，定常状態の同位体原子のバランス式が定式化された．代謝物質への標識のフラックスは，単純に，マッピング行列と対応する反応物比活性ベクトルの積で表現できる．この比活性ベクトルは，反応フラックスにより重みがついたものである．AcCoA_{I} に対しては，2つの寄与する反応は，PDH のフラックス v_1 の PDH と transII のフラックス v_2 なので，

$$\text{flux into AcCoA}_{\text{I}} : v_1 \, [\text{Pyr} > \text{AcCoA}_{\text{I}}]_{\text{PDH}} \, \text{Pyr}$$
$$+ v_3 \, [\text{AcCoA}_{\text{II}} > \text{AcCoA}_{\text{I}}]_{\text{transII}} \, \text{AcCoA}_{\text{II}} \tag{9.43}$$

となる．AcCoA_{I} から流出する標識のフラックスは，

$$(v_2 + v_4) \, \text{AcCoA}_{\text{I}} \tag{9.44}$$

であり，式 (9.43)，(9.44) は，定常状態の AcCOA_{I} の同位体原子のバランスを与え，それは，

$$(v_2 + v_4) \, \text{AcCoA}_{\text{I}} = v_1 \, [\text{Pyr} > \text{AcCoA}_{\text{I}}]_{\text{PDH}} \, \text{Pyr}$$
$$+ v_3 \, [\text{AcCoA}_{\text{II}} > \text{AcCoA}_{\text{I}}]_{\text{transII}} \, \text{AcCoA}_{\text{II}} \tag{9.45}$$

となる．同様に，AcCoA_{II} についても，定常状態の同位体原子のバランスを考えると，

$$(v_3 + v_6) \text{AcCoA}_{\text{II}} = v_2 \, [\text{AcCoA}_{\text{I}} > \text{AcCoA}_{\text{II}}]_{\text{transI}} \, \text{AcCoA}_{\text{I}}$$
$$+ v_5 \, [\text{Hex} > \text{AcCoA}_{\text{I}}]_{\beta\text{ox}} \, \text{Hex} \tag{9.46}$$

となる．

式 (9.45)，(9.46) は，例 9.2 において各原子を別々に扱った，式 (3)，(4)，(7)，(8) と同じである．この例のように，小さなネットワークでは，2 つの方法における煩雑さは，同じようなものである．しかし，大きなネットワークに対しては，特に，3 つ以上の炭素をもつ多くの代謝物質をもつネットワークに対しては，AMMs を構築することや定常状態のバランスを行列の形で構築することは，見通しをよくし，簡潔な形で式を表現できる．さらに，もし新しい情報が利用可能になったとき，変更に必要な反応を記述する原子マッピング行列を変更すればよい．これは，非常に直接的な方法であり，新しい代数学を必要としない．

原子マッピング行列（AMMs）を使って，代謝ネットワークの同位体原子の分布を記述する式は，コンピュータにより，繰り返し計算をして解くことができる．このとき，基質の炭素原

子の比活性は（分率が0から1の間で）初期値が設定され，これに矛盾しないよう，フラックスが計算される．そして，各定常状態の式が解かれ，各代謝物質の比活性が決定される．このプロセスの値が収束するまで繰り返される．これは，本質的には，Gauss-Seidel法によるAs＝bを解くのと等価である．すべての行列は小さくて，逆行列の計算は必要でない．よって，この方法は，大きなネットワークを解くときでさえ，それほどコンピュータの性能の高さを要求しない．

　原子マッピン行列と同様に同位体化合物の生化学反応による変換を記述する同位体化合物マッピング行列もある．同位体化合物分布ベクトルとともに，これらの行列は，複雑な代謝ネットワークの解析に必要である．しかし，ここでは，これは取り扱わない．興味のある方はSchmidtらの論文（1997a, b）を参考にされたい．彼らは，これらの行列が，いかにして構築され，複雑な代謝ネットワークに適用できるかについて示している．

文　献

Annison, E. F., Leng, R. A., Lindsay, D. B. & White, R. R. (1963). The metabolism of acetic acid, propionic acid and butyric acid in sheep. *Biochem. J.* **88**, 248-252.

Blum, J. J. & Stein, R. B. (1982). On the analysis of metabolic networks. In *Biological Regulation and Development* pp. 99-125. Edited by R. F. Goldenberger & K. R. Yamamoto. New York: Plenum Press.

Chance, E. M., Seeholzer, S. H., Kobayashi, K. & Williamson, J. R. (1983). Mathematical analysis of isotope labeling in the citric acid cycle with applications to ^{13}C NMR studies in perfused rat hearts. *Journal of Biological Chemistry* **258**, 13785-13794.

Crawford, A., Hunter, B. K. & Wood, J. M. (1987). Nuclear Magnetic Resonance spectroscopy reveals the metabolic origins of proline excreted by an *Escherichia coli* derivative during growth on [^{13}C] acetate. *Applied and Environmental Microbiology* **53**, 2445-2451.

Desmoulin, F., Canioni, P. & Cozzone, P.J. (1985). Glutamate-glutamine metabolism in the perfused rat liver: ^{13}C-NMR study using (2-^{13}C).- enriched acetate. *FEBS. Letters* **185**, 29-32.

Follstad, B. D. & Stephanopoulos, G. (1998). Effect of reversible reactions on isotope label distributions. Analysis of the pentose phosphate pathway. *European Journal of Biochemistry*, in press

Hall, J. D., Mackenzie, N. E., Mansfield, J. M., McCloskey, D. E. & Scotts, A. I.(1988). ^{13}C-NMR analysis of alanine metabolism by isolated perfused rat livers from C3HeB/FeJ mice infected with African *Trypanosomes. Comp. Biochemical Physiology* **89B**, 679-685

Marx, A., de Graaf, A. A., Wiechert, W., Eggeling, L. & Sahm, H. (1996). Determination of the fluxes in the central metabolism of *Corynebacterium glutamicum* by nuclear magnetic resonance spectroscopy combined with metabolite balancing *Biotechnology and Bioengineering* **49**, 111-129.

Schmidt, K., Carlsen, M., Nielsen, J. & Villadsen, J. (1997a). Modeling isotopomer distributions in biochemical networks using isotopomer mapping matrices. *Biotechnology and Bioengineering* **55**, 831-840.

Schmidt, K., Nielsen, J. & Villadsen, J.(1997b). Quantitative analysis of metabolic fluxes in *E. coli* using 2 dimensional NMR spectroscopy and complete isotopomer models. *Journal of Biotechnology*, in press.

Walker, T. E. and London, R. E.(1987). Biosynthetic preparation of L- [^{13}C] -and [^{15}N] glutamate by Brevibacterium flavum. *Applied and Environmental Microbiology* **53**, 92-98.

Walsh, K. & Koshland, D. E. (1984). Determination of flux through the branch point of two metabolic cycles-The tricarboxylic acid cycle and the glyoxylate shunt. *Journal of Biological Chemistry* **259**, 9646-9654.

Zupke, G. & Stephanopoulos, G. (1994). Modeling of isotope distributions and intracellular fluxes in metabolic networks using atom mapping matrices. *Biotechnology Progress* **10**, 489-498.

CHAPTER 10

代謝フラックス解析の応用

　前の2章では，細胞内代謝フラックスの決定法について述べた．その際，細胞の代謝状態の理解しやすい図を提供することが，重要であることにも触れた．ここで，代謝フラックスは細胞の生理状態を表す最も基本的な尺度であることを強調しておきたい．細胞内代謝物質濃度とともに，代謝フラックス解析は，"代謝フラックスの制御"における複雑なメカニズムを解読するために必要な情報を提供するが，これは代謝工学における重要な情報となっている．それゆえ，代謝フラックス解析は単に数学の行列演算の演習ではなく，細胞の状態をできるだけ精緻に描こうとする試みといえる．これらは，細胞外のフラックスの観測値やGC-MSなどによる同位体標識化合物の分布のデータ，その他，特定の反応速度の観測データと矛盾しないように決定されている．さらに，細胞内のフラックスの推定が，実際の in vivo の代謝フラックスにおける信頼ある推定値として許容されるかどうかは，計算の過程に含まれる冗長性によって確認されているということもよく知っておくべきである．代謝物質バランスの数と同じ数の観測値で計算された細胞内のフラックスの精度は，完全に生化学情報の仮定や菌体外反応速度の測定法の精度に依存する．一方，フラックスによって直接変化するような変数を付加的に測定すれば，対応する in vivo の代謝フラックスは，より信頼あるものとなる．このような測定の例としては，例えば，細胞内，あるいは細胞外の代謝物質で特異な炭素の位置に，^{13}C が標識のあるものの濃縮度，代謝物質のNMRのスペクトルのパターン，炭素に同位体標識したことによる分子量分布の測定といったようなものである．

　本章では，代謝フラックス解析の2つの研究例を紹介する．これらの例を示す目的は3つある．まず，読者は，この方法の考え方と計算方法を理解しているかチェックすることができる．この問題で演習を行えるように，本書では，フラックスの決定を自分の力で行える十分な情報が与えられている．演習結果は，本章で示した結果と比較することができる．多くのデータが必要なケースでは，本書で取り上げるのが難しいので，そのようなケースでは，参考文献を漏

10. 代謝フラックス解析の応用

らさぬように挙げることにする．本章のケーススタディの2番目の目的は，いかに実験的情報の質を上げるかということを示すことである．つまり，代謝フラックス解析を通して，どのように実験を重ねれば，より深い細胞内生理の洞察が得られるかを検討することである．多くの事例では，もともとの測定値から抽出された付加的な情報や派生して行われた実験結果は，もともとの発酵データの代謝フラックス解析を行うために費やす努力よりも，多くのものをもたらすだろう．最後に，方法論のアウトラインを示すステップが，同様な研究計画を立てようとする場合の"青写真"として示される．例えば，生産物の収率や生産性を抑えているのは，代謝経路の中でどの分岐点であるかを同定しようというようなプロジェクトを与えられたときに，この章を参考にされたい．

ここでは示さないが，多くの文献にケーススタディが報告されている．例えば次のような例である．

- "糸状カビ*Penicillium chrysogenum*のペニシリン生産"．このシステムは，Jorgensenら（1995），Henriksenら（1996）により解析された．彼らは代謝フラックス解析（MFA）を使って，流加培養系および連続培養系の代謝フラックス分布を計算した．さらに，異なる経路から得られる（ペニシリン生合成の前駆体である）システインの理論的な最大収率を計算した．この解析において，ペントースリン酸経路のフラックスとペニシリン合成のフラックスには相関があることが発見された．この研究は，細胞質とミトコンドリアを区別した細胞内コンパートメントモデルを用いた最初の例である．
- "*Saccharomyces cerevisiae*の嫌気状態での増殖"．この系は，Nissenら（1997）によって解析された．フラックス分布の一例は図8.1に示している．代謝フラックス分布の解析に加えて，MFAを用いて，*Saccharomyces cerevisiae*のアイソザイムの役割が考察された．この分析は，細胞内のコンパートメント化を考慮に入れており，アルコールデヒドロゲナーゼのアイソザイムの役割の説明が行われている．
- "*Saccharomyces cerevisiae*におけるグルコースとエタノールの混合基質中の増殖"．このシステムは，Van Gulik and Heijnen（1995）の研究であり，彼らは，グルコースとエタノールの異なる混合基質での増殖を線形計画法で推定している．彼らは，糖新生フラックスがエタノールの消費の分率の上昇により，上昇することを示した．
- "*Escherichia coli*の増殖"．この系は，特にPalssonのグループにより研究されてきた．その結果の一部は例8.8に示す．

これらの研究のすべては，学生の演習において，すばらしい基礎を与えるものである．また，ここで示す我々の2つのケーススタディよりも，より精巧な討論が行われている．

10.1 コリネ細菌によるアミノ酸生産

アスパラギン酸ファミリーのアミノ酸の中で，工業的に最も重要なのは，リジンである．ほとんどの家畜飼料穀物（トウモロコシ，米，小麦）に含まれるリジンの量は十分でなく，リジンを添加することによって飼料の栄養価を改善している．当初，タンパク質加水分解物から分離されたリジンは，現在では安価な炭素源から微生物によって生産されている．リジンやグルタミン酸を生産する多くの微生物が分離され，これらは，グルタミン酸生産菌と呼ばれている．

10.1 コリネ細菌によるアミノ酸生産

グルタミン酸生産菌は，異なる属の微生物にわたって見つかっているが，その大部分は *Corynebacterium* 属である．*Brevibacterium flavum* も研究の結果，*Corynebacterium glutamicum* と同種であると考えられる．本書では，*Corynebacterium glutamicum* という名称を使い，アスパラギン酸ファミリーのアミノ酸生産において使われる菌（コリネ型細菌）について詳述することにする．

ここでは，リジン過剰生産の解析，特に，収率と生産性に焦点を当てて話を進める．この2つの項目をわずかでも改善することは，安価で大量に生産されるリジンにとって大きな改良となる．工業的には，リジンのグルコースからのモル収率は30〜40%であり，理論的に推察される収率75%（10.1.2項参照）から考えれば，まだ改善の余地がある．また，次のステップはシステマティックに生産性を向上していく方法論を提唱することである．本章の例では，次のようなものである．つまり，(a) 使用する炭素源（例えばグルコース）のリジンへの理論的な収率の決定する．(b) 生産物の収率を決定している因子を絞るために，代謝のどの分岐点が重要であるかを決定する．そのために，標準的な培養とそこから少し摂動した培養において代謝フラックスを解析する．(c) 2つの可能な補充経路に関与する酵素の変異を含んだ遺伝子工学的に明らかに違いをもつ変異体を使って，標識化合物のフラックス分布の変化を検証する．(d) ケモスタットにおいて，制限された基質が，異化経路と同化経路にどのように分岐して流れるかフラックスを検証する．(e) フラックス解析によりトランスデヒドロゲナーゼ活性の存在と生化学反応における還元当量のバランスにおけるこの酵素活性の役割を示す．

10.1.1 グルタミン酸生産菌の生化学と調節機構

表10.1は，グルタミン酸生産菌の生化学情報によってもたらされる反応のリストである．J. J. Vallinoの博士論文と彼がその中で引用した文献により，表10.1に示した生化学反応を触媒する酵素が確認されている．ここで扱われた経路は，主に，解糖系，アンモニア消費，生産物生成の経路から構成される．表10.1はこれからの解析において基本となる経路であり，TCAサイクルにおけるグリオキシル酸シャントなどのバリエーションが考えられる．

表10.1に示した生化学反応で最も重要な点を以下にまとめて示す．

(a) 直線上に並んだ生化学反応は，中間代謝物質を消去することによって，1つにまとめることができる．例えば，EMP経路の反応（4）は，ホスホフルクトキナーゼとフルクトース1,6二ホスフェート（Fru1,6dp）アルドラーゼ，トリオースホスフェートイソメラーゼの反応を1つにまとめて書いている．このまとめ方により，フラックスの解析に影響をすることなく，反応ステップの数を減らすことができる．まとめられた反応は，同じ反応速度であり，中間代謝物質は定常状態であると仮定される．

(b) ホスホエノールピルビン酸カルボキシラーゼ（反応（9））は，"単一の"補充反応として記述されているのではなく，補充反応の"全体の"代表として示されている．事実，ピルビン酸カルボキシラーゼ，イソクエン酸リアーゼとリンゴ酸シンターゼの組合せ，リンゴ酸酵素，オキザロ酢酸（OAA）デカルボキシラーゼ，ホスホエノールピルビン酸カルボキシラーゼは，この細菌での存在が報告されている．正確な反応はいまだ議論の段階で，その特性を解析しようという試みが，本章の一部となる．

(c) アンモニア消費については，グルタミン酸デヒドロゲナーゼとグルタミンシンセターゼ

表10.1 *Corynebacterium glutamicum* の代謝反応モデルに含まれる生化学反応.

C. glutamicum の生化学反応	代謝物質反応速度	
PEP：グルコーストランスフェラーゼシステム	(1) AC	酢酸
(1) GLC + PEP = GLC6P + PYR	(2) ACCOA	アセチル CoA
貯蔵糖：トレハロース	(3) AKG	α-ケトグルタル酸
(2) GLC6P + 0.5ATP = 0.5TREHAL + 0.5ADP	(4) ALA	アラニン
エムデン-マイヤホフ-パルナス経路	(5) ASP	アスパラギン酸
(3) GLC6P = FRU6P	(6) ATP	アデノシン5′三リン酸
(4) FRU6P + ATP = 2GAP + ADP	(7) BIOMASS	バイオマス
(5) GAP + ADP + NAD = NADH + G3P + ATP	(8) CO_2	二酸化炭素
(6) G3P = PEP + H_2O	(9) E4P	エリスロース4リン酸
(7) PEP + ADP = ATP + PYR	(10) FADH	フラビンアデニンジヌクレオチド (還元型)
(8) PYR + NADH = LAC + NAD	(11) FRU6P	フルクトース6リン酸
補充経路：PEP カルボキシラーゼ	(12) G3P	3ホスホグリセリン酸
(9) PEP + CO_2 = OAA	(13) GAP	グリセルアルデヒド3リン酸
TCA サイクル	(14) GLC	グルコース
(10) PYR + COA + NAD = ACCOA + CO_2 + NADH	(15) GLC6P	グルコース6リン酸
(11) ACCOA + OAA + H_2O = ISOCIT + COA	(16) GLUM	グルタミン
(12) ISOCIT + NADP = AKG + NADPH + CO_2	(17) GLUT	グルタミン酸
(13) AKG + COA + NAD = SUCCOA + CO_2 + NADH	(18) ISOCIT	イソクエン酸
(14) SUCCOA + ADP = SUC + COA + ATP	(19) LAC	乳酸
(15) SUC + H_2O + FAD = MAL + FADH	(20) LYSE	リジン（細胞外）
(16) MAL + NAD = OAA + NADH	(21) LYSI	リジン（細胞内）
酢酸生産または消費	(22) MAL	リンゴ酸
(17) ACCOA + ADP = AC + COA + ATP	(23) NADH	ニコチンアミドアデニンジヌクレオチド (還元型)
グルタミン酸，グルタミン，アラニン，バリン生産		
(18) NH_3 + AKG + NADPH = GLUT + H_2O + NADP	(24) NADPH	ニコチンアミドアデニンジヌクレオチドリン酸(還元型)
(19) GLUT + NH_3 + ATP = GLUM + ADP		
(20) PYR + GLUT = ALA + AKG	(25) NH_3	アンモニア
(21) 2 PYR + NADPH + GLUT = VAL + CO_2 + H_2O + NADP + AKG	(26) O_2	酸素
	(27) OAA	オキザロ酢酸
ペントースリン酸経路	(28) PEP	ホスホエノールピルビン酸
(22) GLC6P + H_2O + 2NADP = RIBU5P + CO_2 + 2NADPH	(29) PYR	ピルビン酸
	(30) RIB5P	リボース5リン酸
(23) RIBU5P = RIB5P	(31) RIBU5P	リブロース5リン酸
(24) RIBU5P = XYL5P	(32) SED7P	セドヘプツロース7リン酸
(25) XYL5P + RIB5P = SED7P + GAP	(33) SUC	コハク酸
(26) SED7P + GAP = FRU6P + E4P	(34) SUCCOA	スクシニル CoA
(27) XYL5P + E4P = FRU6P + GAP	(35) TREHAL	トレハロース
酸化的リン酸化：P/O = 2	(36) VAL	バリン
(28) 2NADH + O_2 + 4ADP = 2H_2O + 4ATP + 2NAD	(37) XYL5P	キシルロース5リン酸
(29) 2FADH + O_2 + 2ADP = 2H_2O + 2ATP + 2FAD		
アスパラギン酸ファミリーアミノ酸		
(30) OAA + GLUT = ASP + AKG		
(31) ASP + PYR + 2NADPH + SUCCOA + GLUT + ATP = SUC + AKG + CO_2 + LYSI + 2NADP + COA + ADP		
(32) LYSI = LYSE		
バイオマス生成：$C_{1.97}, H_{6.46}, O_{1.94}, N_{0.345}$, 3.02% ash.		
(33) 0.021GLC6P + 0.007FRU6P + 0.09RIB5P + 0.036E4P + 0.013GAP + 0.15G3P + 0.052PEP + 0.03PYR + 0.332ACCOA + 0.08ASP + 0.033LYSI		

表 10.1（つづき）

C. glutamicum の生化学反応	代謝物質反応速度
$+\,0.446\text{GLUT} + 0.025\text{GLUM} + 0.054\text{ALA} +$ $0.04\text{VAL} + 0.052\text{THR} + 0.015\text{MET} + 0.043\text{LEU}$ $+\,3.82\text{ATP} + 0.476\text{NADPH} + 0.312\text{NAD} =$ $\text{BIOMAS} + 3.82\text{ADP} + 0.364\text{AKG} + 0.476\text{NADP}$ $+\,0.312\text{NADH} + 0.143\text{CO}_2$	
(34) $\text{ATP} = \text{ADP} + \text{P}_i$	

により主に行われる．というのは，アスパルターゼは非常に活性が低いか全くなく，アラニンデヒドロゲナーゼ，ロイシンデヒドロゲナーゼは活性が確認されいない．加えて，GS/GOGAT アンモニア消費システムは発酵実験のような高アンモニアイオン濃度存在下で，機能するとは考えられていない．この細菌において観察されている 5 つのアミノ酸トランスフェラーゼの中でアスパラギン酸アミノトランスフェラーゼの活性が全体の 90% を占める．

(d) リジン生産経路の詳細は，図 9.3 に示す．メソ・ジアミノピメリン酸（*meso*-DAP）へ 4 段階反応を経て変換される経路に加えて，テトラヒドロジピコリン酸（H4D）から 1 段階反応で *meso*-DAP に変換される反応も炭素フラックスの重要な流れである．

(e) 菌体合成として 1 つの反応にまとめられた式には，*C. glutamicum* の元素比 C 47.6%, O 31.0%, N 11.8%, ash 3.02% が使われている．

(f) 呼吸鎖の関与するエネルギー反応は *B. flavum* で 3 つ確認されているが，*C. glutamicum* では 2 つ確認されており，P/O 比は 2 と設定した．維持代謝やエネルギーの消費を考慮し，反応（34）は過剰の ATP を消費する式として含めた．しかし，エネルギーバランスは，この不確定性のために，用いられないことに注意されたい．単純に，この式は，発酵段階において過剰なエネルギー量やエネルギー量の限界を推定しているにすぎない．

(g) グルコースの取込みは，ホスホエノールピルビン酸（PEP）のピルビン酸への変換を伴うホスホトランスフェラーゼシステムによるものとする．これは，ピルビン酸カルボキシラーゼの活性がない場合の理論収率，特にスレオニンの理論収率にとって意味深い洞察をもたらす．

(h) トランスヒドロゲナーゼ（THD）の反応は，培養初期には，そのような活性が認められないので含めない．この消去を行うと，ある変異株においては，コンシステンシーのチェックをすると NADPH の定常状態の仮定が破られることによって，逆にその酵素の存在が指摘されることになる．

図 10.1 はリジン生産経路の調整機構をまとめたものである．リジン合成の鍵となる酵素は，アスパラギン酸キナーゼ（AK）である．この酵素は，スレオニンとリジンの協奏阻害（片方のみでは阻害は大きくないが，両方存在すると大きく阻害を受ける）を受ける．最初のリジン生産菌は，スレオニンが合成されないようにホモセリンデヒドロゲナーゼ（HDH）欠損株であった（ATCC21253 など）．この株は，ホモセリンを自ら生産できないので，ホモセリンまたは，スレオニンとメチオニンの供給が必要であるが，培地にうまくホモセリンを供給できている限り，この株はフィードバック阻害なく，リジン濃度を高濃度に蓄積することができる．も

10. 代謝フラックス解析の応用

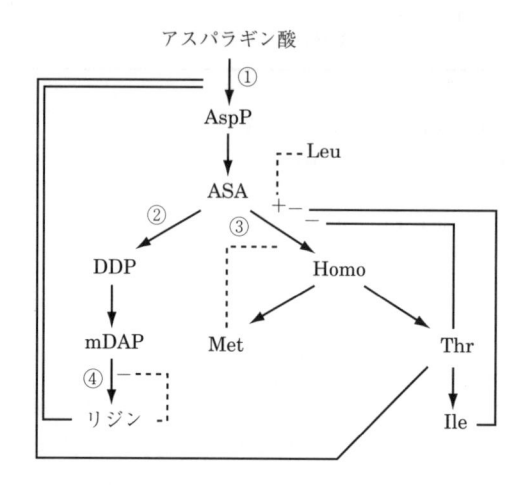

図 10.1 *C. glutamicum* におけるアスパラギン酸ファミリーのアミノ酸調節機構．①アスパラギン酸キナーゼ，②ジヒドロジピコリン酸シンターゼ，③ホモセリンデヒドロゲナーゼ，④ジアミノピメリン酸デカルボキシラーゼ，実線は阻害（－）または活性化（＋）を表す．点線は抑制（－）または誘導（＋）を表す．

ちろん，この供給については，過剰な供給はリジン生産を抑制し，欠乏すれば増殖できないので，非常に注意深く行わなければならなかった．最近のリジン生産菌株はフィードバック阻害非感受性のアスパラギン酸キナーゼ（AK）をもつ *C. glutamicum* が用いられる．このような菌はよりリジンを高生産することができる．例えば，（ATCC21799）株はリジンアナログ物質 S-2アミノエチル L-システイン（AEC）耐性株でリジンのフィードバック阻害が効かない株となっている．もうひとつの調節機構のポイントは ASA 分岐点後の最初の酵素，ホモセリンデヒドロゲナーゼである．これは，スレオニンに対して強く，またイソロイシンには弱く阻害を受けるとともに，メチオニンには抑制される．この酵素は *B. flavum* においてはアロステリック酵素として知られている．最近，下流のスレオニンやメチオニンへの流れを制御するホモセリンデヒドロゲナーゼ活性を減衰した株が構築されているが，これにより，これらの物質はフィードバック阻害が起こらないレベルに保たれる．それで，このような系では，遺伝子工学的な調節とともに，スレオニンを含む培地の供給が，検討されている．これらのアミノ酸の供給が菌体増殖を制限するので，これらの菌株は "*bradytrophs*" つまり増殖の遅い菌と呼ばれる．

10.1.2 理論収率の計算

理論的な収率は，（1）基質から生産物へのオーバーオールの反応から，また，（2）補酵素などの要求量を考慮した少し詳細なバランスから，また，最終的には（3）生化学ネットワークの理論的な代謝フラックス解析から，計算することができる．これらをリジン生合成を例にとって，見てみよう．まず，最初に2つの点について述べておくが，それは，この3つのアプローチは，すべて同じ収率を与えること，そして，今ひとつは，理論収率の最大値は"生産物-基質という組合せを決めただけでは特性が決まるものではない"ということである．むしろ，この収率は，全体の変換を触媒する代謝経路に固有のものである．

グルコースからリジンへの全体の変換反応は

$$-aC_6H_{12}O_6 - bO_2 - cNH_3 + C_6H_{14}N_2O_2 + dCO_2 + eH_2O = 0 \qquad (10.1)$$

と表される．式（10.1）の5つの量論係数のうち4つは，炭素，窒素，水素，酸化還元度のバランスから決定される．つまり，

$$-[(4+e)/6]\,C_6H_{12}O_6 - (e-3)O_2 - 2NH_3 + C_6H_{14}N_2O_2$$
$$+ (e-2)CO_2 + eH_2O = 0 \qquad (10.2)$$

である．それでリジンのモル収率は，$Y = 6/(4+e)$ に等しくなる．酸素に関する量論係数は，決定できない．酸素の生成はないから，$e \geq 3$ である．$e = 3$ のとき $Y = 0.857(6/7)$ モル-リジン/モル-グルコースとなる．

もちろんこの計算では，補酵素の要求量を考慮に入れていない．言い換えると，この式が，リジン生産に必要な炭素，窒素，水素，酸素量を与えることだけが，必ずしも，エネルギーに関与する代謝物質や還元度バランスに関与する物質の必要量を与えることにはならないし，またすべての代謝物質のバランスを満足するのではないことを示している．理論的な収率の計算には，このような束縛条件を考えることが必要である．

表10.1の主な経路の化学量論式の定式化から始めよう．

解糖系　　　　　$-GLC + PEP + Pyr + 2NADH + ATP = 0 \qquad (10.3)$

ホスホエノールピルビン酸（PEP）カルボキシラーゼ
$$-PEP - CO_2 + OAA = 0 \qquad (10.4)$$

トランスアミナーゼ　$-OAA - GLUT + ASP + AKG = 0 \qquad (10.5)$

リジン合成　　　$-ASP - Pyr - 2NADPH - GLUT - 2ATP$
$$+ LYS + AKG + CO_2 = 0 \qquad (10.6)$$

グルタミン酸合成　$-NH_3 - AKG - NADPH + GLUT = 0 \qquad (10.7)$

式（10.3）から式（10.7）まで足し合わせると全体のリジン生合成の式

$$-GLC - 4NADPH - 2NH_3 - ATP + LYS + 2NADH = 0 \qquad (10.8)$$

が得られる．1モルのリジン合成のためには，2モルまたは，4モルのNADPHが必要となるがこれは，トランスヒドロゲナーゼ（THD）（NADHとNADPHの変換酵素）の活性の有無による．これは，リジンがグルコースより還元された物質であることを示している（還元度はリジンが4.67，グルコースが4である）．必要なNADPHは，まずペントースリン酸経路から得られるが，その化学量論式は完全に炭素が酸化されるとして，

PPP（酸化経路）： $-GLC6P + 6CO_2 + 12NADPH = 0 \qquad (10.9)$

となる．

グルコースがキナーゼによって直接リン酸化されるような単純なケースでは，上の式より，1/6モルまたは1/3モルのグルコースがリジン合成（式（10.8））に必要な還元力を得るために（NADPHを生成するために）必要なことを示している（THDの有無によって1/6または

1/3). その結果, リジンの最大モル収率は$6/7$（$= 0.857$）または, $6/8$（$= 0.75$）であり, それぞれ全体の反応式が$e = 3$または$e = 4$の場合に相当する. しかし, グルコースホスホトランスフェラーゼシステム（PTS）が入ると, グルコースの取込みに1モルのPEPからピルビン酸への変換が必要となる.

$$-\text{GLC} - \text{PEP} + \text{GLC6P} + \text{Pyr} = 0 \tag{10.10}$$

式（10.3）,（10.9）,（10.10）に$1/6$を掛けて, 式（10.8）に加え, NADPHとNADHがTHDにより変換されると仮定すると,

$$-(8/6)\text{GLC} - 2\text{NH}_3 - (5/6)\text{ATP} + \text{LYS} + (1/3)\text{Pyr} + \text{CO}_2$$
$$+ (1/3)\text{NADH} = 0 \tag{10.11}$$

が得られる.

ピルビン酸のカルボキシル化反応によってピルビン酸からOAAへの変換が起こらないか, PEPシンセターゼ（synthetase）によって, グルコースの輸送で変換したピルビン酸が再びホスホエノールピルビン酸に再生しないとすれば, 上の式のグルコースからリジンへの理論収率は, $6/8 = 0.75$となる. このことは, リジン生産のために使われるよりも余分にピルビン酸が存在する場合は, TCAサイクルで酸化され, 収率には寄与しないことを示している. しかし, 反対の場合, つまり, ピルビン酸が補充経路でさらにカルボキシル化され, リジン合成が増加し, この目的で必要なNADPH量が変化する. この場合は, 次に, NADPHを生産するためにペントースリン酸（PPP）系を通って酸化されるグルコースの量が増加する. この理論的な収率の決定方法は確かに単純な場合は魅力的であるが, 代謝生産物が考察している経路で再循環するような場合には複雑な計算を含むことになる.

より一般的な, アプローチは代謝バランスを構築することから始まる. 細胞に取り込まれた1モルのグルコースに対し, 式（10.10）によって1モルのホスホエノールピルビン酸が消費され, 1モルのピルビン酸とグルコース6リン酸（GLC6P）が生産される. GLC6PのPP経路を通って完全に酸化される分率をxとすると（これは$12x$モルのNADPHを生産するが）$(1-x)$は解糖系を通り, $2(1-x)$のPEPを生成する. 1モルのPEP消費があるので, 全体として, $1-2x$のPEPが生成する. これがすべてリジンを生成すると考える. THD活性は存在するがピルビン酸カルボキシラーゼは存在しない場合, つまり, 式（10.8）で分率xは次のNADPHのバランス

$$\text{NADPH生産}: 12x = 2(1-2x): \text{NADPH消費} \tag{10.12}$$

から決定される. 式（10.12）は$x = 1/8$を与え, 理論収率$1-2x = 0.75$となる. ピルビン酸カルボキシラーゼが, もうひとつの補充経路として含まれるか, ホスホエノールピルビン酸シンセターゼがPTSによって生産した過剰なピルビン酸をリサイクルすれば, ピルビン酸がPEPに付加的に生産される割合yが導入される. この変換は, 等量のピルビン酸とホスホエノールピルビン酸が生産されなければならないことを示しており（反応式（31）参照）, その結果, NADPHバランスに対して,

$$\text{PEP生産}: 1-2x+y = 1-y: \text{Pyr生産} \tag{10.13}$$

$$\text{NADPH バランス}: 2(1-2x+y) = 12x \tag{10.14}$$

が導かれる．式 (10.13) および (10.14) の解は $y = x = 1/7$ であり，理論収率は 0.857 (6/7) となる．これは，利用可能な炭素はすべてNADPH生産に利用することを示している．同様に，THDの活性がないことは，理論収率は 0.75 か 0.60 であることを示しており，これは，ピルビン酸カルボキシラーゼの反応がPEPの補充経路を相補するかどうかによる．ATPの要求量は最小で，この経路で簡単に得られることに注意したい．

上に述べた方法は，正しい方法であるが，PTSを扱う際の複雑さの例で示したように，誤りを起こしやすい．エラーの主な原因は個々の経路をひとまとめにして全体の経路として扱うときに起こり得るし，"すべての"代謝物を列挙するとき，中間物質やエネルギー物質を削除するときにも起こり得る．ここで，代謝バランスをとるために，より構造化された方法で，これらの誤りを避けて一般的に利用可能な方法を示すことになる．つまり，代謝フラックス解析は，この目的を達成するのに適している．収率の計算においては，MFAの目的は，もはや菌体内代謝フラックスの決定ではないのである．その中で"最大の生産収率を確認する"ことにある．目的はむしろ，すべての代謝バランスが最大の生産収率を達成するように与えられるときの，いくつかの分岐比を見ることにある．例えば，リジン合成経路では，そのようなネットワークは菌体生産がゼロ，リジン以外の分泌生産物（酢酸，乳酸，トレハロースなど）の生産もゼロで，グルコースの消費を -100 としたとき，リジン生産を計算すれば，最大収率 Y が計算できる．ある与えられた Y に対しては，表10.1に示した34の代謝バランス反応のフラックスが決定される．

8章の行列の式は，表10.1に示したリジン代謝ネットワークの34の反応式を定式化したり，解を得るために，非常に便利である．理論収率は，実際に起こらない許容されないフラックス分布になるまで上昇させることができる．THDやピルビン酸カルボキシラーゼがない場合のネットワークでは，リジン収率が60%に近づけば，ピルビン酸キナーゼ（PK）のフラックスは，ゼロに近づく．ピルビン酸キナーゼのフラックスがゼロであるということは，前に述べたようにPTSの議論から得られる直接の結果である（図10.2）．もしホスホエノールピルビン酸シンセターゼか，生成したピルビン酸を消費する他の経路（例えばピルビン酸カルボキシラーゼ）が，ネットワークに付加されれば，次の許容限界は収率が75%のときに起こる．この点では，TCAサイクルのフラックスがゼロになることによりバランスする（図10.3）．それ以上，収率を上げようとするとTCAサイクルが負のフラックスを示す．それゆえ，これらの状況では，リジン最大収率は75%である．もし，さらにTDHの活性がネットワークに付加されてNADPHとNADHが相互変換すれば，理論収率は同様の計算により75%か85.7%となる．これはピルビン酸カルボキシラーゼが，存在するかどうかによる．このことは，本項より前に述べられた補酵素のバランスという点で矛盾していない．理論収率はATPの利用可能性には束縛されない．なぜなら，ATP消費反応が（表10.1の反応34）がゼロでないからである．

図10.4 (a) は，上述のネットワークがTHDやピルビン酸カルボキシラーゼがないという仮定のもとで，リジン収率が35%になることを示している．図10.4 (b) は理論的なフラックスマップが35%になることを示しているが，PEPカルボキシラーゼの補充反応がグリオキシル酸回路とオキザロ酢酸デヒドロゲナーゼ（OAADC）に置き換わり，同時にα-ケトグルタル酸デヒドロゲナーゼ（α-KGDH）の削除が実行された場合である．この計算の目的は，ネットワ

● 10. 代謝フラックス解析の応用

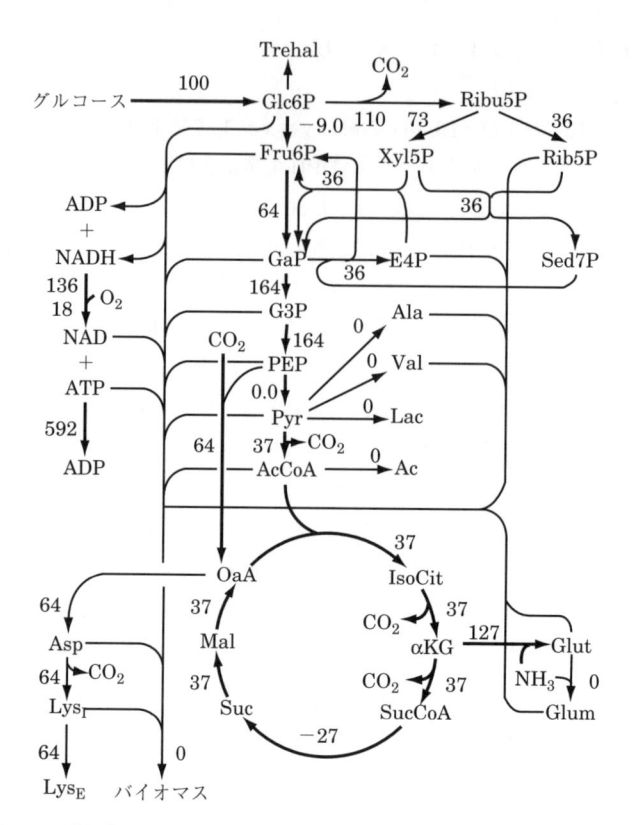

図 10.2 リジンの理論収率が 64% のときの代謝反応フラックス．反応式は表 10.1 によった．限界はピルビン酸キナーゼが不可逆反応であるということによる．収率が 60% を超えて 64% に達していることは，TCA サイクル中によって得られた NADPH による．Vallino の博士論文（1991）より．© 1991 MIT．

ークを少し変更させても同じフラックス分布の結果が得られる場合があることに注意していただきたいということである．

さらに以下の 4 点を挙げて本項を終えることにする．

- 理論的なフラックス計算実行されたら，CO_2 生産速度，O_2 消費速度から理論的な呼吸商 RQ も計算できる．この値は，理論収率 75% のとき 2 である．この数値は発酵プロセスがどの程度理論収率に近いかを示す指標として利用でき，また，最適点での操作を探索する流加法の設計にも役立つ．
- リジン生産がゼロで菌体増殖速度が変化するような場合においても計算できる．このとき，菌体最大理論収率は 73% であるが，これは維持定数や無駄なサイクルがゼロとした場合の値である．
- CO_2，NH_3，O_2 のバランスを除くと，劇的に量論バランス行列の条件数が悪化する．表 10.2 にこの結果を示す．しかし，条件数の値はいまだ許容範囲であり，特に，測定ベクトルに不確定性がそれほど含まれなければ利用可能である．一般に，条件数の大きさは，実際の実験データの誤差の許容有効範囲を示す．
- 理論的収率の計算においては，すべての理論的なフラックスを決定する十分な式が必要で

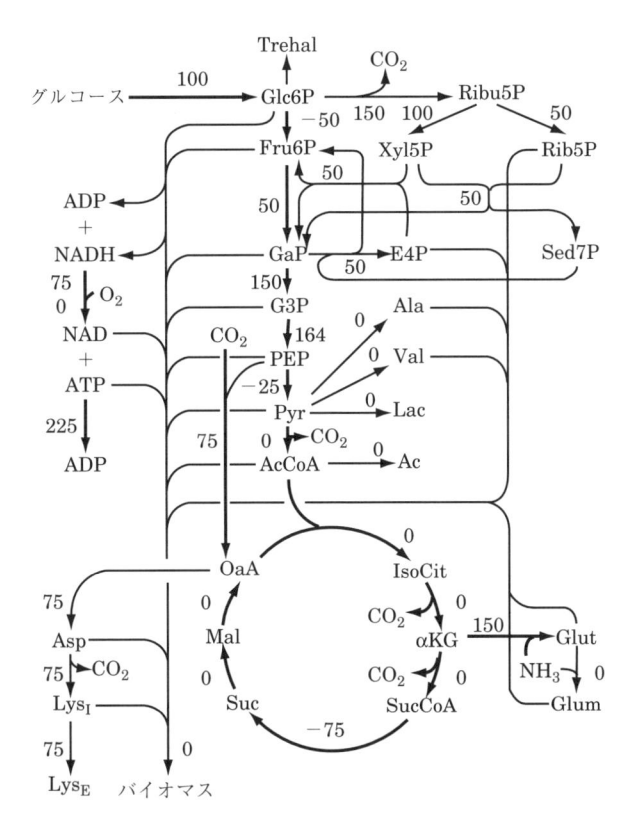

図10.3 リジンの理論収率が75%のときの代謝反応フラックス．収率の限界はTCAサイクルのフラックスによる（ピルビン酸キナーゼの不可逆性の束縛条件を解除して考察している）．Vallinoの博士論文（1991）より．© 1991 MIT.

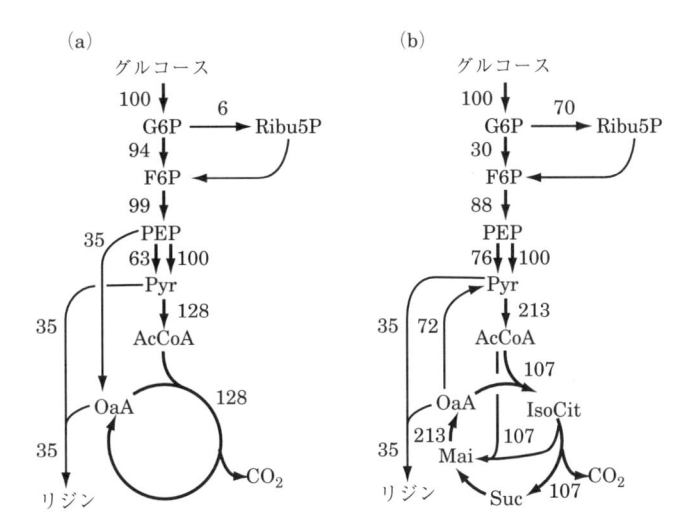

図10.4 *C. glutamicum* におけるリジンの理論収率が35%のときの理論的な代謝反応フラックス．(a) TCAサイクル (b) グリオキシル酸回路がベースになっている．図に示されたPEPからピルビン酸への2つの変換は（左）ピルビン酸キナーゼ（右）PTSによるものである．Vallino and Stephanopoulos (1993). © 1993 John Wiley & Sons, Inc. Translated by permission of John Wiley & Sons, Inc. All rights reserved.

10. 代謝フラックス解析の応用

表10.2 選択された中からこの反応速度を削除した場合のリジンネットワークの条件数（8.4節参照）（括弧内の数字は反応番号を表す）．

ネットワークから削除した代謝物質			条件数
削除なし			59
バイオマス (7)			140
CO_2 (8)			59
グルコース (14)			61
リジン (20)			60
NH_3 (25)			61
O_2 (26)			132
グルコース	O_2		136
NH_3	O_2		138
バイオマス	CO_2		143
リジン	O_2		144
バイオマス	グルコース		155
バイオマス	NH_3		174
バイオマス	O_2		207
バイオマス	リジン		445
CO_2	O_2		762
バイオマス	リジン	NH_3	462
バイオマス	グルコース	NH_3	519
バイオマス	グルコース	リジン	726
バイオマス	CO_2	O_2	845
CO_2	NH_3	O_2	881

ある．最大収率が得られるように，ネットワークに過剰な条件を入れるには，注意を要する．

10.1.3 *C. glutamicum* におけるリジン生産の代謝フラックス解析

この項では，代謝フラックス解析の情報が，代謝ネットワークの選ばれた分岐点の制御構造についての新しい洞察を，いかに与えてくれるかについて示す．ここでは，リジン生産の収率を向上させることを目的とする．リジン収率は，前に述べたように現在の産業生産レベルよりもさらに上昇させ得る可能性をもっている．通常，生産物収率向上のために，生産経路の酵素活性を上昇させることが考えられる．しかし，生産物収率は，重要な分岐点によって厳格に制御されている．例えば，ネットワーク A→B，B→C と B→D があって，A に対する D の収率は分岐点 B に依存する．確かに，生産経路の律速段階の酵素活性を上げることは，"間接的に"分岐比に影響を与えるかもしれない．しかし，生産物収率は，フラックスの摂動に対する分岐点の柔軟性（フレキシビリティ）に依存している．リジッド（頑健）な分岐点では，フラックスの分岐比は生産物の分岐の活性に不感である．生産物収率は生産経路の活性の上昇によっては向上しないであろう．さらに，もし生産物が通常の条件で適当量合成されていたら，副生物への分岐活性を抑えることが有利であるかもしれない．代謝工学の研究の1つの目的は，生産収率を向上させるために，主要な分岐の比を変化させることにある．この意味で大事なことは，生産物合成や副生産物合成に導かれる分岐点はどこかを同定することである．これらの分岐点はネットワークの"主要分岐点"と呼ばれ，まず，同定すべき分岐点である．

ひとたび，ネットワークの中で主要な分岐点が同定されたら，これらの分岐点の制御を特徴づけるために特別な摂動実験が行われる．通常の条件で培養が進行すると分岐点のフレキシビリティやリジディティに洞察を与えるような代謝フラックスや分岐比の変化がみられる．しかし，代謝調節因子（エフェクタ）の濃度（これも培養中変化するが）が，強く分岐比に影響するので，環境状態をシフトさせることによって誘導されるような変化により与えられる情報は注意をもって表現しなければならない．そのような摂動は代謝バランスには考慮されていない付加的な効果を多く含んでいる可能性がある．つまり，分岐点の制御の特別な事項を明らかにするためには，より局所的な摂動が必要となる．本章では，このことを，特別な分岐点グルコース6リン酸，PEP/Pyrが作る分岐点で紹介することにする．

ここでの議論は，5.4節のフラックスコントロールの部分で見たように分岐点のフレキシビリティ（柔軟性），リジディティ（頑健性）という記述を使って行うことにする．本項で述べる記述について復習されたい方は，5.4節を参照されたい．さらに，5.4節で定量的な用語として与えられたフレキシビリティやリジディティの概念はメタボリックコントロールアナリシス（MCA）として，12章でさらに拡張され，定量的に記述されるだろう．MCAは普通，直線的なネットワークや分岐点において個々の反応のフレキシビリティを示すために用いられる．同じ概念が代謝ネットワークの"分岐点"のリジディティを特徴づけるために12章で拡張される．

本章では一般的な目的に従って，フラックス，分岐比を与える十分な方法が提供される．これによりMFAが行われ種々の結果が得られる．この一般的なMFAの概念を表すために，実験を設計する理由と方法を示す．また，"バイオネット"がここに示された結果を再現するのに紹介される．

主要分岐点の同定

代謝ネットワークは多くの分岐点をもっているが，普通，生産物収率を実際に変化させる分岐点は数個である．これらの分岐点は，それらの分岐比の変化が生産物収率に直接影響するので"主要分岐点"と呼ばれる．残りの分岐点の分岐比は，相対的に及ぼす影響が少なく，それ以上調べる価値がない．ネットワークにおいて主要分岐点を同定するために，生産物，副生産物，基質が，まず同定される．このことは，理論収率を計算するために前項で示されたのと同様に，"理論的なフラックス解析"によって行われる．主要分岐点は生産収率をシステマティックに変化させて，フラックスの分岐比を観察することによって同定される．

リジンの合成に，この方法を応用するとき，リジン収率を上昇させるにつれて，5つの分岐点の分岐比が大きく変化する．つまり，グルコース6リン酸（Glc6P），フルクトース6リン酸（Fru6P），PEP，ピルビン酸（Pyr），オキザロ酢酸（OAA）の分岐点である．これらの分岐点の中で2つだけ，つまりGlc6PとPEP/Pyrだけが次の理由から主要分岐点と考えられる．Fru6Pは，リジン収率が60%より小さいときは，流れの集まる点となり，60%より大きいときは，流れが分岐する点となる．リジン収率が60%以上だと，イソメラーゼの反応は，逆反応となり，Glc6Pが流れの集まる点となる．それゆえ，Glc6PとFru6P間では，片方は流れの分岐する点で，他方は集まる点となる．普通，収率は60%を超えることはないので，主要分岐点の同定においては，Glc6Pだけを考えればよい．OAAはとるに足らない分岐点である．クエン酸シンターゼによって消費されたすべてのOAAは，リンゴ酸デヒドロゲナーゼ（TCAサイク

ルの最後の酵素）によって再生されなければならない．本質的に，TCAサイクルのフラックスは単純にOAAの分岐点を通過するだけなのである．結果として，リジン合成のために消費されるOAAは，補充経路で生産されなければならない．このことは，TCAサイクルと補充経路の機能を物質収支から理解する上で非常に重要なものとなる．AcCoAを通ってTCAサイクルに入る炭素は，すべて酸化されてCO_2になる．一方，他の反応によってTCAサイクルに入ってくる炭素は酸化されずに，菌体や生産物を合成する前駆体の合成のために使われることになる．これらの考え方を誤るとアスパラギン酸を，より生産するために，アスパルターゼを使う，つまり，フマル酸の濃度を上昇させて，そこから直接アスパラギン酸に導くことによって，アスパラギン酸を生産させるのが効率的だという示唆が生まれることになる．しかしフマル酸は，オキザロ酢酸以上には利用可能にはならない．なぜなら，このどちらか（フマル酸かオキザロ酢酸）の"正味の生産フラックス"が補充経路のフラックスによって，制限されているからである．この点は，アスパルターゼの活性を上げてもリジン収率は上昇しないという失敗によって実験的に確認された．

前述の主要分岐点Glc6P，PEP/Pyrは，単純にリジン合成のための4つの前駆体（炭素，NADPH，ATP，アンモニア）のうち，2つの前駆体（炭素，NADPH）は，グルコースの供給に依存しているということを反映している．このことをこれらの分岐比で解析することができる．残りの2つ（ATPとアンモニア）は明らかに律速ではなく，(a) 適当なATPは炭素前駆体生産のための解糖系によって生産される．(b) アミノ酸やリジン生産のための窒素取込み反応は，グルタミン合成，グルタミン酸デヒドロゲナーゼ取込みシステムで供給される．もし，これらが真実でなければ，ATPを供給する反応やアンモニア消費に使われるグルタミン酸もまた，リジン合成経路の主要分岐点となる．

2つの主要分岐点における分岐比に対するリジン収率の依存性をまとめるために，リジン収率が上がれば，グルコースの高いフラクションはペントースリン酸経路に流れ，NADPHの要求量を増加させなければならないことに注意したい．もし，この分岐点（Glc6P）での実際の酵素反応カイネティクスにおいて，解糖系がペントースリン酸経路より炭素の流れが多くなるよう決まっていれば，リジンは，NADPH律速で，解糖系に入った過剰な炭素は副生産物生成に回るだろう．しかし，もしGlc6Pの分岐点の分岐がフレキシブルで，NADPHの需要に応じて変化すれば，リジン収率の限界は，PEP/Pyrの分岐点での準最適な比によって決まる．もし，PEP/Pyrの補充経路の分岐比が，50％以下なら，OAAが不足し，過剰なピルビン酸が生成し，これが主にTCAサイクルで酸化されることになるだろう．もし，PEP/Pyrの補充経路の分岐比が50％以上なら，過剰なOAAが存在し，アスパラギン酸やグルタミン酸の分泌が見られるだろう．しかし，これは決して起こり得ない．Glc6PとPEP/Pyrでの最適な分岐比は，リジン合成や最適な生産物の収率を与える．これが実現可能かどうかは，これらの分岐点の酵素反応カイネティクスや調節機構によるのである．それらがリジン合成を制限している範囲は，次に示すように特別に局所的な摂動を与えることによって決定される．

Glc6P分岐点でのフラックス摂動の解析

Glc6P分岐点でのフレキシビリティを調べるために，2つの実験的な摂動が導入された．最初の摂動は，Glc6Pイソメラーゼ（GPI）の減衰であった．この酵素は解糖系の最初の酵素で，C. glutamicum ATCC21253株の変異株NFG068が用いられ，発酵実験が行われた．この変異

株は代謝フラックスをペントースリン酸経路へ流すように考えられて開発された．2番目の摂動は，単一エネルギー炭素源としてグルコン酸が *C. glutamicum* ATCC21253 の発酵実験に用いられた．ペントースリン酸経路に直接炭素を供給することにより，グルコン酸は，効果的に Glc6P を効果的にバイパスする．この実験は，リジン合成の制御についてさらなる情報を与えてくれるはずである．

Vallino and Stephanopoulos（1994a）の原著論文では，発酵のプロトコールと得られた結果が詳細に示されている．コントロールの ATCC21253 株の発酵実験と比較して，GPI 変異株は増殖期間中の菌体外代謝物質の生産，消費の比速度が低くなった．比増殖速度や呼吸速度は元株の 50% であった．最終菌体濃度も低かった．最終リジン収率は 25% ほどコントロールより高く，34% であった（元株 30%）．これらの変化はコントロールと比較して簡単に表せるが，この発酵実験から得られた代謝フラックスマップは元株に非常に近いので誤った結論に陥りがちである．さらに，収率の向上は起こらなかった．そして，生産物収量の向上は，高い収率を続けたことにより，発酵実験を延長できた結果，得られたものであった．

表 10.3 は物質収支から得られるコンシステンシーインデックスを計算した結果と観測値と推定値が，どの程度近いかを示した表である．コントロールの発酵実験と比較して，NFG068 の発酵実験の代謝物質蓄積速度は，2〜3 倍小さい．したがって，増殖も小さい結果となった．図 10.5 に示したフラックス分布は，コントロール培養の同じ条件において得られたものと驚くほど似ている．"もちろん NFG068 変異株は，増殖や生産の速度は大きく変化するけれども"，この変異株において GPI の活性を 90% も抑えた場合と Glc6P の分岐点のフラックス分配は，なんら変化しない．この変異操作はリジン収率を変化させないけれども，増殖期や生産期初期の比速度は減少する．これらの結果は，リジッドな分岐点の従属なネットワークという考え方に対して，全く矛盾しないのである（次の記述と 5.4 節参照）が，実は誤った結論なのである．

表 10.3 代謝物質の蓄積速度の観測値と推定値の比較と標準偏差（σ）．NFG068 の 31 時間と 37.5 時間の間の観測データを 34.3 時間のものとして使用している[a]．

代謝物質	蓄積速度 $(\text{mmol}(\text{L h})^{-1})$	
	測定値	推定値[b]
酢酸	0 ± 1	0.02
アラニン	0 ± 1	0
バイオマス	-0.17 ± 0.9	-0.15
CO_2	26.5 ± 2.7	26.2
グルコース	-9.0 ± 2.5	-8.7
乳酸	0 ± 1	0.03
リジン	3.16 ± 0.2	3.16
NH_3	-5.5 ± 5.8	-6.3
O_2	-22.7 ± 2.3	-23.0
ピルビン酸	0 ± 1	0
トレハロース	0.46 ± 1	0.57
バリン	0 ± 1	0.08

[a] コンシステンシーインデックス $h = 0.09$．データは Vallino and Stephanopoulos（1994a）による．
[b] 推定速度は物質収支を満足するように，得られた．

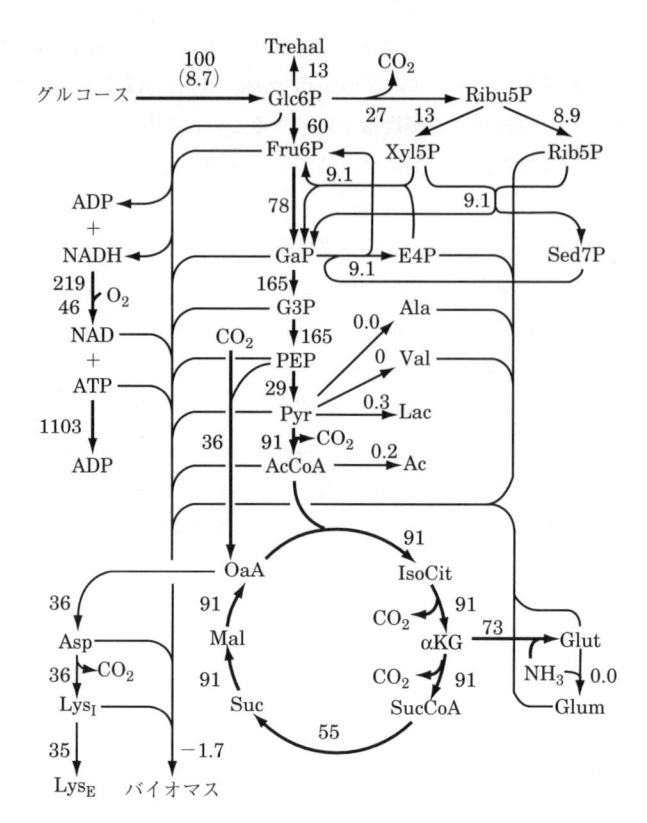

● 10. 代謝フラックス解析の応用法

図 10.5 培養 34.3 時間における NFG068 のリジン発酵のフラックス分布．フラックスは 31〜37.5 時間の間に得られた測定から推定された．数値はグルコースの取込み速度（実際の値は，mmol $L^{-1}h^{-1}$ の単位で括弧内に示した）は，100 として規格化されている．データは Vallino and Stephanopoulos (1994a) による．Adapted with permission from *Biotechnology Progress*. © 1994 American Chemical Society and American Institute of Chemical Engineers.

　Glc6P の分岐点をフレキシブルか弱いリジッドか，強いリジッドかに分類するためには（5.4 節参照），摂動を起こしたときに予想されたフラックス分布と実際起こったフラックス分布の結果を比較してみると効果的である．もし，Glc6P に対する GPI のアフィニティが Glc6P デヒドロゲナーゼ（ペントースリン酸系の最初の酵素）よりも親和性が大きく，フラックスが解糖系に，より流れやすい傾向があるなら，Glc6P の分岐点は弱いリジッドといえる．もしリジン収率が弱いリジッドである Glc6P の分岐点に束縛されているなら，GPI の摂動（減衰）により，Glc6P の濃度が上昇し，Glc6P がペントースリン酸系へと流れるために，リジン収率が改善されていただろう．しかし，実際この現象はみられなかった．Glc6P が強いリジッドであるかもしれないので（つまり，この分岐点での両方の酵素の調節機構があまりに強いため，分岐比が変化しにくい状態），グルコン酸を炭素源として用いる 2 番目の摂動実験が行われた．グルコン酸は Glc6P の分岐点を確実にバイパスし，直接ペントースリン酸経路に入る．最終的に，もし，Glc6P の分岐点が強いリジッドでリジン収率を制限しているのなら，グルコン酸を用いた *C. glutamicum* ATCC21253 の培養により，リジン収率は上昇したであろう．このような収率の改善もみられなかったので，Glc6P の分岐点は，実際，フレキシブルであり，他の生産を束縛している経路の変化に従って，その分岐比が変化していると考えられる．表 10.4 は，

炭素源としてグルコン酸を用いたときの測定フラックスと推定フラックスを示している．*C. glutamicum* ATCC21253は，グルコン酸単独では増殖できないが，グルコースを補助的に添加すれば増殖は正常で，その比増殖速度は$0.3\ h^{-1}$程度である．リジン生産開始後の表10.4のデータは，グルコースが完全消費され，グルコン酸のみが消費されたときのものである．結果は直接的なリジン生産収率は34%を超えないというものである．その他の特記すべき発酵経過の特徴は，通常の呼吸商（1.35）より高く，よくみられる副生物の生産が見られないことである．副生産物の生産の欠如によりモデルの妥当性は向上し，コンシステンシーインデックスは低い値を示した．図10.6にフラックス分布を示す．この現象を解析するために，表10.1のモデルを改良し，モデルにグルコン酸を代謝物質として加え，グルコキナーゼの反応を組み込んだ．

$$-\text{Glcn} - \text{ATP} + \text{Glcn6P} + \text{ADP} = 0 \qquad (10.15)$$

そして，ペントースリン酸経路の酸化的分岐点が2つの反応に分けられ，

$$-\text{Glc6P} - \text{H}_2\text{O} - \text{NADP} + \text{Glcn6P} + \text{NADPH} = 0 \qquad (10.16)$$

$$-\text{Glcn6P} - \text{NADP} + \text{Ribu5P} + \text{CO}_2 + \text{NADPH} = 0 \qquad (10.17)$$

と与えられた．ここで，6ホスホグルコノラクトンは式（10.16）のようにG6PDHとひとまとめにされている．

フラックス分布が表10.4の速度から計算されたとき，すなわち，式（10.16）が負のフラックスとして表される．これは，菌体合成やリジン生産に比べてNADPHの生産が非常に速いことから起こる．しかし，式（10.16）は，この反応は，逆向きに進ませようとすると非常に大きな正の自由エネルギーを必要とするので，事実上，不可逆反応である．NADPHが擬定常に達するためには，式（10.16）は，ネットワークから除かれ，NADPHの酸化が起こらなければならない．

$$-2\text{NADPH} - \text{O}_2 + 2\text{H}_2\text{O} + 2\text{NADP} = 0 \qquad (10.18)$$

この反応は，単純にNADPHの酸化による消費反応である．もうひとつは，NADPHがNADPに酸化され，同時にNADが還元されてNADHが生ずるトランスデヒドロゲナーゼの反応がある．この研究が行われたときには，式（10.18）に示すようなNADPHの擬定常をもたらすトランスデヒドロゲナーゼ活性は，確認されなかった．したがって，モデルは，さらに式（10.18）を含め，NADPHが擬定常になるよう改良された．この改良により，図10.6に示すようなフラックス分布マップが得られた．PP経路を除いて，フラックス分布はコントロール実験と同じようであった．グルコン酸からもたらされた過剰なNADPHは，リジン収率を上昇させなかった．このことは，前にも触れたように，リジン収率はNADPHによって制限されているのではなく，Glc6Pの分岐点は，フレキシブルであるといということを強く示している．GPI撹動のフラックス解析と併せて考えると，リジン生産や増殖に必要なNADPHはその要求量につれて変化している．

本節では，ある期間で定常的な生理状態のフラックス分布から導かれる事項について考察してきたけれども，細胞内代謝物質に関して，擬定常状態の仮定が崩れず，オンラインで必要な

10. 代謝フラックス解析の応用

表10.4 グルコン酸を炭素源としたときのリジン発酵における代謝物質の蓄積速度[a,b].

代謝物質	蓄積速度 $(mmol(L\,h)^{-1})$	
	測定値	推定値[b]
酢酸	0 ± 2	0
アラニン	0 ± 2	0.02
バイオマス	1.67 ± 3.2	1.72
CO_2	62.4 ± 6.2	62.4
グルコース	-17.0 ± 3.9	-17.0
乳酸	0 ± 2	0
リジン	5.48 ± 0.4	5.48
NH_3	-12.8 ± 1.1	-12.3
O_2	-48.0 ± 4.8	-48.0
ピルビン酸	0 ± 2	0
トレハロース	0 ± 2	0.02
バリン	0 ± 2	0.03

[a] コンシステンシーインデックス $h = 0.003$. データは培養18時間と21時間でサンプルされた. Vallino and Stephanopoulos (1994a) によるデータ.
[b] 推定速度は物質収支を満足し, 推定フラックスから計算されたものである.

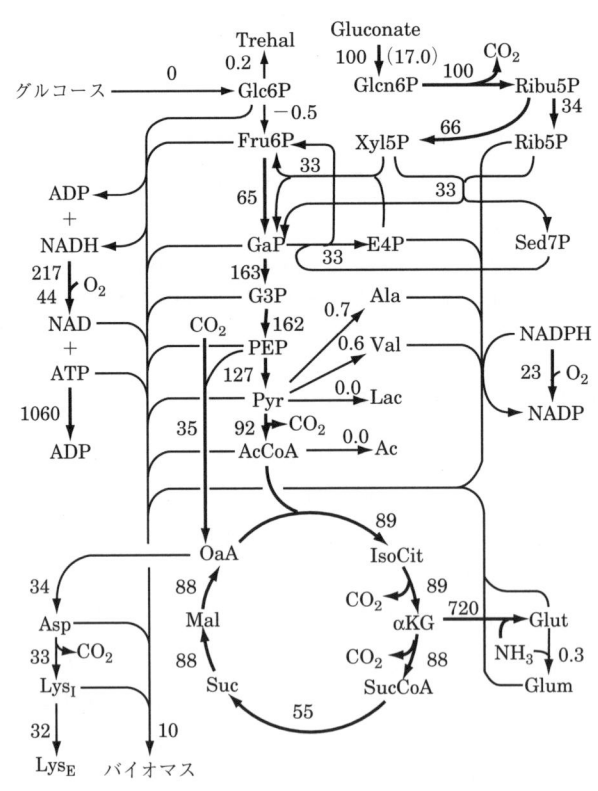

図10.6 培養19時間におけるグルコン酸を炭素源としたリジン発酵のフラックス分布. フラックスは18〜21時間の間に得られた測定から推定された. 数値はグルコン酸の取込み速度 (実際の値は, $mmol\,L^{-1}\,h^{-1}$の単位で括弧内に示した) を100として規格化されている. PP経路の最初の酵素は除かれている. マップの矛盾を解消するため, グルコキナーゼとNADPHの酸化反応がモデルに加えられている. データはVallino and Stephanopoulos (1994a) による. Adapted with permission from *Biotechnology Progress*. © 1994 American Chemical Society and American Institute of Chemical Engineers.

菌体外反応速度の計測値が得られている限り，遷移状態のフラックス分布も計算することができることを指摘しておきたい．これらの条件のもとで"オンラインフラックス解析"が行われ，その結果が重要な示唆を含んでいる．

そのようなオンラインフラックス解析は *C. glutamicum* の発酵実験で行われた（Takiguchi ら，1997）．図10.7にペントースリン酸経路のフラックス（r_7）とリジン合成フラックス（r_8）の関係を示す．次の2つの点が特筆される．

- まず，2つの生理状態，菌体増殖期（State 1）とリジン生産期（State 2）が区別される．また，間に（State 1）から（State 2）に移る遷移期が示されている．
- 2番目にペントースリン酸系とリジン合成系のフラックスの線形関係はリジン合成によって要求されるNADPH量に合わせてペントースリン酸経路が変化する証拠である．これは，Glc6Pの分岐点が，この項で見たようにフレキシブルであるというディスカッションの別の見方である．酵素活性のアッセイからはこの情報はもたらされない．酵素活性をアッセイしてその値が一定だとすると，図10.7のr_7はフラットであるように誤解される．

PEP/Pyr分岐点におけるフラックスの摂動の解析

PEPとピルビン酸はグループとして扱われている．これは，リジン生産にとって2つの補充反応，PEPカルボキシラーゼとピルビン酸カルボキシラーゼの区別を明確にできないという単純な理由による．この情報がなければ，2つのカルボキシル化反応を区別することはできない．したがって，この2つの反応は1つのものとして扱っている．次に，ピルビン酸は，重要な分岐点である．なぜなら，補充反応に加えて，リジン経路におけるアスパラギン酸セミアルデヒ

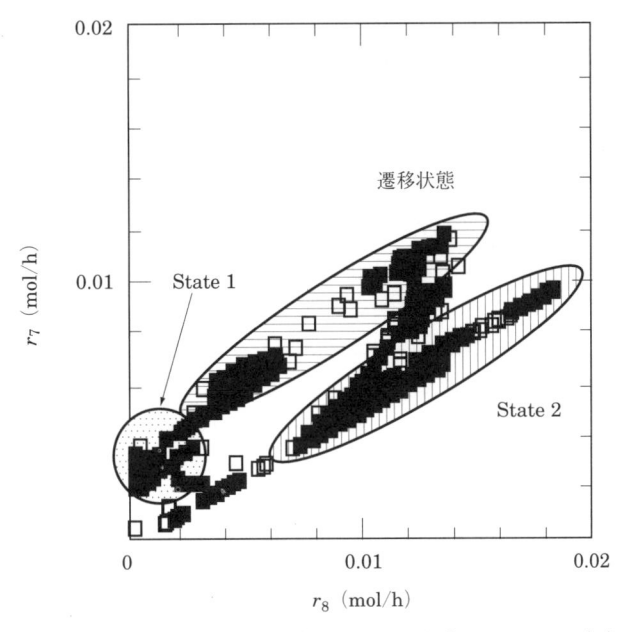

図10.7 ペントースリン酸系のフラックス（r_7）とリジン合成系のフラックス（r_8）の2次元プロット．データは回分培養の異なるフェーズを示している．Takiguchiらのデータ（1997）．

10. 代謝フラックス解析の応用

ドからのジヒドロジピコリン酸シンターゼの反応が必要だからである．さらに，ピルビン酸デヒドロゲナーゼコンプレックス（PDC）反応において，アセチルCoAが生成する．アセチルCoAは，さらにTCAサイクルで酸化される．もし，PEP/Pyr分岐点が，弱いリジッドならば，炭素フラックスは，PEPやピルビン酸カルボキシル化反応に比較して，よりTCAサイクルへと流れるであろう．これは，ピルビン酸に対するPDCの親和力がカルボキシル化反応の酵素よりも強いからである．このようなケースでは，TCAのフラックスは，相対的にリジン合成経路のフラックス変化に影響されないだろう．それゆえ，もし，リジン収率が弱いリジッドでピルビン酸分岐点に影響されるならば，PDCの抑制により，ピルビン酸やリジン収率を改良されるだろう．もし反対に，PEP/Pyr分岐点が強いリジッドであるか，補充経路の活性が弱いという理由で，リジン収率が悪いのならば，PDCの抑制によっても中間代謝物質を分泌するか全体のフラックスを抑え込むであろう．

PEP/Pyr分岐点がリジッドであるためにリジンのフラックス分配が制限されているかどうかの可能性を調べるために，2つの摂動実験が行われた．最初の実験は *C. glutamicum* ATCC21253のPDC活性を抑えた変異株の取得と培養とその解析によるものである．2番目の実験は，リジン生産が起こっているときに，PDCに対する特異的な阻害剤であるフルオロピルビン酸（FP）を添加して，PEP/Pyr分岐点におけるフラックス変化を観測しようというものである．

PDCを減衰した変異体は，通常のグルコースを炭素源とした場合，増殖が困難であったので，酢酸カリウムを培地中に添加した．酢酸の添加により，増殖が活性化したが，このことはPDC活性が落ちていることから予想できることであった．酢酸の添加はフラックス解析を複雑にはしない．というのは，(a) すべてのフラックス計算は酢酸が枯渇してから行われる．(b) グリオキシル酸回路はグルコースにより抑制されているからである．増殖と菌体外代謝物質の消費速度はコントロールの培養実験に比較して非常に小さくなった．しかし，経時変化のパターンは，コントロールの実験と似通っていた．比速度は約1/2から1/3に減少したが，得られたフラックス分布の結果（Vallino and Stephanopoulos, 1994）は，リジン生産期においてコントロールの実験とほとんど変わらなかった．さらに，PEP/Pyrの分岐点のフラックス分岐比は，コントロール実験とほぼ同じであった．このPDC活性を98%抑えた変異株は，全体の反応速度を非常に減少させたけれども，フラックス分布は主要な分岐点の分配においてもリジン収率の向上においても変化はなかった．

もし，リジン収率が弱いリジッドでPEP/Pyr分岐点によってのみ制限されているのなら（すなわち，リジン合成が本質的にピルビン酸律速であるように，炭素フラックスがTCAサイクルに流れていくのなら），PDCの抑制は，利用可能なピルビン酸を増加させ，リジン収率は弱いリジッドなPEP/Pyr分岐点によって制限されなくなったはずである．

先に述べたように，リジン生合成は，"従属なネットワーク"をもっている．そのようなネットワークにおいては，目的フラックスを高い収率で得るためには，すべての主要な分岐点が調和して変化しなければならない．もし，従属なネットワークに，あるいくつかの主要分岐点がリジッドであるか，または弱い活性の酵素から構成されているのなら，フラックス分布は，量論バランスに矛盾がないように変化し，調和して変化しない．さらに，もし，代謝調節は中間代謝物質の分泌や消費を起こさないのなら，リジッドな点における分岐が減衰することは，全体のフラックスの減少を起こすだけであろう．ここで，PDCを減衰させた結果をみると，こ

のネットワークは，リジッドであるか1つの分岐活性によって制限される分岐点を含む従属なネットワークと考えられる．Glc6P分岐点はフレキシブルなので，ネットワークのPEP/Pyrの分岐点のどちらかがリジッドであるか，あるいは，制限をもつものでなければならない．この結論は，フルオロピルビン酸（FP）を使ったPDCの阻害実験により，さらに確認された．FPの添加に続いてすぐ，呼吸の急激な低下，増殖の低下，ピルビン酸の菌体外への蓄積が起こった．リジン合成とグルコース消費は影響を受けなかった．FP添加の2, 3時間後，呼吸が再び上昇し，ピルビン酸が再び消費された．グルコースの取込みは，一時期，おそらくピルビン酸が消費されることによって減少した．この一時的な現象は，明らかにFPの添加により，起こったものであり，FPが代謝された後に，元に戻ったと考えられる．発酵の分泌物はコントロール実験と同じようであった．このケースで計算されたフラックスや得られたフラックス分布は，TCAサイクルからピルビン酸をピルビン酸分泌へ向かわせることであった．残りのフラックス分布は，コントロール実験と比べて，比較的影響がなかった．これらの影響は，図10.8に示した．この図は，PEP/Pyr分岐点まわりのコントール実験と摂動実験のフラックス

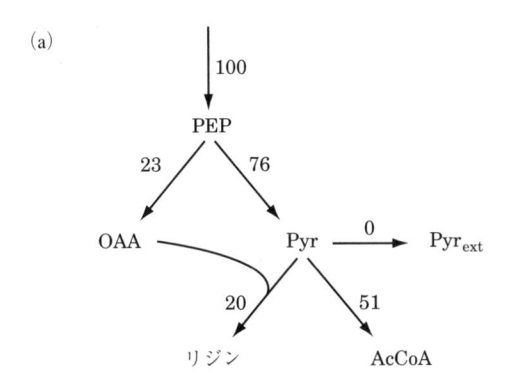

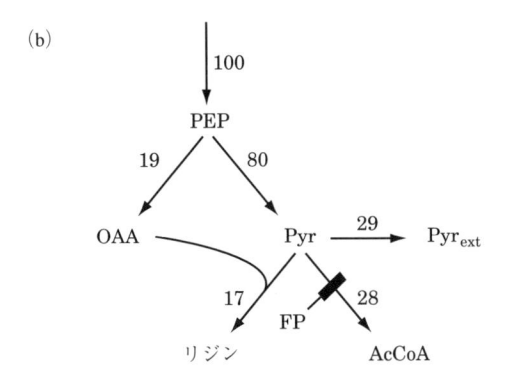

図 10.8 PEP/Pyr分岐点まわりのフラックス分布．値は，PEP合成速度により規格化されている．(a) コントロールの培養．(b) 13.5時間におけるフルオロピルビン酸 (FP) 摂動実験培養．太い長方形は，FPが阻害していることを示し，Pyr$_{ext}$は，菌体外へのピルビン酸の分泌を示す．PEP, オキザロ酢酸, ピルビン酸を含む一部のフラックスが示されている．Vallino and Stephanopoulosによる (1994b)．Adapted with permission from *Biotechnology Progress*. © 1994 American Chemical Society and American Institute of Chemical Engineers.

分布を示している．フラックスは，PEP 合成速度で規格化されている．FP による PDC の阻害は，PDC に触媒される反応を約 50％の活性に阻害するが，分岐点の分布は，比較的影響されないといえる．

PDC 活性を抑えた変異株を用いるときに見られる長い時間の TCA サイクルのフラックスの減少と同じように，FP による阻害実験では，TCA サイクルのフラックスの減少が短期的に見られる．FP による阻害実験では，グルコース消費，解糖系，TCA サイクルの速度の野生株の 1/2 から 1/3 に減少し，中間代謝物質の分泌は見られなかった．FP による阻害実験では，通常の PDC の高いフラックスが，急激に減少し，解糖系路の高いフラックスが持続するためにピルビン酸の分泌が見られた．この PDC の活性の減少は FP の添加後すぐに観察された．"補充経路への分岐はどちらの摂動実験においても観察されなかった"．結果として，ピルビン酸はカルボキシル化反応においても，ASA と結合してジヒドロジピコリン酸を生産する反応においても，重要に使われるにもかかわらず，リジン収率が影響を受けることはなかった．リジン収率はピルビン酸が，より TCA サイクルによって，より多く消費されているために律速になっているのではないということが結論づけられる．それゆえ，PEP/Pyr 分岐点は，弱いリジッドではないと結論される．リジン生産は，それゆえ，強いリジッドな PEP/Pyr 分岐点か，補充経路の活性が弱いことにより制限されていると考えられる．リジン収率を上昇させるためには，PEP/Pyr 分岐点の調節（PDC，ピルビン酸カルボキシラーゼ，PEP カルボキシラーゼ）を解除するか，補充経路のフラックスを上昇させるかが必要となる（そのうちの最も可能性が高いと考えられる 1 つの反応はピルビン酸のカルボキシル化反応である）．

10.1.4　*C. glutamicum* における特定の酵素を欠失させた変異株の代謝フラックス解析

生理学的，生物学的に重要な 2 つの事項が，前項で明らかにされた．つまり，ペントースリン酸系により供給される過剰な還元力の消費が重要であるということである．また，菌体生産や生産物合成のために供給される炭素を供給する補充経路としても重要である．これらの問題を解決して，さらに高生産を目指すためには，通常の野生株を用いるだけでは解決しないので，遺伝的背景を単純化し，特異的遺伝子を改変した変異株の構築が行われた．特に，PEP カルボキシラーゼ（PPC），ピルビン酸キナーゼ（PK）は，炭素源を供給する重要な役割をする酵素であり，TCA サイクルを通ってエネルギーを生成したり，オキザロ酢酸を通って生合成を行うためにも重要な酵素である．これら 2 つの酵素の破壊変異株の回分培養が行われた．結果は，代謝フラックス解析を通して評価された（Park ら，1997a）．表 10.1 の生合成ネットワークに，次の 5 つの反応が可能性のある反応として付加された．つまり，ピルビン酸のカルボキシル化反応（式（10.19）），トランスヒドロゲナーゼ反応（式（10.20））が考察され，3 つの菌体外代謝物質（プロピオン酸，式（10.21）の PROP，グリセルアルデヒド（式（10.22）の GLY），そしてジヒドロキシアセトン（DHA）の蓄積が，上述の変異株の培養液中に観察された．

$$-PYR - CO_2 - ATP + OAA + ADP = 0 \tag{10.19}$$

$$-NADPH - NAD + NADP + NADH = 0 \tag{10.20}$$

$$-SUC + PROP + CO_2 = 0 \tag{10.21}$$

$$-G3P - ADP + GLY + ATP = 0 \tag{10.22}$$

$$-\text{G3P} - \text{ADP} + \text{DHA} + \text{ATP} = 0 \tag{10.23}$$

実験結果は，表10.5に示されている．グルコースからのリジンと菌体への収率，グルコース消費，増殖，リジン生産の速度が菌体増殖期（I），完全に増殖が停止したリジン高生産期（II）において4株間で比較された．

C. glutamicum におけるピルビン酸のカルボキシル化反応による PPC の補償

表10.5は図10.9の図のように評価される．この図には，オキザロ酢酸を生成する可能性のある補充経路がまとめられている．*ppc* 遺伝子の破壊が増殖やリジン生産に本質的に影響を及ぼさないということは，*C. glutamicum* には，さらなる補充経路が存在することを示している．可能性として，オキザロ酢酸を生成する2つの可能性が存在する．つまり，(1) PEPカルボキシキナーゼ，PEPカルボキシトランスホスホリラーゼ，PEPトランスカルボキシラーゼのようなPPC以外の酵素によるPEPのカルボキシル化反応を経由するもの．(2) ピルビン酸のカルボキシレーションによるものである．

もうひとつのPEPカルボキシル化反応経路の存在は，*pyk* 破壊株および *ppc*, *pyk* 二重破壊株を使った実験結果により否定された．もし，そのようなPEPカルボキシル化反応経路が本当に存在するのなら，*pyk* 破壊株において，PEPのピルビン酸への変換をブロックすることにより，PEPの蓄積とOAAの増加，つまり，リジン合成の増加が起こったはずである（グルコースのPTS輸送により，十分なピルビン酸の供給，セミアルデヒドへの変換があるはずである）．逆に，実際には，リジン生産性と収率は約30%と40%に減少し，ピルビン酸のカルボキシル化反応が補充経路が主であるという考え方が支持された．*pyk* 破壊株では，利用可能なピルビン酸が，減少したので補充経路のフラックスとリジン合成のフラックスは減少したのである．

同様に，もし，PEPカルボキシル化反応が主な補充経路であれば，リジン合成の減少が，*ppc* 破壊株のケースにおいて見られるはずである．しかし，これは，表10.5の結果から支持されない．最終的に，ピルビン酸のカルボキシル化反応が，主な補充経路であることは，*C. glutamicum* では *ppc*, *pyk* 両破壊株が増殖とリジン合成を両方，抑制されたことによりわかる．このケースでは，ピルビン酸合成は，PEP経由のものだけである．つまり，グルコースPTS輸送系，これが，グルコース1分子を取り込むときに，ピルビン酸を生産する唯一の経路

表10.5 *C. glutamicum* ATCC21253株[a]とそれぞれの酵素を欠失させた変異株，Δppc，Δpyk，（$\Delta ppc\ \Delta pyk$）両酵素破壊株の2つの培養時期[b]における発酵結果の比較．

パラメータ	フェーズ I				フェーズ II			
	wt	Δppc	Δpyk	$\Delta ppc\Delta pyk$	wt	Δppc	Δpyk	$\Delta ppc\Delta pyk$
μ	0.35	0.26	0.27	0.12				
Y_{sx}	0.54	0.59	0.50	0.36				
r_s	0.59	0.59	0.53	0.33	0.35	0.29	0.25	0.11
r_p	0	0	0	0	0.08	0.11	0.04	0.02
Y_{sp}	0	0	0	0	0.23	0.37	0.17	0.21

[a] 野生株をwtと表記．
[b] 比増殖速度，比消費速度，収率は，それぞれ h^{-1}, $g(g\ DW\ h)^{-1}$, $g(g\ glucose\ consumed)^{-1}$ の単位をもつ．

● 10. 代謝フラックス解析の応用

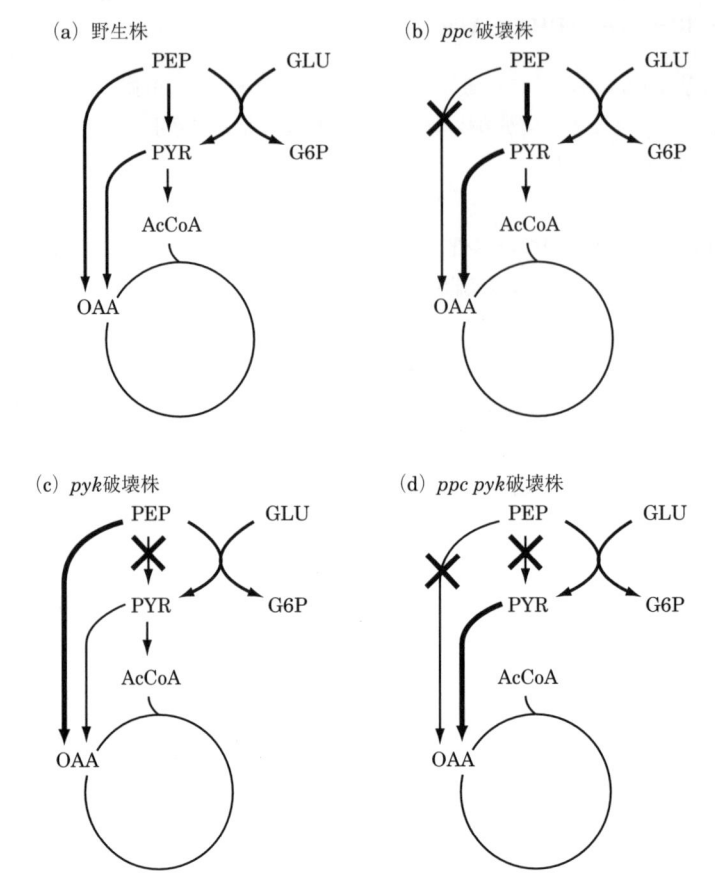

図10.9 異なる変異株における PEP/Pyr 分岐点まわりのフラックス分布．線（矢印）の太さは，フラックスの大きさを示している．Park らによる（1997a）．© 1997 John Wiley & Sons, Inc. Translated by permission of John Wiley & Sons, Inc. All rights reserved.

である．ここで，明らかに，この破壊株では，ピルビン酸カルボキシル化反応による，OAA 合成のために利用可能なピルビン酸は量が少なくなると同時に，ピルビン酸デヒドロゲナーゼによるアセチル CoA 合成に対しても，またピルビン酸は減少した状態となっている．これは，エネルギーと生合成の前駆物質の両方の合成に対して，制限を与える結果となるものである．この影響により，ピルビン酸がリジン合成期において，アスパラギン酸セミアルデヒド生成に使われるため，菌にとってより厳しい状態となる．最終的にこれらの菌株では，ピルビン酸カルボキシル化反応が，補充反応経路の主な経路であるとことが強く示唆された．

トランスヒドロゲナーゼ活性の発見

この反応ネットワークにおいては，40 の代謝物質が 39 の反応に関与する．これは，40 個の式と 39 個の未知変数が存在することを意味する．このことは，原理的に 1 つの冗長性をもって，ここで用いた生化学的な仮定と全体の収支に関する妥当性をチェックできることを示している．そして，システムの解を一意に決定できることを意味する．しかし，解が得られる前に化学量論行列が非特異でないことが，まず必要である．例えばもし，PEP とピルビン酸カルボキ

シル化反応が，ネットワーク内に両方存在すれば，行列 G は特異である．これは，菌体外代謝物質の測定だけでは，PEP カルボキシル化反応がピルビン酸カルボキシル化反応と独立に決定できないことを示している．これは，少なくとも THD または，PYK の両活性の1つが存在するときに起こることである．しかし，両方の酵素が欠損している場合には，行列 G は正則で，PEP とピルビン酸のカルボキシル化反応は"独立に決定することができる"．

ここでは，明らかに多くの可能性が考えられる．これは菌株の遺伝子の状態に依存することである．表10.6は，量論行列 G の性質をまとめたものである．これは，4つの酵素 PPC，PC，THD，PYK の可能な破壊変異に対応するすべての16のケースに関する行列の特異性をまとめたものである．行列の特異性に付随して，それぞれの組合せの生化学的な実現可能性が示されている．PPC，PC 両方の補充経路がなければ，菌体は増殖できないので，PPC，PC 両酵素欠損株は，実現不可能である．

遺伝子の状態と酵素的なデータを反映して，量論行列 G が再構成された．PYK 活性をもつ野生株では，さまざまな補充経路の状態が柔軟に許される一方，G_1，G_2，G_5，G_6，G_9，G_{10} のいずれかの行列によって表されることになる．これらの行列の中で G_1，G_2，G_5 は，特異なので，それゆえ，G_6，G_9，G_{10} ケースだけが菌体内フラックスを解き出せる．行列 G_9 の結果からは，解糖系と同じような程度で高い THD 活性が示唆されている．そのような高い THD 活性は実際には見られないので，このケースは，現実には否定される．また，フラックス解析上，同じ程度の推定誤差をもたらすので，PEP（G_6），ピルビン酸（G_{10}）のカルボキシル化反応の区別は可能でない．事実，両者の遺伝的な背景においては，PPC，PC，PYK を通る補充経路のフラックスを除いて，炭素収支的にもエネルギー的にも全く等価である．これは，G_6 と G_{10} をベースにした解のどんな線形結合もあり得るということである，つまりどのような，PEP のカルボキシル化反応，ピルビン酸のカルボキシル化反応のフラックス比もあり得るということを意味する．

ppc 破壊株については，上の結果と ^{13}C 標識実験から得られたピルビン酸カルボキシル化反応が in vivo で存在するという示唆（Park ら，1997b）に基づいて（G_9〜G_{12}）が存在するという場合に注目して検証された．行列 G_9〜G_{12} によって表された4つの可能性の中で，G_{11}

表10.6　種々の代謝経路の構成による化学量論行列 G の性質[a]．

反応	1	2	3	4	5	6	7	8	9	10	11	12	13	14	15	16
36（PPC）	+	+	+	+	+	+	+	+	−	−	−	−	−	−	−	−
37（PC）	+	+	+	+	−	−	−	−	+	+	+	+	−	−	−	−
38（PK）	+	+	−	−	+	+	−	−	+	+	−	−	+	+	−	−
39（THD）	+	−	+	−	+	−	+	−	+	−	+	−	+	−	+	−
行列特異性	S	S	S	N	S	N	N	N	N	N	N	N	N	N	N	N
生化学実現可能性	F	F	F	F	F	F	F	F	F	F	F	F	I	I	I	I

[a] 16のケースが考察された．各々のケースは基本的な反応の組（式（10.21）〜（10.23）と表10.1のすべての反応）を含む（ただし，PYK と PPC は除く）．付加的に加える反応は各列に示されている．反応36は PEP カルボキシラーゼの反応，反応37はピルビン酸カルボキシラーゼの反応，反応38はピルビン酸キナーゼの反応，反応39はトランスヒドロゲナーゼの反応である．［略号］＋：反応が存在すること，−：反応が存在しないこと，S：行列 G が特異であること，N：G 行列が正則であること，F：経路が生化学的に実現可能であること，I：経路が生化学的に実現不可能であること．

表10.7 *C. glutamicum* ATCC21253（野生株）と3つの酵素欠失変異株の活性の比較 [nmol (g protein min)$^{-1}$].

株	ピルビン酸キナーゼ	PEPカルボキシラーゼ	トランスヒドロゲナーゼ
野生株	822	344	220
Δppc	677	n.d.	150
Δpyk	n.d.^{a}	279	310
$\Delta ppc\ \Delta pyk$	n.d.^{a}	n.d.^{a}	490

^{a} n.d.は検出されないことを示す．

とG_{12}によって表されるケースは，これらがPYK活性がないことに基づいているので棄却された．それは，実際にPYKの活性が実際に確認されたからである．残り2つの可能性G_9とG_{10}について，G_{10}は，全体のコンシステンシーインデックスが非常に高くなりがちであり（この代謝経路の構成が誤差が大きいことを示す）棄却された．この結果は，たとえ低いものであるとしてもppc変異株のTHD活性が*in vitro*で活性が確認されたことにより（表10.7; Parkら，1997a）支持された．

*pyk*変異株のケースでは，次のG_4, G_7, G_8, G_{11}, G_{12}の化学量論が解析された（G_3は特異で，G_{15}とG_{16}は，実現不可能である）．ケースG_8とG_{12}は，冗長な式を満足しない，つまり，コンシステンシーインデックスが非常に高いという意味で棄却された．G_{11}の解も，TCAサイクルが負のフラックスとなるため棄却された．G_4のケースも，普通見られないような，ピルビン酸カルボキシル化反応が負になるため，棄却された．最終的に，G_7が，この変異株の最も可能性の高い行列であることがわかった．THDによる高いフラックスは酵素反応のデータから支持された．*ppc*, *pyk*変異株は*pyk*変異株と同じように解析され，G_{11}がこの株の最も可能性のある行列と考えられた．

代謝フラックス解析によって示唆されたTHDの機能を実験的に明らかにするためにTHD活性が4株の粗酵素抽出液から測定された．1リットル振とうフラスコを用い，PMB培地で培養し，対数増殖期中期の集菌した．データは表10.7の4列目に示す．*ppc*と*pyk*の変異株，*pyk*変異株では，他と比べてTHDは，非常に高い活性を示した．また，PPP経路のフラックスとNADPH合成の上昇を示す菌体内フラックス解析もその可能性を支持した．

NADPHが蓄積するという，最もよく見られるフラックス計算の矛盾が，THD活性の存在により，否定された．フラックス分析の結果，得られた付加的な情報は，*pyk*変異株および*ppc*, *pyk*変異株の解糖系のフラックスの減少と，それに伴うPPPフラックスの上昇である．グルコース6リン酸イソメラーゼのフラックスは，これらの変異株では逆方向を向いており，補充経路のフラックスも減少した．回分培養において，時間を経過するとグルコースの比消費速度は減少し，ATPの要求量も減少した．しかし，このことは，4株を通じて共通しており，4株の"遺伝子の変化が影響をしたものではなかった．"図10.9は，3つの変異株の最も可能性の高い経路をリストアップすることによって，この項の解析結果をまとめたものである．

10.2 動物細胞培養における代謝フラックス

2番目の例は，動物細胞培養におけるエネルギー代謝において，フラックス解析を行ったものである．動物細胞培養は，複雑な医薬用タンパク質の生産系として出現したものである．糖

10.2 動物細胞培養における代謝フラックス

鎖修飾のない単純なタンパク質（ヒト成長ホルモン，インスリン，αインターフェロン）を原核生物の菌体内で発現させるという第一世代の遺伝子組換え技術ブームの後，第二世代のバイオテクノロジーでは，主な生産物は，糖鎖修飾のある複雑な糖タンパク質をターゲットとしたものであり，これを動物細胞によって培地中に分泌させることに焦点が当てられてきた．チャイニーズハムスター卵巣細胞（CHO），BHK細胞，モノクローナル抗体生産ハイブリドーマ細胞は，最もよく知られた動物細胞培養生産システムである．現在，動物細胞によって生産されている多くのバイオ製剤は，エリスロポイエチン，ファクターVIII，ティッシュープラスミノーゲン活性化因子，顆粒球コロニー刺激因子（G-CSF）などの例に見られるように，市場をもっている．さらに多くの生産物が，生産認可の種々の段階に進んでおり，近い将来市場に登場してくると思われる．これらの分子の生産方法として動物細胞を用いることは有効であり，結果として，その重要性はこの10年間に劇的に高まっている．

　動物細胞が，多様で複雑な構造の糖タンパク質の生産系として用いられることが明らかになるとすぐに，これらの生産系の高密度化や高生産化への研究に多くの努力が払われた．動物細胞は微生物に比較してずっと弱く，成長因子や培地成分などを微生物よりはるかに多く要求する．動物細胞培養系における高生産実現に対する主な障害は，この系においては，到達可能な細胞濃度が低濃度にしかならないことである．この第一原因は，主に回分培養系において，増殖に伴うグルコースやグルタミン代謝の副生産物として乳酸やアンモニアが蓄積することにより阻害が起こるためである．これらの副生産物の除去により，細胞の高密度化がなされ，それに比例して生産速度が上昇した．これらの副生産物は直接セントラルカーボンメタボリズムに関係しているので，代謝フラックス解析を行って，副生産物の生成につながる炭水化物，アミノ酸の代謝フラックスを決定することは，重要なことである．

　また，しばしば起こるもうひとつの問題として，動物細胞培養系では，特に，細胞を高密度化した場合，細胞の生残率が低くなることが挙げられる．これはプログラム化された細胞死，つまり，アポトーシスによるものであり，工業スケールのプロセスにおいても実験室スケールのプロセスにおいても乳酸の消費，アラニンの分泌，その他，エネルギー代謝に関与する生産物と関係があると思われている．最後に分泌される生産物の質，特に，糖鎖のサイトの占有率を決める因子としてグルコースの利用可能性が指摘されている．糖鎖修飾に対して，糖の利用はグルコース6リン酸（Glc6P）の分岐点でのフラックス分布の解析によって証明できることである．Glc6Pは糖鎖修飾タンパク質の生産の炭素前駆物質を供給するペントースリン酸経路の主要な入り口である．細胞内フラックス分布の決定により，特に，細胞内代謝物質の濃度と酵素活性が結びついたとき，細胞内における糖鎖修飾の理解が深まるであろう．

10.2.1　細胞内フラックスの決定

　この項では，ハイブリドーマセルラインATCC CRL 1606，(抗ヒトフィブロネクチン-イムノグロブリンG（IgG）生産株）についての例を紹介する．細胞培養データから，いかにフラックスを得るか，それがどの程度，確かなものかについて述べる．^{13}C標識されたグルコースを細胞培養液に添加し，分泌された乳酸中の同位体原子の分布の測定値と推定値を比較することによって，精度を論じることができる．細胞は2Lの撹拌バイオリアクター内で増殖させ，培地にはDulbecco改変Eagle Medium（DMEM）を用いた．原著論文（Zupke and Stephanopoulos, 1994; Zupke et al., 1995）では，さらに詳細な実験方法が記述されている．

10. 代謝フラックス解析の応用

細胞培養の2つの異なる実験で測定された代謝物質は，表10.8にリストを示した．実験1では，標識されたグルコースは，細胞濃度が4.8×10^5 cells mL^{-1}において添加され，乳酸は20時間まで蓄積した．実験2では，標識されたグルコースは細胞濃度が6.8×10^5 cells mL^{-1}において添加され，乳酸は，10時間蓄積した．この実験は表10.8の2つのカラムに示されている．

比酸素消費速度，r_{O_2} [mmol (cell h)$^{-1}$] はヘッドスペースを窒素で置換して，溶存酸素濃度 (c_O) が60%から約20%まで低下するときのダイナミクスを用いて測定した．あらかじめ求めておいた物質移動係数$k_L a$を用い，次の式により比酸素消費速度を決定した．

$$\frac{dc_O}{dt} = k_L a(c_O{}^* - c_O) - r_O x \tag{10.24}$$

ここで，$c_O{}^*$は，気相と平衡にある溶存酸素濃度で，xはバイオリアクター内の細胞濃度である．

動物細胞培養系のCO_2の測定はpH制御に炭酸イオンを用いるために複雑になる．CO_2/炭酸イオンの相互作用により，水溶液中の炭酸ガス濃度は減少したり上昇したりする．このため，CO_2生成速度は，出口CO_2濃度の測定だけではわからない．細胞培養液中で見られる典型的な条件では，炭酸イオンが生成する傾向にある．しかし，高攪拌の状態では，CO_2が追い出される状態にあるかもしれない．全CO_2生成速度（CPR）を扱うために，液中へのCO_2溶解速度（CAR）が気相のCO_2排出速度（CER）に加えられる必要がある．CERはガス流速Fを用いて，$F(c_{out} - c_{in})$と表される．ここで，c_{in}とc_{out}はバイオリアクターのガスの入口と出口のCO_2の濃度である．CO_2を含まないガス（$c_{in} = 0$）を用いることにより，また，$CaCO_3$を飽和させた液に気泡を通過させ，かつ，液のpHを測ることにより，出口の濃度が測定された．平衡点で，$CaCO_3$液のpHは，気相のCO_2濃度に比例する．液相のCO_2濃度は，4℃で細胞を除いた培養液サンプルを用い，酵素キットでCO_2/炭酸イオントータル濃度として定量された．ハイブリドーマ回分培養の液中のCO_2濃度は，全培養期間中（3.5日）大きく変化した．最初CO_2は，通気によって液から追い出されることにより，その濃度に減少し，その後，細胞の呼吸によって連続的に上昇していく．細胞外代謝物質の比生産速度は，比較的短いサンプリング間隔（10〜15時間）で，培養条件や細胞の代謝が大きく変化しないという仮定の下で，細胞外の代謝物質を測定することにより決定された．このとき，次の式を使って，データは最小二乗法によ

表10.8 フラックス推定を用いたハイブリドーマ細胞培養の測定速度[a]．

代謝物質	実験1	実験2
グルコース	-2.92 ± 0.16	-3.9 ± 0.19
アラニン	0.31 ± 0.03	0.31 ± 0.03
乳酸	6.2 ± 0.32	7.03 ± 0.35
グルタミン	-0.86 ± 0.09	-1.1 ± 0.1
NH_3	0.73 ± 0.07	-0.70 ± 0.07
バイオマス	3.71 ± 0.19	3.97 ± 0.20
O_2	-2.0 ± 0.2	-2.0 ± 0.2
CO_2	2.6 ± 0.3	2.6 ± 0.3
IgG	0.96 ± 0.1	0.99 ± 0.1

[a] すべての速度は，10^{-10} mmol (cell h)$^{-1}$のオーダーである．負の速度は，消費を示している．細胞増殖とIgGの単位は，それぞれ，Cモル，または，Nモルである．

りフィッティングされた.

$$c_s = c_{s,0} + \frac{r_s x_0}{\mu}(e^{\mu t} - 1) \tag{10.25}$$

ここで，c_s は代謝物質濃度測定値，$c_{s,0}$ は初期濃度，r_s は代謝物質比消費速度，x_0 は初期細胞濃度，μ は比増殖速度である．この式は，グルタミンの解析の場合には，グルタミンの分解とアンモニアの生成を考慮して改変された．

　動物細胞培養の1次代謝やエネルギー源は，グルコースとグルタミンである．グルタミンはまた，主な窒素源としても用いられる．グルタミン以外の他のアミノ酸も消費され，それは，ハイブリドーマでは，グルタミン消費の50%に達する．しかし，その消費の約80%以上はタンパク質の生成のために使われ，他のアミノ酸はグルタミンに比較するとエネルギー生産としての寄与は少ないと考えてよい．ビタミン，微量金属，増殖因子は，細胞増殖には重要だが，エネルギー代謝にはほとんど影響しない．グルコースとグルタミンの主な代謝産物は，細胞，抗体として分泌されるタンパク質，エネルギー，細胞合成のための還元力，さらに二酸化炭素，乳酸やアンモニアのような老廃物である．さらに，アスパラギン酸，アラニン，グルタミン酸が，細胞株や増殖条件によっては分泌される．通常の組織細胞と異なり，細胞培養は，非常に高い好気解糖の代謝を示す傾向にある．これはグルコースが解糖系を経てピルビン酸に変換される過程である．グルコースは，また，ペントースリン酸経路で代謝され，NADPHや生合成に必要な前駆物質を生成する．ピルビン酸は，乳酸に変換されて分泌されたり，TCAサイクル中で酸化されたり，トランスアミナーゼによってアラニンに変換されたりする．さらに，ピルビン酸は補充経路を通ってカルボキシル化されたり，リンゴ酸酵素によって逆反応を起こしたりする．多くの組換え細胞，腫瘍細胞においてコレステロールの生産は上昇し，細胞膜組成の変化が代謝を変化せることになるかもしれない．これらの現象はよく起こることである．しかし，CRL1606は90%の消費グルコースを乳酸に変換し，AcCoAからコレステロールへの変換は，あまり見られない．細胞合成の式には脂質合成が考慮されるが，乳酸中の^{13}C分布の計算には，考慮されない．グルタミンは，細胞に取り込まれるか，TCAサイクルで酸化される．グルタミンは，多くの細胞株で主なエネルギー源として用いられると考えられている．CRL1606では，グルコースとグルタミンは主なエネルギー源であり，アンモニア，乳酸，アラニンを主に生産する．

　動物細胞のエネルギー代謝の生化学反応は図10.10に示されており，表10.9にまとめられている．連続する反応に現れる中間代謝物質をひとまとめにすることによって，ネットワークは単純化される．代謝経路はエネルギー（ATP），還元力（NADPH），細胞や抗体の前駆物質を供給する．まとめられた式は，2.5節に示された方法により，細胞合成や抗体合成に対して，ひとまとまりの式として扱える．つまり，これらの式は，生化学ネットワークに存在する前駆物質から巨大高分子合成の反応によって導出されている．細胞や抗体の組成は，典型的なタンパク質組成（表2.8）であると仮定して扱われた．

　2つの異なる実験の速度データ（次項と表10.8により詳しく述べる）から表10.10に示す細胞内フラックスが得られた．ランダムな測定誤差は，95%信頼レベルでのデータの精度が悪い状態を検出できることを示している．この研究では，3つの冗長な測定値があり，コンシステンシーインデックス（CI）は，7.81以下であると計算された．ここでも，コンシステンシーインデックスが測定誤差の同定を行うのに有効であることが示された．この研究では，CPRの測

● 10. 代謝フラックス解析の応用

定に問題があると同定された．気相のCO_2濃度のみからCERを計算し，これを直接CPRとすると重大な矛盾性が生じることが確認された．測定速度のリストからCERを除くと，この矛盾性は解消された．このことから重大な測定エラーがCERに含まれることが指摘され，これは，実際に液相と気相のCO_2の相互作用によるものとわかった．前にも述べたように，この誤差は，真のCPRの決定において，CO_2の溶解速度を考えることによって修正された．

　細胞内のフラックスは，異なる溶存酸素レベルで決定され，細胞代謝への酸素の効果が評価された．表10.11に，最も重要なフラックスとその誤差を示す．ピルビン酸からTCAサイクルへのフラックスは通常のDOでは重要であるが，1%DOではわずかに正であり，酸素律速では本質的にゼロである．アラニンアミノトランスフェラーゼを通過するフラックスは，すべてのDOレベルで，大ざっぱにいって同じであった．グルタミン酸デヒドロゲナーゼのフラックスはDO60%でわずかに正で，低DOでは負になった．表10.11に示したフラックスから興味深い知見が得られた．DOが減少したとき，トータルのATP生産量は減少するが，それは，1.95 pmol(cell h)$^{-1}$から1.58 pmol(cell h)$^{-1}$への減少と，それほど重大なものではない．これは，微生物培養において，ATPの生産が培養条件と無関係に起こるとよくいわれることを思

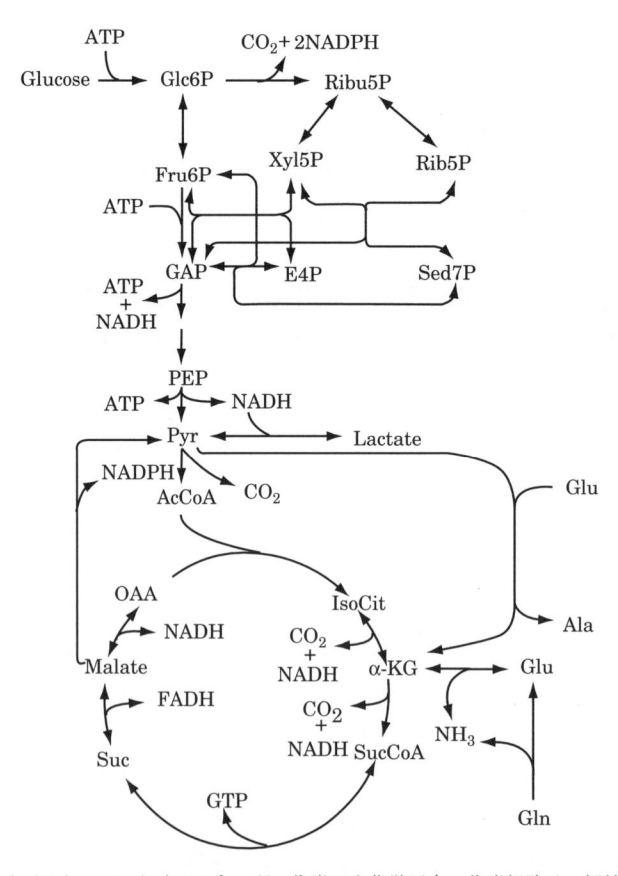

図10.10 ハイブリドーマにおけるエネルギー代謝の生化学反応．代謝経路は，解糖系，グルタミン酸代謝系，ペントースリン酸系，TCAサイクルよりなる．リンゴ酸酵素は，補充経路または，ピルビン酸合成経路として働く．

表10.9 ハイブリドーマのエネルギー代謝を表す反応[a].

1. glc + ATP → glc6P + ADP
2. glcP → fru6P
3. fru6P + ATP → 2 GAP + ADP
4. GAP + 2 ADP + NAD → pyruvate + NADH + 2 ATP
5. pyruvate + NADH → lactate + NAD
6. glc6P + 2 NADP → ribulose5P + 2 NADPH + CO_2
7. ribuloseSP → xylulose5P
8. ribulose5P + xylulose5P → sed7P + GAP
9. sed7P + GAP → fru6P + erythrose4P
10. xylulose5P + erythrose4P → fru6P + GAP
11. pyruvate + malate + 3 NAD → α-KG + 3 NADH + 2 CO_2
12. α-KG + 2 NAD + ADP → 2 NADH + CO_2 + ATP + malate
13. glutamine → glutamate + NH_3
14. pyruvate + glutamate → alanine + α-KG
15. glutamate + NAD → α-KG + NADH + NH_3
16. 2 NADH + 6 ADP + O_2 → 2 NAD + 6 ATP
17. malate + NADP → pyruvate + CO_2 + NADPH
18. ATP → ADP
19. 0.036 glutamine + 0.062 glutamate + 0.0031 glc6P + 0.013 ribulose5P + 0.042 GAP + 0.123 pyruvate + 0.019 malate + 0.74 ATP + 0.188 NADPH + 0.23 NAD → biomass + 0.073 α-KG + 0.23 NADH + 0.12 CO_2 + 0.74 ADP + 0.188 NADP
20. 0.012 glutamine + 0.07 glutamate + 0.04 GAP + 0.011 NADPH + 0.012 malate + 0.082 NAD → Antibody + 0.082 NADH + 0.057 α-KG + 0.011 NADP

[a] 反応12,つまりTCAサイクルにおいて,FADはNADと置き換えており,生成したGTPは削除した.NADHは3つのATPを電子伝達系を通して生成し,FADHは2つのATPを生成するので,ATP相当量として表した.[略号] FAD:フラビンアデニンジヌクレオチド,NAD:ニコチンアミドアデニンジヌクレオチド,GTP:グアノシン5'三リン酸,ADP:アデノシン5'二リン酸,GAP:グリセルアルデヒド3リン酸,α-KG:α-ケトグルタル酸.

表10.10 測定反応速度から得られたフラックス推定 [10^{-10} mmol (cell h)$^{-1}$][a].

反応	実験1	実験2	反応	実験1	実験2
1	3.18 ± 0.11	3.91 ± 0.13	11	0.211 ± 0.060	0.203 ± 0.060
2	2.85 ± 0.11	3.54 ± 0.13	12	0.922 ± 0.063	0.925 ± 0.063
3	3.03 ± 0.11	3.74 ± 0.13	13	0.683 ± 0.036	0.691 ± 0.036
4	5.96 ± 0.22	7.38 ± 0.26	14	0.314 ± 0.031	0.318 ± 0.031
5	5.61 ± 0.22	7.00 ± 0.26	15	0.073 ± 0.039	0.054 ± 0.038
6	0.315 ± 0.028	0.355 ± 0.029	16	1.88 ± 0.17	1.92 ± 0.17
7	0.178 ± 0.018	0.202 ± 0.019	17	0.629 ± 0.036	0.634 ± 0.037
8	0.089 ± 0.009	0.101 ± 0.010	18	15.2 ± 1.1	16.6 ± 1.2
9	0.089 ± 0.010	0.101 ± 0.010	19	3.69 ± 0.18	4.01 ± 0.20
10	0.090 ± 0.010	0.101 ± 0.010	20	0.961 ± 0.096	0.999 ± 0.099

[a] 反応番号は表10.9の生化学反応を参照.データはZupke and Stephanopouls (1995) による.

い起こさせるものである.DOが低下するとグルコースから直接生産されるATP量が上昇し,解糖系から得られるATPのフラクションは0.34から0.69に上昇する.DOが窒素代謝,グルタミン酸デヒドロゲナーゼのフラックスに大きな影響を与えることも示唆される.グルタミン

表10.11 ハイブリドーマ培養[a]における細胞外の代謝物質の変化速度の計測値から得られたいくつかのフラックス推定.

反応または分率	フラックス		
	DO = 0%	DO = 1%	DO = 60%
ピルビン酸→TCAサイクル	0.0 ± 0.3	0.94 ± 0.3	0.28 ± 0.94
ピルビン酸→アラニン	0.33 ± 0.3	0.26 ± 0.2	0.33 ± 0.3
グルタミン酸→α-ケトグルタル酸	−0.29 ± 0.3	−0.14 ± 0.2	0.4 ± 0.3
リンゴ酸→ピルビン酸	−0.24 ± 0.3	0.41 ± 0.3	0.59 ± 4
トータルATP	1.58	1.67	19.5
解糖系のATP生成	0.69	0.5	0.34
グルコースからのATP生成	0.85	0.75	0.67
グルコースから乳酸までの反応におけるATP生成	0.99	0.98	0.96
維持のためのATP	0.29	0.46	0.62

[a] トータルのATP生産は，いろいろな経路のATP生産の総和である．維持代謝は考慮していない．データはZupkeら（1995）による．

酸デヒドロゲナーゼのフラックスは，低DO下では，グルタミン酸生成に対して逆反応となる．これはフラックス解析を通して明らかになったことであり，細胞生理における細胞内の酸化/還元の基本的な役割を示しており，また，DOの変化で生理状態を制御できる可能性を示している．

10.2.2 ^{13}C標識化合物を用いた研究によるフラックス推定の評価

物質収支によって得られたフラックスの推定精度を確認するために，^{13}C標識グルコースが細胞培地中の特別なプローブとして用いられた．Walsh and Koshland（1984）によるE. coliのグリオキシル酸回路の解析におけるアプローチと同様に，乳酸中に分布する同位体の測定値が，細胞内フラックス解析結果と比較された．物質収支によって得られた細胞内フラックスに対して，反応物から生成物への炭素原子のマッピングにより，定常状態の同位体分布は，代謝ネットワークのすべての物質に対して決定された．ここでは，代謝フラックスを区別できる標識化合物を選択することが重要である．もしグルコースが標識化合物に選ばれるならば，分泌される乳酸の3つの炭素の^{13}Cの濃縮度が，細胞内のフラックスを大きく反映することがわかった．特に，分泌された乳酸の同位体分布は次の2つの関数で示される．つまり，解糖系から生産されるピルビン酸のフラクションf_1とグルタミン酸から生産されるα-ケトグルタル酸のフラクションf_2である．

標識同位体実験は，細胞を非標識グルコースで短期間培養し，指数増殖に達した後，1gの99%[1-^{13}C]グルコースをバイオリアクターに添加して行われた．培地は，10〜20時間後に集められ，細胞は遠心分離によって除かれた．上澄液は凍結乾燥によって濃縮され，NMRで解析された．NMRデータは乳酸の3つの炭素原子への濃縮度を与えている．表10.12に，C1：C2，C3：C1の濃縮比をまとめて示す．同位体比はベースラインの変化による誤差を最小にするために，予測された濃縮比と比較された．

実験で得られた同位体濃縮度は，物質収支と細胞外代謝物質の測定によって推定されたものと比較された．一般的に，2つのフラックス比f_1とf_2は，乳酸の^{13}C濃縮を決定するのに十分

10.2 動物細胞培養における代謝フラックス

表10.12 物質収支により決定されたハイブリドーマ代謝フラックスを確認するために行われた2つの標識実験の同位体濃縮データ[a].

Quantity	実験1	実験2
^{13}C 比：C1：C2 of lactate[b]	0.98 ± 0.01	0.98 ± 0.01
^{13}C 比：C3：C1 of lactate[c]	3.5 ± 0.11	3.0 ± 0.09
非ラベルの乳酸分率	0.39 ± 0.02	0.55 ± 0.03
ラベルされたグルコース	0.115 ± 0.006	0.117 ± 0.006
GAP→ピルビン酸の分率 (f_1)	0.905 ± 0.006	0.921 ± 0.005
グルタミン→α-KGの分率 (f_2)	0.77 ± 0.05	0.78 ± 0.05

[a] 3つの乳酸^{13}Cピークの面積は定量化され，濃縮比の計算に使われた．グルコースと乳酸の濃縮レベルは標識グルコースの添加前後の濃度の測定によって決定された．フラックス比f_1とf_2は，ネットワークの化学量論と代謝物質の測定反応速度から決定された．データはZupkeら (1995) による．
[b] C1：C2比の推定における誤差は，2つの実験において，それぞれ16%と0.5%であった．
[c] C3：C1比の推定における誤差は，2つの実験において，それぞれ5%と1%であった．

な精度である．^{13}C乳酸の濃縮比の2つのフラックス比への影響は，図10.11と図10.12に示されている．図は，フラックス比f_1とf_2の関数として，^{13}Cの濃縮度の計算値を等高線で示している．1つの同位体比は，フラックス比を決定し，等高線を決めるが，f_1とf_2の値は一意には決まらない．2つのフラックスの決定には，2つの独立な同位体比の観測値を必要とする．f_1とf_2は，図10.11と図10.12の等高線の交点として決定された．逆に，f_1とf_2のフラックス比の情報から，C1：C2，C3：C1の同位体比を図10.11と図10.12の等高線を用いて決定できる．そして，これを直接実験で得られた値と比較することができる．つまり，分泌された乳酸の濃縮度の測定は，他の方法で得られた細胞内フラックス推定を確かめるためか，図10.11と図10.12の等高線の交点でのフラックス比を決定するために使える．細胞内フラックスの確認は，単一の同位体比に対して行われたが，細胞内フラックスの決定は，普通複数の同位体比を観測することが必要となることに注意したい．さらに，図10.11と図10.12の等高線の形を考慮すると複数の同位体比を使うことによって，フラックスの確認は，より良く行える．

実験1および2の観測された同位体比と予測された同位体比の比較の結果が，図10.13に示された．図は対応する2つの測定同位体の比の等高線の交点とその誤差（±1標準偏差で示す）を示している．同じグラフ上に，同じく誤差を含んだ形で，物質収支により計算された同位対比を示されている．NMRからのフラックス比の方が精度は悪いが，2つの方法間にはよい一致が見られる．統計学的な一致の度合を検証するために，2つのテストが行われた．まず，計算された比と観測された比が同じであるという仮説が検定され，90%の信頼度で真であると検証された．2番目にこの比が，特異的な誤差よりも大きいという仮説が立てられた．f_1かf_2において，20%以上の誤差があるかどうかで検証されたC1：C2比，C3：C1比に対して，誤差は0.04, 0.4となった．したがって測定された比と計算された比が，大きく異なるという仮説は，表10.12に示された誤差の確率で棄却された．これから，NMRの観測とフラックスによる予測がよく一致していると結論された．

この例では，いかに標識同位体化合物実験が，物質収支から得られたフラックスマップを確証するのに適しているかを示すことができた．標識された基質の選択は同位体分布から細胞内

● 10. 代謝フラックス解析の応用

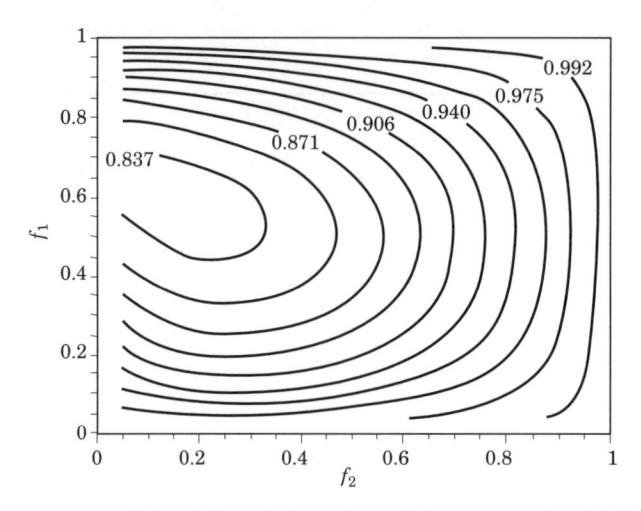

図 10.11 ハイブリドーマ培養の実験1における f_1 と f_2 に対する C1：C2 比の等高線．C1 と C2 は乳酸の1位と2位の ^{13}C の強度である．フラックス比 f_1 は解糖系から生成するピルビン酸の分率，f_2 は，グルタミン酸から生成する α-ケトグルタル酸の分率である．等高線は生化学ネットワークのコンピュータシミュレーションによってられた結果である．実験条件は培地中に，1位の炭素を ^{13}C にラベルしたグルコースを11.5%含んだ状態で行われ，ラベルされない乳酸が39%含まれた．Zupke and Stephanopoulos（1994）による．© 1994 John Wiley & Sons, Inc. Translated by permission of John Wiley & Sons, Inc. All rights reserved.

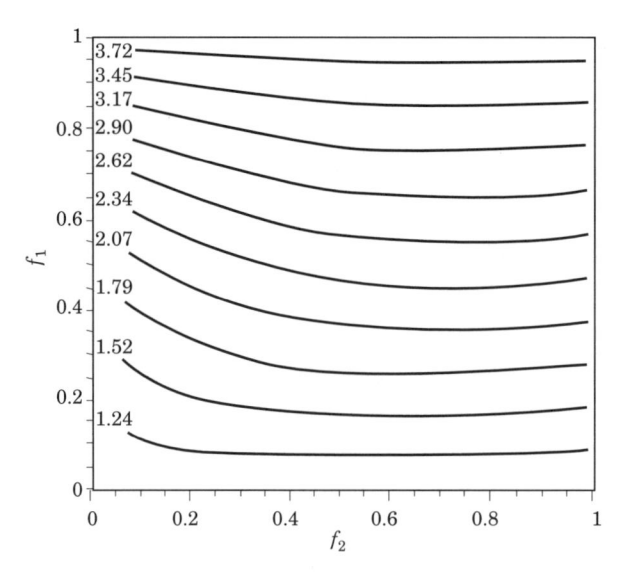

図 10.12 ハイブリドーマ培養の実験1における f_1 と f_2 に対する C3：C1 比の等高線．C3 と C1 は乳酸の3位と1位の ^{13}C の強度である．フラックス比 f_1 は解糖系から生成するピルビン酸の分率，f_2 は，グルタミン酸から生成する α-ケトグルタル酸の分率である．等高線は生化学ネットワークのコンピュータシミュレーションによって得られた結果である．実験条件は培地中に，1位の炭素を ^{13}C に標識したグルコースを11.5%含んだ状態で行われ，標識されていない乳酸が39%含まれた．Zupke and Stephanopoulos（1994）による．© 1994 John Wiley & Sons, Inc. Translated by permission of John Wiley & Sons, Inc. All rights reserved.

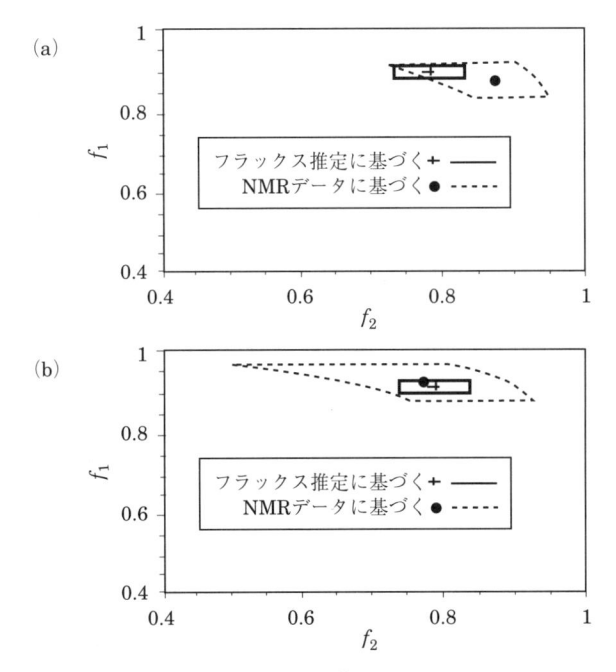

図10.13 ハイブリドーマ培養における，乳酸中の^{13}C同位体比から得られたf_1とf_2のフラックス比と細胞外観測値および物質収支から得られたフラックス比の比較．C1：C2およびC3：C1の2つの等高線の交点は分泌乳酸中の^{13}Cの*in vitro* NMR測定からf_1とf_2を決定する．点線で示された曲線は，NMR測定のプラスマイナス標準偏差に対応する等高線を示す．太線の箱は実験1（a）と実験2（b）の細胞内フラックスの誤差を表している．Zupke and Stephanopoulos（1994）による．© 1994 John Wiley & Sons, Inc. Translated by permission of John Wiley & Sons, Inc. All rights reserved.

フラックスを定量化する能力に大きく影響することに注意されたい．特に，異なる基質の寄与を区別するためには，このことに注意すべきである．前の例では，2つの乳酸の同位体比が使われた．図10.12で見たように，C3：C1比は，f_1の値に対して感度が高く，f_2の値に対して感度が低い．これは，C3：C1比とC1：C2比を組み合わせて使うことで解消される．同じような解析は，f_2のよりよい決定が，標識されたグルタミンを用いれば可能であることを示している．これは，反応分岐において，この分率が，より直接的に寄与し，乳酸の同位体ラベルを起こすからである．標識されたグルコースとともにグルタミンを用いると，細胞内フラックス分布の間の区別化が，より精度を上げた状態で行え，標識比の予測値と観測値の，より高い精度での一致がみられるようになる．

10.2.3　フラックス解析の細胞培養用培地の設計への応用

前の項では，細胞と抗体合成はひとまとめの式として表した．その式で表されている代謝物質に加えて，他の成分にも細胞合成に必須なものがある．これは，炭水化物やグルタミンからは補えないものである．そのような成分は，例えば，培地成分中のアミノ酸によって付加されている．しかし，そのうちのいくつかは，グルコースやグルタミンから合成可能で，グルコースやグルタミンの消費量を最小化するために，培地に含まれている．例えば，既知の必須でないアミノ酸がこのようなケースに当たる．典型的な細胞培養の培地では，このようなアミノ酸

は，培地中のグルタミンから変換される．しかし，グルタミンでアミノ酸供給を行うとアンモニアの生成を引き起こすので，好ましくない効果が生ずる．特に，アンモニアの蓄積が起こると，培養がそれ以上延長できない致命的なものとなる．これらのグルタミンから変換される必須でないアミノ酸を培地に添加することによって，アンモニアの生成量は減少し，結果としてアンモニアの蓄積量が，最小化される．このアプローチにより動物細胞の新しい培地が開発された（Xie and Wang, 1996）．培地成分を設計する定式化は，細胞や抗体生産の一般的な式を基礎にした正確な物質収支によるものである．培地の設計は，(a) 細胞合成や抗体生産に必要なすべての成分の供給，(b) 非必須アミノ酸合成に用いられるグルタミン量の最小化，つまり化学量論的に必要な非必須アミノ酸の添加，(c) 培地中のグルコース濃度を限界値に保ち，培地の浸透圧が流加に伴って変化しないような量論的にバランスのとれたフィードといったことにより行われている．

このような培地供給の方策に伴って，化学量論的にバランスされた培地を使うことできるため，結果として，細胞濃度や生産物の力価はCRL1606において劇的に上昇した．細胞は，10^6 $(mL)^{-1}$オーダーまで濃度が上昇し，抗体は2.4 g L^{-1}と非常に高いものが得られた．この抗体生産は，生細胞濃度とそれがバイオリアクター内に存在していた時間の積に，直接相関した．このことは，もちろん，ハイブリドーマが，低い細胞濃度でも高い細胞濃度でも同じような比生産速度をもっていることを示唆し，全体の細胞培養開発技術の中で大変重要な発見となった．

文　献

Henriksen, C. M., Christensen, L. H., Nielsen, J. & Villadsen, J. (1996). Growth energetics and metabolic fluxes in continuous cultures of *Penicillium chrysogenum*. *Journal of Biotechnology* **45**, 149-164.

Jørgensen, H., Nielsen, J., Villadsen, J. & Møllgaard, H. (1995). Metabolic flux distributions in *Penicillium chrysogenum* during fed-batch cultivations. *Biotechnology and Bioengineering* **46**, 117-131.

Nissen, T. L., Schulze, U., Nielsen, J. & Villadsen, J. (1997). Flux distributions in anaerobic, glucose-limited continuous cultures of *Saccharomyces cerevisiae*. *Microbiology* **143**, 203-218.

Park, S. M., Shaw-Reid, C., Sinskey, A. J. & Stephanopoulos, G. (1997a). Elucidation of anaplerotic pathways in *Corynebacterium glutamicum* via ^{13}C-NMR spectroscopy and GC-MS. *Applied Microbiology and Biotechnology* **47**, 430-440.

Park, S. M., Sinskey, A. J. & Stephanopoulos, G. (1997b). Metabolic and physiological studies of Corynebacterium glutamicum mutants. *Biotechnology and Bioengineering* **55**, 864-879.

Takiguchi, N., Shimizu, H. & Shioya, S. (1997). An online physiological-state recognition system for the lysine fermentation process-based on a metabolic reaction model. *Biotechnology and Bioengineering* **55**, 170-181.

Vallino, J. J. (1991). Identification of branch-point restrictions in microbial metabolism through metabolic flux analysis and local network perturbations. Ph.D. thesis, MIT, Cambridge, MA.

Vallino, J. J. & Stephanopoulos, G. (1993). Metabolic flux distributions in *Corynebacterium glutamicum* during growth and lysine overproduction. *Biotechnology and Bioengineering* **41**, 633-646.

Vallino, J. J. & Stephanopoulos, G. (1994a). Carbon flux distribution at the glucose 6-phosphate branch point in *Corynebacterium glutamicum* during lysine overproduction. *Biotechnology*

Progress **10**, 327-334.

Vallino, J. J. & Stephanopoulos, G. (1994b). Carbon flux distribution at the pyruvate branch point in *Corynebacterium glutamicum* during lysine overproduction. *Biotechnology Progress* **10**, 320-326.

van Gulik, W. M. & Heijnen, J. J. (1995). A metabolic network stoichiometry analysis of microbial growth and product formation. *Biotechnology and Bioengineering* **48**, 681-698.

Walsh, K. & Koshland, D. E. (1984). Determination of flux through the branch point of two metabolic cycles - The tricarboxylic acid cycle and the glyoxylate shunt. *Journal of Biological Chemistry* **259**, 9646-9654.

Xie, L. & Wang, D. I. C. (1996). Material balance studies on animal cell metabolism using a stoichiometrically based reaction network. *Biotechnology and Bioengineering* **52**, 579-590.

Zupke, G. & Stephanopoulos, G. (1994). Modeling of isotope distributions and intracellular fluxes in metabolic networks using atom mapping matrices. *Biotechnology Progress* **10**, 489-498.

Zupke, G., Sinskey, A. J. & Stephanopoulos, G. (1995). Intracellular flux analysis applied to the effect of dissolved oxygen on hybridomas. *Applied Microbiology Biotechnology* **44**, 27-36.

CHAPTER 11

メタボリックコントロールアナリシス

　代謝工学の最も重要な目的の1つは，"フラックスの制御"を担っている因子を明らかにすることである．前章までに，細胞内の代謝物質の物質収支や，より特別な方法として，同位体標識を含む方法により，いかに代謝フラックスを決定するかということを詳述してきた．代謝フラックス解析（MFA）の考え方は，異なる経路間の相互作用を研究したり，代謝分岐点まわりのフラックス分配の定量化を行うときに有効である．しかし，MFAそれ自身によっては，フラックスの制御機構の定量的尺度は何も与えられない．細胞外のとても幅広いレンジの環境条件に応じて細胞内の代謝物質濃度が致死的に上昇したり減少したりする現象が起こらないように，細胞は代謝物の合成や変換の速度をバランスさせ細胞内の状態を一定に保とうとしており，そのようにフラックス制御機構が働いている．このようなフラックス制御を理解することは，代謝フラックスの合理的な改変を行うために，（このことは代謝工学の中心課題であるが）重要である．酵素のフィードバック阻害，共役，共有結合性修飾，酵素合成の制御などの1950年代の発見が，フラックス制御において重要な役割を果たす多くの分子メカニズムを明らかにした．そのような多くのフラックス制御機構が発見されたにもかかわらず，与えられた経路のフラックスについて，その経路がどのように制御されているかという点を抜きにして，議論が行われることも多い．ほとんどの酵素のレギュレーションに関するレポートは，定性的なものである（例えば，"ホスホフルクトキナーゼは筋肉における解糖経路のフラックスを制御している酵素である．"といったような記述である）（Voet and Voet, 1990）．フラックス制御に関するいろいろな発見の重要性を評価するのは難しく，多くの場合，そのような発見の重要性が論争の種になるようである．さらに，"律速段階"や"ボトルネックの酵素"という言葉や文章は，フラックスの制御を討論するとき使われすぎる傾向がある．このことは，代謝を制御する反応ステップの実際の役割に関して間違った理解を引き起こすこともある．例えば，経路の一番目の酵素が最初に発見された場合，または，分岐下流一番目の酵素が見つかった場合は，

●11. メタボリックコントロールアナリシス

次のような文章が多く見られる．"経路の1段階目の反応が律速段階である"．このことは，必ずしも正しくはない．

"メタボリックコントロールアナリシス（代謝コントロール解析）"，Metabolic Control Analysis（MCA）は，定性的になりがちな酵素反応カイネティクスの相互作用やフラックス制御を扱う際に，厳密さを確立する際に手助けとなる．さらに，フラックス制御において，重要な代謝パラメータのシステマティックな評価や記述に関する枠組みを与えるものである．MCAは本質的には，代謝ネットワークの酵素カイネティクスにおける固有の非線形問題を"線形の摂動理論"で解決する方法である．そのため，MCAによる予測は，普通，局所的なものであるべきで，外挿である場合は，せいぜい，できるだけ限定されたものに限るべきである．これらの限界があるにもかかわらず，MCAは個々の反応によるフラックス制御の尺度を与えたり，酵素反応ネットワークにおいて律速段階の概念を明確にしたり，酵素活性が細胞内反応物質に与える影響を詳述したり，個々の酵素反応のシステム的な振舞いと結びつけて考えたりすることのできるものとして有用であることが証明されている．

MCAの概念は，Kacser and Burns（1973）やHeinrich and Rapoport（1974）の歴史的な論文にその発端が見られる．これらの概念は，Higgins（1963, 1965）によるアイデアをもとに確立されたものである．MCAは代謝制御を定量化する他の2つのグループの研究と多くの類似点がある．すなわち，生化学システムセオリーBiochemical Systems Theory（Box 11.1参照）とCrabtree and Newsholme（1987a, b）のフラックスオリエンテッドセオリーFlux-Oriented Theoryである．これらの3つのアプローチは最初，興味のポイントが違ったけれども，実際には，その定式化を除いて，基本的に同じ考えのもとに成り立っていることが，後に明らかにされている．この章では，代謝ネットワークにおけるフラックス制御の記述することを当初の目的としたMCAの基本的なアイデアとの結果について述べる．

Box 11.1　生化学システムセオリー

1960年代後半にSavageauによって導入された生化学システムセオリー（1969a, b, 1970）は，多段階間で，相互作用が存在するような"複雑系のモデル化"を扱う理論である．そのスタート点は，反応が一般に次のようなべき乗のモデルで表されるとすることから始まる．

$$v_i = \alpha_i \prod_j X_j^{g_{ij}} \qquad (1)$$

ここで，X_jはシステム変数（代謝物質濃度，酵素活性，エフェクタ濃度など）である．パラメータα_iとg_{ij}は見かけの反応定数と反応次数である．式（1）においては，対数関数を用いることにより，非線形の動力学を線形化して扱うことが可能となる．ほとんどの生化学反応は非線形なので，線形表現よりも式（1）はよい近似であるといえる．この理論に従えば，代謝物質X_jを生成するすべての反応はひとまとめにして正味の生成速度v_iとし，同じ物質を消費するすべての反応も同様にひとまとめにして正味の消費速度v_{-i}とする．これらの結合した反応速度はべき乗表現で表され，すべての代謝物質まわりの物質収支からシステムが定式化され，その制御機構が研究される．そのようなシステムはシナジスティックシステムまたはS-systemと呼ばれる（Savageau, 1985）．

生化学システムセオリー（BST）は，複雑系をモデル化する美しいアプローチである．そして，実験データに合うようにモデルパラメータを調節することができる．この方法は，フラックス制御の情報を抽出するのに役立つ．この意味で，BSTは一般的な理論と考えられ，MCAは線形化された特別なケースに役立つ手法ということができる（Savageauら，1987a, b）．この問題は，しばしば議論となったが（ディスカッションフォーラム，1987; Savageauら，1987a, b; Kacser, 1991），議論のほとんどは，MCAの目的と仮定を誤解したところから生まれたものである（Cornish-Bowden, 1989）．BSTの目的は，経路を流れるフラックスを定常状態のみならず遷移状態までも，定量化するカイネティックモデルを構築することにあり，MCAの当初の目的は，定量的なパラメータによって，代謝制御のディスカッションに明確な意味を与えようとするものであった．Savageauら（1987a, b）は，MCAの基本的な式（この章の後に詳述するサンメンションセオレムやコネクションセオレム）はBSTの式から導出可能であり，MCAのパラメータは，べき乗表現の動力学モデルから与えられると主張した．しかし，この比較もまた誤解より生じたものである．つまり，MCAのパラメータ（コントロール係数，エラシティシティ係数）は定数であると考えがちだが，MCAではその必要はないのである（Cornish-Bowden, 1989）．

11.1 メタボリックコントロールアナリシスの基礎

メタボリックコントロールアナリシスは，厳密には，定常状態（擬定常状態）にのみ適用できる．基本的な仮定は，経路の個々のステップを触媒する酵素の活性によって定常状態が一意に定義できるということである．それゆえ，酵素活性は，最初の反応の基質濃度，最終反応の生産物濃度とともに"システムパラメータ"と考えられる．最初の反応の基質濃度と最終反応の生産物濃度は，環境条件を制御することによって一定に保つことができる．つまり，例えばケモスタットの定常状態や，細胞内の調節機構の結果として定常化が起こったような状態で適用できるものである．システムパラメータは，システムを完全に定義するので，原理的には意のままに変えることができるものである．パラメータの値によって決定された特性，例えば，経路のフラックス，中間代謝物質濃度は，システム変数と考えることができる．

この酵素カイネティクスにおいて，パラメータと変数の意味を表すために，単純な2ステップの経路を考えよう．基質Sが，中間物質Xを経由して生産物Pへと変換される．

$$S \xrightleftharpoons{E_1} X \xrightleftharpoons{E_2} P \tag{11.1}$$

定常状態での正味のSからPへの反応速度（フラックス）はJで与えられる[1]．

明らかに定常状態は，システムのパラメータ，すなわち，酵素活性E_1, E_2と基質濃度S，生

---

[1] 代謝フラックス解析（8章）では，フラックスにvを用いた．MFAの基本的な仮定は定常状態（または擬定常状態）なので，直線上の経路のフラックスは，すべて等しく，個々の反応速度に等しい．MCAの目的は，パラメータ，つまり，酵素活性の定常状態におけるフラックスへの影響を研究することにある．それゆえ，ここでは，個々の反応速度vと区別するために，オーバーオールの定常状態フラックスJを用いることにする．

●11. メタボリックコントロールアナリシス

産物濃度Pにより一意に決まる．定常状態の定義は，中間代謝物質の濃度c_X，経路のフラックスJや，他の派生的な量の決定を伴う．もしパラメータが変化すれば，例えば，もし，E_1が上昇すれば，新しい定常状態が生まれる．これは，中間物質Xの濃度や経路の正味のフラックスJのような変数が異なる値になることにより特徴づけられる．代謝物質の濃度は，一意に決まる変数であると考えられるので，代謝物質は，それらに作用する酵素全体に同じように接触できると仮定できる．細胞内のコンパートメント化は，MCAでは問題ではない．というのは輸送プロセスは，自身の反応速度で表せる付加的なプロセスステップとして解析に含まれているからである．しかし，コンパートメント間の代謝物質濃度の分布は，代謝物質濃度の位置的な情報を含む複雑なモデルを必要とするので，考察することが困難である．

11.1.1 コントロール係数とサンメンションセオレム

メタボリックコントロールアナリシスの1つの目的は，代謝経路の変数をパラメータと関係づけることである．ひとたびこれを行えば，酵素活性などのパラメータに対するフラックスのようなシステム変数の感度が決定できる．これらの感度は，経路中の1つの酵素活性によってもたらされるシステムのフラックスの制御の程度をまとめたものなのでフラックスの制御についての基本的な状況を与えてくれる．同様に，細胞内の代謝物質濃度に対して，酵素活性，エフェクタ濃度，その他のパラメータの感度を決定することができる．これらの感度は，まとめて，1組の係数で示すことができる．その中で最も適した係数は，"コントロール係数"である．これは，いかに，経路中の酵素活性のようなパラメータが，経路のフラックスのようなシステムの変数に影響を与えるかについて詳述している．コントロール係数は，定常状態においてのみ適用でき，これは，なぜ，酵素活性がパラメータとして記述されるかを説明している．また同じように，パラメータ変化の結果に応じて変化するフラックスや代謝物質濃度のようなシステムの特性が，変数として記述されるかも示している．

最も重要なコントロール係数は"フラックスコントロール係数"と呼ばれ，しばしば，FCCと省略される．これは，経路中の酵素の微少な活性の変化によって引き起こされる定常状態のフラックスの変化と定義される．ただし，酵素活性，フラックスの変化は，それぞれ自分自身の値で"相対的に"規格化されている．酵素活性は，独立なシステムパラメータなので，その変化は，フラックスに直接的に影響するし，他の変数が変化したため間接的に変化を起こすこともある．式(11.2)の微分の記号はこの点を示している．図11.1に示した酵素活性に対する定常のフラックスのプロットにおいて，対応するフラックスや酵素活性でそれぞれを規格化して表した場合，その傾きがFCCに対応する．

$$C^J = \frac{E}{J}\frac{dJ}{dE} = \frac{d\ln J}{d\ln E} \tag{11.2}$$

FCCは"相対的な"フラックスと酵素活性に関して定義されているので無次元であり，その大きさは用いたフラックスや酵素活性の大きさとは無関係である．直線状の経路では，この値は0と1の間をとる．一般的な分岐を含む経路では，FCCはL個の酵素活性のL個のフラックスへの影響を示すものとして定義される．

$$C_i^{J_k} = \frac{E_i}{J_k}\frac{dJ_k}{dE_i} = \frac{d\ln J_k}{d\ln E_i} \qquad i, k \in \{1, 2, \cdots, L\} \tag{11.3}$$

11.1 メタボリックコントロールアナリシスの基礎

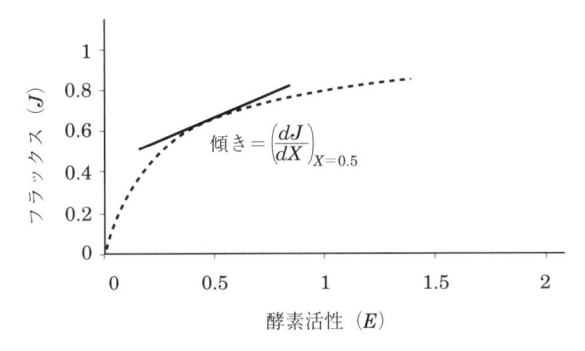

図 11.1 経路中の酵素の関数として表現された定常状態のフラックス J. ある酵素の活性において, そのフラックスコントロール係数は, 定常状態の規格化されたフラックスの傾斜の傾きによって与えられる.

ここで, J_k は経路中の k 番目の反応の定常状態のフラックス, E_i は i 番目の酵素活性である. そのような一般的なシステムでは, FCC は正, 負の両方の値を示すこともあり得る.

式 (11.3) の定義は, Kacser and Burns (1973) によって与えられたオリジナルな定義である. 酵素活性に対してではなく, i 番目の反応速度に対する感度として, より一般的に与えられた定義は

$$C_i^{J_k} = \frac{v_i}{J_k}\frac{dJ_k}{dv_i} = \frac{d\ln J_k}{d\ln v_i} \qquad i, k \in \{1, 2, \cdots, L\} \tag{11.4}$$

であり, これを Heinrich ら (1977) は,

$$C_i^{J_k} = \frac{v_i}{J_k}\frac{dJ_k}{dp}=\left(\frac{\partial v_k}{\partial p}\right)^{-1} \qquad i, k \in \{1, 2, \cdots, L\} \tag{11.5}$$

と表現した. ここで, p は i 番目の反応に影響を与えるどんな因子でもよい. これらの定義は Heinrich ら (1977) によって与えられた. もし酵素活性がパラメータ p として選ばれたなら, 式 (11.5) は, 式 (11.3) で与えられた, もとの FCC の式に帰着される. その結果, 反応速度は酵素活性に直接比例することになるが, これは, 実際よく起こり得ることである. しかし, 式 (11.4) や式 (11.5) で与えられた一般的な FCC の定義は, 代謝物質が, ある酵素から次の酵素へ順に送られる代謝物質のチャネリングにおいて見られるような酵素-酵素間の相互作用を伴うような特別なケースにも適用できる.

FCC の定義から最大の FCC をもつ酵素が, その定常状態においてフラックスを最も強く制御していることがわかる. つまり, この酵素活性を上昇させるとオーバーオールのフラックスは最大に上昇する. FCC は規格化して表現されているので, それらすべてを足し合わせると 1 になるという重要な結論が導かれる. これは, "フラックスコントロール係数のサンメンションセオレム (総和定理)" としてよく知られている.

$$\sum_{i=1}^{L} C_i^{J_k} = 1 \qquad k \in \{1, 2, \cdots, L\} \tag{11.6}$$

この式から FCC は完全にシステムの構造に依存しており, 個々の値について一般的なことがいえないことは, 明らかである. 長い経路に対しては, ほとんどの FCC は小さな値であるが,

●11. メタボリックコントロールアナリシス

　もし，他よりも非常に大きなFCCをもつような酵素があれば，その酵素がフラックスの制御に大きな影響を与えることがわかる．短い経路では，フラックスの制御は分散していたとしても，FCCは大きな値を示す．FCCは，それゆえ，同じ経路内でのみ，お互いに比較でき，他の経路と比較することはできない．長い経路では，小さいFCCが与えられるということは，アミノ酸や抗体のような代謝産物の生産の改良を行うために，なぜ多くの変異処理やセレクションのステップが必要かを説明している．

　FCCの名前と考え方には異論があることも承知しておくべきである．これらの異論の主なものはFellによってまとめられている（1992）．ここでは短くまとめておく．

1. もとの定式化において，酵素濃度[2]は酵素反応速度を表すパラメータとして用いられている．しかし，酵素濃度は，特にアロステリック酵素のような場合，エフェクタが結合してその活性に影響を与えることを考えると，酵素活性とフラックス制御に関して実用的に用いるのは，適当でない．これを修正するために，Kacser and Burns（1973）は異なる組のコントロール係数を導入した．それは，"レスポンス係数"と呼ばれ，次のようなエフェクタに対する感度として定義された．

$$R_{X_i}^{J_k} = \frac{e_i}{J_k} \frac{dJ_k}{de_i} \qquad i, k \in \{1, 2, \cdots, L\} \tag{11.7}$$

   このレスポンス係数の定義は，FCCと同じように考えられ，事実上この定義は，エフェクタに対するフラックスコントロール係数と考えることができる．さらに，式（11.2）を見れば，容易に，レスポンス係数はエフェクタに対する正味の感度を表している．また，それでレスポンス係数をFCCとローカルなカイネティクスのコンポーネントに分けて考えることができる（詳しくはエラシティシティの項で述べる）．

2. フラックスの酵素活性に対する感度は，その酵素が，制御または調節において重要な役割を担っている酵素かどうかを判断できる尺度ではない．それゆえ，誤った帰結を導く場合がある（Crabtree and Newsholme, 1987; Savageauら, 1987 a, b; Atkinson, 1990）．多くの経路において経路の最終生産物が最初の反応をフィードバック阻害して調節している場合がある．そのようなケースでは，古典的な意味では，最初の酵素が調節酵素であるといえるが，普通，フラックスコントロール係数は小さい．調節酵素が小さいFCCをもつというパラドックスは，特に，Kacser and Burns（1973）のオリジナルペーパーで論議されている．FCCが導入される前は，調節酵素は反応速度律速段階の可能性ある候補として考えられていたが，その導入後，必ずしもそうではないということが明らかになった．さらに，本章のまえがきでも述べたようにMCAは，律速段階という考えには意味がなく，その代わりにFCCが速度を制限する程度の大きさということで用いられる．

3. FCCは定常状態においてのみ評価でき，システムの状態が変化するとこの値も変化するので，大変，予測が難しい．これは，議論の余地はないことだが，MCAはバイオケミカルシステムセオリーのようなシステムモデリングのツールとして発展してきたのではなく

---

[2] 本書では，酵素濃度という言葉よりも酵素活性という言葉を用いたい．酵素活性とは，活性をもった酵素という意味であり，例えばウエスタンブロッティングによって決定される酵素濃度とは全く意味が異なる．つまり，今，酵素活性を酵素のv_{max}と等しいと考える．一方，in vitroの酵素活性については考えない．これは，アロステリック効果などでv_{max}とは全く異なるものである可能性があるからである．

むしろ，代謝の制御機構を詳述するツールとして発展してきたものである．MCAでは，明らかに，フラックスを変化させるために，酵素活性をどの程度変化させればよいかを予測できる理論が必要なのである．しかし，細胞内の反応が非線形であるために，これは難しい仕事となる．また，*in vivo*の酵素カイネティクスを書き表すことも，とても困難なことである．

FCCと同様に，システムパラメータの細胞内代謝物質濃度に対する効果を感度で表すことができ，これは"濃度コントロール係数（CCC）"と呼ばれる．ここで，酵素活性E_iによって影響を受ける変数は，代謝物質濃度c_jである．

$$C_i^{X_j} = \frac{E_i}{c_j}\frac{dc_j}{dE_i} = \frac{d\ln c_j}{d\ln E_i} \quad i \in \{1, 2, \cdots, L\},\ j \in \{1, 2, \cdots, K\} \tag{11.8}$$

または，より，一般的に

$$C_i^{X_j} = \frac{v_i}{c_j}\frac{dc_j}{dv_i} = \frac{d\ln c_j}{d\ln v_i} \quad i \in \{1, 2, \cdots, L\},\ j \in \{1, 2, \cdots, K\} \tag{11.9}$$

これらの係数は，i番目の酵素活性が変化したときのj番目の中間物質jの相対的な濃度レベルX_jの変化を表している．すべての酵素活性が同じ割合で変化したときは，どの中間物質の濃度のレベルも変化しないので，K個の代謝物質に対し，濃度コントロール係数の総和はゼロとなる．

$$\sum_{i=1}^{L} C_i^{X_j} = 0 \quad j \in \{1, 2, \cdots, K\} \tag{11.10}$$

式（11.10）は，少なくとも1つの酵素は負の制御をもつことを意味する．つまり，どれかの酵素のレベルが上がるとき，代謝物質の濃度が下がるということである．つまり，式（11.1）の2段階の反応を考えると，濃度コントロール係数C_2^Xは，普通2番目の酵素の活性を上げれば代謝物質濃度c_Xは下がるので，負の値となる．

11.1.2 エラシティシティ係数とコネクティビティセオレム

MCAにおけるもうひとつの重要な概念は，"エラシティシティ係数"である．オーバーオールの代謝"システムの"全体の特性を表すコントロール係数とは異なり，エラシティシティは代謝ネットワークの個々の酵素の"局所的な"特性を表している．最もよく使われるエラシティシティ係数は，代謝物質濃度に関する反応速度の感度（または柔軟性）である．コントロール係数と同じように，エラシティシティ係数もまた反応速度と代謝物質濃度によって規格化されている．したがって，代謝物質濃度X_jに関するi番目の反応速度のエラシティシティは，代謝物質の微少な変化によってもたらされる相対的な反応速度の変化として定義されている．ここで，他のすべてのシステム変数は，その定常状態で変化しなかったものと仮定されている．

$$\varepsilon_{X_j}^{\ i} = \frac{c_j}{v_j}\frac{\partial v_i}{\partial c_j} = \frac{\partial \ln v_i}{\partial \ln c_j} \quad i \in \{1, 2, \cdots, L\},\ j \in \{1, 2, \cdots, K\} \tag{11.11}$$

エラシティシティ係数は，いくつもの変数に関して表し得るので，他の変数は一定であることを示すために偏微分が使われる．エラシティシティ係数は，特別な代謝物質の見かけの反応の

●11. メタボリックコントロールアナリシス

次数と考えることができるので、これは、生化学システムセオリーの（Box 11.1参照）べき乗の次数に等しい。反応を進ませる代謝物質、例えば、基質やアクティベータに対し、この値は正の値となる。一方、反応を遅らせるような代謝物質、例えば、生産物や阻害物質については負の値をもつことになる。エラスティシティ係数は、代謝物質の濃度に関する酵素の責任の程度（レスポンシブネス）という漠然とした考え方（Fell, 1992）を定量的に表したものである。この考え方は、いくつかの基質の（ほとんどの細胞内反応は2つ以上の基質が関与する）反応速度に対する影響の定量化を可能にする。また、同じように、生産物濃度の影響の定量化も可能にする。生産物濃度は細胞内の可逆反応において大きな影響をもつのである。

代謝物質濃度に関するエラスティシティに加えて、経路の中間物質ではないエフェクタX_jに対するエラスティシティ係数もまた導入される。これにより、i番目の反応に対するより広い意味でのどんな化合物X_jの影響も記述することができる。この広い意味でのエラスティシティ係数を用いると、式（11.7）で導入されたエフェクタのレスポンス係数は、影響を受けた酵素のエラスティシティ係数と同じ酵素に関するフラックスコントロール係数との積であることが示される。つまり、

$$R_{X_j}^{J_i} = C_k^{J_i} \varepsilon_{X_j}^k \quad i, k \in \{1, 2, \cdots, L\}, \ j \in \{1, 2, \cdots, K\} \tag{11.12}$$

となる。

もし、代謝物かエフェクタが1つ以上の酵素に影響を及ぼすと考えると、トータルのレスポンス係数は、個々の酵素からのレスポンスの和によって表される。

$$R_{X_j}^{J_i} = \sum_{k=1}^{L} C_k^{J_i} \varepsilon_{X_j}^k \quad i \in \{1, 2, \cdots, L\}, \ j \in \{1, 2, \cdots, K\} \tag{11.13}$$

式（11.12）は、代謝物質やエフェクタに関する酵素のエラスティシティが大きいとしても、対応するフラックスコントロール係数が非負の物質についてのみ、そのフラックスが大きく変化する。

基質や生産物の濃度変化に大きく影響を受ける酵素、つまり、経路中の代謝物に関して高いエラスティシティ係数をもつ酵素のFCCは低い値をもつ傾向がある（Westerhoffら、1984）。これは式（11.1）のような2段階の反応を使って次のように視覚化することができる。2番目の酵素E_2の活性が（例えば、特異的な阻害剤などによって）減少した場合、その基質Sとその生産物Pの濃度が上昇する。もし、E_2がSとPに大きなエラスティシティ係数をもつ場合、代謝物質の変化は、酵素活性の減少をもとに戻す働きをするだろう。結局、酵素活性の減少は、オーバーオールの定常状態のフラックスに大きな影響を及ぼさない。同様に、中間代謝物質に関して、小さなエラスティシティをもつ酵素の変動は、大きなフラックス変動をもたらす。フラックスコントロール係数とエラスティシティ係数の関係は、次の"フラックスコントロールコネクティビティセオレム（連結定理）"によって表現される（Kacser and Burns, 1973）。

$$\sum_{i=1}^{L} C_i^{J_k} \varepsilon_{X_j}^i = 0 \quad i \in \{1, 2, \cdots, L\}, \ j \in \{1, 2, \cdots, K\} \tag{11.14}$$

コネクティビティセオレムは、一般にMCAの中で最も大事な考え方とされている。というのも、どのように局所的なカイネティクスが、フラックスの制御に影響するのかを示す手段をこの定理は与えているからである。さらなる説明として、式（11.1）の2段階経路を考えよう。

この経路については，コネクティビティセオレムは，

$$C_1{}^J \varepsilon_X{}^1 + C_2{}^J \varepsilon_X{}^2 = 0 \tag{11.15}$$

または

$$\frac{C_1{}^J}{C_2{}^J} = -\frac{\varepsilon_X{}^2}{\varepsilon_X{}^1} \tag{11.16}$$

のように与えられる．式（11.16）から，大きなエラスティシティは小さなFCCを，また反対に小さなエラスティシティはその逆を与えることが明らかである．熱力学的に平衡に近い反応，つまり，エラスティシティの大きい反応はフラックスを制御する役割が小さいということである．

少し複雑にはなるが，FCCと同じようにコネクティビティセオレムは，濃度に関するコントロール係数（CCC）に対しても導くことができる．コントロール係数とエラスティシティ係数を異なる物質に関して考えるとき，コネクティビティセオレムは次のような形になる．

$$\sum_{i=1}^{L} C_i{}^{X_l} \varepsilon_{X_j}{}^i = 0 \quad j, l \in \{1, 2, \cdots, K\}, j \neq l \tag{11.17}$$

一方，もし，代謝物質が同じであれば，

$$\sum_{i=1}^{L} C_i{}^{X_j} \varepsilon_{X_j}{}^i = -1 \quad j \in \{1, 2, \cdots, K\} \tag{11.18}$$

のようになる．一般に，CCCはあまり注目されないが，13章で示すように，MCAを使って酵素の改変を設計しようとするときには重要な情報をもたらしてくれる．さらに，Heinrich and Rapoport（1974）によって最初に示されたことだが，FCCの表現を導くためにも使われた（式（11.24）と式（11.25）を参照）．

代謝物質濃度に関するエラスティシティ係数は最もよく使われるが，Kacserら（1990）は，"パラメータエラスティシティ係数"と呼ばれるものを導入した．これは，酵素活性やインヒビターのような経路中の中間物質ではない他のパラメータへの変化に対する酵素の感度を示す測度である．一般のパラメータ p_l は，

$$\pi_{p_l}^{i} = \frac{p_l}{v_i}\frac{\partial v_i}{\partial p_l} = \frac{\partial \ln(v_i)}{\partial \ln(p_l)} \quad i \in \{1, 2, \cdots, L\} \tag{11.19}$$

のように定義される．もし，酵素活性がパラメータとして選ばれたなら，パラメータエラスティシティ係数は，普通 $i = l$ のとき，1で，$i \neq l$ のとき0である．つまり，i 番目の酵素と i' 番目の反応速度に比例的な関係があれば，この係数は1であり，一方，i 番目の酵素の影響がその経路の他の反応に影響がなければ，ゼロとなる．酵素活性がパラメータとして選ばれたとき，酵素-酵素の相互作用が起こっているような場合は例外的な取扱いとなる．

11.1.3　MCAセオレムの一般化

前の2つの項で示された概念やセオレムは，MCAの基礎となるものである．ここで，多数の反応が存在するネットワークにおける一般化について示す．しかし，これを行う前に，酵素の改変に対する全体のレスポンスを，いかにその源のコンポーネントへ分割するか，というこ

● 11. メタボリックコントロールアナリシス

とについて考える．つまり，酵素活性の変化は，経路のフラックスへの"直接的"な効果と，代謝物質濃度の変化を通して与えられる"間接的な"効果からなる．式（11.19）に表されたパラメータエラシティシティ係数を導入することによって，さらに，他のパラメータからフラックスへの影響も表すことができる．定常状態のフラックスは，システムパラメータと（そのうちのいくつかは酵素活性だろうが）代謝物質濃度の関数，つまり，$J_i(p_l, c_j)$ であるので，FCCは式（11.3）のもとの定義を変形して拡張することによって，次のように与えられる．

$$C_i^{J_k} = \frac{E_i}{J_k}\left(\sum_l \frac{\partial J_k}{\partial p_l}\frac{dp_l}{dE_i} + \sum_{j=1}^{K}\frac{\partial J_k}{\partial c_j}\frac{dc_j}{dE_i}\right) \quad i,\ k \in \{1, 2, \cdots, L\} \tag{11.20}$$

ほとんどのケースでパラメータはお互いに影響し合わないので，パラメータの変化は他を変化させない，つまり，

$$\frac{dp_l}{dE_i} = \begin{cases} 0; & p_l \neq E_i \\ 1; & p_l = E_i \end{cases} \tag{11.21}$$

の関係がある．式（11.20）はそれゆえ，次のように与えられる．

$$C_i^{J_k} = \frac{E_i}{J_k}\frac{\partial J_k}{\partial E_i} + \sum_{j=1}^{K}\frac{\partial J_k}{\partial c_j}\frac{c_j}{J_k}\frac{dc_j}{dE_i}\frac{E_i}{c_j} \quad i,\ k \in \{1, 2, \cdots, L\} \tag{11.22}$$

定常状態での k 番目の酵素反応速度 v_k は定常状態でのフラックス J_k に等しいので，エラシティシティ係数やパラメータエラシティシティ係数は式（11.22）のように認識され，次のように変形できる．

$$C_i^{J_k} = \pi_i^j + \sum_{j=1}^{K}\varepsilon_{X_j}^{k} C_i^{X_j} \quad i,\ k \in \{1, 2, \cdots, L\} \tag{11.23}$$

ほとんどの場合，パラメータエラシティシティ係数は $i = k$ で 1 となり（つまり，i 番目の酵素は，その酵素活性の変化を通してフラックスを変化させるとき，反応速度は活性の変化に比例して変化する），$i \neq k$ のとき（i 番目の酵素活性の変化が k 番目の反応を通してフラックスに何ら変化を与えないとき），ゼロとなる．式（11.23）は，それゆえさらに簡単になって，

$$C_i^{J_i} = 1 + \sum_{j=1}^{K}\varepsilon_{X_j}^{i} C_i^{X_j} \quad i \in \{1, 2, \cdots, L\} \tag{11.24}$$

$$C_i^{J_k} = \sum_{j=1}^{K}\varepsilon_{X_j}^{k} C_i^{X_j} \quad i,\ k \in \{1, 2, \cdots, L\},\ i \neq k \tag{11.25}$$

となる．

これらの式は，最初，Heinrich and Rapoport（1974）によって導かれた．これらの式は，FCCがどのようにエラシティシティ係数と関係するか，（つまり，個々の酵素反応のカイネティクス）およびFCCが，どのように濃度コントロール係数と関係するか（つまり，代謝物濃度のレベルの変化を通しての酵素間の相互作用）を記述している．したがって，式（11.24）は酵素活性が変化するとき，酵素活性の変化の"直接的な"効果が，どのように代謝物の濃度の変化から全体のフラックス変化への効果と関係しているかを示している．この全体のフラックス変化は，個々の代謝物質濃度の効果の和であるが，これは，代謝物質の濃度の変化による効果（CCC）と反応速度に与える効果を（エラシティシティ係数）を両方含んでいる．式（11.25）は i 番目の酵素の変化によって定常状態のフラックスが影響を受けるのは，その代謝

物質の濃度が，他の酵素反応に間接的に影響を与え，その酵素反応の変化によりフラックスが変化するときのみであることを示している．

式（11.23）は全部でL^2個の式を含んでおり，行列を用いた記述により，まとめて書くことができる（Ehlde and Zacchi, 1997）．つまり，

$$\begin{bmatrix} C_1^{J_1} & C_2^{J_1} & \cdots & C_L^{J_1} \\ C_1^{J_2} & C_2^{J_2} & \cdots & C_L^{J_2} \\ \cdot & \cdot & \cdots & \cdot \\ C_1^{J_L} & C_2^{J_L} & \cdots & C_L^{J_L} \end{bmatrix} = \begin{bmatrix} \pi_{E_1}^1 & \pi_{E_2}^1 & \cdots & \pi_{E_L}^1 \\ \pi_{E_1}^2 & \pi_{E_2}^2 & \cdots & \pi_{E_L}^2 \\ \cdot & \cdot & \cdots & \cdot \\ \pi_{E_1}^L & \pi_{E_2}^L & \cdots & \pi_{E_L}^L \end{bmatrix}$$

$$+ \begin{bmatrix} \pi_{E_1}^1 & \pi_{E_2}^1 & \cdots & \pi_{E_L}^1 \\ \pi_{E_1}^2 & \pi_{E_2}^2 & \cdots & \pi_{E_L}^2 \\ \cdot & \cdot & \cdots & \cdot \\ \pi_{E_1}^L & \pi_{E_2}^L & \cdots & \pi_{E_L}^L \end{bmatrix} \begin{bmatrix} C_1^{X_1} & C_2^{X_1} & \cdots & C_L^{X_1} \\ C_1^{X_2} & C_2^{X_2} & \cdots & C_L^{X_2} \\ \cdot & \cdot & \cdots & \cdot \\ C_1^{X_K} & C_2^{X_K} & \cdots & C_L^{X_K} \end{bmatrix}$$

(11.26)

または

$$\boldsymbol{C}^J = \boldsymbol{P} + \boldsymbol{E} \cdot \boldsymbol{C}^X \tag{11.27}$$

と表せる．式（11.24），（11.25）に示した仮定を適用すれば，パラメータエラシティシティ係数行列$\boldsymbol{P}$は，単位行列であり，すべての対角要素は1となる．式（11.27）はMCAのすべてのセオレムの完全で一般的な形である．この形は，サンメンションセオレムとコネクティビティセオレムをコンパクトに含み，それゆえ，後の解析，特に分岐のある経路において有用である．しかし，この式の短所はMCAのセオレムがインプリシットに表され，容易に理解しにくいことである．

11.2 フラックスコントロール係数の決定

フラックスコントロール係数の大きさは，特定の酵素の活性を増幅させたときに期待されるフラックスの増加の相対的な値である．もちろん，これは"どんな"活性の増幅に対してもFCCに比例的にフラックスが変化するという意味ではない．しかし，FCCによって与えられる尺度は，妥当な近似である．特に，小さな酵素活性の変化にはそう考えてよい．1に近い値をもつFCCの酵素反応ステップは，律速段階であり，まず，増幅するに価値のある酵素と考えてよい．反対に，小さな値のFCCは，他段階のステップの中でフラックスの制御が分散し，フラックスを制御する役割を特定できないことを示している．それゆえ，FCCはフラックス制御の測度として重要であり，これを決定することは，代謝ネットワークにおけるフラックス制御の機構を明らかにしようとする際の道標となる．

コントロール係数やエラシティシティ係数を決定する多くの実験方法が提案されている．これらすべての方法は，何らかの形で，非線形関数の微分，つまりある特別な点での曲線の傾きの決定などを含んでいる．Box 11.2に示すように，これは基本的な問題を含んでいる．つまり，微小変動というのは，数学的な抽象概念で，我々ができることは，有限の変動で微小変動を近

11. メタボリックコントロールアナリシス

> **Box 11.2 非線形関数の微分**
>
> Ehlde（1995）は非線形関数の微分を決定する本質的な問題を議論している．これは，MCAのパラメータの実験的な決定の基礎となっている．我々ができることは，有限の変動で微小変動を近似して"未知"関数の変動を測定することだけである．これは，今，注目している点の近傍で，測定を行うことにより得られた曲線の傾きを決定することによって与えられる．この点での微小量の近似の精度は，微小変動が実際大きくなるほど悪くなる．また，もし，変動が注目している点を中心にしていなければ，微分の推定は偏りをもつことになる．測定のランダムな誤差もまた，結果に影響するであろう．また，有限の近似のサイズが小さくなれば，その誤差の感度は増大するだろう．これらの点は，図11.2に示されている．ここで，黒三角形の位置での曲線の傾きを決定することを考える．もし有限の偏差が黒丸の位置でとられたなら，この変動は小さく推定精度は良好であろう．しかし，変動が小さいために，誤差に対する推定値への感度が大きく，測定誤差が大きくなる場合もある．もしその代わりに，黒四角形のように変動が大きい場合はシステマティックなエラーが明らかに含まれるだろう．しかし，この場合は，推定は測定誤差に対してずっと感度が低くなるだろう．
>
> **図11.2** 有限の変動を使った2つの近似．データ点でのエラーバーは，ランダムな測定誤差を示している．縦軸のエラーバーは，2つのデータセットからの変動に対する推定の感度を表している．

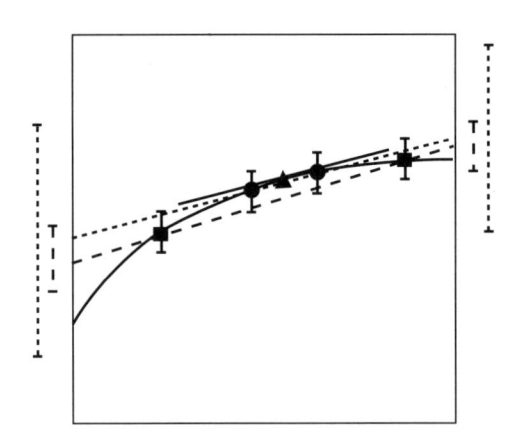

似して未知関数の変動を測定することだけである．

いくつかの方法がFCCを決定するために提案されている．これらの方法は下のように3つに分類することができる．

- 直接法：FCCは酵素活性の微少有限変動に対してフラックスや活性の変化を計測する．
- 間接法：まず，エラシティシティが決定される．その後，MCAのセオレムを用いてFCCが計算される．これは，FCCとエラシティシティがセオレムの利用を通して互いに決定され得るようなシステムが完全に記述されたシステムにおいて有効であることに注意し

たい．
- 遷移状態の代謝物質濃度を計測することによるFCCを決定する．

4番目のアプローチもまた，提案されている．それは，大きな活性の変化から得られるフラックスの変化を用いるものである．このアプローチは，その簡潔さと実用可能性から重要であると考えられるので，11.5節でじっくり吟味したい．

実験データがまず，双曲線の回帰によって，評価されなければ，どんな実験方法も満足な結果を与えないだろうということが議論されてきた．また，実際のフラックスと酵素活性の関係は図11.1に示したような双曲線の関係に近いに違いないだろうといわれてきた（Pettersson, 1996）．この議論は，もし，この状態が満足されなければ，MCAはFCC，濃度コントロール係数，エラスティシティ係数を直接計算できるカイネティックモデルをベースにせざるを得ないだろう，ということを示している．カイネティックモデルからのFCCの決定の正確さには議論の余地はないのであるが，このアプローチは，モデルの有効性と確からしさという点で大きな限界を含んでいることに注意すべきである．それゆえ，FCC決定の実験法はいろいろとバリエーションがあり，その改良に向けて大きな努力が払われるべきである．さらに，与えられた経路のMCAの結果が最終の答になるのではなく，この経路のフラックス制御が，いかに分布しているかということが示されるだけであるということも注意しておきたい．

11.2.1 FCC決定の直接法

FCCを決定する最も直接的な方法は，注目した酵素の活性変化以外のすべてのパラメータは保持したまま，その酵素活性を操作してフラックス変化を観測することである．酵素活性の有限の変化から微小変化を決定することに伴う固有の問題（Box 11.3参照）について，酵素活性とフラックスの基本的な関係を確立する実験を十分行う必要がある．つまり，図11.1と同じような図を作る必要がある．ひとたびそのような図が得られれば，FCCは注目している活性点での曲線の傾きを求めることにより得られる．これは，FCCの非常に正確な決定法であるが，必要なことは，フラックスと酵素活性の関係を得るために多くの精密な実験を行わなければならないことである．

酵素活性の遺伝子工学的操作による変動

分子生物学的技術の急速な発展により，最も直接的に酵素活性を変化させる方法，つまり，遺伝子の発現レベルを変えることが可能となっている．この方法により，*in vivo*の変化の効果を研究することが可能となってきた．しかし，微小な変動の解析によって述べられる双曲線の傾斜とは異なり，現実的な活性の変化の実験は，大きな変動を生んでしまう．11.5節で示す大きな摂動のアプローチは，この方法の結果を採用するときにも有効である．一方，図11.1と同じようなプロットを作成するためには前に述べたように多くの実験を必要とする．

遺伝子工学的な方法による酵素活性の変化は，注目している酵素の遺伝子量を変化させるか，遺伝子発現を人為的に調節できるプロモータを導入するかにより達成できる．遺伝子量は古典的な方法においては，Flintら（1981）によって示されたように，異なる遺伝子座に対するホモ接合体とヘテロ接合体を掛け合わせることによって，遺伝子量を変化させることが可能である．彼らは，糸状カビ*Nurospora crassa*のアルギニンの生合成を研究した．効果的な遺伝子

11. メタボリックコントロールアナリシス

Box 11.3 式（11.39）の導出

式（11.39）は Delgado and Liao（1991）によって導かれた．ここでは，反応速度は代謝物質濃度に線形であると仮定している．

$$v_i = \sum_{j=1}^{K} k_{ij} c_j + b_i \qquad i \in \{1, 2, \cdots, L\} \tag{1}$$

ここで，k_{ij} は定数で b_i は反応速度の線形化に伴う定数である．エラスティシティの定義から

$$\varepsilon_{X_j}^{i} = \frac{c_j}{J_i} k_{ij} \qquad i \in \{1, 2, \cdots, L\},\ j \in \{1, 2, \cdots, K\} \tag{2}$$

ここで，J_i は i 番目の反応のフラックスである．式（2）をコネクティビティセオレムに導入すれば

$$\sum_{i=1}^{L} C_i^{J_k} k_{ij} \frac{c_j}{J_i} = 0 \qquad i \in \{1, 2, \cdots, L\},\ j \in \{1, 2, \cdots, K\} \tag{3}$$

または $c_j \neq 0$ なので，

$$\sum_{i=1}^{L} C_i^{J_k} \frac{k_{ij}}{J_i} = 0 \qquad i \in \{1, 2, \cdots, L\},\ j \in \{1, 2, \cdots, K\} \tag{4}$$

となる．Δc_j とすべての代謝物質の濃度の和を掛けることによって，

$$\sum_{j=1}^{K} \sum_{i=1}^{L} C_i^{J_k} \frac{k_{ij}}{J_i} \Delta c_j = 0 \qquad k \in \{1, 2, \cdots, L\} \tag{5}$$

が得られる．$\Delta v_i = \sum_{j=1}^{K} k_{ij} \Delta c_j$ だからこの式は，最終的に

$$\sum_{i=1}^{L} C_i^{J_k} \frac{\Delta v_i}{J_i} = 0 \qquad k \in \{1, 2, \cdots, L\} \tag{6}$$

となる．また $\Delta v_i = v_i(t) - J_i$ なので，遷移状態の反応速度と定常状態のフラックスの差である式（11.39）はサンメンションセオレムにより容易に求められる．

量の変化に加えて，このアプローチはまた，異なる活性をもつ多形性遺伝子座を用いることによっても触媒活性を変化させることが可能であることを示した．しかし，この古典的方法の短所は，酵素活性を精密に制御できないことである．さらに，多くの異なる世代の変異体を必要とする遺伝子的な研究が必要になるということも付け加えなければならない．

より意識的に遺伝子量を増加させる方法としては，目的の遺伝子をのせたマルチコピープラスミドを導入するか，染色体への遺伝子の組込みを試みるかである．この方法は，遺伝子量を減少させることには用いられない．しかし，多倍体の株を用いて，1つまたは複数の染色体上の目的遺伝子の欠損株を構築することにより，酵素活性を減少させることは可能である．これは，また目的の酵素をコードしている遺伝子をポイントミューテーションによって破壊することによっても可能である．この方法は，Niederberger ら（1992）によって述べられている．

彼らは，*Saccharomyces cerevisiae*の四倍体のトリプトファンの生合成の研究を行っている．経路の5つの酵素の遺伝子量が変化することによって，その活性が低下した．経路のフラックスは，直接，決定されなかったが，酵素活性の比増殖速度に対する影響は調べられ，対応するFCCが調べられた．すべてのFCCは小さく[3]，これは，酵素活性を上昇させる実験でも確認された．この酵素活性の上昇の実験にはマルチコピープラスミドが使われた．酵素活性を減少させる実験は，*S. cerevisiae*や*Escherichia coli*のように性質のよくわかっている菌株（*S. cerevisiae*は全ゲノムの遺伝子がシークエンスされているし，*Escherichia coli*では，欠損変異の実験が，よく行われその方法が確立されているといってよい）では，比較的容易である一方，性質のよくわかっていない菌株については，この方法は，必要な変異体を得ることが本質的な仕事の中心になるので，容易な仕事ではない．

　酵素活性を遺伝子工学的な方法により変化させる最もスマートな方法は，注目している経路の酵素をコードしている遺伝子の上流に，調節プロモータ，例えば，*E. coli*の*tac*プロモータ（*lac*プロモータと*trp*プロモータのハイブリッド）を導入することである．これは，酵素活性において異なる大きさの変動を作るために，また，酵素活性上昇，減少の両方を達成するために2つの利点をもっている．

　調節プロモータを使う方法についてはRuyterら（1991）が紹介している．彼らは，*E. coli*で*tac*プロモータを使って，enzyme II^{Glc}（グルコース-PTSのタンパク質の1つ，2.2.3項参照）の遺伝子の制御とそのグルコース代謝への影響を研究した．プラスミドはまた，lac^{Iq}リプレッサーの遺伝子も含んでいる．このリプレッサーは，イソプロピルβ-D-チオガラクトピラノシド（IPTG）インデューサの培地中の濃度を変化させることによって，*tac*プロモータからの発現の制御を可能にしている．染色体上にII^{Glc}遺伝子をもたない菌株にプラスミドが導入され，このタンパク質の活性は野生株のものに比べ20から600%の範囲で変化させることが可能となった．この研究から，グルコース制限培地でPTSタンパク質は比増殖速度やグルコースの酸化に影響を及ぼさないことが明らかとなった．しかし，II^{Glc}はグルコースの取込みとグルコースのアナログ物質α-グルコピラノシドのリン酸化の制御に影響し，そのFCCは約0.6であることがわかった．

精製酵素の添加実験

　菌体抽出物について，精製酵素の添加を行うことができる．もし，酵素活性がパラメータとして測定されるならFCCは直接決定することができる．この方法の欠点は実験誤差に大きな感度を示すことである．特にもし，FCCが小さな場合には，これが顕著になるだろう．Torresら（1986，1991）は，この実験誤差に対する感度を下げる方法を提案している．その方法は，"経路を短くする"方法である．ここで，すべての他の酵素（"予備の酵素"と彼らは呼んでいるが）は，そのFCCの影響を小さくするために，過剰に供給されている．この条件では，フラックス制御は注目している酵素に分散し，これらの酵素間の相対的なフラックス制御が酵素の滴定によって，定量化される．それで，*in vitro*で決められたFCCは*in vivo*のFCCに比例

---

[3] トリプトファン経路のフラックスが，例えば比増殖速度の測定を通して観察されたとき，小さなFCCが，個々の酵素活性の菌体合成全体への影響として観察されていることは明らかである．事実，微生物合成のFCCは，すべての微生物合成の多くの酵素に分布していると考えられるので，著者らが，0.05や0.17といったオーダーで見つけていることは驚きである．

することになる（大きさは，*in vitro* の測定の方が大きいだろう）．この方法での重要な仮定は，フィードバックやフィードフォーワードの調節ループは，注目している経路内で確定しており，酵素の飽和の度合いは添加中，変化しないということである．この滴定の方法は，Torres らによって（1986）始められており，ラットの肝細胞の抽出物に対して解糖系の酵素の研究に応用された．アルドラーゼ，トリオースリン酸イソメラーゼ，グリセロール3リン酸デヒドロゲナーゼは，過剰に供給された．ヘキソキナーゼ（**HK**），グルコース6リン酸イソメラーゼ（**GPI**），ホスホフルクトキナーゼ（**PFK**）の添加実験が行われた．これらの解析から，GPI は解糖系のフラックスを実際に制御していない（一般的な見地として，ヘキソースリン酸が代謝物のプールであることが認められていることと一致する．2.3.1 項参照）ことがわかる．一方，HK と **PFK** に対する FCC は 0.77，0.24 と決定された（サンメンションセオレムが満足されていることに注意されたい）．酵素滴定の方法はエレガントであるが，もちろん，酵素精製が行われている系にしか適用できない．さらに，注目している経路の部分を残りの代謝と切り離す必要があり，特にすべての調節機構ループが同定されていないシステムでは，これを行う必要がある．

特異的阻害剤の添加実験

多くの酵素に対して *in vivo* の酵素活性を変化させるのに使える特異的な阻害剤が存在する．その結果，起こったフラックス変化を測定すれば，阻害剤に対するレスポンス係数（式 (11.7)）が得られる．もし，阻害剤に対する酵素のレスポンス（つまり，エラシティシティ）がわかれば，FCC は式 (11.12) により計算できる．FCC は阻害剤がないような状態にして決めるべきなので，レスポンス係数は阻害剤濃度がゼロであるケースに対して評価されなければならない．

$$\left.\frac{c_\mathrm{I}}{J}\frac{dJ}{dc_\mathrm{I}}\right|_{c_\mathrm{I}=0}=R_\mathrm{I}^J=C_i^J\,\varepsilon_i^i=C_i^J\frac{c_\mathrm{I}}{v_i}\left.\frac{\partial v_i}{\partial c_\mathrm{I}}\right|_{c_\mathrm{I}=0} \tag{11.28}$$

または

$$C_i^J=\frac{1}{J}\left.\frac{dJ}{dc_\mathrm{I}}\right|_{c_\mathrm{I}=0}\left(\frac{1}{v_i}\left.\frac{\partial v_i}{\partial c_\mathrm{I}}\right|_{c_\mathrm{I}=0}\right)^{-1} \tag{11.29}$$

不可逆的な阻害剤に対しては，酵素活性は阻害剤の濃度に対して"直線的に"減少する．そのようなケースでは，式 (11.29) の大括弧内の値は，酵素活性が完全に阻害される阻害剤濃度（$-c_\mathrm{I,\,max}$）の負の値に等しい．このとき，FCC は式 (11.30) のように与えられる（Groen ら，1982）．

$$C_\mathrm{I}^J=-\frac{c_\mathrm{I,\,max}}{J}\left.\frac{dJ}{dc_\mathrm{I}}\right|_{c_\mathrm{I}=0} \tag{11.30}$$

式 (11.30) の最後の項は阻害の実験曲線の濃度ゼロにおける傾きから評価される．しかし，もし，阻害剤の反応速度に対する影響が既知であるなら，式 (11.29) の最後の項は簡単に評価できる．

阻害剤の添加は，おそらく，FCC を決定するのに最も広く用いられている方法である．特に，単離したミトコンドリアと細胞の呼吸に対する研究では，この方法が用いられている．Groen ら（1982）はラットの肝細胞のミトコンドリアについて研究し，コハク酸を基質として阻害剤

表11.1 ラット肝細胞ミトコンドリアの酸化的リン酸化の各ステップのFCC.

酵素	各ステップ	阻害剤	FCC
アデニンヌクレオチドトランスロケータ	ミトコンドリアから細胞質へのATPの輸送	カルボキシアトラクチロシド	0.29 ± 0.05
プロトンリーク[a]	プロトン勾配のリーク	プロトンアンカップラ	0.04 ± 0.01
ジカルボキシレートキャリア	ミトコンドリアへのコハク酸の輸送	フェニルサクーシネト	0.33 ± 0.04
チトクローム c オキシダーセ	酸素への電子の輸送	アザイド	0.17 ± 0.01
bc_1 コンプレックス	コハク酸デヒドロゲナーゼ	ヒドロキシキノリン N オキシド	0.03 ± 0.005
ヘキソキナーゼ[b]	ATP排出	—	0

[a] プロトンのリークに対するFCCの推定において,酸化的リン酸化反応はオリゴマイシン,プロトンアンカップラー(グリコール二(β-アミノエチル)N, N, N', N'テトラ酢酸を種々の濃度で添加することによってブロックされた.この方法は,インプリシットに,プロトンリークのFCCはADPの再生がないとき1であるという仮定を示している.これは,Brandら(1988)によって指摘されている(例12.3参照).データはGroenら(1982b)による.

[b] ヘキソキナーゼのFCCは精製酵素の添加によって決定された.

を利用し,酸化的リン酸化反応の各段階でのFCCを決定した.表11.1に彼らの結果をまとめる.Fell(1992)は,FCC決定に阻害剤の添加実験を用いた多くの他の応用研究についてもレビューしている.これらの中で,Walterら(1987)によってなされた*Clostridium pasteurianum*の解糖系の調節におけるグルコースPTSの役割についての研究について述べる.この研究は,グルコースPTSの特異的阻害剤としてキシリトールが用いられ,輸送システムの解糖系フラックスへのFCCは0.14と決定された.

阻害剤の添加を用いる方法の主な問題点は,フラックス対阻害剤の阻害曲線の濃度ゼロの点の傾斜を用いることである.つまり,式(11.30)の最終項を決定するために,阻害剤の濃度がゼロになるよう曲線を外挿しなければならないことである.フラックスと阻害剤の関係は,非常に強い非線形性を示し,このことが,Box 11.3で議論した問題を引き起こす.原点付近で曲線を直線に近似することは,信頼性が低く,多項式などの非線形関数を用いてカーブフィッティングすれば,推定値はいくらか精度が改善される(Small, 1993).この方法の,もうひとつの限界は,阻害剤が完全に特異的でシステム内の他の系に全く影響しないという仮定にある.

11.2.2 FCCの間接的決定法

この項で述べられる方法は,間接的な方法である.つまり,エラシティシティをまず,実験的に検証した後,フラックスコントロール係数はMCAのセオレムを使って決定する.このアプローチにおける2つの大きな仮定は,(1)代謝システムは正確に記述されている.つまり,すべての反応や調節による相互作用は明らかとなっており,システムの記述の中にこれが含まれている,(2)定常状態において,また初期基質濃度や最終生産物濃度が定数として与えられる,ということである.これらの仮定を確かめるために,少なくとも1つのコントロール係数を直接法によって確認することが望まれる.ラット肝細胞の糖新生の解析で,Groenら(1986)は,すべてのエラシティシティ係数を決定し,(例11.2参照)経路のFCCを決定するために

11. メタボリックコントロールアナリシス

MCAのセオレムを使った.この結果をチェックするために,基質であるピルビン酸に対するレスポンス係数が決定された.最初の反応(ピルビン酸カルボキシラーゼ)のピルビン酸に関するエラスティシティもまた決定されたので,最初のステップのFCCは,レスポンス係数(式 (11.12))の定義を使って,計算された.

いくつかの異なるアプローチが,エラスティシティを決定するために使われている.最もよく使われる方法を次に紹介しよう.

ダブルモデュレーション(2つの摂動実験による解析)

この方法を紹介するために,EMP経路のヘキソースイソメラーゼの反応を考えよう.

$$\cdots \longrightarrow \text{グルコース6リン酸} \xrightarrow{\text{GPI}} \text{フルクトース6リン酸} \longrightarrow \cdots \tag{11.31}$$

イソメラーゼの反応速度は,両物質濃度に依存し,$v_{\text{GPI}} = f(c_{\text{G6P}}, c_{\text{F6P}})$ と表せる.定常状態で,この反応速度は,EMP経路のフラックス J と等しく,つまり

$$dJ = \frac{\partial v_{\text{GPI}}}{\partial c_{\text{G6P}}} dc_{\text{G6P}} + \frac{\partial v_{\text{F6P}}}{\partial c_{\text{F6P}}} dc_{\text{F6P}} \tag{11.32}$$

と書ける.この式を定常状態のフラックスで規格化すると

$$d \ln J = \varepsilon_{\text{G6P}}^{\text{GPI}} d \ln c_{\text{G6P}} + \varepsilon_{\text{F6P}}^{\text{GPI}} d \ln c_{\text{F6P}} \tag{11.33}$$

と書き直せる.

コントロール実験で,2つの代謝物質の濃度と定常状態のフラックスの測定が可能である.また,摂動実験として次のような実験を考える.例えば,細胞外のグルコース濃度の値を変化させると,その結果として代謝物の濃度とフラックスが変化する[4].式 (11.33) の微分を有限の変化に近似すると,この摂動実験は,フラックスや濃度の測定から2つのエラスティシティに関係した式を与えることができる.もし,2番目の摂動実験が行われたら,もう1組のフラックスや代謝物の濃度の変化のデータの組が決定できる.これらの2つからエラスティシティを決定できる.

このアプローチは,ダブルモデュレーションと呼ばれ,最初にKacser and Burns (1979) によって紹介された.2つの摂動実験が2つの独立な式をもたらすものでなければならないことは明らかである.つまり,

$$\frac{d \ln c^1_{\text{G6P}}}{d \ln c^1_{\text{F6P}}} \neq \frac{d \ln c^2_{\text{G6P}}}{d \ln c^2_{\text{F6P}}} \tag{11.34}$$

の関係が守られなければならない.式 (11.34) の上付き文字は,対応する摂動実験によってもたらされる測定を表している.もし,式 (11.34) の2項の違いが小さければ,エラスティシティ計算のための2つの式は特異に近く,解の実験誤差に対する感度は大きくなるだろう.実際,多くの経路で,式 (11.34) の線形独立な関係を満たす測定値を得るのは実験的に困難であるかもしれない.そのような測定値が線形独立であるような確率を上昇させるためには,

---

[4] ケモスタットの実験は,定常状態における細胞外グルコース濃度を測定できるので,明らかにこの種の実験に向いている.さらに,EMP経路のフラックスはケモスタットにおいて高い精度で推定できる.また,細胞内の代謝物質濃度を決定できるデータを取得するのに十分なサンプルを得ることもできる.

注目している経路の上流と下流の両方において摂動を導入する実験を組む必要があるだろう（Fell, 1992）．この方法のもうひとつの欠点は，有限の変動によって微小変動を十分満足に近似するために，小さな変動実験を行うことが要求されるということである．そのような変化は，大きな実験誤差を含むことが多い．ほとんどの酵素反応に対しては，反応物や生成物のほかにもコファクタや阻害物質のような多くのエフェクタが存在する．これは，反応速度は，上の例で挙げたような反応物と生成物の濃度以上に多くの物質の関数となっていることを示している．これらの変数の効果を記述するために異なるエラスティシティが必要であり，それゆえ，2つ以上の線形独立なの摂動実験を行うことが必要となる．

シングルモデュレーション

もし，エラスティシティ係数の1つが，式（11.31）のように反応シーケンスの中の1つの反応について既知ならば，もうひとつのエラスティシティ係数は，1つの変動実験によって決定できる．このアプローチの利点は，同じタイプではあるが，異なる大きさの変動が利用できて，式（11.33）の異なる項を決定する視覚的な方法を使うことができる．Groenら（1986）は，この方法をピルビン酸キナーゼのホスホエノールピルビン酸に関するエラスティシティ係数やピルビン酸カルボキシラーゼの細胞質内オキザロ酢酸に関するエラスティシティ係数の決定に使った（例11.2参照）．この方法は，明らかに2段階の変動実験より，ロバストな方法である．しかし，それでもなお，その信頼性は式（11.3）の微分をいかに良好に推定するかにかかっているということができる．また，もちろん1つのエラスティシティ係数は既知である必要がある．

トップダウンアプローチ

多くの状況で，"すべての"FCCが与えられた詳しい情報が実際に必要なわけではないということが起こる．その代わりに，フラックスの制御の主要な部分がどのグループに存在するかということが重要な場合もある．これにより，代謝のどの部分に焦点を当てるのが適当かを絞ることができるのである．また，この方法を繰り返すことによってフラックスの制御を，より小さなグループに限定していくことができる．反応をグループ化することは，代謝フラックスの制御を解析する上で，重要なコンセプトである．このことは，13章で詳しく述べる．基本的なアイデアは，"トップダウンアプローチ"から導かれているが，これをMCAに最初にもち込んだのはBrand, Brownとそのグループであった．ここで研究された経路は，1つの共通した代謝物質によって分割された2つの区分経路（またはグループ経路）として扱われる（Brownら，1990a；Hafnerら，1990）．

$$S \xrightarrow{\text{Group 1}} X \xrightarrow{\text{Group 2}} P \qquad (11.35)$$

分岐した経路においては，共通の中間物質Xは明らかに分岐点の物質である．一方，直線状の経路に対して，XはK個の経路内の物質のうちの1つである．グループフラックスコントロール係数がグループ内の反応によってもたらされるフラックスの制御の測度として与えられる．式（11.35）のように2つのグループに対するグループフラックスコントロール係数はグループ内の個々のフラックスコントロール係数の和であることは容易に示すことができる（Brownら，1990a）．グループフラックスコントロール係数のサンメンションセオレムは，

●11. メタボリックコントロールアナリシス

$$C_{\text{Group 1}}{}^J + C_{\text{Group 2}}{}^J = 1 \tag{11.36}$$

のように表すことができる.

グループのFCCに加えて，中間代謝物質のエラシティシティ係数は，その代謝物質がグループ内の代謝物質が反応速度に与える影響として表される（13章も参照）.

$$\varepsilon_{\text{X}}{}^{\text{Group }i} = \frac{c_{\text{X}}}{v_{\text{Group }i}} \frac{\partial v_{\text{Group }i}}{\partial c_{\text{X}}} \quad i \in \{1, 2\} \tag{11.37}$$

コネクティビティセオレムと同じ考え方でグループエラシティシティ係数とグループフラックスコントロール係数は，

$$C_{\text{Group 1}}{}^J \varepsilon_{\text{X}}{}^{\text{Group 1}} + C_{\text{Group 2}}{}^J \varepsilon_{\text{X}}{}^{\text{Group 2}} = 0 \tag{11.38}$$

グループ濃度コントロール係数についても同じような拡張ができる（Brownら，1990a）.

経路が区分化できたとき，全体のエラシティシティ係数がわかる．つまり，ダブルモデュレーションによってか，または，もし，片方のエラシティシティ係数が既知であれば，もう片方は，シングルモデュレーションによって決定することができる．式（11.36）と式（11.38）から，グループFCCが計算され，2つのグループ化された経路におけるフラックスの制御の様子を見ることができる．原理的に経路はどんな点でもグループ化できるので，最も大きいグループFCCをもつグループの個々の反応をさらに詳しく調べていくことが必要となる．しかし，ダブル（またはシングル）モデュレーションを行うために前もって必要なことは，中間物質Xより他のエフェクタがないことを確認しておくことである．これは，このグループ化において起こり得る大きな欠点である．そのような相互作用の強さが評価できる方法と，相互作用の強さやフラックス測定からFCCの決定に対する影響の強さを評価することが13章で示される．トップダウンアプローチはBrand, Brownらのグループで開発され，酸化的リン酸化反応に応用された（例11.3参照）．13章では，このアプローチについてさらに詳しく述べ，複雑な反応経路の解析の応用について示す.

カイネティックモデルからのエラシティシティ係数の計算

もし，正確な数式モデルが酵素反応に対して利用可能であれば，そのエフェクタや基質に関するエラシティシティは，エラシティシティ係数の定義を使って簡単に計算することができる．コントロールアナリシスの目的に対しては，すべてのエフェクタのカイネティックな効果が正確に詳述されている限り，それが機構的に正確に表現されているかどうかは問題ではない．このアプローチは，前向きな方法で，とてもロバストであるが，基本的な問題を含んでいる．*in vitro* の実験で得られた酵素カイネティクスが，正確に *in vivo* の酵素の機構を表現しているのか，ということである．幸運にも $v_{\max}$ の値がエラシティシティ係数の計算の中に影響しない場合は，問題は，親和力 K_m の値に帰着される．この値もまた，これらの研究で非常に考慮すべき重要なエフェクタである．さらに，小さなエラシティシティ係数は一般に大きなフラックスコントロール係数をもたらすので，低いエラシティシティ係数をもつエフェクタは，フラックスコントロールの解析で最も重要である．一方，ほとんどの *in vitro* の酵素カイネティクスの研究は，大きなエラシティシティをもつエフェクタの研究なのである．*in vitro* カイネティックデータを使う際に注意すべきもうひとつの点は，酵素カイネティクスの研究のほとんどが，

生産物濃度が 0 に近い，初期反応速度を測定するものに基づいていることである．明らかに実験の状態は *in vivo* の状態を代表するものではない，ということである．

カイネティックモデルからのエラティシティの決定の多くの例が報告されている．ラット肝細胞における糖新生の解析において Groen ら（1986）は，この方法を使って，エラティシティ係数のいくつかを決定し（例 11.2 参照），Galazzo and Bailey（1990）は，*S.cerevisiae* の解糖系において，すべての鍵となるステップに対するグループエラティシティ係数を決定した．これらを使って，グルコースからエタノールへの経路の FCC を撹拌培養と固定化培養において計算した．このトピックは 12 章と 13 章でさらに詳しく紹介される．

11.2.3 遷移状態の代謝物濃度の測定値の利用

FCC は定常状態におけるシステムに対して定義されているが，Delgado and Liao（1992a, b）は遷移状態の代謝物質濃度の測定から直接 FCC を決定する方法を提案した．この方法は 4 つの仮定を設けている．

1. 細胞外の代謝物質の蓄積はカイネティクスに影響を与えない．または，これらの濃度は定常状態のレベルに制御されている．
2. 定常状態近傍における酵素のカイネティクスの線形近似が代謝物質の濃度の広い範囲で成り立っている．この仮定は後に，少しゆるめられることになる．
3. 代謝物質濃度の測定から経路における遷移状態のフラックスを決定できなければならない．
4. 代謝物質はシステムの中で一様に分布していなければならない（これは MCA の一般的な仮定でもある）．

これらの仮定をもとに，FCC と個々の酵素の反応フラックスとの間の次のような関係が導かれる（Box 11.3 参照）．

$$\sum_{i=1}^{L} C_i^J \left(\frac{v_i(t)}{J_i} \right) = 1 \tag{11.39}$$

ここで，$v_i(t)$ は，i 番目の反応の遷移状態のフラックスで J_i は定常状態のフラックスである．遷移状態のフラックスは代謝物質の濃度から評価できることがわかる．式（11.39）は，代謝経路の FCC を決定するために使われる．しかし，代謝物質濃度から厳密に FCC を決めることは微分量を決定するということを含んでいる．その方法は適用が難しく，誤差を含みやすい．この理由のために，Delgado and Liao（1992a）は，式（11.39）を積分した，もう 1 つの方法を提案した．このアプローチによれば，係数 α_j の組は，遷移状態の代謝物質濃度から次の式を利用して決めることができる．この式は式（11.39）を積分したのと同じである．

$$\sum_{j=1}^{K} \alpha_j \left(c_j(t) - c_j(0) \right) = t \tag{11.40}$$

経路の FCC は，式（11.40）に示された係数 α_j に関係する．直線状の経路では，これらは次のような関係式にまとめられる．

$$(C_1^J \quad C_2^J \quad \cdots \quad C_L^J) = (\alpha_1 \quad \alpha_2 \quad \cdots \quad \alpha_K) G^* J \tag{11.41}$$

ここで，J は経路を通る定常状態のフラックス，G^* は経路の化学量論行列である．式（11.41）における化学量論行列は，それが代謝経路の基質と生産物に関する化学量論係数を含んでいる必要があるので，3章で紹介した細胞内化学量論行列と全く同じではない（つまり，第1列に基質に関する量論係数，最終列に生産物に関する量論係数を含んでいる）．分岐点を含んだ経路では，式（11.41）と等価な式（11.42）を決定することになる．

$$C^J = (\alpha_1 \quad \alpha_2 \quad \cdots \quad \alpha_K) G^* J \tag{11.42}$$

ここで C^J はすべてのFCCを含む行列である（式（11.26）参照）．そして，J は，対角要素に個々の分岐を通るフラックスを含む対角行列である．

α_j の係数は，遷移状態の代謝物質濃度の測定値にモデルが合うよう，回帰によって決定することができる．つまり，例えばケモスタットの定常状態でパルスを添加するような実験を行えばよい（式（11.40））．これらの係数は，式（11.41）か式（11.42）からFCCを決定するために使われる．もし，1つの代謝物質の濃度が他の線形結合で表されるなら，代謝物質濃度間に線形束縛が存在するので，式（11.40）に最小二乗的にデータを合わせることは不可能である．そのような束縛条件の例は物質収支式で

$$\sum_{i=1}^{K+2} [c_i(t) - c_i(0)] = 0 \tag{11.43}$$

と表される．化学量論による束縛条件はNAD^+や$NADH$のような保存された物質について存在する[5]．これらの束縛条件が式（11.40）で取り除かれたとしても，これらの物質の測定と，それに対応する化学量論行列の行を取り除くことを勧める．測定値を取り除くかどうかという規準は，その測定値が不確定性を最大に含むかどうかということである．

もし，化学量論の束縛条件がないとしても，代謝物質のいくつかは，まだカイネティクスからいって線形に関係しているかもしれない．例えば，もし1つの反応がもうひとつの反応よりずっと速ければ，この反応は摂動を導入した後，すぐ平衡に達すると考えられる．その結果，この反応の基質と生産物の濃度は平衡定数に従って一定となる．もし平衡反応の特性が先験的にわかっていたら，Delgado and Liao（1992a）は代謝物質をひとまとめにして1つのプールとして扱うことを勧めている．

遷移状態の代謝物質濃度を測定するアプローチは濃度コントロール係数を決定するためにも使える（Delgado and Liao, 1992a）．ここで解析は，式（11.39）と同じような式を基礎にしている．

$$\sum_{i=1}^{L} C_i^{X_j} \left(\frac{v_i(t)}{J_i} \right) = 1 - \frac{c_j(t)}{c_{j,ss}} \tag{11.44}$$

ここで，$c_{j,ss}$ は定常状態の代謝物質濃度である．式（11.39），（11.44）は，明らかに代謝物質の濃度と個々の反応のフラックスは，定常状態からの摂動に対して別々に変化するのではない

---

[5] 細胞内物質に対する化学量論行列 G の定義において，1つの量論係数は，保存されているすべての物質に対して含まれる．つまり，NAD^+か$NADH$のどちらかに対する量論係数だけが存在する．したがって，化学量論行列 G には線形従属な関係はない．また，それゆえ，この行列の定義において化学量論的な束縛条件はない．

ことを示している．なぜなら，それらは，定常状態のシステムのコントロール係数によって束縛されるからである．式（11.44）の積分型は，定常状態で濃度コントロール係数の決定のために使われ，これを用いて代謝物質濃度の線形関数の最小二乗回帰を行うことができる．

遷移状態の代謝物質濃度を測定する方法は，コントロール係数の決定が比較的容易に行えるので非常にエレガントな方法である．この方法に対する批評は，最近 Nielsen（1997）によって示されている．この方法は反応のカイネティクスが代謝物質濃度の対数に関して線形に記述できるときにのみ有効であることも示された．このタイプの線形化は一般に反応カイネティクスの，より正確な記述を与えるものである．この方法の完全な経路での実用例はまだない．Delgado ら（1993）は，*in vitro* で部分的に解糖系を再構築したヘキソキナーゼとホスホフルクトキナーゼの FCC を決定するのに，この手法を用いた．FCC はまた，酵素の添加実験によっても決定され，この 2 つの方法の結果はよく一致することがわかった．この方法のもう 1 つの問題は，測定誤差に対するコントロール係数決定の感度の問題である（Ehlde and Zacchi, 1996）．これは，個々の代謝物質濃度間で高い相関がある場合に問題となる．この方法の理論的な解析をもとに（Monte Carlo シミュレーションを使って）Ehlde and Zacchi（1996）は，ノイズに汚された現実の実験データからコントロール係数をうまく求めるのは難しいと結論している．

11.2.4　カイネティックモデル

完全なカイネティックモデルが，研究している経路に対して与えられたとき，原理的には，MCA の概念は必要ない．もし，生化学モデルが十分ロバスト（現実のプロセスを表現している）であれば，酵素活性の小さな摂動に対しても，大きな変動に対してもそれらの与える影響を予測することができる．さらに，生化学モデルの構造は，普通，代謝物質やエフェクタのレベルの反応速度に対する影響を明らかにしている．この事項があるにもかかわらず，このカイネティックモデルを使って，異なる条件での MCA の係数を決定するのには意味があるかもしれない．というのは，これらの係数はフラックスの制御に関する定量的な情報を簡潔に示すことのできるものだからである．完全な経路に対してカイネティックモデルを利用することに対する一般的な批判は，いくら細かく記述したとしても，すべての起こり得る相互干渉を記述しきれていないのではないかという点である．それゆえ，これらはシステムに対して，1 つのモデルとして表されているにすぎない．特に，もしカイネティックモデルが予測に使われるのなら，モデルのロバスト性は，非常に重要である．残念ながら，ほとんどの生化学モデルは，それが細かく記述されたものでも，パラメータが推定された運転条件において有効か，それとも，その条件の近傍においてのみ有効である．つまり，予測能力には限界があるということである．しかし，複雑な系の解析では，すべての変数の定量的に正しく記述したモデルが必要であるのではなく，この系で最も重要な相互作用の定性的に正しい記述を与えるモデルが必要なのであろう．それが，フラックスコントロールの研究に大きく役立つと考えられる．

11.3　直線状の代謝経路の MCA

本節と次の節では，それぞれ，直線状の経路および分岐のある経路の MCA について述べる．それぞれのケースに特別な式の形が導かれ，その応用例が示される．

$L-1$ 個の代謝物質，L 個の酵素反応に対して考えよう．つまり，酵素反応より 1 つ少ない

11. メタボリックコントロールアナリシス

代謝物質の系について考えよう.このケースでは,定常状態ですべての反応速度は等しく,1 つのフラックスだけが存在する.経路内の反応の全体の経路のフラックスに対する影響,すなわち,フラックスコントロール係数はL個あって,未知である.FCCは$L-1$個のコネクティビティセオレムとサンメンションセオレムから決定できる.これらのセオレムはエラシティシティ係数からL個のフラックスコントロール係数を与えてくれるのである.同様に濃度コントロール係数が対応するサンメンションセオレムとコネクティビティセオレムから決定される.フラックスコントロール係数と濃度コントロール係数の式は,全部でL^2個あり,Fell and Sauro (1985) によって示された行列の表示法により,簡便に記述することができる.

$$\begin{bmatrix} 1 & 1 & \cdots & 1 \\ \varepsilon_{X_1}^{\ 1} & \varepsilon_{X_1}^{\ 2} & \cdots & \varepsilon_{X_1}^{\ L} \\ \cdot & \cdot & \cdots & \cdot \\ \varepsilon_{X_K}^{\ 1} & \varepsilon_{X_K}^{\ 2} & \cdots & \varepsilon_{X_K}^{\ L} \end{bmatrix} \begin{bmatrix} C_1^{\ J} & -C_1^{\ X_1} & \cdots & -C_1^{\ X_{L-1}} \\ C_2^{\ J} & -C_2^{\ X_1} & \cdots & -C_2^{\ X_{L-1}} \\ \cdot & \cdot & \cdots & \cdot \\ C_L^{\ J} & -C_L^{\ X_1} & \cdots & -C_L^{\ X_{L-1}} \end{bmatrix}$$

$$= \begin{bmatrix} 1 & 0 & \cdots & 0 \\ 0 & 1 & \cdots & 0 \\ \cdot & \cdot & \cdots & \cdot \\ 0 & 0 & \cdots & 1 \end{bmatrix} \tag{11.45}$$

この式は,直線状の経路では,式 (11.26) の一般化された式であるということがすぐにわかる.ここで,パラメータエラシティシティ行列$\boldsymbol{P}$は単位行列である.もし,エラシティシティ行列が正則であれば,コントロール係数は逆行列を使って求められる.このように,コントロール係数によって表現されたシステムの特性は,エラシティシティ係数に反映される酵素の局所的なカイネティクスと関係していることがわかる.

これらの考え方を示すために,式 (11.1) で示された単純な2段階反応へ戻ろう.式 (11.45) は次のように簡略化できる.

$$\begin{bmatrix} 1 & 1 \\ \varepsilon_X^{\ 1} & \varepsilon_X^{\ 2} \end{bmatrix} \begin{bmatrix} C_1^{\ J} & -C_1^{\ X} \\ C_2^{\ J} & -C_2^{\ X} \end{bmatrix} = \begin{bmatrix} 1 & 0 \\ 0 & 1 \end{bmatrix} \tag{11.46}$$

これを解くと[6]

$$\begin{bmatrix} C_1^{\ J} & C_1^{\ X} \\ C_2^{\ J} & C_2^{\ X} \end{bmatrix} = \begin{bmatrix} \dfrac{\varepsilon_X^{\ 2}}{\varepsilon_X^{\ 2} - \varepsilon_X^{\ 1}} & \dfrac{1}{\varepsilon_X^{\ 2} - \varepsilon_X^{\ 1}} \\ -\dfrac{\varepsilon_X^{\ 1}}{\varepsilon_X^{\ 2} - \varepsilon_X^{\ 1}} & -\dfrac{1}{\varepsilon_X^{\ 2} - \varepsilon_X^{\ 1}} \end{bmatrix} \tag{11.47}$$

となる.普通,反応のエラシティシティは生産物に対しては,負で,基質に対しては,正の影響をもつ.そのため,$\varepsilon_X^{\ 1}$は負で$\varepsilon_X^{\ 2}$は正である.それで,コントロール係数に対する分母は正

---

[6] この解は,式 (11.26) で与えられたMCAの一般解

$$\begin{bmatrix} C_1^{\ J} & C_2^{\ J} \\ C_1^{\ J} & C_2^{\ J} \end{bmatrix} = \begin{bmatrix} 1 & 0 \\ 0 & 1 \end{bmatrix} + \begin{bmatrix} \varepsilon_X^{\ 1} \\ \varepsilon_X^{\ 2} \end{bmatrix} (C_1^{\ X} \quad C_2^{\ X})$$

と矛盾しないことに注意したい.

である．この結果，両方のFCCは正となる．フラックス制御の分布は，エラスティシティの値に依存する．大きなエラスティシティは，小さなFCCを作り，小さなエラスティシティの場合は，その逆となる．最初の反応の代謝物質に対するエラスティシティがとても低ければ，実質的に不可逆の反応に対して，最初の反応のFCCが1に近づき，これが"真の律速段階の"反応となる．代謝物質に関する最初の反応のエラスティシティがゼロの場合にのみ，すなわち，反応生産物が反応速度に全く影響を及ぼさないときにのみ，2つの反応のFCCは，代謝物質とは全く関係なく正確に1とゼロとなる．しかし，実際には，不可逆反応においても，生成物に対するエラスティシティはゼロではなく，真のボトルネックの反応の状態は，実際には，はっきり決まっていない．直線状の反応において，もし，すべての反応がMichaelis-Menten型の不可逆反応であれば，生産物のエラスティシティは，すべてゼロになるということは興味深い．そして，1番目の反応を除いて残りすべての反応のFCCはゼロとなる．1番目の反応のFCCは1となる．しかし，もし，最初の反応の酵素活性が劇的に上昇したときに，中間物質濃度も上昇し，結局2番目の反応が飽和するということを現実的に我々は知っている．このようなときは，結果として代謝物質に関するエラスティシティが低いことを意味する．そして，2番目のFCCが大きな値となる．実際，2番目の反応活性の上昇が経路のフラックスに対して大きなインパクトをもたらすだろう．つまり，蓄積している中間物質が消費されることになるだろう．この場合には，解を得るには悪い状況が起こるということも知っておかなければならない．逆行列から得られる解は代謝物質の濃度のデータに対して非常に高い感度となり得る．

　もし，代謝物質Xの濃度が最初の反応に対し，負の効果があり，2番目の反応に対して正の効果があるとすれば，最初の反応の濃度コントロール係数は正である（つまり，反応速度が上昇すれば，代謝物質の濃度が上昇することを意味する）．一方，2番目の濃度コントロール係数は負となる（つまり，2番目の反応速度が上昇すれば，代謝物質濃度は減少することを意味する）．もし，エラスティシティ係数の，1つの大きさが大きければ，その濃度コントロール係数は小さくなり，その逆は反対の結果をもたらす．したがって，もし反応が代謝物質濃度に対して，エラスティック（柔軟）であれば，反応速度の変化は，反応速度が新しい環境条件に適応しやすいので，代謝物質濃度に対しての効果は小さいだろう．

例11.1　ペニシリン生合成経路のMCA

　ペニシリンの生合成は，Nielsen（1996）のレビューに示されているように，正確なモデルが確立されている．経路は3つの酵素反応からなり（図11.3），最初の2段階のステップは，βラクタム系抗生物質の生合成に共通のものである（異なる微生物間であっても酵素間のホモロジーが非常に高い）．経路の第一段階は，3つのアミノ酸，L-α-アミノアジピン酸，L-システイン，D-バリンからトリペプチド，L-α-アミノアジピル-L-システニル-D-バリン（LLD-ACV）を合成する反応である．L-システイン，D-バリンは，すべての微生物でよく知られたアミノ酸であり，一方，L-α-アミノアジピン酸はカビのリジン合成系の中間物質である．トリペプチドLLD-ACVの生成は，単一の多機能酵素，ACVシンセターゼ（ACVS）によって触媒される．経路の2段階目はLLD-ACVの酸化的閉環により，イソペニシリンNを合成することである．これは，イソペニシリンNシンセターゼ（IPNS）によって行われ，フリーの酸素が電子受容体となる．最後のステップは，アシルCoA・イソペニシリンアシルトランスフェラーゼ（AT）によって，イソペニシリンNからペニシリンVに変換される反応である．1段階または2段階

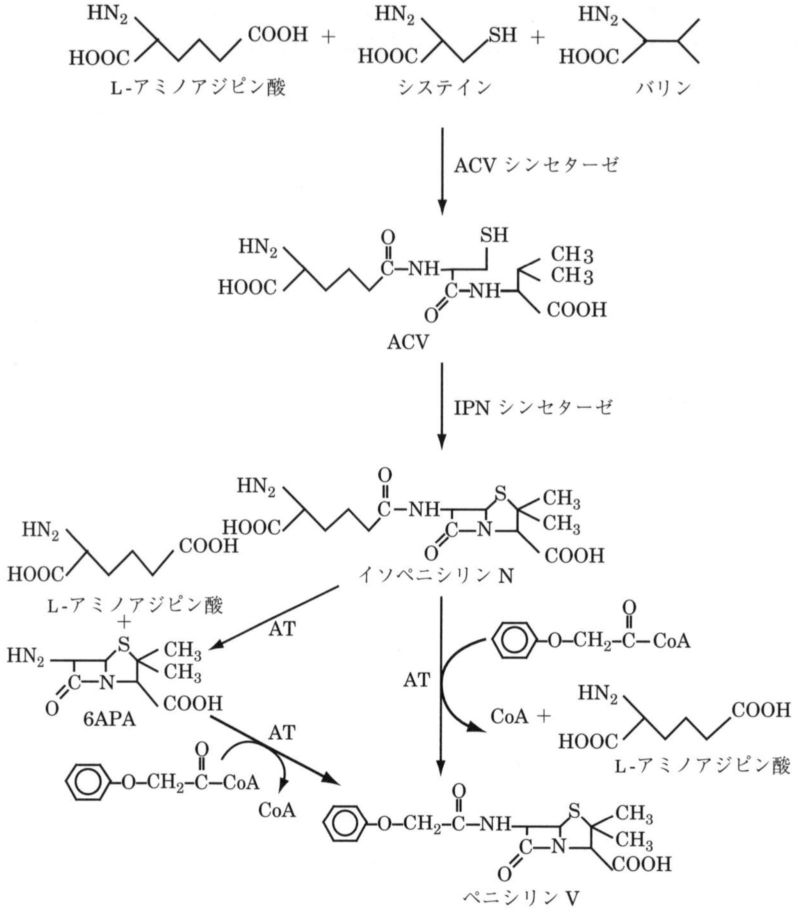

●11. メタボリックコントロールアナリシス

図11.3 *Penicillium chrysogenum* におけるペニシリン合成経路

反応のメカニズムによって，この反応は起こる．2段階反応のメカニズムは，α-アミノアジピン酸が放出されて，6APAとなる．もし，活性な前駆体，フェノキシアシルCoAがあれば，ATに結合したあと，ペニシリンVが合成される．1段階反応の場合は，イソペニシリンNのα-アミノアジピン酸の側鎖が，酵素からの6APAが遊離することなしに，変換反応が進む．

経路のメタボリックコントロールアナリシスは，NielsenとJørgensenによって行われた．彼らの研究では，カイネティクスの記述は，最初の2段階の反応について提案された．ACVSとIPNSのカイネティクスの表現から，エラスティシティ係数が決定され，MCAのセオレムが最初の2段階の反応についてFCCを決定するために使われた．最後の酵素（AT）の酵素活性の測定からATによって制御されている度合いは，非常に小さいものであると考えられた．この発見は，後にPissaraら（1996）による，より詳細なすべての反応の解析によって確認された．

ACVSは，合成に関与する個々のアミノ酸に対してMichaelis-Mentenカイネティクスを示すことがわかっている．NielsenとJørgensen（1995）は生産物LLD-ACVによってフィードバック阻害が起こることを見つけ，それゆえ，ACVSの反応を次の式で示した．

$$r_{\text{ACVS}} = \frac{v_{\max}}{(1 + K_{\text{aaa}}c_{\text{aaa}}^{-1} + K_{\text{cys}}c_{\text{cys}}^{-1} + K_{\text{val}}c_{\text{val}}^{-1})(1 + c_{\text{ACV}}K_{\text{ACV}}^{-1})} \tag{1}$$

最近，*P.chrysogenum* のACVSは精製され，LLD-ACVによる阻害が確認された（Theilgaardら，1997）．式（1）では，ATP，AMP，ピロリン酸，リン酸，CoA，Mg^{2+}を含むエフェクタの関数として，最大酵素反応速度が表されている．ATPは反応を活性化し，AMPやピロリン酸は反応を阻害する．モデル中の3つのMichaelis-Menten定数，K_{aaa}，K_{cys}，K_{val} は *S. clavuligerus* で報告された値，0.63, 0.12, 0.30 mMを用いている（*P.chrysogenum* のACVSはその当時特性解析が行われておらず，他のK_m値の利用はそれほど解析に大きく影響を及ぼさなかった）．KACVの値は，r_{ACV}をフィッティングすることにより同定された．この反応速度はペニシリン合成経路のフラックスとして測定された．

イソペニシリンNシンセターゼ（IPNS）はβラクタム合成経路の酵素の中で最も性質のよく知られた酵素である．この酵素は，鉄イオンを要求する酸化酵素である．LLD-ACVから4モルの水素を遊離させるときに，1モルの酸素の消費を伴う．*P.chrysogenum* のIPNSは精製され（Ramosら，1985），精製IPNSは，*in vitro* での酵素反応で，酸素分子，Fe^{2+}，ジチオスレイトール，アスコルビン酸を要求することがわかった．酵素活性は，LLD-ACVに対し，Michaelis-Mentenカイネティクスに従い，K_m値は，0.13 mMであった．さらに，グルタチオンによって見かけ上，K_i が 8.9 mMで競争阻害が起こった．精製IPNSに対する酸素濃度のカイネティクスへの影響は，報告がなかったが，Bainbridgeら（1992）の研究により，0.070～0.18 mMの範囲で（これは，空気の通気に対し25～70％の飽和状態に相当する），酸素濃度に1次反応カイネティクスを示すことがわかった．これは，LLD-ACVのイソペニシリンNへの変換が，溶存酸素濃度にとても敏感であることを支持するものである．この現象は，いくつかの他のβラクタム生産物に対しても実験的に観察されている．これらの結果をもとに，LLD-ACVからイソペニシリンN（IPN）への変換反応では，次のカイネティクスにより表現された．

$$r_{\text{IPNS}} = \frac{v_{\max} c_{\text{ACV}}}{c_{\text{ACV}} + K_m(1 + c_{\text{glut}}K_i^{-1})} \tag{2}$$

2つのパラメータ K_m と K_i の文献値は 0.13, 8.9 mMであった．

細胞内前駆アミノ酸とLLD-ACVの蓄積濃度，ACVS活性からLLD-ACV生産速度が式（1）のカイネティクスの式により計算された．トータルのペニシリン合成への測定値に推定値をフィットさせると K_{ACV} は 12.5 mMと推定された．これは，精製酵素の値（Theilgaardら，1997）より少し高い値である．明らかに，*in vitro* で決定された阻害パラメータは，機能的に正しい値である．一方，生産速度に合うように推定されたパラメータは，*in vivo* の他の影響を重ね合わせた値かもしれない．フィットした値は，実際のACVSの反応によく一致し，カイネティクスはよく表現されているといえる．IPNSの反応速度もよく一致するので，単純なカイネティクスの表現である式（1），（2）は最初の2段階の反応のカイネティクスをよく表現し，そのエラシティシティ係数とFCCを計算できると結論された．

ACVSとIPNSの反応のエラシティシティ係数がまず，反応速度式の微分をとることにより

$$\varepsilon_{\text{ACV}}^{\text{ACVS}} = -\frac{c_{\text{ACV}}K_{\text{ACV}}^{-1}}{1 + c_{\text{ACV}}K_{\text{ACV}}^{-1}} \tag{3}$$

11. メタボリックコントロールアナリシス

$$\varepsilon_{\mathrm{ACV}}{}^{\mathrm{IPNS}} = \frac{K_m(1 + c_{\mathrm{glut}} K_i{}^{-1})}{c_{\mathrm{ACV}} + K_m(1 + c_{\mathrm{glut}} K_i{}^{-1})} \tag{4}$$

のように求められる．式(3)，(4)は，エラシティシティ係数がグルタチオン濃度とLLD-ACV濃度の関数であることを示している．1番目の反応のLLD-ACVに対するエラシティシティ係数は，フィードバック阻害の効果によりネガティブである．一方，2番目の反応の係数はポジティブである．半回分培養の間，経路の代謝物質濃度に変化が生じるので，厳密には，定常状態という仮定は正しくない．しかし，時間スケールを調べると経路の代謝物質の蓄積は，LLD-ACVの蓄積があるものの半回分培養を通じて擬定常状態であると考えてよい(Pissaraら，1996)．それで，MCAのセオレムを応用し，遷移状態のグルタチオンやLLD-ACVの濃度からエラシティシティ係数が図11.4に示すように半回分培養の異なる点で計算された．

ACVSのエラシティシティ係数は負である，すなわち，LLD-ACV濃度が上昇すれば，LLD-ACVの合成速度は下がり，エラシティシティ係数の絶対値は半回分培養を通じて，LLD-ACVの濃度が高くなるので大きくなる．IPNSのエラシティシティ係数は反対に正である，つまり，LLD-ACVの濃度上昇の効果は正であるが，その絶対値は半回分培養を通じてIPNSがLLD-ACVに対して飽和する特性をもっているので減少する．

式(11.47)を使って，エラシティシティ係数からFCCが計算された．結果は図11.5に示

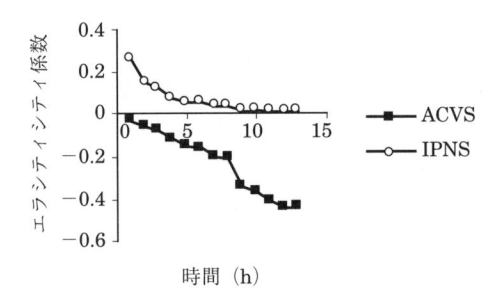

図11.4 半回分培養における，2つの酵素反応ACVSとIPNSのLLD-ACVに対するエラシティシティ係数．ACVSに対するエラシティシティ係数は負となる．

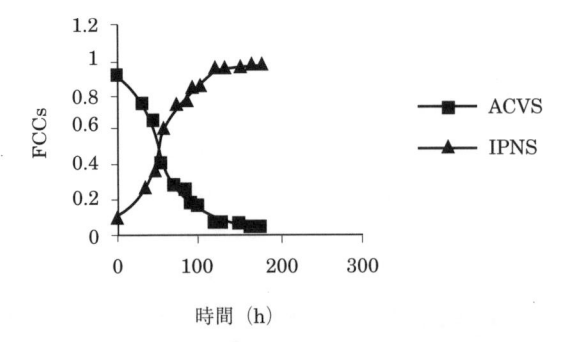

図11.5 半回分培養における，2つの酵素ACVSとIPNSのFCC．

す．最初に，ACVSのFCCは高く（1に近く），これは，中間物質LLD-ACVの阻害が小さいためである．しかし，LLD-ACV濃度が上昇すれば，FCCはACVSからIPNSに徐々にシフトし，後には70%のフラックスの制御はIPNSに依存する．FCCのACVSからIPNSへのシフトがあるので，2つの酵素のどちらが律速酵素であるというこということはできない．これは，FCCが与えられた経路の中でも，定数ではないことを示すものである．

もうひとつの興味深い現象は，IPNSに対し，式（2）のように提案されたカイネティクスは，溶存酸素濃度の上昇が，とても重要な役割を果たすかもしれないということである．なぜなら，IPNSの小さな活性上昇が，ACVSの阻害によりLLD-ACVの蓄積を妨げるからである．溶存酸素濃度のペニシリン生合成に関する影響は，Pissaraら（1996）によって図11.3のすべてのカイネティクスに対して調べられた．ペニシリン合成のフラックスは，実際，溶存酸素濃度に感度が高く，低溶存酸素濃度では，IPNSのFCCは上昇した．これは，最近，Henriksenら（1997）によって実験的に確かめられた．彼らはグルコース制限のケモスタットで，低溶存酸素濃度の場合，LLD-ACV濃度が上昇することを確認した．式（3），（4）から，ACVSの反応のエラシティシティ係数が数値的に大きく，IPNSの反応のエラシティシティ係数が小さいことが明らかである．これは，IPNSに対するFCCが大きいことを意味するものである．

エラシティシティ係数から濃度コントロール係数も式（11.47）を使って計算された．ACVSに対する濃度コントロール係数は，培養開始時に約5であり，培養最終時には2となった．これは，代謝物質の濃度変化がACVSの活性に対して感度が低いことを意味する．これにより，LLD-ACVの蓄積が引き起こされる．高い濃度でのフィードバック阻害が反応速度を決めるので，その結果，代謝物質濃度は酵素活性の変化に対して感度が低くなるのである．

11.4 分岐のある経路に対するMCA

分岐のある経路に対するMCAの応用は，さらに複雑なものとなる．まず，複数のフラックスを扱うことになる．分岐した経路のそれぞれのフラックスはネットワークのすべての酵素反応に影響を受ける可能性がある．したがって，フラックスの制御を記述するFCCは"行列"で表示することになる．2番目に分岐のある経路において代謝物質の数は$L-1$より少ない．（ここで，反応の数をLとする）そして，一般に，エラシティシティ係数からFCCを計算するには，コネクティビティセオレム，サンメンションセオレムだけでは十分でない．しかし，そのような経路において，フラックスは独立ではなく，フラックスに関する物質収支式には，付加的な束縛条件が与えられ，それによって，酵素のエラシティシティ係数からFCCを決定することができる．これらの束縛条件は，構造的な関係に基づくものであり（Reder, 1988），その束縛条件は，ネットワークの化学量論から決定されるものである．エラシティシティ係数からコントロール係数を計算する際には，分岐したことによって"失われた"式の数が，構造的な関係から与えられるのである．それによって，やはり，コントロール係数はこの場合にも決定することができるのである．構造的な関係の一般的な定式化は，比較的複雑である．この一般的なケースの表現を容易にするために，まず，図11.6に示した簡単な分岐経路について述べることにする．

図11.6の3つのフラックスJ_1, J_2, J_3は，定常状態では，それぞれ独立ではない．なぜなら，経路の代謝物質Xまわりで物質収支が満たされる必要があるからである．つまり，

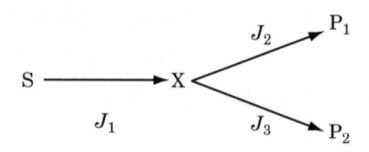

11. メタボリックコントロールアナリシス

図11.6 1つの分岐点代謝物質Xをもつ単純な分岐経路．基質Sと2つの代謝産物P_1，P_2を含む．

$$J_1 = J_2 + J_3 \tag{11.48}$$

または

$$1 = f_{12} + f_{13} \tag{11.49}$$

ここで，f_{1k}はフラックスの分率で，

$$f_{1k} = -\frac{J_K}{J_1} \quad k \in \{2, 3\} \tag{11.50}$$

と与えられる．もし，フラックスJ_2に変動を与える摂動が導入され，一方，J_1は定常に保たれたら，式（11.48）の構造的な関係から，すぐにJ_3も変化することになることがわかるであろう．これは，Kacser（1983）によって最初に導かれたFCCの束縛条件

$$-f_{12}C_3^{J_1} + f_{13}C_2^{J_1} = 0 \tag{11.51}$$

を与える．この式を，コネクティビティセオレム，サンメンションセオレムと統合することにより，エラシティシティ係数と1つの分岐のフラックスから，FCCは

$$\begin{bmatrix} C_1^{J_1} \\ C_2^{J_1} \\ C_3^{J_1} \end{bmatrix} = \frac{1}{\varepsilon_X^1 - f_{12}\varepsilon_X^2 - (1-f_{12})\varepsilon_X^3} \begin{bmatrix} -f_{12}\varepsilon_X^2 - (1-f_{12})\varepsilon_X^3 \\ f_{12}\varepsilon_X^1 \\ (1-f_{12})\varepsilon_X^1 \end{bmatrix} \tag{11.52}$$

のように計算される．式（11.51）において，参照フラックスをJ_1とする．同じ構造関係が，経路内の他の2つのフラックスJ_2とJ_3のFCCにおいて保たれているので，

$$(1-f_{12})C_1^{J_2} + C_3^{J_2} = 0 \tag{11.53}$$

$$f_{12}C_1^{J_3} + C_2^{J_3} = 0 \tag{11.54}$$

となる．式（11.53）（サンメンションセオレム），または，式（11.54）（コネクティビティセオレム）の組合せにより，他の2つのフラックスJ_2，J_3について，同様の関係が導かれる（式（11.68），式（11.69）を参照）．

各分岐した経路内に複数の反応を含む，より複雑な経路においても，同じような式が導かれる．Fell and Sauro（1985）は，中間物質X_jから分岐する異なる分岐のFCCを関係づけることにより式（11.55）を導いた．ここで，代謝物質X_jへ導かれるフラックスJ_iとし，k番目の分岐を通るフラックスJ_kの分率をf_{ik}とすると

$$-f_{1k} \sum_{\text{Branch } k} C_k^{J_i} + (1-f_{ik}) \sum_{\text{Branch } m} C_m^{J_i} = 0 \tag{11.55}$$

11.4 分岐のある経路に対するMCA

の関係がある．この考え方を反応のグループ化，トップダウンMCAに適用すると式（11.55）の和は，分岐に寄与する"グループの"反応のFCC以外の何者でもない．それで，この式は，式（11.51）と同様であるといえる．もし，分岐がさらに増えると式（11.55）の和（または同じように，反応のグループ）は，代謝物質X_jから分かれる各サブの分岐のすべてのFCCを含むことになる．

式（11.53）と式（11.54）の符号は正であり，式（11.51）の記号は負である．もし，フラックスJ_1が一定に保たれている間にJ_2が上昇したら，J_3は減少しなければならないし，J_3が上昇したら，J_2は減少しなければならない．これが，式（11.51）の符号がネガティブな意味である．一方，J_3が一定でJ_2が上昇したら，J_1もまた上昇しなければならない．これは，式（11.53），（11.54）のポジティブな効果を示している．明らかに，化学量論式もその役割を果たしている．これは，Reder（1988）の論文に示されている．彼は，MCAのセオレムと化学量論を含んだ構造的な関係の両方を使って，一般的な式を導いた．一般的な式を使えば，それがどんな複雑なネットワークであっても，MCA間の独立な関係を導くことが可能である[7]．Rederによって導出された構造的な関係は，規格化されていないコントロール係数に基づくものであるが，Ehlde and Zacchi（1997）は，同じような構造的な関係を規格化されたコントロール係数について導いた．これらの一般的な関係を次に示そう．

L個の酵素反応とK個の代謝物質からなるネットワークの反応を考えよう．K個のフラックスバランス，つまり，ネットワークの中の代謝物質の各の代謝物質のバランスを考える．L行K列の化学量論行列$\boldsymbol{G}$とL行1列のフラックスベクトル$\boldsymbol{J}$を導入することにより，これらのフラックスのバランスは，式（8.3）と同様に次の行列表現で示される[8]．

$$\boldsymbol{G}^T\boldsymbol{J} = 0 \tag{11.56}$$

この式は，L個の定常状態のフラックスに関係したK個の線形方程式を表しており，明らかに，式を再構成することにより，K個のフラックス（従属なフラックス）を残りの$L-K$個のフラックス（独立なフラックス）から決定することができる．これを行うために，従属なフラックスを含む部分行列$\boldsymbol{G}_c$と残りの行の部分行列$\boldsymbol{G}_0$に分ける．つまり，式（11.56）を書き直して

$$\boldsymbol{G}_c^T\boldsymbol{J}_{dep} + \boldsymbol{G}_0^T\boldsymbol{J}_{in} = 0 \tag{11.57}$$

部分行列$\boldsymbol{G}_c$は，正方で，正則であり，従属なフラックスは，それゆえ，独立なフラックスから

$$\boldsymbol{J}_{dep} = -(\boldsymbol{G}_c^T)^{-1}\boldsymbol{G}_0^T\boldsymbol{J}_{in} \tag{11.58}$$

のように求めることができる．この式は，定義されたシステムのフラックス解析の基礎式である式（8.8）と同じである．式（11.58）を使うことによって，すべてのフラックスは独立なフ

---

[7] この解析では，サイクルを含む代謝経路は考えていない．サイクルの代謝経路はまた別の関係式で規定される（Fell and Sauro, 1985）．

[8] 代謝物質に対する化学量論行列$\boldsymbol{G}$の定義は，線形従属な行（線形従属な代謝物質）を許していない．NAD^+/NADHのようなコファクタに対しては，1つの物質として扱う．Ehlde and Zacchi（1997）の解析では，（Reder（1988）も同様だが）化学量論行列の決定においてそのような制限を設けておらず，彼らの解析は，もっと，より一般的である（しかし，ずっとより複雑である）．

ラックスに対して

$$J = L^J J_{in} \tag{11.59}$$

のように決定される．ここで，行列 L^J は

$$L^J = \begin{bmatrix} I_{L-K} \\ -(G_c^T)^{-1} G_0^T \end{bmatrix} \tag{11.60}$$

と与えられる．I_{L-K} は $(L-K)$ 行，$(L-K)$ 列の単位行列である．式（11.59）は本質的にフラックス間に，構造的な関係を与えている．Ehlde and Zacchi（1997）は，独立なFCCからFCCを決定する一般的な式を導出した（Box 11.4参照）．

$$C^J = L_F^J C_{in}^J \tag{11.61}$$

ここで，行列 L_F^J は，L^J の各要素 l_{jk} を式（11.50）によって与えられるフラックス f_{jk} と掛けることによって与えられる．式（11.61）を式（11.27）によって与えられるMCAの係数間の一般的な関係に代入することによって，

$$L_F^J C_{in}^J = P + EC^X \tag{11.62}$$

または，これを改変した

Box 11.4　式（11.61）の導出

　式（11.61）から出発して，すべての経路間のフラックスの関係や個々の経路のフラックスが式（11.59）によって与えられる．フラックスを E_i に関して微分すれば

$$\frac{dJ}{dE_i} = L^J \frac{dJ_{in}}{dE_i} \tag{1}$$

が得られる．または，

$$\frac{dJ_k}{dE_i} = \sum_{m=1}^{L-K} l_{km} \frac{dJ_{in,m}}{dE_i} \tag{2}$$

とも書ける．式（2）に $\dfrac{E_i}{J_k}$ を掛けることによって

$$C_i^{J_k} = \sum_{m=1}^{L-K} l_{km} \frac{E_i}{J_k} \frac{J_m}{J_m} \frac{dJ_{in,m}}{dE_i} \tag{3}$$

または

$$C_i^{J_k} = \sum_{m=1}^{L-K} l_{km} \frac{J_m}{J_k} C_{in,i}^{J_m} = \sum_{m=1}^{L-K} l_{km} f_{km} C_{in,i}^{J_m} \tag{4}$$

を得る．$l_{km} f_{km}$ は行列 L_F^J の k 行 m 列の要素なので，式（4）は式（11.61）に等価であることがわかる．

$$[L_F{}^J \quad -E] \begin{bmatrix} C_{in}{}^J \\ C^X \end{bmatrix} = P \tag{11.63}$$

式が得られる．これは，エラシティシティ係数，パラメータエラシティシティ係数，異なる分岐のフラックスの分率からコントロール係数を導く一般的な式である．式（11.45）は直線状の経路にのみ有効であり，式（11.63）から導かれる．式（11.63）は，すべてのタイプの経路の構造に対して有効である．Ehlde と Zacchi は式（11.63）を導いて，コファクタのような2つのタイプの形で存在するような代謝物質をも，この式の中で使うことを可能にした．このときには，すべての濃度コントロール係数を規定する新たな行列が必要となる．まず，最初に従属な代謝物質はないと仮定する．つまり，化学量論行列 G において線形従属な列はないと仮定する．普通，化学量論においてこの条件を満足させるのは困難なことではない．そして，もし，線形従属な列が存在する場合には，一般性を失わないように線形従属な物質を取り除くことができる．

式（11.63）の応用を示すために，図11.6の単純な経路に話を戻そう．この経路では，化学量論行列 G は

$$G = \begin{bmatrix} 1 \\ -1 \\ -1 \end{bmatrix} \tag{11.64}$$

である．3つのフラックス（$L=3$）と1つの代謝物質（$K=1$）が存在するので，2つの独立なフラックスと1つの従属なフラックスが存在する．もし，J_3 が従属なフラックスと考えることができれば，L^J は，

$$L^J = \begin{bmatrix} 1 & 0 \\ 0 & 1 \\ 1 & -1 \end{bmatrix} \tag{11.65}$$

となる．次に，$L_F{}^J$ は L^J の各要素と f_{jk} と掛け合わせることにより得られる．

$$L_F{}^J = \begin{bmatrix} 1 & 0 \\ 0 & 1 \\ f_{31} & -f_{32} \end{bmatrix} \tag{11.66}$$

そして，式（11.63）より，

$$\begin{bmatrix} 1 & 0 & -\varepsilon_X{}^1 \\ 0 & 1 & -\varepsilon_X{}^2 \\ f_{31} & -f_{32} & -\varepsilon_X{}^3 \end{bmatrix} \begin{bmatrix} C_1{}^{J_1} & C_2{}^{J_1} & C_3{}^{J_1} \\ C_1{}^{J_2} & C_2{}^{J_2} & C_3{}^{J_2} \\ C_1{}^X & C_2{}^X & C_3{}^X \end{bmatrix} = \begin{bmatrix} 1 & 0 & 0 \\ 0 & 1 & 0 \\ 0 & 0 & 1 \end{bmatrix} \tag{11.67}$$

が得られる．

コントロール係数が，式（11.67）によって計算されたら，フラックス J_3 の FCC は式（11.61）を使って，得ることができる．式（11.67）は全部で9個の式を含み，解を得るのは

少し難しいように思われるが，すべてのコントロール係数を一度に解くことのできる式である．さらに，いろいろなソフトウェアパッケージを使えば，行列の数値計算は簡単に行える．または，解析的な式を導出するソフトウェアも存在する．したがって，式（11.67）を解くことによって，

$$\begin{bmatrix} C_1^{J_1} & C_2^{J_1} & C_3^{J_1} \\ C_1^{J_2} & C_2^{J_2} & C_3^{J_2} \\ C_1^{X} & C_2^{X} & C_3^{X} \end{bmatrix} = \frac{1}{f_{31}\varepsilon_X^1 - f_{32}\varepsilon_X^2 - \varepsilon_X^3}$$

$$\times \begin{bmatrix} -\varepsilon_X^3 - f_{32}\varepsilon_X^2 & f_{32}\varepsilon_X^1 & \varepsilon_X^1 \\ -f_{31}\varepsilon_X^2 & f_{31}\varepsilon_X^1 - \varepsilon_X^3 & \varepsilon_X^2 \\ f_{31}\varepsilon_X^3 & f_{32}\varepsilon_X^3 & f_{31}\varepsilon_X^1 - f_{32}\varepsilon_X^2 \end{bmatrix} \quad (11.68)$$

が得られ，さらに，式（11.61）を使うことによって，J_3 のFCCは

$$\begin{bmatrix} C_1^{J_3} \\ C_2^{J_3} \\ C_3^{J_3} \end{bmatrix} = \frac{1}{f_{31}\varepsilon_X^1 - f_{32}\varepsilon_X^2 - \varepsilon_X^3} \begin{bmatrix} -f_{31} \\ f_{32} \\ 1 \end{bmatrix} \quad (11.69)$$

のように得られる．式（11.68）の1行目は，J_3 を掛けて，J_1 で割れば，式（11.52）と等価である．ここで，フラックスの分率は，f_{12} や f_{13} に変換され，式（11.49）が適用される．すべてのFCCに加えて，行列の解もまた，直接的に濃度コントロール係数を与える．

例11.2 ラット肝細胞における糖新生と解糖

すべてのエラシティシティを明らかにして経路のFCCを決定した報告は非常に少ない．しかし，Groenら（1983, 1986）は，ラット肝細胞における糖新生を詳しく調べて，乳酸とピルビン酸の高濃度領域における，すべてのFCCを明らかにした．経路は図11.7に示されている．彼らの研究では，酵素カイネティクスを明らかにするか，シングルモデュレーション，ダブルモデュレーションを応用することによって，エラシティシティ係数を決定している．酵素カイネティクスからのエラシティシティ係数の決定においては，式（2）と（3）が用いられた．これらは，可逆的なMichaelis-Mentenのカイネティクス

$$v = v_f - v_r = \frac{v_{f,\max}c_S/K_S - v_{r,\max}c_P/K_P}{1 + c_S/K_S + c_P/K_P} \quad (1)$$

に基づいている．ここで，c_S, c_P は酵素反応の基質濃度と生産物濃度を表しており，$v_{f,\max}$ と $v_{r,\max}$ は最大の前向きと後ろ向きの反応の速度を表している．これらのカイネティクスにより，基質濃度と生産物濃度に関するエラシティシティ係数は，

$$\varepsilon_S^v = \frac{c_S}{v}\frac{\partial v}{\partial c_S} = \frac{1}{1 - \Gamma/K_{eq}} - \frac{v_f}{v_{f,\max}} \quad (2)$$

$$\varepsilon_P^v = \frac{c_P}{v}\frac{\partial v}{\partial c_P} = \frac{1}{1 - \Gamma/K_{eq}} - \frac{v_r}{v_{r,\max}} \quad (3)$$

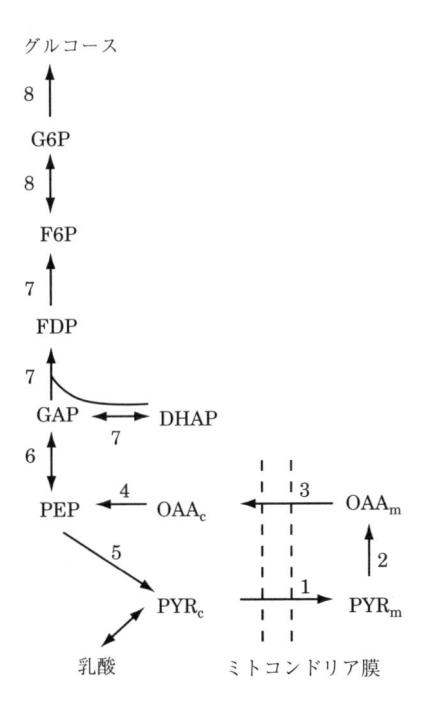

```
          グルコース
            ↑
            8
           G6P
            ↕
            8
           F6P
            ↑
            7
           FDP
            ↑
            7
           GAP  ⇌  DHAP
            ↕     7
            6
           PEP  ←⁴—  OAA_c  ⇠³⇠  OAA_m
            ↘                      ↑
             5                     2
              ↘                    |
              PYR_c  ⇠———¹———⇢  PYR_m
              ↕
             乳酸         ミトコンドリア膜
```

図 11.7 糖新生の概観.（1）ミトコンドリアピルビン酸トランスロケーター,（2）ピルビン酸カルボキシラーゼ（PC）,（3）オキザロ酢酸の輸送,（4）PEP カルボキシキナーゼ（PEPCK）,（5）ピルビン酸キナーゼ（PYK）,（6）エノラーゼ,ホスホグリセリン酸ムターゼ（PGM）,グリセルアルデヒド 3 リン酸デヒドロゲナーゼ（GAPDH）,3 ホスホグリセリン酸キナーゼ（3PG）,（7）トリオースリン酸イソメラーゼ（TPI）,アルドラーゼ,フルクトース 1,6 二ホスファターゼ,（8）ホスホグルコイソメラーゼ（PGI）,グルコース 6 ホスファターゼ（G6PE）.

のように表される.ここで,v_f,v_rは,それぞれ,前向きと後ろ向きの反応の速度を表している.Γは,式（4）で定義される生産物濃度と基質濃度の比である.

$$\Gamma = \frac{c_P}{c_S} \tag{4}$$

K_{eq} は平衡定数であり,式（5）によって与えられる.

$$K_{eq} = \frac{c_{P,eq}}{c_{S,eq}} = \frac{v_{f,\max}}{v_{r,\max}} \frac{K_P}{K_S} \tag{5}$$

もし,酵素が平衡状態と遠く離れた状態ならば,すなわち,$\Gamma/K_{eq} \ll 1$ であるなら,エラスティシティ係数は,基質や生産物によって酵素が飽和される度合いにより,式（2）,（3）の最後の項からのみ決定される.反対に,もし,酵素が平衡状態の近傍で働いていたら,つまり,$\Gamma/K_{eq} = 1$ に近いなら,エラスティシティ係数は式（2）,（3）の主に最初の項から決定される.

表 11.2 は決定されたエラスティシティ係数のまとめである.ピルビン酸トランスロケータ（反応 1）に関しては,ピルビン酸はミトコンドリア内と細胞質内の両方で測定された（乳酸とピルビン酸の濃度は飽和させた状態で実験は行われた）.Γ/K_{eq} の比は,0.86 ± 0.11 であり,したがって,このステップは非常に平衡状態に近いと結論された.ピルビン酸カルボキシラーゼは平衡から遠い状態で機能しており,エラスティシティ係数は,したがって,式（2）,（3）

表11.2　図11.7の経路のエラスティシティ係数[a].

反応	PYR$_c$	PYR$_m$	OAA$_m$	OAA$_c$	PEP	GAP	G6P
1	7.1	−6.1					
2		0.05	−0.04				
3			0.86	−0.74			
4				0.35	−0.09		
5					3.5		
6					2.0	−1.0	
7						1.2	−0.08
8							1.0

[a] 空欄の箇所のエラスティシティ係数はすべてゼロである．

の最後の項から決定された．前向き反応のピルビン酸に関するエラスティシティ係数の計算は，グルコースへのフラックスとピルビン酸キナーゼの反応速度から決定された．同様に，前向きの最大反応速度は，グルコースへの最大反応速度を使って計算された．オキザロ酢酸の輸送のステップのエラスティシティ係数は，ダブルモデュレーションにより決定された．基質濃度を変化させたり3メルカプトピコリン酸を阻害物質して添加することによって，PEPカルボキシキナーゼの反応速度が決定された．この反応に関しては，エラスティシティ係数も，式 (2)，(3) を使って計算された．前向きの反応は，正味のフラックスと逆反応のフラックスの和として計算された．つまり，$v_f = v + v_r$ として計算された．また，$v_r/v_f = \Gamma/K_{eq}$ なので，

$$v_f = \frac{v}{1 - \Gamma/K_{eq}} \tag{6}$$

式が得られる．この反応の正味の反応速度もまた，グルコース生産速度とピルビン酸キナーゼの反応速度から決定された．さらに，前向きの変換量の比から反応速度比が決定された．

"ピルビン酸キナーゼ"のエラスティシティ係数はシングルモデュレーションにより決定された（この反応は，ピルビン酸濃度がゼロであるため，現実的には不可逆反応と考えることができる）．PEPの濃度を変化させて，対応するフラックスを測定することによって，エラスティシティ係数が直接決定された．エノラーゼのグループ反応つまり，エノラーゼ，ホスホグリセリン酸ムターゼ（PGM），グリセルアルデヒド3リン酸デヒドロゲナーゼ（GAPDH），3ホスホグリセリン酸キナーゼ（3PG）の反応に関しては，これら全体の反応はすべての条件で平衡に近く，Γ/K_{eq} は0.51と計算された．トリオースリン酸イソメラーゼ（TPI），アルドラーゼ，フルクトース1,6二リン酸のグループ反応に関しては式 (7) からエラスティシティ係数が決定された．

$$\frac{dJ_{glc}}{J_{glc}} = \varepsilon_{GAP}^7 \frac{dc_{GAP}}{c_{GAP}} + \varepsilon_{F6P}^7 \frac{dc_{F6P}}{c_{F6P}} + \varepsilon_{P_i}^7 \frac{dc_P}{c_P} \tag{7}$$

遊離のリン酸に関するエラスティシティは非常に小さいと考え，最終項は無視することができた．フルクトース6リン酸（普通グルコース6リン酸とともにプールを作ると考えられている）に関するエラスティシティ係数は酵素カイネティクスから−0.08と決定された．dc_{F6P}/c_{F6P} の項はそれほど大きくなく，式 (7) の第2項は，無視することができた．これにより，異なるGAPの濃度でのフラックスの測定からGAPに関するエラスティシティ係数の決定ができる．

最後に，グルコース6ホスファターゼが触媒する反応は，平衡から遠く離れて反応していることが知られている．グルコース6リン酸の濃度はK_mよりずっと低く，エラスティシティ係数は，すべての条件で，1に近い．

決定された係数から，表11.3に示すようなフラックスコントロール係数（FCC）が決定される．いくつかの平衡に近い反応のFCCは非常に小さいことが観察される．しかし，PEPからフルクトース1,6二リン酸の反応は平衡に近いにもかかわらず，そのFCCは比較的高い値を示しており，必ずしも平衡に近い反応では，フラックスをコントロールしていないということが一般的な結論ではないということがいえる．最も高いFCCを示す反応はピルビン酸カルボキシラーゼであり（この反応のエラスティシティ係数は最低であることに注意したい），この反応は確かに糖新生の反応で鍵となる反応であることがわかる．しかし，PEPカルボキシキナーゼのFCCが非常に低いことは興味深い．しかし，これは，この反応がFCCの非常に高いピルビン酸カルボキシラーゼと強く共役しているためであろうと考えられる．ピルビン酸キナーゼは明らかに，負のFCCをもっており，このことは，分岐した経路において負のFCCが見受けられることを示している．

Groenら（1983, 1986）は，高い乳酸濃度とは異なる条件でも（0.5 mM）FCCを決定した．乳酸の濃度を下げると，ピルビン酸カルボキシラーゼに関するFCCは，（0.5 mMの乳酸濃度で0.75まで）上昇した．グルカゴンのような糖新生に関して生成を促すような物質を加えるとフラックス制御は完全にシフトした．すなわち，ピルビン酸キナーゼはフラックス制御に，もはや影響せず，ピルビン酸カルボキシラーゼのFCCは，0.83まで上昇した．さらに，PEPからフルクトース1,6二リン酸への変換のFCCは0.003と非常に小さくなり，フルクトース1,6二リン酸からグルコースへの変換のFCCも小さくなった（0.03）．他のステップも同様な傾向を示した．したがって，これらの条件でPEPカルボキシキナーゼは2番目に大きいFCCを示すことになった（0.08）．

Groenら（1983, 1986）の解析は，きちんとした結論が得られており，また最初に述べたように，完全に明らかにされた経路の良い例である．しかし，決定されたFCCは非常に高い標準偏差を示していることがEhlde（1995）により指摘されている．推定されたFCCのレンジの50%から275%もの標準偏差があり，特に，低いFCCで，高い標準偏差が示された．しかし，このような高い標準偏差においても，フラックスの制御はピルビン酸カルボキシラーゼが支配していることは明らかである．

表11.3 図11.7の経路におけるFCC[a].

反 応	FCCs
1. ピルビン酸トランスロケータ	0.004
2. ピルビン酸カルボキシラーゼ	0.51
3. OAA輸送	0.02
4. PEPカルボキシキナーゼ	0.05
5. ピルビン酸キナーゼ	-0.17
6. エノラーゼ/PGM/GAPDH/3PK	0.29
7. TIM/アルドラーゼ/フルクトース1,6二リン酸	0.27
8. PGI/グルコース6リン酸	0.02

[a] FCCの値は，グルコース生成のフラックスに対するものである．

11. メタボリックコントロールアナリシス

例 11.3 酸化的リン酸化反応

Brandの研究グループは単離したミトコンドリア内の酸化的リン酸化反応の制御機構を解析した（Brandら，1988; Brownら，1990b; Hafnerら，1990）．システムは，3つの反応グループによって表された．このシステムは，図11.8に示されるように，プロトンの移動駆動力 Δp を通してリンクしている．この反応のグルーピングで，彼らはトップダウンアプローチを応用している．このアプローチは，ここでは，プロトンの駆動力が3つのグループ反応の唯一のリンクとなるようなものとして考えられている．

プロトンの駆動力の解析において，2つの異なる方法で摂動が導入された．

- プロトンアンカップラー［カルボニルシアノイド p-トリフルオロ-メトキシフェニルヒドラゾン（FCCP）］の添加量を種々変化させることにより摂動を与える．この物質は，ミトコンドリア膜を透過する．
- マロン酸を添加することによる摂動．マロン酸は呼吸鎖を阻害する．

ここでは，Δp に関する個々のグループ反応のエラスティシティ係数が1つの摂動実験（モデュレーション）で決定された．呼吸フラックス対 Δp のデータに対する線形回帰からプロトンのリークや"非リン酸化の条件での"エラスティシティ係数が（1）のように，また，FCCが（2）のように推定できる[9]．

$$\varepsilon_{\Delta p}^{\text{resp}} = -18.7 \; ; \quad \varepsilon_{\Delta p}^{\text{leak}} = 7.9 \tag{1}$$

$$C_{\text{leak}}^{J_{\text{resp}}} = 0.70 \; ; \quad C_{\text{resp}}^{J_{\text{resp}}} = 0.30 \tag{2}$$

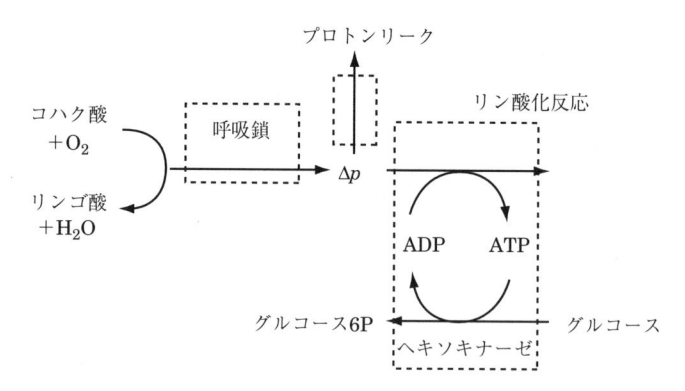

図11.8 呼吸に関する3つの反応グループの概観．コハク酸が呼吸の基質として与えられている．電子が電子伝達系を通った後，ミトコンドリアの外へ排出されるときにプロトンの駆動力 Δp が生ずる（図2.11も参照されたい）．プロトンの駆動力 Δp は，F_0F_1-ATPアーゼによるATP生成を促進するか，またはリークする．ATPアーゼの基質であるADPを再生するために，ヘキソキナーゼとグルコースがシステムに加えられる．リン酸化反応には，アデニンヌクレオチドトランスロケータも含まれる．この酵素は，ATPとADPをミトコンドリア膜を通して輸送する．

---

[9] Ehlde（1995）は，Brandら（1988）のデータを両対数プロットにおいて回帰式を用いて，解析した．これにより実験データに，よりよい一致が見られた．この解析から，彼は，$\varepsilon_{\Delta p}^{\text{resp}} = -12.9$，$\varepsilon_{\Delta p}^{\text{leak}} = 10.9$ と推定した．FCCは，$C_{\text{leak}}^{Js} = 0.54$，$C_{\text{resp}}^{J_{\text{resp}}} = 0.46$ となった．これは，式（2）の結果とはかなり異なるものであった．

したがって，この条件で，リークはフラックスの制御に大きな影響を与える，つまり，プロトンの駆動力を消失させることは，プロトンの駆動力を生成させるよりも，フラックスに対して，より大きな影響を与える．

この完全に定義されたシステムにおける解析において，Brownら（1990b）は，FCCPとともにATPアーゼの阻害剤（オリゴマイシン）を用いた．そして阻害実験から，Δpに関するエラシティシティ係数と細胞中でのFCCが決定された．表11.4に結果がまとめられている．呼吸のフラックスに対して，すべてのFCCは正であり，非リン酸化の条件では，リン酸化反応が最大のFCCを示すので，フラックスの制御は主に，プロトンの駆動力を消費するプロセスの中にある．このことは，Groenらの見解（1982）と矛盾しない．つまり，彼らは表11.1に示すように，呼吸に含まれるステップのFCCは小さいと述べている．プロトンリークとリン酸化反応のフラックスに関しては，自分自身のステップが最大のFCCを示す．一方，プロトン駆動力を消費するその他のステップは，負のFCCを示す．Brownら（1990b）もまた，静止期の細胞を調べ，上述の結論は，一般的にこのシステムにおいて正しい結論であると述べている．

他の研究では，呼吸のFCCは異なる呼吸速度で決定された（Hafnerら，1990）．低い呼吸速度で，フラックスの制御は主に，プロトンリークによって支配された．呼吸速度を上げると，プロトンリークにるフラックス制御は低い値に下がり（ほとんどゼロまで），一方，リン酸化反応によるフラックス制御は0.8まで上がる．非常に高い呼吸速度については，リン酸化のフラックス制御は再び減少し，フラックス制御は，呼吸とリン酸化で近似的にほぼ等しい状態となる．同様に，他の2つのステップに関するフラックス制御は，いろいろな呼吸速度で決定された．リン酸化のフラックスに関しては，リン酸化自身が非常に高いような呼吸速度のときを除いてほとんど制御を支配する．そのようなときには，フラックス制御はリン酸化と呼吸でほぼ同等に支配されている．しかし，プロトンリークに関しては，より複雑である．低い呼吸速度で，フラックス制御は主に，リーク反応自身に制御されている．高い呼吸速度では，リーク反応によるそのフラックス自身へFCCは高い値を示す．しかし，リン酸化反応による大きな負のフラックス制御が存在し（FCCは-1.0），呼吸によるFCCは正の大きな値となる（FCCは1.0）．これは分岐点ではFCCがより複雑になることを表しており，1つのFCCが1に近いとき，他はすべてゼロに近いというわけではないことを意味している．

Brandのグループによる解析は，前にも述べたように酸化的リン酸化反応の個々の反応をひとまとめにして3つのグループに分けて（トップダウンアプローチで）行われた．もし，個々の反応のさらに細かい情報が必要なら，より詳しい解析が必要となる．しかし，このような方法により，少なくとも，反応グループ内の個々の反応の寄与に関するいくつかの定性的な結論を描くことはできる．また，それゆえ，グループ化されたFCCは個々のステップについて直

表11.4 酸化的リン酸化におけるエラシティシティ係数とFCC．

係　数	呼　吸	リーク	リン酸化
$\varepsilon_{\Delta p}^{J_i}$	-7.56 ± 0.21	4.69 ± 0.78	2.77 ± 1.03
$C_i^{J_{\text{resp}}}$	0.29 ± 0.05	0.22 ± 0.04	0.49 ± 0.04
$C_i^{J_{\text{leak}}}$	0.42 ± 0.03	0.87 ± 0.01	-0.29 ± 0.04
$C_i^{J_{\text{phos}}}$	0.23 ± 0.07	-0.07 ± 0.03	0.84 ± 0.05

接的な影響の情報を与えることができる．図11.8のリン酸化反応のグループ反応では，ATPアーゼとヘキソキナーゼのFCCの寄与に関して述べることができた．ヘキソキナーゼとグルコースは，普通過剰に加えられているので，ヘキソキナーゼ反応のFCCは，低くなりがちである．これは，すでに，Groenら（1983）が見つけたことである（表11.1）．したがって，リン酸化反応のグループのFCCはF_0F_1-ATP反応のFCCと等価である．

11.5 大きな摂動に関する理論

メタボリックコントロールアナリシスにおいては，エラスティシティとコントロール係数が中心的役割を果たす．事実，これらの変量間の大事な関係は（つまりサンメンションセオレムやコネクティビティセオレム），これらの係数の定義から直接導かれる結果である．しかし，MCAの係数が，完全微分，偏微分としてのみ定義されるということを認識しておくのはとても重要なことである．つまり，これらの係数はシステムの変数（濃度，活性，フラックス）における微小変動を通して観測されるようなものであるということである．またこのようなときには，細かいカイネティックモデルが，必要な微分の計算に使われることもあるということも覚えておくべきである．モデルを使って，MCAのセオレムを応用することにより，定量的な関係を導くことができる．最初に，Box 11.3で述べたように，小さな摂動の実験を実現するのは2つの面から難しい．実験的な誤差によって，大きな影響を受ける．現実的には，微分変動は実験では不可能で，システムの変数が，あるしきい値を超えて得られるとき，つまり，有限で得られるときにおいてのみ，定量ができるということである．より大きな摂動は実験誤差を小さくするので，明らかに，大きなシステムの摂動からコントロール係数を推定することが望ましい．もちろん，この摂動は，コントロール係数の計算を正確にするものである．しかし，最近まで，有限の摂動の実験とMCAの微係数を関係づける方法がなかった．MCAの拡張として開発された新しい方法（Small and Kacser, 1993a, b）は，エラスティシティやコントロール係数を求めるために，定常状態からの大きな摂動を利用できるものである．これらの関係や，そこから得られる推察は，この節で詳しく述べられる．簡単化のために，分岐のないネットワークから話を始めよう．その後，この理論を分岐のある経路に拡張することにする．

11.5.1 分岐のない経路

11.1.1で見たように分岐のない経路のフラックスは，どの酵素の活性が上昇したとしても増加する．活性上昇によるフラックスの増幅度合いは，FCCで定義されるように，もとの活性でのコントロールの程度の大きさによる（図11.1）．

特定の酵素のフラックスコントロール係数の定義によれば（式（11.2）），FCCは，定常状態でのフラックスと活性の関係を示す曲線の傾きを決定することによって得られる．つまり，FCCとは，酵素活性の変動に対するフラックスの微小変化を得ることである．明らかに，低い酵素レベルでは酵素はフラックスに大きく影響する．これは，大きなフラックスコントロール係数を意味する．しかし，高い酵素活性では，酵素はあまりフラックスに影響しない．したがって，小さなFCCとなって現れる．図11.1に示すように，フラックスと活性の関係を示す曲線の傾きは酵素活性の値によって異なるので，異なる酵素活性では異なるFCCが与えられることに注意しなければならない．

一方，酵素活性の有限の変化は，もとの定常状態におけるフラックスと酵素活性の曲線の傾きを近似しているだけである．その結果，正確なフラックスコントロール係数は得られない．図11.9に示した酵素活性の大きな変動について考えてみよう．明らかに，この大きな変化は，$\Delta J/\Delta E$によって示されている．これは，明らかにもとの点でのdJ/dEとは異なるものである．それゆえ，有限の摂動実験から真のFCCの決定には特別な方法が必要である．SmallとKacserの説明を通して，この方法は，どちらかといえば，たまたま見つかったものだということが明らかになるだろう．

大きな摂動の理論に関する基礎

任意のフラックスと酵素は一般に，とても複雑で高度に非線形であるのでその関係を完全に記述するのは難しい．しかし，その代わりに，図11.1の曲線によって表されるフラックスと酵素の関係を定義するのはわかりやすい．Small and Kacser（1993a）は，X_iとX_jの関与する可逆で単一酵素反応vを

$$v = \frac{\dfrac{E \cdot k_{\text{cat}}}{K_{m_i}}\left(c_i - \dfrac{c_j}{K}\right)}{1 + \dfrac{c_i}{K_{m_i}} + \dfrac{c_j}{K_{m_j}}} \tag{11.70}$$

と一般化した．ここで，酵素活性については線形として近似し，

$$v = e\left(c_i - \frac{c_j}{K}\right) \tag{11.71}$$

とした．ここで，eは

$$e = \frac{E \cdot k_{\text{cat}}}{K_{m_i} k_s} = \frac{v_{\max}}{K_{m_i} k_s} \tag{11.72}$$

またk_sは，

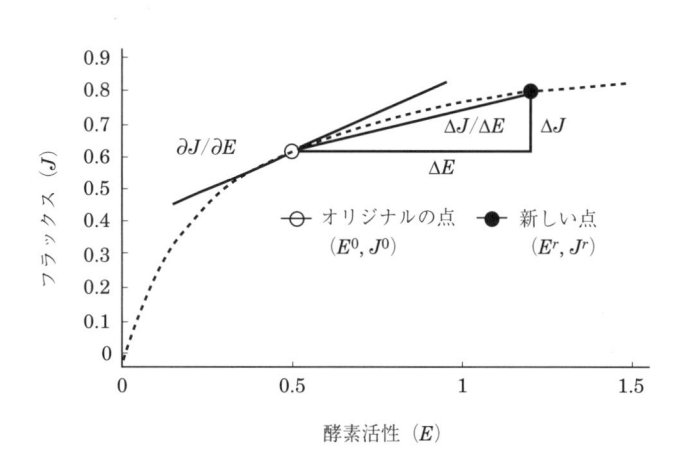

図11.9 大きな摂動実験の概念図．$\Delta J/\Delta E$の傾きはオリジナルの点での微係数$\partial J/\partial E$（傾き）とは異なることに注意したい．つまり，$\Delta J/\Delta E$を計算に直接用いると誤った結果となる．

$$k_s = 1 + \frac{c_i}{K_{m_i}} + \frac{c_j}{K_{m_j}} \cong \text{一定} \tag{11.73}$$

である．

上の式においてk_{cat}はMichaelis-Menten型の代謝の生産ステップにおける反応速度定数である．K_mは酵素と基質のコンプレックスの結合と解離の平衡定数である．飽和定数k_sは，次の条件が満たされている場合は，定数であろう．つまり，（a）もし，$k_s \cong 1$で，$c_i \ll K_{m_i}$でかつ，$c_j \ll K_{m_j}$の場合．または（b）もし，酵素活性の変化から見て，基質に関して酵素の飽和における大きな変化がない場合である．多くのシステムに対する大きな摂動実験を通して，この単純化が後験的に広い範囲の条件で有効であることがわかった（Small and Kacser, 1993a, b）．もし，式（11.71）中の定数をさらにひとまとめにすれば，この反応形式は可逆1次反応に等しいことがわかる．

$$v = kc_i - k_{-1}c_j \tag{11.74}$$

今，X_0からX_nへ変換する直線状の反応シリーズについて考えよう．

$$X_0 \xleftrightarrow{e_1} X_1 \xleftrightarrow{e_2} X_2 \xleftrightarrow{e_3} X_3 \cdots X_{n-1} \xleftrightarrow{e_n} X_n \tag{11.75}$$

そして，個々の反応のステップは式（11.71）と同じだとしよう．ここで，酵素iにより触媒される反応の活性と平衡定数はe_iとK_iとしよう．このような経路のフラックスJは，（Kacser and Burns, 1973）

$$J = \frac{c_0 - \dfrac{c_n}{K_{1:n}}}{\dfrac{1}{e_1} + \dfrac{1}{e_2 K_1} + \dfrac{1}{e_3 K_{1:2}} + \Lambda + \dfrac{1}{e_n K_{1:n}}} \tag{11.76}$$

と与えられる．ここで，定数は$K_{1:n}$は，

$$K_{1:n} = \prod_{i=1}^{n} K_i \tag{11.77}$$

となる．

フラックスを表すこの式（11.76）は，個々の酵素に関しては非線形であることに注意したい．事実，式（11.76）は，酵素E_iの活性の関数として書き直すと，一般的に双曲線

$$J = \frac{E_i \cdot \chi_1}{1 + E_i \cdot \chi_2} \tag{11.78}$$

の形をしている．ここで，χ_1, χ_2は個々の酵素で異なるが，カイネティクス式の中の定数と一定の細胞外の濃度に対してのみの関数であり，定数である．もし，すべての他の酵素活性が定数なら，式（11.78）の形は間違いなく図11.1の形をしていることに注意したい．式（11.71）の単純化されたカイネティクスは，実際その範疇に属する．

フラックスコントロール係数を推定するための式の導出

大きな摂動の理論における最終目標は，有限の濃度変動フラックス変動とMCAでもともと考えられていた微小変動を結びつけることにある．このことから，酵素活性E_iに対するフラッ

クスJのコントロール係数を得るために，式（11.78）の一般的なフラックスと活性の関係を式（11.2）のFCCの定義に利用できる．

$$C_i^J = \frac{1}{1 + E_i^0 \cdot \chi_2} \tag{11.79}$$

ここで，E_i^0はもとの定常状態での酵素活性である．

今，E_i^rは変動を起こして得られた定常状態の酵素活性で，ファクタrを使って，初期酵素活性E_i^0と$E_i^r = r \cdot E_i^0$の関係にあるとしよう．また，もとの定常状態でのフラックスと変動後のフラックスJ^0とJ^rとしよう．図11.9から明らかなように有限変動の傾斜は式（11.2）から得られるフラックスコントロール係数の計算における微分を計算するのには使えないので，$\Delta J/\Delta E$を表現する新しい方法を見つけることが必要である．この比を計算するために，もとのフラックス

$$J^0 = \frac{E_i^0 \cdot \chi_1}{1 + E_i^0 \cdot \chi_2} \tag{11.80}$$

から摂動フラックスJ^r

$$J^r = \frac{r \cdot E_i^0 \cdot \chi_1}{1 + r \cdot E_i^0 \cdot \chi_2} \tag{11.81}$$

へのシフトを考えよう．これから図11.9の大きな摂動の傾きが

$$\frac{\Delta J}{\Delta E} = \frac{J^r - J^0}{E_i^r - E^0} = \frac{\chi_1}{(1 + r \cdot E_i^0 \cdot \chi_2)(1 + E_i^0 \cdot \chi_2)} \tag{11.82}$$

と得られる．

式（11.79）と比較することによって，もし，もとのフラックスや活性ではなく，この偏差が"摂動後の"フラックスや活性で規格化されたら（オリジナルなものとは反対に）それは，"有限の変動から得られたものであるにもかかわらず，真のフラックスコントロール係数と等価である"ことがわかる．つまり，

$$\frac{E_i^r}{J^r} = \frac{1 + r \cdot E_i^0 \cdot \chi_2}{\chi_1} \tag{11.83}$$

$$D_i^J = \frac{\Delta J}{\Delta E} \frac{E_i^r}{J^r} = \frac{1}{1 + E_i^0 \cdot \chi_2} = C_i^J \tag{11.84}$$

Small and Kacser（1993a）は，もとのフラックスコントロール係数と区別するために，この新しい係数を"変動係数D_i^J"と呼んでいる．にもかかわらず，式（11.84）は，変動係数は，先に述べたような条件を満足する分岐のないあらゆる経路に対するフラックスコントロール係数を与える．特に，式（11.2）では，"もとの"定常点がFCCの定義に使われるけれども，式（11.84）の傾斜の規格化において"摂動後の"値を利用することが，その値を完全に表しているということを認識することは重要である．これにより，図11.9のフラックスと活性の曲線における2つの傾斜のどちらでも使えるようになったのである．

いくつかの重要な変動係数の性質について述べておく．まず，式（11.84）の変動係数は，酵素活性の変動によって与えられるrと"独立"である．その結果として，ある定常状態から，

●11. メタボリックコントロールアナリシス

どのくらい大きな変動を起こしたかによって異なる変動の係数がどんな数，存在したとしても，もとの点でのFCCに等価である．このことは，もし，複数の変動実験を行うことができれば，その実験により得られたFCCの正確さを確認することができるので，便利なチェック機構である．2番目に，式（11.78）のフラックスと活性の双曲関数は完全に一般的なものなので，式（11.84）の結果は経路のどの酵素にも適用できる（もちろんそれぞれの酵素で，χ_2のパラメータは異なる）．3番目に直線状の経路の酵素の変動係数は総和は1であり，フラックスコントロール係数の場合と同じである．あるグループ内の酵素群の変動係数の部分和は，同じように，その酵素群のグループ変動係数に等しい．最後に，有限変動$\Delta J/\Delta E$は，変化を小さくすれば，微小変動に近づいていくので，変動係数の定義は，最後には，フラックスコントロール係数に漸近していく．最初と最後の値は物理的にも数学的に区別できないものになる．その傾斜はdJ/dEに漸近するのである．

例11.4 大きな変動からフラックスコントロール係数を決定する

ラットの肝細胞のトリプトファン代謝は，Salterらにより研究され（1986），Small and Kacser（1993a）によって大きな変動の理論が導入されたとき，その応用例の1つとして取り上げられた．この代謝は2つのステップからなり，それらは，細胞へのトリプトファンの取込みとトリプトファン2,3ジオキシゲナーゼによる分解である．ホルモンによる誘導により，トリプトファン2,3ジオキシゲナーゼの活性（$v_{\max}$）は，通常時の値13.7 μmol（g DW h）$^{-1}$から101 μmol（g DW h）$^{-1}$へと上昇する．誘導された状態のもとで，この経路のフラックスは7.8 μmol（g DW h）$^{-1}$となる一方，平常時は，2.6 μmol（g DW h）$^{-1}$である．ここで，基準状態のフラックスを第一に制御するファクターはトランスポートなのか，分解なのかを知ること，つまり，各ステップのFCCを求めることが重要となる．

式（11.84）によれば，トリプトファン2,3ジオキシゲナーゼによるFCCは，変動係数に等しい．この量は，あらかじめ測定された活性やフラックス測定から決定することができる．つまり，

$$C_{\mathrm{TD}}{}^J = D_{\mathrm{TD}}{}^J = \frac{\Delta J}{\Delta E} \frac{E_{\mathrm{TD}}{}^r}{J^r} = \frac{(7.8-2.6)}{(101-13.7)} \frac{101}{7.8} = 0.77$$

サンメンションセオレムにより，これら2つの酵素反応のFCCの和は1であり，トランスポートのFCCは，0.23となる．明らかに分解のステップが，基準状態での第一の制御ステップである（Salterらもまた，同じ結論に達している．しかし，大きな変動実験の便利さがなければ，フラックスと酵素活性の測定のプロットは7点も必要とし，そのプロットからようやく傾きを使って，FCCを推定することができる）．

興味深いことに，これらのデータは次のような疑問を生む．つまり，誘導された状態でも，トリプトファン2,3ジオキシゲナーゼがフラックスを制御する状態が続いているのだろうか，ということである．基準と変動の定義を上の式で入れ替えてみると誘導された状態のFCCを決定することができる．すると，誘導された状態では，この酵素のFCCは0.31であり，トランスポートのステップのFCCは，0.69となる．したがって，この状態ではトリプトファンの取込みが律速となっている．

フラックス変化の予測

前項において，酵素活性を変化させたことによるフラックス変化の測定からFCCの推定が可能になったことを示した．反対に，適当なFCCが与えられたとき，酵素活性の変化がもたらす新しいフラックスの推定も提供する方法がある．この計算は，遺伝子工学の手法を使って，実際に経路を改変することを始める前に，その効率を知るために有効な方法である．単純にこの方法は，式（11.84）を改変して考えることができ，

$$\frac{\Delta J}{J^r} = C_i^J \frac{\Delta E}{\Delta E_i^r} \tag{11.85}$$

が基礎式となる．

"式（11.85）の無次元式"はフラックスの推定にとって便利である．この定式化には，2つの"増幅因子"が必要であり，これは，フラックスと活性の変化を特徴づける．"活性増幅因子（AAF）"これをr_iで表すが，これは酵素活性がどのように変化したかを示す．

$$r_i = \frac{E_i^r}{E_i^0} \tag{11.86}$$

"フラックス増幅因子（FAF）"，これはfで表すが，もとのフラックスと変動したフラックスの比であり，

$$f = \frac{J^r}{J^0} \tag{11.87}$$

と表される．これら2つの無次元因子を導入することにより式（11.85）は，もとのフラックスとフラックスの増幅因子の値から新しい定常状態のフラックスを決定することができる．

$$f = \frac{1}{1 - C_i^J \left(\frac{r_i - 1}{r_i} \right)} \tag{11.88}$$

この表現の対称的な表現は，次のように式を変形することにより得られる．

$$\frac{f-1}{f} = C_i^J \left(\frac{r_i - 1}{r_i} \right) \tag{11.89}$$

今まで，1つの酵素の活性を増幅させることを考えてきたが，大きな変動を伴う理論は，複数の酵素の改変をも含む（Small and Kacser, 1993a）．この場合は，異なる活性変化の因子が経路のn個の酵素に適用され，

$$\frac{f-1}{f} = \sum_{i=1}^{n} \left[C_i^J \left(\frac{r_i - 1}{r_i} \right) \right] \tag{11.90}$$

式を得る．式（11.90）は，異なるFCCとAAFをそれぞれのn個の酵素に対して与えることを覚えておいていただきたい．さらに，この総和が変化しない酵素を含んでいても，変化しない酵素のr_iは1となり，その結果，影響を与えない項として，式中で表現される．ここで，1つの酵素についての関係式（11.89）は式（11.90）の特別な場合であるということがわかる．

●11. メタボリックコントロールアナリシス

例11.5 酵素活性の変化の結果起こるフラックス変化の推定

ラット肝細胞のトリプトファン代謝の研究で，Salterら（1986）は，例11.4で述べたように，トリプトファン2,3ジオキシゲナーゼのいろいろなレベルの効果を測定した．このうちの2つの実験により酵素活性（$v_{\max}$）は30，または58 μmol(g DW h)$^{-1}$であった．これらは，フラックスがそれぞれ，4.6 ± 0.35 または 6.7 ± 0.36 μmol(g DW h)$^{-1}$のときの値である．基準となるフラックスは2.6 μmol(g DW h)$^{-1}$であり，このときのトリプトファン2,3ジオキシゲナーゼの活性は，13.7 μmol(g DW h)$^{-1}$であり，FCCは0.77であった．これらの2つの実験は大きな変動の理論によって得られた予測値と矛盾しないのだろうか．

この2つの実験に対して，活性増幅因子は，30/13.7，つまり，2.19である．式（11.88）を用いることによって，この実験のフラックス増幅因子は

$$f = \frac{1}{1 - C_{\mathrm{TD}}{}^J \left(\dfrac{r_{\mathrm{TD}} - 1}{r_{\mathrm{TD}}} \right)} = \frac{1}{1 - 0.77 \left(\dfrac{2.19 - 1}{2.19} \right)} = 1.72$$

となる．この結果に，基準状態のフラックスを掛けることにより，予測されるフラックスは4.47 μmol(g DW h)$^{-1}$となる．2番目の実験でも同じステップを踏むことにより6.31という予測値が得られる．これらの予測は両方ともフラックス測定の標準偏差の中に収まっており，これらの結果は矛盾しないといえる．

11.5.2 分岐のある経路

代謝経路は一般に，いろいろな分岐点を含んでいる．図11.10に示すように，分岐点では，ある代謝物質Sから2つの経路へ分かれている．事実，ほとんどのネットワーク構造もいくつかの分岐のない経路が，ある分岐点でつながることにより構成されている．また，ときには分岐が編み目のようにつながっており，複雑な経路を構成している．さらに，1つの点へ流れ込むような場合もあり，このときには，代謝物質Sの点で2つの経路が1つの経路に集約されることになる．式（11.71）で与えられた線形化されたカイネティクスの仮定を簡単化することによって，大きな摂動の理論による分岐点の数学的取り扱いが，これらのどんなケースにも機能的に応用できる．

この分岐点での定式化において，大きな変動の理論は，分岐のない経路のときに使われた式（11.71）で示される線形化されたカイネティクスを仮定している．最終的に，各分岐は，可逆的1次式によって示される．

$$\begin{aligned} v_{\mathrm{A}} &= E_{\mathrm{A}} \cdot \left(c_{\mathrm{A}} - \frac{c_{\mathrm{S}}}{K_{\mathrm{A}}} \right) \\ v_{\mathrm{B}} &= E_{\mathrm{B}} \cdot \left(c_{\mathrm{S}} - \frac{c_{\mathrm{B}}}{K_{\mathrm{B}}} \right) \\ v_{\mathrm{C}} &= E_{\mathrm{C}} \cdot \left(c_{\mathrm{S}} - \frac{c_{\mathrm{C}}}{K_{\mathrm{C}}} \right) \end{aligned} \quad (11.91)$$

たとえ，分岐がいくつもあったり，その中にサブブランチを含んでいたとしても，これらの線形化された表現の結果として図11.10の各分岐のカイネティクスは，式（11.91）で示される．同様に，各分岐のフラックスは，一般に同じ形で与えられる．例えば，分岐Aが3つの反応を

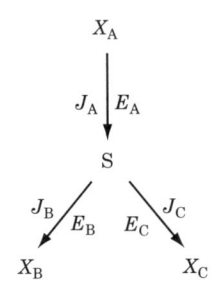

```
              X_A
              │
           J_A│E_A
              ▼
              S
            ╱   ╲
        J_B╱E_B E_C╲J_C
          ▼         ▼
         X_B       X_C
```

図 11.10 単純な分岐点．各々の分岐した経路は，1つの酵素反応ステップまたは，数ステップの酵素反応，または，いくつかのサブブランチの分岐を含む経路である．各分岐は"仮想的な反応"として表現される．この反応は，式（11.71）で示される線形化されたカイネティクスをもつ酵素E_iとフラックスJ_iをもっている．

含んでいたとしよう．前にも示したように，その経路のフラックスは，式（11.76）で与えられ，これは，式（11.91）と同じ形をしている．このフラックスは，外部の物質の濃度X_Aや分岐点Sの濃度に依存するので，これは，分岐のあるネットワークでフラックスの解を与える表現ではないが，その代わりに，分岐Aによって示された"仮想的な"反応のカイネティクスを定義する．要するに，この仮想的な反応は，分岐全体を表現し，個々のカイネティクスの定数や濃度はまとめて式（11.91）の定数となる．同じように，分岐BやCは，図11.10に示された形の，式（11.91）と等価な仮想的な反応として示される．

式（11.91）のカイネティクスから定常状態のフラックスを決定するために，分岐点の代謝物質Sのまわりのバランス

$$J_A = J_B + J_C \tag{11.92}$$

が用いられる．もし，式（11.89）の個々の反応速度v_iを定常状態のフラックスJ_iに置き換えることができれば，式（11.91）は，式（11.92）に代入して，カイネティクス定数や細胞外の物質の濃度から代謝物質Sとフラックスを決定することができる．変動係数とフラックスコントロール係数の関係は最終的に，**Small and Kacser**（1993b）によって導かれた．この導出方法は前項と同じものである．これらは長い導出過程を含むので結果だけをここに示す．

分岐のない経路の解析結果とは対照的に，分岐のある経路の変動係数はフラックスコントロール係数に等しくなる"必要はない"．もし，活性E_iがファクタr_iでもって活性化したら，変動係数の一般的な表現は，その影響を与えたフラックスJ_k，フラックスコントロール係数$C_i^{J_k}$を使って，

$$D_i^{J_k} \equiv C_i^{J_k} \cdot F_i^k \qquad i,k \in \{A, B, C\} \tag{11.93}$$

となる．ここで，

$$F_i^k = \frac{1}{1-(C_i^{J_i}-C_i^{J_k})\dfrac{r_i-1}{r_i}} \qquad i,k \in \{A, B, C\} \tag{11.94}$$

である．対応するFCCから，変動係数が，どれほど，ずれているかは，ファクタF_i^kによって与えられる．これは，フラックス増幅因子に依存するだけでなく，2つのFCCにも依存する．

もし，$i = k$（すなわち，分岐の活性変化の影響が自分自身のフラックスに与える影響）のときは，F_i^kは1であり，変動係数はFCCと等価である．ここでは，

$$D_i^{J_i} \equiv C_i^{J_i} \quad i \in \{A, B, C\} \tag{11.95}$$

である．この結果は，予想できるものである．というのは，分岐i自身は1つのステップまたは分岐のないものと考えており，このケースでは，活性の摂動とフラックスの測定は，1つの分岐のない経路内で起こる．したがって，11.5.1項の解析は，分岐点の物質Sが変動した酵素やフラックスが測定された点での干渉が起こらない限り適用可能である．

式（11.93）は，変動係数とFCCの一般的な関係を示すが，少しやっかいな形をしている．フラックスと活性に関する増幅因子が，式（11.86），（11.87）で表現されているので，変動係数は，

$$D_i^{J_k} \equiv \frac{\Delta J_k}{\Delta E_i} \frac{E_i^r}{J_k^r} = \frac{f_i^k - 1}{r_i - 1} \tag{11.96}$$

となる．式（11.93）の変動係数は，この式（11.96）の表現に変化し得る．最終的な再アレンジは，分岐iの活性変化に対し，次の単純で直感的に認識できる3つのFCC間の関係を与えてくれる（Stephanopoulos and Simpson, 1997）．

$$K_i = \frac{C_i^{J_A}}{f_i^A - 1} = \frac{C_i^{J_B}}{f_i^B - 1} = \frac{C_i^{J_C}}{f_i^C - 1} \quad i \in \{A, B, C\} \tag{11.97}$$

ここで，

$$K_i = \frac{r_i}{f_i^i (r_i - 1)} \quad i \in \{A, B, C\} \tag{11.98}$$

式（11.97）は，分岐iの活性変化により与えられるフラックスJ_kの変化の大きさ$f_i^k - 1$が，コントロール係数$C_i^{J_k}$に比例していることを示している．このとき比例定数は摂動定数，K_iと呼ばれ，変動した分岐の活性増幅因子（AAF）やフラックス増幅因子（FAF）から計算される．しかし，この定数は各分岐の特定の変動の結果を単に表しており，異なる変動は異なる定数を与えることを覚えておかねばならない．

フラックス変化の予測

分岐点まわりでの，1つまたは複数の分岐のFCCが，ひとたび既知となれば，システムに与える変動の影響を予測することができる．1つの分岐の変化に対し，活性の増幅因子r_iが与えられる．このとき，すべて3つの分岐の予測されるフラックス変化は，FAFから計算できる（Small and Kacser, 1993b）．

$$f_i^k = \frac{1}{1 - C_i^{J_k}\left(\frac{r_i - 1}{r_i}\right)} \quad k \in \{A, B, C\} \tag{11.99}$$

この結果は，機能的には式（11.88）と同じ意味であり，式（11.89）と同じように対称的な形に書き換えることもできる．

$$\frac{f_i^k - 1}{f_i^k} = C_i^{J_k}\left(\frac{r_i - 1}{r_i}\right) \qquad k \in \{A, B, C\} \tag{11.100}$$

最後に，分岐のない経路と同じように考えると，多くの分岐をもつ系で摂動に対する表現は，式（11.90）と同じように，

$$\frac{f_{ABC}^k - 1}{f_{ABC}^k} = \sum_i C_i^{J_k}\left(\frac{r_i - 1}{r_i}\right) \qquad i, k \in \{A, B, C\} \tag{11.101}$$

と与えられる．

濃度コントロール係数と濃度変化

分岐点 S の濃度は，上に述べた導出の途中で得られるので，大きな変動の理論を使って，濃度コントロール係数 CCC を決定したり，特定の変動の結果得られる濃度変化を予測したりすることができる．さらに，分岐のある経路とない経路の類似性から，CCC は分岐点 S に対してのみでなく，各細胞内物質 X_j に対して同様に決定できる．酵素活性 E_i が E_i^0 から E_i^r に変動したとき濃度 c_j に対する CCC は，

$$C_i^{X_j} = \frac{(c_j^r - c_j^0)}{(E_i^r - E_i^0)}\frac{E_i^r}{c_j^0}\frac{J_i^0}{J_i^r} = \frac{\Delta c_j}{\Delta E_i}\frac{E_i^r}{c_j^0}\frac{J_i^0}{J_i^r} \tag{11.102}$$

と与えられる．もし，この表現が，式（11.84）の FCC に対する表現と比較されれば，2 つの興味深い相違点がすぐに見つかる．つまり，式（11.102）は，"変動した"酵素活性や"基準の"濃度に対してのみならず，変動した後と基準のフラックスの比によっても"さらに"規格化されている．それで，CCC の決定には，濃度と活性変化のみならずフラックス変化も必要となる．しかし，微小変動の実験において，考えられるように，式（11.102）は，従来の CCC の定義に従うものである．

代謝物質の濃度変化の予測を考察するために，式（11.102）を無次元系に変換することは有用である．その過程で，新しい変数，"代謝物質増幅因子（MAF）"ϕ_i^j を導入しよう．これは完全に，フラックス増幅因子のアナロジーによる定義である．

$$\phi_i^j \equiv \frac{c_j^r}{c_j^0} \tag{11.103}$$

1 段階の酵素活性の変化に対して，AAF つまり r_i と濃度 c_j の変化に対応する MAF は次の式によって予測される．

$$C_i^{X_j}\left(\frac{r_i - 1}{r_i}\right) = (\phi_i^j - 1)\left[1 - C_i^{J_i}\left(\frac{r_i - 1}{r_i}\right)\right] = \frac{\phi_i^j - 1}{f_i^i} \tag{11.104}$$

前に見たように，1 ステップの酵素活性の摂動は，特別なケースである．大きな変動の理論が，n 個の酵素の関与する変化に適用されたら（Small and Kacser, 1993b），MAF は

$$\sum_{i=1}^n \left[C_i^{X_j}\left(\frac{r_i - 1}{r_i}\right)\right] = (\phi_i^j - 1)\left\{1 - \sum_{i=1}^n \left[C_i^{J_i}\left(\frac{r_i - 1}{r_i}\right)\right]\right\} \tag{11.105}$$

から得られる．式（11.105）は，異なる n 個の酵素に対する異なる FCC，CCC，AAF 値を用

いることに注意したい．分岐のあるネットワークに対して，3つの分岐（A, B, C）すべての和が計算される．さらに，この和は，その活性が変化しない酵素を含んでいた場合には，すべてのそのような酵素のr_iは1として式中に含むことになる．その結果，式中ではゼロの項として扱われる．

11.5.3　基質濃度や外部のエフェクタに対する応答

　酵素活性の変化に加えて，大きな変動の理論は，また，外部の基質やエフェクタの影響に対するフラックスの変化を記述するのに使うことができる（Small and Kacser, 1993a）．そのようなエフェクタは，1つまたは複数の酵素活性に変化をもたらすことによって定常状態の経路のフラックスの変化を起こす．もし，酵素反応速度において変化が既知であったら，活性の増幅因子（またこれから，フラックスコントロール係数）が決定できる．もし，一方で，エフェクタによる速度変化が既知でなかったら，フラックス変化は式（11.7）によって与えられたレスポンス係数に関して表現できる．もし，エフェクタの酵素E_kに対するカイネティックな影響が，エフェクタエラシティシティによって特徴づけられれば，レスポンス係数は，式（11.12）によって与えられる．もし，エフェクタが細胞外の基質X_0であるなら，もとのフラックスは

$$J^0 = \frac{E_1^0 \cdot \left(c_0 - \dfrac{c_n}{K_{1:n}}\right)}{1 + E_1^0 \cdot \chi_2} \tag{11.106}$$

と表現され，そして変動したフラックスは，

$$J^x = \frac{E_1^0 \cdot \left(x_0 \cdot c_0 - \dfrac{c_n}{K_{1:n}}\right)}{1 + E_1^0 \cdot \chi_2} \tag{11.107}$$

と表される．ここで，x_0はX_0の濃度c_0に関するファクタである．（"エフェクタ増幅係数"）レスポンス係数の式（11.106）の定義を使えば，次の表現

$$R_{X_0}^J = \frac{c_0}{c_0 - \dfrac{c_n}{K_{1:n}}} \tag{11.108}$$

が得られる．c_0における大きな摂動の結果を関係づけるために，次に示す比が式（11.106）と式（11.107）から決定される．

$$\frac{\Delta J}{\Delta c_0} = \frac{J^x - J^0}{x_0 \cdot c_0 - c_0} = \frac{E_1^0}{1 + E_1^0 - \chi_2} \tag{11.109}$$

2つの式の比較からレスポンス係数は，式（11.109）をc_0/J^0によって規格化することによって決定できる．つまり，

$$R_{X_0}^J = \frac{\Delta J}{\Delta c_0} \cdot \frac{c_0}{J^0} \tag{11.110}$$

である．さらに，ひとたびレスポンス係数と影響を受けた酵素のフラックスコントロール係数

が決まれば，エフェクタのエラシティシティは式（11.105）から決まる．エフェクタ濃度の変化から得られるフラックス変化は，

$$f_j^i - 1 = \frac{J_i^x - J_i^0}{J_i^0} = R_{X_j}^J \cdot (x_j - 1) \tag{11.111}$$

と予測できる．初期基質濃度に対する変化がこの証明では使われたが，式（11.110）は活性変化以外に酵素カイネティクスに影響を及ぼさない，どんな細胞外の基質，生産物の濃度変化にも一般的である．もし，エフェクタがその濃度を変化させたり，触媒活性を変化させたり，基質/生産物の親和力を変化させることによって直接，酵素活性に影響を及ぼす場合には，このセクションの解析は，式（11.107）に代わる適当なカイネティック効果を使って繰り返し利用することができる．このケースのいろいろな結果は，Small and Kacser（1993a）によって示された．

11.5.4 ま と め

大きな変動の理論は，微小変動の実験が測定に関してメタボリックコントロールアナリシスに与えていた制限を乗り越えるパワフルなツールである．にもかかわらず，この理論に関連した研究は少ない．

最初に，上に述べた式は単純化した1次の酵素カイネティックスの近似式であることを強調したい．システムの強い非線形性のために誤った結論を招く場合もある．Small and Kacser（1993b）は，この方法の正当性を示すために，いくつかの非線形モデルを用いており，結果は非常に良好なものである．しかし，正当性のチェックを行う必要性は，強調されすぎることはない．正当性のチェックは，しばしば，FCCを2つかそれ以上の酵素の増幅過程を使って計算することにより，行われる．さらに，測定値の不確定性から得られるFCC計算の誤差の推定が容易に行える（Small and Kacser, 1993b）．

2番目に，この理論から得られた式は，簡単なようにみえるが直感的ではない．例えば，酵素の活性を増幅したり抑制したりするときに，思いもよらない結果を得ることがある．フラックスと酵素活性の関係が図11.9に示す曲線の形をもつことにより，酵素活性における非常に小さい変化でも大きな影響を及ぼすこともある．一方，活性における大きな変動は，目に見えるフラックスの変化を必要とする．実際に，酵素活性をゼロに落とすことは，分岐の流れを完全にゼロにすることになる．一方，酵素活性の増幅は，フラックスを最大フラックスの境界にゆっくり近づくのみである．

最後に，この理論の有効性の限界を理解することは重要である．いずれかの酵素活性をゼロに落とした場合を考えると，FCCが正であるフラックスはゼロとなる．しかし，もし，分岐Bの酵素活性が抑制されたとしても，分岐Cの活性が残っていれば，分岐Aのフラックスはゼロにはならない．その場合，これらの式により，不可逆反応の負の濃度や負のフラックスが予測されることもある．

したがって，大きな変動に実験からのどんな結論に対しても，吟味する目をもって眺める必要がある．フラックスコントロール係数が，実験エラーや非線形性により信頼性が乏しいと考えられる場合には，常識的な知識が必要となるだろう．次の章では，さらに，ネットワークの安定性について議論を深めたい．このことにより，予測における大きな矛盾性を避けることが

● 11. メタボリックコントロールアナリシス

できる．より一般的な分岐のある経路で，いくつもの摂動を導入することによりFCCを決定する方法についても紹介する．

文　献

Atkinson, D. E. (1990). What should a theory of metabolic control offer to the experimenter ? "*Control of Metabolic Processes*", NATO ASI Series A Vol. 190, pp. 3-27. In A. Cornish-Bowden and M. L. Cardenas (eds.) New York: Plenum Press.

Bainbridge, Z. A., Scott, R. I. & Perry, D. (1992). Oxygen utilization by isopenicillin N synthase from *Penicillium chrysogenum*. *J. Chem. Tech. Biotechnol.* **55**, 233-238.

Brand, M. D., Hafner, R. P. & Brown, G. C. (1988). Control of respiration in non-phosphorylating mitochondria is shared between the proton leak and the respiratory chain. *Biochemical Journal* **255**, 535-539.

Brown, C., Hafner, P. P. & Brand, M. D. (1990a). A"top-down" approach to determination of control coefficients in metabolic control theory. *Eur. J. Biochem.* **188**, 321-325.

Brown, G. C., Lakin-Thomas, P. L. & Brand, M. D. (1990b). Control of respiration and oxidative phosphorylation in isolated rat liver cells. *Eur. J. Biochem.* **192**, 355-362.

Cornish-Bowden, A. (1989). Metabolic control theory and biochemical systems theory: Different objectives, different assumptions, different results. *J. Theor. Biol.* **136**, 365-377.

Crabtree, B. & Newsholme, E. A. (1987a). A systematic approach to describing and analyzing metabolic control systems. *Trends Biochem. Sci.* **12**, 4-12.

Crabtree, B. & Newsholme, E. A. (1987b). The derivation and interpretation of control coefficients. *Biochemical Journal* **247**, 113-120.

Delgado, J. & Liao, J. C. (1991). Identifying rate-controlling enzymes in metabolic pathways without kinetic parameters. *Biotechnol. Prog.* **7**, 15-20.

Delgado, J. & Liao, J. C. (1992a). Determination of flux control coefficients from transient metabolite concentrations. *Biochemical Journal* **282**, 919-927.

Delgado, J. & Liao, J. C. (1992b). Metabolic control analysis using transient metabolite concentrations. Determination of metabolite concentration control coefficients. *Biochemical Journal* **285**, 965-972.

Delgado, J., Meruane, J. & Liao, J. C. (1993). Experimental determination of flux control distribution in biochemical systems: *In vitro* model to analyze transient metabolite concentrations. *Biotechnol. Bioeng.* **41**, 1121-1128.

Discussion Forum. (1987). *Trends in Biochemical Science* **12**, 210-224.

Ehlde, M. (1995). Dynamic and steady state models of metabolic pathways. A theoretical evaluation. Ph. D. thesis, University of Lund, Sweden.

Ehlde, M. & Zacchi, G. (1997). A general formalism for metabolic control analysis. Chem. Eng. Sci. **52**, 2599-2606.

Ehlde, M. & Zacchi, G. (1996). Influence of experimental errors on the determination of flux control coefficients from transient metabolite measurements. *Biochemical Journal* **313**, 721-727.

Fell, D. A. (1992). Metabolic control analysis: a survey of its theoretical and experimental development. *Biochemical Journal* **286**, 313-330.

Fell, D. A. (1985). Metabolic control and its analysis. Additional relationships between elasticities and control coefficients. *Biochemical Journal* **269**, 255-259.

Flint, H. J., Tateson, R. W., Barthelmess, I. B., Porteous, D. J., Donachie, W. D. & Kacser, H. (1981). Control of flux in the arginine pathway of *Neurospora crassa*. *Biochemical Journal* **200**, 231-246.

Galazzo, J. L. & Bailey, J. E. (1990). Fermentation pathway kinetics and metabolic flux control in suspended and immobilized *Saccharomyces cerevisiae*. *Enzyme Microb. Technol.* **12**, 162-172.

Groen, A. K., Wanders, R. J. A., Westerhoff, H. V., van der Meer, R. & Tager, J. M. (1982). Quantification of the contribution of various steps to the control of mitochondrial respiration. *J. Biol. Chem.* **257**, 2754-2757.

Groen, A. K., Vervoorn, R. C., Van der Meer, R. & Tagger, J. M. (1983). Control of rat liver gluconeogenesis in rat liver cells. I. Kinetics of the individual enzymes and the effect of glucagon. *J. Biol. Chem.* **258**, 14346-14353.

Groen, A. K., van Roermund, C. W. T., Vervoorn, R. C. & Tager, J. M. (1986). Control of gluconeogenesis in rat liver cells. Flux control coefficients of the enzymes in the gluconeogenic pathway in the absence and presence of glucagon. *Biochemical Journal* **237**, 379-389.

Hafner, R. P., Brown, G. C & Brand, M. D. (1990). Analysis of the control of respiration rate, phosphorylation rate, proton leak rate and protonmotive force in isolated mitochondria using the "top-down" approach of metabolic control analysis. *Eur. J. Biochem.* **188**, 313-319.

Heinrich, R. & Rapoport, T. A. (1974). A linear steady state treatment of enzymatic chains. General properties, control and effector strength. *Eur. J. Biochem.* **42**, 89-95.

Heinrich, R., Rapoport, S. M. & Rapoport, T. A. (1977). Metabolic regulation and mathematical models. *Progress in Biophysics and Molecular Biology* **32**, 1-82.

Henriksen, C. M., Nielsen, J. & Villadsen, J. (1997). Influence of dissolved oxygen concentration on the penicillin biosynthetic pathway in steady state cultures of *Penicillium chrysogenum*. *Biotechnology Progress* **13**, 776-782.

Higgins, J. (1963). Analysis of sequential reactions. *Annals of the New York Academy of Science* **108**, 305-321.

Higgins, J. (1965). Dynamics and control in cellular reactions. "Control of Energy Metabolism." pp. 13-36. Edited by B. Chance, R. W. Estabrook & J. R. Williamson, New York: Academic Press.

Kacser, H. (1983). The control of enzyme systems *in vivo*: Elasticity analysis of the steady state. *Biochem. Soc. Trans.* **11**, 35-43.

Kacser, H. (1991). A superior theory ?. *J. Theor. Biol.* **149**, 141-144.

Kacser, H. & Burns, J. A. (1973). The control of flux. *Symp. Soc. Exp. Biol.* **27**, 65-104.

Kacser, H., Sauro, H. M. & Acerenza, L. (1990). Enzyme enzyme interactions and control analysis. 1. The case of non-additivity monomer-oligomer associations. *European Journal of Biochemistry* **187**, 481-491.

Liao, J. C. & Delgado, J. (1993). Advances in metabolic control analysis. *Biotechnol. Prog.* **9**, 221-233.

Niederberger, P., Prasad, R., Miozzari, G. & Kacser, H. (1992). A strategy for increasing an *in vivo* flux by genetic manipulations. The tryptophan system of yeast. *Biochemical Journal* **287**, 473-479.

Nielsen, J. (1997). *Physiological Engineering aspects of* Penicillium chrysogenum. Singapore: World Science Publishing Co.

Nielsen, J. & Jorgensen, H. S. (1995). Metabolic control analysis of the penicillin biosynthetic pathway in a high yielding strain of *Penicillium chrysogenum, Biotechnol. Prog.* **11**, 299-305.

Pettersson, G. (1996). Errors associated with experimental determinations of enzyme flux control coefficients. *J. Theor. Biol.* **179**, 191-197.

Pissarra, P., de N., Nielsen, J. & Bazin, M. J. (1996). Pathway kinetics and metabolic control analysis of a high yielding strain of Penisillium chrysogenum during fed-batch cultivations. *Biotechnology & Bioengineering* **51**, 168-176.

Ramos, F. R., López-Nieto, M. J. & Martin, J. F. (1985). Isopenicillin N synthetase of *Penicillium chrysogenum*, an enzyme that converts δ-(L-α-aminoadipyl)-L-cysteinyl-D-valine to isopenicillin N. *Antimicrob. Agents Chemother.* **27**, 380-387.

Reder, C. (1988). Metabolic control theory: a structural approach. *Journal of Theoretical Biology* **135**, 175-201.

Ruyter, G. J. G., Postma, P. W. & van Dam, K. (1991). Control of glucose metabolism by enzyme II^{Glc} of the phosphoenolpyruvate-dependent phosphotransferase system in *Escherichia coli*. *J. Bacteriol.* **173**, 6184-6191.

Salter, M., Knowles, R. G. & Pogson, C. (1986). Quantification of the importance of individual steps in the control of aromatic amino acid metabolism. *Biochemical Journal* **234**, 635-647.

Savageau, M. A. (1969a). Biochemical systems analysis I. Some mathematical properties of the rate law for the component enzymatic reaction. *Journal of Theoretical Biology* **25**, 365-369.

Savageau, M. A. (1969b). Biochemical systems analysis II. The steady state solutions for an n-pool system using a power-law approximation. *Journal of Theoretical Biology* **25**, 370-379.

Savageau, M. A. (1970). Biochemical systems analysis III. Dynamic solutions using a power-law approximation. *Journal of Theoretical Biology* **26**, 215-226.

Savageau, M. A., Voit, E. O. & Irvine, D. H. (1987a). Biochemical systems theory and metabolic control theory: 1. Fundamental similarities and differences. *Math. Biosci.* **86**, 127-145.

Savageau, M. A., Voit, E. O. & Irvine, D. H. (1987b). Biochemical systems theory and metabolic control theory: 2. The role of summation and connectivity relationships. *Math. Biosci.* **86**, 147-169.

Small, J. R. (1993). Flux control coefficients determined by inhibitor titration. The design and analysis of experiments to minimize errors. *Biochemical Journal* **296**, 423-433.

Small, J. R. & Kacser, H. (1993a). Responses of metabolic systems to large changes in enzyme activities and effectors. I. The linear treatment of unbranched chains. *Eur. J. Biochem.* **213**, 613-624.

Small, J. R. & Kacser, H. (1993b). Responses of metabolic systems to large changes in enzyme activities and effectors. II. The linear treatment of branched pathways and metabolite concentrations. Assessment of the general non-linear case. *Eur. J. Biochem.* **213**, 625-640.

Stephanopoulos, G. & Simpson, T. W. (1997). Flux amplification in complex metabolic networks. *Chem. Eng. Sci.* **52**, 2607-2628.

Theilgaard, H.B.A., Henriksen, C. M., Kristiansen, K. & Nielsen, J. (1997). Purification and characterization of δ-(L-α-aminoadipyl)-L-cysteinyl-D-valine synthetase (ACVS) from *Penisillium chrysogenum*. *Biochemical Journal* **327**, 185-191.

Torres, N. V., Mateo, F. Melendez-Hevia, E. & Kacser, H. (1986). Kinetics of metabolic pathways. A system *in vitro* to study the control of flux. *Biochemical Journal* **234**, 169-174.

Torres, N. V., Sicilia, J. & Melendez-Hevia, E. (1991). Analysis and characterization of transition states in metabolic systems. Transition times and the passivity of the output flux. *Biochemical Journal* **276**, 231-236.

Voet, D. & Voet, J. G., editors (1995). Biochemistry 2. New York: John Wiley & Sons.

Walter, R., Morris, J. & Kell, D. (1987). The roles of osmotic stress and water activity in the inhibition of the growth, glycolysis and glucose phosphotransferase system of *Clostridium pasteuranum*. *Journal of Gen. Microbiol.* **133**, 259-266.

Westerhoff, H. V., Groen, A. K. & Wanders, R. J. A. (1984). Modern theories of metabolic control and their application. *Biosci. Rep.* **4**, 1-22.

CHAPTER 12

代謝ネットワークの構造解析

　前章では，メタボリックコントロールアナリシスの基本的な考え方と重要なパラメータの決定方法について説明した．MCAの枠組みにおいては，フラックスや代謝物質がネットワークの個々の反応ステップによって制御される強さの程度を定量化する方法としてコントロール係数という尺度を用いている．実際，コントロール係数は，特定の反応の摂動から得られる効果を他の摂動により生じる同じ反応への効果と比較して，評価することができる．11章で示された方法により，ネットワークのカイネティクスに大きい摂動を与えたときにおいても，"フラックスの推定量"からコントロール係数やMCAの他のパラメータを決定することができることが示された．8〜10章は，これらの計算に必要なフラックス推定の手法を示している．この方法は，代謝物質のバランス，反応の化学量論，同位体ラベルを基礎にしている．

　本章では，11章で示したような単純な経路ではなく，より複雑な経路のフラックス制御を解析する試みについて示す．ここで，複雑な経路とは，多くの代謝物質を生成，消費する多くの酵素反応からなる代謝ネットワークシステムを指す．そして，お互いの共通の前駆体や生産物，エフェクタが存在するシステムである．そのようなネットワークはいくつかの反応を通して細胞外の基質を取り込む．その反応においては，最終的には，1つまたは複数のターゲットとなる生産物を生産することになる．このとき，望ましくない副生物が競合的に生産される場合もある．例えば，この章と次の章で示す例では，芳香族アミノ酸の生合成が示される（図12.1）．ネットワークの反応カイネティックモデル（Stephanopoulos and Simpson, 1997）を使って，このネットワークや同じような複雑なネットワークの制御構造を実験的に明らかにする方法について述べる．

　本章と次章の目的は，次のような事項に対する一般的でシステマティックな方法を提出することである．

・システムの化学量論をもとに同定可能な分岐点に関して，本来，備わっているネットワー

12. 代謝ネットワークの構造解析

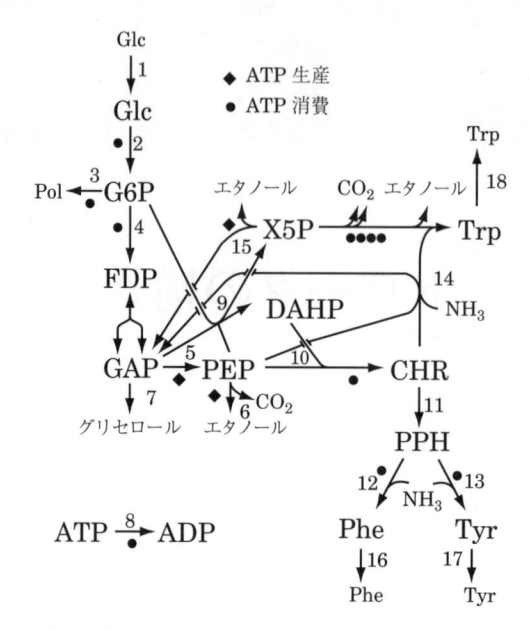

図12.1 芳香族アミノ酸の生合成ネットワーク．*Saccharomyces cerevisiae*における芳香族アミノ酸の生産に関与する鍵となる反応の概略図．この反応には，自由エネルギー生産反応も含まれる．細胞内代謝物の定常状態では（12.2.2項参照），大きな文字で示される．番号の付された反応は，1つまたは複数の酵素反応からなる．番号の付されていない反応，FDPからGAPに変換される反応は，平衡に近いと考えて正味の反応速度は4番の反応と等しいとする．［略号］CHR：コリスミ酸, DAHP：3デオキシ-D-アラビノヘプツロン酸7リン酸, FDP：フルクトース1,6二リン酸, G6P：グルコース6リン酸, GAP：グリセルアルデヒド3リン酸, Glc：グルコース, PEP：ホスホエノールピルビン酸, Phe：フェニルアラニン, PPH：プレフェン酸, Pol：ポリサッカライド, Trp：トリプトファン, Tyr：チロシン．

クの構造を定義すること．
- MCAのパラメータに関して複雑な代謝ネットワークのカイネティックな振舞いを解析すること．
- 重要な反応や分岐点を同定すること．

そして，
- 重要な反応の増幅や減衰を用いた目的のフラックスの最適化すること．

まず，各々の方法について一般的な説明を行い，その後，*Saccharomyces cerevisiae*を使った芳香族アミノ酸のケーススタディを行って，その実例を紹介する．このモデルは，Galazzo and Bailey（1990, 1991）によって提出されたものがもとになっているが，細胞の振舞いを表すものとして用いられた．この章で示す例は，実際工業的に用いられている生産株に適用可能かどうかはわからない．ここでの目的は，生物学的に現実的な現象をシミュレートすることではなく，そのようなシステムを解析するためのいくつかの方法を開発する中で，典型的な生物学的システムのレギュレーション，制御，フィードバックの構造を示す効果的手法の利点を提示することである．酵母細胞のシミュレータを使った解析から得られることは，実際の生物システムのシステマティックな実験的解析法の基礎を形成すると考えられる．

経路の分岐は，複雑でかつネットワークにおける最も単純な共通の特性であるため，ここでは，分岐点の解析から始めることにする．各分岐点ネットワークに，それぞれ複雑性を付加し

ていくため，(a) ネットワーク全体のフラックスコントロールにおいて，どの分岐点が重要であるかを考えること，(b) 分岐点でのフラックス分布を理解することと，その制御の測定方法を与えることが重要である．

　この前置きに続いては，複雑なネットワークを解析する方法にもっぱら焦点を当てる．ここで重要なのは，個々の反応のフラックスへの影響を実際に決定することは大きな生物システムでは，非現実的だということである．より効果的な方法は，反応を"グループ化"し，各々のグループの全体のフラックスへの制御における役割を明らかにすることである．これは，先に述べたトップダウンアプローチの本質的な問題である．この章では，現実的なネットワークに対するトップダウンアプローチをいかに実装するかということが示される．全体の概念は，むしろ単純で，方法の実装の方がむしろ複雑になる．それゆえ，個々のステップに関して，プロセスの目的に対する明確な視野を保つことが重要である．

　個々のステップは次のようにまとめられる．

1. 最初のステップは，反応や経路をグループ化する規則を開発することである．これは，シンプルな反応系では前向きな方法で進めることができる．しかし，ネットワークの複雑性が増すにつれ，少しずつこの問題は難しくなっていく．12.2節では，ネットワークにおける反応のグループ化と重要な分岐点の同定の体系的な方法を与える．12.3節では，アミノ酸生産のケーススタディにおいてグループ化の例を示す．

2. "グループフラックスコントロール係数 (gFCC)" は，グループ化された反応の経路のフラックスに与える影響の測度を与える．戦術的な摂動の導入と個々のグループのフラックス測定から得られるgFCCの決定法は次の章の13.2節に示される．gFCCを利用する2つの方法があり，まず1つ目の方法は，異なるgFCCの大きさの比較によって，個々のフラックスコントロール係数を決定することが可能である．これにより，興味をもっているフラックスにインパクトを強く与える反応を絞り込むことができる．2番目にgFCCはフラックスコントロールが連続したグループ化と解析を通して少数の反応に絞っていくことができる．これらの点は13.4節で詳述される．

3. トップダウンMCAの結果と反応のグループ化を基礎にした目的のフラックスの最適化は，13.5節で示される．この最適化の途中で，生合成ネットワークの，どの反応速度も思いのままに変化できるわけではないことが一般的に明らかになるだろう．中間物質を現実的に変化させ得る領域を考慮に入れることが必要である．このような束縛条件を結びつける際に，グループ濃度コントロール係数 (gCCC) が，重要なカイネティクスの変化により，代謝物質の濃度に与える影響を計測できる測度として表現される．代謝物質のレベルの極端な変化はネットワークの安定性に影響を与えるので，この値を通常の定常状態値に近づけることが望ましい．このことは，最適なフラックス増幅は制限された代謝物質の変化に対して，重要なフラックス変化をバランスよく上昇させることによって与えられることを意味している．

4. この解析の最後の節 (13.6節) は，実験誤差の結果に対する効果の考察である．そしてより重要なのは，用いられたモデルに設けられた固有の仮定の妥当性をチェックすることである．この目的のために，与えられた結果が重要な仮定を満足するかどうかを確かめる内部的なコンシステンシーの検定が必要である．

● 12. 代謝ネットワークの構造解析

12.1 単一の分岐点におけるフラックス分布の制御

複雑な系の特性を議論する前に，単一の分岐点の機能を深く見ることが重要であろう．この分析は，3つの反応中においてのみ，カイネティックな相互作用を含んでいるが，にもかかわらず，より複雑な系への洞察を提供している．この議論の中で起こってくる重要な考え方は，分岐点におけるフラックス分布の"フレキシビリティ（5章，10章参照）"，3つの分岐に含まれるフラックスの制御の"分布"，そして，リンク物質の濃度の変化によって生じる"代謝経路の不安定性"という概念を含んでいる．本章では，これらの問題を詳細なカイネティクスを使って考察してみることにする．同じような結果がMCAの考え方を使って得られるだろう．11.4節の式（11.68），（11.69）で示したように，反応のエラスティシティからフラックスコントロール係数の性質を調べることによっても同じ結論が得られる．この解析は，本節では，図12.2のようなA，B，Cの3つの反応を含む単純な分岐点に応用される．"リンク物質"Xは反応Aによって生成し，反応BとCによって消費される．この反応，BとCは独立に変化する反応である．定常状態では，反応Aのフラックスは，反応BとCのフラックスの和である．

図12.2の3つの反応のカイネティクスは数式表現ができるが，ここでは，可逆的Michaelis-Menten型のカイネティクスであると仮定しよう．つまり，このカイネティクスは，SをPに変換するときには反応速度で，

$$v = v_{\max} \frac{c_S - c_P/K_{SP}}{K_{m,S} + c_S + c_P(K_{m,S}/K_{m,P})} \tag{12.1}$$

と表現できる．ここで，c_Sは基質濃度，c_Pは生産物濃度である．残りのパラメータはすべて正で，反応に特異的な値をもち，一定である．式（12.1）は，3つの反応それぞれの正味の反応速度を表現し，反応速度が正の値で表現されるとき反応はS_AからS_B，S_Cへと進む．分岐点のフレキシビリティと競合する分岐の間のフラックス分布は，3つの反応のカイネティクスを示す曲線とリンク物質Xの濃度に依存する．したがって，他のパラメータや濃度をすべて固定した上で，分岐点のリンク物質Xの濃度変化の影響を考察することになる．この場合には，上流の反応Aのカイネティクスは，

$$v_A = v_{\max,\text{eff}_A} \left(\frac{1 - k_{1_A} c_X}{1 + k_{2_A} c_X} \right) \tag{12.2}$$

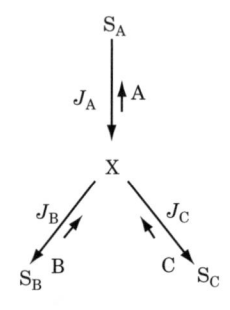

図12.2 単一の分岐点の様子．分岐点の物質Xは，反応Aによって生成する．これは，反応B，Cによって消費される．細胞外の物質の濃度S_A，S_B，S_Cはカイネティックパラメータが定数であるのと同様，一定であると仮定する．

の形で表現できる．そして，下流の反応 B, C の反応速度は

$$v_i = v_{\max,\text{eff}_i} \left(\frac{c_X - k_{1_i}}{c_X + k_{2_i}} \right) \qquad i \in \{B, C\} \tag{12.3}$$

の形で表現できる．ここで，3つのパラメータ k_1, k_2, $v_{\max,\text{eff}}$ は一定のパラメータや A, B, C の濃度を用いて決定される．これらの3つの値は，3つの反応においてそれぞれ異なることに注意されたい．さらに，これらのパラメータは非負である．もし，個々のパラメータが非ゼロであれば，式 (12.2), (12.3) は図 12.3 に示すように双曲型である．これらの反応の式に対して，前向きの反応は，効果的な最大反応測度 $v_{\max,\text{eff}}$ によって制限される（この値が最大）．X の濃度が上流で上昇するにつれ，または，下流ではその濃度は減少するにつれ，最終的に逆反応の最大速度は，$(k_1/k_2)v_{\max,\text{eff}}$ に近づく．もし，k_1 か k_2 のどちらかが，または，その両方がゼロならば，これらの曲線は異なった形となり，これも図 12.3 のようになる．次のディス

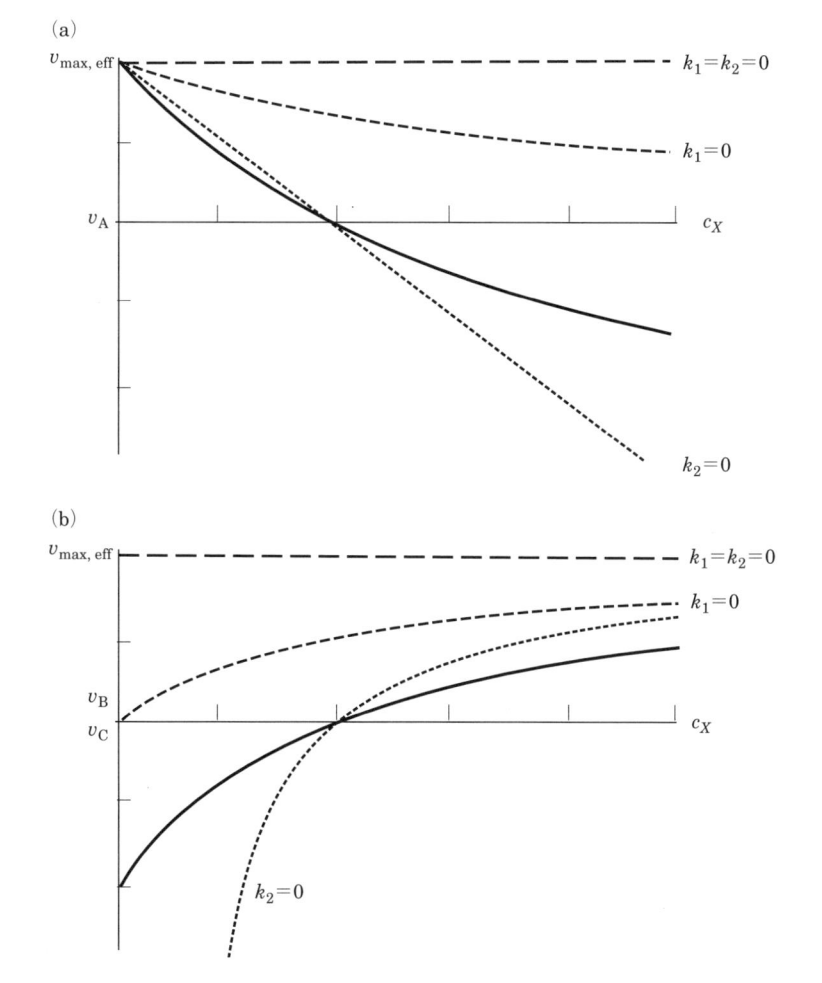

図 12.3 リンク物質の濃度に関する反応測度の様子．(a) 上流 (A) の反応速度，(b) 下流の分岐 (B) か (C) の反応速度．この関係は式 (12.2) や式 (12.3) より導かれた．破線は，示されたパラメータがゼロの場合のプロファイルである．

カッションでは，お互いの反応が完全に双曲型であるような場合を考えよう．

各分岐点で，上流の反応で生成したリンク物質Xについて競合が起こる．この方法をより複雑なネットワークに拡張するために，この定常状態における分岐点での各分岐の競合，分岐点まわりでのフラックス制御の分布に関する概念を理解することが重要である．

分岐点の1つの重要な特徴は，"フラックス分布"，つまり，2つの下流の反応のフラックス比である．一般に，フラックス分布はリンク物質の濃度に強く依存している．例えば，2つの下流の反応（BとC）が，図12.4のような典型的な反応速度の曲線を示す場合を考えよう．もし，Xの濃度が高く（c_1），両方の反応が，ほぼ最大に近い場合，c_Xの変化は両方の反応速度にほとんど影響しないだろう．言い換えると，個々の反応のc_Xに対するエラシティシティはゼロに近い．これは，B，C間のフラックスの分布は，ほぼ固定されていることを意味し，そのような分岐点は"リジッド"ということができるだろう．リジッドな分岐が存在する他の条件としては，c_Xの変化が両方の反応速度に比例的に影響を与える場合である．その場合は，フラックス分布は変化しない．言い換えると，Xの量を上昇させる個々の反応の競合は，大まかにいって同じフラックス比を与える結果となる．他方，もし，Xの濃度がc_2であれば，c_Xの小さい変化が，反応Bより反応Cに大きく影響を与える．この条件では，この2つの反応のc_Xに関するエラシティシティは異なり，"フレキシブルな"分岐点ということができる．本質的に，Cの反応はXの量の上昇により，Bよりも効果的にフラックスが上昇することになる．

反応BとCの和は，定常状態では反応Aの和なので，"定常状態での"リンク物質の濃度は，実際に，すべての3つの反応のカイネティクスに依存することに注意したい．したがって，もし，反応Aの速度を変えるような変化が起こったら（例えば，濃度S_Aの変化や，酵素Aの活性の増幅が起こったら），c_Xは異なる定常状態のレベルにシフトし，すべての分岐は異なるフラックスを得るだろう．分岐点のリジディティやフレキシビリティは，結果としてシフトするフラックス分布の傾向の定性的な説明を与える．さらに，そのフラックス分布のシフトの結果が，リンク物質のレベルに関する下流のエラシティシティの比として定量化される．

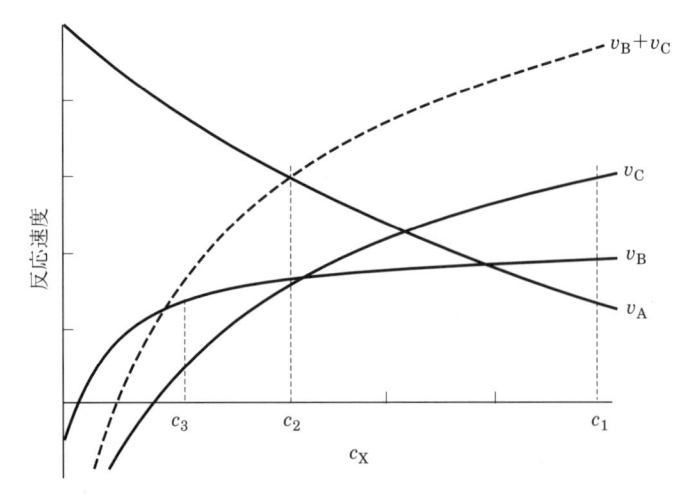

図 12.4 分岐点まわりの3つの反応の速度バランス．定常状態のリンク物質の濃度は，Aの反応速度とB，Cの反応速度の和の曲線の交わりから決まる．このケースでは，c_2である．分岐点のリジディティは定常状態の濃度での傾斜に依存する．

12.1 単一の分岐点におけるフラックス分布の制御

　図12.4の曲線は，分岐点まわりのフラックス制御を理解するのにも役に立つ．3つの反応のうちの1つの固有のカイネティクスに変化が起こると，図12.4においてこれに対応する反応曲線がシフトする．結果として生ずるフラックスの変化の大きさは，摂動を起こした反応が，各分岐のフラックスに与える影響の程度（制御の強さ）として示される．例えば，分岐Aの変化について考えよう．この変化は，定常状態のXの濃度の変化を通して他の分岐へと伝わる．リジッドな分岐点では，各分岐点のフラックスは，ほとんど同じ比率で変化するであろう．したがって，そのような変化に対するフラックスコントロール係数は，3つの分岐とも，ほとんど等しいであろう．さらに，もし，反応B，Cともに，速度が十分大きな値に達しているなら，分岐Aの変化に対するFCCは，3つの分岐ともゼロに近いだろう．しかし，濃度コントロール係数C_A^Xは，大きな正の値となるだろう．一方，フレキシブルな分岐の場合は，反応Aの変化は，下流のどちらか一方の分岐のフラックスについて，他方のフラックスよりも大きな変化をもたらす．図12.4で初期濃度c_2で，反応Aの小さな減少に対し，Xの定常状態の濃度は低くなり，結果として，反応Bよりも反応Cのフラックスがずっと小さくなる．実際，もし，定常状態のXの濃度がc_3より低くなれば，反応Cは逆方向に流れるだろう（S_Cが一定であると仮定すればの話だが）．このケースでは，CCC，C_A^Xはリジッドな分岐点よりも小さな値を示し，リンク物質の濃度変化は小さいものとなる．

　下流の分岐による制御も同様に，図12.4によって示される．まず，反応Bの初期定常濃度c_1における活性上昇について考える．これは，つまり，反応Bの反応速度曲線を上向きにシフトすることになる．このケースにおいて，反応Cの速度曲線は，飽和に達しているので，反応Cのフラックスは，定常状態のXの濃度の変化によっては，少ししか減少しない．しかし，反応AとBのフラックスは両方とも，ほぼ同じ大きさで上昇するだろう．反応Cに対するフラックスコントロール係数$C_B^{J_C}$は，とても絶対値の小さい負の値であり，$C_B^{J_B}$や$C_B^{J_A}$は，大きな正の値となるだろう．反応Bのフラックスの上昇は，反応Aにおけるフラックスの上昇より，比例的に大きくなることを示し，$C_B^{J_B}$は$C_B^{J_A}$より大きくなるが，一般的にいって1よりも小さい．濃度コントロール係数C_B^Xもまた絶対値の大きな負の値となる．

　反対に，もし，分岐点がフレキシブルなら（図12.4において，もとのXの定常状態のレベルがc_2であるようなケース）競合する反応の速度曲線は比較的急勾配になる．このケースで，反応Bの活性上昇（つまり，反応Bの速度曲線の上へのシフト）は，Xの濃度の減少と反応Cのフラックスの大きな減少を引き起こし，反応Bのフラックスを上昇させる．加えて，反応Aのフラックスは，ゆるやかに上昇し，フラックスBは大きく上昇する．実際，この活性変化は，最初，反応BからCへのフラックスの流れの方向の変化をもたらす．つまり，$C_B^{J_C}$は絶対値の大きな負の値となり，$C_B^{J_B}$は正の大きな値となる．リジッドな点におけるよりも，フレキシブルな点における方が，最終的にXの濃度が変化は小さくなるので，濃度コントロール係数は，絶対値の小さな負の値となる．

　もし，反応速度の曲線が異なる形をとるならば，異なる状況が起こるかもしれないが，これらの例は，典型的な分岐点での例となるだろうし，複雑な状況を理解するための基礎となるであろう．いくつもの分岐点を含む複雑なネットワークにおいては，分岐点間のフィードバックの考察が必要となるだろう．この場合は，ネットワークの特別なセクションの活性の変化が，視覚的に容易に表現されるのは困難なことであろう．この章のこの後の部分と次の章で，単一の分岐点まわりの制御と同じように，複雑なネットワークでの制御機構の解析を数学的な方法

を使って行うことにする．

　最後に，許容される活性の変化を束縛条件としてもつような分岐点もあることを覚えておかれたい．特に，リジッドな分岐点においては，上流の活性の上昇は，下流の分岐のフラックス変化に大きな変化をもたらすことなく，リンク物質の濃度の上昇をもたらす．図12.4で濃度 c_1 において，このことが確かめられる．つまり，反応BとCの曲線は，両方とも最大に近い状態である．さらに，もし，反応Aの反応速度曲線が反応BとCの曲線の和と交わらなければ，リンク物質濃度のバランスを満たす定常状態の条件は存在しない．この状況は，代謝の不安定な状態ということができる．そのような状態では，実際の代謝物質濃度のレベルはゼロに落ちるか，細胞にとって有毒なレベルまで上昇しているかのどちらかである．または，この物質を消費する他の経路が生成している可能性もある．この種の代謝の不安定性の結果は，予測不能であり，細胞には有害であるので，実際は，うまく回避されていることが多い．13.5節では，そのような代謝経路の不安定性について考察することにする．

12.2　反応のグルーピング

　前章で述べたように，メタボリックコントロールアナリシスは古典的には"個々の反応"のネットワークフラックスへの影響に関するものである．コントロール係数の決定は，単一の酵素のカイネティクスの摂動に基づいて，その摂動によってフラックスに与えられるインパクトの大きさを測定することにより行われる．"ボトムアップ"アプローチは，順序よく研究を行えることから，単純な経路や反応数の少ないネットワークの解析には便利である．しかし，何百という酵素反応や輸送系を含む複雑な経路では，その多くの反応はフラックスの制御には関与せず，この標準的なアプローチは明らかに非実用的である．トップダウンコントロールアナリシス（TDCA：11.2.2項参照）は，もうひとつの方法として開発されている．TDCAの主な方法論は，個々の反応ステップの代わりに，反応の"グループ"に焦点を当てる．そして，異なる反応グループの評価を行う．つまり，ネットワーク全体のカイネティクスの制御に重要な影響をもつ部分の反応や反応グループを絞り込んでいく方法である．この方法は，代謝ネットワークにおいて存在する多くの反応を考察する際に必要である．

　TDCAを行うためには，厳密にいって，リンク物質のまわりの反応グループが完全にお互いに独立しているという必要がある．つまり，個々の反応は，単純にリンク物質と"だけ"連結しているということである．多くのケースでは，このような基準は満たされないだろう．しかし，ここで述べるアプローチは，独立な反応内の束縛条件を緩めることができる．つまりフィードバック阻害のような相互作用を表すネットワークの解析を行うことができる．そのような相互作用をこの方法に適応するという拡張には制限があるので，この重要な事項は，13.6節で改良されるだろう．さらに，この方法は，自由エネルギー生産，増殖のフラックス，主要炭素フラックス，生合成フラックスのような共役しているバイオプロセスを効果的に分割化することができる．これらの共役化したプロセスの性質のために，この解析による反応のグループ化は，生化学マップによって示唆されるグループとはしばしば定義が異なる．

12.2.1　グループフラックスコントロール係数

　グループフラックスコントロール係数（gFCC）は，反応グループ全体を1つの反応として考えて定義される．反応グループの簡単な例を図12.5（a）に示す．これは分岐のない経路と

(a), (b) の図: 反応のグループを示す図解

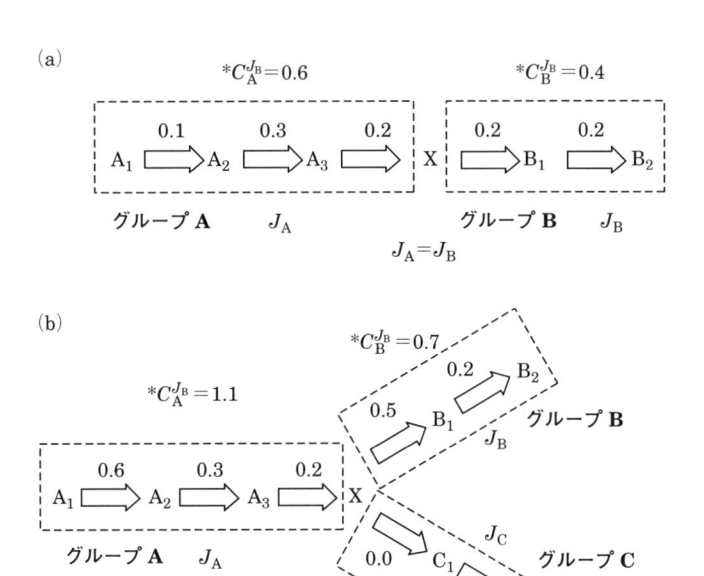

図 12.5 反応のグループ．(a) 分岐のない経路，(b) 分岐を含む経路でリンク物質まわりの典型的な経路の分割．グループ間での満たすべきフラックスのバランスおよび個々のまたはグループ内のグループフラックスコントロール係数も示されている．

して示されている．もし，ボックス A 内の各反応ステップが，相対的に同じ大きさで変化したら，グループ A の自分自身のフラックス（$*C_A^{J_A}$）に対する gFCC は，グループ内の各反応の活性の相対的な変化に対して起こるフラックスの変化（dJ_A/J_A）として定義される（このグループ全体の活性の変化を $d*v_A/*v_A$ と表す）．

$$*C_A^{J_A} \equiv \frac{dJ_A}{d*v_A} \frac{*v_A}{J_A} \tag{12.4}$$

この表現は，もとの FCC（Kacser and Burns, 1973）の定義の TDCA（Brown ら，1990）への拡張ということができる．FCC や反応速度に付された上付きの * は，これらの変数が，単一反応ではなくグループ反応であることを示している．

現実的には，グループ内のすべての反応の変化を同じように起こすことは不可能なので，gFCC の実験的な決定は，フラックスの測定とグループ内の，1 つの，または複数の反応に起きた摂動によるフラックスの変化を測定することによって行われる．グループ反応は，グループ内の個々の反応の FCC の和に等しい gFCC（これは，サンメンションセオレムの結論である）をもった "仮想的な" 1 つの反応として，個々の反応の代わりに考察される．

gFCC の概念により，図 12.5 (b) に示された分岐のある経路に簡単に拡張することができる．分岐反応があるときはいつでも，分岐の 1 つの変化が，すべての 3 つの分岐のフラックスに与える影響について定量化する必要がある，という点で複雑性が増している．単一のフラックスコントロール係数と異なって，3 つの分岐の変化に対して，3 つの分岐の変化が起こるの

で合計9つの変化を考慮する必要がある．より複雑な経路では，グループはいろいろな物質のまわりで構成される．そのようなケースでは，"各リンク物質"まわりでのグループのgFCCが別々に決定される．重なりのあるグループのgFCCからは，重なり合った共通の反応のgFCCが与えられる．次に，これらのgFCCは共通にリンクした，より小さいグループ，つまり2つの異なるリンク物質間を分割する短い経路によって制御される程度を今度は定義することになる．13.4節で議論するように，これらのgFCCは大きなFCCを含む個々の反応をさらに細かく調べるときに使われる．

12.2.2 独立な反応の同定

個々の反応は，中間代謝物質が定常な濃度をとることができるような，1つの生成物（アウトプット）に連結している必要な反応物（インプット）の組として定義される（Simpsonら，1995）．細胞内代謝物質の濃度に関する条件は，システムが，ある一定の入力に対して定常状態をとることができるために必要な条件である．L個の反応とK_0個の独立に変動する細胞内代謝物質（そのプールは定常に達する）からなるネットワークにおいては，独立な反応の数Pは，

$$P = L - K_0 \tag{12.5}$$

と表すことができる．単純な図12.6（a），（b）の例では，3つの独立な経路，P1，P2，P3を簡単に見つけ出すことができる．図12.1のような，より複雑な経路では独立な反応は自明ではなく，この同定にはシステマティックな方法が必要となる．これを行うために，まず，"定常状態の細胞内化学量論"（steady-state internal metabolite stochiometry）（SIMS）行列の定義から始める必要がある．これは，厳格に，ネットワークの化学量論を記述するものである（Reder, 1988）．SIMS行列Nは，K行L列であり，Kはネットワークにおいて定常状態をとる物質の数，Lは反応の数である．もし，この反応が，式（12.6）のように書ければ，行列の個々の要素N_{ji}は反応iに関与する代謝物質X_jの量論係数g_{ji}である．

$$\sum_{\text{reactants}} (-g_{ji}X_j) + \sum_{\text{products}} (g_{ji}X_j) = 0 \tag{12.6}$$

次に示すような方法に基づいて反応を正確にグループ化するためには，上の式によって記述された各反応の方向が，実際のネットワークの正味の反応と同じであることが大事である．つまり，図12.6（a）の反応3の正味のフラックスは図12.6（b）では反対向きであるので，SIMS行列の対応するカラムの符号は反対である．

厳密にいって，SIMS行列は，8章で紹介した，ネットワークに関係する"すべての"物質を組み込んだ標準の化学量論行列Gの部分行列である．したがって，バイオリアクタへフィードされたり，細胞に消費される細胞外の物質は，化学量論行列Gには含まれるが，SIMSには入っていない．BやCは，図12.6（a）の定常状態に保たれる物質のみ表されているので（これらの2つの物質の濃度は独立に変化できるので），システムのK_0は2である．A, D, E, Fの物質は，それゆえ，SIMS行列に含まれない．

2つの重要なタイプの反応が容易にSIMS行列において同定される．アウトプットの反応とは細胞外の物質を生産するだけの反応である．そして，それは，正の値を含まない列として構成される．インプットの反応は細胞外の物質を消費するだけの反応であり，負の値を含まない列として構成される．特にアウトプット反応の同定は，以下のように，独立な経路を列挙す

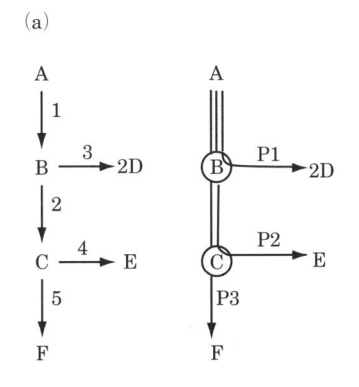

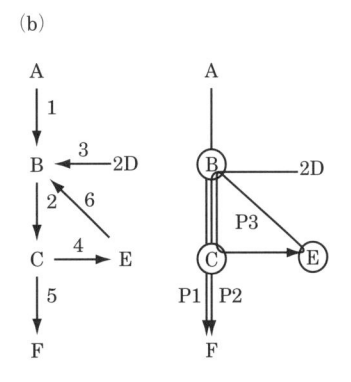

12.2 反応のグルーピング

(a)

```
A
↓ 1
B ──3──→ 2D
↓ 2
C ──4──→ E
↓ 5
F
```

```
  A
  ‖
 (B)──P1──→ 2D
  ‖
 (C)──P2──→ E
  ↓
  P3
  F
```

(b)

```
A
↓ 1
B ←──3── 2D
↓ 2  ↖ 6
C ──4──→ E
↓ 5
F
```

```
  A
  ‖
 (B)─────── 2D
  ‖╲
  ‖ ╲ P3
  ‖  ╲
 (C)──→(E)
 P1│P2
   ↓
   F
```

N

	反 応				
	1	2	3	4	5
B	1	−1	−1	0	0
C	0	1	0	−1	−1

N

	反 応					
	1	2	3	4	5	6
B	1	−1	1	0	0	1
C	0	1	0	−1	−1	0
E	0	0	0	1	0	−1

K

	経 路		
Rxn.	P1	P2	P3
1	1	1	1
2	0	1	1
3	1	0	0
4	0	1	0
5	0	0	1

K

	経 路		
Rxn.	P1	P2	P3
1	1	0	0
2	1	1	1
3	0	1	0
4	0	0	1
5	1	1	0
6	0	0	1

図 12.6 独立な反応の同定．2つのネットワークの例と，結果として得られる独立な反応，SIMS行列，カーネル行列が示されている．(a) 複数のアウトプットのある分岐のネットワーク，(b) 複数のインプットとリサイクルを含むネットワーク．

ことにより求められる．

いったん，SIMS行列が満足に構築されたら，独立な経路はNの"カーネルベクトルの組"Kとして与えることができる．カーネル行列Kの定義により，自明でない解は式（12.7）のように与えられる．

$$N \cdot K = 0 \tag{12.7}$$

図12.6（a）や12.6（b）は，この考え方をSIMSやカーネル行列のベクトルを用いて示している．"カーネル行列のベクトルは，対応する独立な経路の反応の相対的な反応速度を示している"．したがって，もし，K_{ij}がカーネル行列Kの要素とすると，K_{1j}は図12.6（a）の$j \in \{1, 2, 3\}$の経路に対する相対的な代謝物質消費速度（反応1の相対的な反応速度）を示している．反応1の"全体の"反応速度（これは，Aの消費速度に等しいが）は，$K_{11} + K_{12} + K_{13}$となる．式（12.7）に示したカーネル行列とSIMS行列の積はゼロとなり，3つの独立な経路に対する細胞の代謝物質BとCの定常状態でのバランスを表している（全部で2×3個の式）．したがって，図12.6（a）のカーネル行列の最初の列は，経路P1が，反応1と3からなるという化学量

論を示している．P1と定義された反応は，BもCも正味には生産せず，Aは2Dに変換される．

$$A \to B$$
$$\underline{B \to 2D}$$
$$A \to 2D$$

もし化学量論比が，1：1でなければ，適当な比に対応する数がカーネルに現れることになる（12.3節参照）．

カーネルの要素の値は，もちろん任意の値をとり得る．なぜなら，式（12.7）は，もし，列に定数が掛けられたり，他の列との和になったりすれば，変化するからである．事実，カーネルの正式な束縛条件は，独立なカラム同士が作る行列が，フルランクであることである．反応グループとリンク物質を決定するという目的のために，可能なかぎり単純なカーネルを見つけることが必要である．K_0の独立な定常状態の代謝物質をもつネットワークに対して，"各経路の" L個の反応速度間で全部でK_0個の定常状態の関係が存在する．したがって，$(L-K_0)$個の自由度が各反応を決定するために存在する．これは，カーネル行列の列に等しい．カーネル行列の要素を各列がカーネルの基底に対応するように選べば，各独立な経路の構造が確立され得る．カーネルの基底は普通，$(L-K_0)$個の行からなり，これは"単一の独立な反応経路に対するユニークな反応"に当たる．これらの反応を我々は，"固有の反応（eigenreactions）"または"特性反応（characteristic reactions）"と名づけることにする．なぜならば，これらの反応は，下に述べるように，化学量論の要素や独立な経路のフラックスをユニークに定義するからである．そのような反応は，一般に異なる生産物を生成するアウトプット反応として同定されるが，リサイクルや他のインプット反応に対して必要な反応も包含する．ほとんどの場合，実際，各独立な反応のステップは，他の独立な反応と競合しながら，異なる生産物を生産する．

図12.6（a）に示されたように，3つの自由度は，3つの反応の基底を規定することは明らかである．この規定の正当な選択は3つのアウトプット反応である（反応3，4，5）ので，カーネルの各列は，これらの3つの反応の基本的なベクトルに基づいて定義される．これは，反応3，4，5に，それぞれ対応してカーネルの列を100，010，001と与える値を設定し，残りの要素決定するために式（12.7）を適用することにより実行できる．もし，可能な残りの要素が使われたら，この方法は，負の要素をもたない完全なカーネルとして決定される．カーネル行列の基底ベクトルを基本ベクトルとして用いることにより，ネットワークで観察されるどんな定常状態も，上の方法で確立された経路の基本的なフラックスの1次結合（つまり，特徴的な反応のフラックス）として表現することができる．さらに，ひとたび，各経路の特徴的な反応が同定されたら，各経路の"実際の"フラックスは，単純に，各経路の実際のフラックスと特徴的なフラックスの積として与えられる．図12.6（a）の例として，基底は反応3〜5からなるので，P1，P2，P3経路の特性反応は，それぞれ，反応3，4，5となる．つまり，各反応のフラックスは

$$\begin{bmatrix} J_1 \\ J_2 \\ J_3 \\ J_4 \\ J_5 \end{bmatrix} = \begin{bmatrix} K_{11} \\ K_{21} \\ 1 \\ 0 \\ 0 \end{bmatrix} J_3 + \begin{bmatrix} K_{12} \\ K_{22} \\ 0 \\ 1 \\ 0 \end{bmatrix} J_4 + \begin{bmatrix} K_{13} \\ K_{23} \\ 0 \\ 0 \\ 1 \end{bmatrix} J_5 \quad (12.8)$$

と表現される．

例 12.1　行列演算によるカーネルの決定

　図 12.6 (a) のネットワークや示された SIMS 行列について，カーネル行列は式 (12.7) を適用することにより得られる．このネットワークには，式 (12.5) に従えば，5 個の反応と 2 個の定常状態をもつ代謝物質が存在し，式 (12.7) は

$$\begin{bmatrix} 1 & -1 & -1 & 0 & 0 \\ 0 & 1 & 0 & -1 & -1 \end{bmatrix} \begin{bmatrix} K_{11} & K_{12} & K_{13} \\ K_{21} & K_{22} & K_{23} \\ K_{31} & K_{32} & K_{33} \\ K_{41} & K_{42} & K_{43} \\ K_{51} & K_{52} & K_{53} \end{bmatrix} = \begin{bmatrix} 0 & 0 & 0 \\ 0 & 0 & 0 \end{bmatrix} \tag{1}$$

となる．この式の意味は，カーネル行列の要素 K_{ij} は，経路 P_j に関与している反応 i であるということを意味している．このケースでは行列表現にまとめられた 6 個の式は，3 つのそれぞれの独立な経路の 2 つの定常な細胞内代謝物質 B，C のバランスを表現している．

　式 (1) には 15 個の未知変数と 6 個の式が表現されている．未知 K のうちの 9 個は，個々のケースで異なるカーネルとなるように任意に選ぶことができる．しかし，そのすべての列は，この系を張る 3 本の"基底の"単純な線形結合で表される．明らかに，最も単純なカーネルは，この基底を選んだ場合である．これは，カーネルの 3×3 のより狭いセクションの単位行列を選ぶことによって与えられる．この形の中で，基底は，3 つのアウトプット反応ステップ 3，4，5 によって定義される（これらは，それぞれ，P1，P2，P3 に対する特徴的な反応である）．ひとたび基底が定義されれば，カーネル中の残りの要素は式 (2) を解くことによって与えられる．カーネルの各列は個々に規格化できるので，K の絶対値は重要ではないことに注意したい．

$$\begin{bmatrix} 1 & -1 & -1 & 0 & 0 \\ 0 & 1 & 0 & -1 & -1 \end{bmatrix} \begin{bmatrix} K_{11} & K_{12} & K_{13} \\ K_{21} & K_{22} & K_{23} \\ 1 & 0 & 0 \\ 0 & 1 & 0 \\ 0 & 0 & 1 \end{bmatrix} = \begin{bmatrix} 0 & 0 & 0 \\ 0 & 0 & 0 \end{bmatrix} \tag{2}$$

　もし，式 (2) に示された，掛け算を行うと 6 個の線形方程式

$$\begin{bmatrix} K_{11} - K_{21} - 1 & K_{12} - K_{22} & K_{13} - K_{23} \\ K_{21} & K_{22} - 1 & K_{23} - 1 \end{bmatrix} = \begin{bmatrix} 0 & 0 & 0 \\ 0 & 0 & 0 \end{bmatrix} \tag{3}$$

が得られ，つまり，

$$\begin{aligned} K_{11} - K_{21} &= 1 \\ K_{12} - K_{22} &= 0 \\ K_{13} - K_{23} &= 0 \\ K_{21} &= 0 \\ K_{22} &= 1 \\ K_{23} &= 1 \end{aligned} \tag{4}$$

12. 代謝ネットワークの構造解析

となる．これらの式を行列の形で表現するとカーネルの残りの要素は逆行列を使って，

$$\begin{bmatrix} K_{11} \\ K_{12} \\ K_{13} \\ K_{21} \\ K_{22} \\ K_{23} \end{bmatrix} = \begin{bmatrix} 1 & 0 & 0 & -1 & 0 & 0 \\ 0 & 1 & 0 & 0 & -1 & 0 \\ 0 & 0 & 1 & 0 & 0 & -1 \\ 0 & 0 & 0 & 1 & 0 & 0 \\ 0 & 0 & 0 & 0 & 1 & 0 \\ 0 & 0 & 0 & 0 & 0 & 1 \end{bmatrix}^{-1} \begin{bmatrix} 1 \\ 0 \\ 0 \\ 0 \\ 1 \\ 1 \end{bmatrix} = \begin{bmatrix} 1 \\ 1 \\ 1 \\ 0 \\ 1 \\ 1 \end{bmatrix} \tag{5}$$

と求められる．したがって，カーネルは図12.6 (a) で示されたのと同じように

$$\boldsymbol{K} = \begin{bmatrix} 1 & 1 & 1 \\ 0 & 1 & 1 \\ 1 & 0 & 0 \\ 0 & 1 & 0 \\ 0 & 0 & 1 \end{bmatrix} \tag{6}$$

となる．

単純な系では，カーネル行列は，ネットワークの概観を見れば，次のような方法に従って調べることができる．

1. カーネルの最初の列からスタートして，最初の列のアウトプット反応に対応する行の要素に1を入れる．この要素は反応によって消費される代謝物質である．
2. 1のステップで決めたアウトプット反応によって消費される代謝物質を生成する反応を探す．
3. もし，ただ1つの反応が，その同定された代謝物質を生成するのなら，その前の反応で消費される量をバランスする代謝物質を十分供給できるよう反応を進めるために，その反応が起こる必要な数を代入する．これは，普通は1である．もし，複数の反応が代謝物質を生産する場合は，今までの処理ステップに該当する列の要素を次の列の要素にコピーし，最初に選択された列を使って該当する列の構築を続ける．この列がひとたび完成すれば，次の選択を行って次の列を構築する．
4. もし，同定された反応が，インプット反応でなければ，2〜4のステップを繰り返す．もし，それがインプット反応であるなら，その列の操作は終わりで，行の残りの要素はゼロとなる．もし，同定された反応が，すでにその列に用いられていた場合は，該当する行の要素にはすでに数値が入っているだろう．これは，サイクルになっている反応があることを意味する．その場合は，その要素から下流の位置に存在する行の要素はゼロとなる．
5. 他のアウトプット反応についても1〜4を繰り返す．

図12.6は，この方法によって，カーネルを構成することができる．

複雑な経路では，反応はいくつもの反応物が関与し，バランスをとる物質を選択することが難しい．このような場合には，しばしば，1つの特別な反応によってのみ進む代謝物に注目してアルゴリズムを進めるのが容易である．この代謝物質の生産を分析すると，前のステップで

はバランスがとれなかった"残りの"代謝物質が最終的にはバランスがとれるようになると思われる．カーネルの決定を混乱させるような付加的なネットワークの特徴は，多重インプット多重アウトプット，つまり共役する反応を含む場合である．このような場合には，上に述べた方法で手計算を行うよりも行列演算を行った方が簡単である．これらのことが芳香族アミノ酸生産の研究を通して紹介される．

12.3 ケーススタディ：芳香族アミノ酸の生合成

リンク物質や反応グループの同定を行う方法論が，この節で$S.\ cerevisiae$の芳香族アミノ酸の生合成のケーススタディを通して示される．まず，このシステムの詳細を示し，独立な経路とリンク物質の同定の方法を示す．

12.3.1 $S.\ cerevisiae$による芳香族アミノ酸生合成のモデル

このケーススタディは，$S.\ cerevisiae$の生化学カイネティクスのモデルをもとにしている (Galazzo and Bailey, 1990, 1991)．図12.1は，生化学ネットワークの概観を示している．このネットワークは，セントラルカーボン代謝やフリーエネルギー生産とアミノ酸生合成を同時に表現したものである．このネットワークはグルコースを単一炭素源として単純な構造の前駆体からのトリプトファン，フェニルアラニン，チロシンの3つのアミノ酸の生合成を表している．このモデルに含まれる他の代謝機能は，ポリサッカライドやグリセロールといったエネルギー貯蔵物質の生産，自由エネルギーの生産，細胞維持のための自由エネルギーの消費からなっている．

上に示した分析法をこのシステムに適用するために，GalazzoとBaileyが構築したオリジナルのモデルに対していくつかの改良が行われた．最も重要なのは，細胞増殖の代謝物質レベルやアミノ酸バランスへの影響は無視したことである．これは，代謝バランスの単純化や不要な経路を削除するという1次的な効果がある．代謝バランスネットワークにおいて，菌体増殖を含めることは，一般に，次に示すような，"菌体増殖によるフラックス" J_j^E によって表され，そのフラックスは，各代謝物質X_jが濃度に比例して消費するものとする．

$$J_j^E = \mu\, c_j \tag{12.9}$$

ここで，μは比増殖速度，c_jは各代謝物質X_jの濃度である．この増殖フラックスの本質的な意味は，この反応では，ネットワーク中の増殖に関連する代謝物質の消費速度をひとまとめにすることを意味する．これらのフラックスは，解析の中では陽には扱われず，その代わり，ひとまとめにした消費速度として一般に扱われる．なぜなら，(a) その大きさは，一般に小さく，(b) それらは，しばしば，ネットワークにおける制御の構造やフラックスの増幅の決定に重大ではない，(c) それらは，代謝物質の枯渇のためのメカニズムだけではない，などの理由による．これらの消費反応の反応速度定数は，もとのモデルと同じような定常状態の全アミノ酸濃度や代謝物質の濃度をもたらすように決定された．これらの反応（図12.1の反応16，17，18）は，全アミノ酸のタンパクへの変換速度，または，他の菌体同化反応の速度や，これら3つのアミノ酸の分解や細胞外への輸送の総和として表される．さらに，反応9のトランスカルボキシラーゼ反応により，反応が進むペントースリン酸の消費や生産が，陽に化学量論で取り上げられている．一方，もとのモデルでは，この反応は，グルコース6リン酸とひとまとめにされ

ていた．これもまた，(15) のリサイクルの反応の導入に伴って（キシロース5リン酸（X5P）を解糖系へ戻すことにより），生じたものである．これらの変化にもかかわらず，このシステムの定常状態の反応速度や濃度は Galazzo と Bailey のモデルのこれらの情報とかなり近い値を与えることを強調しておきたい．

18の反応に関与する13の物質の代謝ネットワークは，数種類の分岐，リサイクルを含み，フィードバック阻害，アロステリック阻害の大きな効果を含んでいる．したがって，このシステムは，複雑な代謝ネットワークの記述と解析に適しているといえる．

表12.1はこのネットワークに存在する反応のリストを表している．表12.1に表されたいくつかの反応は，いくつかの独立な素反応をひとまとめにしたものと化学量論的に等価であることに注意されたい．つまり，グルコースの細胞内への取込みとリン酸化（反応1，2），およびグルコース6リン酸（G6P）はひとまとめにして反応3（ポリサッカライド（Pol）の生成）と書ける．またはさらに（反応4で）解糖系でリン酸化されフルクトース1,6二リン酸（FDP）へと変換される．FDP（またはさらに変換されて等価なグリセルアルデヒド3リン酸（GAP））はホスホエノールピルビン酸，さらに（ピルビン酸を経由して）エタノールへと変換される．このとき同時に ATP の形でエネルギーを生産する（反応5，6）．または，GAP は異なる経路

表12.1 アミノ酸合成ネットワークの化学量論．

反応[a]	反応の化学量論[b]
1	$Glc_{ext} \rightarrow Glc$
2	**Glc** + **ATP** → **G6P** + **ADP**
3	**G6P** + **ATP** → **ADP** + Pol + $2P_i$
4	**G6P** + **ATP** → **FDP** + **ADP**
FDP/GAP[c]	**FDP** ⟷ 2**GAP**
5	**GAP** + **ADP** + P_i → **PEP** + **ATP**
6	**PEP** + **ADP** → **ATP** + EtOH + CO_2
7	**GAP** + Gol + P_i
8	**ATP** → **ADP** + P_i
9	**G6P** + **GAP** + **PEP** → **X5P** + **DAHP** + P_i
10	**PEP** + **DAHP** + **ATP** → **CHR** + **ADP** + $3P_i$
11	**CHR** → **PPH**
12	**PPH** + **ATP** + NH_3 → **Phe** + **ADP** + P_i
13	**PPH** + **ATP** + NH_3 → **Tyr** + **ADP** + P_i
14	**PEP** + **X5P** + **CHR** + 4**ATP** + NH_3 → **GAP** + **Trp** + 4**ADP** + EtOH + $2CO_2$ + $3P_i$ + PP_i
15	**X5P** + **ADP** + P_i → **GAP** + **ATP** + CO_2
16	**Phe** → Phe_{ext}
17	**Tyr** → Tyr_{ext}
18	**Trp** → Trp_{ext}
アデノシン[d]	**ATP** + **AMP** ⟷ 2**ADP**

[a] 反応番号は図12.1の番号に対応している．
[b] 太字の代謝物は定常状態をもつ物質．いくつかの反応ステップは素反応の組合せとして表現されている．
[c] この反応はFDPとトリオースの平衡反応として表現されている．これは1つのプールと考える．
[d] この反応はATP, ADP, AMPの平衡を示している．

(反応7) を経由してグリセロール (Gol) へと変換される．シキミ酸経路，この経路は最終的には芳香族アミノ酸の生産につながる経路の入り口であるが，これはペントースリン酸経路の中間物質キシルロース5リン酸 (X5P) とエリスロース4リン酸 (図には示さない) の合成から始まる．これらは，PEPと反応して，3デオキシ D-アラビノヘプツロン酸 7 リン酸 (DAHP) を生成する．これらの2つの反応は，反応9に要約されている．コリスミ酸 (CHR) は反応10に要約された複数の反応によってDAHPから生産される．そしてこれが，反応11，12，13によってまとめられた複数の反応によりプレフェン酸 (Phe)，チロシン (Tyr) を最終的に生産する．もうひとつのコリスミ酸の変換は，反応14によって表されるトリプトファン (Trp) の生合成反応である．この経路はコリスミ酸に加えてX5Pの消費が必要である．つまり，PEPからGAPのリサイクルが必要である．残ったX5Pは反応15によってGAPにリサイクルされる．アミノ酸の排出，分解，消費反応は反応16〜18に示されている．

炭素骨格の合成に含まれる代謝物質の生成と消費のバランスに加えて，このネットワークの定常状態では，表12.1に示したATPの生産と消費のバランスも必要である．これらのATPの生成と消費反応は，いくつかの反応で共役して起こるので共役している反応を強調するために，図12.1中ではそれぞれ丸印と菱形印で示されている．反応8は，他の反応によって陽に必要とされる過剰なATPの消費として設けられている．この反応は，他の生合成反応によって消費されるすべてのATPの量（細胞維持や無駄な反応）と考えることができる．

表12.2はカイネティクス表現のまとめであり，この解析のベースの状態の定常状態を定義する物質収支をまとめたものを示している．物質収支の解は，表12.3に示された定常状態における代謝物濃度やフラックスをもたらす．

表12.2 アミノ酸生合成反応におけるカイネティクス表現と物質収支式．

反応[a]	カイネティクス[b]
1	グルコースの取込み： $v_{Glc,in} = 200 - 132.5[G6P]$
2	グルコースのリン酸化： $v_{Glc} = 68.5 \left(\dfrac{0.00062}{[Glc][ATP]} + \dfrac{0.11}{[Glc]} + \dfrac{0.1}{[ATP]} + 1 \right)^{-1}$
3	ポリサッカライド合成： $v_{Pol} = 15.74 \left(\dfrac{[G6P]^{8.51}}{193 + [G6P]^{8.51}} \right) \left(\dfrac{2.558}{[G6P]^2} + \dfrac{2.326}{[G6P]} + 1 \right)^{-1}$
4	グルコース6リン酸イソメラーゼとホスホフルクトキナーゼ： $v_{PFK} = \dfrac{3019[G6P][ATP]R}{R^2 + 6253L^2T^2}$ $R = 1 + 0.5714[G6P] + 16.67[ATP] + 95.24[G6P][ATP]$ $L = \left[1 + 0.76 \left(\dfrac{[ADP]^2}{[ATP]} \right) \right] \left[1 + 40 \left(\dfrac{[ADP]^2}{[ATP]} \right) \right]^{-1}$ $T = 1 + 0.0002857[G6P] + 16.67[ATP] + 0.004762[G6P][ATP]$

表12.2 （つづき）

反応[a]		カイネティクス[b]

5 グリセルアルデヒド3リン酸デヒドロゲナーゼ：

$$v_{\text{GAPD}} = 99.6 \left[1 + \frac{0.25}{[\text{FDP}]} + \left(0.09375 + \frac{6.273}{[\text{FDP}]} \right) A \right]^{-1}$$

$$A = 1 + \frac{\left(\frac{[\text{ADP}]^2}{[\text{ATP}]} \right)}{1.1} + \frac{[\text{ADP}]}{1.5} + \frac{[\text{ATP}]}{2.5}$$

6 ピルビン酸キナーゼとピルビン酸のCO_2とエタノールへの分解：

$$v_{\text{PK}} = 9763[\text{PEP}][\text{ADP}] \frac{R + 0.3964 L^2 T}{R^2 + 311.2 L^2 T^2}$$

$$R = 1 + 157[\text{PEP}] + 0.2[\text{ADP}] + 3.14[\text{PEP}][\text{ADP}]$$

$$L = \frac{1 + 0.05[\text{FDP}]}{1 + 5[\text{FDP}]}$$

$$T = 1 + 0.02[\text{PEP}] + 0.2[\text{ADP}] + 0.004[\text{PEP}][\text{ADP}]$$

7 グリセロール生産：

$$v_{\text{Gol}} = 0.068 v_{\text{GAPD}}$$

8 ATP分解または消費：

$$v_{\text{A}} = 12.1[\text{ATP}]$$

9 E4PとX5Pのトランスカルボキシラーゼ反応とそれに続くE4P，PEPからDAHP生産

$$v_T = 4568 \frac{\dfrac{0.79}{\left(1 + \dfrac{[\text{Phe}]}{53}\right)} + \dfrac{0.2}{\left(1 + \dfrac{[\text{Tyr}]}{40}\right)} + \dfrac{0.01}{\left(1 + \dfrac{[\text{Trp}]}{16}\right)}}{\left(\dfrac{0.0002}{[\text{PEP}][\text{G6P}]} + \dfrac{0.06}{[\text{PEP}]} \right)(2 + [\text{CHR}])(0.9281 + [\text{ATP}])\left(1 + \dfrac{[\text{Trp}]}{16}\right)}$$

10 シキミ酸経路によるDAHP消費とコリスミ酸への変換：

$$v_D = \frac{116[\text{DAHP}][\text{PEP}][\text{ATP}]}{(2 + [\text{ATP}])(0.008665 + [\text{PEP}])(0.921 + [\text{ATP}])}$$

11 プレフェン酸生成：

$$v_{\text{PPH}} = 475.4[\text{CHR}] \left[(2 + [\text{CHR}]) \left(1 + \frac{[\text{Phe}]}{50}\right) \left(1 + \frac{[\text{Tyr}]}{40}\right) \right]^{-1}$$

12 フェニルアラニン生産：

$$v_{\text{Phe}} = 63.4[\text{PPH}] \left[(1 + [\text{PPH}]) \left(1 + \frac{[\text{Phe}]}{50}\right) \right]^{-1}$$

13 チロシン生産：

$$v_{\text{Tyr}} = \frac{10.48[\text{PPH}]}{1 + [\text{PPH}]}$$

14 トリプトファン生産：

$$v_{\text{Trp}} = \frac{75.6[\text{X5P}][\text{CHR}][\text{ATP}]}{(1.269 + [\text{X5P}])(2 + [\text{CHR}])(0.9281 + [\text{ATP}])\left(1 + \dfrac{[\text{Tyr}]}{16}\right)}$$

表 12.2 (つづき)

反応[a]	カイネティクス[b]
15	X5P の GAP とエタノールへの分解： $v_X = 17[\text{ADP}] \dfrac{[\text{X5P}]}{0.8 + [\text{X5P}]}$
16	フェニルアラニンの排出，分解，消費： $v_{\text{Phe, out}} = 0.013[\text{Phe}]$
17	チロシン排出，分解，消費： $v_{\text{Tyr, out}} = 0.013[\text{Tyr}]$
18	トリプトファンの排出，分解，消費： $v_{\text{Trp, out}} = 0.013[\text{Trp}]$
アデノシン[c]	アデノシンリン酸の全量間でのアデノシンの平衡： $[\text{ATP}] + [\text{ADP}] + \left(\dfrac{[\text{ADP}]^2}{[\text{ATP}]} \right) = 3$

物質	物質収支
Glc	$v_{\text{Glc, in}} = v_{\text{Glc}}$
G6P	$v_{\text{Glc}} = v_{\text{Pol}} + v_{\text{PFK}} + v_T$
FDP	$v_{\text{PFK}} + \frac{1}{2} v_{\text{Trp}} + \frac{1}{2} v_X = \frac{1}{2} v_{\text{GAPD}} + \frac{1}{2} v_{\text{Gol}} + \frac{1}{2} v_T$
PEP	$v_{\text{GAPD}} = v_{\text{PK}} + v_T + v_D + v_{\text{Trp}}$
ATP, ADP	$v_{\text{GAPD}} + v_{\text{PK}} + v_X = v_{\text{Glc}} + v_{\text{Pol}} + v_{\text{PFK}} + v_D + v_{\text{Phe}} + v_{\text{Tyr}} + 4v_{\text{Trp}}$
DAHP	$v_T = v_D$
CHR	$v_D = v_{\text{PPH}} + v_{\text{Trp}}$
PPH	$v_{\text{PPH}} = v_{\text{Phe}} + v_{\text{Tyr}}$
X5P	$v_T = v_{\text{Trp}} + v_X$
Phe	$v_{\text{Phe}} = v_{\text{Phe, out}}$
Tyr	$v_{\text{Tyr}} = v_{\text{Tyr, out}}$
Trp	$v_{\text{Trp}} = v_{\text{Trp, out}}$

[a] 反応番号は図 12.1 の番号に対応している．
[b] 細胞内物質の濃度 (mM) の関数としての基底状態のモル反応速度 (mM/min)．
[c] 最終的な表現は全アデノシン量のバランスと ATP, ADP, AMP の平衡を表している．

12.3.2 独立な経路の同定

表 12.1 の量論係数から構成されたネットワークの SIMS 行列は表 12.4 のように与えられる．行列の中の 13 の代謝物質の中の 12 が真に独立であることに注意したい．独立でないのは，ATP と ADP である．式 (12.5) は，それゆえ，全部で 6 つの独立な経路が，これら 18 の反応から構成されていることを示している．それぞれは，6 つのアウトプット反応の 1 つに対応している．これらの反応 (3, 7, 8, 16, 17, 18) は，ネットワークの特性反応として同定されている．つまり，これらの反応がカーネルの基底を構成する（厳密にいえば，反応 3 と 8 は，ATP と ADP のリサイクル反応ステップであるが，このことは，ADP が独立な物質でないので，この解析には影響を及ぼさない）．ちょっと見ると直接的方法により解析できそうに思うが，12.2.2 項で詳述した方法に従って，後ろ向きの方法（繰返し方法）と各代謝物質のバランス

表12.3 アミノ酸生合成ネットワークの定常状態代謝物質濃度とフラックス.

中間代謝物質	濃度（mM）
Glc	0.17
G6P	1.27
FDP	23.0
PEP	0.014
ATP	0.20
DAHP	3.74
CHR	7.87
PPH	0.55
X5P	1.48
Phe	271
Tyr	286
Trp	76.7
ADP	0.66

反応[a]	モルフラックス（mM/min）
1	31.67
2	31.67
3	0.14
4	23.30
5	43.63
6	26.15
7	2.97
8	2.44
9	8.24
10	8.24
11	7.24
12	3.52
13	3.72
14	1.00
15	7.24
16	3.52
17	3.72
18	1.00

[a] 反応番号は図12.1の番号に対応している.

をとることにより，カーネル（表12.5）が導かれる．しかし，エネルギーに関連した反応の独立性は，次に述べるようなさらに複雑な問題を含んでいる．

　例えば，反応1，2，3を構成する経路，これは，ポリサッカライド（Pol）の生産に関係している．図12.1から，反応1，2は反応3のG6Pの消費とバランスする．それで，図12.1の炭素変換の概略という観点だけから，これらの3つの反応は，カーネルにおけるポリサッカライドの経路（経路4）に対する列を構成しなければならない．しかし，表12.5に示したカーネルの4番目の列の解析から，この経路に，さらに代謝物質が関連することが明らかになる．これは，反応1，2，3はATPバランスとして閉じている（ADPが完全に再生される）ことから起こる．したがって，どんな反応においても，必要なATPを供給できる経路は，反応6で終了する解糖系のみであることがわかる．つまり，ポリサッカライドの経路は反応1，2，4さらに

12.3 ケーススタディ：芳香族アミノ酸の生合成

表12.4 アミノ酸生合成行列のSIMS行列.

代謝物質	反応[a]																	
	1	2	3	4	5	6	7	8	9	10	11	12	13	14	15	16	17	18
Glc	1	−1	0	0	0	0	0	0	0	0	0	0	0	0	0	0	0	0
G6P	0	1	−1	−1	0	0	0	0	−1	0	0	0	0	0	0	0	0	0
FDP	0	0	0	1	−0.5	0	−0.5	0	−0.5	0	0	0	0	0.5	0.5	0	0	0
PEP	0	0	0	0	1	−1	0	0	−1	−1	0	0	0	−1	0	0	0	0
ATP	0	−1	−1	−1	1	1	0	−1	0	−1	0	−1	−1	−4	1	0	0	0
DAHP	0	0	0	0	0	0	0	0	1	−1	0	0	0	0	0	0	0	0
CHR	0	0	0	0	0	0	0	0	0	1	−1	0	0	−1	0	0	0	0
PPH	0	0	0	0	0	0	0	0	0	0	1	−1	−1	0	0	0	0	0
X5P	0	0	0	0	0	0	0	0	1	0	0	0	0	−1	−1	0	0	0
Phe	0	0	0	0	0	0	0	0	0	0	0	1	0	0	0	−1	0	0
Tyr	0	0	0	0	0	0	0	0	0	0	0	0	1	0	0	0	−1	0
Trp	0	0	0	0	0	0	0	0	0	0	0	0	0	1	0	0	0	−1
ADP	0	1	1	1	−1	−1	0	1	0	1	0	1	1	4	−1	0	0	0

[a] 反応番号は図12.1の番号に対応している.

表12.5 アミノ酸生合成ネットワークのSIMS行列のカーネル.

反応[b]	独立な経路[a]					
	P1 Trp	P2 Phe	P3 Tyr	P4 Pol	P5 Gol	P6 ADP
1	5.5	3	3	2	1	0.5
2	5.5	3	3	2	1	0.5
3	0	0	0	**1**	0	0
4	4.5	2	2	1	1	0.5
5	9	4	4	2	1	1
6	6	2	2	2	1	1
7	0	0	0	0	**1**	0
8	0	0	0	0	0	**1**
9	1	1	1	0	0	0
10	1	1	1	0	0	0
11	0	1	1	0	0	0
12	0	1	0	0	0	0
13	0	0	1	0	0	0
14	1	0	0	0	0	0
15	0	1	1	0	0	0
16	0	**1**	0	0	0	0
17	0	0	**1**	0	0	0
18	**1**	0	0	0	0	0

[a] これらの独立な経路の概略は図12.7に示した．個々の経路の特徴的な反応は太字と下線で示してある．
[b] 反応番号は図12.1の番号に対応している．

2つの等価な反応5，6を必要とする．他の出力ステップの反応に対しても同じ方法が用いられれば，カーネル行列の結果は，表12.5に示されることになる．このカーネル行列は，前に基底と同定された6つのアウトプット反応を使って，式 (12.8) の解からも導かれる．図12.7

●12. 代謝ネットワークの構造解析

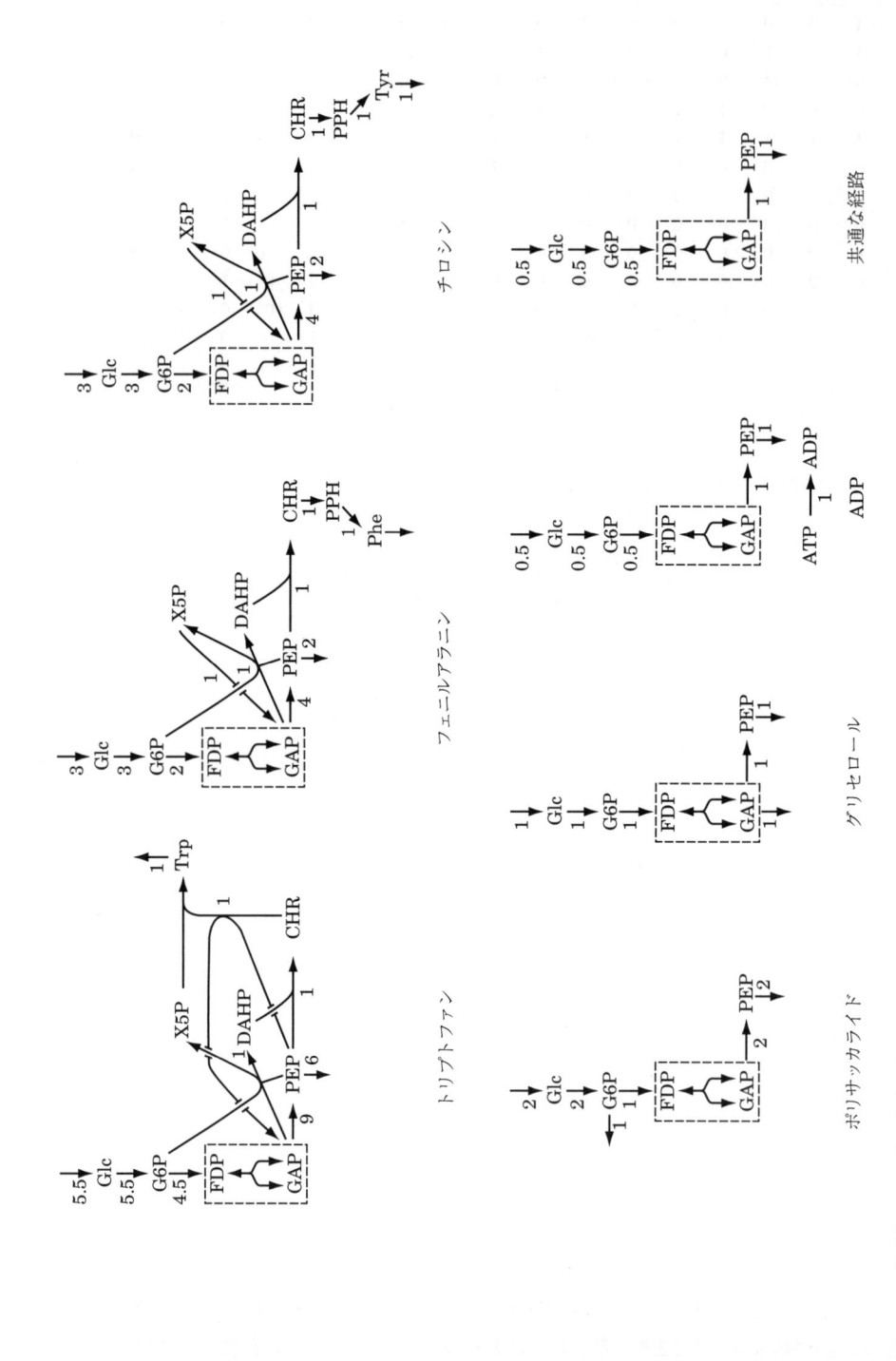

図12.7 芳香族アミノ酸の生合成ネットワークの独立な経路. 6個の生産物に対し6個の独立な経路が存在する. カーネル行列の要素は, 個々の経路のバランスされたフラックスとして表されている. 解糖系のエネルギー生産経路の相対的なフラックス (これは, すべて6個の独立な経路に対して共通しているが) もまた同定された.

はカーネルの同定された経路を示している．図12.7に見られるように解糖系で生成したATPは独立な6経路すべてで使われる．

12.3.3 リンク物質の同定とグループフラックスの決定

前のセクションでは，図12.1の芳香族アミノ酸の生合成ネットワークでは6個の独立な経路が存在することが明らかとなった．これは，もちろん，ネットワークが，いくつかの分岐点をもち，その分岐点では，最終生合成産物を作るようフラックスの分配が起こっているということを示している．ここでは，一般的に，どんな複雑なネットワークにも適応できる分岐点探索の方策を示す．この方策は，カーネルによって定義される（図12.7に示されるように）独立な経路を同定することから始まる．そして，次に示すようなステップを踏んで行われる．

1. カーネルによって定義された独立な経路の中で，最大の共通の反応（すなわち，共通の最長の反応）を見つけ出す．これは，（図12.7）の6個の独立な反応からなるアミノ酸のネットワークでは，解糖系であることが示される．この共通の経路は，ネットワークにおける最初の分岐点の"リンク物質"を与える．ケーススタディで示したように，この代謝物質はATPである．共通の経路に関与する反応はグループ反応Aを作る．これは，リンク物質の上流の反応群である．

2. 共通な経路の中で，"生産ステップ"を同定する．これは，リンク物質を"正味に生成する"反応である．この反応に入ってくる代謝物質の要素がすべて同じになるようにカーネルの各列を規格化する．経路の中ですべての中間代謝物質の生成消費が，ちょうどゼロになるように共通経路内の他の反応の物質収支をとる．ケーススタディの共通経路の反応の化学量論のバランスは図12.7に示されている．

3. もとのカーネル行列を3つの部分行列に"分ける"（つまり3つの"グループカーネル"を作る）．各グループにおいて，各反応が構成される．すでに，同定された共通の経路はグループAを作っているので，共通経路のバランスをとった反応の化学量論係数はそのグループカーネルの各列に入り，他のすべての反応の要素はゼロとなる．このグループカーネルをもとのカーネルから差し引けば，2つの下流のグループB，Cの反応を構成する差し引かれたカーネルが得られる．

4. 差し引かれたカーネルの経路で，できるだけ数多くの共通の反応群を見つける（つまり，新たな共通経路，これは，グループCの中に含まれる新たな分岐点を見つけるために使われる）．新しい共通経路には含まれないカーネルの列（つまり経路）を新たな下流のグループカーネルBへ分ける．グループCのグループカーネルは，グループカーネルBの要素をカーネルAから差し引くことによって得られる．グループCのすべての経路は，新しい共通の経路を含んでいる．

5. 2つまたはそれ以上の列において要素をもつすべての下流のグループ（BまたはC）は，各リンク物質を同定するために，1～4の方法を順番に繰り返す．グループCの共通の経路は，すでに反応4によって見つかっていることに注意したい．この共通の経路に対応するグループカーネルは，共通経路が，前のリンク物質とつながる反応から構成されているので，新しいリンク物質のグループLを定義する．しかし，前のリンク物質において新しい共通の経路から分岐したリンク物質やグループ（BまたはC）の上流Aに"加えて"，このリンク物質の上流のグループA全体は，グループLを構成する（図12.10）．その結果とし

●12. 代謝ネットワークの構造解析

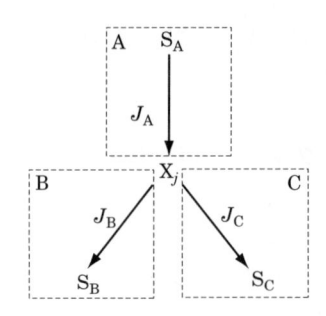

図12.8 分岐点まわりで定義されたグループ反応と代謝フラックスの一般的な表現．反応グループA，B，Cは，分岐点の代謝物質の上流と下流の反応すべてを含んでいる．

て，ネットワーク内のすべての反応は，3つのグループ（A，B，C）のうちの1つに属することがわかる．グループAとLのグループは別々に存在するので，後で述べるように別々のグループフラックスやグループコントロール係数が与えられる．

6. 共通の経路が同定されなくなるまで以上の方法を繰り返す．その点で，最後の下流のグループは，ゼロでない要素をもった単一の列から構成される．分岐点の数は $P-1$ となる．ここで P は独立な経路の数である．

この方法の最終的な目標は，代謝ネットワークにおいて分岐点を見つけること，そして，合理的に反応グループと，それに対応する分岐点まわりのフラックスをを決定することである．この概略が図12.8に示されている．反応グループA，B，Cと分岐点 X_j が示されている．13章で定式化するようにグループコントロール係数は，分岐点まわりのフラックス J_A, J_B, J_C から決定される．これらのフラックスを正しく評価すれば，正しく対応するグループコントロール係数が得られる．

次に，上述の方法を逐次的にカーネルやグループのカーネルに応用して，上の例に適用した結果を示す．これらの逐次法の最初の2段階を概略的に図12.9，図12.10に示す．グループフラックスの決定を行うために，もとのカーネル（表12.5）には，2つの新しい行を付加していることに注意したい．これらの中の第1行は，各列の中の他の要素を使って後に規格化される．2番目の行は単純に，独立な経路の各特性フラックスを示し，規格化される必要はない．

分岐点1：ATP

1. 表12.5のカーネルの列を調査すると，最も長い共通の経路は，解糖系路で反応1，2，4，5，6を含んでいることがわかる．この経路の最終生成物ATPは，それゆえ，このネットワークの最初のリンク物質であると同定される（これは，図12.7の経路からもわかる）．

2. 共通経路の生産段階は反応6である．反応2，4，5によってATPの生産と消費は，お互いにキャンセルされるので，反応6が"正味の"ATPの生産に関与する．したがって，カーネルの列は，反応6に関して規格化される．列2の要素に3を掛けて反応6に対する要素は，6となる．他の列の各要素は，同様に，その要素が反応6に対する要素が6となるように適当なファクタを掛ける．その結果，規格化された行列は，図12.9のようになる．すべての6つの経路に共通な反応は箱の中に示されている．この共通の経路によって中間代謝物質の蓄積がないことを確かめるために，図12.7の最後（右下）に示されるように，残りの反

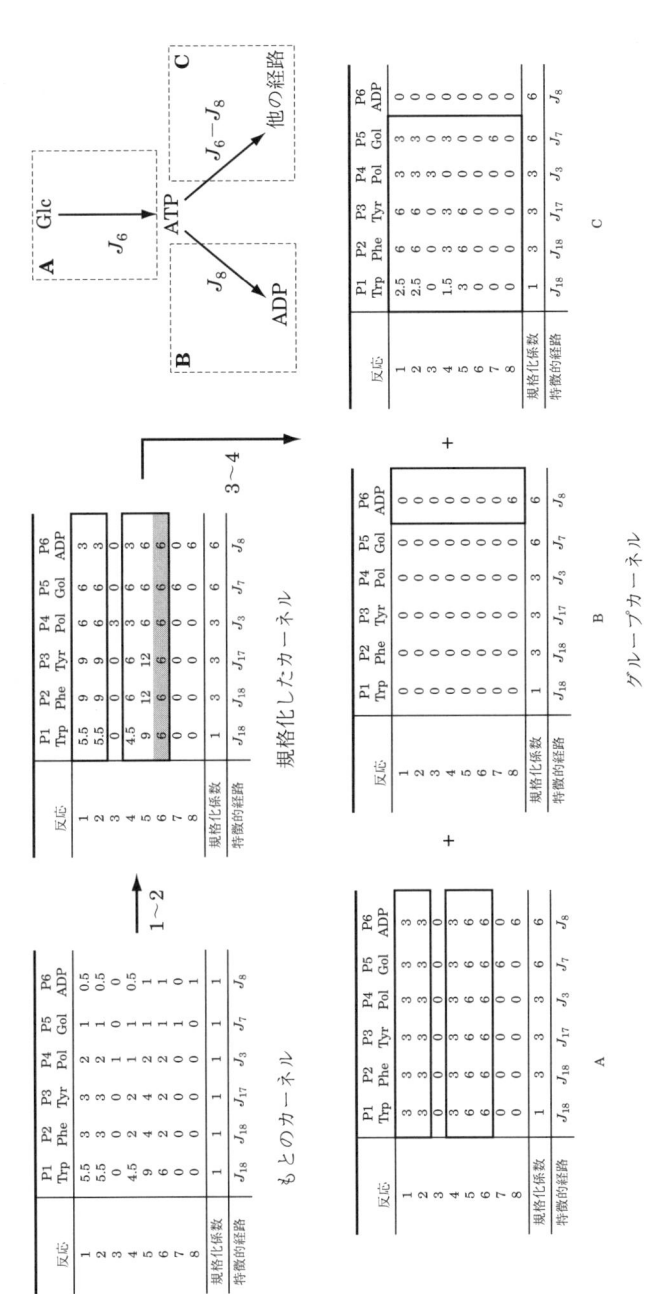

12.3 ケーススタディ：芳香族アミノ酸の生合成

もとのカーネル

反応	P1 Trp	P2 Phe	P3 Tyr	P4 Pol	P5 Gol	P6 ADP
1	5.5	3	3	2	1	0.5
2	5.5	3	3	2	1	0.5
3	0	3	3	2	1	0.5
4	4.5	3	2	1	0	0.5
5	9	4	4	2	1	1
6	6	6	4	2	1	1
7	0	0	0	0	0	1
8	0	0	0	0	0	1
規格化係数	1	3	3	3	3	6
特徴的経路	J_{18}	J_{18}	J_{17}	J_3	J_7	J_8

1〜2 →

規格化したカーネル

反応	P1 Trp	P2 Phe	P3 Tyr	P4 Pol	P5 Gol	P6 ADP
1	5.5	9	9	6	3	3
2	5.5	9	9	6	3	3
3	0	9	9	6	3	3
4	4.5	9	6	3	0	3
5	9	12	12	6	3	6
6	6	6	6	6	6	6
7	0	0	0	0	0	6
8	0	0	0	0	0	6
規格化係数	1	3	3	3	3	6
特徴的経路	J_{18}	J_{18}	J_{17}	J_3	J_7	J_8

3〜4 →

A

反応	P1 Trp	P2 Phe	P3 Tyr	P4 Pol	P5 Gol	P6 ADP
1	3	3	3	3	3	3
2	3	3	3	3	3	3
3	0	3	3	3	3	3
4	3	6	6	3	0	3
5	6	6	6	6	3	6
6	6	6	6	6	6	6
7	0	0	0	0	0	6
8	0	0	0	0	0	6
規格化係数	1	3	3	3	3	6
特徴的経路	J_{18}	J_{18}	J_{17}	J_3	J_7	J_8

+

B

反応	P1 Trp	P2 Phe	P3 Tyr	P4 Pol	P5 Gol	P6 ADP
1	0	0	0	0	0	0
2	0	0	0	0	0	0
3	0	0	0	0	0	0
4	0	0	0	0	0	0
5	0	0	0	0	0	0
6	0	0	0	0	0	0
7	0	0	0	0	0	6
8	0	0	0	0	0	6
規格化係数	1	3	3	3	3	6
特徴的経路	J_{18}	J_{18}	J_{17}	J_3	J_7	J_8

+

C

反応	P1 Trp	P2 Phe	P3 Tyr	P4 Pol	P5 Gol	P6 ADP
1	2.5	6	6	3	0	0
2	2.5	6	6	3	0	0
3	0	6	6	3	0	0
4	1.5	3	0	0	0	0
5	3	6	6	0	0	0
6	0	0	0	0	6	0
7	0	0	0	0	0	0
8	0	0	0	0	0	6
規格化係数	1	3	3	3	3	6
特徴的経路	J_{18}	J_{18}	J_{17}	J_3	J_7	J_8

グループカーネル

```
A ┌─── Glc
  │     │ J₆
  │     ▼
  │    ATP ──J₆−J₈──▶ 他の経路  C
  │     │
  │     │ J₈
  │     ▼
  │    ADP                      B
```

図12.9 ATP分岐点でのカーネル行列の規格化と分割．(1) 物質収支のとれた共通の経路（反応1〜2および4〜6）とリンク物質 (ATP) が同定される．共通のカーネルは，共通の経路の生産反応に関して規格化される（灰色の陰を付けて示された反応6）．そして規格化カーネルを生成する．(2) もとのカーネルのすべての列における物質収支の要素と同じになるように作られる．(3) グループAのグループカーネルが作られる．これは，カーネルAのすべての列における物質収支の要素と同じになるように作られる．この要素は規格化されたカーネルから差し引かれ，その結果，下流の新たな差し引かれたカーネル，つまり，グループBとCのグループカーネルの和ができる．(4) 反応1および2は，5つの下流の経路と共通経路として固定される．この経路は，グループCに含まれることになる．残った下流の経路はグループBに含まれる．この分岐点の概略的な表現とグループフラックスは引用文献に示されている．

12. 代謝ネットワークの構造解析

A
Glc → ATP → L → G6P
$J_2-J_6/2$

B ポリサッカライド
J_3

C 他の経路
$J_2-J_6/2-J_3$

もとのカーネル

反応	P1 Trp	P2 Phe	P3 Tyr	P4 Pol	P5 Gol
1	2.5	6	6	6	6
2	2.5	6	6	6	6
3	0	0	0	0	0
4	1.5	3	3	0	3
5	3	6	6	0	0
6	0	0	0	0	12
7	0	0	0	0	0
8	0	0	0	0	0
規格化係数	1	3	3	3	6
特徴的経路	J_{18}	J_{17}	J_3	J_3	J_7

$1\sim2$ →

規格化したカーネル

反応	P1 Trp	P2 Phe	P3 Tyr	P4 Pol	P5 Gol
1	6	6	6	6	6
2	6	6	6	6	6
3	0	0	0	0	0
4	3.6	3	3	0	3
5	7.2	6	6	0	0
6	0	0	0	0	12
7	0	0	0	0	0
8	0	0	0	0	0
規格化係数	2.4	3	3	3	6
特徴的経路	J_{18}	J_{17}	J_3	J_3	J_7

$3\sim4$ →

L

反応	P1 Trp	P2 Phe	P3 Tyr	P4 Pol	P5 Gol
1	6	6	6	6	6
2	6	6	6	6	6
3	0	0	0	0	0
4	0	0	0	0	0
5	0	0	0	0	0
6	0	0	0	0	12
7	0	0	0	0	0
8	0	0	0	0	0
規格化係数	2.4	3	3	3	6
特徴的経路	J_{18}	J_{17}	J_3	J_3	J_7

+

B

反応	P1 Trp	P2 Phe	P3 Tyr	P4 Pol	P5 Gol
1	0	0	0	0	0
2	0	0	0	0	0
3	0	0	0	0	0
4	0	0	0	6	0
5	0	0	0	0	0
6	0	0	0	0	0
7	0	0	0	0	0
8	0	0	0	0	0
規格化係数	2.4	3	3	3	6
特徴的経路	J_{18}	J_{17}	J_3	J_3	J_7

+

C

反応	P1 Trp	P2 Phe	P3 Tyr	P4 Pol	P5 Gol
1	0	0	0	0	0
2	0	0	0	0	0
3	0	0	0	0	0
4	3.6	3	3	0	3
5	7.2	6	6	0	0
6	0	0	0	0	12
7	0	0	0	0	0
8	0	0	0	0	0
規格化係数	2.4	3	3	3	6
特徴的経路	J_{18}	J_{17}	J_3	J_3	J_7

グループカーネル

図 12.10 G6P分岐点でのカーネル行列の規格化と分割．(1) もとのカーネルの中で，物質収支のとれた共通の経路 (反応 1〜C) のカーネルを同定する．ただし，ここでいうもとのカーネルとは，図12.9のATP分岐におけるグループ Cとリンク物質 (G6P) が同定されている．(2) カーネルは，共通の経路の生産反応に関して規格化される (反応2) そして規格化カーネルを生成する．(最初の8行のみを示す) (3) グループLのグループカーネルがカーネルAのすべての列に関における物質収支のとれた共通の経路の要素と等しくなるように作られる．この要素は規格化されたカーネルから差し引かれ，その結果，下流の新たなカーネルがつまり，グループBとCのグループカーネル和ができる．(4) 反応1および2は，4つの下流の経路と共通であることがわかる．グループCに含まれることになる（これらの4つをグループフラックス，ATP分岐点との関係は引用文献に示されている．グループLは，グループAの部分集合であることに注意したい．この経路はATP分岐点でのグループA，Bのすべての反応ステップを含んでいる．

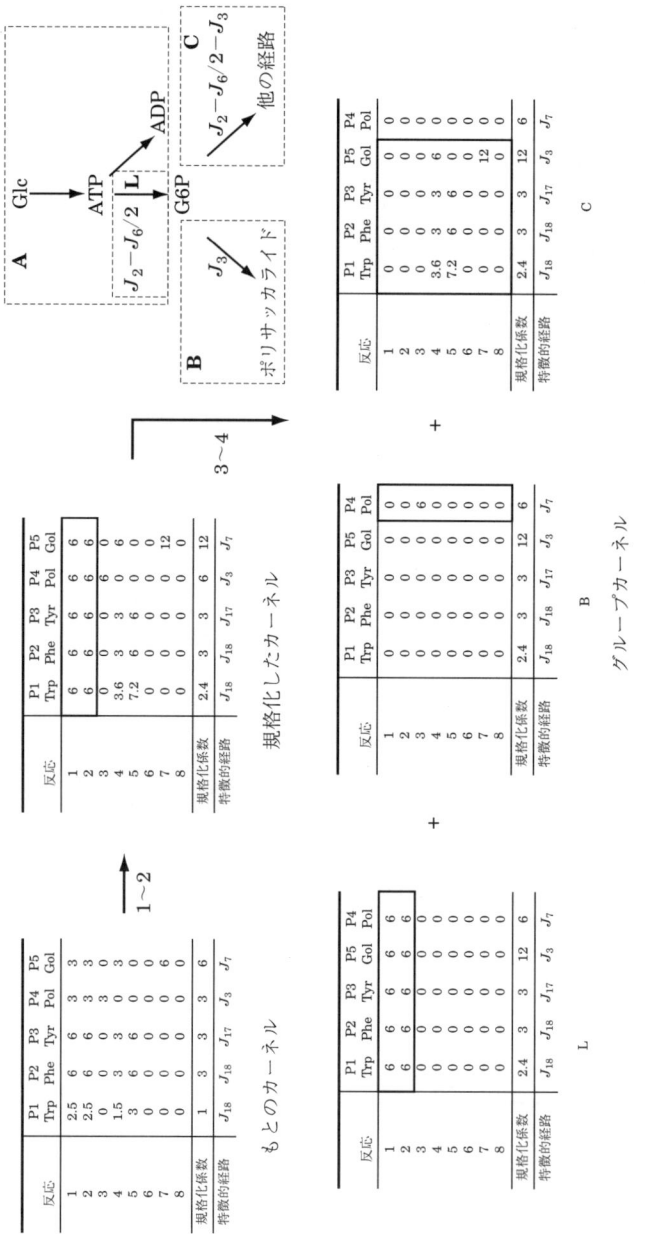

応のバランスをとる．後で，より詳しく述べるように，各グループの反応のフラックスを正しく得るためにはこのことは非常に重要なステップである．

3. ATPを生成する物質収支のとれた化学量論反応は，ATPの上流のグループAにまとめられ，その結果，グループカーネルは図12.9のようにまとめられる．このグループカーネルAは，各列のバランスのとれた解糖経路（P6）を含んでいる．反応1, 2, 4, 5の要素は，規格化された6本の列の中では異なり，これらのフラックスの一部のみが，グループAの中に含まれることに注意しなければならない．事実，ATP生産にかかわるこれらの4段階の反応のフラックスのみが，グループAの中に含まれる．これらの反応のフラックスは，炭素の代謝物質と関連づけて考えられ，他の分岐点まわりで分布するであろう．

4. 共通の経路（つまり，Aのカーネル行列）を差し引いてできる規格化された行列の一部は，下流のグループに含まれる反応のみからなる"差し引かれた"カーネルである．このカーネルを調べると，反応1, 2は最初の5個の反応に共通であるが，6番目の反応には共通でないことがわかる．それで，反応1, 2は新しい共通の経路を構成する．一方，反応8は新しいカーネルの中では経路P6にのみ要素をもつ．したがって，この経路P6で残った経路（つまり反応8）は，グループBを作る．一方，ここで，差し引かれたカーネルの最初の5個の反応によって示されるネットワークの残りの反応は，グループCを構成する．すべての3つのグループの要素は，図12.9のグループカーネルに示されている．もし，これらの3つのグループカーネルが加えられれば，その結果は，それが導出されたもとの規格化されたカーネルになる，ということを確認することは重要である．この点で，最初のリンク物質，ATPまわりのすべての3つのグループが決定されたことがわかる．

5. 上の4．で同定された新しい共通経路（反応1, 2）は，グループCの中で新たな分岐を見つけるために使われる．次の分岐点の上流グループAは，この共通経路だけから構成されるのではなく，ここで同定されたグループA, Bによっても構成される．これらのグループはグループCからすでに分離している．

このネットワークにおいて最初のリンク物質がATPであることを理解するのは重要なことである．この事実は，図12.1の反応ネットワークの概略を見ても，それが炭素のバランスに基づいて描かれているので，すぐにはわからない．しかし，解糖系におけるATPの生産が，すべての独立な経路に共通した特徴であることを思い起こしてもらいたい．本質的に，各独立な経路のフラックスのトータルは，最終生産物の生成に要求される炭素のフラックスと同じ経路によって消費されるATPを生産するのに必要なフラックスの和となる．各独立な経路は，ATPを独立な割合で利用するので，リンク物質ATPまわりの反応のグループ化は，解糖系の生化学エネルギーの正味の生産とグループCのエネルギーを消費，つまりATPの利用として表現されている．グループBは，維持のためにATPを利用するすべてのATPからADPへの変換として表現されている．

事実，共通の経路によって生成するすべてのATPを消費するグルコースのフラックス分布は，1つにまとめられると考えられる．残りの炭素供給としてのグルコースのフラックスは，経路1〜5に分配される．その過剰なエネルギーの必要性は共通のATPプールによって満足される．さらに，ATPをリンク物質として考えることなしに，炭素構造マップからのみ考えるグループ化によっては，もし，推定する能力が可能である能力が完全でないのなら，フラックスコントロール係数の推定の精度を悪くすることを強調しておきたい．これと同じ方法が他のリ

ンク物質（NADH）や増殖連動生産物質についてもいえる．このような反応やリンク物質は標準的な反応の概略を思い浮かべる際に，混乱を招きやすいので注意したい．

最初のリンク物質と反応グループの同定の後，各グループのフラックスの決定が行われる．これらのフラックスの単位は，分岐点の代謝物質のモル/時間/単位菌体である．グループBのケースでは，グループフラックスは明らかに反応8の速度と等しい．同様に，グループAのフラックスは反応6のフラックスと等しい．これは，正味のATP生産のフラックスに等しい．ATPは，グループCの中では，いくつもの反応で消費されるので，そのグループフラックスは，すべての反応のフラックスを足し合わせることで得られる．このフラックスは，また，グループAとBの差に等しくなる．

これらのグループのフラックスは，カーネルを直接使うことで，より厳密に求めることができる．どんな反応の全フラックスも式（12.8）のように，独立な経路のフラックスの和に等しいことを思い出してほしい．この式もまた，すべての反応は，カーネルの基底を定義する特性反応に関与する反応のフラックスの和に等しいことを示している．これは，カーネルが特徴的なフラックスに対応する行の線形結合で構成されていることを示しているのである．この情報を使えば，グループフラックスは，次のような手順で厳密に決定できる．

1. グループN（つまりグループA，B，C）の中でリンク物質の生産か消費を正味につかさどっている反応iを同定する．これは，グループAでは，反応6，グループBでは反応8である．
2. グループNに含まれる各経路Pjに対して，経路Pjに対応する特性反応のフラックスで割ることによりグループカーネルの要素K_{ij}を規格化する．もし，SIMS行列の反応iのリンク物質についての係数が1にならなければ，適当な係数をそのフラックスに掛ける．その結果，経路Pjに関するグループNのフラックスがリンク物質モル/時間で決定される．
3. ステップ2のグループNの経路全体のフラックスの和が，トータルのグループのフラックスとなる．
4. 残りのグループについても同じ方法を繰り返す．最後のグループのフラックスは他のグループとのバランスから求めてもよい．

カーネルの6本の列（つまり6本の独立な経路）すべては，グループAにかかわっているので，ATPを生成するグループAのフラックス（正味のATP生成）は，すべての経路に関係する反応6のフラックスである．これは，もちろん，反応6の全フラックスであり，両方の結果は，式（12.10）に示されている．グループBでATPを消費する反応は反応8であり，またこのグループ内の唯一の反応である．それで，グループBの反応は，(6/6) J_8，つまり単純に，J_8である．正味のATPの消費反応であるグループCは，自明ではない．そのグループフラックスは2つのグループフラックスの差をとることで最も容易に求めることができる．ATP分岐点まわりのフラックス，上流グループAと下流グループB，Cは，次式に示すように得られる．

$$_{\text{ATP}}^* J_\text{A} = 6J_{18} + 2J_{16} + 2J_{17} + 2J_3 + J_7 + J_8 = J_6$$

$$_{\text{ATP}}^* J_\text{B} = J_8 \qquad\qquad (12.10)$$

$$_{\text{ATP}}^* J_\text{C} = 6J_{18} + 2J_{16} + 2J_{17} + 2J_3 + J_7 = J_6 - J_8$$

分岐点2：G6P

分岐点解析の2番目の繰返し試行においては，最初の分岐点としてカーネルグループCを使うことにする．経路P6はすでに別々のグループに分割されており，このカーネルの要素はゼロだけなので，このグループの解析は行う必要がない．それゆえ，図12.10に示された最初のカーネルは，図12.9からのグループCの最初の5列を含む．このカーネルは，新しい分岐点まわりで，グループL，B，Cを見つけるために使われる．しかし，図12.10に示されるように，この分岐点に対して全体の上流Aが，ここで，同定されるグループL"に加えて"ATPの分岐点のグループA，Bからなることに注意しよう．したがって，グループAのカーネルは，これらの3つのグループのカーネルの和である．実際のネットワークの各反応がこのリンク物質のまわりのグループの1つに含まれていることを確かめるために，この関係が必要である．

2番目の分岐点の解析は次のように行われる．

1. このカーネルの解析から，反応1，2は，残りの反応P1～P5に共通な最も長い反応であることがわかる．この共通の経路の最終物質として，G6Pが次の分岐点として同定される．

2. 反応2が，この分岐点代謝物の生産反応として同定される．それゆえ，行列の各列は，図12.10に示したように反応2に関して規格化される．反応1と2は，すでにこの経路で1：1の比で収支がとれている．

3. グループLのカーネルは，各列の中でバランスされた共通な経路の6：6の化学量論を収支をとることによって形成される．その結果，経路P1～P5は反応1，2に対して要素が6となる．規格化されたカーネルからカーネルLを差し引いた結果，新しくできたカーネルの下流の反応1，2の要素はゼロとなる．したがって，これらの2つの反応のフラックスは実際に，グループLの中に存在していると考えられることを覚えておきたい（G6P分岐点に対してグループAは，ATP分岐点のグループA，Bに加えてグループLから構成されることを思い出していただきたい）．

4. 新しい下流のカーネルを調べると（カーネルLの引き算から得られる），反応4は，4つの経路P1～P3とP5に共通な唯一の反応であることがわかる．したがって，反応4は，新しい共通の反応である一方，反応3は差し引かれたカーネルの経路4に対する唯一の要素である．つまり，反応3は新しいグループBに含まれる．一方，G6Pの下流の残りの代謝反応がグループCを形成する．その結果できたグループカーネルが図12.10に示されている．これは，P4とP5の列を明らかに構成している．

5. 上のステップで同定された新しい共通の経路（反応4）は，残ったグループC内の分岐点を同定するための次のような議論において用いられる．次の分岐点の上流グループAは，共通な経路から形成されるのみならず，G6Pの分岐点のグループAとBから形成される．これらの経路は，すでにグループCから分けられている．

上流の分岐AからのG6Pの分岐点へのフラックスは，反応2の炭素由来のフラックスに等しい．このフラックスは，前に述べたような行列の分析か反応2の全フラックスからエネルギー由来のフラックスを差し引くことによって決定された．化学量論は，反応2のエネルギーフラックスが，反応6の全フラックスの1/2であることを示している．したがって，

$$_{G6P}^{*}J_A = \frac{5}{2}J_{18} + 2J_{16} + 2J_{17} + J_3 + \frac{1}{2}J_7 = J_2 - \frac{1}{2}J_6$$

$$_{G6P}^{*}J_B = J_3$$

(12.11)

$$_{\text{G6P}}^*J_\text{C} = \frac{5}{2}J_{18} + 2J_{16} + 2J_{17} + \frac{1}{2}J_7 = J_2 - \frac{1}{2}J_6 - J_3$$

が成り立つ.

分岐点3：FDP/GAP

1. G6Pの分岐点のグループCの中の残っている経路に共通の反応は，反応4のみである．これは，G6Pを最終的にフルクトース1,6二リン酸（FDP）に変換する．したがって，FDPは3番目の分岐点と同定することができる．FDPは，このモデルでは，グリセルアルデヒド3リン酸（GAP）と平衡であると仮定されているので，この分岐点は実際は，FDPとGAPが複合されたものである．そしてこれらのどちらかがリンク物質と考えられる．

2. 反応4は共通な経路の唯一の反応であるので，明らかに，これは生産反応である．もし，このカーネルの残っている4つの列が，この列に対して規格化されているならば，次のようにカーネルは規格化される．

反　応	P1 Trp	P2 Phe	P3 Tyr	P5 Gol
1	0	0	0	0
2	0	0	0	0
3	0	0	0	0
4	3	3	3	3
5	6	6	6	0
6	0	0	0	0
7	0	0	0	6
8	0	0	0	0
9	2	3	3	0
10	2	3	3	0
⋮	⋮	⋮	⋮	⋮
規格化係数	2	3	3	6
特徴的経路	J_{18}	J_{16}	J_{17}	J_7

3. グループLは，各列の規格化された4行目の要素を同じ値にすることによって形成される．グループAは，前のように，このグループから前の分岐点（G6P）のグループAとBに足されたこのグループから形成される．グループLが規格化されたカーネルから差し引かれたとき下流の新しいカーネルは，4行以下の規格化された行列の要素すべてと，ほかはすべてゼロとした要素から構成される下流の差し引かれた行列を形成する．

4. 新しい下流のカーネルから，反応5, 9, 10が経路P1, P2, P3の共通の反応として簡単に同定される．経路P5は，これらのどの反応も含まないので，その列の残りの要素（つまり反応7）は，グループBの中に含まれる．グループCは，最初の3つの経路の残りの反応から構成される．そして，そのカーネルは規格化された行列の最初の3つの列における要素から構成される．これは，規格化された行列のボックスによって示されるように，5行目から始まる部分である．

5. 分岐Cの中の共通の経路（反応5, 9, 10）は，後に次の分岐点を定義するために使われる．下流の分岐点の上流のグループAは，この（FDP/GAP）分岐点のグループA，Bこの共

通の経路から構成される．

これらの分岐フラックスは，規格化された行列と観測可能なフラックスから簡単に見つけることができる．つまり，分岐Aのフラックスは反応4の炭素に関連するフラックスである．分岐Bのフラックスは，この反応がFDPを1/2当量消費するので反応7の1/2である．最後に反応Cのフラックスは，他の2つのフラックスの差から決定することができる．つまり，

$$
\begin{aligned}
{}_{\text{FDP}}^{*}J_{\text{A}} &= \frac{3}{2}J_{18} + J_{16} + J_{17} + \frac{1}{2}J_7 = J_4 - \frac{1}{2}J_6 \\
{}_{\text{FDP}}^{*}J_{\text{B}} &= \frac{1}{2}J_7 \\
{}_{\text{FDP}}^{*}J_{\text{C}} &= \frac{3}{2}J_{18} + J_{16} + J_{17} = J_4 - \frac{1}{2}J_6 - \frac{1}{2}J_7
\end{aligned}
\tag{12.12}
$$

となる．

分岐点4：X5P＋CHR

1. 3つの反応（5，9，10）はFDP/GDPの下流の経路P1〜P3に共通である．もし，これらの反応は，化学量論的に2：1：1の比でバランスがとれているならば，キシルロース5リン酸（X5P）とコリスミ酸（CHR）の両方が中間代謝産物の生成なしに生産される．それで，これは，2つのリンク物質をもつ少し変わった例である．しかし，X5PとCHRは，定常状態では，"常に"生産され，一緒に消費されなければならないので，問題を生じるわけではない．

2. リンク物質の選択の仕方によって，共通な経路の生産反応は，反応9または10となる．2つの反応のフラックスは定常状態で等価であるなので，どちらかを選択すればよい．そのうちの1つの規格化されたカーネルは次のように示される．

反 応	P1 Trp	P2 Phe	P3 Tyr
5	3	2	2
6	0	0	0
7	0	0	0
8	0	0	0
9	1	1	1
10	1	1	1
11	0	1	1
12	0	1	0
13	0	0	1
14	1	0	0
15	0	1	1
16	0	1	0
17	0	0	1
18	1	0	0
規格化係数	1	1	1
特徴的経路	J_{18}	J_{16}	J_{17}

3. この分岐点の上流のグループLの3つの列は，5，9，10行目にそれぞれ，2，1，1が入っている．グループLが規格化されたカーネルから差し引かれたとき，次の新たなカーネルが生成する．

● 12. 代謝ネットワークの構造解析

反 応	P1 Trp	P2 Phe	P3 Tyr
5	1	0	0
6	0	0	0
7	0	0	0
8	0	0	0
9	0	0	0
10	0	0	0
11	0	1	1
12	0	1	0
13	0	0	1
14	1	0	0
15	0	1	1
16	0	1	0
17	0	0	1
18	1	0	0
規格化係数	1	1	1
特徴的経路	J_{18}	J_{16}	J_{17}

4. 5行目にゼロでない要素を見ることができる．これは，この反応のフラックスの一部が経路P1に対応する下流に含まれるであろうということを示している．反応5のこの部分は反応14によって生成したGAPのリサイクルのために必要とされる．新しく生成したカーネルか，または図12.7から，トリプトファンの経路は他の2つの経路から別々にこれらの代謝物を消費する．したがって，グループBは，経路P1において，残りの反応から構成され，グループCは，経路P2，P3の残りから構成される．それは，反応11と15を含んでいる．

5. 分岐Cの中の共通の経路（反応11,15）は次の分岐点を後に決定するために使われる．下流の分岐点の上流の経路Aは，前に決定されたグループA，Bに加えて，2つの反応を含む．

コリスミ酸との等価性に関して，この分岐点へ流入する上流のグループのフラックスは反応10のフラックスと等しい．グループBへのフラックスは，反応14，またはそれと等価な反応18のフラックスに等しい．グループCのフラックスは明らかに他の2つの差であり，反応11に等しい．したがってフラックスは，

$$x/\overset{*}{C}J_A = J_{18} + J_{16} + J_{17} = J_{10}$$
$$x/\overset{*}{C}J_B = J_{18} = J_{14} \tag{12.13}$$
$$x/\overset{*}{C}J_C = J_{16} + J_{17} = J_{11}$$

とまとめられる．

分岐点5：PPH

1. 2つの残ったフェニルアラニンとチロシンへの経路（P2とP3）に対する共通した反応は，反応11と15である．反応15は単純にリサイクルの反応でX5Pの使われなかったものをGAP分岐に戻す．一方，反応11は，最後の分岐点プレフェン酸（PPH）を生成する．

2. 反応11は明らかに，この経路の生産反応である．グループCの反応11と15の要素はすでにバランスがとれているので改めて規格化する必要はない．

3. グループLは共通な経路の反応11と15からなる．グループAは，これらの反応からなるとともに，X5P/CHRの分岐点のグループA，Bからなる．反応11と15の行の要素がカーネルから差し引かれたとき，下流の新しいカーネルには次の要素のみが残る．

反応	P2 Phe	P3 Tyr
12	1	0
13	0	1
14	0	0
15	0	0
16	1	0
17	0	1
18	0	0
規格化係数	1	1
特徴的経路	J_{16}	J_{17}

4. これらの2つの経路には，もはや共通性は見出されないので，各経路の残りの反応は，2つの下流のグループに含まれる．反応12, 13は，それぞれ，これらのグループの消費反応である．

プレフェン酸分岐点のまわりのフラックスの決定は，確かにこのシステムの最も単純なものである．上流のフラックス（A）は反応11のフラックスである．下流の分岐のフラックスはどちらかの反応のフラックスに等しい．したがって，この分岐点まわりのフラックスは，

$$_{\mathrm{PPH}}^{*}J_{\mathrm{A}} = J_{16} + J_{17} = J_{11}$$

$$_{\mathrm{PPH}}^{*}J_{\mathrm{B}} = J_{16} = J_{12} \tag{12.14}$$

$$_{\mathrm{PPH}}^{*}J_{\mathrm{C}} = J_{17} = J_{13}$$

と表せる．

この方法によって同定された分岐構造を図12.11にまとめる．このダイアグラムから，カーボンとエネルギーのフラックスの両方が確認でき，代謝反応ネットワークは明らかに，分岐点の連続的なつながりからなり，個々の経路は生産反応に帰着される反応によって独立に構成されていることがわかる．分泌される代謝物質や他の副生物（このケースではCO_2やエタノール）の蓄積の測定から，8章から10章で述べた方法を使って，独立な経路のフラックスを推定することができる．さらに，発酵プロセスの異なるフェーズで，その蓄積の変化や誘導された摂動に対する応答は，各反応グループのカイネティックな制御機構の定量的な評価に使うことができる．この方法の概略は13章の最初に紹介されるだろう．13章はグループコントロール係数の理論的な導出から始まり，これをフラックスの推定値から計算する方法について述べる．次に，重複したグループのコントロール係数を決定するための方法が述べられる．最後に*S. cerevisiae*のケーススタディの制御の構造の解析を本章で同定した分岐点を使って示す．このとき対応する反応のグループはネットワークのコントロールの構造を詳細に検討するための基礎として使われる．

●12.　代謝ネットワークの構造解析

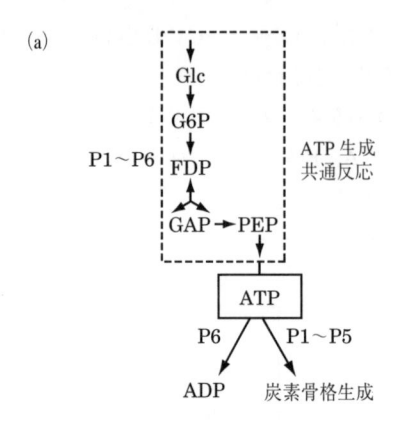

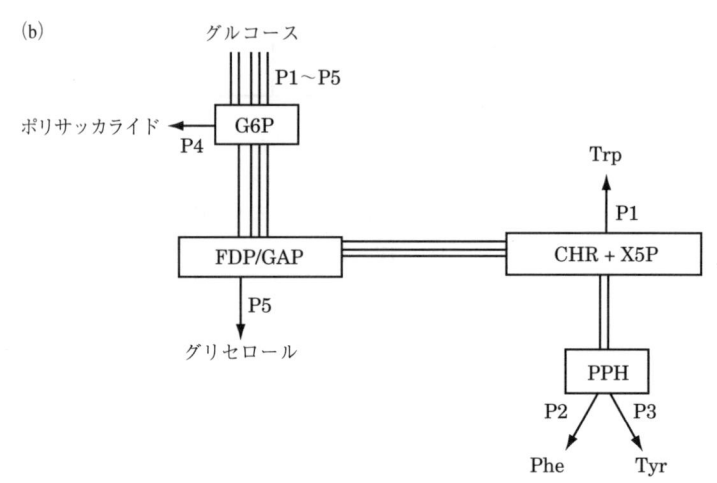

図12.11　芳香族アミノ酸生合成ネットワークの分岐点．システムの5個の分岐点の中の独立な経路の関与が概略的に示されている．(a) エネルギー生産に関与する分岐点は，経路P1～P5の生合成が要求するATPと，維持代謝P6が要求するATPの量に見合う．(b) 4つの下流の分岐点は5個の生産経路に分割される．(a) と (b) を流れるグルコースの別のフラックスの決定は，反応グループの解析にとって必要である．

文　献

Brown, C., Hafner, R. P. & Brand, M. D. (1990). A "top-down" approach to determination of control coefficients in metabolic control theory. *European Journal of Biochemistry* **188**, 321-325.

Galazzo, J. L. & Bailey, J. E. (1990). Fermentation pathway kinetics and metabolic flux control in suspended and immobilized *Saccharomyces cerevisiae*. *Enzyme and Microbial Technology* **12**, 162-172.

Galazzo, J. L. & Bailey, J. E. (1991). Errata. *Enzyme and Microbial Technology* **13**, 363.

Kacser, H. & Burns, J. A. (1973). The control of flux. *Symposia of the Society for Experimental Biology* **27**, 65-104.

Reder, C. (1988). Metabolic control theory: a structural approach. *Journal of Theoretical Biology* **135**, 175-201.

Simpson, T. W., Colón, G. E. & Stephanopoulos, G. (1995). Two paradigms of metabolic engineering applied to amino acid biosynthesis. *Biochemical Society Transactions* **23**, 381-387.

Stephanopoulos, G. & Simpson, T. W. (1997). Flux amplification in complex metabolic networks. *Chemical Engineering Science* **52**, 2607-2627.

CHAPTER 13

代謝ネットワークのフラックス解析

　コントロール係数は，サンメンションセオレムに見られるように加法的な変数である．したがって，ある代謝物質の上流から下流までの流れにおいて，いくつの数の反応が関与していたとしても，これらをひとまとめにして，1つの反応ステップとして取り扱うことができる．事実，分岐のない経路に反応が複数あって，その反応が容易に実験的に区別できないときには，反応をひとまとめにする必要がある．我々が示した*Saccharomyces cerevisiae*のケーススタディでは，例えば，代謝経路の制御の強さの程度を考察する際に，近隣の反応をまとめるグルーピングが広範囲にわたって行われ，対象とする反応の数を減らすことができる．定義からわかるように平衡に近い反応のコントロール係数は小さいので，グループ化によるネットワークの制御構造の決定への影響は非常に小さいものである．つまり，局所的に律速段階である反応のコントロール係数に，平衡に近い反応の小さなコントロール係数を加えても，その大きさはほとんど変化しない．

　より大事なことは，12章で示されたように，反応ネットワークを小さな数の反応グループに分割することが可能であるということである．厳密にいって，この分割は，システムが同定可能な"リンク物質"をもっているときにおいてのみ，利用可能な方法である．リンク物質とは，異なる経路やプロセスがその点でつながった単一のコネクタの役割を果たす物質である．前章で述べたグループの定式化では，グループ間の相互作用やいくつものグループに関与する反応が存在する場合にも，グループを構成したり，リンク物質を定義したりすることができる．この点については，後でもう一度述べよう（13.6節）．ここで，反応のグループ化を行い，大きなグループコントロール係数をもったグループに限定して，さらに解析を進めていくことで，重要な反応を同定していくことができることを再び指摘しておきたい．

　13.1節，13.2節では，グループコントロール係数を決定する2つの異なるアプローチが示される．13.1節では，個々の反応と，またはグループのコントロール係数の関係が厳密に定義

●13. 代謝ネットワークのフラックス解析

される．これらの関係により，gFCCの決定が個々の反応のFCCを使って決定される．この方法は"ボトムアップアプローチ"ということができる．この方法はケーススタディを通して13.3節に示される．ここで，グループコントロール係数は，カイネティックモデルから決定される．13.2節では，実験的なフラックス測定によって決定される方法を示す．これらのグループコントロール係数を最初に比較することによって，個々の反応のコントロール係数が得られる（13.4節）．この方法は，したがって"トップダウンアプローチ"と呼ばれる．これら2つのアプローチがケーススタディにおいて実践され，13.3節で比較される．図13.1は2つのアプローチを概略的に示している．

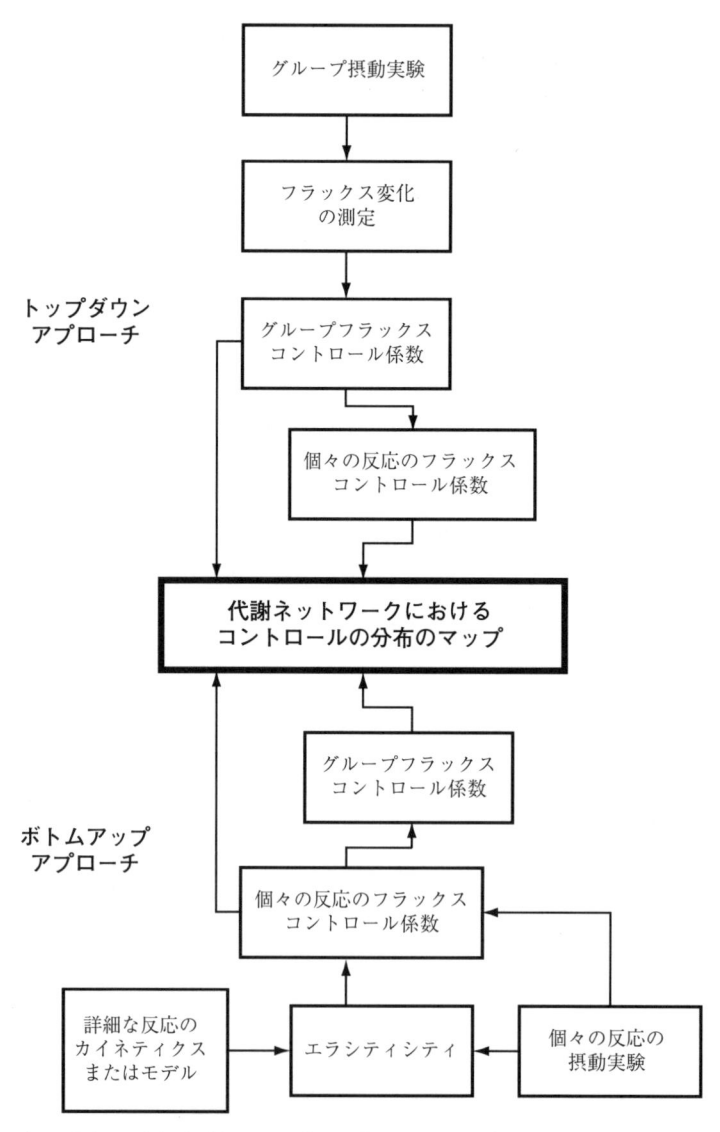

図13.1 トップダウンまたはボトムアップのアプローチによるネットワークのコントロールの分布の決定とそのために用いられる情報の流れの概略．

13.1 グループコントロール係数と個々のコントロール係数の関係（ボトムアップアプローチ）

いくつかの反応ステップを含む反応グループNのフラックスJ_kに対するgFCCは，数学的には，同じフラックスJ_kをもつ個々の反応ステップのFCCの和に等しい．つまり

$$^*C_N^{J_k} = \sum_{i \in N} C_i^{J_k} \quad k \in \{1, 2, \cdots, L\} \tag{13.1}$$

と表せる．一般的に，gFCCの下付きの記号は大文字で書き，グループを表している．一方，個々の反応のFCCの下付き記号は，個々の反応ステップのナンバーを示している．さらに，前章で述べたように，グループはリンク物質まわりで表現されるので，この下付き記号は，グループを定義したリンク物質を示している．

グループ濃度コントロール係数（gCCC）もまた，同じようなサンメンションの関係がある．したがって，グループNの代謝物質X_jへの影響は，

$$^*C_N^{X_j} = \sum_{i \in N} C_i^{X_j} \quad j \in \{1, 2, \cdots, K\} \tag{13.2}$$

と表せる．グループコントロール係数は，それが，個々の反応のコントロール係数であるかのように，効果的にMCAの大事な事項を表現してくれる．個々の反応のFCCのアナロジーとして，gFCCは特定のフラックスをもつ"グループ反応の"制御の強さの程度を表現しているのである．例えば，もし，グループ濃度コントロール係数$^*C_N^{X_j}$が小さければ，グループNの中の反応の変化の濃度に対する影響を"寄せ集めたもの"は，小さいと結論できる．その拡張として，もし，グループN内のいくつかの反応がフラックスを"妨害する"強い効果をもっているならば，個々の反応のグループ内での影響は同じように小さいと考えられる．

式（13.1），（13.2）の特別なケースは，システムの単一反応のフラックスが，2つ以上の分岐点で2つ以上の異なるグループに分かれるときには，いつも起こる．芳香族アミノ酸生産のケーススタディでも，この状況が起こる．つまり，例えば，解糖経路はATP，G6P，FDP分岐点のまわりで上流と下流のグループに分かれる．このような場合，反応のコントロール係数の一部は，ある特別なグループコントロール係数に加えられるべきで，グループに帰属する反応のフラックスの割合に等しい．したがって，式（13.1）は，より一般的には，

$$^*C_N^{J_k} = \sum_{i \in N} \phi_i^N C_i^{J_k} \quad k \in \{1, 2, \cdots, L\} \tag{13.3}$$

と書ける．ここで，ϕ_i^Nは，グループNに属すると考えられる反応iのフラックスの割合である（13.3節参照）．さらに，12.3節のケーススタディのいくつかのグループフラックスは，式（12.10）～（12.14）に示された実際のネットワークの和や差について定義される．この場合，反応または反応グループの"結合した"グループフラックスへの影響を示すグループフラックスコントロール係数は，個々の反応のフラックスによるgFCCの重み付き平均として表現される．つまり，もし，グループZのフラックスがJ_1とJ_2のフラックスの和であるならば，グループNの変化のグループZのフラックスへの影響を示すgFCCは

$$^*C_N^{J_Z} = \frac{^*C_N^{J_1} J_1 + {^*C_N^{J_2}} J_2}{J_1 + J_2} \tag{13.4}$$

と表される．さらに一般的に，もしネットワークのフラックスに関してグループZに流入するか，またはグループから流出するフラックスが定義される場合は

$$J_Z = \sum_{k=1}^{L} \sigma_k{}^Z J_k \tag{13.5}$$

であり，その結果，グループNのグループZへの影響を示すグループフラックスコントロール係数は

$$*C_N{}^{J_Z} = \frac{\sum_{k=1}^{L} \sigma_k{}^Z *C_N{}^{J_k} J_k}{J_Z} \tag{13.6}$$

となる．ここで，$*C_N{}^k$ は式（13.3）で定義されたものである．

　同じような式は代謝物質濃度のgCCCに対しても表現することができる．これは，実際2種あるいはそれ以上の代謝物質の濃度の和である．ケーススタディではX5Pとコリスミ酸のケースがこれにあたる．全代謝物質の濃度は，代謝物質X_1, X_2の濃度c_1とc_2の和として$c_1 + c_2$と表せる．このとき，そのグループ濃度コントロール係数は，次のように定義される．

$$*C_N{}^{X_1+X_2} = \frac{*C_N{}^{X_1} c_1 + *C_N{}^{X_2} c_2}{c_1 + c_2} \tag{13.7}$$

グループフラックスコントロール係数は，ネットワークのフラックスの制御の測度として考案されたので，その決定の方法が必要となる．gFCCはネットワークのフラックスとネットワークへの摂動実験に対して起こるフラックスの変化から決定されなければならない．次の節では，リンク物質まわりのフラックスの変化の測定から，いかにしてグループコントロール係数が決定されるかについて述べる．

13.2　フラックス測定からのグループコントロール係数の決定（トップダウンアプローチ）

　11章では，個々の反応フラックスコントロール係数の決定のいくつかの方法について述べた．これらの方法は"既知の"酵素活性か反応速度の変化に対して起こるフラックスの変化の測定をいつも必要としていた．一方，グループフラックスコントロール係数は，一般に，同様な方法では決定できない．というのは，単純に，グループに含まれる反応の活性を等しく変化させない限り，"反応グループ全体の"活性の変化を起こすことは不可能だからである．したがって，グループの中で戦略的な変動を起こすことによるグループフラックスコントロール係数の決定法を開発する必要がある．この章では，Stephanopoulos and Simpson（1997）の論文に従って，その方法を紹介する．この方法はSmall and Kacser（1993a, b）によって開発された大きな摂動の理論（11.5節）に基づくものである．分岐のある経路や複雑な経路では，SmallとKacserの理論により，反応グループに含まれる個々の反応ステップに基づく変動からグループコントロール係数を決定することができる．この解析では，11.5節で示したように，各グループの全体のカイネティクスとして1次の可逆反応が適応できるという仮定が必要となる．次に，分岐のあるネットワークにおけるグループ，または個々の反応のコントロール係数を決定する方法について述べる．分岐のない経路の場合の方法は，11.5.1項にすでに述べられているので参照していただきたい．

13.2 フラックス測定からのグループコントロール係数の決定

分岐のあるネットワークにおけるグループ濃度コントロール係数の決定は，代謝物質からの各物質へのフラックスに加えて，リンク物質の濃度の測定が必要となる．そのような測定は，調べる定常状態（つまりベースの状態）と，基準状態から摂動して得られた次の定常状態において行われなければならない．さらに，各摂動は，"1つのグループ"に対して，1つまたは複数与えられなければならない．そのような摂動の例は，酵素のレギュレーションの変化，グループ内の酵素を発現する遺伝子のコピー数の増加，細胞外の基質濃度変化から起こる輸送ステップの活性化による酵素群の活性の変化，を含んでいる．単一のグループ内に局在化しない全体の変動，つまり温度やpHの変化は，一般に次に示す解析には従わないものである．

おおざっぱにいって，異なるグループに源を発する最低3つの摂動が分岐したネットワークにおけるすべてのグループコントロール係数を決定するのに必要である．しかし，1つの，よくデザインされた摂動（1つの付加的な情報）の方が，複数情報より十分な信頼性をもたらす場合もある．両方の場合が次に示される．

13.2.1 3つの摂動からのgFCCの決定

ここでは，基準状態のフラックスと3つの分岐の摂動から起こるフラックス変化から分岐点まわりのグループコントロール係数を決定する方法について述べる．原理的に，基準状態と摂動した状態の3つのグループフラックスの測定が必要であり，これらの情報によってgFCCを完全に求めることができるようになる．さらに，もし各摂動の代謝物質濃度への効果が測定できれば，グループ濃度コントロール係数も決定できる．

この方法を図12.8に示した単純な分岐点で説明しよう．この方法は，すべての複雑なネットワークに応用可能である．したがって，決められた分岐点まわりの定常状態は，リンク物質X_jの濃度やグループフラックスJ_A, J_B, J_Cの3つのフラックスによって特徴づけられている．これらの各々のフラックスは，該当するグループへリンク物質から流出するものと，該当するグループからリンク物質へ流入するものとして表現される（12.3節参照）．この方法は4つの別々の状態（基準（ベース）と3種類の実験的与えられる摂動によりもたらされる状態）におけるフラックスの参照を必要とする．各状態は，下付きの記号で表現される．つまり，$J_{k,0}$はグループkの基準状態のフラックスを表し，$J_{k,A}$, $J_{k,B}$, $J_{k,C}$はそれぞれ，グループA, B, Cに源をもつ摂動から得られる新しい定常状態のフラックスを表す．

11.5節から各摂動状態は，1つの摂動定数K_iによって特徴づけられることを思い起こしていただきたい．つまり，

$$K_i = \frac{{}^*C_i^{J_A}}{f_i^A - 1} = \frac{{}^*C_i^{J_B}}{f_i^B - 1} = \frac{{}^*C_i^{J_C}}{f_i^C - 1} \qquad i \in \{A, B, C\} \tag{13.8}$$

ここで，f_i^kは基準状態と変動状態の各フラックスの比，つまり増幅因子であり，

$$f_i^k = \frac{J_{k,i}}{J_{k,0}} \qquad i, k \in \{A, B, C\} \tag{13.9}$$

と表せる．式（13.8）は，摂動定数gFCCを増幅因子や摂動定数と関係づける式である．この式は，ある特定の摂動に対する各グループフラックスの変化が，摂動の源になったグループのgFCCに対して比例するということを示している．この比例係数は，3つすべてのフラックスに対して等価であり，摂動定数K_iによって定義されている．この定数の値は対応する摂動の大

きさの逆数になっている．さらに，フラックスの増幅因子は，各摂動に対して測定できるので，もし，各摂動に対する摂動定数が既知ならば，gFCCは式（13.8）から計算できる．摂動定数の決定については次に示す．

この分岐点では，サンメンションセオレムは式（13.8）を補足するために導入される．それは3つの分岐に対して次のように表される．

$$*C_A{}^{J_k} + *C_B{}^{J_k} + *C_C{}^{J_k} = 1 \qquad k \in \{A, B, C\} \tag{13.10}$$

フラックスの増幅因子と摂動定数に関して，式（13.10）におけるグループコントロール係数を表現するために，式（13.8）を使うことによって，サンメンションセオレムは

$$K_A(f_A{}^k - 1) + K_B(f_B{}^k - 1) + K_C(f_C{}^k - 1) = 1 \qquad k \in \{A, B, C\} \tag{13.11}$$

と書ける．この表現は，さらに次の定義によって単純化し，

$$p_i{}^k = f_i{}^k - 1 = \frac{J_{k,i} - J_{k,0}}{J_{k,0}} \qquad i, k \in \{A, B, C\} \tag{13.12}$$

となる．これが，次の3つのサンメンションの式を与える．

$$\begin{aligned} K_A p_A{}^A + K_B p_B{}^A + K_C p_C{}^A &= 1 \\ K_A p_A{}^B + K_B p_B{}^B + K_C p_C{}^B &= 1 \\ K_A p_A{}^C + K_B p_B{}^C + K_C p_C{}^C &= 1 \end{aligned} \tag{13.13}$$

これを行列で表現すると

$$\begin{bmatrix} p_A{}^A & p_B{}^A & p_C{}^A \\ p_A{}^B & p_B{}^B & p_C{}^B \\ p_A{}^C & p_B{}^C & p_C{}^C \end{bmatrix} \begin{bmatrix} K_A \\ K_B \\ K_C \end{bmatrix} = \begin{bmatrix} 1 \\ 1 \\ 1 \end{bmatrix} \tag{13.14}$$

となる．

3つの摂動定数は，この式の行列の逆数をとることにより求められるように思うが，この正方行列は，分岐点での物質収支の特性から正則ではない．本質的に，分岐Aにおけるフラックスは常に，他の分岐におけるフラックスの和に常に等しいので，分岐Aにおけるフラックスの変化は独立でない．したがって，式（13.14）は，摂動定数の計算に必要な2つの式を与える．3番目の式は分岐のバランスの式（ブランチセオレム）

$$\frac{*C_C{}^{J_A}}{*C_B{}^{J_A}} = \frac{J_{C,0}}{J_{B,0}} \tag{13.15}$$

によって与えられる．この式は，フラックス変化や摂動定数に関しても表現でき，

$$\frac{K_C}{K_B} = \frac{J_{C,0} p_B{}^A}{J_{B,0} p_C{}^A} = q \tag{13.16}$$

となる．この表現を，式（13.14）とともに使うことにより，最初の2つの摂動定数の式に対して次の解を得る．

$$\begin{bmatrix} K_A \\ K_B \end{bmatrix} = \begin{bmatrix} p_A{}^B & p_B{}^B + p_C{}^B q \\ p_A{}^C & p_B{}^C + p_C{}^C q \end{bmatrix}^{-1} \begin{bmatrix} 1 \\ 1 \end{bmatrix} \tag{13.17}$$

ひとたび，3番目の摂動係数が式（13.16）から決定されたら，9つすべてのグループフラックスコントロール係数は，

$${}^*C_i{}^{J_k} = K_i (f_i^k - 1) \qquad i, k \in \{A, B, C\} \tag{13.18}$$

と求められる．

例 13.1　リジン生合成経路の gFCC

上に述べた方法は，アスパラギン酸ファミリーのアミノ酸合成経路のグループフラックスコントロール係数の決定に応用された（Simpson ら，1998）．この経路は，表 10.1 と図 10.2 にまとめられており，10 章のフラックス決定法のケーススタディとして示された．10 章で，リジン生産のための重要な分岐点は，ピルビン酸であるということがわかった．実際，ピルビン酸カルボキシラーゼと PEP カルボキシラーゼに触媒される補充経路を分けて考えることは不可能なので，2つの代謝物質，ピルビン酸（PYR）と PEP はひとまとめにして PYR/PEP 分岐点として定義される．上に述べた方法をいくつもの摂動実験（グルコース6リン酸デヒドロゲナーゼの活性を減衰した変異株を用いた実験，グルコースとグルコン酸を基質として用いた実験，アスパラギン酸キナーゼを阻害するスレオニンの存在する実験，ピルビン酸キナーゼの活性を落とした実験）から得られたデータに応用すると，グループフラックスコントロール係数は，次の3つの反応グループ，つまり，分岐点より上流の解糖経路グループ（グループA），呼吸サイクル（グループB），アスパラギン酸合成（グループC）について，次の表のようにまとめられる．gFCC は ${}^*C_i{}^{J_k}$ と書く．

摂動を加えたグループ (i)		影響を受けたフラックス (J_k)		
グループ	摂動の種類	J_A	J_B	J_C
A	グルコースフィードの減少 G6P イソメラーゼのアテニュエーション グルコースの代わりにグルコン酸のフィード	0.08	0.16	0.02
B	天然培地（工業的発酵用）の利用 フルオロピルビン酸によるピルビン酸キナーゼの阻害	0.50	1.24	−0.22
C	アスパラリン酸キナーゼのスレオニンによる阻害	0.42	−0.40	1.20

グループフラックスコントロール係数の性質から，この表は，各反応グループが他の反応グループへ及ぼす制御の程度をまとめたものになる．アスパラギン酸へのフラックスの制御に最も大きいインパクトをもつのは，同じ経路（補充経路）であることがわかる．一方，他の2つのグループは，むしろ影響は大きくない．この結果は，NADPH の利用，ATP，ピルビン酸の補給などを含むリジン合成に対して可能性のある律速段階の反応を絞り込む考察を行うという点からいって重要な結果である．

また，この表は，いろいろな摂動実験（3実験より多い）のデータが，本質的に同じ最終結果を出すことにも注目すべきである．完全に異なる冗長な摂動実験によって，同じ gFCC が得

られることは，得られたgFCCの値が確かであると同時に，この方法の有効性が確認されたといってよい．

13.2.2 特定の摂動からのgFCCの決定

もし，摂動を起こす源の反応の活性の変化の割合がわかっていたら，摂動は"特徴づけられた"と考えることができる．この場合，大きな摂動の理論で得られた関係を使うことによって，gFCCが定義から決定される（11.5節）．反応グループの全体の活性は，一般に，グループ内のすべての反応のカイネティクスに影響を受けるので，そのような摂動による反応全体の活性を表現するのは難しい．結果として，特徴づけられた摂動は，一般に，単一反応からなるグループ，グループの完全なシャットダウンに近い摂動反応，またはグループ内の全体の反応を増幅する反応においてのみ可能である．

活性に対する増幅係数r_iは，グループiに対して，

$$r_i = \frac{{}^*v_{i,i}}{{}^*v_{i,0}} \qquad i \in \{A, B, C\} \tag{13.19}$$

と表せる．この式において，${}^*v_{i,0}$, ${}^*v_{i,i}$は，特定の摂動前後におけるグループiの全体の活性である．線形可逆型カイネティクスが大きな変動の実験において仮定できる場合には，分岐のある，または，分岐のないネットワーク全体も線形可逆型カイネティクスをもつものとなる（11.5節参照）．これらの式は，増幅因子や摂動定数において

$$K_i = \frac{r_i}{f_i^i(r_i - 1)} \qquad i \in \{A, B, C\} \tag{13.20}$$

の関係を導く．

もし，特定の摂動（増幅係数がr_i）が図12.8のグループBに起きたとすれば，基準状態と摂動状態のフラックスの測定により，式（13.20）から，直ちにK_Bが求められる．もし，K_Bが求められたら，K_CはグループCの特徴づけられていない摂動から計算することができる．2つの摂動定数から，9つのgFCCのうち6つが，式（13.18）から決定できる．残りの3つのgFCCも式（13.10）のサンメンションセオレムを使えば求めることができる．

単一の反応においても反応を特徴づけた摂動により，個々のフラックスコントロール係数が，これらの表現のアナロジーとして求められる．つまり，反応iにおける特定の摂動に対し，反応kのフラックス変化の測定により，個々の係数FCCが次のように求められる（Small and Kacser, 1993b）．

$$C_i^{J_k} = \frac{r_i(f_i^k - 1)}{f_i^i(r_i - 1)} \qquad i, k \in \{1, 2, \cdots, L\} \tag{13.21}$$

この式で，r_iは個々の反応の増幅因子である．

13.2.3 gCCCの決定

グループフラックスコントロール係数がひとたび得られれば，リンク物質のグループ濃度コントロール係数を求めることができる．この計算に必要なもうひとつの情報は，リンク物質X_jの基準状態の濃度（$c_{j,0}$）および摂動の状態の濃度（$c_{j,i}$）のみである．これらの測定から，

gCCCは次の関係（Small and Kacser, 1993b）を使って得ることができる．

$$^*C_i^{X_j} = K_i \left(\frac{c_{j,i}}{c_{j,0}} - 1 \right) \qquad i \in \{A, B, C\}, \; j \in \{1, 2, \cdots, K\} \tag{13.22}$$

どんな分岐のgCCCにおいてもサンメンションセオレムが成り立つので

$$C_A^{X_j} + C_B^{X_j} + C_C^{X_j} = 0 \qquad j \in \{1, 2, \cdots, K\} \tag{13.23}$$

となる．この上の式はリンク物質に対して厳密に正しいが，これらの式により，適当な濃度を代入することによって，他の物質に対するgCCCを計算することができる．これらのgCCCの推定は，13.5節のフラックスの増幅に関する議論を明確にするだろう．

13.2.4 摂動の可観測性

上に述べた式は，どのような大きな摂動実験にも当てはめることができるが，実際にとり得る摂動の大きさには限界がある．1つの酵素活性に微小変動を与えた場合，これらの各表現は究極的には係数の定義式に帰着される．しかし，11章で述べたように，とても小さい摂動は大きな測定誤差を生み，実際的には有効でない．一方，大きすぎる摂動の変化は，ネットワークの安定性そのものを壊してしまいかねない．これは，予測できない代謝変化や定常状態に達することができない事態も招くかもしれない（13.5節参照）．これらの2つの両極端な例を避け，安定な状態を作ることがわかっている摂動を用いることによって，観測可能な変化をもたらすことができる．

最後の点は，必要な摂動の数についてである．原理的に，グループフラックスコントロール係数は，2つもしくは3つの摂動実験により決定できるが，結果の正当性をテストするには，より多くのデータが必要である（13.6節参照）．この点は例12.2に示されている．いくつもある分岐点の解析が，各分岐点での3つ，またはそれ以上の摂動の実験の必要性によって不都合が生じることはない．事実，もし，その摂動が十分に局所的において起こるなら，（つまり，分岐点まわりの各グループ内で起こるのなら），適当なフラックスが測定できる限り，"その分岐点の解析に用いた摂動は他の異なる分岐点の解析にも使えるだろう"．つまり，6つの戦略的に設けられた摂動で，4つの異なるリンク物質のまわりのgFCCの決定ができる．この概念は，13.4節でより完全な形で紹介するつもりである．ここでは，近くの分岐点の解析をすることにより，重要な分岐点の局所化や個々の特定のコントロール係数の決定を行うことができる．

13.3 ケーススタディ

この節では，ボトムアップアプローチとトップダウンアプローチの両方のアプローチを用いた S. cerevisiae の各分岐点におけるフラックスの制御の解析について述べる．

13.3.1 グループコントロール係数の解析的な決定（ボトムアップアプローチ）

表12.2のネットワークのカイネティックモデルを使うと，すべての個々の反応に対するFCCとCCCが解析的に得られる．定常状態におけるバランス式から代謝物質濃度やフラックスを求め，11章で述べた方法を使ってFCCやCCCの計算が行われた．結果は，表13.1と表13.2に示されている．両方の表の値を吟味すると反応4が，ほとんどのネットワークのフラッ

13. 代謝ネットワークのフラックス解析

表13.1 アミノ酸生成ネットワークのフラックスコントロール係数[a].

	摂動反応 i[b]																	
k	1	2	3	4	5	6	7	8	9	10	11	12	13	14	15	16	17	18
1	0.07	0	0	0.94	0.03	−0.07	−0.03	−0.01	0.01	0.04	0.01	0	0	−0.01	0.01	0.01	0.01	−0.01
2	0.07	0	0	0.94	0.03	−0.07	−0.03	−0.01	0.01	0.04	0.01	0	0	−0.01	0.01	0.01	0.01	−0.01
3	1.64	0	0.99	−1.64	−0.05	0.13	0.04	0.01	−0.02	−0.06	−0.01	0	0	0.01	−0.02	−0.02	−0.01	0.01
4	0.06	0	0	0.95	0	−0.04	0.01	0	0.01	0.02	0	0	0	0	0	0	0	0
5	0.06	0	0	0.95	0.06	−0.04	−0.06	0	0.01	0.02	0	0	0	0	0	0	0	0
6	0.07	0	0	0.92	0.01	0.04	−0.02	0.04	−0.01	−0.02	−0.02	0	0	0.02	−0.02	−0.02	−0.02	0.01
7	0.06	0	0	0.95	−0.94	−0.04	0.94	0	0.01	0.02	0	0	0	0	0	0	0	0
8	−0.04	0	−0.01	−0.25	0.07	1.16	−0.1	0.9	−0.2	−0.57	0.07	0.04	−0.04	−0.07	0.1	−0.04	0.04	−0.06
9	0.05	0	0	0.95	0.12	−0.17	−0.11	−0.04	0.03	0.08	0.04	−0.01	0.01	−0.04	0.05	0.05	0.04	−0.03
10	0.05	0	0	0.95	0.12	−0.17	−0.11	−0.04	0.03	0.08	0.04	−0.01	0.01	−0.04	0.05	0.05	0.04	−0.03
11	0.05	0	0	0.84	0.1	−0.23	−0.09	−0.03	0.04	0.11	0.09	−0.01	0.01	−0.09	0.11	0.09	0.08	−0.07
12	0.03	0	0	0.59	0.07	−0.16	−0.06	−0.02	0.03	0.08	0.06	0.35	−0.35	−0.06	0.08	0.37	0.06	−0.05
13	0.06	0	0	1.08	0.13	−0.3	−0.12	−0.04	0.05	0.15	0.11	−0.35	0.35	−0.11	0.14	−0.17	0.1	−0.09
14	0.08	0	−0.02	1.7	0.26	0.26	−0.27	−0.13	−0.05	−0.13	−0.31	0.01	−0.01	0.31	−0.41	−0.28	−0.28	0.26
15	0.05	0	0	0.84	0.1	−0.23	−0.09	−0.03	0.04	0.11	0.09	−0.01	0.01	−0.09	0.11	0.09	0.08	−0.07
16	0.03	0	0	0.59	0.07	−0.16	−0.06	−0.02	0.03	0.08	0.06	0.35	−0.35	−0.06	0.08	0.37	0.06	−0.05
17	0.06	0	0	1.08	0.13	−0.3	−0.12	−0.04	0.05	0.15	0.11	−0.35	0.35	−0.11	0.14	−0.17	0.1	−0.09
18	0.08	0	−0.02	1.7	0.26	0.26	−0.27	−0.13	−0.05	−0.13	−0.31	0.01	−0.01	0.31	−0.41	−0.28	−0.28	0.26

[a] ネットワークの基準状態のフラックスコントロール係数は，モデル構造を陽に用いて解析的に決定された (Reder, 1988). 各係数 $C_i^{J_k}$ は，反応 i の摂動に対する反応 k のフラックスへの影響を示している．
[b] 反応番号は図12.1の番号に対応している．

表13.2 アミノ酸生成ネットワークの濃度コントロール係数[a].

	摂動反応 i[b]																	
X_j	1	2	3	4	5	6	7	8	9	10	11	12	13	14	15	16	17	18
Glc	0.24	−3.24	0.02	3.23	0.03	−1.13	0	0.05	0.2	0.55	−0.03	−0.04	0.04	0.03	−0.04	0.08	0	0.03
G6P	0.18	0	0	−0.18	−0.01	0.01	0	0	0	−0.01	0	0	0	0	0	0	0	0
FDP	0.19	0	0.01	2.56	−2.33	−1.52	−0.01	0.13	0.26	0.74	−0.1	−0.05	0.05	0.1	−0.13	0.06	−0.05	0.08
PEP	0.15	0	0	2.28	0.17	−1.69	−0.13	0.02	−0.19	−0.53	0.01	0.04	−0.04	−0.01	0.02	−0.09	−0.01	−0.01
ATP	−0.04	0	−0.01	−0.25	0.07	1.16	−0.1	−0.1	−0.2	−0.57	0.07	0.04	−0.04	−0.07	0.1	−0.04	0.04	−0.06
DAHP	0.07	0	0.01	0.74	−0.02	−1.36	0.05	0.09	0.77	−0.7	−0.08	−0.16	0.16	0.08	−0.1	0.34	0.04	0.07
CHR	0.64	0	−0.05	11.3	1.32	−3.14	−1.23	−0.4	0.54	1.53	−3.79	−0.09	0.09	−1.15	1.51	−2.9	−3.25	−0.94
PPH	0.1	0	−0.01	1.68	0.2	−0.47	−0.18	−0.06	0.08	0.23	0.17	−0.54	−1.01	−0.17	0.22	−0.26	0.16	−0.14
X5P	0.1	0	−0.02	2.18	0.34	0.35	−0.35	−0.17	−0.06	−0.17	0.31	0.01	−0.01	−0.31	−2.44	0.23	0.26	−0.25
Phe	0.03	0	0	0.59	0.07	−0.16	−0.06	−0.02	0.03	0.08	0.06	0.35	−0.35	−0.06	0.08	−0.63	0.06	−0.05
Tyr	0.06	0	0	1.08	0.13	−0.3	−0.12	−0.04	0.05	0.15	0.11	−0.35	0.35	−0.11	0.14	−0.17	−0.9	−0.09
Trp	0.08	0	−0.02	1.7	0.26	0.26	−0.27	−0.13	−0.05	−0.13	−0.31	0.01	−0.01	0.31	−0.41	−0.28	−0.28	−0.74
ADP	0.01	0	0	0.08	−0.02	−0.36	0.03	0.03	0.06	0.17	−0.02	−0.01	0.01	0.02	−0.03	0.01	−0.01	0.02

[a] ネットワークの基準状態のフラックスコントロール係数は，モデル構造を陽に用いて解析的に決定された (Reder, 1988). 各係数 $C_i^{X_j}$ は反応 i の摂動のリンク物質 X_j の濃度への影響を示している．
[b] 反応番号は図12.1の番号に対応している．

クスの制御に重要な役割を担っていることがわかる．これは，ホスホフルクトキナーゼ（PFK）の触媒する反応で，強くATPに依存したカイネティクスを示す反応である（表12.2参照）．PFKに関連したコントロール係数が，いかに大きく，またグループコントロール係数に反映しているか，またグループコントロール係数から導かれるかについては後で示す．

分岐点1：ATP

ATPは12.3節で見たように，ネットワークの中では最上流のリンク物質である（次の議論を理解するのには，まずこの節を参照されたい）．この分岐点まわりのグループコントロール係数の決定は，各反応グループの中で，カウントされるべきフラックスの明確な定義から始めなければならない．分岐Bへのフラックス，これは，他のどの分岐とも共通の反応をもたず，この分岐は反応8そのものである．一方，分岐Aの反応は，分岐Cと重なり合っている．というのは，解糖系におけるエネルギー関連のフラックスは，反応1，2，4，5の反応の一部である．したがって，これらの反応のどれだけの分率が分岐Aに属しているのかを見極めなければならない．式（12.10）で決定したように，分岐Aの真のフラックスは，反応6が完全にこの分岐Aに属するので，このフラックスによって定義できる．したがって，ϕ_1^A（反応1の分岐Aに属する分率）は，$1/2\ (J_6/J_1)$ であり，一方，ϕ_5^A は J_6/J_5，ϕ_6^A は J_6/J_6，つまり1である．図12.9に示したグループAのカーネルを使うことによって，これらの分率を厳密に与えることができる．式（12.8）を反応1に適用することによって，例えば，反応1の全フラックスは，

$$J_1^A = 3J_{18} + J_{16} + J_{17} + J_3 + \frac{1}{2}J_7 + \frac{1}{2}J_8 = \frac{1}{2}J_6 \tag{13.24}$$

となる．この結果は，グループカーネルA（図12.9）の反応1の要素を規格化し，特性フラックスを掛けることによって得られる．反応1，2，4，5の残りのフラックスは，分岐Cに属すが，この分岐は反応3，7，9〜18も含んでいる（図12.9のグループカーネル参照）．各グループに属するフラックスは同様に求めることができる．

ひとたび，各グループの分率が明らかになれば，gFCCが13.1節の式を使って，表13.1の個々のフラックスコントロール係数から計算できる．簡単のために分岐Bの摂動に関するgFCCから始めよう．というのは，この分岐は，反応8からのみ構成されているからである．分岐AのフラックスはJ_6であり，$^*C_B{}^{J_A} = C_8{}^{J_6} = 0.04$ である．同様に $^*C_B{}^{J_B} = C_8{}^{J_8} = 0.9$ である．分岐Cのフラックスは，2つの個々の反応のフラックスの差であるので，$^*C_B{}^{J_C}$ は（13.6）式を用いることによって表12.4のフラックスから求めることができる．つまり，

$$^*C_B{}^{J_C} = \frac{J_6 C_8{}^{J_6} - J_8 C_8{}^{J_8}}{J_6 - J_8} = -0.05 \tag{13.25}$$

となる．事実，特徴づけられた摂動を起こした分岐に関する3番目のgFCCは最初の2つのgFCCから求められるということは式（13.6）の一般的な結果である．

$$^*C_i{}^{J_C} = \frac{J_A {}^*C_i{}^{J_A} - J_B {}^*C_i{}^{J_B}}{J_A - J_B} \qquad i \in \{A, B, C\} \tag{13.26}$$

分岐Aの摂動の自分自身のフラックスへの影響は式（13.3）を使う必要がある．

● 13. 代謝ネットワークのフラックス解析

表 13.3 ATP 分岐点のグループコントロール係数[a]

摂動した分岐 N		フラックス *J_k に対する gFCC			gCCC
グループ	グループを構成する反応[b]	J_A	J_B	J_C	*C_N^{ATP}
A	$1_{.41}$ $2_{.41}$ $4_{.56}$ $5_{.6}$ 6	0.59	1.05	0.54	1.05
B	8	0.04	0.90	−0.05	−0.10
C	$1_{.59}$ $2_{.59}$ 3 $4_{.44}$ $5_{.4}$ 7 9〜18	0.37	−0.95	0.51	−0.95

[a] gFCC は *$C_N^{J_k}$, gCCC は, *C_N^{ATP} と示している.
[b] 反応番号は図 12.1 の番号に対応している. 下付きの値は ϕ_i^N, つまり, 分岐 N に含まれる反応の分率を示している.

$$*C_A^{J_A} = \left(\frac{1}{2}\frac{J_6}{J_1}\right)C_1^{J_6} + \left(\frac{1}{2}\frac{J_6}{J_2}\right)C_2^{J_6} + \left(\frac{1}{2}\frac{J_6}{J_4}\right)C_4^{J_6}$$
$$+ \left(\frac{J_6}{J_5}\right)C_5^{J_6} + C_6^{J_6} = 0.59 \tag{13.27}$$

同様に, *$C_A^{J_B}$ は, 式 (13.27) の各 $C_i^{J_6}$ を $C_i^{J_8}$ に変えることで得られ, 結果は 1.05 となる. 式 (13.26) を使うことにより, *$C_A^{J_C}$ はこれら 2 つの結果から 0.54 と求められる. 残りの 3 つの gFCC はサンメンションセオレムから求められる. 結果は, 表 13.3 にまとめられている.

gFCC の結果は, 分岐 A は 3 つすべての分岐のコントロールに対して大きな影響をもつということを示している. 一方, 分岐 B は, 自分自身にのみ影響を及ぼす. 最後に分岐 C は, 自分自身の分岐と分岐 A について正の大きな影響をもち, 分岐 B に対して強い負の影響をもつ. 相対的に分岐 B は他の 2 つの分岐に比べて小さいフラックスなので, この考察からこの分岐点が重要な分岐点ではないと判断できる. つまり, 分岐 A から C への流れが明らかに支配的で分岐 B による影響は小さいと思われる. しかし, 分岐 A と C の間のコントロールの分布や比較的大きなグループコントロール係数は, この分岐点がより詳細に検討される価値のあることを示している.

分岐点 2：G6P

グルコース 6 リン酸の分岐点はポリサッカライド合成経路が解糖経路から分岐するポイントである. エネルギーに関連した解糖経路は, すでに上流の ATP 分岐点で分岐しているので, 図 12.10 に示したように, 炭素に関するフラックスだけが G6P 分岐点へ流れる. エネルギー関連の解糖経路の全体の分率は G6P の分岐点のグループ A (ATP 分岐点のグループ A つまり A_{ATP}) の中に入っていると考えられるが (このことは, 図 12.10 に示されている), "G6P への分岐 A_{G6P} からのフラックスは炭素に関与するものだけである". 図 12.10 のグループカーネルに示したように, 分岐 B_{G6P} は反応 3 だけからなり, 分岐 C は G6P の下流の残りの反応からなる.

表 13.1 の FCC からこの分岐点の gFCC を決定しよう. 分岐 B は最も単純なので (反応 3 だけからなる), その gFCC をまず決定する. *$C_B^{J_B}$ はもちろん, *$C_3^{J_3}$ で, 0.99 となる. $C_3^{J_2}$ と $C_3^{J_6}$ はともにゼロなので, *$C_B^{J_A}$ はゼロとなる. これらの結果から, *$C_B^{J_C}$ は式 (13.25) によりゼロに非常に近いことがわかる. 分岐 A の摂動の効果は, 13.1 節の式に従って,

表13.4 G6P分岐点のグループコントロール係数^a.

	摂動した分岐N	フラックス$*J_k$に対するgFCC			gCCC
グループ	グループを構成する反応^b	J_A	J_B	J_C	$*C_N^{G6P}$
A	1 2 $4_{.56}$ $5_{.6}$ 6 8	0.43	0.83	0.43	0.08
B	3	0	0.99	0	0
C	$4_{.44}$ $5_{.4}$ 7 9〜18	0.57	-0.82	0.57	-0.08

^{a} gFCCは$*C_N^{J_k}$, gCCCは, $*C_N^{G6P}$と示している.
^{b} 反応番号は図12.1の番号に対応している. 下付きの値はϕ_i^N, つまり分岐Nに含まれる反応の分率を示している.

$$*C_A{}^{J_B} = *C_A{}^{J_3} = C_1{}^{J_3} + C_2{}^{J_3} + \frac{1}{2}\frac{J_6}{J_4}C_4{}^{J_3} + \left(\frac{J_6}{J_5}\right)C_5{}^{J_3} + C_6{}^{J_3} + C_8{}^{J_3} = 0.83 \tag{13.28}$$

となる.

J_AとJ_Cは, 式 (12.11) によって, いくつかの反応のフラックスに関して決定できるので, 式 (13.6) は, そのうちの1つを決定するのに使われなければならない. 分岐Aのフラックスについて考えよう. 分岐Aのフラックスは$J_2 - \frac{1}{2}J_6$に等しい. まず, $*C_A{}^{J_2}$ (0.53) と $*C_A{}^{J_6}$ (0.67) が式 (13.28) と同じ方法を使って, 上付き記号を2から6に変えてそれぞれ計算できる. ひとたびこれらが求められれば, 式 (13.6) を分岐Aのフラックスへ適用することにより,

$$*C_A{}^{J_A} = \frac{J_2 *C_A{}^{J_2} - \frac{1}{2}J_6 *C_A{}^{J_6}}{J_2 - \frac{1}{2}J_6} = 0.43 \tag{13.29}$$

が求められる. 残りのgFCCは, 式 (13.26) のサンメンションセオレムを使って決定できる. その結果は, 表13.4に示されている. この分岐点では分岐Bが重要でなく分岐Bは他に比べてほとんど効果がないので, 分岐がないのと同じように考えることができる. 非常に小さいgFCCをもつ分岐点は重要な分岐点ではない.

分岐点3：FDP/GAP

FDP/GAP分岐点はグリセロール生産経路がアミノ酸生合成経路から分岐するポイントである. 下流のグループの1つグループ (B) は明らかに, 反応7そのものである. 上流グループAは, 反応1〜4と8, また, エネルギー関連反応5, 6からなり, これは最初の分岐点の上流に含まれる. 分岐Cは反応5の残りと反応9〜18からなっている. この分岐のグループフラックスコントロール係数を計算する方法は, 本質的に, 前の分岐点と同じであるので, すぐに結果の考察へと進もう (表13.5). 分岐Bのフラックスは相対的に小さく, 分岐Bは他の2つに比べコントロールに小さい影響をもつので, この分岐点も重要でない. 加えて, 分岐Aに関する大きなgFCCは, この上流の分岐点に原因がある.

表13.5 FDP/GAP分岐点のグループコントロール係数^a.

摂動した分岐N		フラックス$*J_k$に対するgFCC			gCCC
グループ	グループを構成する反応^b	J_A	J_B	J_C	$*C_N^{FDP}$
A	1〜4 $5_{.6}$ 6 8	0.83	0.41	0.90	−0.02
B	7	0	0.94	−0.16	−0.01
C	$5_{.4}$ 9〜18	0.17	−0.35	0.26	0.03

^{a} gFCCは$*C_N^{J_k}$, gCCCは$*C_N^{FDP}$と示している.
^{b} 反応番号は図12.1の番号に対応している. 下付きの値はϕ_i^N, つまり, 分岐Nに含まれる反応の分率を示している.

表13.6 X5P＋CHR分岐点のグループコントロール係数^a.

摂動した分岐N		フラックス$*J_k$に対するgFCC			gCCC
グループ	グループを構成する反応^b	J_A	J_B	J_C	$*C_N^{X/C}$
A	1〜4 $5_{.98}$ 6〜10	0.89	1.30	0.79	9.18
B	$5_{.02}$ 14 18	−0.07	0.58	−0.16	−1.82
C	11〜13 15〜17	0.18	−1.28	0.37	−7.36

^{a} gFCCは$*C_N^{J_k}$, gCCCは$*C_N^{X/C}$と示している.
^{b} 反応番号は図12.1の番号に対応している. 下付きの値はϕ_i^N, つまり, 分岐Nに含まれる反応の分率を示している.

分岐点4：X5P＋CHR

このネットワークの4番目の分岐点のフラックスは，今までに述べた3つの分岐点に比べてずっと単純である．単一の反応5が，この点で分岐している．これは，反応5のフラックスの一部が反応18によってホスホエノールピルビン酸（PEP）からGAPへのリサイクルにつながっているからである．このフラックスは反応18のフラックスによって決定されている．それで，ϕ_5^B，つまり，グループBと考えている反応5のフラックスの分率は，J_{18}/J_5に等しい．この分岐点まわりの各グループのフラックスは個々の反応フラックスに等しいので，gFCCはFCCの値をそのまま使えることになる．結果は表13.6に示している．しかし，リンク物質のグループ濃度コントロール係数の計算は，この分岐点がX5PとCHRが量論比を保って両方生産と消費をする分岐点なので，それほど単純ではない．まず，分岐Bから始めよう．X5PとCHRの両方のgCCCは式（13.3）と同じように決定できる．

$$*C_B^{X5P} = \frac{J_{18}}{J_5} C_5^{X5P} + C_{14}^{X5P} + C_{18}^{X5P} = -0.55 \tag{13.30}$$

$$*C_B^{CHR} = \frac{J_{18}}{J_5} C_5^{CHR} + C_{14}^{CHR} + C_{18}^{CHR} = -2.06 \tag{13.31}$$

そして，式（13.7）を使うことによって，

$$*C_B^{X/C} = \frac{*C_B^{X5P} c_{X5P} + *C_B^{CHR} c_{CHR}}{c_{X5P} + c_{CHR}} = -1.82 \tag{13.32}$$

表13.7 PPH分岐点のグループコントロール係数[a].

摂動した分岐 N		フラックス $*J_k$ に対する gFCC			gCCC
グループ	グループを構成する反応[b]	J_A	J_B	J_C	$*C_N^{PPH}$
A	1〜11 14 18	0.83	0.57	0.07	1.75
B	12 16	0.08	0.72	-0.52	-0.80
C	13 17	0.09	-0.29	0.45	-0.85

[a] gFCCは $*C_N^{J_k}$, gCCCは, $*C_N^{PPH}$ と示している.
[b] 反応番号は図12.1の番号に対応している.

が得られる.

同様の計算が他の2つの分岐点に対して行える．その結果，gCCC（表13.6）は非常に大きな値が得られ，この分岐点は重要な分岐点である可能性がある．事実，大きな濃度コントロール係数をもつことは，不安定なレベルにまで代謝物質の濃度が上がったり下がったりすることが簡単に起こることを示している．さらに，グループフラックスコントロール係数は，上に述べた分岐点より3つの分岐に分散しており，分岐点は重要なものであると結論できる．

分岐点5：PPH

このネットワークの最後の分岐点は，トリプトファンとチロシンが生成する分岐点である．この分岐点のすべてのグループのフラックスは個々の反応そのものであるので，その解析は全く単純である．結果は表13.7に示す．

この分岐点では，下流の分岐が上流の分岐に影響を与えていることに注意しなければならない．下流の両方の分岐は自分自身および上流の分岐に大きく影響を与える．これは，分岐点の物質がどちらの生産物にも分かれていくので，明らかに，フレキシブルな分岐点と考えられる．これらのデータと gCCC の値からも，この分岐点も重要なものであることがわかる．

これらの5つの分岐点のグループコントロール係数の大きさは，ネットワークを制御する役割の大きさについて重要な洞察を与える．13.4節では，近くの分岐点の比較によって，与えられる付加的な結果について述べる．しかし，普通ここで行われたボトムアップ的な方法では，個々のフラックスコントロール係数の情報が十分でないために，グループコントロール係数が計算できない．次の項では，トップダウンアプローチで，どのように実験的にフラックス測定からグループフラックスコントロール係数が得られるかについて示し，ここで述べた同じ結論が得られることを示す．

13.3.2 gFCCの実験的な決定の具体例（トップダウンアプローチ）

13.2節には，戦略的な摂動の実験から得られるフラックス解析に基づく gFCC の決定法のアウトラインを述べた．この項では，*S. cerevisiae* のカイネティックモデルを用いて摂動実験の"シミュレーション"を行うことによって，この方法を紹介する．これらの摂動のシミュレーションは，特定の反応のカイネティックパラメータの変動によって引き起こされ，摂動状態がシミュレートされる．これらの状態を基準状態（表12.3）と比較し，フラックスの増幅係数（フラックスアンプリフィケーションファクタ，FAF）が各々，引き起こされた変動に対して

13. 代謝ネットワークのフラックス解析

決定された．これらのFAFの値が13.2節の式に当てはめられ，グループコントロール係数が得られた．

表13.8は，各分岐点でのグループフラックスコントロール係数を示している．前にも議論したように，これらの技術は，ネットワークにおける異なるいくつかの摂動が，リンク物質まわりの3つの分岐または下流の2つの分岐に与えられ，これらのうちの1つが特徴づけられた摂動であるという必要がある．各分岐の中で摂動を引き起こした反応は，摂動が1つのグループの中に局在化している限り，どんなものでもよい．例えば，ATPの分岐点では，分岐Bは単一の反応のみ（反応8）からなり，この分岐の摂動が，この反応において与えられなければならない．分岐Aは5つの反応からなるが，これらのうちの1つ（反応6）が完全にこの分岐の"中に"に属している．それで，分岐Aの摂動が分岐Aの中でのみ起こるようにするには，反応6に摂動を導入することによって，分岐Aのみに影響を与えることができる．反応3，7，9〜18からなる分岐Cの中で，摂動を起こす反応の選択はより幅広いものがある．実際の実験では，どの反応に摂動を起こすかという選択は実験のやりやすさによってくる．13.4節から明らかになる理由のために，ここでは，反応14が選ばれる．さらに，分岐Bの特徴づけられた摂動は分岐Aに対する摂動には必要なく，ここでは行わない．グループコントロール係数は表13.8に示されている．

表13.8 各分岐点でのグループコントロール係数[a]．

摂動した分岐 N	摂動した反応 i[b]	r_i	K_N	フラックス $*J_k$ に対する gFCC			gCCC
				J_A	J_B	J_C	
N_{ATP}				J_A	J_B	J_C	$*C_N^{ATP}$
A	—	—	—	1.18	2.27	1.07	2.3
B	8[c]	0.5	−1.4	−0.02	0.39	−0.06	−0.61
C	14	2	6.2	−0.16	−1.66	−0.01	−1.7
N_{G6P}	摂動した反応 i	r_i	K_N	J_A	J_B	J_C	$*C_N^{G6P}$
A	—	—	—	0.89	0.18	0.90	0.02
B	3[c]	0.5	−2.0	0.00	1.00	−0.01	0.00
C	14	2	−3.3	0.11	−0.18	0.11	−0.02
N_{FDP}	摂動した反応 i	r_i	K_N	J_A	J_B	J_C	$*C_N^{FDP}$
A	8	0.5	28.4	0.94	0.6	1.00	0.68
B	7	0.5	−0.74	0.01	0.35	−0.05	−0.08
C	14	2	−1.9	0.05	0.05	0.05	0.09
$N_{X/C}$	摂動した反応 i	r_i	K_N	J_A	J_B	J_C	$*C_N^{X/C}$
A	5	0.75	−19.0	0.83	1.93	0.68	5.2
B	14	2	−0.5	0.02	−0.09	0.04	0.21
C	17	0.75	−11.3	0.15	−0.85	0.28	−48
N_{PPH}	摂動した反応 i	r_i	K_N	J_A	J_B	J_C	$*C_N^{PPH}$
A	14	2	−14.4	1.02	0.72	1.31	1.9
B	12	0.5	−1.3	−0.01	0.29	−0.3	−0.53
C	17	0.75	0.27	−0.01	0	−0.01	−0.01

[a] gFCCは $*C_N^{J_k}$，gCCCは $*C_N^{X_j}$ と示している．グループの反応の増幅係数 r_i と摂動定数 K_N も示されている．

[b] 反応番号は図12.1の番号に対応している．

[c] 特徴づけられた摂動は，この分岐の中で使われている．

これらのシミュレーションを使ったネットワークのカイネティクスの摂動は，どんな数学的な摂動でも起こすことができるが，ここでは，摂動として最も単純で，直感的にわかりやすい比例的に活性を変化させる摂動を用いた．つまり，比例的な変化は，物理的に意味をもっており，同時に表現しやすいという理由でこの方法が選ばれた．したがって，分岐Bの特徴づけられた摂動は，反応8のカイネティクス表現において係数に0.5を掛けて導入された．分岐Cでは，反応14の速度を2倍にすることで摂動を与えた．これらのカイネティクス表現に摂動を与えることによって，新しい定常状態が計算された．定常状態のフラックスは基準のフラックスと比較し，式（13.9）に基づいてフラックス増幅因子が計算された．式（13.12）〜（13.20）により，これらのフラックス増幅因子から，グループフラックスコントロール係数が決定された．これらの計算結果は，表13.8に示されている．この表はまた，これらのグループの各々がリンク物質，ATPに影響を与えるグループ濃度コントロール係数も含んでいる．表13.8の残りの4つの部分は，ネットワークの他の4つの分岐点の摂動の同様の解析を示している．

　ボトムアップアプローチによって計算されたgFCC（表13.3〜13.7）は，この研究では真のgFCCと考えられる．対応するgFCCをこの表13.8で比較すると，いくつかの点が観察される．まず，定量的な一致性は特別よくはないが，最大の大きさをもつgFCCとgCCCは同じ反応であると同定された．一方，その他のgFCCとgCCCについても同じ傾向があるといえる．例えばATPの分岐で，分岐Aと分岐Cは強く制御を担っている．同様に，重要な分岐A_{G6P}やA_{FDP}の制御の強さも示されている．したがって，どの分岐が他のどの分岐に比べて，フラックス変化に大きく影響するかという情報は信頼性があると考えられる．2番目に，両者の違いは，大きな変動の理論で適用されたカイネティクスの線形化と実際のカイネティクスの差か，または式（13.17）が特異な状態に近いからであると考えられる．このことは，K_iの値が大きいようなケースで起こりがちである．そのような場合には，この特定のK_iから計算されたgFCCは一般に，信頼性が低いものになる．例えば，グループC_{PPH}の摂動定数が，グループAやBよりずっと小さいということにより，分岐C_{PPH}のgFCCが表13.7に示されるように実際より低く推定されるということを起こしてしまう．

　信頼性の低いgFCCが得られる3番目の理由には，効果を各分岐に局所化しようとしたにもかかわらず，強い分岐間の相互作用が存在することである．一般的に，そのような代謝物質の効果は，とても幅広く影響し，先験的にそのような相互作用を予測して断ち切ることは非常に困難である．そのような相互作用の検知と摂動の作用を最小化する方法について13.6節に示す．その方法は，gFCCの決定に用いた式の特定の構造と冗長性によるものである．これらの冗長性により基本的に自身のコンシステンシーのテストが行え，冗長な式の正当性を最大化する摂動実験を提案することができる．グループ濃度コントロール係数のサンメンションセオレム，これは，すべてのgCCCの和がゼロになる必要があるが，これが，コンシステンシーのチェックに役立つ．この基準は表13.8に示したgCCCの計算のいくつかには当てはまらないが，いくつかのコントロール係数の推定は修正が必要であることを示してくれる．いくつかの付加的な摂動のデータを考察したり，必要最小以上の摂動を使ってコントロール係数の計算に導入して回帰を応用することによりこの修正を行うことができる．

　最後に，反応14における同じ摂動が表13.8に示した各組の計算に使えることに注意していただきたい．単一の分岐の摂動のいくつかの分岐点の解析への繰り返しの利用は，異なる分岐点まわりのグループのオーバーラップによるものである．さらに，次の節で調べるように，こ

のオーバーラップは，大きなネットワークの解析を行うのに必要な実験的摂動の数を減らすことができるだけでなく，全体のネットワークの小さな部分で重要な反応に焦点を当てることも可能にする．

13.4　メタボリックコントロールアナリシスの中間代謝反応グループ解析への応用

この節では，トップダウンアプローチの応用を拡張して，中間代謝反応グループのgFCCが，いかにして異なるリンク物質のgFCCから得られるかについて述べる．この方法は，場合によっては，個々の反応にも使える．

13.4.1　摂動定数

"摂動定数" K_i は13.2節に示したように，各グループのグループフラックスコントロール係数や各分岐のリンク物質間のまわりのフラックスの変化の特別な関係を示している．特に，式（13.8）は摂動係数 K_i がグループ i 特定の摂動実験を特徴づけており，グループ i のグループ k に対するgFCC，$*C_i^{Jk}$ と，グループ k のフラックス変化，f_i^k-1 の比に等しい．異なる形で書くと，同じ関係は，gFCCをフラックス変化と摂動定数から推定するための式

$$*C_i^{Jk} = K_i(f_i^k - 1) \qquad i, k \in \{A, B, C\} \tag{13.33}$$

と書ける．摂動定数の重要性は，摂動が起こった源のグループ（i）とそれによって影響を受けたグループ（k）を本質的に"分離することができる"ところにある．この分離（デカップリング）のために，グループ i のグループ k への効果を示すgFCCは一般的にグループ i の摂動定数と変化の起きたグループ k のフラックス変化の積として表されている．このデカップリングは，SmallとKacserの大きな変動の理論から直接導き出される結論である．このことは11.5節でも議論した（Small and Kacser, 1993a, b）．ただし，個々の反応においてもグループ化された反応においても，分岐のあるネットワークでは式（11.69）の線形化されたカイネティクスをもち，式（11.76）の形のフラックスを与えるという仮定がこの議論には含まれている．前の章で述べたグループ化の方法により，複雑なネットワークが，分岐の連続的なつながりとして扱えるので，複雑なネットワークも同じ表現が使える．それゆえ，"あるリンク物質まわりの特定の分岐（i）に対して計算された摂動係数は，摂動後のフラックスの変化が測定できるのならば，同じグループ，他のどのグループ（k），または個々の反応，いずれに対する（g）FCCの計算にも使うことができる"．さらに，もしグループ i が1段階反応からできていたら，その反応の他への効果を表すフラックスコントロール係数は同じ式を使って得られる．

さらに重要なことに，リンク物質間の反応グループによる代謝制御に関する情報がこの情報のみから得られる．重なり合ったグループのgFCCを比較することによって，短い経路や個々の反応の（g）FCCが得られる．このコントロールの構造の詳しいマッピングがひとたび行われれば，重要な反応や経路に関する解析が行いやすくなるだろう．

13.4.2　複数の分岐点における重なり合った反応の解析

ある分岐点まわりでグループを作るすべての反応の和が，ネットワークにおけるすべての反応を含まなければならないことに注意したい．異なる分岐点に属すと同定されたグループは，ネットワークの反応を異なったように割り当てることによって単純に構成される．近くの分岐

13.4 メタボリックコントロールアナリシスの中間代謝反応グループ解析への応用

点の比較は，単一の分岐点の解析によっては得られない情報，つまり，短い直線上の経路や，リンク物質間の反応のコントロール係数の情報をもたらしてくれる．

このポイントは，図13.2に示されている．これは，図12.6（a）に示されたネットワークの2つの分岐点グループを示している．このネットワークの4つの反応（1，3，4，5）の個々の反応のFCCは，これらの反応がリンク物質まわりの全体のグループを構成しているので，gFCCから直接決定できる．反応2は反対に，反応4や5と図13.2（a）の下流のBのグループを共有する．図13.2（b）の上流のグループAにおいても，反応2は反応1，3とこのグループを構成する．したがって，反応2に対するフラックスコントロール係数はどちらかの分岐点の解析から直接得ることができない．しかし，両方の分岐からの結果を同時に使ってMCAのサンメンションセオレムを適用することにより，反応2のFCCを決定することができる．反応2は，実際，図13.2（c）に示したように自分自身のグループ（L）の中に含まれている．図13.2（c）の他の4つのグループのgFCCは両方の分岐点から利用可能なので，グループLのgFCCは，単純に，反応1と他の4つのグループのgFCCの和の差である．一般に，もし，グループLが，上流のリンク物質のまわりでグルーピングする際にグループCの中にあり，下流のリンク物質のまわりでグルーピングする際にはグループAにあるのなら（図13.2参照），グループLのフラックスJ_kへのgFCCは

$$^*C_L^{J_k} = 1 - (_{\text{upstream}}{^*C_A^{J_k}} + _{\text{upstream}}{^*C_B^{J_k}} + _{\text{downstream}}{^*C_B^{J_k}} + _{\text{downstream}}{^*C_C^{J_k}}) \quad (13.34)$$

と表せる．

式（13.34）を適用することによって，ネットワークの中の"どんな中間のリンク"つまり，2つのリンク物質間の反応に対するgFCCも決定することができる．13.2節や13.4.1項の方法を使ってすでに得られたグループコントロール係数を結びつけるとき，どんな入力や出力経路や中間的なリンクの測定されたフラックスへのgFCCでも決定することができる．最終的に，この情報を使って，十分大きなgFCCをもつグループに，重要な反応（注目しているフラックスに対する反応ステップのFCCの測定を行う）を絞り込んでいくことができる．さらに，同じような定式化がグループ濃度コントロール係数に，次のようにして適用できる．

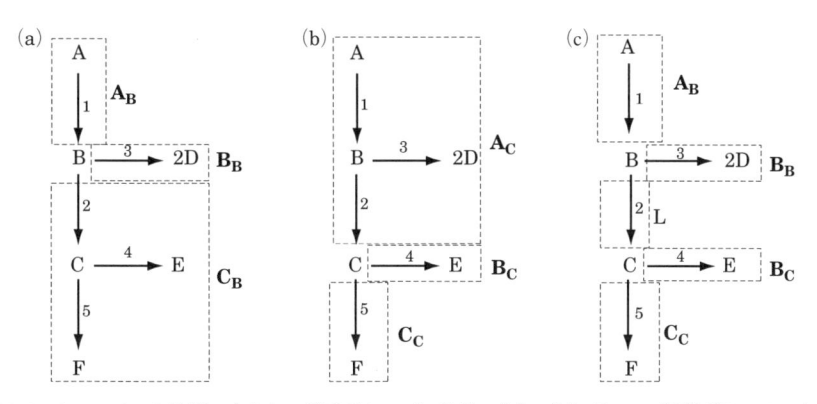

図13.2 2つのリンク物質のまわりの反応グループの比較．（a），（b）グループは物質B，Cのまわりで形成される．（c）グループB，Cに重なり合ったグループの比較から同定されたグループ．

$$*C_L{}^{X_k} = -(_{\text{upstream}}*C_A{}^{X_k} + {}_{\text{upstream}}*C_B{}^{X_k} + {}_{\text{downstream}}*C_B{}^{X_k} + {}_{\text{downstream}}*C_C{}^{X_k}) \quad (13.35)$$

単一の反応がいくつかの反応グループに関与しているので，そのような反応の単一の摂動は，摂動が1つのグループに局所化され，その結果起こる他のグループのフラックスの変化を測定できる限りにおいては，いくつもの分岐点の解析に使うことができる．13.2節の単一の分岐点の解析（例えば，図13.2の代謝物質B）が，一般に，それぞれ異なる分岐の3つの摂動を必要とすることを思い起こしてもらいたい．このケースでは，摂動は反応1と3で必要であったが，3番目の摂動は，他の反応においてなされた．3つの摂動もまた，2番目の分岐点（代謝物質C）1番目の下流の解析には必要である．そのうちの2つは，反応4と5の摂動である．つまり，両方の分岐点をうまく解析するために，摂動は，反応1，3，4，5において起こさなければならない（これはネットワークのインプットとアウトプットの反応である）．代謝物質Bのまわりのグループは，それゆえ，反応4か5の摂動をグループCへの摂動として使うことによって，解析されなければならない．しかし，両摂動からのデータが利用可能であるならば，2つの結果を比較することによって，結果のコンシステンシーのチェックが行える（13.6節参照）．同じロジックが2番目の分岐点にも成り立つ．したがって，1番目の分岐点の解析に必要であった．この摂動は2番目の分岐点の解析に使えるばかりでなく，両方の分岐点の解析の正当性のチェックにも使える．実際，複雑なネットワークの完全な解析に必要な戦略的摂動の数は一般に，分岐の数よりも2多いだけである．

表13.9 トリプトファンのフラックスに対するグループコントロール係数[a]．

グループ N	摂動した反応[b] i	$f_N{}^{18}$	K_N	$*C_N{}^{J_{18}}$
A_{ATP}	—	—	—	0.05
B_{ATP}	8	1.109	-1.4	-0.15
C_{ATP}	14	1.177	6.2	1.10
$L_{ATP/G6P}$	—	—	—	1.70
A_{G6P}	—	—	—	1.60
B_{G6P}	3	1.010	-2.0	-0.02
C_{G6P}	14	1.177	-3.3	-0.58
$L_{G6P/FDP}$	—	—	—	0.75^c
A_{FDP}	8	1.109	28.4	3.10
B_{FDP}	7	1.160	-0.74	-0.12
C_{FDP}	14	1.177	-1.9	-0.34
$L_{FDP/X/C}$	—	—	—	-0.27^c
$A_{X/C}$	5	0.898	-19.0	1.94
$B_{X/C}$	14	1.177	-0.5	-0.09
$C_{X/C}$	17	1.075	-11.3	-0.85
$L_{X/C/PPH}$	—	—	—	-0.92
A_{PPH}	14	1.177	-14.4	-2.55
B_{PPH}	12	0.962	-1.3	0.05
C_{PPH}	17	1.075	0.27	0.02

[a] gFCCは $*C_N{}^{J_{18}}$ の形で示されている．フラックスの増幅係数 $f_N{}^{18}$ や摂動係数 K_N も示されている．
[b] 反応番号は図12.1の番号に対応している．
[c] FDPの分岐点に対しては，サンメンションセオレムが成立しないので，これらの値は A_{FDP} か C_{FDP} の摂動に対して，計算されたgFCCの平均である．

13.4.3 ケーススタディ

この項では，表13.8に示した実験的な摂動のシミュレーションから得られたgFCCの推定値を使って，中間的なリンクのgFCCを求めてみる．表13.9にまとめられたgFCCの結果は，注目しているフラックスに対する最大のコントロールをもつ特性反応を解析するのに役立つ．この目的で選ばれたフラックスはトリプトファンの生成である（反応18）．

これらの結果から，G6Pのどちらかのサイドのリンクがトリプトファンフラックスの制御に重要であることが明らかである．反応4に対するG6P/FDPリンクは，大きなgFCCを示す．これは反応4の実際のFCCによってもたらされたものと同じである（表13.1）．さらに，コリスミ酸におけるプレヘン酸への分岐は，トリプトファンのフラックスと強く競合する．したがって，トリプトファンの生産は，解糖系（つまり，ホスホフルクトキナーゼ）を増幅するか，フェニルアラニンやチロシンへの競合経路を抑えるかが，最上の改良法であるといえる．

13.3節で同定された過大評価された摂動定数は，この表でもいくつかのgFCCの値をゆがめてしまっていることに注意したい．つまり，いくつかのグループについてはgFCCの総和が1になっていない．しかし，13.6節において，より正確な方法であるとされたものから得られたgFCCの比較により，実際に得られた中間のリンクの推定は良好な一致を見せている．これらのデータの値は，次の項で強調される．次の章では，既知のコントロール係数をもとに特定のフラックスの増幅を最適に行うする一般的な方法について焦点を当てる．

13.5　フラックス増幅の最適化

コントロール係数を決定しようという主な動機は，効率的で体系的なフラックスの増幅や分岐の流れの変更を行うための有効な基礎を与えたいということ，つまり，代謝ネットワークの制御の構造を明らかにしたいうということにある．しかし，これらの係数が求められたとしても，最適なフラックスの増幅のために，いかにこれらの係数を使うかは，すぐには明らかではない．前の節で，ホスホフルクトキナーゼ（反応4）が大きなFCCをもつということにより，トリプトファンやフェニルアラニンのフラックスを改良する最大の反応であるということが示された．このために，目的のアミノ酸生産の増幅のためにPFKの改良が1番目に改良されるべき反応であるといえる．しかし，この反応の活性を少しずつ上昇させていくと，ネットワークの構造から，11%以上，この活性上昇させると安定な状態を得られないことが明らかになった．より高いレベルでは，システム全体が不安定になり，定常状態に収束しないのである．

この特別な不安定性が起こる理由は，数学的には，PFK増幅の値が細胞内のコリスミ酸濃度の安定な実解をもたらさないという空間的分岐現象の発生によるものと考えることができる．言い換えると，このケースでは，コリスミ酸の生産と消費をバランスさせる各細胞内代謝物質の濃度が存在しないのである．この現象が起きる理由は，12.1節で議論したように，コリスミ酸を消費する反応活性がホスホフルクトキナーゼの反応の増幅の結果得られるコリスミ酸生産とバランスするだけ十分大きくないということにあるのである．これは，改変された*S. cerevisiae*の株で同様に起こると報告されているわけではないけれども，細胞が代謝ネットワークでカタストロフィを起こす典型的な例であるといえる．このようなケースにおいては，代謝物質の分泌，新たな経路の誘導，または既存の経路の機能消失，分泌生産物の生産量の劇的な変化などがよく起こる．そのような不安定性に対する細胞の実際の応答は，とても予測できないものであるので，このような事態は避けなければならない．フラックスの最適化ととも

● 13. 代謝ネットワークのフラックス解析

に代謝の不安定化を避けることが必要なのである．

ネットワークの不安定性を避ける1つの方法は，このようなことが起こり得る代謝物質の排出経路やシャントを付加的に賦与することである．このアプローチはしかし，簡単なものではなく，1つの不安定性を生んでいる原因を取り除くと同時に，新たな不安定性を生みやすいという傾向をもっている．結果としてまた，同じ，ことを行わなければならないことも多い．もう1つのアプローチは，自己破壊を起こすようなカイネティクスの増幅を最小化するということである．より幅広く用いることのできる方法は，ネットワークのフラックスを上昇させるということを設計する一方で，細胞内の代謝物質レベルを基準の状態近くに保つという方法である．この戦略は Henrik Kacser（Kacser and Acerenza, 1993）により，もともと提唱されたものである．彼らはある意味で，細胞内の"どんな物質"の濃度も変化を起こさないフラックス増幅のみを目指すべきだとしている．この基本原理から自然に導かれる結果として特定の経路のフラックスの増幅を成し遂げるためには，数学的には，これに関与するすべての反応を増幅させなければならないことになる．しかし，この経路全体の活性をすべて上昇させることは，実際上無理なことである．ここでは我々は，その代わりに，代謝物質の濃度の変化を拒んでいるリジッドな束縛条件を緩和することを試みた．代謝物質の適度な変化を起こすことによって，注意深く選ばれた"少数の酵素反応の改変"からネットワーク全体の大きな変化が得られる．

最適化のアルゴリズムは13.5.1項に示した．これは，前の項の方法に従って決定されたグループのまたは個々のフラックスコントロール係数を用いて行われる．さらに，濃度コントロール係数は反応変化に対する代謝物質の感度を表しているので，グループの，または個々の濃度コントロール係数が最適な改変のキーパラメータとして登場する．これらの概念や最適化の方法は，アミノ酸の生合成のケーススタディにおいて適用される．簡単のために，ここでは個々の反応のコントロール係数を使うが，この方法は，正確に決定された gFCC や gCCC を使っても全く同様に行うことができる．

13.5.1 最適化のアルゴリズムの導出

ここで扱う問題は，"すべての"代謝物質がもとの基準状態に近い適当な濃度範囲で変動しているという束縛条件のもとでの，ネットワークのフラックスに最も効果を与える単一または2つまたは3つの反応の決定についてである．次の最適な方策は，反応速度の変化が最大になる反応だけではなく，活性変化の上下限も示す方法である．2つまたはそれ以上の反応を同時に変化させる場合には，これらの制限は非常に重要なものとなる．さらに，最適化の結果は，むしろ代謝物質濃度がこの不安定点の近傍から離れている場合には，許される代謝物質濃度の範囲には，むしろ感度が低い．というのは，分岐現象が起こる境界が近づいてくるときには，ネットワークは，不安定な状態に向かって急激に進むことが多いからである．これらの単純化により，最適化をシンプルなものにする，つまり線形化することができるのである．

大きな変動の理論（Small and Kacser, 1993b）により，ネットワーク中における任意の反応 L の活性の変化が反応 k のフラックス J_k を変化させて，$J_{k,L}$ になるとき，

$$*f_L{}^k = \frac{J_{k,L}}{J_{k,0}} = \frac{1}{1 - \sum_{i=1}^{L} C_i{}^{J_k}\left(\frac{r_i - 1}{r_i}\right)} \qquad k = \{1, 2, \cdots, L\} \qquad (13.36)$$

13.5 フラックス増幅の最適化

の関係が成り立つ．活性増幅因子（AAF）（r_i，式（13.39）で定義）が最適化されるとき，最大のフラックス変化が得られる．最適問題の評価関数は，上の式を書き直して，次の形

$$1-\frac{1}{f_L{}^k}=\frac{J_{k,L}-J_{k,0}}{J_{k,L}}=\sum_{i=1}^{L}C_i^{J_k}\left(\frac{r_i-1}{r_i}\right) \qquad k\in\{1,2,\cdots,L\} \tag{13.37}$$

が得られる．フラックス上昇の程度は，代謝物質の濃度をあるレベルに保つことのできる代謝ネットワークの能力に依存する．Small and Kacser（1993b）によれば任意の代謝物質の濃度レベルc_jの変化が，いくつかの反応の活性（$c_{j,L}$）を変化させるとき，

$$\phi_L{}^j=\frac{c_{j,L}}{c_{j,0}}=1+\frac{\displaystyle\sum_{i=1}^{L}C_i^{X_j}\left(\frac{r_i-1}{r_i}\right)}{1-\displaystyle\sum_{i=1}^{L}C_i^{J_i}\left(\frac{r_i-1}{r_i}\right)} \qquad j\in\{1,2,\cdots,K\} \tag{13.38}$$

が成り立つ．

明らかに，式（13.38）の下限値は，代謝物質の濃度は物理的にゼロ以下にはならないので，$\phi_L{}^j$がゼロになる場合である．上限値は任意であるが実際上の経験からいって，$\phi_L{}^j$の値が2以上高い値は系の不安定性を招くと考えられる．そこで，濃度の束縛条件は

$$-1\leq\phi_L{}^j-1=\frac{\displaystyle\sum_{i=1}^{L}C_i^{X_j}\left(\frac{r_i-1}{r_i}\right)}{1-\displaystyle\sum_{i=1}^{L}C_i^{J_i}\left(\frac{r_i-1}{r_i}\right)}\leq 1 \qquad j\in\{1,2,\cdots,K\} \tag{13.39}$$

と設定される．式（13.37）と式（13.39）から，最小の代謝物質濃度変化における最大のフラックス変化の"活性増幅パラメータ（acitivity amplification parameter，(AAP)）"に関する線形束縛最適化問題として次のように定義できる．

$$R_i=\begin{cases}\dfrac{r_i-1}{r_i}, & r_i\geq 1 \\ r_i-1, & r_i<1\end{cases} \qquad i\in\{1,2,\cdots,L\} \tag{13.40}$$

AAPは反応iの活性が増幅されたとき（$r_i\geq 1$）は，式（13.36）～（13.39）によって与えられるr_iの双曲関数と等価である．そして，反応iの活性が抑制されたとき（$r_i<1$）には，線形関数に近似できる．この近似は，r_iが非常にゼロに近い場合を除いて，良い近似となる．ケーススタディの*S. cerevisiae*のカイネティックモデルを使ったシミュレーションにより，このAAPを使って競合反応の抑制の効果を合理的に正確に予測することができることが示された．さらに，r_iが正でなければならないことから，AAPは物理的に－1と1の間の値をとり，最適化のパラメータとして便利に使うことができる．

AAPの導入により，競合反応を抑えることにより（つまりr_iが非常に小さくし，$C_i^{J_k}$が負にする）高すぎるフラックスの上昇を式（13.36）を使って避けることができる．同時に，目的関数や束縛条件を次のような扱いやすい線形の形に書き直すことができる．つまり，次の式を最大にするように

$$\sum_{i=1}^{L} C_i^{J_k} R_i \qquad k \in \{1, 2, \cdots, L\} \tag{13.41}$$

R_i を決定する．ただし，代謝物質の濃度変化は，

$$\sum_{i=1}^{L} (C_i^{J_i} \pm C_i^{X_j}) R_i \leq 1 \qquad \forall j \in \{1, 2, \cdots, K\} \tag{13.42}$$

$$-1 \leq R_i \leq 1 \qquad \forall i \in \{1, 2, \cdots, L\}$$

に制限される．この不等式の和はフラックスコントロール係数と濃度コントロール係数の"両方を"与えるものであることを強調しておきたい．式（13.41）と式（13.42）の和は"ネットワークのすべての反応に拡張できるが，増幅すべき反応の項だけがゼロでない値を示す"ということに注意したい．つまり，単一の反応に対しては，ゼロでない値を含む項を1つ，2段階反応に対してはゼロでない値を含む項を2つ含む．

上に述べた構造は，各酵素反応の活性増幅または複数の反応の活性増幅の組合せを最適化する線形最適化問題である．1つまたは複数の，すべての反応ステップの組合せにおいて与えられる最適なフラックスと比較することによって，最適な反応や最適な組合せが，対応する最適な活性増幅の程度とともに決定される．さらに，最適なAAPは，変動したネットワークの不安定性を起こすことなしに，活性を変化させることができることを示している．

1つの反応を改変するときには，活性の変化はR_iが$C_i^{J_k}$と同じ符号をもたなければならない．また，ほとんどの反応は，式（13.42）の境界条件に位置することになる．これは，線形最適化問題の特性である．一般に，このことは反応ステップiの活性の最大の変化が次の式に定義されることを意味している．

$$R_i = \frac{1}{c_i^{J_i} \pm C_i^{X_j}} \qquad i \in \{1, 2, \cdots, L\}, \qquad j \in \{1, 2, \cdots, K\} \tag{13.43}$$

R_i は，式（13.42）の束縛条件をネットワーク中のすべてのK個の代謝物質について満足しなければならないので，式（13.43）の最大値を示す分母の項がjで示されている．しかし，もし，この分母の値がすべての代謝物質に関して1より小さければ，R_iは代わりに，上限または下限の値（つまり，-1または1）をとる．これらは，それぞれ，微小な増幅や反応iの完全な除去を示している．もしn段階の反応ステップが同時に変化したら，最適化は，n次元の線形最適化問題になる．その解はn個の境界条件の交点の中にある．実際には，ネットワークの信頼あるレスポンスを予測するためにnは3程度であることが望ましい．

この最適化問題の定式化からいくつかの結論が得られる．特に，フラックスの十分な変化を起こさせるR_iの値は，式（13.42）の境界を越えたものが多い．ここで，最適な変化というのは，注目しているフラックスが強く影響されるが，代謝物質濃度は変化しないような1つか2つの反応であろう．

13.5.2　ケーススタディ

前の項で述べた最適化手法が表13.1や表13.2で示されたコントロール係数を使って，*S.cerevisiae*のシステムに適用された．ここでは，最適化するフラックスとしてトリプトファンの生成反応（反応18）を選んだ．表13.10は単一，または2つの酵素の活性を変化させたと

きのフラックスの変化のまとめである．右側のカラムは式（13.41），（13.42）の最適化による予測されたフラックスの変化である．これらの予測は，このネットワークが安定な状態を保ちながら，表で示された反応を比例的に変化させることによって得られる最大の定常フラックスに非常に近い．

表13.10と表13.1，13.2のコントロール係数から，単一反応を増幅するのであれば，PFK（反応4）は明らかに律速反応であるが，最も効果的な改変は，反応7（この反応はグリセロール生産という競合反応の分岐である）を完全に除くことであることがわかる．反応14（トリプトファン生成の反応である）を3倍にする，または，反応18（トリプトファン生成段階）を6倍にするのも有効であることがわかる．PFKのFCCは大きいが，より大きなコリスミ酸のCCCにより，許容されるような濃度範囲では，カイネティクスにおいてPFKの増幅の効果を軽減してしまう．それで，反応7，14，18が，実際には，最もトリプトファン生産の改変に有効な反応となる．なぜなら，許容範囲にある酵素活性の増幅（計測されたCCCより）と増幅当りのフラックスへの影響の大きさ（計測されたFCCにより）の結果，これらの改変は最も良いバランスを与えるからである．さらに，式（13.42）の束縛条件により，コントロール係数により，温和な濃度コントロール係数を示す反応のみが自由に活性レベルを増幅させたり抑制させたりできるものとなる．しかし，4つの反応を単一に改変させるだけでは，20〜30%のトリプトファンフラックスを上昇させるのが精一杯であることがわかる．

このネットワークでは，コリスミ酸の濃度コントロール係数が大きすぎてネットワークの変化により，コリスミ酸の濃度がかなり大きく変化する．それで，コリスミ酸の分岐が"ボトルネック"であり，重要な点であると考えられる．ボトルネックの点の近くでは，許容レベルの範囲に濃度変化を保つための活性変化の限界を考える必要がある．もし，そのような分岐点で分岐するフラックスを上昇させることが最終目的ならば，3つの可能な単一反応の摂動を起こすことが候補となる．(a) 上流の分岐による代謝産物の生産を活性化する，(b) 注目している下流の代謝物質の消費速度を活性化する，(c) 下流の競合する代謝物質の消費速度を減少させ

表13.10 トリプトファンフラックスの増幅のための最適な反応．

改変する反応 i^a		活性増幅 r_i		トリプトファンフラックスの増幅 $f_k{}^{J_{18}}$
7		0		1.37
14		3.19		1.27
18		5.99		1.27
15		0.57		1.21
4		1.09		1.16
16		0.60		1.13
5		1.72		1.12
4	14	1.17	50.4	2.25
14	16	∞	0.27	2.07
4	18	1.16	∞	1.96
15	16	0.37	0.2	1.95
14	17	∞	0.42	1.89
11	14	0.5	∞	1.86
16	18	0.33	∞	1.80

a 反応番号は図12.1の番号に対応している．

る．これらの3つのケースは図13.3（a）に概略的に示した．

　2つの反応を同時に変化させるときには最適化法は，トリプトファンへのフラックスが，約2倍になると予測される．反応の選択は任意の組合せではなく，代謝物質濃度を許容内にとどまらせる重要な分岐の組でなければならない．このケースでは，反応の組は注目している下流の分岐の増幅を含むが，それは，(a) 上流の分岐の増幅，(b) 競合する下流の分岐の活性減少，により代謝物質を注目している分岐に流すことが必要である．一般に，ボトルネックまわりの"同じ分岐内の"2つの反応は，注目しているフラックスに対してさらなる上昇をもたらさず，その上流の活性上昇も下流の競合反応活性の低減もそれほど効果をもたらさない．これは，リンク物質の濃度上昇をもたらすだけだからである．効果的な2つの反応の同時改変のパターンは図13.3（b）に示されている．

　2つの反応を変化させることによってコリスミ酸の安定化を行う．これは，反応のペア4/14により達成できる．これはトリプトファン生産の最適化法の1つである．本質的に，この改変の組合せにより，次の効果がもたらされる．（14の反応により）コリスミ酸を"下流へ送り"コリスミ酸の濃度を安定化する．一方，PFKの増幅（4の反応の増幅）によって，炭素フラックスをコリスミ酸へ"流し込む"．したがって，1つの反応の改変は，代謝の不安定性を緩和する，そうでなければ，2番目の増幅で不安定性が引き起こされる．さらに，改変する反応の組合せは，各反応が単独で改変されるよりもフラックスがより効果的に大きく増幅される．15/16の組合せを除いて表13.10の反応の組合せは，図13.3によって示したパターンに相当する．

　2反応より多くの反応の増幅の可能性について最後に述べたいと思う．一般に，1つの分岐点の中で，単一の反応を増幅することが，十分に式（13.42）の濃度の束縛条件の限界に達す

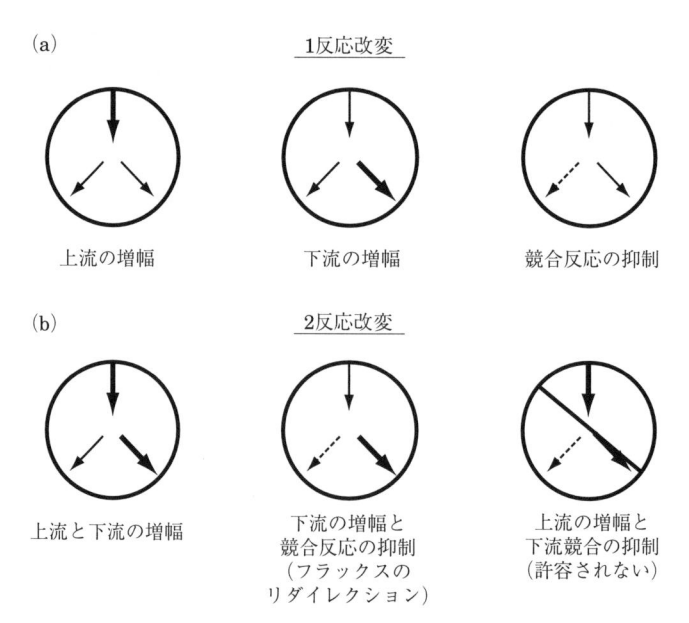

図13.3　重要な分岐点での下流のフラックスの増幅．現実的に可能である重要な分岐点まわりの（a）単一の反応および（b）2つの反応の増幅（太矢印）または，減衰（点線）．(b)では，3つの組合せの中で2つが可能であることに注意したい．3番目の組合せは，リンク物質の濃度のレベルを調節できないので許されるオプションではない．

るほど上昇したのであれば，さらなる活性の変化は許されない．これらの束縛条件に達することなしに，いくつかの活性を改変されることはまれであろうが，そのような場合には3つ目の活性の改変が行われるべきである．ボトルネックが単一である場合，（普通，CCCの大きさによってこれは，判断できるだろう）3つ以上の分岐の変化が必要なケースはまれであろう．もし，異なる2つのボトルネックが同定された場合，ネットワークのフラックスを増大させるために2または3の分岐の活性増幅が必要である．もちろんこの活性増幅においては，濃度の変化はおだやかなものである必要がある．一般に，代謝ネットワークの非線形性を考えると，予期しない不安定性が起こることを避けるため，同時に2または3の反応を改変することが限界だろう．最終的に一度，目的のフラックス増幅を与える安定な変異が得られれば，次のサイクルのフラックス解析や最適化が考察できるだろう．これらの解析や最適化をうまく数回繰り返すことにより，"合理的な"プロセスの改変が行えると考えられる．

13.6 正当性の評価と実験の確からしさ

13.2節では，フラックス測定をもとにしたグループフラックスコントロール係数の計算の方法を述べた．また，ケーススタディとして芳香族アミノ酸のgFCCの計算について示した．その結果，得られたgFCCは表13.8に示し，定性的には解析的に求められたgFCCと一致することがわかった．しかし，一般的に定量的な一致は見られなかった．個々の反応のFCCから計算された（真の）gFCCの値と全体のネットワークを使った摂動シミュレーション実験から得られたgFCCの差は，主に2つの理由による．まず，生産物か反応物かの濃度に関するいくつかの反応のカイネティクスが，大きな変動実験の理論でたてた線形化の仮定にそぐわないものであることである．さらに，反応カイネティクスが基質や生産物以外のエフェクタによって影響されれば，その反応曲線は，線形という仮定に当てはまらないことも考えられる．2番目に，特定しているリンク物質を越えて直接相互作用が（分岐間でクロストークし）存在する場合，反応グループの定式化，フラックスのみから計算されるgFCCは意味をなさなくなってくるということになる．実際，代謝物質のエフェクタや阻害作用の影響により，リンク物質のバイパスや分岐間の相互作用はこの章で示した式の表現には含まれない．一方，ケーススタディで示したモデルにおいて，例えば，反応9のカイネティクス（表12.2）はフェニルアラニン，チロシン，トリプトファンのフィードバック阻害作用を含んでいる．したがって，反応9と3つのアミノ酸生産物の間に入る分岐点（つまりCHR/X5P，PPHの分岐点）の解析はむしろ非線形のカイネティクスとなる．その結果，フラックスコントロール係数が誤差を含んで計算されることになった．

SmallとKacserによって議論されたように（1993b），非線形のカイネティクスが，大きな摂動の理論の中で，"個々の反応の"フラックスコントロール係数を推定するためには，重大な問題を引き起こすことは，あまりない（11.5節）．その理由は，これが"特徴づけられた変動"，すなわち酵素活性の増幅が既知である摂動を基礎にした方法だからである．このケースでは，FCCの推定誤差は，強い分岐間相互作用による不適切なフラックスを計算に用いたことによるものである．そのような相互作用や，関係した誤差は，用いた変動が十分小さければ問題とはならない．そして，正確なFCCが得られる．一方，反応グループのケースでは，一般に各摂動による酵素活性の変化がわかっていない．したがって，式 (13.17), (13.18) によって与えられたgFCCは本質的に，MCAのサンメンションセオレムと分岐の理論を実験データ

に応用して得られたものである．このプロセスでは，実験的な摂動に基づく摂動の大きさを特徴づける摂動係数（K_i）が計算される．gFCCは，そのような摂動を起こした反応の摂動定数を影響された反応グループのフラックス変化に乗じることによって，式（13.18）から計算される．カイネティクスの非線形性やクロスインタラクションが存在する場合は，これらのgFCCの推定が誤差をもつことになる．

この節ではこれらのことについて述べる．一般的にそのような影響は観測できないので，gFCCの推定精度を測る自己のコンシステンシーのチェック法を開発した．そして，インタラクションを減衰させる摂動を設計することによって，gFCCの推定精度を改良することができる．

13.6.1 複数の摂動を用いたコンシステンシー（正当性）テストの開発

前にも述べたように，大きな摂動の理論を用いて特徴づけられた摂動からFCCを計算する際には，カイネティクスの非線形性は，重大な問題を引き起こすわけではない．同様に，もし分岐の活性の変化が既知ならば，式（13.21）のgFCCの値は非常に信頼できるものとなる．したがって，反応3（表12.13）の特徴づけられた摂動から得られたG6P分岐点に対するgFCCと表12.9に示されている真のgFCCは非常によい一致を見せている．ATPの分岐点のケースでは，同様に，反応8（表12.13）の摂動から得られたgFCCは真のgFCC（表12.13）とは一致しない．つまり，最大の係数が，50％以下に過小評価されている．これらの誤差は，残りの分岐点のgFCCの計算にさらに影響を与えている．

幸いなことに，そのような誤差の存在は，同じ分岐に複数の摂動が導入することができれば，検知することができる．分岐i（下付き記号が1や2と示された）の異なる摂動は，2つの異なるフラックス変化（p_i^kとして観測される）をもたらす．そして，その結果，2つの異なる摂動定数の値が得られる．しかし，対応するgFCCは理想的には同じ値を得るはずである．式（13.18）に見たように，分岐iの2つの異なる摂動から計算されたgFCCの2つの組が一致する必要かつ十分条件は，フラックス分率の変化がお互いに比例的であること，つまり，

$$\begin{bmatrix} *C_i^{J_A} \\ *C_i^{J_B} \\ *C_i^{J_C} \end{bmatrix} = K_i \begin{bmatrix} p_i^A \\ p_i^B \\ p_i^C \end{bmatrix}_1 = K_i \begin{bmatrix} p_i^A \\ p_i^B \\ p_i^C \end{bmatrix}_2 \quad i \in \{A, B, C\} \tag{13.44}$$

と与えられる．式（13.44）の結果として，2つの摂動のコンシステンシーのテストとして

$$\frac{(p_i^A)_1}{(p_i^A)_2} \approx \frac{(p_i^B)_1}{(p_i^B)_2} \approx \frac{(p_i^C)_1}{(p_i^C)_2} \quad i \in \{A, B, C\} \tag{13.45}$$

が成立するかどうかが考えられる．式（13.45）の比は，フラックス変化を用いることによって，直接観測可能である．この比に大きな差が存在するときには，直接的に同程度であると仮定したネットワークへの摂動のレスポンスに矛盾があることを意味する．分岐点での物質収支は，1つの分岐のフラックスの変化に束縛条件を与えるので，式（13.44）を表現するには2つのフラックスが必要である．これは，簡単に2次元平面で視覚的に表現できる．つまり，各摂動に対しては，単一の特定の角度θ_iが定義できる（Simpsonら，1998）．

$$\theta_i = \tan^{-1}\left(\frac{p_i{}^C}{p_i{}^B}\right) \qquad i \in \{A, B, C\} \tag{13.46}$$

そして，異なる摂動に対するこの角度が比較される．

$$(\theta_i)_1 \approx (\theta_i)_2 \approx (\theta_i)_{\text{actual}} \qquad i \in \{A, B, C\} \tag{13.47}$$

gFCCの計算では，3つの自由度しかないので，3つの角度の情報ですべての9つのgFCCを決定することができる．しかし，各摂動から得られたベクトルの角度は，対応する分岐に特有の角度を近似しているにすぎない．したがって，複数の"特徴づけられた"摂動から得られる角度が"一致している"かどうか確認する必要がある．または，複数の特定された摂動から異なる分岐点のベクトルの角度を決定する必要がある．お互いにそれほど違いのない複数の摂動から推定される角度としてはその平均値が考えられる．ひとたび，ベクトルの角度が別々にこれらの方法で確認できれば，残りの未知の量は，これらのより信頼性の大きい値から決定することができるだろう．したがって，もし，この角度がφ_iと仮定されれば，"代表的な"摂動は，gFCCの計算における実際の摂動の代わりとして，定義することができる．

$$\begin{bmatrix} p_i{}^A \\ p_i{}^B \\ p_i{}^C \end{bmatrix}_r = \begin{bmatrix} \dfrac{J_0{}^B + J_0{}^C \tan\varphi_i}{J_0{}^B + J_0{}^C} \\ 1 \\ \tan\varphi_i \end{bmatrix} \qquad i \in \{A, B, C\} \tag{13.48}$$

そのような角度φ_i（平均の角度）の決定において，異なる摂動実験から得られた特徴を表す角度は本来は，それほど，重大には変わらないはずである．ここでは，差のあるという角度を5°に設定する．もし，信頼のある，gFCCの推定が（例えば特定の摂動から）得られれば，式（13.13）のサンメンションセオレムは，これらの値を用いて書き直せる．そして，残りの係数は，その結果得られた式から決定できる．しかし，既知の係数が1つあれば，1つの自由度によって，式の組が減らせるので，残りの係数が3つのバランスの式のうちの2つまたは3つとも使って，最小二乗法により求めることができる．

ある分岐の中の複数の摂動を起こした結果得られるベクトルの角度は，調整するのが難しいほど異なる値を示す場合もあるかもしれない．これは，対象としている分岐のカイネティクスの非線形や分岐間の強い相互作用によるものである．そのような場合には，両方のデータから代表的な（平均的な）摂動を使うことが有効かもしれない．分岐iの2つの実験的な摂動の組から得られる平均値（$(p_i{}^k)_1$と$(p_i{}^k)_2$の平均値）を使って，式（13.48）のベクトルの角度の推定値φ_iが

$$\varphi_i = \tan^{-1}\frac{1}{2}\left(\frac{(p_i{}^C)_1}{(p_i{}^B)_1} + \frac{(p_i{}^C)_2}{(p_i{}^B)_2}\right) \qquad i \in \{A, B, C\} \tag{13.49}$$

と得られる．

そのような平均値をとるもうひとつの手段は，分岐の個々のステップのFCCを見つけるために，分岐内でより多くの特徴づけられた摂動を使うことである．分岐のgFCCは求められたFCCの和をとることにより得られる．さらに，分岐の個々の反応のFCCが測定できないとしても，分岐の中に存在するどんな反応iにおいても，分岐内の他の反応が，反応iに競合しない

限りにおいては（つまり，他の反応の特定の角度が反応iと同じである限り），特徴づけられた摂動から，分岐のgFCCの下限を与えることができる．最終的に，もし調整するのが難しい2つの異なる摂動が存在すれば，調整できないほど異なる角度を示す．このようなケースでは，単純に他の摂動の結果を使ったり，サンメンションセオレムから得られた他のFCCから反応iのFCCを決定したりする方が便利かもしれない．

13.2節で示した方法によるgFCCの決定におけるさらなる難しさは，式（13.17）の逆行列をとることの難しさから起こるものである．特に，もしこの行列が特異に近ければ，その結果，摂動定数は過大評価されてしまう．表13.8において思い出されるように，過大評価された摂動定数やgFCCの推定が，いくつかの計算において見られる（特に最後の3つの分岐点についてがそうである）．行列が特異に近いケースは，分岐点への小さな摂動に伴って起こる．実際，K_iの値が，5～10より大きい場合には，もう一度実験を行うか，上に述べた代表的な摂動を使うかが望ましい．もし，必要なら，摂動定数の値を束縛するために更なるコントロール係数のバランスが使える．式（13.17）の定式化で，3つのそのようなバランスが使われた．つまり，分岐点まわりの2つの独立なフラックスに対するサンメンションセオレムである．2つのこれらのサンメンションセオレムはこれらに付加されて，**over-determined**なシステムを構成する．その結果，摂動定数K_iが回帰により求められる．これらの式は，分岐点のフラックスや代謝物質濃度のFCCとCCCのサンメンションセオレムである．独立なフラックスJ_kや濃度c_jに対して，これらは次の形をとっている．

$$K_A p_A^k + K_B p_B^k + K_C p_C^k = 1 \qquad k \in \{1, 2, \cdots, L\} \tag{13.50}$$

$$K_A \pi_A^j + K_B \pi_B^j + K_C \pi_C^j = 0 \qquad j \in \{1, 2, \cdots, K\} \tag{13.51}$$

これらの式において，p_i^kは式（13.12）によって定義された分岐iの摂動によるフラックスJ_kの変動量の大きさであり，π_i^jは同様に濃度の変化に対し

$$\pi_i^j = \frac{c_{j,i}}{c_{j,i}} - 1 = \phi_i^j - 1 \qquad i \in \{A, B, C\}, \quad j \in \{1, 2, \cdots, K\} \tag{13.52}$$

のように定義できる．

もし，摂動が上流の分岐（A）のフラックスに対して，目立った効果がないのなら，式（13.16）の分岐セオレムが使いにくいので，そのような場合には，これらの付加的なバランス式もまた有効に使えるだろう．このケースでは，このシステムのカイネティクスにおける非理想的な現象が影響を及ぼしにくいので，分岐点でのリンク物質のサンメンションセオレムを使うことにより最良の結果が得られる．

13.6.2　プレフェン酸の分岐への応用

以上に述べたアイデアが，*S. cerevisiae*のプレフェン酸の分岐のまわりの複数の摂動に対して応用された．表13.11にこの分岐点まわりの6つの摂動が示された．この摂動は，シミュレーションによって異なるカイネティクス反応の活性の変化を使って与えられたものである．表13.11のデータからグループAの2つの摂動は非常に近いベクトルの角度を与えることがわかる．したがって，調整された角度は62°とするのが，このグループには適当であるように考えられる．グループBの2つの摂動の角度は一致していないが，もし必要なら式（13.49）によ

13.6 正当性の評価と実験の確からしさ

表13.11 プレフェン酸分岐点のまわりの複数の摂動の効果[a].

摂動			J_kのフラックス変化			特定の角度 θ_t
グループ	反応 i [b]	r_i	J_A	J_B	J_C	
A	8	2.0	−0.038	−0.026	−0.048	61.6°
A	18	0.5	0.050	0.034	0.0645	62.2°
B	12	1.5	0.00	0.15	−0.14	−43.0°
B	16	1.5	0.0345	0.15	−0.075	−26.6°
C	13	1.5	0.003	−0.139	0.137	135.4°
C	17	1.5	0.033	0.023	0.043	61.8°

[a] 反応 i の摂動から得られるフラックス J_k の変化 p_i^k.
[b] 反応番号は図12.1の番号に対応している.

り平均化できる．しかし，グループCの摂動は，Box 13.1に示したように，非常に異なる振舞いを示している．反応13, 17の摂動の増幅係数は，既知なので，式（13.20）により，これらの各反応のグループフラックスへの効果に対するFCCを見つけることができる．結果として得られた反応13の分岐A, B, Cに対する摂動のFCCは，それぞれ，0.01，−0.37，0.36である．反応17の摂動のFCCは0.09, 0.07, 0.12である．分岐Cの摂動に対するグループフラックスコントロール係数は反応13のFCCと17のFCCの和によって得られる．その結果，

Box 13.1 フラックスコントロール係数のグラフィカルな表示

特定の分岐点に対して9つのグループフラックスコントロール係数が定義できる．これは，各3つの分岐の摂動の3つのグループフラックスへの影響の測度である．任意の分岐 i の摂動に対する3つのgFCCは3次元のベクトル

$$\vec{*C_i} \equiv (*C_i^{J_A}, *C_i^{J_B}, *C_i^{J_C}) \qquad j \in \{A, B, C\} \tag{1}$$

で表現される．実際は，1つの分岐のフラックスコントロール係数を表現するのに必要なのは2次元である．これはリンク物質の定常状態の物質収支が存在するからである．これにより，グループAのgFCCが他の2つの分岐のgFCCで

$$*C_i^{J_A} = \frac{J_{B,0} *C_i^{J_B} + J_{C,0} *C_i^{J_C}}{J_{B,0} + J_{C,0}} \qquad i \in \{A, B, C\} \tag{2}$$

と表現できる．最終的に，グループフラックスコントロール係数は，適当に2次元平面 $(*C_i^{J_B}, *C_i^{J_C})$ で表現できる．もし，各3つの分岐における3つの摂動に対するgFCCベクトルが端と端にあれば，サンメンションセオレム

$$\vec{*C_A} + \vec{*C_B} + \vec{*C_C} = (1, 1, 1) \tag{3}$$

が示すのは，平面の端点は，(1,1)であるということである．さらに，もし，同じグループの個々の反応の個々のフラックスコントロール係数が同様にプロットされれば，そのベクトルの和は対応するgFCCになる．これは図13.4に示されている．この図は，ケー

ススタディのプレフェン酸の分岐点における，個々の反応の，またはグループのフラックスコントロール係数を示している．

図 13.4 における各ベクトルの角度は特定の分岐が分岐 i の摂動に対し，どの程度応答するかを示している．もし，例えばベクトルがとても水平に近ければ（つまり，その角度がゼロ度に近ければ），分岐 i は分岐 B のフラックスを，分岐 C のフラックスよりもずっと強く制御している．$0°$ と $90°$ の間の値をもった角度のベクトルは，分岐 i の活性の上昇が，分岐 B と C の両方の分岐のフラックスを上昇させることを意味し，$90°$ と $180°$ の間の角度，または，$-90°$ から $0°$ の値の角度のベクトルは分岐 i の活性の上昇は，反対に，両方の分岐のフラックスを減少させることを意味する．

式（13.44）は，未知の gFCC が与えられた摂動に対するフラックス変化に比例していることを意味する．したがって，実験で得られたフラックスの変化は，実際の gFCC の特定の方向に平行であることが論理に合っている．前の図に示した分岐点に対して，個々の反応の FCC の方向がほぼ同じ方向を向いていることから，この必要条件は満たされていることがわかる．グループ C を構成する 2 つの反応は，他方，全く異なる方向にある．結果として，もし，これらの方向のどちらかが誤差を含んでいる場合，このデータをベクトルの角度の推定に使うとグループ C の摂動の角度において誤った推定になる可能性がある．さらにこれは誤った gFCC をもたらすことになる．このような場合には，より多くの摂動を行って，角度の推定を行う必要がある．

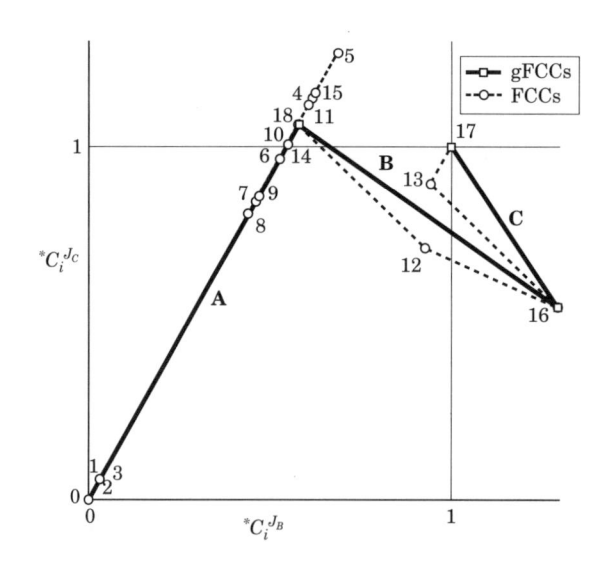

図 13.4 アミノ酸生合成ネットワークのプレフェン酸の分岐でのコントロール係数のグラフィカルな表示．各ベクトルの大きさは，対応する反応やグループが特定のグループフラックスを制御する程度を表している．太線は，3 つのグループフラックスコントロール係数の $*\vec{C}_i$ ベクトルを示している．点線は，各 gFCC を構成する個々の FCC を表している．白丸の横に付された数は，その反応により与えられた FCC であることを意味する．つまり，グループ B のベクトル（$*\vec{C}_B$）は反応 12, 反応 16 の貢献度の和である（$\vec{C}_{12}$ と $\vec{C}_{16}$）．反応番号は図 12.1 の番号に対応している．

13.6 正当性の評価と実験の確からしさ

表 13.12 確認された PPH 分岐点のグループフラックスコントロール係数[a].

摂動した分岐 N	フラックス $*J_k$ に対する gFCC		
	J_A	J_B	J_C
A	0.81	0.56	1.05
B	0.09	0.74	-0.53
C	0.10	-0.30	0.48

[a] gFCC は $*C_N{}^{J_k}$ の形で示されている.

$$*C_C{}^{J_A} = 0.10$$
$$*C_C{}^{J_B} = -0.30 \tag{13.53}$$
$$*C_C{}^{J_C} = 0.48$$

と与えられる.MCA のブランチングセオレムより,$*C_B{}^{J_A}$ は,既知のフラックスと $*C_C{}^{J_A}$ を使って,

$$*C_B{}^{J_A} = *C_C{}^{J_A} \left(\frac{J_{B,0}}{J_{C,0}} \right) = 0.10 \left(\frac{3.52}{3.72} \right) = 0.09 \tag{13.54}$$

となる.これらの結果を式(13.13)のサンメンションセオレムの式に代入し,単一の分岐 A の一致している(信頼性のある)ベクトルの角度を使うことによって,次の関係が得られる.

$$\begin{aligned} 1.45 K_A + 0.09 + 0.10 &= 1 \\ K_A + *C_B{}^{J_B} - 0.30 &= 1 \\ 1.88 K_A + *C_B{}^{J_C} + 0.48 &= 1 \end{aligned} \tag{13.55}$$

これらの3つの未知変数は3つの式より容易に解けて,表 13.12 に示すように残りの gFCC が得られる.

表 13.12 の表 13.7 に示した正確な gFCC との比較を行うと極めてよい一致を見ることができる.メインの対角要素はすべて正で1より非常に大きいような係数はない.つまり,これはすべての係数が物理的にいって合理的であるということを意味する.最後に,表 13.12 の分岐 B の gFCC を使って(これは,サンメンションセオレムとは独立に求められるが),グループ B の特定の角度は $-35.6°$ であるとわかる.これは,表 13.11 に示したようにグループ B の摂動としては中位の大きさである.それで,もし,表 13.7 に示した実際の係数が比較のために利用可能でなくても,これらの gFCC は全く合理的であると考えられる.

13.6.3 測定誤差の影響

フラックスやフラックス変化の正確な測定は,これらの方法のうまい設定が必要である.実際,測定におけるランダムなエラーが gFCC の計算に影響を与える.これは,非線形性の結果,起こる現象に似ている.したがって,測定誤差を減らし,理想からはずれたものがあるかを確かめるために,繰り返し測定を行うことが重要である.

ランダムな測定誤差の影響は図 13.5 に示されている.この図に示された各計算値は,13.2.1項の方法に従って,分岐点の gFCC の理想的なベクトルの角度に各フラックス推定において導入されたランダムな統計誤差をのせたものを使って行われた.5~10%の誤差レベルで

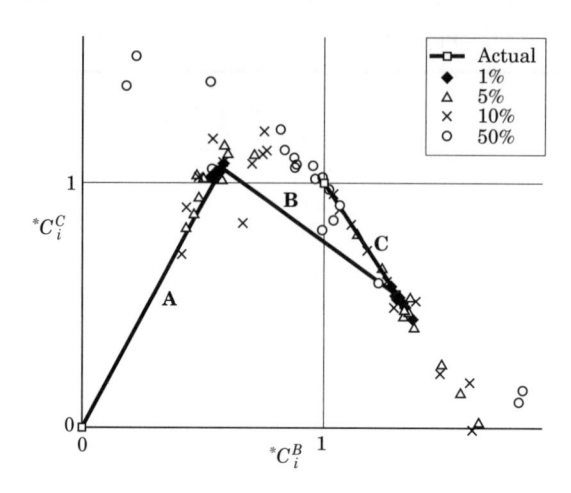

図 13.5 プレフェン酸分岐点まわりのgFCC計算における測定誤差の効果. 直線は真のグループフラックスコントロール係数を示す. 分散したデータ点は, 各フラックス変化の測定において1, 5, 10, 50%の統計的なランダムエラーを仮定することによって得られた端点を表現している.

さえ, 結果は重大な誤差を引き起こすことはない. 分岐Bや分岐Cのベクトルの角度は似ており, さらに, 向きが逆なものであるので, これらの摂動に対応するgFCCは, A分岐に対応するものより, 多くの過大評価や過小評価の推定を行う傾向がある. これは, 式 (13.17) の行列が特異に近いためである. 測定誤差の異なるレベルの比較により, gFCCを定性的なレベルで良好に推定する場合には測定誤差は10%以内が必要で, 定量的な評価には誤差は5%以内が必要であるということが明らかになっている. しかし, フラックス測定の精度を制御することは, 実験者が制御できる範囲を超えている. したがって, コントロール係数の推定精度を向上させる望ましい方法は, いくつかの同様な摂動実験の結果を回帰することであると考えられる.

文　献

Kacser, H. & Acerenza, L. (1993). A universal method for achieving increases in metabolite production. *European Journal of Biochemistry* **216**, 361-367.

Reder, C. (1988). Metabolic control theory: a structural approach. *Journal of Theoretial Biology* **135**, 175-201.

Small, J. R. & Kacser, H. (1993a) Responses of metabolic systems to large changes in enzyme activities and effectors. I. The linear treatment of unbranched chains. *European Journal of Biochemistry* **213**, 613-624.

Small, J. R. & Kacser, H. (1993b) Responses of metabolic systems to large changes in enzyme activities and effectors. II. The linear treatment of branched pathways and metabolite concentrations. Assessment of the general nonlinear case. *European Journal of Biochemistry* **213**, 625-640.

Simpson, T. W., Shimizu, H. & Stephanopoulos, G. (1998). Experimental determination of group flux control coefficients in metabolic networks. *Biotechnology & Bioengineering* **58**, 149-153.

Stephanopoulos, G. & Simpson, T. W. (1997). Flux amplification in complex metabolic net-works. *Chemical Engineering Science* **52**, 2607-2627.

CHAPTER 14

細胞内プロセスの熱力学

　前章までの細胞内反応の解析は化学量論とカイネティクスに基礎がおかれてきた．すなわち，7章では全体の物質変換プロセスに対するすべての可能な経路が，いかにして細胞内の物質の化学量論束縛条件から構築されるかについて示した．8章から10章においては，細胞外の代謝物質の測定や同位体標識分布の測定をもとにして細胞内の，さまざまな経路を流れる代謝フラックスの計算方法について述べた．そして，12章から13章ではカイネティクスを含む代謝経路の制御が取り上げられ，個々の反応（11章）やグループの反応（12章，13章）の代謝経路に対する制御の強さの程度がコントロール係数という形で与えられた．しかし，これまでの章では細胞内反応に対する1つの重要な事項である熱力学的な考察，つまり個々の反応や全体の経路の実現可能性（フィージビリティ）については考察してこなかった．この章では，この問題について取り上げる．特に2つの大きな問題について焦点を当てる．つまり，まず，熱力学的な実現可能性の問題が単一反応，または，いくつかの反応を統合化した経路で議論される．いくつかの反応を統合化した経路の問題は7章の方法によって生成した経路，つまり化学量論的に可能な経路が，実現可能かどうかを評価するという意味で非常に重要である．まず平衡反応プロセスを扱うが，次に，その非平衡反応プロセスへの拡張が行われる．これは，生物プロセスを開いたプロセスとして見たときに，プロセスのカイネティクスに対する重要な情報を与えてくれる．このことが生物反応のカイネティクスを記述することを可能にするのである．生物反応速度を用いれば，メタボリックコントロールアナリシス（MCA）のセオレムを使って，いくつかのコントロール係数を決定することができる．本章のこれらの熱力学の応用は後で述べるとして，まず，熱力学の原理から手短にまとめてみる．

14.1　熱力学の原理 ── 概論

　熱力学は"平衡系（古典的）熱力学"と"非平衡系（現代）熱力学"に分類される．古典的

14. 細胞内プロセスの熱力学

な熱力学は単に平衡にある状態のみを考える．したがって細胞内経路で起こる変換の特性に関する考察は限られたものになる．つまり，Gibbsの相平衡原理や熱力学第二法則は，反応や変換が，ある方向に進むかどうか，すなわちそれが実現可能かどうか（14.2節）についての情報を与えてくれる．しかし，その速度についての情報は与えない．また，この方法は閉じたシステムの主に可逆反応について適用することができる．その場合は，システムはほとんど常に平衡に達していることが必要である．しかし，生命システムは，実際は開いたシステムで，ほとんどの場合平衡には達していない．生物プロセスは，常に高エンタルピーかつ低エントロピー状態の代謝物質を低エンタルピーかつ高エントロピー状態の代謝物質へ変換することにより自由エネルギーを獲得する．基質の代謝物質への変換は多くの個々の素反応により起こる．そのいくつかは平衡系であり，また，その他は平衡とは離れた状態にある．例えば，EMP経路において，いくつかの反応ステップは平衡反応である．ホスホグルコースイソメラーゼ，ホスホグリセリン酸ムターゼ，エノラーゼが触媒する反応は平衡反応である．一方，ヘキソキナーゼ，ホスホフルクトキナーゼ，ピルビン酸キナーゼの触媒する反応は平衡とは遠く離れた反応である．ここでは，熱力学の原理の細胞プロセスへの応用について，熱力学的平衡の面から解説する．一方，非平衡の熱力学は14.3節で取り扱う．

熱力学においては"系（システム）"は宇宙（universe）の中で注目している一部であると考える．系とは，例えば，バイオリアクタであったり，細胞であったりする．一方，宇宙のその他の部分は，周囲として扱われる．系は，物質やエネルギーが周囲と交換可能であるかどうかで，"開いている"とか"閉じている"と表現される．生細胞は栄養を取り込み，代謝物質を排出し，仕事や熱の生成をするので開いたプロセスである．このシステムの状態は，内部エネルギー U（系のもっている全エネルギーの測度），エンタルピー H（定圧下で仕事が体積変化によって与えられるとき，吸収するエネルギーに等しい），エントロピー S（系の乱雑さの測度）の関数で表される．これらの状態関数は，熱力学の2つの法則によって定式化することができる．この2つの法則にのっとって古典熱力学は確立されている．

・**熱力学第一法則**

"エネルギーは生成も消滅もしない（保存される）．つまり，数学的には $\Delta U = 0$"

・**熱力学第二法則**

"自発的なプロセスは，宇宙全体の乱雑さ（エントロピー）が増すように起こる．つまり，数学的には $\Delta S > 0$ である"

ここで，熱力学第一法則は，どんなプロセスでもエネルギーが保存されること，つまり，システムで生成したエネルギーは周囲に吸収されることを規定している．熱力学第二法則は，プロセスの自発性は"全体のエントロピーの変化"で決まることを規定している．細胞内プロセスの研究において，自発性は実際，最も重要な課題であるが，自発プロセスによって起こる宇宙の乱雑さは自発性を評価するときに非現実的な規範である．というのは，宇宙全体のエントロピー変化を決定することは不可能だからである．さらに，プロセスの自発性は注目している系のエントロピーの変化だけでは検出することができない．なぜなら，発熱プロセス（$\Delta H_{system} < 0$ で，熱が系から生成するプロセス）では系がエントロピーを減少するように動いていても（$\Delta S_{system} < 0$），自発的であるかもしれないからである（この場合ももちろん全体の

エントロピー変化は増大している．つまり，系のエントロピーの減少に比べて外界のエントロピーの増大が大きいからである）．一例を挙げれば，変性したタンパク質の自発的な巻き戻りは，自然な（ネイティブな）状態の構造より乱雑でないもの（$\Delta S_\text{system} < 0$）になる．

エントロピーを扱うときのこの難しさを克服するために，自発性は，もうひとつの状態関数"Gibbsの自由エネルギー G"により評価される．

$$G = H - TS \tag{14.1}$$

この式は，J. Willard Gibbsによって1878年に提出された．自由エネルギーの意味は，定温定圧のプロセスに対し（転移反応は含まない），系によってなし得る最大の仕事は，系の自由エネルギーの減少に等しいということである．定温定圧プロセスに対して（生物プロセスの大部分はこのプロセスであるが），自発性の規範は $\Delta G \leq 0$ である．

自発的なプロセスすなわち，$\Delta G \leq 0$ のプロセスは"発エルゴン反応"と呼ばれ，仕事をするために使われる．自発的でないプロセス，つまり，$\Delta G \geq 0$ のプロセスは"吸エルゴン反応"と呼ばれ，変化させるためには自由エネルギーを必要とする．平衡でのプロセスつまり，前向きの反応と逆向きの反応が完全にバランスしたプロセスは，$\Delta G = 0$ と特徴づけられる．Gibbsの自由エネルギーは温度によって変化することに注意しなければならない．言い換えると，この状態量は温度によって規定される．この温度に対する依存性はある温度以上のタンパク質の自発的な変性を説明している．前にも述べたように，変性したタンパク質の構造から巻き戻るタンパク質の構造は負の ΔH と負の ΔS をもっている．しかし，このプロセスにおいて，ΔH と ΔS は温度に対して異なる速度で変化する．ΔH が $T\Delta S$ に等しい温度以下では，変性のGibbsの自由エネルギーは負で可逆反応（つまり巻き戻る）は自発的に起こるが，それ以上の温度では ΔG_denat は負でネイティブなタンパク質は変性する傾向にある．

ΔG の大きな負の値は化学反応が測定できる速度で進むことを示すのに必要であることを示しているというわけではない．例えば，グルコースがATPによりリン酸化されて，グルコース6リン酸に変化するときの自由エネルギー変化は，大きい値でしかも負である．しかし，この反応はグルコースとATPを混ぜ合わせただけでは起こらない．ヘキソキナーゼという酵素が加えられたとき初めて反応は進行する．同様に，タンパク質，核酸，炭化水素，脂質などのほとんどの生化学分子は，熱力学的に加水分解に対して不安定である．しかし，それほど速いスピードで自発的に分解するわけではない．加水分解酵素が加えられたときにのみ加水分解反応は進行する．酵素は反応の加速に重要であるにもかかわらず，反応の ΔG を変化させるわけではないのである．触媒として酵素は熱力学的平衡を早く達成させるが，正の ΔG の反応を進ませるわけではない．

基本的な熱力学の状態関数の定義は，"決められた成分の"系に対してのみ有効である．成分が変化する系においては，この状態関数の形は，化学反応によって起こる変化や最初に分けられていた物質が拡散により混合するプロセスを記述するには不十分である．この短所を修正するために，U, H, S, G は，決められた成分の系に使う2つの温度や圧力といった熱力学的変数の関数だけでなく，溶液における各物質の全量の関数でもあるととらえることが必要となる．つまり，自由エネルギーは，

$$G = G(T, p, n_1, n_2, \cdots, n_N) \tag{14.2}$$

と与えられる．ここで，$n_1, n_2, ..., n_N$は成分1からNまでのモル数である．上の式から

$$dG = -SdT + Vdp + \sum \mu_I dn_i \tag{14.3}$$

が求められる．ここで，

$$S = \left.\frac{\partial G}{\partial T}\right|_{p, n_i} ; \quad V = \left.\frac{\partial G}{\partial p}\right|_{T, n_i} ; \quad \mu_i = \left.\frac{\partial G}{\partial n_i}\right|_{T, p, n_j \neq i} \tag{14.4}$$

である．上の式でμ_iは"化学ポテンシャル"または"成分iのGibbsの自由エネルギー"と呼ばれ，開いた系でも閉じた系でも成分変化の進行の解析を単純化するために，Gibbsによって提案された．これは定温定圧の状態で，あらゆる物質の微小な量的増加のために起こるシステムの物質のエネルギーの上昇として定義され，加えられた物質の量で規格化される．温度の差が熱の流れの傾向を決定するように，化学ポテンシャルは化学反応が起こったり，物質が化学ポテンシャルの低い方へ拡散することを示す測度として扱うことができる．この意味で，化学ポテンシャルは，ある種の化学的圧力と考えられる．これは，温度や圧力のような特性であるといってよい．

化学ポテンシャルは，他の熱力学的状態関数UやHにも同様に定義でき，これらの関数に対して，

$$dU = TdS - pdV + \sum \mu_i dn_i \tag{14.5}$$

$$dH = TdS + Vdp + \sum \mu_i dn_i \tag{14.6}$$

が与えられる．ここで，化学ポテンシャルは

$$\mu_i = \left.\frac{\partial G}{\partial n_i}\right|_{T, p, n_j \neq i} = \left.\frac{\partial U}{\partial n_i}\right|_{S, V, n_j \neq i} = \left.\frac{\partial H}{\partial n_i}\right|_{S, p, n_j \neq i} \tag{14.7}$$

と与えられる．熱力学的関数が定義できる状態を考えるとき，

$$U = TS - pV + \sum \mu_i n_i \tag{14.8a}$$

$$H = TS + \sum \mu_i n_i \tag{14.8b}$$

$$G = \sum \mu_i n_i \tag{14.8c}$$

が与えられる．これらの表現，特に式（14.8c）は化学反応の自発性を考察するときに重要な規範となる．

化合物のGibbsの自由エネルギーは，よく知られた化学ポテンシャルの式を通じて濃度と関係づけられる．

$$\mu_i = \mu_i^0(p, T) + RT \ln\left(\frac{f_i c_i}{f_{i,\text{ref}} c_{i,\text{ref}}}\right) \tag{14.9}$$

ここで，f_iは成分iの活量係数でμ_i^0は成分iの活量係数$f_{i,\text{ref}}$，濃度$c_{i,\text{ref}}$によって規定される参照状態における化学ポテンシャルである．参照状態の化学ポテンシャルは，温度と圧力の関数である．普通，標準状態の濃度は$c_{i,\text{ref}} = 1$ Mで活量係数$f_{i,\text{ref}} = 1$の状態をとる．さらに，生物系は普通，希薄溶液と仮定される（これは，すべてに適用できるわけではないが，多くの

14.1 熱力学の原理

細胞内の物質に対して合理的な仮定である). これは, $f_i = 1$ を意味し, 式 (14.9) は, したがって

$$\mu_i = \mu_i^0(p, T) + RT \ln(c_i) \tag{14.10}$$

となる. ここで, c_i は成分 i のモル濃度である.

化学反応 (またどんなプロセスでも) において, 生成物と反応物の化学ポテンシャルから, Gibbs の自由エネルギー変化を決定することができる. つまり, 一般的な反応

$$cC + dD - aA - bB = 0 \tag{14.11}$$

に対し, 式 (14.8c) から自由エネルギー変化は

$$\Delta G = c\mu_C + d\mu_D - a\mu_A - b\mu_B \tag{14.12}$$

となり, 式 (14.9) を式 (14.12) に入れて,

$$\Delta G = \Delta G^{0\prime} + RT \ln\left(\frac{c_C^c c_D^d}{c_A^a c_B^b}\right) \tag{14.13}$$

を得る. ここで, $\Delta G^{0\prime}$ はすべての反応物と生成物が標準状態にあるときの (Box 14.1) 自由エネルギー変化である. したがって, 自由エネルギー変化は 2 つの項目からなる. つまり, (1) 扱う反応に基づく (温度と圧力にもよる) 一定の項と (2) 温度, 反応物と生成物の濃度, 化学量論係数に基づく変化項である. 平衡反応に対しては, Gibbs の自由エネルギー変化はゼロであり, 式 (14.13) は

$$\Delta G^{0\prime} = -RT \ln(K_{eq}) \tag{14.14}$$

となる. ここで, K_{eq} は反応の平衡定数であり,

$$K_{eq} = \frac{c_{C,\,eq}^c c_{D,\,eq}^d}{c_{A,\,eq}^a c_{B,\,eq}^b} = e^{-\Delta G^0/RT} \tag{14.15}$$

と表される.

Box 14.1 標準状態の取り方

物理化学において一般に慣習として定義される標準状態は, 25℃, 1 atm において単位濃度 (または単位活量) での溶液の状態である. 生化学反応は普通, 中性 pH に近い希薄溶液で起こるので, 生物系での標準状態は少し異なる状態が使われる.

- 水は純水が標準状態として定義される. つまり, 実際は水の濃度は 55.5 M であるが, これを 1 として扱う.
- 水素イオンの活量は, pH 0 の化学標準状態でなく, 生理学的に適切な pH 7 で 1 とする.
- 酸-塩基の化学反応にかかわる化合物の標準状態は, pH 7 でイオン濃度の総和, つまり全濃度と定義される. この定義の利点は, イオンの各種の濃度より化合物の全濃度を測定する方が普通簡単だからである. 酸や塩基のイオン成分の濃度は pH に対

● 14. 細胞内プロセスの熱力学

> して変化するが，pH 7における全濃度を使った標準自由エネルギーは確定しているからである．
>
> 　標準自由エネルギー変化は以上の項目で規定され，$\Delta G^{0\prime}$ と表示される．プライムをつけたのは，一般の標準状態自由エネルギー変化と区別するためである．自由エネルギー変化は，どのような参照状態をとっても定義できるので，参照状態の選択は自由である．しかし，水やプロトンの自由エネルギー変化に対する影響を定式化する際においては，参照状態を特定することが重要である．つまり，もし，参照状態として生物学的な標準状態が用いられる場合，水の濃度は式（14.13）の中には入らない．同様に，もし反応がpH 7で進行するのなら，プロトン濃度も含める必要はない．逆に，もし反応がpH 7以外で進行するのならプロトン濃度は 10^{-7} に対して相対的に，つまり，$[H^+]/10^{-7}$ で表されなければならない．

　式（14.15）から，標準状態の自由エネルギー変化が得られれば，そこから平衡定数を求めてもよいし，その逆を行ってもよい．式（14.15）には指数関数が含まれるので，小さい負の標準状態の自由エネルギーにおいては，その平衡定数が1よりずっと大きくなるということと等価である．例えば，平衡定数100は $\Delta G^{0\prime}$ が -11.4 kJ mol^{-1} であることに相当する．式（14.13）に従うと，もし，平衡の濃度に対して過剰の反応物の濃度が存在すれば，正味の反応は過剰な濃度の反応物が生成物に変換され平衡が得られるまで進行することになる．同様に，もし生成物が平衡濃度より過剰に存在するときには，正味の反応は過剰な生成物が反応物に変換されて平衡が得られるまで後ろ向きに進行する．つまり，Le Chatelierの法則によって，"平衡からずれたすべての系は平衡に近づくよう変化するのである．そして，すべての閉じた系は必然的に平衡に到達しなければならない"．しかし，生細胞は開いた系であり，この熱力学の袋小路から逃れていることにも注意したい．

　反応の標準自由エネルギー変化は，反応物と生成物の生成自由エネルギーから，容易に決定することができる．表14.1は生化学反応によく出てくる物質の生成自由エネルギー変化を示したものである．さらに，官能基ごとの寄与を計算する方法を用いることによって，自由エネルギー変化が先験的にわからない化合物に対してもこれを計算することができる（14.2.2項参照）．EMP経路の反応に対するいくつかの $\Delta G^{0\prime}$ の値を見ると（例14.1）いくつかは正でその他は負の値をとっている．普通，この経路の正味のフラックスは前向きのフラックスを示しているので，代謝物質やコファクタの濃度がGibbsの自由エネルギーが，各反応の自由エネルギーを負にするように調整されていることがわかる（例14.1）．つまり，NAD$^+$/NADH比，この値は細胞内で多くの反応によって制御されているが，これが高いレベルであることは，グリセルアルデヒド3リン酸の3ホスホグリセロールリン酸への変換が $\Delta G^{0\prime}$ が6.28 kJ mol^{-1}（正）であるにもかかわらず，熱力学的に進行しやすいということからもわかる．さらに，EMP経路の最終反応は自由エネルギー変化で -18.83 kJ mol^{-1} と負の標準自由エネルギー変化を示しているので，3ホスホグリセロールリン酸が低濃度でさえ，この反応は自発的に起こり，前向きに進む．結果として，前向きに進みにくい反応は大きな負の自由エネルギーをもつ他の反応によって駆動されている．これは，14.2節で述べる経路の実現可能性（フィージビリティ）の

表14.1 いくつかの物質の標準生成自由エネルギー.

化合物	$\Delta G_f^{0'}$ (kJ mol^{-1})	化合物	$\Delta G_f^{0'}$ (kJ mol^{-1})
アセトアルデヒド	139.7	グリセルアルデヒド3リン酸$^{2-}$	1285.6
酢酸$^-$	369.2	H_2O	237.2
アセチルCoA	374.1^a	イソクエン酸$^{3-}$	1160.0
cis-アコニット酸$^{3-}$	920.9	α-ケトグルタル酸$^{2-}$	798.0
CO_2 (aq)	386.2	乳酸$^-$	516.6
クエン酸$^{3-}$	1166.6	リンゴ酸$^{2-}$	845.1
ジヒドロキシアセトンリン酸$^{2-}$	1293.2	OH^-	157.3
エタノール	181.5	オキザロ酢酸	797.2
フルクトース	915.4	ホスホエノールピルビン酸	1269.5
フルクトース6リン酸$^{2-}$	1758.3	2ホスホグリセリン酸$^{3-}$	1285.6
フルクトース1,6二リン酸$^{4-}$	2600.8	3ホスホグリセリン酸$^{3-}$	1515.7
フマル酸$^{2-}$	604.2	ピルビン酸$^-$	474.5
グルコース	917.2	コハク酸$^{2-}$	690.2
グルコース6リン酸$^{2-}$	1760.2	スクシニルCoA	686.7^a

^{a} フリーなCoAとフリーな要素からの生成.

解析の基礎である.

ほとんどの経路は，最初のステップと最後のステップが大きな負のGibbs自由エネルギー変化をもっている反応であることは興味深いことである．例えばグルコースのリン酸化によりグルコース6リン酸を生成する反応の$\Delta G^{0'}$は-16.7 kJ mol^{-1}であり，ピルビン酸の乳酸への変換の$\Delta G^{0'}$は-25.1 kJ mol^{-1}の値をもっている．これは，これらの反応が，経路の出発物質（基質）が低い濃度であったり最終生成物の濃度が高い場合であっても熱力学的にうまく前向きに確かに進行する役割を果たしているのかもしれない（ピルビン酸から乳酸への変換は，NAD$^+$/NADHが高ければ熱力学的にいってさらに前向きに進む）．

例14.1 解糖経路の自由エネルギー変化

細胞内の反応の自由エネルギー変化を決定するためには，反応に関与するすべての代謝物質とコファクタの濃度を知る必要がある．そのようなデータは，反応の数が少ない経路にだけ利用可能である．したがって熱力学的な考察は，しばしば標準自由エネルギー変化を基礎に行われる．しかし（標準状態の）生成物と反応物の濃度を固定した濃度に仮定した標準自由エネルギー変化は，実際の細胞内濃度とは異なるので，誤った結論が導かれるかもしれない．さらに，実際の細胞内の濃度は実際の自由エネルギー変化に重要な影響をもっているかもしれない．この点を示すためにEMP経路の反応の自由エネルギー変化を計算してみよう．表14.2にヒトの赤血球のいくつかの代謝物質，ATP，ADP，遊離リン酸の細胞内濃度を示す．表14.3には，計算された自由エネルギー変化を示す．

計算された自由エネルギー変化からヘキソキナーゼ，ホスホフルクトキナーゼ，ピルビン酸キナーゼ，トリオースPイソメラーゼが触媒する反応を除いて，EMP経路のすべての反応は，平衡に近いことがわかる（3P'グリセルアルデヒドデヒドロゲナーゼ，3ホスホグリセリン酸キナーゼの自由エネルギー変化もまたゼロに近い）．つまり，$in\ vivo$のいくつかの酵素反応は十分速く，すぐに平衡に達する反応である．言い換えると，これらの変換は前向きと後ろ向きの

14. 細胞内プロセスの熱力学

表14.2 ヒトの赤血球における EMP 経路の中間物質コファクタの濃度[a].

代謝物/コファクタ	濃度 (μM)	代謝物/コファクタ	濃度 (μM)
グルコース（GLC）	5000	2ホスホグリセリン酸（2PG）	29.5
グルコース6リン酸（G6P）	83	ホスホエノールピルビン酸（PEP）	23
フルクトース6リン酸（F6P）	14	ピルビン酸（Pyr）	51
フルクトース1,6二リン酸（FDP）	31	ATP	1850
ジヒドロキシアセトンリン酸（DHAP）	138	ADP	138
グリセルアルデヒド3リン酸（GAP）	18.5	P_i	1000
3ホスホグリセリン酸（3PG）	118		

[a] データは Lehninger（1975）による.

表14.3 ヒト赤血球の EMP 経路の反応の自由エネルギー変化.

反応	$\Delta G^{0\prime}$ (kJ mol^{-1})	ΔG (表現)	ΔG (kJ mol^{-1})
ヘキソキナーゼ	−16.74	$\Delta G^{0\prime} + RT \ln \frac{[G6P][ADP]}{[GLC][ATP]}$	−33.3
グルコース6リン酸イソメラーゼ	1.67	$\Delta G^{0\prime} + RT \ln \frac{[F6P]}{[G6P]}$	−2.7
ホスホフルクトキナーゼ	−14.22	$\Delta G^{0\prime} + RT \ln \frac{[FDP][ADP]}{[F6P][ATP]}$	−18.7
アルドラーゼ	23.97	$\Delta G^{0\prime} + RT \ln \frac{[DHAP][GAP]}{[FDP]}$	0.7
トリオースリン酸イソメラーゼ	7.66	$\Delta G^{0\prime} + RT \ln \frac{[GAP]}{[DHAP]}$	2.7
ホスホグリセリン酸ムターゼ	4.44	$\Delta G^{0\prime} + RT \ln \frac{[2PG]}{[3PG]}$	1.0
エノラーゼ	1.84	$\Delta G^{0\prime} + RT \ln \frac{[PEP]}{[2PG]}$	1.2
ピルビン酸キナーゼ	−31.38	$\Delta G^{0\prime} + RT \ln \frac{[PYR][ATP]}{[PEP][ADP]}$	−23.0

反応が経路の正味の反応速度に比べてずっと速いことを意味している．明らかにこれらの平衡反応は経路の中間代謝物質の濃度に対して感度が高い．つまり，これらの反応は大きなエラスティシティをもった反応である．したがって，これらの反応は，経路内の残りの反応の大きい負の自由エネルギー変化をもった反応の変化に素早く対応して変化する．

大きな負の自由エネルギー変化をもった3つの反応は，"熱力学的に不可逆の反応"と呼ばれ，しばしば，経路の鍵となる点として考えられる（5章の酵素の平衡に関する議論を参照）．明らかにヘキソキナーゼ，ホスホフルクトキナーゼ，ピルビン酸キナーゼの3つの反応の in vivo の酵素活性は，反応が平衡にあるよりはずっと低いものである．この原因として，遺伝子の発現が小さいか，in vivo の v_{max} が小さいか，酵素のレベルが調節されている（例えば，アロステリック調節や共役している酵素が修飾されている，などの例がある），ことが考えられる．例えば，ここに示された例では，ホスホフルクトキナーゼがアロステリック調節を受けている（このことは，2.3.1項において議論されている）．

14.2 熱力学的な経路の実現可能性

前節で議論されたように，化学反応や輸送プロセスは ΔG が負であれば実現可能である．さらに，生化学反応や輸送反応をシステムととらえる場合には，それが実現可能であるためには，前に示した判断基準が"すべての反応ステップ"に対して当てはまるかどうかで決定される．つまり，関与するすべての反応の ΔG が負であることが必要である．もし少なくとも，1つの反応の ΔG がゼロより大きければ，その経路は実現可能ではない．もし1つの反応が実現可能でなければ，これを"局所的な熱力学的ボトルネック"と呼ぶことにする．ここで，もしいくつかの反応でもって $\Delta G < 0$ の条件を侵していれば，"分散した熱力学的ボトルネック"と呼ぶことにする．

今，2つの反応ステップを考える．

$$A \rightarrow B \rightarrow C \tag{14.16}$$

2つの反応は，もし次の不等式が同時に成り立てば左から右へ進む．

$$\Delta G_1 = \Delta G_1^{0\prime} + RT \ln \frac{c_B}{c_A} < 0 \tag{14.17}$$

$$\Delta G_2 = \Delta G_2^{0\prime} + RT \ln \frac{c_C}{c_B} < 0 \tag{14.18}$$

もし両反応の $\Delta G^{0\prime}$ の値がゼロより小さければ，A，B，Cの濃度が同じようなレベルでも反応は左から右に進む．しかし，もし $\Delta G_1^{0\prime}$ がゼロより小さく $\Delta G_2^{0\prime}$ がゼロより大きければ，正の標準自由エネルギー変化に打ち勝って代謝物質BがCに変換されるためには，濃度の勾配が必要となる．このことは図14.1に示されている．この図には，$\Delta G_1^{0\prime} > 0$ かつ $\Delta G_2^{0\prime} < 0$ の場合，$\Delta G_1^{0\prime} > 0$ かつ $\Delta G_2^{0\prime} > 0$ の場合も紹介している．最後のケースは，2つの反応の正の標準自由エネルギーに打ち勝つため，反応物の濃度 c_A から最終生成物の濃度 c_C に向かって大きな濃度勾配が必要となる．明らかに，$\Delta G^{0\prime}$ が正の値であっても，代謝物質の濃度差によって反応を進行させることが可能である．しかし，望ましくない熱力学的条件に逆らって反応を進めることのできる最終生産物濃度には制限がある．

上述の事項をいくつかの反応を含む経路に拡張するとき，いくつかの $\Delta G^{0\prime}$ の値に逆らって反応を進めるようとすると現実的な生理学的濃度を超えるような非常に低い最終代謝物濃度が必要とされる場合が存在する．いくつかの生化学反応に同時に代謝物質が関与することを考える

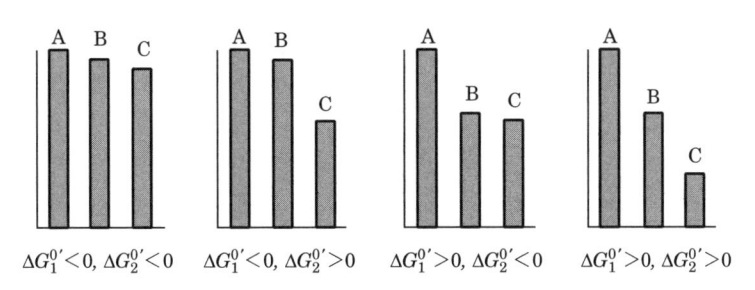

図14.1 式 (14.16) の反応が熱力学的に進行するために必要な濃度勾配．

と，それらの反応に関するいくつかの束縛条件が存在することになり，それらの束縛条件が反応の実現可能性の鍵を握っていることがわかる．これらを通して，ネットワーク全体の熱力学的実現可能性を考えることができる．すべての熱力学的な束縛条件は許される代謝物質濃度の範囲で満足される．すべての熱力学的束縛条件が許される範囲の濃度で満足されるような範囲を決定するシステマティックな方法が必要である．そのようなシステムにより，代謝ネットワークの熱力学的実現可能性の解析を行うことができるようになっている（Mavrovouniotis, 1993）．そのような方法においては，解析を容易にするために，もとの変数から変数変換を何度か重ねることで実現される．この方法を次に示す．

14.2.1 アルゴリズム

次の化学量論で表される一般的な反応のセットを考えよう．

$$\sum_{i=1}^{K} g_{ji} X_i = 0; \quad j = 1, \cdots, J \tag{14.19}$$

各反応のGibbs自由エネルギー変化は，

$$\Delta G_j = \Delta G_j^{0'} + \sum_{i=1}^{K} g_{ji} RT \ln c_i; \quad j = 1, \cdots, J \tag{14.20}$$

と表される．ここで，c_iは反応（14.19）の代謝物質X_iの濃度である．さらに，我々はいくつかの代謝物質は一定の濃度であると仮定する．その他のものについてはある範囲で変化するとする．例えば，ATP，NADHその他のコファクタの濃度（反応の通貨としての物質）は，現実的には一定であると仮定できるような狭い範囲で制御されている．この代謝物質をグループ分けすること（式中の通貨代謝物質）により，式（14.20）は，

$$\Delta G_i = \Delta G_i^{0'} + \sum_{\text{通貨代謝物質}} g_{ji} RT \ln c_i + \sum_{i=1}^{K'} g_{ji} RT \ln c_i \tag{14.21}$$

のように書き直せる．ここで，K'は，ある濃度レンジの間で変化する代謝物質の数を表している．もし，最初の2つの項をまとめて，これを$\Delta G^{0''}$と呼び直せば，式（14.21）は，

$$\Delta G_i = \Delta G_i^{0''} + \sum_{i=1}^{K'} g_{ji} RT \ln c_i \tag{14.22}$$

と書ける．代謝経路が実現可能であるための必要条件は次のような不等式で表される．

$$\frac{\Delta G_j^{0''}}{RT} + \sum_{i=1}^{K'} g_{ji} \ln c_i < 0; \quad j = 1, \cdots, J \tag{14.23}$$

代謝物質が変化し得る濃度範囲に関して，各代謝物質濃度を規格化しておくことは便利である．これは，式（14.23）を次のように書き直し，

$$\frac{\Delta G_j^{0''}}{RT} + \sum_{i=1}^{K'} g_{ji} \ln c_{i,\text{min}} + \sum_{i=1}^{K'} g_{ji} \ln \frac{c_i}{c_{i,\text{min}}} < 0 \tag{14.24}$$

または

$$\frac{\Delta G_j^{0''}}{RT} + \sum_{i=1}^{K'} g_{ji} \ln c_{i,\,\mathrm{min}} + \sum_{i=1}^{K'} g_{ji} \ln \frac{c_{i,\,\mathrm{max}}}{c_{i,\,\mathrm{min}}} \frac{\ln \dfrac{c_i}{c_{i,\,\mathrm{min}}}}{\ln \dfrac{c_{i,\,\mathrm{max}}}{c_{i,\,\mathrm{min}}}} < 0 \qquad (14.25)$$

となる．そして許される濃度範囲において，実際の代謝物質濃度の相対的な値を次のように新しい無次元の濃度 f_i として定義し直す．つまり，

$$h_j = \frac{\Delta G_j^{0''}}{RT} + \sum_{i=1}^{K'} g_{ji} \ln c_{i,\,\mathrm{min}}; \quad j = 1,\,\cdots,\,J \qquad (14.26)$$

$$w_{ji} = g_{ji} \ln \frac{c_{i,\,\mathrm{max}}}{c_{i,\,\mathrm{min}}}; \quad j = 1,\,\cdots,\,J \qquad (14.27)$$

$$f_i = \frac{\ln \dfrac{c_i}{c_{i,\,\mathrm{min}}}}{\ln \dfrac{c_{i,\,\mathrm{max}}}{c_{i,\,\mathrm{min}}}} \qquad (14.28)$$

とすると式（14.25）は，

$$H_j = h_j + \sum_{i=1}^{K'} w_{ji} f_i < 0; \quad j = 1,\,\cdots,\,J \qquad (14.29)$$

と書き直せる．

異なる熱力学的／化学量論的な意味は上に示した各変数内に示されている．例えば，h_j は各代謝物質が，最小の許される濃度をもつ状態での Gibbs 自由エネルギー変化として表される．それは，1 M というような前もって決められた値ではない（これは，Gibbs の自由エネルギー変化が $\Delta G^{0'}$ に等しい状態である）．同様に，w_{ji} は，物質変換を表す g_{ji} の正負の符号を含んで，定義し直された化学量論係数である．さらに，反応は w_{ji} に関して加法的であり，g_{ji} と同じように足し合わせることができる．最後に，f_i は濃度の規格化された表現であり，線形で実現可能性の規範を規定するものであり，膨大な計算を簡単化することができる．

上の変数変換の枠組みの中で熱力学的実現可能性の問題は，すべての不等号式 $H_j < 0$ が同時に満足されるような代謝物質濃度 f_i を見つけることに帰着される．もし，これらの束縛条件を満足できる条件がなければ，式（14.19）は，熱力学的に実現不可能であるということになる．規格化された濃度 f_i を使えば，この値は 0 と 1 の間で存在するので，H_j の 2 つの値，つまり最大値 $H_{j,\,\mathrm{max}}$ と最小値 $H_{j,\,\mathrm{min}}$ を導入することができる．つまり，最大値は w_{ji} が負であるような反応物の濃度が最小になるとき（$f_i = 0$，つまり $c_i = c_{i,\,\mathrm{min}}$）に与えられ，最小値は w_{ji} が正であるような生成物の濃度が最大の濃度（$f_i = 1$，つまり $c_i = c_{i,\,\mathrm{max}}$）になるときに与えられる．そのような状態で反応の熱力学的ドライビングフォースは最小であり，つまり，

$$H_{j,\,\mathrm{max}} = h_j + \sum_{i=1}^{K'} w_{ji}; \quad w_{ji} > 0 \qquad (14.30)$$

である．同様に H_j の最小値は，

$$H_{j,\,\mathrm{min}} = h_j + \sum_{i=1}^{K'} w_{ji}; \quad w_{ji} < 0 \qquad (14.31)$$

となる．上の変数において$H_{j,\min}$は，すべての代謝物質が熱力学的視点から見て最も望ましい濃度である条件での規格化されたGibbsの自由エネルギー変化を表している．新しい規格化は，$H_{j,\min}$が平衡からの最も望ましい反応の距離であると解釈できる．つまり，$H_{j,\min} < 0$が反応jが熱力学的に実現可能であるための必要条件であり，よって，$H_{j,\min} > 0$は反応jが熱力学的に実現不可能であるための十分条件である．同様に，$H_{j,\max} < 0$は反応jが熱力学的に実現可能であるための十分条件であり，$H_{j,\max} > 0$は，反応jが熱力学的に実現不可能であるための必要条件である．さらに，熱力学的に実現可能な反応の線形結合は熱力学的に実現可能な反応を生成する．したがって，もし，反応jの$H_{j,\max} < 0$であれば，反応jは熱力学的に実現不可能な反応の組からは削除される．

上の変数変換における線形性により，いくつかの利点が与えられる．もし，反応jが規格化された2つの反応1，2の線形結合から成立していれば，Gibbsのパラメータh_jはそれぞれのGibbsのパラメータh_1, h_2の線形結合に等しい．同様に，H_jはH_1, H_2の線形結合に等しい．共通の代謝物質をもたない要素の反応は同様の式が$H_{\min}$や$H_{\max}$においても書ける．このようなケースでは代謝物質が1つの反応の生成物であり，もうひとつ別の反応の反応物であるとき，最終的な反応の$H_{\min}$は，構成している反応の線形結合よりも大きいし，最終的な反応の$H_{\max}$は構成している反応の線形結合よりも小さい．

代謝経路の実現可能性のテストのアルゴリズムは，$H_{j,\min}$と$H_{j,\max}$の符号を調べること，つまり次のように表すことができる．

- もし，$H_{j,\min} > 0$なら，反応jは常に，熱力学的に実現不可能である．
- もし，$H_{j,\min} < 0$で$H_{j,\max} > 0$なら，反応jの実現可能性に関する結論は得られない．この場合，反応jは共通の代謝物質を共有する反応で結合され，$H_{\min}$と$H_{\max}$は結合した反応に対して再計算されなければならない．そして，これらの値が実現可能性に関して再評価されなければならない．上述のように最終的に構成される反応は個々の反応よりも大きい$H_{\min}$と小さい$H_{\max}$をもつことになる．連続した反応を結合してHを計算し，熱力学的な実現可能性を決定することが必要となる．ここで，結合した反応が$H_{\min} > 0$の場合，分散したボトルネックと呼ぶ．
- もし，$H_{j,\max} < 0$なら，反応jは常に実現可能である．

上のアイデアは生化学経路の熱力学的実現可能性の簡単なテストのアルゴリズムにまとめることができる（Box 14.2参照）．

> **Box 14.2　熱力学的な経路の実現可能性決定のアルゴリズム**
>
> Mavrovouniotis（1993）は実現可能性の規範を示すアルゴリズムを次のように表した．アルゴリズムは次のステップからなる．
> 1. 各代謝物質の上限と下限の濃度を設定する．
> 2. 通貨物質として扱う代謝物質を決める（これらの濃度は一定であると仮定する）．
> 3. 順に，$\Delta G_j^{0''}$, $\Delta G_j^{0''}/RT$, h_j, w_{ji}, $H_{j,\min}$, $H_{j,\max}$を計算する．
> 4. $H_{j,\max} < 0$のすべての反応をボトルネック反応の候補の組から削除する．これらの削除された反応は常に代謝物質の設定した範囲において実現可能である．

5. すべての $H_{j,\min} > 0$ の反応を実現不可能な反応の候補として残す．代謝物質の設定した濃度範囲において，これらの反応は常に実現不可能である．
6. 残された反応の中で中間代謝物質が常に除かれるように2つの反応を結合する．そのような中間代謝物質がない場合は，反応はこれ以上簡単化できないので全体が実現不可能である．もし，決定していないサブ経路がなく，かつ，これ以上の簡単化ができなければテストは終了する．そうでなければステップ3へ戻る．

熱力学的なボトルネックはステップ6から決定される．設定した濃度範囲でボトルネックが存在することを示すのは重要なことである．逆に，もし，経路の流れが存在することが知られているのならば，アルゴリズムは代謝物質の *in vivo* における濃度範囲を調べるのにも役立つであろう．

例14.2 EMP経路の熱力学的実現可能性の解析

この例では，例14.1でも見たEMP経路の解析を通して熱力学的実現可能性のアルゴリズムを紹介する．この例はMavrovouniotis（1993）の論文に示された研究をもとにしている．上に述べたアルゴリズムは，この論文で初めて提案されたものである．EMP経路は図2.6に示している．この例で使われている代謝物質の略号は表14.2で示されている．表14.3には酵素の名前と酵素反応の標準Gibbs自由エネルギー変化が示されている．例14.1で述べたように，反応と経路の実現可能性は，いくつかの反応の標準Gibbs自由エネルギー変化 $\Delta G^{0\prime}$ が正であるからといって，それだけから直接評価することはできない．よく知られているようにこの経路は実現可能なのである．この解析において，pHを7と仮定し，水と H^+ と OH^- の濃度は標準状態であるとして計算には含まないことにする．エネルギー通貨物質ADP，ATP，P_i は一定の濃度であると仮定する．この仮定は，多くの観察結果から，このような代謝物質が非常に狭い濃度範囲で制御されていることが示されているので妥当なものであると考えられる．さらに，すべての活量係数は一定で1であると仮定する．この例では，これらの通貨物質の濃度を $[AMP] = 0.82$ mM，$[ADP] = 1.04$ mM，$[ATP] = 7.9$ mM，$[P_i] = 7.9$ mM とする．これを平衡定数と自由エネルギー変化の関係式に代入すると，エネルギーチャージ0.87に相当する．さらに，$[NAD^+] = 4$ mM，$[NADH] = 0.2$ mM とする．これは，異化反応の還元チャージ0.05に相当する．次のようにEMP経路の残りの代謝物質の濃度許容範囲のいくつかの異なるものの可能性について調べる．

まず，濃度範囲が0.1〜1.0 mMにおいて調べてみよう．表14.4は10個の反応ステップにおいてアルゴリズムに示された計算の結果を示している．

$H_{\min}$ と $H_{\max}$ をベースにして考えると，反応1，3，7，10は常に実現可能で反応5，6は局所的なボトルネックである．反応2，4，8，9については，計算された $H_{\min}$，$H_{\max}$ から（$H_{j,\min} < 0$ で $H_{j,\max} > 0$ なので）結論が得られない．この濃度範囲では反応1，3は常に実現可能なので，それ自身がボトルネックになることはない．また，分散したボトルネックの一部になることもない．したがって，反応2，4はそれらが反応1，3と結合して分散したボトルネックを形成する可能性がないことになるので，ボトルネック反応のリストからはずしてよい．反応5，6に関しては局所的なボトルネックであり，この吟味された濃度範囲では，すべての濃度の値において実現不可能な反応となる．

14. 細胞内プロセスの熱力学

表 14.4 最初の設定濃度範囲（0.1 〜 1.0 mM）^{a} における個々の反応のパラメータの計算結果．

インデックス	$\Delta G_j^{0'}$ (kJ mol^{-1})	$\Delta G_j^{0'}/RT$	$\Delta G_j^{0''}/RT$	h_j	$H_{\min}$	$H_{\max}$
1	−16.74	−6.753	−8.781	−8.781	−11.083	−6.478
2	1.67	0.675	0.675	0.675	−1.627	2.978
3	−14.22	−5.740	−7.768	−7.768	−10.070	−5.465
4	23.97	9.674	9.674	0.464	−1.839	5.069
5	7.66	3.090	3.090	3.090	0.787	5.392
6	6.28	2.532	12.895	3.867	1.564	7.017
7	−18.83	−7.597	−5.570	−5.570	−7.872	−3.267
8	4.44	1.790	1.790	1.790	−0.513	4.092
9	1.84	0.743	0.743	0.743	−1.560	3.045
10	−31.38	−12.662	−10.635	−10.635	−12.937	−8.332

^{a} 最後の3つのカラムは実際は，$c_{\min}$, $c_{\max}$ に依存している．反応の番号は以下の酵素反応に対応している．(1) ヘキソキナーゼ，(2) グルコース6Pイソメラーゼ，(3) ホスホフルクトキナーゼ，(4) アルドラーゼ，(5) トリオースPイソメラーゼ，(6) 3Pグリセルアルデヒドデヒドロゲナーゼ，(7) 3ホスホグリセリン酸キナーゼ，(8) ホスホグリセリン酸ムターゼ，(9) エノラーゼ，(10) ピルビン酸キナーゼ．

反応8, 9は，さらに調べる必要がある．この目的に対して，中間代謝物質を除くようなすべての2つの反応のサブ経路の組合せを構成した．その組合せの中で1つの結合のみが可能であった．つまり，それは反応8と9の組合せであった．これは2ホスホグリセリン酸をネットワークから除くことに対応している．次の繰返し計算で規格化されたGibbsのパラメータhは反応8, 9の組合せの反応として計算された．このhの値は2.553となり，$H_{\min}(8+9)$は0.23でゼロより大きな値となった．したがって，反応8と9の組合せは，分散したボトルネックとなった．お互いを分けて考えると反応8と9は実現可能である．つまり，個々の反応では，Gibbsの自由エネルギーが負となり，熱力学的に実現可能な反応が前向きに進む濃度範囲が個々に存在する．しかし，その組み合わせた反応は，それらを実現可能にする濃度範囲がお互いに重なり合わないので，熱力学的に実現可能でないことがわかる．つまり，この仮定された濃度範囲においては反応5と6は局所的なボトルネック，反応8と9は分散したボトルネックであることがわかった．反応4，これは最大のGibbsの自由エネルギーが正の値を与えるが，実際には全くボトルネックではないことに注目すべきである．これは，例14.1で示されたように，標準自由エネルギー変化だけでは結論が導き出せないということを明らかに示している．

さて，その他の3つの濃度範囲で考えよう．

- $c_{\min} = 0.1$ mM　そして $c_{\max} = 2$ mM
- $c_{\min} = 0.02$ mM　そして $c_{\max} = 4$ mM
- $c_{\min} = 0.004$ mM　そして $c_{\max} = 5$ mM

これらの濃度範囲でアルゴリズムを適用した結果は，表14.5に示されている．最初に吟味した濃度範囲から，上限値を1 mMから2 mMと2倍に変更したものとの違いは反応8, 9の組合せの規格化されたGibbsの自由エネルギー変化hが2.553となり$H_{\min}(8+9) = -0.463 < 0$となることである．したがって，反応8と9のサブ経路は前の結果とは違って，もはやボトルネックではない．しかし，$H_{\max}(8+9) = 5.529 > 0$となって，実現不可能反応でないと結論す

表14.5 本文中に示した3組の設定濃度範囲における個々の反応のパラメータの計算結果.

インデックス	$c_{\min} = 0.1$ mM $c_{\max} = 2$ mM			$c_{\min} = 0.02$ mM $c_{\max} = 4$ mM			$c_{\min} = 0.004$ mM $c_{\max} = 5$ mM		
	h_j	$H_{\min}$	$H_{\max}$	h_j	$H_{\min}$	$H_{\max}$	h_j	$H_{\min}$	$H_{\max}$
1	-8.781	-11.77	-5.785	-8.781	-14.08	-3.483	-8.781	-15.91	-1.650
2	0.675	-2.320	3.671	0.675	-4.623	5.974	0.675	-6.456	7.806
3	-7.768	-10.76	-4.772	-7.768	-13.07	-2.470	-7.768	-14.90	-0.637
4	0.464	-2.532	6.455	-1.146	-6.444	9.451	-2.755	-9.886	11.51
5	3.090	0.094	6.082	3.090	-2.209	8.388	3.090	-4.041	10.22
6	3.867	0.871	7.710	3.867	-1.432	10.01	3.867	-3.264	11.85
7	-5.570	-8.565	-2.574	-5.570	-10.87	-0.271	-5.570	-12.70	1.561
8	1.790	-1.206		1.790	-3.509	7.088	1.790	-5.341	8.921
9	0.743	-2.253		0.743	-4.555	6.041	0.743	-6.388	7.874
10	-10.64	-13.63	-7.639	-10.64	-15.93	-5.336	-10.64	-17.77	0.508

ることもできない. 反応8, 9とはほかにどんな反応も組合せが成立せず, 他の反応も共通の代謝物質をもたないのでアルゴリズムはこの時点で終結し, 2つの局所的なボトルネックの反応5と6が存在するという結論が示された. 2番目のケースでは, 上下限の条件両方が緩められた. 表14.5の計算結果を見ると, もはや個々の反応においては, $H_{\min}$ を正にするような反応は見当たらない. つまり, もはや, 最初の繰返し計算ステップにおいて, 局所的なボトルネックは存在しない. 反応2, 4, 5, 6, 8, 9は分散したボトルネックになる可能性があり, 共通の代謝物質を除いた場合, 8＋9, 4＋5, 4＋6, 5＋6が検討された. これらの可能性について計算すると,

$$h_8 + h_9 = 2.533, \quad H_{\min}(8+9) = -2.765 < 0, \quad H_{\max}(8+9) = 7.831 > 0$$
$$h_4 + h_5 = 1.944, \quad H_{\min}(4+5) = -3.354 < 0, \quad H_{\max}(4+5) = 12.54 > 0$$
$$h_4 + h_6 = 2.721, \quad H_{\min}(4+6) = -2.577 < 0, \quad H_{\max}(4+6) = 14.164 > 0$$
$$h_5 + h_6 = 6.957, \quad H_{\min}(5+6) = 1.659 > 0$$

となった. 上の結果から, 反応5と6の組合せが分散したボトルネックであることがわかり, 8＋9, 4＋5, 4＋6はさらに検討されなければならない. しかし, もう新しい組合せが8＋9, 4＋5からは作れないので, ボトルネックになる候補から削除された. 結論として, 濃度範囲を緩和すると反応5と6は局所的なボトルネックではなくなった. しかし, この組合せは分散したボトルネックであった. 濃度範囲がさらに緩和されたケースを考えると, 分散したボトルネックになる可能性のある組合せの数が増えることになる. 反応2, 4, 5, 6, 7, 8, 9の中の組合せで前のケースと同じような手続きがとられることになった. 反応5＋6および反応4＋6とその他の反応の組合せがボトルネックになる候補として残ったので2回目の繰返し計算では十分な結論は得られなかった. 3回目の繰返し計算で3つの反応の結合4, 5, そして2倍の6の組合せが分散したボトルネックとなった. これは,

$$h_4 + h_5 + 2h_6 = 8.069, \quad H_{\min} = 0.938 > 0$$

の結果に基づくものである. すべての分散したボトルネックが削除されるような下限値は0.0025 mMであるとわかった. また上限値は5 mMであった. このケースでは, 上に述べた3

つの反応の組合せ4,5そして2倍の6のH_{min}が-0.003でゼロより小さな値となることがわかった．これは，これらの反応の足し合わせが

$$フルクトース2,6二リン酸-2NAD^+-2P_i+2,3ホスホグリセリン酸+2NADH$$

となり，この反応が熱力学的に，かなり難しい反応であることを示している．これを実現するためにはフルクトース2,6二リン酸と3ホスホグリセリン酸の濃度が，それぞれ最小と最大であるということが必要になる．さらに，NADHとNAD$^+$の比も重要である．もしこの比が高ければ，熱力学的に，この反応で経路全体がストップすることになる．

14.2.2　官能基の寄与からの化合物全体$\Delta G^{0\prime}$決定

反応の熱力学的実現可能性の決定において，反応の標準自由エネルギー変化$\Delta G^{0\prime}$の重要性が前項で明らかになったことと思う．$\Delta G^{0\prime}$は，いくつかの反応では，利用可能なデータがあるが（表14.1参照），多くの場合には反応の標準自由エネルギー変化（または平衡定数）の実験データは存在しない．そのような場合には，$\Delta G^{0\prime}$は対応する標準化学ポテンシャル$\mu_i^0(p,T)$，または式（14.12）において，化学ポテンシャルを置き換えることによって，反応にかかわる反応物と生成物の標準生成Gibbs自由エネルギー$\Delta G_{f,i}^{0\prime}$から決定される．

$$\Delta G^{0\prime} = \sum g_i \Delta G_{f,i}^0 \tag{14.32}$$

異なる生化学化合物に対しては，標準生成Gibbs自由エネルギー$\Delta G_{f,i}^{0\prime}$が先験的に利用可能でないというところから難しい問題が生じる．つまり利用可能なデータから標準生成Gibbs自由エネルギーを推定する方法が必要である．そのようなパラメータがひとたび決まれば，代謝物質が関与するどんな他の生化学反応でも$\Delta G^{0\prime}$を推定することができる．

標準Gibbs自由エネルギーの変化の推定や熱力学的特性の推定に広く利用できる方法は官能基を基礎にして官能基ごとの自由エネルギーへの寄与から化合物全体の自由エネルギーを計算しようというものである．特定の化合物の特性を推定するために化合物を官能基ごとに分解することを考える．その分解された官能基の値の和が注目している化合物の特性を表しているのである．もしある機能をもった官能基が1つの化合物の中に複数存在する場合は，その寄与はそのグループが存在する数の倍数だけになる．しばしば，構成官能基の寄与がある原点に付加されなければならない場合がある．この原点とはすべての化合物の対応する性質の特性や定数を推定するために使われるものであり，対応する性質に対して一定のものである．前述の方法は，式（14.33）によって表される．化合物の生成標準Gibbs自由エネルギーが，ある原点P_0から，機能をもったいくつかの官能基の寄与の和になっているということを示している．式（14.33）はP_jが官能基jの寄与，n_jが化合物内の官能基jの数を表している．

$$\Delta G^{0\prime} = P_0 + \sum_j n_j P_j \tag{14.33}$$

式（14.33）に示すように，ひとたび各官能基の寄与がわかれば$\Delta G^{0\prime}$の値が推定できる．異なる官能基の値を得るために，多くの数の化合物の$\Delta G^{0\prime}$の実験値があれば，未知の官能基の寄与値P_jを推定することもできる．各官能基の$\Delta G^{0\prime}$への寄与は線形と仮定できるので，この方法は，本質的に利用可能な数値的アルゴリズムによって行える前向きの線形回帰となる．しかし，多重回帰に用いるデータは注意して選択する必要がある．まず，注目している生化学変換

反応に含まれる化合物のタイプに対して適切な官能基でなければならない．2番目に，それらのデータはいくつかの実験データに基づいており，ランダムでないシステム的な誤差を最小限度に抑えたものでなければならない．3番目に，それらのデータが，化合物の分子構造において可能なすべての機能的な官能基の寄与を表現していなければならない．最後に，近接した窒素とカルボニル基の相互作用のように，グループ間の相互作用を考慮した補正項を導入することが必要な場合もある．表現すべき官能基の正確なタイプについての決定に際しては，生化学化合物のすべてのあり得る性質への影響を表現するために，できるだけ多くのそのような官能基のデータを導入するように心がけるべきである．もちろん，化合物が官能基に分解できる場合もあるが，そのような官能基にもはや分解できないような場合もあり，この方法には制限がある．しかし，制限が大きい場合には，大きな誤差を生むことになる．そのようなケースでは，最小の化合物が特別な単一官能基として表現される．

しばしば，生化学変換は，重要な代謝機能をもった複雑な生化学化合物の組（ペア）として表現される．例えば，$NAD^+/NADH$，ATP/ADPのようなコファクタがこれにあたる．この場合，ペアはNAD^+がNADHに変換される，またはATPがADPに変換される1つのグループ（組）として表現される．そのようなペアを1つのグループとして考えることにより，一度Gibbsの標準生成自由エネルギー変化を決定する複雑な計算が行われる．ペアの化合物が関与する反応の$\Delta G^{0\prime}$の計算において，両方の化合物（例えばNAD^+とNADH）のエネルギーの差をあらかじめ計算しておけば，この差を補正することにより，実際の化合物の計算が行える．このようにして計算は非常に簡単になり，さらに対応する化合物の複雑な構造ゆえに生じる誤差は最小化される．官能基の寄与を利用した標準自由エネルギーの推定方法の開発と応用において，すべての化合物は水溶性であると仮定している．したがって，普通，アミン基はタンパク質に付いた状態では$R-NH_2$よりも$R-NH_3^+$の形で，カルボキシル酸はアニオンの形で$R-CO-OH$より$R-CO-O^-$で存在し，両極性イオンの形で存在するとする．

いくつかの，官能基の寄与の方法が多くの生化学化合物の決定に使える．これらの寄与は，表14.6〜表14.12に示した．これはMavrovouniotis（1990, 1991）による研究の成果である．

表14.6 一重結合で結合する官能基の標準生成自由エネルギーの寄与．

官能基	寄与（$kJ\ mol^{-1}$）
$-CH_3$	35.6
$-NH_2$	46.0
$-OH$（ベンゼン環に付く場合）	-130.5
$-OH$（1）	-119.7
$-OH$（2）	-131.4
$-OH$（3）	-125.1
$-NH_3^+$	20.1
$-CH=O$	-72.4
$-SH$	58.6
$-COO^-$	-298.7
$-PO_3^{2-}$	42.7
$-SO_3^-$	-439.7
$-CO-OPO_3^{2-}$	-301.7
$-OPO_3^{2-}$（1）	-120.5
$-OPO_3^{2-}$（2）	-123.0
$-OPO_3^{2-}$（3）	-104.2

14. 細胞内プロセスの熱力学

表 14.7 二重結合またはそれ以上の結合で化合する官能基の標準生成自由エネルギーの寄与.

官能基	寄与 (kJ mol^{-1})
≡C−	100.4
≡N	64.9
≡CH	151.9
=C<	18.4
−CH=	46.0
=CH$_2$	79.5
−NH$_2^+$	3.3
=NH	59.8
>C<	−58.6
−CH<	−22.6
>N−	24.3
−NH$^+$<	33.5
−CH$_2$−	7.1
>CO	−114.2
−O−PO$_2$−	−21.8
−S−S−	24.7
−CO−O−	−307.9
−S−	39.7
>NH$_2^+$	28.9
−O−（OPO$_2$−基に付く場合）	−102.9
−O−	−94.1
−NH−	32.6

表 14.8 リングを1つもつグループの寄与[a].

環の官能基	寄与 (kJ mol^{-1})
>N=$^+$（非芳香環中の一重，または二重結合）	−0.4
>C−（ベンゼン環中の）	4.6
>C=（非ベンゼン環中2つの一重結合）	95.4
>C=（非ベンゼン環中の一重または二重結合）	33.1
>C<	−57.3
=N−	43.9
>CH（ベンゼン環中）	36.0
−CH=	40.2
−N<	31.0
−CH<	−10.8
−O−CO−	−227.2
−CO−	−114.6
−O−	−100.8
−NH−	41.4
−CH$_2$−	26.4
−O−PO$_2^-$−	65.3

[a] 化合物に関与するリングは示されていない限り，芳香環ではない.

14.2 熱力学的な経路の実現可能性

表14.9 2つの連結した環の寄与.

環の官能基	寄与 (kJ mol^{-1})
>C− (2つの結合したベンゼン環中)	9.6
−N< (2つの結合した非ベンゼン環中)	79.9
−CH< (2つの結合した非ベンゼン環中)	−5.4
>C= (2つの結合した非ベンゼン環中)	70.7

表14.10 原点の自由エネルギーと水溶性のためのGibbsの自由エネルギー変化の修正値[a].

補正量	寄与 (kJ mol^{-1})
基準点	−103.3
炭化水素分子 (C,Hのみを含む)	16.7
各芳香環	−25.1
3炭素環	123.4
各アミド (カルボニル基に窒素の付いた)	−43.9
各ヘテロ芳香環 (窒素, 硫黄, 酸素を含む)	−24.7

[a] 生成Gibbs自由エネルギーは, 多くの環状化合物について前もって計算されていることに注意されたい (表14.13参照).

表14.11 官能基へ分解できない小さな化合物のGibbsの自由エネルギー変化.

式	名　前	Gibbsエネルギー
$^-OCO-COO^-$	オキザロ酢酸イオン	−668.6
CH_4	メタン	−34.3
$HCOO^-$	ギ酸イオン	−355.2
$CH_2=O$	ホルムアルデヒド	−151.0
H_2CO_3	炭酸	−623.0
HCO_3^-	炭酸イオン	−586.6
$HP_2O_7^{3-}$	ピロリン酸イオン	−240.2
HPO_4^{2-}	リン酸イオン	−249.4
SO_3^{2-}	硫酸イオン	−495.4
NO_3^-	硝酸イオン	−115.1
NO_2^-	硝酸イオン	−29.3
NH_4^+	アンモニアイオン	−75.7
H_2O	水	−236.8
OH^-	水酸イオン	−197.1
H^+	プロトン	−39.7

表14.12 特別なペア化合物のGibbsエネルギーの差.

官能基	寄与 (kJ mol^{-1})
NADH (還元型) マイナス NAD$^+$ (酸化型)	19.8
NADPH (還元型) マイナス NADP$^+$ (酸化型)	19.8
結合 CoA マイナス フリーのCoA (Gibbsエネルギーの差を計算するために置換基の補正が必要)	−55.2
ピオシアニン (還元型) マイナス ピオシアニン (酸化型)	−74.5

14. 細胞内プロセスの熱力学

このデータから，本項のほとんどの議論が行える．官能基への分解や，補正は，多くの生化学化合物の自由エネルギー推定にとって非常にわずらわしいものなので，多くの環状の化合物の生成Gibbsの自由エネルギー変化は表14.13において，前もって計算しておいた．これらの数値は，対応する化合物に関与するどんな反応の $\Delta G^{0\prime}$ の決定においても直接使うことのできるものである．

表14.13 環状化合物の推定された生成標準Gibbs自由エネルギー（機能的な要素で各化合物は分類されている）[a].

化合物	水溶液中の標準生成Gibbs自由エネルギー （kJ mol^{-1}）
CoA誘導体（相対Gibbsエネルギー）[b]	
アセチルCoA	-138.5
オキザリルCoA	-472.8
アクリリルCoA	-48.5
プロピオニルCoA	-131.4
マロニルCoA	-465.7
クロトニルCoA	-46.0
アセトアセチルCoA	-245.2
ケトブチリルCoA	-245.2
ブチリルCoA	-124.3
メチルマロニルCoA	459.4
スクシニルCoA	-458.6
アラニルCoA	-139.7
3ヒドロキシブチリルCoA	-284.9
ケトヘキサノイルCoA	-231.0
ヘキサノイルCoA	-110.0
3ヒドロキシヘキサノイルCoA	-270.7
ヒドロキシクロトニルCoA	-299.6
パルミトイルCoA	-38.5
核酸と塩基	
ウラシル	-282.0
4,5ジヒドロウラシル	-284.9
ヒポキサンチン	81.2
イノシン	81.2
チミン	-253.6
アデニン	321.3
キサンチン	-120.1
グアニン	120.1
尿酸	-365.3
オロン酸	-587.9
シトシン	-41.8
チミジン	-614.6
2′デオキシアデノシン	-39.7
アデノシン	-207.9
グアノシン	-409.2
ヌクレオチド	
2′デオキシシチジン一リン酸（dCMP）	-403.3
ウリジン一リン酸（UMP）	-812.1
3′,5′サイクリックアデノシン一リン酸（cAMP）	37.7
シチジン一リン酸（CMP）	-572.0

表14.13（つづき）

化合物	水溶液中の標準生成Gibbs自由エネルギー （kJ mol^{-1}）
3′,5′サイクリックグアノシ–リン酸（cGMP）	−163.6
2′デオキシチミジン–リン酸（dTMP）	−615.0
イノシン–リン酸（IMP）	−448.9
チミジン–リン酸（TMP）	−783.7
アデノシン–リン酸（AMP）	−208.8
グアノシン–リン酸（GMP）	−409.6
2′デオキシ二リン酸（dCDP）	−425.5
ウリジン二リン酸（UDP）	−834.3
シチジン二リン酸（CDP）	−593.7
2′デオキシチミジン二リン酸（dTDP）	−637.2
イノシン二リン酸（IDP）	−471.1
チミジン二リン酸（TDP）	−805.4
アデノシン二リン酸（ADP）	−230.5
グアノシン二リン酸（GDP）	−431.8
ウリジン三リン酸（VTP）	−856.0
シチジン三リン酸（CTP）	−615.9
イノシン三リン酸（ITP）	−492.9
チミジン三リン酸（TTP）	−827.6
アデノシン三リン酸（ATP）	−252.7
グアノシン三リン酸（GTP）	−453.5
核酸またはヌクレオチドの誘導体	
UDPグルクロン酸	−1685.7
UDPグルコース	−1499.5
CDPグルコース	−1259.4
GDPガラクトース	−1097.5
GDPグルコース	−1097.5
GDPマンノース	−1097.5
アデノシルホモシステイン	−335.1
アデニロコハク酸	−835.1
アデニル α-アミノアジピン酸	−697.9
テトラヒドロ葉酸と誘導体	
7,8 ジヒドロ葉酸	−310.0
テトラヒドロ葉酸	−356.5
N^5,N^{10} メチニルテトラヒドロ葉酸	−286.6
N^5,N^{10} メチレンテトラヒドロ葉酸	−268.6
N^{10} ホルミルテトラヒドロ葉酸	−480.3
N^5 ホルミルテトラヒドロ葉酸	−482.8
N^5 メチルテトラヒドロ葉酸	−331.0
N^5 ホルムイミノテトラヒドロ葉酸	−317.6
糖	
アラビノース	−746.0
リキソース	−746.0
リボース	−753.5
リブロース	−746.8
キシロース	−746.0
キシルロース	−746.8
6デオキシガラクトース	−747.3
フルクトース	−758.6
ラムノース	−747.3
ラムヌロース	−758.6

表14.13 (つづき)

化合物	水溶液中の標準生成Gibbs自由エネルギー (kJ mol^{-1})
アロース	-895.8
アルトロース	-895.8
フルクトース	-906.7
ガラクトース	-895.8
グルコース	-895.8
グロース	-895.8
イドース	-895.8
イノシトール	-955.6
マンノース	-895.8
プシコース	-906.7
ソルボース	-906.7
タガロース	-906.7
タロース	-895.8
セルビオース	-1519.6
α-ラクトース	-1519.6
β-マルトース	-1519.6
シュクロース	-1536.4
トレハロース	-1519.6
セルトリオース	-2143.0
糖リン酸	
2'デオキシリボース5'リン酸	-586.2
アラビノース5リン酸	-754.4
リボース1リン酸	-745.6
リボース5リン酸	-754.4
フクロース1リン酸	-761.5
ラムヌロース1リン酸	-761.5
グルコロン酸1リン酸	-1073.6
フルクトース1リン酸	-907.5
フルクトース6リン酸	-907.5
ガラクトース1リン酸	-887.4
グルコース1リン酸	-887.4
グルコース6リン酸	-896.6
マンノース1リン酸	-887.4
マンノース6リン酸	-896.6
フルクトース1,6二リン酸	-908.3
グルコース1,6二リン酸	-888.3
シュクロース6リン酸	-1537.2
炭化水素	
シクロプロパン	115.5
ベンゼン	130.1
シクロヘキサン	70.7
ナフタレン	221.3
アルコール, アルデヒド, エステル	
フラン	-68.6
テトラヒドロフラン	-99.2
フェノール	-48.5
1,4ジオキサン	-200.0
ベンズアルデヒド	9.6
メチルフェニルケトン	3.8
シクロヘキサノール	114.2

表 14.13（つづき）

化合物	水溶液中の標準生成 Gibbs 自由エネルギー（kJ mol^{-1}）
その他の化合物	
ピリジン	116.3
ナイアシン	−189.1
8 ピロリン 5 カルボン酸	−276.1
ニコチンアミド	−2.5
ピロリビンカルボキシル酸	−477.4
ウロカニン酸	−136.0
クレアチニン	−28.9
ジヒドロオロト酸	−620.4
2,3 ジヒドロピコリン酸	527.6
5 デヒドロシキミ酸	−701.2
1 ピペリジン 2,6 ジカルボキシル酸	−555.6
ヒスチジン	−223.4
シキミ酸	−728.4
グルコン酸 γ-ラクトン	−892.0
グルコン酸 δ-ラクトン	−880.3
ヒスチジノール	−37.7
5 デヒドロキナ酸	−930.9
フルクロン酸	−1092.9
グルクロン酸	−1081.6
イミダゾールアセトールリン酸	−149.8
フェニルアラニン	−212.1
キナ酸	−958.1
チロシン	−374.0
δ-グルコノラクトン 6 リン酸	−880.7
ヒスチジノールリン酸	−38.1
7,8 ジヒドロビオプテリン	−107.1
5,6,7,8 テトラヒドロビオプテリン	−153.6
プテロイン酸	113.8
プテロイルグルタミン酸（葉酸）	−318.4

[a] 各分類の中では，構成要素は全体の原子数のオーダーが増加している．
[b] CoA 誘導体のエネルギーはコエンザイム A を原点として参照している．実際，ここで示されたエネルギーは CoA 誘導体とコエンザイム A の差に等しい．

例 14.3 グルタミン酸生成のための Gibbs 自由エネルギー

図 14.2（a）にグルタミン酸の構造式を示す．この構造の化合物を生成するために必要な

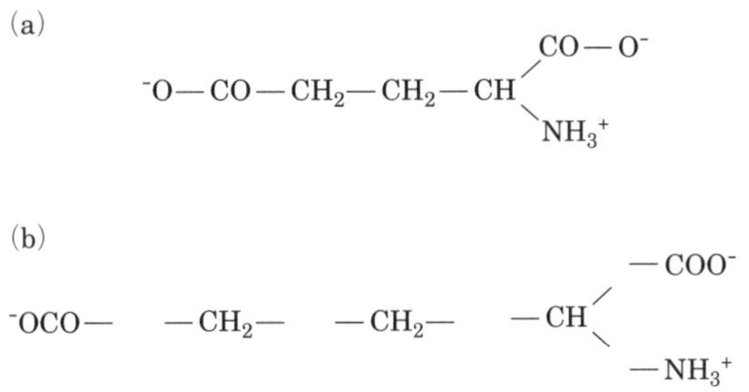

(a)
$$^-O-CO-CH_2-CH_2-CH\begin{matrix}CO-O^-\\NH_3^+\end{matrix}$$

(b)
$$^-OCO-\quad -CH_2-\quad -CH_2-\quad -CH\begin{matrix}-COO^-\\-NH_3^+\end{matrix}$$

図 14.2 グルタミン酸の構造（a）と官能基への分解（b）．

14. 細胞内プロセスの熱力学

表 14.14 官能基の標準自由エネルギーからのグルタミン酸生成の Gibbs 自由エネルギーの推算.

官能基補正	数	寄与 (kJ mol^{-1})	出所	全寄与
基準	1	-103.3	表 14.10	-103.3
$-NH_3^+$	1	20.1	表 14.6	20.1
$-COO^-$	2	-298.7	表 14.6	-597.4
$-CH_2-$	2	7.1	表 14.7	14.2
$-CH<$	1	-22.6	表 14.7	-22.6
合計				-689.0

Gibbs 自由エネルギーを計算するにはこの式を図 14.2 (b) のように分解する．表 14.14 は各官能基の存在頻度の数だけカウントしたいくつかのグループの寄与の詳細な計算をまとめている．表 14.10 からとった原点が使われ，特別な修正は含まれていない．その結果，計算値は -689 kJ mol^{-1} となり文献値の -699 kJ mol^{-1} の値とわずか 10 kJ mol^{-1} しか離れていないことがわかる．

例 14.4 ATP 生成のための Gibbs の自由エネルギー

ATP は複雑な環状化合物であり，その構造は図 14.3 に示されている．この構造は図 14.4 のように分解できる．図 14.4 から水酸基や第一，第二，第三リン酸基の分類分け，環の中の二重結合の寄与，2 つのヘテロな芳香環の寄与に対する修正の計算が必要であり，表 14.15 に，これらの寄与を表す計算をまとめている．その結果，-253.5 kJ mol^{-1} という計算結果は標準生成自由エネルギーの -252.7 kJ mol^{-1} という表 14.13 に示された実際の値と近いことがわかる（小さな誤差は計算丸め誤差による）．

表 14.15 グループの寄与から計算された ATP 生成 Gibbs 自由エネルギー変化.

官能基補正	数	寄与 (kJ mol^{-1})	出所	全寄与
基準	1	-103.3	表 14.10	-103.3
$-NH_2$	1	46.0	表 14.6	46.0
$-OPO_3^-$	1	-120.5	表 14.6	-120.5
$-OH$ (2)	2	-131.4	表 14.6	-262.8
$-CH_2-$	1	7.1	表 14.7	7.1
$-OPO_2-$	2	-21.8	表 14.7	-43.6
環$-O-$	1	-100.8	表 14.8	-100.8
環$-CH<$	4	-10.8	表 14.8	-43.6
環$-N<$	1	31.0	表 14.8	31.0
環$-CH=$	2	40.2	表 14.8	80.4
環$=N-$	3	43.9	表 14.8	131.7
環$>C=$	1	33.1	表 14.8	33.1
2環$>C=$	2	70.7	表 14.9	141.4
ヘテロ芳香環	2	-24.7	表 14.10	-49.4
合計				-253.5

図 14.3 ATP の構造.

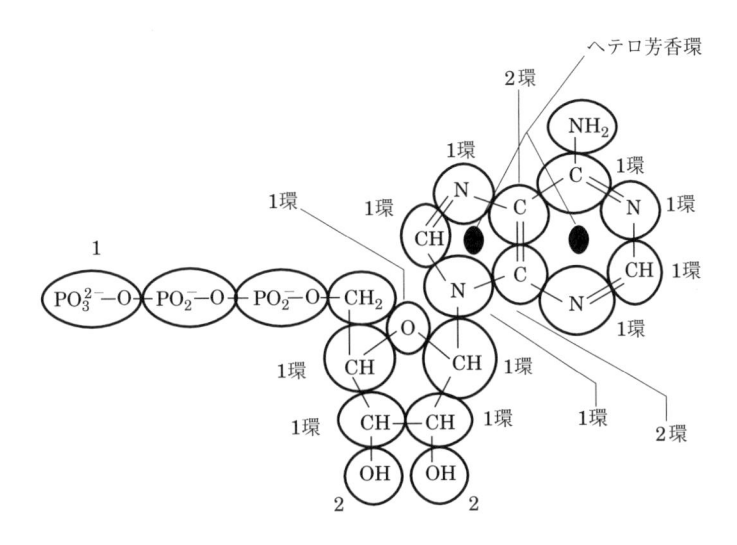

図 14.4 ATP の構造の分解.

官能基の寄与を考慮して標準生成自由エネルギーを推定する方法を応用する際に最も必要とされることは，化合物がどのような官能基から構成されているか決定することである．これは，特に ATP のような複雑な分子の場合特に難しい問題となる．この意味で，表 14.13 にまとめられたエネルギーは，同じような構造の化合物に対して参照点（原点）を提供することになるので非常に有用である．この表を使うために，化合物と表 14.13 にリストアップされた類似の化合物の構造上の差（そこから生まれる生成エネルギーの差）だけを知る必要がある．そしてこの差に対応する適当な寄与を加えたり，差し引いたりすれば未知の標準生成自由エネルギーが得られることになる．

例 14.5 アルコールデヒドロゲナーゼに触媒される反応の $\Delta G^{0\prime}$ の計算

官能基の寄与における変化から，どのようにして反応の Gibbs 自由エネルギー変化を計算するかを示すためにアルコールデヒドロゲナーゼによって触媒される反応を考えよう．この反応

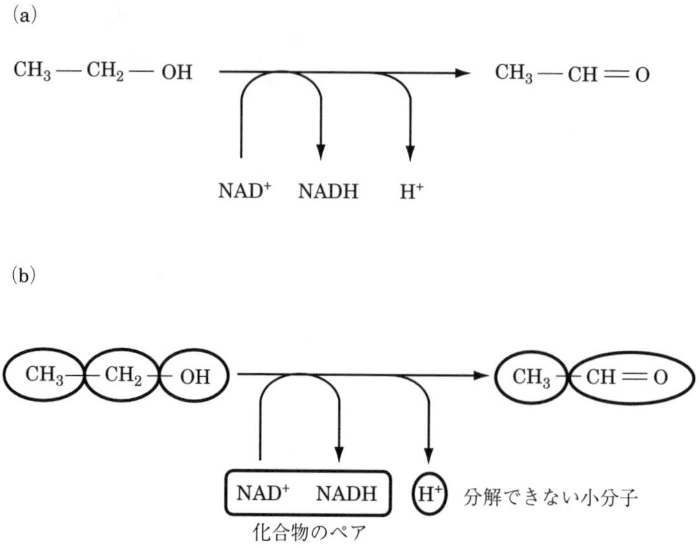

●14. 細胞内プロセスの熱力学

(a)

$CH_3—CH_2—OH \longrightarrow CH_3—CH=O$

NAD$^+$ NADH H$^+$

(b)

$(CH_3)—(CH_2)—(OH) \longrightarrow (CH_3)—(CH=O)$

NAD$^+$ NADH H$^+$ 分解できない小分子
化合物のペア

図 14.5 アルコールデヒドロゲナーゼにより触媒される反応（a）と Gibbs エネルギーを推定するための官能基への分解（b）.

表 14.16 アルコールデヒドロゲナーゼの反応の Gibbs 自由エネルギーの官能基の寄与からの推算.

官能基補正	数	寄与（kJ mol^{-1}）	出所	全寄与
基準	0			
H$^+$	1	-39.7	表 14.11	-39.7
NADH $-$ NAD$^+$	1	19.8	表 14.12	19.8
$-CH_3$	0			
$-CH_2-$	-1	7.1	表 14.7	-7.1
$-OH$ (1)	-1	-119.7	表 14.6	119.7
$-CH=O$	1	-72.4	表 14.7	-72.4
合計				20.2

では，NAD$^+$ が NADH に変換されるとともに，エタノールがアセトアルデヒドに変換される．図 14.5 に示すように，反応はいくつかの官能基に分解することができる．NADH/NAD$^+$ のペアは，1つのグループと考える．表 14.16 に計算結果を示す．この表は，原点とメチル基の寄与を無視している．というのは，両方の項はエタノールでもアセトアルデヒドでも同じように寄与しているからである．したがって，これらの寄与による正味の差はゼロである．この反応の $\Delta G^{0'}$ は 20.2 kJ mol^{-1} となる．

ここで示した官能基の寄与の方法は，既知の官能基の組に対する寄与データを利用できるので，幅広く使うことができる．回帰に使われたデータ点に対し誤差を評価すると，データ点数の 85% に対し誤差 8 kJ mol^{-1} で，データ点数の 95% に対し誤差 21 kJ mol^{-1} の範囲であった．この誤差は生化学システムの Gibbs の自由エネルギー変化や平衡定数を近似するには，十分な精度であるといえる．また，このアプローチは生化学経路の熱力学的解析に有効であると結論づけることができる．

14.3 非平衡の熱力学

前にも述べたように，細胞システムは開いたシステムである．その中では，多くのプロセスは平衡から遠い状態にある．もし，それらが平衡であるとすると，細胞内代謝経路の流れはないし，細胞の機能は停止することになる．このことは，ある種の成分が細胞膜を通過するような受動輸送（自由拡散）の系で説明することができる．自由拡散は多くの種類の物質が環境から膜内へまた細胞から膜外へ透過するプロセスである．濃度勾配が存在することによって，濃度勾配を減少させることがドライビングフォース（駆動力）となって輸送は進む．受動輸送の場合，熱力学的なドライビングフォースは，濃度勾配なのである．そしてドライビングフォースとフラックスには直接的な関係が見出せる．これは普通，"対向輸送"と呼ばれる．ほとんどの細胞内のプロセスの流れは対向的であるが，いくつかのケースでは，熱力学的な力は"対向的でない"流れを作る．この例は，ADPのATPへの酸化的リン酸化において見られる．この輸送は，真核生物のミトコンドリア内膜（または原核生物の細胞質膜）を通過するプロトンの勾配によって起こる．これは，非対向輸送の流れの例であり，しばしば，"エネルギー伝達"と呼ばれる．

非平衡の熱力学は古典熱力学の非平衡状態への拡張である．ここで取り扱う主な点は，対向流，非対向流における，変換速度や反応速度のような速度と熱力学的なドライビングフォースの関係についてである．さらに，非平衡の熱力学は，異なる細胞プロセス，例えばエネルギーの伝達が重要な役割をするような酸化的リン酸化反応の個々の反応プロセス間の"相互作用"を扱う．非平衡熱力学の基礎は，流れとドライビングフォースの関係である．そこでは，反応速度は，熱力学的なドライビングフォースに応答して，またはさらにその関数として規定される．ドライビングフォースは普通，親和力 A_i kJ mol^{-1} と表される．それは化学反応に対しては，反応の自由エネルギー変化に負の符号を与えたものに等しい．したがって，反応 i に対しては，

$$A_i = -\Delta G_i = -\sum_{j=1}^{C} g_{ij}\mu_j \tag{14.34}$$

と表せる．ここで，g_{ij} と μ_j は化学量論係数と j 番目の化合物の化学ポテンシャルである．酸化的リン酸化反応のプロトン駆動力のような（例 14.6 参照）他の種類の熱力学的な力でもドライビングフォースとしての役割を果たす．次の議論においては，変数 A_i をそのようなどんなタイプのドライビングフォースとして表現できるものとして扱う．前の節で示したように自発反応は負の自由エネルギー変化を必要とする．それは，$A_i \geq 0$ に対応する．しかし，熱力学的なカップリング（共役）により，プロセスに対してすべての A_i が正である必要はない．というのは，負の親和力の反応があったとしても他の正の親和力によって全体が駆動されるからである．一例は，EMP 経路のトリオースリン酸イソメラーゼによる反応である．この反応は負の親和力をもっている（表 14.3 の正の自由エネルギー変化を参照）．しかし，ジヒドロキシアセトンリン酸のグリセルアルデヒド 3 リン酸への変換は経路の下流の他の反応の親和力によって駆動されるので，実現可能である．つまり，バイオプロセス i の自発的な実現のためには $A_i \geq 0$ が必要とされる．つまり，個々のプロセスのドライビングフォースから得られる全体の親和力の値が非負でなければならないという必要性がある．プロセス i の全体の親和力 A_i を評価するときには，親和力は散逸関数 Φ_i とも呼ばれるが kJ h^{-1}，プロセス i への個々の反応の相対的な速

14. 細胞内プロセスの熱力学

度を考慮することも重要である．

$$A_i = \Phi_i = \sum_{j=1}^{J} v_j A_j \geq 0 \tag{14.35}$$

ここで，v_j は j 番目の反応またはプロセスの速度（mol h^{-1}）である．その親和力 A_{ij} は，全体のプロセス i に対して（またはドライビングフォースへ）線形和として寄与する．ここで，散逸関数は反応速度の関数であり，したがって，時間の関数であることに注意したい．また，多くの異なるプロセスから計算された全体のプロセスは，全体の散逸関数が非負である限り，個々の反応の親和力が負であっても（自由エネルギーが正であっても）駆動される．これらの2つの事項は平衡熱力学からの出発して得られるものであり，個々の反応の実現可能性は，それら自身の個々の自由エネルギー変化とは別に評価されることを意味する．

散逸関数において表現される熱力学的カップリングを示すために，EMP経路のヘキソキナーゼのような2つの部分的な反応からなる反応を考えよう．1番目の部分的な反応は，グルコースがグルコース6リン酸へリン酸化される反応であり，

$$グルコース6リン酸 - グルコース - P_i = 0 \tag{14.36}$$

そして2番目の反応はATPがADPと無機リン酸へ加水分解する反応である．

$$ADP + P_i - ATP = 0 \tag{14.37}$$

最初の反応の標準自由エネルギー変化は，14.8 kJ mol^{-1}であり，一方，2番目の反応のそれは，-30.5 kJ mol^{-1}である．最初の反応の自由エネルギー変化（ΔG）が正であり（負の親和力に対応する），生理学的状態では自発的な反応は前向きには進まない．しかし，2番目の反応とカップリングすることにより，全体を駆動する散逸エネルギーが存在することになる．全体の散逸関数は，

$$\Phi = v_{ATP} A_{ATP} + v_{glc} A_{glc} \tag{14.38}$$

または，式（14.12）の親和力に対して化学ポテンシャルを代入すると，

$$\Phi = v_{ATP}(\mu_{ATP} - \mu_{ATP} - \mu_{P_i}) + v_{glc}(\mu_{glc} + \mu_{P_i} - \mu_{glc6P}) \tag{14.39}$$

が得られる．ヘキソキナーゼによりグルコースがグルコース6リン酸へリン酸化される反応は，もう一方の反応が同時に進行するときのみ反応するので，2つの反応速度は独立な反応ではない．つまり，$v_{glc} = v_{ATP}$ が成り立たなければならない．したがって，式（14.39）は，

$$\Phi = v_{glc}(\mu_{glc} + \mu_{ATP} - \mu_{ADP} - \mu_{glc6P}) \tag{14.40}$$

となる．この値はどんな生理学的状態でも正である．

上の例でヘキソキナーゼの反応において，普通，全体で1つの反応として考えられている2つの反応が熱力学的にカップリングしていることを示している．多くの同様な例が多くあるが，異なる酵素に触媒されるような独立なプロセスを熱力学的にカップリングさせて考えることは，より興味深い問題である．例えば，典型的な例として酸化的リン酸化反応が考えられる．個々のプロセスが，熱力学的束縛条件（例14.6参照），または，コファクタの変換（NAD$^+$の

NADHへの変換）によってカップリングする．後者のコファクタの変換によってカップリングする反応は，多くの異なる経路間の反応でもカップリングすることがあり得る．さらに，経路内の2つの連続的な反応も熱力学的に中間代謝物質を通じてカップリングする．この中間物質は，その濃度を通して，これを生成する反応と，これを反応物として使う別反応の両方に影響を与える．これらの異なる反応の熱力学的カップリングは"現象論的方程式"と呼ばれる式によって定量化される．これは，次に示すドライビングフォースに関係する式である．

$$v_i = \sum_{j=1}^{J} L_{ij} A_j \tag{14.41}$$

ここでL_{ij}は，現象論的係数である．各流束v_i（または反応速度）は，直接のドライビングフォースA_iに関係する直接係数L_{ii}と他のドライビングフォースA_iに関係する交差係数L_{ij}を通して影響する．

現象論的方程式は流れとドライビングフォースの関係を表した他の関係式，例えば，電流を表すOhmの法則，拡散におけるFickの法則，流体のPoisseseuileの法則などと同様の概念を与えている．さらに現象論的方程式は起こり得るすべての交差効果や相互作用を表現し得る拡張性をもっている．非常に遅いプロセス，つまり平衡に十分近いようなところで働いているプロセスに対して（Box 14.3参照），厳密にこの方程式は正確である．より速い反応については，高次項が付加されることが必要となる（Westerhoff and van Dam（1987）の記述に詳しいので参照されたい）．このような場合，方程式の現実問題への適用については限界がある．しかし，多くの細胞内プロセス，特に輸送プロセスに対しては，ドライビングフォースの大きさに対して，驚くほど幅広い領域で線形性が観測される（Caplan, 1971）．化学反応に対しては，後で示すように，より厳格な規範をもち，線形性は，よい近似となっていることがわかる．

現象論的係数は，（カイネティクス，輸送，その他の）システムのパラメータの関数であり，それらは定数ではない（Box 14.3参照）．しかし，Onsager（1931）の古典的な研究に見られるように，この係数は熱力学的な束縛条件に対して重要な事項であり，それらは任意の値にはなり得ない．まず，係数行列は対称である．つまり，

$$L_{ij} = L_{ji}; \quad i \neq j \tag{14.42}$$

である．これらは普通，"Onsagerの相反関係"（または単純にOnsagerの法則）と呼ばれている．この法則は，力（フォース）A_jの流束v_iへの1次の相対的な効果は，力と流れのペアの逆数の1次の相対的な効果に等しいことを示している．相互の関係は厳密に平衡に近いところで保たれる．2番目に，直接与えられる係数は負ではあり得ない．つまり，$L_{ii} \geq 0$である．そして交差係数は次の条件を満足しなければならない．

$$L_{ij}^2 \leq L_{ii} L_{jj}; \quad i \neq j \tag{14.43}$$

これらの2つの現象論的係数の束縛条件は散逸関数が非負であるという条件から導かれる（詳細はWesterhoff and van Dam（1987）参照）．

現象論的方程式は，多くの異なるプロセス間での相互作用を表現するのに用いられるが，しばしば2つだけのカップルしたシステムの考察にも用いられる．

$$v_1 = L_{11} A_1 + L_{12} A_2 \tag{14.44a}$$

14. 細胞内プロセスの熱力学

$$v_2 = L_{21}A_1 + L_{22}A_2 \tag{14.44b}$$

ここで，交互性は$L_{12} = L_{21}$として表現される．典型的な例は，一方の流束の1つがもう一方の流束によって供給される自由エネルギーによって駆動される場合である．この場合，自由エネルギーを供給する流束は，インプットフローと考えられ，この流束から供給された自由エネルギーを消費することによって，駆動される流束はアウトプットフローと呼ばれる．そのようなシステムに対しては，交差係数L_{12}はインプットプロセスとアウトプットプロセス間のカップリングの強さの程度を定量化している．しかし，L_{12}はそれ自体ではカップリングを示すよい測度ではない．カップリングは直接係数に対するクロス係数の大きさによって定義されている．これは"カップリング度q"と呼ばれ，次のように定義される．

$$q = \frac{L_{12}}{\sqrt{L_{11}L_{22}}} \tag{14.45}$$

式（14.43）から得られる結果としてカップリング度の絶対値の大きさは常に1より小さい．$q = 1$のとき，システムは完全にカップルしている．つまり2つの流束はお互いに比例的に変化し，システムは単一の化学量論プロセスとして完全に表現される．$q = 0$のとき，2つのプロセスは完全に独立に流れており，したがって，エネルギー変換という観点では何の関係もないプロセスである．

Box 14.3 流れの力の関係と交互性

このノートでは，式（14.42）の線形の流れと力の関係を見てみよう．そして，式（14.43）のOnsagerの交互関係を見てみよう．

[流れの力の関係]

線形の流れと力の関係の導出とその有効性を確認するために基質Sが生産物Pへ変換される化学反応を考える．

$$P - S = 0 \tag{1}$$

正味の前向きの反応速度は，

$$v = k_1 c_S - k_{-1} c_P \tag{2}$$

で与えられる．（式（14.10）の）化学ポテンシャルの定義からSとPの濃度は

$$c_i = c_{i,\,\text{ref}} \exp\left(\frac{\mu_i - \mu_i^{\text{ref}}}{RT}\right), \quad i = S, P \tag{3}$$

と規定される．これらを，式（2）に代入した結果

$$v = k_1 c_{S,\,\text{ref}} \exp\left(\frac{\mu_S - \mu_S^{\text{ref}}}{RT}\right) - k_{-1} c_{P,\,\text{ref}} \exp\left(\frac{\mu_P - \mu_P^{\text{ref}}}{RT}\right) \tag{4}$$

となる．これは，化学反応の完全な非平衡熱力学の式である．この式は，基質と生産物の化学ポテンシャルとカイネティックパラメータにより反応速度が表されることを示す．ここで，

$$|\mu_S - \mu_S^{\text{ref}}| \ll RT \gg |\mu_P - \mu_P^{\text{ref}}| \tag{5}$$

であり，$x \ll 1$ で $e^x \approx 1+x$ という近似を使えば，式（4）は

$$v = \frac{k_1 c_{S,\text{ref}}}{RT}(\mu_S - \mu_S^{\text{ref}}) - \frac{k_{-1} c_{P,\text{ref}}}{RT}(\mu_P - \mu_P^{\text{ref}}) + k_1 c_{S,\text{ref}} - k_{-1} c_{P,\text{ref}} \tag{6}$$

と近似される．ここで，参照状態を平衡点にとれば，$k_1 c_{S,\text{ref}} = k_{-1} c_{P,\text{ref}}$ である．また，基質と生産物の平衡点での化学ポテンシャルは同じである．したがって，式（6）は，

$$v = \frac{k_1 c_{S,\text{ref}}}{RT}(\mu_S - \mu_P) = L(\mu_S - \mu_P) \tag{7}$$

となる．ここで，平衡点に近い単純な化学反応，式（1）の流束と力の関係の正当性が示された．現象論的係数は反応のカイネティックパラメータの関数であり，それゆえ定数とは考えられないことがわかる．特にカイネティックパラメータが *in vivo* の酵素活性に影響される生物システムでは，なおさらのことである．Westerhoff and van Dam（1987）は流れの力の関係は多くの異なるシステム，つまり，カップルした反応や輸送プロセスに対しても駆動されることを示している．ここで，式（7）を導くときに，平衡点が近いという条件が導入されている．つまり，この条件は，式（5）によってもたらされているのである．RT の値が 25 ℃ で 2.48 kJ mol^{-1} なので，表 14.3 から EMP 経路のいくつかの反応は RT より自由エネルギー変化が小さい（または，この値に非常に近い）ことがわかる．その結果として，この系には，線形の流束の力の関係を適用できることがわかる．しかし，自由エネルギー変化が大きい反応（熱力学的に不可逆な反応）に対しては，平衡に近いという仮定は，明らかにうまく成り立たない．それゆえ，そのような場合には，線形の流れと力の関係は気を付けて利用すべきである（このことは後で述べる）．

[交互性]

　細胞増殖は多くの数のプロセスの結果としてもたらされるものである．この中には，多くの輸送プロセス，化学反応が含まれている．多くのこれらのプロセスの中にはカップルしているものもあるし，独立に働いているものもある．したがって，システムは独立なサブプロセスのセットと考えることができる．そのサブプロセスではシングルプロセスか 2 つ以上のカップルしたプロセスから構成される．全体の増殖プロセスを解析するときには，個々の独立したすべてのサブプロセスにおいて，定常状態が仮定されるようなブラックボックスのアプローチが用いられる．このタイプの解析では Onsager の相反関係が基質から生産物とバイオマスへの全体の変換（または，いくつかのサブプロセスを表現する他のプロセス）に適用できるかどうかを知ることは興味深い問題である．Westerhoff and van Dam（1987）はこの問題を考察し，"もし，相反性が各カップルしたサブプロセスに適用できれば，全体のプロセスにも適用できる" ことを示した．

　流束と力の関係に対する相反性が正しく適用できるためには，厳密に平衡に近い条件であることが満足されねばならないということを示すために，式（2）によって与えられる正味の前向きの反応速度をもった式（1）の単純な化学反応について再び考えよう．生産物 P の生成の速度 v_P は v に等しく，S の生成速度 v_S は $-v$ に等しい．それゆえ，次に示すような一般化した現象論的係数が導かれる．

$$L_{SP}^{\text{gen}} = \frac{\partial v_S}{\partial \mu_P} = \frac{k_{-1}c_P}{RT} \tag{8}$$

$$L_{PS}^{\text{gen}} = \frac{\partial v_P}{\partial \mu_S} = \frac{k_1 c_S}{RT} \tag{9}$$

（ヒント：μ_iを導くために式（14.10）の化学ポテンシャルを使う．そして，その微分をとる）明らかに，2つの一般化された現象論的係数は，正味の反応速度が等しく（$k_1 c_S = k_{-1} c_P$）のときの平衡点においてのみ等しい．平衡点から離れると2つの一般化された現象論的係数は相反関係に従わない．それで，その差は正味の反応速度をRTで割ったものに等しいことになる．Westerhoff and van Dam（1987）は，より複雑なカイネティクスをもった化学反応や2つのカップルしたプロセスに対して一般化された現象論的係数を導いた．そして両者の場合において，上に述べた結論が正しいことを示した．相反関係は平衡点，または，それに近いときにのみ成立する．しかし，この事実にもかかわらず，経験的に平衡から遠く離れたシステムでも相反関係が観察されている（Rottenberg, 1979）．これは，Onsagerの相反関係の適用可能性が，より一般的に使えることを示している．

2つの流束が存在するシステムでは流束比と呼ばれる興味深い変数が用いられる．つまり，これは，インプットフローとアウトプットフローの比であり，

$$j = \frac{v_1}{v_2} = \frac{L_{11}A_1 + L_{12}A_2}{L_{12}A_1 + L_{22}A_2} \tag{14.46}$$

と定義される．ここで，v_1はアウトプットフローとする．A_1はアウトプットフローに対応するドライビングフォースである．式（14.46）を変形して

$$j = Z \frac{(Z\chi) + q}{q(Z\chi) + 1} \tag{14.47}$$

となる．ここで，Zは"現象論的化学量論"であり（Westerhoff and van Dam, 1987），

$$Z = \sqrt{\frac{L_{11}}{L_{22}}} \tag{14.48}$$

と与えられる．そしてχはアウトプットフォースとインプットフォースの"ドライビングフォースの比"で与えられ，

$$\chi = \frac{A_1}{A_2} \tag{14.49}$$

となる．

普通，2つのドライビングフォースは反対の符号をもっているので（正のドライビングフォースをもつプロセスは負の親和力をもつプロセスを駆動する），ドライビングフォース比は，一般に負である．$q = \pm 1$，つまり完全なカップリングに対し，流束比はZに等しくなる．そして現象論的係数は物理的な化学量論に等価である．$q \neq \pm 1$に対しては，Zは，しばしば酸化的リン酸化における構造的な化学量論に従っているが（例14.6参照），現象論的係数が物理的な化学量論に等しくなるというのは成り立たない．式（14.47）は，多くのカップリングした

プロセスに対し，実用的な化学量論（フロー比に等しい）の定量化の基礎を与える．そして，図 14.6 に示すように，いろいろなカップリングの度合いによって，フォース比の関数として，流束比（Z に相対的なもの）が与えられる．q がより 1 に近ければ（同じく -1 に近ければ），流束比のフォース比への依存度は低くなる．q がゼロのとき，流束比はフォース比に比例する，つまり，各流束は，それを駆動するドライビングフォースに比例し，その他の力の影響を受けない．フォース比やカップリング度の測定を通して，実用的な化学量論が Z の関数として規定される．さらに，アウトプットフローがない状態（$v_1 = 0$）つまり，"静的な head" と呼ばれる状態から現象論的化学量論がフォース比の測定から決定される．これにより，例 14.6 に示す現実的な化学量論係数を決定することができる．式（14.47）もまた，いくつかの輸送プロセス，例えば，E. coli におけるプロトンシンポートによるラクトースの取込みの現象論的化学量論の決定に応用される（Rottenberg, 1979）．現象論的化学量論もまた，フォース比がゼロである状態つまり，$A_1 = 0$ の状態（この状態は"レベルフロー"と呼ばれる）の測定から決定される．

エネルギー伝達の一般的なプロセスにおいて大事なのは"熱力学的な効率"である．この熱力学的効率は，インプット自由エネルギーが消費されることによって与えられる速度で，生産されたアウトプットエネルギーを割ることによって得られる．つまり，

$$\eta_{\text{th}} = -\frac{v_1 A_1}{v_2 A_2} = -j\chi = -(Z\chi)\frac{(Z\chi) + q}{q(Z\chi) + 1} \tag{14.50}$$

である．熱力学的な効率は，3 つの変数の関数となる．つまり，カップリング度（q），現象論的化学量論（Z），フォース比（χ）である．しかし Z と χ はひとかたまりとして式中に現れるので，熱力学的な効率は，現実には，2 つの変数 q と $Z\chi$ だけの関数である．そして図 14.7 に示すように，異なるカップリング度に対する熱力学的な効率が $Z\chi$ の関数として与えられる．$q < 1$ に対して，熱力学的効率は，最大の値をもち，この最大値は，カップリング度に依存する．式（14.50）から最大の熱力学的な効率は，次に示されるフォース比に対して与えられる．

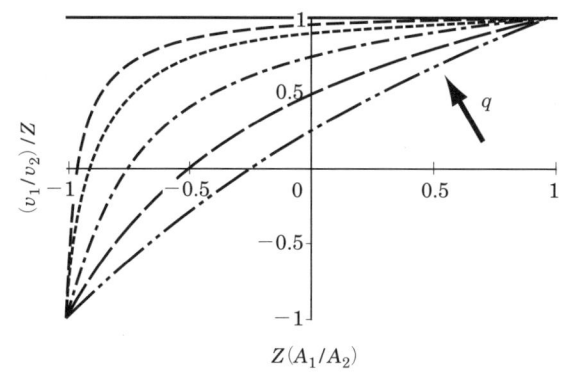

図 14.6 式（14.47）によって表される自由エネルギー伝達のための現象論的化学量論（$j/Z = (v_1/v_2)/Z$）に相対的なフロー比．これは，いろいろなカップリングの度合い q で規格化されたフォース比（$Z\chi = Z(A_1/A_2)$）の関数として表される．

14. 細胞内プロセスの熱力学

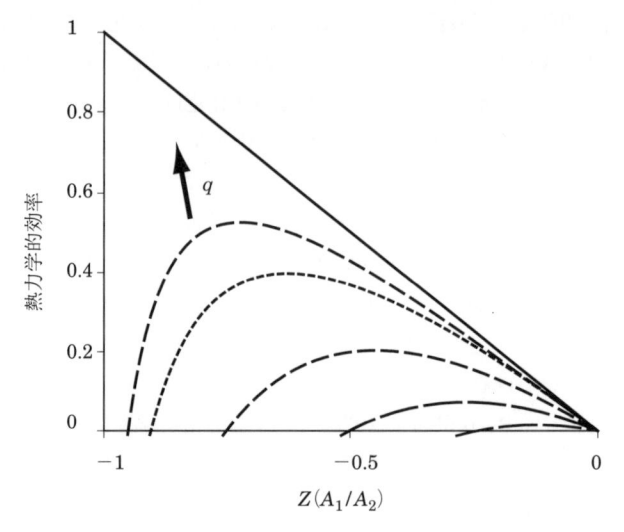

図 14.7 式 (14.44) により記述される自由エネルギー伝達の熱力学的効率 (η_{th}). これは, 異なるカップリング度 q での規格化されたフォース比の ($Z\chi = Z\,(A_1/A_2)$) の関数として表される.

$$\chi_{\text{opt}} = -\frac{q}{Z(1+\sqrt{1-q^2})} \tag{14.51}$$

この値は最適な熱力学的効率

$$\eta_{\text{th, opt}} = (\chi_{\text{opt}} Z)^2 = \frac{q^2}{(1+\sqrt{1-q^2})^2} \tag{14.52}$$

に対応している.

　システムの熱力学的効率を最大化しようとするのは魅力的な試みであるが, そのような最大値が全体のシステムに対し, 真に最適であることに対応しているかどうかは明らかでない. 例えば, 完全なカップリング度, $q=1$ の状態を考えよう. この場合, フォース比は $-1/Z$ で, 最大の熱力学的効率は1となる. しかし, この状態は平衡状態に対応するので, それゆえに, 正味のフローは存在しない. つまり, プロセスはとても効率的であるけれども, 利用価値がない. プロセスを動かすためにはフォース比が $-1/Z$ より大きくなるようにしなければならない. つまり $Z\chi$ は -1 より大きくなければならない. これにより, 熱力学的効率が減少することになる (図 14.7 参照). したがって, 自由エネルギーの伝達を行おうとすれば, その効率が犠牲となる (Westerhoff and van Dam, 1987). どのフォース比が速度と効率の最適な折衷となるのかはわかっていない. そして多分, 折衷点はシステムによって変化するだろう. Kedem and Caplan (1965) は1つの可能な妥協点を与える方法を開発した. これは最大のアウトプット状態と呼ばれるものである. これは, $v_1 A_1$ を最適化するものである. どんなカップリング度でも最大のアウトプットフローを与えるフォース比は最適な熱力学的効率に対応するフォース比より常に低いことがわかっている (Westerhoff and van Dam, 1987). これらの考察は, 最大の効率は, この状態ではアウトプットプロセスが低すぎて, 一般にはシステムの最適な状態には対応しないということを明確に示している.

例14.6 酸化的リン酸化

酸化的リン酸化のメカニズムは最近Senior（1988）によってまとめられており，また本書では，2.2.3項で述べた．この例14.6の非平衡の熱力学の応用を読む前にこの項を一度読んでおくことを薦める．ここでは，プロセスの定量的な解析を行ったり，実際のP／O比（好気プロセスでエネルギー的に重要なパラメータ（例3.3参照））の推定を行うために，非平衡の熱力学を用いる．

基本的に，NADHをNAD$^+$に酸化することにより得られる大きな自由エネルギーはリン酸化反応を駆動するのに用いられる．この2つのプロセスは，

$$NAD^+ + H_2O - NADH - 0.5O_2 - H^+ = 0 \tag{1}$$

$$ATP + H_2O - ADP - P_i = 0 \tag{2}$$

と書ける．NADHの酸化に伴う標準自由エネルギーは，2つの酸化還元半反応プロセスを考えることにより表される．

$$H_2O - 0.5O_2 - 2H^+ - 2e^- = 0; \quad \varepsilon^{0\prime} = -0.815 \text{ V} \tag{3}$$

$$-NADH + NAD^+ + H^+ + 2e^- = 0; \quad \varepsilon^{0\prime} = -0.315 \text{ V} \tag{4}$$

式（1）は式（3），（4）を足し合わせることで得られる．その結果，次の標準自由エネルギー変化が推定される．

$$\Delta G^{0\prime} = nF\Delta\varepsilon^{0\prime} = 2\,(96.494 \text{ kJ V}^{-1}\text{mol}^{-1})(-1.13 \text{ V}) = -218 \text{ kJ mol}^{-1} \tag{5}$$

このプロセスにおいて，ADPをATPにリン酸化する自由エネルギー（反応，式（2）の標準自由エネルギー変化）は30.5 kJ mol^{-1}であり，1モルのNADHが酸化されるとき1モル以上のATPが生成する．化学浸透理論により（図2.11），2つのプロセスはプロトンの生成する反応（式（3））と反応（3），（4）による電気ポテンシャルの勾配によってカップリングされ，リン酸化反応，式（2）を駆動するために，プロトンの勾配を利用する．ATPの合成は膜結合型F_0F_1-ATPアーゼ複合体によって進む．ADPと遊離のリン酸の反応はタンパク質の一部である，"こぶし状"のF_1上で起こる．この部分は（原核生物では）細胞質に突き出ており，真核生物ではミトコンドリアのマトリックス中に突き出ている．しかし，プロトンが，タンパク質の軸状の部分F_0を通って一定に流れなければ，（これは膜を通過することになる）合成されたATPはF_1から離れず，ATP生成が停止する．したがって，プロトンのF_0への流れは，F_1からのATPの放出を必要とする．そして，負の親和力に対向して式（2）のリン酸化反応を駆動するためには，全体のプロトンフローの影響が十分な自由エネルギーを生成する必要がある．リン酸化反応に対するドライビングフォース，これを"プロトンモーティブフォース"Δp（Mitchell（1961））により命名．彼は，この化学浸透説を提唱した）と呼ぶが，この変数は，

$$\Delta p = \frac{\Delta\mu_{H^+}}{F} = \Delta\Psi - 2.303\frac{RT}{F}\Delta\text{pH} = \Delta\Psi - 0.059\Delta\text{pH} \tag{6}$$

によって与えられる．$\Delta\mu_{H^+}$は膜のポテンシャル（$\Delta\Psi/F$に等しい）とプロトン勾配の寄与の和として決定される．Δpの単位はvolt mol^{-1}である．$\Delta\Psi$は輸送されたプロトン1モル当りの電位差（ボルト）（膜はその内部よりもより負に帯電しているので，$\Delta\Psi$は正であり，約0.15 Vと

見積もられている）である．したがって，プロトンモーティブフォースは，1モル当りのH^+に対し，約 0.153 V で，輸送されたプロトン1モル当り 14.75 kJ の自由エネルギーに相当する．大部分のプロトンモーティブフォースは電位差により起こることに注意したい．pHの差による寄与は小さく，これは原核生物の酸化的リン酸化反応が，なぜ非常に高い細胞外pHの条件でも起こるかということを説明している．

　上の説明に従えば，酸化的リン酸化反応は4つのステップのサイクルプロセスと考えられる．つまり，2つの単独な化学反応と2つの輸送プロセスである．1つの輸送プロセス（プロトン排出フロー）と1つの化学反応（リン酸化）の親和力は負であり，一方，2つの他のプロセス（プロトンの内側への流れと酸化）は，全システムの散逸関数式（14.35）を正にするのに十分大きい正の値をもつ．酸化反応（1）とプロトンの外への流れ，一方，リン酸化反応とプロトンの濃度勾配による流れは，それぞれ十分カップリングしているので，この4つの反応を2組のペア反応，つまり，(1) プロトンの排出とリン酸化反応，(2) プロトンの内側への流れを伴うリン酸化反応，と考えることができる．この2つのプロセス全体の親和力は酸化されたNADHが1モル当り，次の式のように与えられる．

$$A_o = A_o^0 - n_o F \Delta p \tag{7}$$
$$A_p = A_p^0 + n_p F \Delta p \tag{8}$$

A_p はしばしば，酸化的リン酸化ポテンシャルと呼ばれる．A_o^0 は酸化的リン酸化反応の自由エネルギー変化のマイナスの値に等しく，実際は大きな正の値となる．A_p^0 は負の値で，酸化的リン酸化反応の自由エネルギーの符号をマイナスにしたものに等しい．n_0 は酸化は反応に伴って，くみ出されるプロトンの数である．n_p はリン酸化反応に伴って細胞内に流れ込むプロトンの数である．これらの正確な値はわからないが，真核生物では，n_0 は，しばしば12とされ（図2.11に示した各複合体I，II，IVの各々が4個のプロトンに相当する），一方，n_p は，2または3（細胞質とミトコンドリアマトリックスでATPと（ADP，P_i）を交換するときに1つのプロトンが流れる）とされる．

　現象論的方程式の中では，2つのプロセスの速度はその親和力の関数として書ける．

$$v_o = L_{oo} A_o + L_{op} A_p \tag{9}$$
$$v_p = L_{po} A_o + L_{pp} A_p \tag{10}$$

ここで，Onsagerの相反関係は $L_{op} = L_{po}$ であることを意味している．酸化的リン酸化反応の上のモデルでは，フロー比 (v_p/v_o) は実際の (P/O) に等しい．それゆえ，この比を生理学的な状態で定量化することには意味がある．フォース比 χ は単離されたミトコンドリアを使って測定できる．そして，カップリング度や生理学的化学量論がわかれば，実際の化学量論は式（14.47）から計算できる．

　静的な head（アウトプット速度 $v_p = 0$ の状態で）での呼吸速度（インプット速度）やレベルフロー（アウトプットフォース $A_p = 0$ の状態）の測定からカップリング度が決定される．これらの条件を式（9），（10）へ適用して現象論的係数が式から除かれる．

$$\frac{(v_p)_{v_o=0}}{(v_p)_{A_o=0}} = 1 - q^2 \tag{11}$$

ほとんどのエネルギーが保存された膜では，アウトプットフォースが最大のポテンシャルにまで駆動されるので，静的な head ($v_p = 0$) が，簡単に得られる．そして，式 (11) の分子は簡単に決定される．しかし，レベルフローの状態は，この条件を与えるのがより難しいので，アウトプットフォースのポテンシャルを完全に除くのは不可能である (Rottenberg, 1979)．しかし，静的な head と，他のより低いポテンシャルの参照状態でのインプット反応速度（この場合は呼吸速度）から，q の値が計算されてきた．もっとも，この場合には，静的 head でのアウトプットポテンシャルの値 (A_p^{static}) や参照状態でのポテンシャルの値 (A_p^{ref}) は既知である必要がある．カップリング度は

$$q^2 = \frac{A_p^{\text{static}}(1 - R_c)}{A_p^{\text{ref}} - A_p^{\text{static}} R_c} \tag{12}$$

から計算できる (Rottenberg, 1979)．ここで，R_c は参照状態での酸化反応速度の静的 head に対する酸化反応速度の比であり，

$$R_c = \frac{v_o^{\text{ref}}}{v_o^{\text{static}}} \tag{13}$$

である．カップリング度の定量化に対しては，参照状態は酸化的リン酸化反応の参照状態をとり，リン酸化における酸化速度は ADP が枯渇した後の酸化との比とし，6 ($= R_c$) とする．さらに，静的 head でのリン酸化ポテンシャル (A_p^{static}) は約 63 kJ mol^{-1} であり，ADP を加えることにより，この値は約 42 kJ mol^{-1} とする (Rottenberg, 1979)．したがって，式 (12) によりカップリング度は 0.97 となる．

現象論的係数 Z は，静的 head でのフォース比 χ の測定から決定できる．ここで，フロー比 j はゼロである．そして，それゆえに，式 (14.47) から

$$Z\chi^{\text{static}} + q = 0 \tag{14}$$

が得られる．静的な head でのフォース比 χ^{static} は NADH の酸化については約 -0.31，コハク酸の酸化については -0.46 である (Rottenberg, 1979)．これから，現象論的係数は NADH の酸化については約 3.0，コハク酸の酸化については 2.0 と与えられる．これは酸化的リン酸化反応で報告されている構造的な化学量論によく対応する数値であるが，この一致性については後で議論する．

$Z = 3$ (NADH の酸化) の値を用いることによって，実際の P/O 比は式 (14.47) を使ってフォース比の関数として

$$P/O = \frac{v_p}{v_o} = 3.0 \frac{3.0\chi + 0.94}{2.82\chi + 1} \tag{15}$$

のように与えられる．図 14.8 に，その結果をまとめる．フォース比が -0.313 より小さければ P/O 比は負の値となる．これは，ATP アーゼが逆向きの反応をしていることに対応している．つまり，プロトンを外へ向けてくみ出す代わりに ATP を消費している．この値よりフォース比が大きいと P/O 比は急速に上昇し，フォース比が -0.15 以上では P/O 比は最大値 2.82 の 85% 以上に達する．上で決定されたパラメータをもとに熱力学的効率が最大になるフォース比は式 (14.51) から -0.23 と決定される．この値は P/O 比が 2.1 の場合に対応する．このフォ

● 14. 細胞内プロセスの熱力学

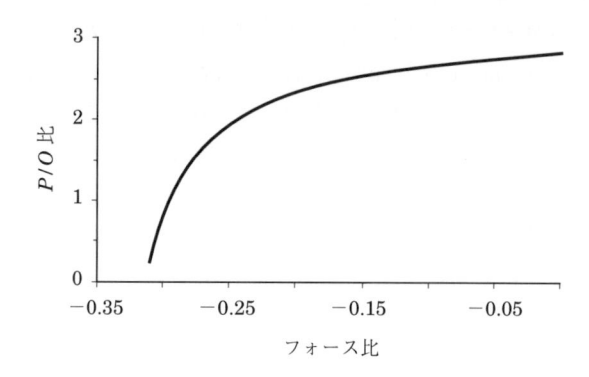

図 14.8 酸化的リン酸化反応におけるフォース比に対する P/O 比の関係.

ース比で熱力学的効率は（式（14.52）から）0.49となる．カップリング度は1から0.94に若干減少しただけであるが，最適な熱力学的効率は劇的に減少することに注意したい．

単離された肝細胞のミトコンドリアを使って Stucki（1980）は酸化的リン酸化反応プロセスを調べた．単離したミトコンドリアでヘキソキナーゼにより反応させることによってリン酸のポテンシャルを変化させた．異なるリン酸化ポテンシャルでのリン酸化と呼吸の比の測定から，式（9），（10）の現象論的係数 L_{op} と L_{pp} がリン酸化のポテンシャルに関する速度の勾配を用いて決定された．インプットフォースの計算により他の2つの現象論的係数が同じプロットの切片から計算された．現象論的係数を用いることによって，カップリング度が0.95と計算され，現象論的化学量論は2.84となった．これらのパラメータは前に調べられた値に非常に近いものである．これらの実験においては，フォース比は－0.31から－0.25の範囲で変化している（同じような図が Westerhoff and van Dam（1987）により，与えられている）ことがわかる．Stucki（1980）により決定された q と Z の値を使うことによって，この範囲は，P/O 比が1.2から2.1の範囲に変化することに相当することがわかる．フォース比が in vivo でこれより大きな範囲で変化するかどうかはわからないが，フォース比が実際，P/O 比を大きく変化させるということは興味深いことである（図14.8）．フォース比が上のような範囲であるとき，熱力学的な効率は，0.37から0.52の間であることもわかる．

Westerhoff and van Dam（1987）は，上の方法によって実際の P/O 比を定量化することに大きく疑問をもっている．まず，最初に，線形関係の式（9）と（10），これは，解析の基礎になっているわけだが，平衡に近い点でのみ満足する式であるという点が挙げられている．しかし，Rottenberg（1979）も Stucki（1980）も（また他の研究者も）線形性は良好であるということを他の実験でも示している．Stucki（1980）による現象論的係数の実験的な決定は，相反関係が合理的な仮説であることを示している．Westerhoff と van Dam の2番目の疑問は，特定の状態から in vivo の状態を外挿している点である．カップリング度と現象論的化学量論は静的な head という極端な状態での測定から決定されている．q と Z の両方のパラメータは現象論的係数の関数であり，これは特定の現象論的状態，つまり ATP アーゼの活性に依存している．したがって，これらの値は異なる状態では異なる値を示しがちなのである．Z は生理学的状態で構造的な化学量論からは非常に離れているので，Z の外挿は重要な問題である．しかし，Lemasters ら（Lemasters and Billica, 1981; Lemasters ら，1984）は，酸化的リン酸化

反応に対する上に述べたこれらの非平衡熱力学モデルの問題を容認することによって，q と Z の値は構造的な化学量論の上限と下限を与える，つまり，構造的な化学量論は $-qZ$ と $-Z/q$ によって境界を示すことができることを強調した．q の値は普通 1 に近い値で用いられる（定数になる）が，このとき，化学量論としての Z の誤差は，とても小さいものになる．

酸化的リン酸化反応の上の非平衡熱力学のモデルは，非平衡熱力学を複雑な生化学のシステムに応用できることを示すのに有効なものである．しかし，ブラックボックスモデルは，重要な単純化が行われていることを覚えておくべきである．Westerhoff and van Dam（1987）は，酸化的リン酸化反応の，より複雑なモデルを提唱している．このモデルでは，膜を通過する正味のプロトンのフラックスが取り入れられている（例 11.3 参照）．このモデルを使うことによって，ATP アーゼと呼吸鎖プロトンポンプの化学量論が別々に決定され，そこから化学量論が決定されている．さらに，より複雑なモデルを用いることによって，現象論的化学量論は，ATP アーゼのようなシステムのカイネティックパラメータの関数となることが示される．

例 14.7　非平衡の熱力学による細胞増殖の記述

ブラックボックスの記述を用いれば，細胞増殖は，基質という形をもったインプット自由エネルギーとバイオマスという形をもったアウトプット自由エネルギーの系といえる．インプットアウトプットのフローは多くの細胞内フローとカップリングしている．そして，ATP の生成と消費ともカップリングしている．このように細胞内増殖は，インプットフロー，r_c すなわち異化反応速度（C-mol 基質/（C-mol バイオマス）/h），アウトプットフロー，r_a，つまり同化反応速度（C-mol バイオマス/（C-mol バイオマス）/h）として書くことができる．

$$r_c = L_{cc}A_c + L_{ac}A_a \tag{1}$$
$$r_a = L_{ac}A_c + L_{aa}A_a \tag{2}$$

ここで，Onsager の相反関係が適用される．グルコースによる好気の増殖ではインプットフローのドライビングフォース（A_c）はグルコースの二酸化炭素と水への酸化の親和力（または負の自由ネエルギー変化）であり，

$$A_c = -\Delta G_c^{0\prime} - RT \ln\left(\frac{c_{\text{glc}} c_{O_2}^6}{c_{CO_2}^6}\right) \tag{3}$$

と表される．ここで，グルコースの酸化の標準自由エネルギー変化は約 2.9 MJ mol^{-1} である．したがって，インプットフローのドライビングフォースはグルコースの濃度に依存する．同様に，アウトプットフローに対しては，ドライビングフォースは

$$A_a = -\Delta G_a^{0\prime} - RT \ln\left(\frac{c_x}{\prod_i c_{i,\text{anab}}}\right) \tag{4}$$

と与えられる．ここで，$c_{i,\text{anab}}$ は同化反応の基質の濃度である．上のブラックボックスモデルでは，異化反応のフローはグルコース消費速度と考えられ，それゆえ，グルコースは同化反応の基質とは考えることができない．その代わりに同化反応の基質は，二酸化炭素とする．CO_2，N_2，水からの菌体生産の標準自由エネルギー変化は約 536 kJ (C-mol)$^{-1}$ である．一方，CO_2，NH_4^+，水から菌体が合成されると考えれば，490 kJ mol^{-1} である（Roels, 1983）．

もし，グルコース制限のケモスタットの定常での増殖を考えたら（濃度は一定），A_aは普通，一定である．それで，式 (1), (2) から，可変のフォースA_cが除くことができれば，

$$r_c = \frac{1}{qZ} r_a + L_{ac} \left(1 - \frac{1}{q^2}\right) A_a \tag{5}$$

が得られる．この式は，式 (3.26) によって得られる比グルコース消費速度と比増殖速度の古典的な線形関係と等価である．ここで，

$$Y_{sx}^{\text{true}} = \frac{1}{Y_{xs}^{\text{true}}} = qZ \tag{6}$$

$$m_s = L_{ac} \left(1 - \frac{1}{q^2}\right) A_a \tag{7}$$

の関係が成り立つ．式 (6) から$q=1$のときだけ現象論的化学量論Zがシステムの構造的化学量論Y_{sx}^{true}に等しいことがわかる．明らかにこの場合は，カップリングは完全な状態で，無駄なサイクルや維持プロセスをサポートするために自由エネルギーは捨てられてはいない．式 (7) は現象論的係数L_{ac}は定数ではなく，維持定数，比増殖速度，カップリングパラメータの関数であることを示している．

式 (2), (3) を組み合わせることにより，比増殖速度とグルコース濃度の関係が与えられる．もし，グルコース制限が成り立っていたら，つまり，A_a，溶存酸素濃度，溶存二酸化炭素濃度が同時に一定であったら，

$$r_a = L_{ac} RT \ln(c_{\text{glc}}) + a \tag{8}$$

が成り立つ．ここで，aは定数である．式 (8) は，比増殖速度と制限基質濃度が対数の関係であることを示し，これは古典的なMonodの関係とは違ったタイプの関係である．図14.9は，飽和型関数と対数関数のカイネティクスの違いを示している．2つのカイネティクスの違いか

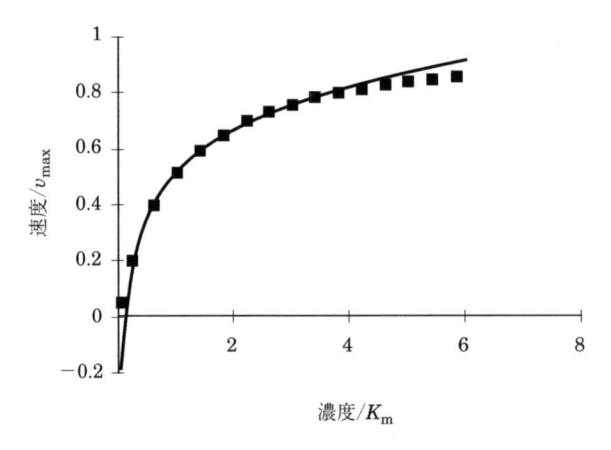

図14.9 Monodカイネティクス（ドットで示されている）と式 (8) で示された対数関数の比較．対数関数のパラメータは$L_{ac} RT = 0.23$, $a = 0.5$である．軸はMonodモデルのパラメータ（$v_{\max}$とK_m）で規格化されている．

ら対数関数のパラメータはMonodのパラメータに関係しており，

$$L_{ac}RT \approx 0.23\mu_{\max}; \quad a \approx 0.5 - 0.23\mu_{\max}\ln(K_m) \tag{9}$$

という関係がある．もし，最大比増殖速度が既知であれば，式 (9) は現象論的係数 L_{ac} を決定するのに用いられる．

この例で示した非平衡の熱力学ブラックボックスモデルは，カップルしたプロセスの概念を示すのに有効である．増殖の例では，異化経路と同化経路は非常によくカップリングしているが，カップリングは維持プロセスのために完全ではないと考えることができる．このプロセスは，酸化的リン酸化におけるプロトンのリークと比較して考えることができる．Westerhoff and van Dam (1987) は，増殖に対して，より詳しいモデルを提唱している．これは，ATPの流れを含んでいる（彼らはここで示した例のような単純なブラックボックスモデルと区別するために "モザイク型非平衡熱力学モデル" と呼んでいる）．このより詳細なモデルを用いて機能的なレベル，つまり，Y_{xATP} や m_{ATP} という増殖パラメータの評価を個別に行うことができる（3.4節参照）．

式 (14.41) の線形のフォースの関係は非平衡熱力学の基礎である．Box 14.3で示したように，これらの関係は平衡に近い状態でのみ成立するものである．一方，多くの細胞内プロセスは平衡から遠く離れている．つまり，解糖系（例14.1）のいくつかの関係では，この広い適用可能性をもつアプローチにおいても，その適用が制限される．しかし，いくつかの細胞プロセスの分析から，プロセスが平衡から遠く離れた状態であっても，プロセスのフローとドライビングフォースの間に線形の関係が存在することが，経験的に明らかになっている．ここでは，このことを，単純で可逆な酵素触媒反応

$$\mathrm{E} + \mathrm{S} \underset{k_{-1}^S}{\overset{k_1^S}{\rightleftharpoons}} \mathrm{ES} \underset{k_2^P}{\overset{k_2^S}{\rightleftharpoons}} \mathrm{EP} \underset{k_1^P}{\overset{k_{-1}^P}{\rightleftharpoons}} \mathrm{E} + \mathrm{P} \tag{14.53}$$

を使って，その理由を示したい[1]．上の式は，Eが酵素，ES，EPが酵素-基質，酵素-生産物の複合体である．正味の前向きの反応速度 v は

$$v = \frac{v_{S,\max}\dfrac{c_S}{K_S} - v_{P,\max}\dfrac{c_P}{K_P}}{1 + \dfrac{c_S}{K_S} + \dfrac{c_P}{K_P}} \tag{14.54}$$

である．ここで，$v_{S,\max}$ は（高い基質濃度の条件で，$c_P = 0$ とともに得られる）最大の前向き反応速度，$v_{P,\max}$ は（高い生産物濃度の条件で，$c_S = 0$ とともに得られる）最大の逆反応速度である．K_S と K_P は，普通Michaelis-Menten定数と呼ばれるものであり

$$K_S = \frac{k_{-1}^S + k_2^S}{k_1^S}; \quad K_P = \frac{k_{-1}^P + k_2^P}{k_{-1}^P} \tag{14.55}$$

と表される．式 (14.54) を反応の親和力の関数（化学ポテンシャルの変化に等しい）として

---

[1] 次の解析はWesterhoff and van Dam (1987) によって行われた．彼らはこのことをより深く検討している．

書き直し，式 (14.13) および式 (14.14) から

$$e^{(\mu_S - \mu_P)/RT} = \frac{c_S}{c_P} \frac{c_{P,\text{eq}}}{c_{S,\text{eq}}} \tag{14.56}$$

を得る．さらに，平衡状態では正味の反応速度はゼロとなり，

$$K_{\text{eq}} = \frac{c_{P,\text{eq}}}{c_{S,\text{eq}}} = \frac{K_P}{K_S} \frac{v_{S,\text{max}}}{v_{P,\text{max}}} \tag{14.57}$$

が得られる．これらの2つの方程式により，カイネティクスは

$$\frac{v}{v_{S,\text{max}}} = \frac{e^{(\mu_S - \mu_P)/RT} - 1}{\left(\dfrac{K_S}{c_S + c_P} + 1\right) e^{(\mu_S - \mu_P)/RT} + \dfrac{v_{S,\text{max}}}{v_{P,\text{max}}} \left(\dfrac{K_P}{c_S + c_P} + 1\right)} \tag{14.58}$$

と表せる．この式では，正味の前向きの反応速度が親和力，$A = \mu_S - \mu_P$（反応のドライビングフォース）の関数として表現されている．

式 (14.58) の直接的な利用は，正味の前向きの反応速度が基質と生産物の濃度（またはこれらの化合物の化学ポテンシャル）の関数であることから制限される．しかし，実際には，これら2つの変数はその和による束縛条件から，

$$c_S + c_P = \text{一定} \tag{14.59}$$

として関係づけられている．これは，正味の前向きの反応速度を親和力だけの関数として表してもよいということを示している．図 14.10 はカイネティックパラメータの2種類の組（可逆と不可逆の場合に対応する）の計算結果を示している．

"可逆"と"不可逆"の反応が図に示されている．両者は，微視的な可逆の原理に基づいて計算されたものである．この原理に従えば，図 14.10 の両方の曲線は，原点を通っていなければならない．そして，負の反応の親和力のためには正味の前向きの反応速度もまた負でなければならない．つまり，2つの反応は原理的に可逆であるが，最大の前向き反応速度 ($v_{S,\text{max}}$) は，逆反応の最大反応速度 ($v_{P,\text{max}}$) よりずっと大きく，反応は，ほとんど不可逆である．つ

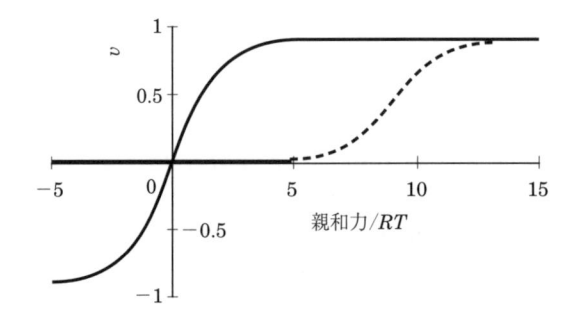

図 14.10 酵素に触媒された反応速度の自由エネルギー差（または反応の親和力）への依存度．基質と生産物の濃度は一定（または1に等しい）と仮定されている．関数は式 (14.58) により計算された．実線は $v_{S,\text{max}} = v_{P,\text{max}} = K_S = K_P = 10$（平衡定数 K_{eq} が 1 に対応する）とした熱力学的可逆反応速度を示している．点線は $v_{S,\text{max}} = K_S = 10$, $v_{P,\text{max}} = 0.1$, $K_P = 100$ ($K_{\text{eq}} = 1$ に対応している）の熱力学的不可逆反応を示している．親和力は $\mu_S - \mu_P$ に等しい．

まり，数値的に大きい負の反応親和力によって，反応は後ろ向きに進行する．可逆反応（図14.10の実線）に対しては，

$$v = LA \tag{14.60}$$

のタイプの線形関係が前向きの反応速度の幅広い範囲で見受けられる．反対に，vと反応親和力との間の線形性は，不可逆反応（図14.10の点線）の非常に小さい正味の前向き反応速度の範囲で見られる．不可逆反応に対しては，反応速度が0.1と0.9という範囲において，式（14.60）は，vと反応親和力の実際の関係を表すにはよくない近似であることがわかる．$v = 0.5$付近で線形の関係の近似が可能である．つまり，

$$v = L^\# (A - A^\#) \tag{14.61}$$

である．ここで，$A^\#$は曲線の変曲点での親和力で，$L^\#$は変曲点での接線の傾きである．これらの2つのパラメータは，カイネティックパラメータの関数であり，Westerhoff and van Dam (1987) は，もしこれらのパラメータが

$$L^\# = \frac{v_S + v_P}{4RT} \tag{14.62}$$

$$\frac{A^\#}{RT} = \ln\left(\frac{v_S}{v_P}\right) - 2\frac{v_S - v_P}{v_S + v_P} \tag{14.63}$$

で表されれば，式（14.61）で計算された前向きの反応速度は，vが0.18から0.93の範囲であるとき，真の値から15%以下しか離れないことになることを示した．v_Sとv_Pは

$$v_S = \frac{v_{S,\max}}{1 + K_S/(c_S + c_P)}; \quad v_P = \frac{v_{P,\max}}{1 + K_P/(c_S + c_P)} \tag{14.64}$$

と与えられる．

反応速度，または，膜輸送フラックスと自由エネルギー差の間の線形関係は，それが平衡関係から遠く離れた反応やプロセスであっても，多くのシステムに対して成立することが観測された（Westerhoff and van Dam (1987) のレビュー参照）．Westerhoff and van Dam (1987) もまた，多くのカイネティクス表現について解析し，自由エネルギー差がある範囲にある場合には，すべて，線形関係が仮定できるとしている．

平衡から遠く離れたより一般のプロセスで線形のフローとフォースの関係を仮定するとき，現象論的係数の相反性も成り立っているかどうかということは興味深い．例14.6で，Stucki (1980) は実験的に平衡から遠く離れた酸化的リン酸化反応の相反性を観測したと述べている．Caplan (1981) は高度にカップリングした酵素反応に対して，多次元の変曲点周りで，この反応が進んだとき，流束とフォースの線形性だけでなく，相反性も見られないかもしれないと述べている（Pietrobon and Caplan, 1985）．しかし，流束とフォースの線形性と相反性は，一般の状態でも見受けられることがわかっている．したがって，十分な実験的証拠のあるシステムに対しては，相反性を仮定するべきであると考えられる．

上述の解析上の，もう1つの大きな仮定は，基質と生産物の濃度の和が一定であるということである．場合によっては，この仮定は成り立たない経路も存在する．しかし，多くのケースでこれは，濃度の物理的束縛条件として成り立つ．しばしば，細胞外の制御または細胞内の調

整により，いくつかの濃度のうちの，1つは，酵素のMichaelis-Menten定数を大きく超える範囲で働く．このような場合には，Rottenberg (1973) もまた反応速度とドライビングフォースは線形に近くなることを示している．これは，生産物の濃度が一定であるような状態で明らかに示される．このケースでは，ドライビングフォースは$\ln(c_S)$の線形関数として表される．反応速度もまた基質濃度の対数の線形関数として表される．そして，図14.9に示したように，古典的な飽和型のタイプによく対応するような表現が酵素反応において見られる．

14.4　熱力学的動力学（サーモカイネティクス）のMCAへの応用

代謝制御の解析法については，11章で詳しく述べた．フラックスコントロール係数 (FCC) の概念が個々の反応やグループの反応 (12章) の全体の経路のフラックスへの制御の度合を測る定量的な測度として導入された．FCCはMCAのサンメンションセオレムやコネクティビティセオレム（式 (11.6), (11.14), (11.27)）を使うことによって，カイネティックモデルから解析的に導くことができることが示された．この解析で特別重要なのは，実際の酵素カイネティクスの形態を与えるエラシティシティ，式 (11.11) である．信頼できる*in vivo*のカイネティックモデルがなければ，FCCは直接導出できないし，経路の制御の解析ができなくなることがわかる．

非平衡の熱力学を使う1つの目的は，利用可能な1つまたは複数のドライビングフォース（式 (14.41)）という観点で，プロセスの速度の表現を導くことである．これらの表現は原理的に，エラシティシティ係数の計算に使うことが可能であり，それらを通して，FCCを計算できる．この節では，ペニシリン発酵の例を用いながら一般的な方法について述べる[2]．

単純なX_1からX_3への2段階反応の経路を考える．X_2は中間物質で次の化学量論が与えられる．

$$g_{11}X_1 + g_{12}X_2 = 0$$
$$g_{22}X_2 + g_{23}X_3 = 0 \tag{14.65}$$

この経路は，2つの実際の酵素反応であるか，いくつかの酵素反応を2つの酵素反応にまとめたもので，表されている反応の親和力は

$$A_i = -\Delta G_i^{0\prime} - RT \ln\left(\prod_{k=1}^{3} X_k^{g_{ik}}\right) ; \quad i = 1, 2 \tag{14.66}$$

と与えられている．ここで，$\Delta G_i^{0\prime}$は反応の標準自由エネルギー変化である．2つの反応の各々は，式 (14.61) に従って，対応する反応の親和力に関して記述されたものである．反応のカイネティクスの"熱動力学的"記述により，2つの反応のX_2に関するエラシティシティ係数が，

$$\varepsilon_{2,i} = \frac{1}{v_i} \frac{\partial v_i}{\partial \ln(X_2)} = \frac{1}{v_i} \frac{\partial v_i}{\partial A_i} \frac{\partial A_i}{\partial \ln(X_2)} ; \quad i = 1, 2 \tag{14.67}$$

と与えられる．ここで，2つの偏微分が式 (14.61) と式 (14.66) によって評価され，エラシティシティ係数は，

---

[2] 反応速度の熱力学的表現からMCAパラメータを抽出する方法Nielsenの論文 (1997) に発表された．以下の記述は，この論文に適合するように書かれる．

$$\varepsilon_{2,i} = -\frac{g_{i2}RT}{A_i - A_i^\#}; \quad i = 1, 2 \tag{14.68}$$

となる．

したがって，もし，$A_1^\#$，$A_2^\#$ が既知ならば，2つの反応のエラシティシティ係数は計算できる．逆反応に対して $A_1^\#$ はゼロであり，式（14.68）により親和力から直接エラシティシティ係数の計算ができる．親和力は，式（14.66）を使って定常状態の代謝物質濃度から直接計算できる．Westerhoff ら（1984）は，平衡状態で酵素反応に対してエラシティシティ係数の同じような関係を導いている．しかし，彼はその導出において反応の親和力よりも，反応の変換量を用いている点が異なる．これらの反応が経路を制御するためには，少なくとも1段の反応は不可逆である必要がある．つまり，平衡からは遠く離れている必要がある．$A_i^\#$ のパラメータは不可逆反応ステップではゼロではなく，反応速度は親和力の関数として表現される．$A_i^\#$ は Michaelis-Menten の定数や最大の前向き逆向き反応速度の比，さらに $c_S + c_P$ にのみ依存するので（つまり酵素の in vivo での活性には依存しない（式（14.63），（14.64）参照）），よって，原理的には，in vitro の実験から $A_i^\#$ が決定できる．しかし，酵素活性が一定であることを確かめるのは容易でない．もし，$L^\#$ が変化すれば，（式（14.62）参照）v と $A^\#$ の線形性は保たれないからである．酵素活性が変化する場合には，$L^\#$ が酵素活性（や $v_{\max}$）に比例するので酵素活性で反応速度を規格化できる（例 14.8 参照）．

11.1節，11.2節に示したように式（14.68）から計算されたエラシティシティ係数を使って，FCC がサンメンションセオレムとコネクティビティセオレムから決定できる．つまり，熱動力学的反応速度の記述により，定常状態の代謝物質濃度のレベルから MCA の係数が決定できる．

式（14.68）もまた，2つ以上の反応からなる経路に適用できる．しかし，これは複数の反応にわたる調節ループが存在しないという条件がいる．例えばこのような状況は，3つ以上の反応を経路内にもっていて，最後の反応が最初の反応を阻害するような場合に，この現象は起こる．しかし，ここで用いられた仮定は，熱動力学の反応速度の表現において反応速度への影響するのは基質と生産物に限られ，エフェクタの影響は受けないということを意味している．もう1つは，反応をひとまとめにすることから生じる結果に関するものである．多くの反応はいくつかの不可逆反応を含んでいる可能性をもっている．そして，その他の反応は平衡反応に近い．この場合，反応は式（14.65）のような経路の構造をとる2つの全体の反応にまとめられる．そのために，反応の親和力が全体の変換のために決定される．平衡に近いすべての反応の $A_i^\#$ はゼロなので，まとめられた反応の $A_i^\#$ の値は，不可逆反応の $A_i^\#$ に等しい．同様にして，FCC に対しては，平衡反応が不可逆反応とひとまとめにされるとき，まとめられた反応の全体の FCC は不可逆反応の FCC に，ほぼ等しいことになる．

個々の反応を2つの全体の反応にまとめるのが不可能な場合や1つの反応を越えて調節ループが存在するときは，上に述べたアプローチは直接的には使えない．しかし，熱動力学的表現は，Delgado と Liao の FCC の直接決定という形で修正されて適用される（11.2.3項，Box 11.4）．この目的のために式（14.61）は親和力に対する式（14.66）を導入した後，次のように書き換えられる．

$$v_i = a_i \sum_{j=1}^{L+1} k_{ij} \ln(X_j) + b_i \tag{14.69}$$

14. 細胞内プロセスの熱力学

11.2.3項に述べたようにこのアプローチにより，遷移状態の代謝物質濃度の測定からこのアプローチが可能となる．式（14.69）において，a_i，b_i，k_{ij}はカイネティックパラメータである．基質と生産物に対してk_{ij}は化学量論係数に等しい．一方，エフェクタに対しては，実験で得られる経験的なパラメータとなる．カイネティクスに影響を与えない化合物（基質，生産物，エフェクタ）に対してはk_{ij}はゼロとする．エフェクタのない単純なケースではb_iは$-L_i^\# A_i^\#$となる．一方，一般的なケースで，これらの値は，経験的なパラメータと考えられる．14.3節の議論をもとに，式（14.69）は常にDelgado and Liao（1992）によって仮定された線形のカイネティクスより反応のカイネティクスをよく近似しており，FCCの決定という点で広い応用可能性をもっている．

Box 14.4　DelgadoとLiaoの方法の拡張

Delgado and Liao（1992）のアプローチの出発点は，式（1）である．

$$\sum_{i=1}^{L} C_i \Delta v_i = 0 \tag{1}$$

ここで，$\Delta v_i = v_i - v_{ss}$は，定常状態の反応速度と$i$番目の反応速度の差である．この式は，線形のカイネティクスを仮定することにより，コネクティビティセオレムから導くことのできる式である．次のように，カイネティクスが式（14.69）で与えられるときも，式（1）が満足される．まず，エラシティシティ係数は，

$$\varepsilon_{j,i} = \frac{b_i k_{ij}}{v_{ss}} \tag{2}$$

である．ここで，v_{ss}が経路の定常状態のフラックスである．式（2）はコネクティビティセオレムに代入し，

$$\sum_{i=1}^{L} C_i b_i k_{ij} = 0 \tag{3}$$

が得られる．式（3）に$\Delta \ln(X_j) = \ln(X_j(t_2)) - \ln(X_j(t_1))$を掛けると

$$\sum_{i=1}^{L} C_i b_i k_{ij} \Delta \ln(X_j) = 0 \tag{4}$$

が得られる．上の式をすべてのjに対して足し合わせると

$$\sum_{j=2}^{L}\sum_{i=1}^{L} C_i b_i k_{ij} \Delta \ln(X_j) = \sum_{i=1}^{L} C_i b_i \sum_{j=2}^{L} k_{ij} \Delta \ln(X_j) = 0 \tag{5}$$

が得られる．式（14.61）から

$$\Delta v_i = b_i \sum_{j=2}^{L} k_{ij} \Delta \ln(X_j) \tag{6}$$

が得られるので，これから式（1）を得る．

例 14.8 熱動力学のアプローチによるペニシリン生合成経路の MCA

上の方法論は，ペニシリン生合成経路のエラスティシティ係数や FCC の計算に対して適用された．この生合成経路は，例 11.1 において，カイネティックモデルを使って，解析されたものである．その解析では，フラックスの制御は，そのはじめの 2 段階の反応にあることが解析されたので，ここでは，それらの反応だけに絞って考えよう．これらの反応の自由エネルギー変化は Pissarra and Nielsen (1997) により計算された．両方の反応は ACVS の触媒する反応が -130 kJ mol^{-1}，IPNS の触媒する反応が -480 kJ mol^{-1} で発エルゴン反応である．したがって，両方の反応は平衡からは，遠い反応である．

半回分培養のデータを使って，1 段目の反応の自由エネルギー変化や親和力が計算された．ACVS 反応速度（これは培養中変化した）を計算された親和力に対してプロットすると線形関係が得られた（図 14.11 (a)）．さらに ACVS の活性は，ほとんど一定であると考えられた（Nielsen and Jørgensen, 1995）．したがって，式 (14.61) で示した熱動力学の記述におけるパラメータ $L^{\#}$，$A^{\#}$ がそれぞれ，$0.82 \times 10^{-6} \text{ mol}^2 (\text{gDW})^{-1} \text{h}^{-1} \text{kJ}^{-1}$，$115 \text{ kJ mol}^{-1}$ と推定された．

IPNS によって触媒された反応は反応速度と反応の親和力間の線形関係が観測できないのみならず（図 14.11 (b)），実際，親和力が上昇するにつれ反応速度が減少することがわかる．これは，半回分培養を通して対応する酵素活性が減少することから説明できる（Nielsen and Jørgensen, 1995）．式 (14.61) の熱動力学はこのケースでは直接適用できない．しかし，もしすでに議論したように反応速度が観測された酵素反応速度に対して規格化されれば，相対的な反応速度と反応の親和力間の線形関係は得られ（図 14.12），$A^{\#}$ は 465 kJ mol^{-1} と決定することができる．

決定された熱力学的動力学の記述のパラメータを使って，エラスティシティ係数と FCC が異なる半回分培養の時間で計算された．厳密にいえば，サンメンションセオレムとコネクティ

(a) 　　　　　　　　　　　　　　　　　(b)

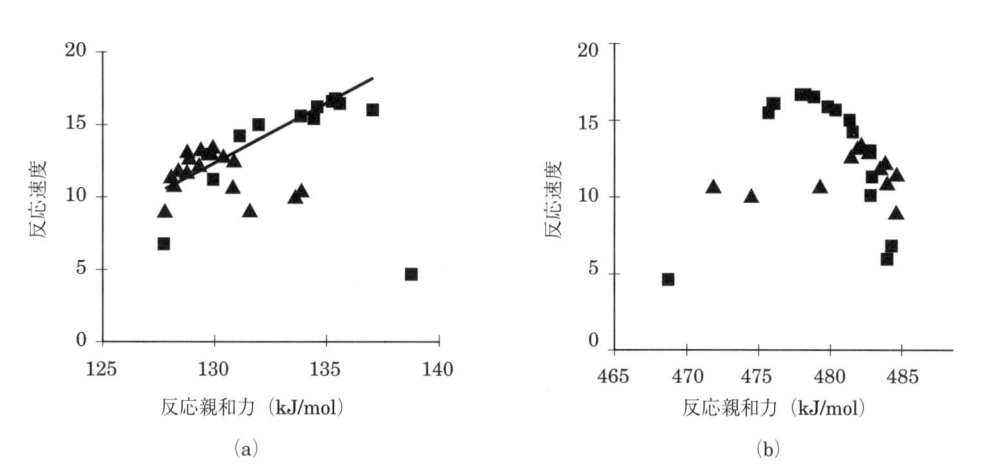

図 14.11 ペニシリン合成の 1 段目の反応と 2 段目の反応の反応速度（$\mu\text{mol (gDW)}^{-1} \text{h}^{-1}$）vs. 反応の親和力（$\text{kJ mol}^{-1}$）．データは 2 つの異なる半回分培養から得られた．培養中，反応速度はゆっくりと変化した．(▲) 半回分培養 FB023 のデータ．(■) 半回分培養 FB028 のデータ．反応の親和力は Jørgensen (1995a, b) のデータを使って，Pissarra and Nielsen (1997) により計算された．(a) ACVS の触媒する反応の反応速度と親和力の関係，(b) IPNS の触媒する反応の反応速度と親和力の関係．

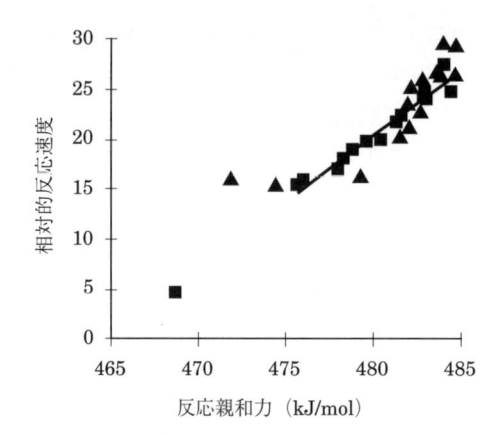

図 14.12 IPNS の触媒する反応の相対的な反応速度（酵素活性で反応速度を規格化）と親和力 kJ mol^{-1} の関係．反応速度は Nielsen and Jørgensen（1995）によって測定された酵素活性で規格化された．

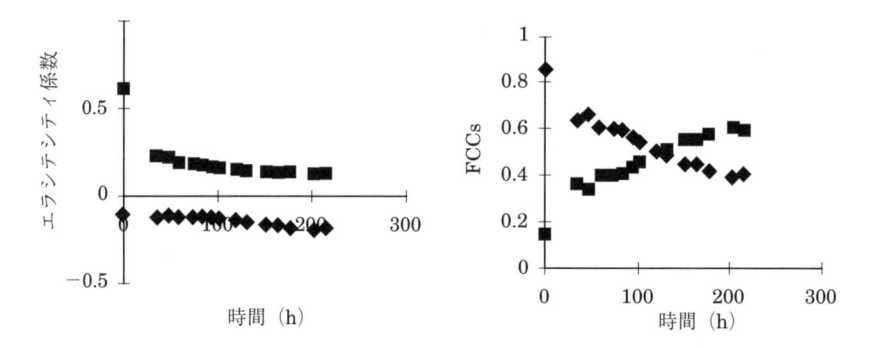

図 14.13 ペニシリン合成経路の最初の2段階の反応の熱力学的動力学に基づく MCA．エラシティシティ係数と FCC が半回分培養系の異なる時間で計算された（FB028, Jørgensen ら（1995b））．(a) ACVS（◆）と IPNS（■）のエラシティシティ係数．エラシティシティ係数は，与えられた時間の自由エネルギー変化から式（14）により計算された．このとき，$A_{ACVS}^{\#} = 115$ kJ mol^{-1}, $A_{IPNS}^{\#} = 465$ kJ mol^{-1} という値を用いた．(b) ACVS（◆）と IPNS（■）の FCC がサンメンションセオレムとコネクティビティセオレムを用いてエラシティシティ係数から計算された．

ビティセオレムは定常状態に適用できるものであって，上の半回分実験では当てはまらない．しかし，Pissarra ら（1996）が述べているように，擬定常状態が生合成経路で仮定できるので，このケースでは適用できる．半回分培養の計算結果は図 14.13 に示されている．培養中，フラックスの制御は，最初の反応から2段目の反応へシフトするのが観察され，この結果は例 11.1 に示した経路のカイネティクスの解析の結果と一致する．

文　献

Caplan, S. R. (1971). Nonequilibrium thermodynamics and its application to bioenergetics. *Current Topics in Bioengineering* **4**, 1-79.

Caplan, S. R. (1981). Reciprocity or near-reciprocity of highly coupled enzymatic processes at the multidimensional inflection point. *Proceedings of the National Academy of Science. USA* **78**, 4314-4318.

Christensen, L. H., Henriksen, C. M., Nielsen, J., Villadsen, J. & Egel-Mitani, M. (1995). Continuous cultivation of *Penicillium chrysogenum*. Growth on glucose and penicillin production. *Journal of Biotechnology* **42**, 95-107.

Delgado, J. & Liao, J. C. (1991). Identifying rate-controlling enzymes in metabolite pathways without kinetic parameters. *Biotechnology Progress* **7**, 15-20.

Delgado, J. & Liao, J. C. (1992). Metabolic Control analysis from transient metabolite concentrations. *Biochemistry Journal* **282**, 919-927.

Groen, A. K., Wanders, R. J. A., Westerhoff, H. V., van der Meer, R. & Tager, J. M. (1982). Quantification of the contribution of various steps to the control of mitochondrial respiration. *Journal of Biological Chemistry* **257**, 2754-2757.

Jørgensen, H. S., Nielsen, J., Villadsen, J. & Møllgaard, H. (1995a). Metabolic flux distributions in *Penicillium chrysogenum* during fed-batch cultivations. *Biotechnology and Bioengineering* **46**, 117-131.

Jørgensen, H. S., Nielsen, J., Villadsen, J. & Møllgaard, H. (1995b). Analysis of the penicillin V biosynthesis during fed-batch cultivations with a high yielding strain. *Applied Microbiology Biotechnology* **43**, 123-130.

Kedem, O. & Caplan, S. R. (1965). Degree of coupling and its relation to efficiency of energy conversion. *Transactions of the Faraday Society* **6**, 1897-1911.

Lehninger, A. E. (1975). Biochemistry, 2nd ed. New York: Worth.

Lemasters, J. J. & Billica, W. H. (1981). Non-equilibrium thermodynamics of oxidative phosphorylation by inverted inner membrane vesicles of rat liver mitochondria. *Journal of Biological Chemistry* **256**, 12949-12957.

Lemasters, J. J., Grunwald, R. & Emaus, R. K. (1984). Thermodynamic limits to the ATP/site stoichiometries of oxidative phosphorylation by rat liver mitochondria. *Journal of Biological Chemistry* **259**, 3058-3063.

Mavrovouniotis, M. L. (1990). Group contributions for estimating standard Gibbs energies of formation of biochemical compounds in aqueous solutions. *Biotechnology and Bioengineering* **36**, 1070-1082.

Mavrovouniotis, M. L. (1991). Estimation of standard Gibbs energy changes of biotransformations. *Journal Biological Chemistry* **266**, 1440-1445.

Mavrovouniotis, M. L. (1993). Identification of localized and distributed bottlenecks in metabolic pathways. International Conference on Intelligent Systems for Molecular Biology, Washington DC.

Mitchell, P. (1961). Coupling of phosphorylation to electron and hydrogen transfer by a chemiosmotic type of mechanism. *Nature* **191**, 144-148.

Nielsen, J. (1997). Metabolic control analysis of biochemical pathways based on a thermokinetic description of reaction rates. *Biochemistry Journal* **321**, 133-138.

Nielsen, J. & Jørgensen, H. S. (1995). Metabolic control analysis of the penicillin biosynthetic pathway in a high yielding strain of *Penicillium chrysogenum. Biotechnology Progress* **11**, 299-305.

Onsager, L. (1931). Reciprocal relations in irreversible processes. *Physical Reviews* **37**, 405-426.

Pietrobon, D. & Caplan, S. R. (1985). Flow-force relationships for a six-state proton pump model: Intrinsic uncoupling, kinetic equivalence of input and output forces, and domain of approximate linearity. *Biochemistry* **24**, 5764-5776.

Pissarra, P. N. & Nielsen, J. (1997). Thermodynamics of metabolic pathways for penicillin production: Analysis of thermodynamic feasibility and free energy changes during fed-batch cultivation. *Biotechnology Progress* **13**, 156-165.

Pissarra, P. N., Nielsen, J. & Bazin, M. J. (1996). Pathway kinetics and metabolic control analysis of a high-yielding strain of *Penicillium chrysogenum* during fed-batch cultivations. *Biotechnology and Bioengineering* **51**, 168-176.

Roels, J. A. (1983). *Energetics and Kinetics in Biotechnology*. Amsterdam: Elsevier Biomedical Press.

Rottenberg, H. (1973). The thermodynamic description of enzyme-catalyzed reactions. The linear relation between the reaction rate and the affinity. *Biophysical Journal* **13**, 503-511.

Rottenberg, H. (1979). Non-equilibrium thermodynamics of energy conversion in bioenergetics. *Biochimica et Biophysica Acta* **549**, 225-253.

Senior, A. E. (1988). ATP synthesis by oxidative phosphorylation. *Phys. Rev.* **68**, 177-231.

Stucki, J. W. (1980). The optimal efficiency and the economic degrees of coupling of oxidative phosphorylation. *European Journal of Biochemistry* **109**, 269-283.

Westerhoff, H. V. & van Dam, K. (1987). *Thermodynamics and Control of Biological Free Energy Transduction*. Amsterdam: Elsevier.

Westerhoff, H. V., Groen, A. K. & Wanders, R. J. A. (1984). Modern theories of metabolic control and their applications. *Bioscience Reports* **4**, 1-22.

用語集

Adenine（A）：アデニン
窒素塩基の1つ．A-T（アデニン-チミン）でペアを作る．

Alleles：対立遺伝子
同一の遺伝子座を占める異なった遺伝子．各遺伝子座に対する単一の対立遺伝子は片方の親から別々に受け継がれている（例えば，目の色に関する遺伝子座で対立遺伝子により青い目になったり，茶色の目になったりする）．

Allosteric：アロステリック
タンパク質，特に，酵素の中でそのタンパク質の活性部位ではない部位に化合物が結合するようなものを指していう．この結合の結果コンフォメーション変化が生じ，基質が結合しにくい状況を生む．アロステリックな特性によって酵素活性の調節が行われる．

Amino acid：アミノ酸
生物システムにおけるタンパク質を構成する20種の分子の総称．タンパク質におけるアミノ酸の配列とタンパク質の機能は遺伝子のコードにより決定される．

Amplification：増幅
特定のDNA断片のコピー数を増加させること．これは，*in vivo* でも *in vitro* でも可能である．クローニング，ポリメラーゼチェーン反応の項も参照．

Anabolism：同化
細胞の構成成分を合成する反応を含む代謝経路．これは，有機，無機の前駆体のような，より単純な分子から合成される反応である．同化プロセスは，通常，エネルギーを必要とする．

Anaerobic respiration：嫌気的呼吸
嫌気状態における呼吸．最終的な電子受容体は通常の呼吸では，酸素であるが，この場合は CO_2，Fe^{2+}，フマル酸，硝酸，亜硝酸，酸化二窒素，硫黄，硫酸などである．嫌気的呼吸は，電子伝達系を利用するが，発酵では利用されない．

Anticodon：アンチコドン
mRNA中のコドンとを相補するtRNA中の3つの塩基の配列．

Base pair（bp）：塩基対
水素結合を形成する2つの塩基（アデニンとチミン，グアニンとシトシンがペアを形成する）2つのDNAストランドが塩基対間の結合によって二重らせんを形成する．

Biotechnology：バイオテクノロジー
生物学の基礎的な研究内容を通して開発された生物学的技術で，現在，多くの研究や物質生産の開発に応用されている．特に，組換えDNA，細胞融合などの新しいバイオプロセス技術が応用されている．

Capsid：キャプシド
ウイルスのコートタンパク質．

Catabolism：異化代謝
有機物の分解を伴う生化学プロセス．普通，エネルギーが生産される．

Cellular microbiology：細胞微生物学
細胞生物学と微生物学の間に生まれた新しい学問分野．この新しい領域の主な焦点の1つは，病原性バクテリアの真核生物細胞のコンパートメントの成長，細胞分裂，分化のような，機能への影響に関する新しい学問領域である．この観点から細胞微生物学は動物細胞学者に優れたツールを提供している［*Science*, **271**, 315(1996)］．

Chaperonin：シャペロニン
自分以外のタンパク質の正しいフォールディングやマルチサブユニット構造を助けるタンパク質．

Chemiosmosis：化学浸透説
ATPを生成するために，膜を隔てたイオンの濃度勾配，特に，プロトン勾配を利用すること．プロトンモーティブフォースも参照．

Chromosome：染色体
細胞の代謝に必須の遺伝子をもつ遺伝的単位．原核生物は普通，環状DNA分子から形成される1つの染色体をもつ．真核生物は，いくつかの染色体をもち，それぞれは，タンパク質と複合した直線上のDNA分子をもっている．

Cloning vector：クローニングベクター
ウイルス，プラスミド，高等生物の細胞由来のDNA分子．他のDNA断片を挿入することができる．このとき，自己複製，宿主への外来DNA導入といった能力は失われない．この機能により，この遺伝子は，大量に生成する．例えば，プラスミド，コスミド（大きいプラスミド），酵母人工染色体（YAC）などがある．ベクターは，しばしば，いくつかの生物由来のDNA配列を組み換えた分子となっている場合もある．

Coenzyme：コエンザイム（補酵素）
電子を受容したり供与したり，または機能的な官能基を受容したり供与したりすることによって酵素反応に関与する低分子量の化学物質．

Commodity chemical：汎用化学物質
エタノールのようなバルクで販売される低付加価値化学物質．

Complementary DNA（cDNA）
メッセンジャーRNAの鋳型から合成されるDNA．一本鎖であり，物理的なマッピングによるプローブとして，しばしば使われる．

Conserved sequence：保存領域
進化によって変化しないで残ってきたDNA分子中での塩基配列（またはタンパク質中でのアミノ酸配列）．

Cosmid：コスミド
ラムダファージの*cos*遺伝子を含む人工的に構築されたクローニングベクター．コスミドは，ラムダファージ中にパッケージされ，*E. coli*に感染する．これにより，大きなDNA断片（最大45 kb程度）のクローニングが可能となる．このDNA断片はバクテリア宿主中へ導入される．

Cytosine（C）：シトシン
G-C（グアニン-シトシン）で塩基対を形成する窒素塩基の1つ．

Diploid：二倍体
基本数の2倍の染色体数をもつ個体．各染色体は，それぞれの親から受け継がれる．生殖細胞である配偶子を除いてほとんどの動物細胞は染色体の二倍体のセットをもっている．二倍体のヒトゲノムは

46染色体をもっている．一倍体の項も参照．

DNA（deoxyribonucleic acid）：DNA（デオキシリボ核酸）
遺伝情報をコードしている分子．DNAは核酸の塩基同士で弱い水素結合により，二重らせんを形成している．DNAは4つの核酸アデニン（A），グアニン（G），シトシン（C），チミン（T）から構成される．天然では，AはTと，GはCと塩基対をなす．それで，各一本鎖DNAの塩基は対応する反対の塩基から推定することができる．

DNA replication：DNA複製
既存のDNAストランドを鋳型として新しいDNAを合成すること．ヒトやその他の真核生物では，複製は核内で起こる．

DNA sequence：DNA配列
DNA断片，遺伝子，染色体，ゲノム全体における，塩基対の配列．

Electron acceptor：電子受容体
酸化還元反応で電子を受け取る物質．電子受容体は酸化剤である．

Electron transport phosphorylation：電子伝達リン酸化
膜結合の電子伝達系とプロトンモーティブフォースによるATPの合成．酸化的リン酸化反応の項も参照．

Electrophoresis：電気泳動
DNA断片やタンパク質のような大きな分子をその混合物の中から分離する方法．混合物の入っている媒体に電流を流すと，各分子が異なる速度で移動する．この速度は分子の荷電量やサイズに依存する．アガロースやアクリルアミドゲルはタンパク質や核酸の電気泳動に通常用いられる媒体である．

Embden-Meyerhof-Parnas pathway（EMP pathway）：エムデン-マイヤホフ-パルナス経路（EMP経路）
グルコースをピルビン酸に分解する経路．つまり6炭糖のグルコースが，フルクトース1,6二リン酸に変換され，3Cのグリセルアルデヒド3リン酸に変換される際，ATPを生成する．Entner-Doudoroff経路の項も参照．

Entner-Doudoroff pathway（ED pathway）：エントナー-デュードロフ経路（ED経路）
グルコースをピルビン酸とグリセルアルデヒド3リン酸に変換する経路．6ホスホグルコン酸を経由し，これが還元されることによる経路．

Enzyme：酵素
生化学反応の反応速度を上昇させる触媒として働くタンパク質．反応の生産物や性質はこれによっては変化しない．

***Escherichia coli*：大腸菌**
病原性のない大腸菌で遺伝子工学の研究に特によく用いられる．研究室で容易に増殖させることができる．

Eukaryote：真核生物
以下のような性質をもつ細胞からなる生物．（1）核構造をもった染色体を有する．核は二重膜構造からなる核膜により，細胞質と分かれている．（2）細胞質内のオルガネラはコンパートメント化されており，その機能も分かれている．

Exogenous DNA：細胞外DNA
対象生物外由来のDNA．

Exons：エクソン
タンパク質をコードしている遺伝子のDNA配列．イントロンの項も参照．

Expression：発現
遺伝子生産物が生成するような細胞内での遺伝子が機能する能力．

Expression vector：発現ベクター
クローン化された単一または複数の遺伝子を転写，翻訳するのに必要な調節遺伝子配列を含んだクローニングベクター．

Feedback inhibition：フィードバック阻害
生合成経路の最終生産物による阻害．

Fermentation：発酵
（1）有機化合物が最初に電子供与体として，また，最終的に電子受容体として働くATP生成異化代謝経路．
（2）大きなスケールの微生物プロセス．

Fusion protein：融合タンパク質
リーディングフレーム（読み枠）にある2種またはそれ以上の結合遺伝子が翻訳された結果，1つのタンパク質として発現したもの．

Gel：ゲル
不活性ポリマー．よく用いられるのは，アガロース，または，ポリアクリルアミドで核酸やタンパク質のような巨大分子を電気泳動で分離するために用いられる．

Gene：遺伝子
遺伝の基本的な物理的，機能的な単位．遺伝子は特異的な染色体の特異的な場所に位置する核酸の配列である．この配列は特異的な機能をもつ生産物（つまり，タンパク質やRNA分子）をコードする．遺伝子発現の項も参照．

Gene disruption：遺伝子破壊
in vitroまたはin vivoでの組換えを使って，野生型の遺伝子に対して選択的変異を起こすこと．

Gene expression：遺伝子発現
遺伝子のコードされた情報が細胞内で構造を担ったり，機能をもったりするような産物に変換されるプロセス．発現した遺伝子という際には，mRNAに転写された遺伝子，タンパク質に翻訳された遺伝子，RNAに転写されるがタンパク質には翻訳されない遺伝子（例えば，トランスファーRNAやリボゾーマルRNA）という意味を含む．

Gene mapping：遺伝子マッピング
DNA分子（染色体またはプラスミド）上の遺伝子の相対的な位置や遺伝子間の距離（リンケージ（連鎖）単位，物理的単位で）を決定すること．

Gene product：遺伝子産物
遺伝子発現の結果生成するRNAまたはタンパク質といった生化学物質．遺伝子産物の量は，どれほど遺伝子が活性であるかを表す．異常な遺伝子産物量は対立遺伝子に関係する遺伝病と関係のある可能性がある．

Genetic code：遺伝子コード
核酸の配列でトリプレットをなして（コドン）コード化される．このコドンは，タンパク質合成のアミノ酸配列を決定するmRNAに転写される．遺伝子のDNA配列はmRNA配列を予測するのに使われる．さらに，アミノ酸配列を予測するのに遺伝子コードは使われる．

Genetic engineering：遺伝子工学
DNAを単離，操作，組換え，発現させるin vitroでの手法，技術の総称．

Genetic map：遺伝子地図
染色体上の遺伝子の物理的な構成や順序を表したもの．

Genomic library：ゲノムライブラリー
微生物のゲノム全体を表現する遺伝子からランダムに生成した重複領域をもつ遺伝子断片の集合．

Growth factor：増殖因子
細胞増殖のために添加しなければならな

い有機物．これは細胞の構成要素またはその前駆体であって，細胞自らは合成できないために，細胞増殖にとって必須なものである．

Guanine（G）：グアニン
窒素塩基の1つでG-C（グアニン-シトシン）で塩基対を作る．

Haploid：一倍体
染色体の一組のセット（遺伝子のフルセットの半分）．動物では，卵細胞と精子細胞，植物では花粉細胞がこれにあたる．ヒトは生殖細胞において23個の染色体をもっている．

Homologies：ホモロジー
同種または異種の生物の個体間のDNAまたはタンパク質の配列の相似性．

Human gene therapy：ヒト遺伝子治療
遺伝病を治療する目的でノーマルな遺伝子を細胞に直接導入すること．

Human Genome Initiative：ヒトゲノム計画
1986年に合衆国DOE（Department of Energy，エネルギー省）によって開始されたいくつかのプロジェクトの総称．(1) 既知の遺伝子座からDNA断片を作成．(2) 遺伝子地図やDNA配列を解析する新しいコンピューティング手法の開発．(3) DNA検出や解析の新しい手法や機器の開発．このDOEの開発プログラムはヒトゲノムプログラムとして知られている．DOEとNIHがリードしている合衆国のプロジェクトはヒトゲノムプロジェクトといわれている．

Hybridization：ハイブリダイゼーション
2つの一本鎖相補DNAまたはDNAとRNAを二重らせん状分子にするプロセス．

Immune response：免疫応答
ヒトや動物体内で外来物質が接触したために起こる特異的な反応．免疫応答を起こす原因になる外来物質は免疫源，または抗原と呼ばれる．免疫応答は，抗体生産プロセス，T細胞の活性化，またはその両方を指す場合もある．

***In situ* hybridization：インサイチュー（*In situ*）・ハイブリダイゼーション**
クローン化されたバクテリアや培養細胞の相補DNA配列をDNAまたはRNAプローブを利用して直接個体上で検出すること．

In vitro
言語的な意味は"ガラスの中で"という意味で，生細胞からは離してという意味になる．試験管内であるいはガラス容器内で起こるすべてのことを表す意味として用いられる．反対語は *in vivo* である．生細胞の外で行われた研究，つまり，試験管内で行われた研究のこと．*In vivo* の項参照．

In vivo
In vitro とは反対に"生体"または"生組織上で"という意味．研究や実験が生体で行われた場合，それは *in vivo* で行われたという．

Informatics：インフォマティクス
情報を扱うためにコンピュータや統計手法を応用する研究分野．ゲノムプロジェクトでは，インフォマティクスはデータベースを素早く検索する技術，DNA配列情報を解析する技術，DNA配列データからタンパク質配列や構造を予測する技術を含む．

Initiation factors：転写開始因子
mRNA，リボゾーム，に加えて，タンパク質合成を開始するのに必要な触媒タンパク質．バクテリアでは，3つの別々のタンパク質が同定されている．すなわち，IF-1（8 kDa），IF-2（75 kDa），IF-3（30 kDa）である．真核生物では

少なくとも6-8のタンパク質が同定されている．IF-1とIF-2はtRNAの転写開始複合体への結合を活性化する．

Introns：イントロン
タンパク質をコードしている遺伝子間に存在するDNA塩基配列．これらの配列は，RNAに転写されるがタンパク質に翻訳される前に切断される．

Kilobase（kB）：キロベース（kB）
1,000個の核酸単位に等しいDNA断片の長さの単位．

Lactose repressor：ラクトース抑制因子
ラクトースオペロンのオペレーター領域に非常に高い親和力で結合し，ポリメラーゼがプロモーター領域に結合するのをブロックすることによって，下流の遺伝子が転写されるのを阻害するタンパク質（37 kDaのテトラマー）．ラクトース抑制因子がアロラクトースに結合する際にはオペレータへの結合が減少し，遺伝子抑制が解除される．

Library：ライブラリー
配列の定まっていない，特定の微生物からクローン化されたDNA遺伝子の集合．お互いの関係はフィジカルマッピングにより決定される．

Locus（複数形は loci）：遺伝子座
染色体上の遺伝子または染色体マーカーの位置．またはその位置に存在する遺伝子のことも指す．遺伝子座という言葉は，ときには，発現している遺伝子領域という意味に限定して用いられることもある．

Marker：マーカー
染色体上の同定可能な物理的位置（例えば遺伝子の制限酵素切断部位）．その遺伝子の性質が観測できる．マーカーはDNA（遺伝子）の発現部位である可能性もあるし，タンパク質の機能は未知であるが，その遺伝子が既知のものでもよい．

Messenger RNA（mRNA）：メッセンジャーRNA（mRNA）
タンパク質の配列情報を特定するRNAでこの情報はリボゾーム上で翻訳される．真核生物のmRNAは普通，スプライシングによりイントロン部分が切断されて形成される．真核生物では，mRNAは普通，GTPキャップやポリA鎖を必要とする．

Metabolism：代謝
嫌気，好気における細胞内のすべての生化学反応．

Microorganism：微生物
裸眼で見ることができないほど小さな生物．バクテリア，カビ，微細藻類などを含む．時には，原生動物，ウイルスを含んで使われる場合もある．

Mitochondrion（複数形は mitocondria）：ミトコンドリア
真核生物の小器官の1つで呼吸や電子伝達リン酸化を担っている．

Mutation：変異
生物のDNAの配列の遺伝的な変化．ナンセンス変異：アミノ酸をコードしているコドンをアミノ酸をコードしていないコドンへ変化させる変異．アンバー変異：ストップコドン（UAG）を遺伝子の配列中に導入して未成熟なまま転写を終結させるような変異などがある．

Nicotinamide adenine dinucleotide (phosphate)［NAD（P）］：ニコチンアミドアデニンジヌクレオチド（リン酸）［NAD（P）］
重要な補酵素．酸化還元反応に広く関与し，水素を運搬する機能をもつ．Hはニコチンアミド残基に運搬される．酸化型の補酵素はNAD(P)$^+$と記述する．還元

型の補酵素は，NAD(P)Hと記述する．多くのオキシドレダクターゼはNAD$^+$かNADP$^+$に特異的である．そのうちのいくつかのものは両方に作用する．NADPは生合成反応において広く用いられ，NADは異化代謝やエネルギー生成反応に関与することが多い．

Nucleotide：ヌクレオチド
窒素塩基（DNA中では，アデニン，グアニン，チミン，シトシン，RNA中では，アデニン，グアニン，ウラシル，シトシン），リン酸分子，糖分子（DNAではデオキシリボース，RNAではリボース）を含むDNAやRNAのサブユニット．DNAやRNAはこのヌクレオチドが高分子になったもの．

Nucleus：核
真核生物の細胞オルガネラの1つで遺伝物質を含んでいる．

Oligonucleotide：オリゴヌクレオチド
微生物由来または化学合成で得られた核酸分子が数分子結合したもの．

Oncogene：オンコジーン，ガン遺伝子
ガンに関連する遺伝子群．直接的，間接的に増殖の速度制御に関与する多くの遺伝子がある．

Open reading frame（ORF）：オープンリーディングフレーム（ORF）
スタートコドンから始まり，ストップコドンで終結するDNA分子全体．またはその長さ．

Operator：オペレータ
DNA分子上にリプレッサーが結合する部位．オペロンの一部．

Operon：オペロン
複数の構造遺伝子をもち，これを同時に転写する制御可能な転写単位．少なくとも2つの異なる領域，オペレータとプロモータを含む．最初に発見された例は lac オペロンである．

Oxidation-reduction（redox）：酸化還元反応（レドックス反応）
1つの化合物が酸化され，他方の化合物が還元されるような一組の反応．酸化反応で放出した電子を還元反応で受容する．

Periplasmic space：ペリプラズム領域
Gram陰性細菌の細胞膜と細胞壁の間の空間．栄養成分の取込みに関する酵素群が存在する．

Phage：ファージ
バクテリアが天然の宿主であるウイルス．

Physical map：フィジカルマップ
DNA上の遺伝的同定可能な目印（例えば制限酵素部位）の遺伝子地図上の位置．距離は塩基対で表す．ヒトゲノムでは最小のフィジカルマップの解像度は24の異なる染色体の電気泳動のバンドである．最高の解像度は，染色体の核酸配列の1つひとつである．

Plasmid：プラスミド
自律複製可能で，染色体外の環状DNA分子．普通のバクテリアのゲノムとは区別する．細胞が生育するためには必須ではない．いくつかのプラスミドは宿主のゲノムに組み込むことが可能である．人工的に構築されたプラスミドがクローニングベクターとして用いられる．

Polycistronic mRNA：ポリシストロン mRNA
いくつかのタンデムに並んだ遺伝子の転写による単一のmRNA．例えば，オペロンから転写されたmRNA．

Polymerase chain reaction（PCR）：ポリメラーゼチェーン反応（PCR）
DNAの塩基配列を in vitro で熱安定なポリメラーゼと2つの20塩基程度のプ

ライマーを用いて増幅する方法．片方のプライマーは（＋）鎖の末端部分に相補し，もう片方は，（−）鎖に相補する．新しく合成されたDNA鎖は，同じプライマー配列に対して続けて鋳型として働くことができるのでプライマーのアニーリング，DNA鎖の伸長反応，そして分解のサイクルが連続的に，また，希望の配列に対して高度に特異的に行える．PCRはまた，DNAサンプルの決まった配列の存在を確認するための方法としても用いられる．

Polypeptide：ポリペプチド
いくつかのアミノ酸がペプチド結合でつながったもの．

Primer：プライマー
新しいデオキシヌクレオチドがDNAポリメラーゼによって付加され得る短いポリヌクレオチド鎖．

Probe：プローブ
特異的な配列をもち，放射活性や免疫的に標識された一本鎖DNAまたはRNA分子．ハイブリダイゼーションによって相補的な塩基配列を検出するのに使われる．

Prokaryotes：原核生物
バクテリア，シアノバクテリア（らん藻，緑藻）などの微生物．単純な構造の染色体をもつ．時に，2つの染色体をもつが通常は，核膜のない環状の染色体である．細胞膜，リボゾームなど数少ないオルガネラしかもたない．

Promoter：プロモータ
DNAの転写を開始する前にRNAポリメラーゼが結合するDNAの領域．転写が開始される核酸の位置は＋1と指定され，核酸はこの点から上流にさかのぼれば負にナンバリングされる．一方，下流は正にナンバリングされる．ほとんどのバクテリアのプロモータは，ポリメラーゼが結合するのに必須の2つのコンセンサス配列をもっている．1つは，プリブナウボックスで約−10塩基に存在し，5′-TATAAT-3′のコンセンサス配列をもつ．2番目は，−35塩基に存在し，コンセンサス配列は5′-TTGACA-3′である．遺伝子の転写を調節するほとんどの因子は，プロモータ領域付近に結合するか，または転写開始に影響を与えることによって調節を行っている．真核生物のプロモータについては，ずっと既知の情報が少ない：3つのRNAポリメラーゼのそれぞれが異なるプロモータをもっている．RNAポリメラーゼ I はrRNAの前駆体に対する唯一のプロモータを認識する．RNAポリメラーゼ II は，ポリペプチドをコードするすべての遺伝子を転写する．これは，非常にたくさんのプロモータを認識するポリメラーゼである．Goldberg-Hogness，または，TATAボックスと呼ばれる配列は，−25塩基付近に存在し5′-TATAAAA-3′というコンセンサス配列をもつ．いくつかのプロモータでは，−90塩基付近にCAATボックスというコンセンサス配列をもち，その配列は，5′-GGCCAATCT-3′である．ハウスキーピング遺伝子に対するすべてのプロモータは5′-GGGCGG-3′という配列をもつGCリッチな要素のマルチプルコピーを含むという実験結果が蓄積されつつある．ポリメラーゼ II の転写はまた，エンハンサーと呼ばれる因子によっても影響を受ける．RNAポリメラーゼ III に対するプロモータは5S-RNAの1つの配列，またはtRNA中の2つのブロックの中に存在する．

Protein：タンパク質
特別な配列をもった一本または複数本のアミノ酸鎖からなる巨大分子．アミノ酸配列はタンパク質をコードしている遺伝子の塩基配列によって決定される．タン

パク質は細胞にとって，構造を作り，機能をもたせ，調節をするのに必要である．ホルモン，酵素，抗体などとして働く．

Proton-motive force：プロトンモーティブフォース（PMF）
電子伝達系の働きを通してプロトンを膜外に排出することによって生成する膜のエネルギー活性化状態．化学浸透の項も参照．

Purine：プリン
窒素を含み，環状の核酸の基本構造の一要素．DNA，RNAでは，プリンはアデニンとグアニン中に存在する．

Pyrimidine：ピリミジン
窒素を含み，2つの環をもった核酸の基本構造の一要素．DNAではシトシンとチミン，RNAでは，シトシンとウラシルに含まれる．

Recombinant clones：組換えクローン
組換えDNA分子をもったクローン．組換えDNA技術の項も参照．

Recombinant DNA molecules：組換えDNA分子
組換えDNA技術により，異なる起源由来のDNA分子を組み合わせること．

Rocombinant DNA technology：組換えDNA技術
無細胞系（細胞や組織の外の環境）において，DNAセグメントをつなぎ合わせる技術．適当な条件下では，組換えDNA分子は細胞内に導入され，そこで複製される．これは，自発的に起こるか，このDNAが染色体上に組み込まれるかによって起こる．

Recombination：組換え
各々の親からの遺伝子が子において組み換えられるプロセス．高等生物では，この現象は，クロスオーバーによって起こる．

Regulation：調節
タンパク質の合成を制御するプロセス．誘導や抑制が，この例である．

Regluratory regions or sequences：調節領域，または，調節配列
遺伝子発現を制御するDNA塩基配列．

Regulon：レギュロン
2つ以上の空間的に別の場所に存在する遺伝子が共通の調節分子によって調節されること．

Repressor protein：リプレッサータンパク質
遺伝子の転写を抑制する機能をもち，遺伝子のオペレータ部分に結合するタンパク質．リプレッサーのオペレーターへの結合の親和性は他の分子によって影響を受ける．インデューサーはリプレッサーに結合し，そのオペレーターへの結合能を減少させる．これに対し，コリプレッサーは結合能を上昇させる．タンパク質リプレッサーという概念は，ラクトースリプレッサータンパク質をもとにうち立てられた．リプレッサータンパク質は*lac*オペロン上で働き，ラクトース消費のためのβガラクトシダーゼの誘導を制御する．このタンパク質は360アミノ酸からなるポリペプチドでテトラマーとして活性をもつ．

Restriction enzyme cutting site：制限酵素切断部位
DNAの特異的な核酸配列で，特定の制限酵素により，その部位でDNAが切断される．そのようなサイトはDNA中でよく見つかるものもある（例えば，数百塩基ごとに現れるものもある）．普通は，頻度はもう少し少ない（10,000塩基ごと程度である）．

Restriction enzyme, endonuclease：制限酵素，エンドヌクレアーゼ
特異的な短い配列を認識し，その部位

でDNAを切断する酵素．バクテリアでは，100以上の異なるDNA配列を切断できる400以上の制限酵素が発見されている．制限酵素切断部位の項も参照．

Ribonucleic acid（RNA）：リボ核酸
核や細胞質に存在する核酸が構成要素となっている分子．細胞内のタンパク質合成やその他の化学的な活性に重要な役割を果たす．構造はDNAに似ている．いくつかの種類のRNAがあり，トランスファーRNA，リボゾーマルRNA，その他小さなRNAがあり，異なる目的で機能している．

Ribosomal RNA：リボゾーマルRNA（rRNA）
細胞のリボゾームを構成しているRNA．

Ribosome：リボゾーム
ヘテロダイマーからなるマルチサブユニット酵素．リボ核酸タンパク質とタンパク質から構成される．mRNAと相互作用しtRNAをアミノアシル化し，mRNAのコードしている配列をタンパク質に翻訳する．すべての微生物，細胞にはすべて同様なリボゾームの存在が見られる．すべて，大きなサブユニットと小さなサブユニットをもつ．クロロプラスト，ミトコンドリアにも見られる．原核生物と真核生物では見かけ上，異なるリボゾームが存在する．

Shine-Dalgarno sequences：Shine-Dalgarno配列
原核生物のmRNA分子の転写開始上流の短い配列．リボゾーマルRNAを結合し，リボゾームをmRNA上の開始コドンに運ぶ役割をする．

Sigma factor：σファクタ
RNAポリメラーゼ依存のE. coli DNAに結合する転写開始ファクタ（86 kDa）でDNAの特異的な開始部位に結合する．結合した後にこのファクタは離れる．

Signal sequences（signal peptide）：シグナル配列（シグナルペプチド）
タンパク質の最初の位置に見つかる短いアミノ酸の配列．ポリペプチドの膜透過に機能する．

SOS system：SOSシステム
DNAの修復システムで"error-prone repair"「誤りがちな修飾」とも呼ばれる．つまり，失われたDNA分子は正しい塩基に修復されるかもしれないし，誤って修復されるかもしれない．しかし，複製は行えるということである．RecAタンパク質は，この種の修復に必要なタンパク質である．SOS遺伝子は，原核，真核生物において，細胞のセルサイクルの制御に機能する．

Southern blotting：サザンブロッティング
電気泳動ゲル上で分離したDNAフラグメントをメンブランフィルターにトランスファーし，放射性標識された特異的な相補プローブとハイブリダイズさせて検出すること．

Spore：胞子
多くの原核生物や真菌によって環境が悪化した際に作られる生体構造の一般的な総称．

Substrate level phosphorylation：基質レベルのリン酸化
無機リン酸を活性化した有機基質に結合して得られる高エネルギーのリン酸結合の合成．

Termination：終結
（1）mRNA合成（転写）のターミネータ部位での停止．（2）ストップコドンでのタンパク質合成（翻訳）の停止．

Thymine（T）：チミン
　窒素塩基の1つでA-T（アデニン-チミン）の塩基対を作る．

Transcription：転写
　DNAテンプレートを使ったRNAポリメラーゼによるRNAの合成．

Transcriptional control：転写制御
　DNA領域をRNAに転写する数を制御することによって遺伝子の発現を制御すること．タンパク質合成の主な調節メカニズムは，原核生物でも真核生物でも同様に見られる．

Transfer RNA（tRNA）：トランスファーRNA（tRNA）
　トリプレットの核酸配列をもつRNA．mRNAの配列とトリプレットに相補する．タンパク質合成におけるtRNAの役割は，アミノ酸と結合しリボゾームにアミノ酸を運搬することである．リボゾームでは，mRNAによって遺伝子コードに従ってタンパク質が構築される．

Transformation：トランスフォーメーション
　外来のDNAがゲノムに導入されることによって，変化した個々の細胞由来の，遺伝形質変化する過程．

Translation：翻訳
　リボゾーム上で，mRNA中の情報がポリペプチド鎖の配列を特定するプロセス．

Uracil（U）：ウラシル（U）
　RNA中には存在するがDNA中には存在しない窒素塩基．アデニンと塩基対を構成する．

Virus：ウイルス
　宿主細胞中でのみ生存し得る，細胞ではない生命体．ウイルスはタンパク質に覆われた核酸からなっている．いくつかの動物ウイルスは膜に覆われている．感染した細胞内ではウイルスは子孫を増やすために宿主の合成能力を利用する．

索　引

●あ

アイソザイム　115
アイソファンクショナル酵素　116
アウトプット反応　424, 426
アウトプットフォースとインプットフォースのドライビングフォースの比　512
アウトプットフロー　510
アクチノルフォジン　182
アクチノロージン　183
アクティベータ　133, 140
アクラシノマイシンA　183
アクラシノマイシンB　183
アシルCoA　383
アシルキャリアタンパク質　184, 186
アシルグリセロール　48
アシルトランスフェラーゼ　184
アスコルビン酸　187
アスパラギン酸　164, 324
アスパラギン酸キナーゼ　127, 325
アスパラギン酸セミアルデヒド　128
アスパラギン酸ファミリー　165
　　——のアミノ酸合成経路におけるフィードバック制御機構　127
アスパラギン酸ファミリーアミノ酸　324
アスパルトキナーゼ　165
アセチルCoA　284, 324
アセチルCoAレダクターゼ　192
アセチルリン酸　143
アセトアルデヒド　207
アセト酢酸デカルボキシラーゼ　171
アセトヒドロキシ酸シンターゼ　169
アセトン　170
アテニュエーション　136
アデニレートサイクラーゼ　141
アデニン　531
アデノシン5′三リン酸　324
アナプレロティック反応　41
アミノアシル-tRNAシンセターゼ　138
アミノ酸　164, 531
　　——の生合成　44, 46
アミノ酸転移　43
アミノ酸発酵　14
アミノ酸分解　44

アミノ炭水化物　51
アミロース　181
アミロデキストリン培地　181
アミロペクチン　181
アラニン　164, 166, 324
アラニンデヒドロゲナーゼ　166
アラビノース　159, 160
アルギニン　164
アルコールデヒドロゲナーゼ　162
アルドラーゼ　488
アロステリック　531
　　——な影響をもつエフェクタ　117
アロステリックエフェクタ　129
アロステリック酵素　128
アロステリックレギュレータ　129
アンストラクチャーモデル　76
アンスラキノン　183
安息香酸　207
アンチコドン　531
アンチセンスRNA　204
アンデシルプロジジオシン　182
アントラニル酸シンセターゼ　166
アンモニア　324

異化還元チャージ　152
異化代謝　532
　　アミノ酸の——　42
　　脂肪酸の——　42
　　脂肪の——　42
　　長鎖脂肪酸の——　42
異化代謝プロセス　150
異化反応　13
異種親和性　130
イソアミラーゼ　181
イソアミルアルコール　170
イソクエン酸　324
イソクエン酸リアーゼ　149, 296
イソプロピルβ-D-チオガラクトピラノシドインデューサ　372
イソペニシリンN　383
イソペニシリンNシンセターゼ　383
イソペニシリンアシルトランスフェラーゼ　383
イソロイシン　164, 169
一倍体　535

索　引

1,3プロパンジオール　171, 172
1,3プロパンジオールオキシドレダクターゼ　172
1反応改変　472
一般化された還元度のバランス　95
遺伝子　534
　　──の発現　142
遺伝子工学　534
遺伝子工学的設計　184
遺伝子コード　534
遺伝子座　536
遺伝子産物　534
遺伝子地図　534
遺伝子破壊　534
遺伝子発現　132, 534
遺伝子マッピング　534
遺伝子量　372
遺伝的調節　114
インジゴ　194
インジゴチン　194
インドール　195
インドール3グリセロールリン酸　195
インドキシール　195
イントロン　536
インパクト　243
インフォマティクス　535
インプット反応　424, 426
インプットフロー　510

ウイルス　541
ウイルス粒子　136
宇宙（universe）　482
ウラシル（U）　541
ウロン酸　160

エアレーション　72
影響因子（エフェクタ）　13
栄養要求性変異株　128
エクソポリサッカライド合成　193
エクソン　533
エタノール　158, 170, 173, 428
エネルギー収率　13
エネルギー生化学反応　19
エネルギー生成反応　150
エネルギー代謝　29
エネルギーチャージ　151
エネルギー伝達　507
エノイルレダクターゼ　184
エノラーゼ　482, 488
エムデン-マイヤホフ-パルナス経路　29, 173, 324, 533
エラシティシティ係数　361, 365
エリスロース4リン酸　166, 324, 429
エリスロマイシン　183
エリスロマイシン生産　184
塩基対　531
エンタルピー　482
エントナー-デュードロフ経路　173, 533
エンドヌクレアーゼ　539
エントロピー　482

応答レギュレータ　142
大きな摂動に関する理論　398, 450
オープンリーディングフレーム（ORF）　537
オキザロ酢酸　281, 324, 333
オキザロ酢酸同位体化合物分布　300, 301
オキザロ酢酸同位体分布　295
オペレータ　537
オペロン　13, 132, 537
オリゴサッカライド　181
オリゴヌクレオチド　537
オリゴマイシン　397
オルニチン生産菌　165
オレンドロマイシン生産株　183
オン-オフスイッチ　129
オンコジーン　537
オンラインフラックス解析　339

● か

カーネル行列　423
カーネルベクトルの組　423
開始因子　138
解析　2
解糖　142, 392
解糖系　29, 327
解糖経路の自由エネルギー　487
カイネティクス表現　429
カイネティックな表現　76
カイネティックモデル　76, 378, 381
回分培養系　73
外来性化学物質　205
化学浸透説　532
化学的圧力　484
化学ポテンシャル　484, 496
化学量論　17
化学量論係数　91
可観測　100
鍵酵素　114
可逆交換速度　314
可逆阻害システム　120
可逆反応　482
核　537
核-細胞質輸送　146
核RNAの半減時間　146
拡散係数，脂質二重膜中　22
攪拌　72
各フラックスの比　451
ガスクロマトグラフ質量分析法　7, 279
カタボライト抑制　141
活性化の機構　115
活性増幅因子　406
カップリング度　510
活量係数　484
カテコール2,3ジオキシゲナーゼ　208
カプロン酸　285
ガラクトース　160
下流の増幅　472
　　──と競合反応の抑制　472
カレンシーメタボライト　150
ガン遺伝子　537

543

環境汚染問題　188
還元的情報　3
還元度　96
還元力　152
感染症への治療薬　182
完全性　90
乾燥菌体　17
感度　108, 272
感度解析　14, 273
官能基の寄与　496
緩和時間（時定数）　20

擬似逆行列　100
基質　64
　　——と酵素の複合体（ES）　117
　　——の制限　140
　　——の比消費速度　73, 90
基質アナログ　122
基質消費経路　203
基質阻害　120
基質レベルのリン酸化　540
希釈率　73
基準状態　451
キシラナーゼ　178
キシリトール　173
キシリトールデヒドロゲナーゼ　173, 174
キシルロース　173
キシルロース5リン酸　324, 429
キシルロキナーゼ　176
キシレンオキシゲナーゼ　208
キシロース　159, 160, 173
キシロースイソメラーゼ　173, 176
キシロースレダクターゼ　173, 174
吉草酸　191
拮抗阻害　122
基底　424
擬定常状態　339, 361
機能拡散　203
希薄溶液　484
基本的な行列演算　101
逆行列　103
キャプシド　532
吸エルゴン反応　483
競合反応の抑制　472
競争阻害　120, 122
競争阻害剤　122
競争的結合　130
協奏的阻害　116
　　スレオニンとリジンの——　128, 325
協調的調整　128
共役する反応　427
共輸送　26
行列
　　——の感度　273
　　——の転置　103
巨大分子　18
許容生成物　223, 223
キロベース（kB）　536
緊縮応答　137

緊縮システム　140
グアニン　535
グアノシン5′二リン酸3′二リン酸　137
駆動力　507
組合せの数の爆発　224
組換え　539
組換えDNA技術　539
組換えDNA分子　539
組換えクローン　539
グリオキシル酸回路　41, 149
グリオキシル酸シャント（GS）　294
グリコーゲン合成　142
グリシン　164
グリセルアルデヒド3リン酸　324, 428, 488
グリセロール　172, 429
グリセロールデヒドラターゼ　172
グリセロールデヒドロゲナーゼ　172
グループエラスティシティ係数　14, 378
グループ化　6
　　反応の——　420
グループコントロール係数　6, 14
グループトランスロケーション　26, 203
グループ濃度コントロール係数　449
グループ反応　449
グループフラックスコントロール係数　377, 420, 453
グループフラックスの決定　435
グルコアミラーゼ　181
グルコース　160, 181, 203, 324, 488
グルコース6Pイソメラーゼ　488
グルコース6リン酸　324, 333, 428, 488
グルコースデヒドロゲナーゼ　197
グルコース濃縮度パターン　295, 300
グルコースの細胞内への取込み　428
グルコシド　194
グルコノδ-ラクトン　197
グルコピラノース　181
グルコン酸　335
グルタミン　164, 324
グルタミン酸　164, 295, 324
グルタミン酸合成　327
グルタミン酸シンターゼ（GOGAT）システム　199
グルタミン酸生産菌　323
グルタミン酸デヒドロゲナーゼ　45
グルタミン酸同位体化合物分布　300, 301
グルタミンシンターゼ　45, 199
クローニングベクター　532
グローバルな制御　138
クロストーク　142
クロスレギュレーション　143
クロラムフェニコールアセチルトランスフェラーゼ　200

系（システム）　482
経路
　　——の化学量論　224
　　——の実現可能性　489
ケタール・ピルビン酸トランスフェラーゼ　193

索　引

ケトレダクターゼ　186
ゲノミクス　8
ゲノムライブラリー　534
ケモスタット　73
ゲル　534
原核生物　538
嫌気（的）呼吸　141, 531
嫌気連続培養　96
原子マッピング行列　279, 315
現象論的化学量論　512
現象論的係数　509
現象論的方程式　509
元素構成式　93
元素バランス　92

5,10 メチレンテトラヒドロ葉酸　47
高エンタルピー　482
抗ガン作用　183
交換速度　314
好気　141
好気/微好気ターミナルオキシダーゼ　200
好気呼吸　142
交互性　511
交差係数　509
高脂肪症　137
合成　2
抗生物質　182
構成要素　18
酵素　533
　　単一の——　13
　　——活性の調節　115
　　——の柔軟性　11
　　——のトータルの数　132
構造遺伝子　132
酵素調節のメカニズム　115
酵素濃度　364
　　——の制御　115
　　——の調節　132
酵素反応の選択　2
高分子化反応　51
酵母細胞のシミュレータ　414
酵母の発酵経路　37
合理的
　　——な改良　2
　　——な設計　2
コエンザイム　532
コートタンパク質　136
コールドショック　141
コーン（原料）　159
呼吸商　78
コスミド　532
異なる炭素源へのスイッチ　6
コネクションセオレム　361
コネクティビティセオレム　365
コハク酸　163, 324
コファクタのペア　66
コポリマー　191
コモディティケミカルの生産　173
固有の反応　424

コリスミ酸　429
コリスミ酸ムターゼ　166
コリネ型細菌　128
コレステロール合成　142
　　——と消費　137
コンシステンシー　90
コンシステンシー解析　96
コントロール係数　361, 362
コンフォメーションを変化　129

● さ

サーモカイネティクス　524
最小二乗法　100, 106
最小ポリケタイド生成システム　184
再生可能な原料　159
最大反応速度　117
細胞　482
細胞維持のための ATP 消費　56
細胞外 DNA　533
細胞工学　1
細胞構成要素　64
細胞全体のレベル　13
　　——での調節　138
細胞増殖に関するエネルギー論　55
細胞内基質濃度　117
細胞内代謝フラックス　278
細胞内反応式　66
細胞内反応の化学量論　64
細胞反応のモデリング　13
細胞微生物学　532
最尤推定法　106
酢酸　324
酢酸生産　324
サザンブロッティング　540
鎖長決定ファクタ　186
サトウキビ　159
3,4 ジメチル安息香酸　207
3,4 メチル安息香酸　207
3 デオキシ D-アラビノヘプツロン酸 7 リン酸　429
3 エチル安息香酸（3EB）　207
3 ケトチオラーゼ　190
3 デオキシ D-アラビノヘプツロソン酸 7P　166
3 ヒドロキシ 3 メチルグルタリル CoA（HMG-CoA）
　　レダクターゼ　137
3 ヒドロキシバリレート　191
3 ヒドロキシブチレート　191
3 ヒドロキシプロピオンアルデヒド　172
3 ホスホグリセリン酸　324, 488
散逸関数　507
酸化還元（redox）変化　140
酸化還元バランス　69
酸化還元反応（レドックス反応）　537
酸化的リン酸化　324, 515
酸化的リン酸化反応　37, 396
酸化的リン酸化ポテンシャル　516
酸化レスポンス　141
残差　105
ザンサンガム　188, 193
参照状態　484

酸素　324
サンメンションセオレム　361, 362, 363
　　グループフラックスコントロールの——　377
シーケンシャルフィードバック阻害　116
時間の階層性　115
シキミ酸経路　429
シグナル配列（シグナルペプチド）　540
シグマファクタ　133, 140
シグモイド曲線　128
自己リン酸化　140
脂質　48, 51
糸状菌　182
システイン　164
システム　142
実現可能性　481, 486
実験計画のデザイン　2
至適でない条件に対する細胞の応答　140
シトシン　532
シナジェスティック　116
シナジスティックシステム　360
自発的でないプロセス　483
自発的なプロセス　483
ジヒドロキシアセトンリン酸　488
　　——のグリセルアルデヒド3リン酸への変換　507
ジヒドロキシアセトンキナーゼ　172
ジヒドロキシシクロヘキサジェンカルボキシラーゼデヒドロゲナーゼ　208
脂肪酸合成　142
シミュレーション　76
シャドウプライス　272
シャペロニン　532
自由エネルギーの獲得　482
自由拡散　21, 203, 507
終結　540
重合度　190
終始因子　138
従属な　101
自由度　94, 100
収率係数　78
収率係数 Y_{sx}　55
収率係数 Y_{xATP}　55
10領域　133
重量基準　55
シュクロースの利用　180
受動輸送　21, 507
主要ノード　148
主要分岐点　333
条件数　273
冗長性行列　101
　　——のランク　101
冗長な状態　100
　　——のシステム　262
冗長な情報　100
上流と下流の増幅　472
上流の増幅と下流競合の抑制　472
触媒反応定数　119
進化　114

真核生物　507, 533
　　——の電子伝達　40
新規生産物質の開発　182
シングルセルプロテイン　199
シングルモデュレーション　377
伸展因子　138
真の速度ベクトル　105
シンプレックス法　270
信頼度　108
親和力　117, 507

水素　195
推定値　106
スーパーコイル　133
スクシニル CoA　324
スクリーニング技術　1
スティミュロン　138
ステロール　48
ストップコドン　135
ストラクチャーモデル　76
ストリンジェント応答　137, 141
ストリンジェントな制御システム　140
ストレプトマイシン　182
スプライシング　147
スペクトル分析法　7
スペクトロメトリー　279
スペシフィシティ，生化学反応の　2
スレオニン　164, 165, 166
スレオニンシンターゼ　167
生化学システムセオリー　360
生化学反応機構の妥当性　13
制御　113
　　システムの——　414
制御機構　2
制御の測度（メジャー）　14
制限酵素　539
制限酵素切断部位　539
生合成経路　13
生合成反応　44
生産物比生成速度　90
静止期　141
精製酵素の添加　373
生体異物　205
生体構成成分　74
静的な head　513
正当性　90, 473
正の協調性　129
正のホモトロピック応答　130
生物化学工学　10
生物学的代謝工学　10
生分解性プラスチック　188
正方行列　100
生命システム　482
生理活性分子　183
ゼキサンチン　188
ゼキサンチンジクルコシド　188
摂動　5, 243
摂動定数　451, 464
摂動の可観測性　455

索　引

セドヘプツロース7リン酸　324
ゼノバイオティックス　205
セファロスポリン　182
セファロスポリンC　183
セリン　164
セルロース　159, 160, 173
セルロース分解　177
全RNA　52
遷移状態　3, 279
線形化　21
線形関係式　78
線形計画法　269
線形の摂動理論　360
染色体　532
セントラルカーボン　143
セントラルカーボンメタボリズム　150

走化性　142
相互作用　142
相互リン酸化　142
増殖因子　534
増幅　531
増幅因子　451
総和定理　363
阻害因子（インヒビタ）　13
阻害プラス活性化　116
促進拡散　21, 24
測定誤差　100
　　──の影響　479
測定の冗長性　100
束縛条件　92

● た

タービドスタット　73
ターミネータ　135
ターンオーバー　117
対角行列　107
対向輸送　26
対向流　507
代謝　536
　　──のノード　148
代謝経路　4
　　──の改変　1
　　──の改変の応用例　157
　　──の確立　142
　　──の合成　2, 223
　　──の合成のアルゴリズム　225
　　──の制御　14
　　──の操作の応用の実例　13
　　──の調節　113
　　──の不安定性　416
代謝経路工学　1
代謝工学　1
代謝コスト　46, 48
代謝コントロール解析　360
代謝コントロール係数　277
代謝制御の定量化　360
代謝生産物　64
代謝中間体　114

代謝調節物質　114
代謝ネットワーク　3
　　──でカタストロフィを起こす　467
代謝反応　114
代謝反応フラックスの解析　5
代謝物質増幅因子　407
代謝物質バランス　321
代謝フラックス　11, 89, 321
　　$in\ vivo$の──　321
代謝フラックス解析　13, 243, 359
代謝マップ　4
代謝モデル　66
大腸菌　533
ダイナミクス　19
ダイナミックマスバランス　72
対立遺伝子　531
多重アウトプット　427
多重遺伝子システム　140
多重遺伝子調節システム　141
多重インプット　427
多重ピーク（マルチプレットパターン）　303
多年草作物　159
多倍体　372
ダブルヘリックス　134
ダブルモデュレーション　376
炭水化物　51
炭素のサイクル　159
タンパク質　51, 538
　　──の寿命　146
　　──の半減時間　146
タンパク質-タンパク質相互作用　140
タンパク質合成　142

チオラーゼ　192
窒素レギュレータ　142
チミン　540
調節　13, 539
調節機構の変異株　128
調節系の変異株　164
調節酵素　144
調節シグナル　150
調節タンパク質　138
調節ネットワーク　116
調節配列　539
調節分子　115
調節領域　539
直線状の代謝経路のMCA　381
チロシン　164, 167, 427, 429

通貨代謝物質　19, 490
通性嫌気性菌　67
強いリジッドなノード　148

デアセチルセファロスポリン　183
デアセチルセファロスポリンCシンセターゼ　183
デアセトキシセファロスポリンCシンセターゼ　183
低エンタルピー　482, 482
定常状態　3, 280, 361

——の細胞内化学量論　422
低密度リポタンパク質（VLDL）　137
データ解析　2
データコンシステンシー　89
デオキシリボ核酸　51, 533
デオキシリボ核酸（DNA）組換え　1
デオキシリボヌクレオチド　48
適応応答の活性化　142
デキストリン　181
テスト関数 h　107
テトラサイクリン　182
テトラヒドロジピコリン酸　281, 325
テトラメチル安息香酸　206
デヒドラーゼ　184
電気泳動　533
電子化学的ポテンシャルの勾配の維持　56
電子受容体　533
電子伝達リン酸化　533
転写　146, 541
——の時間のスケール　146
転写開始　146
——の制御　132
転写開始因子　535
転写減衰　136
転写制御　541
転置行列　100
デンプン　173
デンプン含有種子　159
デンプン分解微生物　181

同位体
——の濃縮度　8
——の利用　7
同位体標識　277, 279
同位体標識化合物の分布　321
同位体ラベル物質　14
同一機構の最終生産物による阻害酵素　116
同化　531
同化還元チャージ　152
同化反応　13
同種親和性　130
糖新生　43, 142, 322, 392
糖の輸送　27
動物細胞培養　14
特異的阻害剤の添加　374
特性反応　424
特別なペア化合物のGibbsエネルギーの差　499
独立な経路の同定　431
独立な反応　422
閉じたシステム　482
トップダウンアプローチ　14, 377, 396, 448
ドライビングフォース　507
トランスアミナーゼ　327
トランスジェニック *A. thaliana*　192
トランスヒドロゲナーゼ　325
トランスヒドロゲナーゼ活性の発見　344
トランスファー RNA（tRNA）　52, 541
トランスフォーメーション　541
トランンスヒドロゲナーゼ　327

トリオースリン酸イソメラーゼ　488
トリクロロ安息香酸　206
トリプトファニル-tRNAシンセターゼ　166
トリプトファン　164, 166, 167, 427, 429
トリプトファン分解　166
トリプトファンリプレッサー　166
トルエート　207
トルエン　206
トルエンジオキシゲナーゼ　208
トレハロース　324

● な

内生的な代謝　79
内部エネルギー　482
流れの力の関係と交互性　510
ナフタレンジオキシゲナーゼ　194

2,4,5トリクロロフェノキシ酢酸　205
2オキソ4ヒドロキシペンテン酸　208
2オキソペント4エノエートヒドラターゼ　208
2ケトL-グルコン酸（2KLG）　187
2コンポーネントのセンサーレギュレータ調節系　140
2反応改変　472
2ヒドロキシムコン酸セミアルデヒドデヒドロゲナーゼ　208
2ヒドロキシムコン酸セミアルデヒドヒドラーゼ　208
ニコチンアミドアデニンジヌクレオチド（還元型）　324
ニコチンアミドアデニンジヌクレオチドリン酸（還元型）　324
ニコチンアミドアデニンジヌクレオチド（リン酸）[NAD(P)]　536
二酸化炭素　324
二倍体　532
乳酸　324
乳酸菌　35
二量体酵素　130

ヌクレオチド　537
ヌクレオチドグアノシンテトラリン酸　140

熱収支　97
熱生成　97
熱動力学（サーモカイネティクス）　15
ネットワーク
——の最適化（化学工学の）　8
——の制御（化学工学の）　8
——の設計（化学工学の）　8
熱力学　15, 481
熱力学第一法則　482
熱力学第二法則　482
熱力学的動力学　524
熱力学的ドライビングフォース　491
熱力学的なカップリング（共役）　507
熱力学的な効率　513
熱力学的な実行可能性　2
熱力学的ボトルネック，局所的な　489

索　引

熱力学的ボトルネック，分散した　489
燃焼熱　97

ノイズフリー　90
農業未利用残渣　159
濃縮度分率　279
能動輸送　21, 26, 28, 203
濃度コントロール係数　365

● は

パーミアーゼ　26
バイオ色素　194
バイオテクノロジー　9, 531
バイオ燃料　159
バイオプロセス　2
　——の設計　76
バイオポリマー　188
バイオマス　74, 324
バイオマス生成　324
バイオリアクタ　72, 482
　——の一般的な表現　72
　——の冷却容量　97
廃棄物処理問題　188
ハイブリダイゼーション　535
バクテリアセルロース　188
発エルゴン反応　114, 483
発現　534
発現ベクター　534
発酵　534
発酵経路　35
　酵母の——　35, 37
　乳酸菌の——　35
　C. acetobutylicum における——　36
発酵代謝　141
パラメータエラシティシティ係数　367
バリン　164, 169, 324
パルス的な添加　6
半回分（セミバッチ）培養系　73
反応経路の合成　13
反応動力学　24
反応のグループ化　14
汎用化学物質　532

ヒートショック　141
ビオチン　187
ビオチン合成経路　188
非拮抗阻害　120, 123
非競争的サイト　130
微小変動　369
ヒスチジン　164
ヒスチジンプロテインキナーゼファミリー　142
比生産速度　70
微生物　536
　——の元素構成　92
非線形問題　360
比増殖速度　74, 90
比速度　90
非対向流　507
ビタミン　187

ビタミンA　188
ビタミンC　187
必要基質　223
必要生産物　223
ヒト遺伝子治療　535
ヒトゲノム計画　535
ヒドロキシアセトン　172
ヒドロキシアセトンキナーゼ　172
ヒドロゲナーゼ　197
非平衡系（現代）熱力学　481
非平衡の熱力学　507
非平衡反応プロセス　481
標識化合物の利用　278
標準自由エネルギー　496
標準状態　484
　——の取り方　485
標準燃焼熱　97
開いたシステム　482
ピリミジン　539
ピルビン酸　207, 281, 285, 324, 333, 428
ピルビン酸カルボキシラーゼ　41
ピルビン酸キナーゼ　482, 488
ピルビン酸デカルボキシラーゼ　162, 166
ピルビン酸デヒドロゲナーゼアテニュエート　165
ピルビン酸デヒドロゲナーゼコンプレックス　340

ファージ　136, 537
フィージビリティ　481, 486
フィージブル（実可能）な解　269
フィードバック制御の解除　165
フィードバック阻害　115, 534
フィードバック阻害耐性株　168
フィードバックの構造　414
フィジカルマップ　537
フィトエン　188
フェニルアラニン　164, 167, 427
フェニルプロパン　160
不可逆阻害　126
不可逆的熱力学　15
不拮抗阻害　120, 125
複合体（ES）　119
複合的脂肪酸の発酵　67
複雑系のモデル化　360
複製単位　171
2つの分岐したアミノ酸　169
2つの連結した環の寄与　499
ブタノール　170
ブタンジオール　163
物質収支　7, 89
物質やエネルギーが周囲と交換可能　482
負の協調性　129
プライマー　538
プラスチド　192
プラスミド　537
フラックス　2, 70
　菌体増殖による——　427
　情報の——　3
　複雑な経路の——　413
　——の1次結合（基本的な）　424

549

——の制御　89, 359
　　　——の摂動　339
　　　——の摂動の解析　6
フラックスオリエンテッドセオリー　360
フラックス決定方法, in vivo の　8
フラックスコントロール係数　11, 362
フラックスコントロールコネクティビティセオレム　366
フラックス増幅因子　403, 406
フラックス分布　89
　　　——のフレキシビリティ　416
フラックス変化の予測　403
フラックスマップ　243
ブラックボックスモデル　90
フラビンアデニンジヌクレオチド（還元型）　324
ブランチセオレム　452
プリブナウ配列　133
プリン　539
フルオロピルビン酸　341
フルオロピルビン酸感受性　165
フルクタン　193
フルクトース　203
フルクトース1,6二リン酸　428, 488
フルクトース6リン酸　324, 333, 488
フルクトシルトランスフェラーゼ　193
プルラナーゼ　181
フルランク　100
フレキシブルなノード　148
プレフェン酸　429
　　　——の分岐　476
プローブ　538
プロテアーゼ　43
プロテインキナーゼ　142
プロテインレギュレータ　142
プロトン　152
プロトンアンカップラー　396
プロトンモーティブフォース　515, 539
プロトンリーク　396
プロピオン酸　191
プロモータ　538
プロモータ領域　132
プロリン　164
分岐点
　　　——の頑健さ　14
　　　——効果　150
　　　——のある代謝物質　115
　　　——の頑健性（リジディティ）　148, 244
　　　——の柔軟性（フレキシビリティ）　244
　　　——の制御　244
　　　——の分類　147
分岐のバランスの式　452
分散-共分散行列　105
分子育種　1
分子生物学的手法　1
分子の化学量論　224

平衡系（古典的）熱力学　481
平衡定数　496
平衡反応プロセス　481

ヘキサン酸　285
べき乗表現の動力学モデル　361
ヘキソース一リン酸　30
ヘキソキナーゼ　482, 488
ペクチン　160
ヘテロトロピック応答　130
ペニシリン　182
ペニシリンN　183
ペニシリンV　183, 383
ペニシリン生合成　322
ペニシリン生合成経路のMCA　383
ペプチダーゼ　43
ヘミセルロース　159, 160
ヘミセルロース分解　177
ヘモグロビン遺伝子　200
ペリプラズム領域　537
変異　536
変異処理　1
ベンジルアルコールデヒドロゲナーゼ　208
ベンズアルデヒドデヒドロゲナーゼ　208
ベンゼン　206
変動状態　451
ペントース　159
ペントースリン酸経路　29, 310, 324, 429

ポイントミューテーション　372
芳香族アミノ酸の生合成　167
芳香族アミノ酸分解　142
胞子　540
胞子形成　141, 142
放射性標識　279
飽和脂肪酸　48
ホエー　173, 178
ポーリン応答　141
補酵素　532
補酵素B_{12}依存型デヒドラターゼ　172
補充経路, 真核微生物における　38
補充経路：PEPカルボキシラーゼ　324
補充反応　41
ホスファターゼ　142
ホスホエノールピルビン酸　324, 428
ホスホエノールピルビン酸依存型炭化水素ホスホトランスフェラーゼシステム　203
ホスホエノールピルビン酸カルボキシラーゼ　327
ホスホグリセリン酸ムターゼ　482, 488
ホスホグルコースイソメラーゼ　482
ホスホトランスアセチラーゼと酢酸キナーゼ　144
ホスホトランスフェラーゼシステム　26, 27
ホスホトランスブチリラーゼ　171
ホスホフルクトキナーゼ　482, 488
ホスホリラーゼキナーゼ　142
　　　——の脱リン酸化　142
保存領域　532
ボトムアップアプローチ　448
ホトランスフェラーゼシステム　65
ボトルネック　359
ホモセリン　128
ホモセリンキナーゼ　166
ホモセリンデヒドロゲナーゼ　128, 165

ホモセリンデヒドロゲナーゼ欠損株　325
ホモセリン要求性変異株　165
ホモ乳酸発酵経路　35
ホモロジー　535
ポリ3ヒドロキシブチレート-*co*-ヒドロキシバリレート　191
ポリアデニール化　147
ポリ塩化ビフェニール　206
ポリケタイド　182, 183
ポリケタイド合成　184
ポリケタイドシンターゼ　183
ポリシストロン, 多遺伝子性　132
ポリシストロン mRNA　537
ポリヒドロキシアルカノエート　189, 191
ポリフルクトース　193
ポリペプチド　538
ポリメラーゼ　192
ポリメラーゼチェーン反応（PCR）　537
ポロサッカライド　428
翻訳　541
　　——の時間のスケール　146
　　——の制御　136
翻訳機械　138

● ま

－35 領域　133
－10 領域　133
マーカー　536
膜局在タンパク質　26
膜結合型 F_0F_1-ATP アーゼ複合体　515
膜結合型酵素　152
マルチコピープラスミド　372
マルトース　181
マンニトール　203
マンノース　160

ミトコンドリア　536
　　——のマトリックス　515
ミトコンドリア内の酸化的リン酸化反応　396
ミトコンドリア内膜　507

無機リン酸 P_i　143
無駄なサイクル　56

メソ-α, ε-ジアミノピメリン酸　281, 325
メソ DAP　281
メタノール資化性バクテリア　199
メタボリックエンジニアリング　1
メタボリックコントロールアナリシス　3, 14, 359
メチオニン　164
メッセンジャー RNA　52, 536
メデルマイシン　183
メデルマイシン生産株 *Streptomyces*　183
メデルロージン　183
メバロン酸　138
免疫応答　535
免疫抑制作用　183

木本植物　159

モザイク型非平衡熱力学モデル　521
モデュロン　138
モノ不飽和脂肪酸　49

● や

有機溶剤　170
有限の変動　369
融合タンパク質　534
輸送現象　13
輸送反応　21

4エチル安息香酸（4EB）　207
4オキザロクロトン酸タウトメラーゼ　208
4オキザロクロトン酸デカルボキシラーゼ　208
要求性変異株　164
葉緑体　192
弱いリジッドなノード　148
四倍体　372

● ら

ライトビール生産　181
ライブラリー　536
ラクトース抑制因子　536
ランダムポリマー　191

リグニン　159
リグノセルロース物質　159
リコペン　188
リジン　164, 324
リジンアナログ　165
リジンアナログ物質 S-2 アミノエチル L-システイン　326
リジンアナログ物質 S-アミノエチルシステイン　128
リジン合成　327
リジン生合成経路　453
リジン生成経路　281
リジン発酵　165
律速段階　359
律速要素　9
リプレッサータンパク質　539
リプレッサー分子　133
リブロース5リン酸　324
リボース5リン酸　324
リボ核酸　540
リボゾーマル RNA　52, 540
リボゾーム　540
リボゾームタンパク質　138
リボヌクレアーゼ（RNase）H-依存型プライマー RNA　205
利用可能な基質の範囲の拡張　173
両性代謝路　150
理論的最大生産物収率　244
リンク物質　416
　　——の同定　435
リングを1つもつグループの寄与　498
リンゴ酸　324
リンゴ酸酵素　41
リン酸化　30

グルコースの―― 428
リン酸化反応 396
リン酸レギュレータ 142
リン脂質 48

累積性（部分的）フィードバック阻害 116

レギュレーション，システムの 414
レギュレータ 114
レギュロン 138, 539
レスポンシブネス 366
レスポンス係数 364
レセプター 140
レダクターゼ 192
レバン 193
レバンスクラーゼ 193
レプリカーゼ 136
レベルフロー 513
連結定理 366
連続培養系 73

ロイシン 164
　――の前駆体 169
ローファクタ 135

● A

AADC 171
ABE 170
ACP 184, 186
ACV シンセターゼ（ACVS） 383
ada 141
Ada システム 141
adc 171
adenine (A) 531
AEC 128, 165, 326
AEC 耐性変異株 128
Agrobacterium tumefaciens 188
AHAS 169
AK 325
alaD 166
Alcaligenes eutrophus 178, 189, 197
alleles 531
allosteric 531
amino acid 531
AMP 依存プロテインキナーゼ 138
amplification 531
AMY1 181
anabolism 531
anaerobic respiration 531
anticodon 531
antiport 26
ara 141
Arabidopsis thaliana 192
araC 133
arcA 141
arcB 141
Arc システム 141
*aroF*394 166
aroG 166

aroH 166
ASA 167
Aspergillus niger 180
Aspergillus 属 181
AT 184, 383
atom mapping matrices (AMMs) 315
ATP 428
ATP アーゼの阻害剤 397
ATP 収率 55

● B

Bacilli 属 193
Bacillus megaterium 189
Bacillus 属 181, 182
base pair (bp) 531
BCAA 169
Biochemical Systems Theory 360
biotechnology 531
bioDAYB 188
bioXWF 188
bphA (-B, -C, -D) 206
branched-chain amino acid 169
Brevibacterium flavum 323
Brevibacterium-Corynebacterium グループ 128
BST 361
BTX 206

● C

^{13}C-NMR 279
$^{14}CO_2$ の生成量の測定 33
C-mol 基準 93
C. thermocellum 178
cAMP 結合タンパク質 133
Candida shehatae 161, 174
CAP 133
capsid 532
CAT 200
catabolism 532
CCAAT ボックス 134
CCC 365
cellular microbiology 532
Cephalosporium acremonium 182
chain length determining factor 186
chaperonin 532
characteristic reactions 424
chemiosmosis 532
Chlamydomonas reinhardtii 197
chromosome 532
CHR 429
CLF 186
cloning vector 532
Clostridium acetobutylicum 170
coenzyme 532
commodity chemical 532
complementary DNA (cDNA) 532
conserved sequence 532
consistency 13
Corynebacterium 187
Corynebacterium glutamicum 128, 164, 180, 323

——の代謝反応モデル　324
cosmid　532
CRP　200
crp　141
crp 遺伝子　133
currency metabolites　19
cya　141
cyo/cyd　200
cytosine（C）　532

● D

D-キシロース　159
D-バリン　383
DAC　183
DACS　183
DAC アセチルトランスフェラーゼ　183
DAHP　166, 429
DAP デヒドロゲナーゼ　281
DDH　281
determined　100
DH　184
DHA-P　172
dhaB　172
dhaD　172
dhaK　172
dhaT　172
dha レギュロン　172
diploid　532
DNA　51, 533
——の転写　132
——のメチル化　133
DNA 配列　533
DNA 複製　533
dsd　141

● E

ED 経路　29, 533
eigenreactions　424
electron acceptor　533
electron transport phosphorylation　533
electrophoresis　533
Embden-Meyerhof-Parnas 経路　29
EMP 経路　29, 486, 533
いろいろな微生物種における——　33
enrichment　8
Entner-Doudoroff 経路　29
envZ　141
enzyme　533
ER　184
Erwinia carotovora　177
Erwinia chrysanthemi　161, 177
Escherichia coli　161, 188, 322, 533
——の複合的脂肪酸発酵　84
eukaryote　533
exogenous DNA　533
exons　533
expression　534
expression vector　534

● F

FAF　403
FCC　362, 421
FDP　428
feasibility　2
feedback inhibition　534
fermentation　534
FP　341
Fru6P　333
fusion protein　534

● G

gal　141
GAM1　181
GAP　428
GC-MS　7, 279
gCCC　449
——の決定　454
GC ボックス　134
gel　534
gene　534
gene disruption　534
gene expression　534
gene mapping　534
gene product　534
genetic code　534
genetic design　184
genetic engineering　534
genetic map　534
genomic library　534
gFCC　420, 449, 453
——の決定　448, 454
Gibbs の自由エネルギー　97, 496
　成分 i の——　484
Gibbs の相平衡原理　482
Gibbs の標準自由エネルギー　15
Glc6P　333
Glc6P イソメラーゼ　335
glnA　141
glnB　141
glnD　141
glnG　133, 141
glnL　141
Gol　429
GPI　335
group control coefficients　6
growth factor　534
GS　45, 199, 281
GS-GOGAT　45
guanine（G）　535

● H

haploid　535
HD　166
HDH　325
Hill 式　132
HK　166
HMG-CoA レダクターゼ　138

hok/sok 遺伝子座　204
hom^{dr}　169
hom^{dr} 変異　168
hom 遺伝子　167
homologies　535
htpR　141
human gene therapy　535
Human Genome Initiative　535
hut　141
hybridization　535

● I

IGP　195
ilvB-ilvN　169
immune response　535
in-situ ハイブリダイゼーション　535
in vitro　535
in vitro 進化　1
in vivo　535
informatics　535
initiation factors　535
introns　536
IPNS　383
IPTG　169, 372

● K

kilobase（kB）　536
Klebsiella　176
Klebsiella planticola　161
K_m　24, 117
KP　186
KR　184
KS　184

● L

L-α-アミノアジピル-L-システニル-D-バリン　383
L-α-アミノアジピン酸　383
L-グルタミン酸　164
L-システイン　383
L-スレオニンデアミナーゼ　169
lac　141
Lactobacilli 属　181
lactose repressor　536
lacZY　180
lac オペロン　134
lac プロモータ　372
Le Chatelier の法則　486
Leioir 経路　30
lexA　141
library　536
Linear programming　269
Lineweaver-Burk プロット　118
LLD-ACV　383
locus　536
LTD　169
Luedeking and Piret　79
Luedeking と Piret の線形関係式　85

● M

MAF　407
mal　141
marker　536
MCA　14, 360
　　分岐のある経路に対する——　387
messenger RNA（mRNA）　52, 536
　　——の寿命　146
　　——の半減時間　146
　　——のヘアピンループ　136
　　——の翻訳　146
metabolic control analysis　3, 360
metabolic control coefficient　277
metabolic flux analysis　5, 243
metabolism　536
Methylophilus methylotrophus　199
MFA　5, 243, 359
Michaelis-Menten　24
Michaelis-Menten 型の可逆的カイネティクス　416
Michaelis-Menten 式　117
Michaelis 定数　117
microorganism　536
mitochondrion　536
Monod カイネティクス　520
Monod モデル　77
Moore-Penrose　100
Moore-Penrose 型一般逆行列　265
mutation　536

● N

NADH/NAD$^+$ の比　34
NADPH/NADP$^+$ の比　34
NADPH 依存型のグルタミン酸デヒドロゲナーゼ　65
NADPH 消費　328
NADPH 生産　328
NAD 依存型オキシドレダクターゼ　172
Neurospora crassa　183, 188
nicotinamide adenine dinucleotide（phosphate）［NAD（P）］　536
Nif システム　141
NMR　33
　　——のスペクトル　321
NR$_I$　142
NR$_I$ タンパク質　133
NR$_{II}$　142
Ntr（窒素調節）プロモータ　133
Ntr システム　141
nucleotide　537
nucleus　537

● O

OAA　281, 333
observable　100
oligonucleotide　537
ompR　141
oncogene　537

Onsager
　——の古典的な研究　509
　——の相反関係　509
　——の法則　509
open reading frame (ORF)　537
operator　537
operon　537
overdetermined　100
oxidation-reduction (redox)　537
oxyR　141
OxyR　143

● P

P(3HB-3HV)　190
P(3HB-*co*-3HV)　191
p-キシレン　206
p-トルエート　207
P/O比　517
Pachysolen tannophilus　161, 174
pAMβ-1レプリコン　171
PCB　206
PCB分解酵素　206
PDC　166, 340
PDC-ADH　161
Penicillium chrysogenum　182, 322, 384
Penicillium sclerotiorum　188
PEP　166, 327, 333
PEP(グルコーストランスフェラーゼシステム)　324
PEPカルボキシラーゼ　41
periplasmic space　537
PETオペロン　162
PHA　189
phaA　190
phaB　190
phaC　190
phage　537
Phanerochaete chrysosporium　206
PHAシンターゼ　192
PHB　189, 190
Phe　429
pheA　166
phoA　141
*phoA*遺伝子　143
phoB　141
PhoB　142
PhoR　142
Phoシステム　141
Phycomyces blakesleeanus　188
physical map　537
pHスタット　73
Pichia stipitis　161, 174
Pirtの線形関係　79
PKS　183
plasmid　537
Pol　428
polycistronic mRNA　537
polymerase chain reaction (PCR)　537
polypeptide　538

*ppc, pyk*二重破壊株　343
ppGpp　137, 140, 141
PP経路　29
　いろいろな微生物種における——　33
primer　538
probe　538
prokaryotes　538
promoter　538
protein　538
proton-motive force　539
Pseudomonas aeruginosa　180
Pseudomonas LB400　206
Pseudomonas putida　194, 206
Pseudomonas saccharohila　179
*Pseudomonas*属　181, 193
PstSCAB系　143
Pta-AckA　144
ptb (PTB)　171
PTS　26, 65, 203
purine　539
*pyk*破壊株　343
Pyr　281, 333
pyrimidine　539
Pyrococcus furiosus　197

● R

R(−)3ヒドロキシブチリルCoA　190
Rastonia eutropha　189
recA　141, 204
recombinant clones　539
recombinant DNA molecules　539
rocombinant DNA technology　539
recombination　539
redoxポテンシャルの測定　200
redundancy matrix　101
regulation　539
regulatory regions or sequences　539
regulon　539
relA　141
repressor protein　539
restriction enzyme cutting site　539
restriction enzyme, endonuclease　539
Rhodotorula　188
ribonucleic acid (RNA)　540
ribosomal RNA (rRNA)　540
ribosome　540
rigidity　14
RNAの翻訳　132
RNAプロセシング　146
RNAポリメラーゼ　132, 134
RNAポリメラーゼⅡ　133
RQ　78
rRNA　52, 138, 540

● S

S(2アミノエチル)L-システイン　165
S-system　360
SacB　193
Saccharomyces cerevisiae　173, 178, 181, 322

Saccharopolyspora erythrea　183, 184
Schwanniomyces occidentalis　181
Shine-Dalgarno 配列　540
sigma factor　540
signal sequences（signal peptide）　540
SIMS 行列　422
Sok（suppression of killing）RNA　204
SOS 応答　141
SOS システム　540
southern blotting　540
SpoIIJ　142
spoOA　141
SpoOA/SpoOF　142
spoOF　141
spore　540
spoT　141
Streptococci 属　193
Streptomyces antibioticus　183
Streptomyces coelicitor　183
Streptomyces galiaeus　183
Streptomyces lividans　183
Streptomyces 属　182
Streptopmyces　182
substrate level phosphorylation　540
symport　26

● T

tac プロモータ　372
TATA ボックス　134
TCA サイクル　37, 324
　　真核微生物における——　38
termination　540
THD　327
Thermoplasma acidophilum　197
thrB　168
thrC　167
thymine（T）　540
tna　141, 166
TOL 異化代謝プラスミド　206
transcription　541
transcriptional control　541
transfer RNA（tRNA）　52, 138, 541
transformation　541
translation　541
Trp　429
trpB　195
trpE382　166
trpR　133, 166
trpS　166
trp プロモータ　372
tryR　166
TS　167
Tyr　429
tyrA　166

● U

uracil（U）　541

● V

vgb　200
virus　541

● X

X5P　429
Xanthomonas　176
Xanthomonas campestris　180, 193
xenobiotics　205
xylA　176, 208
xylABC　207
xylB　176, 208
xylC　208
xylCAB　206
xylE　208
xylF　208
xylG　208
xylGHI　207
xylH　208
xylI　208
xylJ　208
xylK　208
xylL　208
xylR　208
xylS　208
xylX, Y, Z　208
xylXYZLEGFJKIH　207
xynZ　178

● Y

Yersinia enterocolitica　178

● Z

Zymomonas mobilis　161, 173, 178, 188

α-アセト乳酸　169
α-アミラーゼ　181, 200
α-1, 4D-グルコピラノース　181
α（1→4）結合　181
α（1→6）　181
α-ケトグルタル酸　288, 324
β-アミラーゼ　181
β-ガラクトシダーゼ　200
β カロチン　188
β-ケトアシル ACP シンターゼ　184
β-ケトアシル ACP レダクターゼ　184
β-ケトチオラーゼ　190
β-セミアルデヒド　167
β-ヒドロキシオクタノエート　191
β-ヒドロキシヘキサノエート　191
β-ヒドロキシル化反応　183
σ^{32}　141, 143
σ ファクタ　540
χ^2 分布　108
　　——の統計値　108, 268

〈著者紹介〉

Gregory N. Stephanopoulos（グレゴリ・N・ステファノポーラス）
　　マサチューセッツ工科大学化学工学科教授

Aristos A. Aristidou（アリストス・A・アリスティド）
　　マサチューセッツ工科大学化学工学科研究員

Jens Nielsen（ジェンス・ニールセン）
　　デンマーク工科大学生物工学科教授

〈訳者紹介〉

清 水　　浩（しみず　ひろし）
　学 歴　京都大学大学院工学研究科博士課程修了（1989年）
　　　　　工学博士（1990年）
　職 歴　大阪大学工学部助手（1990年）
　　　　　大阪大学大学院工学研究科助教授（1995年）
　　　　　マサチューセッツ工科大学（MIT）化学工学科客員研究員（1996—1997年）
　　　　　大阪大学大学院情報科学研究科助教授（2002年）

塩 谷 捨 明（しおや　すてあき）
　学 歴　京都大学大学院工学研究科博士課程中退（1971年）
　　　　　工学博士（1975年）
　職 歴　京都大学工学部助手（1971年）
　　　　　スイス連邦工科大学（ETH）化学工学科客員研究員（1977—1978年）
　　　　　大阪大学工学部助教授（1987年）
　　　　　大阪大学大学院工学研究科教授（1993年）

代 謝 工 学 ― 原理と方法論 ―

2002年6月10日　第1版1刷発行	著　者　Gregory N. Stephanopoulos 　　　　Aristos A. Aristidou 　　　　Jens Nielsen
	訳　者　清　水　　浩 　　　　塩　谷　捨　明
	発行者　学校法人　東京電機大学 代表者　丸 山 孝 一 郎 発行所　東京電機大学出版局 〒101-8457 東京都千代田区神田錦町2-2 振替口座　00160-5-71715 電話（03）5280-3433（営業） 　　（03）5280-3422（編集）
組版　（有）編集室なるにあ 印刷　新日本印刷（株） 製本　渡辺製本（株） 装丁　右澤康之	© Shimizu Hiroshi, 　Shioya Suteaki 2002 Printed in Japan

＊無断で転載することを禁じます。
＊落丁・乱丁本はお取替えいたします。

ISBN4-501-61910-4　C3043